MW01630091

METODOLOGÍA
de la investigación

METODOLOGÍA
de la investigación

Quinta edición

Dr. Roberto Hernández Sampieri
Director del Centro de Investigación y del Doctorado en Administración de la
Universidad de Celaya
Profesor-investigador del Instituto Politécnico Naciona
Director del Centro de Investigación en Métodos Mixtos de la Asociación
Iberoamericana de la Comunicación

Dr. Carlos Fernández Collado
Profesor-investigador del Instituto Politécnico Naciona
Presidente de la Asociación Iberoamericana de la Comunicación
Director del Máster Universitario en Dirección de Comunicación y Nuevas Tecnologías
de la Universidad de Oviedo

Dra. María del Pilar Baptista Lucio
Directora del Centro Anáhuac de Investigación,
Servicios Educativos y Posgrado de la Facultad de Educación
Universidad Anáhuac

MÉXICO • BOGOTÁ • BUENOS AIRES • CARACAS • GUATEMALA
MADRID • NUEVA YORK • SAN JUAN • SANTIAGO • SÃO PAULO
AUCKLAND • LONDRES • MILÁN • MONTREAL • NUEVA DELHI
SAN FRANCISCO • SINGAPUR • ST. LOUIS • SIDNEY • TORONTO

Director Higher Education: Miguel Ángel Toledo Castellanos
Editor sponsor: Jesús Mares Chacón
Coordinadora editorial: Marcela I. Rocha Martínez
Supervisor de producción: Zeferino García García

Diseño de portada: Orquídea Anai López García
Ilustrador: Edwin Guzmán

METODOLOGÍA DE LA INVESTIGACIÓN
Quinta edición

Prohibida la reproducción total o parcial de esta obra,
por cualquier medio, sin la autorización escrita del editor.

DERECHOS RESERVADOS © 2010, 2006, 2003, 1998, 1991 respecto a la quinta edición por:
McGRAW-HILL / INTERAMERICANA EDITORES, S.A. DE C.V.
*A Subsidiary of **The McGraw-Hill** Companies, Inc.*
Prolongación Paseo de la Reforma 1015, Torre A,
Piso 17, Colonia Desarrollo Santa Fe,
Delegación Álvaro Obregón,
C.P. 01376, México D.F.
Miembro de la Cámara Nacional de la Industria Editorial Mexicana, Reg. Núm. 736

ISBN: 978-607-15-0291-9
(ISBN edición anterior: 978-970-10-5753-7)

4567890123   109876543210

Impreso en Perú.   Printed in Peru.
Impreso en Empresa Editora El Comercio S.A.   Printed by Empresa Editora El Comercio S.A.

*The **McGraw·Hill** Companies*

Dedicatorias

A Dios; a mis adorables padres, Pola y Roberto; a mi familia:
Elisa, Pola, Is, Erick, Roberto, Alexis, Fer, Andrés; a mis amigos, Carlos, José Luis y Raúl;
a mis patologías y a mis colaboradores de la Universidad de Celaya

Roberto Hernández Sampieri

A mis hijos, Íñigo y Alonso

Carlos Fernández Collado

A mis alumnos

Pilar Baptista Lucio

Contenido

CAPÍTULO 7
Concepción o elección del diseño de investigación   118

CAPÍTULO 11
El reporte de resultados del proceso cuantitativo   346

Contenido del CD

Capítulos

1. Historia de los enfoques cuantitativo, cualitativo y mixto: raíces y momentos decisivos
2. La ética en la investigación
3. Perspectiva teórica: comentarios adicionales
4. Estudios de caso
5. Diseños experimentales: segunda parte
6. Encuestas (*Surveys*)
7. Recolección de los datos cuantitativos: segunda parte
8. Análisis estadístico: segunda parte
9. Elaboración de propuestas cuantitativas, cualitativas y mixtas
10. Parámetros, criterios, indicadores y/o cuestionamientos para evaluar la calidad de una investigación (cuantitativa, cualitativa y mixta)
11. Consejos prácticos para realizar investigación (¡nuevo!)
12. Ampliación y fundamentación de los métodos mixtos (¡nuevo!)

Referencias bibliográficas de la obra impresa

Programas (software)

1. STATS®, versión 2.0
2. ATLAS.ti
3. SISI®: Sistema de Información para el Soporte a la Investigación (auxiliar del estilo APA y otros elementos) (¡nuevo!)

Manuales (¡nuevos!)

1. SPSS PASW.
2. ATLAS.ti.
3. Manual de introducción al estilo APA para citas y referencias
4. Manual del programa SISI

Ejemplos

1. Toma de decisiones, satisfacción y pertenencia del profesorado: análisis en dos escuelas preparatorias de Guadalajara, México (investigación cualitativa)
2. Voces desde el pasado: la guerra cristera en el estado de Guanajuato, 1926-1929 (investigación cualitativa)
3. Entre "no sabía qué estudiar" y "esa fue siempre mi opción": selección de institución de educación superior por parte de estudiantes en una ciudad del centro de México (investigación cualitativa) (¡nuevo!)
4. Ejemplo de un proyecto de tesis (investigación cuantitativa)
5. Diseño de una escala autoaplicable para la evaluación de la satisfacción sexual en hombres y mujeres mexicanos (estudio mixto)
6. Validación de un instrumento para medir la cultura empresarial en función del clima organizacional y vincular empíricamente ambos constructos (¡nuevo!)

Apéndices (*actualizados*)

1. Publicaciones periódicas más importantes (revistas científicas o *journals*)
2. Principales bancos/servicios de obtención de fuentes/bases de datos/páginas web para consulta de referencias bibliográficas
3. Respuestas a los ejercicios
4. Tablas estadísticas

Documentos con fórmulas estadísticas (tamaño de muestra y fórmulas básicas)

Por favor, no olvide consultar la página web de la obra, donde encontrará más ejemplos de investigaciones y documentos.

Agradecimientos

Los autores deseamos agradecer a la editorial McGraw-Hill Interamericana, en especial a nuestros amigos: Alejandra Martínez Ávila, gerente de Derechos, y a Javier Neyra Bravo, director de Digital Solutions/Custom Publishing, por su respaldo permanente a esta obra; a Miguel Ángel Toledo Castellanos, managing director de Higher Education; a Andrés Rodríguez Darrigrande, vicepresidente para México y Latinoamérica; y desde luego, a Marcela Rocha, coordinadora editorial de Higher Education, por su apoyo en toda la edición, y a Jesús Mares, editor sponsor. También queremos expresar nuestro agradecimiento a cada representante de la compañía, nuestra casa editorial. Sin ellos y ellas, el libro no sería lo que es.

Por otro lado, debemos expresar nuestra gratitud a las personas y sus instituciones educativas que siempre nos han respaldado y brindado facilidades para preparar esta obra:

Lic. Raúl Nieto Boada
Presidente del Consejo General de la Universidad de Celaya.

Lic. Carlos Esponda Morales
Director general de la Universidad de Celaya.

Dr. Héctor Martínez Castuera
Secretario de Servicios Educativos del Instituto Politécnico Nacional.

Dr. Jesús Quirce Andrés
Rector de la Universidad Anáhuac, México Norte.

Dr. Vicente Gotor Santamaría
Rector magnífico de la Universidad de Oviedo.

Asimismo, agradecemos a los profesores de metodología de la investigación de toda Iberoamérica por su valiosa realimentación para mejorar y actualizar la presente edición en su conjunto; así como a los alumnos de habla hispana usuarios del libro, quienes nos han motivado a mantener vigente el texto.

Finalmente a Ana Cuevas, Antonio Hernández, Chris Mendoza y Sergio Méndez, de la Universidad de Celaya, por sus colaboraciones en la obra; y a editores sponsors previos como Bruno Pecina y Noé Islas.

Prólogo

Metodología de la investigación, 5a. edición, es una obra totalmente actualizada e innovadora, acorde con los últimos avances en el campo de la investigación de las diferentes ciencias y disciplinas. Asimismo, como sus ediciones antecesoras, es resultado de la opinión y experiencias que han proporcionado decenas de docentes e investigadores en Iberoamérica.

Conserva su carácter didáctico y multidisciplinario, pero expande sus perspectivas, ya que es un libro interactivo que vincula el contenido del texto impreso con el material incluido en el CD que lo acompaña, y que a lo largo del libro se ha destacado con un ícono que aparece en ladillo.

Además, como podrá apreciar el lector, esta edición se ha impreso *a color*, reforzando con ello su naturaleza pedagógica.

Estructura de la obra

Como se hizo en la edición anterior, en la obra se abordan los tres enfoques de la investigación, vistos como procesos: el cuantitativo, el cualitativo y los métodos mixtos. Se encuentra estructurada en cuatro partes:

Primera: Los enfoques cuantitativo y cualitativo en la investigación científica. Consta de dos capítulos: el 1, "Similitudes y diferencias entre los enfoques cuantitativo y cualitativo", que compara la naturaleza y características generales de los procesos cuantitativo y cualitativo; y el 2, "El nacimiento de un proyecto de investigación cuantitativo, cualitativo o mixto: la idea", que presenta el primer paso que se desarrolla en cualquier estudio: concebir una idea para investigar.

Segunda: El proceso de la investigación cuantitativa. Se conforma por los capítulos 3 al 11, en los que se muestra paso por paso el proceso cuantitativo, que es secuencial.

Tercera: El proceso de la investigación cualitativa. Consta de los capítulos 12 al 16, en los que se comenta el proceso cualitativo, que es iterativo o recurrente.

Cuarta: Los procesos mixtos de investigación. Lo forma el capítulo 17, "Los métodos mixtos", se presentan diferentes procesos concebidos en la investigación mixta o híbrida.

A lo largo de ellos, el lector encontrará el material básico para asignaturas de todos los niveles de educación superior y posgrado. De este modo, la obra en su conjunto puede adaptarse a las necesidades y temarios de prácticamente cualquier profesor.

Los apartados o temas de ediciones anteriores que **no** aparecen en esta edición impresa los podrá encontrar el lector en el CD anexo (en el libro se señala en qué capítulo). Por ejemplo: las referencias o bibliografía, algunas pruebas estadísticas, la observación y el análisis de contenido. A este respecto, si no localiza alguna temática, le pedimos que la busque en el disco compacto que acompaña a esta edición.

Al respecto, los autores queremos subrayar que la quinta edición no perdió contenidos ni información, sino que se reestructuró para que el libro fuera más manejable y que incluyera lo que normalmente se enseña en los cursos esenciales de investigación. Dejando para el CD los temas más especializados. Estas características la hacen una obra muy flexible.

El esquema de la figura 1 detalla la estructura de la obra y su correlación con los capítulos del CD. Al inicio de cada capítulo, el lector encontrará un esquema que muestra el paso en el proceso de investigación y los temas que se estudiarán, con el fin de que el lector visualice su avance en el estudio del tema. Asimismo, en cada inicio de capítulo se incluye una síntesis de este diagrama y se hace énfasis en la parte a que se refiere el capítulo.

Contenido del CD

El CD adjunto se encuentra conformado por 12 capítulos que amplían los contenidos de la parte impresa e incluyen otros temas adicionales. A continuación se lista cada uno y los capítulos del texto impreso con los cuales se relaciona.

1. Historia de los enfoques cuantitativo, cualitativo y mixto: raíces y momentos decisivos (es complemento de los capítulos 1 y 17 del 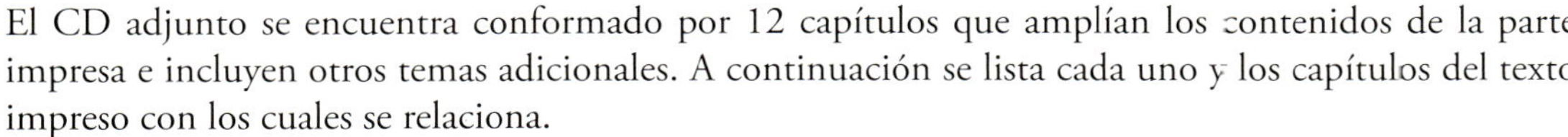).
2. La ética en la investigación (tema adicional, aplica a todos los procesos y etapas, pero se observa desde el planteamiento del problema).
3. Perspectiva teórica: comentarios adicionales (complementa y amplía el capítulo 4 del).
4. Estudios de caso (complementa y amplía los capítulos 7, 8 y 17 del).
5. Diseños experimentales: segunda parte (complementa y amplía el capítulo 7 del).
6. Encuestas (*Surveys*) (complementa y amplía el capítulo 7 del).
7. Recolección de los datos cuantitativos: segunda parte (complementa y amplía el capítulo 9 del).
8. Análisis estadístico: segunda parte (complementa y amplía el capítulo 10 del).
9. Elaboración de propuestas cuantitativas, cualitativas y mixtas (tema adicional relacionado prácticamente con todos los capítulos del).
10. Parámetros, criterios, indicadores y/o cuestionamientos para evaluar la calidad de una investigación (tema adicional vinculado prácticamente con todos los capítulos del).
11. Consejos prácticos para realizar investigación (conectado a toda la obra pero principalmente refuerza contenidos del capítulo 3 del).
12. Ampliación y fundamentación de los métodos mixtos (complementa y amplía el capítulo 17 del).

Asimismo, en el CD el lector podrá descubrir diversas herramientas, como:

- El programa denominado Sistema de Información para el Soporte a la Investigación (SISI®), que entre otras cuestiones es útil para elaborar citas en el texto y referencias bibliográficas siguiendo el estilo de la American Psychological Association (APA).
- Demo del programa *ATLAS.ti®* para análisis cualitativo.
- El ya conocido software STATS® para el aprendizaje y realización de cálculos estadísticos básicos y determinación del tamaño de muestra.
- Manuales: *SPSS-PASW, ATLAS.ti, SISI y estilo APA* (aunque el CD no incluye una versión del programa SPSS, el estudiante puede obtener una versión de prueba en el sitio www.spss.com.)

Además de ejemplos de estudios cuantitativos, cualitativos y mixtos, así como apéndices sobre revistas académicas y bases de información que pueden consultarse en las diferentes áreas del conocimiento.

Consulte el índice del CD en las páginas preliminares del libro.

Estructura del libro (impreso y CD)

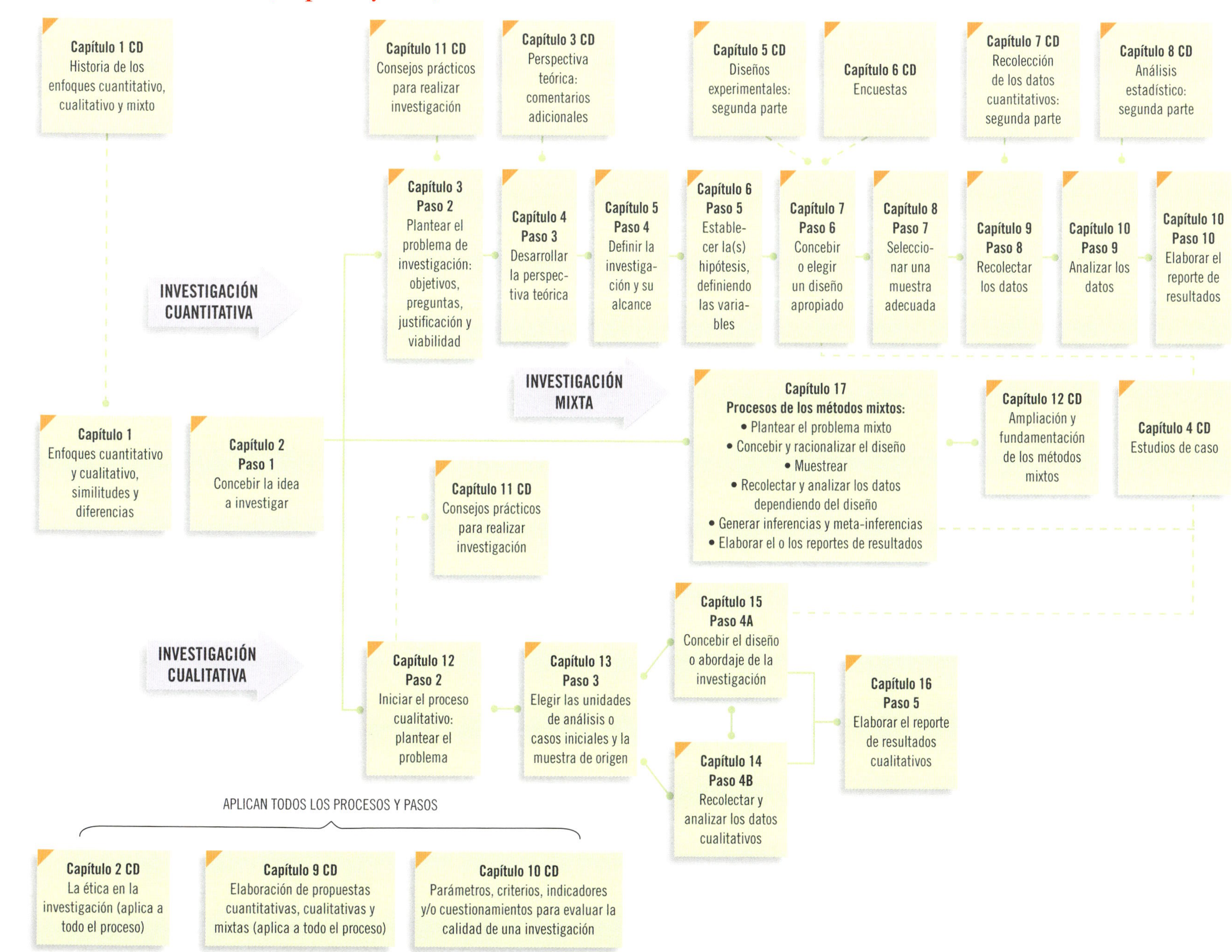

Página web

Además la obra cuenta con una OLC (Online Learning Center), donde el lector podrá encontrar ejemplos adicionales y presentaciones de protocolos, reportes de investigaciones y otros materiales más.

Objetivos de la obra

Metodología de la investigación, 5a. edición, se plantea como objetivos que el lector:

1. Entienda que la investigación es un proceso compuesto, a su vez, por otros procesos sumamente interrelacionados.
2. Cuente con un manual que le permita llevar a cabo investigaciones cuantitativas, cualitativas y mixtas.
3. Comprenda diversos conceptos de investigación que generalmente se tratan de manera compleja y poco clara.
4. Perciba a la investigación como algo cotidiano y no como algo que sólo le corresponde a los profesores y científicos.
5. Pueda recurrir a un solo texto de investigación —porque éste es autosuficiente— y no tenga que consultar una gran variedad de obras, debido a que algunas tratan aspectos que otras no.
6. Se mantenga actualizado en materia de métodos de investigación.

El libro está orientado a asignaturas sobre investigación, metodología, metodología de la investigación, métodos de análisis y similares dentro de diversas ciencias o disciplinas; asimismo, para que se utilice en campos sociales, jurídicos, administrativos, económicos, de la salud, etcétera.

El texto puede emplearse en cursos introductorios, intermedios y avanzados, según el criterio del maestro.

La obra se refiere a un tipo particular de investigación: *la investigación científica*. Este término suele provocar en algunos alumnos escepticismo, confusión y, a veces, incomodidad. Probablemente esos estudiantes tengan parte de razón, ya sea porque sus cursos previos de investigación fueron tediosos y no les encontraron aplicación en su vida habitual; o bien, porque sus profesores no tuvieron la paciencia de explicarles de manera simple y creativa la metodología de la investigación. Podría ser el caso que los libros que leyó sobre el tema fueran confusos e intrincados. Pero la verdad es que la investigación es relativamente sencilla, sumamente útil y se encuentra muy vinculada a lo cotidiano. También puede ser divertida y significativa.

Aprender investigación es más fácil de lo que pudiera creerse. Es como empezar a utilizar la computadora y navegar en internet. Basta conocer ciertas cuestiones.

En toda la obra se manifiesta nuestra posición hacia la metodología de la investigación. Los autores creemos en el "pluralismo metodológico" o la "libertad de método", por ello podemos ser considerados *pragmáticos*. Estamos convencidos de que tanto la investigación cuantitativa, como la cualitativa y la mixta han proporcionado aportes trascendentales al conocimiento generado en las diferentes ciencias y disciplinas.

Privilegiamos el empleo de las tres formas de realizar investigación científica, siempre y cuando se conduzcan éticamente, de manera legal y con respeto a los derechos humanos de los participantes y los usuarios o lectores. Creemos también que el investigador debe proceder con honestidad, al procurar compartir sus conocimientos y resultados, así como buscar siempre la verdad. Con la aplicación del proceso de investigación científica en cualquiera de sus modalidades se desarrollan nuevos entendimientos, los cuales a su vez producen otras ideas e interrogantes para estudiar. Es así como avanzan las ciencias y la tecnología. Además, compartimos la idea de Richard Grinnell: "nada es para siempre de acuerdo con el método científico".

Mitos sobre la investigación científica

Dos mitos se han construido alrededor de la investigación científica, que son sólo eso: "mitos", una especie de "leyendas urbanas" que no tienen razón de ser. Veamos rápidamente estos mitos.

- Primer mito: la investigación es sumamente complicada y difícil.

Durante años, algunas personas han dicho que la investigación es muy complicada, difícil, exclusiva para personas de edad avanzada, con pipa, lentes, barba y pelo canoso además de desaliñado; propia de "mentes privilegiadas"; incluso, un asunto de "genios". Sin embargo, la investigación no es nada de esto. La verdad es que no resulta tan intrincada ni difícil. Cualquier ser humano puede hacer investigación y realizarla correctamente, si aplica el proceso de investigación correspondiente.

Lo que se requiere es conocer dichos procesos y sus herramientas fundamentales.

- Segundo mito: la investigación no está vinculada al mundo cotidiano, a la realidad.

Hay estudiantes que piensan que la investigación científica es algo que no tiene relación con la realidad cotidiana. Otros estudiantes consideran que es "algo" que solamente se acostumbra hacer en centros muy especializados e institutos con nombres largos y complicados.

En primer lugar, es necesario recordar que la mayor parte de los inventos en el mundo, de una u otra forma, son producto de la investigación. Creaciones que, desde luego, tienen que ver con nuestra vida diaria: desde el proyector de cine, el nailon, el marcapasos, la aspiradora, el motor de combustión, el teléfono celular o móvil y el CD; hasta medicamentos, vacunas, cohetes, juguetes de todo tipo y prendas de vestir que utilizamos cotidianamente.

Gracias a la investigación se generan procesos industriales, se desarrollan organizaciones y sabemos cómo es la historia de la humanidad, desde las primeras civilizaciones hasta los tiempos actuales. Asimismo, podemos conocer desde nuestra propia estructura mental y genética, hasta cómo impactar un cometa en plena trayectoria a millones de kilómetros de la Tierra, además de explorar el espacio.

Incluso, en la investigación se abordan temas como las relaciones interpersonales (amistad, noviazgo y matrimonio, por ejemplo), la violencia, los programas de televisión, el trabajo, las enfermedades, las elecciones presidenciales, los deportes, las emociones humanas, la manera de vestirnos, la familia y otros más que son habituales en nuestras vidas.

¿Por qué es útil y necesario que un estudiante aprenda a investigar?

En estos tiempos de globalización, un egresado o egresada que no tenga conocimientos de investigación, se encontrará en desventaja frente a otros(as) colegas (de su misma institución y de otras universidades o equivalentes en todo el mundo), ya que cada vez más las instituciones educativas buscan diferenciar a sus alumnos del resto y por ello hacen un mayor énfasis en la investigación (con el fin de formar mejor a sus estudiantes y prepararlos para ser más competitivos, además de obtener acreditaciones y vincularse con otras universidades e institutos). No saber respecto a los métodos de investigación implicará rezagarse.

Además, hoy en día *no* es posible concebir a una amplia gama de trabajos sin mencionar la investigación. ¿Nos podemos imaginar a un gerente de mercadotecnia en cuya área no se efectúe investigación de mercados? ¿Cómo sabrían sus ejecutivos lo que sus clientes quieren?, ¿cómo conocerían su posición en el mercado? Realizan investigación por lo menos para estar al tanto de sus niveles de ventas y participación en el mercado.

¿Acaso nos podemos figurar a un ingeniero civil que pretenda construir un edificio, un puente o una casa sin que lleve a cabo un estudio del suelo? Simplemente, deberá hacer una pequeña investigación de lo que requiere su cliente, quien le encarga la construcción.

¿Podemos concebir a un médico cirujano que no ejecute un diagnóstico preciso de su paciente previo a la operación?, ¿a un candidato para un puesto de elección popular que no realice encuestas de opinión para saber cómo lo favorece el voto y qué opina la gente de él?, ¿a un contador que no busque y analice las nuevas reformas fiscales?, ¿a un biólogo que no haga estudios de laboratorio?, ¿a un criminólogo que no investigue la escena del crimen?, ¿a un periodista que no haga lo mismo con sus fuentes de información?

Igualmente con enfermeras, economistas, sociólogos, educadores, antropólogos, psicólogos, arquitectos, ingenieros en todas sus ramas, veterinarios, dentistas, administradores, comunicólogos, abogados y, en fin, con todo tipo de profesionales.

A lo mejor sí hay médicos, contadores, ingenieros, administradores, periodistas y biólogos que se desempeñan sin tener que estar en contacto con la investigación; pero seguramente su trabajo es muy deficiente.

La investigación es muy útil para distintos fines: crear nuevos sistemas y productos; resolver problemas económicos y sociales; ubicar mercados, diseñar soluciones y hasta evaluar si hemos hecho algo correctamente o no. Incluso, para abrir un pequeño negocio familiar es conveniente usarla.

Cuanta más investigación se genere, más progreso existe; ya se trate de un bloque de naciones, un país, una región, una ciudad, una comunidad, una empresa, un grupo o un individuo. No en vano las mejores compañías del mundo son las que más invierten en investigación.

De hecho, todos los seres humanos hacemos investigación frecuentemente. Cuando nos atrae una persona que conocimos en alguna junta, una reunión o un salón de clases, tratamos de investigar si le podemos resultar atractivos. Cuando un amigo o amiga está enojado(a) con nosotros, buscamos examinar las razones. Cuando nos interesa un gran personaje histórico, indagamos cómo vivió y murió. Cuando buscamos empleo, nos dedicamos a investigar quién ofrece trabajo y en qué condiciones. Cuando nos agrada un platillo, nos interesa conocer la receta. Éstos son sólo algunos ejemplos de nuestro afán por investigar. Es algo que hacemos desde niños. ¿O alguien no ha visto a un bebé tratando de averiguar de dónde proviene un sonido?

La *investigación científica* es, en esencia, como cualquier tipo de investigación, sólo que más rigurosa, organizada y se lleva a cabo cuidadosamente. Como siempre señaló Fred N. Kerlinger: es sistemática, empírica y crítica. Esto se aplica tanto a estudios cuantitativos, cualitativos o mixtos. Que sea "sistemática" implica que hay una disciplina para realizar la investigación científica y que no se dejan los hechos a la casualidad. Que sea "empírica" denota que se recolectan y analizan datos. Que sea "crítica" quiere decir que se evalúa y mejora de manera constante. Puede ser más o menos controlada, más o menos flexible o abierta, más o menos estructurada, en particular bajo el enfoque cualitativo, pero nunca caótica y sin método.

Tal clase de investigación cumple dos propósitos fundamentales: *a)* producir conocimiento y teorías (investigación básica) y *b)* resolver problemas (investigación aplicada). Gracias a estos dos tipos de investigación la humanidad ha evolucionado. La investigación es la herramienta para conocer lo que nos rodea y su carácter es universal. Como señaló uno de los pensadores más connotados de finales del siglo xx, Carl Sagan, al hablar del posible contacto con seres "inteligentes" de otros mundos:

> Si es posible comunicarse, sabemos ya de qué tratarán las primeras comunicaciones: será sobre la única cosa que las dos civilizaciones tienen seguramente en común; a saber, la ciencia. Podría ser que el interés mayor fuera comunicar información sobre su música, por ejemplo, o sobre convenciones sociales; pero las primeras comunicaciones logradas serán de hecho científicas (Sagan *et al.*, 1978).

La *investigación científica* se concibe como un conjunto de procesos sistemáticos y empíricos que se aplican al estudio de un fenómeno; es dinámica, cambiante y evolutiva. Se puede manifestar de tres formas: cuantitativa, cualitativa y mixta. Esta última implica combinar las dos primeras. Cada una es importante, valiosa y respetable por igual.

Finalmente hemos de señalar que en la actualidad la investigación se desarrolla en *equipo* y cuando do se le encuentra sentido puede ser divertida y genera fuertes lazos de amistad entre los miembros del grupo. Ésta ha sido la experiencia de miles de jóvenes que se han aventurado en ella, viéndola como algo importante tanto para su formación como para el futuro y no como un "yugo". También diremos que *no* hay investigación perfecta, pues ningún ser humano lo puede ser; de lo que se trata es de hacer nuestro mejor esfuerzo. Por ello, los profesores y estudiantes debemos "arriesgarnos" y realizar investigación: "sólo hagámoslo".

Roberto Hernández Sampieri
Carlos Fernández Collado
Pilar Baptista Lucio

Agradecimientos especiales

Los autores de *Metodología de la investigación* agradecen a todos los profesores de América Latina y España por sus valiosas contribuciones, que siempre han enriquecido esta obra.

Acosta Martínez, Ana Isabel	*Universidad Autónoma de Baja California, México*
Acosta Pérez, Lorena Isabel	*Universidad Juárez Autónoma de Tabasco, México*
Acuña Palacios, Áurea	*Universidad del Valle de México, Campus San Rafael, México*
Aguiar Sierra, Rocío	*Instituto Tecnológico de Mérida, México*
Aguilar Aldana, Jorge Carlos	*Universidad Mesoamericana de San Agustín, Mérida, México*
Aguilar, Jorge	*Universidad Mesoamericana de San Agustín, México*
Aguirre Aguirre, Francisco	*Universidad de Occidente, Culiacán, México*
Aguirre Gómez, María Yolanda	*Facultad de Estudios Superiores Zaragoza, Universidad Nacional Autónoma de México, México*
Ahumada Tello, Eduardo	*Universidad Autónoma de Baja California, México*
Ale Burgos, José Alejandro	*Instituto Tecnológico de Durango, México*
Alonso Trujillo, Javier	*Facultad de Estudios Superiores Iztacala, Universidad Nacional Autónoma de México, México*
Álvarez Cuevas, Carlos E.	*Universidad Anáhuac Norte, México*
Álvarez Ochoa, Martín	*Universidad de Colima, México*
Amparán Martínez, Sergio Rodrigo	*Instituto Tecnológico de Hermosillo, México*
Amparo Tello, Dagoberto	*Centro Universitario de Ciencias Sociales y Humanidades, Universidad de Guadalajara, México*
Araiza Hoyos, María Teresa	*Universidad Anáhuac Norte, México*
Aranda Cotero, Claudia del Carmen	*Universidad Univer, Universidad UNIVA y Universidad del Valle de México, México*
Argüeso Mendoza, Yeniba	*Instituto Tecnológico de los Mochis, México*
Armenta Espinoza, Lamberto	*Universidad de Occidente, Culiacán, México*
Armijo Rodríguez, Iván Alejandro	*Universidad Católica, Chile*
Arroyo Jiménez, Gloria	*Instituto Tecnológico de Querétaro y Universidad Autónoma de Querétaro, México*
Ávila Zavaleta, Wilson Alejandro	*Universidad Nacional de la Amazonia Peruana, Perú*
Ayala Bobadilla, Nora Patricia	*Instituto Tecnológico de los Mochis, México*
Balderas Cortés, José de Jesús	*Instituto Tecnológico de Sonora, México*
Bañuelos Hernández, Martha Cristina	*Centro Universitario de la Costa, Universidad de Guadalajara, México*

Bañuelos Sánchez, Pedro	*Fundación Universidad de las Américas, Puebla, México*
Barbosa García, Gonzalo	*Universidad Latina de América, Michoacán, México*
Barraza Ibarra, Sergio Francisco	*Universidad La Salle, Campus Morelia; y Universidad Interamericana para el Desarrollo, sede Morelia; México*
Barrón de la Rosa, Jorge	*Instituto de Estudios Superiores de Tamaulipas, México*
Barroso Villegas, Rodolfo	*Facultad de Estudios Superiores Iztacala, Universidad Nacional Autónoma de México, México*
Bauchez Caballeros, Sonia	*Universidad de Occidente, Culiacán, México*
Bazaldúa Zamarripa, José Alberto	*Instituto de Estudios Superiores de Tamaulipas, México*
Becerra Juárez, Irma	*Universidad de Guadalajara, México*
Beltran Medina, Óscar	*Instituto Tecnológico de Culiacán, México*
Beltrán Soto, Sonia Janeth	*Universidad de Occidente, Culiacán, México*
Beltrán, María Candelaria	*Instituto Tecnológico de los Mochis, México*
Bernal, Luis Felipe	*Itesus, Mazatlán, México*
Borrego Belmar, Armida	*Escuela de Psicología, Universidad Autónoma de Sinaloa, Culiacán, México*
Burguete Leal, Bertha Isabel	*Fundación Universidad de Las Américas, Puebla, México*
Cabanillas Beltrán, Héctor	*Instituto Tecnológico de Tepic, México*
Cabral Araiza, Jesús	*Centro Universitario de la Costa, Universidad de Guadalajara, México*
Cabrera, Luis David	*Instituto Tecnológico y de Estudios Superiores de Monterrey, Campus Puebla, México*
Camacho Román, Blanca Alicia	*Universidad de Occidente, Culiacán, México*
Campero Carmona, Víctor Mario	*Instituto de Administración Pública del Estado de México, México*
Cano Arellano, Víctor Hugo	*Instituto de Estudios Universitarios Online, Puebla, México*
Cano Guzmán, Rodrigo	*Centro Universitario del Sur, Universidad de Guadalajara, México*
Cano Martínez, Lucía Cecilia	*Universidad Autónoma de Tamaulipas, México*
Cantón Galicia, Luz de Lourdes	*Universidad La Salle, México*
Cardona Azcárraga, Jorge	*Universidad Intercontinental y Facultad de Contaduría y Administración, Universidad Nacional Autónoma de México, México*
Carrillo Saucedo, Irene Concepción	*ICSA, Universidad Autónoma de Ciudad Juárez, México*
Castañeda Camey, Nicté Soledad	*Centro Universitario de Ciencias Económico-Administrativas, Universidad de Guadalajara, México*
Castañeda de la Rosa, Carlos Francisco	*Instituto Tecnológico de Estudios Superiores de Occidente, Guadalajara, México*
Castañeda, Carlos	*Instituto Tecnológico de Estudios Superiores de Occidente, Guadalajara, México*
Castro Castañeda, Remberto	*Centro Universitario de la Costa, Universidad de Guadalajara, México*
Castro Rojo, Nachely	*Universidad de Occidente, Culiacán, México*
Ceniseros Angulo, Julio César	*Universidad de Occidente, Culiacán, México*
Chávez Aramburo, Bertha María	*Universidad de Occidente, Culiacán, México*
Chávez Becerra, Margarita	*Facultad de Estudios Superiores Iztacala, Universidad Nacional Autónoma de México, México*
Chucuan, Ana	*Instituto Tecnológico de Culiacán, México*

Contreras Garduño, Juana	*Universidad Autónoma del Estado de México, México*
Contreras Guzmán, María Juana	*Instituto Tecnológico de Puebla, México*
Contreras Loera, Marcela Rebeca	*Universidad de Occidente, Culiacán, México*
Contreras Ramírez, María del Socorro	*Facultad de Estudios Superiores Zaragoza, Universidad Nacional Autónoma de México, México*
Correa Pérez, Manuel José	*Instituto Tecnológico de Culiacán, México*
Cortés Benitez, Leobardo	*Instituto Tecnológico de Culiacán, México*
Cota Yáñez, Rosario	*Centro Universitario de Ciencias Económico-Administrativas, Universidad de Guadalajara, México*
Covarrubias, Pablo	*Universidad del Valle de México, Campus Zapopan, México*
Cruz Calderón, Joel	*Universidad Popular Autónoma del Estado de Puebla, México*
Cruz Pineda, Kevin Josué	*Universidad Católica de Honduras, Honduras*
Cuevas Tello, Ana Bertha	*Centro Universitario de Ciencias Económico-Administrativas, Universidad de Guadalajara, México*
Dávila Avendaño, María Cristina	*Universidad del Valle de Atemajac, México*
De Gante Casas, Alejandra	*Centro Universitario de Ciencias de la Salud, Universidad de Guadalajara, México*
De la Rosa Gómez, Isaías	*Instituto Tecnológico de Toluca y Universidad Autónoma del Estado de México, México*
De la Vega Rodríguez, Juan Manuel	*Escuela de Mercadotecnia, Instituto Campechano, México*
Del Pino Peña, Moisés	*Universidad Iberoamericana, D.F., México*
Del Rincón Sainz, Graciela Janeth	*Instituto Tecnológico de Culiacán, México*
Díaz Martínez, Sergio H.	*Universidad Madero, Puebla, México*
Díaz Sánchez, Luz María	*Universidad Univer, Guadalajara, México*
Domenge, Rogerio	*Instituto Tecnológico Autónomo de México, México*
Domínguez Aguirre, Luis Roberto	*Instituto Tecnológico Superior de Puerto Vallarta, México*
Domínguez Gutiérrez, Silvia	*Universidad de Guadalajara y Centro Universitario de Ciencias de la Salud, México*
Domínguez Nava, Ramiro	*Universidad de Occidente, Culiacán, México*
Encinas Norzagaray, Lilia	*Universidad de Sonora, México*
Escalante Mondaca, Rey David	*Universidad de Occidente, Culiacán, México*
Escobar Bernal, María de Jesús	*Itesus Mazatlán, México*
Escobar García, Óscar Fidel	*Universidad de Occidente, Culiacán, México*
Espejo Cruz, Miguel de Jesús	*Unidad Académica de Contaduría y Administración, Universidad Autónoma de Nayarit, México*
Espinola Esparza, Eduardo Benito	*Universidad del Valle de México, Campus San Rafael, México*
Espinosa Delgadillo, Víctor Manuel	*Universidad Autónoma del Estado de México, Campus Teotihuacan, México*
Espinosa Gómez, Josmán	*Universidad Marista, D.F., México*
Espinoza García, Alfredo	*Universidad Santo Tomás, Sede Santiago, Chile*
Espinoza, María de los Ángeles	*Escuela de Contabilidad y Administración, Universidad Autónoma de Sinaloa, México*
Farías Padilla, José Gonzalo	*Instituto Tecnológico de Cerro Azul, México*
Fernández Mojica, Nohemí	*Facultad de Pedagogía, Universidad Veracruzana, México*
Flores Ruiz, Gilberto	*Universidad Lamar y Universidad de Guadalajara, México*

Frías Arroyo, Irma Beatriz	*Facultad de Estudios Superiores Iztacala, Universidad Nacional Autónoma de México, México*
Galvez Vega, Benjamín	*Universidad de Occidente, Culiacán, México*
Gamez Osuna, Adriana	*Universidad de Occidente, Culiacán, México*
Gámez, Efraín	*Instituto Tecnológico de los Mochis, México*
García Arias, Edgar	*Centro Hidalguense de Estudios Superiores, Centro Universitario Iberomexicano, México*
García Cruz, Rubén	*Instituto de Ciencias de la Salud, Universidad Autónoma del Estado de Hidalgo, México*
García González, Mercedes	*Facultad de Contaduría y Administración, Universidad Nacional Autónoma de México, México*
García Hernández, Claudia	*Instituto Tecnológico de Sonora, México*
García Trejo, Juan	*Facultad de Ciencias Politicas y Sociales, Universidad Nacional Autónoma de México, México*
Garibaldi Acosta, Concepción	*Universidad de Sonora, México*
Garrido Bustamante, Pablo	*Facultad de Estudios Superiores Zaragoza, Universidad Nacional Autónoma de México, México*
Garrido Garduño, Adriana	*Facultad de Estudios Superiores Iztacala, Universidad Nacional Autónoma de México, México*
Gastelum Escalante, Jorge Antonio	*Universidad de Occidente, Culiacán, México*
Gaxiola, Martha	*Escuela de Psicología, Universidad Autónoma de Sinaloa, Culiacán, México*
Gil Ornelas, Javier	*Universidad de Occidente, Los Mochis, México*
Godinez Enriquez, Marco Antonio	*Universidad de Guadalajara, México*
Godínez Ochoa, Aída	*Instituto Tecnológico de Estudios Superiores de Occidente, Guadalajara, México*
Gómez Díaz, María del Rocío	*Facultad de Contaduría y Administración, Universidad Autónoma del Estado de México, México*
Gómez Gómez, Cleide	*Facultad de Contaduría y Administración, Universidad Autónoma de Chiapas, México*
González Álvarez, María de los Ángeles	*Centro Universitario de Ciencias de la Salud, Universidad de Guadalajara, México*
González Espericueta, Fernando	*Universidad de Occidente, Culiacán, México*
González Ramírez, Alejandra	*Universidad La Salle, México*
Guitérrez Preciado, Sandra Elena	*Universidad del Valle de México, Campus Hermosillo, México*
Gutiérrez Ayala, Melisa	*Instituto Tecnológico de los Mochis, México*
Gutiérrez Rodríguez, María Concepción	*Universidad Autónoma de Zacatecas, México*
Guzmán Guzmán, Rosalva	*Universidad de Occidente, Culiacán, México*
Hernández Chávez, Ania	*Universidad de Guadalajara, México*
Hernández Coton, Silvio Genaro	*Universidad de Guadalajara, México*
Hernández Luna, Alberto A.	*Instituto Tecnológico y de Estudios Superiores de Monterrey, Campus Monterrey, México*
Hernández Ortiz, Iván	*Universidad Autónoma del Estado de Hidalgo, México*
Hidalgo Díaz, Elsie	*Universidad Tecnológica de México, México*
Hinojosa Deándar, Adriana Margarita	*Instituto Tecnológico de Nuevo Laredo, México*
Huerta Carvajal, María Isabel	*Universidad de las Américas, Puebla, México*
Huitrón Vázquez, Blanca Estela	*Facultad de Estudios Superiores Iztacala, Universidad Nacional Autónoma de México, México*

Ibarra Quevedo, Nora Margarita — *Centro de Estudios Superiores del Estado de Sonora y Universidad del Valle de México, Campus Hermosillo, México*

Ibarra, Mario — *Universidad de Occidente, Culiacán, México*

Íñiguez Sepúlveda, César Domingo — *Escuela de Psicología, Universidad Autónoma de Sinaloa, Culiacán, México*

Jacobo, Lisha — *Universidad La Salle, D.F. y Universidad Iberoamericana, D.F., México*

Jiménez Laiseca, Jorge — *Universidad Autónoma de Campeche, México*

Juárez González, Jesús Ramón — *Universidad de Occidente, Los Mochis, México*

Juárez Lugo, Carlos Saúl — *Centro Universitario, Universidad Autónoma del Estado de México, Ecatepec, y Universidad Autónoma del Estado de México, México*

Khonde Ngoma, Timothée — *Universidad del Valle de México, Campus San Rafael y Universidad de Turismo y Ciencias Administrativas, México*

Kido Miranda, Juan Carlos — *Instituto Tecnológico de Iguala y Universidad Tecnológica de la Región Norte de Guerrero, México*

Krawczyk, Ana Rosenbluth — *Universidad Adolfo Ibáñez, Chile*

Laborín Álvarez, Jesús Francisco — *Universidad del Desarrollo Profesional; Universidad del Valle de México, Campus Hermosillo, y Universidad Kino México*

Lara Barrón, Ana María — *Facultad de Estudios Superiores Iztacala, Universidad Nacional Autónoma de México, México*

Lara Cruz, Elba — *Instituto Tecnológico de Minatitlán, México*

Lara Morales, Horacio — *Universidad de las Américas, México*

Lazo Soto, María José — *Universidad La Salle, Laguna, México*

Leal Leal, Amado — *Universidad de Occidente, Culiacán, México*

Leal Ontiveros, Ileana Paola — *Instituto Tecnológico de los Mochis, México*

Leyva Ureña, Herminio — *Cucea, Universidad de Guadalajara, México*

López Arciga, Gerardo de Jesús — *Universidad Popular Autónoma del Estado de Puebla, México*

López González, Benjamín — *Instituto Tecnológico de Toluca, México*

López Inda, Karina Azucena — *Escuela de Contabilidad y Admnistración, Universidad Autónoma de Sinaloa, México*

López Méndez, Magnolia del R. — *Universidad Autónoma de Campeche, México*

López Ramírez, Evangelina — *Facultad de Ciencias Humanas, Universidad Autónoma de Baja California, México*

López Reyes, Alejandro — *Universidad La Salle, México*

López Rodríguez, Mayli — *Universidad del Valle de México, Campus San Ángel, México*

López Roman, Marlén — *Universidad de Occidente, Culiacán, México*

López Romo, Carlos Fernando — *Instituto del Medio Ambiente del Estado de Aguascalientes, México*

Lugo Galera, Carlos — *Universidad Iberoamericana, D.F., México*

Lugo Medina, Eder — *Instituto Tecnológico de los Mochis, México*

Luna Reyes, Dayana — *Universidad Autónoma del Estado de Hidalgo, México*

Luna Sierra, María Montserrat — *Universidad Autónoma del Estado de México, Ecatepec, México*

Madera Carrillo, Humberto — *Instituto Tecnológico de Estudios Superiores de Occidente, Guadalajara, México*

Magaña Mena, Juan José — *Universidad Juárez Autónoma de Tabasco, México*

Maldonado Martínez, Miriam Mariana — *Facultad de Contaduría y Administración, Universidad Autónoma del Estado de México, México*

Maldonado Santos, Beatriz — *Universidad Autónoma de Ciudad Juárez, México*

Mancilla Miranda, Fernando Manuel — *Facultad de Estudios Superiores Zaragoza, Universidad Nacional Autónoma de México, México*

Márquez Borbón, Raymundo — *Instituto Tecnológico de Sonora, México*

Martín del Campo de la Colina, Consuelo Guadalupe — *Instituto Tecnológico de Sonora, México*

Martínez Flores, Rogelio — *Universidad Autónoma Metropolitana Xochimilco, México*

Martínez López, Armando — *Centro Universitario de la Costa Sur, Universidad de Guadalajara, México*

Martínez Sáenz, Enrico — *Instituto de Estudios Superiores de Tamaulipas, México*

Martínez Sánchez, Arturo — *Universidad del Valle de Atemajac, Guadalajara, México*

Mascarúa Alcázar, Miguel Antonio — *Universidad Popular Autónoma del Estado de Puebla, México*

Maytorena Noriega, María de los Ángeles — *Universidad de Sonora, México*

Medina Pereda, José Ángel — *Universidad de Occidente, Culiacán, México*

Mejía Zarazúa, Humberto — *Universidad Autónoma del Estado de Hidalgo y Universidad La Salle, Pachuca, México*

Mendiola Romero, Jaime Alejandro — *Instituto Tecnológico y de Estudios Superiores de Monterrey, Campus Guadalajara, México*

Mendoza Lavín, Georgina — *Universidad de Occidente, Culiacán, México*

Mendoza, Héctor Manuel — *Universidad de Sonora, México*

Mercado Salgado, Patricia — *Facultad de Contaduría y Administración, Universidad Autónoma del Estado de México, México*

Merino Fuentes, Alejandro Fabio — *Universidad Franco-Mexicana del Valle de México y La Salle, México*

Mesinas Cortés, César — *Instituto Tecnológico de Hermosillo, México*

Miranda Chávez, Rosa María — *Instituto Universitario del Estado de México y Centro Universitario de Ixtlahuaca, México*

Miranda López, Itzel — *Universidad de Occidente, Culiacán, México*

Miranda Palacios, Jorge — *Escuela de Psicología, Universidad Autónoma de Sinaloa, Culiacán, México*

Mojardin, Ambrosio — *Escuela de Psicología, Universidad Autónoma de Sinaloa, Culiacán, México*

Molina Salazar, Raúl Enrique — *Universidad Autónoma Metropolitana Iztapalapa, México*

Montalvo, Dionisio — *Universidad Metropolitana, Puerto Rico*

Montaño Cervantes, Felipe de Jesús — *Centro Universitario de Ciencias Económico-Administrativas/ Universidad de Guadalajara, México*

Montaño, Elizabeth — *Escuela de Psicología, Universidad Autónoma de Sinaloa, Culiacán, México*

Montero Pereyra, Lourdes — *Universidad Olmeca, Tabasco, México*

Montoya Avecías, Jorge — *Facultad de Estudios Superiores Iztacala, Universidad Nacional Autónoma de México, México*

Montoya, Martha — *Instituto Tecnológico de Culiacán, México*

Mora Brito, Ángel H. — *Universidad Cristóbal Colón Veracruz, México*

Morales Álvarez, Leticia — *Universidad del Valle de México, Campus San Rafael, México*

Morales Cruz, María del Carmen	*Instituto Tecnológico Superior de Centla, México*
Mota Flores, Irma Patricia	*Universidad Veracruzana, Región Veracruz, México*
Muñoz López, Francisco	*Facultad de Ingeniería, Universidad Autónoma de Tlaxcala, México*

Obeso Montoya, David	*Instituto Tecnológico de Culiacán, México*
Ochoa Alcántar, José Manuel	*Instituto Tecnológico de Sonora, México*
Ochoa Hernández, María Bernardett	*Cento Universitario de Ciencias Económico-Administrativas, Universidad de Guadalajara, México*

Octavio Tapia Fonllem, Esar	*Universidad de Sonora, México*
Ornelas Tavares, Patricia	*Instituto Tecnológico y de Estudios Superiores de Occidente y Universidad Panamericana, Campus Guadalajara México*

Orozco Antelmo, Raymundo	*Instituto Tecnológico de Zitácuaro, México*
Orozco Jara, Rito Abel	*Universidad de Guadalajara, México*
Osorio, Marcos	*Universidad de Occidente, Los Mochis, México*
Palacio, Jorge	*Universidad del Norte, Barranquilla, Colombia*
Parra, Natanael	*Instituto Tecnológico de los Mochis, México*
Pastrana Gutiérrez, Belinda	*Instituto Tecnológico de Minatitlán, Veracruz, México*
Peña Gómez, Adriana del Carmen	*Universidad Tecnológica de Guadalajara, México*
Peraza González, Carmen D.	*Universidad del Este, Puerto Rico*
Pérez Luque, Gilberto	*Instituto Tecnológico de Culiacán, México*
Pérez Martínez, Gaspar Alberto	*Instituto Tecnológico de Campeche, México*
Pérez Mendía, Ernesto Antonio	*Universidad La Salle, Universidad del Valle de México, Universidad Intercontinental y Universidad Simón Bolívar, México*

Pérez Orta, Eduardo	*Esime Culhuacán, Instituto Politécnico Nacional, México*

Pérez Soltero, Alonso	*Universidad de Sonora, México*
Pinzón Lizarraga, Leny Michele	*Instituto Tecnológico de Mérida, México*
Ponce Martínez, Guadalupe	*Universidad de Occidente, Culiacán, México*
Poras Aguirre, Josefina	*Instituto Tecnológico de Comitán, Chiapas, México*
Puga Reyes, Francisco Joaquín	*Instituto Tecnológico de Campeche, México*
Quijano Vega, Gil Arturo	*Instituto Tecnológico de Hermosillo, México*
Quintero García, Rosa Delia	*Universidad de Occidente, Culiacán, México*
Ramírez Buentello, María Guadalupe Leticia	*Universidad La Salle Noroeste, México*

Ramírez Lozano, Raúl	*Instituto Tecnológico de Cancún, México*
Ramos Espinal, Marco Antonio	*Universidad Católica de Honduras, Honduras*
Ramos Estrada, Dora Yolanda	*Instituto Tecnológico de Sonora, Ciudad Obregón, México*

Ramos Sánchez, Pedro Alfonso	*Universidad Autónoma del Estado de Hidalgo, México*
Rangel Cervantes, Patricia Guadalupe	*Instituto Tecnológico de Culiacán, México*
Rebollar, Gerardo Adán	*Instituto Tecnológico de Iguala, México*
Rendón Ortiz, María Isabel	*Instituto Tecnológico Superior de Cajeme, México*
Reyes Castellanos, María Elena	*Instituto Tecnológico de Minatitlán, México*
Reyes Medina, Hernández	*Universidad del Mar, Oaxaca, México*
Reyes Medina, Soraida Martina	*C.B.T.I.S. 206, México*
Ríos Herrera, Alfonso	*Universidad La Salle, México*
Ríos Quintana, Samuel Diamante	*Instituto Tecnológico de la Laguna y Universidad Iberoamericana, Plantel Laguna, México*

Rivas Rivera, Felipe — *Centro Universitario de Ciencias de la Salud, Universidad de Guadalajara, México*

Robles Estrada, Erika — *Universidad Autónoma del Estado de México*

Rodríguez Alegría, Agustina — *Universidad de Guadalajara, México*

Rodríguez Arechavaleta, Carlos Manuel — *Universidad Iberoamericana, D.F., México*

Rodríguez García, José Luis — *Instituto Tecnológico de Chilpancingo, México*

Rodríguez Quintero, Gloria Beatriz — *Universidad de Occidente, Culiacán, México*

Roldán Rojas, Juan Homero — *Universidad Autónoma del Estado de Hidalgo y Centro Universitario Siglo XXI, México*

Romano Molinar, Roberto Francisco — *Instituto Tecnológico de Toluca, México*

Romero Ceronio, Nancy — *Universidad Juárez Autónoma de Tabasco, México*

Romero Ramírez, Mucio Alejandro — *Universidad Autónoma del Estado de Hidalgo, México*

Romero, Carolina — *Escuela de Contabilidad y Administración, Universidad Autónoma de Sinaloa, México*

Romero, Gloria — *Universidad del Valle de México, Campus Tlalpan, México*

Romo, Verónica — *Universidad Central, Chile*

Rosado Castillo, Ana María — *Facultad de Estudios Superiores Zaragoza, Universidad Nacional Autónoma de México, México*

Ross Argüelles, Guadalupe de la Paz — *Instituto Tecnológico de Sonora, México*

Rubio, Guillermo — *Instituto Tecnológico de Culiacán, México*

Ruiz García, Rosa Isela — *Facultad de Estudios Superiores Iztacala, Universidad Nacional Autónoma de México, México*

Ruiz Contreras, Alejandra Evelyn — *Facultad de Psicología, Universidad Nacional Autónoma de México, México*

Ruiz Elías Troy, Laura Irene — *Instituto Tecnológico y de Estudios Superiores de Monterrey, Campus Guadalajara, México*

Ruiz Ortega, Mario — *Universidad de Guadalajara, México*

Ruiz Rivas, José Rolando — *Universidad Católica de Honduras, Honduras*

Salazar Alcaraz, Aida — *Universidad de Occidente, Culiacán, México*

Salazar Calderón, Enrique Eduardo — *Instituto Tecnológico y de Estudios Superiores de Occidente, México*

Salgado Vega, María del Carmen — *Facultad de Economía, Universidad Autónoma del Estado de México, México*

Sánchez Ferrer, Lizbeth — *Instituto Tecnológico de Veracruz, México*

Sánchez Juárez, Ezequiel — *Instituto Politécnico Nacional, Esime Culhuacán, México*

Sánchez Lara, Enrique — *Universidad Popular Autónoma del Estado de Puebla México*

Sánchez Morraz, Ana María — *Universidad Nacional Autónoma de Nicaragua, Nicaragua*

Sánchez Trejo, Víctor Gabriel — *Universidad Autónoma del Estado de Hidalgo, México*

Santamaría Suárez, Sergio — *Instituto de Ciencias de la Salud, Universidad Autónoma del Estado de Hidalgo, México*

Saracho Zamora, Sergio Ernesto — *Universidad de Occidente, Culiacán, México*

Sauceda Pérez, José Antonio — *Instituto Tecnológico de Culiacán, México*

Serrano Camarena, Diana E. — *Centro Universitario de Ciencias Sociales y Humanidades, Universidad de Guadalajara, México*

Silva Riquelme, Pedro Alejandro — *Universidad del Desarrollo, Chile*

Silva Silva, María Irene — *Universidad Autónoma Metropolitana Iztapalapa, México*

Suárez S. Rafael H.	*Universidad Santo Tomás, Seccional Bucaramanga; Universidad Cooperativa de Colombia y Escuela Superior de Administración Pública, Territorial Santander; Colombia*
Tiburcio Silver, Adriana	*Instituto Tecnológico de Estudios Superiores de Occidente, Guadalajara, México*
Toledo, César	*Itesus Mazatlán, México*
Torres Castro, Hilda Soledad	*Facultad de Estudios Superiores Zaragoza, Universidad Nacional Autónoma de México, México*
Torres Orozco, Claudia Graciela	*Universidad Politécnica de Altamira y Universidad Valle de México, Campus Tampico, México*
Torres Ríos, Dante	*Universidad del Valle de México, Campus San Rafael, México*
Torresillas Ureta, Martha	*Universidad de Occidente, Culiacán, México*
Trujillo Grás, Omar	*Instituto Tecnológico y de Estudios Superiores de Occidente; Universidad del Valle de México, Campus Guadalajara, y Universidad de Guadalajara, México*
Ureta Torrecillas, Martha Esther	*Universidad de Occidente, Unidad Culiacán, México*
Urías Chávez, César Alonso	*Escuela de Psicología, Universidad Autónoma de Sinaloa, Culiacán, México*
Valdez Medina, José Luis	*Facultad de Ciencias de la Conducta, Universidad Autónoma del Estado de México, México*
Valencia Herrera, Humberto	*Instituto Tecnológico y de Estudios Superiores de Monterrey, Campus Ciudad de México, México*
Valencia Méndez, Salvador	*Instituto Tecnológico de Iguala, México*
Vales García, Javier José	*Instituto Tecnológico de Sonora, México*
Vasquez Valenzuela, Maribel Andrea	*Universidad Santo Tomás, Sede Santiago, Chile*
Vázquez Medina, Benjamín	*Univer Guadalajara y Universidad Tecnológica de Jalisco, México*
Vázquez Peña, Moisés	*Instituto Tecnológico de Chilpancingo, México*
Vega Osuna, Luis	*Universidad de Occidente, Culiacán, México*
Victorica Pérez, Carmen Verónica	*Universidad del Valle de Atemajac, México*
Villarroel Muñoz, Felipe	*Universidad del Mar, Sede Maipú, Chile*
Villegas Quezada, Carlos	*Universidad Iberoamericana, D.F., México*
Willcox Hoyos, María del Rocío	*Universidad Iberoamericana y Universidad Intercontinental, México*
Wilson Oropeza, David René	*Universidad del Valle de México, Campus San Ángel, y Universidad Nacional Autónoma de México, México*
Yañez Moneda, Alicia Lucrecia	*Universidad Popular Autónoma del Estado de Puebla, México*
Zamarripa Franco, Román Alberto	*Instituto de Estudios Superiores de Tamaulipas, México*
Zamora Barrera, Elsie E.	*Universidad Iberoamericana, D.F., México*
Zapiain García, Ernestina Inés	*Universidad Autónoma Metropolitana Iztapalapa, México*
Zavaleta Rito, Alfredo	*Universidad Cristóbal Colón, Veracruz, México*

Estructura pedagógica

La estrategia pedagógica en que se apoya este libro ha sido ampliamente probada y aceptada por sus múltiples lectores y usuarios. En cada capítulo el estudiante encontrará:

- Esquema del proceso que se está estudiando para que el estudiante lo ubique en relación con el esquema completo de la obra.

Proceso de investigación cuantitativa

Paso 5 Establecimiento de las hipótesis

- Analizar la conveniencia de formular o no hipótesis que orienten el resto de la investigación.
- Formular las hipótesis de la investigación, si se ha considerado conveniente.
- Precisar las variables de las hipótesis.
- Definir conceptualmente las variables de las hipótesis.
- Definir operacionalmente las variables de las hipótesis.

Oo Objetivos del aprendizaje

Al terminar este capítulo, el alumno será capaz de:

1. Conocer las actividades que debe realizar para revisar la literatura relacionada con un problema de investigación cuantitativa.
2. Ampliar sus habilidades en la búsqueda y revisión de la literatura, así como en el desarrollo de perspectivas teóricas.
3. Estar capacitado para, con base en la revisión de la literatura, construir marcos teóricos o de referencia que contextualicen un problema de investigación cuantitativo.
4. Comprender el papel que desempeña la literatura dentro del proceso de la investigación cuantitativa.

Síntesis

En el capítulo se comenta y profundiza la manera de contextualizar el problema de investigación planteado, mediante el desarrollo de una perspectiva teórica.

Se detallan las actividades que un investigador lleva a cabo para tal efecto: detección, obtención y consulta de la literatura pertinente para el problema de investigación, extracción y recopilación de la información de interés y construcción del marco teórico.

- Síntesis y objetivos del aprendizaje al inicio de cada capítulo, a fin de que el lector sepa cuáles son los temas de estudio y lo que se espera de su avance en la revisión del texto.

- Los mapas conceptuales permiten relacionar de manera fácil los conceptos y puntos relevantes

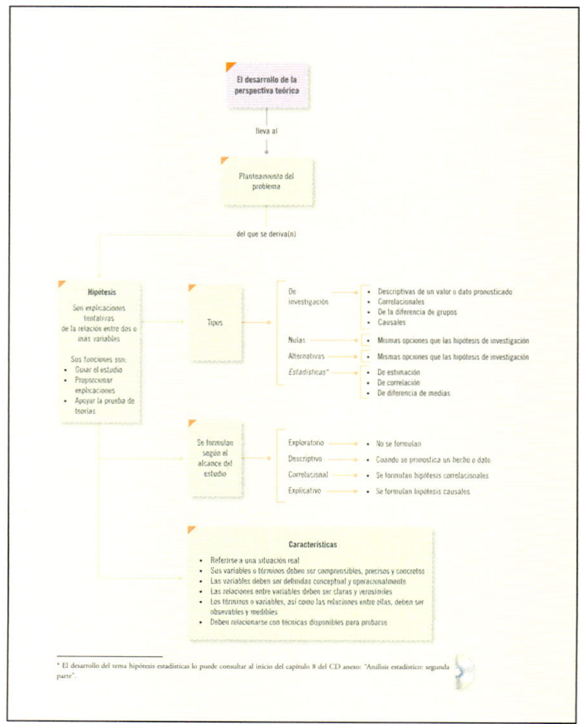

- Ejemplos insertos en el texto conforme se desarrollan los temas con el objeto de reforzar de manera inmediata los puntos estudiados.

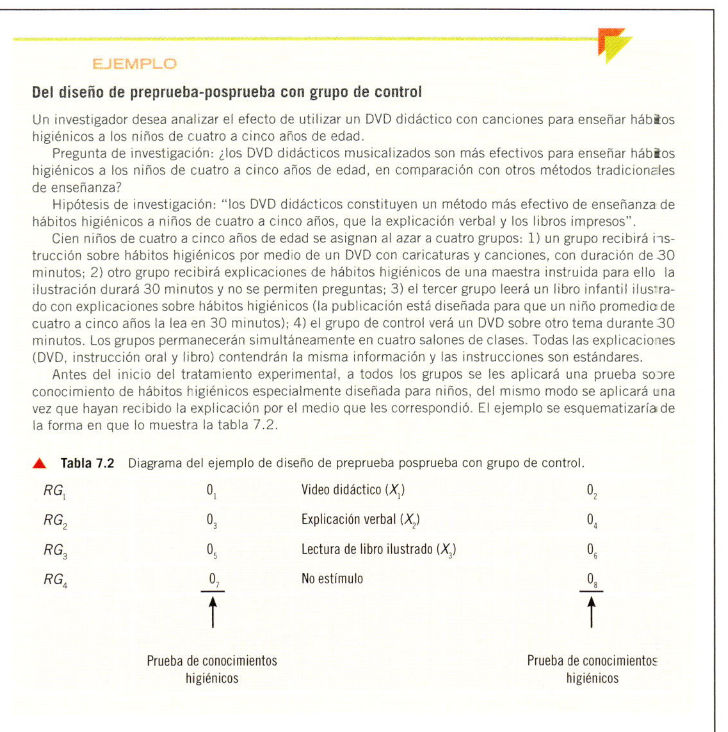

▲ **Tabla 7.2** Diagrama del ejemplo de diseño de preprueba posprueba con grupo de control.

- Glosario marginal, resumen y lista de conceptos básicos como herramientas fundamentales de repaso.

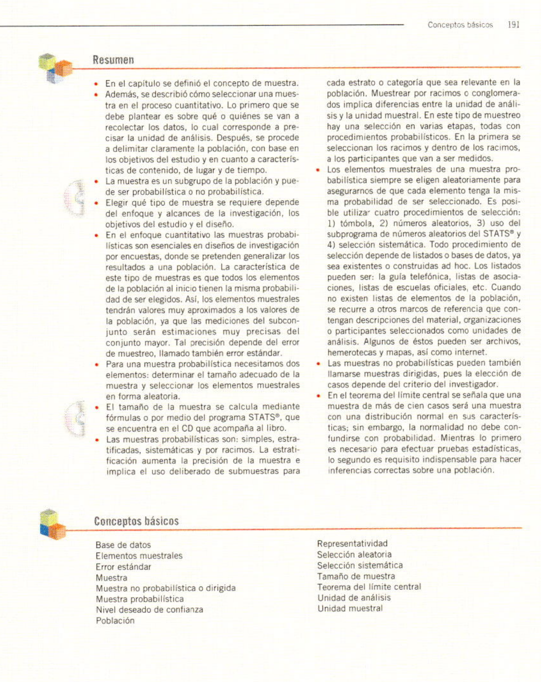

- Ejercicios donde el lector tiene un parámetro de su avance en el aprendizaje.
- Ejemplos desarrollados conforme se analiza cada enfoque con el objeto de reforzar de manera inmediata los puntos estudiados.

Ejercicios

1. Plantee una pregunta sobre un problema de investigación exploratorio, uno descriptivo, uno correlacional y uno explicativo.
2. Acuda a un lugar donde se congreguen varias personas (un estadio de fútbol, una cafetería, un centro comercial, una fiesta) y observe todo lo que pueda del lugar y lo que está sucediendo; después, deduzca un tópico de estudio y establezca una investigación con alcance correlacional y explicativo.

    Las siguientes preguntas de investigación a qué tipo de estudio corresponden (consulte las respuestas en el CD anexo → Apéndice 3 → respuestas a los ejercicios).

    a) ¿A cuánta inseguridad se exponen los habitantes de la ciudad de Madrid?, ¿en promedio cuántos asaltos ocurrieron diariamente durante los últimos 12 meses?, ¿cuántos robos a casa-habitación?, ¿cuántos homicidios?, ¿cuántos asaltos a comercios?, ¿cuántos robos de vehículos automotores?, ¿cuántos lesionados?

    b) ¿Qué opinan los empresarios panameños de las tasas impositivas hacendarias?

    c) ¿El alcoholismo en las esposas genera mayor número de abandonos y divorcios que el alcoholismo en los maridos? (En los matrimonios de clase alta y origen latinoamericano que viven en Nueva York.)

    d) ¿Cuáles son las razones por las que un determinado programa tuvo el mayor teleauditorio en la historia de la televisión de cierto país?

3. Respecto del problema de investigación que se planteó en el capítulo 3, ¿a qué tipo de estudio corresponde?

Ejemplos desarrollados

La televisión y el niño

La investigación se inicia como descriptiva y finalizará como descriptiva/correlacional, ya que pretende analizar los usos y las gratificaciones de la televisión en niños de diferentes niveles socioeconómicos, edades, géneros y otras variables (se relacionarán nivel socioeconómico y uso de la televisión, entre otras).

La pareja y la relación ideales

La investigación se inicia como descriptiva, ya que se pretende que los universitarios participantes caractericen mediante calificativos a la pareja y la relación ideales (prototipos), pero al final será correlacional, pues vinculará los calificativos utilizados para describir a la pareja ideal con los atribuidos a la relación ideal. Asimismo, intentará jerarquizar tales calificativos.

El abuso sexual infantil

Esta investigación tiene un alcance correlacional/explicativo. Correlacional debido a que determinará la relación entre dos medidas, una cognitiva y la otra conductual, para evaluar los programas de prevención del abuso en niñas y niños entre cuatro y seis años de edad. Explicativo, porque pretende analizar cuál posee mayor validez y confiabilidad, así como las razones de ello.

- Al final de cada capítulo, la sección "Los investigadores opinan", donde se muestran puntos de vista de académicos acerca de la investigación científica.

Los investigadores opinan

Creo que debemos hacerles ver a los estudiantes que comprender el método científico no es difícil y que, por lo tanto, investigar la realidad tampoco lo es. La investigación bien utilizada es una valiosa herramienta del profesional en cualquier área; no hay mejor forma de plantear soluciones eficientes y creativas para los problemas que tener conocimientos profundos acerca de la situación. También, hay que hacerles comprender que la teoría y la realidad no son polos opuestos, sino que están totalmente relacionados.

Un problema de investigación bien planteado es la llave de la puerta de entrada al trabajo en general, pues de esta manera permite la precisión en los límites de la investigación, la organización adecuada del marco teórico y las relaciones entre las variables; en consecuencia, es posible llegar a resolver el problema y generar datos relevantes para interpretar la realidad que se desea aclarar.

En un mismo estudio es posible combinar diferentes enfoques; también estrategias y diseños, puesto que se puede estudiar un problema cuantitativamente y, a la vez, entrar a niveles de mayor profundidad por medio de las estrategias de los estudios cualitativos. Se trata de un excelente modo de estudiar las complejas realidades del comportamiento social.

En cuanto a los avances que se han logrado en investigación cuantitativa, destaca la creación de instrumentos para medir una serie de fenómenos psicosociales que hasta hace poco se consideraban imposibles de abordar científicamente. Por otro lado, el desarrollo y uso masivo de la computadora en la investigación ha propiciado que se facilite el uso de diseños, con los cuales es posible estudiar múltiples influencias sobre una o más variables. Lo anterior acercó la compleja realidad social a la teoría científica.

Los enfoques cuantitativo y cualitativo en la investigación científica

Definiciones de los enfoques cuantitativo y cualitativo, sus similitudes y diferencias

Metodología de la investigación

- Enfoque cuantitativo.
- Enfoque cualitativo.
- Enfoque mixto.

Objetivos del aprendizaje

Al terminar este capítulo, el alumno será capaz de:

1 Definir los enfoques cuantitativo y cualitativo de la investigación.
2 Reconocer las características de los enfoques cuantitativo y cualitativo de la investigación.
3 Identificar los procesos cuantitativo y cualitativo de la investigación.
4 Determinar las similitudes y diferencias entre los enfoques cuantitativo y cualitativo de la investigación.

Síntesis

En el capítulo se definen los enfoques cuantitativo y cualitativo de la investigación, sus similitudes y diferencias. Asimismo, se identifican las características esenciales de cada enfoque, y se destaca que ambos han sido herramientas igualmente valiosas para el desarrollo de las ciencias. Por otro lado, se presentan en términos generales los procesos cuantitativo y cualitativo de la investigación.

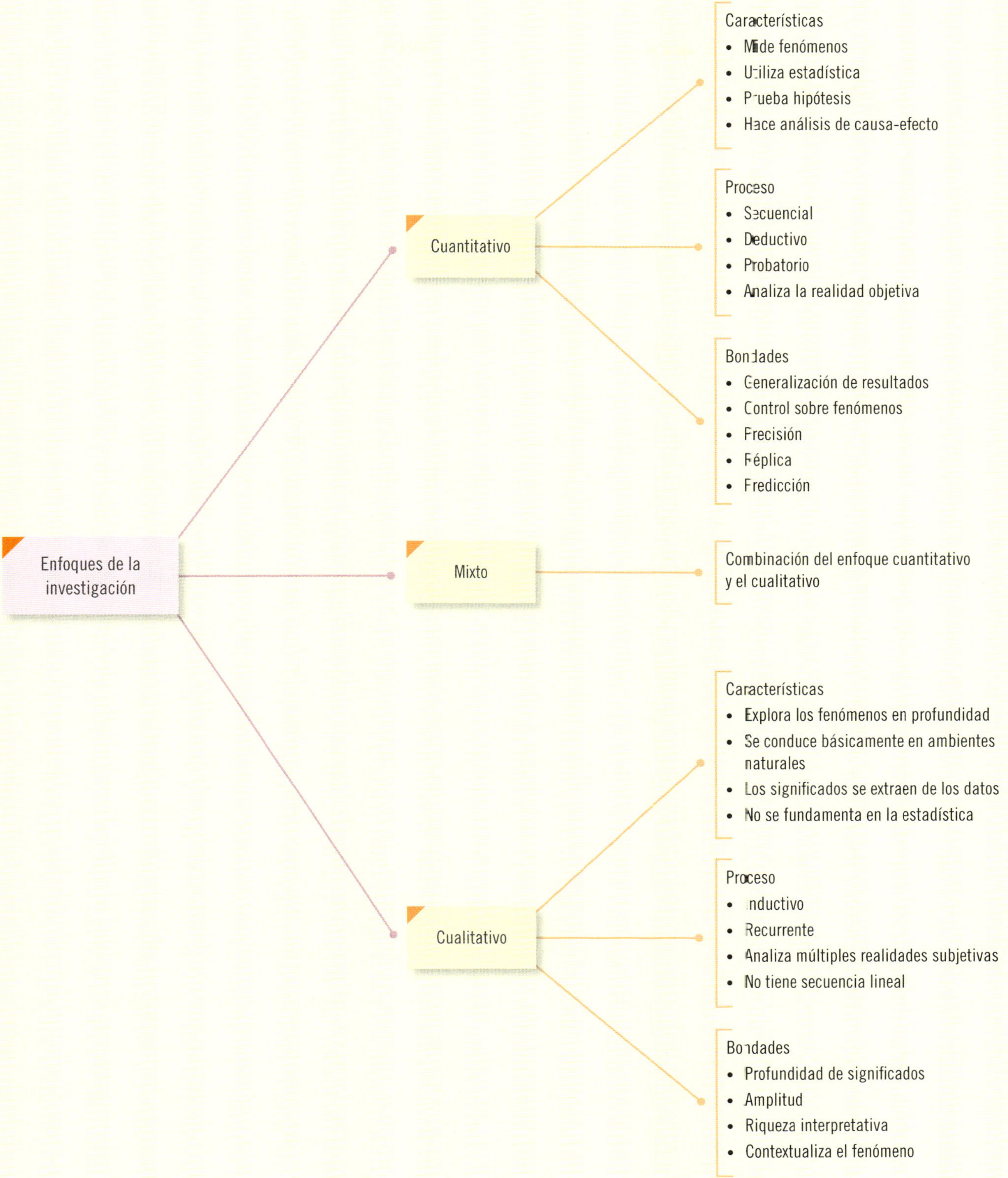

Enfoques de la investigación

Cuantitativo

Características
- Mide fenómenos
- Utiliza estadística
- Prueba hipótesis
- Hace análisis de causa-efecto

Proceso
- Secuencial
- Deductivo
- Probatorio
- Analiza la realidad objetiva

Bondades
- Generalización de resultados
- Control sobre fenómenos
- Precisión
- Réplica
- Predicción

Mixto

Combinación del enfoque cuantitativo y el cualitativo

Cualitativo

Características
- Explora los fenómenos en profundidad
- Se conduce básicamente en ambientes naturales
- Los significados se extraen de los datos
- No se fundamenta en la estadística

Proceso
- Inductivo
- Recurrente
- Analiza múltiples realidades subjetivas
- No tiene secuencia lineal

Bondades
- Profundidad de significados
- Amplitud
- Riqueza interpretativa
- Contextualiza el fenómeno

En el capítulo 1 del CD que acompaña este libro, encontrará información sobre la historia de los enfoques cuantitativo, cualitativo y mixto, y en el capítulo 12, una ampliación de los métodos mixtos a este capítulo y al 17 de esta misma obra.

¿Cómo se define la investigación?

La **investigación** es un conjunto de procesos sistemáticos, críticos y empíricos que se aplican al estudio de un fenómeno.

¿Qué enfoques se han presentado en la investigación?

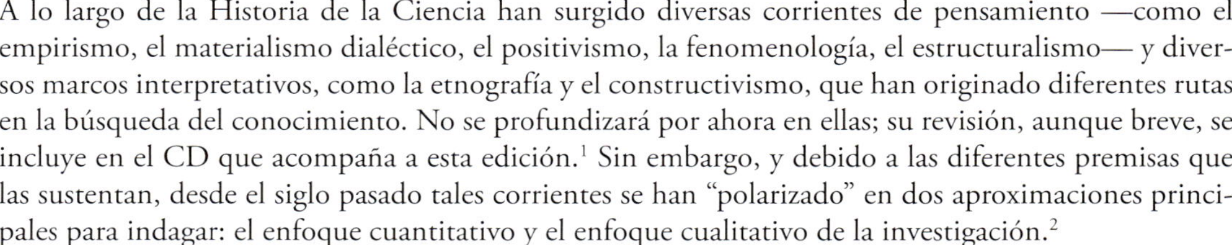 A lo largo de la Historia de la Ciencia han surgido diversas corrientes de pensamiento —como el empirismo, el materialismo dialéctico, el positivismo, la fenomenología, el estructuralismo— y diversos marcos interpretativos, como la etnografía y el constructivismo, que han originado diferentes rutas en la búsqueda del conocimiento. No se profundizará por ahora en ellas; su revisión, aunque breve, se incluye en el CD que acompaña a esta edición.[1] Sin embargo, y debido a las diferentes premisas que las sustentan, desde el siglo pasado tales corrientes se han "polarizado" en dos aproximaciones principales para indagar: el enfoque cuantitativo y el enfoque cualitativo de la investigación.[2]

Ambos enfoques emplean procesos cuidadosos, metódicos y empíricos en su esfuerzo para generar conocimiento, por lo que la definición previa de investigación se aplica a los dos por igual, y utilizan, en términos generales, cinco fases similares y relacionadas entre sí (Grinnell, 1997):

1. Llevan a cabo la observación y evaluación de fenómenos.
2. Establecen suposiciones o ideas como consecuencia de la observación y evaluación realizadas.
3. Demuestran el grado en que las suposiciones o ideas tienen fundamento.
4. Revisan tales suposiciones o ideas sobre la base de las pruebas o del análisis.
5. Proponen nuevas observaciones y evaluaciones para esclarecer, modificar y fundamentar las suposiciones e ideas; o incluso para generar otras.

Sin embargo, aunque las aproximaciones cuantitativa y cualitativa comparten esas estrategias generales, cada una tiene sus propias características.

¿Qué características posee el enfoque cuantitativo de investigación?

El **enfoque cuantitativo** (que representa, como dijimos, un conjunto de procesos) es secuencial y probatorio. Cada etapa precede a la siguiente y no podemos "brincar o eludir" pasos,[3] el orden es riguroso, aunque, desde luego, podemos redefinir alguna fase. Parte de una idea, que va acotándose y, una vez delimitada, se derivan objetivos y preguntas de investigación, se revisa la literatura y se construye un marco o una perspectiva teórica. De las preguntas se establecen hipótesis y determinan variables; se desarrolla un plan para probarlas (diseño); se miden las variables en un determinado contexto; se analizan las mediciones obtenidas (con frecuencia utilizando métodos estadísticos), y se establece una serie de conclusiones respecto de la(s) hipótesis. Este proceso se representa en la figura 1.1 y se desarrollará en la segunda parte del libro.

Enfoque cuantitativo Usa la recolección de datos para probar hipótesis, con base en la medición numérica y el análisis estadístico, para establecer patrones de comportamiento y probar teorías.

[1] En el CD anexo al presente libro, el lector encontrará un capítulo sobre los antecedentes de las aproximaciones cuantitativa y cualitativa (vea el primer capítulo: "Historia de los enfoques cuantitativo, cualitativo y mixto").

[2] Aunque en el CD se profundiza más en este tema, por ahora basta decir que el enfoque cuantitativo en las ciencias sociales se origina fundamentalmente en la obra de Auguste Comte (1798-1857) y Émile Durkheim (1858-1917). Ellos propusieron que el estudio sobre los fenómenos sociales requiere ser "científico", es decir, susceptible a la aplicación del mismo método que se utilizaba con éxito en las ciencias naturales. Tales autores sostenían que todas las "cosas" o fenómenos que estudiaban las ciencias eran medibles. A esta corriente se le llama *positivismo*.

El enfoque cualitativo tiene su origen en otro pionero de las ciencias sociales: Max Weber (1864-1920), quien introduce el término "verstehen" o "entender", con lo que reconoce que además de la descripción y medición de variables sociales, deben considerarse los significados subjetivos y la comprensión del contexto donde ocurre el fenómeno. Weber propuso un método híbrido, con herramientas como los tipos ideales, en donde los estudios no sean únicamente de variables macrosociales, sino de instancias individuales.

[3] Por ejemplo, no podemos definir y seleccionar la muestra, si aún no hemos establecido las hipótesis; tampoco es posible recolectar o analizar datos si previamente no hemos desarrollado el diseño o definido la muestra.

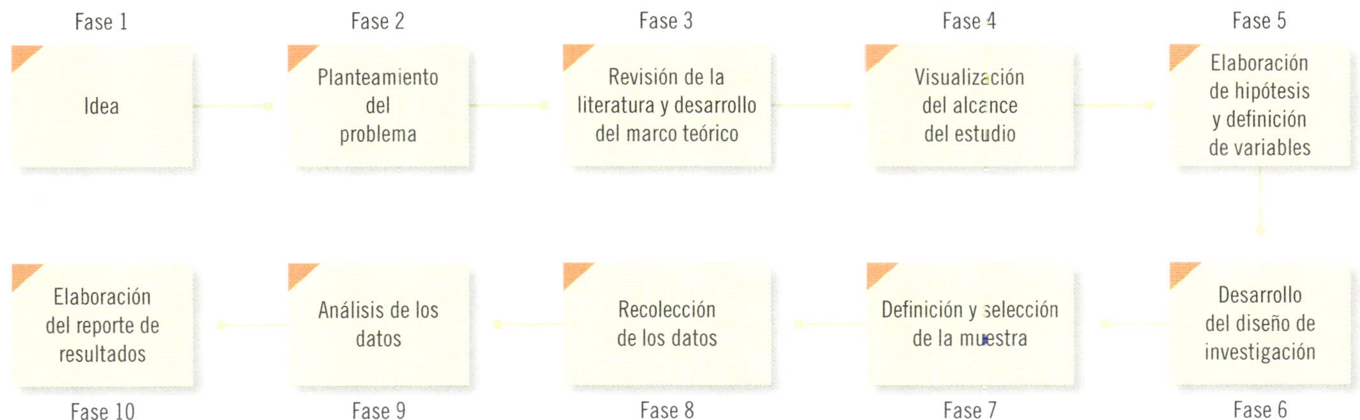

Figura 1.1   Proceso cuantitativo.

El enfoque cuantitativo tiene las siguientes características:

1. El investigador o investigadora *plantea un problema de estudio delimitado y concreto*. Sus preguntas de investigación versan sobre cuestiones específicas.
2. Una vez planteado el problema de estudio, el investigador o investigadora considera lo que se ha investigado anteriormente (la *revisión de la literatura*) y construye un *marco teórico* (la teoría que habrá de guiar su estudio), del cual deriva una o varias *hipótesis* (cuestiones que va a examinar si son ciertas o no) y las somete a prueba mediante el empleo de los diseños de investigación apropiados. Si los resultados corroboran las hipótesis o son congruentes con éstas, se aporta evidencia en su favor. Si se refutan, se descartan en busca de mejores explicaciones y nuevas hipótesis. Al apoyar las hipótesis se genera confianza en la teoría que las sustenta. Si *no* es así, se descartan las hipótesis y, eventualmente, la teoría.
3. Así, las hipótesis (por ahora denominémoslas creencias) se generan antes de recolectar y analizar los datos.
4. La *recolección de los datos* se fundamenta en la medición (se miden las variables o conceptos contenidos en las hipótesis). Esta recolección se lleva a cabo al utilizar procedimientos estandarizados y aceptados por una comunidad científica. Para que una investigación sea creíble y aceptada por otros investigadores, debe demostrarse que se siguieron tales procedimientos. Como en este enfoque se pretende *medir*, los fenómenos estudiados deben poder observarse o referirse en el "mundo real".
5. Debido a que los datos son producto de mediciones se representan mediante números (cantidades) y se deben *analizar* a través de *métodos estadísticos*.
6. En el proceso se busca el máximo control para lograr que otras explicaciones posibles distintas o "rivales" a la propuesta del estudio (hipótesis), sean desechadas y se excluya la incertidumbre y minimice el error. Es por esto que se confía en la experimentación y/o las pruebas de causa-efecto.
7. Los análisis cuantitativos se interpretan a la luz de las predicciones iniciales (hipótesis) y de estudios previos (teoría). La interpretación constituye una explicación de cómo los resultados encajan en el conocimiento existente (Creswell, 2005).
8. La investigación cuantitativa debe ser lo más "objetiva" posible.[4] Los fenómenos que se observan y/o miden no deben ser afectados por el investigador. Éste debe evitar en lo posible que sus temo-

---

[4] Desde luego, sabemos que no existe la objetividad "pura o completa".

res, creencias, deseos y tendencias influyan en los resultados del estudio o interfieran en los procesos y que tampoco sean alterados por las tendencias de otros (Unrau, Grinnell y Williams, 2005).

9. Los estudios cuantitativos siguen un patrón predecible y estructurado (el proceso) y se debe tener presente que las decisiones críticas se efectúan antes de recolectar los datos.

10. En una investigación cuantitativa se pretende generalizar los resultados encontrados en un grupo o segmento (muestra) a una colectividad mayor (universo o población). También se busca que los estudios efectuados puedan replicarse.

11. Al final, con los estudios cuantitativos se intenta explicar y predecir los fenómenos investigados, buscando regularidades y relaciones causales entre elementos. Esto significa que la meta principal es la construcción y demostración de teorías (que explican y predicen).

12. Para este enfoque, si se sigue rigurosamente el proceso y, de acuerdo con ciertas reglas lógicas, los datos generados poseen los estándares de validez y confiabilidad, y las conclusiones derivadas contribuirán a la generación de conocimiento.

13. Esta aproximación utiliza la lógica o razonamiento deductivo, que comienza con la teoría y de ésta se derivan expresiones lógicas denominadas hipótesis que el investigador busca someter a prueba.

14. La investigación cuantitativa pretende identificar leyes universales y causales (Bergman, 2008).

15. La búsqueda cuantitativa ocurre en la realidad externa al individuo. Esto nos conduce a una explicación sobre cómo se concibe la realidad con esta aproximación a la investigación.

Para este último fin utilizaremos la explicación de Grinnell (1997) y Creswell (1997) que consta de cuatro párrafos:

1. Hay dos realidades: la primera es *interna* y consiste en las creencias, presuposiciones y experiencias *subjetivas* de las personas. Éstas llegan a variar: desde ser muy vagas o generales (intuiciones) hasta ser creencias bien organizadas y desarrolladas lógicamente a través de teorías formales. La segunda realidad es *objetiva*, *externa* e *independiente* de las creencias que tengamos sobre ella (la autoestima, una ley, los mensajes televisivos, una edificación, el SIDA, etc., ocurren, es decir, cada una constituye una realidad a pesar de lo que pensemos de ella).

2. Esta realidad objetiva es susceptible de conocerse. Bajo esta premisa, resulta posible investigar una realidad externa y autónoma del investigador.

3. Se necesita comprender o tener la mayor cantidad de información sobre la realidad objetiva. Conocemos la realidad del fenómeno y los eventos que la rodean a través de sus manifestaciones, y para entender cada realidad (el porqué de las cosas) es necesario registrar y analizar dichos eventos. Desde luego, en el *enfoque cuantitativo* lo subjetivo existe y posee un valor para los investigadores; pero de alguna manera este enfoque se aboca a demostrar qué tan bien se adecua el conocimiento a la realidad objetiva. Documentar esta coincidencia constituye un propósito central de muchos estudios cuantitativos (que los efectos que consideramos que provoca una enfermedad sean verdaderos, que captemos la relación "real" entre las motivaciones de un sujeto y su conducta, que un material que se supone posea una determinada resistencia auténticamente la tenga, entre otros).

4. Cuando las investigaciones creíbles establezcan que la *realidad objetiva* es diferente de nuestras creencias, éstas deben modificarse o adaptarse a tal realidad. Lo anterior se visualiza en la figura 1.2 (note el lector que la "realidad" no cambia, es la misma; lo que se ajusta es el conjunto de creencias o hipótesis del investigador y, en consecuencia, la teoría).

En el caso de las ciencias sociales, el enfoque cuantitativo parte de que el mundo "social" es intrínsecamente cognoscible y todos podemos estar de acuerdo con la naturaleza de la realidad social.

Figura 1.2 Relación entre la teoría, la investigación y la realidad en el enfoque cuantitativo.

¿Qué características posee el enfoque cualitativo de investigación?

El **enfoque cualitativo**[5] también se guía por áreas o temas significativos de investigación. Sin embargo, en lugar de que la claridad sobre las preguntas de investigación e hipótesis preceda a la recolección y el análisis de los datos (como en la mayoría de los estudios cuantitativos), los *estudios cualitativos* pueden desarrollar preguntas e hipótesis antes, durante o después de la recolección y el análisis de los datos. Con frecuencia, estas actividades sirven, primero, para descubrir cuáles son las preguntas de investigación más importantes, y después, para refinarlas y responderlas. La acción indagatoria se mueve de manera dinámica en ambos sentidos: entre los hechos y su interpretación, y resulta un proceso más bien "circular" y no siempre la secuencia es la misma, varía de acuerdo con cada estudio en particular. A continuación intentamos visualizarlo en la figura 1.3, pero cabe señalar que es simplemente eso, un intento, porque su complejidad y flexibilidad son mayores. Este proceso se despliega en la tercera parte del libro.

Enfoque cualitativo Utiliza la recolección de datos sin medición numérica para descubrir o afinar preguntas de investigación en el proceso de interpretación.

Para comprender la figura 1.3 es necesario observar lo siguiente:

a) Aunque ciertamente hay una revisión inicial de la literatura, ésta puede complementarse en cualquier etapa del estudio y apoyar desde el planteamiento del problema hasta la elaboración del reporte de resultados (la vinculación teoría-etapas del proceso se representa mediante flechas curvadas).

---

[5] Este enfoque ha sido también referido como investigación naturalista, fenomenológica, interpretativa o etnográfica, y es una especie de "paraguas" en el cual se incluye una variedad de concepciones, visiones, técnicas y estudios no cuantitativos. De acuerdo con Grinnell (1997) existen diversos marcos interpretativos, como el interaccionismo, la etnometodología, el constructivismo, el feminismo, la fenomenología, la psicología de los constructos personales, la teoría crítica, etc., que se incluyen en este "paraguas para efectuar estudios".

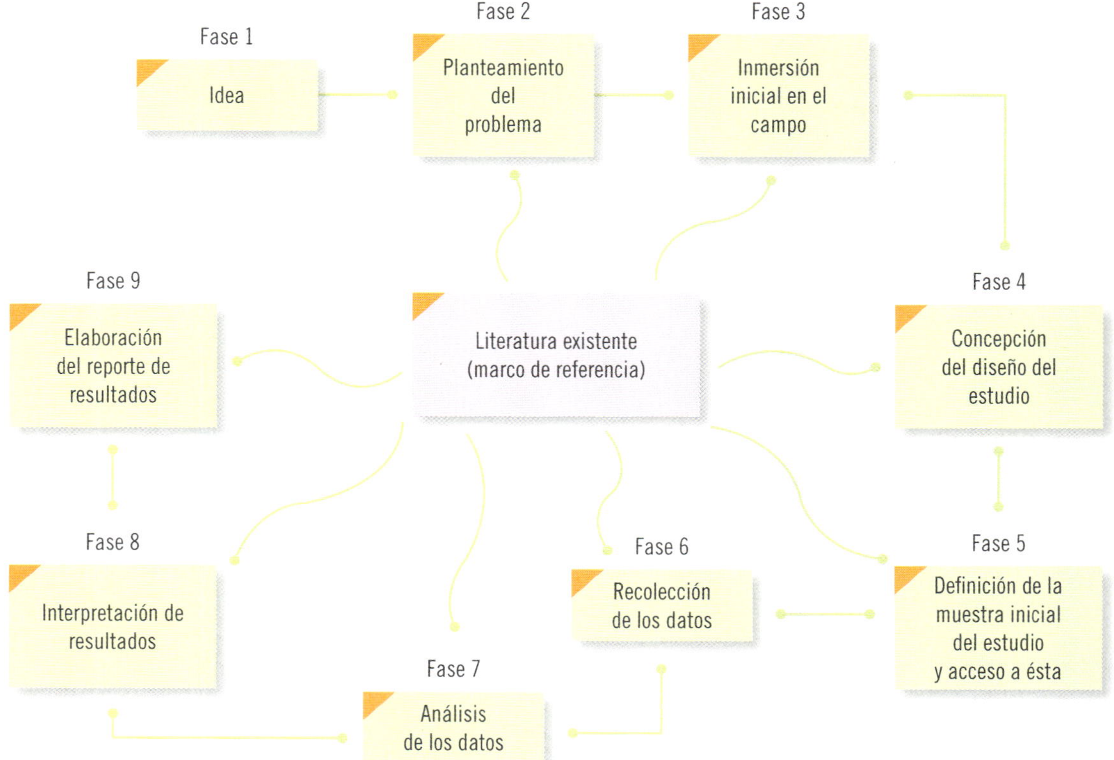

Figura 1.3   Proceso cualitativo.

b) En la investigación cualitativa con frecuencia es necesario regresar a etapas previas. Por ello, las flechas de las fases que van de la inmersión inicial en el campo hasta el reporte de resultados se visualizan en dos sentidos.

Por ejemplo, el primer diseño del estudio puede modificarse al definir la muestra inicial y pretender tener acceso a ésta (podría ser el caso que se desee observar a ciertas personas en sus ambientes naturales, pero por alguna razón descubrimos que no es factible efectuar las observaciones deseadas; en consecuencia, la muestra y los ambientes de estudio tienen que variar, y el diseño debe ajustarse). Tal fue la situación de un estudiante que deseaba observar a criminales de alta peligrosidad con ciertas características en una prisión, pero le fue negado el acceso y tuvo que acudir a otra prisión, donde entrevistó a criminales menos peligrosos.

Asimismo, al analizar los datos, podemos advertir que necesitamos un número mayor de participantes u otras personas que al principio no estaban contempladas, lo cual modifica la muestra concebida originalmente. O bien, que debemos analizar otra clase de datos no considerados al inicio del estudio (por ejemplo, habíamos planeado efectuar únicamente entrevistas y nos encontramos con documentos valiosos de los individuos que nos pueden ayudar a comprenderlos mejor, como sería el caso de sus "diarios personales").

c) La inmersión inicial en el campo significa sensibilizarse con el ambiente o entorno en el cual se llevará a cabo el estudio, identificar informantes que aporten datos y nos guíen por el lugar, adentrarse y compenetrarse con la situación de investigación, además de verificar la factibilidad del estudio.

d) En el caso del proceso cualitativo, la muestra, la recolección y el análisis son fases que se realizan prácticamente de manera simultánea.

Además de lo anterior, el *enfoque cualitativo* posee las siguientes características:

1. El investigador o investigadora plantea un problema, pero no sigue un proceso claramente defini-do. Sus planteamientos *no* son tan específicos como en el enfoque cuantitativo y las preguntas de investigación *no* siempre se han conceptualizado ni definido por completo.

2. Bajo la búsqueda cualitativa, en lugar de iniciar con una teoría particular y luego "voltear" al mundo empírico para confirmar si ésta es apoyada por los hechos, el investigador comienza examinando el mundo social y en este proceso desarrolla una teoría coherente con los datos, de acuerdo con lo que observa, frecuentemente denominada *teoría fundamentada* (Esterberg, 2002), con la cual observa qué ocurre. Dicho de otra forma, las *investigaciones cualitativas* se basan más en una lógica y proceso inductivo (explorar y describir, y luego generar perspectivas teóricas). Van de lo particular a lo general. Por ejemplo, en un típico estudio cualitativo, el investigador entrevista a una persona, analiza los datos que obtuvo y saca algunas conclusiones; posteriormente, entrevista a otra persona, analiza esta nueva información y revisa sus resultados y conclusiones; del mismo modo, efectúa y analiza más entrevistas para comprender lo que busca. Es decir, procede caso por caso, dato por dato, hasta llegar a una perspectiva más general.

3. En la mayoría de los estudios cualitativos no se prueban hipótesis, éstas se generan durante el proceso y van refinándose conforme se recaban más datos o son un resultado del estudio.

4. El enfoque se basa en métodos de recolección de datos *no* estandarizados ni completamente prede-terminados. No se efectúa una medición numérica, por lo cual el análisis no es estadístico. La recolección de los datos consiste en obtener las perspectivas y puntos de vista de los participantes (sus emociones, prioridades, experiencias, significados y otros aspectos subjetivos). También resul-tan de interés las interacciones entre individuos, grupos y colectividades. El investigador pregunta cuestiones abiertas, recaba datos expresados a través del lenguaje escrito, verbal y no verbal, así como visual, los cuales describe y analiza y los convierte en temas que vincula, y reconoce sus ten-dencias personales (Todd, 2005). Debido a ello, la preocupación directa del investigador se concen-tra en las vivencias de los participantes tal como fueron (o son) sentidas y experimentadas (Sherman y Webb, 1988). Patton (1980, 1990) define los **datos cualitativos** como descripciones detalladas de situaciones, eventos, personas, interacciones, conductas observadas y sus manifestaciones.

> **Datos cualitativos** Descripciones deta-lladas de situaciones, eventos, personas, interacciones, conductas observadas y sus manifestaciones.

5. Por lo expresado en los párrafos anteriores, el investigador cualitativo utiliza técnicas para recolectar datos, como la observación no estructurada, entrevistas abiertas, revisión de documentos, discusión en grupo, evaluación de experiencias personales, registro de historias de vida, e interacción e introspección con grupos o comunidades.

6. El proceso de indagación es más flexible y se mueve entre las respuestas y el desarrollo de la teoría. Su propósito consiste en "reconstruir" la realidad, tal como la observan los actores de un sistema social previamente definido. A menudo se llama *holístico*, porque se precia de considerar el "todo"[6] sin reducirlo al estudio de sus partes.

7. El enfoque cualitativo evalúa el desarrollo natural de los sucesos, es decir, no hay manipulación ni estimulación con respecto a la realidad (Corbetta, 2003).

8. La investigación cualitativa se fundamenta en una perspectiva interpretativa centrada en el enten-dimiento del significado de las acciones de seres vivos, sobre todo de los humanos y sus institucio-nes (busca interpretar lo que va captando activamente).

9. Postula que la "realidad" se define a través de las interpretaciones de los participantes en la inves-tigación respecto de sus propias realidades. De este modo convergen varias "realidades", por lo menos la de los participantes, la del investigador y la que se produce mediante la interacción de todos los actores. Además son realidades que van modificándose conforme transcurre el estudio y son las fuentes de datos.

---

[6] Aquí el "todo" es el fenómeno de interés. Por ejemplo, en su libro *Police Work*, Peter Manning (1997) se sumerge por semanas en el estudio y análisis del trabajo policiaco. Le interesa comprender las relaciones y lealtades que surgen entre personas que se dedican a esta profesión. Lo logra sin "medición" de actitudes, tan sólo captando el fenómeno mismo de la vida en la policía.

10. Por lo anterior, el investigador se introduce en las experiencias de los participantes y construye el conocimiento, siempre consciente de que es parte del fenómeno estudiado. Así, en el centro de la investigación está situada la diversidad de ideologías y cualidades únicas de los individuos.

11. Las indagaciones cualitativas no pretenden generalizar de manera probabilística los resultados a poblaciones más amplias ni necesariamente obtener muestras representativas; incluso, regularmente no buscan que sus estudios lleguen a replicarse.

12. El enfoque cualitativo puede concebirse como un conjunto de prácticas interpretativas que hacen al mundo "visible", lo transforman y convierten en una serie de representaciones en forma de observaciones, anotaciones, grabaciones y documentos. Es *naturalista* (porque estudia a los objetos y seres vivos en sus contextos o ambientes naturales y cotidianidad) e *interpretativo* (pues intenta encontrar sentido a los fenómenos en función de los significados que las personas les otorguen).

Dentro del enfoque cualitativo existe una variedad de concepciones o marcos de interpretación, como ya se comentó, pero en todos ellos hay un común denominador que podríamos situar en el concepto de **patrón cultural** (Colby, 1996), que parte de la premisa de que toda cultura o sistema social tiene un modo único para entender situaciones y eventos. Esta cosmovisión, o manera de ver el mundo, afecta la conducta humana. Los modelos culturales se encuentran en el centro del estudio de lo cualitativo, pues son entidades flexibles y maleables que constituyen marcos de referencia para el actor social, y están construidos por el inconsciente, lo transmitido por otros y por la experiencia personal.

Patrón cultural   Común denominador de los marcos de interpretación cualitativos, que parte de la premisa de que toda cultura o sistema social tiene un modo único para entender situaciones y eventos.

Creswell (1997) y Neuman (1994) sintetizan las actividades principales del investigador(a) cualitativo(a) con los siguientes comentarios:

- Adquiere un punto de vista "interno" (desde dentro del fenómeno), aunque mantiene una perspectiva analítica o una cierta distancia como observador(a) externo(a).
- Utiliza diversas técnicas de investigación y habilidades sociales de una manera flexible, de acuerdo con los requerimientos de la situación.
- No define las variables con el propósito de manipularlas experimentalmente.
- Produce datos en forma de notas extensas, diagramas, mapas o "cuadros humanos" para generar descripciones bastante detalladas.
- Extrae significado de los datos y no necesita reducirlos a números ni debe analizarlos estadísticamente (aunque el conteo puede utilizarse en el análisis).
- Entiende a los participantes que son estudiados y desarrolla empatía hacia ellos; no sólo registra hechos objetivos, "fríos".
- Mantiene una doble perspectiva: analiza los aspectos explícitos, conscientes y manifiestos, así como aquellos implícitos, inconscientes y subyacentes. En este sentido, la realidad subjetiva en sí misma es objeto de estudio.
- Observa los procesos sin irrumpir, alterar o imponer un punto de vista externo, sino tal como los perciben los actores del sistema social.
- Es capaz de manejar paradojas, incertidumbre, dilemas éticos y ambigüedad.

¿Cuáles son las diferencias entre los enfoques cuantitativo y cualitativo?

El *enfoque cualitativo* busca principalmente "dispersión o expansión" de los datos e información, mientras que el *enfoque cuantitativo* pretende intencionalmente "acotar" la información (medir con precisión las variables del estudio, tener "foco").[7]

---

[7] Usemos el ejemplo de una cámara fotográfica: en el estudio *cuantitativo* se define lo que se va a fotografiar y se toma la foto. En el *cualitativo* es como si la función de *"zoom in"* (acercamiento) y *"zoom out"* (alejamiento) se utilizaran constantemente para capturar en un área cualquier figura de interés.

En las investigaciones cualitativas, la reflexión es el puente que vincula al investigador y a los participantes (Mertens, 2005).

Así como un estudio cuantitativo se basa en otros previos, el estudio cualitativo se fundamenta primordialmente en sí mismo. El primero se utiliza para consolidar las creencias (formuladas de manera lógica en una teoría o un esquema teórico) y establecer con exactitud patrones de comportamiento en una población; y el segundo, para construir creencias propias sobre el fenómeno estudiado como lo sería un grupo de personas únicas.

Para reforzar las características de ambos enfoques y ahondar en sus diferencias, hemos preferido resumirlas en la tabla 1.1, donde se busca hacer un comparativo más que exponer una por una. Algunas concepciones han sido adaptadas o reformuladas de diversos autores.[8]

▲ **Tabla 1.1**   Diferencias entre los enfoques cuantitativo y cualitativo

Definiciones (dimensiones)	Enfoque cuantitativo	Enfoque cualitativo
Marcos generales de referencia básicos	Positivismo, neopositivismo y pospositivismo.	Fenomenología, constructivismo, naturalismo, interpretativismo.
Punto de partida*	Hay una realidad que conocer. Esto puede hacerse a través de la mente.	Hay una realidad que descubrir, construir e interpretar. La realidad es la mente.
Realidad a estudiar	Existe una realidad objetiva única. El mundo es concebido como externo al investigador.	Existen varias realidades subjetivas construidas en la investigación, las cuales varían en su forma y contenido entre individuos, grupos y culturas. Por ello, el investigador cualitativo parte de la premisa de que el mundo social es "relativo" y sólo puede ser entendido desde el punto de vista de los actores estudiados. Dicho de otra forma, el mundo es construido por el investigador.
Naturaleza de la realidad	La realidad no cambia por las observaciones y mediciones realizadas.**	La realidad sí cambia por las observaciones y la recolección de datos.
Objetividad	Busca ser objetivo.	Admite subjetividad.
Metas de la investigación	Describir, explicar y predecir los fenómenos (causalidad). Generar y probar teorías.	Describir, comprender e interpretar los fenómenos, a través de las percepciones y significados producidos por las experiencias de los participantes.
Lógica	Se aplica la lógica deductiva. De lo general a lo particular (de las leyes y teoría a los datos).	Se aplica la lógica inductiva. De lo particular a lo general (de los datos a las generalizaciones —no estadísticas— y la teoría).
Relación entre ciencias físicas/naturales y sociales	Las ciencias físicas/naturales y las sociales son una unidad. A las ciencias sociales pueden aplicárseles los principios de las ciencias naturales.	Las ciencias físicas/naturales y las sociales son diferentes. No se aplican los mismos principios.

(continúa)

---

* Becker (1993) dice: la "realidad" es el punto más estresante en las ciencias sociales. Las diferencias entre los dos enfoques han tenido un tinte eminentemente ideológico. El gran filósofo alemán Karl Popper (1965) nos hace entender que el origen de visiones conflictivas, sobre lo que es o debe ser el estudio del fenómeno social, se encuentra desde las premisas de diferentes definiciones de lo que es la realidad. El realismo, desde Aristóteles, establece que el mundo llega a ser conocido por la mente. Kant introduce que el mundo puede ser conocido porque la realidad se asemeja a las formas que la mente tiene. En tanto que Hegel va hacia un idealismo puro y propone: "El mundo es mi mente." Esto último es ciertamente confuso, y así lo considera Popper, advirtiendo que el gran peligro de esta posición es que permite el dogmatismo (como lo ha probado con el ejemplo del materialismo dialéctico). El avance en el conocimiento, dice Popper, necesita de conceptos que podamos refutar o probar. Esta característica delimita qué es y qué no es ciencia.

** Aunque algunos físicos al estudiar las partículas se han percatado de lo relativo que resulta esta aseveración.

---

[8] Creswell (2009 y 2005), García y Berganza (2005), Mertens (2005), Todd (2005), Unrau, Grinnell y Williams (2005), Corbetta (2003), Sandín (2003), Esterberg (2002), Guba y Lincoln (1994).

▲ **Tabla 1.1**   Diferencias entre los enfoques cuantitativo y cualitativo (*continuación*)

Definiciones (dimensiones)	Enfoque cuantitativo	Enfoque cualitativo
Posición personal del investigador	Neutral. El investigador "hace a un lado" sus propios valores y creencias. La posición del investigador es "imparcial", intenta asegurar procedimientos rigurosos y "objetivos" de recolección y análisis de los datos, así como evitar que sus sesgos y tendencias influyan en los resultados.	Explícita. El investigador reconoce sus propios valores y creencias, incluso son parte del estudio.
Interacción física entre el investigador y el fenómeno	Distanciada, separada.	Próxima, suele haber contacto.
Interacción psicológica entre el investigador y el fenómeno	Distanciada, lejana, neutral, sin involucramiento.	Cercana, próxima, empática, con involucramiento.
Papel de los fenómenos estudiados (objetos, seres vivos, etcétera)	Los papeles son más bien pasivos.	Los papeles son más bien activos.
Relación entre el investigador y el fenómeno estudiado	De independencia y neutralidad, no se afectan. Se separan.	De interdependencia, se influyen. No se separan.
Planteamiento del problema	Delimitado, acotado, específico. Poco flexible.	Abierto, libre, no es delimitado o acotado. Muy flexible.
Uso de la teoría	La teoría se utiliza para ajustar sus postulados al mundo empírico.	La teoría es un marco de referencia.
Generación de la teoría	La teoría es generada a partir de comparar la investigación previa con los resultados del estudio. De hecho, éstos son una extensión de los estudios antecedentes.	La teoría no se fundamenta en estudios anteriores, sino que se genera o construye a partir de los datos empíricos obtenidos y analizados.
Papel de la revisión de la literatura	La literatura representa un papel crucial, guía a la investigación. Es fundamental para la definición de la teoría, las hipótesis, el diseño y demás etapas del proceso.	La literatura desempeña un papel menos importante al inicio, aunque sí es relevante en el desarrollo del proceso. En ocasiones, provee de dirección, pero lo que principalmente señala el rumbo es la evolución de eventos durante el estudio y el aprendizaje que se obtiene de los participantes. El marco teórico es un elemento que ayuda a justificar la necesidad de investigar un problema planteado. Algunos autores del enfoque cualitativo consideran que su rol es únicamente auxiliar.
La revisión de la literatura y las variables o conceptos de estudio	El investigador hace una revisión de la literatura principalmente para buscar variables significativas que puedan ser medidas.	El investigador, más que fundamentarse en la revisión de la literatura para seleccionar y definir las variables o conceptos clave del estudio, confía en el proceso mismo de investigación para identificarlos y descubrir cómo se relacionan.
Hipótesis	Se prueban hipótesis. Éstas se establecen para aceptarlas o rechazarlas dependiendo del grado de certeza (probabilidad).	Se generan hipótesis durante el estudio o al final de éste.

(*continúa*)

▲ **Tabla 1.1**   Diferencias entre los enfoques cuantitativo y cualitativo (*continuación*)

Definiciones (dimensiones)	Enfoque cuantitativo	Enfoque cualitativo
Diseño de la investigación	Estructurado, predeterminado (precede a la recolección de los datos).	Abierto, flexible, construido durante el trabajo de campo o realización del estudio.
Población-muestra	El objetivo es generalizar los datos de una muestra a una población (de un grupo pequeño a uno mayor).	Regularmente no se pretende generalizar los resultados obtenidos en la muestra a una población.
Muestra	Se involucra a muchos sujetos en la investigación porque se pretende generalizar los resultados del estudio.	Se involucra a unos cuantos sujetos porque no se pretende necesariamente generalizar los resultados del estudio.
Composición de la muestra	Casos que en conjunto son estadísticamente representativos.	Casos individuales, representativos no desde el punto de vista estadístico.
Naturaleza de los datos	La naturaleza de los datos es cuantitativa (datos numéricos).	La naturaleza de los datos es cualitativa (textos, narraciones, significados, etcétera).
Tipo de datos	Datos confiables y duros. En inglés: *hard*.	Datos profundos y enriquecedores. En inglés: *soft*.
Recolección de los datos	La recolección se basa en instrumentos estandarizados. Es uniforme para todos los casos. Los datos se obtienen por observación, medición y documentación de mediciones. Se utilizan instrumentos que han demostrado ser válidos y confiables en estudios previos o se generan nuevos basados en la revisión de la literatura y se prueban y ajustan. Las preguntas o ítems utilizados son específicos con posibilidades de respuesta predeterminadas.	La recolección de los datos está orientada a proveer de un mayor entendimiento de los significados y experiencias de las personas. El investigador es el instrumento de recolección de los datos, se auxilia de diversas técnicas que se desarrollan durante el estudio. Es decir, no se inicia la recolección de los datos con instrumentos preestablecidos, sino que el investigador comienza a aprender por observación y descripciones de los participantes y concibe formas para registrar los datos que se van refinando conforme avanza la investigación.
Concepción de los participantes en la recolección de datos	Los participantes son fuentes externas de datos.	Los participantes son fuentes internas de datos. El investigador también es un participante.
Finalidad del análisis de los datos	Describir las variables y explicar sus cambios y movimientos.	Comprender a las personas y sus contextos.
Características del análisis de los datos	• Sistemático. Utilización intensiva de la estadística (descriptiva e inferencial). • Basado en variables. • Impersonal. • Posterior a la recolección de los datos.	• El análisis varía dependiendo del modo en que hayan sido recolectados los datos. • Fundamentado en la inducción analítica. • Uso moderado de la estadística (conteo, algunas operaciones aritméticas). • Basado en casos o personas y sus manifestaciones. • Simultáneo a la recolección de los datos. • El análisis consiste en describir información y desarrollar temas.
Forma de los datos para analizar	Los datos son representados en forma de números que son analizados estadísticamente.	Datos en forma de textos, imágenes, piezas audiovisuales, documentos y objetos personales.

(continúa)

▲ **Tabla 1.1**   Diferencias entre los enfoques cuantitativo y cualitativo (*continuación*)

Definiciones (dimensiones)	Enfoque cuantitativo	Enfoque cualitativo
Proceso del análisis de los datos	El análisis se inicia con ideas preconcebidas, basadas en las hipótesis formuladas. Una vez recolectados los datos numéricos, éstos se transfieren a una matriz, la cual se analiza mediante procedimientos estadísticos.	Por lo general, el análisis no se inicia con ideas preconcebidas sobre cómo se relacionan los conceptos o variables. Una vez reunidos los datos verbales, escritos y/o audiovisuales, se integran en una base de datos compuesta por texto y/o elementos visuales, la cual se analiza para determinar significados y describir el fenómeno estudiado desde el punto de vista de sus actores. Se integran descripciones de personas con las del investigador.
Perspectiva del investigador en el análisis de los datos	Externa (al margen de los datos). El investigador no involucra sus antecedentes y experiencias en el análisis. Mantiene distancia de éste.	Interna (desde los datos). El investigador involucra en el análisis sus propios antecedentes y experiencias, así como la relación que tuvo con los participantes del estudio.
Principales criterios de evaluación en la recolección y análisis de los datos	Objetividad, rigor, confiabilidad y validez.	Credibilidad, confirmación, valoración y transferencia.
Presentación de resultados	Tablas, diagramas y modelos estadísticos. El formato de presentación es estándar.	El investigador emplea una variedad de formatos para reportar sus resultados: narraciones, fragmentos de textos, videos, audios, fotografías y mapas; diagramas, matrices y modelos conceptuales. Prácticamente, el formato varía en cada estudio.
Reporte de resultados	Los reportes utilizan un tono objetivo, impersonal, no emotivo.	Los reportes utilizan un tono personal y emotivo.

Con el propósito de que el lector que se inicia en estos menesteres tenga una idea de la diferencia entre ambas aproximaciones, utilizaremos un ejemplo muy sencillo y cotidiano relativo a la atracción física, aunque a algunas personas podría parecerles simple. Desde luego, en el ejemplo no se consideran las implicaciones paradigmáticas que se encuentran detrás de cada enfoque; pero sí se hace hincapié en que, en términos prácticos, ambos contribuyen al conocimiento de un fenómeno.

EJEMPLO

Comprensión de los enfoques cuantitativo y cualitativo de la investigación

Supongamos que un(a) estudiante se encuentra interesado(a) en saber qué factores intervienen para que una persona sea definida y percibida como "atractiva y conquistadora" (que cautiva a individuos del género opuesto y logra que se sientan atraídos hacia él o ella y se enamoren). Entonces, decide llevar a cabo un estudio (su idea para investigar) en su escuela.

Bajo el enfoque cuantitativo-deductivo, el estudiante plantearía su problema de investigación definiendo su objetivo y su pregunta (lo que quiere hacer y lo que quiere saber).

Por ejemplo, el objetivo podría ser: "conocer los factores que determinan que una persona joven sea percibida como atractiva y conquistadora", y la pregunta de investigación: "¿qué factores determinan que una persona joven sea percibida como atractiva y conquistadora"?

Después, revisaría estudios sobre la atracción física y psicológica en las relaciones entre jóvenes, la percepción de los(as) jóvenes en torno a dichas relaciones, los elementos que intervienen en el inicio de la convivencia amorosa, las diferencias por género de acuerdo con los atributos y cualidades que les atraen de los demás, etcétera.

Un tema de la investigación cuantitativa-deductiva podría ser "¿qué factores determinan que una persona joven sea percibida como atractiva y conquistadora?"

Precisaría su problema de investigación; seleccionaría una teoría que explicara de manera satisfactoria —sobre la base de estudios previos— la atracción física y psicológica, la percepción de atributos y cualidades deseables en personas del género opuesto y el enamoramiento en las relaciones entre jóvenes; asimismo, y de ser posible, establecería una o varias hipótesis. Por ejemplo: "los chicos y las chicas que logran más conquistas amorosas y son percibidos(as) como más 'atractivos(as)' resultan ser aquellos(as) que tienen mayor prestigio social en la escuela, que son más seguros(as) de sí mismos(as) y más extravertidos(as)".

Después, podría entrevistar a compañeras y compañeros de su escuela y los interrogaría sobre el grado en que el prestigio social, la seguridad en uno mismo y la extraversión influyen en la "conquista" y "el atractivo" hacia personas del otro género. Incluso, llegaría a utilizar cuestionarios ya establecidos, bien diseñados y confiables. Tal vez entrevistaría sólo a una muestra de estudiantes. También sería posible preguntar a las personas jóvenes que tienen fama de conquistadoras y atractivas qué piensan al respecto.

Además, analizaría los datos y la información producto de las entrevistas para obtener conclusiones acerca de sus hipótesis. Quizá también experimentaría eligiendo a individuos jóvenes que tuvieran diferentes grados de prestigio, seguridad y extraversión (niveles del perfil "conquistador y atractivo"), lanzándolos a conquistar a jóvenes del género opuesto y evaluar los resultados.

Su interés sería generalizar sus descubrimientos, al menos en relación con lo que ocurre en su comunidad estudiantil. Busca probar sus creencias y si resulta que *no* consigue demostrar que el prestigio, la seguridad en sí mismo y la extraversión son factores relacionados con la conquista y el atractivo, intentaría otras explicaciones; tal vez agregando factores tales como la manera en que se visten, si son cosmopolitas (si han viajado mucho, conocen otras culturas), la inteligencia emocional, entre otros aspectos.

En el proceso irá deduciendo de la teoría lo que encuentra en su estudio. Desde luego, si la teoría que seleccionó es inadecuada, sus resultados serán pobres.

Bajo el enfoque cualitativo-inductivo, más que revisar las teorías sobre ciertos factores, lo que haría el estudiante sería sentarse en la cafetería a observar a chicos y chicas que tienen fama de ser atractivos y conquistadores. Observaría a la primera persona joven que considere tiene esas características, la analizaría y construiría un concepto de ella (¿cómo es?, ¿cuáles son sus características?, ¿cómo se comporta?, ¿cuáles son sus atributos y cualidades?, ¿de qué forma se relaciona con los demás?). Asimismo, sería testigo de cómo conquista a compañeras(os). Así, obtendría algunas conclusiones. Posteriormente haría lo mismo (observar) con otras personas jóvenes. Poco a poco entendería por qué son percibidos esos compañeros(as) como atractivos(as) y conquistadores(as). De ahí, podría derivar algún esquema que explique las razones por las cuales estas personas conquistan a otras.

Después entrevistaría, por medio de preguntas abiertas, a estudiantes de ambos géneros (percibidos como atractivos) y también a quienes han sido conquistados por ellos. De ahí, de nueva cuenta derivaría hallazgos y conclusiones y podría fundamentar algunas hipótesis, que al final contrastaría con las de otros estudios. No sería indispensable obtener una muestra representativa ni generalizar sus resultados. Pero al ir conociendo caso por caso, entendería las experiencias de los sujetos conquistadores atractivos y de los conquistados.

Su proceder sería inductivo: de cada caso estudiado obtendría quizás el perfil que busca y el significado de conquistar.

Debemos insistir en que tanto en el proceso cuantitativo como cualitativo es posible regresar a una etapa previa. Asimismo, el planteamiento siempre es susceptible de modificarse, esto es, se encuentra en evolución.

En ambos procesos, las técnicas de recolección de los datos pueden ser múltiples. Por ejemplo, en la investigación cuantitativa: cuestionarios cerrados, registros de datos estadísticos, pruebas estandarizadas, sistemas de mediciones fisiológicas, etc. En los estudios cualitativos: entrevistas profundas, pruebas proyectivas, cuestionarios abiertos, sesiones de grupos, biografías, revisión de archivos, observación, entre otros.

Finalmente, para terminar de responder a la pregunta de este apartado, en la tabla 1. 2, con base en conceptos previamente descritos, se comparan las etapas fundamentales de ambos procesos.

▲ **Tabla 1.2***   Comparación de las etapas de investigación de los procesos cuantitativo y cualitativo

Características cuantitativas	Procesos fundamentales del proceso general de investigación	Características cualitativas
• Orientación hacia la descripción, predicción y explicación • Específico y acotado • Dirigido hacia datos medibles u observables	← **Planteamiento del problema** →	• Orientación hacia la exploración, la descripción y el entendimiento • General y amplio • Dirigido a las experiencias de los participantes
• Rol fundamental • Justificación para el planteamiento y la necesidad del estudio	← **Revisión de la literatura** →	• Rol secundario • Justificación para el planteamiento y la necesidad del estudio
• Instrumentos predeterminados • Datos numéricos • Número considerable de casos	← **Recolección de los datos** →	• Los datos emergen poco a poco • Datos en texto o imagen • Número relativamente pequeño de casos
• Análisis estadístico • Descripción de tendencias, comparación de grupos o relación entre variables • Comparación de resultados con predicciones y estudios previos	← **Análisis de los datos** →	• Análisis de textos y material audiovisual • Descripción, análisis y desarrollo de temas • Significado profundo de los resultados
• Estándar y fijo • Objetivo y sin tendencias	← **Reporte de resultados** →	• Emergente y flexible • Reflexivo y con aceptación de tendencias

* Adaptado de Creswell (2005, p. 44).

¿Cuál de los dos enfoques es el mejor?

Desde nuestro punto de vista, ambos enfoques resultan muy valiosos y han realizado notables aportaciones al avance del conocimiento. Ninguno es intrínsecamente mejor que el otro, sólo constituyen diferentes aproximaciones al estudio de un fenómeno. La *investigación cuantitativa* nos ofrece la posibilidad de generalizar los resultados más ampliamente, nos otorga control sobre los fenómenos, así como un punto de vista de conteo y las magnitudes de éstos. Asimismo, nos brinda una gran posibilidad de réplica y un enfoque sobre puntos específicos de tales fenómenos, además de que facilita la comparación entre estudios similares.

Por su parte, la *investigación cualitativa* proporciona profundidad a los datos, dispersión, riqueza interpretativa, contextualización del ambiente o entorno, detalles y experiencias únicas. También aporta un punto de vista "fresco, natural y holístico" de los fenómenos, así como flexibilidad.

Desde luego, el método cuantitativo ha sido el más usado por ciencias como la física, química y biología. Por ende, es más propio para las ciencias llamadas "exactas o naturales". El método cualitativo se ha empleado más bien en disciplinas humanísticas como la antropología, la etnografía y la psicología social.

No obstante, ambos tipos de estudio son de utilidad para todos los campos, como lo demostraremos a lo largo de la presente obra. Por ejemplo, un ingeniero civil puede llevar a cabo una investigación para construir un gran edificio. Emplearía estudios cuantitativos y cálculos matemáticos para levantar su construcción, y analizaría datos estadísticos referentes a resistencia de materiales y estructuras similares construidas en subsuelos iguales bajo las mismas condiciones. Pero también puede enriquecer el estudio realizando entrevistas abiertas a ingenieros muy experimentados que le transmitirían sus vivencias, problemas que enfrentaron y las soluciones implementadas. Asimismo, podría platicar con futuros usuarios de la edificación para conocer sus necesidades y adaptarse a éstas.

Un estudioso de los efectos de una devaluación en la economía de un país, complementaría sus análisis cuantitativos con sesiones en profundidad con expertos y llevaría a cabo un análisis histórico (tanto cuantitativo como cualitativo) de los hechos.

Un analista de la opinión pública, al investigar sobre los factores que más inciden en la votación para una próxima elección, utilizaría grupos de enfoque con discusión abierta (cualitativos), además de encuestas por muestreo (cuantitativas).

Un médico que indague sobre qué elementos debe tener en cuenta para tratar a pacientes en fase terminal y lograr que enfrenten su situación de una mejor manera, revisaría la teoría disponible, consultaría investigaciones cuantitativas y cualitativas al respecto para conducir una serie de observaciones estructuradas de la relación médico-paciente en casos terminales (muestreando actos de comunicación y cuantificándolos). Además, entrevistaría a enfermos y médicos mediante técnicas cualitativas, organizaría grupos de enfermos para que hablen abiertamente de dicha relación y del trato que desean. Al terminar puede establecer sus conclusiones y obtener preguntas de investigación, hipótesis o áreas de estudio nuevas.

En el pasado se consideró que los enfoques cuantitativo y cualitativo eran perspectivas opuestas, irreconciliables y que no debían mezclarse. Los críticos del *enfoque cuantitativo* lo acusaron de ser "impersonal, frío, reduccionista, limitativo, cerrado y rígido". Además, consideraron que se estudiaba a las personas como "objetos" y que las diferencias individuales y culturales entre grupos no podían promediarse ni agruparse estadísticamente. Por su parte, los detractores del *enfoque cualitativo* lo consideraron "vago, subjetivo, inválido, meramente especulativo, sin posibilidad de réplica y sin datos sólidos que apoyaran las conclusiones". Argumentaban que no se tiene control sobre las variables estudiadas y que se carece del poder de entendimiento que generan las mediciones.

El divorcio entre ambos enfoques se originó por la idea de que un estudio con un enfoque podía neutralizar al otro. Se trató de una noción que impedía la reunión de los enfoques cuantitativo y cualitativo.

La posición asumida en esta obra siempre fue que son enfoques complementarios, es decir, cada uno se utiliza respecto a una función para conocer un fenómeno y conducirnos a la solución de los diversos problemas y cuestionamientos. El investigador debe ser metodológicamente plural y guiarse por el contexto, la situación, los recursos de que dispone, sus objetivos y el problema de estudio. En efecto, se trata de una postura pragmática.

A continuación ofreceremos ejemplos de investigaciones que, utilizando uno u otro enfoque, se dirigieron fundamentalmente al mismo fenómeno de estudio (tabla 1.3).

▲   **Tabla 1.3**   Ejemplos de estudios cuantitativos y cualitativos dirigidos al mismo tema de investigación

Tema-objeto de estudio/ alcance	Estudios cuantitativos	Estudios cualitativos
La familia	María Elena Oto Mishima (1994): *Las migraciones a México y la conformación paulatina de la familia mexicana.*	Gabriel Careaga (1977): *Mitos y fantasías de la clase media en México.*
Alcance del estudio	Descripción de la procedencia de los inmigrantes a México; su integración económica y social en diferentes esferas de la sociedad.	El libro es una aproximación crítica y teórica al surgimiento de la clase media en un país poco desarrollado. El autor combina los análisis documental, político, dialéctico y psicoanalítico con la investigación social y biográfica para reconstruir tipologías o familias tipo.
La comunidad	Prodipto Roy, Frederick B. Waisanen y Everett Rogers (1969): *The impact of communication on rural development.*	Luis González y González (1995): *Pueblo en vilo.*
Alcance del estudio	Se determina cómo ocurre el proceso de comunicación de innovaciones en comunidades rurales, y se identifican los motivos para aceptar o rechazar el cambio social. Asimismo, se establece qué clase de medio de comunicación es el más benéfico.	El autor describe con detalle la microhistoria de San José de Gracia, donde se examinan y entretejen las vidas de sus pobladores con su pasado y otros aspectos de la vida cotidiana.
Las ocupaciones	Linda D. Hammond (2000): *Teacher quality and student achievement.*	Howard Becker (1951): *The professional dance musician and his audience.*
Alcance del estudio	Establece correlaciones entre estilos de enseñanza, desempeño de la ocupación docente y éxito de los alumnos.	Narración detallada de procesos de identificación y otras conductas de músicos de jazz con base en sus competencias y conocimiento de la música.
Organizaciones de trabajo	P. Marcus, P. Baptista y P. Brandt (1979): *Rural delivery systems.*	William D. Bygrave y Dan D'Heilly (editores) (1997): *The portable MBA entrepreneurship case studies.*
Alcance del estudio	Investigación que demuestra la escasa coordinación que existe en una red de servicios sociales. Recomienda las políticas a seguir para lograr que los servicios lleguen a los destinatarios.	Compendio de estudios de caso que apoyan el análisis sobre la viabilidad de nuevas empresas y los retos que enfrentan en los mercados emergentes.
El fenómeno urbano	Louis Wirth (1964): *¿Cuáles son las variables que afectan la vida social en la ciudad?*	Manuel Castells (1979): *The urban question.*
Alcance del estudio	La densidad de la población y la escasez de vivienda se establecen como influyentes en el descontento político.	El autor critica lo que tradicionalmente estudia el urbanismo, y argumenta que la ciudad no es más que un espacio donde se expresan y manifiestan las relaciones de explotación.
El comportamiento criminal*	Robert J. Sampson y John H. Laub (1993): *Crime in the making: pathways and turning points through life.*	Martín Sánchez Jankowski (1991): *Islands in the street: gangs and american urban society.*

(continúa)

* Para una revisión más amplia de estos estudios con el fin de analizar la diferencia entre un abordaje cuantitativo y uno cualitativo, se recomienda el libro de Corbetta (2003, pp. 34-43).

▲ **Tabla 1.3**   Ejemplos de estudios cuantitativos y cualitativos dirigidos al mismo tema de investigación (*conclusión*)

Tema-objeto de estudio/ alcance	Estudios cuantitativos	Estudios cualitativos
Alcance del estudio	Los investigadores reanalizaron datos recolectados entre 1939 y 1963 por un matrimonio de científicos sociales (Sheldon y Eleanor Glueck). Analizan las variables que influyen en el comportamiento desviado de adolescentes autores de delitos.	Durante 10 años el investigador estudió a 37 pandillas de Los Ángeles, Boston y Nueva York. Jankowski convivió e incluso se integró a las bandas criminales (hasta fue arrestado y herido). Su indagación profunda se enfocó en el individuo, las relaciones entre los miembros de la pandilla y la vinculación de la banda con la comunidad.

Si nos fijamos en la tabla 1. 3, los estudios cuantitativos plantean relaciones entre variables con la finalidad de arribar a proposiciones precisas y hacer recomendaciones específicas. Por ejemplo, la investigación de Rogers y Waisanen (1969) propone que, en las sociedades rurales, la comunicación interpersonal resulta ser más eficaz que la comunicación de los medios colectivos. Se espera que, en los estudios cuantitativos, los investigadores elaboren un reporte con sus resultados y ofrezcan recomendaciones aplicables a una población más amplia, las cuales servirán para la solución de problemas o la toma de decisiones.

El alcance final de los estudios cualitativos muchas veces consiste en comprender un fenómeno social complejo. El acento no está en medir las variables involucradas en dicho fenómeno, sino en entenderlo.

Tomando como ejemplo el estudio de las ocupaciones y sus efectos en la conducta individual, en la tabla 1.3 notamos la divergencia a la que nos referimos. En el clásico estudio de Howard Becker (1951) sobre el músico de jazz, el autor logra que comprendamos las reglas y los ritos en el desempeño de esta profesión. "¿Y la utilidad de su alcance?", se preguntarán algunos; pues no está solamente en comprender ese contexto, sino en que las normas que lo rigen se pueden transferir a otras situaciones de trabajo similares. Por otro lado, el estudio cuantitativo de Hammond (2000) trata de establecer con claridad variables personales y del desempeño de la profesión docente, que sirvan para formular políticas de contratación y de capacitación para el magisterio. ¿Para qué? Con la finalidad última de incrementar el éxito académico de los estudiantes.

Por último, la investigación de Sampson y Laub (1993) tuvo como objetivo analizar la relación entre nueve variables estructurales independientes o causas (entre otras el hacinamiento habitacional, el número de hermanos, el estatus socioeconómico, las desviaciones de los padres, etc.) y el comportamiento criminal (variable dependiente o efecto). Es decir, generar un modelo teórico explicativo que pudiera extrapolarse a los jóvenes estadounidenses de la época en que se recolectaron los datos. Mientras que el estudio cualitativo de Sánchez Jankowski (1991) pretende construir las vivencias de los pandilleros, los motivos por los cuales se enrolaron en las bandas y el significado de ser miembro de éstas, así como comprender las relaciones entre los actores y su papel en la sociedad. En una palabra: entenderlos.

En la cuarta parte de esta obra, capítulo 17, se comenta la visión mixta, que implica conjuntar ambos enfoques en una misma investigación, lo que Hernández Sampieri y Mendoza (2008) han denominado —metafóricamente hablando— "el matrimonio cuantitativo-cualitativo".

Resumen

- La *investigación* se define como "un conjunto de procesos sistemáticos y empíricos que se aplican al estudio de un fenómeno".
- Durante el siglo xx, dos enfoques emergieron para realizar investigación: el *enfoque cuantitativo* y el *enfoque cualitativo*.
- En términos generales, los dos enfoques emplean procesos cuidadosos, sistemáticos y empíricos para generar conocimiento.
- La definición de investigación es válida tanto para el enfoque cuantitativo como para el cualitativo. Los dos enfoques constituyen un proceso que, a su vez, integra diversos procesos. El *enfoque cuantitativo* es secuencial y probatorio. Cada etapa precede a la siguiente y no podemos "brincar o eludir" pasos, aunque desde luego, podemos redefinir alguna fase. El *proceso cualitativo* es "en espiral" o circular, donde las etapas a realizar interactúan entre sí y no siguen una secuencia rigurosa.
- En el *enfoque cuantitativo* los planteamientos a investigar son específicos y delimitados desde el inicio de un estudio. Además, las hipótesis se establecen previamente, esto es, antes de recolectar y analizar los datos. La recolección de los datos se fundamenta en la medición y el análisis en procedimientos estadísticos.
- La *investigación cuantitativa* debe ser lo más "objetiva" posible, evitando que afecten las tendencias del investigador u otras personas.
- Los estudios cuantitativos siguen un patrón predecible y estructurado (el proceso).
- En una investigación cuantitativa se pretende generalizar los resultados encontrados en un grupo a una colectividad mayor.
- La meta principal de los estudios cuantitativos es la construcción y la demostración de teorías.
- El enfoque cuantitativo utiliza la lógica o razonamiento deductivo.
- El enfoque cualitativo —a veces referido como *investigación naturalista*, fenomenológica, interpretativa o etnográfica— es una especie de "paraguas" en el cual se incluye una variedad de concepciones, visiones, técnicas y estudios no cuantitativos. Se utiliza en primer lugar para descubrir y refinar preguntas de investigación.
- En la búsqueda cualitativa, en lugar de iniciar con una teoría particular y luego "voltear" al mundo empírico para confirmar si la teoría es apoyada por los hechos, el investigador comienza examinando el mundo social y en este proceso desarrolla una teoría "consistente" con la que observa qué ocurre.
- En la mayoría de los estudios cualitativos no se prueban hipótesis, éstas se generan durante el proceso y van refinándose conforme se recaban más datos o son un resultado del estudio.
- El enfoque se basa en métodos de recolección de los datos no estandarizados. No se efectúa una medición numérica, por tanto, el análisis no es estadístico. La recolección de los datos consiste en obtener las perspectivas y puntos de vista de los participantes.
- El proceso de indagación cualitativa es flexible y se mueve entre los eventos y su interpretación, entre las respuestas y el desarrollo de la teoría. Su propósito consiste en "reconstruir" la realidad tal y como la observan los actores de un sistema social previamente definido. A menudo se llama "holístico", porque se precia de considerar el "todo", sin reducirlo al estudio de sus partes.
- Las indagaciones cualitativas no pretenden generalizar de manera probabilística los resultados a poblaciones más amplias.
- El enfoque cualitativo busca principalmente "dispersión o expansión" de los datos e información; mientras que el cuantitativo pretende, de manera intencional, "acotar" la información.
- Ambos enfoques resultan muy valiosos y han realizado notables aportaciones al avance del conocimiento.
- La investigación cuantitativa nos brinda una gran posibilidad de réplica y un enfoque sobre puntos específicos de los fenómenos, además de que facilita la comparación entre estudios similares.
- Por su parte, la investigación cualitativa proporciona profundidad a los datos, dispersión, riqueza interpretativa, contextualización del ambiente o entorno, detalles y experiencias únicas. También aporta un punto de vista "fresco, natural y completo" de los fenómenos, así como flexibilidad.
- Los métodos cuantitativos han sido los más usados por las ciencias llamadas exactas o naturales. Los cualitativos se han empleado más bien en disciplinas humanísticas.
- En los dos procesos las técnicas de recolección de los datos pueden ser múltiples.
- Anteriormente al proceso cuantitativo se le equiparaba con el método científico. Hoy, tanto el proceso cuantitativo como el cualitativo son considerados formas de hacer ciencia y producir conocimiento.

Conceptos básicos

Análisis de los datos
Datos cualitativos
Datos cuantitativos
Enfoque cualitativo
Enfoque cuantitativo
Hipótesis
Lógica deductiva

Lógica inductiva
Proceso cualitativo
Proceso cuantitativo
Proceso de investigación
Realidad
Recolección de los datos
Teoría

Ejercicios

1. Revise los resúmenes de un artículo científico que se refiera a un estudio cuantitativo y un artículo científico resultante de un estudio cualitativo, preferiblemente sobre un tema similar.
2. A raíz de lo que leyó en este capítulo, ¿cuáles serían las diferencias entre ambos estudios? Discuta las implicaciones con su profesor y compañeros.

3. En el CD anexo encontrará una serie de revistas científicas de corte cuantitativo y cualitativo para elegir los artículos (Material complementario → Apéndices → Apéndice 1. Publicaciones periódicas más importantes).

Los investigadores opinan

Ideas sobre qué es investigar y cómo se lleva a cabo

Estoy muy agradecida con los autores por haberme invitado a compartir en este importante libro mis pensamientos sobre investigación. Me gustaría dar algunas ideas acerca de qué es investigar y cómo se lleva a cabo. Empezaré citando un ejemplo que uno de mis profesores de la Universidad de Columbia me enseñó al comienzo de mi carrera.

Estás invitado a una fiesta… En ella puedes conocer a un invitado particular o no conocerlo. Lo mismo le ocurre a cada uno de los invitados. Con base en ello, formulo una pregunta: ¿cuál será el mínimo número de invitados a una fiesta para que podamos garantizar que, ante cualquier relación existente entre ellos (que se conozcan o que no se conozcan), *siempre* encontremos *al menos un grupo de tres* que se conozcan entre sí, o bien, un grupo de tres que sean desconocidos? La respuesta es seis. En otras palabras, podemos asegurar que en una fiesta donde hay seis invitados, encontraremos un grupo de tres (de esos seis) donde o bien los tres se conozcan entre ellos, o bien, los tres sean desconocidos.

No importa si has llegado o no a esta respuesta, puedes tener una idea de lo que es la investigación. De todas formas te doy algunas pistas que te faci-

liten llegar al resultado: imagina que toda persona invitada a una fiesta es un punto en la superficie de un papel. Dos puntos representan dos invitados; tres puntos, tres invitados, etc. Por tanto utiliza un bolígrafo para dibujar dos puntos en un papel blanco y llámalos A y B. Estos dos invitados (A y B) se pueden conocer entre ellos o no. Si se conocen, conecta los dos puntos con una línea continua, si no, con una línea discontinua

Podemos trasladar el dilema de la fiesta a un problema de conexión de puntos en el plano con líneas continuas o discontinuas. ¿Cuántos puntos tenemos que dibujar en un plano para que, sin importar cómo estén conectados (con línea continua o discontinua), se pueda asegurar que siempre se encuentra un grupo de tres donde, o bien, todos estén conectados con líneas continuas, o bien, todos se conecten con líneas discontinuas? Naturalmente una fiesta de tres no será, porque cuando, por ejemplo, A conozca a B (línea continua entre ambos) pero no conozca a C (línea discontinua entre B y C), ya no se podrá encontrar el subgrupo de tres donde todos estén conectados con una línea continua o todos conectados con una línea discontinua. Ocurre lo mismo en un grupo de cuatro. Y lo mismo ocurre en uno de cinco (vea la figura).

No podemos garantizar con cinco puntos que *siempre* encontraremos un subgrupo de tres per-

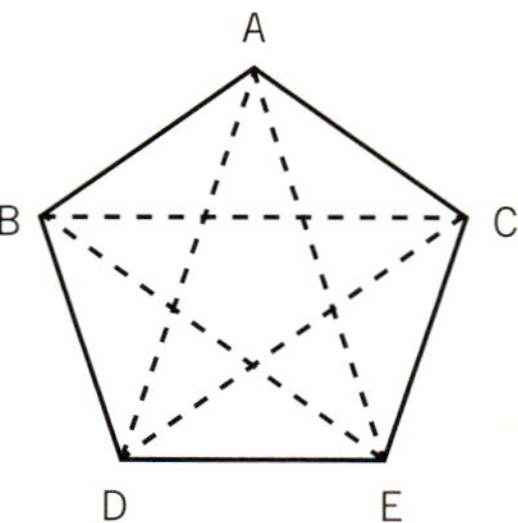

sonas donde todos estén conectados por una línea continua o todos lo estén por una línea discontinua, en cuanto que si ocurre la situación que observamos en la figura, no existe un subgrupo de tres invitados donde estén conectados por una línea continua o por una discontinua (es decir, que los tres se conozcan entre ellos o no se conozcan entre ellos). Por tanto, hemos demostrado que si ponemos menos de seis puntos en un papel, será imposible garantizar que ante cualquier situación (los diferentes invitados se conozcan entre sí o no) se encontrará un subgrupo de tres que están todos conectados con líneas continuas o discontinuas. Entonces, ¿qué pasaría con seis? Si dibujamos seis puntos en un papel blanco, ¿podemos asegurar que encontraremos siempre un subgrupo de tres donde estén todos conectados con líneas continuas o discontinuas? Se puede ver fácilmente de la siguiente forma: regresamos a la fiesta de cinco y añadimos una persona más, F. Ahora, no importa cuáles sean las combinaciones de líneas (continuas o discontinuas) con que conectamos F a las otras, siempre habrá un subgrupo de tres que esté conectado con líneas continuas o líneas discontinuas.

La siguiente pregunta es: ¿qué tamaño deberá tener la fiesta para que podamos asegurar que encontraremos al menos un grupo de cuatro invitados que, o bien, todos se conozcan entre ellos, o bien, todos sean desconocidos? Esta cuestión fue resuelta hace muchos años por el famoso matemático Erdös. La respuesta es 18 y es complicado llegar a ella. La respuesta de Erdös es la más simple que se conoce (de hecho, él era conocido por su devoción a la simplicidad en investigación, así como en la vida) y requirió de más de una docena de páginas de pruebas técnicas matemáticas.

Las preguntas anteriores son las primeras y más simples del denominado "dilema de la fiesta". Ahora te debes preguntar cuál es la respuesta a la tercera cuestión: ¿qué tamaño deberá tener la fiesta para que podamos asegurar que encontraremos ante cualquier situación (que los invitados se conozcan o no), *al menos un grupo de cinco invitados* donde, o bien, todos se conocen entre ellos o bien, todos

sean desconocidos? ¡Te sorprendería si te dijera que nadie hasta la fecha ha encontrado la respuesta a esta pregunta!

Supongo que habrás intentado contestar al menos la primera pregunta. Por tanto, déjame preguntarte algo más: ¿has encontrado alguna forma para llegar a la respuesta? Recuerda que encontrar la respuesta a la última pregunta seguramente te hará famoso instantáneamente. En resumen, investigación no es otra cosa que encontrar respuestas satisfactorias a preguntas. Las preguntas no tienen por qué ser técnicamente complejas, a pesar de que se puedan presentar dificultades técnicas en alguna de las fases del proceso. En cambio podrían ser (de hecho las mejores lo son) simples cuestiones cotidianas. Sorprendentemente la investigación de alto nivel, cuando se expresa en términos técnicos de un campo determinado, puede sonar demasiado teórica y abstracta o muy alejada de la realidad. Pero, por increíble que parezca, suele estar originada en simples situaciones de la vida real.

Este tipo de investigación descrita anteriormente —que se conoce como análisis de redes—, se lleva a cabo en laboratorios de investigación; por lo que me gustaría terminar con una descripción de cómo funciona este tipo de laboratorio con base en el laboratorio de comunicación humana de la Universidad de Columbia, donde trabajo parte del año, y el de la Asociación Iberoamericana de la Comunicación, hospedado en la Universidad de Oviedo, primer laboratorio de comunicación de España.

Cómo funciona un laboratorio

Primero, la ciencia no la desarrolla una persona, pero sí un grupo, un equipo. La comunidad científica nace de una investigación de alta calidad donde se forman investigadores. También es un lugar físico, donde un grupo de personas trabaja en equipo. Generalmente, un laboratorio consiste en uno o varios investigadores principales cuya responsabilidad es conseguir la financiación del laboratorio y supervisar el trabajo científico. En el siguiente nivel están los investigadores que han obtenido recientemente su posgrado o están en proceso de obtenerlo. Ellos tendrán como responsabilidad gestionar los experimentos dentro del laboratorio. Finalmente, están los asistentes de investigación, generalmente estudiantes de grado o trabajadores asalariados que ayudan con el trabajo diario dentro del laboratorio como preparar los experimentos, capturar datos y codificar las conductas observadas.

Es importante considerar que existen cuestiones éticas que están envueltas en el estudio del comportamiento humano. Cuando estudiamos comportamiento, estudiamos a personas que deben ser tratadas de forma que se cumplan los estándares éticos. Debemos tratar a las personas con *autonomía*, permitiéndoles la libre elección de participar en la observación científica; tratarlos con *beneficencia*, esto significa, que se deben maximizar los beneficios del participante y minimizar cualquier posible efecto perjudicial que se pueda producir en el proceso, por lo que los participantes deben ganar por el hecho de formar parte de la investigación. Esta ganancia puede ser educacional, psicológica o financiera. Finalmente, debemos tratarles con *justicia*, todas las personas pueden beneficiarse igualmente de la investigación y ningún grupo de personas en particular deben de correr riesgo alguno.

¿Qué generan estas formalidades, que incluso en algunas ocasiones pueden resultar tediosas? Nos permite crear repetidamente, de manera controlada, entornos donde los participantes o grupo de participantes puedan entablar un comportamiento específico.

Dicho lo anterior, sólo me quedaría comentar las implicaciones de la investigación en la sociedad; algo relativamente sencillo. El conocimiento permite a la sociedad ser más eficiente y progresar. Por lo que investigación, con el único propósito de aumentar el conocimiento de la sociedad (ahora con la era de internet, una sociedad internacional global) es la base, y posiblemente la única fuerza conductora de los humanos para una mejor vida. La continuación de este proceso progresivo está garantizada desde que, como dijo el gran filósofo Carl Jaspers, "la respuesta a un problema siempre tiene nuevas cuestiones".

Doctora Laura Galguera
Universidad de Oviedo (España)
Universidad de Columbia (Estados Unidos)

Los estudiantes escuchan tanto acerca de lo difícil y aburrida que es la investigación que llegan a esta etapa de su escolaridad con la mente llena de prejuicios y actúan bajo presión, temor e, incluso, odio hacia ella.

Antes de que se ocupen en las tareas rutinarias de la elaboración de un proyecto, es necesario hacerlos reflexionar sobre su actitud ante tal empresa, para que valoren la investigación en su justa dimensión, ya que no se trata de llevarlos a creer que es la panacea que solucionará todos los problemas, o que sólo en los países del primer mundo se tiene la capacidad para realizarla.

La investigación representa una más de las fuentes de conocimiento, por lo que, si decidimos ampliar sus fronteras, será indispensable llevarla a cabo con responsabilidad y ética.

Aunque la investigación cuantitativa está consolidada como la predominante en el horizonte científico internacional, en los últimos cinco años la investigación cualitativa ha tenido mayor aceptación; por otro lado, se comienza a superar el desgastado debate de oposición entre ambos tipos.

Otro avance en la investigación lo representa internet; en el pasado, la revisión de la literatura resultaba larga y tediosa, ahora ocurre lo contrario, por lo cual el investigador puede dedicarse más al análisis de la información en vez de a escribir datos en cientos de tarjetas.

Sin embargo, aún quedan investigadores y docentes que gustan de adoptar poses radicales. Se comportan como el "niño del martillo", quien, habiendo conocido esta herramienta, toma todo aquello que encuentra a su paso como un clavo, sin la posibilidad de preguntarse si lo que necesita es un serrucho o un desarmador.

Carlos G. Alonzo Blanqueto
Profesor-investigador titular
Facultad de Educación
Universidad Autónoma de Yucatán
Mérida, México

Nacimiento de un proyecto de investigación cuantitativa, cualitativa o mixta: la idea

Proceso de investigación cuantitativa, cualitativa o mixta

Paso 1 El inicio de una investigación: el tema y la idea

- Concebir el tema a investigar.
- Generar la idea que será estudiada.

○⌒ Objetivos del aprendizaje

Al terminar este capítulo, el alumno será capaz de:

1 Conocer las fuentes que pueden inspirar investigaciones científicas, ya sea desde un enfoque cuantitativo, cualitativo o mixto.
2 Generar ideas potenciales para investigar desde una perspectiva científica cuantitativa, cualitativa o mixta.

Síntesis

En este capítulo se plantea la forma en que se inician las investigaciones de cualquier tipo: mediante ideas. Asimismo, se habla de las fuentes que inspiran ideas de investigación y la manera de desarrollarlas, para así poder formular planteamientos de investigación científica cuantitativos, cualitativos o mixtos. Al final, se sugieren criterios para generar buenas ideas.

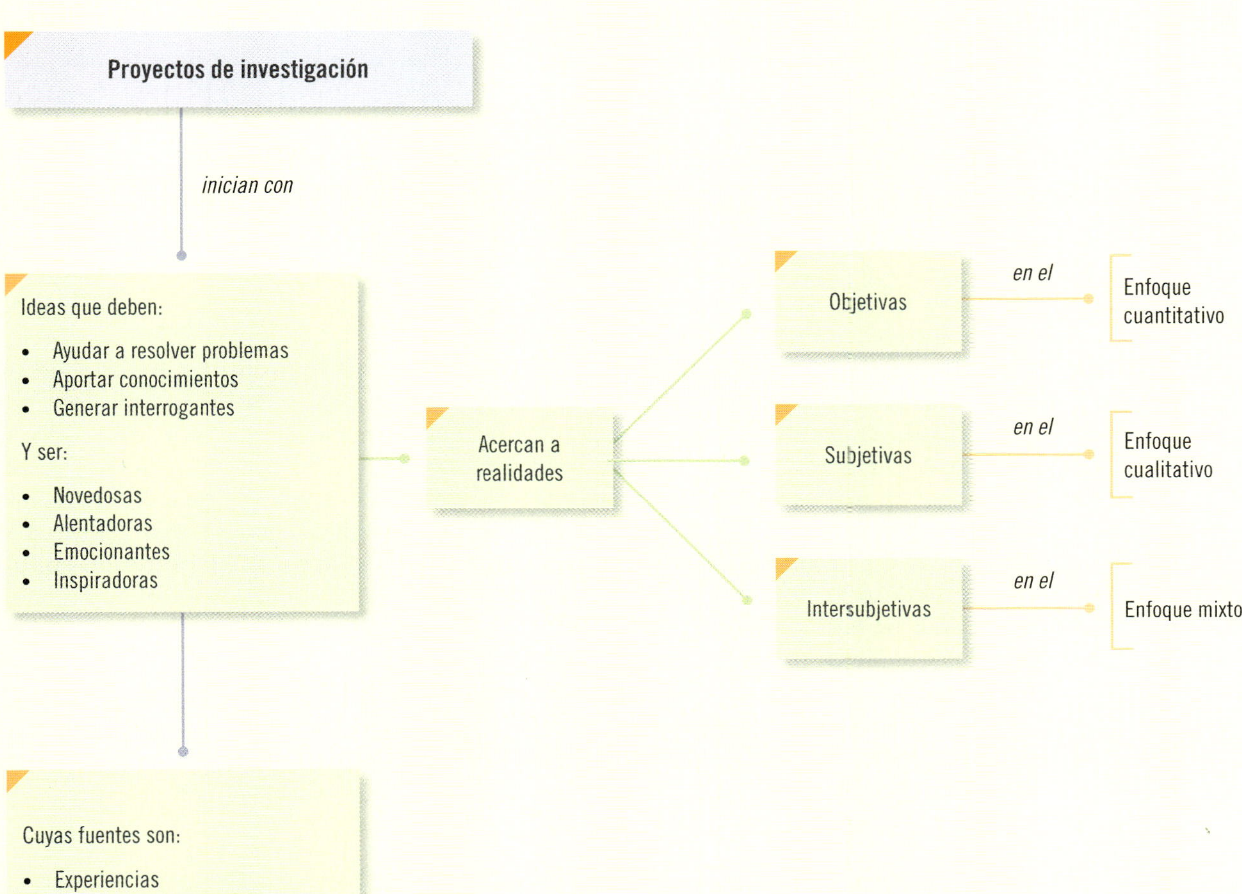

Proyectos de investigación
inician con
Ideas que deben:
Ayudar a resolver problemas
Aportar conocimientos
Generar interrogantes
Y ser:
Novedosas
Alentadoras
Emocionantes
Inspiradoras
Cuyas fuentes son:
Experiencias
Materiales escritos
Materiales audiovisuales
Teorías
Conversaciones
Internet
Acercan a realidades
Objetivas
en el
Enfoque cuantitativo
Subjetivas
en el
Enfoque cualitativo
Intersubjetivas
en el
Enfoque mixto

¿Cómo se originan las investigaciones cuantitativas, cualitativas o mixtas?

Ideas de investigación   Representan el primer acercamiento a la realidad que se investigará o a los fenómenos, eventos y ambientes por estudiar.

Las investigaciones se originan por **ideas**, sin importar qué tipo de paradigma fundamente nuestro estudio ni el enfoque que habremos de seguir. Para iniciar una investigación siempre se necesita una idea; todavía no se conoce el sustituto de una buena idea. Las *ideas* constituyen el primer acercamiento a la *realidad objetiva* (desde la perspectiva cuantitativa), a la *realidad subjetiva* (desde la perspectiva cualitativa) o a la *realidad intersubjetiva* (desde la óptica mixta) que habrá de investigarse.

Fuentes de ideas para una investigación

Existe una gran variedad de *fuentes que pueden generar ideas de investigación*, entre las cuales se encuentran las experiencias individuales, materiales escritos (libros, artículos de revistas o periódicos, notas y tesis), materiales audiovisuales y programas de radio o televisión, información disponible en internet (en su amplia gama de posibilidades, como páginas web, foros de discusión, entre otros), teorías, descubrimientos producto de investigaciones, conversaciones personales, observaciones de hechos, creencias e incluso intuiciones y presentimientos. Sin embargo, las fuentes que originan las ideas no se relacionan con la calidad de éstas. El hecho de que un estudiante lea un artículo científico y extraiga de él una idea de investigación no necesariamente significa que ésta sea mejor que la de otro estudiante que la obtuvo mientras veía una película o un partido de fútbol de la Copa Libertadores. Estas fuentes también llegan a generar ideas, cada una por separado o en conjunto; por ejemplo, al sintonizar un noticiario y escuchar sucesos de violencia o terrorismo, es posible, a partir de ello, comenzar a desarrollar una idea para efectuar una investigación. Después se puede platicar la idea con algunos amigos y precisarla un poco más o modificarla; posteriormente, se busca información al respecto en revistas y periódicos, hasta consultar artículos científicos y libros sobre violencia, terrorismo, pánico colectivo, muchedumbres, psicología de las masas, etcétera.

Lo mismo podría suceder en el caso de la inmigración, el pago de impuestos, la crisis económica, las relaciones familiares, la amistad, los anuncios publicitarios en radio, las enfermedades de transmisión sexual, la administración de una empresa, el desarrollo urbano y otros temas.

¿Cómo surgen las ideas de investigación?

Una idea puede surgir donde se congregan grupos —restaurantes, hospitales, bancos, industrias, universidades y otras muchas formas de asociación— o al observar las campañas para legisladores y otros puestos de elección popular; alguien podría preguntarse: ¿sirve para algo toda esta publicidad?, ¿tantos letreros, afiches, anuncios en televisión y bardas pintadas tienen algún efecto sobre los votantes? Asimismo, es posible generar ideas al leer una revista de divulgación —por ejemplo, al terminar un artículo sobre la política exterior española, alguien podría concebir una investigación sobre las actuales relaciones entre España y Latinoamérica—, al estudiar en casa, ver la televisión o asistir al cine —la película romántica de moda sugeriría una idea para investigar algún aspecto de las relaciones heterosexuales—, al charlar con otras personas o al recordar alguna vivencia. Por ejemplo, un médico, que a partir de la lectura de noticias sobre el virus de inmunodeficiencia humana (VIH), desea conocer más sobre los avances en el combate a esta enfermedad. Mientras se "navega" por internet, uno puede generar ideas de investigación, o bien a raíz de algún suceso que esté ocurriendo en el presente; por ejemplo, una joven que lea en la prensa noticias sobre el terrorismo en alguna parte del mundo y comience un estudio sobre cómo perciben sus conciudadanos tal fenómeno en los tiempos actuales.

Una alumna japonesa de una maestría en desarrollo humano inició un estudio con mujeres de 35 a 55 años que enviudaron recientemente, para analizar el efecto psicológico que tiene el perder al esposo, porque una de sus mejores amigas había sufrido tal pérdida y a ella le correspondió brindarle apoyo (Miura, 2001). Esta experiencia fue casual, pero motivó un profundo estudio.

A veces las ideas nos las proporcionan otras personas y responden a determinadas necesidades. Por ejemplo, un profesor nos puede solicitar una indagación sobre cierto tema; en el trabajo, un superior puede requerirle a un subordinado un estudio en particular, o un cliente contrata a un despacho para que efectúe una investigación de mercado.

Vaguedad de las ideas iniciales

La mayoría de las ideas iniciales son vagas y requieren analizarse con cuidado para que se transformen en planteamientos más precisos y estructurados, en particular en el proceso cuantitativo. Como mencionan Labovitz y Hagedorn (1981), cuando una persona desarrolla una idea de investigación debe familiarizarse con el campo de conocimiento donde se ubica la idea.

EJEMPLO

Una joven (Mariana), al reflexionar acerca del noviazgo puede preguntarse: "¿qué aspectos influyen para que un hombre y una mujer tengan una relación cordial y satisfactoria para ambos?", y decidir llevar a cabo una investigación que estudie los factores que intervienen en la evolución del noviazgo. Sin embargo, hasta este momento su idea es vaga y debe especificar diversas cuestiones, tales como:

- si piensa incluir en su estudio todos los factores que llegan a influir en el desarrollo del noviazgo o solamente algunos de ellos
- si va a concentrarse en personas de cierta edad o de varias edades
- si la investigación tendrá un enfoque psicológico o uno sociológico

Asimismo, es necesario que comience a visualizar si utilizará el proceso cuantitativo, el cualitativo o un estudio mixto. Puede ser que le interese relacionar los elementos que afectan el noviazgo en el caso de estudiantes (crear una especie de modelo), o bien que prefiera entender el significado del noviazgo para jóvenes de su edad. Para que continúe su investigación es indispensable que se introduzca dentro del área de conocimiento en cuestión. Deberá platicar con investigadores en el campo de las relaciones interpersonales: psicólogos, psicoterapeutas, comunicólogos, desarrollistas humanos, por ejemplo, buscar y leer algunos artículos y libros que hablen del noviazgo, conversar con varias parejas, ver algunas películas educativas sobre el tema, buscar sitios en internet con información útil para su idea y realizar otras actividades similares con el fin de familiarizarse con su tema de estudio. Una vez que se haya adentrado en éste, se encontrará en condiciones de precisar su idea de investigación.

Una joven podría concebir la idea de investigar "¿qué aspectos influyen para que un hombre y una mujer tengan una relación cordial y satisfactoria para ambos?"

Necesidad de conocer los antecedentes

Para adentrarse en el tema es necesario conocer estudios, investigaciones y trabajos anteriores, especialmente si uno no es experto en tal tema. Conocer lo que se ha hecho con respecto a un tema ayuda a:

- *No investigar sobre algún tema que ya se haya estudiado a fondo.* Esto implica que una buena investigación debe ser novedosa, lo cual puede lograrse al tratar un tema no estudiado, profundizar en uno poco o medianamente conocido, o al darle una visión diferente o innovadora a un problema aunque ya se haya examinado repetidamente (por ejemplo, la familia es un tema muy estudiado; sin embargo, si alguien la analiza desde una perspectiva diferente, digamos, la manera como se presenta en las películas españolas muy recientes, le daría a su investigación un enfoque novedoso).

- ***Estructurar más formalmente la idea de investigación.*** Por ejemplo, una persona, al ver un programa televisivo con escenas de alto contenido sexual explícito o implícito, quizá se interese en llevar a cabo una investigación en torno a este tipo de programas. Sin embargo, su idea es confusa, no sabe cómo abordar el tema y éste no se encuentra estructurado; entonces consulta diversas fuentes bibliográficas al respecto, platica con alguien que conoce la temática y analiza más programas de ese tipo; y una vez que ha profundizado en el campo de estudio correspondiente es capaz de esbozar con mayor claridad y formalidad lo que desea investigar. Vamos a suponer que decide centrarse en un estudio cuantitativo sobre los efectos que dichos programas generan en la conducta sexual de los adolescentes argentinos; o bien, que decide comprender los significados que tienen para ellos tales emisiones televisivas (cualitativo). También, podría abordar el tema desde otro punto de vista, por ejemplo, investigar si hay o no una cantidad considerable de programas con alto contenido sexual en la televisión argentina actual, por qué canales y en qué horarios se transmiten, qué situaciones muestran este tipo de contenido y en qué forma lo hacen (cuantitativo). De esta manera, su idea será precisada en mayor medida.

  Desde luego que en el enfoque cualitativo de la investigación, el propósito no es siempre contar con una idea y planteamiento de investigación completamente estructurados; pero sí con una idea y visión que nos conduzca a un punto de partida, y en cualquier caso, resulta aconsejable consultar fuentes previas para obtener referencias, aunque finalmente iniciemos nuestro estudio partiendo de bases propias y sin establecer alguna creencia preconcebida.

- *Seleccionar la perspectiva principal desde la cual se abordará la idea de investigación.* En efecto, aunque los fenómenos del comportamiento humano son los mismos, pueden analizarse de diversas formas, según la disciplina dentro de la cual se enmarque la investigación. Por ejemplo, si las organizaciones se estudian básicamente desde el punto de vista comunicológico, el interés se centraría en aspectos tales como las redes y los flujos de comunicación en las organizaciones, los medios de comunicación, los tipos de mensajes que se emiten y la sobrecarga, la distorsión y la omisión de la información. Por otra parte, si se estudian más bien desde una perspectiva sociológica, la investigación se ocuparía de aspectos tales como la estructura jerárquica en las organizaciones, los perfiles socioeconómicos de sus miembros, la migración de los trabajadores de áreas rurales a zonas urbanas y su ingreso a centros fabriles, las ocupaciones y otros aspectos. Si se adopta una perspectiva fundamentalmente psicológica se analizarían otras cuestiones, como los procesos de liderazgo, la personalidad de los miembros de la organización, la motivación en el trabajo. Pero, si se utilizara un encuadre predominantemente mercadológico de las organizaciones, se investigarían, por ejemplo, cuestiones como los procesos de compra-venta, la evolución de los mercados y las relaciones entre empresas que compiten dentro de un mercado.

La mayoría de las investigaciones, a pesar de que se ubiquen dentro de un encuadre o una perspectiva en particular, no pueden evitar, en mayor o menor medida, tocar temas que se relacionen con distintos campos o disciplinas (por ejemplo, las teorías de la agresión social desarrolladas por los psicólogos han sido utilizadas por los comunicólogos para investigar los efectos que la violencia televisada genera en la conducta de los niños que se exponen a ella). Por ende, cuando se considera el enfoque

---

Estructurar la idea de investigación   Consiste en esbozar con mayor claridad y formalidad lo que se desea investigar.

seleccionado se habla de **perspectiva principal** o **fundamental**, y no de perspectiva única. La elección de una u otra perspectiva tiene importantes implicaciones en el desarrollo de un estudio. También es común que se efectúen investigaciones interdisciplinarias que aborden un tema utilizando varios encuadres o perspectivas.

Si una persona requiere conocer cómo desarrollar un municipio deberá emplear una perspectiva ambiental y urbanística, donde analizará aspectos como vías de comunicación, suelo y subsuelo, áreas verdes, densidad poblacional, características de las viviendas, disponibilidad de terrenos, aspectos legales, etc. Pero no puede olvidarse de otras perspectivas, como la educativa, de salud, desarrollo económico, desarrollo social, entre otras. Además, no importa que adoptemos un enfoque cualitativo o cuantitativo de la investigación, tenemos que elegir una perspectiva principal para abordar nuestro estudio o establecer qué perspectivas lo conducirán. Así, estamos hablando de **perspectiva** (disciplina desde la cual se guía centralmente la investigación) y **enfoque** del estudio (cuantitativo, cualitativo o mixto).

> **Perspectiva principal o fundamental** Disciplina desde la cual se aborda una idea de investigación desde luego nutriéndose de conocimientos provenientes de otros campos.

Investigación previa de los temas

Es evidente que, cuanto mejor se conozca un tema, el proceso de afinar la idea será más eficiente y rápido. Desde luego, hay temas que han sido más investigados que otros y, en consecuencia, su campo de conocimiento se encuentra mejor estructurado. Estos casos requieren planteamientos más específicos. Podríamos decir que hay:

- *Temas ya investigados, estructurados y formalizados*, sobre los cuales es posible encontrar documentos escritos y otros materiales que reportan los resultados de investigaciones anteriores.
- *Temas ya investigados pero menos estructurados y formalizados*, sobre los cuales se ha investigado aunque existen sólo algunos documentos escritos y otros materiales que reporten esta investigación; el conocimiento puede estar disperso o no ser accesible. De ser así, habría que buscar los estudios no publicados y acudir a medios informales, como expertos en el tema, profesores, amigos, etc. La internet constituye una valiosa herramienta en este sentido.
- *Temas poco investigados y poco estructurados*, los cuales requieren un esfuerzo para encontrar lo que escasamente se ha investigado.
- *Temas no investigados.*

Criterios para generar ideas

Algunos inventores famosos han sugerido estos criterios para generar ideas de investigación productivas:

- *Las buenas ideas intrigan, alientan y excitan al investigador de manera personal.* Al elegir un tema para investigar, y más concretamente una idea, es importante que sea atractiva. Resulta muy tedioso tener que trabajar en algo que no sea de nuestro interés. En la medida en que la idea estimule y motive al investigador o investigadora, éste(a) se compenetrará más con el estudio y tendrá una mayor predisposición para salvar los obstáculos que se le presenten.
- *Las buenas ideas de investigación "no son necesariamente nuevas, pero sí novedosas".* En muchas ocasiones es necesario actualizar estudios previos o adaptar los planteamientos derivados de investigaciones efectuadas en contextos diferentes, o en ocasiones, conducir ciertos planteamientos a través de nuevos caminos.
- *Las buenas ideas de investigación pueden servir para elaborar teorías y solucionar problemas.* Una buena idea puede conducir a una investigación que ayude a formular, integrar o probar una teoría o a iniciar otros estudios que, aunados a la investigación, logren constituir una teoría. O bien, generar nuevos métodos de recolectar y analizar datos. En otros casos, las ideas dan origen a investigaciones que ayudan a resolver problemas. Así, un estudio que se diseñe para analizar los factores que provocan conductas delictivas en los adolescentes contribuiría al establecimiento de programas dirigidos a resolver diversos problemas de delincuencia juvenil.

- *Las buenas ideas pueden servir para generar nuevos interrogantes y cuestionamientos.* Hay que responder a algunos de éstos, pero también es preciso crear otros. A veces un estudio llega a generar más preguntas que respuestas.

Resumen

- Las investigaciones se originan a partir de ideas, las cuales pueden provenir de distintas fuentes y su calidad no está necesariamente relacionada con la fuente de la que provienen.
- Con frecuencia, las ideas son vagas y deben traducirse en problemas más concretos de investigación, para lo cual se requiere una revisión bibliográfica sobre la idea o buscar referencias. Ello, sin embargo, no impide que adoptemos una perspectiva única y propia.
- Las buenas ideas deben alentar al investigador, ser novedosas y servir para la elaboración de teorías y la resolución de problemas.

Conceptos básicos

Enfoque de investigación
Estructuración de la idea de investigación
Fuentes generadoras de ideas de investigación
Ideas de investigación

Innovación en la investigación
Perspectiva de la investigación
Tema de investigación

Ejercicios

1. Vea una película romántica y deduzca dos ideas de investigación.
2. Seleccione una revista científica (vea en el material complementario del CD el apéndice 1, la lista de revistas científicas) y un artículo de la misma, y deduzca dos ideas de investigación.
3. Compare las ideas deducidas de la película y del artículo, y conteste las siguientes preguntas: ¿Son fructíferas todas las ideas? ¿Cuáles ideas son más útiles, las derivadas de la película o las del artículo científico? ¿Cómo surgieron las ideas?
4. Navegue por internet y deduzca una idea de estudio como resultado de su experiencia.
5. Elija una idea de investigación que irá desarrollando conforme lea el libro. Primero bajo el proceso cuantitativo y luego bajo el proceso cualitativo.

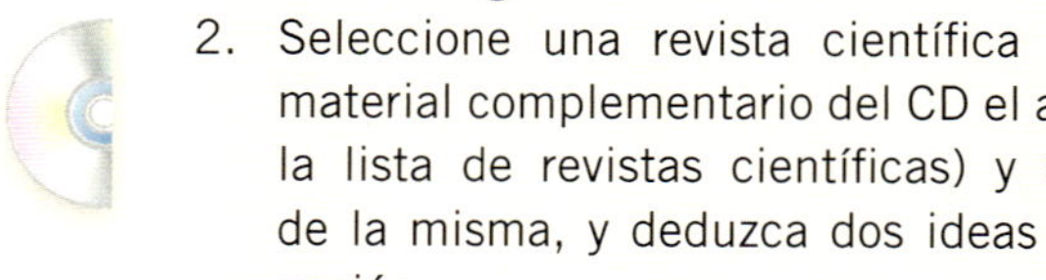

Ejemplos desarrollados

Ejemplos cuantitativos

La televisión y el niño
Describir los usos que el niño hace de la televisión y las gratificaciones que obtiene al ver programas televisivos.

La pareja y la relación ideales
Identificar los factores que describen a la pareja ideal.

El abuso sexual infantil
Evaluar los programas para prevenir el abuso sexual infantil.

Ejemplos cualitativos

La guerra cristera en Guanajuato
Comprender la guerra cristera en Guanajuato (1926-1929) desde la perspectiva de sus actores.

Consecuencias del abuso sexual infantil
Entender las experiencias del abuso sexual infantil y sus consecuencias a largo plazo.

Centros comerciales
Conocer la experiencia de compra en centros comerciales.

Ejemplos de métodos mixtos

La investigación mixta es un nuevo enfoque e implica combinar los métodos cuantitativo y cualitativo en un mismo estudio. Por ahora, simplemente enunciamos una idea de un ejemplo de esta clase de investigación. En el capítulo 17 se profundiza en las características y diseños del proceso mixto y se incluyen diversos ejemplos (entre ellos el siguiente sobre la moda), al igual que en el capítulo 12 del CD: "Ampliación y fundamentación de los métodos mixtos".

La moda y las mujeres mexicanas
Conocer cómo definen y experimentan la moda las mujeres mexicanas.

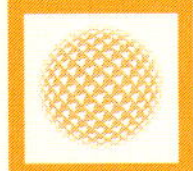

Los investigadores opinan

El planteamiento del problema nos conduce a saber qué es lo que deseamos investigar, a identificar los elementos que estarán relacionados con el proceso y a definir el enfoque, en virtud de que en las perspectivas cuantitativa y cualitativa se define con claridad cuál es el objeto de análisis en una situación determinada, y de que, según el tipo de estudio que se pretenda realizar, ambos pueden mezclarse.

En la actualidad existen muchos recursos para trabajar en investigación cualitativa, entre los que se encuentran los libros, en donde se presentan técnicas y herramientas actualizadas, y las redes de computación, de las cuales es posible que el investigador obtenga información para nuevos proyectos.

En la investigación cuantitativa se destaca el desarrollo de programas computacionales; por ejemplo, en mi área, que es la ingeniería en sistemas computacionales, existe el software de monitoreos, el cual contribuye a la evaluación y al rendimiento del hardware. En ambos enfoques, internet representa una herramienta de trabajo, además de que permite realizar investigación en lugares remotos.

Es muy importante inculcar a los estudiantes el valor que representa obtener conocimientos por medio de una investigación, lo mismo que un pensamiento crítico y lógico, además de recomendarles que para iniciar un proyecto es necesario revisar la literatura existente y mantenerse al tanto de los problemas sociales.

En mi campo de trabajo, la docencia, la investigación es escasa, porque no se le dedica el tiempo suficiente; sin embargo, en el área de ciencias, el gobierno desarrolla proyectos muy valiosos para el país.

Dilsa Eneida Vergara D.
Docente de tiempo completo
Facultad de Ingeniería de Sistemas Computacionales
Universidad Tecnológica de Panamá
El Dorado, Panamá

El investigador no es sólo aquel individuo de bata blanca que está encerrado en un laboratorio. La investigación tiene relación con la comunidad, el ámbito social o la industria. No la llevan a cabo únicamente los genios; también es posible que la realice cualquier persona, si se prepara para ello.

Un proyecto se inicia con la formulación de preguntas basadas en la observación; tales interrogantes surgen durante una conferencia, mientras se leen los diarios o en la realidad cotidiana, y deben ser validadas por personas que poseen conocimiento del tema de que se trate, con la finalidad de verificar que sean relevantes, que sirvan para efectuar una investigación, y si en realidad ésta aportaría algo a la disciplina relacionada o solucionará algún problema.

Después, se hará el planteamiento del problema, el cual, si se redacta de manera clara y precisa, representará un gran avance. Sin descartar que más adelante se hagan ajustes o se precisen ideas, en esencia debe contener lo que se propuso al comienzo.

En cuanto a los enfoques cualitativo y cuantitativo de la investigación, se han logrado significativos cambios, por ejemplo, la investigación cualitativa adquirió mayor nivel tanto en el discurso como en su marco epistemológico, además de que se desarrollaron instrumentos mucho más válidos para realizarla.

En la investigación cuantitativa mejoraron los procesos y se crearon programas electrónicos que facilitan la tabulación de datos; asimismo, ahora se manejan con mayor propiedad los marcos epistemológicos. Cabe mencionar que en este tipo de investigación, las pruebas estadísticas son valiosas para determinar si existen diferencias significativas entre mediciones o grupos, además de que permiten obtener resultados más objetivos y precisos.

Gertrudys Torres Martínez
Docente investigadora
Facultad de Psicología
Universidad Piloto de Colombia
Bogotá, Colombia

Cuando un estudiante conoce la obra *Metodología de la investigación* de Roberto Hernández Sampieri, quizá se enfrente a un texto desconocido para él, una elección de su profesor o, incluso, una propuesta bibliográfica del programa de una asignatura —a menos que el trabajo de investigación como el oficio del investigador le sean afines, quizá por estar redactando su tesis, o bien, si la búsqueda y análisis de información forma parte de su desempeño laboral—, pero a excepción de tales casos, la ve como un texto obligatorio más; en cambio, si se trata de un profesor, dicha obra es ya una compañera de las andanzas docentes, una obra clásica pero no por ello pasada de moda, pues entre sus virtudes cuenta el haber logrado con éxito al paso de una tras otra de sus ediciones, algo más que un mayor tiraje de libros, ya que, como pocos títulos disponibles en el mercado, se ha revisado y actualizado, no sólo como una decisión unilateral de sus autores y editores, sino también como parte de un proceso de mejora continua a través de la fecunda y bilateral retroalimentación con sus lectores, con quienes han hecho de ella la primera selección por antonomasia a la hora de pensar en enseñar teoría e ilustrarla con casos reales sobre metodología, más allá de repetir o imitar ejercicios del libro, más bien con la idea de crear individuos que de manera autónoma y creativa sean capaces de iniciar una investigación original o continuar lo investigado por otros con las bases suficientes para producir nuevo conocimiento en sus diferentes disciplinas, y para conseguir esto una obra debe estar abierta siempre a sus lectores para mejorar, cosa que dentro del área de la metodología, ésta es tal vez la única que lo ha hecho, rechazando el sólo convertirse en un clásico o best-seller que con el tiempo envejece y que hasta los que lo tenían como libro de cabecera lo abandonan por la necesidad de lo actual, característica esta última que define el libro de Hernández Sampieri, pues nos lleva por un recorrido desde las diferencias entre las aproximaciones cualitativa y cuantitativa a la realidad para plantear de la manera más adecuada un problema, definirlo de una forma en que nos abra a nuevas respuestas sin caer en las mismas trilladas de siempre, al proponer un diseño de investigación que aliado con los caminos idóneos para recolectar información confiable y tanto analizarla como interpretarla, nos pongan en condiciones de decir *hemos hallado algo nuevo*, *sabemos más*, *hemos mejorado la comprensión de un tema* e incluso *hemos encontrado la solución que todos buscaban*, camino o método que de la mano de Hernández Sampieri se emprende una y otra vez, desde su obra hasta espacios virtuales y foros en línea como material de apoyo en formato electrónico que potencializa las de por sí poderosas herramientas metodológicas que expone y pone a la revisión crítica de sus lectores para así mejorar la obra y como un esfuerzo en cadena y cascada mejorar con ello los alcances de la misma así como la productiva asimilación y puesta en práctica de los usuarios del libro, pues es de consulta permanente más que un libro pasajero en nuestras vidas, llegó para quedarse y seguir juntos el camino metódico del cómo hallar las respuestas que buscamos cada día de nuestras vidas.

Doctor Moisés del Pino Peña
Universidad Iberoamericana
México, DF

El proceso de la investigación cuantitativa

3   Planteamiento del problema cuantitativo

Proceso de investigación cuantitativa

Paso 2 Planteamiento del problema de investigación

- Establecer los objetivos de investigación.
- Desarrollar las preguntas de investigación.
- Justificar la investigación y analizar su viabilidad.
- Evaluar las deficiencias en el conocimiento del problema.

Objetivos del aprendizaje

Al terminar este capítulo, el alumno será capaz de:

1 Formular de manera lógica y coherente problemas de investigación cuantitativa con todos sus elementos.
2 Redactar objetivos y preguntas de investigación cuantitativa.
3 Comprender los criterios para evaluar un problema de investigación cuantitativa.

Síntesis

En el presente capítulo se mostrará la manera en que la idea se desarrolla y se transforma en el planteamiento del problema de investigación cuantitativa. En otras palabras, se explica cómo plantear un problema de investigación. Cinco elementos, que se analizarán en el capítulo, resultan fundamentales *para plantear cuantitativamente un problema:* objetivos de investigación, preguntas de investigación, justificación de la investigación, viabilidad de ésta y evaluación de las deficiencias en el conocimiento del problema.

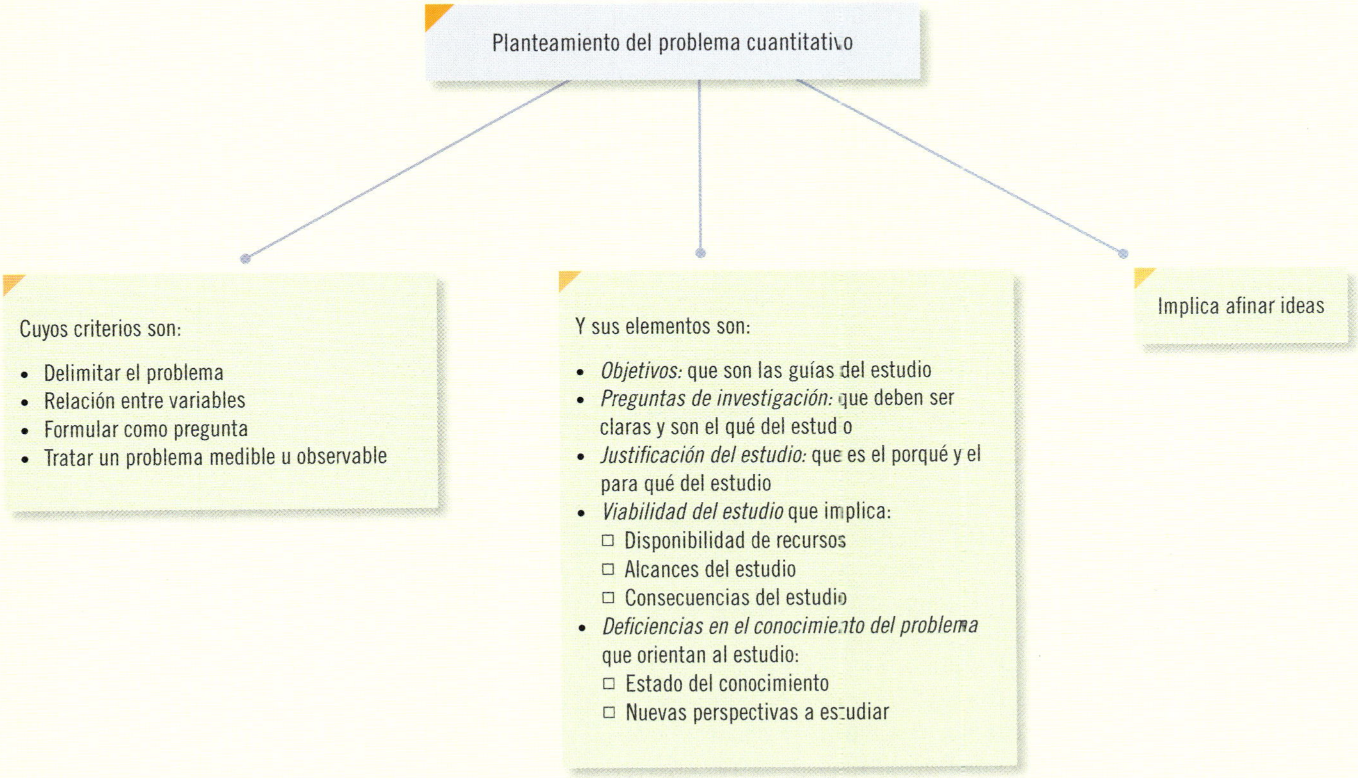

Planteamiento del problema cuantitativo

Cuyos criterios son:

- Delimitar el problema
- Relación entre variables
- Formular como pregunta
- Tratar un problema medible u observable

Y sus elementos son:

- *Objetivos:* que son las guías del estudio
- *Preguntas de investigación:* que deben ser claras y son el qué del estudio
- *Justificación del estudio:* que es el porqué y el para qué del estudio
- *Viabilidad del estudio* que implica:
  □ Disponibilidad de recursos
  □ Alcances del estudio
  □ Consecuencias del estudio
- *Deficiencias en el conocimiento del problema* que orientan al estudio:
  □ Estado del conocimiento
  □ Nuevas perspectivas a estudiar

Implica afinar ideas

¿Qué es plantear el problema de investigación cuantitativa?

Una vez que se ha concebido la idea de investigación y el científico, estudiante o experto ha profundizado en el tema en cuestión y elegido el enfoque cuantitativo, se encuentra en condiciones de plantear el problema de investigación.

Planteamiento cuantitativo del problema Desarrollo de la idea a través de cinco elementos: 1) objetivos de investigación, 2) preguntas de investigación, 3) justificación de la investigación, 4) viabilidad de la investigación, 5) evaluación de las deficiencias en el conocimiento del problema.

De nada sirve contar con un buen método y mucho entusiasmo, si no sabemos qué investigar. En realidad, *plantear el problema no es sino afinar y estructurar más formalmente la idea de investigación*. El paso de la idea al planteamiento del problema en ocasiones puede ser inmediato, casi automático, o bien llevar una considerable cantidad de tiempo; ello depende de cuán familiarizado esté el investigador o la investigadora con el tema a tratar, la complejidad misma de la idea, la existencia de estudios antecedentes, el empeño del investigador y sus habilidades personales. Seleccionar un tema o una idea no lo coloca inmediatamente en la posición de considerar qué información habrá de recolectar, con cuáles métodos y cómo analizará los datos que obtenga. Antes necesita formular el *problema específico* en términos concretos y explícitos, de manera que sea susceptible de investigarse con procedimientos científicos (Selltiz *et al.*, 1980). *Delimitar* es la esencia de los planteamientos cuantitativos.

Ahora bien, como señala Ackoff (1967), un problema bien planteado está parcialmente resuelto; a mayor exactitud corresponden más posibilidades de obtener una solución satisfactoria. El investigador debe ser capaz no sólo de conceptuar el problema, sino también de escribirlo en forma clara, precisa y accesible. En algunas ocasiones sabe lo que desea hacer, pero no cómo comunicarlo a los demás y es necesario que realice un mayor esfuerzo por traducir su pensamiento a términos comprensibles, pues en la actualidad la mayoría de las investigaciones requieren la colaboración de varias personas.

Criterios para plantear el problema

Según Kerlinger y Lee (2002), los criterios para plantear adecuadamente un problema de investigación cuantitativa son:

- El problema debe expresar una relación entre dos o más conceptos o variables.
- El problema debe estar formulado como pregunta, claramente y sin ambigüedad; por ejemplo, ¿qué efecto?, ¿en qué condiciones...?, ¿cuál es la probabilidad de...?, ¿cómo se relaciona con...?
- El planteamiento debe implicar la posibilidad de realizar una prueba empírica, es decir, la factibilidad de observarse en la "realidad única y objetiva". Por ejemplo, si alguien piensa estudiar cuán sublime es el alma de los adolescentes, está planteando un problema que no puede probarse empíricamente, pues "lo sublime" y "el alma" no son observables. Claro que el ejemplo es extremo, pero nos recuerda que el enfoque cuantitativo trabaja con aspectos observables y medibles de la realidad.

¿Qué elementos contiene el planteamiento del problema de investigación en el proceso cuantitativo?

A nuestro juicio, los elementos para plantear un problema son cinco y están relacionados entre sí: los *objetivos que persigue la investigación*, las *preguntas de investigación*, la *justificación* y la *viabilidad del estudio*, así como la *evaluación de las deficiencias en el conocimiento del problema*.

Objetivos de la investigación

En primer lugar, es necesario establecer qué pretende la investigación, es decir, *cuáles son sus objetivos*. Unas investigaciones buscan, ante todo, contribuir a resolver un problema en especial; en tal caso debe mencionarse cuál es y de qué manera se piensa que el estudio ayudará a resolverlo; otras tienen como objetivo principal probar una teoría o aportar evidencia empírica en favor de ella. Los

objetivos deben expresarse con claridad para evitar posibles desviaciones en el proceso de investigación cuantitativa y ser susceptibles de alcanzarse (Rojas, 2002); *son las guías del estudio* y hay que tenerlos presentes durante todo su desarrollo. Evidentemente, los objetivos que se especifiquen requieren ser congruentes entre sí.

Objetivos de investigación Señalan a lo que se aspira en la investigación y deben expresarse con claridad, pues son las guías del estudio.

EJEMPLO

Investigación de Mariana sobre el noviazgo

Continuando con el ejemplo del capítulo anterior, diremos que una vez que Mariana se ha familiarizado con el tema y decidido a llevar a cabo una investigación cuantitativa, encuentra que, según algunos estudios, los factores más importantes son la atracción física, la confianza, la proximidad física, el grado en que cada uno de los novios refuerza positivamente la autoimagen del otro y la similitud entre ambos (en creencias fundamentales y valores). Entonces los objetivos de su investigación se podrían plantear de la siguiente manera:

- Determinar si la atracción física, la confianza, la proximidad física, el reforzamiento de la autoestima y la similitud tienen una influencia importante en el desarrollo del noviazgo entre jóvenes catalanes.
- Evaluar cuáles de los factores mencionados tienen mayor importancia en el desarrollo del noviazgo entre jóvenes catalanes.
- Analizar si hay o no diferencias entre los hombres y las mujeres respecto de la importancia atribuida a cada uno de los factores mencionados.
- Analizar si hay o no diferencias entre las parejas de novios de distintas edades, en relación con la importancia asignada a cada uno de los mismos factores.

También es conveniente comentar que durante la investigación es posible que surjan objetivos adicionales, se modifiquen los objetivos iniciales o incluso se sustituyan por nuevos objetivos, según la dirección que tome el estudio.

Preguntas de investigación

Además de definir los objetivos concretos de la investigación, es conveniente plantear, por medio de una o varias preguntas, el problema que se estudiará. Al hacerlo en forma de preguntas se tiene la ventaja de presentarlo de manera directa, lo cual minimiza la distorsión (Christensen, 2006). Las preguntas representan el *¿qué?* de la investigación.

No siempre en la *pregunta* o las *preguntas* se comunica el problema en su totalidad, con toda su riqueza y contenido. A veces se formula solamente el propósito del estudio, aunque las **preguntas** deben resumir lo que habrá de ser la investigación. Al respecto, no podemos decir que haya una forma correcta de expresar todos los problemas de investigación, pues cada uno de ellos requiere un análisis particular. Las preguntas generales tienen que aclararse y delimitarse para esbozar el área-problema y sugerir actividades pertinentes para la investigación (Ferman y Levin, 1979).

Preguntas de investigación Orientan hacia las respuestas que se buscan con la investigación. Las preguntas no deben utilizar términos ambiguos ni abstractos.

Las preguntas demasiado generales **no** conducen a una investigación concreta, por lo tanto, aquellas como: ¿por qué algunos matrimonios duran más que otros?, ¿por qué hay personas más satisfechas con su trabajo que otras?, ¿en cuáles programas de televisión hay muchas escenas sexuales?, ¿cambian con el tiempo las personas que van a psicoterapia?, ¿los gerentes se comprometen más con su empresa que los obreros?, ¿cómo se relacionan los medios de comunicación colectiva con el voto?, etc., deben acotarse. Esas preguntas constituyen más bien ideas iniciales que es necesario refinar y precisar para que guíen el comienzo de un estudio.

La última pregunta, por ejemplo, habla de "medios de comunicación colectiva", término que implica la radio, la televisión, los periódicos, las publicaciones, el cine, los anuncios publicitarios en exteriores, internet y otros más. Asimismo, se menciona "voto" sin especificar el tipo, el contexto ni el sistema social, si se trata de una votación política de nivel nacional o local, sindical, religiosa, para elegir al representante de una cámara industrial o a un funcionario como un alcalde o un miembro de un parlamento. Incluso pensando que el voto fuera para una elección presidencial, la relación expresada no lleva a diseñar actividades pertinentes para desarrollar una investigación, a menos que se piense en "un gran estudio" que analice todas las posibles vinculaciones entre ambos términos (medios de comunicación colectiva y voto).

Las preguntas de investigación deben ser concretas, pues no es lo mismo votar por un consejero estudiantil que para elegir al presidente de un país.

En efecto, tal como se formula la pregunta, origina una gran cantidad de dudas: ¿se investigarán los efectos que la difusión de propaganda a través de dichos medios tiene en la conducta de los votantes?, ¿se analizará el papel de estos medios como agentes de socialización política respecto del voto?, ¿se investigará en qué medida se incrementa el número de mensajes políticos en los medios de comunicación masiva durante épocas electorales?, ¿acaso se estudiará cómo los resultados de una votación afectan lo que opinan las personas que manejan esos medios? Es decir, no queda claro qué se va a hacer en realidad.

Lo mismo ocurre con las otras preguntas, son demasiado generales. En su lugar deben plantearse preguntas mucho más específicas como: ¿el tiempo que las parejas dedican cotidianamente a evaluar su relación está vinculado con el tiempo que perduran sus matrimonios? (en un contexto particular, por ejemplo: parejas que tienen más de 20 años de matrimonio y viven en los suburbios de Madrid); ¿cómo se asocian la satisfacción laboral y la variedad en el trabajo en la gestión gerencial de las empresas industriales con más de mil trabajadores en Caracas, Venezuela?; durante el último año, ¿las series televisivas estadounidenses traducidas al español *En la escena del crimen* o *CSI* y *La ley y el orden* contienen una mayor cantidad de escenas sexuales que las series de telenovelas chilenas?; conforme se desarrollan las psicoterapias, ¿aumentan o declinan las expresiones verbales de discusión y exploración de los futuros planes personales que manifiestan las pacientes? (al ser éstas, mujeres ejecutivas que viven en Barranquilla, Colombia), ¿existe alguna relación entre el nivel jerárquico y la motivación intrínseca en el trabajo en los empleados del Ministerio de Economía y Finanzas Públicas de Argentina?; ¿cuál es el promedio de horas diarias de televisión que ven los niños costarricenses de áreas urbanas?, la exposición por parte de los votantes a los debates televisivos de los candidatos a la presidencia de Guatemala, ¿está correlacionada con la decisión de votar o de abstenerse?

Las preguntas pueden ser más o menos generales, como se mencionó anteriormente, pero en la mayoría de los casos es mejor que sean precisas, sobre todo en el de estudiantes que se inician dentro de la investigación. Desde luego, hay macroestudios que investigan muchas dimensiones de un problema y que,

EJEMPLO

Investigación de Mariana sobre el noviazgo

Al aplicar lo anterior al ejemplo de la investigación sobre el noviazgo, las preguntas de investigación podrían ser:

- ¿La atracción física, la confianza, la proximidad física, el reforzamiento de la autoestima y la similitud ejercen una influencia significativa en el desarrollo del noviazgo?

    El desarrollo del noviazgo se entenderá como la evaluación que hacen los novios de su relación, el interés que muestran por ésta y su disposición a continuarla.
- ¿Cuál de estos factores ejerce mayor influencia sobre la evaluación de la relación, el interés que muestran por ésta y la disposición para continuar la relación?
- ¿Están vinculados entre sí la atracción física, la confianza, la proximidad física, el reforzamiento de la autoestima y la similitud?

- ¿Existe alguna diferencia por género (entre los hombres y las mujeres) con respecto al peso que le asignan a cada factor en la evaluación de la relación, el interés que muestran por ésta y su disposición a continuarla?
- ¿La edad está relacionada con el peso asignado a cada factor con respecto a la evaluación de la relación, el interés que muestran por ésta y la disposición de continuar la relación?

  Como podemos observar, las preguntas están completamente relacionadas con sus respectivos objetivos (van a la par, son un reflejo de éstos).

  Ya sabemos que el estudio se llevará a cabo en Cataluña, pero debemos ser más específicos, por ejemplo: realizarlo entre estudiantes de licenciaturas administrativas de la Universidad Autónoma de Barcelona.

  Ahora bien, con una simple ojeada al tema nos daríamos cuenta de que se pretende abarcar demasiado en el problema de investigación y, a menos que se cuente con muchos recursos y tiempo, se tendría que limitar el estudio, por ejemplo, a la similitud. Entonces se preguntaría: ¿la similitud ejerce alguna influencia significativa sobre la elección de la pareja en el noviazgo y la satisfacción dentro de éste?

inicialmente, llegan a plantear preguntas más generales. Sin embargo, casi todos los estudios versan sobre cuestiones más específicas y limitadas.

Asimismo, como sugiere Rojas (2002), es necesario establecer los límites temporales y espaciales del estudio (época y lugar), y esbozar un perfil de las unidades de observación (personas, periódicos, viviendas, escuelas, animales, eventos, etc.), perfil que, aunque es tentativo, resulta muy útil para definir el tipo de investigación que habrá de llevarse a cabo. Desde luego, es muy difícil que todos estos aspectos se incluyan en las preguntas de investigación; pero pueden plantearse una o varias interrogantes, y acompañarlas de una breve explicación del tiempo, el lugar y las unidades de observación del estudio.

Al igual que en el caso de los objetivos, durante el desarrollo de la investigación pueden modificarse las preguntas originales o agregarse otras nuevas; y como se ha venido sugiriendo, la mayoría de los estudios plantean más de una pregunta, ya que de este modo se cubren diversos aspectos del problema a investigar.

León y Montero (2003) mencionan los requisitos que deben cumplir las preguntas de investigación:[1]

- Que no se conozcan las respuestas (si se conocen, no valdría la pena realizar el estudio).
- Que puedan responderse con evidencia empírica (datos observables o medibles).
- Que impliquen usar medios éticos.
- Que sean claras.
- Que el conocimiento que se obtenga sea sustancial (que aporte conocimiento a un campo de estudio).

Justificación de la investigación

Además de los objetivos y las preguntas de investigación, *es necesario* **justificar el estudio** *mediante la exposición de sus razones* (el *para qué* y/o *porqué* del estudio). La mayoría de las investigaciones se efectúan con un propósito definido, pues no se hacen simplemente por capricho de una persona, y ese propósito debe ser lo suficientemente significativo para que se justifique su realización. Además, en muchos

Justificación de la investigación   Indica el porqué de la investigación exponiendo sus razones. Por medio de la justificación debemos demostrar que el estudio es necesario e importante.

casos se tiene que explicar por qué es conveniente llevar a cabo la investigación y cuáles son los beneficios que se derivarán de ella: el pasante deberá explicar a un comité escolar el valor de la tesis que piensa realizar, el investigador universitario hará lo mismo con el grupo de personas que aprueban proyectos de investigación en su institución e incluso con sus colegas, el asesor tendrá que aclarar a su cliente los beneficios que se obtendrán de un estudio determinado, el subordinado que propone una

---

[1] Los comentarios entre paréntesis son agregados nuestros.

investigación a su superior deberá dar razones de la utilidad de ella. Lo mismo ocurre en casi todos los casos. Trátese de estudios cuantitativos o cualitativos, siempre es importante dicha justificación.

OA3 Criterios para evaluar la importancia potencial de una investigación

Una investigación llega a ser conveniente por diversos motivos: tal vez ayude a resolver un problema social, a construir una nueva teoría o a generar nuevas inquietudes de investigación. Lo que algunos consideran relevante para investigar puede no serlo para otros. Respecto de ello, suele diferir la opinión de las personas. Sin embargo, es posible establecer criterios para evaluar la utilidad de un estudio propuesto, los cuales, evidentemente, son flexibles y de ninguna manera exhaustivos. A continuación se indican algunos de estos criterios formulados como preguntas, que fueron adaptados de Ackoff (1973) y Miller y Salkind (2002). También afirmaremos que, cuanto mayor número de respuestas se contesten de manera positiva y satisfactoria, la investigación tendrá bases más sólidas para justificar su realización.

- *Conveniencia.* ¿Qué tan conveniente es la investigación?; esto es, ¿para qué sirve?
- *Relevancia social.* ¿Cuál es su trascendencia para la sociedad?, ¿quiénes se beneficiarán con los resultados de la investigación?, ¿de qué modo? En resumen, ¿qué alcance o proyección social tiene?
- *Implicaciones prácticas.* ¿Ayudará a resolver algún problema real?, ¿tiene implicaciones trascendentales para una amplia gama de problemas prácticos?
- *Valor teórico.* Con la investigación, ¿se llenará algún vacío de conocimiento?, ¿se podrán generalizar los resultados a principios más amplios?, ¿la información que se obtenga puede servir para revisar, desarrollar o apoyar una teoría?, ¿se podrá conocer en mayor medida el comportamiento de una o de diversas variables o la relación entre ellas?, ¿se ofrece la posibilidad de una exploración fructífera de algún fenómeno o ambiente?, ¿qué se espera saber con los resultados que no se conociera antes?, ¿se pueden sugerir ideas, recomendaciones o hipótesis para futuros estudios?
- *Utilidad metodológica.* ¿La investigación puede ayudar a crear un nuevo instrumento para recolectar o analizar datos?, ¿contribuye a la definición de un concepto, variable o relación entre variables?, ¿pueden lograrse con ella mejoras en la forma de experimentar con una o más variables?, ¿sugiere cómo estudiar más adecuadamente una población?

Desde luego, es muy difícil que una investigación pueda responder positivamente a todas estas interrogantes; algunas veces sólo cumple un criterio.

EJEMPLO

Investigación de Mariana sobre el noviazgo

Mariana podría justificar su estudio de la siguiente manera:[2]

De acuerdo con Méndez (2009), una de las preocupaciones centrales de los jóvenes lo constituye la relación con su pareja sentimental. En un estudio de Mendoza (2009) se encontró que los(as) universitarios(as) que tienen dificultades con sus parejas o se encuentran físicamente alejados de ellas (digamos que viven en otra ciudad o se frecuentan de manera ocasional), tienen un desempeño académico más bajo que aquellos(as) que llevan una relación armónica y que se frecuentan con regularidad. Muñiz y Rangel (2008) encontraron que un noviazgo satisfactorio eleva la autoestima…

Asimismo, 85% de los universitarios dedican un tiempo considerable de sus pensamientos a la pareja (Torres, 2009)… [*Es importante incluir cifras y citas de otros estudios que señalen la importancia y magnitud del problema bajo estudio.*]

La investigación planteada contribuirá a generar un modelo para entender este importante aspecto en la vida de los(as) jóvenes estudiantes iberamericanos(as) (*valor teórico*). Asimismo, los resultados del estudio ayudarán a crear una mayor conciencia entre los mentores de los(as) universitarios(as) sobre este aspecto de sus aconsejados y cuando uno de éstos tenga problemas en sus relaciones de pareja, podrán

---

[2] Por cuestiones de espacio, el ejemplo se ha simplificado y reducido, lo importante es que se comprenda la forma como se justifica una investigación.

asesorarlos más adecuada e integralmente (*implicación práctica*). Por otro lado, mediante la investigación se desarrollará un método para medir las variables del estudio en el contexto catalán, pero con aplicaciones a otros ambientes latinoamericanos (*valor metodológico*)…

Viabilidad de la investigación

Además de los elementos anteriores, es necesario considerar otro aspecto importante del planteamiento del problema: la *viabilidad* o *factibilidad* misma del estudio; para ello, debemos tomar en cuenta la disponibilidad de recursos financieros, humanos y materiales que determinarán, en última instancia, los alcances de la investigación (Rojas, 2002). Asimismo, resulta indispensable que tengamos acceso al lugar o contexto donde se realizará la investigación. Es decir, tenemos que preguntarnos de manera realista: ¿es posible llevar a cabo esta investigación? y ¿cuánto tiempo tomará realizarla? Dichos cuestionamientos son particularmente importantes cuando se sabe de antemano que se dispondrá de pocos recursos para efectuar la investigación.

EJEMPLO

Un caso de inviabilidad

Este hecho ocurrió hace algunos años, cuando un grupo de estudiantes de ciencias de la comunicación decidió realizar su tesis sobre el efecto que tendría introducir la televisión en una comunidad donde no se conocía. El estudio buscaba, entre otras cosas, analizar si los patrones de consumo cambiaban, las relaciones interpersonales se modificaban y las actitudes y los valores centrales de los habitantes —religión, actitudes hacia el matrimonio, familia, planificación familiar, trabajo, etc.— se transformaban con la introducción de la televisión. La investigación resultaba interesante porque había pocos estudios similares, y éste aportaría información útil para el análisis de los efectos de tal medio, la difusión de innovaciones y otras muchas áreas de conocimiento. Sin embargo, el costo de la investigación era muy elevado (había que adquirir muchos televisores y obsequiarlos a los habitantes o rentarlos, hacer llegar a la comunidad las transmisiones, contratar a bastante personal, hacer considerables erogaciones en viáticos, etc.), lo cual superaba, por mucho, las posibilidades económicas de los estudiantes, aun cuando consiguieran financiamiento. Además, llevaría bastante tiempo realizarlo (cerca de tres años), tomando en cuenta que se trataba de una tesis. Posiblemente para un investigador especializado en el área, este tiempo no resultaría un obstáculo. El factor "tiempo" varía en cada investigación; a veces se requieren los datos en el corto plazo, mientras que en otras ocasiones el tiempo no es relevante. Hay estudios que duran varios años porque su naturaleza así lo exige.

Evaluación de las deficiencias en el conocimiento del problema

Es también importante que consideremos respecto de nuestro problema de investigación los siguientes cuestionamientos: ¿qué más necesitamos saber del problema?, ¿qué falta de estudiar o abordar?, ¿qué no se ha considerado?, ¿qué se ha olvidado? Las respuestas a estas interrogantes nos ayudarán a saber dónde se encuentra ubicada nuestra investigación en la evolución del estudio del problema y qué nuevas perspectivas podríamos aportar.

Sin embargo, de acuerdo con Hernández Sampieri y Méndez (2009), este elemento del planteamiento sólo se puede incluir si el investigador ha trabajado anteriormente o se encuentra vinculado con el tema de estudio, y este conocimiento le permite contar con una clara perspectiva del problema a indagar. De no ser así, la evaluación de las deficiencias en el conocimiento del problema se tendrá que llevar a cabo después de haber hecho una revisión más completa de la literatura, la cual es parte del siguiente paso en el proceso de la investigación cuantitativa. Para poner un ejemplo de lo anterior,

Núñez (2001) al inicio de su investigación pretendía entender el sentido de vida de los maestros universitarios, bajo los conceptos de Viktor E. Frankl.[3] Sin embargo, era la primera vez que profundizaba en estas nociones y en ese momento ella no sabía que había muy pocos instrumentos para medir tal variable tan compleja (y menos en el contexto latinoamericano); fue hasta después de realizar la revisión de la literatura que se dio cuenta de esto, entonces modificó su planteamiento y se abocó, primero, a desarrollar y validar un cuestionario que midiera el sentido de vida, y luego a comprender su naturaleza y alcance en los docentes.

Figura 3.1   Elementos del planteamiento del problema en la investigación cuantitativa.

Consecuencias de la investigación

Aunque no sea con fines científicos, pero sí éticos,[4] es necesario que el investigador se cuestione acerca de las *consecuencias del estudio.* En el ejemplo anterior del caso de inviabilidad, suponiendo que se hubiera efectuado la investigación, resultaría conveniente preguntarse antes de realizarla cómo va a afectar a los habitantes de esa comunidad.

Imaginemos que se piensa realizar un estudio sobre el efecto de un medicamento (droga médica) muy "fuerte", que se usa en el tratamiento de alguna clase de esquizofrenia. Cabría reflexionar sobre la conveniencia de efectuar o no la investigación, lo cual no contradice el postulado de que la investigación científica no estudia aspectos morales ni formula juicios de este tipo. No lo hace, pero tampoco significa que un investigador no pueda decidir si realiza o no un estudio porque ocasionaría efectos perjudiciales para otros seres humanos. De lo que aquí se habla es de suspender una investigación por cuestiones de ética personal, y no de llevar a cabo un estudio de cuestiones éticas o morales. La decisión de realizar o no una investigación por las consecuencias que ésta pueda acarrear es una decisión personal de quien la concibe. Desde el punto de vista de los autores, también es un aspecto del planteamiento del problema que debe ventilarse, y la responsabilidad es algo muy digno de tomarse en cuenta siempre que se va a realizar un estudio. Respecto de esta cuestión, actualmente la investigación sobre la clonación plantea retos interesantes.

A algunos estudiantes les resulta complejo delimitar el planteamiento del problema, por ello a continuación sugerimos un método gráfico sencillo para este fin, que le ha funcionado a varias personas.

---

[3] Importante psicoterapeuta del siglo xx, que fue internado en el campo de concentración de Theresienstadt hacia el final de la Segunda Guerra Mundial, donde perfiló el concepto de la búsqueda de un sentido para la vida del ser humano.

[4] En el CD anexo (Material complementario → Capítulos → Capítulo 2) el lector encontrará un capítulo sobre la ética en la investigación.

Supongamos que a una estudiante le interesan el "desarrollo humano personal", "su propio género" y el "divorcio", y decide hacer su investigación sobre "algo" vinculado a estos conceptos, pero le cuesta trabajo *acotar* su investigación y plantearla. Entonces puede:

1. Primero escribir los conceptos que tiene en "la mira".

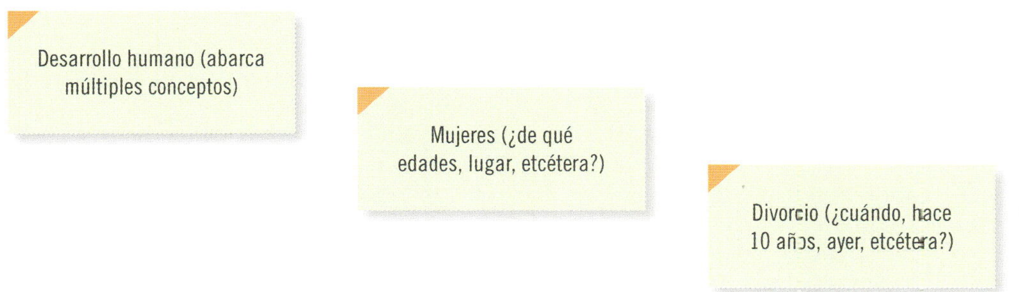

Sus conceptos aún son muy generales, debe acotarlos.

2. Posteriormente buscar conceptos más específicos para sus conceptos generales.

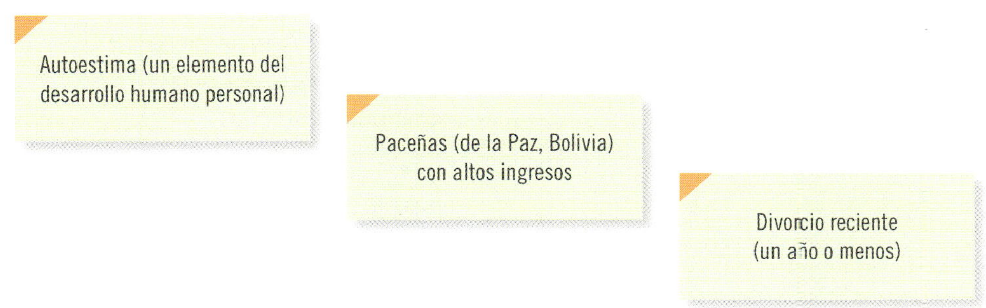

3. Una vez precisados los conceptos, redactar objetivo y pregunta de investigación (con uno y una bastó).

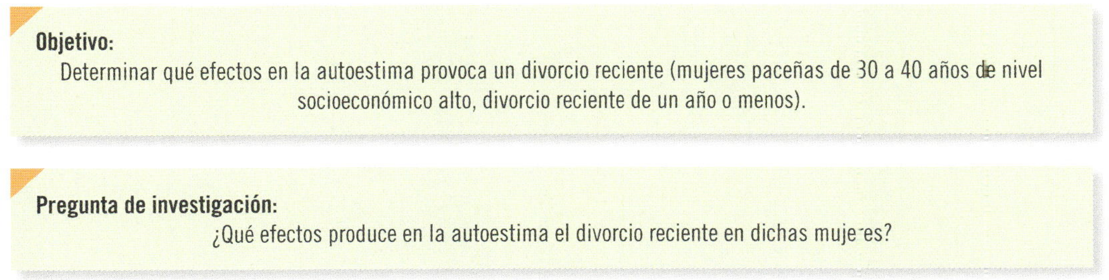

Comentario: El planteamiento puede enriquecerse con datos y testimonios que nos ayuden a enmarcar el estudio o la necesidad de realizarlo.

Por ejemplo: Si planteamos una investigación sobre las consecuencias de la violencia con armas de fuego en las escuelas, podemos agregar estadísticas sobre el número de incidentes violentos de ese tipo, el número de víctimas resultantes de ello, testimonios de algún experto en el tema, padres de familia o estudiantes que hayan sido testigos de los hechos, etcétera.

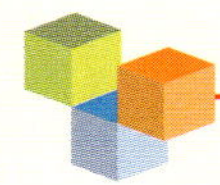

Resumen

- Plantear el problema de investigación cuantitativa consiste en afinar y estructurar más formalmente la idea de investigación, desarrollando cinco elementos de la investigación: objetivos, preguntas, justificación, viabilidad y evaluación de las deficiencias.
- En la investigación cuantitativa los cinco elementos deben ser capaces de conducir hacia una investigación concreta y con posibilidad de prueba empírica.
- En el enfoque cuantitativo el planteamiento del problema de investigación precede a la revisión de la literatura y al resto del proceso de investigación; sin embargo, esta revisión puede modificar el planteamiento original.
- Los objetivos y las preguntas de investigación deben ser congruentes entre sí e ir en la misma dirección.
- Los objetivos establecen qué se pretende con la investigación; las preguntas nos dicen qué respuestas deben encontrarse mediante la investigación; la justificación nos indica por qué y para qué debe hacerse la investigación; la viabilidad nos señala si es posible realizarla y la evaluación de deficiencias nos ubica en la evolución del estudio del problema.
- Los criterios principales para evaluar la importancia potencial de una investigación son: conveniencia, relevancia social, implicaciones prácticas, valor teórico y utilidad metodológica. Además de analizarse la viabilidad de la investigación deben considerarse sus posibles consecuencias.
- El planteamiento de un problema de investigación no puede incluir juicios morales ni estéticos, pero el investigador debe cuestionarse si es o no ético llevarlo a cabo.

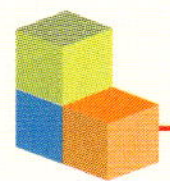

Conceptos básicos

Consecuencias de la investigación
Criterios para evaluar una investigación
Evaluación de las deficiencias en el conocimiento del problema
Justificación de la investigación

Objetivos de investigación
Planteamiento del problema
Preguntas de investigación
Proceso cuantitativo
Viabilidad de la investigación

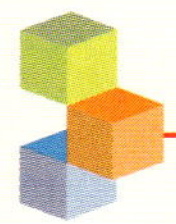

Ejercicios

1. Vea una película sobre estudiantes (de nivel medio o superior) y su vida cotidiana, deduzca una idea, después consulte algunos libros o artículos que hablen sobre esa idea y, por último, plantee un problema de investigación cuantitativa en torno a dicha idea; como mínimo: objetivos, preguntas y justificación de la investigación.

2. Seleccione un artículo de una revista científica que contenga los resultados de una investigación cuantitativa y responda las siguientes preguntas: ¿cuáles son los objetivos de esa investigación?, ¿cuáles son las preguntas?, ¿cuál es su justificación?

3. Respecto de la idea que eligió en el capítulo 2, transfórmela en un planteamiento del problema de investigación cuantitativa. Pregúntese: ¿los objetivos son claros, precisos y llevarán a la realización de una investigación en la "realidad"?; ¿las preguntas son ambiguas?; ¿qué va a lograrse con este planteamiento?; ¿es posible realizar esa investigación? Además, evalúe su planteamiento de acuerdo con los criterios expuestos en este capítulo.

4. Compare los siguientes objetivos y preguntas de investigación. ¿Cuál de ambos planteamientos es más específico y claro?, ¿cuál piensa que es mejor? Recuerde que estamos bajo la óptica cuantitativa.

Planteamiento 1

Objetivo: Analizar el efecto de utilizar a un profesor autocrático frente a un profesor democrático, en el aprendizaje de conceptos de las matemáticas elementales en niños de escuelas públicas ubicadas en zonas rurales de la provincia de Salta en Argentina. El estudio se realizaría con niños que asisten a su primer curso de matemáticas.

Pregunta: ¿El estilo de liderazgo (democrático-autocrático) del profesor se encuentra relacionado con el nivel de aprendizaje de conceptos matemáticos elementales?

Planteamiento 2

Objetivo: Analizar las variables que se relacionen con el proceso de enseñanza-aprendizaje de los niños en edad preescolar.

Pregunta: ¿Cuáles son las variables que se relacionan con el proceso de enseñanza-aprendizaje?

¿Cree que el segundo planteamiento es demasiado global? ¿Podría mejorarse respecto al primero? Si es así, ¿de qué manera?

5. Algunos calificativos que no se aceptan en el planteamiento de un problema de investigación son:

Ambiguo	Vago
Confuso	Ininteligible
General	Incomprensible
Vasto	Desorganizado
Injustificable	Incoherente
Irracional	Inconsistente
Prejuicioso	

¿Qué otros calificativos no puede aceptar un problema de investigación?

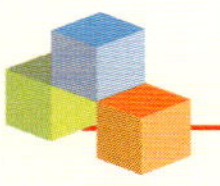

Ejemplos desarrollados

La televisión y el niño

Objetivos

- Describir el uso que los niños de la ciudad de México hacen de los medios de comunicación colectiva.
- Indagar el tiempo que los niños de la ciudad de México dedican a ver la televisión.
- Describir cuáles son los programas preferidos de los niños de la ciudad de México.
- Determinar las funciones y gratificaciones que la televisión tiene para el niño de la ciudad de México.
- Conocer el tipo de control que ejercen los padres sobre la actividad de ver televisión de sus hijos.
- Analizar qué tipos de niños ven más televisión.

Preguntas de investigación

- ¿Cuál es el uso que los niños de la ciudad de México hacen de los medios de comunicación colectiva?
- ¿Cuánto tiempo dedican a ver televisión diferentes tipos de niños de la ciudad de México?
- ¿Cuáles son los programas preferidos de dichos niños?
- ¿Cuáles son las funciones y gratificaciones de la televisión para el niño de la ciudad de México?
- ¿Qué tipo de control ejercen los padres sobre sus hijos en relación con la actividad de ver televisión?

Justificación

Para la mayoría de los niños ver televisión, dormir e ir a la escuela constituyen sus principales actividades. Asimismo, la televisión es el medio de comunicación preferido por los pequeños. Se estima que, en promedio, diariamente el niño ve televisión más de tres horas y media, y se calculó en un reporte de una agencia de investigación que, al cumplir los 15 años, un niño ha visto más de 16 000 horas de contenidos televisivos (Fernández Collado *et al.*, 1998). Este hecho ha generado diversos cuestionamientos de padres, maestros, investigadores y, en general, de la sociedad sobre la relación niño-televisión y los efectos de ésta sobre el infante. Así, se ha considerado trascendente estudiar dicha relación con el propósito de analizar el papel que, en la vida del niño, desempeña un agente de socialización tan relevante como la televisión.

Por otra parte, la investigación contribuiría a contrastar, con datos de México, los datos sobre usos y gratificaciones de la televisión en el niño encontrados en otros países.

Viabilidad de la investigación

La investigación es viable, pues se dispone de los recursos necesarios para llevarla a cabo. Se buscará la autorización de las direcciones de las escuelas públicas y privadas seleccionadas para realizar el estudio. Asimismo, se obtendrá el apoyo de diversas asociaciones que buscan elevar el contenido prosocial y educativo de la televisión mexicana, lo cual facilitará la recolección de los datos. Por otro lado, es importante que los padres o tutores de los niños y niñas que conformen la muestra otorguen su consentimiento para que los infantes respondan al cuestionario y, desde luego, se hará con la disposición de estos últimos, quienes constituyen la fuente de los datos.

Consecuencias de la investigación

El equipo de investigación será muy respetuoso con los niños y las niñas que participen en el estudio. No se preguntarán cuestiones delicadas o que pudieran incomodar de modo alguno a los infantes, simplemente se pretende estimar sus contenidos televisivos preferidos. No se anticipa algún efecto negativo. En cambio, se pretende proporcionar información valiosa a las personas que tratan con los niños y las niñas de la ciudad de México. A los padres o tutores les servirá para conocer más sobre una de las actividades más importantes para la mayoría de sus hijos: el ver televisión. A los educadores les será muy útil para adentrarse en el mundo de sus pequeños(as) alumnos(as). A la sociedad mexicana le resulta sumamente fructífero contar con datos actualizados respecto a los contenidos a que se exponen más los infantes de la principal ciudad del país, a fin de reflexionar sobre la relación niño-televisión en el contexto nacional.

La pareja y la relación ideales

Objetivo

Identificar los factores que describen a la pareja ideal de los jóvenes universitarios celayenses.

Preguntas de investigación

¿Cuáles son los factores que describen a la pareja ideal de los jóvenes universitarios celayenses?

¿Los factores que describen a la pareja ideal son o no similares entre las y los jóvenes universitarios celayenses? (es decir, ¿habrá diferencias por género?)

Justificación

¿De qué forma los(as) jóvenes universitarios(as) celayenses reconocen si su relación de noviazgo es funcional o disfuncional?, ¿qué bases toman en cuenta para decidir entre seguir adelante y estar más involucrados, vivir juntos o casarse? O por el contrario, ¿para buscar otra pareja? Estas preguntas resultan por demás interesantes, pero complejas en su respuesta. Por ello, múltiples estudios tales como el desarrollado por Fletcher y Fitness (1996) se han enfocado a conseguir un acercamiento a las respuestas para estas interrogantes.

Investigaciones anteriores han demostrado que los juicios o decisiones concernientes a las relaciones de noviazgo están basadas, por un lado, en las expectativas que tiene cada integrante respecto a su pareja y, por el otro, en las percepciones actuales de la relación que mantiene con ella (Fletcher y Thomas, 1996; Rusbult, Onizuka y Lipkus, 1993; Sternberg y Barnes, 1985). Asimismo, los atributos que los individuos asignan a su pareja son importantes al inicio y durante el desarrollo de la relación (Fletcher *et al.*, 1999).

La presente indagación busca examinar la estructura y función de las relaciones de noviazgo ideales de los jóvenes celayenses, guiada por teorías e investigaciones pasadas que mantienen un diseño con un enfoque cognitivo.

El estudio demuestra que puede ser de provecho al considerar que las relaciones de pareja son muy importantes para la vida de las personas (Fletcher *et al.*, 1999) y el realizar el estudio con un grupo privilegiado y de gran impacto social como lo son los jóvenes universitarios, hace a esta indagación muy relevante.

Viabilidad

Para que el estudio sea viable se circunscribirá la población o universo a las licenciaturas administrativas de las principales instituciones de educación superior de Celaya.

Con lo anterior la investigación demuestra factibilidad ya que se cuenta con los recursos financieros, materiales y humanos para llevarla a cabo.

Consecuencias de la investigación

Con el estudio se conseguirá identificar los factores que describen a la pareja ideal del joven universitario celayense, con lo que se buscará generar un mayor entendimiento de las relaciones cercanas amorosas que sostiene este importante grupo poblacional en Celaya.

Dado que la investigación presentará sus resultados mediante información agregada y no de manera individual, se estará respetando la confidencialidad y toda cuestión ética.

El abuso sexual infantil

Objetivo

Comparar el desempeño en función de la validez y confiabilidad de dos medidas, una cognitiva y la otra conductual, para evaluar los programas de prevención del abuso en niñas y niños entre 4 y 6 años de edad.

Pregunta de investigación

¿Cuál de las dos medidas para evaluar los programas de prevención del abuso infantil tendrá mayor validez y confiabilidad, la cognitiva o la conductual?

Justificación

Los estudios de Putman (2003) señalan que entre 12 y 35% de las mujeres y entre 4 y 9% de los hombres han sufrido algún tipo de abuso sexual durante su infancia. Las consecuencias derivadas del abuso sexual infantil (ASI) se pueden clasificar en trastornos físicos y psicológicos. Diversos estudios han encontrado gran variedad de consecuencias a corto y largo plazos, pero la mayoría se inscriben en lo psicológico.

Como respuesta a la inquietud social de proteger a quienes son más vulnerables y ante la evidencia de que el abuso sexual a menores no es un hecho aislado ni localizado, en el que se deben considerar los daños que genera, han surgido los programas de prevención del abuso sexual infantil (PPASI). En general, éstos tienen el objetivo de desarrollar en las niñas y los niños los conocimientos y las habilidades para cuidarse a sí mismas o mismos, de manera asertiva y efectiva, al valorar las acciones de otros, rechazar los contactos que les resulten incómodos o abusivos y, frente a éstos, buscar ayuda mediante la denuncia ante adultos confiables. A la par de los programas preventivos, surge la necesidad de sistemas que permitan evaluar su eficacia, de manera válida y confiable. Igualmente, que midan sus alcances, consecuencias y, en su caso, sus posibles efectos colaterales.

Viabilidad de la investigación

El estudio resulta viable, ya que se detectaron instituciones interesadas en instrumentar programas de prevención del abuso sexual infantil; además, cualquier esfuerzo educativo que no se evalúe, no completa su ciclo. Desde luego, es necesario obtener la anuencia de autoridades escolares, padres de familia o tutores, así como de los niños y las niñas. En primer término, la investigación requeriría de implantar los programas para después medir su impacto.

Consecuencias de la investigación

Cualquier acción tendente a proteger a los niños y las niñas de cualquier parte del mundo debe ser bien recibida, más aún cuando se trata de un asunto que puede tener severas consecuencias en su vida. Por supuesto, el estudio debe ser conducido por expertos en el tema, habituados a tratar con infantes y poseedores de una enorme sensibilidad. Durante el desarrollo de la investigación se consultará sobre cada paso a seguir a los maestros y las maestras de los niños y las niñas, a sus padres o tutores y a los directores de las escuelas. Las personas que instrumenten los programas serán evaluadas de forma permanente y deben cubrir diversos requisitos, entre ellos ser madres o padres de familia con hijos en edades similares a los participantes de la muestra. Es una investigación que permitirá que los niños se encuentren mentalmente preparados y entrenados para rechazar o evitar el abuso sexual.

Los investigadores opinan

Creo que debemos hacerles ver a los estudiantes que comprender el método científico no es difícil y que, por lo tanto, investigar la realidad tampoco lo es. La investigación bien utilizada es una valiosa herramienta del profesional en cualquier área; no hay mejor forma de plantear soluciones eficientes y creativas para los problemas que tener conocimientos profundos acerca de la situación. También, hay que hacerles comprender que la teoría y la realidad no son polos opuestos, sino que están totalmente relacionados.

Un problema de investigación bien planteado es la llave de la puerta de entrada al trabajo en general, pues de esta manera permite la precisión en los límites de la investigación, la organización adecuada del marco teórico y las relaciones entre las variables; en consecuencia, es posible llegar a resolver el problema y generar datos relevantes para interpretar la realidad que se desea aclarar.

En un mismo estudio es posible combinar diferentes enfoques; también estrategias y diseños, puesto que se puede estudiar un problema cuantitativamente y, a la vez, entrar a niveles de mayor profundidad por medio de las estrategias de los estudios cualitativos. Se trata de un excelente modo de estudiar las complejas realidades del comportamiento social.

En cuanto a los avances que se han logrado en investigación cuantitativa, destaca la creación de instrumentos para medir una serie de fenómenos psicosociales que hasta hace poco se consideraban imposibles de abordar científicamente. Por otro lado, el desarrollo y uso masivo de la computadora en la investigación ha propiciado que se facilite el uso de diseños, con los cuales es posible estudiar múltiples influencias sobre una o más variables. Lo anterior acercó la compleja realidad social a la teoría científica.

La investigación cualitativa se ha consolidado al enmarcarse sus límites y posibilidades; asimismo, han avanzado sus técnicas para recopilar datos y manejar situaciones propias. Al mismo tiempo, con este modelo se logra estudiar cuestiones que no es factible analizar por medio del enfoque cuantitativo.

Aunque resulta difícil precisar los parámetros de una buena investigación, es claro que se caracteriza por la relación armónica entre los elementos de su estructura interna; además, por su novedad, importancia social y utilidad. Lo único que no es recomendable en la actividad científica es que el investigador actúe en forma negligente.

Edwin Salustio Salas Blas
Facultad de Psicología
Universidad de Lima
Lima, Perú

Los estudiantes que se inician en la investigación comienzan planteándose un problema en un contexto general, luego ubican la situación en el contexto nacional y regional para, por último, proyectarlo en el ámbito local; es decir, donde se encuentran académicamente ubicados (campo, laboratorio, salón de clases, etcétera).

En la Universidad de Oriente, en Venezuela, la investigación adquirió relevancia en los últimos años por dos razones: el crecimiento de la planta de profesores y la diversificación de carreras en Ingeniería, área en la cual, por lo general, las investigaciones son cuantitativas-positivistas, con resultados muy satisfactorios.

De igual forma, en el estudio de fenómenos sociales y en ciencias de la salud, el enfoque cualitativo, visto como una teoría de la investigación, presenta grandes avances. Es una herramienta metodológica que se utiliza de manera frecuente en estudios doctorales de Filosofía, Epistemología, Educación y Lingüística, entre otras disciplinas. Las aportaciones de tales estudios se caracterizan por su riqueza en descripción y análisis.

Los enfoques cualitativo y cuantitativo, vistos como teorías filosóficas, son completamente diferentes; sin embargo, como técnicas para el desarrollo de una investigación, pueden mezclarse sobre todo en relación con el análisis y la discusión de resultados.

Marianellis Salazar de Gómez
Profesor titular
Escuela de Humanidades
Universidad de Oriente
Anzoátegui, Venezuela

4

Desarrollo de la perspectiva teórica: revisión de la literatura y construcción del marco teórico

Proceso de investigación cuantitativa

Paso 3 Desarrollo de la perspectiva teórica

- Revisar la literatura.
- Detectar la literatura pertinente.
- Obtener la literatura pertinente.
- Consultar la literatura pertinente.
- Extraer y recopilar la información de interés.
- Construir el marco teórico.

Objetivos del aprendizaje

Al terminar este capítulo, el alumno será capaz de:

1 Conocer las actividades que debe realizar para revisar la literatura relacionada con un problema de investigación cuantitativa.
2 Ampliar sus habilidades en la búsqueda y revisión de la literatura, así como en el desarrollo de perspectivas teóricas.
3 Estar capacitado para, con base en la revisión de la literatura, construir marcos teóricos o de referencia que contextualicen un problema de investigación cuantitativo.
4 Comprender el papel que desempeña la literatura dentro del proceso de la investigación cuantitativa.

Síntesis

En el capítulo se comenta y profundiza la manera de contextualizar el problema de investigación planteado, mediante el desarrollo de una perspectiva teórica.

Se detallan las actividades que un investigador lleva a cabo para tal efecto: detección, obtención y consulta de la literatura pertinente para el problema de investigación, extracción y recopilación de la información de interés y construcción del marco teórico.

Desarrollo de la perspectiva teórica
- Es la tercera etapa de la investigación cuantitativa
- Proporciona el estado del conocimiento
- Da el sustento histórico

Sus funciones son:
- Orientar el estudio
- Prevenir errores
- Ampliar el horizonte
- Establecer la necesidad de la investigación
- Inspirar nuevos estudios
- Ayudar a formular hipótesis
- Proveer de un marco de referencia

Sus etapas son

Construcción del marco teórico

Depende del grado en el desarrollo del conocimiento
- Teoría desarrollada
- Varias teorías desarrolladas
- Generalizaciones empíricas
- Descubrimientos parciales
- Guías no investigadas e ideas vagas

Se organiza y edifica por
- Vertebración (ramificación) del índice
- Mapeo de temas y autores

Revisión de la literatura (debe ser selectiva)

Fuentes
- Primarias
- Secundarias
- Terciarias

Fases
- Revisión
- Detección
- Consulta
- Extracción y recopilación
- Integración

Se apoya en la búsqueda por internet y su finalidad es obtener referencias o fuentes primarias

Nota: En el CD anexo (Material complementario → Capítulos), encontrará el capítulo 3 titulado: **"Perspectiva teórica: comentarios adicionales"**, que extiende los contenidos expuestos en este capítulo 4, en especial lo relativo a teoría y construcción de teorías, así como a búsqueda de referencias. Parte del material que estaba en ediciones anteriores en este capítulo se actualizó y transfirió a dicho medio (**no** se eliminó).

¿Qué es el desarrollo de la perspectiva teórica?

Desarrollo de la perspectiva teórica Sustentar teóricamente el estudio, una vez que ya se ha planteado el problema de investigación.

El **desarrollo de la perspectiva teórica** es un proceso y un producto. Un *proceso* de inmersión en el conocimiento existente y disponible que puede estar vinculado con nuestro planteamiento del problema, y un *producto* (marco teórico) que a su vez es parte de un producto mayor: el reporte de investigación (Yedigis y Weinbach, 2005).

Una vez planteado el problema de estudio —es decir, cuando ya se poseen objetivos y preguntas de investigación— y cuando además se ha evaluado su relevancia y factibilidad, el siguiente paso consiste en *sustentar teóricamente el estudio* (Hernández Sampieri y Méndez, 2009), lo que en este libro denominaremos *desarrollo de la perspectiva teórica*. Ello implica exponer y analizar las *teorías*, las *conceptualizaciones*, las *investigaciones previas* y los *antecedentes en general* que se consideren válidos para el correcto encuadre del estudio (Rojas, 2002).

Asimismo, es importante aclarar que marco teórico no es igual a teoría; por tanto, no todos los estudios que incluyen un marco teórico tienen que fundamentarse en una teoría. Es un punto que se ampliará a lo largo del capítulo y su complemento en el CD.

La perspectiva teórica proporciona una visión de dónde se sitúa el planteamiento propuesto dentro del campo de conocimiento en el cual nos "moveremos". En términos de Mertens (2005), nos señala cómo encaja la investigación en el panorama (*big picture*) de lo que se conoce sobre un tema o tópico estudiado. Asimismo, nos puede proporcionar ideas nuevas y nos es útil para compartir los descubrimientos recientes de otros investigadores.

¿Cuáles son las funciones del desarrollo de la perspectiva teórica?

La perspectiva teórica cumple diversas funciones dentro de una investigación; entre las principales se destacan las siguientes siete:

1. Ayuda a prevenir errores que se han cometido en otras investigaciones.
2. Orienta sobre cómo habrá de realizarse el estudio. En efecto, al acudir a los antecedentes nos podemos dar cuenta de cómo se ha tratado un problema específico de investigación:

   - Qué clases de estudios se han efectuado.
   - Con qué tipo de participantes.
   - Cómo se han recolectado los datos.
   - En qué lugares se han llevado a cabo.
   - Qué diseños se han utilizado.

   Aun en el caso de que desechemos los estudios previos, éstos nos orientarán sobre lo que queremos y lo que no queremos para nuestra investigación.
3. Amplía el horizonte del estudio o guía al investigador para que se centre en su problema y evite desviaciones del planteamiento original.
4. Documenta la necesidad de realizar el estudio.
5. Conduce al establecimiento de hipótesis o afirmaciones que más tarde habrán de someterse a prueba en la realidad, o nos ayuda a no establecerlas por razones bien fundamentadas.
6. Inspira nuevas líneas y áreas de investigación (Yurén Camarena, 2000).
7. Provee de un marco de referencia para interpretar los resultados del estudio. Aunque podemos no estar de acuerdo con dicho marco o no utilizarlo para explicar nuestros resultados, es un punto de referencia.

EJEMPLO

Sobre una investigación sin sentido por no contar con perspectiva teórica

Si intentamos probar que determinado tipo de personalidad incrementa la posibilidad de que un individuo sea líder, al revisar los estudios sobre liderazgo en la literatura respectiva nos daríamos cuenta de que tal investigación carece de sentido, pues se ha demostrado con amplitud que el liderazgo es más bien producto de la interacción entre tres elementos: características del líder, características de los seguidores (miembros del grupo) y la situación en particular. Por ello, poseer ciertas características de personalidad no está relacionado necesariamente con el surgimiento de un líder en un grupo (no todos los "grandes líderes históricos" eran extravertidos, por ejemplo).

¿Qué etapas comprende el desarrollo de la perspectiva teórica?

Tal desarrollo usualmente comprende dos etapas:

- La revisión analítica de la literatura correspondiente.
- La construcción del marco teórico, lo que puede implicar la adopción de una teoría.

¿En qué consiste la revisión de la literatura?

La **revisión de la literatura** implica *detectar, consultar y obtener la bibliografía* (referencias) y otros materiales que sean útiles para los propósitos del estudio, de donde se tiene que *extraer* y *recopilar* la información relevante y necesaria para enmarcar nuestro problema de investigación. Esta revisión debe ser *selectiva*, puesto que cada año en diversas partes del mundo se publican miles de artículos en revistas académicas, periódicos, libros y otras clases de materiales en las diferentes áreas del conocimiento. Si al revisar la literatura nos encontramos con que, en el área de interés, hay 5 000 posibles referencias, es evidente que se requiere seleccionar sólo las más importantes y recientes, y que además estén directamente vinculadas con nuestro planteamiento del problema de investigación. En ocasiones, revisamos referencias de estudios tanto cuantitativos como cualitativos, sin importar nuestro enfoque, porque se relacionan de manera estrecha con nuestros objetivos y preguntas.

A continuación comentamos los pasos que usualmente se siguen para revisar la literatura.

Revisión de la literatura Consiste en detectar, consultar y obtener la bibliografía y otros materiales útiles para los propósitos del estudio, de los cuales se extrae y recopila información relevante y necesaria para el problema de investigación.

Inicio de la revisión de la literatura

La revisión de la literatura puede iniciarse directamente con el acopio de las referencias o fuentes primarias,[1] situación que ocurre cuando el investigador conoce su localización, se encuentra muy familiarizado con el campo de estudio y tiene acceso a ellas (puede utilizar material de bibliotecas, filmotecas, hemerotecas y bancos de información). Sin embargo, es poco común que suceda así, especialmente en lugares donde se cuenta con un número reducido de centros bibliográficos, pocas revistas académicas y libros.

Por ello, *es recomendable iniciar la revisión de la literatura consultando a uno o varios expertos en el tema* (algún profesor, por ejemplo) y buscando —vía internet— fuentes primarias en centros o sistemas de información y bases de referencias y datos.

Para ello, necesitamos elegir las "palabras claves", "descriptores" o "términos de búsqueda", los cuales deben ser distintivos del problema de estudio y se extraen de la idea o tema y del planteamiento

---

[1] Las referencias o fuentes primarias proporcionan datos de primera mano, pues se trata de documentos que incluyen los resultados de los estudios correspondientes. Ejemplos de éstas son: libros, antologías, artículos de publicaciones periódicas, monografías, tesis y disertaciones, documentos oficiales, reportes de asociaciones, trabajos presentados en conferencias o seminarios, artículos periodísticos, testimonios de expertos, documentales, videocintas en diferentes formatos, foros y páginas en internet, etcétera.

del problema. Este último requiere de algunas lecturas preliminares para afinarse y completarse. Los expertos también nos pueden ayudar a seleccionar tales palabras.

Si los términos son vagos y generales obtendremos una consulta con muchas referencias e información que *no* es pertinente para nuestro planteamiento. En este sentido, las bases de referencias funcionan como los "disparadores o motores de búsquedas" (Google, Yahoo, Altavista, etcétera).

Por ejemplo, si hacemos una consulta con palabras como "escuela", "educación", "comunicación", "empresas" o "personalidad" aparecerán miles de referencias y nos "perderemos en un mundo de información".

Entonces, los términos de búsqueda deben ser precisos, por lo que si nuestro planteamiento es concreto, la consulta tendrá mayor enfoque y sentido y nos llevará a referencias apropiadas. Asimismo, nuestra búsqueda deberá hacerse con palabras en español y en inglés, porque gran cantidad de fuentes primarias se encuentran en este idioma.

Al acudir a una base de datos, sólo nos interesan las referencias que se relacionen estrechamente con el problema específico a investigar. Por ejemplo, si pretendemos analizar la relación entre el clima organizacional y la satisfacción laboral, ¿cómo encontraremos las fuentes primarias que en verdad tienen que ver con el problema de estudio que nos incumbe? Primero, con la revisión de una base de datos apropiada. Si nuestro tema trata sobre clima organizacional y satisfacción laboral, *no* consultaríamos una base de referencias sobre cuestiones de química como Chemical Abstracts ni una base de datos con referencias de la historia del arte, sino una base de información con fuentes primarias respecto a la materia de estudio, tal es el caso de Wiley InterScience, Communication Abstracts y ABI/INFORM (bases de datos correctas para nuestra investigación). Si vamos a comparar diferentes métodos educativos por medio de un experimento, debemos acudir a la base de referencias adecuada: ERIC (Education Resources Information Center).[2] En español también hay algunas bases, como *Latindex* y *Redalyc*, para diversas ciencias y disciplinas; *bvs*, ciencias de la salud; *ENFISPO*, enfermería, etcétera).[3]

Una vez elegida la base de datos que emplearemos, procedemos a consultar el "*catálogo de temas, conceptos y términos*" (*thesaurus*) respectivo,[4] que contiene un diccionario o vocabulario en el cual podemos hallar un listado de palabras para realizar la búsqueda. Del catálogo debemos seleccionar las palabras o conceptos "claves" que le proporcionen dirección a la consulta. También podemos hacer una *búsqueda avanzada* con esos términos, utilizando los operadores del *sistema booleano*: *and* (en español "*y*"), *or* (en español "*o*") y *not* (en español "*no*"). Con los descriptores y las preposiciones estableceremos los límites de la consulta al banco o la base de referencias.[5]

La búsqueda nos proporcionará un listado de referencias vinculadas a las palabras clave (dicho de otra manera, el listado que obtengamos dependerá de estos términos llamados descriptores, los cuales escogemos del diccionario o simplemente utilizamos los que están incluidos en el planteamiento). Por ejemplo, si nuestro interés se centra en "procedimientos quirúrgicos para el cáncer de próstata en ancianos" y vamos a revisar en la base de referencias "MEDLINE_1997-2008" (para Medicina), si seleccionamos las palabras o descriptores "*cáncer próstata*", el resultado de la consulta será una lista de todas las referencias bibliográficas que estén en tal base y que se relacionen con dichos términos (enfermedad). Si la búsqueda la hicimos el 28 de enero de 2009 se obtienen 39 643 referencias (que son demasiadas, por lo que tenemos que utilizar más descriptores o incrementar nuestra precisión). Al agregarle el término "anciano" el resultado fue de 14 282 referencias (todavía muchas). Y al agregarle "cirugía" (porque realmente nuestro estudio se centra en ello), el número es mucho más manejable, 132 fuentes primarias. Desde luego, las búsquedas avanzadas pueden acotarse por fechas (por ejemplo, últimos tres años, de 2005 a 2010, de 2000 a 2009).

---

[2] Estas bases de referencias tienen páginas web en inglés y nuestra consulta requerirá básicamente de términos en este idioma.

[3] En el CD anexo → (Material complementario → Apéndices → Apéndice 2: "Principales bancos/servicios de obtención de fuentes/bases de datos/páginas web para consulta de referencias bibliográficas", el lector encontrará un listado variado de bases para sus búsquedas.

[4] De acuerdo con Cornell University Library (2005), el *thesaurus* es una lista de todos los títulos o descriptores usados en cierta base de datos, catálogo o índice.

[5] Si usted, lector o lectora, no está familiarizado(a) con estos operadores o preposiciones, o nunca ha hecho una "búsqueda avanzada", le sugerimos acudir al capítulo 3 del CD: "Perspectiva teórica: comentarios adicionales", donde se explican sus usos y funciones.

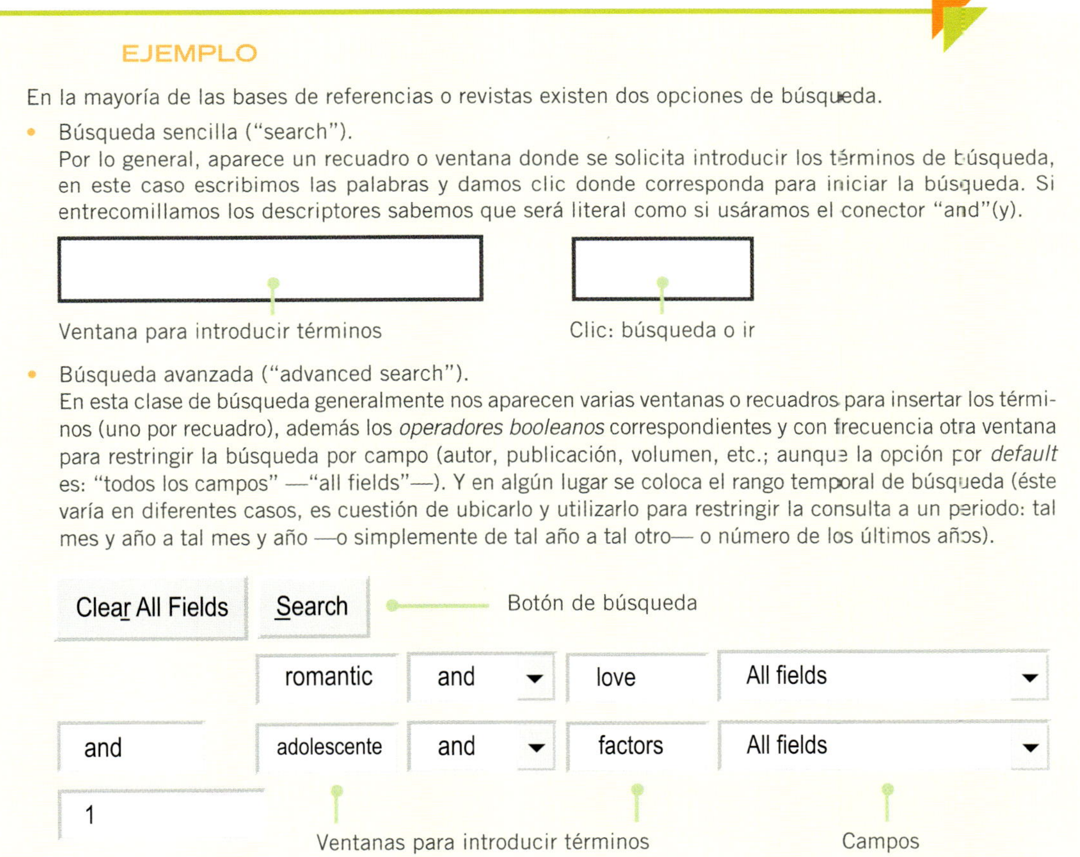

Google tiene uno de los mejores sistemas en búsquedas avanzadas, pero para una consulta adecuada es necesario acudir a otras bases de referencias más especializadas como EBSCO, SAGE, ERIC, MEDLINE, PsycINFO, entre otros (vea el apéndice 2 del CD).

EJEMPLO

En la mayoría de las bases de referencias o revistas existen dos opciones de búsqueda.

- Búsqueda sencilla ("search").
  Por lo general, aparece un recuadro o ventana donde se solicita introducir los términos de búsqueda, en este caso escribimos las palabras y damos clic donde corresponda para iniciar la búsqueda. Si entrecomillamos los descriptores sabemos que será literal como si usáramos el conector "and"(y).

Ventana para introducir términos   Clic: búsqueda o ir

- Búsqueda avanzada ("advanced search").
  En esta clase de búsqueda generalmente nos aparecen varias ventanas o recuadros para insertar los términos (uno por recuadro), además los *operadores booleanos* correspondientes y con frecuencia otra ventana para restringir la búsqueda por campo (autor, publicación, volumen, etc.; aunque la opción por *default* es: "todos los campos" —"all fields"—). Y en algún lugar se coloca el rango temporal de búsqueda (éste varía en diferentes casos, es cuestión de ubicarlo y utilizarlo para restringir la consulta a un periodo: tal mes y año a tal mes y año —o simplemente de tal año a tal otro— o número de los últimos años).

Clear All Fields	Search		Botón de búsqueda	
	romantic	and ▼	love	All fields ▼
and	adolescente	and ▼	factors	All fields ▼
1				

Ventanas para introducir términos   Campos

Específicamente, respecto a libros ya sabemos que podemos buscar en las páginas de las principales editoriales y librerías, así como en otros lugares (Amazon, AbeBooks en español, etcétera).

De las referencias que encontremos en las búsquedas, elegimos las más convenientes (sobre esto se comentará un poco más adelante).

Palabras "claves"   Para elegirlas se recomienda: escribir un título preliminar del estudio y seleccionar las dos o tres palabras que capten la idea central, extraer los términos del planteamiento o utilizar los que los autores más destacados en el campo de nuestro estudio suelan emplear en sus planteamientos e hipótesis. En la mayoría de los artículos de revistas es común incluir los términos claves al inicio o al final.

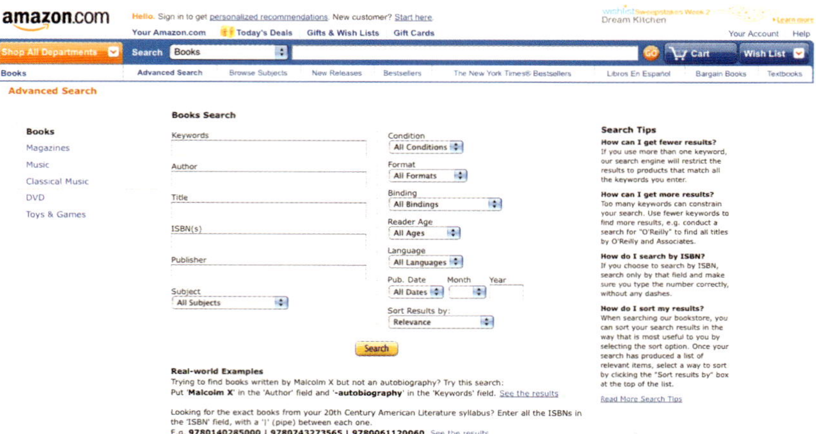

Amazon se ha posicionado como la librería virtual más completa en la red.

También existen todavía *bancos de datos que se consultan manualmente*, donde las referencias se buscan en libros. En el capítulo 3 del CD anexo se explica el proceso de éstos. Asimismo, se presentan diversos ejemplos de búsquedas.

Consultar en internet es necesario y tiene ventajas, pero si *no* buscamos en sitios con verdadera información científica o académica de calidad, puede ser riesgoso. No es recomendable acudir a sitios con un fuerte uso comercial. Creswell (2005 y 2009) hace un análisis de las ventajas y desventajas de utilizar internet en la búsqueda de literatura pertinente para el planteamiento del problema, mismas que se muestran en la tabla 4.1.

▲ **Tabla 4.1** Ventajas y desventajas de utilizar internet como fuente para localizar bibliografía

Ventajas	Desventajas
Acceso fácil las 24 horas del día.	Con frecuencia las investigaciones colocadas en sitios web no se revisan por expertos.
Gran cantidad de información en diversos sitios web sobre muchos temas.	Los reportes de investigación incluidos en los sitios web pueden ser textos plagiados o que se muestran sin el consentimiento del (los) autor(es), sin embargo, no lo podemos saber.
Información en español.	Puede ser muy tardado localizar estudios sobre nuestro tema y que sean de calidad, pues abundan páginas o sitios que se refieren a nuestro planteamiento, pero no incluyen investigaciones con datos sino opiniones, ideas o servicios de consultoría.
Información reciente.	La información puede estar desorganizada, de manera que puede ser poco útil.
El acceso a los sitios web es inmediato a través de buscadores.	Para tener acceso a la mayoría de los textos completos de artículos, se debe pagar entre 5 y 30 dólares estadounidenses.
En la mayoría de los casos el acceso es gratuito o de muy bajo costo.	
El investigador puede crear una red de contactos que le ayuden a obtener la información que busca.	
Los estudios que se localicen pueden imprimirse de inmediato.	

Obtención (recuperación) de la literatura

Una vez identificadas las fuentes primarias pertinentes es necesario localizarlas en las bibliotecas físicas y electrónicas, filmotecas, hemerotecas, videotecas u otros lugares donde se encuentren. Si compramos artículos de revistas científicas, los descargamos y guardamos en nuestro disco duro para su posterior consulta (y también suelen imprimirse). Si son libros comprados vía internet, estaremos pendientes de que lleguen a nuestras manos, etcétera.

Consulta de la literatura

Una vez que se han localizado físicamente las referencias (la literatura) de interés, se procede a *consultarlas*. El primer paso consiste en seleccionar las que serán de utilidad para nuestro marco teórico específico y *desechar* las que *no* nos sirvan. En ocasiones, una fuente primaria puede referirse a nuestro problema de investigación, pero no sernos útil porque no enfoca el tema desde el punto de vista que pretendemos establecer, se han realizado nuevos estudios que han encontrado explicaciones más satisfactorias, invalidado sus resultados o desaprobado sus conclusiones, se detectaron errores de método, o porque se realizaron en contextos completamente diferentes al de nuestra investigación, etc. En caso de que la detección de la literatura se realice mediante compilaciones o bancos de datos donde se incluye un breve resumen de cada referencia, se corre menos riesgo de elegir una fuente primaria inútil.

En todas las áreas de conocimiento, las *fuentes primarias más utilizadas* para elaborar marcos teóricos son *libros, artículos de revistas científicas* y *ponencias o trabajos presentados en congresos, simposios y eventos similares*, entre otras razones, porque estas fuentes son las que sistematizan en mayor medida la información; generalmente profundizan más en el tema que desarrollan y son altamente especializadas. Además de que puede accederse a ellas vía internet. Así, Creswell (2009) recomienda confiar en la medida de lo posible en artículos de revistas científicas, que son evaluados críticamente por editores y jueces expertos antes de ser publicados.

En el caso de los libros, para delimitar su utilidad por cuestión de tiempo, conviene comenzar analizando la tabla o índice de contenido y el índice analítico o de materias, los cuales proporcionan una idea de los temas incluidos en la obra. Al tratarse de artículos de revistas científicas, lo más adecuado es revisar primero el resumen y palabras claves, y en caso de considerarlo de utilidad, examinar las conclusiones, observaciones o comentarios finales o, en última instancia, todo el artículo.

Mertens (2005) y Creswell (2005) sugieren una revisión que aplica a prácticamente cualquier tipo de referencia y se presenta en la figura 4.1.

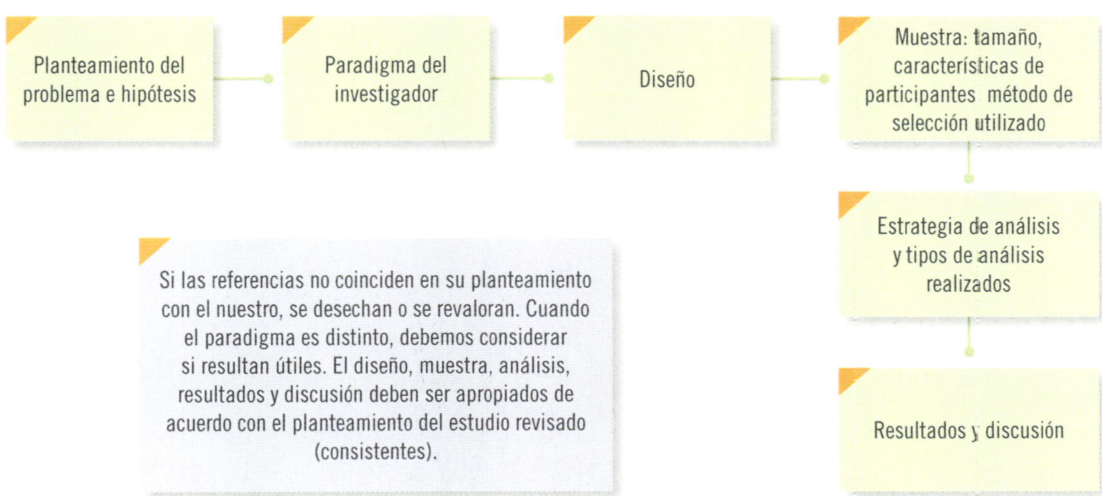

Figura 4.1　Revisión de una referencia primaria.

Con el propósito de seleccionar las fuentes primarias que servirán para elaborar el marco teórico, es conveniente hacerse las siguientes preguntas:

- ¿la referencia se relaciona con mi problema de investigación?
- ¿cómo?
- ¿qué aspectos trata?
- ¿ayuda a que desarrolle más rápida y profundamente mi estudio?
- ¿desde qué óptica y perspectiva aborda el tema?, ¿psicológica, antropológica, sociológica, médica, legal, económica, comunicológica, administrativa?

La respuesta a esta última pregunta es muy importante. Por ejemplo, si se pretende estudiar la relación entre superior y subordinado en términos del efecto que la retroalimentación positiva del primero tiene en la motivación para el logro del segundo, la investigación posee un enfoque principalmente comunicológico. Supongamos que encontramos un artículo que versa sobre la relación superior o jefe-subordinado; pero trata de las atribuciones administrativas que cierto tipo de subordinados tiene en determinadas empresas. Resulta obvio que este artículo se debe descartar pues enfoca el tema desde otra perspectiva.

Lo anterior no significa que no se pueda acudir a otros campos de conocimiento para completar la revisión de la literatura, pues en algunos casos se encuentran referencias sumamente útiles en otras áreas.

Para analizar las referencias, recordemos que se toma en cuenta:

- Cercanía o similitud a nuestro planteamiento (utilidad).
- Semejanza a nuestro método y muestra.
- Fecha de publicación o difusión (entre más reciente, mejor).
- Que implique investigación empírica (recolección y análisis de datos).
- Rigor y calidad del estudio (cuantitativo, cualitativo o mixto).

Por lo que se refiere al *apoyo bibliográfico*, algunos investigadores consideran que no debe acudirse a obras preparadas en el extranjero, porque la información que presentan y las teorías que sostienen fueron elaboradas para otros contextos y situaciones. Aunque eso es cierto, no implica que deba rechazarse o no utilizarse tal material; la cuestión es saber cómo usarlo. Es posible que la *literatura extranjera* le ayude al investigador local de diversas maneras: puede ofrecerle un buen punto de partida, guiarlo en el enfoque y tratamiento que se le dará al problema de investigación, orientarlo respecto de los diversos elementos que intervienen en el problema, centrarlo en un problema específico, sugerirle cómo construir el marco teórico, etcétera.

Un caso ilustrativo fueron los estudios de Rota (1978), cuyo propósito primordial era analizar el efecto que la exposición a la violencia televisada tiene en la conducta agresiva de los niños. Cuando el autor citado revisó la literatura encontró que prácticamente no se habían realizado estudios previos en México; pero que en Estados Unidos se habían llevado a cabo diversas investigaciones y que, incluso, se tenían distintas teorías al respecto (teoría del reforzamiento, teoría de la catarsis y las teorías de los efectos disfuncionales). El autor se basó en la literatura estadounidense y comenzó a efectuar estudios en México. Sus resultados difirieron de los encontrados en Estados Unidos, aunque los antecedentes localizados en esa nación constituyeron un excelente marco de referencia y un punto de partida para sus investigaciones.

Desde luego, en ocasiones ciertos fenómenos evolucionan o cambian a través del tiempo. Por ejemplo, podría ser que una generación de niños no se viera influida por ciertos efectos de la televisión, y otra generación sí, lo cual quiere decir que las ciencias no son estáticas. Hoy en día, nuestra percepción sobre diversos fenómenos ha cambiado con el desciframiento del genoma humano, los actos terroristas de 2001 en Estados Unidos, el tsunami que impactó a Asia en 2004, el desarrollo de las comunicaciones telefónicas o los sucesos locales.

Una vez seleccionadas las referencias o fuentes primarias útiles para el problema de investigación, se revisan cuidadosamente y se extrae la información necesaria para integrarla y desarrollar el marco teórico. Al respecto, es recomendable anotar los datos completos de identificación de la referencia.[6]

¿Qué información o contenido se extrae de las referencias?

A veces se extrae una sola idea o varias ideas, otras, una cifra, un resultado o múltiples comentarios. Varía en cada caso, algunos ejemplos se muestran en el CD anexo, capítulo 3: "Perspectiva teórica: comentarios adicionales".

Al identificar la literatura útil se puede diseñar un *mapa de revisión*, el cual es una "imagen de conceptos" de la agrupación propuesta respecto a las referencias del planteamiento y que ilustra cómo la indagación contribuirá al estudio del mismo; un ejemplo de ello se presentará más adelante.

Cuando ya se haya puesto junta la literatura que se consideró para la elaboración del *mapa de revisión*, también se deben empezar a generar los resúmenes de los artículos y documentos más relevantes y la extracción de ideas, cifras y comentarios. Estos resúmenes e información se combinarán posteriormente en el marco teórico (Hernández Sampieri y Méndez, 2009).

¿Qué nos puede revelar la revisión de la literatura?

Uno de los propósitos de la revisión de la literatura es analizar y discernir si la teoría existente y la investigación anterior sugieren una respuesta (aunque sea parcial) a la pregunta o las preguntas de investigación; o bien, provee una dirección a seguir dentro del planteamiento de nuestro estudio (Danhke, 1989).

La literatura revisada puede revelar diferentes grados en el desarrollo del conocimiento:

- Que existe una teoría completamente desarrollada, con abundante evidencia empírica[7] y que se aplica a nuestro problema de investigación.
- Que hay varias teorías que se aplican a nuestro problema de investigación.
- Que hay "piezas y trozos" de teoría con cierto respaldo empírico, que sugieren variables potencialmente importantes y que se aplican a nuestro problema de investigación (pueden ser generalizaciones empíricas e hipótesis con apoyo de algunos estudios).
- Que hay descubrimientos interesantes, pero parciales, sin llegar a ajustarse a una teoría.
- Que sólo existen guías aún no estudiadas e ideas vagamente relacionadas con el problema de investigación.

Asimismo, nos podemos encontrar que los estudios antecedentes presentan falta de consistencia o claridad, debilidades en el método (en sus diseños, muestras, instrumentos para recolectar datos, etc.), aplicaciones que no han podido implementarse correctamente o que han mostrado problemas (Mertens, 2005).

En cada caso varía la estrategia que habremos de utilizar para *construir* y *organizar nuestro marco teórico*.

---

[6] En el CD anexo (Documentos → Documento 3), el lector encontrará un pequeño manual basado en las normas de la APA (American Psychological Association) que se usa en la mayoría de las disciplinas, donde se señala qué elementos de las principales referencias debe anotar y cómo citarlas en la lista final de referencias o bibliografía. El programa SISI (Sistema de Información para el soporte a la Investigación) y su respectivo manual contenidos en el CD sirven para generar, incluir y organizar referencias bilbiográficas, tanto en el texto —citas— como al final en el listado o bibliografía —referencias—, basados en el estilo de publicación de la APA.

[7] La evidencia empírica, bajo el enfoque cuantitativo, se refiere a los datos de la "realidad" que apoyan o dan testimonio de una o varias afirmaciones. Se dice que una teoría ha recibido apoyo o evidencia empírica cuando hay investigaciones científicas que han demostrado que sus postulados son ciertos en la realidad observable o medible. Las proposiciones o afirmaciones de una teoría llegan a tener diversos grados de evidencia empírica: *a)* si no hay evidencia empírica ni a favor ni en contra de una afirmación, a ésta se le denomina "hipótesis"; *b)* si hay apoyo empírico, pero éste es moderado, a la afirmación o proposición suele denominársele "generalización empírica", y *c)* si la evidencia empírica es abrumadora, hablamos de "ley" (Reynolds, 1980).

1. *Existencia de una teoría completamente desarrollada*

Cuando la revisión de la literatura revela que hay una teoría capaz de describir, explicar y predecir el planteamiento o fenómeno bajo estudio de manera lógica, completa, profunda y coherente, la mejor estrategia para construir el marco teórico es tomar esa teoría como la estructura misma de éste.

Teoría Conjunto de proposiciones interrelacionadas, capaces de explicar por qué y cómo ocurre un fenómeno.

Cabe señalar que, en términos generales, una **teoría** es un conjunto de proposiciones interrelacionadas, capaces de explicar por qué y cómo ocurre un fenómeno. En palabras de Kerlinger y Lee (2002): la teoría constituye un conjunto de constructos (conceptos) vinculados, definiciones y proposiciones que presentan una visión sistemática de los fenómenos al especificar las relaciones entre variables, con el propósito de explicar y predecir los fenómenos.

Las teorías pueden estar más o menos desarrolladas y tener mayor o menor valor. Los criterios para evaluarlas, así como una explicación e ilustración de éstas y las concepciones erróneas respecto a lo que es una teoría, las podrá encontrar el lector en el CD, capítulo 3, "Perspectiva teórica: comentarios adicionales".

Ahora bien, si se descubre una teoría que explica muy bien el problema de investigación que nos interesa, se debe tener cuidado de no investigar algo ya estudiado muy a fondo. Imaginemos que alguien pretende realizar una investigación para someter a prueba la siguiente hipótesis referente al Sistema Solar: "Las fuerzas centrípetas tienden a los centros de cada planeta" (Newton, 1984, p. 61). Sería ridículo porque es una hipótesis generada hace más de 300 años, comprobada de modo exhaustivo y ha pasado a formar parte del saber común.

Cuando encontramos una teoría sólida que explique el planteamiento de interés, debemos darle un nuevo enfoque a nuestro estudio: a partir de lo que ya está comprobado, plantear otras interrogantes de investigación, obviamente aquellas que no ha podido resolver la teoría; o bien, para profundizar y ampliar elementos de la teoría y visualizar nuevos horizontes. También puede haber una buena teoría, pero aún no comprobada o aplicada a todo contexto. De ser así, resultaría de interés someterla a prueba empírica en otras condiciones. Por ejemplo, una teoría de las causas de la satisfacción laboral desarrollada en Japón que deseamos probar en Argentina o Brasil; o una teoría de los efectos de la exposición a contenidos sexuales en la televisión que únicamente se haya investigado en adultos, pero no en adolescentes.

En el caso de una teoría desarrollada, nuestro marco teórico consistirá en explicar la teoría, ya sea proposición por proposición, o en forma cronológica desplegando su evolución. Supongamos que se intenta resolver el siguiente cuestionamiento: ¿cuáles son las características del trabajo relacionadas con la motivación por las tareas laborales?[8] Al revisar la literatura se encontraría una teoría sumamente desarrollada, designada como la teoría de la relación entre las características del trabajo y la motivación intrínseca. Esta teoría puede resumirse en el modelo de la figura 4.2 (adaptado de Hackman y Oldham, 1980, p. 83).[9]

Nuestro marco teórico se basaría en esta teoría, incorporándole ciertas referencias de interés. Algunos autores lo estructurarían de la siguiente manera:

1. La motivación intrínseca con respecto al trabajo.
   1.1 ¿Qué es la motivación intrínseca en el contexto laboral?
   1.2 La importancia de la motivación intrínseca en el trabajo: su relación con la productividad.
2. Los factores del trabajo.
   2.1 Factores organizacionales (clima organizacional, políticas de la empresa, instalaciones, características estructurales de la organización: tamaño, tecnología, normas de la organización, entre otras cuestiones). *[Tratados de forma muy breve porque la investigación se enfoca en otros aspectos.]*
   2.2 Factores del desempeño (atribuciones internas, sentimientos de competencia y autodeterminación, etc.). *[También tratados muy brevemente por la misma razón.]*

---

[8] En un contexto determinado, digamos empresas del Parque Industrial de Villa El Salvador, en Lima, Perú.

[9] Este modelo sigue siendo utilizado, vea, por ejemplo: Hernández Sampieri (2005), Fornaciari y Dean (2005), Østhus (2007), Hornung y Rousseau (2007), Prowse y Prowse (2008) y Russell (2008).

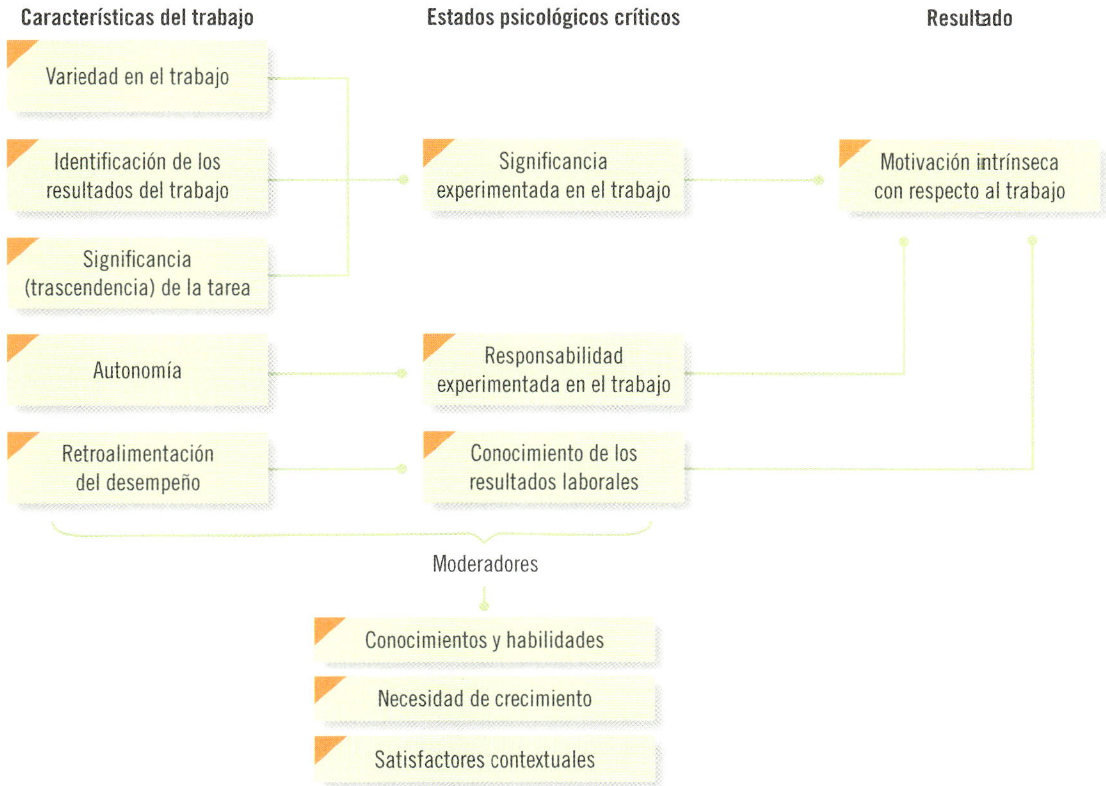

Figura 4.2   Moderadores de la relación entre las características de trabajo y la motivación intrínseca.

2.3 Factores personales (conocimientos y habilidades, interés inicial por el trabajo y variables de personalidad, necesidades de desarrollo, etc.). *[También tratados en forma muy breve.]*

2.4 Factores de recompensa extrínseca (salario, prestaciones y otros tipos de recompensas). *[Comentados muy brevemente.]*

3. Características del trabajo.

   3.1 Variedad en el trabajo.

   3.2 Identificación de los resultados del individuo en el producto final.

   3.3 Importancia o trascendencia del trabajo.

   3.4 Autonomía.

   3.5 Retroalimentación del desempeño.

      3.5.1 Retroalimentación proveniente de agentes externos (superiores, supervisión técnica y compañeros de trabajo, que también constituyen una forma de recompensa extrínseca).

      3.5.2 Retroalimentación proveniente del trabajo en sí.

   3.6. Otras características.

4. La relación entre las características del trabajo y la motivación intrínseca. *[Aquí se comentaría cómo se vinculan entre sí dichas características y la forma en que se asocian, como un todo, a la motivación intrínseca. En esta parte del marco teórico, las características del trabajo se tomarían en conjunto, mientras que en el apartado 3 se menciona su correlación individual con la motivación intrínseca. Es decir, se explicaría el modelo de los moderadores de la relación entre las características del trabajo y la motivación intrínseca, a manera de resumen.]*

En este caso, por lo menos alrededor de 80% del marco teórico se desarrollaría en los incisos 3 y 4. Incluso, el inciso 2 es narrativo y general, y podría eliminarse. Su papel se limita a centrar el estudio en las variables de interés. En lo personal, nosotros *agruparíamos* los factores organizacionales, del desempeño, personales y de recompensa extrínseca en un solo apartado, puesto que de ellos sólo se hablará en términos muy generales. Así, obtendríamos un capitulado más sencillo.

Otra perspectiva para nuestro marco teórico sería la *cronológica*, que consiste en desarrollar históricamente la evolución de la teoría (analizar las contribuciones más importantes para el problema de investigación hasta llegar a la teoría resultante). Si lo desarrolláramos siguiendo una perspectiva cronológica, tendríamos la siguiente estructura:

1. La motivación intrínseca y la motivación extrínseca: una división de la motivación hacia el trabajo.
2. Los modelos motivacionales clásicos para estudiar la motivación intrínseca.

   2.1. Antecedentes.   Década de 1950
   2.2. Frederick Herzberg.   Década de 1960
   2.3. Victor Vromm.   De las décadas de 1950 a la de 1970
   2.4. Edward E. Lawler.   De las décadas de 1960 a la de 1970
   2.5. Edward L. Deci.   De las décadas de 1970 a la de 1990
3. El modelo de rediseño del trabajo (Richard Hackman y Greg Oldham).

De la década de 1980 a la fecha

4. Las nuevas redefiniciones: Richard Ryan y Edward Deci, Kenneth W. Thomas.

De 2000 a la fecha

En los apartados se hablaría de las características del trabajo consideradas por cada autor o perspectiva en particular, así como su relación con la motivación intrínseca. *[Aunque el punto dos sería tratado muy brevemente.]* Al final se incluiría la teoría resultante, producto de años de investigación. Ya sea que decidamos construir el marco teórico cronológicamente o desglosar la estructura de la teoría (tratando, una por una, las proposiciones y los elementos principales de ella), lo importante es explicar con claridad la teoría y la forma como se aplica a nuestro problema de investigación.

2. *Existencia de varias teorías aplicables a nuestro problema de investigación*

Cuando al revisar la literatura se descubren varias teorías y/o modelos aplicables al problema de investigación, podemos elegir una(o) y basarnos en ésta(e) para edificar el marco teórico (desglosando la teoría o de manera cronológica); o bien, tomar partes de algunas o todas las teorías.

En la primera situación, elegimos la teoría que reciba una evaluación más positiva (de acuerdo con los criterios para evaluar una teoría que se comentan en el capítulo 3 del CD) y que se aplique más al problema de investigación. Por ejemplo, si el planteamiento se centra en los efectos que tienen en los adolescentes los programas televisivos con alto contenido sexual, podríamos encontrar teorías que expliquen el efecto de ver sexo en televisión, pero sólo una de ellas tiene que ver con adolescentes o cuenta con evidencia empírica del contexto elegido. Sin duda, ésta debería ser la teoría que seleccionaríamos para construir nuestro marco teórico.

En la segunda situación se tomaría de las teorías sólo aquello que se relaciona con el problema de estudio. En estos casos, antes de edificar el marco teórico, conviene hacer un bosquejo de éste, analizarlo, decidir qué se va a incluir de cada teoría, procurando no caer en contradicciones lógicas (en ocasiones diversas teorías rivalizan en uno o más aspectos de manera total; si aceptamos lo que dice una teoría debemos desechar lo que postulan las demás). Cuando las proposiciones más importantes de las teorías se excluyen unas a otras se debe elegir una sola. Pero si únicamente difieren en aspectos secundarios, se toman las proposiciones centrales que son más o menos comunes a todas ellas, y se eligen las partes de cada teoría que sean de interés y se acoplen entre sí.

Lo más común para construir el marco teórico es tomar una teoría como base y extraer elementos de otras teorías útiles.[10]

3. *Existencia de "piezas y trozos" de teorías (generalizaciones empíricas)*

En ciertos campos del conocimiento no se dispone de muchas teorías que expliquen los fenómenos que estudian; a veces sólo se tienen **generalizaciones empíricas**, es decir, proposiciones que han sido comprobadas en la mayor parte de las investigaciones realizadas. Al revisar la literatura es muy probable encontrar una situación así. Lo que se hace entonces es construir la perspectiva teórica, más que adoptar o adaptar una o varias teorías.

> **Generalizaciones empíricas** Proposiciones que han sido comprobadas en la mayor parte de las investigaciones realizadas (constituyen la base de lo que serán las hipótesis que se someterán a prueba).

Cuando al revisar la literatura se encuentra una proposición única o en el planteamiento se piensa limitar la investigación a una generalización empírica (hipótesis), el marco teórico se genera incluyendo los resultados y las conclusiones a que han llegado los estudios antecedentes, de acuerdo con algún esquema lógico (de manera cronológica, por variable o concepto de la proposición, o por las implicaciones de las investigaciones anteriores). Pero recordemos que nuestro estudio debe innovar.[11] Si nuestra pregunta de investigación fuera: ¿los individuos de un sistema social que conocen primero una innovación están más expuestos a los canales interpersonales de comunicación que quienes la adoptan con posterioridad?,[12] nuestro marco teórico consistiría en comentar los estudios de difusión de innovaciones que, de una u otra manera, han hecho referencia al problema de investigación. Comentar implicaría describir cada estudio, el contexto en que se realizó y los resultados y las conclusiones a los que se llegó.

Ahora bien, casi todos los estudios se plantean varias preguntas de investigación o una pregunta de la cual se derivan diversas proposiciones. En estos casos, el marco teórico también se fundamentaría en los estudios anteriores que se refieren a tales proposiciones. Los estudios se comentan y se van relacionando unos con otros, de acuerdo con un criterio coherente (cronológicamente, por cada proposición o por las variables del estudio). En ocasiones se entrelazan las proposiciones de manera lógica para, tentativamente, construir una teoría (la investigación puede comenzar a integrar una teoría que se encargarán de afinar estudios futuros).

Cuando nos encontramos con generalizaciones empíricas, es frecuente organizar el marco teórico por cada una de las variables del estudio. Por ejemplo, si pretendemos investigar el efecto que producen ciertas dimensiones del clima organizacional sobre la rotación de personal, nuestro marco teórico podría tener la siguiente estructura:

1. Definiciones fundamentales: el clima organizacional y la rotación de personal.
2. Dimensiones del clima organizacional[13] y su efecto en la rotación de personal.
    2.1 Moral.
    2.2 Apoyo de la dirección.
    2.3 Motivación intrínseca.
    2.4 Autonomía.
    2.5 Identificación con la organización.
    2.6 Satisfacción laboral.

En cada subsección del apartado 2 se definiría la dimensión y se incluirían las generalizaciones o proposiciones empíricas sobre la relación entre la variable y la rotación.

---

[10] Para ver cómo se integra un marco teórico en torno a una teoría, sugerimos al lector revisar en el CD que acompaña a esta edición (en "Material complementario", "investigación cuantitativa", "Ejemplo 6 titulado: Validación de un instrumento para medir la cultura empresarial en función del clima organizacional y vincular empíricamente ambos constructos."

[11] A veces se llevan a cabo investigaciones para evaluar la falta de coherencia entre estudios previos, encontrar "huecos" de conocimiento en éstos o explorar por qué ciertas aplicaciones no han podido implementarse adecuadamente.

[12] Extraída de Rogers y Shoemaker (1971). Ejemplos de innovaciones son la moda, la tecnología, los sistemas de trabajo, etcétera.

[13] Se simplificaron las dimensiones del clima organizacional para hacer más ágil el ejemplo.

Las generalizaciones empíricas que se descubran en la literatura constituyen la base de lo que serán las hipótesis que se someterán a prueba y a veces son las hipótesis mismas. Lo mismo ocurre cuando tales proposiciones forman parte de una teoría.

4. *Descubrimientos interesantes pero parciales que no se ajustan a una teoría*

En la literatura podemos encontrar que no hay teorías ni generalizaciones empíricas, sino sólo algunos estudios previos vinculados —relativamente— con nuestro planteamiento. Podemos organizarlos como antecedentes de forma lógica y coherente, destacando lo más relevante en cada caso y citándolos como puntos de referencia. Se debe ahondar en lo que cada antecedente aporta.

Por ejemplo, el estudio ya mencionado en el capítulo anterior, de Núñez (2001), quien finalmente diseñó una investigación para validar un instrumento que midiera el sentido de vida de acuerdo con el pensamiento y la filosofía de Viktor Frankl. Al revisar la literatura se encontró que había otras pruebas logoterapéuticas que medían el propósito de vida; pero que no reflejaban totalmente el pensamiento de dicho autor. Construyó su marco teórico alrededor del modelo concebido por Frankl (manifestaciones del espíritu, libertad, responsabilidad, conciencia, valores, etc.) y tomó los instrumentos previos como puntos de referencia. No se *acogió* a una teoría, *adaptó* un esquema de pensamiento y enmarcó su estudio con otros anteriores (que desarrollaron diversos instrumentos de medición). Entre algunos de sus apartados del marco teórico incluyó puntos como los siguientes:

Medición del sentido de vida

- Tests logoterapéuticos.
- El test de propósito vital de Crumbaugh y Maholick (PIL).
- Investigaciones realizadas con el PIL.
- Investigaciones en México.
- Test de Song.
- Escala de vacío existencial (EVS) del MMPI.
- Cuestionario de propósito vital (LPQ).
- El test del significado del sufrimiento de Starck.
- Test de Belfast.
- Logo test de Elizabeth Lukas.

5. *Existencia de guías aún no investigadas e ideas vagamente relacionadas con el problema de investigación*

En ocasiones se descubre que se han efectuado pocos estudios dentro del campo de conocimiento en cuestión. En dichos casos el investigador tiene que buscar literatura que, aunque no se refiera al problema específico de la investigación, lo ayude a orientarse dentro de él. Paniagua (1985), al llevar a cabo una revisión de la bibliografía sobre las relaciones interpersonales del comprador y el vendedor en el contexto organizacional mexicano, no detectó ninguna fuente primaria sobre el tema específico. Entonces, tomó referencias sobre relaciones interpersonales provenientes de otros contextos (superior-subordinado, entre compañeros de trabajo y desarrollo de las relaciones en general), y las aplicó a la relación comprador-vendedor para construir el marco teórico.

Tomemos otro caso para ilustrar cómo se constituye el marco teórico en situaciones donde no hay estudios previos sobre el problema de investigación específico. Suponga que se trata de analizar qué factores del contexto laboral provocan el temor de logro[14] e impactan la motivación de logro de las secretarias que trabajan en la burocracia gubernamental de Costa Rica. Quizá se encuentre que no hay ningún estudio al respecto, pero tal vez existan investigaciones sobre el temor y la motivación de logro de las secretarias costarricenses (aunque no laboren en el gobierno) o de supervisores de departamentos públicos (aunque no se trate de la ocupación que específicamente nos interesa). Si tampoco ocurre lo segundo, tal vez haya estudios que tratan ambas variables con eje-

---

[14] Temor a ser exitoso en un trabajo u otra tarea.

cutivos de empresas privadas o de secretarias de dependencias públicas de otros países. Si no es así, se acude a las investigaciones sobre el temor y la motivación de logro, a pesar de que probablemente se hayan realizado entre estudiantes de otro país. Pero, si no hubiera ningún antecedente se recurriría a los estudios iniciales de motivación de logro de David McClelland y a los del temor de logro. Aunque, por ejemplo, para temor de logro encontraríamos múltiples referencias (Mulig *et al.*, 2006; Chalk *et al.*, 2005; Kocovski y Endler, 2000; Lew, Allen, Papouchis y Ritzler, 1998; Janda, O'Grady y Capps, 1978; Cherry y Deaux, 1978, Tresemer, 1977 y 1976, y Zuckerman, 1975; entre otras). Pero en el supuesto de que tampoco las hubiera, se acudiría a estudios generales sobre temor y motivación. Sin embargo, casi siempre se cuenta con un punto de partida. Las excepciones en este sentido son muy pocas. Las quejas de que "no hay nada", "nadie lo ha estudiado", "no sé en qué antecedentes puedo basarme", por lo general se deben a una deficiente revisión de la literatura. Otro ejemplo sobre qué hacer cuando no hay literatura (incluso sobre cuestiones no inventadas), se incluye en el ya referido capítulo 3 del CD anexo.

Algunas observaciones sobre el desarrollo de la perspectiva teórica

En el proceso cuantitativo siempre es conveniente efectuar la revisión de la literatura y presentarla de una manera organizada (llámese marco teórico, marco de referencia, conocimiento disponible o de cualquier otro modo), y aunque nuestra investigación puede centrarse en un objetivo de evaluación o medición muy específico (por ejemplo, un estudio que solamente pretenda medir variables particulares, como el caso de un censo demográfico en una determinada comunidad donde se medirían: nivel socioeconómico, nivel educativo, edad, género, tamaño de la familia, etc.), es recomendable revisar lo que se ha hecho antes (cómo se han realizado en esa comunidad los censos demográficos anteriores o, si no hay antecedentes en ella, cómo se han efectuado en comunidades similares; qué problemas se tuvieron, cómo se resolvieron, qué información relevante fue excluida, etc.). Esto ayudará a concebir un estudio mejor y más completo.

OA3

El papel del marco teórico resulta fundamental antes y después de recolectar los datos. Esto puede visualizarse en la tabla 4.2.

OA4

▲ **Tabla 4.2**   Papel del marco teórico durante el proceso cuantitativo[15]

Antes de recolectar los datos, nos ayuda a...	Después de recolectar los datos, nos ayuda a...
• Aprender más acerca de la historia, origen y alcance del problema de investigación.	• Explicar diferencias y similitudes entre nuestros resultados y el conocimiento existente.
• Conocer qué métodos se han aplicado exitosa o erróneamente para estudiar el problema específico o problemas relacionados.	• Analizar formas de cómo podemos interpretar los datos.
• Saber qué respuestas existen actualmente para las preguntas de investigación.	• Ubicar nuestros resultados y conclusiones dentro del conocimiento existente.
• Identificar variables que requieren ser medidas y observadas, además de cómo han sido medidas y observadas.	• Construir teoría y explicaciones.
• Decidir cuál es la mejor manera de recolectar los datos que necesitamos y dónde obtenerlos.	• Desarrollar nuevas preguntas de investigación e hipótesis.
• Resolver cómo pueden analizarse los datos.	
• Refinar el planteamiento y sugerir hipótesis.	
• Justificar la importancia del estudio.	

[15] Adaptado de Yedigis y Weinbach (2005, p. 47).

Al construir el marco teórico, debemos centrarnos en el problema de investigación que nos ocupa sin divagar en otros temas ajenos al estudio. *Un buen marco teórico* no es aquel que contiene muchas páginas, sino que trata con profundidad únicamente los aspectos relacionados con el problema, y que vincula de manera lógica y coherente los conceptos y las proposiciones existentes en estudios anteriores. Éste es otro aspecto importante que a veces se olvida: construir el marco teórico no significa sólo reunir información, sino también ligarla e interpretarla (en ello la redacción y la narrativa son importantes, porque las partes que lo integren deben estar enlazadas y no debe "brincarse" de una idea a otra).

Un ejemplo que, aunque burdo, resulta ilustrativo de lo que acabamos de comentar, sería que quien trata de investigar cómo afecta a los adolescentes exponerse a programas televisivos con alto contenido sexual desarrollara una estructura del marco teórico más o menos así:

1. La televisión.
2. Historia de la televisión.
3. Tipos de programas televisivos.
4. Efectos macrosociales de la televisión
5. Usos y gratificaciones de la televisión.
    5.1. Niños.
    5.2. Adolescentes.
    5.3. Adultos.
6. Exposición selectiva a la televisión.
7. Violencia en la televisión.
    7.1. Tipos.
    7.2. Efectos.
8. Sexo en la televisión.
    8.1. Tipos.
    8.2. Efectos.
9. El erotismo en la televisión.
10. La pornografía en la televisión.

Es obvio que esto sería divagar en un "mar de temas". Siempre se debe recordar que es muy diferente escribir un libro de texto, que trata a fondo un área determinada de conocimiento, que elaborar un marco teórico donde debemos ser selectivos.

¿Qué método podemos seguir para organizar y construir el marco teórico?

Una vez extraída y recopilada la información que nos interesa de las referencias pertinentes para nuestro problema de investigación, podremos empezar a *elaborar el marco teórico*, el cual se basará en la integración de la información recopilada.

Un paso previo consiste en *ordenar la información recopilada* de acuerdo con uno o varios criterios lógicos y adecuados al tema de la investigación. Algunas veces se ordena cronológicamente; otras, por subtemas o por teorías, etc. Por ejemplo, si se utilizaron fichas o documentos en archivos y carpetas (en la computadora) para recopilar la información, se ordenan de acuerdo con el criterio que se haya definido. De hecho, hay quien trabaja siguiendo un método propio de organización. En definitiva, lo que importa es que éste resulte eficaz.

Método de mapeo Consiste en elaborar un mapa conceptual para organizar y edificar el marco teórico.

Hernández Sampieri y Méndez (2009) y Creswell (2009) sugieren el **método de mapeo** —elaborar primero un mapa— para organizar y edificar el marco teórico. Además, los autores recomendamos otro: por índices (se vertebra todo a partir de un índice general).

Método de mapeo para construir el marco teórico

Este método implica elaborar un mapa conceptual y, con base en éste, profundizar en la revisión de la literatura y el desarrollo del marco teórico.

Como todo mapa conceptual, su claridad y estructura dependen de que seleccionemos los términos adecuados, lo que a su vez se relaciona con un planteamiento enfocado. Lo explicaremos con un ejemplo.

EJEMPLO

El clima organizacional

El siguiente es un ejemplo de mapa de la literatura para un estudio cuyo objetivo esencial era "validar una escala para medir el clima organizacional en el contexto laboral mexicano" (Hernández Sampieri, 2005). La revisión de la literatura se centró en estudios que incluyeran definiciones y modelos del clima organizacional[16] (causas y efectos de éste), así como instrumentos que lo midieran (por lo que debió recurrir a investigaciones que consideraran sus componentes, dimensiones o variables).

Las palabras claves de búsqueda fueron:

1. "Clima organizacional" (y obviamente o*rganizational climate*): se utilizó debido a que representa el área central del estudio.
2. "Medición" (*measurement*): en función de que se pretende validar un instrumento de medición.
3. "Definiciones" (*definitions*): porque se requerían definiciones del concepto.
4. "Dimensiones" y "factores" (*dimensions* y *factors*): se buscaba considerar las dimensiones concebidas como parte del clima organizacional.
5. "Modelos" (*models*): para encontrar esquemas empíricos sobre sus causas y efectos.
6. Posteriormente, se incluyeron variables relacionadas con el clima organizacional como *organizational culture* (cultura organizacional) y *work involvement* (involucramiento en el trabajo), para ver sus diferencias con el concepto de interés; sin embargo, se excluyen para el ejemplo con el propósito de no extenderlo.

Tales palabras dieron frutos en la búsqueda de referencias a través de las distintas bases de datos (Wiley InterScience, Sage Journals, Latindex, ERIC y ABI/INFORM).

Por tanto, el mapa inicial de conceptos fue el de la figura 4.3 (en este caso, la estructura está fundamentada en los conceptos clave).

Clima organizacional

Figura 4.3   Muestra de un mapa de la literatura con el ejemplo del clima organizacional.

Los conceptos claves del mapa permanecen o se desglosan en subtemas, según lo indique la literatura esencial que revisemos (estos serán temas en la perspectiva o marco teórico). El mapa va desplegándose en subtemas, como lo apreciamos en la figura 4.4.

---

[16] El clima organizacional es el conjunto de percepciones de los individuos respecto a su medio interno de trabajo (Hernández Sampieri, 2005).

Clima organizacional

Concepciones y definiciones:
Debates:
a) Esencia.
- Medida múltiple de los atributos organizacionales.
- Medida perceptiva de los atributos individuales.
- Medida perceptiva de los atributos organizacionales.
b) Individual o colectivo.
c) Objetivo o subjetivo.

Dimensiones:
Diversas, más de 85 distintas. Las que se han considerado con mayor frecuencia en la literatura: moral, apoyo de la dirección, innovación, percepción de la empresa o identificación, comunicación, percepción del desempeño, motivación intrínseca, autonomía, satisfacción general, liderazgo, visión y recompensas.

Instrumentos para medirlo:
28 detectados (cinco validados para el medio laboral de interés).

Modelos:
Con mayor abundancia empírica y más recientes:
- J. L. Gibson, J. M. Ivancevich y J. H. Donnelly.
- Modelo de la diversidad de la efectividad gerencial (W. Wilborn).
- Modelo mediatizador del clima organizacional (C. P. Parker *et al.*).
- Modelo del proceso de juicio común (L. R. James y L. A. James).

Figura 4.4   Mapa de la literatura desplegado en temas y subtemas.

Se colocan los autores principales en el mapa (figura 4.5):

Clima organizacional

Concepciones y definiciones:
El clima es perceptual, subjetivo y producto de la interacción entre los miembros de la organización. Litwin y Stringer (1968); Brunet (2002); McKnight y Webster (2001); Gonçalves (2004); Sparrow (2001); James y Sells (1981); Parker *et al.* (2003)…

Dimensiones:
Litwin y Stringer (1968); Clarke, Sloane y Aiken (2002); Patterson *et al.* (2005); Brunet (2002); Parker *et al.* (2003); Ochitwa (2004); Arvidsson *et al.* (2004); Anderson y West (1998)…

Instrumentos para medirlo:
Parker *et al.* (2003); Ochitwa (2004); Arvidsson *et al.* (2004); Anderson y West (1998); Patterson *et al.* (2005); Aralucen (2003)…

Modelos:
James *et al.* (1990); James y James (1992); James y McIntyre (1996) ; Gibson y Donnelly (1979); Parker *et al.* (2003)…

Figura 4.5   Mapa de la literatura con autores.[17]

Entonces estructuramos el marco teórico con base en los cuatro temas:

1. Definiciones, características y enfoques del clima organizacional.
2. Dimensiones del clima organizacional.
3. Modelos del clima organizacional.
4. Medición del clima organizacional.
5. Conclusiones al marco teórico.

---

[17] Hemos omitido algunos de los nombres para hacer más breve el ejemplo. Tampoco se incluyen las citas de referencias en la bibliografía del libro, ya que el ejemplo, aunque es real, se utiliza simplemente para fines ilustrativos. Sí se mencionan las principales fuentes de donde fueron localizadas.

Cada tema se despliega en subtemas, por ejemplo:

1. Definiciones, características y enfoques del clima organizacional.
    1.1. Definiciones fundamentales.
    1.2. ¿Características organizacionales o percepciones?
        Dicotomía del clima: Objetivo-subjetivo.
        1.2.1. Concepción del clima como la medida múltiple de los atributos organizacionales (visión "objetiva").
        1.2.2. El clima como la medida perceptiva de los atributos individuales.
        1.2.3. El clima como la medida perceptiva de los atributos organizacionales.
    1.3. ¿Clima individual, grupal o colectivo?
    1.4. El clima y otras variables organizacionales: similitudes y diferencias.

De este modo se coloca el contenido de las referencias en cada apartado (en los que corresponda). Cabe señalar que éstas fueron obtenidas fundamentalmente de revistas como: *Journal of Organizational Behavior, Human Resource Management, Journal of Management, Human Resource Development Quarterly, Academy of Management Review, European Journal of Work and Organizational Psychology, Investigación Administrativa* y otras; además de libros. Para saber qué revistas son importantes se considera el Factor de Impacto (FI o Impact Factor), que es un indicador bibliométrico elaborado por el *Institute for Scientific Information* (ISI) de Estados Unidos, el cual se publica en el *Journal Citation Reports* (JCR), donde se recopilan las revistas por orden alfabético y materias. A cada revista se le adjudica un número (FI) que se calcula al dividir la suma de las citas hechas a esa revista durante un año y al dividirlo por el número total de artículos publicados por dicha revista en los dos años anteriores. Con este indicador se intenta medir el grado de difusión o "impacto" y, por tanto, de prestigio, que tiene dicha publicación, aunque también es posible conocer el FI de un autor o institución.

Cabe señalar que los autores pueden ir cambiando con el tiempo. Si Hernández Sampieri hubiera hecho su estudio en 2009, tendría que incluir nuevas referencias: Gray (2007) con su libro *A climate of success*, Pemberton (2008) con su obra *Organizational climate at higher education institutions*, D'Amato (2009), con el libro *Psychological and organizational climate research*, y a Sarros, Cooper y Santora (2008) con su artículo "Building a climate for innovation through transformational leadership and organizational culture", por mencionar unos ejemplos.[18]

Método por índices para construir el marco teórico (vertebrado a partir de un índice general)

La experiencia demuestra que otra manera rápida y eficaz de construir un marco teórico consiste en desarrollar, en primer lugar, un índice tentativo de éste, global o general, e irlo afinando hasta que sea sumamente específico, para posteriormente colocar la información (referencias) en el lugar correspondiente dentro del esquema. A esta operación puede denominársele "vertebrar" el marco o perspectiva teórica (generar la columna vertebral de ésta).

Por otra parte, es importante insistir en que el marco teórico no es un tratado de todo aquello que tenga relación con el tema global o general de la investigación, sino que se debe limitar a los antecedentes del planteamiento específico del estudio. Si éste se refiere a los efectos secundarios de un tipo de medicamento concreto en adultos de un cierto perfil, la literatura que se revise y se incluya deberá tener relación con el tema en particular; no sería práctico incluir apartados como: "la historia de los medicamentos", "los efectos de los medicamentos en general", "las reacciones secundarias de los medicamentos en bebés", etcétera.

El proceso de "vertebrar" el marco teórico en un índice puede representarse con el siguiente esquema (figura 4.6).

---

[18] Para ver qué elementos de una referencia se incluyen, recordamos al lector que puede remitirse al CD, documento 3: "Manual basado en las normas de la APA (American Psychological Association)" y usar el programa SISI (Sistema de Información para el Soporte y la Investigación).

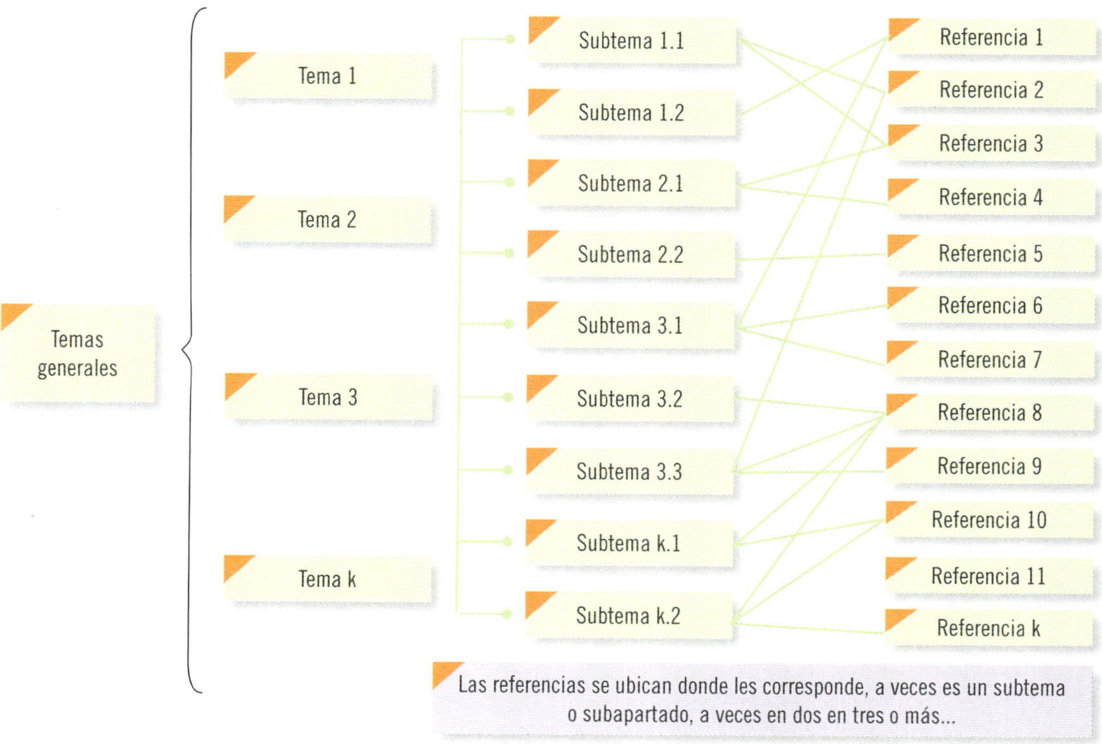

Figura 4.6   Proceso de vertebración del índice del marco teórico y ubicación de referencias.

De esta forma se completan los apartados (temas y subtemas) con contenidos extraídos de las referencias pertinentes para cada uno de ellos; aunque primero se estructura el índice (la columna vertebral). A continuación se muestra un ejemplo:

EJEMPLO DE UN ÍNDICE "VERTEBRADO"

Si se plantea una investigación para determinar los factores que inciden en el voto para las elecciones municipales en Bolivia, después de revisar la literatura se encontraron diversos factores que impactan el voto:

1. Imagen del candidato.
2. Imagen del partido o fuerza política que apoya al candidato.
3. Estructura partidista.
4. Mercadotecnia partidista.
5. Mercadotecnia electoral.
6. Acción electoral.

Entonces éstos serían los temas y cada uno se despliega en subtemas y así sucesivamente, quedando el índice como se muestra a continuación:

Factores que inciden en el voto de las elecciones municipales, el caso de Bolivia

1. Imagen del candidato.
    1.1 Antecedentes del candidato y noticias de él, que los votantes conocen.
    1.2 Atribuciones respecto al candidato (honestidad percibida, experiencia, capacidad para gobernar, liderazgo atribuido, carisma, simpatía, inteligencia y otras).
    1.3 Percepción de la familia del candidato y la vinculación del candidato con ella.
    1.4 Credibilidad del candidato.
    1.5 Presencia física del candidato.

2.   Imagen del partido o fuerza política que apoya al candidato.
    2.1   Antecedentes del partido político y conocimiento que tienen los votantes de éste.
    2.2   Atribuciones sobre el partido (honestidad de los gobernantes emanados del partido, resultados demostrados de sus gobiernos, experiencia de gobierno).
    2.3   Identificación con el partido político.
    2.4   Credibilidad del partido político.
3.   Estructura partidista.
    3.1   Número de afiliados.
    3.2. Cobertura en elecciones.
    3.3   Lealtad partidista.
    3.4   Organización del partido.
    3.5   Productividad de la estructura.
4.   Mercadotecnia partidista.
    4.1   Inversión en publicidad y propaganda institucional permanente.
    4.2   Inversión en publicidad y propaganda de los gobiernos municipales emanados del partido.
5.   Mercadotecnia electoral.
    5.1   Inversión en publicidad y propaganda en medios de comunicación colectiva durante las campañas políticas.
    5.2   Inversión en mercadotecnia directa durante las campañas.
6.   Acción electoral.
    6.1   Discursos del candidato, eventos y mítines.
    6.2   Promoción directa del voto.

Una vez que existe este índice, vemos si está completo, si le faltan apartados o le sobran para afinarlos; posteriormente, buscar referencias pertinentes para el desarrollo del marco teórico.

Ahora se integran las referencias donde les corresponde.

Sin embargo, si vemos que el estudio puede ser muy extenso, como el ejemplo (están presentes una gran cantidad de variables), se puede tomar la decisión de especificar más y acotar el problema (podemos centrarnos únicamente en los factores de imagen de los candidatos que inciden en el voto).

¿Cuántas referencias deben usarse para el marco teórico?

Esto depende del planteamiento del problema, el tipo de reporte que estemos elaborando y el área en que nos situemos, además del presupuesto. Por lo tanto, no hay una respuesta exacta ni mucho menos. Sin embargo, algunos autores sugieren que entre alrededor de 30 referencias (Mertens, 2005). Hernández Sampieri *et al.* (2008) analizaron varias tesis y disertaciones, así como artículos de revistas académicas en Estados Unidos y México, y consultaron a varios profesores iberoamericanos, encontrando parámetros como los siguientes: en una investigación en licenciatura para una materia o asignatura el número puede variar entre 15 y 25, en una tesina entre 20 y 30, en una tesis de licenciatura entre 25 y 35, en una tesis de maestría entre 30 y 40, en un artículo para una revista científica, entre 50 y 70. En una disertación doctoral el número se incrementa entre 65 y 120 (no son de ninguna manera estándares, pero resultan en la mayoría de los casos). Sin embargo, deben ser referencias directamente vinculadas con el planteamiento del problema, es decir, se excluyen las fuentes primarias que mencionan indirectamente o de forma periférica el planteamiento, aquellas que no recolectan datos o no se fundamentan en éstos (que son simples opiniones de un individuo) y también las que resultan de trabajos escolares no publicados o no avalados por una institución.

¿Se ha hecho una revisión adecuada de la literatura?

En ocasiones, surge la duda sobre si se hizo o no una correcta revisión de la literatura y una buena selección de referencias para integrarlas en el marco o perspectiva teórica. Para responder a esta cuestión es posible utilizar los siguientes criterios en forma de preguntas. Cuando respondamos "sí" a todas ellas, estaremos seguros de que, al menos, hemos hecho nuestro mejor esfuerzo y nadie que lo hubiera intentado podría haber obtenido un resultado mejor.

- ¿Acudimos a un par de bancos de datos, ya sea de consulta manual o por computadora? y ¿pedimos referencias por lo menos de cinco años atrás?
- ¿Buscamos en directorios, motores de búsqueda y espacios en internet? (por lo menos tres).
- ¿Consultamos como mínimo cuatro revistas científicas que suelen tratar el tema de interés? ¿Las consultamos de cinco años atrás a la fecha?
- ¿Buscamos en algún lugar donde había tesis y disertaciones sobre el tema de interés?
- ¿Buscamos libros sobre el tema en al menos dos buenas bibliotecas físicas o virtuales?
- ¿Consultamos con más de una persona que sepa algo del tema?
- Si, aparentemente, no descubrimos referencias en bancos de datos, bibliotecas, hemerotecas, videotecas y filmotecas, ¿contactamos a alguna asociación científica del área en la cual se encuentra enmarcado el problema de investigación?

Además, cuando hay teorías o generalizaciones empíricas sobre un tema, cabría agregar las siguientes preguntas con fines de autoevaluación:

- ¿Quién o quiénes son los autores más importantes dentro del campo de estudio?
- ¿Qué aspectos y variables se han investigado?
- ¿Hay algún investigador que haya estudiado el problema en un contexto similar al nuestro?

Mertens (2005) añade otras interrogantes:

- ¿Tenemos claro el panorama del conocimiento actual respecto a nuestro planteamiento?
- ¿Sabemos cómo se ha conceptualizado nuestro planteamiento?
- ¿Generamos un análisis crítico de la literatura disponible?, ¿reconocimos fortalezas y debilidades de la investigación previa?
- ¿La literatura revisada se encuentra libre de juicios, intereses, presiones políticas e institucionales?
- ¿El marco teórico establece que nuestro estudio es necesario o importante?
- ¿En el marco o perspectiva teóricos queda claro cómo se vincula la investigación previa con nuestro estudio?

Redactar el marco teórico

Construir el marco teórico implica redactar su contenido, hilando párrafos y citando apropiadamente las referencias. Sobre ello se comenta en el capítulo 11 de esta obra.

EJEMPLO

Investigación de Mariana sobre el noviazgo

Recapitulemos lo comentado hasta ahora y retomemos el ejemplo del noviazgo expuesto en los dos capítulos anteriores. El ejemplo fue acotado a la similitud: ¿la similitud ejerce alguna influencia sobre la elección de la pareja en el noviazgo y la satisfacción de la relación? Esto también podría delimitarse a la satisfacción.

Si la joven, Mariana, siguiera los pasos que hemos sugerido para desarrollar su perspectiva teórica, realizaría las siguientes acciones:

1. Acudiría a un café internet, al centro de cómputo de su universidad o desde su computadora en casa se enlazaría a varios centros de referencias. Buscaría referencias de los últimos cinco años en PsycINFO *(Psychological Abstracts)*, SAGE Journals y *Sociological Abstracts* (que serían los bancos de datos

indicados), utilizando las palabras "claves" o "guías": *attraction* (atracción), *close* (cercanía), *relationships* (relaciones) y *similarity* (similitud), tanto en español como inglés. Si lo hubiera hecho en 2009, de entrada descubriría que hay decenas de referencias (de este año hacia atrás, muchas de ellas gratuitas), que hay revistas que tratan el tema como *Journal of Youth & Adolescence*, *Journal of Personality and Social Psychology* y *Journal of Social and Personal Relationships*, así como diversos libros.

Además, escribiría o enviaría correspondencia electrónica a alguna asociación nacional o internacional para solicitar información al respecto.

2. Seleccionaría únicamente las referencias que hablaran de similitud en las relaciones interpersonales, en particular las relativas al noviazgo.
3. Construiría su marco teórico sobre la siguiente generalización empírica, sugerida por la literatura pertinente: "Las personas tienden a seleccionar, para sus relaciones interpersonales heterosexuales, a individuos similares a ellos, en cuanto a educación, nivel socioeconómico, raza, religión, edad, cultura, actitudes e, incluso, atractivo físico y psíquico". Es decir, la similitud entre dos personas del sexo opuesto aumenta la posibilidad de que establezcan una relación interpersonal, como sería el caso del noviazgo.

¿Qué tan extenso debe ser el marco teórico?

Ésta es una pregunta difícil de responder, muy compleja. Sin embargo, en el capítulo 3 del CD anexo, complemento del presente capítulo, comentaremos el punto de vista de algunos autores relevantes. 

Resumen

- El tercer paso del proceso de investigación cuantitativa consiste en sustentar teóricamente el estudio.
- El marco teórico o la perspectiva teórica se integra con las teorías, los enfoques teóricos, estudios y antecedentes en general, que se refieran al problema de investigación.
- Para elaborar el marco teórico es necesario detectar, obtener y consultar la literatura, y otros documentos pertinentes para el problema de investigación, así como extraer y recopilar de ellos la información de interés.
- La revisión de la literatura puede iniciarse manualmente o acudiendo a bancos de datos y referencias a los que se tenga acceso mediante internet, utilizando palabras "claves".
- Al recopilar información de referencias es posible extraer una o varias ideas, datos, opiniones, resultados, etcétera.
- La construcción del marco teórico depende de lo que encontremos en la revisión de la literatura:
  - *a)* que exista una teoría completamente desarrollada que se aplique a nuestro problema de investigación
  - *b)* que haya varias teorías que se apliquen al problema de investigación
  - *c)* que haya generalizaciones empíricas que se adapten a dicho problema

- *d)* que encontremos descubrimientos interesantes, pero parciales que no se ajustan a una teoría
- *e)* que solamente existan guías aún no estudiadas e ideas vagamente relacionadas con el problema de investigación.

En cada caso varía la estrategia para construir el marco teórico.

- Una fuente importante para construir un marco teórico son las teorías. Una teoría es un conjunto de conceptos, definiciones y proposiciones vinculados entre sí, que presentan un punto de vista sistemático de fenómenos que especifican relaciones entre variables, con el objetivo de explicar y predecir estos fenómenos.
- Las funciones más importantes de las teorías son: explicar el fenómeno, predecirlo y sistematizar el conocimiento.
- El marco o perspectiva teórica orientará el rumbo de las etapas subsecuentes del proceso de investigación.
- Al construir el marco teórico debemos centrarnos en el problema de investigación que nos ocupa sin divagar en otros temas ajenos al estudio.
- Para generar la perspectiva teórica se sugieren dos métodos: mapeo y vertebración.

Conceptos básicos

Bases de referencias/datos
Esquema conceptual
Estrategia de elaboración del marco o perspectiva
 teórica
Estructura del marco o perspectiva teórica
Evaluación de la revisión realizada en la literatura
Fuentes primarias
Funciones del marco teórico

Generalización empírica
Marco teórico
Modelo teórico
Perspectiva teórica
Proceso cuantitativo
Referencia
Revisión de la literatura
Teoría

Ejercicios

1. Seleccione un artículo de una revista científica que contenga una investigación y analice su marco teórico. ¿Cuál es el índice (explícito o implícito) del marco teórico de esa investigación?, ¿el marco teórico está completo?, ¿está relacionado con el problema de investigación?, ¿cree usted que ayudó al investigador o los investigadores en su estudio?, ¿de qué manera?

2. Respecto al planteamiento del problema de investigación que eligió busque, por lo menos, diez referencias y extraiga de ellas la información pertinente.

3. Elija dos o más teorías que hagan referencia al mismo fenómeno y compárelas.

4. Construya un marco teórico pertinente para el problema de investigación que eligió desde el inicio de la lectura del texto.

5. Revise en el CD anexo la información adicional sobre este capítulo (Capítulo 3, "Perspectiva teórica: comentarios adicionales").

Ejemplos desarrollados

La televisión y el niño

Índice del marco teórico

1. El enfoque de usos y gratificaciones de la comunicación colectiva.
   1.1 Principios básicos.
   1.2 Necesidades satisfechas por los medios de comunicación colectiva en los niños.
       1.2.1 Diversión.
       1.2.2 Socialización.
       1.2.3 Identidad personal.
       1.2.4 Supervivencia.
       1.2.5 Otras necesidades.
2. Resultados de investigaciones sobre el uso que el niño da a la televisión.
3. Funciones que desempeña la televisión en el niño y gratificaciones que recibe éste por ver televisión.
4. Contenidos televisivos preferidos por el niño.
5. Condiciones de exposición a la televisión por parte del niño.
6. Control que ejercen los padres sobre sus hijos sobre la actividad de ver televisión.
7. Conclusiones relativas al marco teórico.

La pareja y las relaciones ideales

Índice del marco teórico

1. Contexto de los jóvenes universitarios celayenses.
2. Estructura y función de los ideales en las relaciones de noviazgo.
3. Causas de las relaciones exitosas y el concepto de pareja ideal.
4. Teorías sobre las relaciones de noviazgo.
   4.1. Teoría sociocognitiva.
       i. Constructos para el conocimiento de las relaciones relevantes de pareja.
          – El individuo.
          – La pareja.
          – La relación.
       ii. Dimensiones para evaluar las relaciones de pareja.
          – Superficiales *versus* íntimas.
          – Románticas-tradicionales *versus* no tradicionales.

4.2. Teoría evolucionista.
    i. Dimensiones de la pareja ideal.
      – Relaciones cercanas o íntimas.
      – Atractivo físico y social.

El abuso sexual infantil

(El reporte en forma de artículo se incluye
en el CD):

Material complementario/Investigación cuantitativa/
Ejemplo 7/Comparativo de instrumentos de evaluación para programas de prevención del abuso sexual
infantil en preescolares.

Índice del marco teórico

1. El problema del abuso sexual infantil.
   1.1 Estadísticas internacionales.
   1.2 Dimensiones del problema.
2. Programas de prevención del abuso sexual infantil (PPASI).
   2.1 Tipos.
   2.2 Efectos.
3. Evaluación de los PPASI.
   3.1 CKAQ-R (EEUU y versión en español).
   3.2 What if situation test (WIST).
   3.3 Role play protocol (RPP) (EEUU y México).
   3.4 Talking about touching evaluation program.
   3.5 Evaluación de la prevención del abuso
(EPA).

Los investigadores opinan

Crear la costumbre de investigar es una obligación que deben tener los profesores ante sus estudiantes; asimismo, deben fomentar el desarrollo de proyectos que tengan aplicaciones prácticas, ya que uno de los parámetros que caracterizan una buena investigación es que tenga cierta utilidad, que resuelva problemas en la sociedad o en las empresas, y no se quede sólo en el papel, aunque sea publicado.

José Yee de los Santos
Docente
Facultad de Ciencias de la Administración
Universidad Autónoma de Chiapas
Chiapas, México

La importancia de contextualizar las investigaciones producidas en América Latina radica en que posibilita la generación de conocimientos válidos y aplicables a nuestras realidades.

En Venezuela, disciplinas como la Psicología Social y la Educación se muestran más receptivas al uso de estrategias cualitativas, las cuales se han posicionado como una forma científica y rigurosa de hacer investigación, pese a los estigmas que aún dominan ciertos círculos académicos. En materia tecnológica, los avances son asombrosos gracias a la computadora, que permite el análisis de datos cuantitativos.

La tendencia es más estadística; por tanto, se han perfeccionado las técnicas de análisis que sirven para explicar fenómenos desde múltiples dimensiones, a la vez que aportan la mayor cantidad de variables para su comprensión. De igual manera, los paquetes estadísticos para el análisis cuantitativo son ahora más completos y eficaces.

En una investigación se pueden combinar técnicas cuantitativas y cualitativas para recabar información, que impliquen cuestionarios, observaciones y entrevistas. Pero, a nivel ontológico y epistemológico, no es posible mezclar los enfoques, puesto que los planteamientos, en cuanto a la visión de ciencia y la relación con el objeto de estudio, son muy divergentes.

Natalia Hernández Bonnett

Profesora investigadora
Escuela de Psicología
Facultad de Humanidades y Educación
Universidad Católica Andrés Bello
Caracas, Venezuela

5 Definición del alcance de la investigación a realizar: exploratoria, descriptiva, correlacional o explicativa

Proceso de investigación cuantitativa

Paso 4 Definir el alcance de la investigación

- Definir si la investigación se inicia como exploratoria, descriptiva, correlacional o explicativa.
- Estimar tentativamente cuál será el alcance final de la investigación.

Oa Objetivos del aprendizaje

Al terminar este capítulo, el alumno será capaz de:

1 Conocer los alcances de los procesos de la investigación cuantitativa.

Síntesis

En el capítulo se presenta un continuo del alcance de las investigaciones cuantitativas: exploratorias, descriptivas, correlacionales y explicativas, y se exponen la naturaleza y el propósito de tales alcances en un estudio.

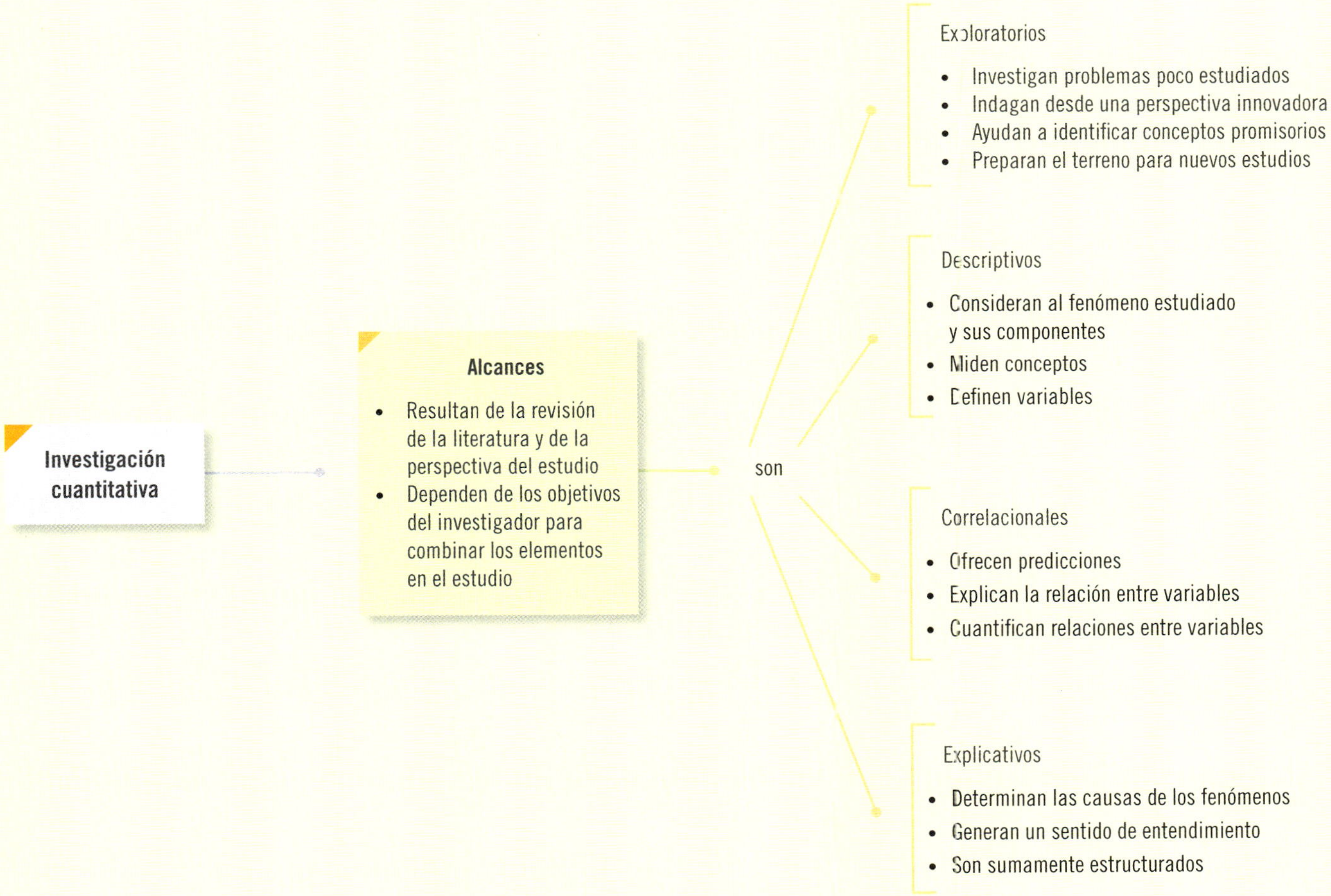

Investigación cuantitativa

Alcances

- Resultan de la revisión de la literatura y de la perspectiva del estudio
- Dependen de los objetivos del investigador para combinar los elementos en el estudio

son

Exploratorios

- Investigan problemas poco estudiados
- Indagan desde una perspectiva innovadora
- Ayudan a identificar conceptos promisorios
- Preparan el terreno para nuevos estudios

Descriptivos

- Consideran al fenómeno estudiado y sus componentes
- Miden conceptos
- Definen variables

Correlacionales

- Ofrecen predicciones
- Explican la relación entre variables
- Cuantifican relaciones entre variables

Explicativos

- Determinan las causas de los fenómenos
- Generan un sentido de entendimiento
- Son sumamente estructurados

¿Qué alcances puede tener el proceso de investigación cuantitativa?

OA 1   Si hemos decidido, una vez hecha la revisión de la literatura, que nuestra investigación vale la pena y debemos realizarla, el siguiente paso consiste en visualizar el alcance que tendrá.

Tal como comentamos en ediciones anteriores de este libro, no se deben considerar los *alcances* como "tipos" de investigación, ya que, más que ser una clasificación, constituyen un continuo de "causalidad" que puede tener un estudio, como se muestra en la figura 5.1.

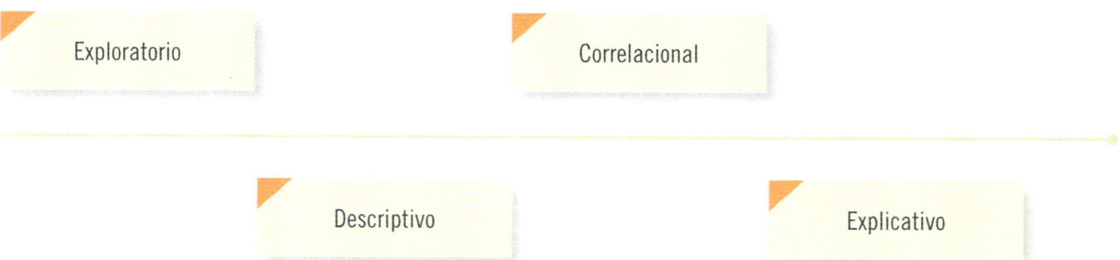

Figura 5.1   Alcances que puede tener un estudio cuantitativo.

Esta reflexión es importante, pues del alcance del estudio depende la estrategia de investigación. Así, el diseño, los procedimientos y otros componentes del proceso serán distintos en estudios con alcance exploratorio, descriptivo, correlacional o explicativo. Pero en la práctica, cualquier investigación puede incluir elementos de más de uno de estos cuatro alcances.

Los *estudios exploratorios* sirven para preparar el terreno y por lo común anteceden a investigaciones con alcances descriptivos, correlacionales o explicativos. Los estudios descriptivos —por lo general— son la base de las investigaciones correlacionales, las cuales a su vez proporcionan información para llevar a cabo estudios explicativos que generan un sentido de entendimiento y son altamente estructurados. Las investigaciones que se realizan en un campo de conocimiento específico pueden incluir diferentes alcances en las distintas etapas de su desarrollo. Es posible que una investigación se inicie como exploratoria, después puede ser descriptiva y correlacional, y terminar como explicativa (figura 5.2).

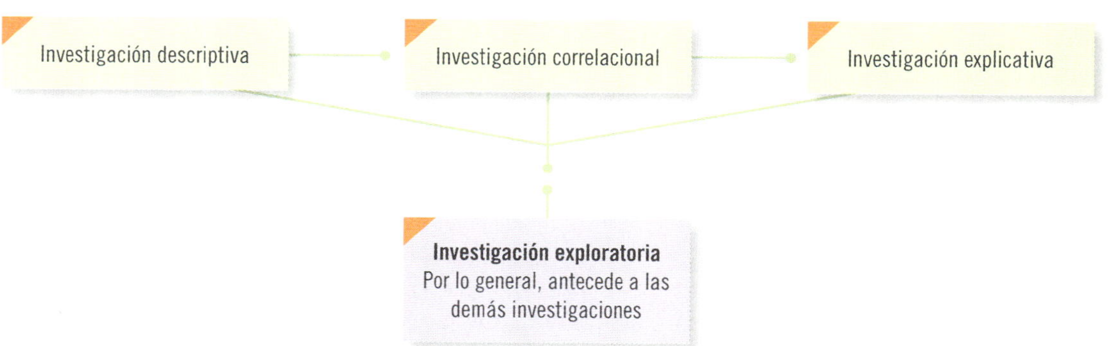

Figura 5.2   Alcances de la investigación.

Ahora bien, surge necesariamente la pregunta: ¿de qué depende que nuestro estudio se inicie como exploratorio, descriptivo, correlacional o explicativo? La respuesta no es sencilla, pero diremos que fundamentalmente depende de dos factores: el estado del conocimiento sobre el problema de investigación, mostrado por la revisión de la literatura, así como la perspectiva que se pretenda dar al estudio. Pero antes de ahondar en esta respuesta, es necesario hablar de cada uno de los alcances de la investigación.

¿En qué consisten los estudios de alcance exploratorio?

Propósito

Los **estudios exploratorios** se realizan cuando el objetivo es examinar un tema o problema de investigación poco estudiado, del cual se tienen muchas dudas o no se ha abordado antes. Es decir, cuando la revisión de la literatura reveló que tan sólo hay guías no investigadas e ideas vagamente relacionadas con el problema de estudio, o bien, si deseamos indagar sobre temas y áreas desde nuevas perspectivas.

> **Estudios exploratorios** Se realizan cuando el objetivo consiste en examinar un tema poco estudiado.

Tal sería el caso de investigadores que pretendieran analizar fenómenos desconocidos o novedosos: una enfermedad de reciente aparición, una catástrofe ocurrida en un lugar donde nunca había sucedido algún desastre, inquietudes planteadas a partir del desciframiento del código genético humano y la clonación de seres vivos, una nueva propiedad observada en los hoyos negros del Universo, el surgimiento de un medio de comunicación completamente innovador o la visión de un hecho histórico transformada por el descubrimiento de evidencia que antes estaba oculta.

El incremento de la esperanza de vida más allá de 100 años, la futura población que habite la Luna, el calentamiento global de la Tierra a niveles insospechados, cambios profundos en la concepción del matrimonio o en la ideología de una religión, serían hechos que generarían una gran cantidad de investigaciones exploratorias.

Los estudios exploratorios son como realizar un viaje a un sitio desconocido, del cual no hemos visto ningún documental ni leído algún libro, sino que simplemente alguien nos hizo un breve comentario sobre el lugar. Al llegar no sabemos qué atracciones visitar, a qué museos ir, en qué lugares se come bien, cómo es la gente; en otras palabras, ignoramos mucho del sitio. Lo primero que hacemos es explorar: preguntar sobre qué hacer y a dónde ir al taxista o al chofer del autobús que nos llevará al hotel donde nos hospedaremos; además, debemos pedir información a quien nos atienda en la recepción, al camarero, al cantinero del bar del hotel y, en fin, a cuanta persona veamos amigable. Desde luego, si no buscamos información del lugar y ésta existía, perdimos la oportunidad de ahorrar dinero y mucho tiempo. De esta forma, quizá veamos un espectáculo no tan agradable y que requiere mucha "plata", al tiempo que nos perdemos de uno fascinante y más económico; por supuesto que, en el caso de la investigación científica, la inadecuada revisión de la literatura trae consecuencias más negativas que la simple frustración de gastar en algo que a fin de cuentas nos desagradó.

Valor

Los estudios exploratorios sirven para familiarizarnos con fenómenos relativamente desconocidos, obtener información sobre la posibilidad de llevar a cabo una investigación más completa respecto de un contexto particular, investigar nuevos problemas, identificar conceptos o variables promisorias, establecer prioridades para investigaciones futuras, o sugerir afirmaciones y postulados.

Esta clase de estudios son comunes en la investigación, sobre todo en situaciones donde existe poca información. Tal fue el caso de las primeras investigaciones de Sigmund Freud, surgidas de la idea de que los problemas de histeria se relacionaban con las dificultades sexuales; del mismo modo, los estudios pioneros del SIDA, los experimentos iniciales de Iván Pavlov sobre los reflejos condicionados y las inhibiciones, el análisis de contenido de los primeros videos musicales, las investigaciones de Elton Mayo en la planta Hawthorne de la compañía Western Electric, los estudios sobre terrorismo después de los atentados contra las Torres Gemelas de Nueva York en 2001, entre otros sucesos. Todos se realizaron en distintas épocas y lugares, pero con un común denominador: explorar algo poco investigado o desconocido.

Los estudios exploratorios en pocas ocasiones constituyen un fin en sí mismos, generalmente determinan tendencias, identifican áreas, ambientes, contextos y situaciones de estudio, relaciones potenciales entre variables; o establecen el "tono" de investigaciones posteriores más elaboradas y rigurosas. Estas indagaciones se caracterizan por ser más flexibles en su método en comparación con las descriptivas, correlacionales o explicativas, y son más amplias y dispersas. Asimismo, implican un mayor "riesgo" y requieren gran paciencia, serenidad y receptividad por parte del investigador.

¿En qué consisten los estudios de alcance descriptivo?

Propósito

Investigación descriptiva Busca especificar propiedades, características y rasgos importantes de cualquier fenómeno que se analice. Describe tendencias de un grupo o población.

Con frecuencia, la meta del investigador consiste en describir fenómenos, situaciones, contextos y eventos; esto es, detallar cómo son y se manifiestan. Los **estudios descriptivos** buscan especificar las propiedades, las características y los perfiles de personas, grupos, comunidades, procesos, objetos o cualquier otro fenómeno que se someta a un análisis. Es decir, únicamente pretenden medir o recoger información de manera independiente o conjunta sobre los conceptos o las variables a las que se refieren, esto es, su objetivo no es indicar cómo se relacionan éstas. Por ejemplo, un investigador organizacional que tenga como objetivo describir varias empresas industriales de Lima, en términos de su complejidad, tecnología, tamaño, centralización y capacidad de innovación; mide estas variables y por medio de sus resultados describirá: 1) cuánta es la diferenciación horizontal (subdivisión de las tareas), la vertical (número de niveles jerárquicos) y la espacial (número de centros de trabajo), así como el número de metas que han definido las empresas (complejidad); 2) qué tan automatizadas se encuentran (tecnología); 3) cuántas personas laboran en ellas (tamaño); 4) cuánta libertad en la toma de decisiones tienen los distintos niveles y cuántos de ellos tienen acceso a la toma de decisiones (centralización de las decisiones), y 5) en qué medida llegan a modernizarse o realizar cambios en los métodos de trabajo o maquinaria (capacidad de innovación).

Sin embargo, el investigador no pretende analizar por medio de su estudio si las empresas con tecnología más automatizada son aquellas que tienden a ser las más complejas (relacionar tecnología con complejidad) ni decirnos si la capacidad de innovación es mayor en las empresas menos centralizadas (correlacionar capacidad de innovación con centralización).

Lo mismo ocurre con el psicólogo clínico que tiene como fin describir la personalidad de un individuo. Se limitará a medirla en sus diferentes dimensiones (hipocondría, depresión, histeria, masculinidad-feminidad, introversión social, etc.), para lograr posteriormente describirla. No le interesa analizar si mayor depresión se relaciona con mayor introversión social; en cambio, si pretendiera establecer relaciones entre dimensiones o asociar la personalidad con la agresividad del individuo, su estudio sería básicamente correlacional y no descriptivo.

Valor

Así como los estudios exploratorios sirven fundamentalmente para descubrir y prefigurar, los estudios descriptivos son útiles para mostrar con precisión los ángulos o dimensiones de un fenómeno, suceso, comunidad, contexto o situación.

En esta clase de estudios el investigador debe ser capaz de definir, o al menos visualizar, qué se medirá (qué conceptos, variables, componentes, etc.) y sobre qué o quiénes se recolectarán los datos (personas, grupos, comunidades, objetos, animales, hechos, etc.). Por ejemplo, si vamos a medir variables en escuelas, es necesario indicar qué tipos de éstas habremos de incluir (públicas, privadas, administradas por religiosos, laicas, de cierta orientación pedagógica, de un género u otro, mixtas, etc.). Si vamos a recolectar datos sobre materiales pétreos, debemos señalar cuáles. La descripción puede ser más o menos profunda, aunque en cualquier caso se basa en la medición de uno o más atributos del fenómeno de interés.

EJEMPLO

Un censo nacional de población es un estudio descriptivo, cuyo propósito es medir una serie de conceptos en un país y momento específicos: aspectos de la vivienda (tamaño en metros cuadrados, número de pisos y habitaciones, si cuenta o no con energía eléctrica y agua entubada, combustible utilizado, tenencia o propiedad de la vivienda, ubicación de la misma), información sobre los ocupantes (número, medios de comunicación de que disponen y edad, género, bienes, ingreso, alimentación, lugar de nacimiento, idioma o lengua, religión, nivel de estudios, ocupación de cada persona) y otras dimensiones que se juzguen relevantes para el censo. En este caso, el investigador elige una serie de conceptos a considerar que también se denominarán variables, después los mide y los resultados le sirven para describir el fenómeno de interés (la población).

Otros ejemplos de estudios descriptivos serían:

1. Una investigación que determine cuál de los partidos políticos tiene más seguidores en una nación, cuántos votos ha conseguido cada uno de estos partidos en las últimas elecciones nacionales y locales, así como qué tan favorable o positiva es su imagen ante la ciudadanía.[1] Observe que no nos dice los porqués (razones).
2. Una investigación que nos indicara cuántas personas asisten a psicoterapia en una comunidad específica y a qué clase de psicoterapia acuden.

Asimismo, la información sobre el número de fumadores en una determinada población, las características de un conductor eléctrico, el número de divorcios anuales en una nación, el número de pacientes que atiende un hospital, el índice de productividad de una fábrica y la actitud hacia el aborto de un grupo de jóvenes en particular son ejemplos de información descriptiva cuyo propósito es dar un panorama (contar con una "fotografía") del fenómeno al que se hace referencia.

¿En qué consisten los estudios de alcance correlacional?

Los **estudios correlacionales** pretenden responder a preguntas de investigación como las siguientes: ¿aumenta la autoestima del paciente conforme transcurre una psicoterapia orientada a él?, ¿a mayor variedad y autonomía en el trabajo corresponde mayor motivación intrínseca respecto de las tareas laborales?, ¿existe diferencia entre el rendimiento que otorgan las acciones de empresas de alta tecnología computacional y el rendimiento de las acciones de empresas pertenecientes a otros giros con menor grado tecnológico en la Bolsa de Comercio de Buenos Aires?, ¿los campesinos que adoptan más rápidamente una innovación poseen mayor cosmopolitismo que los campesinos que la adoptan después?, ¿la lejanía física entre las parejas de novios tiene una relación negativa con la satisfacción en la relación?

> **Investigación correlacional** Asocia variables mediante un patrón predecible para un grupo o población.

Propósito

Este tipo de estudios tiene como finalidad conocer la relación o grado de asociación que exista entre dos o más conceptos, categorías o variables en un contexto en particular.

En ocasiones sólo se analiza la relación entre dos variables, pero con frecuencia se ubican en el estudio relaciones entre tres, cuatro o más variables.

Los estudios correlacionales, al evaluar el grado de asociación entre dos o más variables, miden cada una de ellas (presuntamente relacionadas) y, después, cuantifican y analizan la vinculación. Tales correlaciones se sustentan en hipótesis sometidas a prueba. Por ejemplo, un investigador que desee analizar la asociación entre la motivación laboral y la productividad, digamos, en varias empresas industriales con más de mil trabajadores de la ciudad de Santa Fe de Bogotá, Colombia, mediría la

---

[1] Es importante notar que la descripción del estudio puede ser más o menos general o detallada; por ejemplo, podríamos describir la imagen de cada partido político en todo el país, en cada estado, provincia o departamento; o en cada ciudad o población (y aun en los tres niveles).

motivación y la productividad de cada individuo, y después analizaría si los trabajadores con mayor motivación son o no los más productivos. Es importante recalcar que, en la mayoría de los casos, las mediciones de las variables a correlacionar provienen de los mismos participantes, pues no es lo común que se correlacionen mediciones de una variable hechas en ciertas personas, con mediciones de otra variable realizadas en personas distintas. Así, para establecer la relación entre la motivación y la productividad, no sería válido correlacionar mediciones de la motivación en trabajadores colombianos con mediciones sobre la productividad en trabajadores peruanos.

Utilidad

La utilidad principal de los estudios correlacionales es saber cómo se puede comportar un concepto o una variable al conocer el comportamiento de otras variables vinculadas. Es decir, intentar predecir el valor aproximado que tendrá un grupo de individuos o casos en una variable, a partir del valor que poseen en la o las variables relacionadas.

Un ejemplo tal vez simple, pero que ayuda a comprender el propósito predictivo de los estudios correlacionales, sería asociar el tiempo dedicado a estudiar para un examen con la calificación obtenida en éste. Así, en un grupo de estudiantes, se mide cuánto dedica cada uno a estudiar para el examen y también se obtienen sus calificaciones (mediciones de la otra variable); posteriormente se determina si las dos variables están relacionadas, lo cual significa que una varía cuando la otra también lo hace.

La correlación puede ser positiva o negativa. Si es positiva, significa que alumnos con valores altos en una variable tenderán también a mostrar valores elevados en la otra variable. Por ejemplo, quienes estudiaron más tiempo para el examen tenderían a obtener una calificación más alta. Si es negativa, significa que sujetos con valores elevados en una variable tenderán a mostrar valores bajos en la otra variable. Por ejemplo, quienes estudiaron más tiempo para el examen de estadística tenderían a obtener una calificación más baja.

Si no hay correlación entre las variables, ello nos indica que éstas fluctúan sin seguir un patrón sistemático entre sí; de este modo, habrá estudiantes que tengan valores altos en una de las dos variables y bajos en la otra, sujetos que tengan valores altos en una variable y altos en la otra, alumnos con valores bajos en una y bajos en la otra, y estudiantes con valores medios en las dos variables. En el ejemplo mencionado, habrá quienes dediquen mucho tiempo a estudiar para el examen y obtengan altas calificaciones, pero también quienes dediquen mucho tiempo y obtengan bajas calificaciones; otros más que dediquen poco tiempo y saquen buenas calificaciones, pero también quienes dediquen poco y les vaya mal en el examen.

Si dos variables están correlacionadas y se conoce la magnitud de la asociación, se tienen bases para predecir, con mayor o menor exactitud, el valor aproximado que tendrá un grupo de personas en una variable, al saber qué valor tienen en la otra.

Los estudios correlacionales se distinguen de los descriptivos principalmente en que, mientras estos últimos se centran en medir con precisión las variables individuales (algunas de las cuales se pueden medir con independencia en una sola investigación), los primeros evalúan, con la mayor exactitud que sea posible, el grado de vinculación entre dos o más variables, pudiéndose incluir varios pares de evaluaciones de esta naturaleza en una sola investigación (comúnmente se incluye más de una correlación). Para comprender mejor esta diferencia, tomemos un ejemplo sencillo.

EJEMPLO

Supongamos que un psicoanalista tiene como pacientes a una pareja, Ana y Luis. Puede hablar de ellos de manera individual e independiente; es decir, comentar cómo es Ana (físicamente, en cuanto a su personalidad, aficiones, motivaciones, etc.) y cómo es Luis; o bien, hablar de su relación: cómo se llevan y perciben su matrimonio, cuánto tiempo pasan diariamente juntos, qué actividades comparten y otros aspectos similares. En el primer caso, la descripción es individual (si Ana y Luis fueran las variables, los comentarios del analista serían producto de un estudio descriptivo de ambos cónyuges), mientras que en el segundo, el enfoque es relacional (el interés primordial es la relación matrimonia de Ana y Luis). Desde luego, en un mismo estudio nos puede interesar tanto describir los conceptos y variables de manera individual como la relación que guardan.

Valor

La investigación correlacional tiene, en alguna medida, un valor explicativo, aunque parcial, ya que el hecho de saber que dos conceptos o variables se relacionan aporta cierta información explicativa. Por ejemplo, si la adquisición de vocabulario por parte de un grupo de niños de cierta edad (digamos entre tres y cinco años) se relaciona con la exposición a un programa de televisión educativo, ese hecho llega a proporcionar cierto grado de explicación sobre cómo los niños adquieren algunos conceptos. Asimismo, si la similitud de valores en parejas de ciertas comunidades indígenas guatemaltecas se relaciona con la probabilidad de que contraigan matrimonio, esta información nos ayuda a explicar por qué algunas de esas parejas se casan y otras no.

Desde luego, la explicación es parcial, pues hay otros factores vinculados con la adquisición de conceptos y la decisión de casarse. Cuanto mayor sea el número de variables que se asocien en el estudio y mayor sea la fuerza de las relaciones, más completa será la explicación. En el ejemplo de la decisión de casarse, si se encuentra que, además de la similitud, también están relacionadas las variables: tiempo de conocerse, vinculación de las familias de los novios, ocupación del novio, atractivo físico y tradicionalismo, el grado de explicación para la decisión de casarse será mayor. Además, si agregamos más variables que se relacionan con tal decisión, la explicación se torna más completa.

Riesgo: correlaciones espurias (falsas)

Llega a darse el caso de que dos variables estén aparentemente relacionadas, pero que en realidad no sea así. Esto se conoce en el ámbito de la investigación como correlación espuria. Suponga que lleváramos a cabo una investigación con niños, cuyas edades oscilaran entre ocho y 12 años, con el propósito de analizar qué variables se encuentran relacionadas con la inteligencia y midiéramos ésta por medio de alguna prueba de IQ.

Suponga también que se presenta la siguiente tendencia: a mayor estatura, mayor inteligencia; es decir que los niños físicamente más altos tendieran a obtener una calificación mayor en la prueba de inteligencia, con respecto a los niños de menor estatura. Estos resultados no tendrían sentido. No podríamos decir que la estatura se correlaciona con la inteligencia, aunque los resultados del estudio así lo indicaran.

Esto sucede por lo siguiente: la maduración está asociada con las respuestas a una prueba de inteligencia. Así, los niños de 12 años (en promedio más altos) han desarrollado mayores habilidades cognitivas para responder la prueba (comprensión, asociación, retención, etc.), que los niños de 11 años; éstos, a su vez, las han desarrollado en mayor medida que los de 10 años, y así sucesivamente hasta llegar a los niños de ocho años (en promedio los de menor estatura), quienes poseen menos habilidades que los demás para responder la prueba de inteligencia. Estamos ante una correlación espuria, cuya "explicación" no sólo es parcial sino errónea; se requeriría de una investigación en un nivel explicativo para saber cómo y por qué las variables están supuestamente relacionadas.

¿En qué consisten los estudios de alcance explicativo?

Propósito

Los **estudios explicativos** van más allá de la descripción de conceptos o fenómenos o del establecimiento de relaciones entre conceptos; es decir, están dirigidos a res-

Investigación explicativa Pretende establecer las causas de los eventos, sucesos o fenómenos que se estudian.

ponder por las causas de los eventos y fenómenos físicos o sociales. Como su nombre lo indica, su interés se centra en explicar por qué ocurre un fenómeno y en qué condiciones se manifiesta, o por qué se relacionan dos o más variables.

Por ejemplo, dar a conocer las intenciones del electorado es una actividad descriptiva (indicar, según una encuesta de opinión antes de que se lleve a cabo la elección, cuántas personas "van" a votar por los candidatos contendientes constituye un estudio descriptivo) y relacionar dichas intenciones con conceptos como edad y género de los votantes o magnitud del esfuerzo propagandístico que realizan los partidos a los que pertenecen los candidatos (estudio correlacional), es diferente de señalar por qué alguien habría de votar por determinado candidato y otras personas por los demás (estudio explicativo).[2] Al hacer de nuevo una analogía con el ejemplo del psicoanalista y sus pacientes, un estudio explicativo sería similar a que el médico hablara de por qué razones Ana y Luis se llevan como lo hacen (no cómo se llevan, lo cual correspondería a un nivel correlacional). Suponiendo que su matrimonio lo condujeran "bien" y la relación fuera percibida por ambos como satisfactoria, el médico explicaría por qué ocurre así. Además, nos explicaría por qué realizan ciertas actividades y pasan juntos determinado tiempo.

EJEMPLO

Diferencias entre un estudio de alcance explicativo, uno descriptivo y uno correlacional

Los estudios explicativos responderían a preguntas como: ¿qué efectos tiene que los adolescentes peruanos, habitantes de zonas urbanas y de nivel socioeconómico elevado, vean videos musicales con alto contenido sexual?, ¿a qué se deben estos efectos?, ¿qué variables mediatizan los efectos y de qué modo?, ¿por qué dichos adolescentes prefieren ver videos musicales con alto contenido sexual respecto de otros tipos de programas y videos musicales?, ¿qué usos dan los adolescentes al contenido sexual de los videos musicales?, ¿qué gratificaciones derivan de exponerse a los contenidos sexuales de los videos musicales?, etcétera.

Un estudio descriptivo sólo respondería a preguntas como: ¿cuánto tiempo dedican esos adolescentes a ver videos musicales y especialmente videos con alto contenido sexual?, ¿en qué medida les interesa ver este tipo de videos? En su jerarquía de preferencias por ciertos contenidos televisivos, ¿qué lugar ocupan los videos musicales?, ¿prefieren ver videos musicales con alto, medio, bajo o nulo contenido sexual? Por su parte, un estudio correlacional contestaría a preguntas del tipo: ¿está relacionada la exposición a videos musicales con alto contenido sexual, por parte de los mencionados adolescentes, con el control que ejercen sus padres sobre la elección de programas que hacen los jóvenes?, a mayor exposición por parte de los adolescentes a videos musicales con alto contenido sexual, ¿habrá una mayor manifestación de estrategias en las relaciones interpersonales para establecer contacto sexual?, ¿se presentará una actitud más favorable hacia el aborto?, etcétera.

Grado de estructuración de los estudios explicativos

Las investigaciones explicativas son más estructuradas que los estudios con los demás alcances y, de hecho, implican los propósitos de éstos (exploración, descripción y correlación o asociación); además de que proporcionan un sentido de entendimiento del fenómeno a que hacen referencia.

¿Una misma investigación puede incluir diferentes alcances?

Algunas veces una investigación puede caracterizarse como básicamente exploratoria, descriptiva, correlacional o explicativa, pero no situarse únicamente como tal. Esto es, aunque un estudio sea en

---

[2] Como se mencionó, puede alcanzarse cierto nivel de explicación cuando: *a*) relacionamos diversas variables o conceptos y éstos se encuentran vinculados entre sí (no únicamente dos o tres, sino la mayoría de ellos), *b*) la estructura de variables presenta correlaciones considerables y, además, *c*) el investigador conoce muy bien el fenómeno de estudio. Por ahora, debido a la complejidad del tema, no se ha profundizado en algunas consideraciones sobre la explicación y la causalidad, que más adelante se expondrán.

esencia exploratorio contendrá elementos descriptivos; o bien, un estudio correlacional incluirá componentes descriptivos, y lo mismo ocurre con los demás alcances.

Asimismo, debemos recordar que es posible que una investigación se inicie como exploratoria o descriptiva y después llegue a ser correlacional y aun explicativa.

Por ejemplo, un investigador que piense en un estudio para determinar cuáles son las razones por las que ciertas personas (de un país determinado) evaden impuestos. Su objetivo inicial sería de carácter explicativo. Sin embargo, el investigador, al revisar la literatura, no encuentra antecedentes que se apliquen a su contexto (las referencias fueron generadas en naciones muy diferentes desde el punto de vista socioeconómico, la legislación fiscal, la mentalidad de los habitantes, etc.). Entonces debe comenzar a explorar el fenómeno, mediante algunas entrevistas al personal que trabaja en el Ministerio de Impuestos (o su equivalente), a contribuyentes (causantes) y a profesores universitarios que imparten cátedra sobre temas fiscales, y posteriormente, generar datos sobre los niveles de evasión de impuestos.

Más adelante describe el fenómeno con mayor exactitud y lo asocia con diversas variables: correlaciona grado de evasión de impuestos con nivel de ingresos (¿quienes ganan más evaden en mayor o menor medida el pago de impuestos?), profesión (¿hay diferencias en el grado de evasión de impuestos entre médicos, ingenieros, abogados, comunicólogos, psicólogos, etc.?) y edad (¿a mayor edad habrá menor grado de evasión de impuestos?). Finalmente llega a explicar por qué las personas evaden impuestos (causas de la evasión tributaria) y quiénes evaden más.

El estudio se inicia como exploratorio, para después ser descriptivo, correlacional y explicativo (no puede situarse únicamente en alguno de los tipos citados).

A continuación, se muestran en la tabla 5.1 los objetivos y valores de las diferentes investigaciones, como una guía para el lector.

▲ **Tabla 5.1**   Propósitos y valor de los diferentes alcances de las investigaciones

Alcance	Propósito de las investigaciones	Valor
Exploratorio	Se realiza cuando el objetivo es examinar un tema o problema de investigación poco estudiado, del cual se tienen muchas dudas o no se ha abordado antes.	Ayuda a familiarizarse con fenómenos desconocidos, obtener información para realizar una investigación más completa de un contexto particular, investigar nuevos problemas, identificar conceptos o variables promisorias, establecer prioridades para investigaciones futuras, o sugerir afirmaciones y postulados.
Descriptivo	Busca especificar las propiedades, las características y los perfiles de personas, grupos, comunidades, procesos, objetos o cualquier otro fenómeno que se someta a un análisis.	Es útil para mostrar con precisión los ángulos o dimensiones de un fenómeno, suceso, comunidad, contexto o situación.
Correlacional	Su finalidad es conocer la relación o grado de asociación que exista entre dos o más conceptos, categorías o variables en un contexto en particular.	En cierta medida tiene un valor explicativo, aunque parcial, ya que el hecho de saber que dos conceptos o variables se relacionan aporta cierta información explicativa.
Explicativo	Está dirigido a responder por las causas de los eventos y fenómenos físicos o sociales. Se enfoca en explicar por qué ocurre un fenómeno y en qué condiciones se manifiesta, o por qué se relacionan dos o más variables.	Se encuentra más estructurado que las demás investigaciones (de hecho implica los propósitos de éstas); además de que proporciona un sentido de entendimiento del fenómeno a que hacen referencia.

¿De qué depende que una investigación se inicie como exploratoria, descriptiva, correlacional o explicativa?

Como se mencionó anteriormente, son dos los principales factores que influyen para que una investigación se inicie como exploratoria, descriptiva, correlacional o explicativa:

a) el conocimiento actual del tema de investigación que nos revele la revisión de la literatura;
b) la perspectiva que el investigador pretenda dar a su estudio.

El conocimiento actual del tema de investigación

Este factor nos señala cuatro posibilidades de influencia. En primer término, la literatura puede revelar que no hay antecedentes sobre el tema en cuestión o que no son aplicables al contexto en el cual habrá de desarrollarse el estudio, entonces la investigación deberá iniciarse como exploratoria. Si la literatura nos revela guías aún no estudiadas e ideas vagamente vinculadas con el problema de investigación, la situación resulta similar, es decir, el estudio se iniciaría como exploratorio. Por ejemplo, si pretendemos realizar una investigación sobre el consumo de drogas en determinadas cárceles y quisiéramos saber: ¿en qué medida ocurre?, ¿qué tipos de narcóticos se consumen?, ¿cuáles más?, ¿a qué se debe ese consumo?, ¿quiénes suministran los estupefacientes?, ¿cómo es que se introducen en las prisiones?, ¿quiénes intervienen en su distribución?, etc., pero encontramos que no existen antecedentes ni tenemos una idea clara y precisa sobre el fenómeno, el estudio se iniciaría como *exploratorio*.

En segundo término, la literatura nos puede revelar que hay "piezas y trozos" de teoría con apoyo empírico moderado; esto es, estudios descriptivos que han detectado y definido ciertas variables y generalizaciones. En estos casos nuestra investigación puede iniciarse como *descriptiva* o *correlacional*, pues se descubrieron ciertas variables sobre las cuales fundamentar el estudio. Asimismo, es posible adicionar variables a medir. Si pensamos describir el uso que un grupo específico de niños hace de la televisión, encontraremos investigaciones que nos sugieren variables a considerar: tiempo que dedican diariamente a ver televisión, contenidos que ven con mayor frecuencia, actividades que realizan mientras ven televisión, etc. A ellas podemos agregar otras, como el control paterno sobre el uso que los niños hacen de la televisión. El estudio será correlacional cuando los antecedentes nos proporcionan generalizaciones que vinculan variables (hipótesis) sobre las cuales trabajar, por ejemplo: a mayor nivel socioeconómico, menor tiempo dedicado a la actividad de ver televisión.

En cuarto término, la literatura nos puede revelar que existe una o varias teorías que se aplican a nuestro problema de investigación; en estos casos, el estudio puede iniciarse como explicativo. Si pretendemos evaluar por qué ciertos ejecutivos están más motivados intrínsecamente hacia su trabajo que otros, al revisar la literatura nos encontraremos con la teoría de la relación entre las características del trabajo y la motivación intrínseca, la cual posee evidencia empírica de diversos contextos. Entonces pensaríamos en llevar a cabo un estudio para explicar el fenómeno en nuestro contexto.

La perspectiva que se le otorgue al estudio

Por otra parte, el sentido o perspectiva que el investigador le dé a su estudio determinará cómo iniciar éste. Si piensa en realizar una investigación sobre un tema previamente estudiado, pero quiere darle un sentido diferente, el estudio puede iniciarse como exploratorio. De este modo, el liderazgo se ha investigado en muy diversos contextos y situaciones (en organizaciones de distintos tamaños y características, con trabajadores de línea, gerentes, supervisores, etc.; en el proceso de enseñanza-aprendizaje; en diversos movimientos sociales masivos, y muchos ambientes más). Asimismo, las prisiones como forma de organización también se han estudiado. Sin embargo, quizás alguien pretenda llevar a cabo una investigación para analizar las características de las mujeres líderes en las cárceles o reclusorios femeninos de la ciudad de San José de Costa Rica, así como qué factores hacen que ejerzan ese liderazgo. El estudio se iniciaría como exploratorio, en el supuesto de que no existan antecedentes desarrollados sobre los motivos que provocan este fenómeno (el liderazgo).

¿Cuál de los cuatro alcances para un estudio es el mejor?

Los autores han escuchado esta pregunta en boca de estudiantes, y la respuesta es muy simple: *todos*. Los cuatro alcances del proceso de la investigación cuantitativa son igualmente válidos e importantes y han contribuido al avance de las diferentes ciencias. Cada uno tiene sus objetivos y razón de ser. En este sentido, un estudiante no debe preocuparse si su estudio va a ser o iniciarse como exploratorio, descriptivo, correlacional o explicativo; más bien, debe interesarse por hacerlo bien y contribuir al conocimiento de un fenómeno. Que la investigación sea de un tipo u otro, o incluya elementos de uno o más de éstos, depende de cómo se plantee el problema de investigación y los antecedentes previos. La investigación debe hacerse "a la medida" del problema que se formule; ya que no decimos de manera *a priori*: "voy a llevar a cabo un estudio exploratorio o descriptivo", sino que primero planteamos el problema y revisamos la literatura y, después, analizamos si la investigación va a tener uno u otro alcance.

¿Qué ocurre con el planteamiento del problema al definirse el alcance del estudio?

Después de la revisión de la literatura, el planteamiento del problema puede permanecer sin cambios, modificarse radicalmente o experimentar algunos ajustes. Lo mismo ocurre una vez que hemos definido el alcance o los alcances de nuestra investigación.

Resumen

- Una vez que hemos efectuado la revisión de la literatura y afinamos el planteamiento del problema, consideramos qué alcances, inicial y final, tendrá nuestra investigación: *exploratorio*, *descriptivo*, *correlacional* o *explicativo*. Es decir, ¿hasta dónde, en términos de conocimiento, es posible que llegue el estudio?
- En ocasiones, al desarrollar nuestra investigación, nos podemos percatar de que el *alcance* será diferente del que habíamos proyectado.
- Ningún *alcance* de la investigación es superior a los demás, todos son significativos y valiosos. La diferencia para elegir uno u otro estriba en el grado de desarrollo del conocimiento respecto al tema a estudiar y a los objetivos y las preguntas planteadas.
- Los *estudios exploratorios* tienen como objetivo esencial familiarizarnos con un tópico desconocido o poco estudiado o novedoso. Esta clase de investigaciones sirven para desarrollar métodos que se utilicen en estudios más profundos.
- Los *estudios descriptivos* sirven para analizar cómo es y cómo se manifiesta un fenómeno y sus componentes.
- Los *estudios correlacionales* pretenden determinar cómo se relacionan o vinculan diversos conceptos, variables o características entre sí o, también, si no se relacionan.
- Los *estudios explicativos* buscan encontrar las razones o causas que provocan ciertos fenómenos. En el nivel cotidiano y personal, sería como investigar por qué a una joven le gusta tanto ir a bailar, por qué se incendió un edificio o por qué se realizó un atentado terrorista.
- Una misma investigación puede abarcar fines exploratorios, en su inicio, y terminar siendo descriptiva, correlacional y hasta explicativa, todo depende de los objetivos del investigador.

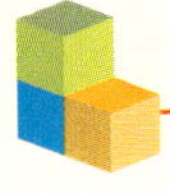

Conceptos básicos

Alcance del estudio
Correlación
Descripción

Explicación
Exploración

Ejercicios

1. Plantee una pregunta sobre un problema de investigación exploratorio, uno descriptivo, uno correlacional y uno explicativo.
2. Acuda a un lugar donde se congreguen varias personas (un estadio de fútbol, una cafetería, un centro comercial, una fiesta) y observe todo lo que pueda del lugar y lo que está sucediendo; después, deduzca un tópico de estudio y establezca una investigación con alcance correlacional y explicativo.

   Las siguientes preguntas de investigación a qué tipo de estudio corresponden (consulte las respuestas en el CD anexo → Apéndice 3 → respuestas a los ejercicios).

   a) ¿A cuánta inseguridad se exponen los habitantes de la ciudad de Madrid?, ¿en promedio cuántos asaltos ocurrieron diariamente durante los últimos 12 meses?, ¿cuántos robos a casa-habitación?, ¿cuántos homicidios?, ¿cuántos asaltos a comercios?, ¿cuántos robos de vehículos automotores?, ¿cuántos lesionados?

   b) ¿Qué opinan los empresarios panameños de las tasas impositivas hacendarias?

   c) ¿El alcoholismo en las esposas genera mayor número de abandonos y divorcios que el alcoholismo en los maridos? (En los matrimonios de clase alta y origen latinoamericano que viven en Nueva York.)

   d) ¿Cuáles son las razones por las que un determinado programa tuvo el mayor teleauditorio en la historia de la televisión de cierto país?

3. Respecto del problema de investigación que se planteó en el capítulo 3, ¿a qué tipo de estudio corresponde?

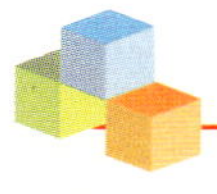

Ejemplos desarrollados

La televisión y el niño

La investigación se inicia como descriptiva y finalizará como descriptiva/correlacional, ya que pretende analizar los usos y las gratificaciones de la televisión en niños de diferentes niveles socioeconómicos, edades, géneros y otras variables (se relacionarán nivel socioeconómico y uso de la televisión, entre otras).

La pareja y la relación ideales

La investigación se inicia como descriptiva, ya que se pretende que los universitarios participantes caractericen mediante calificativos a la pareja y la relación ideales (prototipos), pero al final será correlacional, pues vinculará los calificativos utilizados para describir a la pareja ideal con los atribuidos a la relación ideal. Asimismo, intentará jerarquizar tales calificativos.

El abuso sexual infantil

Esta investigación tiene un alcance correlacional/explicativo. Correlacional debido a que determinará la relación entre dos medidas, una cognitiva y la otra conductual, para evaluar los programas de prevención del abuso en niñas y niños entre cuatro y seis años de edad. Explicativo, porque pretende analizar cuál posee mayor validez y confiabilidad, así como las razones de ello.

Los investigadores opinan

Una buena investigación es aquella que disipa dudas con el uso del método científico, es decir, clarifica las relaciones entre variables que afectan al fenómeno bajo estudio; de igual manera, planea con cuidado los aspectos metodológicos, con la finalidad de asegurar la validez y confiabilidad de sus resultados.

Respecto de la forma de abordar un fenómeno, ya sea cualitativa o cuantitativamente, existe un debate muy antiguo que, no obstante, no llega a una solución satisfactoria. Algunos investigadores consideran tales enfoques como modelos separados, pues se basan en supuestos muy diferentes acerca de cómo funciona el mundo, cómo se crea el conocimiento y cuál es el papel de los valores.

A pesar de que los procesos y los objetivos difieren en ambos enfoques, y de que emplean los resultados de manera divergente, algunos investigadores consideran que existe la posibilidad de que los dos aporten medios complementarios para conocer un fenómeno.

Existen estudios que combinan métodos cualitativos y cuantitativos de investigación, aunque sin un sólido referente teórico; tal superficialidad no sólo se manifiesta en el ámbito conceptual, sino también en el técnico, ya que casi no hay ejemplos de combinación de técnicas estadísticas complejas con técnicas cualitativas sofisticadas.

La elección de uno u otro método depende de los objetivos —tal vez generar teoría o transformar la realidad— y del contexto del investigador, quien tendrá que definir el enfoque a emplear, puesto que es importante que sea riguroso, en lo teórico y lo metodológico, además de congruente con su propósito.

Cecilia Balbás Diez Barroso
Coordinadora del Área de Psicología Educativa
Escuela de Psicología
Universidad Anáhuac
Estado de México, México

Antes de iniciar un proyecto de investigación es necesario que el estudiante evalúe sus gustos y conocimientos, así como la posibilidad de elegir un tutor que sea especialista en el área de su interés; asimismo, que analice los trabajos que se hayan realizado en su escuela y en otros países.

A partir de lo anterior, se planteará el problema que quiera esclarecer, lo cual le ayudará a poner en orden sus ideas y definir las variables, y también contribuirá a ubicarlo en el contexto en que llevará a cabo la investigación.

En este sentido, los profesores deben señalarles a sus alumnos la diferencia entre una investigación descriptiva y una investigación explicativa, así como aclararles que esta última contiene una hipótesis y un marco teórico muy precisos, por lo cual requiere de un excelente manejo de los instrumentos metodológicos, éstos, en su caso, permitirán contrastar las hipótesis.

María Isabel Martínez
Directora de la Escuela de Economía
Escuela de Economía
Universidad Católica Andrés Bello
Caracas, Venezuela

Capítulo 6

Formulación de hipótesis

Proceso de investigación cuantitativa

Paso 5 Establecimiento de las hipótesis

- Analizar la conveniencia de formular o no hipótesis que orienten el resto de la investigación.
- Formular las hipótesis de la investigación, si se ha considerado conveniente.
- Precisar las variables de las hipótesis.
- Definir conceptualmente las variables de las hipótesis.
- Definir operacionalmente las variables de las hipótesis.

Objetivos del aprendizaje

Al terminar este capítulo, el alumno será capaz de:

1 Comprender los conceptos de hipótesis, variable, definición conceptual y definición operacional de una variable.
2 Conocer y entender los diferentes tipos de hipótesis.
3 Aprender a deducir y formular hipótesis, así como a definir de manera conceptual y operacional las variables contenidas en una hipótesis.
4 Responder a las inquietudes más comunes en torno a las hipótesis.

Síntesis

En el capítulo se plantea que en este punto de la investigación resulta necesario analizar si es o no conveniente formular hipótesis, dependiendo del alcance inicial del estudio (exploratorio, descriptivo, correlacional o explicativo). Asimismo, se define qué es una hipótesis, se presenta una clasificación de los tipos de hipótesis, se precisa el concepto de variable y se explican maneras de deducir y formular hipótesis. Además, se establece la relación entre el planteamiento del problema, el marco teórico y el alcance del estudio, por un lado, y las hipótesis, por otro.

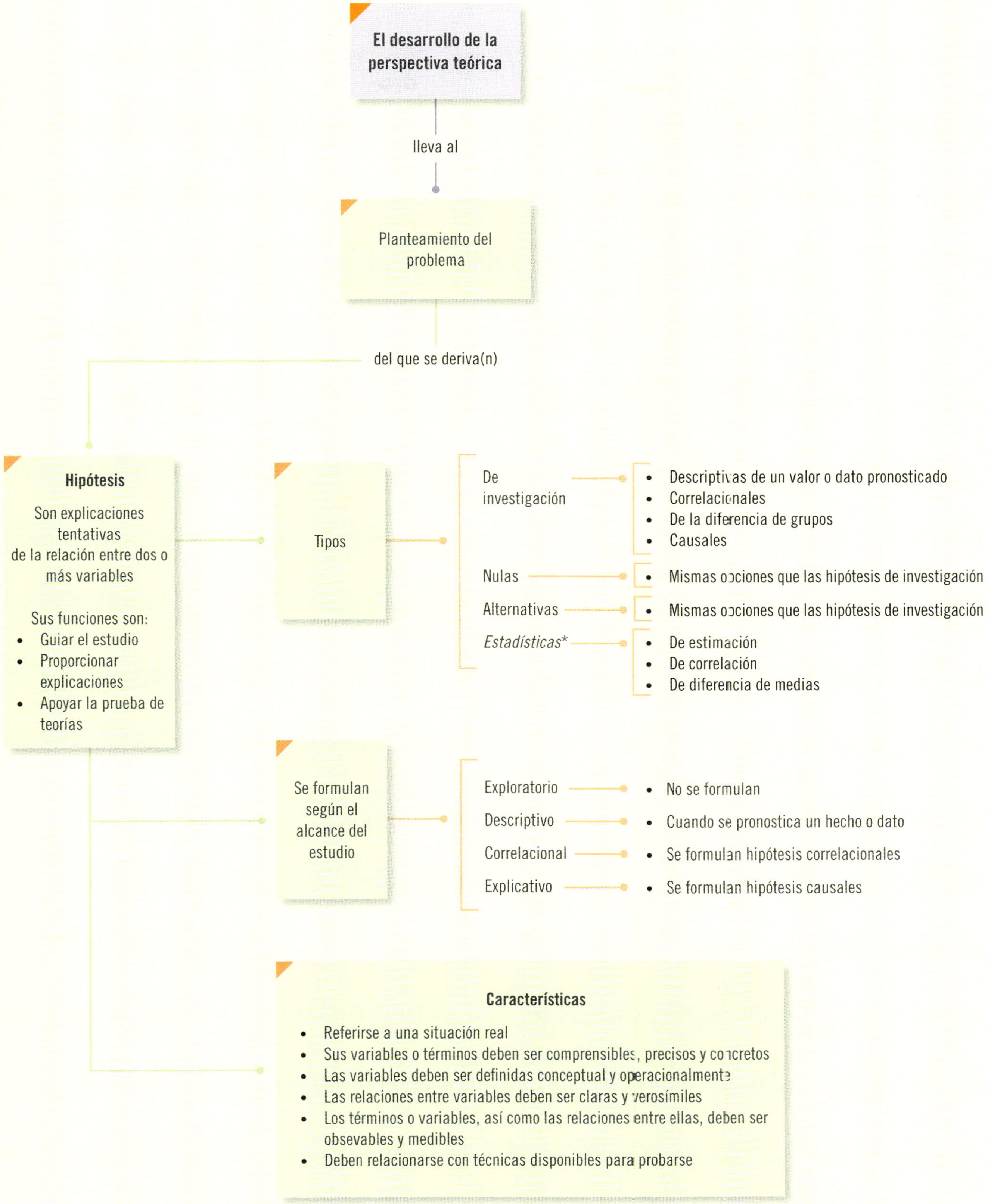

El desarrollo de la perspectiva teórica

El desarrollo de la perspectiva teórica

lleva al

Planteamiento del problema

del que se deriva(n)

Hipótesis

Son explicaciones tentativas de la relación entre dos o más variables

Sus funciones son:
- Guiar el estudio
- Proporcionar explicaciones
- Apoyar la prueba de teorías

Tipos

- De investigación
  - Descriptivas de un valor o dato pronosticado
  - Correlacionales
  - De la diferencia de grupos
  - Causales
- Nulas
  - Mismas opciones que las hipótesis de investigación
- Alternativas
  - Mismas opciones que las hipótesis de investigación
- *Estadísticas**
  - De estimación
  - De correlación
  - De diferencia de medias

Se formulan según el alcance del estudio

- Exploratorio
  - No se formulan
- Descriptivo
  - Cuando se pronostica un hecho o dato
- Correlacional
  - Se formulan hipótesis correlacionales
- Explicativo
  - Se formulan hipótesis causales

Características

- Referirse a una situación real
- Sus variables o términos deben ser comprensibles, precisos y concretos
- Las variables deben ser definidas conceptual y operacionalmente
- Las relaciones entre variables deben ser claras y verosímiles
- Los términos o variables, así como las relaciones entre ellas, deben ser obsevables y medibles
- Deben relacionarse con técnicas disponibles para probarse

* El desarrollo del tema hipótesis estadísticas lo puede consultar al inicio del capítulo 8 del CD anexo: "Análisis estadístico: segunda parte".

¿Qué son las hipótesis?

Hipótesis Explicaciones tentativas del fenómeno investigado que se formulan como proposiciones.

Son las guías para una investigación o estudio. Las **hipótesis** indican lo que tratamos de probar y se definen como explicaciones tentativas del fenómeno investigado. Se derivan de la teoría existente (Williams, 2003) y deben formularse a manera de proposiciones. De hecho, son respuestas provisionales a las preguntas de investigación. Cabe señalar que en nuestra vida cotidiana constantemente elaboramos hipótesis acerca de muchas cosas y luego indagamos su veracidad. Por ejemplo, establecemos una pregunta de investigación: "¿Le gustaré a Paola?" y una hipótesis: "Le resulto atractivo a Paola". Esta hipótesis es una explicación tentativa y está formulada como proposición. Después investigamos si se acepta o se rechaza la hipótesis, al cortejar a Paola y observar el resultado obtenido.

Las hipótesis son el centro, la médula o el eje del método deductivo cuantitativo.

¿En toda investigación cuantitativa debemos plantear hipótesis?

No, no todas las investigaciones cuantitativas plantean hipótesis. El hecho de que formulemos o no hipótesis depende de un factor esencial: el alcance inicial del estudio. Las investigaciones cuantitativas que formulan hipótesis son aquellas cuyo planteamiento define que su alcance será correlacional o explicativo, o las que tienen un alcance descriptivo, pero que intentan pronosticar una cifra o un hecho. Esto se resume en la tabla 6.1.

▲ **Tabla 6.1**   Formulación de hipótesis en estudios cuantitativos con diferentes alcances

Alcance del estudio	Formulación de hipótesis
Exploratorio	No se formulan hipótesis.
Descriptivo	Sólo se formulan hipótesis cuando se pronostica un hecho o dato.
Correlacional	Se formulan hipótesis correlacionales.
Explicativo	Se formulan hipótesis causales.

Un ejemplo de estudio con alcance descriptivo y pronóstico sería aquel que únicamente pretenda medir el índice delictivo en una ciudad (no se busca relacionar la incidencia delictiva con otros factores como el crecimiento poblacional, el aumento de los niveles de pobreza o la drogadicción; ni mucho menos establecer las causas de tal índice). Entonces, tentativamente pronosticaría mediante una hipótesis cierta cifra o proporción: el índice delictivo para el siguiente semestre será menor a un delito por cada mil habitantes.

Los estudios cualitativos, por lo regular, no formulan hipótesis antes de recolectar datos (aunque no siempre es el caso). Su naturaleza es más bien inducir las hipótesis por medio de la recolección y el análisis de los datos, como se comentará en la tercera parte del libro "El proceso de la investigación cualitativa".

En una investigación podemos tener una, dos o varias hipótesis.

¿Las hipótesis son siempre verdaderas?

Las hipótesis no necesariamente son verdaderas, pueden o no serlo, y pueden o no comprobarse con datos. Son explicaciones tentativas, no los hechos en sí. Al formularlas, el investigador no está totalmente seguro de que vayan a comprobarse. Como mencionan y ejemplifican Black y Champion (1976), una hipótesis es diferente de la afirmación de un hecho. Si alguien establece la siguiente hipótesis (refiriéndose a un país determinado): "las familias que viven en zonas urbanas tienen menor número de hijos que las familias que viven en zonas rurales", ésta puede ser o no comprobada. En cambio, si una persona sostiene lo anterior basándose en información de un censo poblacional recientemente efectuado en ese país, no establece una hipótesis sino que afirma un hecho.

En el ámbito de la investigación científica, las hipótesis son proposiciones tentativas acerca de las relaciones entre dos o más variables, y se apoyan en conocimientos organizados y sistematizados. Una vez que se prueba una hipótesis, ésta tiene un impacto en el conocimiento disponible, que puede modificarse y por consiguiente, pueden surgir nuevas hipótesis (Williams, 2003).

Las hipótesis pueden ser más o menos generales o precisas, e involucrar a dos o más variables; pero en cualquier caso son sólo proposiciones sujetas a comprobación empírica y a verificación en la realidad.

EJEMPLOS DE HIPÓTESIS

- "La proximidad geográfica entre los hogares de las parejas de novios está vinculada positivamente con el nivel de satisfacción que les proporciona su relación".
- "El índice de cáncer pulmonar es mayor entre los fumadores que entre los no fumadores".
- "Conforme se desarrollan las psicoterapias orientadas en el paciente, aumentan las expresiones verbales de discusión y exploración de planes futuros personales y disminuyen las manifestaciones de hechos pasados".
- "A mayor variedad en el trabajo, habrá mayor motivación intrínseca hacia éste"

Observe que, por ejemplo, la primera hipótesis vincula dos variables: "proximidad geográfica entre los hogares de los novios" y "nivel de satisfacción en la relación".

¿Qué son las variables?

En este punto es necesario definir qué es una **variable**. Una variable es una propiedad que puede fluctuar y cuya variación es susceptible de medirse u observarse. Ejemplos de variables son el género, la motivación intrínseca hacia el trabajo, el atractivo físico, el aprendizaje de conceptos, la religión, la resistencia de un material, la agresividad verbal, la personalidad autoritaria, la cultura fiscal y la exposición a una campaña de propaganda política. El concepto de variable se aplica a personas u otros seres vivos, objetos, hechos y fenómenos, los cuales adquieren diversos valores respecto de la variable referida. Por ejemplo, la inteligencia, ya que es posible clasificar a las personas de acuerdo con su inteligencia; no todas las personas la poseen en el mismo nivel, es decir, varían en ello.

Variable Propiedad que tiene una variación que puede medirse u observarse.

Otros ejemplos de variables son: la productividad de un determinado tipo de semilla, la rapidez con que se ofrece un servicio, la eficiencia de un procedimiento de construcción, la eficacia de una vacuna, el tiempo que tarda en manifestarse una enfermedad, entre otros ejemplos. Hay variación en todos los casos.

Las variables adquieren valor para la investigación científica cuando llegan a relacionarse con otras variables, es decir, si forman parte de una hipótesis o una teoría. En este caso se les suele denominar constructos o construcciones hipotéticas.

¿De dónde surgen las hipótesis?

Bajo el enfoque cuantitativo, y si hemos seguido paso por paso el proceso de investigación, es natural que las hipótesis surjan del planteamiento del problema que, como recordamos, se vuelve a evaluar y

Las hipótesis pueden surgir incluso por analogía, al aplicar cierta información a otros contextos, como la teoría del campo en psicología, que surgió de la teoría del comportamiento de los campos magnéticos.

si es necesario se replantea después de revisar la literatura. Es decir, provienen de la revisión misma de la literatura. Nuestras hipótesis pueden surgir de un postulado de una teoría, del análisis de ésta, de generalizaciones empíricas pertinentes a nuestro problema de investigación y de estudios revisados o antecedentes consultados.

Existe, pues, una relación muy estrecha entre el planteamiento del problema, la revisión de la literatura y las hipótesis. La revisión inicial de la literatura hecha para familiarizarnos con el problema de estudio nos lleva a plantearlo, después ampliamos la revisión de la literatura y afinamos o precisamos el planteamiento, del cual derivamos las hipótesis. Al formular las hipótesis volvemos a evaluar nuestro planteamiento del problema.

Recordemos que los objetivos y las preguntas de investigación son susceptibles de reafirmarse o mejorarse durante el desarrollo del estudio. Asimismo, a través del proceso quizá se nos ocurran otras hipótesis que no estaban contempladas en el planteamiento original, producto de nuevas reflexiones, ideas o experiencias; discusiones con profesores, colegas o expertos en el área; incluso, "de analogías, al descubrir semejanzas entre la información referida a otros contextos y la que poseemos para nuestro estudio" (Rojas, 2001). Este último caso ha ocurrido varias veces en las ciencias. Por ejemplo, algunas hipótesis en el área de la comunicación no verbal sobre el manejo de la territorialidad humana surgieron de estudios respecto de este tema, pero en animales; algunas concepciones de la teoría del campo o psicología topológica (cuyo principal exponente fue Kurt Lewin) tienen antecedentes en la teoría del comportamiento de los campos electromagnéticos. Las hipótesis de la teoría Galileo —propuestas por Joseph Woelfel y Edward L. Fink (1980)— para medir el proceso de la comunicación, tienen orígenes importantes en la física y otras ciencias exactas (las dinámicas del "yo" se apoyan en nociones del álgebra de vectores). Selltiz *et al.* (1980, pp. 54-55), al hablar de las fuentes de donde surgen las hipótesis, escriben:

Las fuentes de hipótesis de un estudio tienen mucho que ver a la hora de determinar la naturaleza de la contribución de la investigación en el cuerpo general de conocimientos. Una hipótesis que simplemente emana de la intuición o de una sospecha puede hacer finalmente una importante contribución a la ciencia. Sin embargo, si solamente ha sido comprobada en un estudio, existen dos limitaciones con respecto a su utilidad. Primero, no hay seguridad de que las relaciones entre las variables halladas en un determinado estudio serán encontradas en otros estudios [...] En segundo lugar, una hipótesis basada simplemente en una sospecha no es propicia a ser relacionada con otro conocimiento o teoría. Así pues, los hallazgos de un estudio basados en tales hipótesis no tienen una clara conexión con el amplio cuerpo de conocimientos de la ciencia social. Pueden suscitar cuestiones interesantes, pueden estimular posteriores investigaciones, e incluso, pueden ser integradas más tarde en una teoría explicativa. Pero, a menos que tales avances tengan lugar, tienen muchas probabilidades de quedar como trozos aislados de información.

Una hipótesis que nace de los hallazgos de otros estudios está libre en alguna forma de la primera de estas limitaciones. Si la hipótesis está basada en resultados de otros estudios, y si el presente estudio apoya la hipótesis de aquéllos, el resultado habrá servido para confirmar esta relación de una forma normal […] Una hipótesis que se apoya no simplemente en los hallazgos de un estudio previo, sino en una teoría en términos más generales, está libre de la segunda limitación: la de aislamiento de un cuerpo de doctrina más general.

Las hipótesis pueden surgir aunque no exista un cuerpo teórico abundante

Estamos de acuerdo con que las hipótesis surgidas de teorías con evidencia empírica superan las dos limitaciones que señalan Selltiz *et al.* (1980), así como en la afirmación de que una hipótesis que nace de los hallazgos de investigaciones anteriores vence la primera de esas limitaciones. Pero es necesario recalcar que hipótesis útiles y fructíferas también pueden originarse en planteamientos del problema cuidadosamente revisados, aunque el cuerpo teórico que las sustente no sea abundante. A veces la experiencia y la observación constante ofrecen materia potencial para el establecimiento de hipótesis importantes, y lo mismo se dice de la intuición. Cuanto menor apoyo empírico previo tenga una hipótesis, se deberá tener mayor cuidado en su elaboración y evaluación, porque tampoco es recomendable formular hipótesis de manera superficial.

Lo que sí constituye una grave falla en la investigación es formular hipótesis sin haber revisado con cuidado la literatura, ya que cometeríamos errores tales como sugerir hipótesis de algo bastante comprobado o algo que ha sido contundentemente rechazado. Un ejemplo burdo, pero ilustrativo, sería pretender establecer la siguiente hipótesis: "los seres humanos pueden volar por sí mismos, únicamente con su cuerpo". En definitiva, la calidad de las hipótesis está relacionada en forma positiva con el grado en que se haya revisado la literatura exhaustivamente.

¿Qué características debe tener una hipótesis?

Dentro del enfoque cuantitativo, para que una hipótesis sea digna de tomarse en cuenta, debe reunir ciertos requisitos:

1. La hipótesis debe referirse a una situación "real". Como argumenta Rojas (2001), las hipótesis sólo pueden someterse a prueba en un universo y un contexto bien definidos. Por ejemplo, una hipótesis relativa a alguna variable del comportamiento gerencial (digamos, la motivación) deberá someterse a prueba en una situación real (con ciertos gerentes de organizaciones existentes). En ocasiones, en la misma hipótesis se hace explícita esa realidad (por ejemplo, "los niños guatemaltecos que viven en zonas urbanas imitarán más la conducta violenta de la televisión, que los niños guatemaltecos que viven en zonas rurales"), y otras veces la realidad se define por medio de explicaciones que acompañan a la hipótesis. Así, la hipótesis: "cuanto mayor sea la retroalimentación sobre el desempeño en el trabajo que proporcione un gerente a sus supervisores, más elevada será la motivación intrínseca de éstos hacia sus tareas laborales", no explica qué gerentes, de qué empresas. Y será necesario contextualizar la realidad de dicha hipótesis; afirmar, por ejemplo, que se trata de gerentes de todas las áreas, de empresas exclusivamente industriales con más de mil trabajadores y ubicadas en Medellín, Colombia.

Es muy frecuente que, cuando nuestras hipótesis provienen de una teoría o una generalización empírica (afirmación comprobada varias veces en "la realidad"), sean manifestaciones contextualizadas o casos concretos de hipótesis generales abstractas. La hipótesis: "a mayor satisfacción laboral mayor productividad", es general y susceptible de someterse a prueba en diversas realidades (países, ciudades, parques industriales o aun en una sola empresa; con directivos, secretarias u obreros, etc.; en empresas comerciales, industriales, de servicios o combinaciones de estos tipos, giros o de otras características). En estos casos, al probar nuestra hipótesis contextualizada aportamos evidencia en favor de la hipótesis más general. Es obvio que los contextos o las realidades pueden ser más o menos generales y, normalmente, se han explicado con claridad en el planteamiento del problema. Lo que hacemos al establecer las hipótesis es volver a analizar si son los adecuados para nuestro estudio y si es posible tener acceso a ellos (reconfirmamos el contexto, buscamos otro o ajustamos las hipótesis).

2. Las variables o términos de la hipótesis deben ser comprensibles, precisos y lo más concretos posible. Términos vagos o confusos no tienen cabida en una hipótesis. Así, globalización de la economía y sinergia organizacional son conceptos imprecisos y generales que deben sustituirse por otros más específicos y concretos.

3. La relación entre variables propuesta por una hipótesis debe ser clara y verosímil (lógica). Es indispensable que quede clara la forma en que se relacionan las variables y que esta relación no puede ser ilógica. La hipótesis: "la disminución del consumo del petróleo en Estados Unidos se relaciona con el grado de aprendizaje del álgebra por parte de niños que asisten a escuelas públicas en Buenos Aires", sería inverosímil. No es posible considerarla.

4. Los términos o variables de la hipótesis deben ser observables y medibles, así como la relación planteada entre ellos, o sea, tener referentes en la realidad. Las hipótesis científicas, al igual que los objetivos y las preguntas de investigación, no incluyen aspectos morales ni cuestiones que no podamos medir. Hipótesis como: "los hombres más felices van al cielo" o "la libertad de espíritu está relacionada con la voluntad angelical", implican conceptos o relaciones que no poseen referentes empíricos; por tanto, no son útiles como hipótesis para investigar científicamente ni se pueden someter a prueba en la realidad.

5. Las hipótesis deben estar relacionadas con técnicas disponibles para probarlas. Este requisito está estrechamente ligado con el anterior y se refiere a que al formular una hipótesis, tenemos que analizar si existen técnicas o herramientas de investigación para verificarla, si es posible desarrollarlas y si se encuentran a nuestro alcance.

Se puede dar el caso de que existan esas técnicas, pero por ciertas razones no tengamos acceso a ellas. Alguien podría intentar probar hipótesis referentes a la desviación presupuestal en el gasto gubernamental de un país latinoamericano o a la red de narcotraficantes en la ciudad de Miami, pero no disponer de formas eficaces para obtener sus datos. Entonces, su hipótesis aunque teóricamente sea muy valiosa, en realidad no se puede probar.

¿Qué tipos de hipótesis se pueden establecer?

OA 2 Existen diversas formas de clasificar las hipótesis, aunque en este apartado nos concentraremos en los siguientes tipos:

1. hipótesis de investigación;
2. hipótesis nulas;
3. hipótesis alternativas, e
4. hipótesis estadísticas.

Estas últimas serán revisadas en el capítulo 8 del CD: "Análisis estadístico: segunda parte".

¿Qué son las hipótesis de investigación?

Hipótesis de investigación Proposiciones tentativas sobre la o las posibles relaciones entre dos o más variables.

Lo que a lo largo de este capítulo hemos definido como hipótesis son en realidad las **hipótesis de investigación**. Éstas se definen como proposiciones tentativas acerca de las posibles relaciones entre dos o más variables, y deben cumplir con los cinco requisitos mencionados. Se les suele simbolizar como Hi o H_1, H_2, H_3, etc. (cuando son varias), y también se les denomina hipótesis de trabajo.

A su vez, las hipótesis de investigación pueden ser:

a) descriptivas de un valor o dato pronosticado;
b) correlacionales;
c) de diferencia de grupos;
d) causales.

Hipótesis descriptivas de un dato o valor que se pronostica[1]

Estas hipótesis se utilizan a veces en estudios descriptivos, para intentar predecir un dato o valor en una o más variables que se van a medir u observar. Pero cabe comentar que no en todas las investigaciones descriptivas se formulan hipótesis de esta clase o que sean afirmaciones más generales ("la ansiedad en los jóvenes alcohólicos será elevada"; "durante este año, los presupuestos de publicidad se incrementarán entre 50 y 70%"; "la motivación extrínseca de los obreros de las plantas de las zonas industriales de Valencia, Venezuela, disminuirá"; "el número de tratamientos psicoterapéuticos aumentará en las urbes sudamericanas con más de tres millones de habitantes"). No es sencillo realizar estimaciones con relativa precisión con respecto a ciertos fenómenos.

EJEMPLOS

Hi: "El aumento del número de divorcios de parejas cuyas edades oscilan entre los 18 y 25 años, será de 20% el próximo año." (En un contexto específico como una ciudad o un país.)
Hi: "La inflación del próximo semestre no será superior a 3%."

Hipótesis correlacionales

Especifican las relaciones entre dos o más variables y corresponden a los estudios correlacionales ("el tabaquismo está relacionado con la presencia de padecimientos pulmonares"; "la motivación de logro se encuentra vinculada con la satisfacción laboral y la moral en el trabajo"; "la atracción física, las demostraciones de afecto, la similitud en valores y la satisfacción en el noviazgo están asociadas entre sí").

Sin embargo, las hipótesis correlacionales no sólo pueden establecer que dos o más variables se encuentran vinculadas, sino también cómo están asociadas. Alcanzan el nivel predictivo y parcialmente explicativo.

En los siguientes ejemplos, no sólo se establece que hay relación entre las variables, sino también cómo es la relación (qué dirección sigue). Desde luego es diferente formular hipótesis en las que dos o más variables están vinculadas, a conjeturar cómo son estas relaciones. En el capítulo 10, "Análisis de los datos cuantitativos", se explica más a fondo el tema de la correlación y los tipos de correlación entre variables.

---

[1] Algunos investigadores consideran a estas hipótesis afirmaciones univariadas. Argumentan que no se relacionan variables. Opinan que, más que relacionar las variables, se está planteando cómo se va a manifestar una variable en una constante (después de todo, el grupo medido de personas u objetos es constante). Este razonamiento tiene cierta validez, por ello, lo dejamos al criterio de cada lector.

EJEMPLOS

"A mayor exposición por parte de los adolescentes a videos musicales con alto contenido sexual, mayor manifestación de estrategias en las relaciones interpersonales para establecer contacto sexual". (Aquí la hipótesis nos indica que cuando una variable aumenta, la otra también; y viceversa, cuando una variable disminuye, la otra desciende.)

"A mayor autoestima, habrá menor temor al éxito". (Aquí la hipótesis nos señala que cuando una variable aumenta, la otra disminuye; y si ésta disminuye, aquélla aumenta.)

"Las telenovelas latinoamericanas muestran cada vez un mayor contenido sexual en sus escenas". (En esta hipótesis se correlacionan las dos variables siguientes: época o tiempo en que se producen las telenovelas y contenido sexual.)

Es necesario agregar lo siguiente: en una hipótesis de correlación, el orden en que coloquemos las variables no es importante (ninguna variable antecede a la otra; no hay relación de causalidad). Es lo mismo indicar "a mayor X, mayor Y"; que "a mayor Y, mayor X"; o "a mayor X, menor Y"; que "a menor Y, mayor X".

EJEMPLO

"Quienes logran más altas puntuaciones en el examen de estadística tienden a alcanzar las puntuaciones más elevadas en el examen de economía" es igual a: "los que logran tener las puntuaciones más elevadas en el examen de economía son quienes tienden a obtener más altas puntuaciones en el examen de estadística".

Como aprendimos desde pequeños: "el orden de los factores (variables) no altera el producto (la hipótesis)". Desde luego, esto ocurre en la correlación, pero no en las relaciones de causalidad, donde vamos a ver que sí importa el orden de las variables. Pero en la correlación no hablamos de variable independiente (causa) y dependiente (efecto). Cuando sólo hay correlación, estos términos carecen de sentido. Los estudiantes que comienzan en sus cursos de investigación suelen indicar en toda hipótesis cuál es la variable independiente y cuál la dependiente. Ello es un error. Únicamente en hipótesis causales se puede hacer esto.

Por otro lado, es común que cuando en la investigación se pretende correlacionar diversas variables se tengan varias hipótesis, y cada una de ellas relacione un par de variables. Por ejemplo, si quisiéramos relacionar las variables atracción física, confianza, proximidad física y equidad en el noviazgo (todas entre sí), estableceríamos las hipótesis correspondientes.

EJEMPLOS

H_1: "A mayor atracción física, menor confianza".
H_2: "A mayor atracción física, mayor proximidad física".
H_3: "A mayor atracción física, mayor equidad".
H_4: "A mayor confianza, mayor proximidad física".
H_5: "A mayor confianza, mayor equidad".
H_6: "A mayor proximidad física, mayor equidad".

Estas hipótesis deben contextualizarse en su realidad (con qué parejas) y someterse a prueba empírica.

Hipótesis de la diferencia entre grupos

Estas hipótesis se formulan en investigaciones cuya finalidad es comparar grupos. Por ejemplo, supongamos que un publicista piensa que un comercial televisivo en blanco y negro, cuyo objetivo es persuadir a los adolescentes que comienzan a fumar para que dejen de hacerlo, tiene una eficacia diferente que uno en colores. Su pregunta de investigación sería: ¿es más eficaz un comercial televisivo en blanco y negro que uno en colores?, cuyo mensaje es persuadir a los adolescentes que comienzan a fumar para que dejen de hacerlo. Y su hipótesis quedaría formulada así:

EJEMPLO

Hi:　"El efecto persuasivo para dejar de fumar no será igual en los adolescentes que vean la versión del comercial televisivo en colores, que el efecto en los adolescentes que vean la versión del comercial en blanco y negro".

Otros ejemplos de este tipo de hipótesis serían:

EJEMPLOS

Hi:　"Los adolescentes le atribuyen más importancia al atractivo físico en sus relaciones de pareja, que las adolescentes a las suyas".

Hi:　"El tiempo que tardan en desarrollar el SIDA las personas contagiadas por transfusión sanguínea, es menor que las que adquieren el VIH por transmisión sexual".

En los tres ejemplos anteriores se plantea una posible diferencia entre grupos, sólo que en el primero de ellos únicamente se establece que hay diferencia entre los grupos comparados; pero no se afirma en cuál de los grupos el impacto será más determinante. No se determina si el efecto persuasivo es mayor en los adolescentes que ven el comercial en blanco y negro, o en quienes lo ven en colores. Se limita a decir que se espera una diferencia. En cambio, en el segundo, la hipótesis además de establecer la diferencia, especifica cuál de los grupos tendrá un mayor valor en la variable de comparación (los jóvenes son quienes, según se piensa, atribuirán mayor importancia al atractivo físico). Lo mismo ocurre en el tercer ejemplo (desarrollan más lentamente la enfermedad quienes la adquieren por transmisión sexual).

Cuando el investigador no tiene bases para presuponer en favor de qué grupo será la diferencia, formula una hipótesis simple de diferencia de grupos (como en el primer ejemplo de los comerciales). Y cuando sí tiene bases, establece una hipótesis direccional de diferencia de grupos (como en los otros ejemplos). Esto último, por lo común, sucede cuando la hipótesis se deriva de una teoría o estudios antecedentes, o bien, el investigador está bastante familiarizado con el problema de estudio.

Esta clase de hipótesis llega a abarcar dos, tres o más grupos.

OA 3

EJEMPLO

Hi: "Las escenas de la telenovela *La verdad de Paola* presentarán un mayor contenido sexual que las de la telenovela *Sentimientos de Christian*, y éstas, a su vez, un mayor contenido sexual que las escenas de la telenovela *Mi último amor Mariana*".[2]

Algunos investigadores consideran a las hipótesis de diferencia de grupos como un tipo de hipótesis correlacional, porque en última instancia relacionan dos o más variables. El caso del atractivo físico relaciona la variable género con la variable atribución de la importancia del atractivo físico en las relaciones de pareja.

Hipótesis que establecen relaciones de causalidad

Este tipo de hipótesis no solamente afirma la o las relaciones entre dos o más variables y la manera en que se manifiestan, sino que además propone un "sentido de entendimiento" de las relaciones. Tal sentido puede ser más o menos completo, esto depende del número de variables que se incluyan, pero todas estas hipótesis establecen relaciones de causa-efecto.

OA 3

EJEMPLO

Hi: "La desintegración del matrimonio provoca baja autoestima en los hijos e hijas". (En el ejemplo, además de establecerse una relación entre las variables, se propone la causalidad de esa relación.)

Hi: "Un clima organizacional negativo crea bajos niveles de innovación en los empleados".

Las hipótesis correlacionales pueden simbolizarse como "X—Y"; y las hipótesis causales, como en la figura 6.1.

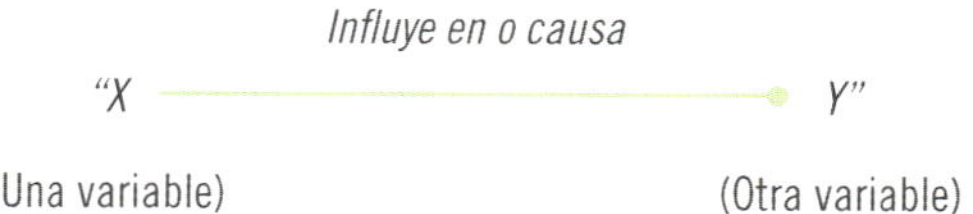

Figura 6.1 Simbolización de la hipótesis causal.

Correlación y causalidad son conceptos asociados, pero distintos. Si dos variables están correlacionadas, ello no necesariamente implica que una será causa de la otra. Supongamos que una empresa fabrica un producto que se vende poco y decide mejorarlo, lo hace y lanza una campaña para anunciar el producto en radio y televisión. Después, se observa un aumento en las ventas del producto. Los ejecutivos de la empresa pueden decir que el lanzamiento de la campaña está relacionado con el incremento de las ventas; pero si no se demuestra la causalidad, no es posible asegurar que la campaña haya provocado tal incremento. Quizá la campaña sea la causa del aumento, pero tal vez la causa sea en sí

---

[2] Por supuesto, los nombres son ficticios. Si alguna telenovela se ha titulado (o titulara en el futuro) así, es tan sólo una coincidencia.

la mejora al producto, una excelente estrategia de comercialización u otro factor, o bien, todas pueden ser causas.

Otro caso es el que se explicó en el capítulo anterior. Donde la estatura parecía estar correlacionada con la inteligencia en infantes (los niños con mayor estatura tendían a obtener las calificaciones más altas en la prueba de inteligencia); pero la realidad fue que la maduración era la variable que estaba relacionada con la respuesta a una prueba de inteligencia (más que a la inteligencia en sí). La correlación no tenía sentido; mucho menos lo tendría establecer una causalidad, al afirmar que la estatura es causa de la inteligencia o que, por lo menos, influye en ella. Es decir, no todas las correlaciones tienen sentido y no siempre que se encuentra una correlación puede inferirse causalidad. Si cada vez que se obtiene una correlación se supusiera causalidad, ello equivaldría a decir que cada vez que se observa a una señora y a un niño juntos se supusiera que ella es su madre, cuando puede ser su tía, una vecina o una señora que por azar se colocó muy cerca del infante.

Para establecer causalidad antes debe haberse demostrado correlación, pero además la causa debe ocurrir antes que el efecto. Asimismo, los cambios en la causa tienen que provocar cambios en el efecto.

Al hablar de hipótesis, a las *supuestas causas* se les conoce como *variables independientes* y a los *efectos* como *variables dependientes*. Únicamente es posible hablar de variables independientes y dependientes cuando se formulan hipótesis causales o hipótesis de la diferencia de grupos, siempre y cuando en estas últimas se explique cuál es la causa de la diferencia supuesta en la hipótesis.

A continuación se exponen distintos tipos de hipótesis causales:

1. **Hipótesis causales bivariadas.** En éstas se plantea una relación entre una variable independiente y una variable dependiente. Por ejemplo: "percibir que otra persona del género opuesto es similar a uno(a) en cuanto a religión, valores y creencias, nos provoca mayor atracción hacia ella" (vea la figura 6.2).

Figura 6.2   Esquema de relación causal bivariada.

2. **Hipótesis causales multivariadas**. Plantean una relación entre diversas variables independientes y una dependiente, o una independiente y varias dependientes, o diversas variables independientes y varias dependientes.

"La cohesión y la centralidad en un grupo sometido a una dinámica, así como el tipo de liderazgo que se ejerza dentro del grupo, determinan la eficacia de éste para alcanzar sus metas primarias" (figura 6.3).

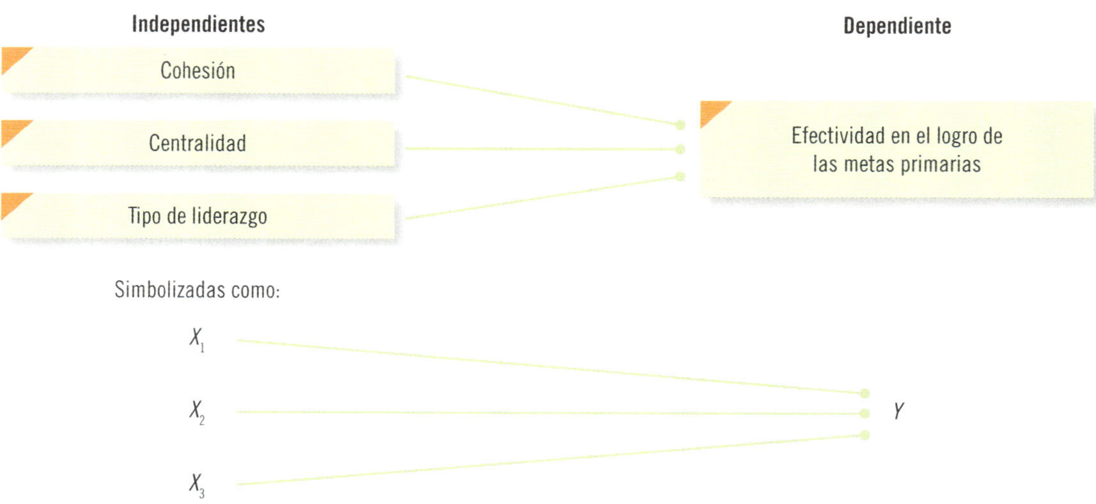

Figura 6.3   Esquema de relación causal multivariada.

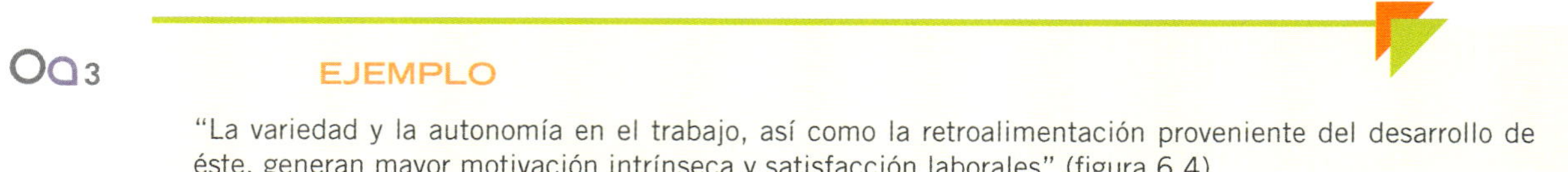

OA3   EJEMPLO

"La variedad y la autonomía en el trabajo, así como la retroalimentación proveniente del desarrollo de éste, generan mayor motivación intrínseca y satisfacción laborales" (figura 6.4).

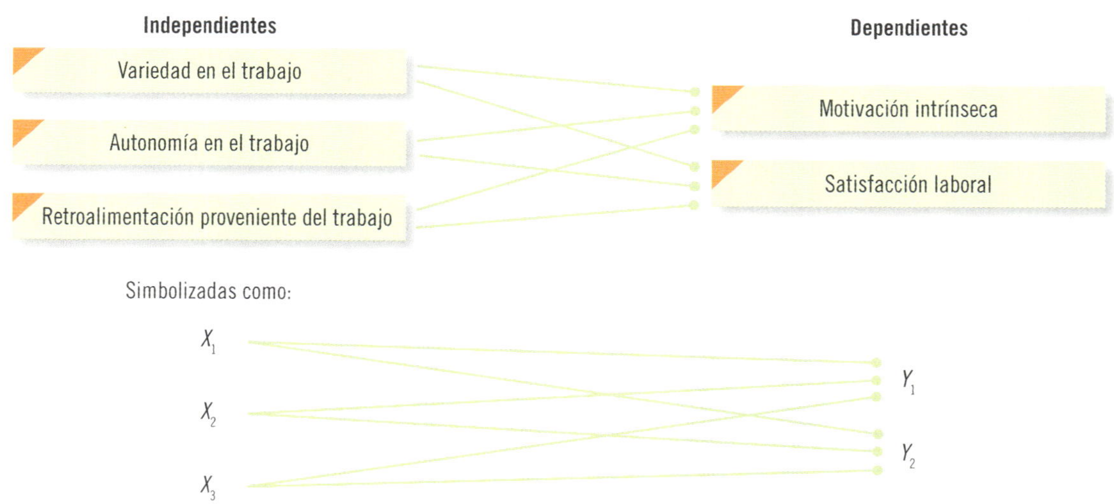

Figura 6.4   Esquema de relación causal multivariada con dos variables dependientes.

Las hipótesis multivariadas pueden plantear otro tipo de relaciones causales, en donde ciertas variables intervienen modificando la relación [hipótesis con presencia de variables intervinientes].

EJEMPLO

OA 3

"La paga aumenta la motivación intrínseca de los trabajadores, cuando se administra de acuerdo con el desempeño" (figura 6.5).

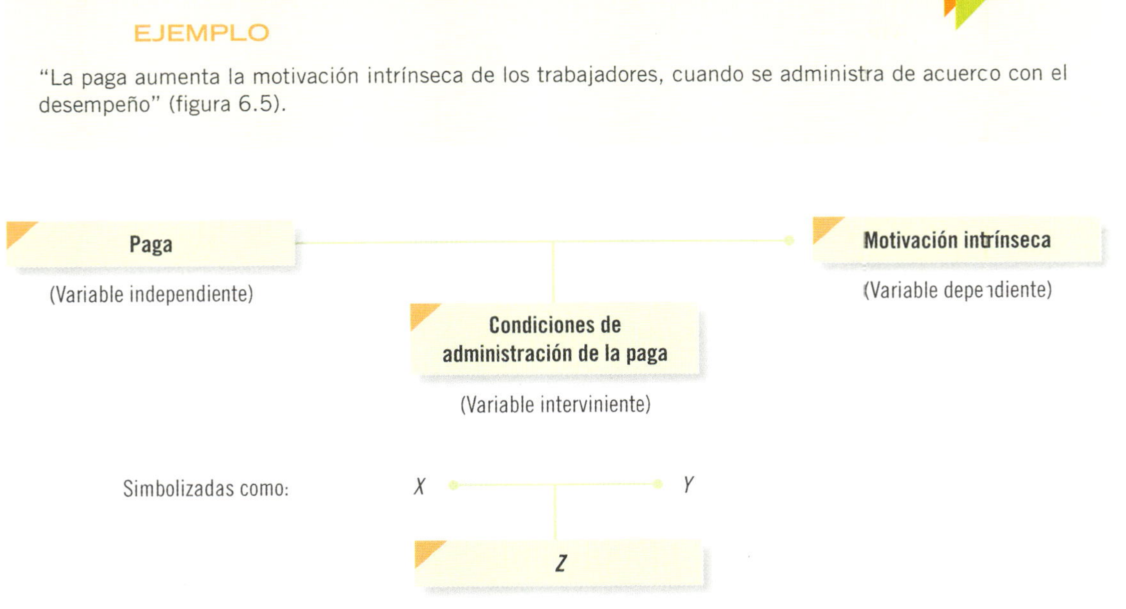

Figura 6.5   Esquema causal con variable interviniente.

Es posible que haya estructuras causales de variables más complejas que resulta difícil expresar en una sola hipótesis, porque las variables se relacionan entre sí de distintas maneras. Entonces se plantean las relaciones causales en dos o más hipótesis, o de forma gráfica (vea figura 6.6).

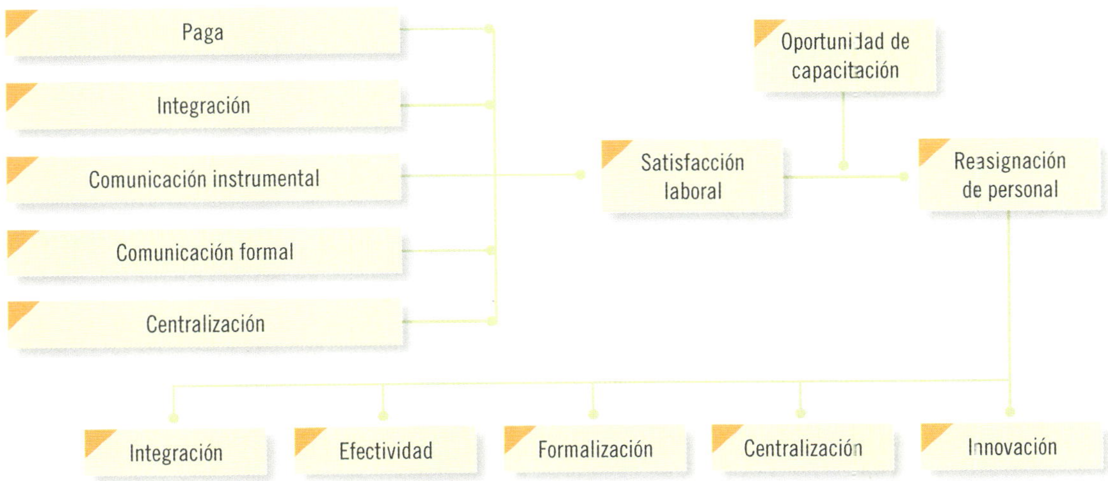

Figura 6.6   Estructura causal compleja multivariada.

La figura 6.6[3] podría desglosarse en múltiples hipótesis; por ejemplo,

H_1: "La paga incrementa la satisfacción laboral".

---

[3] Las variables fueron extraídas de Price (1977) y Hernández Sampieri (2005).

H$_2$: "La integración, la comunicación instrumental y la comunicación formal incrementan la satisfacción laboral".
H$_3$: "La centralización disminuye la satisfacción laboral".
H$_4$: "La satisfacción laboral influye en la reasignación de personal".
H$_5$: "La oportunidad de capacitación mediatiza la vinculación entre la satisfacción laboral y la reasignación de personal".
H$_6$: "La reasignación de personal afecta la integración, la efectividad organizacional, la formalización, la centralización y la innovación".

Cuando las hipótesis causales se someten al análisis estadístico, se evalúa la influencia de cada variable independiente (causa) en la dependiente (efecto), y la influencia conjunta de todas las variables independientes en la dependiente o dependientes.

¿Qué son las hipótesis nulas?[4]

Hipótesis nulas Proposiciones que niegan o refutan la relación entre variables.

Las **hipótesis nulas** son, en cierto modo, el reverso de las hipótesis de investigación. También constituyen proposiciones acerca de la relación entre variables, sólo que sirven para refutar o negar lo que afirma la hipótesis de investigación.[5] Si la hipótesis de investigación propone: "los adolescentes le atribuyen más importancia al atractivo físico en sus relaciones de pareja que las adolescentes", la hipótesis nula postularía: "los adolescentes *no* le atribuyen más importancia al atractivo físico en sus relaciones de pareja que las adolescentes".

Debido a que este tipo de hipótesis resulta la contrapartida de la hipótesis de investigación, hay prácticamente tantas clases de hipótesis nulas como de investigación. Es decir, la clasificación de hipótesis nulas es similar a la tipología de las hipótesis de investigación: hipótesis nulas descriptivas de un valor o dato pronosticado, hipótesis que niegan o contradicen la relación entre dos o más variables, hipótesis que niegan que haya diferencia entre grupos que se comparan, e hipótesis que niegan la relación de causalidad entre dos o más variables (en todas sus formas). Las hipótesis nulas se simbolizan así: Ho.

Veamos algunos ejemplos de hipótesis nulas, que corresponden a ejemplos de hipótesis de investigación que se mencionaron.

EJEMPLOS

Ho: "El aumento del número de divorcios de parejas cuyas edades oscilan entre los 18 y 25 años, no será de 20% el próximo año".

Ho: "No hay relación entre la autoestima y el temor al éxito" (hipótesis nula respecto de una correlación).

Ho: "Las escenas de la telenovela *La verdad de Paola* no presentarán mayor contenido sexual que las de la telenovela *Sentimientos de Christian*, ni éstas tendrán mayor contenido sexual que las escenas de la telenovela *Mi último amor Mariana*". Esta hipótesis niega la diferencia entre grupos y también podría formularse así: "no existen diferencias en el contenido sexual entre las escenas de

---

[4] El sentido que en este libro se da a la hipótesis nula es el más común: el de negación de la hipótesis de investigación, el cual fue propuesto por Fisher (1925). No se plantean otras connotaciones o usos del término (por ejemplo, especificar un parámetro de cero) porque se generarían confusiones entre estudiantes que se inician en la investigación. Para aquellos que deseen conocer más del tema, se recomiendan las siguientes fuentes: Van Dalen y Meyer (1994, pp. 403-404) y, sobre todo, Henkel (1976, pp. 34-40).

[5] La hipótesis nula es un componente esencial de la prueba de hipótesis en la investigación. Es relevante cuando se efectuaron mediciones y las hipótesis han sido derivadas de teorías y tienen que ser probadas. La hipótesis de investigación define cierto patrón que se encontrará en los datos, y el análisis estadístico se diseña para evaluar el grado en el cual la evidencia de las medidas recogidas apoya la existencia de ese patrón. La hipótesis nula es la hipótesis que indica que el patrón encontrado en los datos simplemente se debe a la casualidad (Voi, 2003).

las telenovelas *La verdad de Paola*, *Sentimientos de Christian* y *Mi último amor Mariana*". O bien, "el contenido sexual de las telenovelas *La verdad de Paola*, *Sentimientos de Christian* y *Mi último amor Mariana* es el mismo".

Ho: "La percepción de la similitud en religión, valores y creencias no provoca mayor atracción" (hipótesis que niega la relación causal).

¿Qué son las hipótesis alternativas?

Como su nombre lo indica, son posibilidades alternas ante las hipótesis de investigación y nula: ofrecen otra descripción o explicación distinta de las que proporcionan estos tipos de hipótesis. Si la hipótesis de investigación establece: "esta silla es roja", la nula afirmará: "esta silla no es roja", y podrían formularse una o más hipótesis alternativas: "esta silla es azul", "esta silla es verde", "esta silla es amarilla", etc. Cada una constituye una descripción distinta de las que proporcionan las hipótesis de investigación y nula.

Las **hipótesis alternativas** se simbolizan como Ha y sólo pueden formularse cuando efectivamente hay otras posibilidades, además de las hipótesis de investigación y nula. De no ser así, no deben establecerse.

> **Hipótesis alternativas** Son posibilidades diferentes o "alternas" ante las hipótesis de investigación y nula.

EJEMPLOS

Hi: "El candidato A obtendrá en la elección para la presidencia del consejo escolar entre 50 y 60% de la votación total".
Ho: "El candidato A no obtendrá en la elección para la presidencia del consejo escolar entre 50 y 60% de la votación total".
Ha: "El candidato A obtendrá en la elección para la presidencia del consejo escolar más de 60% de la votación total".
Ha: "El candidato A obtendrá en la elección para la presidencia del consejo escolar menos de 50% de la votación total".

EJEMPLOS

Hi: "Los jóvenes le atribuyen más importancia al atractivo físico en sus relaciones de pareja que las jóvenes".
Ho: "Los jóvenes no le atribuyen más importancia al atractivo físico en sus relaciones de pareja que las jóvenes".
Ha: "Los jóvenes le atribuyen menos importancia al atractivo físico en sus relaciones de pareja que las jóvenes".

En este último ejemplo de los jóvenes, si la hipótesis nula hubiera sido formulada de la siguiente manera:

EJEMPLO

Ho: "Los jóvenes no le atribuyen más importancia o le atribuyen menos importancia al atractivo físico en sus relaciones de pareja que las jóvenes".

No habría posibilidad de formular una hipótesis alternativa, puesto que las hipótesis de investigación y nula abarcan todas las posibilidades.

Las hipótesis alternativas, como puede verse, constituyen otras hipótesis de investigación adicionales a la hipótesis de investigación original.

¿En una investigación se formulan hipótesis de investigación, nula y alternativa?

Al respecto no hay reglas universales, ni siquiera consenso entre los investigadores. Se puede leer en un artículo de alguna revista científica un reporte de investigación donde sólo se establezca la hipótesis de investigación; y, en otra, encontrar un artículo donde únicamente se plantea la hipótesis nula. Un artículo en una tercera revista, en el cual se puedan encontrar solamente las hipótesis de investigación y nula, pero no las alternativas. En una cuarta publicación otro artículo que contenga la hipótesis de investigación y las alternativas. Y otro más donde aparezcan hipótesis de investigación, nulas y alternativas. Esta situación es similar en los reportes presentados por un investigador o una empresa. Lo mismo ocurre en tesis y disertaciones doctorales, estudios de divulgación popular, reportes de investigaciones gubernamentales, libros y otras formas para presentar estudios de muy diversos tipos.

En estudios que contienen análisis de datos cuantitativos, la opción más común es incluir la o las hipótesis de investigación únicamente (Degelman, 2005, consultor de la American Psychological Association). Algunos investigadores sólo enuncian una hipótesis nula o de investigación presuponiendo que quien lea su reporte deducirá la hipótesis contraria.

Nuestra recomendación es que aunque exclusivamente se incluyan las hipótesis de investigación, todas se tengan presentes, no sólo al plantearlas, sino durante todo el estudio. Esto ayuda a que el investigador siempre esté alerta ante todas las posibles descripciones y explicaciones del fenómeno considerado; así podrá tener un panorama más completo de lo que analiza.

American Psychological Association
www.apa.org

La American Psychological Association (2002) recomienda para decidir qué tipo de hipótesis deben incluirse en el reporte, se consulten los manuales o a un asesor calificado de su universidad o las normas de publicaciones.

¿Cuántas hipótesis se deben formular en una investigación?

Cada investigación es diferente. Algunas contienen gran variedad de hipótesis porque el problema de investigación es complejo (por ejemplo, pretenden relacionar 15 o más variables), mientras que otras contienen una o dos hipótesis. Todo depende del estudio que habrá de llevarse a cabo.

La calidad de una investigación no necesariamente está relacionada con el número de hipótesis que contenga. En este sentido, se debe tener el número de hipótesis necesarias para guiar el estudio, y ni una más ni una menos.

¿En una investigación se pueden formular hipótesis descriptivas de un dato que se pronostica en una variable, hipótesis correlacionales, hipótesis de la diferencia de grupos e hipótesis causales?

La respuesta es *sí*. En una misma investigación es posible establecer todos los tipos de hipótesis, porque el problema de investigación así lo requiere. Supongamos que alguien ha planteado un estudio en una ciudad latinoamericana y sus preguntas de investigación e hipótesis podrían ser las que se muestran en la tabla 6.2.

▲ **Tabla 6.2**   Ejemplo de un estudio con varias preguntas de investigación e hipótesis

Preguntas de investigación	Hipótesis
¿Cuál será a fin de año el nivel de desempleo en la ciudad de Baratillo?	El nivel de desempleo en la ciudad de Baratillo será de 5% a fin de año (Hi: % = 5).
¿Cuál es el nivel promedio de ingreso familiar mensual en la ciudad de Baratillo?	El nivel promedio de ingreso familiar mensual oscila entre 650 y 700 dólares (Hi: $649 < \bar{X} < 701$).
¿Existen diferencias entre los distritos (barrios, delegaciones o equivalentes) de la ciudad de Baratillo en cuanto al nivel de desempleo? (¿Hay barrios o distritos con mayores índices de desempleo?)	Existen diferencias en cuanto al nivel de desempleo entre los distritos de la ciudad de Baratillo (Hi: Índice 1 ≠ Índice 2 ≠ Índice 3 ≠ Índice k).
¿Cuál es el nivel de escolaridad promedio de los jóvenes y las jóvenes que viven en Baratillo? ¿Existen diferencias por género al respecto?	No se dispone de información, no se establecen hipótesis.
¿Está relacionado el desempleo con incrementos en la delincuencia de dicha ciudad?	A mayor desempleo, mayor delincuencia (Hi: $r_{xy} \neq 0$).
¿Provoca el nivel de desempleo un rechazo contra la política fiscal gubernamental?	El desempleo provoca un rechazo contra la política fiscal gubernamental (Hi: $X \rightarrow Y$).

En el ejemplo encontramos todos los tipos generales de hipótesis. Asimismo, observaremos que hay preguntas que no se traducen en hipótesis (escolaridad y diferencias por género en ésta). Ello puede deberse a que es difícil establecerlas, ya que no se dispone de información al respecto.

Los estudios que se inician y concluyen como descriptivos, formularán —si pronostican un dato— hipótesis descriptivas; los correlacionales podrán establecer hipótesis descriptivas de estimación, correlacionales y de diferencia de grupos (cuando éstas no expliquen la causa que provoca la diferencia); por su parte, los explicativos podrán incluir hipótesis descriptivas de pronóstico, correlacionales, de diferencia de grupos y causales. No debemos olvidar que una investigación puede abordar parte del problema de forma descriptiva y parte explicativa. Aunque debemos señalar que los estudios descriptivos no suelen contener hipótesis, y ello se debe a que en ocasiones es difícil precisar el valor que se puede manifestar en una variable.

Los tipos de estudio que no establecen hipótesis son los exploratorios. No puede presuponerse (afirmando) algo que apenas va a explorarse. Sería como si antes de una primera cita con una persona totalmente desconocida del género opuesto, tratáramos de conjeturar qué tan simpática es, qué intereses y valores tiene, etc. Ni siquiera podríamos anticipar qué tan atractiva nos va a resultar, y tal vez en una primera cita nos dejemos llevar por nuestra imaginación; pero en la investigación esto no debe ocurrir. Si se nos proporciona más información (lugares a donde le agrada ir, ocupación, religión, nivel socioeconómico, tipo de música que le gusta y grupos de los que es miembro), podemos plantearnos hipótesis en mayor medida, aunque nos basemos en estereotipos. Y si nos dieran información muy personal e íntima sobre ella, podríamos sugerir hipótesis acerca de qué clase de relación vamos a establecer con esa persona y por qué (explicaciones tentativas).

¿Qué es la prueba de hipótesis?

Como se ha venido mencionando a lo largo de este capítulo, las hipótesis del proceso cuantitativo se someten a prueba o escrutinio empírico para determinar si son apoyadas o refutadas, de acuerdo con lo que el investigador observa. De hecho, para esto se formulan en la tradición deductiva. Ahora bien, en realidad no podemos probar que una hipótesis sea verdadera o falsa, sino argumentar que fue apoyada o no de acuerdo con ciertos datos obtenidos en una investigación particular. Desde el punto de vista técnico, no se acepta una hipótesis a través de un estudio, sino que se aporta evidencia en su favor o en su contra.[6] Cuantas más investigaciones apoyen una hipótesis, más credibilidad tendrá; y, por supuesto, será válida para el contexto (lugar, tiempo y participantes u objetos) en que se comprobó. Al menos lo es probabilísticamente.

Las hipótesis, en el enfoque cuantitativo, se someten a prueba en la "realidad" cuando se aplica un diseño de investigación, se recolectan datos con uno o varios instrumentos de medición, y se analizan e interpretan esos mismos datos. Y como señala Kerlinger (1979), las hipótesis constituyen instrumentos muy poderosos para el avance del conocimiento, puesto que aunque sean formuladas por el ser humano, pueden ser sometidas a prueba y demostrarse como probablemente correctas o incorrectas, sin que interfieran los valores y las creencias del individuo.

¿Cuál es la utilidad de las hipótesis?

Es posible que alguien piense que con lo expuesto en este capítulo queda claro qué valor tienen las hipótesis para la investigación. Sin embargo, creemos que es necesario ahondar un poco más en este punto, mencionando las principales funciones de las hipótesis.

1. En primer lugar, son las guías de una investigación en el enfoque cuantitativo. Formularlas nos ayuda a saber lo que tratamos de buscar, de probar. Proporcionan orden y lógica al estudio. Son como los objetivos de un plan administrativo: las sugerencias formuladas en las hipótesis pueden ser soluciones a los problemas de investigación. Si lo son o no, efectivamente es la tarea del estudio (Selltiz *et al.*, 1980.)
2. En segundo lugar, tienen una función descriptiva y explicativa, según sea el caso. Cada vez que una hipótesis recibe evidencia empírica en su favor o en su contra, nos dice algo acerca del fenómeno con el que se asocia o hace referencia. Si la evidencia es en favor, la información sobre el fenómeno se incrementa; y aun si la evidencia es en contra, descubrimos algo acerca del fenómeno que no sabíamos antes.
3. La tercera función es probar teorías. Cuando varias hipótesis de una teoría reciben evidencia positiva, la teoría va haciéndose más robusta; y cuanto más evidencia haya en favor de aquéllas, más evidencia habrá en favor de ésta.
4. Una cuarta función consiste en sugerir teorías. Diversas hipótesis no están asociadas con teoría alguna; pero llega a suceder que como resultado de la prueba de una hipótesis, se pueda construir una teoría o las bases para ésta. Lo anterior no es muy frecuente, pero ha llegado a ocurrir.

¿Qué ocurre cuando no se aporta evidencia en favor de las hipótesis de investigación?

No es raro escuchar una conversación como la siguiente entre dos pasantes que acaban de analizar los datos de su tesis (que es una investigación):

> Elisa: Los datos no apoyan nuestras hipótesis.
> Gabriel: ¿Y ahora qué vamos a hacer? Nuestra tesis no sirve.
> Elisa: Tendremos que hacer otra tesis.

---

[6] Aquí se ha preferido evitar la exposición sobre la lógica de la prueba de hipótesis, la cual indica que la única alternativa abierta en una prueba de significancia para una hipótesis, radica en que se puede rechazar una hipótesis nula o equivocarse al rechazarla. Pero la frase "equivocarse al rechazar" no es sinónimo de aceptar. La razón para no incluir esta perspectiva reside en que, el hacerlo, podría confundir más que esclarecer el panorama al que se inicia en el tema. A quien desee ahondar en la lógica de la prueba de hipótesis, le recomendamos acudir a Blaikie (2007 y 2000) y a Chalmers (1999). Especialmente a Henkel (1976, pp. 34-35), y a otras referencias que sustentan desde la epistemología las posiciones al respecto, como Popper (1992 y 1996) y Hanson (1958).

No siempre los datos apoyan las hipótesis. Pero el hecho de que éstos no aporten evidencia en favor de las hipótesis planteadas de ningún modo significa que la investigación carezca de utilidad. Claro que a todos nos agrada que lo que suponemos concuerde con nuestra "realidad". Si afirmamos cuestiones como: "yo le gusto a Mariana", "el grupo más popular de música en esta ciudad es mi grupo favorito", "va a ganar tal equipo en el próximo campeonato nacional de fútbol"; "Paola, Chris, Sergio y Lupita me van a ayudar mucho a salir adelante en este problema", nos resultará satisfactorio que se cumplan. Incluso hay quien formula una presuposición y luego la defiende a toda costa, aunque se haya percatado de que se equivocó. Es humano; sin embargo, en la investigación el fin último es el conocimiento y, en este sentido, también los datos en contra de una hipótesis ofrecen entendimiento. Lo importante es analizar por qué no se aportó evidencia en favor de las hipótesis.

A propósito, conviene citar a Van Dalen y Meyer (1994, p. 193):

Para que las hipótesis tengan utilidad, no es necesario que sean las respuestas correctas a los problemas planteados. En casi todas las investigaciones, el estudioso formula varias hipótesis y espera que alguna de ellas proporcione una solución satisfactoria del problema. Al eliminar cada una de las hipótesis, va estrechando el campo en el cual deberá hallar la respuesta.

Y agregan:

La prueba de "hipótesis falsas" [que nosotros preferimos llamar *hipótesis que no recibieron evidencia empírica*] también resulta útil si dirige la atención del investigador o de otros científicos hacia factores o relaciones insospechadas que, de alguna manera, podrían ayudar a resolver el problema.

La American Psychological Association (2002, p. 16) señala, al mencionar la presentación de los descubrimientos en un reporte de investigación, lo siguiente: "mencione todos los resultados relevantes, incluyendo aquellos que contradigan las hipótesis". 

¿Deben definirse las variables de una hipótesis como parte de su formulación?

Al formular una hipótesis, es indispensable definir los términos o variables incluidos en ella. Esto es necesario por varios motivos:

1. Para que el investigador, sus colegas, los usuarios del estudio y, en general, cualquier persona que lea la investigación le den el mismo significado a los términos o variables incluidas en las hipótesis, es común que un mismo concepto se emplee de maneras distintas. El término "novios" puede significar para alguien una relación entre dos personas de género distinto que se comunican interpersonalmente con la mayor frecuencia que les es posible, que cuando están "cara a cara" se besan y toman de la mano, que se sienten atraídos en lo físico y comparten entre sí información que nadie más posee. Para otros significaría una relación entre dos personas de género diferente que tiene como finalidad contraer matrimonio. Para un tercero, una relación entre dos individuos de género distinto que mantienen relaciones sexuales, y alguien más podría tener otra concepción. Y en caso de que se pensara llevar a cabo un estudio con parejas de novios, no sabríamos con exactitud quiénes se incluirían en éste y quiénes no, a menos que se definiera con la mayor precisión posible el concepto de "novios". Términos como "actitud", "inteligencia" y "aprovechamiento" llegan a tener varios significados o definirse de diversas formas.
2. Asegurarnos de que las variables pueden ser medidas, observadas, evaluadas o inferidas, es decir que de ellas se pueden obtener datos de la realidad.
3. Confrontar nuestra investigación con otras similares. Si tenemos definidas nuestras variables, podemos comparar nuestras definiciones con las de otros estudios para saber "si hablamos de lo mismo". Si la comparación es positiva, confrontaremos los resultados de nuestra investigación con los resultados de las demás.

4. Evaluar más adecuadamente los resultados de nuestra investigación, porque las variables, y no sólo las hipótesis, se contextualizan.

En conclusión, sin definición de las variables no hay investigación. Las variables deben ser definidas de dos formas: conceptual y operacional.

Definición conceptual o constitutiva

Una definición conceptual trata a la variable con otros términos. Así, *inhibición proactiva* se podría definir como: "la dificultad de evocación que aumenta con el tiempo"; y *poder* como: "influir más en los demás que lo que éstos influyen en uno". Se tratan de definiciones de diccionarios o de libros especializados (Kerlinger, 2002; Rojas, 2001) y cuando describen la esencia o las características de una variable, objeto o fenómeno se les denomina definiciones reales (Reynolds, 1986). Estas últimas constituyen la adecuación de la definición conceptual a los requerimientos prácticos de la investigación. De esa forma, el término actitud se definiría como "una tendencia o predisposición a evaluar de cierta manera un objeto o un símbolo de este objeto" (Haddock y Maio, 2007; Kahle, 1985; y Oskamp, 1991). Si nuestra hipótesis fuera: "cuanto mayor sea la exposición de los votantes indecisos a entrevistas televisivas concedidas por los candidatos contendientes, más favorable será la actitud hacia el acto de votar", tendríamos que contextualizar la definición conceptual de "actitud" (formular la definición real). La "actitud hacia el acto de votar" podría definirse como la predisposición a evaluar como positivo el hecho de votar para una elección.

Algunos ejemplos de definiciones conceptuales se muestran en la tabla 6.3.

▲ **Tabla 6.3** Ejemplos de definiciones conceptuales

Variable	Definición conceptual
Inteligencia emocional	Capacidad para reconocer y controlar nuestras emociones, así como manejar con más destreza nuestras relaciones (Goleman, 1996).
Producto interno bruto	Conjunto del valor de todos los bienes y servicios finales producidos en una economía durante un periodo determinado, que puede ser trimestral o anual. El PIB puede ser clasificado como nominal o real. En el primero, los bienes y servicios finales son valuados a los precios vigentes durante el periodo en cuestión, mientras que en el segundo los bienes y servicios finales se valúan a los precios vigentes en un año base (CIDE, 2004).
Abuso sexual infantil	La utilización de un menor para la satisfacción de los deseos sexuales de un adulto encargado de los cuidados del niño y/o en quien éste confía (Barber, 2005). La utilización de un menor de 12 años o menos para la satisfacción sexual. El abuso sexual en la niñez puede incluir contacto físico, masturbación, relaciones sexuales (incluso penetración) y/o contacto anal u oral. Pero también puede incluir el exhibicionismo, voyeurismo, la pornografía y/o la prostitución infantil (IPPF, 2000).
Clima organizacional	Conjunto de percepciones compartidas por los empleados respecto a factores de su entorno laboral (Hernández Sampieri, 2005).
Pareja ideal (en las relaciones románticas)	Prototipo de ser humano que los individuos consideran que posee los atributos más valorados por ellos y que representaría la opción perfecta para implicarse en una relación amorosa romántica e íntima de largo plazo (casarse o al menos vivir con ella) (Hernández Sampieri y Mendoza, 2008).

Tales definiciones son necesarias pero insuficientes para definir las variables de la investigación, porque no nos vinculan directamente con "la realidad" o con "el fenómeno, contexto, expresión, comunidad o situación". Después de todo continúan con su carácter de conceptos. Los científicos necesitan ir más allá, deben definir las variables que se utilizan en sus hipótesis, en forma tal que puedan ser comprobadas y contextualizadas. Lo anterior es posible al utilizar lo que se conoce como definiciones operacionales.

Definiciones operacionales

Una **definición operacional** constituye el conjunto de procedimientos que descri-be las actividades que un observador debe realizar para recibir las impresiones sen-soriales, las cuales indican la existencia de un concepto teórico en mayor o menor grado (Reynolds, 1986, p. 52). En otras palabras, especifica qué actividades u ope-raciones deben realizarse para medir una variable. Una definición operacional nos dice que para reco-ger datos respecto de una variable, hay que hacer esto y esto otro, además articula los procesos o acciones de un concepto que son necesarios para identificar ejemplos de éste (MacGregor, 2006). Así, la definición operacional de la variable "temperatura" sería el termómetro; e "inteligencia" se definiría operacionalmente como las respuestas a una determinada prueba de inteligencia (por ejemplo: Stan-ford-Binet o Wechsler). Con respecto a la "satisfacción sexual de adultos", existen varias definiciones operacionales para medir este constructo: The Female Sexual Function Index (Índice de la Función Sexual Femenina, FSFI) (Rosen *et al.*, 2000) aplicable a mujeres; Golombok Rust Inventory of Sexual Satisfaction (Inventario de Satisfacción Sexual de Golombok y Rust, GRISS) (Rust y Golombok, 1986; Meston y Derogatis, 2002) y El Inventario de Satisfacción Sexual (Álvarez-Gayou Jurgenson *et al.*, 2004),[7] para ambos géneros.

La variable "ingreso familiar" podría operacionalizarse al preguntar sobre el ingreso personal de cada uno de los miembros de la familia y luego sumar las cantidades que cada quien indicó. El atrac-tivo físico en un certamen de belleza se operacionaliza al aplicar una serie de criterios que un jurado utiliza para evaluar a las candidatas; los miembros del jurado otorgan una calificación a las contendien-tes en cada criterio y después obtienen una puntuación total del atractivo físico.

Casi siempre se dispone de varias definiciones operacionales (o formas de operacionalizar) de una variable. Para definir operacionalmente la variable "personalidad" se cuenta con diversas alternativas: las pruebas psicométricas, como las diferentes versiones del Inventario Multifacético de la Personali-dad Minnesota (MMPI); pruebas proyectivas como el test de Roscharch o el test de apercepción temática (TAT), etcétera.

Es posible medir la ansiedad de un individuo por medio de la observación directa de los expertos, quienes juzgan el nivel de ansiedad de esa persona; con mediciones fisiológicas de la actividad del sistema psicológico (presión sanguínea, respiraciones, etc.) y con el análisis de las respuestas a un cuestionario de ansiedad (Reynolds, 1986, p. 52). El aprendizaje de un alumno en un curso de investigación se mediría con el empleo de varios exámenes, un trabajo, o una combinación de exámenes, trabajos y prácticas.

Algunos ejemplos de definiciones operacionales se incluyen en la tabla 6.4 (se muestran única-mente los nombres y algunas características).

▲ **Tabla 6.4**   Ejemplos de definiciones operacionales

Variable	Definición operacional
Inteligencia emocional	EIT (Emotional Intelligence Test). Prueba con 70 ítems o reactivos.
Aceleración	Acelerómetro.
Abuso sexual infantil	Children's Knowledge of Abuse Questionnaire-Revised (CKAQ-R). Versión en español. El CKAQ-R tie-ne 35 preguntas a responder como verdadero-falso, y cinco extras para ser administradas a niñas y niños de ocho años en adelante. Puede ser aplicado a cualquier infante sin previa instrucción.
Clima organizacional	Escala Clima-UNI con 73 ítems para medir las siguientes dimensiones del clima organizacional: moral, apoyo de la dirección, innovación, percepción de la empresa-identidad-identificación, comunicación, percepción del desempeño, motivación intrínseca, autonomía, satisfacción general, liderazgo, visión y recompensas o retribución.

[7] El desarrollo de esta definición operacional de satisfacción sexual lo podrá encontrar el lector en el ejemplo 4 del CD anexo (en Material complementario → Ejemplos → Diseño de una escala autoaplicable para la autoevaluación de la satisfacción sexual en hombres y mujeres mexicanos).

Cuando el investigador dispone de varias opciones para definir operacionalmente una variable, debe elegir la que proporcione mayor información sobre la variable, capte mejor su esencia, se adecue más a su contexto y sea más precisa. O bien, una mezcla de tales alternativas.

Los criterios para evaluar una definición operacional son básicamente cuatro: adecuación al contexto, capacidad para captar los componentes de la variable de interés, confiabilidad y validez. De ellos se hablará en el capítulo 9, "Recolección de los datos cuantitativos". Una correcta selección de las definiciones operacionales disponibles o la creación de la propia definición operacional se encuentran muy relacionadas con una adecuada revisión de la literatura. Cuando ésta ha sido cuidadosa, se tiene una gama más amplia de definiciones operacionales para elegir o más ideas para desarrollar una nueva. Asimismo, al contar con estas definiciones, el tránsito a la elección del o los instrumentos para recabar los datos es muy rápido, sólo debemos considerar que se adapten al diseño y a la muestra del estudio.

En la investigación comúnmente se tienen diversas variables y, por tanto, se formularán varias definiciones conceptuales y operacionales.

Algunas variables no requieren que su definición conceptual se mencione en el reporte de investigación, porque ésta es relativamente obvia y compartida. El mismo título de la variable la define; por ejemplo, "género" y "edad". Pero prácticamente todas las variables requieren una definición operacional para ser evaluadas de manera empírica, aun cuando en el estudio no se formulen hipótesis. Siempre que se tengan variables, se deben definir operacionalmente. En el siguiente ejemplo se muestra una hipótesis con las correspondientes definiciones operacionales de las variables que la integran.

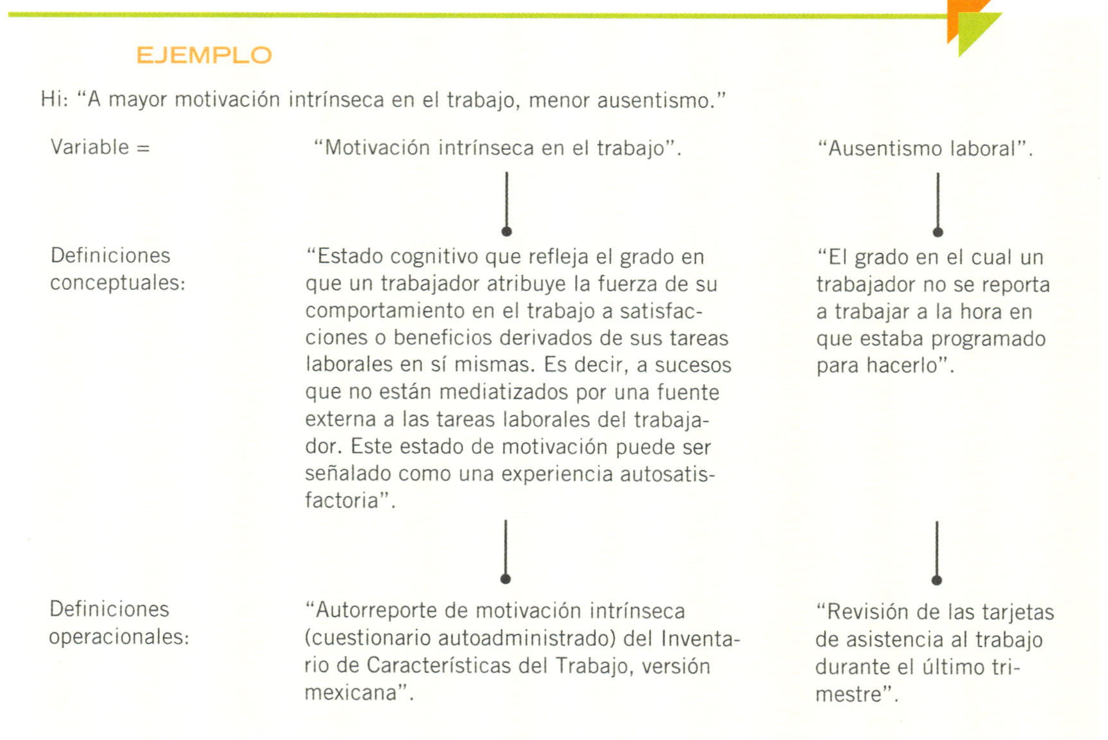

El cuestionario de motivación intrínseca sería desarrollado y adaptado al contexto del estudio en la fase del proceso cuantitativo denominada recolección de los datos; lo mismo ocurriría con el procedimiento para medir el "ausentismo laboral". Desde luego, también durante esta etapa las variables llegan a ser objeto de modificación o ajuste y, en consecuencia, también sus definiciones.

Resumen

- En este punto de la investigación es necesario analizar si es conveniente formular o no hipótesis, esto depende del alcance inicial del estudio (exploratorio, descriptivo, correlacional o explicativo).
- Las hipótesis son proposiciones tentativas acerca de las relaciones entre dos o más variables y se apoyan en conocimientos organizados y sistematizados.
- Las hipótesis son el centro del enfoque cuantitativo-deductivo.
- Las hipótesis contienen variables; éstas son propiedades cuya variación es susceptible de ser medida, observada o inferida.
- Las hipótesis surgen normalmente del planteamiento del problema y la revisión de la literatura, y algunas veces a partir de teorías.

- Las hipótesis deben referirse a una situación, un contexto, un ambiente o un evento empírico. Las variables contenidas deben ser precisas, concretas, y poder observarse en la realidad; la relación entre las variables debe ser clara, verosímil y medible. Asimismo, las hipótesis tienen que vincularse con técnicas disponibles para probarlas.
- Al definir el alcance del estudio (exploratorio, descriptivo, correlacional o explicativo) es que el investigador decide establecer o no hipótesis. En los estudios exploratorios no se establecen hipótesis.
- Las hipótesis se clasifican en: *a*) hipótesis de investigación, *b*) hipótesis nulas, *c*) hipótesis alternativas y *a*) hipótesis estadísticas.
- A su vez, las hipótesis de investigación se clasifican de la manera que se muestra en la figura 6.7.

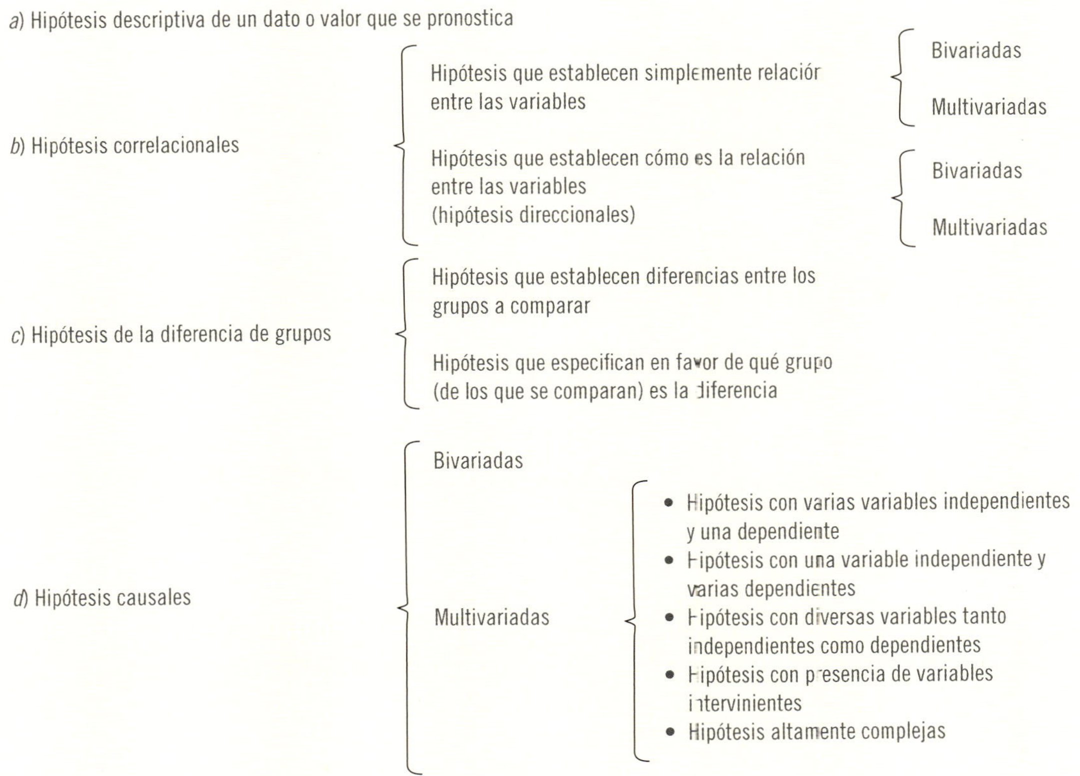

Figura 6.7 Clasificación de las hipótesis de investigación.

- Puesto que las hipótesis nulas y las alternativas se derivan de las hipótesis de investigación, pueden clasificarse del mismo modo, pero con los elementos que las caracterizan.

- Las hipótesis estadísticas se clasifican en: *a*) hipótesis estadísticas de estimación, *b*) hipótesis estadísticas de correlación y *c*) hipótesis estadísticas de la diferencia de grupos. Son propias de estu-

dios cuantitativos. Éstas se revisan en el capítulo 8 del CD: "Análisis estadístico: segunda parte".

- En una investigación pueden formularse una o varias hipótesis de distintos tipos.
- Dentro del enfoque deductivo-cuantitativo, las hipótesis se contrastan con la realidad para aceptarse o rechazarse en un contexto determinado.
- Las hipótesis constituyen las guías de una investigación.
- La formulación de hipótesis va acompañada de las definiciones conceptuales y operacionales de las variables contenidas dentro de la hipótesis.

- Una definición conceptual trata a la variable con otros términos, es como una definición de diccionario especializado.
- La definición operacional nos indica cómo vamos a medir la variable.
- Hay investigaciones en las que no se puede formular hipótesis porque el fenómeno a estudiar es desconocido o se carece de información para establecerlas (pero ello sólo ocurre en los estudios exploratorios y algunos estudios descriptivos).

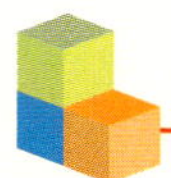

Conceptos básicos

Definición conceptual
Definición operacional
Hipótesis
Hipótesis alternativa
Hipótesis causales bivariadas
Hipótesis causales multivariadas
Hipótesis correlacionales
Hipótesis de investigación
Hipótesis de la diferencia de grupos

Hipótesis descriptivas del valor de variables
Hipótesis estadística
Hipótesis nula
Prueba de hipótesis
Tipo de hipótesis
Variable
Variable dependiente
Variable independiente
Variable interviniente

Ejercicios

(Respuestas en el CD anexo, Material complementario → Apéndices → Apéndice 3)

1. Busque un artículo que reporte un estudio cuantitativo en una revista científica de su campo o área de conocimiento, que contenga al menos una hipótesis y responda: ¿está o están redactadas adecuadamente las hipótesis?, ¿son entendibles?, ¿de qué tipo son (de investigación, nula o alternativa; descriptiva de un dato o valor que se pronostica, correlacional, de diferencia de grupos o causal)?, ¿cuáles son sus variables y cómo están definidas conceptual u operacionalmente?, ¿qué podría mejorarse en el estudio respecto a las hipótesis?

2. La hipótesis: "los niños de cuatro a seis años de edad que dedican mayor cantidad de tiempo a ver televisión desarrollan mayor vocabulario que los niños que ven menos televisión".
   Es una hipótesis de investigación: ___________
   _______________________________ (anotar).

3. La hipótesis: "los niños de zonas rurales de la provincia de Antioquia, Colombia, ven diariamente tres horas de televisión en promedio".

Es una hipótesis de investigación: ___________
_______________________________ (anotar).

4. Redacte una hipótesis de diferencia de grupos y señale cuáles son las variables que la integran.

5. ¿Qué tipo de hipótesis es la siguiente?
   "La motivación intrínseca hacia el trabajo por parte de ejecutivos de grandes empresas industriales influye en su productividad y en su movilidad ascendente dentro de la organización".

6. Formule las hipótesis que corresponden a la figura 6.8.

7. Formule las hipótesis nula y alternativa que corresponderían a la siguiente hipótesis de investigación:
   Hi: "Cuanto más asertiva sea una persona en sus relaciones interpersonales íntimas, mayor número de conflictos verbales tendrá".

8. Formule una hipótesis y defina conceptual y operacionalmente sus variables, de acuerdo con el problema que ha planteado en capítulos anteriores dentro de la sección de ejercicios.

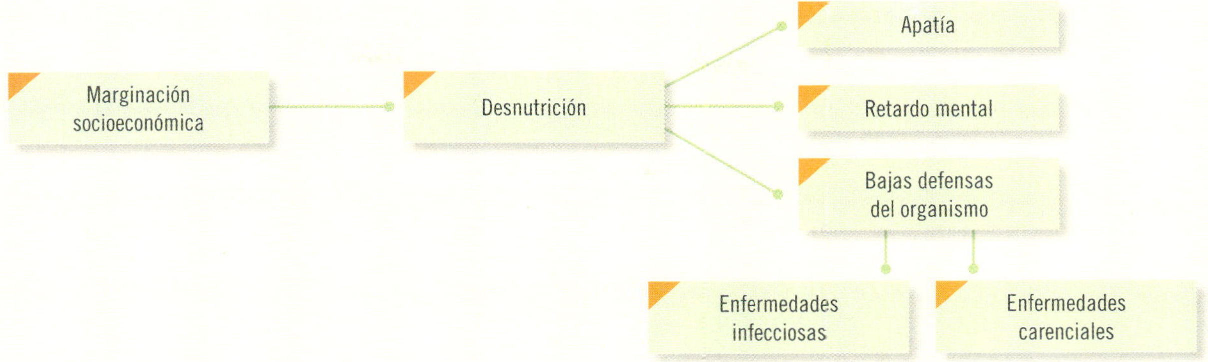

Figura 6.8   Formulación de hipótesis.

Ejemplos desarrollados

La televisión y el niño

Algunas de las hipótesis que podrían formularse son:

Hi: "Los niños de la Ciudad de México ven, en promedio, más de tres horas diarias de televisión".

Ho: "Los niños de la Ciudad de México no ven, en promedio, más de tres horas diarias de televisión".

Ha: "Los niños de la Ciudad de México ven, en promedio, menos de tres horas diarias de televisión".

Hi: "El medio de comunicación colectiva más utilizado por los niños de la Ciudad de México es la televisión".

Hi: "A mayor edad, mayor uso de la televisión".

Hi: "Los niños de la Ciudad de México ven más televisión de lunes a viernes que en los fines de semana".

Hi: "Los niños y las niñas difieren en cuanto a los contenidos televisivos preferidos".

La pareja y relación ideales

Aunque algunos estudios conducidos en el campo de las relaciones interpersonales y el amor han encontrado algunos factores y atributos para describir tanto a la pareja como a la relación ideal, por ejemplo: Weis y Sternberg (2007) y Fletcher *et al.* (1999), consideramos que éstos han sido conducidos en contextos diferentes al iberoamericano, razón por la cual es preferible partir desde una perspectiva exploratoria-descriptiva y no establecer hipótesis respecto a qué factores emergerán.

El abuso sexual infantil

Hi: "Para niñas y niños de cuatro a seis años de edad, es más confiable y válido evaluar los programas de prevención del abuso sexual infantil con una escala conductual que con una cognitiva".

Otra manera de expresar esta hipótesis:

Hi: "Las escalas conductuales que evalúan los programas de prevención del abuso sexual infantil tendrán mayor validez y confiabilidad que las escalas cognitivas".

Los investigadores opinan

Una de las principales cualidades que debe tener un investigador es la curiosidad, aunque también necesita cultivar la observación, con la finalidad de que sea capaz de detectar ideas que lo motiven a investigar sobre las mismas.

Ya sea en una investigación básica o aplicada, un buen trabajo es aquel en el cual el equipo especialista ha puesto todo su empeño en la búsqueda de conocimiento o soluciones, manteniendo siempre la objetividad y la mente abierta para tomar las decisiones adecuadas.

En las investigaciones de carácter multidisciplinario, cuando el propósito es encontrar la verdad desde distintos ángulos del conocimiento, es posible mezclar los enfoques cuantitativo y cualitativo; ya que, desde el enfoque aplicado, cada ciencia mantiene sus propios métodos, categorías y especialidad.

Aunque la investigación que se realiza en mi país aún no es suficiente, la calidad siempre se puede mejorar. Para promover proyectos en todas las áreas se necesita del trabajo conjunto de las universidades, el gobierno y la industria.

GLADYS ARGENTINA PINEDA
Profesora de tiempo completo
FACULTAD DE INGENIERÍA
Universidad Católica Nuestra Señora de la Paz
Tegucigalpa, Honduras

En investigación, el estudiante debe aplicar acciones para descartar hipótesis innecesarias y salir del empirismo mal entendido. El docente facilitará esta tarea si lo guía en el desarrollo e inicio de un proyecto.

Una buena investigación se logrará en la medida en que el especialista tenga claro lo que quiere hacer, sus ideas, sus planteamientos y la viabilidad de los mismos.

Para quienes han seguido la modalidad de la investigación cuantitativa, además de representar un proceso recolector y analítico de datos con pocos márgenes de error, la producción de datos estadísticos permite controlar la generación de respuestas y obtener resultados positivos, si cuenta con recomendaciones para mejorar los trabajos cuantificables.

El avance en investigación cualitativa ha sido de reforzamiento, ya que ésta tiene diferentes opciones para llevarse a cabo, lo cual no ocurre con la recopilación de datos matemáticos exactos.

Con cada modelo experimental se toman en cuenta los elementos que resultan más convenientes para la misma, y ambos pueden mezclarse; por ejemplo, cuando en un proyecto de publicidad o mercadotecnia se requiere definir una serie de problemas primarios y secundarios, tal conjunción permitirá obtener mejores resultados.

Para realizar una investigación de mercado utilizo un paquete de análisis cualitativo, algo que mucha gente ve como una operación para obtener información y datos, en lo que estoy de acuerdo, porque cuando los resultados no son favorables se refuerza la idea de la utilidad limitada de tal investigación.

También he aplicado el análisis cualitativo en asuntos propagandísticos y académicos. En Panamá este tipo de investigación se utiliza principalmente a nivel comercial y para pulsar las opiniones políticas.

ERIC DEL ROSARIO J.
Director de Relaciones Públicas
Universidad Tecnológica de Panamá
Profesor de publicidad
Universidad Interamericana de Panamá
Profesor de mercadeo, publicidad y ventas
Columbus University de Panamá
Panamá

Hoy más que nunca se requieren nuevos conocimientos que permitan tomar decisiones respecto de los problemas sociales, lo cual sólo se puede lograr por medio de la investigación.

Para tener éxito al llevar a cabo un proyecto, es necesario comenzar con un buen planteamiento del problema y, de acuerdo con el tipo de estudio, definir el enfoque que éste tendrá.

Algunas investigaciones como las de mercado o de negocios tratan de manera conjunta aspectos cualitativos y cuantitativos. En tales casos se utilizan ambos enfoques, siempre y cuando sea de manera complementaria.

MARÍA TERESA BUITRAGO
DEPARTAMENTO DE ECONOMÍA
Universidad Autónoma de Colombia Manizales, Colombia

Capítulo 7

Concepción o elección del diseño de investigación

Proceso de investigación cuantitativa

Paso 6 Elección o desarrollo del diseño apropiado para la investigación: experimental, no experimental o múltiple

- Precisar el diseño específico.

Oa Objetivos del aprendizaje

Al terminar este capítulo, el alumno será capaz de:

1 Definir el significado del término "diseño de investigación", así como las implicaciones que se derivan de elegir uno u otro tipo de diseño.
2 Comprender que en un estudio pueden incluirse uno o varios diseños de investigación.
3 Conocer los tipos de diseños de la investigación cuantitativa y relacionarlos con los alcances del estudio.
4 Comprender las diferencias entre la investigación experimental y la investigación no experimental.
5 Analizar los diferentes diseños experimentales y sus grados de validez.
6 Analizar los distintos diseños no experimentales y las posibilidades de investigación que ofrece cada uno.
7 Realizar experimentos y estudios no experimentales.
8 Comprender cómo el factor tiempo altera la naturaleza de un estudio.

Síntesis

Con el propósito de responder a las preguntas de investigación planteadas y cumplir con los objetivos del estudio, el investigador debe seleccionar o desarrollar un diseño de investigación específico. Cuando se establecen y formulan hipótesis, los diseños sirven también para someterlas a prueba. Los diseños cuantitativos pueden ser experimentales o no experimentales.

En este capítulo se analizan diferentes diseños experimentales y la manera de aplicarlos. Asimismo, se explica el concepto de validez experimental y cómo lograrla.

(continúa)

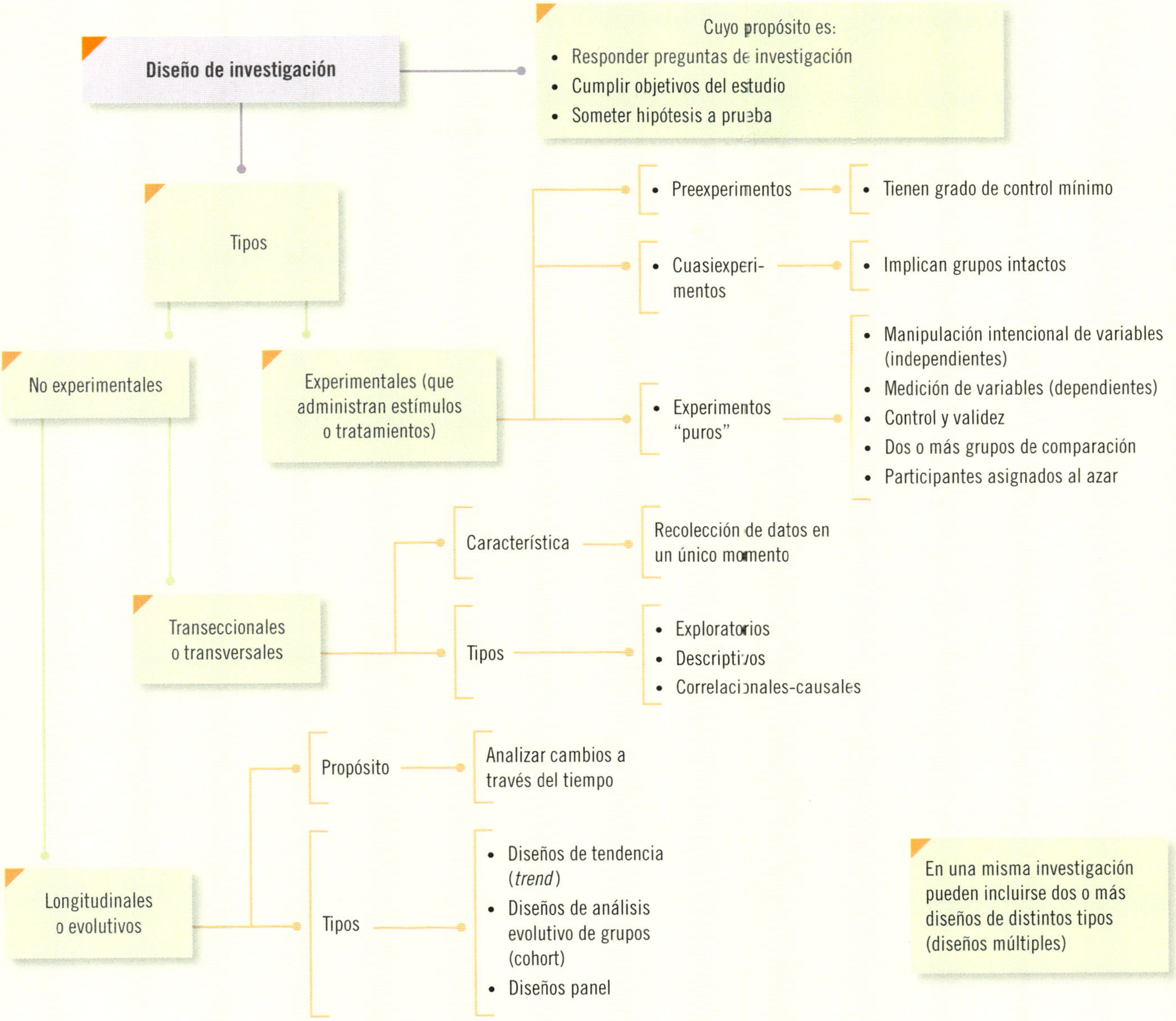

Diseño de investigación

Cuyo propósito es:
- Responder preguntas de investigación
- Cumplir objetivos del estudio
- Someter hipótesis a prueba

Tipos

- Preexperimentos → Tienen grado de control mínimo
- Cuasiexperimentos → Implican grupos intactos
- Experimentos "puros" →
  - Manipulación intencional de variables (independientes)
  - Medición de variables (dependientes)
  - Control y validez
  - Dos o más grupos de comparación
  - Participantes asignados al azar

No experimentales

Experimentales (que administran estímulos o tratamientos)

Transeccionales o transversales
- Característica → Recolección de datos en un único momento
- Tipos →
  - Exploratorios
  - Descriptivos
  - Correlacionales-causales

Longitudinales o evolutivos
- Propósito → Analizar cambios a través del tiempo
- Tipos →
  - Diseños de tendencia (*trend*)
  - Diseños de análisis evolutivo de grupos (*cohort*)
  - Diseños panel

En una misma investigación pueden incluirse dos o más diseños de distintos tipos (diseños múltiples)

Síntesis (*continuación*)

También se presenta una clasificación de diseños no experimentales, en la que se considera:

a) el factor tiempo o número de veces en que se recolectan datos;
b) el alcance del estudio.

Del mismo modo, se deja en claro que ningún tipo de diseño es intrínsecamente mejor que otro, sino que son el planteamiento del problema, los alcances de la investigación y la formulación o no de hipótesis y su tipo, los que determinan qué diseño es el más adecuado para un estudio en concreto; asimismo, es posible utilizar más de un diseño.

Nota: En el CD anexo (Material complementario → Capítulos), encontrará el capítulo 5, "Diseños experimentales: segunda parte", que extiende los contenidos expuestos en este capítulo 7, en especial lo relativo a la técnica de asignación al azar y emparejamiento, así como a series cronológicas, factoriales y cuasiexperimentos. Parte del material que estaba en ediciones anteriores en este capítulo se actualizó y transfirió a dicho medio (no se eliminó).

¿Qué es un diseño de investigación?

OA 1   Una vez que se precisó el planteamiento del problema, se definió el alcance inicial de la investigación y se formularon las hipótesis (o no se establecieron debido a la naturaleza del estudio), el investigador debe visualizar la manera práctica y concreta de responder a las preguntas de investigación, además de cubrir los objetivos fijados. Esto implica seleccionar o desarrollar uno o más diseños de investigación y aplicarlos al contexto particular de su estudio. El término **diseño** se refiere al plan o estrategia concebida para obtener la información que se desea.

En el enfoque cuantitativo, el investigador utiliza su o sus diseños para analizar la certeza de las hipótesis formuladas en un contexto en particular o para aportar evidencia respecto de los lineamientos de la investigación (si es que no se tienen hipótesis).

Sugerimos a quien se inicia dentro de la investigación comenzar con estudios que se basen en un solo diseño y, posteriormente, desarrollar indagaciones que impliquen más de un diseño, si es que la situación de investigación así lo requiere. Utilizar más de un diseño eleva considerablemente los costos de la investigación.

Para visualizar más claramente el asunto del diseño, recordemos una interrogante coloquial del capítulo anterior: ¿le gustaré a Paola: por qué sí y por qué no?; y la hipótesis: "yo le resulto atractivo a Paola porque me mira frecuentemente".

Diseño Plan o estrategia que se desarrolla para obtener la información que se requiere en una investigación.

El **diseño** constituiría el plan o la estrategia para confirmar si es o no cierto que le resultó atractivo a Paola (el plan incluiría procedimientos y actividades tendientes a encontrar la respuesta a la pregunta de investigación). En este caso podría ser: mañana buscaré a Paola después de la clase de estadística, me acercaré a ella, le diré que se ve muy guapa y la invitaré a tomar un café. Una vez que estemos en la cafetería la tomaré de la mano, y si ella no la retira, la invitaré a cenar el siguiente fin de semana; y si acepta, en el lugar donde cenemos le comentaré que me resulta atractiva y le preguntaré si yo le resulto atractivo. Desde luego, puedo seleccionar o concebir otra estrategia, tal como invitarla a bailar o ir al cine en lugar de ir a cenar; o bien, si conozco a varias amigas de Paola y yo también soy amigo de ellas, preguntarles si le resulto atractivo a esta joven. En la investigación disponemos de distintas clases de diseños preconcebidos y debemos elegir uno o varios entre las alternativas existentes, o desarrollar nuestra propia estrategia (por ejemplo, invitarla al cine y obsequiarle un presente para observar cuál es su reacción al recibirlo).

Si el diseño está concebido cuidadosamente, el producto final de un estudio (sus resultados) tendrá mayores posibilidades de éxito para generar conocimiento. Puesto que no es lo mismo seleccionar un tipo de diseño que otro: cada uno tiene sus características propias, como se verá más adelante. No es igual preguntarle directamente a Paola si le resulto o no atractivo que preguntar a sus amigas; o que en lugar de interrogarla verbalmente, prefiera analizar su conducta no verbal (cómo me mira, qué reacciones tiene cuando la abrazo o me acerco a ella, etc.). Como tampoco será lo mismo si le cuestiono delante de otras personas, que si le pregunto estando solos los dos. La precisión, amplitud y profundidad de la información obtenida varía en función del diseño elegido.

¿Cómo debemos aplicar el diseño elegido o desarrollado?

OA 2   Dentro del enfoque cuantitativo, la calidad de una investigación se encuentra relacionada con el grado en que apliquemos el diseño tal como fue preconcebido (particularmente en el caso de los experimentos). Desde luego, en cualquier tipo de investigación el diseño se debe ajustar ante posibles contingencias o cambios en la situación (por ejemplo, un experimento en el cual no funciona el estímulo experimental, éste tendría que modificarse o adecuarse).

En el proceso cuantitativo, ¿de qué tipos de diseños disponemos para investigar?

En la literatura sobre la investigación cuantitativa es posible encontrar diferentes clasificaciones de los diseños. En esta obra adoptamos la siguiente clasificación:[1] investigación experimental e investigación no experimental. A su vez, la primera puede dividirse de acuerdo con las clásicas categorías de Campbell y Stanley (1966) en: preexperimentos, experimentos "puros" y cuasiexperimentos.[2] La investigación no experimental la subdividimos en diseños transversales y diseños longitudinales. Dentro de cada clasificación se comentarán los diseños específicos. De los diseños de la investigación cualitativa nos ocuparemos en el siguiente apartado del libro.

En términos generales, no consideramos que un tipo de investigación —y los consecuentes diseños— sea mejor que otro (experimental frente a no experimental). Como mencionan Kerlinger y Lee (2002), ambos son relevantes y necesarios, ya que tienen un valor propio. Cada uno posee sus características, y la decisión sobre qué clase de investigación y diseño específico hemos de seleccionar o desarrollar depende del planteamiento del problema, el alcance del estudio y las hipótesis formuladas.

Diseños experimentales

¿Qué es un experimento?

El término **experimento** tiene al menos dos acepciones, una general y otra particular. La general se refiere a "elegir o realizar una acción" y después observar las consecuencias (Babbie, 2009). Este uso del término es bastante coloquial; así, hablamos de "experimentar" cuando mezclamos sustancias químicas y vemos la reacción provocada, o cuando nos cambiamos de peinado y observamos el efecto que suscita en nuestras amistades dicha transformación. La esencia de esta concepción de experimento es que requiere la manipulación intencional de una acción para analizar sus posibles resultados.

Una acepción particular de experimento, más armónica con un sentido científico del término, se refiere a un estudio en el que se manipulan intencionalmente una o más variables independientes (supuestas causas-antecedentes), para analizar las consecuencias que la manipulación tiene sobre una o más variables dependientes (supuestos efectos-consecuentes), dentro de una situación de control para el investigador. Esta definición quizá parezca compleja; sin embargo, conforme se analicen sus componentes se aclarará el sentido de la misma.

Figura 7.1   Esquema de experimento y variables.

Creswell (2009) denomina a los **experimentos** como estudios de intervención, porque un investigador genera una situación para tratar de explicar cómo afecta a quienes participan en ella en comparación con quienes no lo hacen. Es posible experimentar con seres humanos, seres vivos y ciertos objetos.

Los experimentos manipulan tratamientos, estímulos, influencias o intervenciones (denominadas variables independientes) para observar sus efectos sobre otras variables (las dependientes) en una situación de control. Veámoslo gráficamente en la figura 7.2.

---

[1] La tipología ha sido aceptada en ediciones anteriores por su sencillez.

[2] Esta clasificación sigue siendo la más citada en textos contemporáneos, por ejemplo: Creswell (2009) y Babbie (2009).

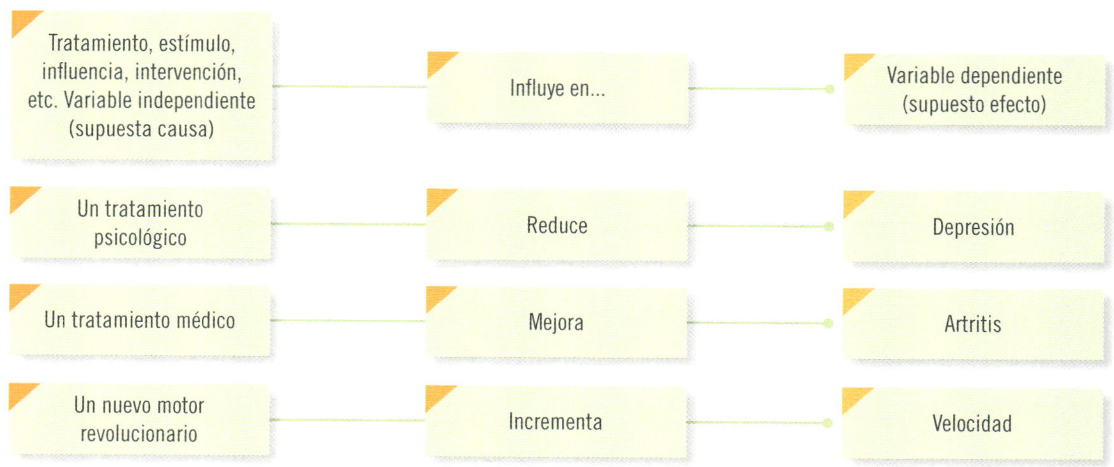

Figura 7.2   Ejemplos de la relación de variables independiente y dependiente.

Es decir, los diseños experimentales se utilizan cuando el investigador pretende establecer el posible efecto de una causa que se manipula. Pero, para establecer influencias (por ejemplo, decir que el tratamiento psicológico reduce la depresión), se deben cubrir varios requisitos que a continuación se expondrán.

Desde luego, hay ocasiones en que no podemos o no debemos experimentar. Por ejemplo, no podemos evaluar las consecuencias del impacto —deliberadamente provocado— de un meteorito sobre un planeta, el estímulo es imposible de manipular (¿quién puede enviar un meteorito a cierta velocidad para que choque con un planeta?). Tampoco podemos experimentar con hechos pasados, así como no debemos realizar cierto tipo de experimentos por cuestiones éticas (por ejemplo, experimentar en seres humanos con un nuevo virus para conocer su evolución). Ciertamente se han efectuado experimentos con armas bacteriológicas y bombas atómicas, castigos físicos a prisioneros, deformaciones al cuerpo humano, etc.; sin embargo, son situaciones que no deben permitirse bajo ninguna circunstancia.

¿Cuál es el primer requisito de un experimento?

El primer requisito es la manipulación intencional de una o más variables independientes. La variable independiente es la que se considera como supuesta causa en una relación entre variables, es la condición antecedente, y al efecto provocado por dicha causa se le denomina variable dependiente (consecuente).

Y como se mencionó en el capítulo anterior referente a las hipótesis, el investigador puede incluir en su estudio dos o más variables independientes. Cuando en realidad existe una relación causal entre una variable independiente y una dependiente, al variar intencionalmente la primera, la segunda también variará; por ejemplo, si la motivación es causa de la productividad, al variar la motivación deberá variar la productividad.

Experimento   Situación de control en la cual se manipulan, de manera intencional, una o más variables independientes (causas) para analizar las consecuencias de tal manipulación sobre una o más variables dependientes (efectos).

Un **experimento** se lleva a cabo para analizar si una o más variables independientes afectan a una o más variables dependientes y por qué lo hacen. Por ahora, simplifiquemos el problema de estudio a una variable independiente y una dependiente. En un experimento, la variable independiente resulta de interés para el investigador, ya que hipotéticamente será una de las causas que producen el efecto supuesto. Para obtener evidencia de esta supuesta relación causal, el investigador manipula la variable independiente y observa si la dependiente varía o no. Aquí, manipular es sinónimo de hacer variar o asignar distintos valores a la variable independiente.

EJEMPLO

Si un investigador deseara analizar el posible efecto de los contenidos televisivos antisociales en la conducta agresiva de determinados niños, podría hacer que un grupo viera un programa de telev sión con contenido antisocial y otro grupo viera un programa con contenido prosocial,[3] y posteriormente observara cuál de los dos grupos muestra una mayor conducta agresiva.

La hipótesis de investigación nos hubiera señalado lo siguiente: "la exposición por parte de los niños a contenidos antisociales tenderá a provocar un aumento en su conducta agresiva". De este modo, si descubre que el grupo que observó el programa antisocial muestra mayor conducta agresiva respecto del grupo que vio el programa prosocial, y que no hay otra posible causa que hubiera afectado a los grupos de manera desigual, comprobaría su hipótesis.

El investigador manipula o hace fluctuar la variable independiente para observar el efecto en la dependiente, y lo realiza asignándole dos valores: presencia de contenidos antisociales por televisión (programa antisocial) y ausencia de contenidos antisociales por televisión (programa prosocial). El experimentador realiza la variación a propósito (no es casual): tiene control directo sobre la manipulación y crea las condiciones para proveer el tipo de variación deseado.

En un experimento, para que una variable se considere como independiente debe cumplir tres requisitos:

1. que anteceda a la dependiente;
2. que varíe o sea manipulada;
3. que esta variación pueda controlarse.

La variable dependiente se mide

La variable dependiente no se manipula, sino que se mide para ver el efecto que la manipulación de la variable independiente tiene en ella. Esto se esquematiza de la siguiente manera:

<table>
<tr><td>Manipulación de la
variable independiente</td><td>Medición del efecto sobre la
variable dependiente</td></tr>
<tr><td>X_A
X_B
•
•
•</td><td>Y</td></tr>
</table>

La letra "X" suele utilizarse para simbolizar una variable independiente o tratamiento experimental, las letras o subíndices "$_{A, B}$…" indican distintos niveles de variación de la independiente y la letra "Y" se utiliza para representar una variable dependiente.

Grados de manipulación de la variable independiente

La manipulación o variación de una variable independiente puede realizarse en dos o más grados. El nivel mínimo de manipulación es de presencia-ausencia de la variable independiente. Cada nivel o grado de manipulación involucra un grupo en el experimento.

Presencia-ausencia

Este nivel o grado implica que un grupo se expone a la presencia de la variable independiente y el otro no. Posteriormente, los dos grupos se comparan para saber si el grupo expuesto a la variable independiente difiere del grupo que no fue expuesto.

---

[3] En este momento no se explica el método para asignar a los niños a los dos grupos; lo veremos en el apartado de control y validez interna. Lo que importa ahora es que se comprenda el significado de la manipulación de la variab e independien e.

Por ejemplo, a un grupo de personas con artritis se le administra el tratamiento médico y al otro grupo no se le administra. Al primero se le conoce como grupo experimental, y al otro, en el que está ausente la variable independiente, se le denomina **grupo de control**. Pero en realidad ambos grupos participan en el experimento. Después se observa si hubo o no alguna diferencia entre los grupos en lo que respecta a la cura de la enfermedad (artritis).

A la presencia de la variable independiente con frecuencia se le llama "tratamiento experimental", "intervención experimental" o "estímulo experimental". Es decir, el **grupo experimental** recibe el tratamiento o estímulo experimental o, lo que es lo mismo, se le expone a la variable independiente; el grupo de control no recibe el tratamiento o estímulo experimental. Ahora bien, el hecho de que uno de los grupos no se exponga al tratamiento experimental no significa que su participación en el experimento sea pasiva. Por el contrario, implica que realiza las mismas actividades que el grupo experimental, excepto someterse al estímulo. En el ejemplo de la violencia televisada, si el grupo experimental va a ver un programa de televisión con contenido violento, el grupo de control podría ver el mismo programa, pero sin las escenas violentas (otra versión del programa). Si se tratara de experimentar con un medicamento, el grupo experimental consumiría el medicamento, mientras que el grupo de control consumiría un placebo (por ejemplo, una supuesta píldora que en realidad es un caramelo bajo en azúcares).

En general, en un experimento puede afirmarse lo siguiente: si en ambos grupos todo fue "igual" menos la exposición a la variable independiente, es muy razonable pensar que las diferencias entre los grupos se deban a la presencia-ausencia de tal variable.

Grupo de control Se le conoce también como grupo testigo.

Grupo experimental Es el que recibe el tratamiento o estímulo experimental.

Más de dos grados

En otras ocasiones, es posible hacer variar o manipular la variable independiente en cantidades o grados. Supongamos una vez más que queremos analizar el posible efecto del contenido antisocial por televisión sobre la conducta agresiva de ciertos niños. Podría hacerse que un grupo fuera expuesto a un programa de televisión sumamente violento (con presencia de violencia física y verbal); un segundo grupo se expusiera a un programa medianamente violento (sólo con violencia verbal), y un tercer grupo se expusiera a un programa sin violencia o prosocial. En este ejemplo, se tendrían tres niveles o cantidades de la variable independiente, lo cual se representa de la siguiente manera:

$$X_1 \qquad \text{(programa sumamente violento)}$$
$$X_2 \qquad \text{(programa medianamente violento)}$$
$$— \qquad \text{(ausencia de violencia, programa prosocial)}$$

Manipular la variable independiente en varios niveles tiene la ventaja de que no sólo se puede determinar si la presencia de la variable independiente o tratamiento experimental tiene un efecto, sino también si distintos niveles de la variable independiente producen diferentes efectos. Es decir, si la magnitud del efecto (Y) depende de la intensidad del estímulo (X_1, X_2, X_3, etcétera).

Ahora bien, ¿cuántos niveles de variación deben ser incluidos? No hay una respuesta exacta, depende del planteamiento del problema y los recursos disponibles. Del mismo modo, los estudios previos y la experiencia del investigador pueden darnos luz al respecto, ya que cada nivel implica un grupo experimental más. Por ejemplo, en el caso del tratamiento médico, dos niveles de variación pueden ser suficientes para probar su efecto, pero si tenemos que evaluar los efectos de distintas dosis de un medicamento, tendremos tantos grupos como dosis y, además, el grupo testigo o de control.

Modalidades de manipulación en lugar de grados

Existe otra forma de manipular una variable independiente que consiste en exponer a los grupos experimentales a diferentes modalidades de la variable, pero sin que esto implique cantidad. Por ejemplo, experimentar con tipos de semillas, medios para comunicar un mensaje a todos los ejecutivos de la empresa (correo electrónico *versus* teléfono celular o móvil *versus* memorándum escrito, vacunas, estilos de argumentaciones de abogados en juicios, procedimientos de construcción o materiales.

En ocasiones, la manipulación de la variable independiente conlleva una combinación de cantidades y modalidades de ésta. Los diseñadores de automóviles experimentan con el peso del chasis (cantidad) y el material con que está construido (modalidad) para conocer su efecto en la aceleración de un vehículo.

Finalmente, es necesario insistir en que cada nivel o modalidad implica, al menos, un grupo. Si hay tres niveles (grados) o modalidades, se tendrán tres grupos como mínimo.

¿Cómo se define la manera de manipular las variables independientes?

Al manipular una variable independiente es necesario especificar qué se va a entender por esa variable en el experimento (definición operacional experimental). Es decir, trasladar el concepto teórico a un estímulo experimental. Por ejemplo, si la variable independiente a manipular es la exposición a la violencia televisada (en adultos), el investigador debe pensar cómo va a transformar ese concepto en una serie de operaciones experimentales. En este caso podría ser: la violencia televisada será operacionalizada (transportada a la realidad) mediante la exposición a un programa donde haya riñas y golpes, insultos, agresiones, uso de armas de fuego, crímenes o intentos de crímenes, azotes de puertas, se aterre a personas, persecuciones, etc. Entonces se selecciona un programa donde se muestren tales conductas (por ejemplo, *CSI: Investigación de la escena del crimen, Prision break* o *La ley y el orden*, o una telenovela producida en Latinoamérica o serie española en que se presenten dichos comportamientos). Así, el concepto abstracto se transforma en un referente real.

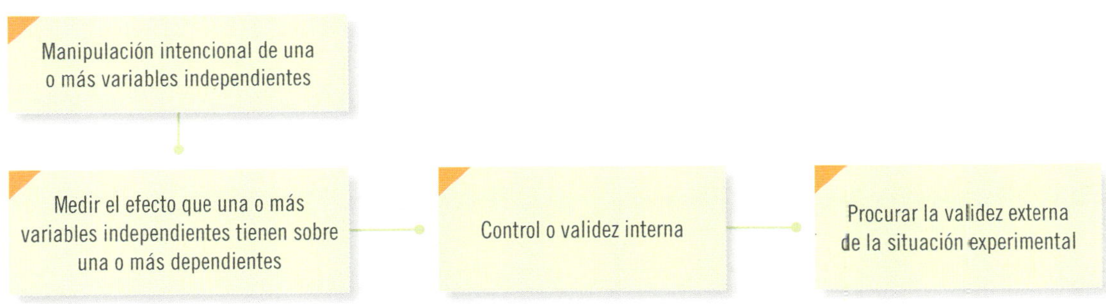

Figura 7.3   Requisitos de un experimento.

Veamos cómo un concepto teórico (grado de información sobre la deficiencia mental) en la práctica se tradujo a dos niveles de manipulación experimental.

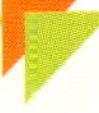

EJEMPLO

Naves y Poplawsky (1984) diseñaron un experimento para poner a prueba la siguiente hipótesis: "a mayor grado de información sobre la deficiencia mental que posea el sujeto común se mostrará menor evitación en la interacción con el deficiente mental".[4]

---

[4] En el ejemplo a veces se emplean los términos "deficiencia mental" y "deficiente mental", debido a que son los que utilizaron Esther Naves y Silvia Poplawsky. Los términos más correctos serían: "capacidad mental diferente" y "persona con ta capacidad". De antemano nos disculpamos si alguien se siente ofendido por estos vocablos.

La variable independiente fue "el grado de información sobre la deficiencia mental" (o mejor dicho, capacidad mental distinta); y la dependiente, "la conducta de evitación en interacciones con personas cuyas capacidades mentales son diferentes". La primera se manipuló mediante dos niveles de información: 1) información cultural y 2) información sociopsicológica acerca de este tipo de capacidad mental. Por tanto, hubo dos grupos: uno con información cultural y otro con información sociopsicológica. El primer grupo no recibió ningún tipo de información sobre la deficiencia mental o la capacidad mental distinta, ya que se supuso: "que todo individuo, por pertenecer a cierta cultura, maneja este tipo de información, y está conformada por nociones generales y normalmente estereotipadas sobre la deficiencia mental; de ello se desprende que si un sujeto basa sus predicciones sobre la conducta del otro en el nivel cultural, obtendrá mínima precisión y pocas probabilidades de controlar el evento comunicativo" (Naves y Poplawsky, 1984, p. 119).

El segundo grupo acudió a un centro de entrenamiento para personas cuyas capacidades mentales son diferentes, donde tuvo una reunión con ellos, quienes les proporcionaron información sociopsicológica (algunos contaron sus problemas en el trabajo y sus relaciones con superiores y compañeros, también se trataron temas como el amor y la amistad). Este grupo pudo observar lo que es la "deficiencia mental o capacidad mental distinta", cómo se trata clínicamente y los efectos en la vida cotidiana de quien la posee, además de recibir información sociopsicológica al respecto.

Después, todos los participantes fueron expuestos a una interacción sorpresiva con un supuesto individuo con capacidad mental distinta (que en realidad era un actor entrenado para comportarse como "deficiente mental" y con conocimientos sobre la materia).[5] La situación experimental estuvo bajo riguroso control y se filmaron las interacciones para medir el grado de evitación hacia el sujeto con capacidad mental diferente, a través de cuatro dimensiones: *a*) distancia física, *b*) movimientos corporales que denotaban tensión, *c*) conducta visual y *d*) conducta verbal. Se comprobó la hipótesis, pues el grupo con información cultural mostró una mayor conducta de evitación que el grupo con información sociopsicológica.

Dificultades para definir cómo se manipularán las variables independientes

En ocasiones no resulta tan difícil trasladar el concepto teórico (variable independiente) en operaciones prácticas de manipulación (tratamientos o estímulos experimentales). Manipular la paga (cantidades de dinero otorgadas), la retroalimentación, el reforzamiento y la administración de un medicamento no es muy difícil. Sin embargo, a veces resulta verdaderamente complicado representar el concepto teórico en la realidad, sobre todo con variables internas, variables que pueden tener diversos significados o variables que sean difíciles de alterar. La socialización, la cohesión, la conformidad, el poder, la motivación individual y la agresión son conceptos que requieren un enorme esfuerzo por parte del investigador para operacionalizarse.

Guía para sortear dificultades

Para definir cómo se va a manipular una variable es necesario:

1. *Consultar experimentos antecedentes* para ver si en éstos resultó exitosa la forma de manipular la variable independiente. Al respecto, resulta imprescindible analizar si la manipulación de esos estudios puede aplicarse al contexto específico del nuestro, o cómo se extrapolaría a nuestra situación experimental.

2. *Evaluar la manipulación* antes de que se conduzca el experimento. Hay varias preguntas que el experimentador debe hacerse para evaluar su manipulación antes de llevarla a cabo: ¿las operaciones experimentales representan la variable conceptual que se tiene en mente?, ¿los diferentes nive-

---

[5] Las actuaciones fueron ensayadas una y otra vez ante un grupo de cuatro expertos sobre la deficiencia mental, hasta que el grupo unánimemente validó el desempeño del actor.

les de variación de la variable independiente harán que los sujetos se comporten de diferente forma? (Christensen, 2006), ¿qué otras maneras existen para manipular la variable?, ¿ésta es la mejor? Si el concepto teórico no se traslada adecuadamente a la realidad, lo que sucederá es que al final realizaremos otro experimento muy distinto del que pretendemos. Si deseáramos averiguar el efecto de la ansiedad sobre la memorización de conceptos y si nuestra manipulación es errónea (en lugar de provocar ansiedad, generase inconformidad), los resultados del experimento tal vez nos ayudarán a explicar la relación inconformidad-memorización de conceptos; pero de ninguna manera servirán para analizar el efecto de la ansiedad en la memorización. Podría ser que no nos demos cuenta y consideremos que aportamos algo cuando en realidad no lo hicimos.

También, si la presencia de la variable independiente en el o los grupos experimentales es débil, probablemente no se encontrarán efectos, pero no porque no pueda haberlos. Si pretendemos manipular la violencia televisada y nuestro programa no es en realidad violento (incluye uno que otro insulto y algunas sugerencias de violencia física) y no encontramos un efecto, en verdad no podemos afirmar o negar que haya un efecto, porque la manipulación fue débil.

3. *Incluir verificaciones para la manipulación*. Cuando se experimenta con personas hay varias formas de verificar si realmente funcionó la manipulación. La primera consiste en entrevistar a los participantes. Supongamos que, por medio de la manipulación, pretendemos generar que un grupo esté muy motivado hacia una tarea o actividad y el otro no, después del experimento entrevistaríamos a los individuos para ver si el grupo que debía estar muy motivado en realidad lo estuvo, y el grupo que no debía estar motivado no lo estuvo. Una segunda forma es incluir mediciones relativas a la manipulación durante el experimento. Por ejemplo, aplicar una escala de motivación a ambos grupos cuando supuestamente unos deben estar motivados y otros no.

¿Cuál es el segundo requisito de un experimento?

El segundo requisito consiste en medir el efecto que la variable independiente tiene en la variable dependiente. Esto es igualmente importante y como en la variable dependiente se observa el efecto, la medición debe ser válida y confiable. Si no podemos asegurar que se midió de manera adecuada, los resultados no servirán y el experimento será una pérdida de tiempo.

Imaginemos que conducimos un experimento para evaluar el efecto de un nuevo tipo de enseñanza en la comprensión de conceptos políticos por parte de ciertos niños, y en lugar de medir comprensión medimos la memorización; por más correcta que resulte la manipulación de la variable independiente, el experimento resultaría un fracaso porque la medición de la dependiente no es válida. O supongamos que tenemos dos grupos a comparar con mediciones distintas, y si encontramos diferencias ya no sabremos si se debieron a la manipulación de la independiente o a que se aplicaron exámenes de comprensión diferentes. Los requisitos para medir correctamente una variable se comentan en el capítulo 9: "Recolección de los datos cuantitativos". En la planeación de un experimento se debe precisar cómo se van a manipular las variables independientes y cómo medir las dependientes.

¿Cuántas variables independientes y dependientes deben incluirse en un experimento?

No hay reglas para ello; depende de cómo se haya planteado el problema de investigación y de las limitaciones que existan. Si al investigador interesado en contrastar efectos de apelaciones emotivas frente a racionales de comerciales televisivos en la predisposición de compra de un producto sólo le interesa este problema, tendrá una variable independiente única y una sola dependiente. Pero si también le interesa analizar el efecto de utilizar comerciales en blanco y negro frente a los que son a color, agregaría esta variable independiente y la manipularía. Tendría dos variables independientes (apelación y colorido) y una dependiente (predisposición de compra), son cuatro grupos (sin contar el de control):

a) grupo expuesto a apelación emotiva y comercial en blanco y negro;
b) grupo expuesto a apelación emotiva y comercial en color;
c) grupo expuesto a apelación racional y comercial en blanco y negro;
d) grupo expuesto a apelación racional y comercial en color.

O también se podría agregar una tercera variable independiente: duración de los comerciales, y una cuarta: realidad de los modelos del comercial (personas vivas en contraposición a dibujos animados) y así sucesivamente. Claro está que conforme se aumenta el número de variables independientes se incrementarán las manipulaciones que deben hacerse y el número de grupos requeridos para el experimento. Entonces, entraría en juego el segundo factor mencionado (limitantes), tal vez no conseguiría las suficientes personas para tener el número de grupos que se requiere, o el presupuesto para producir tal variedad de comerciales.

Por otro lado, en cada caso podría optar por medir más de una variable dependiente y evaluar múltiples efectos de las independientes (en distintas variables). Por ejemplo, además de la predisposición de compra, medir la recordación del comercial y la evaluación estética de éste. Resulta obvio que, al aumentar las variables dependientes, no tienen que incrementarse los grupos, porque estas variables no se manipulan. Lo que aumenta es el tamaño de la medición (cuestionarios con más preguntas, mayor número de observaciones, entrevistas más largas, etc.) porque hay más variables que medir.

¿Cuál es el tercer requisito de un experimento?

Validez interna   Grado de confianza que se tiene de que los resultados del experimento se interpreten adecuadamente y sean válidos (se logra cuando hay control).

El tercer requisito que todo experimento debe cumplir es el **control** o **la validez interna** de la situación experimental. El término "control" tiene diversas connotaciones dentro de la experimentación. Sin embargo, su acepción más común es que, si en el experimento se observa que una o más variables independientes hacen variar a las dependientes, la variación de estas últimas se debe a la manipulación de las primeras y no a otros factores o causas; y si se observa que una o más independientes no tienen un efecto sobre las dependientes, se puede estar seguro de ello. En términos más coloquiales, tener "control" significa saber qué está ocurriendo realmente con la relación entre las variables independientes y las dependientes. Esto podría ilustrarse de la siguiente manera:

Figura 7.4   Experimentos con control e intento de experimento.

Cuando hay **control** es posible determinar la relación causal; cuando no se logra el control, no se puede conocer dicha relación (no se sabe qué está detrás del "cuadro en color", quizá sería, por ejemplo: "$X \rightarrow Y$", o "$X \quad Y$"; es decir, que hay correlación o que no existe ninguna relación). En la estrategia de la experimentación, el investigador no manipula una variable sólo para comprobar la covariación, sino que al efectuar un experimento es necesario realizar una observación controlada (Van Dalen y Meyer, 1994).

Dicho de una tercera forma, lograr *control* en un experimento es contener la influencia de otras variables extrañas en las variables dependientes, para así saber en realidad si las variables independientes que nos interesan tienen o no efecto en las dependientes. Ello se esquematizaría así:

Figura 7.5   Experimentos con control de las variables extrañas.

Es decir, "purificamos" la relación de X (independiente) con Y (dependiente) de otras posibles fuentes que afecten a Y, y que "contaminen" el experimento. Aislamos las relaciones que nos interesan. Si deseamos analizar el efecto que pueda tener un comercial sobre la predisposición de compra hacia el producto que se anuncia, sabemos que quizás existan otras razones o causas por las cuales las personas piensen en comprar el producto (calidad, precio, cualidades, prestigio de la marca, etc.). Entonces, en el experimento se deberá controlar la posible influencia de estas otras causas, para que así sepamos si el comercial tiene o no algún efecto. De lo contrario, si se observa que la predisposición de compra es elevada y no hay control, no sabremos si el comercial es la causa o lo son los demás factores.

Lo mismo ocurre con un método de enseñanza, cuando por medio de un experimento se desea evaluar su influencia en el aprendizaje. Si no hay control, no sabremos si un buen aprendizaje se debió al método, a que los participantes eran sumamente inteligentes, a que tenían conocimientos aceptables de los contenidos o a cualquier otro motivo. Si no hay aprendizaje no sabremos si se debe a que los sujetos estaban muy desmotivados hacia los contenidos a enseñar, a que eran poco inteligentes o a cualquier otra causa. Es decir, buscamos descartar otras posibles explicaciones para evaluar si la nuestra es o no la correcta (variables independientes de interés, estímulos o tratamientos experimentales que tienen el efecto que nos interesa comprobar). Tales explicaciones rivales son las fuentes de invalidación interna (que pueden invalidar el experimento).

Fuentes de invalidación interna

Existen diversos factores que tal vez nos confundan y sean motivo de que ya no sepamos si la presencia de una variable independiente o un tratamiento experimental surte o no un verdadero efecto. Se trata de explicaciones rivales frente a la explicación de que las variables independientes afectan a las dependientes. Campbell y Stanley (1966) definieron estas explicaciones rivales, las cuales han sido ampliadas por Campbell (1975), Christensen (2006) y Babbie (2009). Se les conoce como fuentes de invalidación interna porque precisamente atentan contra la validez interna de un experimento. Ésta se refiere a cuánta confianza tenemos en que sea posible interpretar los resultados del experimento y éstos sean válidos. La *validez interna* se relaciona con la calidad del experimento y se logra cuando hay control, cuando los grupos difieren entre sí solamente en la exposición a la variable independiente (ausencia-presencia o en grados o modalidades), cuando las mediciones de la variable dependiente son confiables y válidas, y cuando el análisis es el adecuado para el tipo de datos que estamos manejando. El control en un experimento se alcanza eliminando esas explicaciones rivales o fuentes de invalidación interna. A continuación se mencionan brevemente algunas de estas fuentes de invalidación en la tabla 7.1; una explicación más amplia, así como ejemplos y otras fuentes potenciales, las podrá encontrar el lector en el CD anexo → capítulo 5 "Diseños experimentales: segunda parte".

▲ **Tabla 7.1** Principales fuentes de invalidación interna[6]

Fuente o amenaza a la validez interna	Descripción de la amenaza	En respuesta, el investigador debe:
Historia	Eventos o acontecimientos externos que ocurran durante el experimento e influyan solamente a algunos de los participantes.	Asegurarse de que los participantes de los grupos experimentales y de control experimenten los mismos eventos.
Maduración	Los participantes pueden cambiar o madurar durante el experimento y esto afectar los resultados.	Seleccionar participantes para los grupos que maduren o cambien de manera similar durante el experimento.
Inestabilidad del instrumento de medición	Poca o nula confiabilidad del instrumento.	Elaborar un instrumento estable y confiable.
Inestabilidad del ambiente experimental	Las condiciones del ambiente o entorno del experimento no sean iguales para todos los grupos participantes.	Lograr que las condiciones ambientales sean las mismas para todos los grupos.
Administración de pruebas	Que la aplicación de una prueba o instrumento de medición antes del experimento influya las respuestas de los individuos cuando se vuelve a administrar la prueba después del experimento (recuerden sus respuestas).	Tener pruebas equivalentes y confiables, pero que no sean las mismas y que los grupos que se comparen sean equiparables.
Instrumentación	Que las pruebas o instrumentos aplicados a los distintos grupos que participan en el experimento no sean equivalentes.	Administrar la misma prueba o instrumento a todos los individuos o grupos participantes.
Regresión	Seleccionar participantes que tengan puntuaciones extremas en la variable medida (casos extremos) y que no se mida su valoración real.	Elegir participantes que no tengan puntuaciones extremas o pasen por un momento anormal.
Selección	Que los grupos del experimento no sean equivalentes.	Lograr que los grupos sean equivalentes.
Mortalidad	Que los participantes abandonen el experimento.	Reclutar suficientes participantes para todos los grupos.
Difusión de tratamientos	Que los participantes de distintos grupos se comuniquen entre sí y esto afecte los resultados.	Durante el experimento mantener a los grupos tan separados entre sí como sea posible.
Compensación	Que los participantes del grupo de control perciban que no reciben nada y eso los desmoralice y afecte los resultados.	Proveer de beneficios a todos los grupos participantes.
Conducta del experimentador	Que el comportamiento del experimentador afecte los resultados.	Actuar igual con todos los grupos y ser "objetivo".

¿Cómo se logran el control y la validez interna?

El **control** en un experimento logra la validez interna y se alcanza mediante:

1. varios grupos de comparación (dos como mínimo);
2. equivalencia de los grupos en todo, excepto en la manipulación de la o las variables independientes.

---

[6] Basada en Hernández Sampieri *et al.* (2006) y Mertens (2005), pero principalmente Creswell (2009, p.163-165).

Varios grupos de comparación

Es necesario que en un experimento se tengan, por lo menos, dos grupos que comparar. En primer término, porque si nada más se tiene un grupo no es posible saber con certeza si influyeron las fuentes de invalidación interna o no. Por ejemplo, si mediante un experimento buscamos probar la hipótesis: "a mayor información psicológica sobre una clase social, menor prejuicio hacia esta clase". Si decidimos tener un solo grupo en el experimento, se expondría a los sujetos a un programa de sensibilización donde se proporcione información sobre la manera como vive dicha clase, sus angustias y problemas, necesidades, sentimientos, aportaciones a la sociedad, etc.; para luego observar el nivel de prejuicio (el programa incluiría charlas de expertos, películas y testimonios grabados, lecturas, etc.). Este experimento se esquematizaría así:

<table>
<tr><td align="center">***Momento 1***</td><td align="center">***Momento 2***</td></tr>
<tr><td align="center">Exposición al programa
de sensibilización</td><td align="center">Observación del nivel
de prejuicio</td></tr>
</table>

Todo en un único grupo. ¿Qué sucede si se observa un bajo nivel de prejuicio en el grupo? ¿Podemos deducir con absoluta certeza que se debió al estímulo? Desde luego que no. Es posible que el nivel bajo de prejuicio se deba al programa de sensibilización, que es la forma de manipular la variable independiente "información psicológica sobre una clase social", pero también a que los participantes tenían un bajo nivel de prejuicio antes del experimento y, en realidad, el programa no afectó. Y no lo podemos saber porque no hay una medición del nivel de prejuicio al inicio del experimento (antes de la presentación del estímulo experimental); es decir, no existe punto de comparación. Pero, aunque hubiera ese punto de contraste inicial, con un solo grupo no podríamos estar seguros de cuál fue la causa del nivel de prejuicio. Supongamos que el nivel de prejuicio antes del estímulo o tratamiento era alto, y después del estímulo, bajo. Quizás el tratamiento sea la causa del cambio, pero tal vez también ocurrió lo siguiente:

1. Que la primera prueba de prejuicio sensibilizara a los sujetos participantes y que influyera en sus respuestas a la segunda prueba. Así, las personas crearon conciencia de lo negativo de ser prejuiciosas al responder a la primera prueba (administración de prueba).
2. Que los individuos seleccionados se agotaran durante el experimento y sus respuestas a la segunda prueba fueran "a la ligera" (maduración).
3. Que durante el experimento se salieron sujetos prejuiciosos o parte importante de ellos (mortalidad experimental).

O bien otras razones. Y si no se hubiera observado un cambio en el nivel de prejuicio entre la primera prueba (antes del programa) y la segunda (después del programa), esto significaría que la exposición al programa no tiene efectos, aunque también podría ocurrir que el grupo seleccionado es muy prejuicioso y tal vez el programa sí tiene efectos en personas con niveles comunes de prejuicio. Asimismo, si el cambio es negativo (mayor nivel de prejuicio en la segunda medición que en la primera), se podría suponer que el programa incrementa el prejuicio, pero supongamos que haya ocurrido un suceso durante el experimento que generó momentáneamente prejuicios hacia esa clase social (una violación en la localidad a cargo de un individuo de esa clase), pero después los participantes "regresaron" a su nivel de prejuicio normal (regresión). Incluso podría haber otras explicaciones.

Con un solo grupo no estaríamos seguros de que los resultados se debieran al estímulo experimental o a otras razones. Siempre quedará la duda. Los "experimentos" con un grupo se basan en sospechas o en lo que "aparentemente es", pero carecen de fundamentos. Al tener un único grupo se corre el riesgo de seleccionar sujetos atípicos (los más inteligentes al experimentar con métodos de enseñanza, los trabajadores más motivados al experimentar con programas de incentivos, los consumidores más críticos, las parejas de novios más integradas, etc.) y de que intervengan la historia, la maduración, y demás fuentes de invalidación interna, sin que el experimentador se dé cuenta.

Por ello, el o la investigador(a) debe tener, al menos, un punto de comparación: dos grupos, uno al que se le administra el estímulo y otro al que no (el grupo de control).[7] Tal como se mencionó al hablar de manipulación, a veces se requiere tener varios grupos cuando se desea averiguar el efecto de distintos niveles o modalidades de la variable independiente.

Equivalencia de los grupos

Sin embargo, para tener control no basta con dos o más grupos, sino que éstos deben ser similares en todo, menos en la manipulación de la o las variables independientes. El control implica que todo permanece constante, salvo tal manipulación o intervención. Si entre los grupos que conforman el experimento todo es similar o equivalente, excepto la manipulación de la variable independiente, las diferencias entre los grupos pueden atribuirse a ella y no a otros factores (entre los cuales están las fuentes de invalidación interna).

Imaginemos que deseamos probar si una serie de programas educativos de televisión para niños genera mayor aprendizaje en comparación con un método educativo tradicional. Un grupo recibe la enseñanza a través de los programas, otro grupo la recibe por medio de instrucción oral tradicional y un tercer grupo dedica ese mismo tiempo a jugar libremente en el salón de clases. Supongamos que los niños que aprendieron mediante los programas obtienen las mejores calificaciones en una prueba de conocimientos relativa a los contenidos enseñados, los que recibieron el método tradicional obtienen calificaciones mucho más bajas, y los que jugaron obtienen puntuaciones de cero o cercanas a este valor. En forma aparente, los programas son un mejor vehículo de enseñanza que la instrucción oral. Pero si los grupos **no** son equivalentes, entonces no podemos confiar en que las diferencias se deban en realidad a la manipulación de la variable independiente (programas televisivos-instrucción oral) y no a otros factores, o a la combinación de ambos. Por ejemplo, a los niños más inteligentes, estudiosos y con mayor empeño se les asignó al grupo que fue instruido por televisión, o simplemente su promedio de inteligencia y aprovechamiento era el más elevado; o la instructora del método tradicional no poseía buen desempeño, o los niños expuestos a este último método recibieron mayor carga de trabajo y tenían exámenes los días en que se desarrolló el experimento, etc. ¿Cuánto se debió al método y cuánto a otros factores? Para el investigador la respuesta a esta pregunta se convierte en un enigma: no hay control.

Si experimentáramos con métodos de motivación para trabajadores, y a un grupo enviáramos a los que laboran en el turno matutino, mientras que al otro lo mandáramos con los del turno vespertino, ¿quién nos asegura que antes de iniciar el experimento ambos tipos de trabajadores están igualmente motivados? Puede haber diferencias en la motivación inicial porque los supervisores de distintos turnos motivan de diferente manera y grado, o tal vez los del turno vespertino preferirían trabajar en la mañana o se les pagan menos horas extra, etc. Si no están igualmente motivados, podría ocurrir que el estímulo aplicado a los del turno de la mañana aparentara ser el más efectivo, cuando en realidad no es así.

Veamos un ejemplo que nos ilustrará el resultado tan negativo que llega a tener la no equivalencia de los grupos sobre los resultados de un experimento. ¿Qué investigador probaría el efecto de diferentes métodos para sensibilizar a las personas respecto a lo terrible que puede ser el terrorismo si un grupo está constituido por miembros de Al-Qaeda y el otro por familiares de las víctimas de los atentados en Londres, en julio de 2005?

Los grupos deben ser equivalentes al iniciar y durante todo el desarrollo del experimento, menos en lo que respecta a la variable independiente. Asimismo, los instrumentos de medición deben ser iguales y aplicados de la misma manera.

---

[7] El grupo de control o testigo es útil precisamente para tener un punto de comparación. Sin él, no podríamos saber qué sucede cuando la variable independiente está ausente. Su nombre indica su función: ayudar a establecer el control, colaborando en la eliminación de hipótesis rivales o influencias de las posibles fuentes de invalidación interna.

Equivalencia inicial

Implica que los grupos son similares entre sí al momento de iniciarse el experimento. Si el experimento se refiere a los métodos educativos, los grupos deben ser equiparables en cuanto a número de personas, inteligencia, aprovechamiento, disciplina, memoria, género, edad, nivel socioeconómico, motivación, alimentación, conocimientos previos, estado de salud física y mental, interés por los contenidos, extraversión, etc. Si inicialmente no son equiparables, digamos en cuanto a motivación o conocimientos previos, las diferencias entre los grupos —en cualquier variable dependiente— no podrían atribuirse con certeza a la manipulación de la variable independiente.

La **equivalencia inicial** no se refiere a equivalencias entre individuos, porque las personas tenemos por naturaleza diferencias individuales; sino a la equivalencia entre grupos. Si tenemos dos grupos en un experimento, es indudable que habrá, por ejemplo, personas muy inteligentes en un grupo, pero también debe haberlas en el otro grupo. Si en un grupo hay mujeres, en el otro debe haberlas en la misma proporción. Y así con todas las variables que lleguen a afectar a la o las variables dependientes, además de la variable independiente. El promedio de inteligencia, motivación, conocimientos previos, interés por los contenidos y demás variables debe ser el mismo en los grupos de contraste. Si bien no exactamente igual, no puede existir una diferencia significativa en esas variables entre los grupos.

> **Equivalencia inicial** Implica que los grupos son similares entre sí al momento de iniciarse el experimento.

Equivalencia durante el experimento

Además, durante el estudio los grupos deben mantenerse similares en los aspectos concernientes al desarrollo experimental, excepto en la manipulación de la variable independiente: mismas instrucciones (salvo variaciones que sean parte de esa manipulación), personas con las que tratan los participantes y maneras de recibirlos, lugares con características semejantes (iguales objetos en los cuartos, clima, ventilación, sonido ambiental, etc.), misma duración del experimento, así como del momento y, en fin, todo lo que sea parte del experimento. Cuanto mayor sea la equivalencia durante su desarrollo, habrá mayor control y posibilidad de que, si observamos o no efectos, estemos seguros de que verdaderamente los hubo o no.

Cuando trabajamos simultáneamente con varios grupos, es difícil que las personas que dan las instrucciones y vigilan el desarrollo de los grupos sean las mismas. Entonces debe buscarse que su tono de voz, apariencia, edad, género y otras características capaces de afectar los resultados sean iguales o similares, y mediante entrenamiento debe estandarizarse su proceder. Algunas veces se dispone de menos cuartos o lugares que de grupos. Entonces, la asignación de los grupos a los cuartos y horarios se realiza al azar, y se procura que los tratamientos se apliquen temporalmente lo más cerca que sea posible. Otras veces, los participantes reciben los estímulos individualmente y no puede ser simultánea su exposición. Se deben sortear de manera que en un día (por la mañana) personas de todos los grupos participen en el experimento, lo mismo por la tarde y durante el tiempo que sea necesario (los días que dure el experimento).

¿Cómo se logra la equivalencia inicial?: asignación al azar

Existe un método muy difundido para alcanzar esta equivalencia: la **asignación aleatoria** o **al azar** de los participantes a los grupos del experimento (en inglés, *randomization*).[8] La **asignación al azar** nos asegura probabilísticamente que dos o más grupos son equivalentes entre sí. Es una técnica de control que tiene como propósito dar al investigador la seguridad de que variables extrañas, conocidas o desconocidas, no afectarán de manera sistemática los resultados del estudio (Christensen, 2006). Esta técnica diseñada por Sir Ronald A. Fisher, en la década de 1940, ha demostrado durante años que funciona para hacer equivalentes a grupos de participantes. Como mencionan Cochran y Cox (1992, p. 24):

> **Asignación aleatoria** o **al azar** Es una técnica de control muy difundida para asegurar la equivalencia inicial al ser asignados aleatoriamente los sujetos a los grupos del experimento.

---

[8] El que los participantes sean asignados al azar significa que no hay un motivo sistemático por el cual fueron elegidos para ser parte de un grupo o de otro, la casualidad es lo que define a qué grupo son asignados.

La asignación aleatoria es en cierta forma análoga a un seguro, por el hecho de que es una precaución contra interferencias que pueden o no ocurrir, y ser o no importante si ocurren. Por lo general, es aconsejable tomarse el trabajo de distribuir aleatoriamente, aun cuando no se espere que haya un sesgo importante al dejar de hacerlo.

La asignación al azar puede llevarse a cabo empleando trozos de papel. Se escribe el nombre de cada participante (o algún tipo de clave que lo identifique) en uno de los pedazos de papel, luego se juntan todos los trozos en algún recipiente, se revuelven y se van sacando —sin observarlos— para formar los grupos. Por ejemplo, si se tienen dos grupos, las personas con turno non en su papel irían al primer grupo; y las personas con par, al segundo grupo. O bien, si hubiera 80 personas, los primeros 40 papelitos que se saquen irían a un grupo, y los restantes 40 al otro.

También, cuando se tienen dos grupos, la asignación aleatoria puede llevarse a cabo utilizando una moneda no cargada. Se lista a los participantes y se designa qué lado de la moneda va a significar el grupo uno y qué lado el grupo dos. Con cada sujeto se lanza la moneda y, dependiendo del resultado, se asigna a uno u otro grupo. Tal procedimiento está limitado sólo a dos grupos, porque las monedas tienen dos caras. Aunque podrían utilizarse dados o cubos, por ejemplo.

Una tercera forma de asignar los participantes a los grupos es mediante el programa STATS® que viene en el CD adjunto a este libro, seleccionando el subprograma "Números aleatorios". Previamente numera a todos los participantes (supongamos que tiene un experimento con dos grupos y 100 personas en total, consecuentemente numera a los participantes del 1 al 100). El programa pregunta en la ventana: ¿Cuántos números aleatorios? Entonces usted escribe el número relativo al total de los participantes en el experimento, así, teclea "100". Inmediatamente elige la opción: Establecer límite superior e inferior, en el límite inferior introduce un "1" (siempre será "1") y en el límite superior un "100" (o el número total de participantes). Posteriormente hace clic en Calcular y el programa le generará 100 números de manera aleatoria, así, puede asignar los primeros 50 a un grupo y los últimos 50 al otro grupo, o bien, el primer número al grupo 1, el segundo al grupo 2, el tercero al grupo 1 y así sucesivamente (dado que la generación de los números es completamente aleatoria, en ocasiones el programa duplica o triplica algunos números, entonces usted se salta uno o dos de los números repetidos y sigue asignando sujetos —números— a los grupos; y al terminar vuelve a repetir el proceso y continúa asignando a los grupos los números que no habían "salido" antes, hasta tener asignados los 100 sujetos a los dos grupos (si fueran cuatro grupos, los primeros 25 se asignan al grupo 1, los segundos 25 al grupo 2, los siguientes 25 al grupo 3 y los últimos 25 al grupo 4).

La asignación al azar produce control, pues las variables que deben ser controladas (variables extrañas y fuentes de invalidación interna) se distribuyen aproximadamente de la misma manera en los grupos del experimento. Y puesto que la distribución es bastante similar en todos los grupos, la influencia de otras variables que no sean la o las independientes se mantiene constante, porque aquéllas no pueden ejercer ninguna influencia diferencial en la(s) variable(s) dependiente(s) (Christensen, 2006).

La asignación aleatoria funciona mejor cuanto mayor sea el número de participantes con que se cuenta para el experimento, es decir, cuanto mayor sea el tamaño de los grupos. Los autores recomendamos que para cada grupo se tengan por lo menos 15 personas.[9]

Si la única diferencia que distingue al grupo experimental y al de control es la variable independiente, las diferencias entre los grupos pueden atribuirse a esta última. Pero si hay otras diferencias, no podríamos hacer tal afirmación.

Otra técnica para lograr la equivalencia inicial: el emparejamiento

Técnica de apareo o emparejamiento Consiste en igualar a los grupos en relación con alguna variable específica, que puede influir de modo decisivo en la variable dependiente.

Un método alternativo para intentar hacer inicialmente equivalentes a los grupos es el **emparejamiento** o la **técnica de apareo** (en inglés, *matching*). El proceso consiste en igualar a los grupos en relación con alguna variable específica que puede influir de modo decisivo en la o las variables dependientes.

---

[9] Este criterio se basa en los requisitos de algunos análisis estadísticos.

El primer paso es elegir la variable concreta de acuerdo con algún criterio teórico. Es obvio que esta variable debe estar muy relacionada con las variables dependientes. Si se pretendiera analizar el efecto que causa utilizar distintos tipos de materiales suplementarios de instrucción sobre el desempeño en la lectura, el apareamiento podría basarse en la variable "agudeza visual". Experimentos sobre métodos de enseñanza emparejarían a los grupos en "conocimientos previos", "aprovechamiento anterior en una asignatura relacionada con los contenidos a enseñar" o "inteligencia". Experimentos relacionados con actitudes hacia productos o conducta de compra pueden utilizar la variable "ingreso" para empatar a los grupos. En cada caso en particular debe pensarse cuál es la variable cuya influencia sobre los resultados del experimento resulta más necesario controlar y buscar el apareamiento de los grupos en esa variable.

El segundo paso consiste en obtener una medición de la variable elegida para emparejar a los grupos. Esta medición puede existir o efectuarse antes del experimento. Vamos a suponer que nuestro experimento fuera sobre métodos de enseñanza, el emparejamiento llegaría a hacerse sobre la base de la inteligencia. Si fueran adolescentes, se obtendrían registros de inteligencia de ellos o se les aplicaría una prueba de inteligencia.

El tercer paso es ordenar a los participantes en la variable sobre la cual se va a efectuar el emparejamiento (de las puntuaciones más altas a las más bajas).

El cuarto paso consiste en formar parejas, tercias, cuartetos, etc., de participantes según la variable de apareamiento (son individuos que tienen la misma puntuación en la variable o una puntuación similar) e ir asignando a cada integrante de cada pareja, tercia o similar a los grupos del experimento, buscando un balance entre éstos. También podría intentarse empatar a los grupos en dos variables, pero ambas deben estar sumamente relacionadas, porque de lo contrario resultaría muy difícil el emparejamiento. Conforme más variables se utilizan para aparear grupos, el procedimiento es más complejo. En el capítulo 5 del CD: "Diseños experimentales: segunda parte" se ejemplifica el procedimiento.

Una tipología sobre los diseños experimentales

A continuación se presentan los diseños experimentales más comúnmente citados en la literatura respectiva. Para ello nos basaremos en la tipología de Campbell y Stanley (1966), quienes dividen los diseños experimentales en tres clases: *a*) preexperimentos, *b*) experimentos "puros"[10] y *c*) cuasiexperimentos. Se utilizará la simbología que generalmente se emplea en los textos sobre experimentos.

Simbología de los diseños experimentales

R Asignación al azar o aleatoria. Cuando aparece quiere decir que los sujetos han sido asignados a un grupo de manera aleatoria (proviene del inglés *randomization*).

G Grupo de sujetos (G_1, grupo 1; G_2, grupo 2; etcétera).

X Tratamiento, estímulo o condición experimental (presencia de algún nivel o modalidad de la variable independiente).

0 Una medición de los sujetos de un grupo (prueba, cuestionario, observación, etc.). Si aparece antes del estímulo o tratamiento, se trata de una preprueba (previa al tratamiento). Si aparece después del estímulo se trata de una posprueba (posterior al tratamiento).

—   Ausencia de estímulo (nivel "cero" en la variable independiente). Indica que se trata de un grupo de control o testigo.

> **Asignación al azar** Es el mejor método para hacer equivalentes los grupos (más preciso y confiable). El emparejamiento no la sustituye por completo.

---

[10] Preferimos utilizar el término "experimentos puros" más que "verdaderos" (que es el término original y así se ha traducido en diversas obras), porque crea confusión entre los y las estudiantes.

Asimismo, cabe mencionar que la secuencia horizontal indica tiempos distintos (de izquierda a derecha) y cuando en dos grupos aparecen dos símbolos alineados verticalmente, esto indica que tienen lugar en el mismo momento del experimento. Veamos de manera gráfica estas dos observaciones:

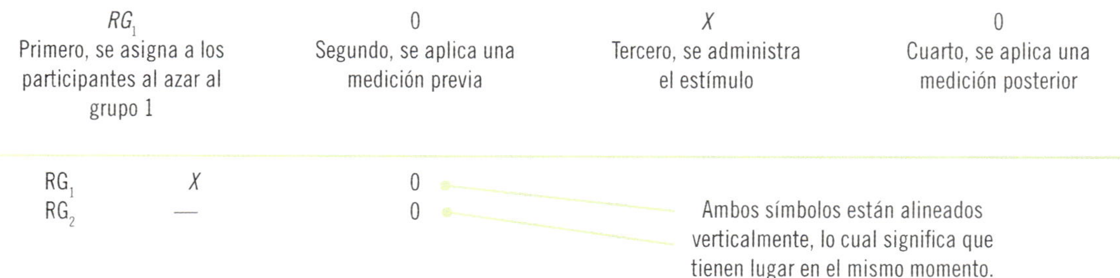

Figura 7.6   Simbología de los diseños experimentales.

Preexperimentos

Los **preexperimentos** se llaman así porque su grado de control es mínimo.

1. Estudio de caso con una sola medición

Este diseño podría diagramarse de la siguiente manera:

$$G \qquad X \qquad 0$$

Consiste en administrar un estímulo o tratamiento a un grupo y después aplicar una medición de una o más variables para observar cuál es el nivel del grupo en éstas.

Este diseño no cumple con los requisitos de un experimento "puro". No hay manipulación de la variable independiente (niveles) o grupos de contraste (ni siquiera el mínimo de presencia-ausencia). Tampoco hay una referencia previa de cuál era el nivel que tenía el grupo en la(s) variable(s) dependiente(s) antes del estímulo. No es posible establecer causalidad con certeza ni se controlan las fuentes de invalidación interna.

2. Diseño de preprueba/posprueba con un solo grupo

Este segundo diseño se diagramaría así:

$$G \qquad 0_1 \qquad X \qquad 0_2$$

A un grupo se le aplica una prueba previa al estímulo o tratamiento experimental, después se le administra el tratamiento y finalmente se le aplica una prueba posterior al estímulo.

Este diseño ofrece una ventaja sobre el anterior: existe un punto de referencia inicial para ver qué nivel tenía el grupo en la(s) variable(s) dependiente(s) antes del estímulo. Es decir, hay un seguimiento del grupo. Sin embargo, el diseño no resulta conveniente para fines de establecer causalidad: no hay manipulación ni grupo de comparación, y es posible que actúen varias fuentes de invalidación interna, por ejemplo, la historia. Entre 0_1 y 0_2 podrían ocurrir otros acontecimientos capaces de generar cambios, además del tratamiento experimental, y cuanto más largo sea el lapso entre ambas mediciones, mayor será también la posibilidad de que actúen tales fuentes.

Por otro lado, se corre el riesgo de elegir a un grupo atípico o que en el momento del experimento no se encuentre en su estado normal.

En ocasiones este diseño se utiliza con un solo individuo (estudio de caso experimental). Sobre tal diseño se abunda en el capítulo 4 del CD: "Estudios de caso".

Los dos diseños preexperimentales no son adecuados para el establecimiento de relaciones causales porque se muestran vulnerables en cuanto a la posibilidad de control y validez interna. Algunos autores consideran que deben usarse sólo como ensayos de otros experimentos con mayor control.

En ciertas ocasiones los **diseños preexperimentales** sirven como estudios exploratorios, pero sus resultados deben observarse con precaución.

> **Diseño preexperimental** Diseño de un solo grupo cuyo grado de control es mínimo. Generalmente es útil como un primer acercamiento al problema de investigación en la realidad.

Experimentos "puros"

Los **experimentos "puros"** son aquellos que reúnen los dos requisitos para lograr el control y la validez interna:

1. grupos de comparación (manipulación de la variable independiente);
2. equivalencia de los grupos.

Estos diseños llegan a incluir una o más variables independientes y una o más dependientes. Asimismo, pueden utilizar prepruebas y pospruebas para analizar la evolución de los grupos antes y después del tratamiento experimental. Desde luego, no todos los diseños experimentales "puros" utilizan preprueba; aunque la posprueba sí es necesaria para determinar los efectos de las condiciones experimentales (Wiersma y Jurs, 2008). A continuación se muestran varios diseños experimentales "puros".

1. Diseño con posprueba únicamente y grupo de control

Este diseño incluye dos grupos: uno recibe el tratamiento experimental y el otro no (grupo de control). Es decir, la manipulación de la variable independiente alcanza sólo dos niveles: presencia y ausencia. Los sujetos se asignan a los grupos de manera aleatoria. Cuando concluye la manipulación, a ambos grupos se les administra una medición sobre la variable dependiente en estudio.

El diseño se diagrama de la siguiente manera:

$$RG_1 \qquad X \qquad 0_1$$
$$RG_2 \qquad - \qquad 0_2$$

En este diseño, la única diferencia entre los grupos debe ser la presencia-ausencia de la variable independiente. Inicialmente son equivalentes y para asegurarse de que durante el experimento continúen siéndolo (salvo por la presencia o ausencia de dicha manipulación) el experimentador debe observar que no ocurra algo que sólo afecte a un grupo. La hora en que se efectúa el experimento debe ser la misma para ambos grupos (o ir mezclando un sujeto de un grupo con un sujeto del otro grupo, cuando la participación es individual), al igual que las condiciones ambientales y demás factores mencionados al hablar sobre la equivalencia de los grupos.

Wiersma y Jurs (2008) comentan que, de preferencia, la posprueba debe administrarse inmediatamente después de que concluya el experimento, en especial si la variable dependiente tiende a cambiar con el paso del tiempo. La posprueba se aplica de manera simultánea a ambos grupos.

La comparación entre las pospruebas de ambos grupos (0_1 y 0_2) nos indica si hubo o no efecto de la manipulación. Si ambas difieren significativamente[11] ($0_1 \neq 0_2$), esto nos indica que el tratamiento

---

[11] Los estudiantes frecuentemente se preguntan: ¿qué es una diferencia significativa? Si el promedio en la posprueba de un grupo en alguna variable es de 10 (por ejemplo), y en el otro es de 12, ¿esta diferencia es o no significativa? ¿Puede o no decirse que el tratamiento tuvo un efecto sobre la variable dependiente? A este respecto, cabe mencionar que existen pruebas o métodos estadísticos que nos indican si una diferencia entre dos o más cifras (promedios, porcentajes, puntuaciones totales, etc.) es o no significativa. Estas pruebas toman en cuenta aspectos como el tamaño de los grupos cuyos valores se comparan, las diferencias entre quienes integran los grupos y otros factores. Cada comparación entre grupos es distinta y ello lo consideran los métodos, los cuales se explicarán en el capítulo 10: "Análisis de los datos cuantitativos". No resultaría conveniente exponerlos aquí, porque habría que clarificar algunos aspectos estadísticos en los cuales se basan tales métodos, lo que provocaría confusión, sobre todo entre quienes se inician en el estudio de la investigación.

experimental tuvo un efecto a considerar. Por tanto, se acepta la hipótesis de diferencia de grupos. Si no hay diferencias ($0_1 = 0_2$), ello indica que no hubo un efecto significativo del tratamiento experimental (X). En este caso se acepta la hipótesis nula.

En ocasiones se espera que 0_1 sea mayor que 0_2. Por ejemplo, si el tratamiento experimental es un método educativo que facilita la autonomía por parte del alumno, y si el investigador formula la hipótesis de que incrementa el aprendizaje, cabe esperar que el nivel de aprendizaje del grupo experimental, expuesto a la autonomía, sea mayor que el nivel de aprendizaje del grupo de control, no expuesto a la autonomía: $0_1 > 0_2$.

En otras ocasiones se espera que 0_1 sea menor que 0_2. Por ejemplo, si el tratamiento experimental es un programa de televisión que supuestamente disminuye el prejuicio, el nivel de éste en el grupo experimental deberá ser menor que el del grupo de control: $0_1 < 0_2$. Pero si 0_1 y 0_2 son iguales, quiere decir que tal programa no reduce el prejuicio. Asimismo, puede suceder que los resultados vayan en contra de la hipótesis. Por ejemplo, en el caso del prejuicio, si 0_2 es menor que 0_1 (el nivel del prejuicio es menor en el grupo que no recibió el tratamiento experimental, esto es, el que no vio el programa televisivo).

Las pruebas estadísticas que suelen utilizarse en este diseño y en otros que a continuación se revisarán, se incluyen en el capítulo 10 "Análisis de los datos cuantitativos" y en el capítulo 8 del CD: "Análisis estadístico: segunda parte".

El diseño con posprueba únicamente y grupo de control puede extenderse para incluir más de dos grupos (tener varios niveles o modalidades de manipulación de la variable independiente). En este caso se usan dos o más tratamientos experimentales. Los participantes se asignan al azar a los grupos, y los efectos de los tratamientos experimentales se investigan comparando las pospruebas de los grupos.

Su formato general sería:[12]

$$
\begin{array}{ccc}
RG_1 & X_1 & 0_1 \\
RG_2 & X_2 & 0_2 \\
RG_3 & X_3 & 0_3 \\
\bullet & \bullet & \bullet \\
\bullet & \bullet & \bullet \\
\bullet & \bullet & \bullet \\
RG_k & X_k & 0_k \\
RG_{k+1} & \text{---} & 0_{k+1}
\end{array}
$$

Observe que el último grupo no se expone a la variable independiente: es el grupo de control o testigo. Si se carece de grupo de control, el diseño puede llamarse "diseño con grupos de asignación aleatoria y posprueba únicamente" (Wiersma y Jurs, 2008).

En el diseño con posprueba únicamente y grupo de control, así como en sus posibles variaciones y extensiones, se logra controlar todas las fuentes de invalidación interna. La administración de pruebas no se presenta porque no hay prepueba. La inestabilidad no afecta porque los componentes del experimento son los mismos para todos los grupos (excepto la manipulación o los tratamientos experimentales), ni la instrumentación porque es la misma posprueba para todos, ni la maduración porque la asignación es al azar (si hay, por ejemplo, cinco sujetos en un grupo que se cansan fácilmente, habrá otros tantos en el otro u otros grupos), ni la regresión estadística, porque si un grupo está regresando a su estado normal el otro u otros también. La selección tampoco es problema, ya que si hay sujetos atípicos en un grupo, en el otro u otros habrá igualmente sujetos atípicos. Todo se compensa. Las

---

[12] El factor "*k*" fue extraído de Wiersma y Jurs (2008) e indica "un número tal de grupos". Otros autores utilizan "*n*". En los ejemplos, tal factor implica el número del último grupo con tratamiento experimental más uno. Desde luego, el grupo de control se incluye al final y el número que le corresponde a su posprueba será el último.

diferencias se pueden atribuir a la manipulación de la variable independiente y no a que los sujetos sean atípicos, pues la asignación aleatoria hace equivalentes a los grupos en este factor.

De este modo, si en los dos grupos sólo hubiera personas demasiado inteligentes y la variable independiente fuera el método de enseñanza, las diferencias en el aprendizaje se atribuirían al método y no a la inteligencia. La mortalidad no afecta, puesto que al ser los grupos equiparables, el número de personas que abandonen cada grupo tenderá a ser el mismo, salvo que las condiciones experimentales tengan algo en especial que haga que los sujetos abandonen el experimento; por ejemplo, que las condiciones sean amenazantes para los participantes, en cuyo caso la situación se detecta, analiza a fondo y corrige. De todas maneras el o la experimentadora tiene control sobre la situación, debido a que sabe que todo es igual para los grupos, con excepción del tratamiento experimental.

Otras interacciones tampoco pueden afectar los resultados, pues si la selección se controla, sus interacciones operarán de modo similar en todos los grupos. Además, la historia se controla si se vigila cuidadosamente que ningún acontecimiento afecte a un solo grupo. Y si ocurre el acontecimiento en todos los grupos, aunque afecte, lo hará de manera pareja en éstos.

En resumen, lo que influya en un grupo también influirá de manera equivalente en los demás. Este razonamiento se aplica a todos los diseños experimentales "puros".

EJEMPLO

Del diseño con posprueba únicamente, varios grupos y uno de control

Un investigador lleva a cabo un experimento para analizar cómo influye el tipo de liderazgo del supervisor en la productividad de los trabajadores.

Pregunta de investigación: ¿Influye el tipo de liderazgo que ejerzan los supervisores de producción en una maquiladora sobre la productividad de los trabajadores en línea?

Hipótesis de investigación: "distintos tipos de liderazgo que ejerzan los supervisores tendrán diferentes efectos sobre la productividad".

Noventa trabajadores de línea en una planta maquiladora son asignados al azar a tres condiciones experimentales: 1) 30 realizan una tarea bajo el mando de un supervisor con rol autocrático, 2) 30 ejecutan la tarea bajo el mando de un supervisor con rol democrático y 3) 30 efectúan la tarea bajo el mando de un supervisor con rol *laissez-faire* (que no supervisa directamente, no ejerce presión y es permisivo). Por último, 30 más son asignados en forma aleatoria al grupo de control donde no hay supervisor. En total, son 120 trabajadores.

Se forman grupos de 10 trabajadores para el desempeño de la tarea (armar un sistema de arneses o cables para vehículos automotores). Por tanto, habrá 12 grupos de trabajo repartidos en tres tratamientos experimentales y un grupo de control. La tarea es la misma para todos y los instrumentos de trabajo también, al igual que el ambiente físico (iluminación, temperatura, etc.). Las instrucciones son uniformes.

Se ha preparado a tres supervisores (desconocidos para todos los trabajadores participantes) para que ejerzan los tres roles (democrático, autocrático y *laissez-faire*). Los supervisores se distribuyen al azar entre los horarios.

Supervisor	Roles		
Supervisor 1 trabaja con...	Autocrático 10 sujetos 10:00-14:00 h Lunes	Democrático 10 sujetos 15:00-19:00 h Lunes	*Laissez-faire* 10 sujetos 10:00-14:00 h Martes
Supervisor 2 trabaja con...	10 sujetos 15:00-19:00 h Lunes	10 sujetos 10:00-14:00 h Martes	10 sujetos 10:00-14:00 h Lunes

Supervisor	Roles		
Supervisor 3 trabaja con...	10 sujetos 10:00-14:00 h Martes	10 sujetos 10:00-14:00 h Lunes	10 sujetos 15:00-19:00 h Lunes
Sin supervisor	10 sujetos 10:00-14:00 h Lunes	10 sujetos 15:00-19:00 h Lunes	10 sujetos 10:00-14:00 h Martes

Si se observa, los tres supervisores interactúan en todas las condiciones (ejercen los tres roles), ello con el propósito de evitar que la apariencia física o la personalidad del supervisor afecte los resultados. Es decir, si un supervisor es más "carismático" que los demás e influye en la productividad, influirá en los tres grupos.

El horario está controlado, puesto que los tres roles se aplican en todas las horas en que se lleva a cabo el experimento. Es decir, las tres condiciones siempre se realizan en forma simultánea. Este ejemplo se esquematizaría de la siguiente manera:

$$RG_1 \qquad X_1 \text{ (supervisión con rol autocrático)} \qquad 0_1$$
$$RG_2 \qquad X_2 \text{ (supervisión con rol democrático)} \qquad 0_2 \qquad \text{Comparaciones}$$
$$RG_3 \qquad X_3 \text{ (supervisión con rol } laissez\text{-}faire\text{)} \qquad 0_3 \qquad \text{en productividad}$$
$$RG_4 \qquad \text{— (sin supervisión)} \qquad 0_4$$

2. Diseño con preprueba posprueba y grupo de control

Este diseño incorpora la administración de pruebas a los grupos que componen el experimento. Los participantes se asignan al azar a los grupos, después a éstos se les aplica simultáneamente la preprueba; un grupo recibe el tratamiento experimental y otro no (es el grupo de control); por último, se les administra, también simultáneamente, una posprueba. El diseño se diagrama como sigue:

$$RG_1 \qquad 0_1 \qquad X \qquad 0_2$$
$$RG_2 \qquad 0_3 \qquad — \qquad 0_4$$

La adición de la prueba previa ofrece dos ventajas: primera, sus puntuaciones sirven para fines de control en el experimento, pues al compararse las prepruebas de los grupos se evalúa qué tan adecuada fue la asignación aleatoria, lo cual es conveniente con grupos pequeños. En grupos grandes la técnica de distribución aleatoria funciona, pero cuando tenemos grupos de 15 personas no está de más evaluar qué tanto funcionó la asignación al azar. La segunda ventaja reside en que es posible analizar el puntaje-ganancia de cada grupo (la diferencia entre las puntuaciones de la preprueba y la posprueba).

El diseño elimina el impacto de todas las fuentes de invalidación interna por las mismas razones que se argumentaron en el diseño anterior (diseño con posprueba únicamente y grupo de control). Y la administración de pruebas queda controlada, ya que si la preprueba afecta las puntuaciones de la posprueba lo hará de manera similar en ambos grupos. Lo que influye en un grupo deberá afectar de la misma manera en el otro, para mantener la equivalencia entre ambos.

En algunos casos, para no repetir exactamente la misma prueba, se desarrollan dos versiones de ésta que sean equivalentes (que produzcan los mismos resultados).[13] La historia se controla al observar que ningún acontecimiento sólo afecte a un grupo.

---

[13] Hay procedimientos para obtener pruebas "paralelas" o "gemelas", los cuales se comentan en el capítulo 9. Si no se asegura la equivalencia de las pruebas, no se pueden comparar las puntuaciones producidas por ambas. Es decir, se pueden presentar las fuentes de invalidación interna: "inestabilidad", "instrumentación" y "regresión estadística".

Es posible extender este diseño para incluir más de dos grupos, lo cual se diagramaría de una manera general del siguiente modo:

$$RG_1 \quad 0_1 \quad X_1 \quad 0_2$$
$$RG_2 \quad 0_3 \quad X_2 \quad 0_4$$
$$RG_3 \quad 0_5 \quad X_3 \quad 0_6$$
$$\cdot \quad\quad \cdot \quad\quad \cdot \quad\quad \cdot$$
$$\cdot \quad\quad \cdot \quad\quad \cdot \quad\quad \cdot$$
$$\cdot \quad\quad \cdot \quad\quad \cdot \quad\quad \cdot$$
$$RG_k \quad 0_{2k-1} \quad Xk \quad 0_{2k}$$
$$RG_{k+1} \quad 0_{2k+1} \quad - \quad 0_{2(k+1)}$$

Se tienen diversos tratamientos experimentales y un grupo de control. Si éste es excluido, el diseño se llamaría "diseño de preprueba-posprueba con grupos distribuidos aleatoriamente" (Simon, 1985).

EJEMPLO

Del diseño de preprueba-posprueba con grupo de control

Un investigador desea analizar el efecto de utilizar un DVD didáctico con canciones para enseñar hábitos higiénicos a los niños de cuatro a cinco años de edad.

Pregunta de investigación: ¿los DVD didácticos musicalizados son más efectivos para enseñar hábitos higiénicos a los niños de cuatro a cinco años de edad, en comparación con otros métodos tradicionales de enseñanza?

Hipótesis de investigación: "los DVD didácticos constituyen un método más efectivo de enseñanza de hábitos higiénicos a niños de cuatro a cinco años, que la explicación verbal y los libros impresos".

Cien niños de cuatro a cinco años de edad se asignan al azar a cuatro grupos: 1) un grupo recibirá instrucción sobre hábitos higiénicos por medio de un DVD con caricaturas y canciones, con duración de 30 minutos; 2) otro grupo recibirá explicaciones de hábitos higiénicos de una maestra instruida para ello, la ilustración durará 30 minutos y no se permiten preguntas; 3) el tercer grupo leerá un libro infantil ilustrado con explicaciones sobre hábitos higiénicos (la publicación está diseñada para que un niño promedio de cuatro a cinco años la lea en 30 minutos); 4) el grupo de control verá un DVD sobre otro tema durante 30 minutos. Los grupos permanecerán simultáneamente en cuatro salones de clases. Todas las explicaciones (DVD, instrucción oral y libro) contendrán la misma información y las instrucciones son estándares.

Antes del inicio del tratamiento experimental, a todos los grupos se les aplicará una prueba sobre conocimiento de hábitos higiénicos especialmente diseñada para niños, del mismo modo se aplicará una vez que hayan recibido la explicación por el medio que les correspondió. El ejemplo se esquematizaría de la forma en que lo muestra la tabla 7.2.

▲ **Tabla 7.2** Diagrama del ejemplo de diseño de preprueba posprueba con grupo de control.

RG_1	0_1	Video didáctico (X_1)	0_2
RG_2	0_3	Explicación verbal (X_2)	0_4
RG_3	0_5	Lectura de libro ilustrado (X_3)	0_6
RG_4	0_7	No estímulo	0_8

↑
Prueba de conocimientos
higiénicos

↑
Prueba de conocimientos
higiénicos

Las posibles comparaciones en este diseño son: *a)* las prepruebas entre sí (0_1, 0_3, 0_5 y 0_7), *b)* las pospruebas entre sí para analizar cuál fue el método de enseñanza más efectivo (0_2, 0_4, 0_6 y 0_8), *c)* el puntaje-ganancia de cada grupo (0_1 frente a 0_2, 0_3 frente a 0_4, 0_5 frente a 0_6 y 0_7 frente a 0_8), y *d)* los puntajes-ganancia de los grupos entre sí. Al igual que en todos los diseños experimentales, es posible tener más de una variable dependiente (por ejemplo, interés por los hábitos higiénicos, disfrute del método de enseñanza, etc.). En este caso, las prepruebas y pospruebas medirán diversas variables dependientes.

Veamos algunos posibles resultados de este ejemplo y sus interpretaciones:

1. Resultado: $0_1 \neq 0_2$, $0_3 \neq 0_4$, $0_5 \neq 0_6$, $0_7 \neq 0_8$; pero $0_2 \neq 0_4$, $0_2 \neq 0_6$, $0_4 \neq 0_6$.
   Interpretación: hay efectos de todos los tratamientos experimentales, pero son diferentes.
2. Resultado: $0_1 = 0_3 = 0_5 = 0_2 = 0_6 = 0_7 = 0_8$; pero $0_3 \neq 0_4$.
   Interpretación: no hay efectos de X_1 ni X_3, pero sí hay efectos de X_2.
3. Resultado: $0_1 = 0_3 = 0_5 = 0_7$ y $0_2 = 0_4 = 0_6 = 0_8$; pero 0_1, 0_3, 0_5 y $0_7 < 0_2$, 0_4, 0_6 y 0_8.
   Interpretación: no hay efectos de los tratamientos experimentales, sino un posible efecto de sensibilización de la preprueba o de maduración en todos los grupos (éste es parejo y se encuentra bajo control).

3. Diseño de cuatro grupos de Solomon

Solomon (1949) describió un diseño que era la mezcla de los dos anteriores (diseño con posprueba únicamente y grupo de control más diseño de preprueba-posprueba con grupo de control). La suma de estos dos diseños origina cuatro grupos: dos experimentales y dos de control, los primeros reciben el mismo tratamiento experimental y los segundos no reciben tratamiento. Sólo a uno de los grupos experimentales y a uno de los grupos de control se les administra la preprueba; a los cuatro grupos se les aplica la posprueba. Los participantes se asignan en forma aleatoria.

El diseño se diagrama así:

$$
\begin{array}{cccc}
RG_1 & 0_1 & X & 0_2 \\
RG_2 & 0_3 & — & 0_4 \\
RG_3 & — & X & 0_5 \\
RG_4 & — & — & 0_6
\end{array}
$$

El diseño original incluye sólo cuatro grupos y un tratamiento experimental. Los efectos se determinan comparando las cuatro pospruebas. Los grupos uno y tres son experimentales, y los grupos dos y cuatro son de control.

La ventaja de este diseño es que el experimentador o la experimentadora tienen la posibilidad de verificar los posibles efectos de la preprueba sobre la posprueba, puesto que a unos grupos se les administra un test previo y a otros no. Es posible que la preprueba afecte la posprueba o que aquélla interactúe con el tratamiento experimental. Por ejemplo, con promedios de una variable determinada podría encontrarse lo que muestra la tabla 7.3.

▲ **Tabla 7.3** Ejemplo de efecto de preprueba en el diseño de Solomon

RG_1	$0_1 = 8$	X	$0_2 = 14$
RG_2	$0_3 = 8.1$	—	$0_4 = 11$
RG_3	—	X	$0_5 = 11$
RG_4	—	—	$0_6 = 8$

Teóricamente 0_2 debería ser igual a 0_5, porque ambos grupos recibieron el mismo tratamiento; asimismo, 0_4 y 0_6 deberían tener el mismo valor, porque ninguno recibió estímulo experimental. Pero $0_2 \neq 0_5$ y $0_4 \neq 0_6$, ¿cuál es la única diferencia entre 0_2 y 0_5, y entre 0_4 y 0_6? La respuesta es la preprueba.

Las diferencias pueden atribuirse a un efecto de la preprueba (la preprueba impacta, aproximadamente, tres puntos, y el tratamiento experimental también tres puntos, poco más o menos). Veámoslo de manera esquemática:

Ganancia con preprueba y tratamiento = 6
Ganancia con preprueba y sin tratamiento = 2.9 (casi 3).

Porque la técnica de distribución aleatoria hace al inicio equivalentes a los grupos, supuestamente el promedio de la preprueba hubiera sido para todos cerca de ocho, si se hubiera aplicado a los cuatro grupos. La "supuesta ganancia" (supuesta porque no hubo preprueba) del tercer grupo, con tratamiento y sin preprueba, es de tres. Y la "supuesta ganancia" (supuesta porque tampoco hubo preprueba) del cuarto grupo es nula o inexistente (cero).

Esto indica que cuando hay preprueba y estímulo se obtiene la máxima puntuación de 14, si sólo hay preprueba o estímulo la puntuación es de 11, y cuando no hay ni preprueba ni estímulo de ocho (calificación que todos deben tener inicialmente por efecto de la asignación al azar). También podría ocurrir un resultado como el de la tabla 7.4. En este caso, la preprueba no afecta (vea la comparación entre 0_3 y 0_4), y el estímulo sí (compárese 0_5 con 0_6); pero cuando el estímulo o tratamiento se junta con la preprueba se observa un efecto importante (compárese 0_1 con 0_2), un efecto de interacción entre el tratamiento y la preprueba.

El **diseño de Solomon** controla todas las fuentes de invalidación interna por las mismas razones que fueron explicadas en diseños "puros" anteriores. La administración de pruebas se somete a un análisis minucioso.

▲ **Tabla 7.4** Ejemplo del efecto de interacción entre la preprueba y el estímulo en el diseño de Solomon

RG_1	$0_1 = 7.9$	X	$0_2 = 14$
RG_2	$0_3 = 8$	—	$0_4 = 8.1$
RG_3	—	X	$0_5 = 11$
RG_4	—	—	$0_6 = 7.9$

4. Diseños experimentales de series cronológicas múltiples

Los tres diseños experimentales que se han comentado sirven más bien para analizar efectos inmediatos o a corto plazo. En ocasiones el experimentador está interesado en analizar efectos en el mediano o largo plazo, porque tiene bases para suponer que la influencia de la variable independiente sobre la dependiente tarda en manifestarse. Por ejemplo, programas de difusión de innovaciones, métodos educativos, modelos de entrenamiento o estrategias de las psicoterapias.

Asimismo, en otras situaciones se busca evaluar la evolución del efecto en el corto, mediano y largo plazos (no solamente el resultado). También, en ocasiones la aplicación del estímulo por una sola vez no tiene efectos (una dosis de un medicamento, un único programa televisivo, unos cuantos anuncios en la radio, etc.). En tales casos es conveniente adoptar diseños con varias pospruebas, o bien con diversas pospruebas y pospruebas, con repetición del estímulo, con varios tratamientos aplicados a un mismo grupo y otras condiciones. A estos diseños se les conoce como **series cronológicas experimentales** (véase capítulo 5 de CD anexo: "Diseños experimentales: segunda parte"). En realidad el término "serie cronológica" se aplica a cualquier diseño que efectúe a través del tiempo varias observaciones o mediciones sobre una o más variables, sea o no experimental, sólo que en este caso se les llama experimentales porque reúnen los requisitos para serlo.

En estos diseños se pueden tener dos o más grupos y los participantes son asignados al azar.

Serie cronológica Diseño que efectúa a través del tiempo varias observaciones o mediciones sobre una o más variables, sea o no experimental (véase capítulo 5 del CD anexo).

5. Diseños factoriales

En ocasiones, el investigador o la investigadora pretenden analizar experimentalmente el efecto que sobre la(s) variable(s) dependiente(s) tiene la manipulación de más de una variable independiente. Por ejemplo, analizar el efecto que poseen sobre la productividad de los trabajadores: 1) la fuente de retroalimentación sobre el desempeño en el trabajo (vía el supervisor "cara a cara", por escrito y por medio de los compañeros) y 2) el tipo de retroalimentación (positiva, negativa, y positiva/negativa). En este caso se manipulan dos variables independientes. O bien, en otro ejemplo, determinar el efecto de tres medicamentos distintos (primera variable independiente, clase de medicamento) y la dosis diaria (segunda variable independiente, con dos niveles, supongamos 40 y 20 mg) sobre la cura de una enfermedad (variable dependiente). También aquí tenemos dos independientes. Pero podríamos tener tres o más: conocer cómo afectan en el nivel de aceleración de un vehículo (dependiente), el peso del chasis (dos diferentes pesos), el material con que está fabricado (supongamos tres tipos de materiales), el tamaño del rin de las ruedas (14, 15 y 16 pulgadas) y el diseño de la carrocería (por ejemplo, dos diseños distintos). Cuatro variables independientes. Estos diseños se conocen como factoriales.

Los **diseños factoriales** manipulan dos o más variables independientes e incluyen dos o más niveles o modalidades de presencia en cada una de las variables independientes. Se utilizan muy a menudo en la investigación experimental. La construcción básica de un diseño factorial consiste en que todos los niveles o modalidades de cada variable independiente son tomados en combinación con todos los niveles o modalidades de las otras variables independientes (Wiersma y Jurs, 2008). Tales diseños se exponen y evalúan en el capítulo 5 del CD: "Diseños experimentales: segunda parte".

¿Qué es la validez externa?

Un experimento debe buscar, ante todo, *validez interna*, es decir, confianza en los resultados. Si no se logra, no hay experimento "puro". Lo primero es eliminar las fuentes que atentan contra dicha validez. Pero la validez interna es sólo una parte de la validez de un experimento; en adición a ella, es muy deseable que el experimento tenga validez externa. La **validez externa** se refiere a qué tan generalizables son los resultados de un experimento a situaciones no experimentales, así como a otros participantes o poblaciones. Responde a la pregunta: ¿lo que encontré en el experimento a qué tipos de personas, grupos, contextos y situaciones se aplica?

Validez externa Posibilidad de generalizar los resultados de un experimento a situaciones no experimentales, así como a otras personas y poblaciones.

Por ejemplo, si hacemos un experimento con métodos de aprendizaje y los resultados se pueden generalizar a la enseñanza cotidiana en las escuelas de educación elemental (primaria) del país, el experimento tendrá validez externa; del mismo modo, si se generalizan a la enseñanza cotidiana de nivel infantil, elemental y secundaria (media), tendrá aún mayor validez externa.

Así, los resultados de experimentos sobre liderazgo y motivación que se extrapolen a situaciones diarias de trabajo en las empresas, la actividad de las organizaciones gubernamentales y no gubernamentales, incluso el funcionamiento de los grupos de niños y jóvenes exploradores (*boy scouts*), son experimentos con validez externa.

Fuentes de invalidación externa

Existen diversos factores que llegan a amenazar la validez externa, los más comunes son los siguientes:

1. Efecto reactivo o de interacción de las pruebas

Se presenta cuando la preprueba aumenta o disminuye la sensibilidad o la calidad de la reacción de los participantes a la variable experimental, lo cual contribuye a que los resultados obtenidos para una población con preprueba no puedan generalizarse a quienes forman parte de esa población pero sin preprueba. Babbie (2009) utiliza un excelente ejemplo de esta influencia: en un experimento diseñado para analizar si una película disminuye el prejuicio racial, la preprueba podría sensibilizar al grupo experimental y la película lograr un efecto mayor del que tendría si no se aplicara la preprueba (por ejemplo, si se pasara la película en un cine o en la televisión).

2. Efecto de interacción entre los errores de selección y el tratamiento experimental

Este factor se refiere a que se elijan personas con una o varias características que hagan que el tratamiento experimental produzca un efecto, que no se daría si las personas no tuvieran esas características. Por ejemplo, si seleccionamos trabajadores bastante motivados para un experimento sobre productividad, podría ocurrir que el tratamiento sólo tuviera efecto en este tipo de trabajadores y no en otros (únicamente funciona con individuos sumamente motivados). Ello se resolvería con una muestra representativa de todos los trabajadores o introduciendo un diseño factorial, y una de las variables fuera el grado de motivación (véanse diseños factoriales en el capítulo 5 del CD: "Diseños experimentales: segunda parte".). 

A veces este factor se presenta cuando se reclutan voluntarios para la realización de algunos experimentos.

3. Efectos reactivos de los tratamientos experimentales

La "artificialidad" de las condiciones puede hacer que el contexto experimental resulte atípico, respecto a la manera en que se aplica regularmente el tratamiento (Campbell, 1975). Por ejemplo, a causa de la presencia de observadores y equipo, los participantes llegan a cambiar su conducta normal en la variable dependiente medida, la cual no se alteraría en una situación común donde se aplicara el tratamiento. Por ello, el experimentador tiene que ingeniárselas para hacer que los sujetos se olviden de que están en un experimento y no se sientan observados. A esta fuente también se le conoce como "efecto Hawthone", por una serie de experimentos muy famosos desarrollados —entre 1924 y 1927— en una planta del mismo nombre de la Western Electric Company, donde al variar las condiciones de iluminación se obtenían incrementos en la productividad de los trabajadores, pero por igual al aumentar la luz que al disminuirla y, más bien, los cambios en la productividad se debieron a que los participantes se sentían atendidos (Ballantyne, 2000).

4. Interferencia de tratamientos múltiples

Si se aplican varios tratamientos a un grupo experimental para conocer sus efectos por separado y en conjunto (por ejemplo, en infantes enseñarles hábitos higiénicos con un DVD, más una dinámica que implique juegos, más un libro explicativo); incluso, si los tratamientos no son de impacto reversible, es decir, si no es posible borrar sus efectos, las conclusiones solamente podrán hacerse extensivas a los infantes que experimenten la misma secuencia de tratamientos, sean múltiples o la repetición del mismo (véanse los diseños con diversos tratamientos en el capítulo 5 del CD: "Diseños experimentales: segunda parte"). 

5. Imposibilidad de replicar los tratamientos

Cuando los tratamientos son tan complejos que no pueden replicarse en situaciones no experimentales, es difícil generalizar a éstas.

6. Descripciones insuficientes del tratamiento experimental

En ocasiones, el tratamiento o los tratamientos experimentales no se describen lo suficiente en el reporte del estudio y, por consecuencia, si otro investigador desea reproducirlos le resultará muy difícil o imposible hacerlo (Mertens, 2008). Por ejemplo, señalamientos como: "la intervención funcionó" no nos dice nada, es por ello que se debe especificar en qué consistió tal intervención. Las instrucciones deben incluirse, y la precisión es un elemento importante.

7. Efectos de novedad e interrupción

Un nuevo tratamiento puede tener resultados positivos simplemente por ser percibido como novedoso, o bien, lo contrario: tener un efecto negativo porque interrumpe las actividades normales de los participantes. En este caso, es recomendable inducir a los sujetos paulatinamente al tratamiento (no de manera intempestiva) y esperar a que asimilen los cambios provocados por éste (Mertens, 2008).

8. El experimentador

Que también lo consideramos una fuente de invalidación interna, puede generar alteraciones o cambios que no se presentan en situaciones no experimentales. Es decir que el tratamiento solamente tenga efecto con la intervención del experimentador.

9. Interacción entre la historia o el lugar y los efectos del tratamiento experimental

Un experimento conducido en un contexto en particular (tiempo y lugar), en ocasiones no puede ser duplicado (Mertens, 2005 y 2008). Por ejemplo, un estudio que se efectúe en una empresa en el momento en que se reestructuran departamentos (donde algunos quizá se mantengan, otros se reduzcan y hasta ciertos departamentos desaparezcan). O bien, un experimento en una escuela secundaria, realizado al tiempo que su equipo de fútbol obtiene un campeonato nacional. Asimismo, en ocasiones los resultados del experimento no pueden generalizarse a otros lugares o ambientes. Si se lleva a cabo una investigación en una escuela pública recientemente inaugurada y que cuenta con los máximos avances tecnológicos educativos, ¿podemos extrapolar los resultados a todas las escuelas públicas de la localidad? A veces el efecto del tratamiento lo tenemos que analizar en distintos lugares y tiempos (Creswell, 2009).

10. Mediciones de la variable dependiente

Puede suceder que un instrumento no registre cambios en la variable dependiente (ejemplo: cuestionario) y otro sí (observación). Si un experimento utiliza un instrumento para recolectar datos, y de este modo sus resultados puedan compararse, otros estudios deberán evaluar la variable dependiente con el mismo instrumento o uno equivalente (lo mismo en situaciones no experimentales).

Para lograr una mayor validez externa es conveniente tener grupos lo más parecidos posible a la mayoría de las personas a quienes se desea generalizar, y repetir el experimento varias veces con diferentes grupos (hasta donde el presupuesto y los costos de tiempo lo permitan). También, desde luego, tratar de que el contexto experimental sea lo más similar al contexto que se pretende generalizar. Por ejemplo, si se trata de métodos de enseñanza resultaría muy conveniente que se usen aulas similares a las que normalmente utilizan los participantes y que las instrucciones las proporcionen los maestros de siempre. Claro que a veces no es posible. Sin embargo, el experimentador debe esforzarse para que quienes participan no sientan, o que sea lo menos posible, que se está experimentando con ellos.

¿Cuáles pueden ser los contextos de los experimentos?

En la literatura sobre la investigación del comportamiento se distinguen dos contextos en los que llega a tomar lugar un diseño experimental: laboratorio y campo. Así, se habla de experimentos de laboratorio y experimentos de campo.

Los primeros se realizan bajo condiciones controladas, en las cuales el efecto de las fuentes de invalidación interna es eliminado, así como el de otras posibles variables independientes que no son manipuladas o no interesan (Hernández Sampieri y Mendoza, 2008). Los **experimentos de campo** son estudios efectuados en una situación "realista" en la que una o más variables independientes son manipuladas por el experimentador en condiciones tan cuidadosamente controladas como lo permite la situación (Kerlinger y Lee, 2002).

Contexto de campo Experimento en una situación más real o natural en la que el investigador manipula una o más variables.

La diferencia esencial entre ambos contextos es el "realismo" con que los experimentos se llevan a cabo, es decir, el grado en que el ambiente es natural para los sujetos.

Por ejemplo, si creamos salas para ver televisión y las acondicionamos de tal modo que se controle el ruido exterior, la temperatura y otros distractores; incluimos equipo de filmación oculto, y llevamos a los niños para que vean programas de televisión grabados. De esta manera estamos realizando un experimento de laboratorio (situación construida "artificialmente"). En cambio, si el experimento se lleva a cabo en el ambiente cotidiano de los sujetos (como en sus casas), se trata de un experimento de campo.

Los **experimentos de laboratorio** generalmente logran un control más riguroso que los experimentos de campo (Festinger, 1993), pero estos últimos suelen tener mayor validez externa. Ambos tipos de experimento son deseables.

Contexto de laboratorio Experimento en que el efecto de todas o casi todas las variables independientes influyentes no concernientes al problema de investigación se mantiene reducido lo más posible.

Algunos autores han acusado a los experimentos de laboratorio de "artificialidad", de tener poca validez externa, de mantener distancia respecto al grupo estudiado, de imposibilitar un entendimiento completo del fenómeno que se analiza, de ser reduccionistas y de que descontextualizan la conducta humana para simplificar su interpretación (Mertens, 2005).

Sin embargo, como argumenta Festinger (1993, p. 139):

Esta crítica requiere ser evaluada, pues probablemente sea consecuencia de una equivocada interpretación de los fines del experimento de laboratorio. Un experimento de laboratorio no necesita, y no debe, constituir un intento de duplicar una situación de la vida real. Si se quisiera estudiar algo en una situación de este tipo, sería bastante tonto tomarse el trabajo de organizar un experimento de laboratorio para reproducir dicha situación. ¿Por qué no estudiarla directamente? El experimento de laboratorio debe tratar de crear una situación en la cual se vea claramente cómo operan las variables en situaciones especialmente identificadas y definidas. El hecho de que pueda encontrarse o no tal situación en la vida real no tiene importancia. Evidentemente, nunca puede encontrarse en la vida real la situación de la mayor parte de los experimentos de laboratorio. No obstante, en el laboratorio podemos determinar con exactitud en qué medida una variable específica afecta la conducta o actitudes en condiciones especiales o puras.

¿Qué alcance tienen los experimentos y cuál es el enfoque del que se derivan?

Debido a que analizan las relaciones entre una o más variables independientes y una o más dependientes, así como los efectos causales de las primeras sobre las segundas, son estudios explicativos (que obviamente determinan correlaciones). Se trata de diseños que se fundamentan en el enfoque cuantitativo y en el paradigma deductivo. Se basan en hipótesis preestablecidas, miden variables y su aplicación debe sujetarse al diseño preconcebido; al desarrollarse, el investigador está centrado en la validez, el rigor y el control de la situación de investigación. Asimismo, el análisis estadístico resulta fundamental para lograr los objetivos de conocimiento. Como señalan Feuer, Towne y Shavelson (2002), su fin es estimar efectos causales.

Simbología de los diseños con emparejamiento en lugar de asignación al azar

Como ya se comentó, otra técnica para hacer inicialmente equivalentes a los grupos es el emparejamiento. Desde luego, este método es menos preciso que la asignación al azar. Los diseños se representan con una "E" de emparejamiento, en lugar de la "R" (asignación aleatoria o al azar). Por ejemplo,

$$
\begin{array}{cccc}
E & G_1 & X_1 & 0_1 \\
E & G_2 & X_2 & 0_2 \\
E & G_3 & — & 0_3
\end{array}
$$

¿Qué otros experimentos existen?: cuasiexperimentos

Los diseños cuasiexperimentales también manipulan deliberadamente, al menos, una variable independiente para observar su efecto y relación con una o más variables dependientes, sólo que difieren de los experimentos "puros" en el grado de seguridad o confiabilidad que pueda tenerse sobre la equivalencia inicial de los grupos. En los diseños cuasiexperimentales los sujetos no se asignan al azar a los grupos ni se emparejan, sino que dichos grupos ya están formados antes del experimento: son grupos intactos (la razón por la que surgen y la manera como se formaron es independiente o aparte del experimento). Por ejemplo, si los grupos del experimento son tres grupos escolares formados con anterioridad a la realización del experimento, y cada uno de ellos constituye un grupo experimental. Veámoslo gráficamente:

Grupo A (30 estudiantes)	Grupo experimental con X_1
Grupo B (26 estudiantes)	Grupo experimental con X_2
Grupo C (34 estudiantes)	Grupo de control

Otros ejemplos serían utilizar grupos terapéuticos ya integrados, equipos deportivos previamente formados, trabajadores de turnos establecidos o grupos de habitantes de distintas zonas geográficas (que ya estén agrupados por zona).

Los diseños cuasiexperimentales específicos se revisan en el capítulo 5 del CD: "Diseños experimentales: segunda parte".

Pasos de un experimento

A continuación mencionamos los principales pasos que suelen realizarse en el desarrollo de un experimento:

Paso 1: Decidir cuántas variables independientes y dependientes deberán incluirse en el experimento. No necesariamente el mejor experimento es el que incluye el mayor número de variables; deben incluirse las variables que sean necesarias para probar las hipótesis, alcanzar los objetivos y responder las preguntas de investigación.

Paso 2: Elegir los niveles o modalidades de manipulación de las variables independientes y traducirlos en tratamientos experimentales.

Paso 3: Desarrollar el instrumento o instrumentos para medir la(s) variable(s) dependiente(s).

Paso 4: Seleccionar para el experimento una muestra de personas que posean el perfil que nos interesa.

Paso 5: Reclutar a los participantes del experimento. Esto implica tener contacto con ellos, darles las explicaciones necesarias, obtener su consentimiento e indicarles lugar, día, hora y persona con quien deben presentarse. Siempre es conveniente darles el máximo de facilidades para que acudan al experimento (si se les puede brindar transporte en caso de que sea necesario, proporcionarles un mapa con las indicaciones precisas, etc.). También hay que darles cartas (a ellos o alguna institución a la que pertenezcan para facilitar su participación en el experimento; por ejemplo, en escuelas a los directivos, maestros y padres de familia), llamarles por teléfono el día anterior a la realización del experimento para recordarles su participación.

Las personas deben encontrar motivante su participación en el experimento. Por tanto, resulta muy conveniente darles algún regalo atractivo (a veces simbólico). Por ejemplo, a amas de casa, una canasta de productos básicos; a ejecutivos o gerentes, una canasta con dos o tres artículos; a estudiantes, créditos escolares, etc., además de expedirles una carta de agradecimiento.

Paso 6: Seleccionar el diseño experimental o cuasiexperimental apropiado para nuestras hipótesis, objetivos y preguntas de investigación.

Paso 7: Planear cómo vamos a manejar a los participantes del experimento. Es decir, elaborar una ruta crítica de qué van a hacer las personas desde que llegan al lugar del experimento hasta que se retiran.

Paso 8: En el caso de experimentos "puros", dividirlos al azar o emparejarlos; y en el caso de cuasiexperimentos, analizar cuidadosamente las propiedades de los grupos intactos.

Paso 9: Aplicar las prepruebas (cuando las haya), los tratamientos respectivos (cuando no se trate de grupos de control) y las pospruebas.

Asimismo, resulta conveniente tomar nota del desarrollo del experimento, llevar una bitácora minuciosa de todo lo ocurrido a lo largo de éste.

En los últimos años algunos autores sugieren (por razones éticas) que en ocasiones el estímulo o tratamiento experimental debe ser discutido con los sujetos antes de su aplicación (Mertens, 2005), sobre todo si involucra cuestiones que exijan esfuerzo físico o que puedan tener un fuerte impacto emocional. Esto es adecuado, siempre y cuando no se convierta en una fuente de invalidación interna o de anulación del experimento. Asimismo, se recomienda que si por medio del tratamiento se beneficia a un grupo (por ejemplo, con un método educativo o un curso), una vez concluido el experimento, se administre a los demás grupos, para que también gocen de sus beneficios.

En el capítulo 5 del CD: "Diseños experimentales: segunda parte" también se presenta cómo controlar la influencia de variables intervinientes y otros temas importantes.

Diseños no experimentales

¿Qué es la investigación no experimental cuantitativa?

Podría definirse como la investigación que se realiza sin manipular deliberadamente variables. Es decir, se trata de estudios donde **no** hacemos variar en forma intencional las variables independientes para ver su efecto sobre otras variables. Lo que hacemos en la **investigación no experimental** es observar fenómenos tal como se dan en su contexto natural, para posteriormente analizarlos.

En un experimento, el investigador construye deliberadamente una situación a la que son expuestos varios individuos. Esta situación consiste en recibir un tratamiento, una condición o un estímulo bajo determinadas circunstancias, para después evaluar los efectos de la exposición o aplicación de dicho tratamiento o tal condición. Por decirlo de alguna manera, en un experimento se "construye" una realidad.

En cambio, en un estudio no experimental no se genera ninguna situación, sino que se observan situaciones ya existentes, no provocadas intencionalmente en la investigación por quien la realiza. En la investigación no experimental las variables independientes ocurren y no es posible manipularlas, no se tiene control directo sobre dichas variables ni se puede influir sobre ellas, porque ya sucedieron, al igual que sus efectos.

La investigación no experimental es un parteaguas de varios estudios cuantitativos, como las encuestas de opinión (*surveys*), los estudios *ex post-facto* retrospectivos y prospectivos, etc. Para ilustrar la diferencia entre un estudio experimental y uno no experimental consideremos el siguiente ejemplo. Claro está que no sería ético un experimento que obligara a las personas a consumir una bebida que afecta gravemente la salud. El ejemplo es sólo para ilustrar lo expuesto y quizá parezca un tanto burdo, pero es ilustrativo.

> **Investigación no experimental** Estudios que se realizan sin la manipulación deliberada de variables y en los que sólo se observan los fenómenos en su ambiente natural para después analizarlos.

Para esclarecer la diferencia entre la investigación experimental y la investigación no experimental

Vamos a suponer que un investigador desea analizar el efecto que produce el consumo de alcohol sobre los reflejos humanos. Su hipótesis es: "a mayor consumo de alcohol, mayor lentitud en los reflejos de las personas". Si decidiera seguir un enfoque experimental, asignaría al azar los sujetos a varios grupos.

Supóngase cuatro grupos: un primer grupo donde los participantes ingirieran un elevado consumo de alcohol (siete copas de tequila o brandy), un segundo grupo que tuviera un consumo medio de alcohol (cuatro copas), un tercer grupo que bebiera un consumo bajo de alcohol (una sola copa) y un cuarto grupo de control que no ingiriera nada de alcohol. Controlaría el lapso en el que todos los sujetos consumen su "ración" de alcohol (copa o copas), así como otros factores (misma bebida, cantidad de alcohol servida en cada copa, etc.). Finalmente, mediría la calidad de la respuesta de los reflejos en cada grupo y compararía los grupos, para determinar el efecto del consumo de alcohol sobre los reflejos humanos, y probar o disprobar su hipótesis.

Desde luego, el enfoque podría ser cuasiexperimental (grupos intactos) o asignar los sujetos a los grupos por emparejamiento (digamos en cuanto al género, que influye en la resistencia al alcohol, pues la mayoría de las mujeres suelen tolerar menos cantidades que los hombres).

Por el contrario, si decidiera seguir un enfoque no experimental, el investigador podría acudir a lugares donde se localicen distintas personas con diferentes consumos de alcohol (por ejemplo, oficinas donde se haga la prueba del nivel de consumo de alcohol, como una estación de policía). Encontraría a personas que han bebido cantidades elevadas, medias y bajas de alcohol, así como a quienes no lo han ingerido. Mediría la calidad de sus reflejos, llevaría a cabo sus comparaciones y establecería el efecto del consumo de alcohol sobre los reflejos humanos, analizando si aporta evidencia en favor o en contra de su hipótesis.

En un estudio experimental se construye el contexto y se manipula de manera intencional a la variable independiente (en este caso, el consumo del alcohol), después se observa el efecto de esta manipulación sobre la variable dependiente (aquí, la calidad de los reflejos). Es decir, el investigador influyó directamente en el grado de consumo de alcohol de los participantes. En la investigación no experimental no hay ni manipulación intencional ni asignación al azar. Los sujetos ya habían consumido cierto nivel de alcohol y en este hecho el investigador no tuvo nada que ver: no influyó en la cantidad de consumo de alcohol de los participantes. Era una situación que ya existía, ajena al control directo que hay en un experimento. En la investigación no experimental se eligieron personas con diferentes niveles de consumo, los cuales se generaron por muchas causas, pero no por la manipulación intencional y previa del consumo de alcohol. En resumen, en un estudio no experimental los individuos ya pertenecían a un grupo o nivel determinado de la variable independiente por autoselección.

Esta diferencia esencial genera distintas características entre la investigación experimental y la no experimental, que serán discutidas cuando se analicen comparativamente ambos enfoques. Para ello es necesario profundizar en los tipos de investigación no experimental.

La investigación experimental tiene alcances iniciales y finales correlacionales y explicativos. La investigación **no** experimental es sistemática y empírica en la que las variables independientes no se manipulan porque ya han sucedido. Las inferencias sobre las relaciones entre variables se realizan sin intervención o influencia directa, y dichas relaciones se observan tal como se han dado en su contexto natural.

Un ejemplo no científico (y tal vez demasiado coloquial) para abundar en la diferencia entre un experimento y un **no** experimento serían las siguientes situaciones:

Experimento	Hacer enojar intencionalmente a una persona y ver sus reacciones.
No experimento	Ver las reacciones de esa persona cuando llega enojada.

Mertens (2005) señala que la investigación no experimental es apropiada para variables que no pueden o deben ser manipuladas o resulta complicado hacerlo. Algunos ejemplos se muestran en la tabla 7.5.

▲ **Tabla 7.5**   Variables no manipulables o difícilmente manipulables en experimentos, y apropiadas más bien para estudios no experimentales

Tipos	Ejemplos
Características inherentes de personas u objetos que son complejas de manipular.	Hábitat de un animal, fuertes incrementos salariales, antigüedad en el trabajo…
Características que no pueden ser manipuladas por razones éticas.	Consumo de alcohol, tabaco o un medicamento (si la persona se encuentra saludable), agresiones físicas, adopción, impedimentos físicos…
Características que no es posible manipular.	Personalidad (todos sus rasgos), energía explosiva de un volcán, estado civil de los padres (divorciados, casados, unión libre, etc.), masa de un meteorito…

¿Cuáles son los tipos de diseños no experimentales?

Distintos autores han adoptado diversos criterios para catalogar la investigación no experimental. Sin embargo, en este libro consideramos la siguiente manera de clasificar dicha investigación: por su dimensión temporal o el número de momentos o puntos en el tiempo, en los cuales se recolectan datos.

En algunas ocasiones la investigación se centra en:

a) analizar cuál es el nivel o modalidad de una o diversas variables en un momento dado;
b) evaluar una situación, comunidad, evento, fenómeno o contexto en un punto del tiempo y/o;
c) determinar o ubicar cuál es la relación entre un conjunto de variables en un momento.

En estos casos el diseño apropiado (bajo un enfoque no experimental) es el transversal o transeccional. Ya sea que su alcance inicial o final sea exploratorio, descriptivo, correlacional o explicativo.

Otras veces, la investigación se concentra en: *a*) estudiar cómo evolucionan una o más variables o las relaciones entre ellas, y/o *b*) analizar los cambios a través del tiempo de un evento, una comunidad, un fenómeno, una situación o un contexto. En situaciones como ésta el diseño apropiado (bajo un enfoque no experimental) es el longitudinal.

Dicho de otro modo, los **diseños no experimentales** se pueden clasificar en transeccionales y   OQ 6
longitudinales.

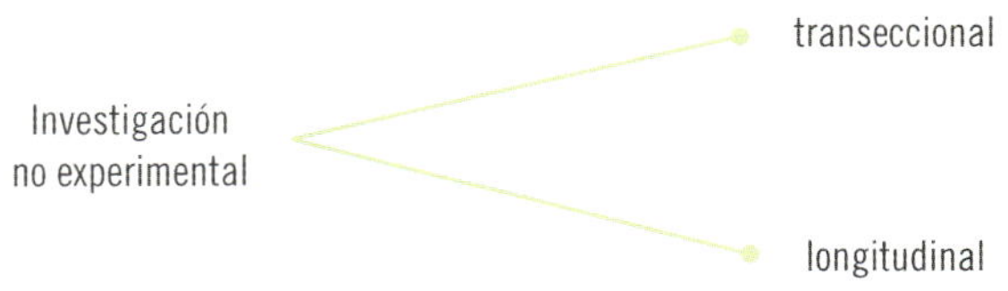

Investigación transeccional o transversal   OQ 7

Los diseños de **investigación transeccional** o **transversal** recolectan datos en un solo momento, en un tiempo único. Su propósito es describir variables y analizar su incidencia e interrelación en un momento dado. Es como tomar una fotografía de algo que sucede. Por ejemplo:

> **Diseños transeccionales (transversales)**   Investigaciones que recopilan datos en un momento único.

1. Investigar el número de empleados, desempleados y subempleados en una ciudad en cierto momento.
2. Medir las percepciones y actitudes de mujeres jóvenes que fueron abusadas sexualmente en el último mes en una urbe latinoamericana.

3. Evaluar el estado de los edificios de un barrio o una colonia, después de un terremoto.
4. Analizar el efecto que sobre la estabilidad emocional de un grupo de personas provocó un acto terrorista.
5. Analizar si hay diferencias en el contenido sexual entre tres telenovelas que están exhibiéndose simultáneamente.

Estos diseños se esquematizan de la siguiente manera:

Recolección de datos
única

Pueden abarcar varios grupos o subgrupos de personas, objetos o indicadores; así como diferentes comunidades, situaciones o eventos. Por ejemplo, analizar el efecto que sobre la estabilidad emocional provocó un acto terrorista en niños, adolescentes y adultos. Pero siempre, la recolección de los datos ocurre en un momento único.

A su vez, los **diseños transeccionales** se dividen en tres: exploratorios, descriptivos y correlacionales-causales.

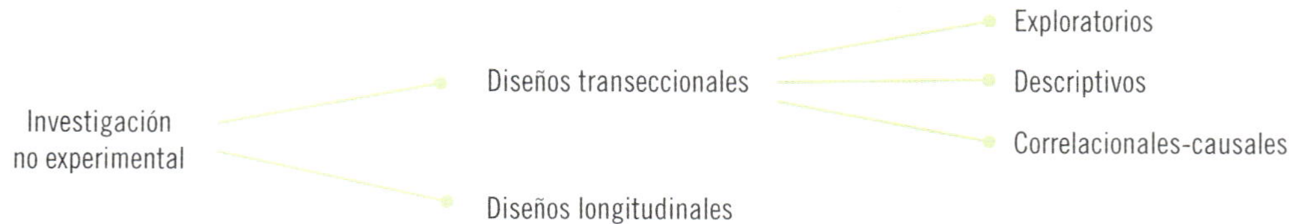

Diseños transeccionales exploratorios

El propósito de los **diseños transeccionales exploratorios** es comenzar a conocer una variable o un conjunto de variables, una comunidad, un contexto, un evento, una situación. Se trata de una exploración inicial en un momento específico. Por lo general, se aplican a problemas de investigación nuevos o poco conocidos, además constituyen el preámbulo de otros diseños (no experimentales y experimentales).

Por ejemplo, unas investigadoras pretenden obtener un panorama sobre el grado en que las empresas de una ciudad contratan a personas con capacidades distintas (impedimentos físicos, deficiencias motrices, visuales, mentales). Buscan en los archivos municipales y encuentran muy poca información, acuden a la cámara industrial de la localidad y tampoco descubren datos que les sean útiles. Entonces inician un sondeo en las empresas de su localidad, haciendo una serie de preguntas a los gerentes de personal, recursos humanos o equivalentes: ¿contratan a personas con capacidades diferentes?, ¿cuántas personas al año, al mes?, ¿para qué tipo de empleos?, etc. Al explorar la situación logran tener una visión del problema que les interesa y sus resultados son exclusivamente válidos para el tiempo y lugar en que efectuaron su estudio. Sólo recolectaron datos una vez. Posteriormente podrían planear una investigación descriptiva más profunda sobre la base proporcionada por esta primera aproximación, o comenzar un estudio que indague qué empresas son las que contratan a más individuos con capacidades distintas y por qué motivos.

Diseños transeccionales descriptivos Indagan la incidencia de las modalidades, categorías o niveles de una o más variables en una población, son estudios puramente descriptivos.

Diseños transeccionales descriptivos

Los **diseños transeccionales descriptivos** tienen como objetivo indagar la incidencia de las modalidades o niveles de una o más variables en una población. El procedimiento consiste en ubicar en una o diversas variables a un grupo de personas u otros seres vivos, objetos, situaciones, contextos, fenómenos, comunidades; y así proporcionar su descripción. Son, por tanto, estudios puramente descriptivos y cuando establecen hipótesis, éstas son también descriptivas (de pronóstico de una cifra o valores).

Por ejemplo: Ubicar a un grupo de personas en las variables: género, edad, estado civil o marital y nivel educativo.[14] Esto podría representarse así:

Figura 7.7   Ejemplo de ubicación de personas.

En ciertas ocasiones, el investigador pretende realizar descripciones comparativas entre grupos o subgrupos de personas u otros seres vivos, objetos, comunidades o indicadores (esto es, en más de un grupo). Por ejemplo, un investigador que deseara describir el nivel de empleo en tres ciudades (Valencia, Caracas y Trujillo, en Venezuela).

EJEMPLOS

1. Las famosas encuestas nacionales de opinión sobre las tendencias de los votantes durante periodos electorales. Su objetivo es describir —en una elección específica— el número de votantes que se inclinan por los diferentes candidatos contendientes. Es decir, se centran en la descripción de las preferencias del electorado.
2. Un análisis sobre la tendencia ideológica de los 15 diarios de mayor tirada en América Latina. El foco de atención es únicamente describir, en un momento dado, cuál es la tendencia ideológica (izquierda-

---

[14] El nivel educativo varía entre diferentes países, en algunos casos la educación media se refiere a secundaria y preparatoria, en otros a secundaria o únicamente bachillerato.

derecha) de dichos periódicos. No se tiene como objetivo ver por qué manifiestan una u otra ideología, sino tan sólo describirlas.

3. Una investigación para evaluar los niveles de satisfacción de los clientes de un hotel respecto al servicio que reciben (no busca evaluar si las mujeres están más satisfechas que los hombres, ni asociar el nivel de satisfacción con la edad o los ingresos de los clientes).

Imagine que su único propósito es describir físicamente a una persona (digamos, a Alexis, un niño de ocho años), nos diría cuál es su estatura, talla, de qué color es su cabello y ojos, cómo es su complexión, etc. Así son los estudios descriptivos y queda claro que ni siquiera cabe la noción de manipulación, puesto que cada variable o concepto se trata individualmente: no se vinculan variables. Además, la descripción de Alexis es a la edad de ocho años (un solo momento), la cual variará en diferentes cuestiones conforme crezca (talla, por ejemplo).

Diseños transeccionales correlacionales-causales

Estos diseños describen relaciones entre dos o más categorías, conceptos o variables en un momento determinado. A veces, únicamente en términos correlacionales, otras en función de la relación causa-efecto(causales).

La diferencia entre los diseños transeccionales descriptivos y los **diseños correlacionales-causales** se expresa gráficamente en la figura 7.8.

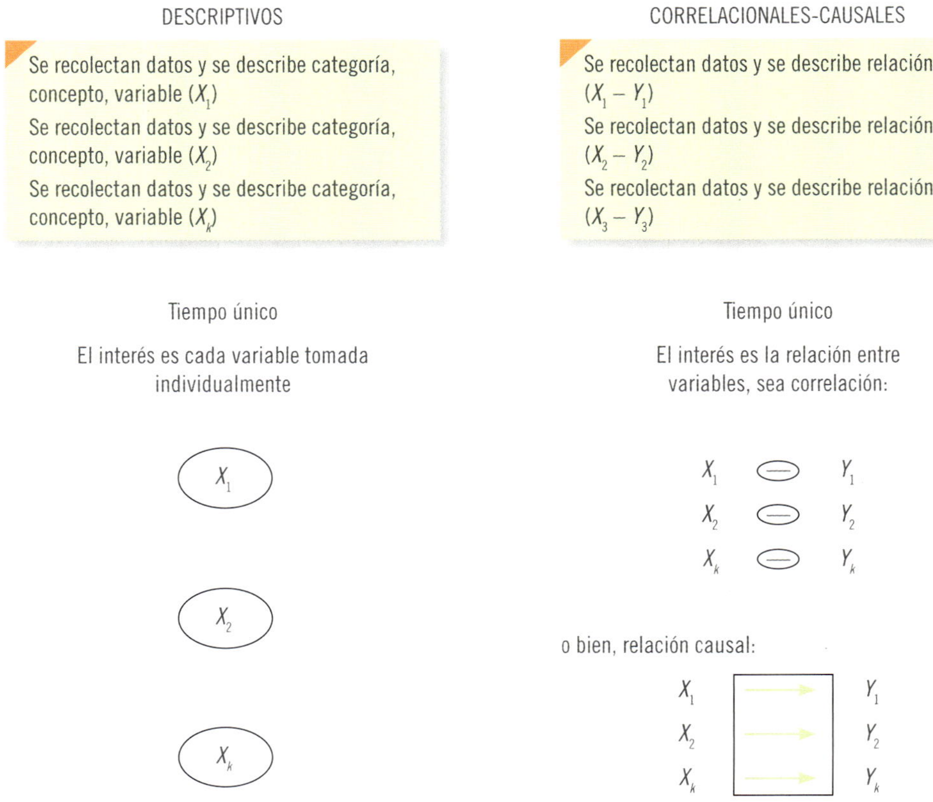

Figura 7.8 Comparación de diseños transeccionales descriptivos y correlacionales-causales.

Por tanto, los **diseños correlacionales-causales** pueden limitarse a establecer relaciones entre variables sin precisar sentido de causalidad o pretender analizar relaciones causales. Cuando se limitan a relaciones no causales, se fundamentan en planteamientos e hipótesis correlacionales; del mismo modo, cuando buscan evaluar vinculaciones causales, se basan en planteamientos e hipótesis causales. Veamos algunos ejemplos.

EJEMPLOS

1. Una investigación que pretendiera indagar la relación entre la atracción y la confianza durante el noviazgo en parejas de jóvenes, observando cuán vinculadas están ambas variables (se limita a ser correlacional).
2. Una investigación que estudiara cómo la motivación intrínseca influye en la productividad de los trabajadores de línea de grandes empresas industriales, de determinado país y en cierto momento, observando si los obreros más productivos son los más motivados; en caso de que así sea, evaluando por qué y cómo es que la motivación intrínseca contribuye a incrementar la productividad (esta investigación establece primero la correlación y luego la relación causal entre las variables).
3. Un estudio sobre la relación entre urbanización y alfabetismo en una nación latinoamericana, para ver qué variables macrosociales mediatizan tal relación (causal).
4. Un estudio que pretendiera analizar quiénes compran más en las tiendas de una cadena departamental, los hombres o las mujeres (correlacional: asocia género y nivel de compra).

De los ejemplos se desprende lo que se ha comentado anteriormente: que en ciertas ocasiones sólo se pretende correlacionar categorías, variables, objetos o conceptos; pero en otras, se busca establecer relaciones causales. Debemos recordar que la causalidad implica correlación, pero no toda correlación significa causalidad.

Estos diseños pueden ser sumamente complejos y abarcar diversas categorías, conceptos o variables. Cuando establecen relaciones causales son explicativos. Su diferencia con los experimentos es la base de la distinción entre experimentación y no experimentación. En los diseños transeccionales correlacionales-causales, las causas y los efectos ya ocurrieron en la realidad (estaban dados y manifestados) o están ocurriendo durante el desarrollo del estudio, y quien investiga los observa y reporta. En cambio, en los diseños experimentales y cuasiexperimentales se provoca intencionalmente al menos una causa y se analizan sus efectos o consecuencias.

En todo estudio, la causalidad la establece el investigador de acuerdo con sus hipótesis, las cuales se fundamentan en la revisión de la literatura. En los experimentos —como ya se ha insistido— la causalidad va en el sentido del tratamiento o tratamientos (variable o variables independientes) hacia el efecto o efectos (variable o variables dependientes). En los estudios transeccionales correlacionales-causales la causalidad ya existe, pero es el investigador quien la direcciona y establece cuál es la causa y cuál el efecto (o causas y efectos). Ya sabemos que para establecer un nexo causal: *a*) la o las variables independientes deben anteceder en tiempo a la o las dependientes, aunque sea por milésimas de segundo (por ejemplo, en la relación entre "el nivel de estudio de los padres" y "el interés por la lectura de los hijos", es obvio que la primera variable antecede a la segunda); y *b*) debe existir covariación entre la o las variables independientes y dependientes; pero además: *c*) la causalidad tiene que ser verosímil (si decidimos que existe un vínculo causal entre las variables "nutrición" y "rendimiento escolar", resulta lógico que la primera es causa de la segunda, pero no a la inversa).

Un **diseño correlacional-causal** puede limitarse a dos categorías, conceptos o variables, o incluso abarcar modelos o estructuras tan complejas como lo muestra la figura 7.9 (donde cada letra en recuadro representa una variable, un concepto, etcétera).

Diseños transeccionales correlacionales-causales Describen relaciones entre dos o más categorías, conceptos o variables en un momento determinado, ya sea en términos correlacionales, o en función de la relación causa-efecto.

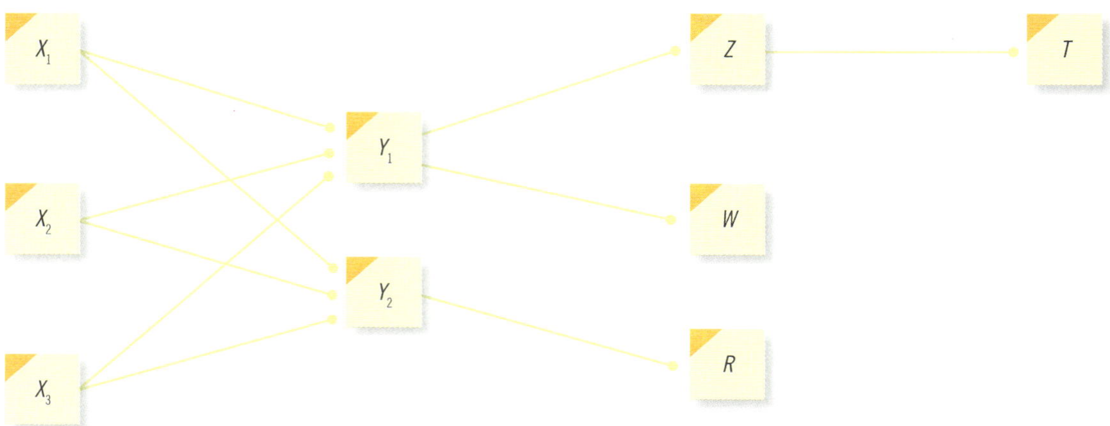

Figura 7.9   Ejemplo de una estructura de un diseño correlacional-causal complejo.

Asimismo, los diseños correlacionales-causales en ocasiones describen relaciones en uno o más grupos o subgrupos, y suelen describir primero las variables incluidas en la investigación, para luego establecer las relaciones entre éstas (en primer lugar, son descriptivos de variables individuales, pero luego van más allá de las descripciones: establecen relaciones).

EJEMPLO

En una investigación para evaluar la credibilidad de tres conductores de televisión, y relacionar esta variable con el género, la ocupación y el nivel socioeconómico del teleauditorio. Primero, mediríamos qué tan creíble es cada conductor y describiríamos la credibilidad de los tres conductores. Determinaríamos el género de las personas e investigaríamos su ocupación y nivel socioeconómico, así, describiríamos estos tres elementos del teleauditorio. Posteriormente, relacionaríamos la credibilidad y el género (para ver si hay diferencias por género en cuanto a la credibilidad de los tres conductores), la credibilidad y la ocupación (para ver si los conductores tienen una credibilidad similar o diferente entre las distintas ocupaciones) y la credibilidad y el nivel socioeconómico (para evaluar diferencias por nivel socioeconómico). De este modo, primero describimos y luego correlacionamos. 

En estos diseños, en su modalidad únicamente causal, a veces se reconstruyen las relaciones a partir de la(s) variable(s) dependiente(s), en otras a partir de la(s) independiente(s) y en otras más sobre la base de variabilidad amplia de las independientes y dependientes (León y Montero, 2003). Al primer caso se les conoce como *retrospectivos,* al segundo como *prospectivos* y al tercero como *causalidad múltiple*.

Supongamos que mi interés es analizar las causas por las cuales algunos clientes, y otros no, han utilizado el crédito que les fue otorgado por una cadena de tiendas departamentales. Entonces, la variable dependiente tiene dos niveles: *a*) clientes que sí han utilizado su crédito y *b*) clientes que no. Empleo la base de datos de los clientes y los agrupo en el nivel que les corresponde. Procedo a preguntarles a quienes sí han empleado el crédito, los motivos por los cuales lo han usado; del mismo modo, a quienes no lo han hecho, les pregunto las razones por las que no lo han utilizado. Así determino las causas que me importan. El estudio podría diagramarse tal como se muestra en la figura 7.10. El estudio causal se desarrolla en un momento particular y único.

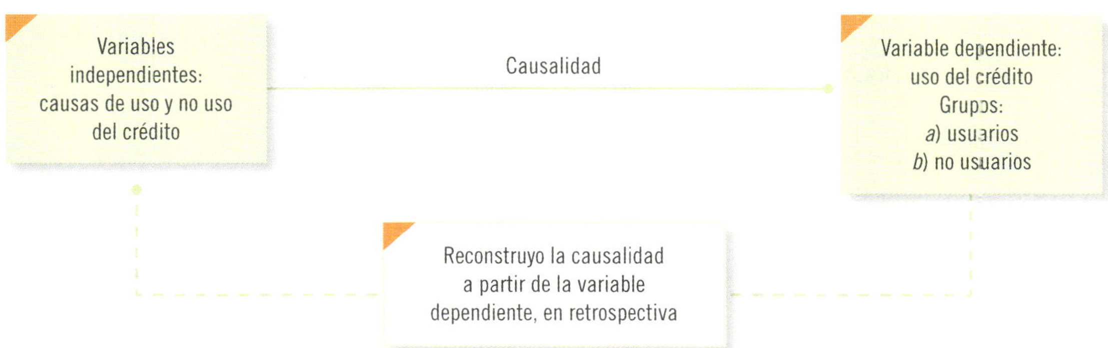

Figura 7.10   Ejemplo de una reconstrucción causal retrospectiva.

Veamos ahora una **investigación causal prospectiva**: imaginemos que deseo indagar si la variable antigüedad provoca o no mayor lealtad a la empresa y por qué. Entonces, divido a los empleados en la variable independiente: *a*) muy alta antigüedad (25 o más años de laborar en la organización), *b*) alta antigüedad (16 a 24 años), *c*) mediana antigüedad (9 a 15 años), *d*) baja antigüedad (cuatro a ocho años), *e*) muy baja antigüedad (uno a tres años) y *f*) recién ingreso (un año o menos). Posteriormente, mido los niveles de lealtad y cuestiono a los empleados sobre cómo la antigüedad ha generado o no mayor lealtad. Así determino los efectos de interés. (figura 7.11.)

Figura 7.11   Ejemplo de una reconstrucción causal prospectiva.

En los diseños donde se reconstruyen las relaciones sobre la base de variabilidad amplia de las independientes y dependientes, no se parte de una variable en especial ni de grupos, sino que se evalúa la estructura causal completa (las relaciones en su conjunto). Vea la figura 7.12.

Todos los estudios transeccionales causales nos brindan la oportunidad de predecir el comportamiento de una o más variables a partir de otras, una vez que se establece la causalidad. A estas últimas se les denomina **variables predictoras**. Tales diseños requieren de análisis multivariados, que se mencionan en el CD anexo (capítulo 8: Análisis estadístico: segunda parte). En la figura 7.12 simplemente incluimos un ejemplo de una estructura causal compleja. Lo importante es que se comprenda cómo en ocasiones se analizan múltiples variables y secuencias causales. 

Para el modelo de la figura 7.12, las percepciones sobre las variables o dimensiones del clima organizacional (trabajo, papel que se desempeña, líder o superior, grupo de trabajo y elementos de la organización) influyen en la motivación y el desempeño, pero con la mediación de las actitudes hacia el trabajo (satisfacción en el trabajo, involucramiento en el trabajo y el compromiso con la empresa o institución). Es decir, hay dos niveles de variables intervinientes: las del clima y las actitudes hacia el trabajo. El modelo está fundamentado en Parker *et al.* (2003) y Hernández Sampieri (2005). Las percepciones psicológicas del clima son las variables predictoras iniciales.

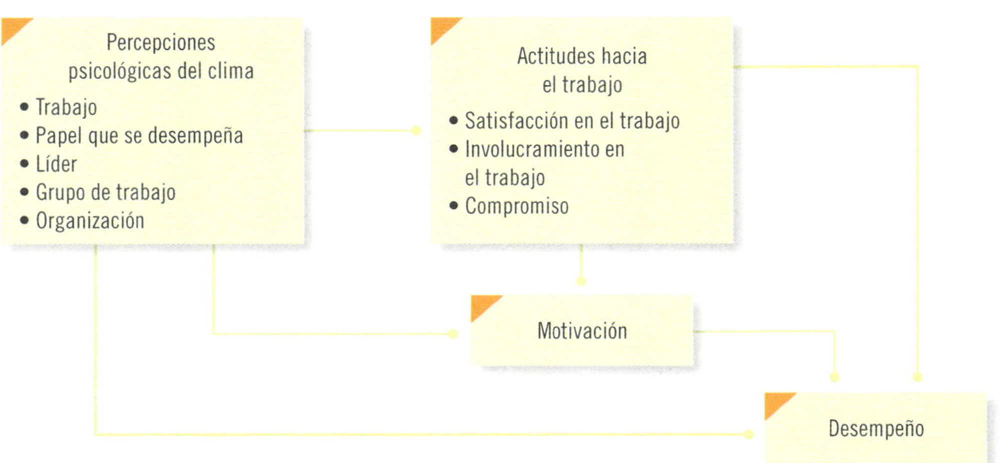

Figura 7.12 Modelo mediatizador del clima organizacional.

Encuestas de opinión (*surveys*)

Las **encuestas de opinión** (*surveys*) son consideradas por diversos autores como un diseño (Creswell, 2009; Mertens, 2005) y estamos de acuerdo en considerarlas así. En nuestra clasificación serían investigaciones no experimentales transversales o transeccionales descriptivas o correlacionales-causales, ya que a veces tienen los propósitos de unos u otros diseños y a veces de ambos (Archester, 2005). Generalmente utilizan cuestionarios que se aplican en diferentes contextos (aplicados en entrevistas "cara a cara", mediante correo electrónico o postal, en grupo). El proceso de una **encuesta de opinión** (*survey*) se comenta en el CD anexo, en el capítulo 6: "Encuestas (*surveys*)".

Investigación longitudinal o evolutiva

OQ 8

En ocasiones el interés del investigador es analizar cambios a través del tiempo de determinadas categorías, conceptos, sucesos, variables, contextos o comunidades; o bien, de las relaciones entre éstas.

Diseños longitudinales Estudios que recaban datos en diferentes puntos del tiempo, para realizar inferencias acerca de la evolución, sus causas y sus efectos.

Aun más, a veces ambos tipos de cambios. Entonces disponemos de los **diseños longitudinales**, los cuales recolectan datos a través del tiempo en puntos o periodos, para hacer inferencias respecto al cambio, sus determinantes y consecuencias. Tales puntos o periodos por lo común se especifican de antemano. Por ejemplo, un investigador que buscara analizar cómo evolucionan los niveles de empleo durante cinco años en una ciudad; otro que pretendiera estudiar cómo ha cambiado el contenido sexual en las telenovelas de cierto país en los últimos 10 años, y uno más que buscara observar cómo se desarrolla una comunidad indígena a través de varios años, con la llegada de la computadora e internet a sus vidas. Son pues, estudios de seguimiento.

Los **diseños longitudinales** suelen dividirse en tres tipos: *diseños de tendencia* (*trend*), *diseños de análisis evolutivo de grupos* (*cohorte*) y *diseños panel*, como se indica en el siguiente esquema:

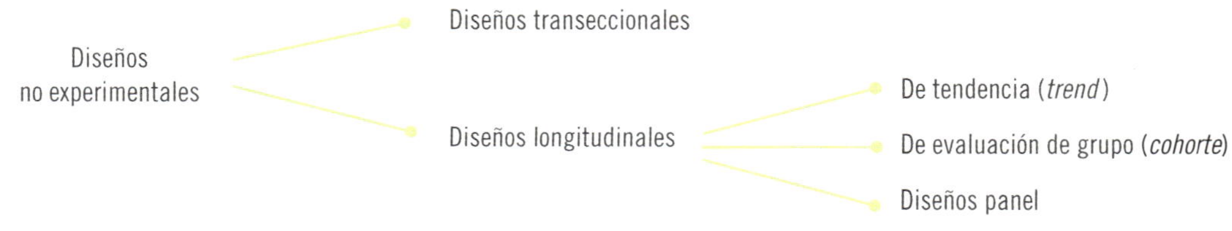

Diseños longitudinales de tendencia

Los **diseños de tendencia** (*trend*) son aquellos que analizan cambios a través del tiempo (en categorías, conceptos, variables o sus relaciones), dentro de alguna población en general. Su característica distintiva es que la atención se centra en la población. Por ejemplo, una investigación para analizar cambios en la actitud hacia el aborto por parte de adolescentes de una comunidad. Dicha actitud se mide en varios puntos en el tiempo (digamos, anualmente o en periodos no preestablecidos durante 10 años) y se examina su evolución a lo largo de este gran periodo. Se puede observar o medir a toda la población, o bien, tomar una muestra de ella, cada vez que se observen o midan las variables o las relaciones entre éstas. Es importante señalar que los participantes del estudio no son los mismos, pero la población sí. Los adolescentes crecen con el transcurrir del tiempo, pero siempre hay una población de jóvenes. Por ejemplo, los estudiantes de Medicina de la Universidad Complutense de Madrid de hoy no serán las mismas personas que las de años futuros, pero siempre habrá una población de estudiantes de Medicina de dicha institución. Estos diseños se representan en la figura 7.13.

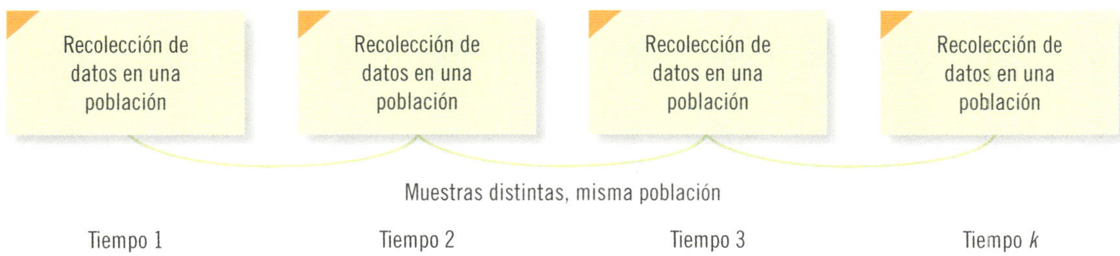

Figura 7.13 Esquema de un diseño longitudinal de tendencia.

EJEMPLO

Analizar la manera en que evoluciona la percepción sobre tener relaciones sexuales premaritales en las mujeres jóvenes adultas (20 a 25 años) de Valledupar, Colombia, de aquí al año 2020. Las mujeres aumentan su edad, pero siempre habrá una población de mujeres de esas edades en tal ciudad. Las participantes seleccionadas son otras, pero el universo o población es la misma.

Diseños longitudinales de evolución de grupo (cohortes)

Con los **diseños de evolución de grupo** se examinan cambios a través del tiempo en subpoblaciones o grupos específicos. Su atención son las *cohortes* o grupos de individuos vinculados de alguna manera o identificados por una característica común, generalmente la edad o la época (Glenn, 1977). Un ejemplo de estos grupos (*cohortes*) sería el formado por las personas que nacieron en 1973 en Chile, durante el derrocamiento del gobierno de Salvador Allende; pero también podría utilizarse otro criterio de agrupamiento temporal, como las personas que se casaron durante 2000 en Rosario, Argentina; o los niños de la Ciudad de México que asistían a instrucción primaria durante el gran terremoto que ocurrió en 1985. Tales diseños hacen seguimiento de los grupos a través del tiempo y por lo común se extrae una muestra cada vez que se recolectan datos sobre el grupo o la subpoblación, más que incluir a toda la subpoblación.

Diseños de tendencia y de evolución de grupo Ambas clases de diseños monitorean cambios en una población o subpoblación a través del tiempo, usando una serie de muestras que abarcan a diferentes participantes en cada ocasión, pero en los primeros la población es la misma y en los segundos se toma como universo a los sobrevivientes de la población.

EJEMPLO

Una investigación nacional sobre las actitudes hacia la democracia de los mexicanos nacidos en 1990 (recordemos que en México hasta el año 2000 hubo elecciones presidenciales verdaderamente democráticas), digamos cada cinco años, comenzando a partir del 2015. En este año se obtendría una muestra de mexicanos de 25 años de edad y se medirían las actitudes. En el 2020, se seleccionaría una muestra de mexicanos de 30 años y se medirían las actitudes. En el 2025, se elegiría una muestra de mexicanos de 35 años, y así sucesivamente. De esta forma, se analizan la evolución y los cambios de las actitudes mencionadas. Desde luego que, aunque el conjunto específico de personas estudiadas en cada tiempo o medición llega a ser diferente, cada muestra representa a los sobrevivientes del grupo de mexicanos nacidos en 1990.

Los **diseños de evolución de grupo** se pueden esquematizar como en la siguiente figura:

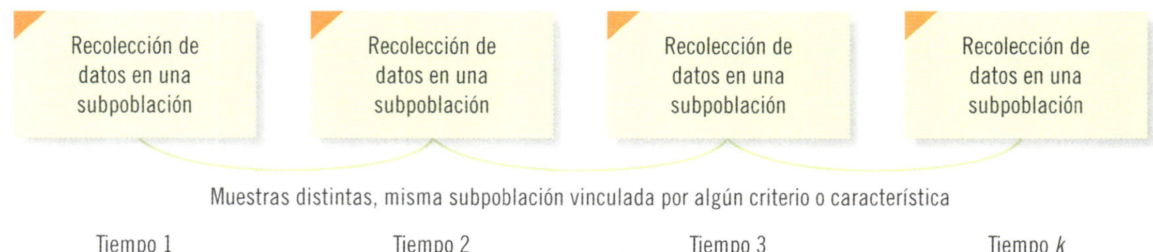

Figura 7.14 Esquema de los diseños de evolución de grupo.

Diseños longitudinales panel

Los **diseños panel** son similares a las dos clases de diseños vistas anteriormente, sólo que los **mismos** participantes son medidos u observados en todos los tiempos o momentos.

Un ejemplo sería una investigación que observara anualmente los cambios en las actitudes (bajo la aplicación de una prueba estandarizada) de un grupo de ejecutivos en relación con un programa para elevar la productividad, por ejemplo, durante cinco años. Cada año se observaría la actitud de los mismos ejecutivos. Es decir, los individuos, y no sólo la muestra, población o subpoblación, son los mismos.

Otro ejemplo sería observar mensualmente (durante dos años) a un grupo que acude a psicoterapia para analizar si se incrementan sus expresiones verbales de discusión y exploración de planes futuros, y si disminuyen sobre hechos pasados (en cada observación los pacientes serían las mismas personas). La forma gráfica de representar este ejemplo de diseño longitudinal se muestra en la figura 7.15.

Figura 7.15 Ejemplo de diseño longitudinal panel.

Otro ejemplo de diseño panel consiste en analizar la evolución de pacientes de un determinado tipo de cáncer (de mama, pongamos como caso), donde se vea qué pasa con el grupo durante cuatro etapas: la primera, un mes después de iniciar el tratamiento médico; la segunda, seis meses después de iniciar el tratamiento; la tercera, un año después del tratamiento, y la cuarta, dos años después de iniciado éste. Siempre se incluirán a las mismas pacientes con nombre y apellido, descartando a quienes lamentablemente fallecen.

Un ejemplo adicional sería tomar a un grupo de 50 guatemaltecos que estén emigrando a Estados Unidos para trabajar, y evaluar cómo cambia la percepción que tienen de sí mismos durante 10 años (con recolección de datos en varios periodos, pero sin definir previamente cada cuándo).

En los **diseños panel** se tiene la ventaja de que, además de conocer los cambios grupales, se conocen los cambios individuales. Se sabe qué casos específicos introducen el cambio. La desventaja es que a veces resulta muy difícil obtener con exactitud a los mismos participantes para una segunda medición u observaciones subsecuentes. Este tipo de diseños sirve para estudiar poblaciones o grupos más específicos y es conveniente cuando se tienen poblaciones relativamente estáticas.

Diseños panel Toda una población o grupo es seguido a través del tiempo.

Por otra parte, deben verse con cuidado los efectos que una medición, un registro o una observación llega a tener sobre otras posteriores (recuérdese el efecto de administración de la prueba vista como fuente de invalidación interna en experimentos y cuasiexperimentos, sólo que aplicada al contexto no experimental). Los diseños panel podrían esquematizarse como se puede observar en la figura 7.16.

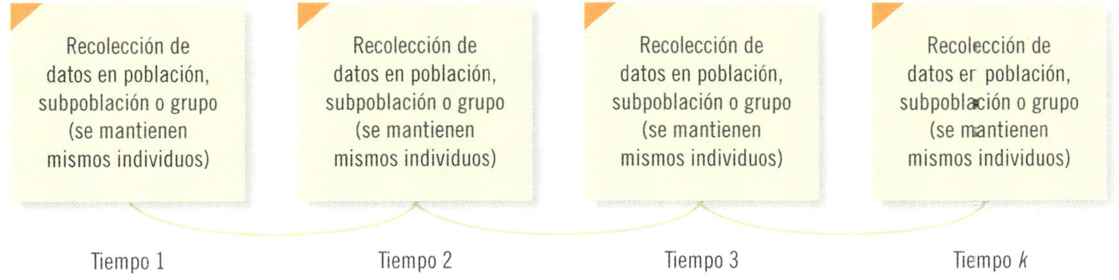

Figura 7.16 Esquema de diseño panel.

Los **diseños longitudinales** se fundamentan en hipótesis de diferencia de grupos, correlacionales y causales. Estos diseños recolectan datos sobre categorías, sucesos, comunidades, contextos, variables, o sus relaciones, en dos o más momentos, para evaluar el cambio en éstas. Ya sea al tomar a una población (diseños de tendencia o *trends*), a una subpoblación (diseños de análisis evolutivo de un grupo o cohorte) o a los mismos participantes (diseños panel). Ejemplos de temas serían: resistencia de materiales para construir edificios a través del tiempo, recaudación fiscal en distintos años, comportamiento de acciones en la bolsa de valores de una nación antes y después de algunos sucesos, duración de algún material para cubrir "picaduras" o daños a los molares, la relación entre el clima y la cultura organizacionales durante un periodo, o los impactos después de una guerra (a mediano y largo plazos) en alguna sociedad del siglo XVI (histórico).

Comparación de los diseños transeccionales y longitudinales

Los estudios longitudinales tienen la ventaja de que proporcionan información sobre cómo las categorías, los conceptos, las variables, las comunidades, los fenómenos, y sus relaciones evolucionan a través del tiempo. Sin embargo, suelen ser más costosos que los transeccionales. La elección de un tipo de diseño u otro depende más bien de los propósitos de la investigación y de su alcance.

¿Cuáles son las características de la investigación no experimental en comparación con la investigación experimental?

Una vez más enfatizamos que tanto la **investigación experimental** como la **no experimental** son herramientas muy valiosas y ningún tipo es mejor que el otro. El diseño a seleccionar en una investigación depende más bien del problema a resolver y del contexto que rodea al estudio. Desde luego, ambos tipos de investigación poseen características propias que es necesario resaltar.

El control sobre las variables es más riguroso en los experimentos que en los diseños cuasiexperimentales y, a su vez, ambos tipos de investigación logran mayor control que los diseños no experimentales. En un experimento se analizan relaciones "puras" entre las variables de interés, sin contaminación de otras variables y, por ello, es posible establecer relaciones causales con mayor precisión. Por ejemplo, en un experimento sobre el aprendizaje variaríamos el estilo de liderazgo del profesor, el método de enseñanza y otros factores. Así, sabríamos cuánto afectó cada variable. En cambio, en la investigación no experimental resulta más complejo separar los efectos de las múltiples variables que intervienen, sin embargo puede hacerse, infiriendo.

Por lo que respecta a la posibilidad de réplica, todos los diseños pueden replicarse, aunque en los longitudinales es mucho más complejo y en ocasiones imposible.

Ahora bien, como menciona Kerlinger (1979), en **los experimentos** (sobre todo en los de laboratorio) las variables independientes pocas veces tienen tanta fuerza como en la realidad o la cotidianidad. Es decir, en el laboratorio tales variables no muestran la verdadera magnitud de sus efectos, la cual suele ser mayor fuera del laboratorio. Por tanto, si se encuentra un efecto en el laboratorio, éste tenderá a ser mayor en la realidad.

En cambio, en la **investigación no experimental** estamos más cerca de las variables formuladas hipotéticamente como "reales" y, en consecuencia, tenemos mayor validez externa (posibilidad de generalizar los resultados a otros individuos y situaciones comunes).

Una desventaja de los experimentos es que normalmente se selecciona un número de personas poco o medianamente representativo respecto a las poblaciones que se estudian. La mayoría de los experimentos utilizan muestras no mayores de 200 personas, lo que dificulta la generalización de resultados a poblaciones más amplias. Por tal razón, los resultados de un experimento deben observarse con precaución y es por medio de la réplica de éste (en distintos contextos y con diferentes tipos de personas) como van generalizándose dichos resultados.

En resumen, ambas clases de investigación: experimental y no experimental, se utilizan para el avance del conocimiento y en ocasiones resulta más apropiado un tipo u otro, dependiendo del problema de investigación al que nos enfrentemos.

Con el fin de vincular los alcances del estudio, las hipótesis y el diseño, sugerimos se considere la tabla 7.6.

Diversos problemas de investigación se pueden abordar experimental y no experimentalmente. Por ejemplo, si deseáramos analizar la relación entre la motivación y la productividad en los trabajadores de cierta empresa, seleccionaríamos un conjunto de éstos y lo dividiríamos al azar en cuatro grupos: uno donde se propicie una elevada motivación, otro con mediana motivación, otro más con baja motivación y un último al que no se le administre ningún motivador. Después compararíamos la productividad de los grupos. Tendríamos un experimento.

Si se tratara de grupos intactos tendríamos un cuasiexperimento. En cambio, si midiéramos la motivación existente en los trabajadores, así como su productividad y relacionáramos ambas variables, estaríamos realizando una investigación transeccional correlacional. Y si cada seis meses midiéramos las dos variables y estableciéramos su correlación efectuaríamos un estudio longitudinal.

Los estudios de caso

Los **estudios de caso** son considerados por algunos autores y autoras como una clase de diseños, a la par de los experimentales, no experimentales y cualitativos (Williams, Grinnell y Unrau, 2005), mien-

▲ **Tabla 7.6**   Correspondencia entre tipos de estudio, hipótesis y diseño de Investigación

Estudio	Hipótesis	Posibles diseños
Exploratorio	• No se establecen, lo que se puede formular son conjeturas iniciales	• Transeccional descriptivo • Preexperimental
Descriptivo	• Descriptiva	• Preexperimental • Transeccional descriptivo
Correlacional	• Diferencia de grupos sin atribuir causalidad	• Cuasiexperimental • Transeccional correlacional • Longitudinal (no experimental)
	• Correlacional	• Cuasiexperimental • Transeccional correlacional • Longitudinal (no experimental)
Explicativo	• Diferencia de grupos atribuyendo causalidad	• Experimental • Cuasiexperimental, longitudinal y transeccional causal (cuando hay bases para inferir causalidad, un mínimo de control y análisis estadísticos apropiados para analizar relaciones causales)
	• Causales	• Experimental • Cuasiexperimental, longitudinal y transeccional causal (cuando hay bases para inferir causalidad, un mínimo de control y análisis estadísticos apropiados para analizar relaciones causales)

tras que otros(as) los ubican como una clase de diseño experimental (León y Montero, 2003) o un diseño etnográfico (Creswell, 2005). También han sido concebidos como un asunto de muestreo o un método (Yin, 2009).

La realidad es que los **estudios de caso** son todo lo anterior (Blatter, 2008; Hammersley, 2003). Poseen sus propios procedimientos y clases de diseños. Los podríamos definir como "estudios que al utilizar los procesos de investigación cuantitativa, cualitativa o mixta; analizan profundamente una unidad para responder al planteamiento del problema, probar hipótesis y desarrollar alguna teoría" (Hernández Sampieri y Mendoza, 2008). Esta definición los sitúa más allá de un tipo de diseño o muestra, pero ciertamente es la más cercana a la evolución que han tenido los estudios de caso en los últimos años.

En ocasiones, **los estudios de caso** utilizan la experimentación, es decir, se constituyen en estudios preexperimentales. Otras veces se fundamentan en un diseño no experimental (transversal o longitudinal) y en ciertas situaciones se convierten en estudios cualitativos, al emplear métodos cualitativos. Asimismo, pueden valerse de las diferentes herramientas de la investigación mixta.

Tales estudios en sus principales modalidades son comentados en el CD anexo, capítulo 4: "Estudios de caso", dada su importancia merecen una atención particular.

Por ahora mencionaremos que la unidad o caso investigado puede tratarse de un individuo, una pareja, una familia, un objeto (una pirámide como la de Keops, un material radiactivo), un sistema (fiscal, educativo, terapéutico, de capacitación, de trabajo social), una organización (hospital, fábrica,

escuela), un hecho histórico, un desastre natural, una comunidad, un municipio, un departamento o estado, una nación, etc. En el capítulo "Estudios de caso", incluso se trata un ejemplo de una investigación de una persona que padecía lupus eritematoso sistémico con 31 años de evolución, que mezcla aspectos experimentales con elementos cualitativos.

Algunas preguntas de investigación que corresponderían a estudios de caso, se muestran en la tabla 7.7.

▲ **Tabla 7.7** Posibles estudios de caso derivados de preguntas de investigación

Preguntas de investigación
¿Qué funciones sociales o religiosas cumplía la construcción primitiva de Stonehenge en Sollysbury, Inglaterra? (Unidad o caso: un objeto o construcción.)
¿Por qué se divorciaron Lupita y Adrián? (Unidad: pareja.)
¿Cuáles fueron las causas que provocaron el desplome de un avión determinado? (Unidad: desastre aéreo.)
¿Cuáles son las razones que llevaron a un estado de esquizofrenia a Carlos Codolla? (Unidad: individuo.)
¿Quién sería el asesino de un determinado crimen? (Unidad: evento.)
¿Cómo era la personalidad de Robert F. Kennedy? (Unidad: personaje histórico.)
¿Qué daños a la infraestructura de cierta comunidad causó el gran Tsunami de 2004? (Unidad: evento o catástrofe.)
¿Cómo puede caracterizarse el clima organizacional de la empresa Lucymex? (Unidad: organización.)

Resumen

- El "diseño" se refiere al plan o la estrategia concebidos para obtener la información que se desea.
- En el caso del proceso cuantitativo, el investigador utiliza su diseño para analizar la certeza de las hipótesis formuladas en un contexto específico o para aportar evidencia respecto de los lineamientos de la investigación (si es que no se tienen hipótesis).
- En un estudio pueden plantearse o tener cabida uno o más diseños.
- La tipología propuesta clasifica a los diseños en experimentales y no experimentales.
- Los diseños experimentales se subdividen en experimentos "puros", cuasiexperimentos y pre-experimentos.
- Los diseños no experimentales se subdividen por el número de veces que recolectan datos en transeccionales y longitudinales.
- En su acepción más general, un experimento consiste en aplicar un estímulo o tratamiento a un individuo o grupo de individuos, y ver el efecto de ese estímulo en alguna(s) variable(s). Esta observación se puede realizar en condiciones de mayor o menor control. El máximo control se alcanza en los experimentos "puros".
- Deducimos que un tratamiento afectó cuando observamos diferencias (en las variables que supuestamente serían las afectadas) entre un grupo al que se le administró dicho estímulo y un grupo al que no se le administró, siendo ambos iguales en todo, excepto en esto último.
- La variable independiente es la causa y la dependiente el efecto.
- Para lograr el control o la validez interna los grupos que se comparen deben ser iguales en todo, menos en el hecho de que a un grupo se le administró el estímulo y a otro no. A veces graduamos la cantidad del estímulo que se administra, es decir, a distintos grupos (semejantes) les administramos diferentes grados del estímulo para observar si provocan efectos distintos.
- La asignación al azar es normalmente el método preferible para lograr que los grupos del experimento sean comparables (semejantes).
- Las principales fuentes que pueden invalidar un experimento son: historia, maduración, inestabilidad, administración de pruebas, instrumentación, regresión, selección, mortalidad experimental, difusión de tratamientos experimentales, compensación y el experimentador.

- Los experimentos que hacen equivalentes a los grupos, y que mantienen esta equivalencia durante el desarrollo de aquéllos, controlan las fuentes de invalidación interna.
- Lograr la validez interna es el objetivo metodológico y principal de todo experimento. Una vez que se consigue, es ideal alcanzar validez externa (posibilidad de generalizar los resultados a la población, otros experimentos y situaciones no experimentales).
- Las principales fuentes de invalidación externa son: efecto reactivo de las pruebas, efecto de interacción entre los errores de selección y el tratamiento experimental, efectos reactivos de los tratamientos experimentales, interferencia de tratamientos múltiples, imposibilidad de replicar los tratamientos, descripciones insuficientes del tratamiento experimental, efectos de novedad e interrupción, el experimentador, interacción entre la historia o el lugar y los efectos del tratamiento experimental, mediciones de la variable dependiente.
- Hay dos contextos donde se realizan los experimentos: el laboratorio y el campo.

- En los cuasiexperimentos no se asignan al azar los sujetos a los grupos experimentales, sino que se trabaja con grupos intactos.
- Los cuasiexperimentos alcanzan validez interna en la medida en que demuestran la equivalencia inicial de los grupos participantes y la equivalencia en el proceso de experimentación.
- Los experimentos "puros" constituyen estudios explicativos; los preexperimentos básicamente son estudios exploratorios y descriptivos; los cuasiexperimentos son, fundamentalmente, correlacionales aunque pueden llegar a ser explicativos.
- La investigación no experimental es la que se realiza sin manipular deliberadamente las variables independientes; se basa en categorías, conceptos, variables, sucesos, comunidades o contextos que ya ocurrieron o se dieron sin la intervención directa del investigador.
- La investigación no experimental también se conoce como investigación *ex pos-facto* (los hechos y variables ya ocurrieron), y observa variables y relaciones entre éstas en su contexto natural.
- Los diseños no experimentales se dividen de la siguiente manera:

- Los diseños transeccionales realizan observaciones en un momento único en el tiempo. Cuando recolectan datos sobre una nueva área sin ideas prefijadas y con apertura son más bien exploratorios; cuando recolectan datos sobre cada una de las categorías, conceptos, variables, contextos, comunidades o fenómenos, y reportan lo que arrojan esos datos son descriptivos; cuando además describen vinculaciones y asociaciones entre categorías, conceptos, variables, sucesos, contextos o comunidades son correlacionales, y si establecen procesos de causalidad entre tales términos se consideran correlacionales-causales.
- Las encuestas de opinión (*surveys*) son investigaciones no experimentales transversales o transeccionales descriptivas o correlacionales-causales, ya que a veces tienen los propósitos de unos u otros diseños y a veces de ambos.
- En los diseños transeccionales, en su modalidad "causal", a veces se reconstruyen las relaciones a

partir de la(s) variable(s) dependiente(s), en otras a partir de la(s) independiente(s) y en otras más sobre la base de variabilidad amplia de las independientes y dependientes (al primer caso se les conoce como "retrospectivos", al segundo como "prospectivos" y al tercero como "causalidad múltiple").
- Los diseños longitudinales efectúan observaciones en dos o más momentos o puntos en el tiempo. Si estudian una población son diseños de tendencia (*trends*), si analizan una subpoblación o grupo específico son diseños de análisis evolutivo de grupo (*cohorte*) y si se estudian los mismos participantes son diseños panel.
- El tipo de diseño a elegir se encuentra condicionado por el enfoque seleccionado, el problema a investigar, el contexto que rodea la investigación, los alcances del estudio a efectuar y las hipótesis formuladas.

Conceptos básicos

Alcances del estudio y diseño
Cohorte
Control experimental
Cuasiexperimento
Diseño
Diseño experimental
Diseño no experimental
Diseños longitudinales
Diseños transeccionales
Estímulo o tratamiento experimental/manipulación de la variable independiente
Experimento
Experimento de campo

Experimento de laboratorio
Fuentes de invalidación interna
Fuentes de invalidación externa
Grupos intactos
Investigación *ex post-facto*
Participantes del experimento
Preexperimento
Validez externa
Validez interna
Variable dependiente
Variable experimental
Variable independiente

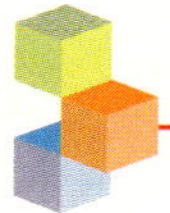

Ejercicios

1. Seleccione una serie de variables y piense cómo se manipularían en situaciones experimentales. ¿Cuántos niveles podrían incluirse para cada variable?, ¿estos niveles cómo podrían traducirse en tratamientos experimentales?, ¿se tendría un nivel de ausencia (cero) de la variable independiente?, ¿en qué consistiría éste?

2. Seleccione un experimento en alguna revista académica (véase CD anexo: Material complementario → Apéndices → Apéndice 1: "Publicaciones periódicas más importantes"). Analice: ¿cuál es el planteamiento del problema (objetivos y preguntas de investigación)?, ¿cuál es la hipótesis que se busca probar por medio de los resultados del experimento?, ¿cuál es la variable independiente o cuáles son las variables independientes?, ¿cuál es la variable o las variables dependientes?, ¿cuántos grupos se incluyen en el experimento?, ¿son equivalentes?, ¿cuál es el diseño que el autor o autores han elegido?, ¿se controlan las fuentes de invalidación interna?, ¿se controlan las fuentes de invalidación externa?, ¿se encontró algún efecto?

3. Un grupo de investigadores intenta analizar el efecto que tiene la extensión de un discurso político sobre la actitud hacia el tema tratado y al orador. La extensión del discurso es la variable independiente y tiene cuatro niveles: media hora, una hora, una y media horas y dos horas. Las variables dependientes son la actitud hacia el orador (favorable-desfavorable) y la actitud

hacia el tema (positiva-negativa), las cuales se medirán por pruebas que indiquen dichos niveles de actitud. En el experimento están involucradas personas de ambos géneros, edades que fluctúan entre los 18 y los 50 años, y diversas profesiones de dos distritos electorales. Existe la posibilidad de asignar al azar a los participantes a los grupos experimentales. Desarrolle y describa dos o más diseños experimentales que puedan aplicarse al estudio, considere cada una de las fuentes de invalidación interna (¿alguna afecta los resultados del experimento?). Establezca las hipótesis pertinentes para este estudio.

4. Un ejercicio para demostrar las bondades de la asignación al azar:

    A los estudiantes que se inician en la investigación a veces les cuesta trabajo creer que la asignación al azar funciona. Para autodemostrarse que sí funciona, es conveniente el siguiente ejercicio:

    - Tómese un grupo de 60 o más personas (el salón de clases, un grupo grande de conocidos, etc.), o imagínese que existe dicho grupo.

    - Invéntese un experimento que requiera de dos grupos.

    - Imagínese un conjunto de variables que puedan afectar a las variables dependientes.

    - Distribuya a cada quien un trozo de papel y pídales que escriban los niveles que tienen en las variables del punto anterior (por ejemplo: género, edad, inteligencia, escuela de procedencia, interés por algún deporte, motivación hacia algo con una puntuación de uno a 10, etc.). Las variables pueden ser cualesquiera, dependiendo de su ejemplo.

- Asigne al azar los pedazos de papel a dos grupos, en cantidades iguales.
- En los dos grupos compare número de mujeres y hombres, promedios de inteligencia, edad, motivación, ingreso de su familia o lo que haya pedido. Verá que ambos grupos son "sumamente parecidos".

Si no cuenta con un grupo real, hágalo en forma teórica. Usted mismo escriba los valores de las variables en los papeles y verá cómo los grupos son bastante parecidos (equiparables). Desde luego, por lo general no son "perfectamente iguales", pero sí comparables.

5. Considere el siguiente diseño:

$$R \quad G_1 \quad O_1 \quad X_1 \quad O_2$$
$$R \quad G_2 \quad O_3 \quad X_2 \quad O_4$$
$$R \quad G_3 \quad O_5 \quad — \quad O_6$$

¿Qué podría concluirse de las siguientes comparaciones y resultados? (Los signos de "igual" significan que las mediciones no difieren en sus resultados; los signos de "no igual", que las mediciones difieren sustancial o significativamente entre sí. Considérense sólo los resultados que se presentan y de manera independiente cada conjunto de resultados.)

a) $O_1 = O_2$, $O_3 = O_4$, $O_5 = O_6$ y $O_1 = O_3 = O_5$
b) $O_1 \neq O_2$, $O_3 \neq O_4$, $O_5 = O_6$ y $O_2 \neq O_4$, $O_2 \neq O_6$
c) $O_1 = O_2$, $O_3 \neq O_4$, $O_5 = O_6$, $O_1 = O_3 = O_5$, $O_4 \neq O_6$, $O_2 = O_6$

Vea las respuestas en el CD anexo: Material complementario → Apéndices → Apéndice 3: "Respuestas a los ejercicios que las requieren".

6. Elija una investigación no experimental (de algún libro o revista, ver apéndice de nuevo CD anexo: Material complementario → Apéndices → Apéndice 1: "Publicaciones periódicas más importantes") y analice: ¿cuáles son sus diferencias con un estudio experimental? Escriba cada una y discútalas con sus compañeros.

7. Un investigador desea evaluar la relación entre la exposición a videos musicales con alto contenido sexual y la actitud hacia el sexo. Ese investigador nos pide que le ayudemos a construir un diseño experimental para analizar dicha relación y también un diseño transeccional-correlacional. ¿Cómo serían ambos diseños?, ¿qué actividades se desarrollarían en cada caso?, ¿cuáles serían las diferencias entre ambos diseños?, ¿como se manipularía la variable "contenido sexual" en el experimento?, ¿cómo se inferiría la relación entre las variables en el diseño transeccional-correlacional?, y ¿por qué las variables ya habrían ocurrido si se llevara a cabo?

8. Construya un ejemplo de un diseño transeccional descriptivo.

9. Diseñe un ejemplo de un diseño longitudinal de tendencia, un ejemplo de un diseño de evolución de grupo y un ejemplo de un diseño panel. Con base en ellos analice las diferencias entre los tres tipos de diseños longitudinales.

10. Si un investigador estudiara cada cinco años la actitud hacia la guerra de los ingleses que pelearon en la Guerra-invasión en Irak (2003), ¿tendría un diseño longitudinal? Explique las razones de su respuesta.

11. Diseñe una investigación que abarque un diseño experimental y uno no experimental.

12. El ejemplo desarrollado de investigación sobre la televisión y el niño ¿corresponde a un experimento? Responda y explique.

13. ¿Qué diseño utilizaría para el ejemplo que ha venido desarrollando hasta ahora en el proceso cuantitativo? Explique la razón de su elección.

Ejemplos desarrollados

La televisión y el niño

La investigación utilizará un diseño no experimental transversal correlacional-causal. Primero describirá: el uso que los niños de la Ciudad de México hacen de los medios de comunicación colectiva, el tiempo que dedican a ver la televisión, sus programas preferidos, las funciones y gratificaciones que la televisión tiene para los niños y otras cuestiones similares. Posteriormente, analizará los usos y las gratificaciones de la televisión en niños de diferentes niveles socioeconómicos, edades, géneros y otras variables (se relacionarán nivel socioeconómico y uso de la televisión, entre otras asociaciones).

Un caso de un estudio experimental sobre la televisión y el niño, consistiría en exponer durante determinado tiempo a un grupo de niños a tres horas diarias de televisión, otro a dos horas diarias, un tercero a una hora, y por último, un cuarto que no se expondría a la televisión. Todo ello para conocer el efecto que tiene la cantidad de horas expuestas ante contenidos televisivos (variable independiente) sobre diferentes variables dependientes (por ejemplo, autoestima, creatividad, socialización).

La pareja y relación ideales

Este estudio se fundamentará en un diseño no experimental transversal correlacional, ya que analizará diferencias por género respecto a los factores, atributos y calificativos que describen a la pareja y la relación ideales.

Esta investigación realmente no podría ser experimental, imaginemos intentar manipular ciertos atributos de la pareja y la relación ideales. En principio, no sería ética tal manipulación, no podemos intentar incidir en los sentimientos humanos profundos, como es el caso de los vinculados al "amor romántico". Adicionalmente, la complejidad de roles no se podría traducir en estímulos experimentales; y las percepciones son muy variadas y en parte se determinan cultural y socialmente.

El abuso sexual infantil

Se trata de un diseño experimental. Los datos se obtendrán de 150 preescolares de tres centros de desarrollo infantil con una población similar, hijas e hijos de madres que laboran para la Secretaría de Educación del Estado de Querétaro, México. Se evaluarán seis grupos escolares que serán asignados a tres grupos experimentales. El primer grupo (n = 49 niños) será evaluado al terminar un programa de prevención del abuso sexual infantil (PPASI); el segundo será medido después de un año de haber concluido el mismo programa (PPASI) (seguimiento, n = 22 niños); y el tercero, un grupo de control que no será expuesto a algún PPASI particular (n = 79 niños). A todos los integrantes de los grupos se les aplicarán tanto las escalas conductuales como la cognitiva. Las condiciones de recolección de datos seguirán el protocolo establecido por cada escala, en un espacio físico similar y de manera individual. La persona que evaluará será la misma en todos los casos, para evitar sesgos interobservadores. Es decir, se trata de un diseño experimental:

$$G_1 \quad X_1 \quad \text{(evaluación inmediata al} \quad O_1$$
$$\text{terminar el PPASI)}$$

$$G_2 \quad X_2 \quad \text{(evaluación a un año de} \quad O_2$$
$$\text{concluir el PPASI)}$$

$$G_3 \quad — \quad \text{(sin PPASI)} \quad O_3$$

O_1, O_2 y O_3 son mediciones conductuales y cognitivas.

Estímulo (PPASI) por medio del taller: "Porque me quiero, me cuido", se basará principalmente en la mejora de la autoestima, el manejo y expresión de sentimientos, la apropiación de su cuerpo, la discriminación de contactos apropiados e inapropiados, la asertividad, el esclarecimiento de redes de apoyo y prácticas para pedir ayuda denunciando el abuso. Las técnicas usadas en dicho taller principalmente serán: modelado, ensayo, cuento, retroalimentación, actuación y dibujo. El programa se llevará a cabo a lo largo del ciclo escolar, con sesiones de 40 minutos una vez por semana. La conducción del taller estará a cargo de una facilitadora entrenada en ese programa con la integración de los padres y madres de familia por medio de actividades.

Los investigadores opinan

El alumno debe ser investigador desde que inicia sus estudios, pues está obligado a aprender a detectar problemas dentro de su comunidad o institución educativa; tal acción le permitirá iniciar múltiples proyectos. Para llevar a cabo una buena investigación es necesario ejercer el rigor científico, es decir, seguir un método científico.

M. A. Idalia López Rivera
Profesor de tiempo completo titular A
Facultad de Ciencias de la Administración
Universidad Autónoma de Chiapas
Chiapas, México

El éxito de cualquier investigación científica depende, en gran medida, de que el especialista decida indagar acerca de un problema formulado adecuadamente; por el contrario, el fracaso se producirá si hay un problema mal formulado. En este sentido, diversos autores afirman que comenzar con un "buen" problema de investigación es tener casi 50% del camino andado.

Además de un problema bien planteado y sustentado de manera sólida en la teoría y los resultados empíricos previos, se requiere también la utilización adecuada de técnicas de recolección de datos y de análisis estadísticos pertinentes, lo mismo que la correcta interpretación de los resultados con base en los conocimientos que sirvieron de sustento a la investigación.

Respecto de las pruebas estadísticas, éstas permiten significar los resultados; por tanto, son indispensables en todas las disciplinas, incluidas las ciencias del comportamiento, que se caracterizan por trabajar con datos muy diversos. Sin embargo, tales pruebas, por variadas y sofisticadas que sean, no permiten superar las debilidades de una investigación teórica o metodológicamente mal proyectada.

Los estudiantes pueden proyectar de forma adecuada su investigación, si la ubican dentro de una línea de investigación iniciada. Lo anterior no sólo facilita el trabajo de seleccionar correctamente un problema —lo cual es una de las actividades más difíciles e importantes—; también permite que la construcción del conocimiento, en determinada área, avance de manera sólida.

Dra. Zuleyma Santalla Peñalosa
Profesor agregado de Metodología de la investigación, Psicología experimental y Psicología general II
Facultad de Humanidades y Educación/
Escuela de Psicología
Universidad Católica Andrés Bello
Caracas, Venezuela

Dada la crisis económica de los países latinoamericanos, es necesario orientar a los estudiantes hacia la investigación que ayude a resolver problemas como la pobreza y el hambre, así como hacia la generación de conocimiento con la finalidad de ser menos dependientes de los países desarrollados.

Existen investigadores capaces; lo que hace falta es ligar más los proyectos con nuestra realidad social, cultural, económica y técnica.

De acuerdo con lo anterior, se requiere que los estudiantes que inician un proyecto de investigación aborden problemas de sus propios países, regiones o ciudades, y que lo hagan de manera creativa y sin ninguna restricción.

Miguel Benites Gutiérrez
Profesor
Facultad de Ingeniería
Escuela Industrial
Universidad Nacional de Trujillo
Trujillo, Perú

8 Selección de la muestra

Proceso de investigación cuantitativa

Paso 7 Seleccionar una muestra apropiada para la investigación

- Definir los casos (participantes u otros seres vivos, objetos, fenómenos, sucesos o comunidades) sobre los cuales se habrán de recolectar los datos.
- Delimitar la población.
- Elegir el método de selección de la muestra: probabilístico o no probabilístico.
- Precisar el tamaño de la muestra requerido.
- Aplicar el procedimiento de selección.
- Obtener la muestra.

Objetivos del aprendizaje

Al terminar este capítulo, el alumno será capaz de:

1 Identificar los diferentes tipos de muestras en la investigación cuantitativa, sus procedimientos de selección y características, las situaciones en que es conveniente utilizar cada uno y sus aplicaciones.
2 Enunciar los conceptos de muestra, población y procedimiento de selección de la muestra.
3 Determinar el tamaño adecuado de la muestra en distintas situaciones de investigación.
4 Obtener muestras representativas de la población estudiada cuando hay interés por generalizar los resultados de una investigación a un universo más amplio.

Síntesis

En el capítulo se analizan los conceptos de muestra, población o universo, tamaño de la muestra, representatividad de la muestra y procedimiento de selección. También se presenta una tipología de muestras: probabilísticas y no probabilísticas. Se explica cómo definir a las unidades de análisis (participantes, otros seres vivos, objetos, sucesos o comunidades), de las cuales se habrán de recolectar los datos.

Asimismo, se presenta cómo determinar el tamaño adecuado de una muestra cuando pretendemos generalizar los resultados a una población, y cómo proceder para obtener la muestra, dependiendo del tipo de selección elegido.

Nota: Los procedimientos para calcular el tamaño de muestra mediante fórmulas, así como la selección de los casos de la muestra mediante tablas de números aleatorios o *random*, se han excluido de este capítulo, debido a que el programa STATS® realiza tal cálculo y elección de manera mucho más sencilla y rápida. Sin embargo, el lector que prefiera los cálculos manuales y el uso de una tabla de números aleatorios, podrá encontrar esta parte en el CD anexo (Material complementario → Documentos → Documento "Cálculo del tamaño de muestra y otros procedimientos por fórmulas"). Las tablas de números también están en el STATS y el apéndice 5 del CD.

¿En una investigación siempre tenemos una muestra?

No siempre, pero en la mayoría de las situaciones sí realizamos el estudio en una muestra. Sólo cuando queremos realizar un censo debemos incluir en el estudio a todos los casos (personas, animales, plantas, objetos) del universo o la población. Por ejemplo, los estudios motivacionales en empresas suelen abarcar a todos sus empleados para evitar que los excluidos piensen que su opinión no se toma en cuenta. Las muestras se utilizan por economía de tiempo y recursos.

Lo primero: ¿sobre qué o quiénes se recolectarán datos?

Unidades de análisis   Se les denomina también casos o elementos.

Aquí el interés se centra en "qué o quiénes", es decir, en los participantes, objetos, sucesos o comunidades de estudio (las unidades de análisis), lo cual depende del planteamiento de la investigación y de los alcances del estudio. Así, en la situación de que el objetivo sea describir el uso que hacen los niños de la televisión, lo más factible sería interrogar a un grupo de niños. También serviría entrevistar a los padres de los niños. Escoger entre los niños o sus padres, o ambos, dependería no sólo del objetivo de la investigación, sino del diseño de la misma. En el caso de la investigación que hemos ejemplificado a lo largo del libro, donde el propósito básico del estudio es describir la relación niño-televisión, se podría determinar que los participantes seleccionados para el estudio fueran niños que respondieran sobre sus conductas y percepciones relacionadas con este medio de comunicación.

En otro estudio de Greenberg, Ericson y Vlahos (1972), el objetivo de análisis era investigar las discrepancias o semejanzas en las opiniones de madres e hijos o hijas con respecto al uso de la televisión por parte de estos últimos. Aquí la finalidad del estudio supuso la selección de mamás y niños, para entrevistarlos por separado, correlacionando posteriormente la respuesta de cada par madre-hijo(a).

Lo anterior quizá parezca muy obvio, pues los objetivos de los dos ejemplos mencionados son claros. En la práctica esto no parece ser tan simple para muchos estudiantes, que en propuestas de investigación y de tesis no logran una coherencia entre los objetivos de la investigación y la unidad de análisis de la misma. Algunos errores comunes se encuentran en la tabla 8.1.

▲ **Tabla 8.1**   Quiénes van a ser medidos: errores y soluciones

Pregunta de investigación	Unidad de análisis errónea	Unidad de análisis correcta
¿Discriminan a las mujeres en los anuncios de la televisión?	Mujeres que aparecen en los anuncios de televisión. **Error:** no hay grupo de comparación.	Mujeres y hombres que aparecen en los anuncios de televisión, para comparar si ambos son presentados con la misma frecuencia e igualdad de papeles desempeñados y atributos.
¿Están los obreros del área metropolitana de la ciudad de Guadalajara satisfechos con su trabajo?	Computar el número de conflictos sindicales registrados en la Junta Local de Conciliación y Arbitraje del Ministerio del Trabajo durante los últimos cinco años. **Error:** la pregunta propone indagar sobre actitudes individuales y esta unidad de análisis denota datos agregados en una estadística laboral y macrosocial.	Muestra de obreros que trabajan en el área metropolitana de Guadalajara, cada uno de los cuales contestará a las preguntas de un cuestionario sobre satisfacción laboral.
¿Hay problemas de comunicación entre padres e hijos?	Grupo de adolescentes, aplicarles cuestionario. **Error:** se procedería a describir únicamente cómo perciben los adolescentes la relación con sus padres.	Grupo de padres e hijos. A ambas partes se les aplicará el cuestionario.

(continúa)

▲ **Tabla 8.1**   Quiénes van a ser medidos: errores y soluciones (*continuación*)

Pregunta de investigación	Unidad de análisis errónea	Unidad de análisis correcta
¿Cómo es la comunicación que tienen con sus médicos los pacientes de enfisema pulmonar en fase terminal?	Pacientes de enfisema pulmonar en estado terminal. **Error:** la comunicación es un proceso entre dos actores: médicos y pacientes.	Pacientes de enfisema pulmonar en estado terminal y sus médicos.
¿Qué tan arraigada se encuentra la cultura fiscal de los contribuyentes de Medellín?	Contadores públicos y contralores de las empresas del Departamento de Medellín. **Error:** ¿y el resto de los contribuyentes?	Personas físicas (contribuyentes que no son empresas de todo tipo: profesionales independientes, trabajadores, empleados, comerciantes, asesores, consultores) y representantes de empresas (contribuyentes morales).
¿En qué grado se aplica el modelo constructivista en las escuelas de un distrito escolar?	Alumnos de las escuelas del distrito escolar. **Error:** se obtendría una respuesta incompleta a la pregunta de investigación y es probable que muchos alumnos ni siquiera sepan bien lo que es el modelo constructivista de la educación.	Modelos curriculares de las escuelas del distrito escolar (análisis de a documentación disponible), directores y maestros de las escuelas (entrevistas), y eventos de enseñanza-aprendizaje (observación de clases y tareas en cada escuela).

Por tanto, para seleccionar una muestra, lo primero que hay que hacer es definir la **unidad de análisis** (individuos, organizaciones, periódicos, comunidades, situaciones, eventos, etc.). Una vez definida la unidad de análisis se delimita la población.

Para el proceso cuantitativo la **muestra** es un subgrupo de la población de interés sobre el cual se recolectarán datos, y que tiene que definirse o delimitarse de antemano con precisión, éste deberá ser representativo de dicha población. El investigador pretende que los resultados encontrados en la muestra logren generalizarse o extrapolarse a la población (en el sentido de la validez externa que se comentó al hablar de experimentos). El interés es que la muestra sea estadísticamente representativa. La esencia del muestreo cuantitativo podría esquematizarse como se presenta en la figura 8.1

Muestra   Subgrupo de la población del cual se recolectan los datos y debe ser representativo de ésta.

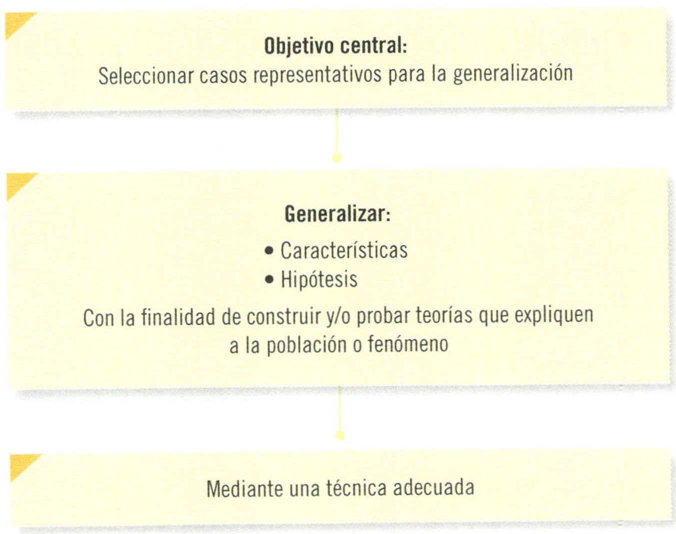

Figura 8.1   Esencia del muestreo cuantitativo.

¿Cómo se delimita una población?

Una vez que se ha definido cuál será la unidad de análisis, se procede a delimitar la población que va a ser estudiada y sobre la cual se pretende generalizar los resultados. Así, una **población** es el conjunto de todos los casos que concuerdan con una serie de especificaciones (Selltiz *et al.*, 1980).

Una deficiencia que se presenta en algunos trabajos de investigación es que no describen lo suficiente las características de la población o consideran que la muestra la representa de manera automática. Es común que algunos estudios que sólo se basan en muestras de estudiantes universitarios (porque es fácil aplicar en ellos el instrumento de medición, pues están a la mano) hagan generalizaciones temerarias sobre jóvenes que tal vez posean otras características sociales. Es preferible entonces establecer con claridad las características de la población, con la finalidad de delimitar cuáles serán los parámetros muestrales.

Lo anterior puede ilustrarse con el ejemplo de la investigación sobre el uso de la televisión por los niños. Está claro que en dicha investigación la unidad de análisis son los niños. Pero, ¿de qué población se trata?, ¿de todos los niños del mundo?, ¿de todos los niños de la República mexicana? Sería muy ambicioso y prácticamente imposible referirnos a poblaciones tan grandes. Así, en nuestro ejemplo, la población se delimitaría con base en la figura 8.2.

Figura 8.2   Ejemplo de delimitación de la muestra.

Esta definición elimina, por tanto, a niños mexicanos que no vivan en el área metropolitana de la Ciudad de México, a los que no van a la escuela, a los que asisten a clases por la tarde (turno vespertino) y a los infantes más pequeños. Aunque, por otra parte, permite hacer una investigación costeable, con cuestionarios que serán respondidos por niños que ya saben escribir y con un control sobre la inclusión de niños de todas las zonas de la metrópoli, al utilizar la ubicación de las escuelas como puntos de referencia y de selección. En éste y otros casos, la delimitación de las características de la población no sólo depende de los objetivos de la investigación, sino de otras razones prácticas. Un estudio no será mejor por tener una población más grande; la calidad de un trabajo investigativo estriba en delimitar claramente la población con base en el planteamiento del problema.

Población o universo Conjunto de todos los casos que concuerdan con determinadas especificaciones.

Las poblaciones deben situarse claramente en torno a sus características de contenido, de lugar y en el tiempo. Por ejemplo, si decidiéramos efectuar un estudio sobre los directivos de empresas manufactureras en México, y con base en ciertas consideraciones teóricas que describen el comportamiento gerencial de los individuos y la relación de éste con otras variables de tipo organizacional, podríamos proceder a definir la población de la siguiente manera:

Nuestra población comprende a todos aquellos directores generales de empresas de manufactura ubicadas en México que en 2010 tienen un capital social superior a 10 millones de pesos, con ventas superiores a los 30 millones de pesos y/o con más de 250 personas empleadas (Mendoza y Hernández Sampieri, 2010).

En este ejemplo se delimita claramente la población, excluyendo a personas que no son directores generales y a empresas que no pertenezcan a la industria manufacturera. Se establece también, con base en criterios de capital y de recursos humanos, que se trata de empresas grandes. Por último, se indica que estos criterios operaron en 2010, en México.

Al seleccionar la muestra debemos evitar tres errores que pueden presentarse: 1) desestimar o no elegir a casos que deberían ser parte de la muestra (participantes que deberían estar y no fueron seleccionados), 2) incluir a casos que no deberían estar porque no forman parte de la población y 3) seleccionar casos que son verdaderamente inelegibles (Mertens, 2005). Por ejemplo, en una encuesta o *survey* sobre preferencias electorales entrevistar a individuos que son menores de edad y no pueden votar legalmente (no deben ser agregados a la muestra, pero sus respuestas se incluyeron, esto, evidentemente es un error). Asimismo, imaginemos que realizamos una investigación para determinar el perfil de los clientes-miembros de una tienda departamental y generamos una serie de estadísticas sobre éstos en una muestra obtenida de la base de datos. Podría ocurrir que la base de datos no estuviera actualizada y varias personas ya no fueran clientes de la tienda y, sin embargo, se eligieran para el estudio (por ejemplo, que algunas se hayan mudado a otra ciudad, otras hayan fallecido, unas más ya no utilizan su membresía y hasta hubiera personas que se hayan hecho clientes-miembros de la competencia).

El primer paso para evitar tales errores es una adecuada *delimitación del universo* o *población*. Los criterios que cada investigador cumpla dependen de sus objetivos de estudio, lo importante es establecerlos de manera muy específica. Toda investigación debe ser transparente, así como estar sujeta a crítica y réplica, este ejercicio no es posible si al examinar los resultados el lector no puede referirlos a la población utilizada en un estudio.

¿Cómo seleccionar la muestra?

Hasta este momento hemos visto que se debe definir cuál será la unidad de análisis y cuáles son las características de la población. En este inciso hablaremos de la muestra, o mejor dicho de los tipos de muestra, con la finalidad de poder elegir la más conveniente para un estudio.

La *muestra* es, en esencia, un subgrupo de la población. Digamos que es un subconjunto de elementos que pertenecen a ese conjunto definido en sus características al que llamamos *población*. Esto se representa en la figura 8.3. Con frecuencia leemos y escuchamos hablar de muestra representativa, muestra al azar, muestra aleatoria, como si con los simples términos se pudiera dar más seriedad a los resultados. En realidad, pocas veces es posible medir a toda la población, por lo que obtenemos o seleccionamos una muestra y, desde luego, se pretende que este subconjunto sea un reflejo fiel del conjunto de la población. Todas las muestras —bajo el enfoque cuantitativo— deben ser representativas; por tanto, el uso de este término resulta por demás inútil. Los términos al azar y aleatorio denotan un tipo de procedimiento mecánico relacionado con la probabilidad y con la selección de elementos; pero no logran esclarecer tampoco el tipo de muestra y el procedimiento de muestreo. Hablemos entonces de estos conceptos en los siguientes apartados.

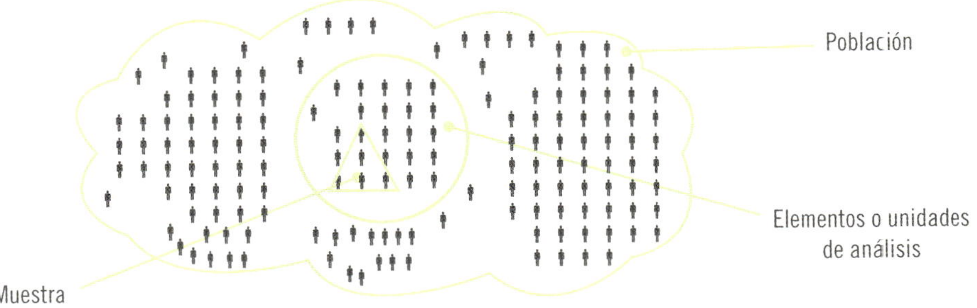

Figura 8.3   Representación de una muestra como subgrupo.

OA 1   Tipos de muestra

Muestra probabilística Subgrupo de la población en el que todos los elementos de ésta tienen la misma posibilidad de ser elegidos.

Básicamente categorizamos las muestras en dos grandes ramas: las *muestras no probabilísticas* y las *muestras probabilísticas*. En las **muestras probabilísticas** todos los elementos de la población tienen la misma posibilidad de ser escogidos y se obtienen definiendo las características de la población y el tamaño de la muestra, y por medio de una selección aleatoria o mecánica de las unidades de análisis. Imagínese el procedimiento para obtener el número premiado en un sorteo de lotería. Este número se va formando en el momento del sorteo. En las loterías tradicionales, a partir de las esferas con un dígito que se extraen (después de revolverlas mecánicamente) hasta formar el número, de manera que todos los números tienen la misma probabilidad de ser elegidos.

Muestra no probabilística o dirigida Subgrupo de la población en la que la elección de los elementos no depende de la probabilidad sino de las características de la investigación.

En las **muestras no probabilísticas**, la elección de los elementos no depende de la probabilidad, sino de causas relacionadas con las características de la investigación o de quien hace la muestra. Aquí el procedimiento no es mecánico ni con base en fórmulas de probabilidad, sino que depende del proceso de toma de decisiones de un investigador o de un grupo de investigadores y, desde luego, las muestras seleccionadas obedecen a otros criterios de investigación. Elegir entre una muestra probabilística o una no probabilística depende de los objetivos del estudio, del esquema de investigación y de la contribución que se piensa hacer con ella. Para ilustrar lo anterior mencionaremos tres ejemplos que toman en cuenta dichas consideraciones.

EJEMPLO

En un primer ejemplo tenemos una investigación sobre inmigrantes extranjeros en México (Baptista, 1988). El objetivo de la investigación era documentar sus experiencias de viaje, de vida y de trabajo. Para cumplir dicho propósito se seleccionó una muestra no probabilística de personas extranjeras que por diversas razones (económicas, políticas, fortuitas) hubieran llegado a México entre 1900 y 1960. Las personas se seleccionaron por medio de conocidos, de asilos y de referencias. De esta manera se entrevistó a 40 inmigrantes con entrevistas semiestructuradas, que permitieron al participante hablar libremente sobre sus experiencias.

Comentario: en este caso es adecuada una muestra no probabilística, pues se trata de un estudio con un diseño de investigación exploratorio y un enfoque fundamentalmente cualitativo; es decir, no es concluyente, sino que su objetivo es documentar ciertas experiencias. Este tipo de estudio pretende generar datos e hipótesis que constituyan la materia prima para investigaciones más precisas.[1]

EJEMPLO

Como segundo caso mencionaremos una investigación en un país, digamos Nicaragua, para saber cuántos niños han sido vacunados y cuántos no, y las variables asociadas (nivel socioeconómico, lugar donde viven, educación) con esta conducta y sus motivaciones. Se haría una muestra probabilística nacional de —digamos por ahora— 1 600 infantes, y de los datos obtenidos se tomarían decisiones para formular estrategias de vacunación, así como mensajes dirigidos a persuadir la pronta y oportuna vacunación de los niños.

Comentario: este tipo de estudio, donde se hace una asociación entre variables y cuyos resultados servirán de base para tomar decisiones políticas que afectarán a una población, se logra por medio de una investigación por encuestas y, definitivamente, por medio de una muestra probabilística, diseñada de tal manera que los datos lleguen a ser generalizados a la población con una estimación precisa del error que pudiera cometerse al realizar tales generalizaciones.

---

[1] Sobre las muestras cualitativas se profundizará en el capítulo 13 de este texto.

EJEMPLO

Se diseñó un experimento para determinar si los contenidos violentos de la televisión generan conductas antisociales en los niños. Para lograr tal objetivo se seleccionaría en un colegio a 60 niños de cinco años de edad, de igual nivel socioeconómico y nivel intelectual, y se asignarían aleatoriamente a dos grupos o condiciones. Así, 30 niños verían caricaturas prosociales y otros 30 observarían caricaturas muy violentas. Inmediatamente después de la exposición a dichos contenidos, los infantes serían observados en un contexto de grupo y se medirían sus conductas violentas y prosociales.

Comentario: ésta es una muestra no probabilística. Aunque se asignen los niños de manera aleatoria a las dos condiciones experimentales, para generalizar a la población se necesitarían repetidos experimentos. Un estudio así es valioso en cuanto a que el nivel causa-efecto es más preciso al aislar otras variables; sin embargo, no es posible generalizar los datos a todos los niños, sino a un grupo de niños con las mencionadas características. Se trata de una muestra dirigida y "clásica" de un estudio de este tipo. La selección de la muestra no es al azar, aunque la asignación de los niños a los grupos sí lo es.

¿Cómo se selecciona una muestra probabilística?

Resumiremos diciendo que la elección entre la muestra probabilística y la no probabilística se determina con base en el planteamiento del problema, las hipótesis, el diseño de investigación y el alcance de sus contribuciones. Las muestras probabilísticas tienen muchas ventajas, quizá la principal sea que puede medirse el tamaño del error en nuestras predicciones. Se dice incluso que el principal objetivo en el diseño de una muestra probabilística es reducir al mínimo este error, al que se le llama error estándar (Kish, 1995; Kalton y Heeringa, 2003).

Las muestras probabilísticas son esenciales en los diseños de investigación transeccionales, tanto descriptivos como correlacionales-causales (las encuestas de opinión o *surveys*, por ejemplo), donde se pretende hacer estimaciones de variables en la población. Estas variables se miden y se analizan con pruebas estadísticas en una muestra, donde se presupone que ésta es probabilística y todos los elementos de la población tienen una misma probabilidad de ser elegidos. Las unidades o elementos muestrales tendrán valores muy parecidos a los de la población, de manera que las mediciones en el subconjunto nos darán estimados precisos del conjunto mayor. La precisión de dichos estimados depende del error en el muestreo, que es posible calcular. Esto se representa en la figura 8.4.

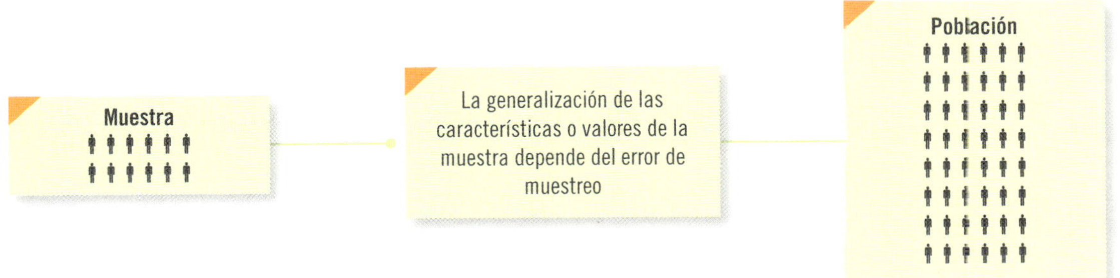

Figura 8.4   Esquema de la generalización de la muestra a la población.

Hay además otros errores que dependen de la medición, pero serán tratados en el siguiente capítulo.

Para hacer una muestra probabilística son necesarios dos procedimientos:

1. calcular un tamaño de muestra que sea representativo de la población;

2. seleccionar los elementos muestrales (casos) de manera que al inicio todos tengan la misma posibilidad de ser elegidos.

Para lo primero, se recomienda utilizar el programa STATS® que viene incluido en el CD anexo (subprograma "Tamaño de la muestra"). También se puede calcular el tamaño de muestra, mediante un procedimiento usando las fórmulas clásicas que se han desarrollado, pero es más tardado y el resultado es el mismo o muy similar al que proporciona dicho programa.[2] Quien así lo desee, puede revisar este procedimiento "manual" también en el CD anexo: Material complementario → Documentos → Documento "Cálculo del tamaño de muestra y otros procedimientos por fórmulas". Para lo segundo (seleccionar los elementos muestrales), requerimos un marco de selección adecuado y un procedimiento que permita la aleatoriedad en la selección. Hablaremos de ambas cuestiones en los siguientes apartados.

Cálculo del tamaño de muestra

Cuando se hace una muestra probabilística, uno debe preguntarse: dado que una población es de N *tamaño*,[3] ¿cuál es el menor número de unidades muestrales (personas, organizaciones, capítulos de telenovelas, etc.) que necesito para conformar una muestra (n) que me asegure un determinado nivel de error estándar, digamos menor de 0.01?

La respuesta a esta pregunta busca encontrar una muestra que sea representativa del universo o población con cierta posibilidad de error (se pretende minimizar) y nivel de confianza (maximizar), así como probabilidad.

Imaginemos que pretendemos realizar un estudio en la siguiente población: las empresas de mi ciudad. Entonces, lo primero es conocer el tamaño de la población (número de empresas en la ciudad). Supongamos que hay 2 200 de ellas. Al abrir el subprograma "Tamaño de la muestra" en STATS®[4] el programa le va a pedir los siguientes datos:

¿Tamaño del universo?:
¿Error máximo aceptable?:
¿Porcentaje estimado de la muestra?:
¿Nivel deseado de confianza?:

El tamaño del universo o población ya dijimos que es de 2 200. Debemos conocer este dato o uno aproximado, sin olvidar que por encima de 99 999 casos da lo mismo cualquier tamaño del universo (un millón, 200 mil, 54 millones, etc.), por lo que si tecleamos un número mayor a 99 999 el programa nos pondrá esta cifra por omisión, pero si es menor la respeta.

También nos pide que definamos el error estándar máximo aceptable (probabilidad), el porcentaje estimado de la muestra y el nivel de confianza (términos que se explican ampliamente en el capítulo 10 "Análisis de los datos cuantitativos", en el paso 5 sugerido para el análisis: "analizar mediante pruebas estadísticas las hipótesis planteadas"). Por ahora diremos que el error máximo aceptable se refiere a un porcentaje de error potencial que admitimos tolerar de que nuestra muestra **no** sea representativa de la población (de equivocarnos). Los niveles de error pueden ir de 20 a 1% en STATS®. Los más comunes son 5 y 1% (uno implica tolerar muy poco error, 1 en 100, por así decirlo; mientras que 5%, es aceptar en 100, 5 posibilidades de equivocarnos).

---

[2] Algunos escépticos del programa STATS® han querido comparar los resultados que éste genera con los que se obtienen mediante las fórmulas, y han encontrado en múltiples cálculos resultados muy parecidos (normalmente con una diferencia de menos de un caso, por cuestiones de redondeo).

[3] Cuando se utiliza en muestreo una letra mayúscula se habla de la población y una letra minúscula, de la muestra (N = tamaño de población, n = tamaño de muestra).

[4] Obviamente primero debe instalar el programa en su computadora u ordenador.

Se explicará esto con un ejemplo coloquial. Si fuera a apostar en las carreras de caballos y tuviera 95% de probabilidades de atinarle al ganador, contra sólo 5% de perder, ¿apostaría? Obviamente sí, siempre y cuando le aseguraran ese 95% en favor. O bien, si le dieran 95 boletos de 100 para la rifa de un automóvil, ¿sentiría confianza en que va a estrenar vehículo? Por supuesto que sí. No tendría la certeza total; ésta no existe en el universo, al menos para los seres humanos.

Pues bien, algo similar hace el investigador al definir un posible nivel de error en la representatividad de su muestra. Los niveles de error más comunes que suelen fijarse en la investigación son de 5 y 1% (en ciencias sociales el más usual es el primero).

El porcentaje estimado de la muestra es la probabilidad de ocurrencia del fenómeno (representatividad de la muestra *versus* no representatividad, la cual se estima sobre marcos de muestreo previos o se define, la certeza total siempre es igual a uno, las posibilidades a partir de esto son "*p*" de que sí ocurra y "*q*" de que no ocurra ($p + q = 1$). Cuando no tenemos marcos de muestreo previo, usamos un porcentaje estimado de 50% (que es la opción por "default" que nos brinda STATS®, es decir, asumimos que "*p*" y "*q*" serán de 50%, y que resulta lo más común, particularmente cuando seleccionamos por vez primera una muestra en una población).

Finalmente, el nivel deseado de confianza es el complemento del error máximo aceptable (porcentaje de "acertar en la representatividad de la muestra"). Si el error elegido fue de 5%, el nivel deseado de confianza será de 95%. Una vez más los niveles más comunes son de 95 y 99%. Por default, STATS® coloca el primero.

Ya con todos los "campos" llenos, con sólo presionar el botón de "calcular", se obtiene el tamaño de muestra apropiado para el universo. En el ejemplo podría ser:

¿Tamaño del universo?: 2 200
¿Error máximo aceptable?: 5%
¿Porcentaje estimado de la muestra?: 50%
¿Nivel deseado de confianza?: 95

El resultado que nos proporciona STATS® es:

Tamaño de la muestra: 327.1776. Redondeando, necesitamos que nuestra muestra esté conformada por 327 empresas para tener representadas a las 2 200 de la ciudad.

EJEMPLO

Problema de investigación:

Supongamos que el gobierno de un estado, provincia o departamento ha emitido una ley que impide (prohibición expresa) a las estaciones de radio transmitir comerciales que utilicen un lenguaje procaz (groserías, malas palabras). Dicho gobierno nos solicita analizar en qué medida los anuncios radiofónicos transmitidos en el estado utilizan en su contenido este lenguaje, digamos, durante el último mes.

Población (N):
Comerciales transmitidos por las estaciones radiofónicas del estado durante el último mes.

Tamaño de muestra (n):
Lo primero es determinar o conocer N (recordemos que significa población o universo). En este caso $N = 20\,000$ (20 mil comerciales transmitidos). Lo segundo es establecer el error máximo aceptable, el porcentaje estimado de la muestra y el nivel de confianza.
Tecleamos los datos que STATS® nos pide:

Tamaño de la población: 20 000
Error máximo aceptable: 5%
Porcentaje estimado de la muestra: 50%
Nivel de confianza: 95%

De manera automática, el programa nos calcula el tamaño de muestra necesario o requerido: $n =$ 376.9386 (cerrando o aproximando: 377), que es el número de comerciales radiofónicos que necesitamos para representar al universo de 20 000, con un error de 0.05 (5%) y un nivel de confianza de 95%.

Si cambiamos el nivel de error tolerado y el nivel de confianza (1% de error y 99% de confianza), el tamaño de la muestra será mucho mayor, en este caso de 9 083.5153 comerciales.

Como puede apreciarse, el tamaño de la muestra es sensible al error y nivel de confianza que definamos. A menor error y mayor nivel de confianza, mayor tamaño de muestra requerido para representar a la población o universo.

EJEMPLO

Problema de investigación:

Analizar la motivación intrínseca que tienen los empleados de la cadena de restaurantes "Lucy y Laura Bunny".

Población:
$N = 600$ empleados (cocineros, meseros, ayudantes, etcétera).

Tamaño de muestra:
Con un error de 5% y un nivel de confianza de 95%, el tamaño requerido para que la muestra sea representativa es de 234 empleados.

Conforme disminuye el tamaño de la población aumenta la proporción de casos que necesitamos en la muestra.

Previamente se señaló que para obtener una muestra probabilística eran necesarios dos procedimientos, el primero es el que acabamos de mencionar: calcular un tamaño de muestra que sea representativo de la población. El segundo consiste en seleccionar los elementos muestrales de manera que al inicio todos tengan la misma posibilidad de ser elegidos. Es decir, cómo y de dónde vamos a elegir los casos. Esto se comentará más adelante.

A los ejemplos de las muestras obtenidas por STATS® se les conoce como muestras aleatorias simples (MAS). Su característica esencial, como ya se mencionó, es que todos los casos del universo tienen al inicio la misma probabilidad de ser seleccionados.

Muestra probabilística estratificada

Muestra probabilística estratificada Muestreo en el que la población se divide en segmentos y se selecciona una muestra para cada segmento.

En ocasiones el interés del investigador es comparar sus resultados entre segmentos, grupos o nichos de la población, porque así lo señala el planteamiento del problema. Por ejemplo, efectuar comparaciones por género (entre hombres y mujeres), si la selección de la muestra es aleatoria, tendremos unidades o elementos de ambos géneros, no hay problema, la muestra reflejará a la población.

Pero a veces, nos interesan grupos que constituyen minorías de la población o universo y entonces si la muestra es aleatoria simple, resultará muy difícil determinar qué elementos o casos de tales grupos serán seleccionados. Imaginemos que nos interesan personas de todas las religiones para contrastar ciertos datos, pero en la ciudad donde se efectuará el estudio la mayoría es —por ejemplo— predominantemente católica. Con MAS es casi seguro que no elijamos individuos de diversas religiones o sólo unos cuantos. No podríamos efectuar las comparaciones. Quizá tengamos 300 católicos y dos o tres de otras religiones. Entonces es cuando preferimos obtener una *muestra probabilística estratificada* (el nombre nos dice que será probabilística y que se considerarán segmentos o grupos de la población, o lo que es igual: estratos).

Ejemplos de estratos en la variable religión serían: católicos, cristianos, protestantes, judíos, maho-metanos, budistas, etc. Y de la variable grado o nivel de estudios: preescolar, primaria, secundaria, bachillerato, universidad (o equivalente) y posgrado.

Los ejemplos anteriores para ilustrar el uso de STATS® corresponden a muestras probabilísticas  simples. Ahora supongamos que pretendemos realizar un estudio con directores de recursos humanos para determinar su ideología y políticas respecto a cómo tratan a los colaboradores de sus empresas. Imaginemos que nuestro universo es de 1176 organizaciones con directores de recursos humanos. Usando STATS® o mediante fórmulas, determinamos que el tamaño de la muestra necesaria para representar a la población sería de $n = 298$ directivos. Pero supongamos que la situación se complica y que debemos estratificar esta n con la finalidad de que los elementos muestrales o las unidades de análisis posean un determinado atributo. En nuestro ejemplo, este atributo podría ser el giro de la empresa. Es decir, cuando no basta que cada uno de los elementos muestrales tengan la misma proba-bilidad de ser escogidos, sino que además es necesario segmentar la muestra en relación con estratos o categorías que se presentan en la población, y que además son relevantes para los objetivos del estudio, se diseña una muestra probabilística estratificada. Lo que aquí se hace es dividir a la población en subpoblaciones o estratos, y se selecciona una muestra para cada estrato.

La estratificación aumenta la precisión de la muestra e implica el uso deliberado de diferentes tamaños de muestra para cada estrato, a fin de lograr reducir la varianza de cada unidad de la media muestral (Kalton y Heeringa, 2003). Kish (1995) afirma que, en un número determinado de elemen-tos muestrales $n = \sum nh$, la varianza de la media muestral $\bar{y}$ puede reducirse al mínimo, si el tamaño de la muestra para cada estrato es proporcional a la desviación estándar dentro del estrato.

Esto es,

$$\sum fh = \frac{n}{N} = ksh$$

En donde la muestra n será igual a la suma de los elementos muestrales nh. Es decir, el tamaño de n y la varianza de $\bar{y}$ pueden minimizarse, si calculamos "submuestras" proporcionales a la desviación estándar de cada estrato. Esto es:

$$fh = \frac{nh}{Nh} = ksh$$

En donde nh y Nh son muestra y población de cada estrato, y sh es la desviación estándar de cada elemento en un determinado estrato. Entonces tenemos que:

$$ksh = \frac{n}{N}$$

Siguiendo con nuestro ejemplo, la población es de 1176 directores de recursos humanos y el tamaño de muestra es $n = 298$. ¿Qué muestra necesitaremos para cada estrato?

$$ksh = \frac{n}{N} = \frac{298}{1\,176} = 0.2534$$

De manera que el total de la subpoblación se multiplicará por esta fracción constante para obtener el tamaño de la muestra para el estrato. Al sustituirse, tenemos que:

$$(Nh)\,(fh) = nh \text{ (véase tabla 8.2)}$$

▲ **Tabla 8.2** Muestra probabilística estratificada de directores de empresa

Estrato por giro	Directores de recursos humanos del giro	Total población $(fh) = 0.2534$ $Nh\,(fh) = nh$	Muestra
1	Extractivo y siderúrgico	53	13
2	Metal-mecánicas	109	28
3	Alimentos, bebidas y tabaco	215	55
4	Papel y artes gráficas	87	22
5	Textiles	98	25
6	Eléctricas y electrónicas	110	28
7	Automotriz	81	20
8	Químico-farmacéutica	221	56
9	Otras empresas de transformación	151	38
10	Comerciales	51	13
		$N = 1\,176$	$n = 298$

Por ejemplo:

Nh = 53 directores de empresas extractivas corresponden a la población total de este giro.

fh = 0.2534 es la fracción constante.

nh = 13 es el número redondeado de directores de empresa del giro extractivo y siderúrgico que tendrá que entrevistarse.

Muestreo probabilístico por racimos

En algunos casos en que el investigador se ve limitado por recursos financieros, por tiempo, por distancias geográficas o por una combinación de éstos y otros obstáculos, se recurre al *muestreo por racimos* o *clusters*. En este tipo de muestreo se reducen costos, tiempo y energía, al considerar que muchas veces las unidades de análisis se encuentran encapsuladas o encerradas en determinados lugares físicos o geográficos, a los que se denomina **racimos**. Para dar algunos ejemplos tenemos la tabla 8.3. En la primera columna se encuentran unidades de análisis que frecuentemente vamos a estudiar. En la segunda columna, sugerimos posibles racimos donde se encuentran dichos elementos.

Racimos Son sinónimos de *clusters* o conglomerados.

▲ **Tabla 8.3** Ejemplo de racimos o *clusters*

Unidad de análisis	Posibles racimos
Adolescentes	Preparatorias
Obreros	Industrias o fábricas
Amas de casa	Mercados/supermercados/ centros comerciales
Niños	Colegios

Muestra probabilística por racimos Muestreo en el que las unidades de análisis se encuentran encapsuladas en determinados lugares físicos.

Muestrear por racimos implica diferenciar entre la unidad de análisis y la unidad muestral. La unidad de análisis indica quiénes van a ser medidos, o sea, los participantes o casos a quienes en última instancia vamos a aplicar el instrumento de medición. La unidad muestral (en este tipo de muestra) se refiere al racimo por medio del cual se logra el acceso a la unidad de análisis. El muestreo por racimos supone una selección en dos o más etapas, todas con procedimientos probabilísticos. En la primera, se seleccionan los racimos, siguiendo los pasos ya señalados de una muestra probabilística simple o estratificada. En las fases subsecuentes y dentro de estos racimos, se seleccionan los casos que van a medirse. Para ello se hace una selección que asegure que todos los elementos del racimo tienen la misma probabilidad de ser elegidos.

Por ejemplo, en una muestra nacional de ciudadanos de un país por *clusters* o racimos, podríamos primero elegir al azar una muestra de estados, provincias o departamentos (primera etapa); luego, cada estado o provincia se convierte en un universo y se seleccionan al azar municipios (segunda etapa); posteriormente, cada municipio se considera un universo o población y se eligen al azar comunidades o colonias (tercera etapa); a su vez, cada una de éstas se concibe como universo y de nuevo, al azar, se eligen manzanas o cuadras (cuarta etapa); finalmente se escogen al azar viviendas u hogares e individuos (quinta etapa).

En ocasiones se combinan tipos de muestreo, por ejemplo: una muestra probabilística estratificada y por racimos, pero siempre se utiliza una selección aleatoria que garantiza que al inicio del procedimiento todos los elementos de la población tienen la misma probabilidad de ser elegidos para integrar la muestra. En el CD anexo: Material complementario → Documentos → Documento "Cálculo del tamaño de muestra y otros procedimientos por fórmulas" se proporciona un ejemplo que comprende varios de los procedimientos descritos hasta ahora y que ilustra la manera como frecuentemente se hace una muestra probabilística en varias etapas por conglomerados o racimos. 

¿Cómo se lleva a cabo el procedimiento de selección de la muestra?

Cuando iniciamos nuestra exposición sobre la muestra probabilística, señalamos que los tipos de muestra dependen de dos cosas: del tamaño de la muestra y del procedimiento de selección.

De lo primero hemos hablado con detalle, de lo segundo trataremos ahora. Se determina el tamaño de la muestra n, pero ¿cómo seleccionar los elementos muestrales? (ya sean casos o racimos). Las unidades de análisis o los elementos muestrales se eligen siempre aleatoriamente para asegurarnos de que cada elemento tenga la misma probabilidad de ser elegido. Se utilizan básicamente tres procedimientos de selección, de los cuales a continuación se comentan dos y el tercero se presenta en el CD anexo: Material complementario → Documentos → Documento "Cálculo del tamaño de muestra y otros procedimientos por fórmulas". 

Tómbola

Muy simple pero muy rápido, consiste en numerar todos los elementos muestrales de la población, del uno al número N. Después se hacen fichas o papeles, uno por cada elemento, se revuelven en una caja y se van sacando n número de fichas, según el tamaño de la muestra. Los números elegidos al azar conformarán la muestra.

Cuando nuestro muestreo es estratificado, se sigue el procedimiento anterior, pero por cada estrato. Por ejemplo, en la tabla 8.2, tenemos que, de una población $N = 53$ empresas extractivas y siderúrgicas, se necesita una muestra $n = 13$ de directivos de recursos humanos de tales empresas. En una lista se numeran cada una de estas organizaciones. En fichas aparte se sortea cada uno de los 53 números, hasta obtener los 13 necesarios (pueden ser las 13 primeras fichas que se extraigan). Los números obtenidos se verifican con los nombres y las direcciones de nuestra lista, para precisar los directivos que serán participantes del estudio.

Números *random* o números aleatorios

Éste es el procedimiento que se encuentra en el CD anexo: Documento "Cálculo del tamaño de muestra y otros procedimientos por fórmulas". 

STATS®

Una excelente alternativa para generar números aleatorios se encuentra en el programa STATS®, que contiene un subprograma para ello y evita el uso de la tabla de números aleatorios. Es hasta ahora la mejor forma que hemos encontrado para hacerlo. 

El programa nos pide que le indiquemos ¿cuántos números aleatorios? (requerimos), entonces tecleamos el tamaño de muestra; en el CD elegimos la opción: "Establecer límite superior e inferior" 

y nos solicita que establezcamos el límite inferior (que siempre será uno, el primer caso de la población, pues la muestra se extrae de ésta) y el límite superior (el último número de la población, que es el tamaño de la población). Y tecleamos "Calcular" y nos genera automáticamente los números. Vemos contra nuestro listado a quién o a qué corresponde cada número y estos números son los casos que pasarían a integrar la muestra.

Veámoslo con un ejemplo. Imaginemos que una investigadora busca conocer en una escuela o facultad de una universidad quiénes son el joven y la joven más populares. Entonces decide realizar una encuesta, para lo cual debe obtener una muestra. Supongamos que la escuela tiene una población de 1 000 alumnos y alumnas. Si obtuviera una muestra aleatoria simple, su procedimiento sería el que se muestra en la figura 8.5.

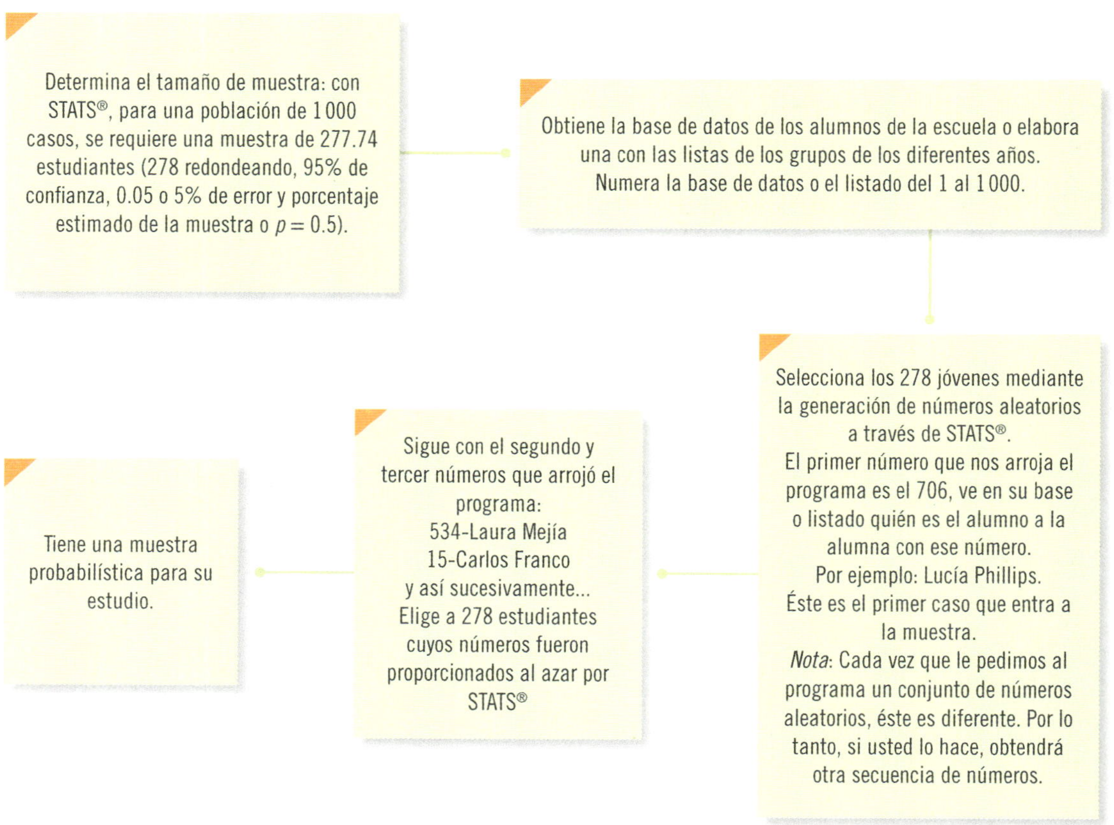

Figura 8.5 Ejemplo del procedimiento para elegir los casos de una muestra aleatoria simple usando STATS®.

Con estratos o conglomerados repetimos el procedimiento para cada uno.

Selección sistemática de elementos muestrales

Este procedimiento de selección es muy útil e implica elegir dentro de una población N un número n de elementos a partir de un intervalo K. Este último (K) es un intervalo que se va a determinar por el tamaño de la población y el tamaño de la muestra. De manera que tenemos que $K = N/n$, en donde K = un intervalo de selección sistemática, N = la población y n = la muestra.

Ilustremos los conceptos anteriores con un ejemplo. Supongamos que se quiere hacer un estudio que pretende medir la calidad de la atención en los servicios proporcionados por los médicos y las enfermeras de un hospital. Para tal efecto consideremos que los investigadores consiguen grabaciones de todos los servicios efectuados durante un periodo determinado.[5] Supongamos que se hayan filmado 1 548 servicios (N). Con este dato se procede a determinar qué número de servicios necesitamos analizar para generalizar a toda la población nuestros resultados. Con STATS® determinamos que se necesitan 307.9 (308) servicios para evaluar (con un error máximo de 5%, nivel de confianza de 95% y un porcentaje estimado de 50% para la muestra [$p = 0.5$]).

Si necesitamos una muestra de $n = 308$ episodios de servicio filmados, se utiliza para la selección el intervalo K, donde:

$$K = \frac{N}{n} = \frac{1\,548}{308} = 5.0259, \text{ redondeado} = 5$$

El intervalo $1/K = 5$ indica que cada quinto servicio $1/K$ se seleccionará hasta completar $n = 308$.

La selección sistemática de elementos muestrales $1/K$ se puede utilizar al elegir los elementos de n para cada estrato o para cada racimo. La regla de probabilidad, según la cual cada elemento de la población debe tener idéntica probabilidad de ser elegido, se cumple al empezar la selección de $1/K$ al azar. Siguiendo nuestro ejemplo, no comenzamos a elegir de los 1 548 episodios, el 1, 6, 11, 16…, sino que procuramos que el inicio sea determinado por el azar. Así, en este caso, podemos tirar unos dados y si en sus caras muestran 1, 6, 9, iniciaremos en el servicio 169, y seguiremos 174, 179, 184, 189… $1/K$… y volveremos a empezar por los primeros si es necesario. Este procedimiento de selección es poco complicado y tiene varias ventajas: cualquier tipo de estratos en una población X se verán reflejados en la muestra. Asimismo, la selección sistemática logra una muestra proporcionada, ya que, por ejemplo, tenemos que el procedimiento de selección $1/K$ nos dará una muestra con nombres que inician con las letras del abecedario, en forma proporcional a la letra inicial de los nombres de la población.

Listados y otros marcos muestrales

Las *muestras probabilísticas* requieren la determinación del tamaño de la muestra y de un proceso de selección aleatoria que asegure que todos los elementos de la población tengan la misma probabilidad de ser elegidos. Todo esto lo hemos visto, aunque nos falta exponer sobre algo esencial que precede a la selección de una muestra: el **marco muestral**. Éste constituye un marco de referencia que nos permita identificar físicamente los elementos de la población, la posibilidad de enumerarlos y, por ende, de proceder a la selección de los elementos muestrales (los casos de la muestra). Normalmente se trata de un listado existente o una lista que es necesario confeccionar *ad hoc*, con los casos de la población.

Marco muestral Es un marco de referencia que nos permite identificar físicamente los elementos de la población, así como la posibilidad de enumerarlos y seleccionar los elementos muestrales.

Los listados existentes sobre una población son variados: guías telefónicas, listas de miembros de las asociaciones, directorios especializados, listas oficiales de escuelas de la zona, bases de datos de los alumnos de una universidad o de los clientes de una empresa, registros médicos, catastros, nóminas de una organización, etc. En todo caso hay que tener en cuenta lo completo de una lista, su exactitud, su veracidad, su calidad y su nivel de cobertura en relación con el problema a investigar y la población que va a medirse, ya que todos estos aspectos influyen en la selección de la muestra.

Por ejemplo, para algunas encuestas se considera que el directorio telefónico (o guía telefónica) es muy útil. Sin embargo, hay que tomar en cuenta que muchos números no aparecerán porque son privados o porque hay hogares que no tienen teléfono. La lista de socios de una agrupación como la Cámara Nacional de la Industria de la Transformación (México), la Confederación Española de la

---

[5] Se sabe que el número de servicios en un hospital es muy variable y depende de diversos factores, como el número de camas, de médicos y paramédicos; el tipo y nivel de atención (desde consultas simples hasta cirugía compleja), la época, el número de habitantes en la zona donde se encuentra ubicado o el número de derechohabientes, etc. El ejemplo trata de ser simple para que sea entendido por lectores de diversos campos.

Pequeña y Mediana Empresa, la Asociación Dominicana de Exportadores o la Cámara Nacional de Comercio, Servicios y Turismo de Chile; nos serviría si el propósito del estudio fuera, por ejemplo, conocer la opinión de los asociados con respecto a una medida gubernamental. Pero si el objetivo de la investigación es analizar la opinión del sector patronal o empresarial del país, el listado de una sola asociación no sería adecuado por varias razones: hay otras sociedades patronales,[6] las asociaciones son voluntarias y no todo patrón o empresa pertenece a ellas. Lo correcto, en esta situación, sería construir una nueva base de datos, fundamentada en los listados existentes de las asociaciones patronales, eliminando de dicha lista los casos duplicados, suponiendo que una o más empresas pudieran pertenecer a dos agrupaciones al mismo tiempo.

Hay listas que proporcionan una gran ayuda al investigador. Por ejemplo: bases de datos locales especializadas en las empresas, como Industridata en México;[7] bases de datos internacionales de naturaleza empresarial como Kompass; directorios por calles o los programas computacionales que tienen a nivel regional o mundial tales directorios; guías de medios de comunicación (que enlistan casas productoras, estaciones de radio y televisión, periódicos y revistas). Este tipo de marcos de referencia construidos por profesionales resultan convenientes para el investigador, pues representan una compilación (de personas, empresas, instituciones, etc.), resultado de horas de trabajo e inversión de recursos. También en internet descubriremos muchos directorios, a los cuales podemos acceder mediante un motor de búsqueda. Recomendamos, pues, utilizarlos cuando sea pertinente, tomando en cuenta las consideraciones que estos directorios o bases de información hacen en su introducción y que revelan el año a que pertenecen los datos, cómo se obtuvieron éstos (exhaustivamente, por cuestionarios, por voluntarios) y muy importante, quiénes y por qué quedan excluidos del directorio.

Con frecuencia es necesario construir listas *ad hoc*, a partir de las cuales se elegirán los elementos que constituirán las unidades de análisis en una determinada investigación. Por ejemplo, en la investigación planteada: La televisión y el niño, se establecería una muestra probabilística estratificada por racimos, donde en una primera etapa se seleccionarían escuelas para, en última instancia, llegar a los niños. Pues bien, para tal efecto se podría obtener una base de datos de las escuelas primarias de la Ciudad de México en la Secretaría de Educación Pública. Cada escuela tendría un código identificable por medio del cual se eliminarían las escuelas para niños atípicos. Este listado contiene además información sobre cada escuela, su ubicación y su régimen de propiedad (pública o privada).

Con ayuda de otro estudio (Fernández Collado *et al.*, 1998) que catalogó en diferentes estratos socioeconómicos a las colonias de la Ciudad de México, con base en el ingreso promedio de la zona, se elaboraron ocho listas:

1. escuelas públicas clase A;
2. escuelas privadas clase A;
3. escuelas públicas clase B;
4. escuelas privadas clase B;
5. escuelas públicas clase C;
6. escuelas privadas clase C;
7. escuelas públicas clase D;
8. escuelas privadas clase D.

Cada lista representaría un estrato de la población y de cada una de ellas se seleccionaría una muestra de escuelas. A, B, C, D, que representan niveles socioeconómicos. Y después, de cada escuela se elegirían los niños para conformar la muestra final.

---

[6] En México la Canacintra representa sólo al sector de la industria de la transformación, en España la Cepyme no agrupa a grandes consorcios empresariales, en República Dominicana la Adoexpo no es la única asociación del Consejo Nacional de la Empresa Privada y en Chile la CNC no incluye a la industria de la construcción y la minería, por ejemplo.

[7] Directorio que permite consultar información de empresas por giro de actividad: industriales, comerciales, de servicio y constructoras, así como el número de personas empleadas. La base de datos clasifica a dichas compañías en: empresas AAA, con más de 500 personas empleadas; empresas AA que tienen entre 251 y 500 personas empleadas; empresas A, entre 151 y 250 personas, y empresas B, entre 100 y 150 personas empleadas.

No siempre existen listas que permitan identificar a nuestra población. Entonces, será necesario recurrir a otros marcos de referencia que contengan descripciones del material, las organizaciones o los casos que serán seleccionados como unidades de análisis. Ejemplos de algunos de estos marcos de referencia son los archivos, los mapas y los archivos electrónicos de periódicos en la web. De cada una de estas instancias daremos ejemplos con más detalles y recomendaremos soluciones para algunos problemas comunes en el muestreo.

Archivos

Un gerente de reclutamiento y selección de una empresa quiere precisar si algunos datos que se dan en una solicitud de trabajo están correlacionados con el ausentismo del empleado. Es decir, si a partir de datos como edad, género, estado civil, nivel educativo y duración en otro trabajo, es factible predecir la conducta de ausentismo. Para establecer correlaciones se considerará como población a todas las personas contratadas durante 10 años. Se relacionan sus datos en la solicitud de empleo con los registros de faltas.

Como no hay una lista elaborada de estos individuos, el investigador decide acudir a los archivos de las solicitudes de empleo. Tales archivos constituyen su marco muestral a partir del cual se obtendrá la muestra. Calcula el tamaño de la población, obtiene el tamaño de la muestra y selecciona sistemáticamente cada elemento $1/K$, cada solicitud que será analizada. Aquí el problema que surge es que en el archivo hay solicitudes de gente que no fue contratada y, por tanto, no debe considerarse en el estudio.

En este caso, y en otros en los que no todos los elementos del marco de referencia o de una lista aparecen (por ejemplo, nombres en el directorio que no corresponden a una persona física), los especialistas en muestreo (Kish, 1995; Sudman, 1976) no aconsejan el reemplazo con el siguiente elemento, sino simplemente no tomar en cuenta ese elemento, es decir, hacer como si no existiera, y continuar con el intervalo de selección sistemática.

Mapas

Los mapas son muy útiles como marco de referencia en muestras de racimos. Por ejemplo, un investigador quiere saber qué motiva a los compradores de las tiendas de autoservicio. A partir de una lista de tiendas de cada cadena competidora marca sobre un mapa de la ciudad, todas las tiendas de autoservicios, las cuales constituyen una población de racimos, pues en cada tienda seleccionada entrevistará a un número de clientes. El mapa le permite ver la población (tiendas de autoservicio) y su situación geográfica, de manera que elige zonas donde coexistan diferentes tiendas competidoras, para asegurarse de que el consumidor de la zona tenga todas las posibles alternativas. En la actualidad hay mapas de todo tipo: mercadológicos, socioculturales, étnicos, marítimos, entre otros. El *Global Positioning System* (GPS) o Sistema de Posicionamiento Global ya puede ser muy útil para esta clase de muestreo.

Tamaño óptimo de una muestra

Tal como se mencionó, las muestras probabilísticas requieren dos procedimientos básicos: 1) la determinación del tamaño de la muestra y 2) la selección aleatoria de los elementos muestrales. Precisar adecuadamente el tamaño de la muestra puede tornarse complejo, esto depende del problema de investigación y la población a estudiar. Para el alumno y el lector en general, será muy útil comparar qué tamaño de muestra han empleado otros investigadores, a la luz de la revisión de la literatura. Para tal efecto, mostramos algunos ejemplos y reproducimos varias tablas (8.4, 8.5 y 8.6), que indican los tamaños de muestra más utilizados por los investigadores, según sus poblaciones (nacionales o regionales) y los subgrupos que quieren estudiarse en ellas.

Las muestras nacionales, es decir, las que representan a la población de un país, por lo común son de más de 1 000 sujetos. La muestra del estudio "¿Cómo somos los mexicanos?" (Hernández Medina, Narro y Rodríguez, 1987), consta de 1 737 sujetos repartidos de la siguiente manera:

Frontera y norte	696
Centro (sin la capital nacional o Distrito Federal)	426
Sur-sureste	316
Distrito Federal	299
	1 737

La muestra de los barómetros de opinión en España es nacional,[8] incluye personas de ambos géneros, de 18 años o más y su tamaño es alrededor de 2 500 casos (Centro de Investigaciones Sociológicas, 2009). Su elección es por estratos y racimos. Primero, se eligen municipios y luego secciones. Los puntos de muestreo son 168 municipios y 49 provincias.

Los estratos están compuestos por siete categorías formadas por el cruce de las 17 comunidades autónomas con el tamaño del hábitat. Son las siguientes: *a*) menores o iguales a 2 000 habitantes, *b*) de 2 001 a 10 000, *c*) de 10 001 a 50 000, *d*) de 50 001 a 100 000, *e*) de 100 001 a 400 000, *f*) de 400 001 a un millón y *g*) más de un millón de habitantes (Berganza y García, 2005, p. 91).

En cambio, el Barómetro del Real Instituto Elcano (BRIE) en España comprende a 1 200 individuos (Real Instituto Elcano, 2009).

El Eurobarómetro es otra encuesta que abarca a diversos países de la Unión Europea (UE) y su muestra es de aproximadamente 1 000 personas por país, excepto en Alemania donde se consulta al doble y a Reino Unido, donde la *n* es igual a 1 300 (300 encuestas se efectúan en Irlanda) (Berganza y García, 2005). Por ejemplo, un Eurobarómetro sobre las mujeres y las elecciones europeas realizado el 4 de marzo del 2009, incluyó a 35 000 mujeres y 5 500 hombres de la UE (Oficina del Parlament Europeu a Barcelona, 2009).

En la tabla 8.4 observamos que el tipo de estudio en poco determina el tamaño de la muestra. Más bien, interviene en la decisión de que sean muestras nacionales o regionales.

Las muestras regionales (por ejemplo, las que representen al área metropolitana de la Ciudad de México u otra gran urbe con más de tres millones de habitantes), o de algún estado, departamento o provincia de un país, o algún municipio o región, son típicamente más pequeñas, con rangos de 400 a 700 individuos.

▲ **Tabla 8.4** Muestras utilizadas con frecuencia en investigaciones nacionales y regionales según área de estudio

Tipos de estudio	Nacionales	Regionales
Económicos	1 000+	100
Médicos	1 000+	500
Conductas	1 000+	700-300
Actitudes	1 000+	700-400
Experimentos de laboratorio	– – –	100

[8] Los barómetros son *surveys* o encuestas de alcance nacional o continental e incluyen cuestiones políticas, económicas, sociales y de actualidad.

El tamaño de una muestra depende también del número de subgrupos que nos interesan en una población. Por ejemplo, podemos subdividirla en hombres y mujeres de cuatro grupos de edad o, aún más, en hombres y mujeres de cuatro grupos de edad en cada uno de cinco niveles socioeconómicos. Si éste fuera el caso estaríamos hablando de 40 subgrupos y, por ende, de una muestra mayor. En la tabla 8.5 se describen muestras típicas de acuerdo con los subgrupos bajo estudio, según su cobertura (estudios nacionales o estudios especiales o regionales) y según su unidad de análisis; es decir, se trata de individuos o de organizaciones. En esta última instancia el número de la muestra se reduce, ya que casi siempre representa una gran fracción de la población total.

▲ **Tabla 8.5**   Muestras típicas de estudios sobre poblaciones humanas y organizaciones

Número de subgrupos	Población de individuos u hogares		Población de organizaciones	
	Nacionales	Regionales	Nacionales	Regionales
Ninguno-pocos (menos de 5)	1 000-1 500	200-500	200-500	50-200
Promedio (5 a 10)	1 500-2 500	500-1 000	500-1 000	200-500
Más de 10	2 500 +	1 000 +	1 000 +	500 +

Otra tabla que nos ayuda a comprender el tema que estamos analizando es la 8.6, la cual se basa en Mertens (2005, p. 327) y Borg y Gall (1989), de acuerdo con el propósito del estudio. Aquí cada número es el mínimo sugerido.

▲ **Tabla 8.6**   Tamaños de muestra mínimos en estudios cuantitativos

Tipo de estudio	Tamaño mínimo de muestra
Transeccional descriptivo o correlacional	30 casos por grupo o segmento del universo.
Encuesta a gran escala	100 casos para el grupo o segmento más importante del universo y de 20 a 50 casos para grupos menos importantes.
Causal	15 casos por variable independiente.
Experimental o cuasiexperimental	15 por grupo.

Las tablas 8.4 a 8.6 se construyeron con base en artículos de investigación publicados en revistas especializadas y en Sudman (1976), y nos dan una idea de las muestras que utilizan otros investigadores, de manera que le ayudarán a establecer el tamaño de su muestra. En el caso de los experimentos, la muestra representa el balance entre un mayor número de casos y el número que podamos manejar. Recordemos que algunas pruebas estadísticas exigen 15 casos como mínimo por grupo de comparación (Mertens, 2005).

Repasemos que lo óptimo de una muestra depende de cuánto se aproxima su distribución a la distribución de las características de la población. Esta aproximación mejora al incrementarse el tamaño de la muestra. La "normalidad" de la distribución en muestras grandes no obedece a la normalidad de la distribución de una población. La distribución de diversas variables a veces es "normal" y en ocasiones está lejos de serlo. Sin embargo, la distribución de muestras de 100 o más elementos tiende a ser normal y esto sirve para el propósito de hacer estadística inferencial (generalizar de la muestra al universo). A lo anterior se le llama **teorema del límite central**.

Distribución normal: esta distribución en forma de campana se logra generalmente con muestras de 100 o más unidades muestrales, y es útil y necesaria cuando se hacen inferencias de tipo estadístico.

Teorema del límite central Señala que una muestra de más de cien casos será una muestra con una distribución normal en sus características, lo cual sirve para el propósito de hacer estadística inferencial.

¿Cómo y cuáles son las muestras no probabilísticas?

Las muestras no probabilísticas, también llamadas muestras dirigidas, suponen un procedimiento de selección informal. Se utilizan en diversas investigaciones cuantitativas y cualitativas. No las revisaremos ahora, sino en el capítulo 13 "Muestreo cualitativo". Por el momento comentaremos que seleccionan individuos o casos "típicos" sin intentar que sean representativos de una población determinada. Por ello, para fines deductivos-cuantitativos, donde la generalización o extrapolación de resultados hacia la población es una finalidad en sí misma, las muestras dirigidas implican algunas desventajas. La primera es que, al no ser probabilísticas, no es posible calcular con precisión el error estándar, es decir, no podemos calcular con qué nivel de confianza hacemos una estimación. Esto es un grave inconveniente si consideramos que la estadística inferencial se basa en la teoría de la probabilidad, por lo que las pruebas estadísticas en muestras no probabilísticas tienen un valor limitado a la muestra en sí, mas no a la población. Es decir, los datos no pueden generalizarse a ésta. En las muestras de este tipo, la elección de los casos no depende de que todos tengan la misma probabilidad de ser elegidos, sino de la decisión de un investigador o grupo de personas que recolectan los datos.

La única ventaja de una muestra no probabilística —desde la visión cuantitativa— es su utilidad para determinado diseño de estudio que requiere no tanto una "representatividad" de elementos de una población, sino una cuidadosa y controlada elección de casos con ciertas características especificadas previamente en el planteamiento del problema.

Para el enfoque cualitativo, al no interesar tanto la posibilidad de generalizar los resultados, las muestras no probabilísticas o dirigidas son de gran valor, pues logran obtener los casos (personas, contextos, situaciones) que interesan al investigador y que llegan a ofrecer una gran riqueza para la recolección y el análisis de los datos.

Muestreo al azar por marcado telefónico (*Random Digit Dialing*)

Ésta es una técnica que los investigadores utilizan para seleccionar muestras telefónicas. Involucra identificar áreas geográficas —para ser muestreadas al azar— y sus correspondientes códigos telefónicos e intercambios (los primeros dígitos del número telefónico que las identifican). Luego, los demás dígitos del número a marcar pueden ser generados al azar de acuerdo con los casos que requerimos para la muestra (n). Es posible reconocer qué intercambios son usados de forma primaria para teléfonos residenciales y enfocar el muestreo en ese subgrupo. Asimismo, es muy útil para incluir en muestras a teléfonos celulares o móviles (Hernández Sampieri y Mendoza, 2008).

Para mayores referencias de esta técnica recomendamos Fowler (2002) y Link, Town y Mokdad (2007). Un excelente ejemplo para ver cómo se conforma una muestra mediante este método se puede encontrar en Williams, Van Dyke y O'Leary, (2006).

Una máxima del muestreo y el alcance del estudio

Ya sea que se trate de un tipo de muestreo u otro, lo importante es elegir a los informantes (o casos) adecuados, de acuerdo con el planteamiento del problema y lograr el acceso a ellos.

Los estudios exploratorios regularmente emplean muestras dirigidas, aunque podrían usarse muestras probabilísticas. Las investigaciones experimentales, la mayoría de las veces utilizan muestras dirigidas, porque como se comentó, es difícil manejar grupos grandes (debido a ello se ha insistido que, en los experimentos, la validez externa se consolida mediante la repetición o reproducción del estudio). Los estudios no experimentales descriptivos o correlacionales-causales deben emplear muestras probabilísticas si quieren que sus resultados sean generalizados a una población.

Asimismo, en ocasiones la muestra puede ser en varias etapas (polietápica). Por ejemplo, primero elegir universidades, luego, escuelas o facultades, después, salones o grupos y finalmente, estudiantes.

Resumen

- En el capítulo se definió el concepto de muestra.
- Además, se describió cómo seleccionar una muestra en el proceso cuantitativo. Lo primero que se debe plantear es sobre qué o quiénes se van a recolectar los datos, lo cual corresponde a precisar la unidad de análisis. Después, se procede a delimitar claramente la población, con base en los objetivos del estudio y en cuanto a características de contenido, de lugar y de tiempo.
- La muestra es un subgrupo de la población y puede ser probabilística o no probabilística.
- Elegir qué tipo de muestra se requiere depende del enfoque y alcances de la investigación, los objetivos del estudio y el diseño.
- En el enfoque cuantitativo las muestras probabilísticas son esenciales en diseños de investigación por encuestas, donde se pretenden generalizar los resultados a una población. La característica de este tipo de muestras es que todos los elementos de la población al inicio tienen la misma probabilidad de ser elegidos. Así, los elementos muestrales tendrán valores muy aproximados a los valores de la población, ya que las mediciones del subconjunto serán estimaciones muy precisas del conjunto mayor. Tal precisión depende del error de muestreo, llamado también error estándar.
- Para una muestra probabilística necesitamos dos elementos: determinar el tamaño adecuado de la muestra y seleccionar los elementos muestrales en forma aleatoria.
- El tamaño de la muestra se calcula mediante fórmulas o por medio del programa STATS®, que se encuentra en el CD que acompaña al libro.
- Las muestras probabilísticas son: simples, estratificadas, sistemáticas y por racimos. La estratificación aumenta la precisión de la muestra e implica el uso deliberado de submuestras para cada estrato o categoría que sea relevante en la población. Muestrear por racimos o conglomerados implica diferencias entre la unidad de análisis y la unidad muestral. En este tipo de muestreo hay una selección en varias etapas, todas con procedimientos probabilísticos. En la primera se seleccionan los racimos y dentro de los racimos, a los participantes que van a ser medidos.
- Los elementos muestrales de una muestra probabilística siempre se eligen aleatoriamente para asegurarnos de que cada elemento tenga la misma probabilidad de ser seleccionado. Es posible utilizar cuatro procedimientos de selección: 1) tómbola, 2) números aleatorios, 3) uso del subprograma de números aleatorios del STATS® y 4) selección sistemática. Todo procedimiento de selección depende de listados o bases de datos, ya sea existentes o construidas ad hoc. Los listados pueden ser: la guía telefónica, listas de asociaciones, listas de escuelas oficiales, etc. Cuando no existen listas de elementos de la población, se recurre a otros marcos de referencia que contengan descripciones del material, organizaciones o participantes seleccionados como unidades de análisis. Algunos de éstos pueden ser archivos, hemerotecas y mapas, así como internet.
- Las muestras no probabilísticas pueden también llamarse muestras dirigidas, pues la elección de casos depende del criterio del investigador.
- En el teorema del límite central se señala que una muestra de más de cien casos será una muestra con una distribución normal en sus características; sin embargo, la normalidad no debe confundirse con probabilidad. Mientras lo primero es necesario para efectuar pruebas estadísticas, lo segundo es requisito indispensable para hacer inferencias correctas sobre una población.

Conceptos básicos

Base de datos	Representatividad
Elementos muestrales	Selección aleatoria
Error estándar	Selección sistemática
Muestra	Tamaño de muestra
Muestra no probabilística o dirigida	Teorema del límite central
Muestra probabilística	Unidad de análisis
Nivel deseado de confianza	Unidad muestral
Población	

Ejercicios

1. Se forman grupos de tres o cuatro personas. Cada grupo dispone de 15 minutos para formular una pregunta de investigación. El problema puede ser de cualquier área de estudio. Lo que conviene aquí es que sea sobre un tema que realmente inquiete a los estudiantes, algo que ellos consideren un fenómeno importante. Las preguntas de investigación se van anotando en el pizarrón. Después y junto a cada una de estas preguntas se define quiénes van a ser medidos. Discutir por qué sí y por qué no son correctas las respuestas de los estudiantes.

2. Como secuencia del ejercicio anterior se proponen los siguientes temas de investigación. Supongamos que, en otro curso, estudiantes de un taller de investigación sugirieron los siguientes temas para investigar. En cada caso señalar quiénes van a ser medidos, para lograr resultados en las investigaciones propuestas.
   - Tema 1. ¿Qué efecto tienen los anuncios de bebidas alcohólicas sobre los jóvenes?
   - Tema 2. Hace tres meses que se implantó en una fábrica de motores un programa de círculos de calidad. ¿Ha tenido éxito dicho programa?
   - Tema 3. ¿Los niños que cursaron la primaria en escuelas laicas y mixtas tienen un mejor desempeño académico en la universidad que los que provienen de escuelas religiosas de un solo género?
   - Tema 4. ¿Qué diferencias existen entre los comerciales de champú de la televisión española, la argentina y la venezolana?

3. Seleccione dos estudios de alguna publicación científica (vea en el CD anexo: Material complementario → Apéndices → Apéndice 1) y/o dos tesis. Analice los siguientes aspectos:  *a*) ¿Cuál es el problema de investigación? *b*) ¿Cuál es la muestra? *c*) ¿Cómo fue elegida? *d*) ¿Son adecuadas la muestra y el procedimiento de muestreo para el problema que se investigó? *e*) ¿Cuáles son los principales resultados o conclusiones? *f*) ¿Dichos resultados son generalizables a una población mayor? *g*) Con base en la muestra, ¿pueden tomarse como serias dichas generalizaciones? Evalúe la solidez de los cuatro estudios, tomando como criterios los aspectos *a*, *b*, *c*, *d*, *e*, *f* y *g*.

4. Supongamos que trabaja en un despacho que realiza investigaciones y que diversos clientes le solicitan que los asesore en estudios de diferente índole. ¿Qué tipo de muestra sugeriría para cada uno? Fundamente su sugerencia.

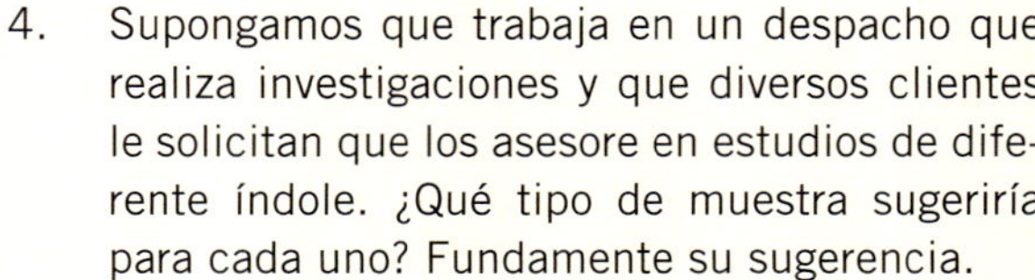

Cliente	Necesidad	Tipo de muestra
4.1 Clínica de terapias psicoemocionales	Pacientes con cáncer que siguen la terapia reaccionan mejor a los tratamientos médicos usuales que los enfermos de cáncer que no toman la terapia.	
4.2 Empresa en el giro químico	Definir cuáles son nuestros empleados y obreros, anteriores y presentes, que tienen menos ausentismo, es decir, ¿hay un perfil del ausentismo?	
4.3 Empresa de cosmetología	¿Qué nociones tienen las jóvenes (de 15 a 20 años) sobre su arreglo personal y el cuidado de su cutis? ¿Funcionaría crear una línea de productos exclusivamente para ellas?	
4.4 Grupo que defiende los derechos del consumidor	¿Qué quejas tienen los niños sobre los juguetes del mercado?, ¿se rompen?, ¿son peligrosos?, ¿aburridos?, ¿cuál es su durabilidad?, etcétera.	
4.5 Partidos políticos	¿Por cuál candidato a gobernador votarán los ciudadanos de determinado estado o provincia?	

5. Supongamos que una asociación iberoamericana de profesionales cuenta con 5 000 miembros. La junta directiva ha decidido hacer una encuesta (por teléfono o por correo electrónico) a los asociados para indagar, entre otras cosas, lugar de trabajo, puesto que ocupan, salario aproximado, licenciatura cursada, generación, estudios posteriores, oportunidades de avance percibidas, etc. En resumen, se piensa publicar un perfil profesional actualizado con el propósito de retroalimentar a los asociados. Como

sería muy costoso llegar a los 5000 miembros repartidos en España, América Latina y Estados Unidos, ¿qué tamaño de muestra se necesita si queremos un error estándar no mayor de 0.015?

Una vez definido el tamaño de la muestra, ¿cómo sería el proceso de selección a fin de que los resultados obtenidos con base en la muestra sean generalizables a toda la población? Es decir, se pretende reportar un perfil certero de los 5000 socios de dicha asociación profesional.

6. Seleccione un tamaño de muestra adecuado para su institución, mediante el STATS®.

7. Con respecto al ejemplo de estudio que ha venido desarrollando en el proceso cuantitativo, piense cómo seleccionaría la muestra apropiada de acuerdo con su planteamiento, objetivos, hipótesis y diseño. ¿Cuál sería el universo o población, la unidad de análisis y el procedimiento de selección? y ¿qué tamaño tendría la muestra?

Recuerde ver las respuestas a los ejercicios en el CD anexo: Material complementario → Apéndices → Apéndice 3.

Ejemplos desarrollados

La televisión y el niño

Para el estudio, primero se realizó un análisis exploratorio y una prueba piloto con 60 niños de diversos estratos socioeconómicos. Con base en ello se corrigió el cuestionario para proceder al estudio definitivo.

1. Límites de población:
Todos los niños del área metropolitana de la Ciudad de México, que cursen 4o., 5o. y 6o. de primaria en escuelas privadas y públicas del turno matutino.

2. Proceso de selección:
Se estableció una muestra probabilística estratificada por racimo, donde en una primera etapa se seleccionaron escuelas para, en última instancia, llegar a los niños. La muestra se obtuvo de una base de datos de la Secretaría de Educación Pública, que contuviera listadas e identificadas a todas las escuelas primarias del área metropolitana de la ciudad de México.

Se excluyó a escuelas del turno vespertino y las diseñadas para niños con capacidades diferentes o habilidades especiales. La selección también estratificó el nivel socioeconómico en cuatro categorías: A, B, C y D (de acuerdo con los criterios del mapa mercadológico de la ciudad de México, A = ingresos familiares elevados, B = medios, C = medios bajos y D = bajos). Por tanto, se eligieron las escuelas de los siguientes estratos:

1. escuelas públicas clase A;
2. escuelas privadas clase A;
3. escuelas públicas clase B;
4. escuelas privadas clase B;
5. escuelas públicas clase C;
6. escuelas privadas clase C;
7. escuelas públicas clase D;
8. escuelas privadas clase D.

Cada lista representó un estrato de la población y de cada una de ellas se seleccionó una muestra de escuelas: A, B, C, D, que representan niveles socioeconómicos. Posteriormente, de cada escuela se eligieron los niños para conformar la muestra final.

Una vez hechos los cálculos, se determinó que de cada estrato se seleccionaran cuatro escuelas, es decir n es igual a 32 escuelas ubicadas en diversas colonias que incluyeron a todas las delegaciones (municipalidades). En la segunda etapa se seleccionaron por muestreo aleatorio simple los niños de cada escuela. En el ejemplo, 264 infantes por escuela de 4o., 5o. y 6o. grados (88 por cada uno). Una muestra total de 2112 que implicó ajustes y reemplazos.

La pareja y relación ideales

Para conocer el tamaño del universo, se obtuvo información proporcionada por la Asociación Nacional de Universidades e Instituciones de Educación Superior, Federación de Instituciones Mexicanas Particulares de Educación Superior y el gobierno de Guanajuato. Asimismo, se acudió a fuentes electrónicas (páginas web de las instituciones) y se solicitó directamente el dato a las organizaciones educativas involucradas. El tamaño de la población total es de aproximadamente 13000 estudiantes.[9] Utilizando

---

[9] No se proporciona la matrícula de cada institución en particular, porque cuatro universidades solicitaron expresamente que no se difundiera el dato. También, cabe mencionar que el tamaño del universo es aproximado debido a que hasta el final del semestre se tiene información precisa de las bajas escolares.

el STATS®, tendríamos que un tamaño de muestra adecuado para esta población (95% de confianza, 5% de error y $p = 0.5$ o 50%) es de 373 casos. Sin embargo, se prefirió segmentar al universo en: 1) instituciones con matrícula considerable (más de 2 000 alumnos) y 2) universidades con matrícula estándar para una ciudad intermedia (1 000 a 1 500 estudiantes). En el primer estrato estuvieron dos organizaciones (que representa un total de 6 000 universitarios) y en el segundo siete (7 000 alumnos). Cada estrato fue concebido como una población y entonces se calculó el tamaño de muestra mediante STATS®, el resultado fue: estrato 1 ($n = 361$), estrato 2 ($n = 364$). Así, para el estrato 1 se consideró entrevistar en una institución a 180 universitarios y en la otra a 181. En el caso del estrato 2, se administró el instrumento de medición en cada una de las siete universidades a 52 estudiantes. En un futuro se agregará al estudio al Instituto Tecnológico Roque, al Centro Universitario ITESBA y a otras organizaciones, para poder comparar entre instituciones y cada una podría concebirse como una población en sí misma.

El abuso sexual infantil

El abuso sexual infantil

El estudio es un experimento y la muestra es dirigida. Se reclutaron preescolares de tres centros de desarrollo infantil con una población similar, hijas e hijos de madres que laboran para la Secretaría de Educación Pública del Estado de Querétaro. Se evaluaron seis grupos escolares que fueron asignados a tres grupos experimentales ($n_1 = 49$ niños, $n_2 = 22$ niños y $n_3 = 79$ niños).

Al inicio del proceso se obtuvo anuencia de las autoridades escolares de los centros. En general, se hicieron reuniones previas con los padres de familia para informarles del programa. Se efectuó una sesión de acercamiento en la cual, la persona que aplicó las escalas se presentó con los niños y las niñas, asimismo, desarrolló actividades lúdicas para establecer confianza y cercanía con los grupos, además les explicó de forma general el proceso a llevarse a cabo y su participación fue de carácter voluntario (tenían la posibilidad de negarse). Antes de cada evaluación, se les pidió su consentimiento a todos los infantes.

Los investigadores opinan

La importancia de la investigación radica en que genera conocimientos, lo cual contribuye al desarrollo social. Por consiguiente, es importante que los estudiantes tengan el gusto e interés profesional por investigar.

A partir de la preferencia por determinado tema, se desprende la orientación que se le debe dar al proyecto, donde tiene que haber claridad conceptual y exactitud en la aproximación al problema, además de procurar la comunicación de los resultados.

ÁLVARO CAMACHO MEDINA

Docente

FACULTAD DE MERCADEO Y PUBLICIDAD

Politécnico Grancolombiano

Bogotá, Colombia

En nuestra realidad existen investigaciones serias que aportan indicadores de cómo se encuentran, por ejemplo, los diferentes niveles del sistema educativo peruano; sin embargo, no son suficientes en la aplicación de propuestas metodológicas, ya sea por la selección de la muestra, el empleo de instrumentos adecuados o la preparación del personal que las lleva a cabo.

Por tal razón, quienes tenemos la responsabilidad de orientar proyectos debemos infundir a nuestros alumnos que la investigación es un proceso que convoca nuestra energía y perseverancia para obtener resultados que sean significativos para la sociedad peruana.

Para ello se requiere vivir determinadas experiencias. En el caso de la educación, sería recomendable visitar un centro académico que ensaye diferentes y nuevos enfoques para conocer el medio, dialogar con los protagonistas y descubrir su problemática.

Un buen planteamiento del problema nos permitirá orientar la investigación, precisar las variables a analizar, conocer el grupo con el que se pretende trabajar, determinar los objetivos y, en un momento dado, redactar coherentemente los resultados.

Por último, considero que los resultados de una investigación se tornan significativos cuando, además de presentar datos cuantitativos, en ella se consideran también datos cualitativos. Una experiencia de investigación debe tomar en cuenta ambos enfoques, porque así será posible admirarla y apreciarla de forma integral.

Ing. Guillermo Evangelista Benites
Docente principal
Facultad de Ingeniería Química
Universidad Nacional de Trujillo
Trujillo, Perú

Capítulo 9

Recolección de los datos cuantitativos

Paso 8 Recolectar los datos

- Definir la forma idónea de recolectar los datos de acuerdo con el planteamiento del problema y las etapas previas de la investigación.
- Seleccionar o elaborar uno o varios instrumentos o métodos para recolectar los datos requeridos.
- Aplicar los instrumentos o métodos.
- Obtener los datos.
- Codificar los datos.
- Archivar los datos y prepararlos para su análisis por computadora.

Objetivos del aprendizaje

Al terminar este capítulo, el alumno será capaz de:

1 Visualizar diferentes métodos para recolectar datos cuantitativos.
2 Entender el significado de "medir" y su importancia en el proceso cuantitativo.
3 Comprender los requisitos que toda recolección de datos debe incluir.
4 Conocer los principales instrumentos para recolectar datos cuantitativos.
5 Elaborar y aplicar los diferentes instrumentos de recolección de datos cuantitativos.
6 Preparar los datos para su análisis cuantitativo.

Síntesis

En el capítulo se analizan los requisitos que un instrumento debe cubrir para recolectar apropiadamente datos cuantitativos: confiabilidad, validez y objetividad. Asimismo, se define el concepto de medición y los errores que pueden cometerse al recolectar datos.

A lo largo del capítulo se presenta el proceso para elaborar un instrumento de medición y las principales alternativas para recolectar datos: cuestionarios y escalas de actitudes. Por último, se examina el procedimiento de codificación de datos cuantitativos y la forma de prepararlos para su análisis.

Fases de construcción de un instrumento:

1. Redefiniciones fundamentales
2. Revisión enfocada de la literatura en instrumentos pendientes
3. Identificación del dominio de las variables a medir y sus indicadores
4. Toma de decisiones clave
5. Construcción del instrumento
6. Prueba piloto
7. Elaboración de la versión final del instrumento o sistema y su procedimiento de aplicación
8. Entrenamiento del personal que administrará el instrumento y calificación
9. Obtener autorizaciones para aplicar el instrumento
10. Administración del instrumento

Recolección de datos cuantitativos

se realiza mediante

Instrumento(s) de medición

Debe(n) representar verdaderamente la(s) variable(s) de la investigación

Cuyas respuestas se obtienen, codifican y transfieren a una matriz de datos y se preparan para su análisis mediante un paquete estadístico para computadora

sus requisitos son

Tipos

Confiabilidad
Grado en que un instrumento produce resultados consistentes y coherentes

Procedimientos para determinar la confiabilidad:

- Medida de estabilidad
- Método de formas alternativas o paralelas
- Método de mitades partidas
- Medidas de consistencia interna

Validez
Grado en que un instrumento mide la variable que pretende medir

De ella derivan distintos tipos de evidencia:

- Validez de contenido
- Validez de criterio
- Validez de constructo

Validez total es la consideración de los tipos de evidencia

Objetividad
Grado en que el instrumento es permeable a los sesgos y tendencias del investigador que lo administra, califica e interpreta

Cuestionarios

- Se basan en preguntas que pueden ser cerradas o abiertas
- Sus contextos pueden ser: autoadministrados o entrevistas personal o telefónica, vía internet

Escalas de medición de actitudes, que pueden ser:

- Escalamiento tipo Likert
- Diferencial semántico
- Escalograma de Guttman (en CD)

Otros tipos son (en CD)

- Analisis de contenido cuantitativo
- Observación
- Pruebas estandarizadas e inventarios
- Datos secundarios (recolectados por otros investigadores)

Nota: El capítulo se termina de integrar con otro del CD anexo (Material complementario→ Capítulos → Capítulo 7), titulado "Recolección de los datos cuantitativos: segunda parte", que contiene otras alternativas de instrumentos para recolectar datos como el análisis de contenido y los sistemas de observación (en ediciones anteriores se localizaba en este mismo capítulo), además de pruebas e inventarios, escalograma de Guttman (escala de actitudes) y datos secundarios.

¿Qué implica la etapa de recolección de datos?

Una vez que seleccionamos el diseño de investigación apropiado y la muestra adecuada (probabilística o no probabilística), de acuerdo con nuestro problema de estudio e hipótesis (si es que se establecieron), la siguiente etapa consiste en recolectar los datos pertinentes sobre los atributos, conceptos o variables de las unidades de análisis o casos (participantes, grupos, organizaciones, etcétera).

Recolectar los datos implica elaborar un plan detallado de procedimientos que nos conduzcan a reunir datos con un propósito específico. Este plan incluye determinar:

a) ¿Cuáles son las fuentes de donde se obtendrán los datos? Es decir, los datos van a ser proporcionados por personas, se producirán de observaciones o se encuentran en documentos, archivos, bases de datos, etcétera.

b) ¿En dónde se localizan tales fuentes? Regularmente en la muestra seleccionada, pero es indispensable definir con precisión.

c) ¿A través de qué medio o método vamos a recolectar los datos? Esta fase implica elegir uno o varios medios y definir los procedimientos que utilizaremos en la recolección de los datos. El método o métodos deben ser confiables, válidos y objetivos.

d) Una vez recolectados, ¿de qué forma vamos a prepararlos para que puedan analizarse y respondamos al planteamiento del problema?

El plan se nutre de diversos elementos:

1. Las *variables*, conceptos o atributos a medir (contenidos en el planteamiento e hipótesis o directrices del estudio).
2. Las *definiciones operacionales*. La manera como hemos operacionalizado las variables es crucial para determinar el método para medirlas, lo cual a su vez, resulta fundamental para realizar las inferencias de los datos.
3. La *muestra*.
4. Los *recursos disponibles* (de tiempo, apoyo institucional, económicos, etcétera).

Desde luego, aquí hemos simplificado la información por motivos de espacio.

El plan se implementa para obtener los datos requeridos, no olvidemos que todos los atributos, cualidades y variables deben ser medibles. Un ejemplo de plan de este tipo se puede ver en la figura 9.1.

Con la finalidad de recolectar datos disponemos de una gran variedad de instrumentos o técnicas, tanto cuantitativas como cualitativas, es por ello que en un mismo estudio podemos utilizar ambos tipos. Incluso, hay instrumentos como la prueba de propósito vital (PIL) (que evalúa el propósito de vida de una persona) de Crumbaugh y Maholick (1969) que contienen una parte cuantitativa y una cualitativa (Brown, Ashcroft y Miller, 1998). Esto se revisará en el capítulo 17: "Los métodos mixtos".

Antes de continuar es necesario revisar algunos conceptos esenciales para la recolección de los datos cuantitativos.

¿Qué significa medir?

En la vida diaria medimos constantemente. Por ejemplo, al levantarnos por las mañanas, miramos el reloj despertador y "*medimos*" la hora; al bañarnos, *ajustamos* la temperatura del agua en la tina o la regadera, *calculamos* la cantidad de café que habremos de colocar en la cafetera; nos asomamos por la ventana y estimamos cómo será el día para decidir la ropa o atuendos que nos pondremos; al ver el tránsito desde el autobús u otro vehículo, evaluamos e inferimos a qué hora llegaremos a la universidad o al trabajo, así como la velocidad a la que transitamos (u observamos el velocímetro); en ocasiones contamos cuántos anuncios espectaculares observamos en el trayecto u otras cuestiones, incluso inferimos, a partir de ciertos signos, acerca del operador del autobús u otros conductores: ¿qué tan alegres o enojados están?, además de otras actividades. Medir es parte de nuestras vidas (Bostwick y Kyte, 2005).

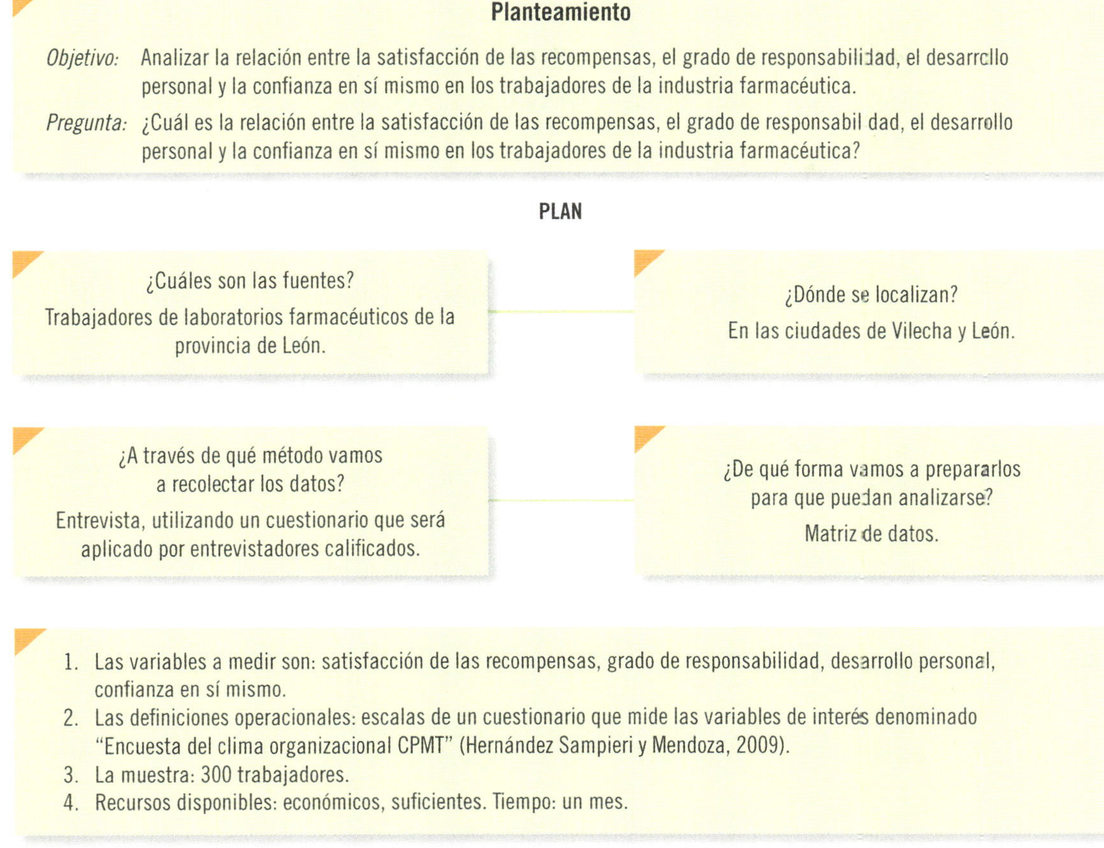

Figura 9.1   Ejemplo de plan para la obtención de datos.

De acuerdo con la definición clásica del término, ampliamente difundida, **medir** significa "asignar números, símbolos o valores a las propiedades de objetos o eventos de acuerdo con reglas" (Stevens, 1951). Desde luego, no se asignan a los objetos, sino a sus propiedades (Bostwick y Kyte, 2005). Sin embargo, como señalan Carmines y Zeller (1991), esta definición es más apropiada para las ciencias físicas que para las ciencias sociales, ya que varios de los fenómenos que son medidos en éstas no pueden caracterizarse como objetos o eventos, ya que son demasiado abstractos para ello. La disonancia cognitiva, la pareja ideal, el clima organizacional, la cultura fiscal y la credibilidad son conceptos tan abstractos que no deben ser considerados "cosas que pueden verse o tocarse" (definición de objeto) o solamente como "resultado, consecuencia o producto" (definición de evento) (Carmines y Zeller, 1991). Este razonamiento nos hace sugerir que es más adecuado definir la **medición** como "el proceso de vincular conceptos abstractos con indicadores empíricos", el cual se realiza mediante un plan explícito y organizado para clasificar (y con frecuencia cuantificar) los datos disponibles (los indicadores), en términos del concepto que el investigador tiene en mente (Carmines y Zeller, 1991). En este proceso, el instrumento de medición o de recolección de datos tiene un papel central. Sin él, no hay observaciones clasificadas.

Medición   Proceso que vincula conceptos abstractos con indicadores empíricos.

La definición sugerida incluye dos consideraciones: la primera es desde el punto de vista empírico y se resume en que el centro de atención es la respuesta observable (sea una alternativa de respuesta marcada en un cuestionario, una conducta grabada vía observación o una respuesta dada a un entrevistador). La segunda es desde una perspectiva teórica y se refiere a que el interés se sitúa en el concepto subyacente no observable que se representa por medio de la respuesta. Así, los registros del instrumento de medición representan valores visibles de conceptos abstractos. Un **instrumento de**

Instrumento de medición   Recurso que utiliza el investigador para registrar información o datos sobre las variables que tiene en mente.

medición adecuado es aquel que registra datos observables que representan verdaderamente los conceptos o las variables que el investigador tiene en mente (Grinnell, Williams y Unrau, 2009). En términos cuantitativos: capturo verdaderamente la "realidad" que deseo capturar. Bostwick y Kyte (2005) lo señalan de la siguiente forma: "La función de la medición es establecer una correspondencia entre el "mundo real" y el "mundo conceptual". El primero provee evidencia empírica, el segundo proporciona modelos teóricos para encontrar sentido a ese segmento del mundo real que estamos tratando de describir.

En toda investigación cuantitativa aplicamos un instrumento para medir las variables contenidas en las hipótesis (y cuando no hay hipótesis simplemente para medir las variables de interés). Esa medición es efectiva cuando el instrumento de recolección de datos en realidad representa a las variables que tenemos en mente. Si no es así, nuestra medición es deficiente; por tanto, la investigación no es digna de tomarse en cuenta. Desde luego, no hay medición perfecta. Es casi imposible que representemos con fidelidad variables tales como la inteligencia emocional, la motivación, el nivel socioeconómico, el liderazgo democrático, el abuso sexual infantil y otras más; pero es un hecho que debemos acercarnos lo más posible a la representación fiel de las variables a observar, mediante el instrumento de medición que desarrollemos. Se trata de un precepto básico del enfoque cuantitativo. Al medir estandarizamos y cuantificamos los datos (Bostwick y Kyte, 2005; Babbie, 2009).

¿Qué requisitos debe cubrir un instrumento de medición?

Toda medición o instrumento de recolección de datos debe reunir tres requisitos esenciales: *confiabilidad, validez y objetividad.*

La confiabilidad

Confiabilidad   Grado en que un instrumento produce resultados consistentes y coherentes.

La **confiabilidad** de un instrumento de medición se refiere al grado en que su aplicación repetida al mismo individuo u objeto produce resultados iguales. Por ejemplo, si se midiera en este momento la temperatura ambiental usando un termómetro y éste indicara que hay 22°C, y un minuto más tarde se consultara otra vez y señalara 5°C, tres minutos después se observara nuevamente y éste indicara 40°C, dicho termómetro no sería confiable, ya que su aplicación repetida produce resultados distintos. Asimismo, si una prueba de inteligencia (Intelligence Quotient, IQ) se aplica hoy a un grupo de personas y da ciertos valores de inteligencia, se aplica un mes después y proporciona valores diferentes, al igual que en subsecuentes mediciones, tal prueba no sería confiable (analice los valores de la tabla 9.1, suponiendo que los coeficientes de inteligencia oscilaran entre 100 y 135). Los resultados no son coherentes, pues no se puede "confiar" en ellos.

▲ **Tabla 9.1**   Ejemplo de resultados proporcionados por un instrumento de medición sin confiabilidad

Primera aplicación		Segunda aplicación		Tercera aplicación	
Mariana	135	Sergio	131	Guadalupe	127
Viridiana	125	Laura	130	Agustín	120
Sergio	118	Chester	125	Mariana	118
Laura	110	Guadalupe	112	Laura	115
Guadalupe	108	Mariana	110	Chester	112
Chester	106	Viridiana	105	Viridiana	108
Agustín	100	Agustín	101	Sergio	105

La confiabilidad de un instrumento de medición se determina mediante diversas técnicas, las cuales se comentarán brevemente después de revisar los conceptos de validez y objetividad.

La validez

La **validez**, en términos generales, se refiere al grado en que un instrumento realmente mide la variable que pretende medir. Por ejemplo, un instrumento válido
para medir la inteligencia debe medir la inteligencia y no la memoria. Un método para medir el rendimiento bursátil tiene que medir precisamente esto y no la
imagen de una empresa. En apariencia es sencillo lograr la validez. Después de todo, como dijo un
estudiante: "Pensamos en la variable y vemos cómo hacer preguntas sobre esa variable". Esto sería
factible en unos cuantos casos (como lo sería el género al que pertenece una persona). Sin embargo, la
situación no es tan simple cuando se trata de variables como la motivación, la calidad del servicio a los
clientes, la actitud hacia un candidato político, y menos aún con sentimientos y emociones, así como
de otras variables con las que trabajamos en todas las ciencias. La validez es una cuestión más compleja que debe alcanzarse en todo instrumento de medición que se aplica. Kerlinger (1979, p. 138) plantea la siguiente pregunta respecto de la validez: ¿está midiendo lo que cree que está midiendo? Si es así,
su medida es válida; si no, evidentemente carece de validez.

> **Validez**   Grado en que un instrumento en verdad mide la variable que se busca medir.

La validez es un concepto del cual pueden tenerse diferentes tipos de evidencia (Gronlund, 1990;
Streiner y Norman, 2008; Wiersma y Jurs, 2008; y Babbie, 2009): 1) *evidencia relacionada con el contenido*, 2) *evidencia relacionada con el criterio* y 3) *evidencia relacionada con el constructo*. A continuación analizaremos cada una de ellas.

1. Evidencia relacionada con el contenido

La **validez de contenido** se refiere al grado en que un instrumento refleja un dominio específico de contenido de lo que se mide. Es el grado en el que la medición
representa al concepto o variable medida (Bohrnstedt, 1976). Por ejemplo, una
prueba de operaciones aritméticas no tendrá validez de contenido si incluyera sólo
problemas de resta y excluyera problemas de suma, multiplicación o división. O
bien, una prueba de conocimientos sobre las canciones de Los Beatles no deberá basarse solamente en
sus álbumes *Let it Be* y *Abbey Road*, sino que debe incluir canciones de todos sus discos. O una prueba
de conocimientos de líderes históricos de América Latina que omita a Simón Bolívar, Salvador Allende
o Benito Juárez, y se concentre en Eva y Domingo Perón, Augusto Pinochet, el cura Miguel Hidalgo
y otros líderes.

> **Validez de contenido**   Se refiere al gra-
> do en que un instrumento refleja un domi-
> nio específico de contenido de lo que se
> mide.

Un instrumento de medición requiere tener representados prácticamente a todos o la mayoría de los
componentes del dominio de contenido de las variables a medir. Este hecho se ilustra en la figura 9.2.

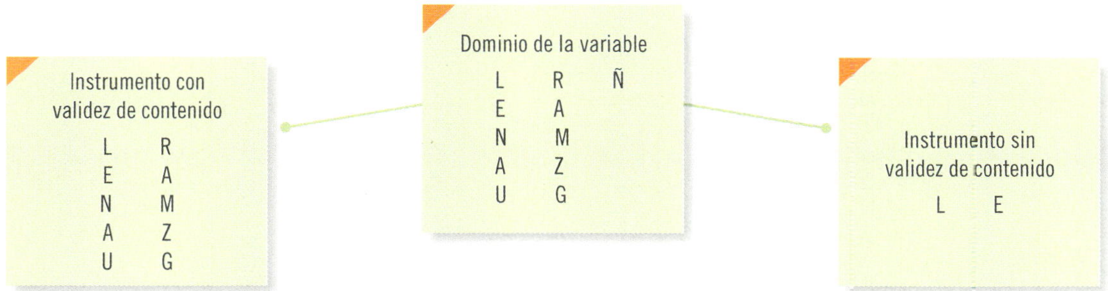

Figura 9.2   Ejemplo de un instrumento de medición con validez de contenido frente a otro que carece de ella.

El dominio de contenido de una variable normalmente está definido o establecido por la literatura (teoría y estudios antecedentes). En estudios exploratorios donde las fuentes previas son escasas, el
investigador comienza a adentrarse en el problema de investigación y a sugerir cómo puede estar cons-

tituido tal dominio. De cualquier manera en cada estudio uno debe probar que el instrumento utilizado es válido. Un ejemplo del intento por establecer el dominio de contenido de una variable es el siguiente:

> **EJEMPLO**
>
> Hernández Sampieri (2005), para establecer el dominio de la variable clima organizacional, revisó 20 estudios clásicos sobre el concepto, comprendidos entre 1964 y 1977, así como más de 100 investigaciones publicadas en revistas científicas entre 1975 y 2005. Por otro lado, consideró diversos libros sobre el tema, tres metaanálisis y otras tantas revisiones del estado del conocimiento sobre dicho clima. También evaluó 15 estudios efectuados en el contexto donde habría de llevar a cabo su propia investigación. Encontró que en la literatura se han considerado decenas de dimensiones o componentes del clima organizacional, por lo que realizó un análisis para determinar cuáles habían sido los más frecuentes, éstos fueron: 1) moral, 2) apoyo de la dirección, 3) innovación, 4) identificación con la empresa, 5) comunicación, 6) percepción del desempeño, 7) motivación intrínseca, 8) autonomía, 9) satisfacción general, 10) liderazgo, 11) visión y 12) recompensas o retribución. Dejó a un lado otras, como confianza en sí mismo, estándares de excelencia o conformidad. De lo anterior generó su instrumento de medición.

Si el dominio de un instrumento es demasiado estrecho con respecto al dominio de la variable, el primero no representará a ésta. La pregunta que se responde con la validez de contenido es: *¿el instrumento mide adecuadamente las principales dimensiones de la variable en cuestión?* En un cuestionario, por ejemplo, cabría interrogar: *¿las preguntas qué tan bien representan a todas las preguntas que pudieran hacerse?*

2. Evidencia relacionada con el criterio

Validez de criterio Se establece al validar un instrumento de medición al compararlo con algún criterio externo que pretende medir lo mismo.

La **validez de criterio** establece la validez de un instrumento de medición al comparar sus resultados con los de algún criterio externo que pretende medir lo mismo. Supongamos que Fernando trata de "medir" el grado en que es aceptado por Laura. Entonces decide que va a tomarla de la mano y observará su reacción. Supuestamente, si ella no retira la mano, esto indicaría cierta aceptación. Pero para asegurarse que su medición es válida, decide utilizar otra forma de medición adicional, por ejemplo, mirarla fijamente sin apartar la vista de sus ojos. En apariencia, si Laura le sostiene la mirada, esto sería otro indicador de aceptación. Así, su medición de aceptación se valida mediante dos métodos al comparar dos criterios. El ejemplo tal vez sea simple, pero describe la esencia de la validez relativa al criterio.

Este criterio es un estándar con el que se juzga la validez del instrumento (Wiersma y Jurs, 2008). Cuanto más se relacionen los resultados del instrumento de medición con el criterio, la validez de criterio será mayor. Por ejemplo, un investigador valida un examen sobre manejo de aviones al mostrar la exactitud con la que el examen predice qué tan bien un grupo de pilotos es capaz de operar un aeroplano.

Si el criterio se fija en el presente de manera paralela, se habla de **validez concurrente** (los resultados del instrumento se correlacionan con el criterio en el mismo momento o punto de tiempo). Por ejemplo, Núñez (2001) desarrolló una herramienta para medir el sentido de vida de acuerdo con la visión de Viktor Frankl, el test Celaya. Para aportar evidencia de validez en relación con su instrumento, lo aplicó y a su vez administró otros instrumentos que miden conceptos parecidos, tal como el PIL (Prueba de Propósito Vital) de Crumbaugh y Maholick (1969) y el Logo Test de Lukas (1984). Posteriormente comparó las puntuaciones de los participantes en las tres pruebas, demostró que las correlaciones entre las puntuaciones eran significativamente elevadas, de esta manera fue como aportó validez concurrente para su instrumento.

Si el criterio se fija en el futuro, se habla de **validez predictiva**. Por ejemplo, una prueba para determinar la capacidad gerencial de candidatos a ocupar altos puestos ejecutivos se validaría comparando sus resultados con el desempeño posterior de los ejecutivos en su trabajo regular. Un cuestionario para detectar las preferencias del electorado por los distintos partidos contendientes y por sus candidatos en la época de las campañas, puede validarse comparando sus resultados con los resultados finales y definitivos de la elección.

El principio de la validez de criterio es sencillo: si diferentes instrumentos o criterios miden el mismo concepto o variable, deben arrojar resultados similares. Bostwick y Kyte (2005) lo expresan de la siguiente forma:

> Si hay validez de criterio, las puntuaciones obtenidas por ciertos individuos en un instrumento deben estar correlacionadas y predecir las puntuaciones de estas mismas personas logradas en otro criterio.

La pregunta que se responde con la validez de criterio es: *¿en qué grado el instrumento comparado con otros criterios externos mide lo mismo?*, o *¿qué tan cercanamente las puntuaciones del instrumento se relacionan con otro(s) resultado(s) sobre el mismo concepto?*

3. Evidencia relacionada con el constructo

La **validez de constructo** es probablemente la más importante, sobre todo desde una perspectiva científica, y se refiere a qué tan exitosamente un instrumento representa y mide un concepto teórico (Grinnell, Williams y Unrau, 2009). A esta validez le concierne en particular el significado del instrumento, esto es, qué está midiendo y cómo opera para medirlo. Integra la evidencia que soporta la interpretación del sentido que poseen las puntuaciones del instrumento (Messick, 1995).

> **Evidencia sobre la validez de constructo** Debe explicar el modelo teórico empírico que subyace a la variable de interés.

Parte del grado en el que las mediciones del concepto proporcionadas por el instrumento se relacionan de manera consistente con otras mediciones de otros conceptos, de acuerdo con modelos e hipótesis derivadas teóricamente (que conciernen a los conceptos que se están midiendo) (Carmines y Zeller, 1991). A tales conceptos se les denomina constructos. Un **constructo** es una variable medida y que tiene lugar dentro de una hipótesis, teoría o un esquema teórico. Es un atributo que no existe aislado sino en relación con otros. No se puede ver, sentir, tocar o escuchar; pero debe ser inferido de la evidencia que tenemos en nuestras manos y que proviene de las puntuaciones del instrumento que se utiliza.

> **Constructo** Variable medida que tiene lugar dentro de una hipótesis, teoría o esquema teórico.

La validez de constructo incluye tres etapas (Carmines y Zeller, 1991):

1. Se establece y especifica la relación teórica entre los conceptos (sobre la base de la revisión de la literatura).
2. Se correlacionan los conceptos y se analiza cuidadosamente la correlación.
3. Se interpreta la evidencia empírica de acuerdo con el nivel en el que clarifica la validez de constructo de una medición en particular.

El proceso de *validación de un constructo* está vinculado con la teoría. No es conveniente llevar a cabo tal validación, a menos que exista un marco teórico que soporte la variable en relación con otras variables. Desde luego, no es necesaria una teoría muy desarrollada, pero sí investigaciones que hayan demostrado que los conceptos se relacionan. Cuanto más elaborada y comprobada se encuentre la teoría que apoya la hipótesis, la validación del constructo arrojará mayor luz sobre la validez general de un instrumento de medición. Tenemos mayor confianza en la validez de constructo de una medición cuando sus resultados se correlacionan significativamente con un mayor número de mediciones de variables que, en teoría y de acuerdo con estudios antecedentes, están relacionadas. Veamos la validez de constructo con el ejemplo ya comentado sobre el clima organizacional.

EJEMPLO

Hernández Sampieri (2005) aplicó un instrumento para evaluar al clima organizacional, el cual recordemos que midió 12 variables: (moral, apoyo de la dirección, innovación, etc.). La pregunta obvia es: ¿tal instrumento realmente mide el clima organizacional?, ¿verdaderamente lo representa? En cuanto a contenido se demostró que sí reflejaba las principales dimensiones del clima organizacional. Pero esto no es suficiente, necesita demostrar que su instrumento es consistente con la teoría. Ésta, basada en diversos estudios, indica que tales dimensiones se encuentran fuertemente vinculadas y que se unen o funden entre sí para formar un constructo multidimensional denominado clima organizacional, y que además se asocian con el involucramiento en el trabajo y el compromiso organizacional. Entonces, para aportar validez de constructo, se correlacionaron todas las dimensiones entre sí y luego, la escala de clima con dicho involucramiento y compromiso. Tales vínculos se encontraron mediante análisis estadístico y los resultados coincidieron con la teoría y se obtuvo evidencia sobre la validez de constructo del instrumento.

Las preguntas que se responden con la validez de constructo son: *¿el concepto teórico está realmente reflejado en el instrumento?, ¿qué significan las puntuaciones del instrumento?, ¿el instrumento mide el constructo y sus dimensiones?, ¿por qué sí o por qué no?, ¿cómo opera el instrumento?*

Validez de expertos Se refiere al grado en que aparentemente un instrumento de medición mide la variable en cuestión, de acuerdo con expertos en el tema.

Otro tipo de validez que algunos autores consideran es la **validez de expertos** o *face validity*, la cual se refiere al grado en que aparentemente un instrumento de medición mide la variable en cuestión, de acuerdo con "voces calificadas". Se encuentra vinculada a la validez de contenido y, de hecho, se consideró por muchos años como parte de ésta. Hoy se concibe como un tipo de evidencia distinta (Streiner y Norman, 2008). Regularmente se establece mediante la evaluación del instrumento ante expertos. Por ejemplo, Hernández Sampieri (2005) sometió el instrumento a revisión por parte de asesores en desarrollo organizacional, académicos y gerentes de recursos humanos. Asimismo, más recientemente se ha comentado en torno a la *validez consecuente*, que se refiere a las secuelas sociales del uso e interpretación de una prueba (Mertens, 2005).

La validez total

La validez de un instrumento de medición se evalúa sobre la base de todos los tipos de evidencia. Cuanta mayor evidencia de validez de contenido, de validez de criterio y de validez de constructo tenga un instrumento de medición, éste se acercará más a representar la(s) variable(s) que pretende medir.

Validez total = validez de contenido + validez de criterio + validez de constructo

La relación entre la confiabilidad y la validez

Un instrumento de medición puede ser confiable, pero no necesariamente válido (un aparato, por ejemplo, quizá sea consistente en los resultados que produce, pero puede no medir lo que pretende).

La validez y la confiabilidad No se asumen, se prueban.

Por ello es requisito que el instrumento de medición demuestre ser *confiable y válido*. De no ser así, los resultados de la investigación no deben tomarse en serio.

Para ampliar este comentario, recurriremos a una analogía de Bostwick y Kyte (2005, pp. 108-109). Supongamos que vamos a probar un arma con tres tiradores. Cada uno debe realizar cinco disparos, entonces:

Tirador 1   Sus disparos no impactan en el centro del blanco y se encuentran diseminados por todo el blanco.

Tirador 2   Tampoco impacta en el centro del blanco, aunque sus disparos se encuentran cercanos entre sí, fue consistente, mantuvo un patrón.

Tirador 3   Los disparos se encuentran cercanos entre sí e impactaron en el centro del blanco.

Sus resultados podrían visualizarse como en la figura 9.3, en la cual se vinculan la confiabilidad y la validez.

Figura 9.3   Representación de la confiabilidad y la validez.

Factores que pueden afectar la confiabilidad y la validez

Hay diversos factores que llegan a afectar la confiabilidad y la validez de los instrumentos de medición e introducen errores en la medición,[1] a continuación mencionaremos los más comunes.

El primero de ellos es la improvisación. Algunas personas creen que elegir un instrumento de medición o desarrollar uno es algo que puede tomarse a la ligera. Incluso, algunos profesores piden a los alumnos que construyan instrumentos de medición de un día para otro o, lo que es casi lo mismo, de una semana a otra, lo cual habla del poco o nulo conocimiento del proceso de elaboración de instrumentos de medición. Esta improvisación genera casi siempre instrumentos poco válidos o confiables, que no debieran existir en la investigación.

También a las y los investigadores experimentados les toma cierto tiempo desarrollar un instrumento de medición. Además, para construir un instrumento de medición se requiere conocer muy bien la variable que se pretende medir, así como la teoría que la sustenta.

El segundo factor es que a veces se utilizan instrumentos desarrollados en el extranjero que no han sido validados en nuestro contexto: cultura y tiempo. Traducir un instrumento, aun cuando adaptemos los términos a nuestro lenguaje y los contextualicemos, no es ni remotamente una validación. Es un primer y necesario paso, aunque sólo es el principio. En el caso de traducciones, es importante verificar que los términos centrales tengan referentes con el mismo significado —o alguno muy parecido— en la cultura en la que se va a utilizar dicho instrumento (vincular términos entre la cultura de origen y la cultura destinataria). A veces se traduce, se obtiene una versión y ésta, a su vez, se vuelve a traducir de nuevo al idioma original.

Por otra parte, existen instrumentos que fueron validados en nuestro contexto, pero hace mucho tiempo. Hay instrumentos en los que hasta el lenguaje nos suena "anticuado". Las culturas, los grupos y las personas cambian; y esto debemos tomarlo en cuenta al elegir o desarrollar un instrumento de medición.

Un tercer factor es que en ocasiones *el instrumento resulta inadecuado para las personas a quienes se les aplica:* no es empático. Utilizar un lenguaje muy elevado para el sujeto participante, no tomar en cuenta diferencias en cuanto a género, edad, conocimientos, memoria, nivel ocupacional y educativo, motivación para contestar, capacidades de conceptualización y otras diferencias en los participantes, son errores que llegan a afectar la validez y confiabilidad del instrumento de medición. Este error ocurre a menudo cuando los instrumentos deben aplicarse a niños. Asimismo, hay grupos de la pobla-

---

[1] Se ha omitido intencionalmente la exposición de los errores sistemáticos y no sistemáticos que afectan a la confiabilidad y la validez, con objeto de simplificar al lector las explicaciones. Un comentario se incluye en el CD anexo Material complementario →
Capítulos → Capítulo 7 "Recolección de los datos cuantitativos: segunda parte").

ción que requieren instrumentos apropiados para ellos, tal es el caso de las personas con capacidades distintas. En la actualidad se han desarrollado diversas pruebas que las toman en cuenta (por ejemplo, pruebas en sistema Braille para personas con discapacidades visuales o pruebas orales para individuos que no pueden escribir). Otro ejemplo lo son los indígenas o inmigrantes de otras culturas, en ocasiones se les administran instrumentos que no toman en cuenta su lenguaje y contexto.

Quien realiza una investigación debe siempre adaptarse a los participantes y no éstos a él o ella, ya que es necesario brindarles todo tipo de facilidades. Si éste es el caso, sugerimos que se consulte a Mertens y McLaughlen (2004), en cuyo libro tienen un capítulo dedicado a la recolección de información de personas con capacidades diferentes o de culturas especiales, y a Eckhardt y Anastas (2007). Asimismo, es recomendable revisar la página web de alguna asociación internacional como la American Psychological Association.

El cuarto factor agrupa diversas cuestiones vinculadas con los estilos personales de los participantes (Bostwick y Kyte, 2005) tales como: deseabilidad social (tratar de dar una impresión muy favorable a través de las respuestas), tendencia a asentir con respecto a todo lo que se pregunta, dar respuestas inusuales o contestar siempre negativamente.

Un quinto factor que puede influir *está constituido por las condiciones en las que se aplica el instrumento de medición*. El ruido, la iluminación, el frío (por ejemplo, en una encuesta de casa en casa), un instrumento demasiado largo o tedioso, una encuesta telefónica después de que algunas compañías han utilizado el mercadeo telefónico en exceso y a destiempo (promocionar servicios a las 7 a.m. de un domingo o después de las 11 p.m. entre semana) son cuestiones que llegan a afectar negativamente la validez y la confiabilidad, al igual que si el tiempo que se brinda para responder al instrumento es inapropiado. Por lo común en los experimentos se cuenta con instrumentos de medición más largos y complejos que en los diseños no experimentales. Por ejemplo, en una encuesta pública sería muy difícil aplicar una prueba larga o compleja.

El sexto elemento es la falta de estandarización. Por ejemplo, que las instrucciones no sean las mismas para todos los participantes, que el orden de las preguntas sea distinto para algunos individuos, que los instrumentos de observación no sean equivalentes, etc. Este elemento también se vincula con la objetividad.

Aspectos mecánicos tales como que si el instrumento es escrito, que no sean legibles las instrucciones, falten páginas, no haya espacio adecuado para contestar o no se comprendan las instrucciones, también influyen de manera desfavorable.

Con respecto a la validez de constructo dos factores pueden afectarla significativamente: *a*) la estrechez del contenido, es decir que se excluyan dimensiones importantes de la variable o las variables medidas y *b*) la amplitud exagerada, donde el riesgo es que el instrumento contenga excesiva intrusión de otros constructos.

Muchos de los errores se pueden evitar mediante una adecuada revisión de la literatura, que nos permite seleccionar las dimensiones apropiadas de las variables del estudio, criterios para comparar los resultados de nuestro instrumento, teorías de respaldo, instrumentos de dónde elegir, etcétera.

La objetividad

Se trata de un concepto difícil de lograr, particularmente en el caso de las ciencias sociales. En ciertas ocasiones se alcanza mediante el consenso (Grinnell, Williams y Unrau, 2009). Al tratarse de cuestiones físicas las percepciones suelen compartirse (por ejemplo, la mayoría de las personas estarían de acuerdo en que el agua de mar contiene sal o los rayos del Sol queman), pero en temas que tienen que ver con la conducta humana como los valores, las atribuciones y las emociones, el consenso es más complejo. Imaginemos que 10 observadores deben ver una película y calificarla como "muy violenta", "violenta", "neutral", "poco violenta" y "nada violenta". Tres personas indican que es muy violenta, tres que es violenta y cuatro la evalúan como neutral; qué tan violenta es la película resulta un cuestionamiento difícil. O bien, ¿quién fue mejor compositor: Mozart, Beethoven o Bach? Todo es relativo. Sin embargo, la objetividad aumenta al reducirse la incertidumbre (Unrau, Grinnell y Williams, 2005).

Desde luego, la certidumbre total no existe ni en las ciencias físicas; el conocimiento es aceptado como verdadero, hasta que nueva evidencia demuestra lo contrario.

En un instrumento de medición, la **objetividad** se refiere al grado en que éste es permeable a la influencia de los sesgos y tendencias del investigador o investigadores que lo administran, califican e interpretan (Mertens, 2005). Investigadores racistas o "machistas" quizás influyan negativamente por su sesgo contra un grupo étnico o el género femenino. Lo mismo podría suceder con las tendencias ideológicas, políticas, religiosas o la orientación sexual. En este sentido, los aparatos y sistemas calibrados (por ejemplo, una pistola láser para medir la velocidad de un automóvil) son más objetivos que otros sistemas que requieren cierta interpretación (como un detector de mentiras) y éstos, a su vez, más objetivos que las pruebas estandarizadas, las cuales son menos subjetivas que las pruebas proyectivas.

> **Objetividad del instrumento**   Se refiere al grado en que el instrumento es permeable a la influencia de los sesgos y tendencias de los investigadores que lo administran, califican e interpretan.

La objetividad se refuerza mediante la estandarización en la aplicación del instrumento (mismas instrucciones y condiciones para todos los participantes) y en la evaluación de los resultados; así como al emplear personal capacitado y experimentado en el instrumento. Por ejemplo, si se utilizan observadores, su proceder en todos los casos debe ser lo más similar que sea posible y su entrenamiento tendrá que ser profundo y adecuado.

Los estudios cuantitativos buscan que la influencia de las características y las tendencias del investigador se reduzca al mínimo posible, lo que insistimos es un ideal, pues la investigación siempre es realizada por seres humanos.

La validez, la confiabilidad y la objetividad no deben tratarse de forma separada. Sin alguna de las tres, el instrumento no es útil para llevar a cabo un estudio.

¿Cómo se sabe si un instrumento de medición es confiable y válido?

En la práctica es casi imposible que una medición sea perfecta. Generalmente se tiene un grado de error. Desde luego, se trata de que este error sea el mínimo posible, por lo cual la medición de cualquier fenómeno se conceptualiza con la siguiente fórmula básica:

$$X = t + e$$

Donde X representa los valores observados (resultados disponibles); t, los valores verdaderos; y e, el grado de error en la medición. Si no hay un error de medición (e es igual a cero), el valor observado y el verdadero son equivalentes. Esto puede verse claramente así:

$$X = t + 0$$
$$X = t$$

Esta situación representa el ideal de la medición. Cuanto mayor sea el error al medir, el valor que observamos (en el cual nos basamos) se aleja más del valor real o verdadero. Por ejemplo, si medimos la motivación de un individuo y la medición está contaminada por un grado de error considerable, la motivación registrada por el instrumento será bastante diferente de la motivación real de ese individuo. Por ello, es importante que el error se reduzca lo más posible. Pero, ¿cómo sabemos el grado de error que tenemos en una medición? Al calcular la confiabilidad y la validez.

Cálculo de la confiabilidad o fiabilidad

Existen diversos procedimientos para calcular la confiabilidad de un instrumento de medición. Todos utilizan procedimientos y fórmulas que producen coeficientes de fiabilidad. La mayoría de éstos pueden oscilar entre cero y uno, donde un coeficiente de cero significa nula confiabilidad y uno representa un máximo de confiabilidad (fiabilidad total, perfecta). Cuanto más se acerque el coeficiente a cero (0), mayor error habrá en la medición. Esto se ilustra en la figura 9.4.

Nula	Muy baja	Baja	Regular	Aceptable	Elevada	Total

0

0% de
confiabilidad en
la medición (está
contaminada de
error)

1

100% de
confiabilidad
(no hay error)

Figura 9.4   Interpretación de un coeficiente de confiabilidad.

Los procedimientos más utilizados para determinar la confiabilidad mediante un coeficiente son: 1) *medida de estabilidad* (confiabilidad por *test-retest*), 2) *método de formas alternativas o paralelas*, 3) *método de mitades partidas (split-halves)* y 4) *medidas de consistencia interna*. Estos procedimientos no se detallan en esta sección, sino que se explican en el capítulo 10, "Análisis de los datos cuantitativos", debido a que requieren del entendimiento de ciertos conceptos estadísticos. Simplemente comentaremos su interpretación con la medida de consistencia interna denominada "coeficiente alfa Cronbach", que tal vez es la más utilizada.

Supongamos que una investigadora desarrolló un instrumento para medir el grado de "amor romántico" entre parejas de jóvenes universitarios, el cual se fundamentó en cuatro de las herramientas más conocidas para ello: la medida de Rubin sobre el amar y el vincularse con los demás, la escala sobre actitudes hacia el amor, la medida sobre el amor apasionado y la escala del amor triangular (Graham y Christiansen, 2009). Para estimar la confiabilidad de su instrumento lo debe aplicar a su muestra y sobre la base de los resultados calcular tal coeficiente. Imaginemos que obtiene un valor alfa Cronbach de 0.96, que es muy elevado, lo que significa que su medida del "amor romántico" es sumamente confiable, esto se representa en la figura 9.5.

Nula	Muy baja	Baja	Regular	Aceptable	Elevada	Perfecta

0

0.96   1

Sumamente
confiable

Figura 9.5   Interpretación de un coeficiente de confiabilidad sobre un instrumento que mide el "amor romántico".

La confiabilidad varía de acuerdo con el número de ítems[2] que incluya el instrumento de medición. Cuantos más ítems haya, mayor será ésta. Lo cual resulta lógico; veámoslo con un ejemplo cotidiano: si se desea probar qué tan confiable o consistente es la lealtad de un amigo hacia nuestra persona, cuantas más pruebas le pongamos, su fiabilidad será mayor. Claro está que demasiados ítems provocarán cansancio en los participantes.

Cada vez que se administra un instrumento de medición debe calcularse la confiabilidad, al igual que evaluarse la evidencia sobre la validez.

---

[2] Un ítem es la unidad mínima que compone una medición; es un reactivo que estimula una respuesta en un sujeto (por ejemplo, una pregunta, una frase, una lámina, una fotografía o un objeto de descripción).

Cálculo de la validez

Con respecto a la validez de contenido, primero es necesario revisar cómo ha sido medida la variable por otros investigadores. Y, con base en dicha revisión, elaborar un universo de ítems o reactivos posibles para medir la variable y sus dimensiones (el universo debe ser lo más exhaustivo que sea posible). Después, se consulta a investigadores familiarizados con la variable para ver si el universo es verdaderamente exhaustivo. Se seleccionan los ítems bajo una cuidadosa evaluación, uno por uno. Y si la variable está compuesta por diversas dimensiones o facetas, se extrae una muestra probabilística de reactivos, ya sea al azar o estratificada (cada dimensión constituiría un estrato). Se administran los ítems, se correlacionan las puntuaciones de éstos entre sí (tiene que haber correlaciones altas, en especial entre ítems que miden una misma dimensión, pero teniendo cuidado que sean capaces de discriminar entre participantes) (Bohrnstedt, 1976; Punch, 2009); y se hacen estimaciones estadísticas para ver si la muestra es representativa. Para calcular la validez de contenido son necesarios varios coeficientes. Éste sería un procedimiento ideal. Pero, como veremos más adelante, a veces no se calculan estos coeficientes, sino que se seleccionan los ítems mediante un proceso que asegura la representatividad (no de manera estadística sino conceptual).

La *validez de criterio* se estima al correlacionar la medición con el criterio externo (puntuaciones del instrumento frente a las puntuaciones en el criterio), y este coeficiente se toma como coeficiente de validez (Bohrnstedt, 1976). Que podría representarse con el ejemplo de la figura 9.6.[3]

Figura 9.6　Ejemplo para la estimación de la validez de criterio.

La *validez de constructo* suele determinarse mediante procedimientos de análisis estadístico multivariado ("análisis de factores", "análisis discriminante", "regresiones múltiples", etc.), los cuales se revisan en el CD anexo: Material complementario → Capítulos → Capítulo 8: "Análisis estadístico: segunda parte". 

¿Qué procedimiento se sigue para construir un instrumento de medición?

Existen diversos tipos de instrumentos de medición, cada uno con características diferentes. Sin embargo, el procedimiento general para construirlos y aplicarlos es semejante. Éste se resume mediante etapas en el diagrama de la figura 9.7 y corresponde a la parte del plan de recolección que contesta a la pregunta: ¿a través de qué método vamos a recolectar los datos? Y cabe señalar que cada etapa o fase no se detalla en este capítulo, sino en el CD anexo: Material complementario → Capítulos → Capítulo 7: "Recolección de los datos cuantitativos: segunda parte". 

---

[3] Las pruebas de correlación se presentan en el siguiente capítulo: "Análisis de los datos cuantitativos".

FASE 1
Redefiniciones fundamentales

En esta etapa se deberán reevaluar las variables de la investigación (ver si se mantienen o modifican), el lugar específico donde se recabarán los datos, el propósito de tal recolección, quiénes y cuándo (momento) van a ser medidos, las definiciones operacionales y el tipo de datos que se quieren obtener (respuestas verbales, respuestas escritas, conductas observables, etcétera).

FASE 2
Revisión enfocada de la literatura

Este paso debe servir para encontrar mediante la revisión de la literatura, los instrumentos o sistemas de medición utilizados en otros estudios anteriores para medir las variables de interés, lo cual ayudará a identificar qué herramientas pueden ser de utilidad.

FASE 3
Identificación del dominio de las variables a medir y sus indicadores

Se trata de identificar y señalar con precisión los componentes, dimensiones o factores que teóricamente integran a la variable. De igual manera se deben establecer los indicadores de cada dimensión.

FASE 6
Prueba piloto

Esta fase consiste en administrar el instrumento a una pequeña muestra para probar su pertinencia y eficacia (incluyendo instrucciones), así como las condiciones de la aplicación y los procedimientos involucrados. A partir de esta prueba se calculan la confiabilidad y la validez iniciales del instrumento.

FASE 5
Construcción del instrumento

La etapa implica la generación de todos los ítems o reactivos y/o categorías del instrumento, así como determinar los niveles de medición y la codificación de los ítems o reactivos, o categorías de observación.

FASE 4
Toma de decisiones clave

En esta parte se deberán tomar tres decisiones importantes que tienen que ver con el instrumento o sistema de medición:
1. Utilizar un instrumento de medición ya elaborado, adaptarlo o desarrollar uno nuevo.
2. Si se trata de uno nuevo, decidir de qué tipo (cuestionario, escala de actitudes, hoja de observación, etc.) y cuál será su formato (tamaño, colores, tipo de fuente, etcétera).
3. Determinar el contexto de administración o aplicación (autoaplicado, cara a cara en hogares o lugares públicos, internet, observación en cámara de Gesell, etcétera).

FASE 7
Elaboración de la versión final del instrumento o sistema y su procedimiento de aplicación

Implica la revisión del instrumento o sistema de medición y su forma de administración para implementar cambios necesarios (quitar o agregar ítems, ajustar instrucciones, tiempo para responder, etc.) y posteriormente construir la versión definitiva incluyendo un diseño atractivo.

FASE 8

Entrenamiento del personal que va a administrar el instrumento y calificarlo

Esta etapa consiste en entrenar y motivar a las personas que habrán de aplicar y codificar respuestas o valores producidos por el instrumento o sistema de medición.

FASE 9
Obtener autorizaciones para aplicar el instrumento

En esta etapa es fundamental conseguir los permisos necesarios para aplicar el instrumento o sistema de medición (por parte de personas o representantes de organizaciones que estén implicadas en el estudio).

Figura 9.7   Proceso para construir un instrumento de medición.

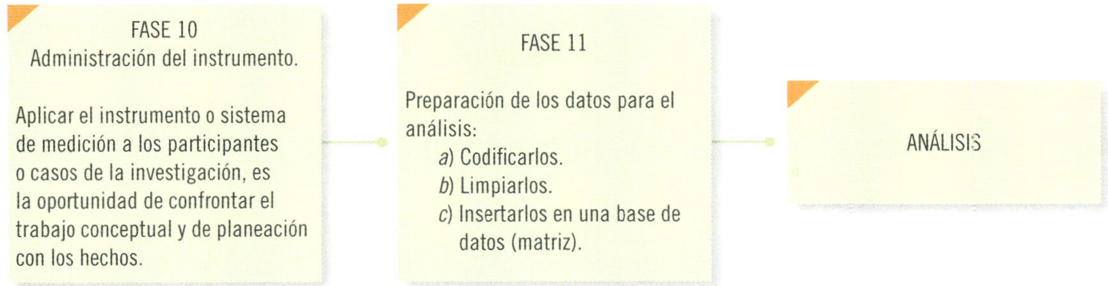

Figura 9.7   Proceso para construir un instrumento de medición (*continuación*).

Las fases 1 a 7 del diagrama se refieren propiamente al desarrollo del instrumento o sistema de medición, mientras que las etapas 8 a 11 representan la administración del mismo y la preparación de los datos para su análisis.

Tres cuestiones fundamentales para un instrumento o sistema de medición

Existen tres cuestiones básicas a considerar al momento de construir un instrumento.

El tránsito de la variable al ítem

Cuando se construye un instrumento, el proceso más lógico para hacerlo es transitar de la variable a sus dimensiones o componentes, luego a los indicadores y finalmente a los ítems o reactivos. En la tabla 9.2 podemos ver ejemplos de este tránsito.

▲   **Tabla 9.2**   Ejemplo de desarrollo de ítems

Estudio de las preferencias de los jóvenes para divertirse (ejemplo sencillo)[4]			
Variable	**Dimensión**	**Indicadores**	**Ítems**
Preferencia de actividad para salir con alguien del género opuesto.	Actividad nocturna entre semana.	Jerarquía de preferencias de actividades de lunes a jueves (aunque algunos comienzan el fin de semana desde el jueves).	De lunes a jueves, ¿cuál sería tu actividad preferida nocturna para salir con el chico o chica que más te gusta? (marcar la que más te agrade). 1. Salir a cenar a un restaurante 2. Ir al cine. 3. Ir a un bar, "antro", *grill*, etcétera. 4. Acudir a una taberna o cervecería. 5. Ir a bailar a una discoteca, disco o "antro". 6. Ir a una fiesta privada. 7. Acudir al teatro. 8. Acudir a un concierto. 9. Pasear por un parque, jardín o avenida. 10. Otra (especificar).
	Actividad nocturna en fin de semana.	Jerarquía de preferencias de actividades en viernes y sábado.	Mismas categorías u opciones de respuesta.
	Actividad nocturna en domingo.	Jerarquía de preferencias de actividades en domingo.	Mismas categorías y opciones de respuesta.

(*continúa*)

---

[4] En los ejemplos de la tabla sólo se incluyen unos cuantos ítems o reactivos por cuestiones de espacio, son ejemplos muy resumidos.

▲ **Tabla 9.2**   Ejemplo de desarrollo de ítems. (*continuación*)

Investigación sobre el clima organizacional			
Variable	**Dimensión**	**Indicadores**	**Ítems**
Clima organizacional.	Moral.	Grado en que los miembros de una organización o departamento perciben que colaboran y cooperan entre sí, se apoyan mutuamente y mantienen relaciones de amistad y compañerismo.	• Mis compañeros de trabajo son mis amigos 5. Totalmente de acuerdo. 4. De acuerdo. 3. Ni de acuerdo ni en desacuerdo. 2. En desacuerdo. 1. Totalmente en desacuerdo. • En mi trabajo hay mucho compañerismo. (Mismas opciones de respuesta que el ítem anterior.) • Siempre que lo necesito mis compañeros de trabajo me brindan apoyo. (Mismas opciones de respuesta.) • En el departamento donde trabajo nos mantenemos unidos. (Mismas opciones de respuesta.) • La mayoría de las veces en mi departamento compartimos la información más que guardarla para nosotros. (Mismas opciones de respuesta.) • ¿Qué tanto apoyo le brindan sus compañeros cuando usted lo necesita? 5. Total. 4. Bastante. 3. Aceptablemente. 2. Poco. 1. Ninguno.
	Autonomía.	Grado de libertad percibida para tomar decisiones y realizar el trabajo.	• En esta empresa tengo libertad para tomar decisiones que tienen que ver con mi trabajo. 5. Totalmente de acuerdo. 4. De acuerdo. 3. Ni de acuerdo ni en desacuerdo. 2. En desacuerdo. 1. Totalmente en desacuerdo. • Mi jefe me da libertad para tomar decisiones que tienen que ver con mi trabajo. (Mismas opciones de respuesta que el ítem anterior.)
	Atribución del desempeño.	Grado de conciencia compartida por desempeñarse con calidad en las tareas laborales, sobre la base de la cooperación.	• En esta empresa todos tratamos de hacer bien nuestro trabajo. (Mismas opciones de respuesta que el ítem anterior.) • En esta empresa todos queremos dar lo mejor de nosotros en el trabajo. (Mismas opciones.)

Codificación

Codificar los datos significa asignarles un valor numérico o símbolo que los represente. Es decir, a las categorías (opciones de respuesta o valores) de cada ítem y variable se les asignan valores numéricos o signos que tienen un significado. Por ejemplo, si tuviéramos la variable "género" con sus respectivas categorías, masculino y femenino, a cada categoría le asignaríamos un valor. Esto podría ser:

> **Codificación**   Significa asignar a los datos un valor numérico o símbolo que los represente, ya que es necesario para analizarlos cuantitativamente.

Categoría	Codificación (valor asignado)
Masculino	*1*
Femenino	*2*

Así, Paola Yáñez en la variable género sería 2, Luis Gerardo Vera y José Ramón Calderón serían 1, Liz Rangel 2 y así sucesivamente.

Otro ejemplo sería la variable "horas de exposición diaria a la televisión", que podría codificarse como se muestra en la tabla 9.3.

▲ **Tabla 9.3**   Ejemplo de codificación

Categoría	Codificación (valor asignado)
— No ve televisión	0
— Menos de una hora	1
— Una hora	2
— Más de una hora, pero menos de dos	3
— Dos horas	4
— Más de dos horas, pero menos de tres	5
— Tres horas	6
— Más de tres horas, pero menos de cuatro	7
— Cuatro horas	8
— Más de cuatro horas	9

En el primer ejemplo de la tabla 9.2, la respuesta a la pregunta: *de lunes a jueves, ¿cuál sería tu actividad nocturna preferida para salir con el chico o chica que más te gusta?*, la codificación era con números (1 = salir a cenar a un restaurante; 2 = ir al cine; 3 = ir a un bar, "antro", grill, etc.; 4 = acudir a una taberna o cervecería, 5 = ir a bailar a una discoteca, disco o "antro"; 6 = ir a una fiesta privada; 7 = acudir al teatro; 8 = acudir a un concierto; 9 = pasear por un parque, jardín, avenida, y 10 = otra).

Mientras que en el ítem: "En esta empresa tengo libertad para tomar decisiones que tienen que ver con mi trabajo", la codificación era:

5. Totalmente de acuerdo.
4. De acuerdo.
3. Ni de acuerdo ni en desacuerdo.
2. En desacuerdo.
1. Totalmente en desacuerdo.

Es necesario insistir que cada ítem y variable deberán tener una codificación (códigos numéricos o simbólicos) para sus categorías, a esto se le conoce como "precodificación". Desde luego, hay veces que un ítem no puede ser codificado *a priori* (precodificado), porque es muy difícil conocer cuáles serán sus categorías. Por ejemplo, si en una investigación fuéramos a preguntar: ¿qué opina del programa económico que recientemente aplicó el gobierno? Las categorías podrían ser muchas más de las que nos imaginemos y resultaría difícil predecir con precisión cuántas y cuáles serían. En tales situaciones, la codificación se lleva a cabo una vez que se aplica el ítem (*a posteriori*). Éste es el caso de algunos ítems que por ahora denominaremos "abiertos".

La codificación es necesaria para analizar cuantitativamente los datos (aplicar análisis estadístico). A veces se utilizan letras o símbolos en lugar de números (*, A, Z). La codificación puede o no incluirse en el instrumento de medición, veámoslo con un ejemplo de pregunta:

<table>
<tr><td align="center">Pregunta precodificada
¿Tiene usted novia?</td><td align="center">Pregunta no precodificada
¿Tiene usted novia?</td></tr>
<tr><td align="center">1   Sí</td><td align="center">☐   Sí</td></tr>
<tr><td align="center">0   No</td><td align="center">☐   No</td></tr>
</table>

Asimismo, es muy importante indicar el nivel de medición de cada ítem y, por ende, el de las variables, porque es parte de la codificación y dependiendo de dicho nivel se selecciona uno u otro tipo de análisis estadístico (por ejemplo, la prueba estadística para correlacionar dos variables de intervalo es muy distinta de la prueba para correlacionar dos variables ordinales). Así, es necesario hacer una relación de variables, ítems y niveles de medición.

Niveles de medición

Existen cuatro niveles de medición ampliamente conocidos.

1. *Nivel de medición nominal.* En este nivel hay dos o más categorías del ítem o la variable. Las categorías no tienen orden ni jerarquía. Lo que se mide (objeto, persona, etc.) se coloca en una u otra categorías, lo cual indica tan sólo diferencias respecto de una o más características. Por ejemplo, la variable "género" de la persona posee sólo dos categorías: masculino y femenino. Ninguna de las categorías implica mayor jerarquía que la otra. Las categorías únicamente reflejan diferencias en la variable. No hay orden de mayor a menor.

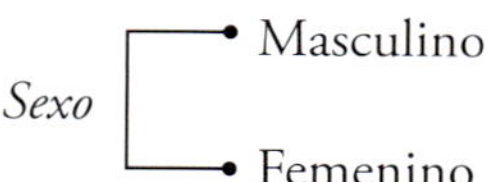

Si les asignamos una etiqueta o un símbolo a cada categoría, esto identificará exclusivamente a la categoría. Por ejemplo:

$$* = \text{Masculino}$$
$$z = \text{Femenino}$$

Si usamos numerales, es lo mismo:

1 = Masculino   **2** = Masculino

es igual a

2 = Femenino   **1** = Femenino

Los números utilizados en este nivel de medición tienen una función puramente de clasificación *y no* se pueden manipular de manera aritmética. Por ejemplo, la afiliación religiosa es una variable nominal; si pretendiéramos operarla de forma aritmética se presentarían situaciones tan ridículas como ésta:

1 = Católico
2 = Judío   **1** + **2** = **3**
3 = Protestante
4 = Musulmán   ¿Un católico + un judío = un protestante?
5 = Otros   (No tiene sentido)

Las variables nominales pueden incluir dos categorías (dicotómicas), o bien, tres o más categorías (categóricas). Ejemplos de variables nominales dicotómicas serían el género, el veredicto de un jurado (culpable-no culpable) y el tipo de escuela a la que se asiste (privada-pública); y como ejemplos de variables nominales categóricas tendríamos la afiliación política (partido A, partido B, etc.), la licenciatura elegida, el grupo étnico, el departamento, la provincia o el estado de nacimiento, la clase de material de construcción ("no" su resistencia, ésta sería otra variable), tipo de medicamento suministrado ("no" la dosis, que sería una variable distinta), bloques de mercado (asiático, latinoamericano, comunidad europea, etc.) y el canal de televisión preferido.

2. *Nivel de medición ordinal.* En este nivel hay varias categorías, pero además mantienen un orden de mayor a menor. Las etiquetas o los símbolos de las categorías sí indican jerarquía. Por ejemplo, el prestigio ocupacional en Estados Unidos se ha medido por diversas escalas que reordenan las profesiones de acuerdo con su prestigio, por ejemplo:[5]

Valor en escala	Profesión
90	Ingeniero químico
80	Científico de ciencias naturales (excluyendo la química)
60	Actor común
50	Operador de estaciones eléctricas de potencia
02	Manufacturero de tabaco

Los números (símbolos de categorías) definen posiciones, en el ejemplo: 90 es más que 80, 80 más que 60, 60 más que 50 y así sucesivamente. Sin embargo, las categorías no están ubicadas a intervalos iguales (no hay un intervalo común). No podríamos decir con exactitud que entre un actor (60) y un operador de estaciones eléctricas (50) existe la misma distancia en prestigio que entre un científico de ciencias naturales (80) y un ingeniero químico (90). Al parecer, en ambos casos la distancia es 10, pero no es una distancia real. Otra escala[6] clasificó el prestigio de dichas profesiones de la siguiente manera:

Valor en escala	Profesión
98	Ingeniero químico
95	Científico de ciencias naturales (excluyendo la química)
84	Actor común
78	Operador de estaciones eléctricas de potencia
13	Manufacturero de tabaco

Aquí la distancia entre un actor (84) y un operador de estaciones (78) es de seis, y la distancia entre un ingeniero químico (98) y un científico de ciencias naturales (95) es de tres. Otro ejemplo sería la posición jerárquica en la empresa:

---

[5] Duncan (1977).
[6] Nam *et al.* (1965) y Nam (1983).

Presidente	10
Vicepresidente	9
Director general	8
Gerente de área	7
Subgerente o superintendente	6
Jefe	5
Empleado *A*	4
Empleado *B*	3
Empleado *C*	2
Intendencia	1

Sabemos que el presidente (10) es más que el vicepresidente (9), éste más que el director general (8), a su vez este último más que el gerente (7) y así sucesivamente; pero no se precisa en cada caso cuánto más. Tampoco se utilizan las operaciones aritméticas básicas: no podríamos decir que 4 (empleado *A*) + 5 (jefe) = 9 (vicepresidente), ni que 10 (presidente) ÷ 5 (jefe) = 2 (empleado *C*). Sería absurdo, no tiene sentido. Otros ejemplos de este nivel serían: la medición por rangos de las preferencias de marcas de bebidas refrescantes con gas (refrescos o sodas), autopercepción del grado de dolor de cabeza y jerarquización de valores (en primer lugar, en segundo lugar, en tercero).

3. *Nivel de medición por intervalos.* Además del orden o la jerarquía entre categorías, se establecen intervalos iguales en la medición. Las distancias entre categorías son las mismas a lo largo de toda la escala, por lo que hay un intervalo constante, una unidad de medida.

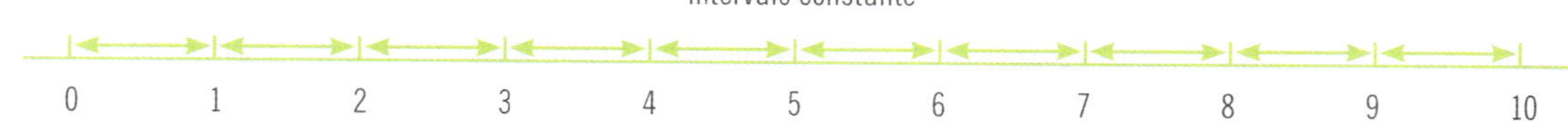

Figura 9.8   Escala con intervalos iguales entre categorías.

Por ejemplo, en una prueba de resolución de problemas matemáticos (30 problemas de igual dificultad). Si Ana Cecilia resolvió 10, Laura resolvió 20 y Abigail, 30. La distancia entre Ana Cecilia y Laura es igual a la distancia entre Laura y Abigail.

Sin embargo, el cero (0) en la medición es un cero arbitrario, no es real, ya que se asigna arbitrariamente a una categoría el valor de cero y a partir de ésta se construye la escala. Un ejemplo clásico en ciencias naturales es la temperatura, que puede medirse en grados centígrados y Fahrenheit: el cero es arbitrario, pues no implica que en realidad haya cero (ninguna) temperatura (incluso en ambas escalas el cero es diferente).

Cabe agregar que diversas mediciones en el estudio del comportamiento humano no son verdaderamente de intervalo (por ejemplo, escalas de actitudes, pruebas de inteligencia y de otros tipos); pero se acercan a este nivel y se suele tratarlas como si fueran mediciones de intervalo. Esto se hace porque este nivel de medición permite utilizar las operaciones aritméticas básicas y algunas estadísticas modernas, que de otro modo no se utilizarían. Aunque algunos investigadores no están de acuerdo con suponer tales mediciones como si fueran de intervalo. El producto interno bruto o producto nacional bruto estaría en este estadio.

4. *Nivel de medición de razón.* En este nivel, además de tenerse todas las características del nivel de intervalos (periodos iguales entre las categorías, y aplicación de operaciones aritméticas básicas y sus derivaciones), el cero es real y es absoluto (no es arbitrario). Cero absoluto implica que hay un punto en la escala donde está ausente o no existe la propiedad medida (vea la figura 9.9).

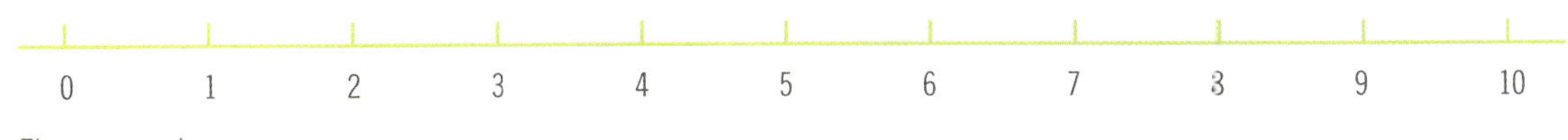

0   1   2   3   4   5   6   7   8   9   10

El cero es real

Figura 9.9   Ejemplo de escala para el nivel de medición de razón.

Ejemplos de estas mediciones serían la exposición a la televisión (en minutos), el número de hijos, las ventas de un producto, los metros cuadrados de construcción, ingresos (en moneda), presión arterial, etcétera.

¿De qué tipos de instrumentos de medición o recolección de datos cuantitativos disponemos en la investigación?

En la investigación disponemos de diversos tipos de instrumentos para medir las variables de interés y en algunos casos llegan a combinarse varias técnicas de recolección de los datos. A continuación las describimos brevemente.

Los instrumentos que serán revisados en este capítulo son: cuestionarios[7] y escalas de actitudes. En el capítulo "Recolección de los datos cuantitativos, segunda parte", que encontrará en el CD anexo, se comentarán los siguientes: registros del contenido (análisis de contenido) y observación, pruebas estandarizadas (medidas del desempeño individual), recolección de información factual e indicadores (análisis de datos secundarios de registros públicos y documentación) y metaanálisis, así como otras mediciones.

La codificación y la preparación de los datos obtenidos se discutirán después de presentar los principales instrumentos de medición.

Cuestionarios

Tal vez el instrumento más utilizado para recolectar los datos es el cuestionario. Un **cuestionario** consiste en un conjunto de preguntas respecto de una o más variables a medir. Debe ser congruente con el planteamiento del problema e hipótesis (Brace, 2008). Comentaremos primero sobre las preguntas y luego sobre las características deseables de este tipo de instrumento, así como los contextos en los cuales se pueden administrar los cuestionarios.

Cuestionario   Tal vez sea el instrumento más utilizado para recolectar los datos, consiste en un conjunto de preguntas respecto de una o más variables a medir.

¿Qué tipos de preguntas se pueden hacer?

El contenido de las preguntas de un cuestionario es tan variado como los aspectos que mide. Básicamente se consideran *dos tipos de preguntas: cerradas y abiertas.*

Preguntas cerradas

Las **preguntas cerradas** contienen categorías u opciones de respuesta que han sido previamente delimitadas. Es decir, se presentan las posibilidades de respuesta a los participantes, quienes deben acotarse a éstas. Pueden ser dicotómicas (dos posibilidades de respuesta) o incluir varias opciones de respuesta. Ejemplos de preguntas cerradas dicotómicas serían:

Preguntas cerradas   Son aquellas que contienen opciones de respuesta previamente delimitadas. Son más fáciles de codificar y analizar.

¿Estudia usted actualmente?

( ) Sí
( ) No

¿Durante la semana pasada vio la final de la Liga de Campeones de Europa?

( ) Sí
( ) No

---

[7] Las entrevistas se plantean como un contexto en el cual pueden ser administrados los cuestionarios.

Ejemplos de preguntas cerradas con varias opciones de respuesta serían:

Como usted sabe todos los países desarrollados reciben inmigrantes. ¿Cree que, en términos generales, la inmigración es positiva o más bien negativa para estos países?

☐ Positiva
☐ Ni positiva ni negativa
☐ Negativa
☐ No sabría decir

¿Cuál es el puesto que ocupa usted en su empresa?

☐ Presidente/Director general   ☐ Vicepresidente/Director corporativo
☐ Subdirector/Director/Gerente   ☐ Subgerente/Superintendente
☐ Coordinador   ☐ Jefe de área
☐ Supervisor   ☐ Empleado
☐ Obrero   ☐ Otro (especificar) _______________________

Si usted tuviera elección, ¿preferiría que su salario fuera de acuerdo con su productividad en el trabajo?

☐ Definitivamente sí
☐ Probablemente sí
☐ No estoy seguro
☐ Probablemente no
☐ Definitivamente no

Como puede observarse, en las preguntas cerradas las categorías de respuesta son definidas *a priori* por el investigador y se le muestran al encuestado, quien debe elegir la opción que describa más adecuadamente su respuesta. Gambara (2002) hace notar algo muy lógico pero que en ocasiones se descuida y resulta fundamental: cuando las preguntas presentan varias opciones, éstas deben recoger todas las posibles respuestas.

Ahora bien, hay preguntas cerradas donde el participante puede seleccionar más de una opción o categoría de respuesta (*posible multirrespuesta*).

EJEMPLO

Supongamos que un entrevistador pregunta:

¿Esta familia tiene en el hogar...? (*Marque con una cruz o tache todas las opciones que el entrevistado o entrevistada señale que tiene en su hogar*):

☐ Radio   ☐ Televisión
☐ Reproductor de DVD   ☐ TV de paga (SKY, Cablevisión,
☐ Computadora   DirectTV, otros sistemas locales de
☐ Teléfono celular o móvil   cable o TV satelital)
☐ iPod   ☐ Internet
☐ Teléfono (línea telefónica en casa) ☐ Equipo de sonido para CD

En preguntas como la del ejemplo anterior, los participantes pueden marcar una, dos, tres, cuatro o más opciones de respuesta. Las categorías no son mutuamente excluyentes.

EJEMPLO

Otro ejemplo de esta clase de preguntas sería el siguiente:

De los siguientes servicios que presta la sala de lectura de la biblioteca, ¿cuál o cuáles utilizó e semestre anterior? (Puede señalar más de una opción.)

- ☐ No entré
- ☐ Consultar algún libro
- ☐ Consultar algún periódico
- ☐ Consultar alguna revista
- ☐ Estudiar
- ☐ Utilizar la computadora para buscar referencias y documentos en internet
- ☐ Utilizar la computadora para revisar mi correo electrónico
- ☐ Utilizar la computadora para elaborar un trabajo
- ☐ Buscar a alguna persona
- ☐ Otros (especificar)

En ocasiones, el encuestado tiene que jerarquizar opciones.

EJEMPLO

De las siguientes compañeras de clase, ¿quién te atrae más?, ¿cuál en segundo lugar?, ¿cuál en tercer lugar?, ¿cuál en cuarto lugar? y ¿cuál en quinto y último lugar?

- ☐ Sandra
- ☐ Lucía
- ☐ Ana
- ☐ Mariana
- ☐ Paola

O bien, en otras preguntas se debe designar un puntaje a una o diversas cuestiones.

EJEMPLO

A continuación voy a mencionarle algunos de los problemas que suelen preocupar a los habitantes de este municipio y le pediría que en cada caso me dijera: ¿qué tanto le preocupa a usted cada uno de ellos?; donde 10 significa: "me preocupa muchísimo" y 0 quiere decir: "no me preocupa en absoluto".[8]

- _____ Desempleo
- _____ Pobreza
- _____ Inseguridad al transitar por la calle o viajar en transporte público
- _____ Empleo mal remunerado/bajos salarios
- _____ Robos/asaltos en los hogares y viviendas
- _____ Robos de vehículos/autos, motocicletas, bicicletas
- _____ Pandillerismo
- _____ Venta de drogas-narcomenudeo
- _____ Secuestros
- _____ Recolección de la basura (no todos los días la recogen)
- _____ Horarios inadecuados para la recolección de la basura
- _____ Escasez de agua
- _____ Cortes en el suministro de agua
- _____ Falta de vivienda
- _____ Servicios de salud insuficientes
- _____ Carencia/deficiencia de servicios educativos
- _____ Drenaje inadecuado en las calles
- _____ Tránsito/tráfico/vialidad
- _____ Pavimentación y bacheo mal hechos

---

[8] Esta pregunta fue administrada a personas que tuvieran estudios mínimos de bachillerato o preparatoria, aunque funcionó con personas cuyo nivel era de secundaria. No se incluyeron todos los problemas por cuestiones de espac o, solamente algunos para ilustrar el tipo de pregunta.

_____ Falta de infraestructura (calles, puentes, etcétera)
_____ Corrupción de funcionarios municipales, policías, agentes de tránsito y vialidad
_____ Situación económica familiar

En otras preguntas, se anota una cifra dentro de un rango predeterminado:

EJEMPLO

Aproximadamente, ¿cuántos minutos dedica diariamente a hacer deporte entre semana, es decir, de lunes a viernes?

En algunas más, el encuestado se ubica en una escala. El concepto de escala (aplicado a la medición) puede definirse como: "sucesión ordenada de valores distintos de una misma cualidad" (Real Academia Española, 2001, p. 949). Es un patrón, conjunto, medida o estimación regular de acuerdo con algún estándar o tasa, respecto de una variable. Ejemplos: escala de temperatura en grados centígrados, escala de inteligencia, escala de distancia en kilómetros, metros y centímetros; escala de peso en kilogramos, escala musical con octavas, etcétera.

EJEMPLO

¿Qué tan enamorada está usted de su novio? (Del 0 al 100)

☺   100 – Completamente enamorada
       99
       98
        .   .
        .   .
        .   20
       80   10
       70   .
       60   .
☺   50   ☹   2
                                              1
                                              0 – Nada enamorada

Finalmente, en ocasiones se encadenan varias preguntas en una, como en el siguiente ejemplo (los candidatos y candidatas son ficticios(as). Cualquier parecido con algún nombre es mera coincidencia.

EJEMPLO

Le voy a mencionar algunos nombres de políticos de nuestro municipio y le pediría que en cada caso me dijera si sabe usted quién es y a qué partido pertenece, así como su opinión de esta persona:

Político(a) _(Rotar opciones)_	P. 8 ¿Sabe quién es?		_Cuando sabe quién es_ P. 9 ¿Sabe a qué partido pertenece? _(No leer opciones)_		_Cuando sabe quién es_ P. 10 ¿Qué tan favorable o desfavorable es su opinión acerca de…? _(Leer opciones)_			
	_Sí_	_No (Pasar a p. 16)_	_Sí_ identificó	_No_ identificó	_Muy favorable_	Favorable	Desfavorable	_Muy desfavorable_
Guadalupe Méndez Peña	1	2	(Partido 1) 1	2	4	3	2	1
Agustín Almanza Mendoza	1	2	(Partido 2) 1	2	4	3	2	1
Sandra Hernández Jiménez	1	2	(Partido 3) 1	2	4	3	2	1
Roberto Yáñez Ruiz	1	2	(Partido 4) 1	2	4	3	2	1

Preguntas abiertas

En cambio, las **preguntas abiertas** no delimitan de antemano las alternativas de respuesta, por lo cual el número de categorías de respuesta es muy elevado; en teoría, es infinito, y puede variar de población en población.

> **Preguntas abiertas**   No delimitan las alternativas de respuesta. Son útiles cuando no hay suficiente información sobre las posibles respuestas de las personas.

EJEMPLOS

¿Por qué asiste a psicoterapia?

____

____

____

¿Qué opina de las medidas de apoyo a la población que adoptó el gobierno para disminuir el impacto del último terremoto ocurrido el 20 de noviembre?

____

____

____

¿Conviene usar preguntas cerradas o abiertas?

Un cuestionario obedece a diferentes necesidades y a un problema de investigación, lo cual origina que en cada estudio el tipo de preguntas sea distinto. Algunas veces se incluyen tan sólo preguntas cerradas, otras ocasiones únicamente preguntas abiertas, y en ciertos casos ambos tipos de preguntas. Cada clase de pregunta tiene sus ventajas y desventajas, las cuales se mencionan a continuación.

Las *preguntas cerradas* son más fáciles de codificar y preparar para su análisis. Asimismo, estas preguntas requieren un menor esfuerzo por parte de los encuestados, que no tienen que escribir o verbalizar pensamientos, sino únicamente seleccionar la alternativa que sintetice mejor su respuesta. Responder a un cuestionario con preguntas cerradas toma menos tiempo que contestar uno con preguntas abiertas. Cuando el cuestionario se envía por correo, se tiene un mayor grado de respuesta cuando es fácil de contestar y completarlo requiere menos tiempo. Otras ventajas son: se reduce la ambigüedad de las respuestas y se favorecen las comparaciones entre las respuestas (Burnett, 2009).

La *principal desventaja de las preguntas cerradas* reside en que limitan las respuestas de la muestra y, en ocasiones, ninguna de las categorías describe con exactitud lo que las personas tienen en mente; no siempre se captura lo que pasa por la cabeza de los participantes. Su redacción exige mayor laboriosidad y un profundo conocimiento del planteamiento por parte del investigador o investigadora (Vinuesa, 2005).

Para *formular preguntas cerradas* es necesario anticipar las posibles alternativas de respuesta. De no ser así, es muy difícil plantearlas. Además, el investigador debe asegurarse de que los participantes a quienes se les administrarán conocen y comprenden las categorías de respuesta. Por ejemplo, si preguntamos qué canal de televisión es el preferido, determinar las opciones de respuesta y que los participantes las comprendan es muy sencillo. Pero si preguntamos sobre las razones y los motivos que provocan esa preferencia, señalar las opciones es algo más complejo.

Las *preguntas abiertas* proporcionan una información más amplia y son particularmente útiles cuando no tenemos información sobre las posibles respuestas de las personas o cuando ésta es insuficiente. También sirven en situaciones donde se desea profundizar una opinión o los motivos de un comportamiento. Su mayor desventaja es que son más difíciles de codificar, clasificar y preparar para el análisis. Además, llegan a presentarse sesgos derivados de distintas fuentes; por ejemplo, quienes enfrentan dificultades para expresarse en forma oral y por escrito quizá no respondan con precisión a lo que en realidad desean, o generen confusión en sus respuestas. El nivel educativo, la capacidad de manejo del lenguaje y otros factores pueden afectar la calidad de las respuestas (Black y Champion, 1976; Saris y Gallhofer, 2007). Asimismo, responder a preguntas abiertas requiere de un mayor esfuerzo y de más tiempo.

La elección del tipo de preguntas que contenga el cuestionario depende del grado en que se puedan anticipar las posibles respuestas, los tiempos de que se disponga para codificar y si se quiere una respuesta más precisa o profundizar en alguna cuestión. Una recomendación para construir un cuestionario es que se analice, variable por variable, qué tipo de pregunta o preguntas suelen ser más confiables y válidas para medir esa variable, de acuerdo con la situación del estudio (planteamiento del problema, características de la muestra, tipo de análisis a efectuar, etcétera).

Con frecuencia, las preguntas cerradas se construyen con fundamento en preguntas abiertas. Por ejemplo, en la prueba piloto puede elaborarse una pregunta abierta y posteriormente a su aplicación, sobre la base de las respuestas, se genera el ítem cerrado.

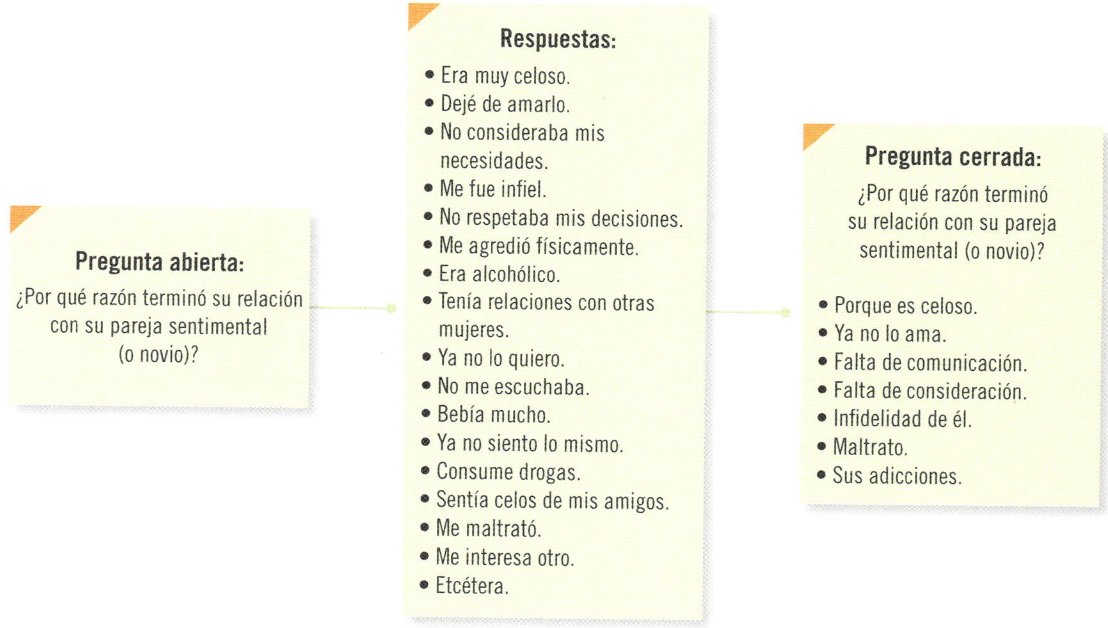

Figura 9.10   Ejemplo del paso de una pregunta abierta a la elaboración de una pregunta cerrada.

¿Una o varias preguntas para medir una variable?

En ocasiones sólo basta una pregunta para recolectar la información necesaria sobre la variable considerada. Por ejemplo, para medir el nivel de escolaridad de una muestra basta con preguntar: ¿hasta qué año escolar cursó?, o ¿cuál es su grado máximo de estudios? En otras ocasiones se requiere elaborar varias preguntas para verificar la consistencia de las respuestas.

Por ejemplo, algunas asociaciones latinoamericanas de investigación de mercados e instituciones educativas miden el nivel socioeconómico tomando en cuenta diversas variables:[9]

[9] Asociación Mexicana de Agencias de Investigación de Mercados y Opinión Pública, AMAI (2008), López Romo (2008) y Universidad de Celaya (2009). Para conocer el método por puntos para la ubicación del nivel socioeconómico, se recomienda consultar directamente estas fuentes o contactar a la asociación de empresas de investigación de mercados de su país.

1. Escolaridad del jefe del hogar.
2. Número de focos en la vivienda.
3. Número de habitaciones en la vivienda, sin incluir baños.
4. Número de baños con regadera.
5. Número de automóviles y otros vehículos en la cochera.
6. Posesión de ciertos aparatos (computadora, lavadora, equipo de sonido, horno de microondas, etcétera).
7. Características de la vivienda (techo estable y seguro en su vivienda —no de cartón ni hule, etc.—, piso firme en su interior —cemento, concreto o piso de mosaico—, agua que llega por/mediante tubería a su vivienda, etcétera.

Con base en estas variables se construyen índices, cada una de ellas tiene un peso o coeficiente, y al final se otorga una puntuación que determina el nivel socioeconómico con mayor precisión. Sin embargo, esto puede resultar muy complejo para el alumno que comienza con sus primeras investigaciones, por lo cual la alternativa sería preguntar a los miembros de la familia que trabajan: ¿aproximadamente cuál es su nivel mensual de ingresos? y cuestionando: ¿cuántos focos eléctricos tiene aproximadamente en su casa?[10]

Al respecto, es recomendable *hacer solamente las preguntas necesarias* para obtener la información deseada o medir la variable. Si una pregunta es suficiente, no es necesario incluir más. No tiene sentido. Si se justifica hacer varias preguntas, entonces es conveniente plantearlas en el cuestionario. Esto último ocurre con frecuencia en el caso de variables con distintas dimensiones o componentes, en los cuales se incluyen preguntas para medir esas dimensiones. Se tienen varios indicadores.

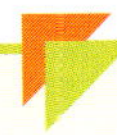

EJEMPLO

La empresa Comunicometría, S.C., realizó una investigación para la Fundación Mexicana para la Calidad Total, A.C. (1988), con el propósito de conocer prácticas, técnicas, estructuras, procesos y temáticas existentes en materia de calidad total en México. El estudio fue de carácter exploratorio y constituyó el primer esfuerzo por obtener una radiografía del estado de los procesos de calidad en dicho país.

En esta investigación se elaboró un cuestionario que medía el grado en que las organizaciones mexicanas aplicaban diversas prácticas tendientes a elevar la calidad, la productividad y el nivel de vida en el trabajo. Una de las variables importantes era el "grado en que se distribuía la información sobre el proceso de calidad en la organización". Esta variable se midió a través de las siguientes preguntas:

a) Respecto de los programas de información sobre calidad, ¿cuáles de las siguientes actividades se efectúan en esta empresa?

1. Planeación del manejo de datos sobre calidad.
2. Formas de control.
3. Elaboración de reportes con datos sobre calidad.
4. Evaluación sistemática de los datos sobre calidad.
5. Distribución generalizada de información sobre calidad.
6. Sistemas de autocontrol de calidad.
7. Distribución selectiva de datos sobre calidad.
8. Programa de comunicación interna sobre el proceso de calidad.

---

[10] En varios estudios se ha demostrado que el nivel de ingresos está relacionado con el número de focos de una casa-habitación (residencia, hogar o propiedad). El número de focos se vincula con el número de cuartos, extensión de la casa, tamaño del jardín y otros factores, es decir, con el valor de la propiedad (Comunicometría, 1988; Universidad de Celaya, 2009). Los rangos podrían ser: 3 focos o menos: estratos muy desfavorecidos; de 4 a 5 focos: estratos desfavorecidos; de 6 a 10 focos: estratos medios típicos; 11 a 15: estratos medios favorecidos; 16 a 20: medios/altos; 21 a 30: altos favorecidos; más de 31: muy altos o completamente favorecidos. Se sugiere excluir candiles. En cada nación cambia la designación de cada estrato, y no queremos utilizar los términos "bajos", nos parecen peyorativos.

b) Sólo a quienes distribuyen selectivamente datos sobre calidad: ¿a qué niveles de la empresa?
c) Sólo a quienes distribuyen selectivamente datos sobre calidad: ¿a qué funciones?
d) ¿Qué otras actividades se realizan en esta empresa para los programas de información sobre calidad?

En este ejemplo, las preguntas *b)* y *c)* se elaboraron para ahondar en los receptores o usuarios de los datos en aspectos del control de calidad distribuidos selectivamente. Se justifica hacer estas dos preguntas, pues ayuda a tener mayor información sobre la variable.

Una modalidad de cuestionamientos múltiples lo es la batería de preguntas, la cual sirve para: *a)* ahorrar espacio en el cuestionario, *b)* facilitar la comprensión del mecanismo de respuesta (si se entiende la primera pregunta, se comprenderán las demás) (Corbetta, 2003) y *c)* construir índices que permitan obtener una calificación total.

EJEMPLO

Variable a medir: visión departamental

Definición conceptual: percepción de la meta departamental en cuanto a claridad, naturaleza visionaria, grado en que es posible alcanzarla y medida en que puede ser compartida, y que representa una fuerza motivacional para el trabajo (Anderson y West, 1998; Hernández Sampieri, 2005).[11]

Preguntas o ítems:

	Completamente (mucho)	Aceptablemente	Regular	Poco	Nada
1. ¿Qué tan claros tiene los objetivos de su departamento?	5	4	3	2	1
2. ¿En qué medida considera usted que los objetivos de su departamento son útiles y apropiados?	5	4	3	2	1
3. ¿Qué tan de acuerdo está usted con estos objetivos de su departamento?	5	4	3	2	1
4. ¿En qué medida piensa usted que los objetivos de su departamento son claros?	5	4	3	2	1
5. ¿En qué medida piensa usted que los objetivos de su departamento son comprendidos por sus compañeros de trabajo del mismo departamento?	5	4	3	2	1
6. ¿En qué medida considera usted que sus compañeros de departamento están de acuerdo con los objetivos?	5	4	3	2	1
7. ¿En qué medida considera que los objetivos del departamento pueden lograrse actualmente?	5	4	3	2	1

¿Las preguntas van precodificadas o no?

Siempre que se pretenda efectuar análisis estadístico, se requiere codificar las respuestas de los participantes a las preguntas del cuestionario, y debemos recordar que esto significa asignarles símbolos o valores

---

[11] El ejemplo contiene solamente algunas de las preguntas de la escala original. Asimismo, se conjuntaron con otras escalas y se distribuyeron a lo largo del cuestionario.

numéricos y que cuando se tienen preguntas cerradas es posible codificar *a priori* o precodificar las opciones de respuesta, e incluir esta precodificación en el cuestionario (como en el último ejemplo).

EJEMPLO

De preguntas precodificadas

¿Tiene usted inversiones en la Bolsa de Valores?

☐ 1   Sí   ☐ 2   No

Cuando se enfrenta usted a un problema en su trabajo, para resolverlo recurre generalmente a:

1.   Su superior inmediato.
2.   Su propia experiencia.
3.   Sus compañeros.
4.   Los manuales de políticas y procedimientos.
5.   Otra fuente: _______________________________
                    (especificar)

En ambas preguntas, las respuestas van acompañadas de su valor numérico correspondiente, es decir, se han precodificado. Obviamente en las preguntas abiertas la codificación se realiza después, una vez que se tienen las respuestas. Las preguntas y opciones de respuesta precodificadas poseen la ventaja de que su codificación y preparación para el análisis son más sencillas y requieren menos tiempo.

¿Qué preguntas son obligatorias?

Las preguntas llamadas demográficas o de ubicación del participante encuestado: género, edad, nivel socioeconómico, estado civil, escolaridad (nivel de estudios), religión, afiliación política, colonia, barrio o zona donde vive, pertenencia a ciertas agrupaciones, ocupación (actividad a la que se dedica), años de vivir en el lugar actual de residencia, etc. En empresas: puesto, antigüedad, área funcional donde trabaja (gerencia, departamento, dirección o equivalente), planta u oficinas donde labora, y demás preguntas. En cada investigación debemos analizar cuáles son pertinentes y nos resultarán útiles.

¿Qué características debe tener una pregunta?

Independientemente de que las preguntas sean abiertas o cerradas, y de que sus respuestas estén precodificadas o no, hay una serie de características que deben cubrirse al plantearlas:

a) Las preguntas tienen que ser claras, precisas y comprensibles para los sujetos encuestados. Deben evitarse términos confusos, ambiguos y de doble sentido. Por ejemplo, la pregunta: "¿ve usted televisión?", es confusa, no delimita cada cuánto. Sería mucho mejor especificar: ¿acostumbra usted ver televisión diariamente?, ¿cuántos días durante la última semana vio televisión?, y después preguntar horarios, canales y contenidos de los programas. Otro ejemplo inconveniente sería: ¿le gusta el deporte? No se sabe si se trata de verlo por televisión o en vivo, si de practicarlo o qué, y en última instancia, ¿cuál deporte? Otro caso que genera confusión son los términos con múltiples significados (Burnett, 2009), por ejemplo: ¿su empleo es estable?, implica un concepto de estabilidad de empleo que no tiene un solo significado. ¿Qué se considera estable?: ¿un contrato por un año, por dos, por cinco...?
    Un caso común de confusión son las palabras sobre la temporalidad, resulta nebuloso el cuestionamiento: ¿ha asistido recientemente al cine?, ya que implica otras preguntas: ¿qué signi-

fica recientemente?, ¿ayer, la última semana, el último mes? Sería mejor interrogar: durante las últimas dos semanas (o mes), ¿cuántas veces ha ido al cine? De igual forma: ¿ha trabajado desde joven?, habrá de sustituirse por: ¿a partir de qué edad comenzó a trabajar?

b) Es aconsejable que las preguntas sean lo más breves posible, porque las preguntas largas suelen resultar tediosas, toman más tiempo y pueden distraer al participante; pero como menciona Rojas (2001) no es recomendable sacrificar la claridad por la concisión. Cuando se trata de asuntos complicados tal vez es mejor una pregunta más larga, debido a que facilita el recuerdo, proporciona al sujeto más tiempo para pensar y favorece una respuesta más articulada (Corbetta, 2003). La directriz a seguir es que se incluyan las palabras necesarias para que se comprenda la pregunta, sin ser repetitivos o barrocos.

c) Deben formularse con un vocabulario simple, directo y familiar para los participantes. El lenguaje debe adaptarse al habla de la población a la que van dirigidas las preguntas (Gambarra, 2002). Recuerde que es ineludible tomar en cuenta su nivel educativo y el socioeconómico, las palabras que maneja, etcétera.

d) No pueden incomodar a la persona encuestada ni ser percibidas como amenazantes y nunca ésta debe sentir que se le enjuicia. Debemos inquirir de manera sutil. Preguntas como: ¿acostumbra consumir algún tipo de bebida alcohólica?, tienden a provocar rechazo. Es mejor cuestionar: ¿algunos de sus amigos acostumbran consumir algún tipo de bebida alcohólica?, y después utilizar preguntas tenues que indirectamente nos indiquen si la persona acostumbra consumir esta clase de bebidas (¿cuál es su tipo de bebida favorita?, ¿cada cuánto se reúne con sus amigos?, etc.). Mertens (2005) sugiere sustituir la pregunta: ¿es usted alcohólico? (en extremo amenazante), por la siguiente formulación: El consumo de bebidas como el ron, tequila, vodka y whisky en esta ciudad es de X botellas de un litro, ¿en qué medida usted estaría por encima o por debajo de esta cantidad? (alternativas de respuesta: por encima, igual o por debajo). Gochros (2005) recomienda cambiar la pregunta: ¿consume drogas?, por: ¿qué opina de las personas que consumen drogas en dosis mínimas? En estos casos de preguntas difíciles, es posible usar escalas de actitud en lugar de preguntas o aun otras formas de medición (como se verá en la parte de escalas actitudinales y en otros instrumentos). Hay temáticas en las que a pesar de que se utilicen preguntas sutiles, el encuestado se puede sentir molesto. Tal es el caso del desempleo, la homosexualidad, el SIDA, la prostitución, la pornografía, los anticonceptivos y las adicciones.

e) Las preguntas deben referirse preferentemente a un solo aspecto o una relación lógica. Por ejemplo, la pregunta: ¿acostumbra usted ver televisión y escuchar radio diariamente?, expresa dos aspectos y llega a confundir. Es necesario dividirla en dos preguntas, una relacionada con la televisión y otra relacionada con la radio. Otro ejemplo: ¿sus padres eran saludables?, es una pregunta problemática, además del concepto "saludable" (confuso), es imposible de responder en el caso de que la madre nunca se hubiera enfermado de gravedad y nunca hubiera sido hospitalizada y, en cambio, el padre hubiera padecido severos problemas de salud.

f) Las preguntas no habrán de inducir las respuestas. Se tienen que evitar preguntas tendenciosas o que dan pie a elegir un tipo de respuesta (directivas). Por ejemplo, ¿considera a nuestro compañero Ricardo Hernández como el mejor candidato para dirigir nuestro sindicato?, es una pregunta tendenciosa, pues induce la respuesta. Lo mismo que la pregunta: ¿los trabajadores argentinos son muy productivos? Se insinúa la respuesta en la pregunta. Resultaría mucho más conveniente interrogar: ¿qué tan productivos considera usted, en general, a los trabajadores argentinos? (y mostrar alternativas).

EJEMPLO

—¿Qué tan productivos considera usted, en general, a los trabajadores argentinos?

Sumamente productivos	Más bien productivos	Más bien improductivos	Sumamente improductivos

Otros ejemplos inconvenientes serían: ¿piensa usted votar por tal partido político en las próximas elecciones?, ¿usted considera que debemos retirar las tropas de nuestro país de la coalición… para evitar amenazas a nuestra seguridad nacional? El participante nunca debe sentirse presionado. Un factor importante a considerar es la deseabilidad social, a veces las personas utilizan respuestas culturalmente aceptables. Por ejemplo, la pregunta: ¿le gustaría casarse?, podría inducir y forzar a más de una persona a responder de acuerdo con las normas de su comunidad. Resulta mejor cuestionar: ¿qué opina del matrimonio?, y más adelante inquirir sobre sus anhelos y expectativas al respecto. Una interrogante como: ¿acostumbra leer el periódico?, puede llevarnos a respuestas socialmente válidas: "sí, lo leo a diario, yo leo mucho" (cuando no es cierto). Es mejor preguntar: ¿suele tener tiempo para leer el periódico?, ¿con qué frecuencia?

g) Las preguntas no pueden apoyarse en instituciones, ideas respaldadas socialmente ni en evidencia comprobada. Es también una manera de inducir respuestas. Por ejemplo, la pregunta: la Organización Mundial de la Salud ha realizado diversos estudios y concluyó que el tabaquismo provoca diversos daños al organismo, ¿considera usted que fumar es nocivo para su salud? Esquemas del tipo: "la mayoría de las personas opinan que…", "la Iglesia considera…", "los padres de familia piensan que…", etc., no deben anteceder a las preguntas, ya que influyen y sesgan las respuestas.

h) Es aconsejable evitar preguntas que nieguen el asunto que se interroga. Por ejemplo: ¿qué niveles de la estructura organizacional *no* apoyan el proceso de calidad? Es mejor preguntar sobre qué niveles sí apoyan el proceso. O bien: ¿qué *no* le agrada de este centro comercial?, es preferible cuestionar: ¿qué le desagrada de este centro comercial? Tampoco es conveniente incluir dobles negaciones (son positivas, pero suelen confundir): ¿considera que la mayoría de las mujeres casadas preferiría *no* trabajar si *no* tuviera presión económica? Mejor se redacta de manera positiva.

i) No deben hacerse preguntas racistas o sexistas ni que ofendan a los participantes. Es obvio, pero no está de más recalcarlo. Se recomienda también sortear las preguntas *con fuerte carga emocional o muy complejas*, que más bien son preguntas para entrevistas cualitativas (por ejemplo: ¿cómo era la relación con su ex marido? —aunque una escala completa puede ser la solución— o, ¿qué siente usted sobre la muerte de su hijo?)

j) En las preguntas con varias categorías de respuesta, y donde el sujeto participante sólo tiene que elegir una, llega a ocurrir que el orden en que se presentan dichas opciones afecta las respuestas de los participantes (por ejemplo, que tiendan a favorecer a la primera o a la última opción de respuesta). Entonces resulta conveniente rotar el orden de lectura de las respuestas a elegir de manera proporcional. Por ejemplo, si preguntamos: ¿cuál de los siguientes cuatro candidatos presidenciales considera usted que logrará disminuir verdaderamente la inflación? Veinticinco por ciento de las veces (o una de cada cuatro ocasiones) que se haga la pregunta se menciona primero al candidato *A*, 25% se menciona primero al candidato *B*, 25% al candidato *C* y el restante 25% al candidato *D*. Asimismo, cuando las alternativas son demasiadas es más difícil responder, por ello es conveniente limitarlas a las mínimas necesarias.

A continuación incluimos la tabla 9.4 sobre problemas al generar preguntas, adaptada de Creswell (2005).

▲ **Tabla 9.4**   Ejemplos de algunos problemas al elaborar preguntas

Problema	Ejemplo de pregunta problemática	Mejora a la pregunta
Pregunta confusa por la vaguedad de los términos	¿Votará en las próximas elecciones?	Precisar términos: En las próximas elecciones del 10 de noviembre para elegir alcalde de Monterrey, ¿piensa ir a votar?
Dos o más conceptos o dos preguntas en una sola	¿Qué tan satisfecho está usted con el servicio de comedor y el servicio médico que se ofrece en la empresa?	Una pregunta por concepto: ¿Qué tan satisfecho está usted con el servicio de comedor que se ofrece en la empresa? ¿Qué tan satisfecho está usted con el servicio médico que se ofrece en la empresa?

(continúa)

▲ **Tabla 9.4**   Ejemplos de algunos problemas al elaborar preguntas (*continuación*)

Problema	Ejemplo de pregunta problemática	Mejora a la pregunta
Demasiadas palabras	Como usted sabe, el próximo 10 de noviembre se celebrarán elecciones locales en este municipio de Cortázar para elegir alcalde, en esa fecha: ¿piensa usted acudir a las urnas a emitir su voto por el candidato que considera será el mejor alcalde para el municipio?	Reducir términos: En las próximas elecciones del 10 de noviembre para elegir alcalde de Cortazar, ¿piensa ir a votar?
Pregunta negativa	¿Los estudiantes no deben portar o llevar armas a la o en la escuela?	Cambiarla a neutral: ¿Los estudiantes deben o no portar armas en la escuela?
Contiene "jerga lingüística"	¿Qué tan "chida" o "padre" es la relación con su empresa?	Eliminar dicha jerga: ¿Qué tan orgulloso se encuentra usted de trabajar en esta empresa?
Se traslapan las categorías de respuesta	¿Podría indicarme su edad? __18 __ 19 __19 __ 20 __20 __ 21 __21 __ 22	Lograr que las categorías sean mutuamente excluyentes: ¿Podría indicarme su edad? __18 __ 19 __20 __ 21 __22 __ 23
Categorías de respuesta sin balance entre las favorables y las desfavorables (positivas y negativas)	¿En qué medida está usted satisfecho con su superior inmediato? ☐ Insatisfecho ☐ Medianamente satisfecho ☐ Satisfecho ☐ Sumamente satisfecho	Proporcionar equilibrio entre opciones favorables y desfavorables: ¿En qué medida está usted satisfecho con su superior inmediato? ☐ Sumamente insatisfecho ☐ Más bien insatisfecho ☐ Ni insatisfecho ni satisfecho ☐ Más bien satisfecho ☐ Sumamente satisfecho
Incongruencia entre la pregunta y las opciones de respuesta	¿En qué medida está usted satisfecho con su superior inmediato? ☐ Muy poco importante ☐ Poco importante ☐ Medianamente importante ☐ Importante ☐ Muy importante	Generar categorías que coincidan con la pregunta: ¿En qué medida está usted satisfecho con su superior inmediato? ☐ Sumamente insatisfecho ☐ Más bien insatisfecho ☐ Ni insatisfecho ni satisfecho ☐ Más bien satisfecho ☐ Sumamente satisfecho
Sólo una parte de los participantes pueden entender la pregunta	¿Cuál es el género y marca de bebida etílica que acostumbra adquirir con un mayor índice de frecuencia en sus compras?	Simplificar términos: ¿Cuál es el tipo de bebida alcohólica y de qué marca acostumbra comprar con mayor frecuencia?
Utilización de términos en otro idioma	¿Qué efectos tuvo en esta empresa el *downsizing*?	Traducir términos: ¿Qué efectos tuvo en esta empresa la reducción de empleados?

(continúa)

▲ **Tabla 9.4** Ejemplos de algunos problemas al elaborar preguntas (*continuación*)

Problema	Ejemplo de pregunta problemática	Mejora a la pregunta
La pregunta puede ser inadecuada para parte de la población	¿Cómo le afectó el incremento en la tasa impositiva para empleados gubernamentales?	Agregar preguntas que segmenten a la población: ¿Actualmente trabaja? ☐ Sí ☐ No ¿Trabaja usted en… ☐ Empresa? ☐ Por cuenta propia (independiente)? ☐ Gobierno? Entonces, a quienes pertenezcan a la última categoría, se les pregunta: ¿Cómo le afectó el incremento en la tasa impositiva para empleados gubernamentales?

En relación con cada pregunta del cuestionario, León y Montero (2003) sugieren cuestionar: ¿es necesaria la pregunta?, ¿es lo suficientemente concreta?, ¿responderán los participantes sinceramente?

¿Cómo deben ser las primeras preguntas de un cuestionario?

En algunos casos es conveniente iniciar con preguntas neutrales o fáciles de contestar, para que el participante se adentre en la situación. No se recomienda comenzar con preguntas difíciles o muy directas. Imaginemos un cuestionario diseñado para obtener opiniones en torno al aborto que empiece con una pregunta poco sutil como: ¿está de acuerdo con que se legalice el aborto en este país? Sin lugar a dudas sería un fracaso. Bostwick y Kyte (2005) y Babbie (2009) señalan que los primeros cuestionamientos deben resultar interesantes para los participantes. A veces incluso, pueden ser divertidos (por ejemplo, en la investigación de la moda y la mujer mexicana que se verá en la cuarta parte del libro sobre modelos mixtos, al comenzar a inquirir sobre los tipos de prendas que compraban las participantes, la primera pregunta fue: ¿sueles ponerte una pijama para dormir?, cuestionamiento que resultó sumamente divertido y provocó hilaridad, logrando relajar a las encuestadas. Desde luego, la pregunta la hicieron mujeres entrevistadoras jóvenes).

A veces los cuestionarios comienzan con las preguntas demográficas ya mencionadas, pero en otras ocasiones es mucho mejor hacer este tipo de preguntas al final del cuestionario, particularmente en casos donde los participantes puedan sentir que se comprometen si responden el cuestionario.

Cuando construimos un cuestionario, es indispensable que pensemos en cuáles son las preguntas ideales para iniciar. Éstas deberán lograr que el sujeto se concentre en el cuestionario. Gambara (2002) sugiere el procedimiento de "embudo" en la presentación de las preguntas: ir de las más generales a las más específicas. Una característica fundamental de un cuestionario es que las preguntas importantes nunca deben ir al final.

¿De qué está formado un cuestionario?

Además de las preguntas y categorías de respuestas, un cuestionario está formado básicamente por: portada, introducción, instrucciones insertas a lo largo del mismo y agradecimiento final.

Portada

Ésta incluye la carátula; en general, debe ser atractiva gráficamente para favorecer las respuestas. Debe incluir el nombre del cuestionario y el logotipo de la institución que lo patrocina. En ocasiones se agrega un logotipo propio del cuestionario o un símbolo que lo identifique.

Introducción

Debe incluir:

- Propósito general del estudio.
- Motivaciones para el sujeto encuestado (importancia de su participación).
- Agradecimiento.
- Tiempo aproximado de respuesta (un promedio o rango). Lo suficientemente abierto para no presionar al participante, pero tranquilizarlo.
- Espacio para que firme o indique su consentimiento (a veces se incluye al final o en ocasiones es innecesario).
- Identificación de quién o quiénes lo aplican.
- Explicar brevemente cómo se procesarán los cuestionarios y una cláusula de confidencialidad del manejo de la información individual.
- Instrucciones iniciales claras y sencillas (cómo responder en general, con ejemplos si se requiere).

Cuando el cuestionario se aplica mediante entrevista, la mayoría de tales elementos son explicados por el entrevistador. El cuestionario debe ser y parecer corto, fácil y atractivo.

A continuación, se presenta un ejemplo de carta introductoria y otro de instrucciones generales para responder al cuestionario.

EJEMPLO

Carta introductoria

Buenos días (tardes):

Estamos trabajando en un estudio que servirá para elaborar una tesis profesional acerca de la biblioteca de la Universidad de Celaya.

Quisiéramos pedir tu ayuda para que contestes algunas preguntas que no llevarán mucho tiempo. Tus respuestas serán confidenciales y anónimas. No hay preguntas delicadas.

Las personas que fueron seleccionadas para el estudio no se eligieron por su nombre sino al azar.

Las opiniones de todos los encuestados serán sumadas e incluidas en la tesis profesional, pero nunca se comunicarán datos individuales.

Te pedimos que contestes este cuestionario con la mayor sinceridad posible. No hay respuestas correctas ni incorrectas.

Lee las instrucciones cuidadosamente, ya que existen preguntas en las que sólo se puede responder a una opción; otras son de varias opciones y también se incluyen preguntas abiertas.

Muchas gracias por tu colaboración.

EJEMPLO

Instrucciones de un cuestionario
ENCUESTA DEL CLIMA ORGANIZACIONAL

INSTRUCCIONES

Emplee un lápiz o un bolígrafo de tinta negra para rellenar el cuestionario. Al hacerlo, piense en lo que sucede la mayoría de las veces en su trabajo.

No hay respuestas correctas o incorrectas. Éstas simplemente reflejan su opinión personal.

Todas las preguntas tienen cinco opciones de respuesta, elija la que mejor describa lo que piensa usted. Solamente una opción.

Marque con claridad la opción elegida con una cruz o tache, o bien, una "paloma" (símbolo de verificación). Recuerde: NO se deben marcar dos opciones. Marque así:

X   ✓

Si no puede contestar una pregunta o si la pregunta no tiene sentido para usted, por favor pregúntele a la persona que le entregó este cuestionario y le explicó la importancia de su participación.

Confidencialidad

Sus respuestas serán anónimas y absolutamente confidenciales. Los cuestionarios serán procesados por personas externas. Además, como usted puede ver, en ningún momento se le pide su nombre.

De antemano: ¡MUCHAS GRACIAS POR SU COLABORACIÓN!

Algunas apelaciones que podemos utilizar en la introducción se muestran en la tabla 9.5.[12]

▲ **Tabla 9.5**   Ejemplos de apelaciones para incentivar la participación

Apelación	Ejemplo
Incentivo	"Al responder, usted recibirá…" (dinero, un obsequio, un boleto, etcétera).
Altruismo	"Los resultados servirán para resolver…", "El estudio ayudará a…" (problema social, mejora en la calidad de vida, solventar una necesidad comunitaria, etcétera).
Autoconcepto de la persona	"Usted es una de las pocas personas que puede señalar ciertas cuestiones…",
	"Debido a su experiencia (experticia, importancia, conocimientos, etc.) usted puede… y por ello le solicitamos…" (su opinión calificada, etcétera).
Interés por el conocimiento	"Le enviaremos una copia de los resultados…"
Intereses profesionales	"Los resultados serán útiles para conocer temas importantes en nuestra profesión…"
Ayuda-auxilio	"Necesitamos su apoyo para conocer…", "Los jóvenes requieren de ayuda para…"
Autoridad	Introducción acompañada de la firma de un líder o persona reconocida. O bien: "Doña Pola Castelán nos ha pedido que hagamos esta encuesta para conocer el problema de los niños…", "El científico…", "El empresario…"
Agradecimiento	"La comunidad de… estará muy agradecida por…"

También se insertan instrucciones a lo largo del cuestionario (normalmente con otra tipografía o fuente, o bien, en cursivas, para distinguirlas de las preguntas y respuestas), las cuales nos indican cómo contestar. Por ejemplo:

—¿Tiene este ejido o esta comunidad ganado, aves o colmenas que sean de propiedad colectiva? (*Marque con una cruz la respuesta*).

☐ Sí   ☐ No
(*continúe*)   (*pase a la pregunta 30*)

—¿Se ha obtenido la cooperación de todo el personal o de la mayoría de éste para el proyecto de calidad?

☐ 1 Sí   ☐ 2 No
(*pase a la pregunta 26*)   (*pase a la pregunta 27*)

---

[12] Basada en Mertens (2005).

Recordemos que en ocasiones se presentan tarjetas con las opciones de respuestas y se instruye al entrevistador para que las muestre a los participantes. Por ejemplo:

—Hablando de la mayoría de sus proveedores, en qué medida conoce usted… (*Mostrar la tarjeta uno y marcar la respuesta en cada caso.*)

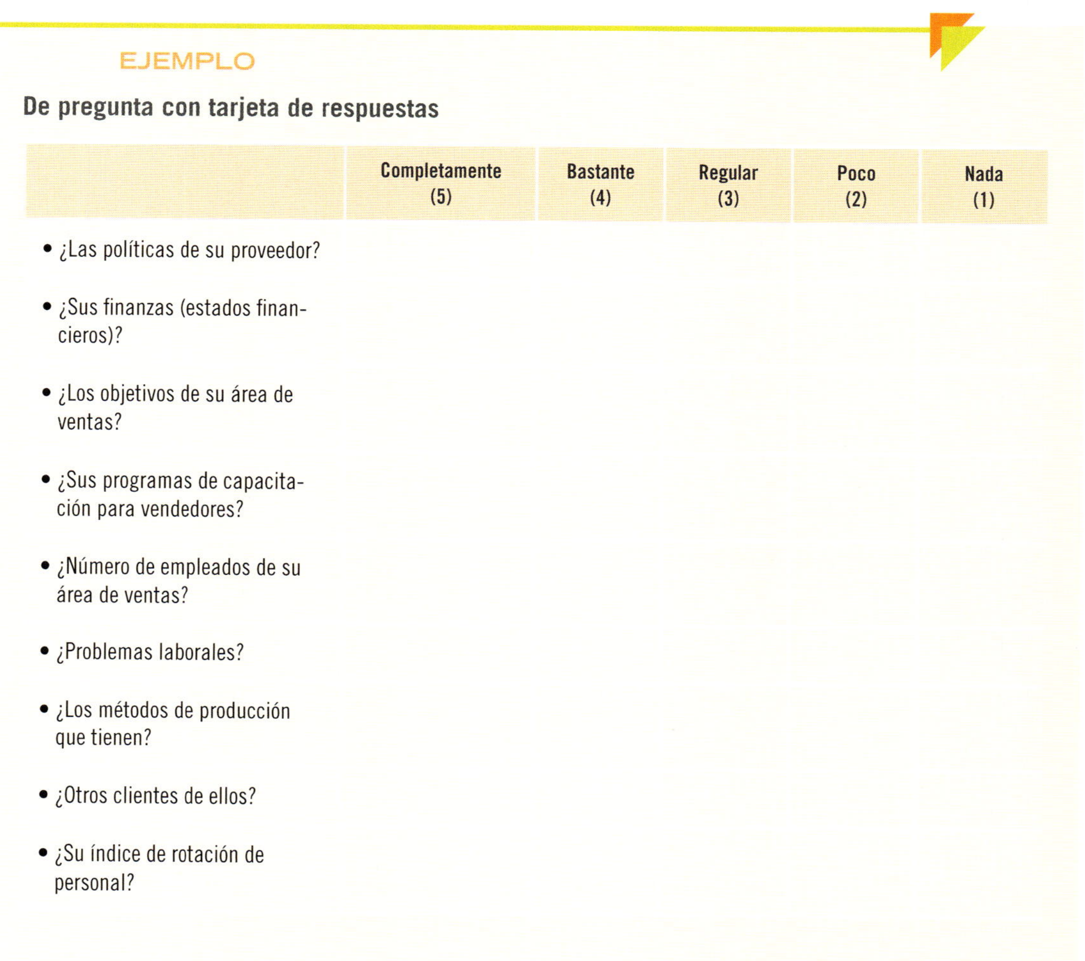

EJEMPLO

De pregunta con tarjeta de respuestas

	Completamente (5)	Bastante (4)	Regular (3)	Poco (2)	Nada (1)
• ¿Las políticas de su proveedor?					
• ¿Sus finanzas (estados financieros)?					
• ¿Los objetivos de su área de ventas?					
• ¿Sus programas de capacitación para vendedores?					
• ¿Número de empleados de su área de ventas?					
• ¿Problemas laborales?					
• ¿Los métodos de producción que tienen?					
• ¿Otros clientes de ellos?					
• ¿Su índice de rotación de personal?					

Las instrucciones son tan importantes como las preguntas y es necesario que sean claras para los usuarios a quienes van dirigidas.

Agradecimiento final

Aunque haya agradecido de antemano, vuelva a agradecer la participación.

Formato, distribución de instrucciones, preguntas y categorías

Las preguntas deben estar organizadas para que sea más fácil de responder el cuestionario. Es importante asegurarnos de numerar páginas y preguntas.

La manera en que pueden distribuirse preguntas, categorías de respuesta e instrucciones es variada. Algunos prefieren colocar las preguntas a la izquierda y las respuestas a la derecha, con lo que se tendría un formato como el siguiente:

EJEMPLO

Modelo de formato de distribución de preguntas

¿Considera a su jefe o superior inmediato como su amigo?   □ Definitivamente sí   □ Sí   □ No   □ Definitivamente no

¿Cuando tiene problemas se siente apoyado por su jefe o superior inmediato?   □ Definitivamente sí   □ Sí   □ No   □ Definitivamente no

¿Considera que su jefe o superior inmediato le orienta adecuadamente en su trabajo?   □ Definitivamente sí   □ Sí   □ No   □ Definitivamente no

¿Tiene una buena impresión de su jefe o superior inmediato?   □ Definitivamente sí   □ Sí   □ No   □ Definitivamente no

Otros dividen el cuestionario por secciones de preguntas y utilizan un formato horizontal.

EJEMPLO

Modelo de formato horizontal

PRESENTACIÓN

Preguntas sobre el superior inmediato

¿Considera a su jefe o superior inmediato como su amigo?
□ Definitivamente sí   □ Sí   □ No   □ Definitivamente no

¿Cuándo tiene problemas se siente apoyado por su jefe o superior inmediato?
□ Definitivamente sí   □ Sí   □ No   □ Definitivamente no

¿Considera que su jefe o superior inmediato le orienta adecuadamente en su trabajo?
□ Definitivamente sí   □ Sí   □ No   □ Definitivamente no

¿Tiene una buena impresión de su jefe o superior in mediato?
□ Definitivamente sí   □ Sí   □ No   □ Definitivamente no

PREGUNTAS SOBRE MOTIVACIÓN

Otros combinan diversas posibilidades, distribuyendo preguntas que miden la misma variable a través de todo el cuestionario. Cada quien es capaz de utilizar el formato que desee o juzgue conveniente, lo importante es que en su totalidad sea comprensible para el usuario: que las instrucciones, preguntas y respuestas se diferencien; que el formato no resulte visualmente tedioso y se lea sin dificultad.

Hoy en día resulta común elaborar cuestionarios en CD y otros medios como Palm, PC (contestar directamente en aparatos portátiles y cuestionarios electrónicos, etc.), así como diseños de éstos para páginas web y blogs en internet que contienen fotografías, dibujos, secuencias de video y música. Son sumamente atractivos.

¿De qué tamaño debe ser un cuestionario?

No existe una regla al respecto, pero si es muy corto se pierde información y si resulta largo llega a ser tedioso. En este último caso, las personas se negarían a responder o, al menos, lo contestarían en forma incompleta. La abuela doña Margarita Castelán Sampieri repetía el refrán: "lo bueno y breve, doblemente bueno". El tamaño depende del número de variables y dimensiones a medir, el interés de los participantes y la manera como se administre (de este punto se hablará en el siguiente apartado). Cuestionarios que duran más de 35 minutos suelen resultar fatigosos, a menos que los sujetos estén muy motivados para contestar (por ejemplo, cuestionarios de personalidad o cuestionarios para obtener un trabajo). Una recomendación que ayuda a evitar un cuestionario más largo de lo requerido es: *no hacer preguntas innecesarias o injustificadas*.

¿Cómo se codifican las preguntas abiertas?

Las preguntas abiertas se codifican una vez que conocemos todas las respuestas de los participantes a los cuales se les aplicaron, o al menos las principales tendencias de respuestas en una muestra de los cuestionarios aplicados. Es importante anotar que esta actividad es similar a "cerrar" una pregunta abierta por medio de la prueba piloto, pero el producto es diferente. En este caso, con la codificación de preguntas abiertas se obtienen ciertas categorías que representan los resultados finales.

El procedimiento consiste en encontrar y dar nombre a los patrones generales de respuesta (respuestas similares o comunes), listar estos patrones y después asignar un valor numérico o un símbolo a cada patrón. Así, un patrón constituirá una categoría de respuesta. Para cerrar las preguntas abiertas se sugiere el siguiente procedimiento:

1. Seleccionar determinado número de cuestionarios mediante un método adecuado de muestreo, que asegure la representatividad de los participantes investigados.
2. Observar la frecuencia con que aparece cada respuesta a determinadas preguntas.
3. Elegir las respuestas que se presentan con mayor frecuencia (patrones generales de respuesta).
4. Clasificar las respuestas elegidas en temas, aspectos o rubros, de acuerdo con un criterio lógico, cuidando que sean mutuamente excluyentes.
5. Darle un nombre o título a cada tema, aspecto o rubro (patrón general de respuesta).
6. Asignarle el código a cada patrón general de respuesta.

Por ejemplo, en la investigación de *Comunicometría* (1988) se hizo una pregunta abierta: ¿de qué manera la alta gerencia busca obtener la cooperación del personal para el desarrollo del proyecto de calidad?

Las respuestas fueron múltiples, pero se encontraron los patrones generales de respuesta que se muestran en el ejemplo.

EJEMPLO

De codificación de preguntas abiertas

Códigos	Categorías (patrones o respuestas con mayor frecuencia de mención)	Frecuencia de mención
1	Involucrando al personal y comunicándose con él	28
2	Motivación e integración	20
3	Capacitación en general	12
4	Incentivos/recompensas	11
5	Difundiendo el valor "calidad" o la filosofía de la empresa	7
6	Grupos o sesiones de trabajo	5

Códigos	Categorías (patrones o respuestas con mayor frecuencia de mención)	Frecuencia de mención
7	Posicionamiento del área de calidad o equivalente	3
8	Sensibilización en grupo	2
9	Desarrollo de la calidad de vida en el trabajo	2
10	Incluir aspectos de calidad en el manual de inducción	2
11	Poner énfasis en el cuidado de la maquinaria	2
12	Trabajar bajo un buen clima laboral	2
13	Capacitación "en cascada"	2
14	Otras	24

Como varias categorías o diversos patrones tenían únicamente dos frecuencias, éstos a su vez se redujeron a sólo seis, como se ejemplifica a continuación.

EJEMPLO

De reducción o agrupamiento de categorías

Códigos	Categorías (frecuencias)
1	Involucrando al personal y comunicándose con él (28)
2	Motivación e integración/mejoramiento del clima laboral (22)
3	Capacitación (14)
4	Incentivos/recompensas (11)
5	Difundiendo el valor "calidad" o la filosofía de la empresa (7)
6	Grupos o sesiones de trabajo (7)
7	Otras (33)

Al "cerrar" preguntas abiertas y codificarlas, debe tenerse en cuenta que un mismo patrón de respuesta puede expresarse con diferentes palabras. Por ejemplo, ante la pregunta ¿qué sugerencias haría para mejorar al programa *Estelar*? Las respuestas: mejorar las canciones y la música, cambiar las canciones, incluir nuevas y mejores canciones, etc., se agruparían en la categoría o el patrón de respuesta *modificar la musicalización del programa*.

¿En qué contextos puede administrarse o aplicarse un cuestionario?

Los cuestionarios se aplican de dos maneras fundamentales: autoadministrado y por entrevista (personal o telefónica).

1. Autoadministrado

Autoadministrado significa que el cuestionario se proporciona directamente a los participantes, quienes lo contestan. No hay intermediarios y las respuestas las marcan ellos. Pero la forma de autoadministración puede tener distintos contextos: *individual, grupal o por envío (correo tradicional, correo electrónico y página web o blog).*

En el caso individual, el cuestionario se entrega al participante y éste lo responde, ya sea que acuda a un lugar para hacerlo (como ocurre cuando se llena un formulario para solicitar empleo) o lo conteste en su lugar de trabajo, hogar o estudio. Por ejemplo, si los participantes fueran una muestra de directivos de laboratorios farmacéuticos de Bogotá, se acudiría a sus oficinas y se les entregarían los cuestionarios. Los ejecutivos se autoadministrarían el cuestionario y esperaríamos a que lo respondan (caso poco común) o lo recolectaríamos otro día. El reto de esta última situación es lograr que los participantes devuelvan el cuestionario contestado completamente. Es conveniente que quien lo entregue posea habilidades para relacionarse con las personas, sea asertivo, y además se caracterice por una elevada persistencia. En nuestra experiencia, en distintos países de Iberoamérica, jóvenes de ambos géneros con buena capacidad comunicativa logran porcentajes de recuperación por encima de 90% en tiempos aceptables (una semana o menos). Y no es necesario que sean físicamente atractivos (aunque ayuda), más bien el éxito reside en su motivación y tenacidad. Asimismo, el mayor coste o gasto de esta clase de administración de los cuestionarios lo representa su distribución y recolección.

En el segundo caso, se reúne a los participantes en grupos (a veces pequeños —cuatro a seis personas—, otras en grupos intermedios —entre siete y 20 sujetos—, incluso en grupos grandes de 21 a 40 individuos). Por ejemplo, empleados (en encuestas de clima organizacional es muy común juntar a grupos de 25, entregarles el cuestionario, introducir al propósito del estudio y al instrumento, responder dudas y pedirles que al concluir lo depositen en una urna sellada, para mantener la confidencialidad), padres de familia (en reuniones escolares), televidentes (cuando asisten a un foro televisivo), alumnos (en sus salones de clase), etc. Es tal vez la forma más económica de aplicar un cuestionario.

A continuación se incluye en la tabla 9.6 una lista de verificación de los aspectos centrales para administrar cuestionarios en grupo.

▲ **Tabla 9.6**   Listado de puntos a verificar al administrar cuestionarios en grupo[13]

1. ¿Tenemos suficientes cuestionarios?	Sí ______________	No ______________
2. ¿Hemos diseñado alguna medida para que quienes no puedan asistir a la sesión respondan al cuestionario?	Sí ______________ ¿Cuál? ______________	No ______________
3. ¿Se notificó formalmente a los participantes potenciales la fecha, la hora y el lugar en que se aplicaría el cuestionario?	Sí ______________ ¿Cómo? (carta, correo electrónico, memorándum)	No ______________
4. ¿Se verificó que el lugar donde se aplicará el cuestionario presenta las condiciones adecuadas de espacio e iluminación?	Sí ______________ ¿Quién verificó?	No ______________
5. ¿Se tomaron acciones para aislar el lugar de fuentes potenciales de ruido u otras distracciones?	Sí ______________	No ______________

(continúa)

---

[13] Adaptado de McMurthy (2005).

▲ **Tabla 9.6**   Listado de puntos a verificar al administrar cuestionarios en grupo (*continuación*)

6. ¿Quién va a leer en voz alta las instrucciones y asistir a los participantes a lo largo de la sesión?	Sí ________ Persona(s): ________	No ________
7. ¿Las instrucciones incluyen cómo responder al cuestionario?	Sí ________	No ________
8. ¿Se contempló un tiempo razonable para responder dudas e inquietudes de los participantes antes de que comiencen a contestar el cuestionario?	Sí ________	No ________
9. ¿Quien va a leer en voz alta las instrucciones tiene una voz nítida y suficientemente fuerte para que todos le escuchen y su lectura será pausada?	Sí ________ Persona(s): ________	No ________
10. ¿Se verificará que todos hayan respondido al cuestionario?	Sí ________	No ________
11. ¿Quién dará las gracias a los participantes por su cooperación?	Sí ________ Persona(s): ________	No ________
12. ¿Quién enviará las cartas de agradecimiento o equivalentes a los participantes y a quienes facilitaron la sesión?	Sí ________ Persona(s): ________	No ________

Los cuestionarios para autoadministración deben ser particularmente atractivos (a colores, en papel especial, con diseño original, etc.; si el presupuesto lo permite).

En el caso de autoadministración por envío, se manda el cuestionario a los participantes por correo postal privado o mensajería (por la rapidez), por medio del correo electrónico, también se les puede pedir que ingresen a una página web o blog para responderlo.

Por correo tradicional: postal o servicio de paquetería o mensajería especializada. El cuestionario se envía junto con una carta explicativa firmada por el investigador o investigadores, la cual hace las funciones de la introducción (con los elementos comentados previamente: propósito del estudio, motivadores, agradecimiento, tiempo de respuesta, etc., excepto las instrucciones que suelen incluirse en el instrumento). Si la carta va membretada con el logotipo del instrumento, mejor.

Se recomienda que los cuestionarios sean más cortos. Si al hablar de otros instrumentos autoadministrados, se comentó que las instrucciones deben ser precisas y claras, esto resulta particularmente importante en estos casos, ya que las posibilidades de realimentación y resolución de dudas se reducen al mínimo. La carátula, además de lo que se señaló previamente, debe contener la fecha exacta de envío. En las instrucciones es necesario agregar la fecha en que se requiere sea devuelto y la forma de regresar el cuestionario contestado, paso a paso. De ser posible, resulta aconsejable designar a una persona para que atienda dudas y comentarios del instrumento y el estudio, por medio telefónico y/o correo electrónico, obviamente tienen que proporcionar sus datos completos. Ofrecer a los participantes un resumen de los resultados, una vez que concluya la investigación, es una práctica recomendable (la cual se puede enviar por correo electrónico).

Asimismo, el paquete enviado a cada individuo potencial incluye dos sobres: uno que contiene el cuestionario y la carta, y el otro para que devuelva el cuestionario cumplimentado. Desde luego, este último con los datos completos del remitente (destinatario final) y con el porte de regreso o la guía de paquetería prepagada (necesitamos cubrir todos los gastos generados en este proceso). Un diseño original de los sobres puede ser de gran ayuda, al menos para que sean abiertos.

Es fundamental contactar vía telefónica y/o correo electrónico al futuro encuestado, para motivarlo a que conteste el cuestionario. Una vez que se reciba su respuesta, es preciso agradecerle su cooperación. Algunas personas se niegan a participar en investigaciones, porque fueron tratadas con descortesía una vez que se obtuvo de ellas lo que se deseaba.

Los cuestionarios autoadministrados pueden ser procesados de forma casi inmediata si se usa codificación por lectura óptica. Es decir, si el papel del cuestionario cubre ciertos requisitos y es respondido con un lápiz o bolígrafo especial. Se ahorra uno la codificación, puesto que el sistema lee las respuestas y automáticamente las envía a la base de datos correspondiente.

Por correo electrónico. Se trata de un procedimiento similar, lo único que cambia es el medio de contacto. La carta, carátula, instrucciones y el cuestionario son enviados a través de un correo electrónico (*e-mail*).

Por medio de una página de internet. Esta vía es similar, en cuanto a la mecánica, a las dos anteriores. Pero en este caso se le pide al participante (por contacto telefónico o correo electrónico) que acceda a un sitio web, donde se localiza el cuestionario, el cual se contesta en el momento o por etapas; otra modalidad puede ser que se "descargue" o "baje" el cuestionario para guardarlo como archivo en la computadora y posteriormente, una vez contestado, se envía por correo electrónico.

Los cuestionarios utilizados en medios electrónicos regularmente se elaboran en un programa de texto e imagen, o se escanean (si están impresos con anterioridad) y "se anexan" en el correo electrónico (como un "archivo adjunto"), también se pueden colocar o "subir" al sitio web, aunque para este segundo caso lo más común es que se elaboren especialmente para tal ambiente. En ambas situaciones, las posibilidades de diseño del instrumento son amplísimas.

Las limitaciones de los estudios que utilizan el correo electrónico y la web, residen en que no todas las personas poseen computadora e internet (sobre todo en América Latina) y algunos individuos (por ejemplo, los mayores de 60 años) se resisten a utilizar estos recursos, porque es una tecnología reciente y desconocida para gran parte de ellos.

Una tasa de devolución de cuestionarios cumplimentados por correo o de manera electrónica por encima de 50% es muy favorable (Mertens, 2005).

Una posibilidad novedosa son las entrevistas interactivas (algunas son modalidades telefónicas, otras se trata de los denominados "medios inteligentes" de correo electrónico o de sitios web), en donde un sistema se contacta vía telefónica o por correo electrónico con los participantes potenciales y efectúa la administración del cuestionario o lo envía. Son mecanismos con reconocimiento de voz, lectura óptica y dictado digital. El problema es —hasta el momento— que la mayoría de la gente se da cuenta de que no es otro ser humano con quien entra en contacto y suele negarse a responder. Además, la saturación de correos electrónicos, llamadas telefónicas y sitios web hacen difícil captar la atención de los participantes potenciales. Si se utilizan, se aconseja que los cuestionarios sean muy breves, no más de 10 preguntas. Desde luego esta situación irá modificándose y cada vez serán más los estudios que utilicen tales tecnologías.

Por otro lado, los sitios web que presentan encuestas de opinión rápida, donde las personas accesan a páginas en las que pueden responder el cuestionario, tienen serios problemas de muestreo (desde luego, se trata de muestras no probabilísticas), esto se debe a que, como ya dijimos, no toda la población puede hacerlo, con lo cual quedan excluidos diversos segmentos, al igual que personas sumamente ocupadas o que simplemente no se interesan en contestar.

En este sentido, Cook, Heath y Thompson (2000 y 2001) realizaron un par de estudios que se centraron en la utilización de internet, cuyos resultados se aplican a todas las vertientes de autoadministración de cuestionarios por envío. De este modo, resultó que tres factores son clave para obtener elevados índices de retorno de cuestionarios: *a*) seguimiento persistente a casos de no respuesta, *b*) vinculación de manera personalizada con los participantes y *c*) contacto antes del envío. La tasa de retorno es mayor en cuestionarios cortos que en los largos.

Una ventaja de estos métodos es que cuando se hacen preguntas personales o de mayor carga emotiva, el sujeto puede contestar de manera más relajada y sincera, puesto que no está frente a otra persona. Vinuesa (2005) señala que la encuesta por correo permite una selección muestral de los participantes de acuerdo con su perfil sociodemográfico, de compra, estilo de vida, etc., y de individuos concretos (profesionales, miembros de alguna asociación, etcétera).

Algunas desventajas residen en que nunca podremos estar seguros de quién respondió el cuestionario y la ausencia de un encuestador impide asegurar la franqueza de las respuestas.

Es importante no realizar investigaciones que requieran enviar el cuestionario en épocas complejas del año (vacaciones de verano o invierno: en Navidad la saturación es impresionante) o que lo sean para la población en estudio (por ejemplo, a fiscalistas y contadores de empresas durante momentos de cierres contables y pago de impuestos; a las personas de edad avanzada en épocas de frío extremo, etcétera).

Para ahondar en el tema de las aplicaciones de cuestionarios por internet y correo, recomendamos a Dillman, Smyth y Christian (2009).

2. Por entrevista personal

Las *entrevistas* implican que una persona calificada (entrevistador) aplica el cuestionario a los participantes; el primero hace las preguntas a cada entrevistado y anota las respuestas. Su papel es crucial, es una especie de filtro.

El primer contexto que revisaremos de una entrevista es el personal ("cara a cara").

Normalmente se tienen varios entrevistadores, quienes deberán estar capacitados en el arte de entrevistar y conocer a fondo el cuestionario. Quienes no deberán sesgar o influir en las respuestas, por ejemplo, reservarse de expresar aprobación o desaprobación respecto de las respuestas del entrevistado, reaccionar de manera ecuánime cuando los participantes se perturben, contestar con gestos ambiguos cuando los sujetos busquen generar una reacción en ellos, etc. Su propósito es lograr que se culmine exitosamente cada entrevista, evitando que decaiga la concentración e interés del participante, además de orientar a éste en el tránsito del instrumento. Las explicaciones que proporcione deberán ser breves pero suficientes. Tiene que ser neutral, pero cordial y servicial. Asimismo, es muy importante que transmita a todos los participantes que no hay respuestas correctas o equivocadas. Por otra parte, su proceder debe ser lo más estándar posible (mismos señalamientos, presentación uniforme, etc.). Con respecto a las instrucciones del cuestionario, algunas son para el entrevistado y otras para el entrevistador. Este último debe recordar que al inicio se comenta: el propósito general del estudio, las motivaciones y el tiempo aproximado de respuesta, agradeciendo de antemano la colaboración.

Estamos de acuerdo con León y Montero (2003), quienes manifiestan que el anterior método descrito es el que consigue un mayor porcentaje de respuestas a las preguntas, su estimación es de 80 a 85%. Incluso puede ser superior a esta cifra con una planeación adecuada.

En relación con el perfil de entrevistadores no hay un consenso, por ejemplo, Corbetta (2003) sugiere que sean mujeres casadas, amas de casa, de mediana edad, diplomadas y de clase media. León y Montero (2003) recomiendan que sean siempre profesionales. En nuestra experiencia el tipo de entrevistador depende del tipo de persona entrevistada. Por ejemplo, que pertenezca a un nivel socioeconómico similar a la mayoría de la muestra, sea joven y haya cursado asignaturas o materias de investigación, que posea facilidad de palabra y capacidad de socializar. Como ya se explicitó previamente, los estudiantes de ambos géneros funcionan mucho mejor. Por tanto, es claro que para este fin deben rechazarse personas inseguras o excesivamente tímidas.

Rogers y Bouey (2005), así como Moule y Goodman (2009), diferencian entre la entrevista cuantitativa y la cualitativa; en relación con la primera, mencionan las siguientes características:

a) El principio y final de la entrevista se definen con claridad. De hecho, tal definición se integra en el cuestionario.

b) El mismo instrumento es aplicado a todos los participantes, en condiciones lo más similares que sea posible.

c) El entrevistador pregunta, el entrevistado responde.

d) Se busca que sea individual, sin la intrusión de otras personas que pueden opinar o alterar de alguna manera la entrevista.

e) Es poco a nada anecdótica (aunque en algunos casos es recomendable que el entrevistador anote cuestiones fuera de lo común como ciertas reacciones y negativas a responder).

f) La mayoría de las preguntas suelen ser cerradas, con mínimos elementos rebatibles, ampliaciones y sondeos.

g) El entrevistador y el propio cuestionario controlan el ritmo y la dirección de la entrevista.

h) El contexto social no es un elemento a considerar, lo es solamente el ambiental.

i) El entrevistador procura que el patrón de comunicación sea similar (su lenguaje, instrucciones, etcétera).

Desde luego, se trata de entrevistas cuya naturaleza es muy distinta y a veces opuesta. Sin embargo, recomendamos que se complemente la lectura de estas líneas con la de entrevistas cualitativas en el capítulo 14 "Recolección y análisis de los datos cualitativos".

Asimismo, la capacitación de entrevistadores debe incluir cuestiones de comunicación no verbal básicas (control de gestos, manejo de silencios, etc.), además de todos los puntos que se revisaron anteriormente.

Cabe señalar que, cuando se trata de *entrevista personal*, el lugar donde se realice es importante (oficina, hogar o casa-habitación, sitio público, como centro comercial, parque, escuela, etc.). Por ejemplo, Jaffe, Pasternak y Grifel (1983) hicieron un estudio para comparar, entre otros aspectos, las respuestas obtenidas en dos puntos diferentes: en el hogar y en puntos de venta. El estudio se interesaba en la conducta del comprador y los resultados concluyeron que se pueden obtener datos exactos en ambos puntos, aunque la entrevista en los puntos de compraventa es menos costosa. En cualquier caso se aconseja que se busque un lugar lo más discreto, silencioso y privado que sea posible. A la misma conclusión llegaron Hernández Sampieri, Cuevas y Méndez (2009), quienes entre 2007 y 2009 hicieron ocho encuestas para conocer la intención del voto y las tendencias electorales en varios municipios de México, y encontraron resultados similares al entrevistar en el hogar y en sitios públicos (parques, mercados, centros comerciales, etcétera).

En estas entrevistas es común mostrar visualmente las opciones de respuesta a los entrevistados, mediante tarjetas, en especial cuando se incluyen más de cinco o son complejas. Pongamos de ejemplo la siguiente tarjeta.[14]

EJEMPLO

De tarjeta para mostrar al entrevistado cuando hay diversas opciones de respuesta
¿Cuáles considera usted que son los tres principales problemas en este municipio?

☐ Pandillerismo	☐ Desempleo	☐ Inseguridad en las calles
☐ Venta de drogas-narcomenudeo	☐ Falta de vivienda	☐ Problemas en la recolección de basura
☐ Pobreza	☐ Falta de infraestructura (calles, puentes, etcétera)	☐ Escasez de agua
☐ Corrupción de funcionarios de la alcaldía	☐ Empleo mal remunerado	☐ Carencia de servicios de salud

---

[14] El ejemplo se ha simplificado por cuestiones de espacio, las opciones fueron obtenidas después de una prueba piloto, se trata de una encuesta hecha en un municipio de Colombia.

También hace algunos años se generó un sistema para sustituir al cuestionario (de lápiz y papel), que es el CAPI (Computer-Assisted Personal Interviewing), en donde el entrevistador muestra al participante una computadora u ordenador personal portátil (*notebook* o *laptop*) que contiene el cuestionario y este último responde guiado por el primero. A veces, la computadora tiene forma de un pequeño pizarrón plano y no posee teclado (de 20 a 40 centímetros de largo y alto), entonces se le presenta al entrevistado el instrumento (a colores, con video, imágenes y muchas más posibilidades) y lo contesta utilizando una pluma electrónica.

Casi siempre las entrevistas son individuales, aunque podrían aplicarse a un grupo pequeño (si ésta fuera la unidad de análisis o caso). Es decir, el cuestionario lo responden entre todos sus miembros o parte de ellos (por ejemplo, cuestionarios para parejas o una familia, o un departamento o de una empresa).

Los cuestionarios aplicados por CAPI, Palm y otros dispositivos similares tienen la ventaja de que los datos se capturan y agregan a la base de datos de forma automática, de manera que en cualquier momento podemos hacer un corte y efectuar toda clase de análisis (vea tendencias, evaluar funcionamiento del instrumento, etc.) (Hernández Sampieri y Mendoza, 2008). La desventaja es obvia: el costo; el cual es muy difícil de absorber por parte de un estudiante o maestro, e incluso, una institución.[15]

Idealmente, después de una entrevista se puede preparar un informe que indique: si el participante se mostraba sincero, la manera como respondió, el tiempo que duró la entrevista, el lugar donde se realizó, las características del entrevistado, los contratiempos que se presentaron y la forma en que se desarrolló la entrevista, así como otros aspectos que se consideren relevantes.

3. Por entrevista telefónica

Obviamente, la diferencia con el anterior tipo de entrevista es el medio de comunicación, que en este caso es el teléfono (hogar, oficina, móvil o celular). Las entrevistas telefónicas son la forma más rápida de realizar una encuesta. Junto con la aplicación grupal de cuestionarios es la manera más económica de aplicar un instrumento de medición, con la posibilidad de asistir a los sujetos de la muestra. Ha sido muy utilizada en los países desarrollados debido a la vertiginosa evolución de la telefonía.

Las habilidades requeridas de parte de los entrevistadores son parecidas a las de la entrevista personal, excepto que éstos no tienen que confrontarse "cara a cara" con los participantes (no importa la vestimenta ni el aspecto físico, pero sí la voz, su modulación y claridad son fundamentales). El nivel de rechazo suele ser menor que la entrevista frente al participante, con excepción de periodos de "saturación telefónica". Por ejemplo, cuando las compañías de un ramo compiten en cuestiones de mercadeo telefónico; tal como ocurrió en varios países latinoamericanos con la apertura comercial a nuevas empresas telefónicas (dichos consorcios iniciaron una campaña para contactar a todos los números telefónicos del país a cualquier hora con el fin de ofrecer sus servicios, llamando a los hogares desde los domingos a las siete de la mañana o después de las 10 de la noche entre semana y hasta en la madrugada). Otro caso es el periodo de elecciones en países donde no se legisla el telemercadeo, los equipos de los candidatos contendientes llegan a aturdir a los ciudadanos mediante comunicaciones telefónicas en busca del voto y para efectuar encuestas de tendencias.

Una ventaja enorme de este método reside en que se puede acceder a barrios inseguros, a conjuntos exclusivos y edificios o casas donde se impide el ingreso (León y Montero, 2003), así como a lugares geográficamente lejanos al investigador.

Algunas recomendaciones para las entrevistas telefónicas son las siguientes:[16]

1. Enviar una carta, telefonema o correo electrónico previo, en que se indique el objetivo de la entrevista, la persona o institución que realiza la encuesta y el día y hora en que se efectuará la comunicación telefónica.

---

2. Realizar la comunicación en el día y hora acordada.
3. El entrevistador debe identificarse y recordarle al entrevistado el propósito del estudio; asimismo, debe asegurarse que es un buen momento para la comunicación.
4. Entre la comunicación previa y la entrevista telefónica no debe pasar más de una semana (programar llamadas adecuadamente).
5. El entrevistador debe asegurarse que está hablando con la persona correcta o que posee el perfil adecuado según la definición de la muestra.
6. Indicar el tiempo que tomará la entrevista.
7. Utilizar un cuestionario breve con preguntas preferentemente estructuradas (cerradas) y sencillas. Más de 15 a 17 preguntas suelen complicar la situación.
8. El entrevistador debe vocalizar correctamente y a la misma velocidad de su interlocutor.
9. Anotar casos de rechazos y las razones.
10. En el entrenamiento, simular las condiciones de aplicación (igual en la prueba piloto).
11. Establecer metas de comunicaciones telefónicas por hora.
12. Si se pretende grabar la entrevista, debe interrogarse al participante si está de acuerdo.

Desde luego, estas recomendaciones aplican a una encuesta telefónica donde poseemos tiempos amplios para llevarla a cabo. Pero en ocasiones, tenemos que realizar sondeos inmediatos para obtener tendencias en la opinión pública y algunas de estas recomendaciones no son pertinentes. Por ejemplo, después de una catástrofe (como un magnicidio, acto terrorista o desastre natural), una noticia mundial (la elección de un nuevo Papa, un acuerdo de paz) o local (un triunfo electoral, un nuevo impuesto). Tal es el caso de las encuestas que se realizaron en los días posteriores al asesinato de J.F. Kennedy (Sheatsley y Feldman, 1964), las efectuadas después de los ataques terroristas del 11 de septiembre de 2001 en Nueva York (University of Southern California y Bendixen & Associates, 2002), las hechas con motivo de los atentados ocurridos en Madrid el 11 de marzo de 2004 (Michavila, 2005) o las ulteriores a las explosiones del 7 de julio de 2005 en Londres (COMPAS, 2005; The Harris Poll, 2005; British Broadcasting Corporation, 2005), así como la encuesta telefónica nacional llevada a cabo en México después del brote del virus de la influenza humana (Consulta Mitofsky, 2009).

Para la administración de encuestas telefónicas se dispone de varias tecnologías, además de las ya comentadas de reconocimiento de voz y dictado digital, como el CATI (Computer-Assisted Telephone Interviewing), en donde el entrevistador se sienta frente a su computadora u ordenador, cuyo sistema selecciona números telefónicos generados al azar y los marca automáticamente. Una vez que contesta la persona indicada, él comienza a leer las preguntas en el monitor y anota las respuestas (desde luego, mediante el teclado o el *mouse*), las cuales son capturadas y codificadas de manera automática. El sistema gestiona el desarrollo de la entrevista, ya que va remitiendo a las opciones adecuadas (en caso de preguntas condicionadas, como por ejemplo: ¿tiene usted una cuenta en este banco, sí o no? Si la respuesta es "sí", entonces continúa con la siguiente pregunta enlazada: ¿qué servicios usa…? Pero si la respuesta fue un "no", puede concluir con un muchas gracias…, o pasar a otras preguntas). El entrevistador puede utilizar diademas con audífonos y micrófono. O bien, el sistema tiene la facilidad de reconocimiento de voz y de capturar directamente la respuesta. Es una interfase con el *Random Digit Dialing*.

Una enorme desventaja de las encuestas telefónicas es que están limitadas a una cuantas preguntas o no se pueden efectuar mediciones complejas de variables o profundizar en ciertos temas. Pero una vez más, los datos se capturan y agregan a la base de datos de forma automática y se pueden hacer cortes de la información de manera inmediata y realizar toda clase de análisis.

Corbetta (2003) sugiere que si la pregunta se va a presentar oralmente (mediante entrevista) las preguntas no contengan más de cinco opciones de respuesta, ya que por encima de este límite se suelen olvidar las primeras.

Cuando se realizan entrevistas personales en el hogar o telefónicas se debe tomar en cuenta el *horario*. Ya que si efectuamos la visita o hablamos por teléfono sólo a una hora (digamos en la mañana), nos encontraremos con unos cuantos subgrupos de la población (por ejemplo, amas de casa).

Una variación de la administración de cuestionarios por teléfono es la siguiente: en un programa radial o televisivo se solicita la opinión o respuesta de los receptores a una pregunta o algunas cuantas preguntas, éstos deben marcar un número telefónico y contestar las opciones de respuesta con las que concuerden más. El problema de estas encuestas reside en la muestra, que desde luego no es probabilística, sino que se conforma de voluntarios que cubren dos condiciones: tener teléfono y estar viendo o escuchando la emisión del programa. Este proceder nos conduce más que a un estudio, a un sondeo. Lo cual no es un error en sí, lo grave es que se pretenda generalizar los resultados a una población (por ejemplo, los habitantes de una ciudad, un estado, provincia o departamento; o peor aún, un país).

Algunas consideraciones adicionales para la administración del cuestionario

Cuando se tiene población analfabeta, con niveles educativos bajos o niños que apenas comienzan a leer o no dominan la lectura, el método más conveniente de administración de un cuestionario es por entrevista. Aunque hoy en día ya existen algunos cuestionarios muy gráficos que usan escalas sencillas para las opciones de respuestas. Como en el siguiente ejemplo.

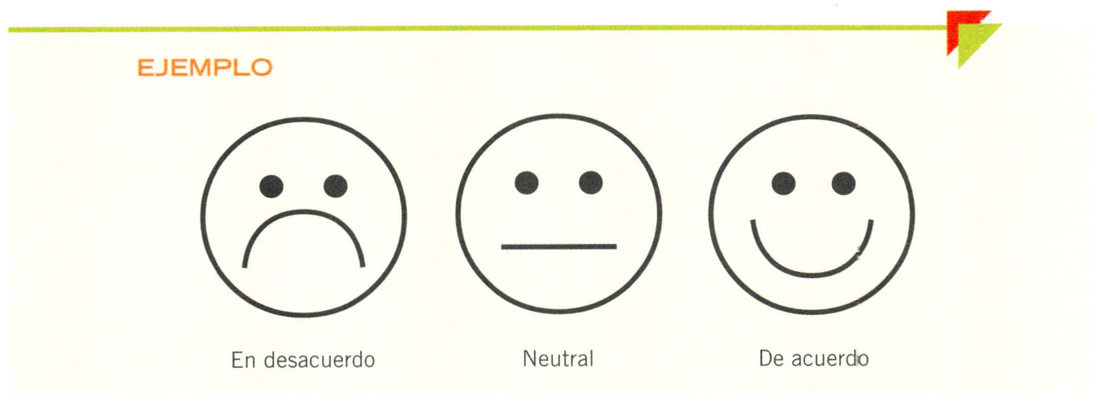

Con trabajadores de niveles de lectura básica se recomienda utilizar entrevistas o cuestionarios autoadministrados sencillos que se apliquen en grupos, con la asesoría de entrevistadores o supervisores capacitados.

En algunos casos, con ejecutivos que difícilmente vayan a dedicarle a un solo asunto más de 20 minutos, se pueden utilizar cuestionarios autoadministrados o entrevistas telefónicas. Con estudiantes suelen funcionar los cuestionarios autoadministrados.

Algunas asociaciones realizan encuestas por correo y ciertas empresas envían cuestionarios a sus ejecutivos y supervisores mediante el servicio interno de mensajería o por correo electrónico. Cuando el cuestionario contiene unas cuantas preguntas (su administración toma entre cuatro y cinco minutos), la entrevista telefónica es una buena alternativa.

Ahora bien, sea cual fuere la forma de administración, siempre debe haber uno o varios supervisores que verifiquen que los cuestionarios se están aplicando correctamente.

La elección del contexto para administrar el cuestionario deberá ser muy cuidadosa y dependerá del presupuesto disponible, el tiempo de entrega de los resultados, el planteamiento del problema, la naturaleza de los datos y el tipo de participantes (edad, nivel educativo, etcétera).

A continuación incluimos la tabla 9.7 que compara de manera sencilla las formas de administración.

▲ **Tabla 9.7** Comparación de las principales formas de administración de cuestionarios

Método de administración	Tasa de respuesta	Presupuesto o coste (fuente que origina el mayor gasto)	Rapidez con que se administra	Profundidad de los datos obtenidos	Tamaño del cuestionario
Autoadministrado (individual)	Media	Medio (pago de recolectores)	Media	Alta	Cualquier tamaño razonable
Autoadministrado (grupal)	Alta	Bajo (sesiones)	Rápido	Alta	Cualquier tamaño razonable
Autoadministrado (envío correo o paquetería)	Baja	Bajo por correo postal(envíos) Medio por paquetería (envíos)	Lenta	Alta	Cualquier tamaño razonable
Autoadministrado por correo electrónico o página web	Baja	Bajo (diseño electrónico)	Media	Alta	Cualquier tamaño razonable
Entrevista personal	Alta	Elevado (pago a entrevistadores y gastos de viaje)	Media	Alta	Cualquier tamaño razonable
Entrevista telefónica	Alta	Bajo (llamadas telefónicas locales y entrevistadores)	Rápido	Baja	Corto

Cuando los cuestionarios son muy complejos de contestar o de aplicar, suele utilizarse un manual que explica a fondo las instrucciones y cómo debe responderse o administrarse.

OA4 Escalas para medir las actitudes

Actitud Predisposición aprendida para responder coherentemente de manera favorable o desfavorable ante un objeto, ser vivo, actividad, concepto, persona o sus símbolos.

Una **actitud** es una predisposición aprendida para responder coherentemente de una manera favorable o desfavorable ante un objeto, ser vivo, actividad, concepto, persona o sus símbolos (Fishbein y Ajzen, 1975; Haddock y Maio, 2007; y Oskamp y Schultz , 2009). Así, los seres humanos tenemos actitudes hacia muy diversos objetos, símbolos, etc.; por ejemplo, actitudes hacia el aborto, la política económica, la familia, un profesor, diferentes grupos étnicos, la ley, nuestro trabajo, una nación específica, los osos, el nacionalismo, nosotros mismos, etcétera.

Las actitudes están relacionadas con el comportamiento que mantenemos en torno a los objetos a que hacen referencia. Si mi actitud hacia el aborto es desfavorable, probablemente no abortaría o no participaría en un aborto. Si mi actitud es favorable a un partido político, lo más probable es que vote por él en las próximas elecciones. Desde luego, las actitudes sólo son un indicador de la conducta, pero no la conducta en sí. Por ello, las mediciones de actitudes deben interpretarse como "síntomas" y no como "hechos" (Padua, 2000). Si detecto que la actitud de un grupo hacia la contaminación es desfavorable, esto no significa que las personas estén tomando acciones para evitar contaminar el ambiente, aunque sí es un indicador de que pueden adoptarlas en forma paulatina. La actitud es como una "semilla" que bajo ciertas condiciones suele "germinar en comportamiento".

Las actitudes tienen diversas propiedades, entre las que destacan: dirección (positiva o negativa) e intensidad (alta o baja); estas propiedades forman parte de la medición.

Los métodos más conocidos para medir por escalas las variables que constituyen actitudes son: el método de escalamiento Likert, el diferencial semántico y la escala de Guttman. A continuación examinaremos los primeros dos, que son los utilizados con mayor frecuencia. En el capítulo 7 del CD anexo: "Recolección de los datos cuantitativos, segunda parte", se comenta el tercer método: escalograma de Guttman.

Escalamiento tipo Likert

Este método fue desarrollado por Rensis Likert en 1932; sin embargo, se trata de un enfoque vigente y bastante popularizado.[17] Consiste en un conjunto de ítems presentados en forma de afirmaciones o juicios, ante los cuales se pide la reacción de los participantes. Es decir, se presenta cada afirmación y se solicita al sujeto que externe su reacción eligiendo uno de los cinco puntos o categorías de la escala. A cada punto se le asigna un valor numérico. Así, el participante obtiene una puntuación respecto de la afirmación y al final su puntuación total, sumando las puntuaciones obtenidas en relación con todas las afirmaciones.

Escalamiento Likert Conjunto de ítems que se presentan en forma de afirmaciones para medir la reacción del sujeto en tres, cinco o siete categorías.

Las afirmaciones califican al objeto de actitud que se está midiendo. El objeto de actitud puede ser cualquier "cosa física" (un vestido, un automóvil…), un individuo (el Presidente, un líder histórico, mi madre, mi sobrino Alexis, un candidato a una elección…), un concepto o símbolo (patria, sexualidad, la mujer vallenata —Colombia—, el trabajo), una marca (Adidas, Ford…), una actividad (comer, beber café…), una profesión, un edificio, etc. Por ejemplo, Kafer *et al.* (1989) generaron varias escalas para medir las actitudes hacia los animales y Meerkerk *et al.* (2009) desarrollaron un instrumento basado en escalas Likert para determinar la severidad del uso compulsivo de internet.

Tales frases o juicios deben expresar sólo una relación lógica; además, es muy recomendable que no excedan de 20 palabras.

EJEMPLO

De frase

Objeto de actitud medido	Afirmación
El voto	"Votar es una obligación de todo ciudadano responsable"

En este caso, la afirmación incluye ocho palabras y expresa una sola relación lógica (X–Y). Las opciones de respuesta o puntos de la escala son cinco e indican cuánto se está de acuerdo con la frase correspondiente.[18] Las opciones más comunes se presentan en la figura 9.11. Debe recordarse que a cada una de ellas se le asigna un valor numérico (precodificado o no) y sólo puede marcarse una respuesta. Se considera un dato inválido si se marcan dos o más opciones.

Las opciones de respuesta o categorías pueden colocarse de manera horizontal, como en la figura 9.11, o en forma vertical.

( ) Muy de acuerdo

( ) De acuerdo

( ) Ni de acuerdo ni en desacuerdo

( ) En desacuerdo

( ) Muy en desacuerdo

---

[17] Para conocer los orígenes de esta técnica se recomienda consultar a Likert (1976a o 1976b), Seiler y Hough (1976) y particularmente el libro original: Likert (1932).

[18] Likert (1932), Futrell *et al.* (1998), Clark (2000) y Roberts y Jowell (2008).

Figura 9.11   Opciones o puntos en las escalas Likert.

O bien, utilizando recuadros en lugar de paréntesis:

☐ Definitivamente sí
☐ Probablemente sí
☐ Indeciso
☐ Probablemente no
☐ Definitivamente no

Es indispensable señalar que el número de categorías de respuesta debe ser igual para todas las afirmaciones. Pero siempre respetando el mismo orden o jerarquía de presentación de las opciones para todas las frases (ver tabla 9.8).

Dirección de las afirmaciones

Las afirmaciones pueden tener dirección: *favorable o positiva y desfavorable o negativa.* Y esta dirección es muy importante para saber cómo se codifican las alternativas de respuesta.

Si la afirmación es *positiva*, significa que califica favorablemente al objeto de actitud; de este modo, cuanto más de acuerdo con la frase estén los participantes, su actitud será igualmente más favorable.

▲ **Tabla 9.8**   Opciones jerárquicamente correctas e incorrectas en un ejemplo[19]

Objeto de actitud: mi novia	
Correcto	**Incorrecto (no se respeta la misma jerarquía en todos los ítems)**
"Me gusta estar mucho con mi novia"	"Me gusta estar mucho con mi novia"
☐ Definitivamente sí	☐ Probablemente sí
☐ Probablemente sí	☐ Indeciso
☐ Indeciso	☐ Definitivamente sí
☐ Probablemente no	☐ Probablemente no
☐ Definitivamente no	☐ Definitivamente no
"Si por mí fuera, todos los días estaría con mi novia"	"Si por mí fuera, todos los días estaría con mi novia"
☐ Definitivamente sí	☐ Definitivamente sí
☐ Probablemente sí	☐ Probablemente sí
☐ Indeciso	☐ Probablemente no
☐ Probablemente no	☐ Definitivamente no
☐ Definitivamente no	☐ Indeciso
"Amo demasiado a mi novia"	"Amo demasiado a mi novia"
☐ Definitivamente sí	☐ Definitivamente sí
☐ Probablemente sí	☐ Probablemente sí
☐ Indeciso	☐ Indeciso
☐ Probablemente no	☐ Probablemente no
☐ Definitivamente no	☐ Definitivamente no

EJEMPLO

"El Ministerio de Hacienda ayuda al contribuyente a resolver sus problemas en el pago de impuestos".

En este ejemplo, si estamos "muy de acuerdo" con la afirmación implica una actitud más favorable hacia el Ministerio de Hacienda que si estamos solamente "de acuerdo". En cambio, si estamos "muy en desacuerdo" implica una actitud muy desfavorable. Por tanto, *cuando las afirmaciones son positivas se califican comúnmente de la siguiente manera*:

(5) Muy de acuerdo
(4) De acuerdo
(3) Ni de acuerdo ni en desacuerdo
(2) En desacuerdo
(1) Muy en desacuerdo

Es decir, en este ejemplo, estar más de acuerdo implica una puntuación mayor.

Pero si la afirmación es *negativa*, significa que califica desfavorablemente al objeto de actitud, y cuanto más de acuerdo estén los participantes con la frase, implica que su actitud es menos favorable, esto es, más desfavorable.

---

[19] Es un ejemplo simple para ilustrar el concepto.

"El Ministerio de Hacienda se caracteriza por obstaculizar al contribuyente en el pago de impuestos".

En este nuevo ejemplo, si estamos "muy de acuerdo" implica una actitud más desfavorable que si estamos de "acuerdo", y así en forma sucesiva. En contraste, si estamos "muy en desacuerdo" implica una actitud favorable hacia el Ministerio de Hacienda. Rechazamos la frase porque califica negativamente al objeto de actitud. Un ejemplo cotidiano de afirmación negativa sería: "Luis es un mal amigo". Cuanto más de acuerdo estemos con el juicio, nuestra actitud hacia Luis será menos favorable. Es decir, estar más de acuerdo implica una puntuación menor. *Cuando las afirmaciones son negativas se califican al contrario de las positivas.*

(1) Totalmente de acuerdo
(2) De acuerdo
(3) Ni de acuerdo ni en desacuerdo
(4) En desacuerdo
(5) Totalmente en desacuerdo

En la figura 9.12 se presenta un ejemplo de una escala Likert para medir la actitud hacia un organismo tributario.[20]

Las afirmaciones que voy a leer son opiniones con las que algunas personas están de acuerdo y otras en desacuerdo. Voy a pedirle que me diga, por favor, qué tan de acuerdo está usted con cada una de estas opiniones:

1. El personal de la Dirección General de Impuestos Nacionales es grosero al atender al público.
    1. Muy de acuerdo   4. En desacuerdo
    2. De acuerdo   5. Muy en desacuerdo
    3. Ni de acuerdo ni en desacuerdo

2. La Dirección General de Impuestos Nacionales se caracteriza por la deshonestidad de sus funcionarios.
    1. Muy de acuerdo   4. En desacuerdo
    2. De acuerdo   5. Muy en desacuerdo
    3. Ni de acuerdo ni en desacuerdo

3. Los servicios que presta la Dirección General de Impuestos Nacionales en general son muy buenos.
    5. Muy de acuerdo   2. En desacuerdo
    4. De acuerdo   1. Muy en desacuerdo
    3. Ni de acuerdo ni en desacuerdo

4. La Dirección General de Impuestos Nacionales informa claramente sobre cómo, dónde y cuándo pagar los impuestos.
    5. Muy de acuerdo   2. En desacuerdo
    4. De acuerdo   1. Muy en desacuerdo
    3. Ni de acuerdo ni en desacuerdo

Figura 9.12 Muestra de una escala Likert.

---

[20] El ejemplo fue utilizado en un país latinoamericano y su confiabilidad total fue de 0.89; aquí se presenta una versión reducida de la escala original. El nombre del organismo tributario que aquí se utiliza es ficticio.

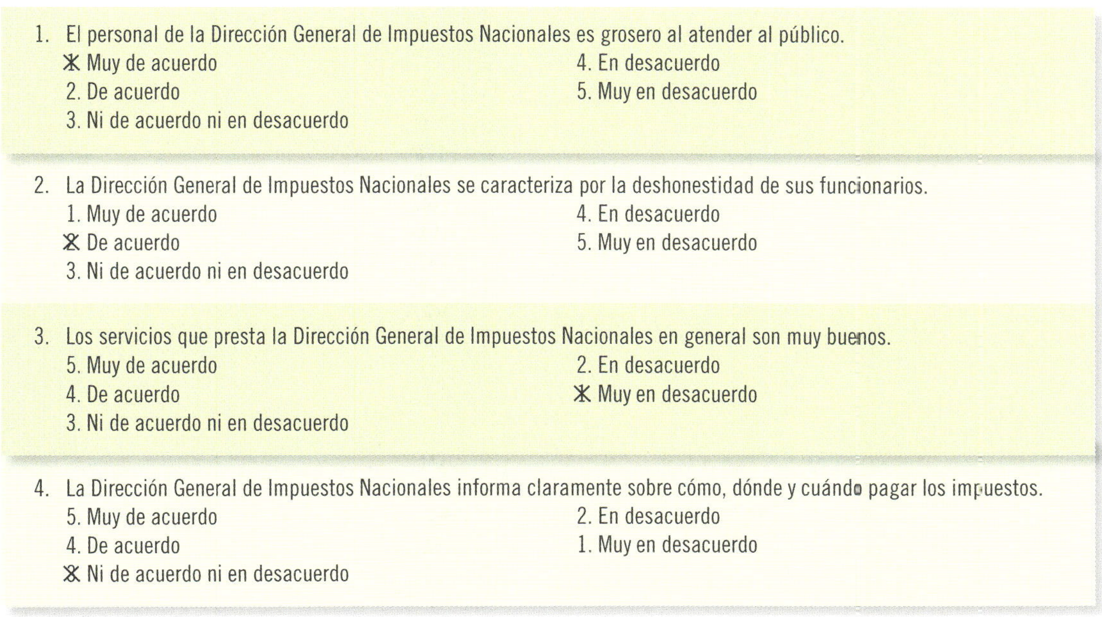

Figura 9.12   Muestra de una escala Likert (*continuación*).

Como puede observarse en la figura 9.12, las afirmaciones 1, 2, 5 y 8 son negativas (desfavorables); y las afirmaciones 3, 4, 6 y 7 son positivas (favorables).

Forma de obtener las puntuaciones

Las puntuaciones de las escalas Likert se obtienen sumando los valores alcanzados respecto de cada frase. Por ello se denomina *escala aditiva*. La figura 9.13, la cual se basa en la figura 9.12, constituiría un ejemplo de cómo calificar una escala Likert.

Figura 9.13   Muestra de puntuaciones de la escala Likert.

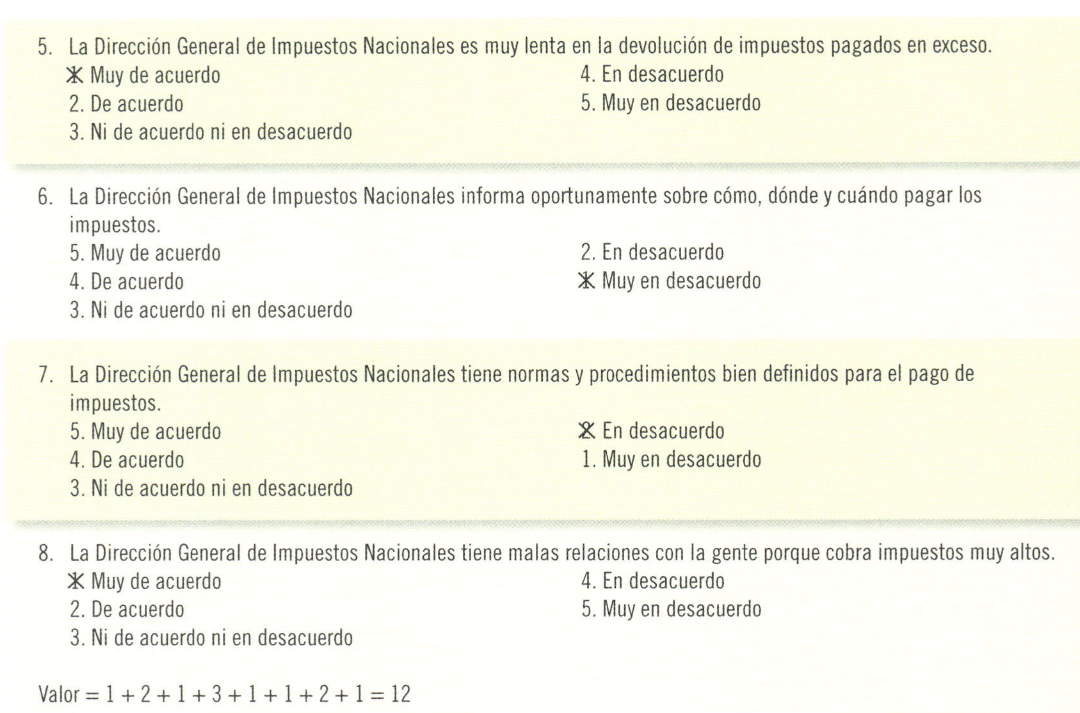

Figura 9.13   Muestra de puntuaciones de la escala Likert (*continuación*).

Una puntuación se considera alta o baja según el número de ítems o afirmaciones. Por ejemplo, en la escala para evaluar la actitud hacia el organismo tributario, la puntuación mínima posible es de ocho (1 + 1 + 1 + 1 + 1 + 1 + 1 + 1) y la máxima es de 40 (5 + 5 + 5 + 5 + 5 + 5 + 5 + 5), porque hay ocho afirmaciones. La persona del ejemplo obtuvo 12. Su actitud hacia el organismo tributario es más bien bastante desfavorable; veámoslo gráficamente:

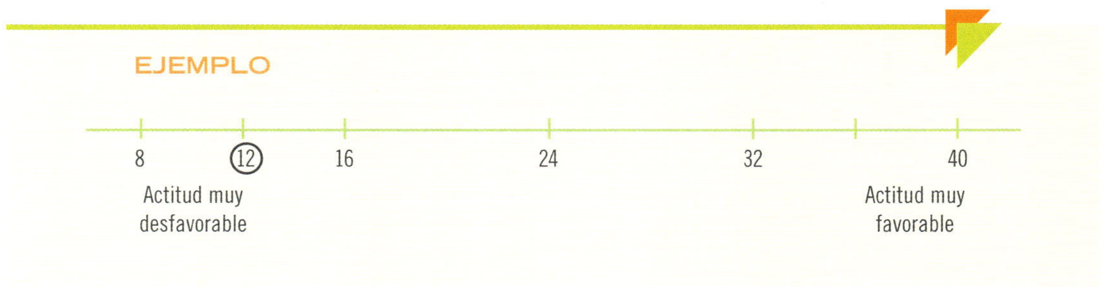

Si alguien hubiera tenido una puntuación de 37 (5 + 5 + 4 + 5 + 5 + 4 + 4 + 5) su actitud se calificaría como sumamente favorable. En las *escalas Likert* a veces se califica el promedio resultante en la escala mediante la sencilla fórmula *PT/NT* (donde *PT* es la puntuación total en la escala y *NT* es el número de afirmaciones), y entonces una puntuación se analiza en el continuo 1-5 de la siguiente manera, con el ejemplo de quien obtuvo 12 en la escala (12/8 = 1.5).

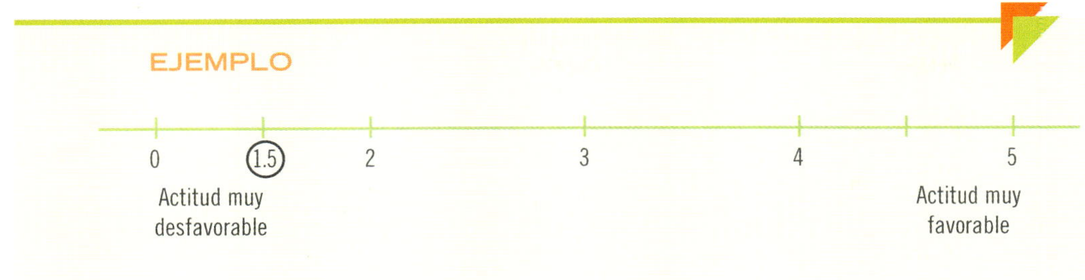

La escala Likert es, en sentido estricto, una medición ordinal; sin embargo, es común que se le trabaje como si fuera de intervalo. Creswell (2005) y Pell (2005) señalan que debe considerarse en un nivel de medición por intervalos porque ha sido probada en múltiples ocasiones. Pero otros autores, como Jamieson (2004), consideran que tiene que concebirse como ordinal y analizarse como tal. Para profundizar en esta polémica recomendamos a Hodge y Gillespie (2003), así como a Carifio y Rocco (2007 y 2008) y Achyar (2008).

Asimismo, a veces se utiliza un intervalo de 0 a 4 o de −2 a +2, en lugar de 1 a 5. Pero esto no importa porque se cambia el marco de referencia de la interpretación. Veámoslo gráficamente.

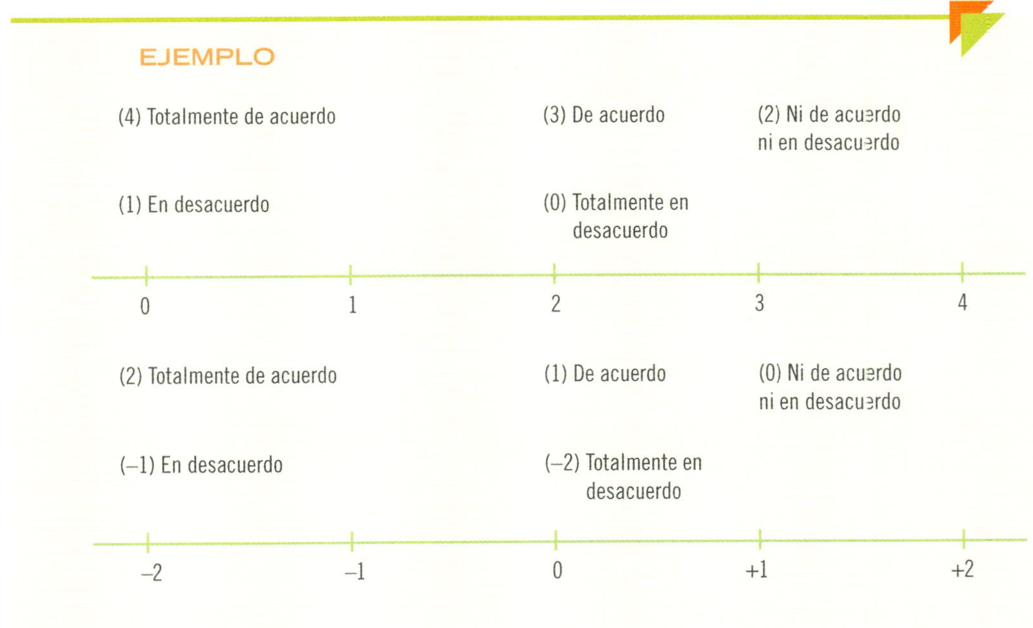

Simplemente se ajusta el marco de referencia; pero el rango se mantiene y las categorías continúan siendo cinco.

Otras condiciones sobre la escala Likert

A veces se disminuye o se incrementa el número de categorías, sobre todo cuando los participantes potenciales tienen una capacidad muy limitada de discriminación o, por el contrario, muy amplia.

EJEMPLOS

1 De acuerdo	0 En desacuerdo	
3 De acuerdo	2 Ni de acuerdo ni en desacuerdo	1 En desacuerdo
7 Totalmente de acuerdo	6 De acuerdo	5 Indeciso, pero más bien de acuerdo
4 Indeciso, ni de acuerdo ni en desacuerdo	3 Indeciso pero más bien en desacuerdo	
2 En desacuerdo	1 Totalmente en desacuerdo	

Si los participantes tienen poca capacidad de discriminar se pueden considerar dos o tres categorías. Por el contrario, si son personas con un nivel educativo elevado y gran capacidad de discriminación, pueden incluirse siete o más categorías. Pero debe recalcarse que el número de categorías de respuesta tiene que ser el mismo para todos los ítems. Si son tres, son tres categorías para todos los ítems o las afirmaciones. Si son cinco, son cinco categorías para todos los reactivos. En ocasiones se elimina la opción o categoría intermedia y neutral (ni de acuerdo ni en desacuerdo, neutral, indeciso…) para comprometer al sujeto o forzarlo a que se pronuncie de manera favorable o desfavorable.

Asimismo, como señalan Hodge y Gillespie (2003), algunos respondientes gradúan su intensidad en un continuo que va del "fuertemente de acuerdo" a "neutral" y hasta el "fuertemente en desacuerdo", mientras que otros entienden a esta categoría central como un "no sé" o "no aplica". Estos individuos ven al punto neutral o medio como una extensión de la dimensión de contenido, considerándolo como una opción de respuesta cuando no poseen suficiente información. En este caso, resulta apropiado ignorar tales respuestas cuando se calcula la puntuación total (Raaijmakers *et al.*, 2000; Hodge y Gillespie, 2003). Si después de la prueba piloto se observa que una cuarta parte o más de los respondientes tienden a irse a la categoría neutral en un ítem, es necesario revisarlo e incluso eliminarlo. Si esto ocurre en varios reactivos, se debe eliminar tal categoría o revisar a fondo la escala.

Un aspecto muy importante de la escala Likert es que asume que los ítems o las afirmaciones miden la actitud hacia un único concepto subyacente. En el caso de que se midan actitudes hacia varios objetos, deberá incluirse una escala por objeto, porque aunque se presenten conjuntamente, se califican por separado. *En cada escala se considera que todos los ítems tienen igual peso.*

Cómo se construye una escala Likert

En términos generales, una escala Likert se construye con un elevado número de afirmaciones que califiquen al objeto de actitud y se administran a un grupo piloto para obtener las puntuaciones del grupo en cada ítem o frase. Estas puntuaciones se correlacionan con las del grupo a toda la escala (la suma de las puntuaciones de todas las afirmaciones), y las frases o reactivos, cuyas puntuaciones se correlacionen significativamente con las puntuaciones de toda la escala, se seleccionan para integrar el instrumento de medición. Asimismo, debe calcularse la confiabilidad y validez de la escala.

Preguntas en lugar de afirmaciones

En la actualidad, la escala original con frases se ha extendido a preguntas y observaciones. Como se puede observar en el siguiente ejemplo para evaluar al conductor de un programa televisivo.

EJEMPLO

¿Cómo considera usted al conductor del programa...?

| 5 | Muy buen conductor | 4 | Buen conductor | 3 | Regular |

| 2 | Mal conductor | 1 | Muy mal conductor |

Otro ejemplo sería un conjunto de preguntas formuladas en una investigación para analizar la relación de compraventa en empresas de la Ciudad de México (Paniagua, 1985). De ella se presenta un fragmento en la tabla 9.9.[21]

▲ **Tabla 9.9**   Ejemplo de la escala Likert aplicada a varias preguntas

¿Para elegir a sus proveedores qué tan importante es...	Indispensable (5)	Sumamente importante (4)	Medianamente importante (3)	Poco importante (2)	No se toma en cuenta (1)
el precio?	5	4	3	2	1
la forma de pago (contado/ crédito)?	5	4	3	2	1
el tiempo de entrega?	5	4	3	2	1
el lugar de entrega?	5	4	3	2	1
la garantía del producto?	5	4	3	2	1
el prestigio del producto?	5	4	3	2	1
el prestigio de la empresa proveedora?	5	4	3	2	1
el cumplimiento del proveedor con las especificaciones?	5	4	3	2	1
la información que sobre el producto proporcione el proveedor?	5	4	3	2	1
el tiempo de trabajar con el proveedor?	5	4	3	2	1
la entrega del producto en las condiciones acordadas?	5	4	3	2	1
la calidad del producto?	5	4	3	2	1

Las respuestas se califican del modo que ya hemos comentado.

La escala en la pregunta

En ocasiones la escala se incluye en la pregunta. Mertens (2005) las denomina *preguntas actitudinales*, por ejemplo: ¿está usted fuertemente a favor, más bien a favor, más bien en contra o fuertemente en contra del aborto cuando la mujer ha sido violada?

---

[21] Estas preguntas se han seguido utilizando en estudios más actuales; siguen siendo vigentes.

En la pregunta se eliminó la categoría central o intermedia. Pero estas interrogantes suelen limitarse a entrevistas de unas cuantas preguntas, porque requieren cierta capacidad de memorización.

Método de completar las frases

Hodge y Gillespie (2003) desarrollaron una derivación del escalamiento clásico de Likert, en la cual se incluyen frases incompletas respecto al objeto de actitud y a éstas se les agrega un continuo que sirve como base para las respuestas claves. Estos autores plantearon un continuo con 11 puntos o categorías (0 a 10) y que se "ancla" en cada extremo con terminaciones respecto a la frase a la que hacen referencia, las cuales representan la ausencia del constructo (cero) y la máxima "cantidad" o "presencia" del mismo (10). Sostienen que los participantes usan un número para guiarse en sus respuestas, y la frase introductoria los orienta en el continuo. Se les pide que circunscriban o marquen el número que refleje mejor su respuesta. El constructo se mide por ítems que enfatizan la fuerza del atributo. Los números trabajan en concordancia con las frases para implicar el grado de presencia de éste. El ejemplo, lo sería la *actitud intrínseca hacia la religión.*[22]

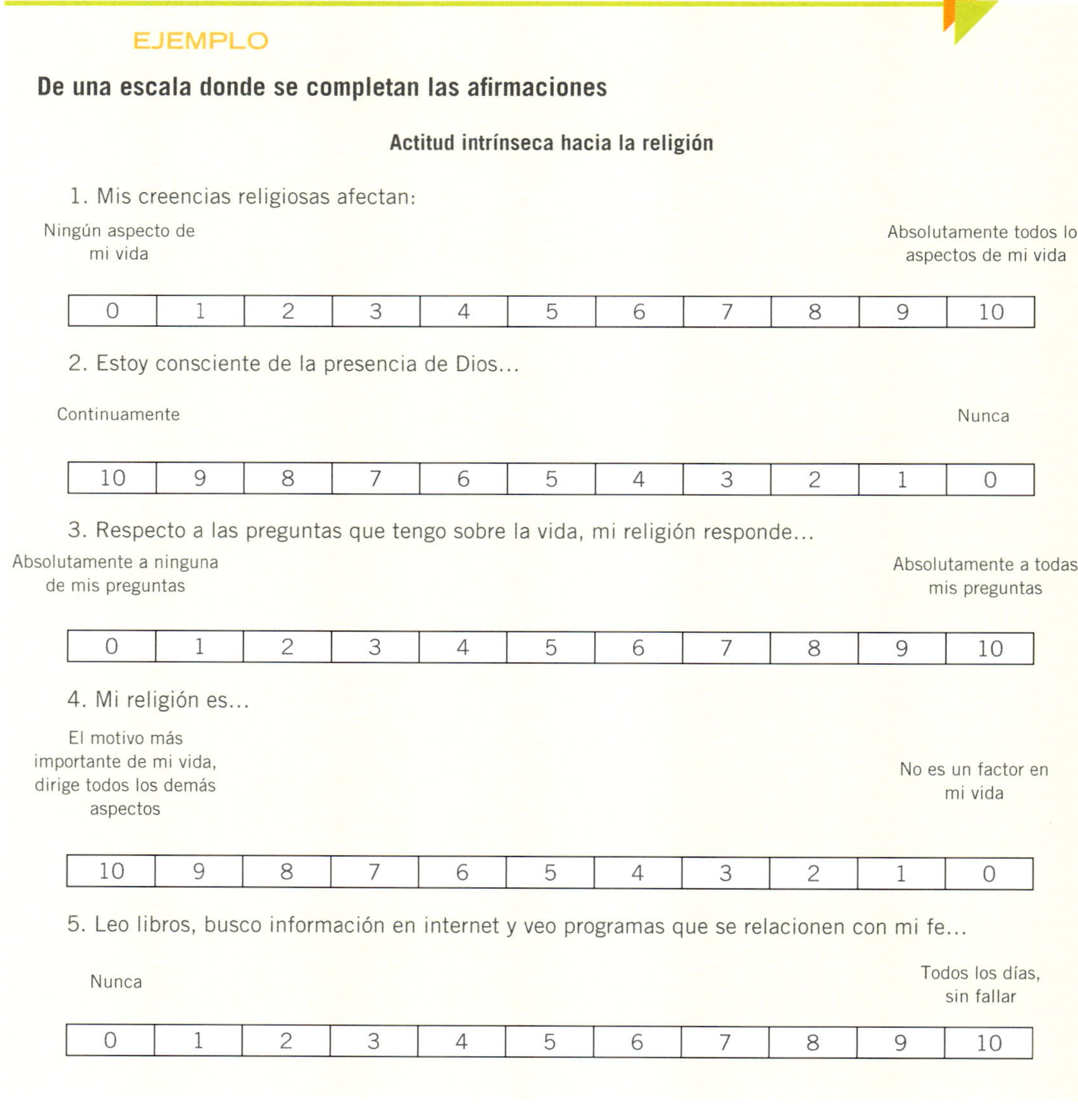

0	1	2	3	4	5	6	7	8	9	10

10	9	8	7	6	5	4	3	2	1	0

0	1	2	3	4	5	6	7	8	9	10

10	9	8	7	6	5	4	3	2	1	0

0	1	2	3	4	5	6	7	8	9	10

---

[22] Adaptado al español y modificado después de una prueba piloto (Hodge y Gillespie, 2003, p. 52).

6. Busco momentos para meditar y pensar sobre mi religión y Dios...

Todos los días,
  sin fallar   Nunca

10	9	8	7	6	5	4	3	2	1	0

Al construir una escala Likert, debemos asegurarnos de que las afirmaciones y alternativas de respuesta serán comprendidas por los participantes a los que se les aplicará y que éstos tendrán la capacidad de discriminación requerida. Ello se evalúa cuidadosamente en la prueba piloto. Las escalas pueden ser autoadministradas o aplicadas mediante entrevistas, en este último caso, es recomendable mostrar al entrevistado una tarjeta donde se presenten las alternativas de respuestas o categorías. Asimismo, las escalas Likert pueden integrarse dentro de un cuestionario.

Diferencial semántico

El **diferencial semántico** fue desarrollado originalmente por Osgood, Suci y Tannenbaum (1957) para explorar las dimensiones del significado.[23] Consiste en una serie de adjetivos extremos que califican al objeto de actitud, ante los cuales se solicita la reacción del participante. Es decir, éste debe calificar al objeto de actitud a partir de un conjunto de adjetivos bipolares; entre cada par de éstos, se presentan varias opciones y la persona selecciona aquella que en mayor medida refleje su actitud.

> **Diferencial semántico** Serie de pares de adjetivos extremos que sirven para calificar al objeto de actitud, ante los cuales se pide la reacción del sujeto, al ubicarlo en una categoría por cada par.

EJEMPLO

Escala bipolar

Objeto de actitud: Candidato "A"

justo :_____:_____:_____:_____:_____:_____:_____: injusto

Debe observarse que los adjetivos son "extremos" y que entre ellos hay siete opciones de respuesta. Cada participante califica al candidato "A" en términos de esta escala de adjetivos bipolares.

Osgood, Suci y Tannenbaum (1957) nos indican que si el respondiente considera que el objeto de actitud se relaciona *muy estrechamente* con uno u otro extremo de la escala, la respuesta se marca así:

justo: ___X___:_______:_______:_______:_______:_______:_______: injusto

O de la siguiente manera:

justo: _______:_______:_______:_______:_______:_______:___X___: injusto

---

[23] Para profundizar en el diferencial semántico se recomienda consultar: Osgood, Suci y Tannenbaum (1957, 1976a y 1976b), así como Heise (1976).

Si el participante considera que el objeto de actitud se relaciona *estrechamente* con uno u otro extremo de la escala, la respuesta se marca así (dependiendo del extremo en cuestión):

justo: ________:___X___:________:________:________:________:________: injusto

justo: ________:________:________:________:________:___X___:________: injusto

Si el interviniente considera que el objeto de actitud se relaciona *medianamente* con alguno de los extremos, la respuesta se marca así (dependiendo del extremo en cuestión):

justo: ________:________:___X___:________:________:________:________: injusto

justo: ________:________:________:________:___X___:________:________: injusto

Y si el respondiente considera que el objeto de actitud ocupa una posición neutral en la escala (ni justo ni injusto, en este caso), la respuesta se marca así:

justo: ________:________:________:___X___:________:________:________: injusto

Es decir, en el ejemplo, cuanto más justo considere al candidato "A" más me acerco al extremo "justo"; y viceversa, cuanto más injusto lo considero más me acerco al extremo opuesto.

Algunos casos de adjetivos bipolares se muestran en el siguiente ejemplo. Desde luego hay muchos más que se han utilizado o que pudieran pensarse. La elección de adjetivos depende del objeto de actitud a calificar, ya que se requiere que los adjetivos se puedan aplicar a éste.

EJEMPLOS

Adjetivos bipolares

fuerte-débil	poderoso-impotente
grande-pequeño	vivo-muerto
bonito-feo	joven-viejo
alto-bajo	rápido-lento
claro-oscuro	gigante-enano
caliente-frío	perfecto-imperfecto
costoso-barato	agradable-desagradable
activo-pasivo	bendito-maldito
seguro-peligroso	arriba-abajo
bueno-malo	útil-inútil
dulce-amargo	favorable-desfavorable
profundo-superficial	asertivo-tímido
agresivo-pacífico	honesto-deshonesto
sincero-hipócrita	bien intencionado-mal intencionado

Codificación de las escalas

Los puntos o las categorías de la escala pueden codificarse de diversos modos, que se presentan en la figura 9.14.

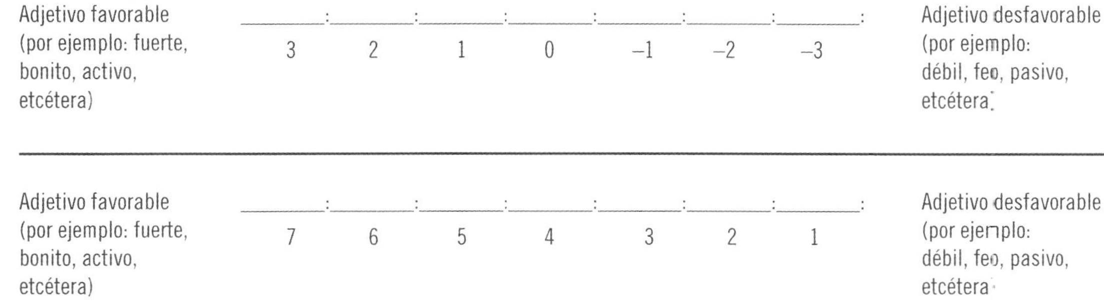

En los casos en que los respondientes tengan menor capacidad de discriminación, se pueden reducir las categorías a cinco opciones. Por ejemplo:

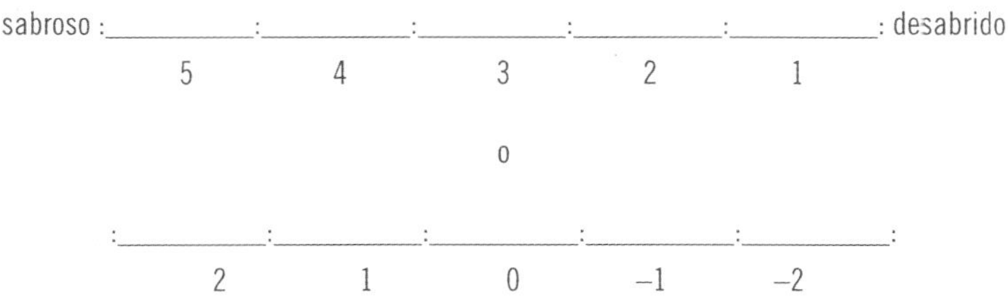

o aun a tres opciones (lo cual es poco común):

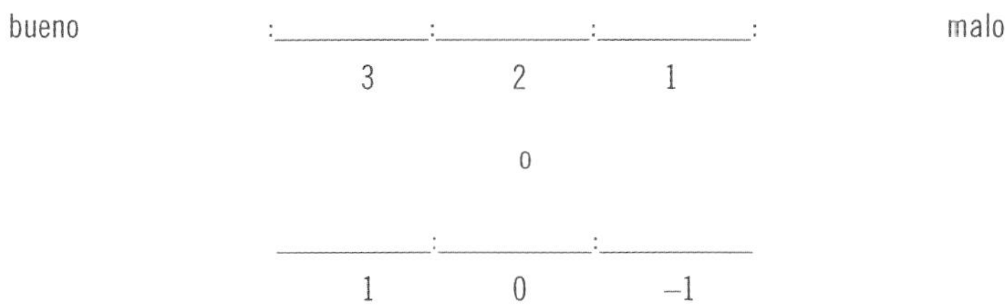

También pueden agregarse calificativos a los puntos o las categorías de la escala (Babbie, 1979, p. 411).

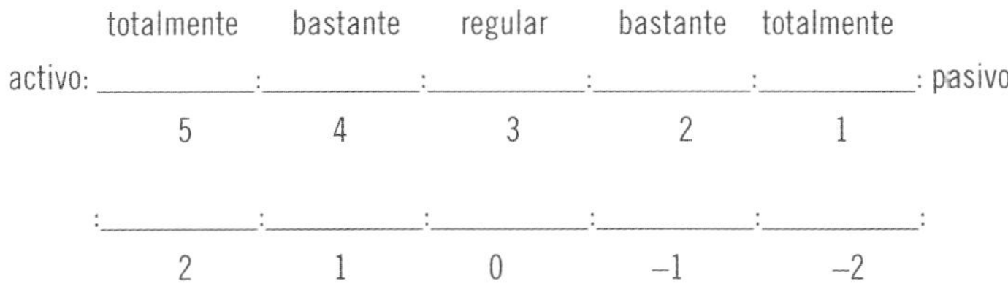

Figura 9.14 Maneras comunes de codificar el diferencial semántico.

Codificar de 1 a 7 o de –3 a 3 no tiene importancia, siempre y cuando estemos conscientes del marco de interpretación. Por ejemplo, si una persona califica al objeto de actitud: candidato "A" en la escala justo-injusto, marcando la categoría más cercana al extremo "injusto", la puntuación sería "1" o "–3".

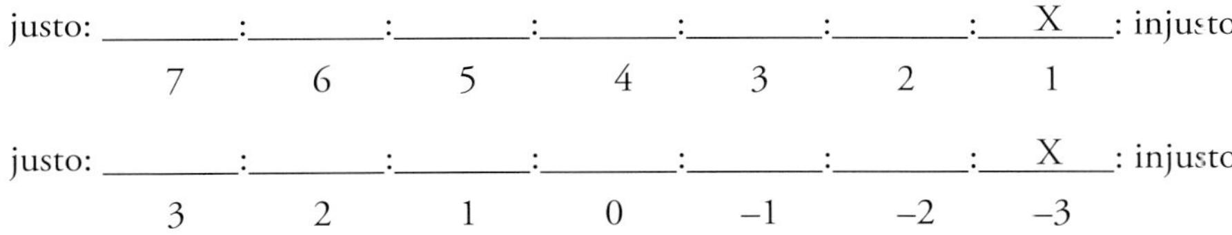

En un caso la escala oscila entre 1 y 7, y en el otro caso entre −3 y 3. Si deseamos evitar el manejo de números negativos utilizamos la escala de 1 a 7.

El diferencial semántico (DS) se ha utilizado en diversas situaciones para evaluar "objetos" de actitud. Por ejemplo, Lilja *et al.* (2004) emplearon un instrumento con 57 pares de adjetivos bipolares con la finalidad de apreciar la actitud de un grupo de enfermeras respecto a ciertos pacientes psiquiátricos y su orientación hacia ellos (enfocadas en el "ser humano" y en establecer una relación genuina y duradera, *versus* centradas en simplemente corregir la conducta "defectuosa" del paciente). Shields (2007) aplicó el DS para examinar las actitudes y opiniones del personal de apoyo y los padres en torno al cuidado de niños hospitalizados en cuatro países (dos desarrollados: Australia y Gran Bretaña, y dos subdesarrollados: Indonesia y Tailandia). Salcuni *et al.* (2007) usaron esta técnica en Italia a fin de evaluar las representaciones que hacen los padres respecto de sus hijos (6 a 11 años de edad). Mientras que Bauer (2008) lo utilizó para determinar actitudes hacia la Química (como ciencia y materia) por parte de estudiantes universitarios.

Otro estudio es el de Friborg, Martinussen y Rosenvinge (2006), quienes midieron mediante una escala tipo Likert y un diferencial semántico la resiliencia en alumnos de licenciatura (capacidad de los individuos para sobreponerse de acontecimientos desestabilizadores, condiciones de vida difíciles, periodos de dolor emocional y traumas psicológicos).

Maneras de aplicar el diferencial semántico

La aplicación del diferencial semántico puede ser *autoadministrada* (se le proporciona la escala al participante y éste marca la categoría que describe mejor su reacción o considera conveniente) o *mediante entrevista* (el entrevistador marca la categoría que corresponde a la respuesta del participante). En esta segunda situación es muy conveniente mostrar una tarjeta al respondiente, que incluya los adjetivos bipolares y sus categorías respectivas.

La figura 9.15 muestra parte de un ejemplo de un diferencial semántico utilizado en una investigación para evaluar la actitud hacia un producto.

Figura 9.15   Parte de un diferencial semántico para medir la actitud hacia un producto consumible.

Las respuestas se califican de acuerdo con la codificación. Por ejemplo, si una persona tuvo la siguiente respuesta

rico: ___X___:_______:_______:_______:_______:_______:_______: pobre

y la escala oscila entre uno y siete, esta persona obtendría un siete (7).

En ocasiones se incluye la codificación en la versión que se les presenta a los respondientes con el propósito de aclarar las diferencias entre las categorías.

Por ejemplo:

sabroso: _______:_______:_______:_______:_______:_______:_______: insípido
          7   6   5   4   3   2   1

Pasos para integrar la versión final

Para integrar la versión final de la escala se deben llevar a cabo los siguientes pasos:

1. *Generamos una lista de adjetivos bipolares exhaustiva y aplicable al objeto de actitud a medir.* De ser posible, resulta conveniente que se seleccionen adjetivos utilizados en investigaciones similares a la nuestra (contextos parecidos).
2. *Construimos una versión preliminar* de la escala y la administramos a un grupo de participantes a manera de prueba piloto.
3. *Correlacionamos las respuestas de los intervinientes para cada par de adjetivos o ítems.* Así, correlacionamos un ítem con todos los demás (cada par de adjetivos frente al resto).
4. *Calculamos la confiabilidad y la validez de la escala total* (todos los pares de adjetivos).
5. *Seleccionamos los ítems que presenten correlaciones significativas y discriminen entre casos* con los demás ítems. Naturalmente, si hay confiabilidad y validez, estas correlaciones serán significativas.
6. *Desarrollamos la versión final de la escala.*

La escala definitiva se califica de igual manera que la de Likert: sumando las puntuaciones obtenidas respecto de cada ítem o par de adjetivos. La figura 9.16 es un ejemplo de ello.

sabroso   ______: X :______:______:______:______:______: insípido

rico   X ______:______:______:______:______:______: pobre

suave   ______: X :______:______:______:______:______: áspero

balanceado ______: X :______:______:______:______:______: desbalanceado

Valor = 6 + 7 + 6 + 6 = 25

Figura 9.16   Ejemplo de cómo calificar un diferencial semántico.

Su interpretación depende del número de ítems o pares de adjetivos. Asimismo, en ocasiones se califica el promedio obtenido en la escala total.

$$\left(\frac{\text{puntuación total}}{\text{número de ítems}} \right)$$

Se pueden utilizar distintas escalas o diferenciales semánticos para medir actitudes hacia varios objetos. Por ejemplo, es posible medir con cuatro pares de adjetivos la actitud hacia el candidato "A", con otros tres pares de adjetivos la actitud respecto de su plataforma ideológica, y con otros seis pares de adjetivos la actitud hacia su partido político. Tenemos tres escalas, cada una con distintos pares de adjetivos para medir la actitud en relación con tres diferentes conceptos ("objetos de actitud").

El *diferencial semántico* es una escala de medición ordinal, aunque es común que se le trabaje como si fuera de intervalo (Key, 1997), por las mismas razones de Likert.

Escalograma de Guttman

Escalograma de Guttman Técnica para medir las actitudes que al igual que Likert se fundamenta en juicios, ante los cuales los participantes deben externar su opinión seleccionando uno de los puntos o categorías de la escala respectiva.

El escalograma de Guttman es otra técnica para medir las actitudes y al igual que Likert se fundamenta en afirmaciones o juicios respecto del concepto u objeto de actitud, ante los cuales los participantes deben externar su opinión seleccionando uno de los puntos o categorías de la escala respectiva. Una vez más, a cada categoría se le otorga un valor numérico. Así, el participante obtiene una puntuación respecto de la afirmación y al final su puntuación total, sumando las puntuaciones obtenidas en relación con todas las afirmaciones.

La diferencia con el método de Likert es que las frases tienen diferentes intensidades (se escalan por tal intensidad), por ejemplo, la siguiente afirmación en relación con el aborto (actitud evaluada): "si en estos momentos me embarazara, jamás abortaría"; es más intensa que esta otra: "si una de mis mejores amigas se embarazara, nunca le recomendaría abortar", y a su vez, esta última resulta más intensa que la afirmación: "si una compañera del salón de clases se embarazara, probablemente no le recomendaría abortar". Es decir, se basa en el principio de que algunos ítems indican en mayor medida la fuerza o intensidad de la actitud.

Por cuestiones de espacio, el escalograma de Guttman no se comenta en la parte impresa de este libro, sino en el CD anexo: Material complementario → Capítulos → Capítulo 7: "Recolección de los datos cuantitativos: segunda parte".

Otros métodos cuantitativos de recolección de los datos

¿Qué otras maneras existen para recolectar los datos desde la perspectiva del proceso cuantitativo?

En la investigación disponemos de otros métodos para recolectar los datos, tan útiles y fructíferos como los cuestionarios y las escalas de actitudes, los cuales solamente se enuncian en este capítulo, pero se comentan con mayor profundidad en el CD anexo: Material complementario → Capítulos → Capítulo 7: "Recolección de los datos cuantitativos: segunda parte". Entre tales técnicas se encuentran:

1. Análisis de contenido cuantitativo

Es una técnica para estudiar cualquier tipo de comunicación de una manera "objetiva" y sistemática, que cuantifica los mensajes o contenidos en categorías y subcategorías, y los somete a análisis estadístico.

Sus usos son muy variados, por ejemplo: evaluar el grado de carga de contenido sexual de uno o varios programas televisivos; estudiar las apelaciones y características de campañas publicitarias (digamos, de perfumes femeninos de costo elevado) en los medios de comunicación colectiva (radio, televisión, periódicos y revistas); comparar estrategias propagandísticas de partidos políticos en internet; conocer discrepancias ideológicas entre varios periódicos al tratar un tema como el terrorismo internacional; determinar la evolución de cierta clase de pacientes que asisten a psicoterapia al analizar sus escritos y expresiones verbales; cotejar el vocabulario aprendido por pequeños que se exponen más al uso de la computadora en comparación con niños que la utilizan menos; conocer y contrastar la posición de diversos presidentes latinoamericanos en cuanto al problema del desempleo; comparar estilos de escritores que se señalan como parte de una misma corriente literaria; y/o analizar la calidad y profundidad de la información presente en internet sobre un virus.

Una investigación de este tipo es la de Guillaume y Bath (2008), quienes estudiaron la cobertura y el tratamiento que se daba en la prensa británica a la información sobre las vacunas para el sarampión, las paperas y la rubéola durante un periodo de dos meses. Hall y Wright (2008) aplicaron el análisis de contenido para examinar opiniones judiciales.

2. Observación

Este método de recolección de datos consiste en el registro sistemático, válido y confiable de comportamientos y situaciones observables, a través de un conjunto de categorías y subcategorías. Útil, por ejemplo, para analizar conflictos familiares, eventos masivos (como la violencia en los estadios de fútbol), la aceptación-rechazo de un producto en un supermercado, el comportamiento de personas con capacidades mentales distintas, etc. Haynes (1978) menciona que es el método más utilizado por quienes se orientan conductualmente.

Como muestras de este tipo de investigación podemos citar a Regina *et al.* (2008), quienes utilizando una técnica conocida como la lista de verificación de la conducta autista, compararon las observaciones de profesionales de la salud en torno a los comportamientos autistas de niños brasileños con las observaciones de sus madres. Asimismo, Franco, Rodrigues y Balcells (2008) evaluaron la pedagogía de instructores de ejercicios físicos y aeróbicos en tres gimnasios de Portugal, al analizar por observación clases grabadas en video. Labus, Keefe y Jensen (2003) revisaron estudios para indagar sobre la relación entre los autorreportes de intensidad del dolor y las observaciones directas de la conducta producida por tal dolor.

3. Pruebas estandarizadas e inventarios

Estas pruebas o inventarios miden variables específicas, como la inteligencia, la personalidad en general, la personalidad autoritaria, el razonamiento matemático, el sentido de vida, la satisfacción laboral, el tipo de cultura organizacional, el estrés preoperatorio, la depresión posparto, la adaptación al colegio, intereses vocacionales, la jerarquía de valores, el amor romántico, la calidad de vida, la lealtad a una marca de algún producto, etc. Hay miles de ellas(os).

Asimismo, hay un tipo de pruebas que evalúan proyecciones de los participantes y determinan su estado en una variable, con elementos cuantitativos y cualitativos: las pruebas proyectivas como el *test de Rorschach* (que presenta manchas de tinta en tarjetas o láminas blancas numeradas a los intervinientes y éstos relatan sus asociaciones e interpretaciones en relación con manchas).

4. Datos secundarios (recolectados por otros investigadores)

Implica la revisión de documentos, registros públicos y archivos físicos o electrónicos. Por ejemplo, si nuestra hipótesis fuera: "la violencia manifiesta en la Ciudad de México es mayor que en la ciudad de Caracas"; entonces acudiríamos a las alcaldías de las ciudades para solicitar datos relacionados con la violencia, como número de asaltos, violaciones, robos a casa-habitación, asesinatos, etc. (datos generales, por distrito y habitante). También obtendríamos información de los archivos de los hospitales y las diferentes procuradurías o cuerpos policiacos. Un caso de una investigación cuyo método de recolección se fundamentó en datos secundarios fue el que a continuación se comenta.

EJEMPLO

Un grupo de investigadores efectuó —en 2008 y principios de 2009— un estudio para explorar el impacto que tienen las becas otorgadas y/o gestionadas por una institución de educación superior sobre el desarrollo académico de los alumnos beneficiarios y su deserción escolar.[24]

Los investigadores solicitaron a las diferentes direcciones información de los estudiantes respecto a su promedio general en la carrera, nivel socioeconómico, estatus respecto a la beca (becado-no becado), tipo de beca (institucional, otorgada por el Ministerio de Educación, por organismo privado, con fondos del gobierno estatal), monto de la beca, estatus académico del alumno (regular, irregular, desertor), semestre que cursa, género y edad, entre otras cuestiones. Consideraron los últimos cinco años escolares. Con tal información construyeron una base de datos (con más de medio millón de registros) y efectuaron análisis. Entre otras cuestiones encontraron que el promedio de los becarios era muy superior al de los no becarios y la deserción escolar era mínima entre los primeros, casi inexistente. Pero no encontraron una relación entre el monto de la beca y el promedio general de la carrera (acumulado). Asimismo, descubrieron que las mujeres tenían en general mejor promedio que sus compañeros.

---

[24] No se menciona el nombre de la institución porque ésta solicitó el anonimato, tampoco el de todos los investigadores, entre los que se encontraban dos de los autores de la presente obra.

Comparar indicadores económicos de países de la Comunidad Europea, analizar la relación comercial entre dos naciones, cotejar el número y tipo de casos atendidos por diferentes hospitales, contrastar la efectividad con que se insertan en el mundo laboral los egresados de una carrera de distintas universidades, evaluar las tendencias electorales en un país, antes y después de un suceso crítico (como lo fueron los deplorables actos terroristas en Madrid en 2004), son ejemplos donde la recolección y análisis de datos secundarios son la base de la investigación.

5. Instrumentos mecánicos o electrónicos

Sistemas de medición por aparatos, como el detector de mentiras, o polígrafo, que considera la respuesta galvánica de la piel (en investigaciones sobre crímenes); la pistola láser, que mide la velocidad a la que circula un automóvil desde un punto externo al vehículo (en estudios sobre el comportamiento de conductores); instrumentos que captan la actividad cerebral (evaluaciones médicas y psicológicas); el escáner, que mide con exactitud el cuerpo de un ser humano y ubica la talla ideal para confeccionar toda su ropa o vestuario (en investigaciones para diseñar los uniformes de los soldados); la medición eléctrica de distancias, etcétera.

6. Instrumentos específicos propios de cada disciplina

En todas las áreas de estudio se han generado valiosos métodos para recolectar datos sobre variables específicas. Por ejemplo, en la comunicación organizacional se utilizan formatos para evaluar el uso que hacen los ejecutivos de los medios de comunicación interna (teléfono, reuniones, etc.), así como herramientas para conocer procesos de comunicación en la empresa (la auditoría en comunicación). Para el análisis de grupos se usan los sistemas sociométricos y el análisis de redes, entre otros.

¿Puede utilizarse más de un tipo de instrumento de recolección de datos?

Cada día es más común ver estudios donde se utilizan diferentes métodos de recolección de datos. En los estudios cuantitativos no resulta extraño que se incluyan varios tipos de cuestionarios al mismo tiempo que pruebas estandarizadas y recopilación de contenidos para análisis estadístico u observación. Incluso, al utilizar diversos instrumentos se ayuda a establecer la validez de criterio. No solamente se puede, sino que es conveniente, hasta donde lo permita el presupuesto para investigar.

¿Cómo se codifican las respuestas de un instrumento de medición?

Una vez recolectados los datos, éstos deben codificarse. Ya hemos dicho que las categorías de un ítem o pregunta requieren codificarse con símbolos o números; y esto debe hacerse, porque de lo contrario no se efectuaría ningún análisis o sólo se contaría el número de respuestas en cada categoría (por ejemplo, 25 contestaron "sí" y 24 respondieron "no").[25] Comúnmente, el investigador se interesa en realizar análisis más allá de un conteo de casos por categoría, y actualmente los análisis se llevan a cabo por medio de la computadora u ordenador. Para ello es necesario transformar las respuestas en símbolos o valores numéricos. Los datos deben resumirse, codificarse y prepararse para el análisis. También se comentó que las categorías pueden ir o no precodificadas (incluir la codificación en el instrumento de medición) y que las preguntas abiertas no suelen estar precodificadas.

Los valores perdidos y su codificación

Cuando las personas no responden a un ítem, contestan incorrectamente (por ejemplo, marcan dos opciones, cuando las alternativas eran mutuamente excluyentes) o no puede registrarse la información, se crean una o varias categorías de valores perdidos y se les asignan sus respectivos códigos.

[25] En ediciones anteriores este apartado incluyó la codificación relacionada con el análisis de contenido y la observación, ahora tal codificación se comenta al final de estos dos temas en el capítulo 7 del CD anexo: "Recolección de los datos cuantitativos: segunda parte".

EJEMPLOS

Sí = 1   Sí = 1

No = 0   No = 0

No contestó = 3

Contestó incorrectamente = 4   Valor perdido por diversas razones = 9

Asimismo, tenemos el caso de preguntas que **no** aplican a ciertos participantes, en estas situaciones debe considerarse y codificarse la categoría: "no aplica". Por ejemplo, si un cuestionario administrado mediante entrevista a mujeres contuviera las siguientes dos preguntas: ¿durante el último mes realizó alguna compra en la tienda de ropa femenina "Ensueños"?,[26] y ¿me podría indicar qué artículos o prendas compró?, y una respondiente nos contestara a la primera pregunta que "no" (no había comprado en la tienda), anotaríamos esta categoría, y obviamente no haríamos la segunda pregunta, sino que marcaríamos la opción "no aplica" (la pregunta).

Los valores perdidos pueden reducirse con instrumentos que motiven al participante y no sean muy largos, con instrucciones claras y capacitación a los entrevistadores. Un alto número de valores perdidos (más de 10% indica que el instrumento tiene problemas). Lo adecuado es que no supere 5% respecto del total de posibles datos o valores.

En la forma tradicional, la codificación de las respuestas a preguntas o afirmaciones implica cuatro pasos que comentaremos brevemente sólo para que se refuercen algunos conceptos:

1. Establecer los códigos de las categorías o alternativas de respuesta de los ítems o preguntas

Cuando todas las categorías fueron precodificadas y no se tienen preguntas abiertas, este primer paso no es necesario, ya se efectuó. Si las categorías no fueron precodificadas y/o se tienen preguntas abiertas, deben asignarse los códigos o la codificación a todas las categorías de los ítems. Por ejemplo:

Pregunta no precodificada:

¿Practica usted algún deporte por lo menos una vez a la semana?

☐ Sí   ☐ No

Se codifica:

1 = Sí

0 = No

Frase no precodificada:

"Creo que estoy recibiendo un salario justo por mi trabajo".

(   ) Totalmente de acuerdo   (   ) De acuerdo   (   ) Ni de acuerdo ni en desacuerdo
(   ) En desacuerdo   (   ) Totalmente en desacuerdo

---

[26] Nombre ficticio.

Se codifica:

5 = Totalmente de acuerdo
4 = De acuerdo
3 = Ni de acuerdo ni en desacuerdo
2 = En desacuerdo
1 = Totalmente en desacuerdo

El tema sobre la codificación de preguntas abiertas ya se expuso antes.

2. Elaborar el libro de códigos incluyendo todos los ítems, uno por uno

Una vez que están codificadas todas las categorías de los ítems, se procede a elaborar el "libro de códigos", el cual describe la localización de las variables y los códigos asignados a las categorías *en una matriz o base de datos.* Los elementos comunes de un libro de códigos son: variables de la investigación, preguntas o ítems, categorías, códigos (números o símbolos utilizados para asignarse a las categorías) y número de columna en la matriz de datos a que corresponde cada ítem.

Supongamos que tenemos una escala Likert con tres ítems (frases):

1. "La Dirección General de Impuestos Nacionales informa oportunamente sobre cómo, dónde y cuándo pagar los impuestos".

    (5) Muy de acuerdo

    (4) De acuerdo

    (3) Ni de acuerdo ni en desacuerdo

    (2) En desacuerdo

    (1) Muy en desacuerdo

2. "Los servicios que presta la Dirección General de Impuestos Nacionales son habitualmente muy buenos".

    (5) Muy de acuerdo

    (4) De acuerdo

    (3) Ni de acuerdo ni en desacuerdo

    (2) En desacuerdo

    (1) Muy en desacuerdo

3. "La Dirección General de Impuestos Nacionales se caracteriza por la deshonestidad de sus funcionarios".

    (1) Muy de acuerdo

    (2) De acuerdo

    (3) Ni de acuerdo ni en desacuerdo

    (4) En desacuerdo

    (5) Muy en desacuerdo

El libro de códigos sería el que se muestra en la tabla 9.10.

Es decir, el libro de códigos es una especie de manual para interpretar la matriz de datos (la cual como veremos más adelante es una matriz en Excel, SPSS —Paquete Estadístico para las Ciencias Sociales—, Minitab o cualquier otro programa similar).

▲ **Tabla 9.10**   Ejemplo de un libro o documento de códigos con una escala de actitud tipo Likert (tres ítems)

Variable	Ítem	Categorías	Códigos	Columnas
Actitud hacia la Dirección General de Impuestos Nacionales	Frase 1 (informa)	— Muy de acuerdo	5	1
		— De acuerdo	4	
		— Ni de acuerdo ni en desacuerdo	3	
		— En desacuerdo	2	
		— Muy en desacuerdo	1	
	Frase 2 (servicios)	— Muy de acuerdo	5	2
		— De acuerdo	4	
		— Ni de acuerdo ni en desacuerdo	3	
		— En desacuerdo	2	
		— Muy en desacuerdo	1	
	Frase 3 (deshonestidad)	— Muy de acuerdo	1	3
		— De acuerdo	2	
		— Ni de acuerdo ni en desacuerdo	3	
		— En desacuerdo	4	
		— Muy en desacuerdo	5	

3. Efectuar físicamente la codificación

El tercer paso del proceso es la codificación física de los datos, es decir, llenar la matriz de datos con los valores implicados en las respuestas al instrumento de medición (transferir éstas a la matriz).

Veamos un ejemplo simplificado con la escala Likert de tres ítems aplicada a cuatro individuos (figura 9. 17).

Persona 1

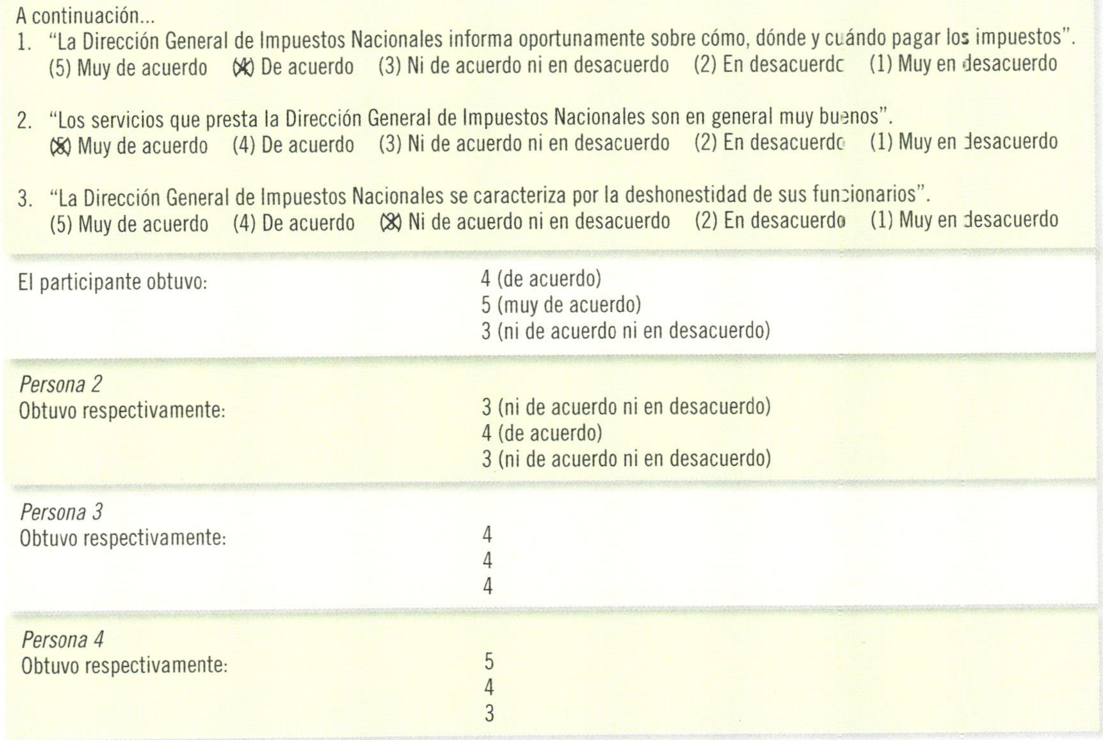

Figura 9.17   Ejemplo de aplicación de tres ítems a cuatro sujetos.

De acuerdo con el libro de códigos de la tabla 9.10 y las respuestas a la escala, tendríamos la matriz de la figura 9.18.

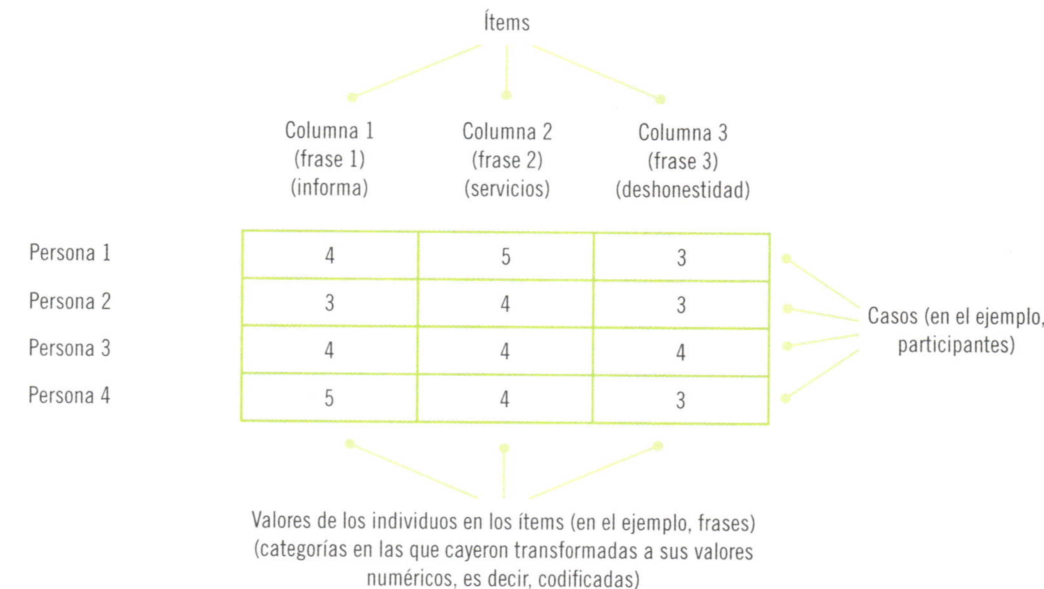

Figura 9.18   Ejemplo de matriz de datos para el libro de códigos de la tabla 9.10.

4. Guardar los datos codificados (casos) en un archivo permanente

Dicho de otro modo, guardar la matriz como documento de SPSS®, Excel, Minitab o equivalente, y por supuesto, darle un nombre que lo identifique.

Codificación utilizando un programa de análisis estadístico

Pero hoy en día los investigadores ya no lo hacen de la manera descrita, sino que la codificación la efectúan directamente, transfiriendo los valores registrados en los instrumentos aplicados (cuestionarios, escalas de actitudes o equivalentes) a un archivo/matriz de un programa computarizado de análisis estadístico (SPSS®, Minitab o equivalente). O bien, si no se cuenta con el programa, los datos se capturan en un documento de Excel (matriz) y luego se trasladan a un archivo del programa de análisis. Veamos el proceso en SPSS®, pero antes es necesario hacer algunas aclaraciones:

- Se abre el programa SPSS®, como cualquier otro, y si se trata de un archivo existente con los datos codificados (matriz completada), pues lo abrimos y hacemos los análisis pertinentes. Si vamos a crear un nuevo archivo o base de datos, elegimos la opción: "teclear datos" y comenzamos a ejercer tal función.
- SPSS® y programas equivalentes tienen dos matrices o ventanas: *a) vista de las variables* (variable view) y *b) vista de los datos* (data view). Ambas aparecen como pestañas (simulando carpetas o fólders) ubicadas en la parte inferior de la pantalla hacia nuestro lado izquierdo.
- La "vista de variables" representa el sistema de codificación o libro/documento de códigos electrónico (constituye una matriz). Los renglones o filas significan ítems o reactivos, y las columnas representan características, propiedades o atributos de cada ítem. A los ítems en estos programas se les denomina "variables" de la matriz, a veces coinciden con el concepto de variable que se tiene en la investigación (por ejemplo, género, es una variable de la investigación y un renglón o fila en la "vista de variables") y en otras ocasiones son simplemente un ítem de una variable del estudio).

	Nombre	Tipo	Anchura	Decimales	Etiqueta	Valores	Perdidos	Columna	Alineación	Medida
Ítem 1 o variable 1 de la matriz										
Ítem 2 o variable 2 de la matriz										
Ítem k…										

Como dijimos, las columnas son propiedades del ítem que debemos definir:

1. Nombre de cada ítem o variable de la matriz: lo asignamos nosotros (obviamente debe reflejar al ítem o reactivo al que hace referencia). Por ejemplo: género, edad, p1 (pregunta uno), ingresos, etcétera.
2. Tipo de variable de la matriz (numérica, no numérica o cadena —símbolos o números que indican un nivel nominal, como una fecha—, etc.). Incluso la clase puede ser numérica, como una cifra con decimales. Este tipo se vincula al nivel de medición. Asimismo, es necesario especificar el ancho (caracteres) de la variable y los decimales, si tiene (por ejemplo, si la variable implica cantidades en moneda y centavos).
3. Anchura (en dígitos o caracteres). Esto depende de la comodidad de ancho con la cual deseemos trabajar y del ancho de las categorías (ejemplos: en un ítem actitudinal la calificación ocupa un dígito —totalmente de acuerdo = 5, de acuerdo = 4, etc.—, ingresos puede ocupar varios dígitos de acuerdo con el tipo de moneda —si no agrupamos y decidimos colocar la cantidad completa—. El ancho debe coincidir con el especificado en tipo de variable.
4. Decimales (si es pertinente). Es necesario que coincidan con los expresados en tipo de variable.
5. Etiqueta (definición o párrafo que describe a la variable o ítem). Por ejemplo: antigüedad en la empresa, ingresos acumulados en el año, pregunta uno de la prueba sobre inteligencia emocional…
6. Valores. Los códigos de cada opción de respuesta o categoría. La codificación en sí. Incluye, desde luego, valor (por ejemplo = 1) y su etiqueta ("mujer"). También de los valores perdidos.
7. Valores perdidos (se especifican los códigos de las categorías u opciones de los valores perdidos).
8. Columnas (una vez más el número de dígitos que ocupa la variable, contando decimales y el punto decimal, si es pertinente). Debe coincidir con anchura.
9. Alineación (si queremos que los datos, cifras o valores en la matriz o vista de los datos se alineen a la derecha, izquierda o al centro).
10. Medida (nivel de medición del ítem: escala —intervalo o razón—, ordinal o nominal).

En la figura 9.19 se muestra un ejemplo de la vista de las variables en SPSS®.

- La "vista de los datos" es la matriz de datos. Las columnas son ítems o variables de la matriz y los renglones o filas representan casos (unidades, participantes, etc.); mientras que las celdas son los datos o valores. Cada celda representa un valor de un caso en una variable o ítem.

En la figura 9.20 mostramos un ejemplo de la vista de los datos.

Errores de codificación

Al teclear los valores en la vista de los datos, se pueden cometer errores, es humano. Por ejemplo, que en un ítem o variable de la matriz donde solamente se tenían dos categorías, aparezca en uno o más casos una no contemplada (imaginemos que tenemos el ítem *género* con las opciones: 1 = masculino y 2 = femenino, y alguien teclea un "3" o un "8", esto es un error de codificación; o bien que en una

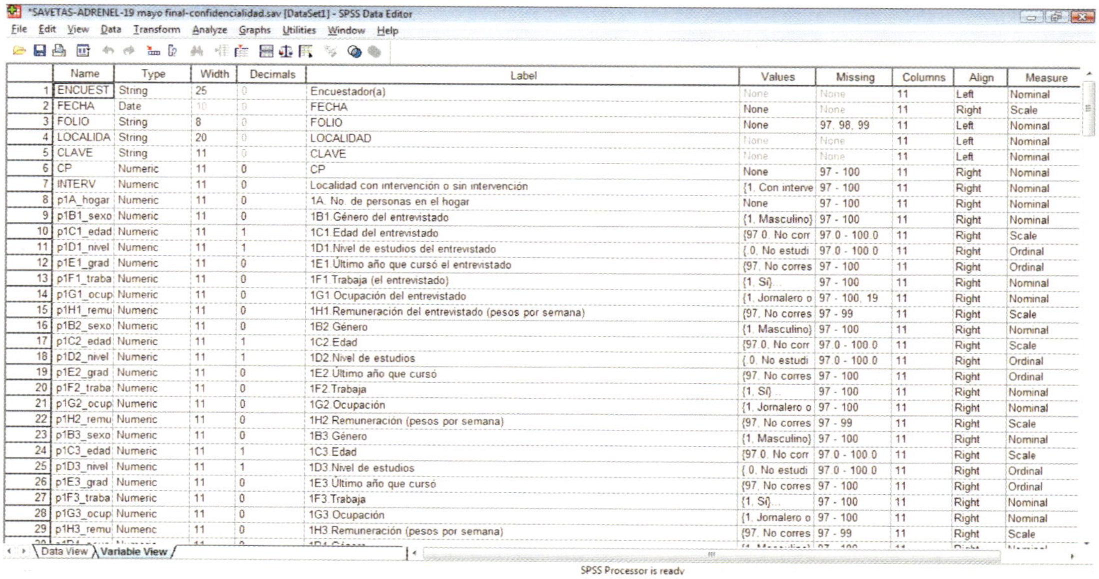

*SAVETAS-ADRENEL-19 mayo final-confidencialidad.sav [DataSet1] - SPSS Data Editor

File Edit View Data Transform Analyze Graphs Utilities Window Help

	Name	Type	Width	Decimals	Label	Values	Missing	Columns	Align	Measure
1	ENCUEST	String	25	0	Encuestador(a)	None	None	11	Left	Nominal
2	FECHA	Date	10	0	FECHA	None	None	11	Right	Scale
3	FOLIO	String	8	0	FOLIO	None	97, 98, 99	11	Left	Nominal
4	LOCALIDA	String	20	0	LOCALIDAD	None	None	11	Left	Nominal
5	CLAVE	String	11	0	CLAVE	None	None	11	Left	Nominal
6	CP	Numeric	11	0	CP	None	97 - 100	11	Right	Nominal
7	INTERV	Numeric	11	0	Localidad con intervención o sin intervención	{1, Con interve	97 - 100	11	Right	Nominal
8	p1A_hogar	Numeric	11	0	1A. No. de personas en el hogar	None	97 - 100	11	Right	Nominal
9	p1B1_sexo	Numeric	11	0	1B1 Género del entrevistado	{1, Masculino}	97 - 100	11	Right	Nominal
10	p1C1_edad	Numeric	11	1	1C1.Edad del entrevistado	{97 0. No corr	97.0 - 100.0	11	Right	Scale
11	p1D1_nivel	Numeric	11	1	1D1.Nivel de estudios del entrevistado	{.0, No estudi	97.0 - 100.0	11	Right	Ordinal
12	p1E1_grad	Numeric	11	0	1E1.Último año que cursó el entrevistado	{97, No corres	97 - 100	11	Right	Ordinal
13	p1F1_traba	Numeric	11	0	1F1.Trabaja (el entrevistado)	{1, Sí}...	97 - 100	11	Right	Nominal
14	p1G1_ocup	Numeric	11	0	1G1.Ocupación del entrevistado	{1, Jornalero o	97 - 100, 19	11	Right	Nominal
15	p1H1_remu	Numeric	11	0	1H1.Remuneración del entrevistado (pesos por semana)	{97, No corres	97 - 99	11	Right	Scale
16	p1B2_sexo	Numeric	11	0	1B2 Género	{1, Masculino}	97 - 100	11	Right	Nominal
17	p1C2_edad	Numeric	11	1	1C2.Edad	{97.0, No corr	97.0 - 100.0	11	Right	Scale
18	p1D2_nivel	Numeric	11	1	1D2.Nivel de estudios	{.0, No estudi	97.0 - 100.0	11	Right	Ordinal
19	p1E2_grad	Numeric	11	0	1E2.Último año que cursó	{97, No corres	97 - 100	11	Right	Ordinal
20	p1F2_traba	Numeric	11	0	1F2.Trabaja	{1, Sí}...	97 - 100	11	Right	Nominal
21	p1G2_ocup	Numeric	11	0	1G2.Ocupación	{1, Jornalero o	97 - 100	11	Right	Nominal
22	p1H2_remu	Numeric	11	0	1H2 Remuneración (pesos por semana)	{97, No corres	97 - 99	11	Right	Scale
23	p1B3_sexo	Numeric	11	0	1B3 Género	{1, Masculino}	97 - 100	11	Right	Nominal
24	p1C3_edad	Numeric	11	1	1C3.Edad	{97.0, No corr	97.0 - 100.0	11	Right	Scale
25	p1D3_nivel	Numeric	11	1	1D3.Nivel de estudios	{.0, No estudi	97.0 - 100.0	11	Right	Ordinal
26	p1E3_grad	Numeric	11	0	1E3.Último año que cursó	{97, No corres	97 - 100	11	Right	Ordinal
27	p1F3_traba	Numeric	11	0	1F3.Trabaja	{1, Sí}...	97 - 100	11	Right	Nominal
28	p1G3_ocup	Numeric	11	0	1G3.Ocupación	{1, Jornalero o	97 - 100	11	Right	Nominal
29	p1H3_remu	Numeric	11	0	1H3.Remuneración (pesos por semana)	{97, No corres	97 - 99	11	Right	Scale

Data View \ Variable View

SPSS Processor is ready

Figura 9.19   Ejemplo de la vista de las variables en SPSS®.

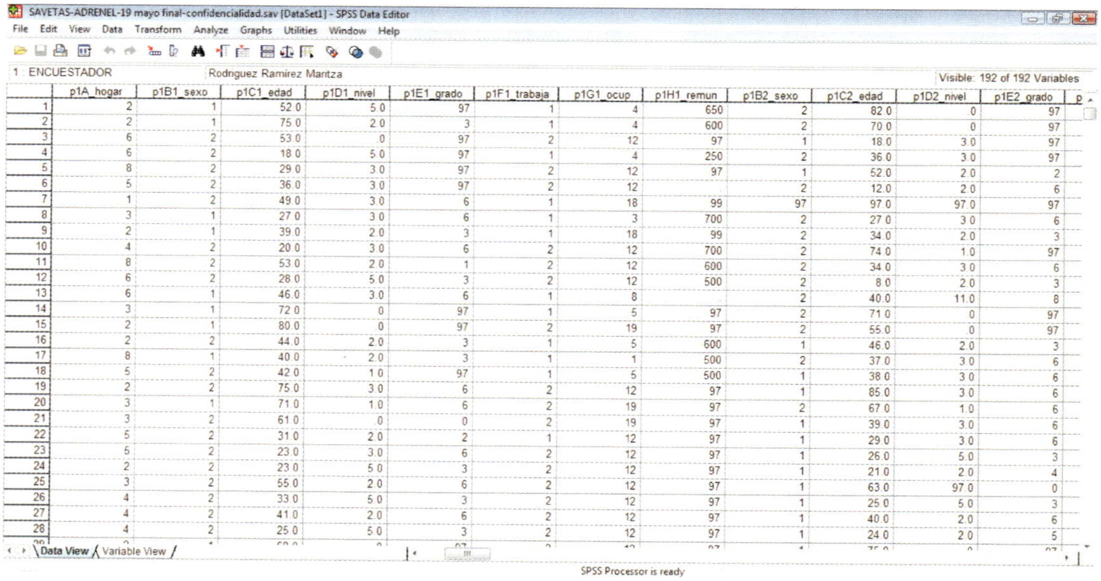

SAVETAS-ADRENEL-19 mayo final-confidencialidad.sav [DataSet1] - SPSS Data Editor

File Edit View Data Transform Analyze Graphs Utilities Window Help

1 : ENCUESTADOR   Rodriguez Ramirez Maritza   Visible: 192 of 192 Variables

	p1A_hogar	p1B1_sexo	p1C1_edad	p1D1_nivel	p1E1_grado	p1F1_trabaja	p1G1_ocup	p1H1_remun	p1B2_sexo	p1C2_edad	p1D2_nivel	p1E2_grado
1	2	1	52.0	5.0	97	1	4	650	2	82.0	.0	97
2	2	1	75.0	2.0	3	1	4	600	2	70.0	.0	97
3	6	2	53.0	.0	97	2	12	97	1	18.0	3.0	97
4	6	2	18.0	5.0	97	1	4	250	2	36.0	3.0	97
5	8	2	29.0	3.0	97	2	12	97	1	52.0	2.0	2
6	5	2	36.0	3.0	97	2	12		2	12.0	2.0	6
7	1	2	49.0	3.0	6	1	18	99	97	97.0	97.0	97
8	3	1	27.0	3.0	6	1	3	700	2	27.0	3.0	6
9	2	1	39.0	2.0	3	1	18	99	2	34.0	2.0	3
10	4	2	20.0	3.0	6	2	12	700	2	74.0	1.0	97
11	8	2	53.0	2.0	1	2	12	600	2	34.0	3.0	6
12	6	2	28.0	5.0	3	2	12	500	2	8.0	2.0	3
13	6	1	46.0	3.0	6	1	8		2	40.0	11.0	8
14	3	1	72.0	0	97	1	5	97	2	71.0	0	97
15	2	1	80.0	0	97	2	19	97	2	55.0	0	97
16	2	2	44.0	2.0	3	1	5	600	1	46.0	2.0	3
17	8	1	40.0	2.0	3	1	1	500	2	37.0	3.0	6
18	5	2	42.0	1.0	97	1	5	500	1	38.0	3.0	6
19	2	2	75.0	3.0	6	2	12	97	1	85.0	3.0	6
20	3	1	71.0	1.0	6	2	19	97	2	67.0	1.0	6
21	3	2	61.0	.0	0	2	19	97	1	39.0	3.0	6
22	5	2	31.0	2.0	2	1	12	97	1	29.0	3.0	6
23	5	2	23.0	3.0	6	2	12	97	1	26.0	5.0	3
24	2	2	23.0	5.0	3	2	12	97	1	21.0	2.0	4
25	3	2	55.0	2.0	6	2	12	97	1	63.0	97.0	0
26	4	2	33.0	5.0	3	2	12	97	1	25.0	5.0	3
27	4	2	41.0	2.0	6	2	12	97	1	40.0	2.0	6
28	4	2	25.0	5.0	3	2	12	97	1	24.0	2.0	5

Data View \ Variable View

SPSS Processor is ready

Figura 9.20   Ejemplo de la vista de los datos en SPSS®.

escala con tres opciones: 1. en desacuerdo, 2. neutral y 3. de acuerdo, se presenten valores como: "w", "#", ¿qué es eso?). Los errores de codificación tienen que corregirse. Esto puede hacerse: *a*) revisando físicamente la vista de los datos y haciendo los cambios pertinentes, *b*) en SPSS® con la función "ordenar o clasificar casos" —*sort*— (en "Datos" o "Data") y, de este modo, visualizar valores que no correspondan a cada variable o ítem de la matriz, *c*) ejecutando el "análisis de frecuencias" en el menú "Analizar" y "Estadísticos descriptivos", y una vez obtenidos los resultados, se observará en qué variables de la matriz (columnas) hay valores que no deberían estar, para efectuar las correcciones necesarias.[27]

---

[27] Desde luego, como SPSS® se actualiza permanentemente los comandos pueden variar, mas no las funciones.

Cabe señalar que los *valores perdidos* no son errores de codificación, porque al registrarlos como tales, le estamos informando al programa que son precisamente valores perdidos y si lo deseamos, se excluyen del análisis de frecuencias, salvo que queramos saber cuántos no contestaron o lo hicieron incorrectamente (pero por default no cuentan, por ejemplo, para calcular promedios y análisis inferenciales).

En ambas vistas se muestran las opciones para ejecutar las funciones de SPSS® (más recientemente denominado PASW Statistics Base), como por ejemplo: analizar datos y elaborar gráficas, las cuales se comentarán en el siguiente capítulo, el 10: "Análisis de los datos cuantitativos" y con mayor profundidad en el CD anexo: Material complementario → Manuales → Manual "Introducción al SPSS®/PASW". Este manual lo llevará por el proceso. Además, hay cientos de páginas sobre este paquete y la de la propia empresa a nivel mundial (https://www.spss.com/).[28]

En el mismo CD se encuentra un demo de este programa. Entonces, el proceso sería el que se muestra en la figura 9.21.

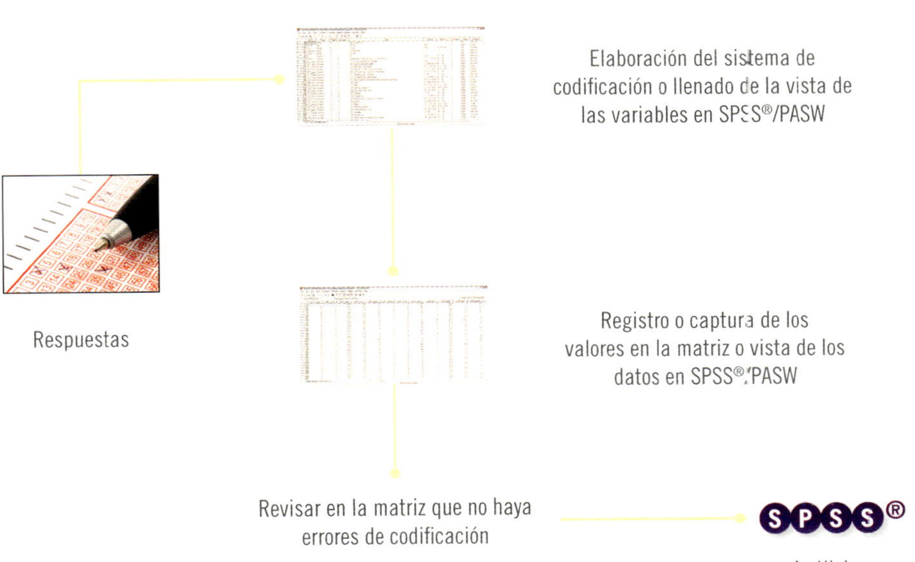

Figura 9.21   Proceso de codificación y preparación de los datos para su análisis en SPSS®.

Si queremos capturar los datos en nuestra PC u ordenador personal y no disponemos de SPSS®/PASW (solamente en nuestra universidad, centro de cómputo público o empresa), podemos hacerlo en una matriz de Excel y luego copiarlos y pegarlos en la vista de los datos de SPSS®/PASW. Pues las columnas (A, B, C, D, etc.) corresponden a las variables de la matriz, y los renglones o filas, son los casos, al igual que en SPSS®/PASW.

Como todo archivo, debe guardarse y respaldarse, implica nuestros datos y el sistema de codificación.

Cuando se utilizan dispositivos electrónicos para capturar los datos (como palms, lectores ópticos, cuestionarios electrónicos), obviamente no requerimos teclear los datos, éstos pasan directamente de la fuente a la matriz o base de datos.

En este capítulo, por razones didácticas, se presentaron matrices pequeñas, pero en la investigación pueden tenerse de 500 o más columnas.

---

[28] Asimismo, busque en su país o región al representante de SPSS® Inc.

Resumen

- Recolectar los datos implica: *a*) seleccionar uno o varios métodos o instrumentos disponibles, adaptarlo(s) o desarrollarlo(s), esto depende del enfoque que tenga el estudio, así como del planteamiento del problema y de los alcances de la investigación; *b*) aplicar el (los) instrumento(s), y *c*) preparar las mediciones obtenidas o los datos recolectados para analizarlos correctamente.
- En el enfoque cuantitativo, recolectar los datos es equivalente a medir.
- Medir es el proceso de vincular conceptos abstractos con indicadores empíricos, mediante clasificación o cuantificación.
- En toda investigación cuantitativa medimos las variables contenidas en la(s) hipótesis.
- Cualquier instrumento de recolección de datos debe cubrir dos requisitos: confiabilidad y validez.
- La confiabilidad se refiere al grado en que la aplicación repetida de un instrumento de medición, a los mismos individuos u objetos, produce resultados iguales.
- La validez se refiere al grado en que un instrumento de medición mide realmente la(s) variable(s) que pretende medir.
- Se pueden aportar tres tipos principales de evidencia para la validez cuantitativa: evidencia relacionada con el contenido, evidencia relacionada con el criterio y evidencia relacionada con el constructo.
- Los factores que principalmente pueden afectar la validez son: la improvisación, utilizar instrumentos desarrollados en el extranjero y que no han sido validados para nuestro contexto, poca o nula empatía con los participantes y los factores de aplicación.

- No hay medición perfecta, pero el error de medición debe reducirse a límites tolerables.
- La confiabilidad cuantitativa se determina al calcular el coeficiente de fiabilidad.
- Los coeficientes de fiabilidad cuantitativa varían entre 0 y 1 (0 = nula confiabilidad, 1 = total confiabilidad).
- Los métodos más conocidos para calcular la confiabilidad son: *a*) medida de estabilidad, *b*) formas alternas, *c*) mitades partidas, *d*) consistencia interna.
- La evidencia sobre la validez de contenido se obtiene al contrastar el universo de ítems frente a los ítems presentes en el instrumento de medición.
- La evidencia sobre la validez de criterio se obtiene al comparar los resultados de aplicación del instrumento de medición frente a los resultados de un criterio externo.

- La evidencia sobre la validez de constructo se puede determinar mediante el análisis de factores y al verificar la teoría subyacente.
- Los pasos genéricos para elaborar un instrumento de medición son:
  1. Redefiniciones fundamentales sobre propósitos, definiciones operacionales y participantes.
  2. Revisar la literatura, particularmente la enfocada en los instrumentos utilizados para medir las variables de interés.
  3. Identificar el conjunto o dominio de conceptos o variables a medir e indicadores de cada variable.
  4. Tomar decisiones en cuanto a: tipo y formato; utilizar uno existente, adaptarlo o construir uno nuevo, así como el contexto de administración.
  5. Construir el instrumento.
  6. Aplicar la prueba piloto (para calcular la confiabilidad y validez iniciales).
  7. Desarrollar su versión definitiva.
  8. Entrenar al personal que va a administrarlo.
  9. Obtener autorizaciones para aplicarlo.
  10. Administrar el instrumento.
  11. Preparar los datos para el análisis.
- En la investigación social disponemos de diversos instrumentos de medición.
  1. Principales escalas de actitudes: Likert, diferencial semántico y escalograma de Guttman (este último se encuentra comentado en el capítulo 7 del CD anexo).
  2. Cuestionarios (autoadministrado, por entrevista personal, por entrevista telefónica, internet y por correo).
  3. Recolección de contenidos para análisis cuantitativo (capítulo 7 del CD anexo).
  4. Observación cuantitativa (capítulo 7 del CD anexo).
  5. Pruebas estandarizadas (capítulo 7 del CD anexo).
  6. Archivos y otras formas de medición (capítulo 7 del CD anexo).
- Las respuestas a un instrumento de medición se codifican.
- Actualmente, la codificación se efectúa transfiriendo los valores registrados en los instrumentos aplicados (cuestionarios, escalas de actitudes o equivalentes) a un archivo/matriz de un programa computarizado de análisis estadístico (SPSS®, Minitab o equivalente).
- Para resumir algunos de los instrumentos tratados en el capítulo se agrega la tabla 9.11:

▲ **Tabla 9.11**   Concentrado de instrumentos para la recolección de datos

Métodos	Propósito general básico	Ventajas	Retos
Cuestionarios/ Escalas de actitudes/ Pruebas estandarizadas	• Obtener de manera relativamente rápida datos sobre las variables. • Propios para actitudes, expectativas, opiniones y variables que pueden medirse mediante expresiones escritas o que el mismo participante puede ubicarse en las categorías de las variables (autoubicación).	• Puede ser anónimo. • Poco costosa su aplicación individual. • Relativamente fácil de responder. • Relativamente fácil de analizar y comparar. • Puede administrarse a un considerable número de personas. • Normalmente disponemos de versiones previas para escoger o basarnos en éstas.	• Regularmente no se obtiene retroalimentación detallada de parte de los intervinientes. • Se evalúan actitudes y proyecciones, no comportamientos (mediciones indirectas). • El manejo del lenguaje puede ser una fuente de sesgos e influir en las respuestas. • Son impersonales. • No nos proporcionan información sobre el individuo, excepto en las variables medidas.
Observación	• Recolectar información no obstrusiva respecto a conductas y procesos.	• Se puede adaptar a los eventos tal y como ocurren. • Se evalúan hechos, comportamientos y no mediciones indirectas.	• Dificultad para interpretar conductas. • Complejidad al categorizar las conductas observadas. • Puede ser obstrusiva y provocar sesgos si es "participante". • Puede ser costosa.
Análisis de contenido	• Recolectar información no obstrusiva respecto de mensajes.	• Se puede adaptar a los eventos tal como ocurren. • Se evalúan mediciones indirectas.	• Dificultad para interpretar mensajes. • Complejidad al categorizar los mensajes.

Conceptos básicos

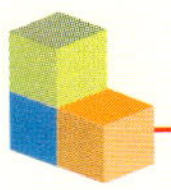

Análisis cuantitativo de contenido (capítulo 7 del CD anexo)
Archivo de datos
Categorías
Codificación
Codificador
Coeficiente alfa de Cronbach
Coeficiente de confiabilidad
Coeficiente KR-20 de Kuder-Richardson
Confiabilidad
Contexto de administración del instrumento
Cuestionarios
Diferencial semántico
Escala Likert
Escalas de actitudes
Escalograma de Guttman (capítulo 7 del CD anexo)
Entrevista
Evidencia relacionada con el constructo
Evidencia relacionada con el contenido

Evidencia relacionada con el criterio
Hojas de codificación
Instrumento de medición
Matriz de datos
Medición
Medida de estabilidad
Método de formas alternas
Método de mitades partidas
Niveles de medición
Observación cuantitativa (capítulo 7 del CD anexo)
Pruebas estandarizadas (capítulo 7 del CD anexo)
Pruebas proyectivas (capítulo 7 del CD anexo)
Recolección de datos
Registro de codificación (capítulo 7 del CD anexo)
Unidad de análisis
Validez
Vista de las variables
Vista de los datos

Ejercicios

1. Busque una investigación cuantitativa en algún artículo de una revista científica, en la cual se incluya información sobre la confiabilidad y la validez del instrumento de medición. ¿El instrumento es confiable?, ¿qué tan confiable?, ¿qué técnica se utilizó para determinar la confiabilidad?, ¿es válido?, ¿cómo se determinó la validez?

2. Responda y explique con ejemplos la diferencia entre confiabilidad y validez.

3. Defina ocho variables e indique su nivel de medición.

4. Defina una variable de cada nivel de medición.

5. Suponga que alguien intenta evaluar la actitud hacia el Presidente de la República, entonces construya un cuestionario tipo Likert con 20 ítems para medir dicha actitud, e indique cómo se calificaría la escala total (10 ítems positivos y 10 negativos). Por último, señale la dimensión que cada ítem pretende medir de dicha actitud (credibilidad, presencia física, etcétera).

6. Construya un cuestionario para medir la variable que considere conveniente (con un mínimo de 10 preguntas o ítems) e incluya preguntas demográficas adicionales. Aplíquelo a 20 conocidos suyos; elabore el libro de códigos y la matriz de datos, mínimo en Excel.

7. ¿Cómo mediría la hostilidad mediante observación y cómo por medio de una escala de actitudes? (Debe leer el apartado de observación en el capítulo 7 del CD anexo.)

8. Genere un planteamiento del problema, donde utilice por lo menos dos tipos de instrumentos cuantitativos para recolectar datos.

9. ¿Cómo se podría aplicar el análisis cuantitativo del contenido para la evaluación de un programa educativo a nivel superior? (Debe leer el apartado de análisis de contenido en el capítulo 7 del CD anexo).

10. Construya una matriz de datos sobre las siguientes variables: género, edad, deporte preferido para practicar, deporte preferido para observar, escuela de procedencia (pública/privada), tipo de música que más le agrada, si está o no en desacuerdo con la política económica del gobierno actual, partido por el que votó en las últimas elecciones municipales y líder histórico que más admira. Que los participantes sean sus compañeros de clase (el ejercicio implica levantar datos y codificarlos, desde luego).

11. Elabore uno o varios instrumentos para el ejemplo de estudio que ha desarrollado hasta ahora en el proceso cuantitativo (incluya la codificación).

Ejemplos desarrollados[29]

La televisión y el niño

Se aplicó un cuestionario en una muestra total de 2 112 niños y niñas del Distrito Federal (capital de México), de acuerdo con la estrategia de muestreo planteado. Las variables medidas fueron: uso de medios de comunicación colectiva, tiempo de exposición a la televisión, preferencia de contenidos televisivos (programas), bloques de horarios de exposición a la televisión (mañana, tarde y/o noche), comparación de la televisión con otras fuentes de entretenimiento, actividades que realiza mientras observa la televisión, condiciones de exposición a la televisión (solo-acompañado), autonomía en la elección de los programas, control de los padres sobre la actividad de ver televisión, usos y gratificaciones de la televisión, datos demográficos.

El cuestionario es descriptivo y fue explorado y validado por 10 expertos en investigación sobre la relación niño-televisión. Se elaboró una versión piloto con 100 infantes (50 niñas y 50 niños), la cual se probó y ajustó. No hubo escalas con varios ítems, por lo que no se calcularon coeficientes de confiabilidad.

La pareja y relación ideales

Se desarrolló un instrumento inicial para recolectar los datos con base en preguntas. Por ejemplo: "pensando en tu relación ideal, ¿cuáles serían las características que más te gustaría que tuviera esa relación?" o bien: "¿qué cualidades te gustaría que tuviera tu novio ideal?" Sin embargo, en la prueba piloto con 100 estudiantes se observó que era mejor sustituir las preguntas por afirmaciones que

---

[29] Por cuestiones de espacio, se comentan brevemente. El primer ejemplo aborda un aspecto de la recolección: el procedimiento y las variables centrales; el segundo, el instrumento de medición; y el tercero, la consideración y comparación de instrumentos (escalas).

fueran completadas por los participantes (por ejemplo: "pensando en tu relación ideal, las características que más te gustaría que tuviera esa relación serían…" Resultaban más comprensibles para ellos y fueron respondidas con mayor precisión. Así, se aplicó por entrevista el siguiente cuestionario:[30]

Cuestionario sobre la pareja y relación ideales

El objetivo de esta encuesta es conocer tu opinión acerca de las relaciones y parejas sentimentales que has tenido, tienes y tendrás, así como de tu concepción de una pareja ideal, por lo cual te agradeceríamos contestar lo que se te indica a continuación, pensando y contestando según corresponda en cada caso.

Recuerda que tus respuestas son totalmente confidenciales.

Edad: _______ años

Género: 1) Masculino _______   2) Femenino_______

Indica la carrera que estudias actualmente:

Psicología ( )	Turismo ( )	Comunicación ( )
Medicina ( )	Administración ( )	Mercadotecnia ( )
Arquitectura ( )	Contaduría Pública ( )	Derecho ( )
Ing. Industrial ( )	Ing. en Sistemas Computacionales ( )	Comercio Internacional ( )

Otra (mencionar) _______________________

1. Para ti ¿qué es un novio(a)? Un novio(a) es:___
   ____
   ____
   ____

2. Para ti ¿qué es una relación de noviazgo? Un no-viazgo es:___________________________
   ____
   _______________________________.

Pasado:

3. ¿Has tenido novio(a)?   1) Sí ____   2) No ____

4. ¿Con cuántos(as) novios(as) has durado más de un mes?______.

5. Las cualidades que más te gustaban del novio(a) más importante que has tenido en el pasado son:
   Anota de la más importante 1) a la menos importante 5).

1) _____________,   2) _____________,
3) _____________,   4) _____________,
5) _____________.

6. Pensando en tu relación pasada más importante las características que más te gustaban de la relación de pareja eran (no hablamos de tu pareja, sino de la relación de noviazgo):

   Anota de la más importante 1) a la menos importante 5).

   1) _____________,   2) _____________,
   3) _____________,   4) _____________,
   5) _____________.

Actualmente:

7. ¿Tienes novio(a)?   1) Sí ____   2) No ____

8. Las cualidades que más te gustan de tu novio(a) son:
   Anota de la más importante 1) a la menos importante 5).

   1) _____________,   2) _____________,
   3) _____________,   4) _____________,
   5) _____________.

9. ¿Cuántos meses llevas con tu novio(a) actual?_____

10. Pensando en tu relación actual, las características que más te gustan de la relación de pareja (no hablamos de tu pareja, sino de la relación de noviazgo) son:
    Anota de la más importante 1) a la menos importante 5).

    1) _____________,   2) _____________,
    3) _____________,   4) _____________,
    5) _____________.

11. ¿Qué tan importante es en tu vida tu pareja actual?

    1) Sumamente importante   2) Muy importante
    3) Importante   4) Poco importante   5) No tiene importancia

Ideal:

12. Piensa en tu novio(a) ideal y menciona las cualidades que te gustaría que tuviera:
    Anota de la más importante 1) a la menos importante 5).

    1) _____________,   2) _____________,
    3) _____________,   4) _____________,
    5) _____________.

13. Pensando en tu relación ideal, las características que más te gustaría que tuviera esa relación

---

[30] Las opciones de respuesta se han reducido, también por espacio (por ejemplo: carreras).

(no hablamos de tu pareja, sino de la relación de noviazgo) serían:

Anota de la más importante 1) a la menos importante 5).

1) _______________,   2) _______________,

3) _______________,   4) _______________,

5) _______________.

Futuro:

14. En tu futuro, ¿te gustaría o no tener una relación de pareja para toda la vida?

1. Sí _____   2. No _____   3. No sé _____

15. ¿Por qué?_______________________________.

16. En tu futuro ¿qué tipo de relación de pareja duradera a largo plazo te gustaría establecer, tener o formar?

1. Matrimonio civil.

2. Matrimonio religioso.

3. Matrimonio religioso y civil.

4. Unión libre (vivir juntos sin estar casados).

5. Llevar una relación de pareja sin vivir juntos.

6. Otra: _______________________.

Gracias por tu colaboración.

El abuso sexual infantil

Escala cognitiva

El instrumento Children's Knowledge of Abuse Questionnaire-Revised (CKAQ-R), fue traducido al español y adaptado para preescolares. En esta escala adaptada, se eliminaron los elementos redundantes y los que evaluaban las actitudes ante los desconocidos, bajo la tesis que quienes agreden sexualmente a los menores son en su gran mayoría personas cercanas. Además, se simplificaron las preguntas formuladas negativamente, tales como "¿algunas veces está bien no hacer lo que nos pide un adulto?", que tienden a ser confusas para los preescolares. El CKAQ-Español puede tener un puntaje máximo de 22, cada reactivo posee evaluación dicotómica, dando un punto por cada respuesta correcta. Sigue el mismo esquema y protocolo que el CKAQ original. Cada pregunta puede ser contestada como "sí", "no", o "no sé" y su evaluación es dicotómica (correcto o incorrecto). Incluye cuestiones para medir el desarrollo cognitivo y actitudes asertivas ante contactos positivos y negativos, chantaje emocional, disociación de los contactos con la afectividad y el pedir ayuda ante el abuso.

El estudio de la confiabilidad interna se efectuó con el modelo Kurder Richardson 20 (KR-20), bajo la versión adaptada de Cronbanch para reactivos dicotómicos. Tal estudio se realizó con el total de casos ($n = 150$). Se obtuvo un alfa de 0.69, lo que representa un nivel moderadamente aceptable.

Escala conductual

Después del estudio de diversas escalas, se decidió partir del RPP para el desarrollo del instrumento conductual. Las razones para esta decisión se basaron en que el RPP se ha aplicado a muestras grandes ($n = 670$). Por otro lado, evalúa en acción los patrones seguidos por los agresores, así da la oportunidad de analizar las reacciones de los niños y sus habilidades de protección "en vivo". Además, no aborda al niño o niña de manera burda o aterradora, se enfoca en los preámbulos del abuso, en donde se censa la posibilidad. Por estas razones, este instrumento nos parece de los más acertados por su evaluación conductual, su aproximación a lo que un(a) niño(a) puede vivir en su cotidianidad en cuanto a sus aproximaciones incómodas y evaluar sus recursos asertivos, seguridad emocional y habilidades de autoprotección.

Uno de los inconvenientes de este protocolo es que no se disponen de valores psicométricos que lo avalen. Por lo que no hay comparativos para los resultados que de esta investigación se obtengan.

Partiendo del RPP original, se le hizo una adaptación mediante la traducción y adecuación al contexto mexicano. A esta escala le llamaremos Role Play-México. Uno de los inconvenientes que se le cuestiona al RPP es que sólo puede aplicarse uno a uno. Es decir, no se puede aplicar a grupos de infantes en conjunto. Sin embargo, en el caso de preescolares esto no aplica, porque en general las pruebas administradas a grupos, requieren del desarrollo de las habilidades lectoescritoras, un estado no dominado en la etapa preescolar. Por tanto, tal inconveniente es intrascendente en el caso de estudio. Otra desventaja que se le atribuye, es que la escala no incluye elementos que evalúen la actitud de los menores ante los contactos positivos, para determinar si los PPASI (programas de prevención de abuso sexual infantil) generan un efecto nocivo de suspicacia indiscriminada ante cualquier contacto. Por lo cual, se decidió incluir un par de reactivos para evaluar esta posibilidad en el Role Play-México (RPMéxico). Estos reactivos incluyen por ejemplo, abrazos por los padres o felicitaciones. Se desarrolló, también, una prueba paralela a dicha adaptación, a la que llamamos Evaluación de la Prevención del Abuso (EPA).

En la escala RPP se tiene un puntaje máximo de 14 puntos, evalúa la negación verbal y no verbal de seis escenas "en vivo". Es decir, donde el evaluador actúa y se le pide al niño que responda a la pregunta: ¿qué diría y haría? en una situación planteada. Además, en los tres reactivos donde se aborda el chantaje emocional y la coerción, se otorga un punto extra si el participante muestra intención de denunciar el evento. En el caso de la evaluación del RPMéxico y de la EPA se considera un total de ocho escenarios "en vivo", seis de tipo abusivo y dos de contactos no abusivos. El puntaje de ambas escalas (RPMéxico y EPA) tienen un máximo de 40 puntos. Al igual que el RPP, evalúa la asertividad verbal y conductual, pero se amplía la evaluación con la intención de denuncia del evento abusivo, cubriendo la necesidad de mejorar el sistema de medición con la persistencia de los infantes de pedir ayuda hasta obtenerla. Mide además las siguientes subescalas: 1) reconocimiento de contactos, tanto positivos como negativos, y las habilidades de asertividad verbal (*qué decir*), no verbal (*qué hacer*) y la persistencia en la intención de denuncia ante algún incidente abusivo (*denuncia*). Los 40 puntos, se derivan de la suma de un punto por cada acierto en la asertividad verbal (ocho máximo), un punto por cada asertividad conductual (máximo ocho), un punto por cada intención de denuncia de los contac-

tos inapropiados (seis máximo) y un punto por cada persona a quien denunciarían, hasta un máximo de tres por cada escenario de contacto inapropiado (18 puntos máximo).

Se desarrolló el análisis de confiabilidad tanto temporal como interno. Se aplicó *test-retest* de acuerdo con un método de formas paralelas al administrarse el RPMéxico y el EPA. La correlación entre ambas pruebas alcanzó un buen nivel y fue significativo ($r = 0.75$, $p < 0.01$), lo que avala la utilización de estos instrumentos de forma paralela. El *test-retest* se aplicó en un subgrupo ($n = 44$) del grupo control ($n = 79$). Este estudio confirma que hay correlación entre *test* y *retest* entre cada instrumento RPP, RPMéxico y en todas las subescalas, los índices van de 0.59 a 0.78, todas con $p < 0.01$. El instrumento RPMéxico tiene una correlación ($r = 0.75$) equivalente a la reportada en otros instrumentos similares (WIST, PSQ). Este índice muestra un grado de estabilidad temporal aceptable, dado el tamaño de la muestra.

Los investigadores opinan

Recolección de datos cuantitativos

Dentro del modelo de investigación cuantitativa, la etapa de recolección de los datos resulta de vital importancia para el estudio, de ella dependen tanto la validez interna como externa.

La validez interna de una investigación depende de una adecuada selección o construcción del instrumento con el cual se va a recolectar la información deseada, la teoría que enmarca el estudio tiene que conjugar perfectamente con las características teóricas y empíricas del instrumento; si esto no ocurre, se corre el riesgo de recolectar datos que a la postre pueden ser imposibles de ser interpretados o discutidos, la teoría y los datos pueden caminar por distintas direcciones. Un ejemplo muy sencillo para graficar este problema sería hacer hipótesis y teorizar en torno a la personalidad sobre la base de una de las teorías de los rasgos y usar un instrumento proyectivo para recolectar los datos. Lo correcto sería que la misma teoría sustente los planteamientos hipotéticos y teóricos, así como fundamente el instrumento. Si bien el ejemplo puede resultar un tanto simple y grosero, en el nivel de las investigaciones de pregrado, este problema resulta bastante común y le es muy difícil manejarlo al estudiante promedio.

Del mismo modo, la recolección de los datos se relaciona con la validez externa del estudio, por cuanto la generalización depende de la calidad y cantidad de los datos que recolectamos. Por ello, en estudios cuantitativos resulta importante determinar una muestra adecuada, que tenga representatividad en el tamaño y que a la vez refleje la misma estructura existente en la población. Sin una buena muestra de datos, no se puede generalizar; y si se corre este riesgo, el investigador podría llevar sus conclusiones más allá de la realidad, cuando lo que se desea es reflejar la realidad.

Una idea clave, para no tropezar con asuntos insalvables en este momento de la investigación o para no tomar decisiones que conduzcan al error, es hacer un buen proyecto de investigación. En la etapa de la planificación debe quedar claramente establecido y justificado qué instrumento se va a utilizar; cómo, dónde y a quiénes se les aplicará; qué instrucciones se les va a brindar a los sujetos o participantes; qué datos son los que se someterán a tratamiento y cuáles otros no serán tomados en cuenta; cómo se van a tratar los mismos y cómo se llegará desde los datos a la teoría.

EDWIN SALUSTIO SALAS BLAS

Universidad de Lima

Perú

10   Análisis de los datos cuantitativos

Proceso de investigación cuantitativa

Paso 9   Analizar los datos

- Decidir el programa de análisis de datos que se utilizará.
- Explorar los datos obtenidos en la recolección.
- Analizar descriptivamente los datos por variable.
- Visualizar los datos por variable.
- Evaluar la confiabilidad, validez y objetividad de los instrumentos de medición utilizados.
- Analizar e interpretar mediante pruebas estadísticas las hipótesis planteadas (análisis estadístico inferencial).
- Realizar análisis adicionales.
- Preparar los resultados para presentarlos.

Objetivos del aprendizaje

Al terminar este capítulo, el alumno será capaz de:

1. Revisar el proceso para analizar los datos cuantitativos.
2. Reforzar los conocimientos estadísticos fundamentales.
3. Comprender las principales pruebas o métodos estadísticos desarrollados, así como sus aplicaciones y la forma de interpretar sus resultados.
4. Analizar la interrelación entre distintas pruebas estadísticas.
5. Diferenciar la estadística descriptiva y la inferencial, la paramétrica y la no paramétrica.

Síntesis

En el capítulo se presentan brevemente los principales programas computacionales de análisis estadístico que emplea la mayoría de los investigadores, así como el proceso fundamental para efectuar análisis cuantitativo. Asimismo, se comentan, analizan y ejemplifican las pruebas estadísticas más utilizadas. Se muestra la secuencia de análisis más común, incluyendo estadísticas descriptivas, análisis paramétricos, no paramétricos y multivariados. En la mayoría de estos análisis, el enfoque del capítulo se centra en los usos y la interpretación de los métodos, más que en los procedimientos de cálculo, debido a que en la actualidad los análisis se realizan con ayuda de una computadora.

Se realiza mediante programas computacionales como:

- SPSS®
- Minitab
- SAS
- STATS

Análisis de datos cuantitativos

Cuyo procedimineo es:

Fases

1. Seleccionar el programa estadístico para el análisis de datos
2. Ejecutar el programa
3. Explorar los datos: analizarlos y visualizarlos por variable del estudio
4. Se evalúa la confiabilidad y validez del o de los instrumentos escogidos
5. Se lleva a cabo análisis estadístico descriptivo de cada variable del estudio
6. Se realizan análisis estadísticos inferenciales respecto a las hipótesis planteadas
7. Se efectúan análisis adicionales
8. Se preparan los resultados para presentarlos

El análisis se realizan tomando en cuenta los niveles de medición de las variables y mediante la estadística, que puede ser

Descriptiva

- Distribución de frecuencias
- Medica de tendencia central
  - Media
  - Mediana
  - Moda
- Medicas de variabilidad
  - Rango
  - Desviación estándar
  - Varianza
- Gráficas
- Puntuaciones z (en CD anexo)

Inferencia
- Sirve para estimar parámetros y probar hipótesis
- Se basa en la distribución muestral

Análisis paramétrico

- Coeficientes de correlación
- Regresión lineal
- Prueba t
- Prueba de la diferencia de proporciones
- Análisis de variarza
- Análisis de covarianza (en CD anexo)

Análisis no paramétrico

- *Chi* cuadrada
- Coeficientes de Spearman y Kendall
- Coeficientes para tabulaciones cruzadas

Analisis multivariados (en CD anexo)

Nota: Este capítulo se complementa con uno del CD anexo: Material complementario → Capítulos → Capítulo 8 "Análisis estadístico: segunda parte". Asimismo, con el documento incluído en el CD: "Fórmulas estadísticas", que contiene las fórmulas que estaban en la parte impresa de ediciones anteriores y el apéndice 4 "Tablas anexas".

¿Qué procedimiento se sigue para analizar cuantitativamente los datos?

Una vez que los datos se han codificado, transferido a una matriz, guardado en un archivo y "limpiado" de errores, el investigador procede a analizarlos.

En la actualidad, el análisis cuantitativo de los datos se lleva a cabo *por computadora u ordenador*. Ya casi nadie lo hace de forma manual ni aplicando fórmulas, en especial si hay un volumen considerable de datos. Por otra parte, en la mayoría de las instituciones de educación media y superior, centros de investigación, empresas y sindicatos se dispone de sistemas de cómputo para archivar y analizar datos. De esta suposición parte el presente capítulo. Por ello, se centra en la *interpretación de los resultados de los métodos de análisis cuantitativo* y no en los procedimientos de cálculo.

El análisis de los datos se efectúa sobre la *matriz de datos* utilizando un *programa computacional*. El proceso de análisis se esquematiza en la figura 10.1. Posteriormente veremos paso a paso el proceso.

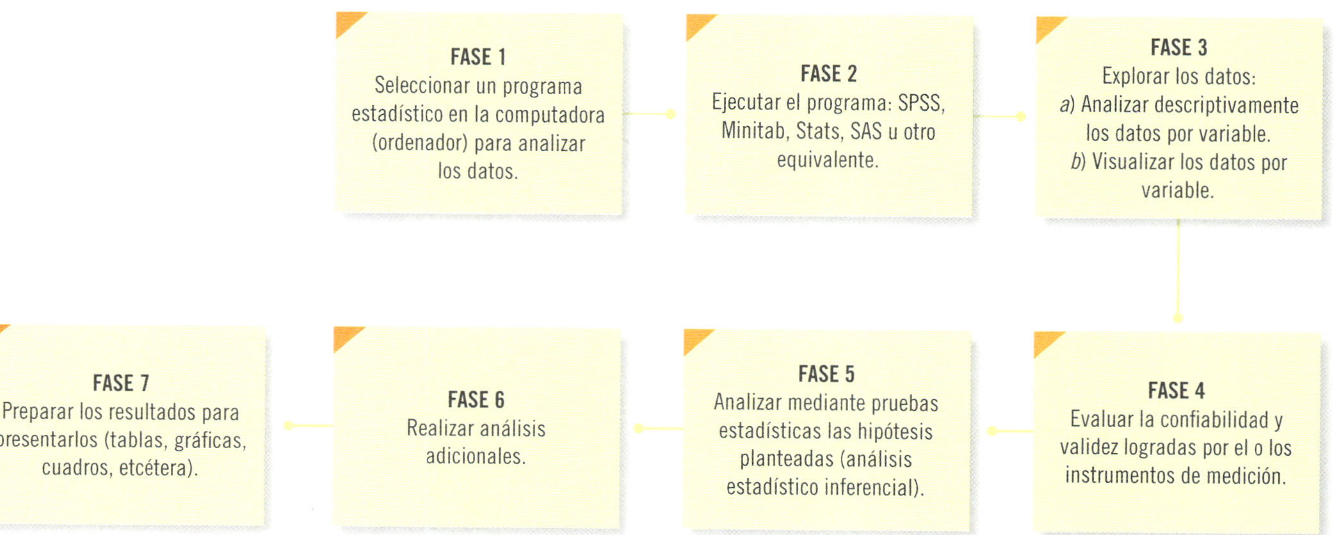

Figura 10.1   Proceso para efectuar análisis estadístico.

Paso 1: seleccionar un programa de análisis

Existen diversos programas para analizar datos. En esencia su funcionamiento es muy similar, incluyen dos partes o segmentos que se mencionaron en el capítulo anterior: una parte de definiciones de las variables, que a su vez explican los datos (los elementos de la codificación ítem por ítem), indicador por indicador en casos propios de las ingenierías y diversas disciplinas y la otra parte, la matriz de datos. La primera parte es para que se comprenda la segunda. Las definiciones, desde luego, son efectuadas por el investigador. Lo que éste hace, una vez recolectados los datos, es precisar los parámetros de la matriz de datos en el programa (nombre de cada variable en la matriz —que equivale a un ítem, reactivo, categoría o subcategoría de contenido u observación, indicador—, tipo de variable o ítem, ancho en dígitos, etc.) e introducir los datos en la matriz, la cual es como cualquier hoja de cálculo. Asimismo, recordemos que la matriz tiene columnas (variables o ítems), filas o renglones (casos) y celdas (intersección entre una columna y un renglón). Cada celda contiene un dato (que significa un valor de un caso en una variable). Supongamos que tenemos cuatro casos o personas y tres variables (género, color de cabello y edad); la matriz se vería como se muestra en la tabla 10.1.

▲ **Tabla 10.1**   Ejemplo de matriz de datos con tres variables y cuatro casos

Caso	Columna 1 (género)	Columna 2 (color de pelo)	Columna 3 (edad)
1	1	1	35
2	1	1	29
3	2	1	28
4	2	4	33

La codificación (especificada en la parte de las definiciones de las variables o columnas que corresponden a ítems) sería:

- Género (1 = masculino y 2 = femenino).
- Color de cabello (1 = negro, 2 = castaño, 3 = pelirrojo, 4 = rubio).
- Edad (dato "bruto o crudo" en años).

De esta forma, si se lee por renglón o fila (caso), de izquierda a derecha, la primera celda indica un hombre (1); la segunda, de cabello negro (1), y la tercera, de 35 años (35). En el segundo, un hombre de cabello negro y 29 años. La tercera, una mujer de cabello color negro, con 28 años. La cuarta fila (caso número cuatro) nos señala una mujer (2), rubia (4) y de 33 años (33). Pero, si leemos por columna o variable de arriba hacia abajo, tendríamos en la primera (género) dos hombres y dos mujeres (1, 1, 2, 2).

Por lo general, en la parte superior de la matriz de datos aparecen las opciones de los comandos para operar el programa de análisis estadístico como cualquier otro programa (Archivo, Edición, etc.). Una vez que estamos seguros que no hay errores en la matriz, procedemos a realizar el análisis de la matriz, el análisis estadístico. En cada programa tales opciones varían, pero en cuestiones mínimas.

Ahora, comentaremos brevemente los programas más importantes y de dos de ellos señalaremos sus comandos generales.

Statistical Package for the Social Sciences SPSS® o PASW Statistics

El SPSS (Paquete Estadístico para las Ciencias Sociales) desarrollado en la Universidad de Chicago, es uno de los más difundidos. Contiene todos los análisis estadísticos que se describirán en este capítulo.

En América Latina, algunas instituciones educativas tienen versiones antiguas del SPSS; otras, versiones más recientes (PASW Statistics), ya sea en español o inglés. Existen versiones para Windows, Macintosh y UNIX. Desde luego, éstas sólo pueden utilizarse en computadoras con la capacidad necesaria para el paquete.

Como ocurre con todos los programas o software, SPSS® o PASW Statistics constantemente se actualiza con versiones nuevas en varios idiomas.[1] Asimismo, cada año surgen textos o manuales acordes con estas nuevas versiones. En el CD anexo el lector encontrará un manual que abarca las cuestiones esenciales de este paquete de análisis. Lo mejor para mantenerse al día en materia de SPSS/PASW es consultar su sitio en internet (www.spss.com/); o si éste llega a cambiar, con la palabra clave "SPSS" podemos encontrarlo en un directorio o mediante un motor de búsqueda como Google, Altavista, o cualquier otro. Para la actualización de manuales, las palabras claves serían: "SPSS manuals" (recordemos que para cruzar palabras, éstas tienen que ir entre comillas "").

Como ya se señaló, SPSS/PASW contiene las dos partes citadas que se denominan: *a)* vista de variables (para definiciones de las variables y consecuentemente, de los datos) y *b)* vista de los datos (matriz de datos).

---

[1] Actualmente SPSS cuenta con el programa básico (PASW) y múltiples derivaciones y aplicaciones. Por ejemplo: Quancept™ CATI (sistema para procesar y analizar entrevistas telefónicas), Amos™ (modelar ecuaciones estructurales) y el PASW Advanced Statistics (para estadística multivariada compleja). Para ver gran parte de las estadísticas avanzadas recomendamos: Sharpe, De Veaux y Velleman (2010), así como Madarassy (2010). El lector interesado puede descargar una versión de prueba de SPSS en el sitio www.spss.com

En ambas vistas se observan los comandos para operar en la parte superior. También, en la página de SPSS se puede "bajar" o "descargar" a la computadora una demostración del programa por un tiempo limitado.

El paquete SPSS/PASW trabaja de una manera muy sencilla: éste abre la matriz de datos y el investigador usuario selecciona las opciones más apropiadas para su análisis, tal como se hace en otros programas.

File (archivo): sirve para construir un nuevo archivo, localizar uno ya construido, guardar archivos, especificar impresora, imprimir, cerrar, enviar archivos por correo electrónico, entre otras funciones.

Edit (edición): se emplea para modificar archivos, manipular la matriz, buscar datos, copiar, cortar, eliminar y otras acciones de edición.

View (ver): como su nombre lo dice es para ver o visualizar la barra de estado, barra de herramientas, fuentes, cuadrícula (matriz), etiquetas y variables.

Data (datos): se insertan variables, sopesan casos, insertan casos, ordenan casos para limpiar archivos, fundir archivos (juntar varios archivos o matrices), segmentar archivos (por una variable o criterio; por ejemplo, la variable género, en este caso se realiza el análisis por submuestra segmentada, resultados para hombres y para mujeres), seleccionar casos, etcétera.

Transform (transformar): la función es de recodificar, conjuntar o unir y modificar variables y datos; categorizar variables; asignar rangos a casos, entre otras.

Analyze (analizar): se solicitan análisis estadísticos que básicamente serían:

1. Informes (resúmenes de casos, información de columnas y reglones).
2. Estadísticos descriptivos (tablas de frecuencias, medidas de tendencia central y dispersión, razones, tablas de contingencia).
3. Comparar medias (prueba *t* y análisis de varianza —ANOVA— unidireccional).
4. Modelo lineal general (independiente o factor y dependiente, con covariable).
5. ANOVA (análisis de varianza factorial en varias direcciones).
6. Correlaciones (bivariada —dos— y multivariadas —tres o más—) para cualquier nivel de medición de las variables.
7. Regresión (lineal, curvilineal y múltiple).
8. Clasificación (conglomerados y análisis discriminante).
9. Reducción de datos (análisis de factores).
10. Escalas (fiabilidad y escalamiento multidimensional).
11. Pruebas no paramétricas.
12. Respuestas múltiples (escalas).
13. Validación compleja.
14. Series de tiempos.
15. Ecuaciones estructurales y modelamiento matemático.

Add-ons (agregados): mediante esta función (que no está incluida en todas las versiones ni variantes) se tiene acceso a análisis complejos como redes neurales, identificación de casos inusuales y varias pruebas estadísticas avanzadas).

El diagrama Q-Q Se utiliza para verificar qué tanto la distribución de nuestras variables es "normal".

Graphs (gráficos): con esta función se solicitan gráficos (histogramas, de sectores o pastel, diagramas de dispersión, Pareto, Q-Q —solicitar normalización de distribuciones—, P-P, curva COR, etcétera).

Utilities (utilidades o herramientas): se definen ambientes, conjuntos, información sobre variables, etcétera.

S-plus: es para la adquisición, edición y transformación de datos, la línea de comandos, métodos estadísticos básicos con S-Plus y R, gráficos estadísticos básicos con S-Plus y R, métodos estadísticos multivariados avanzados y creación de funciones propias con S-Plus.

Window (ventana): sirve para moverse a través de archivos y hacia otros programas.

Help (ayuda): cuenta con contenidos de ayuda, cómo utilizar SPSS, comandos, guías, "asesor estadístico" y demás elementos aplicados al paquete (con índice).

Minitab®

Es un paquete que goza de popularidad por su relativamente bajo costo. Incluye un considerable número de pruebas estadísticas, y cuenta con un tutorial para aprender a utilizarlo y practicar; además, es muy sencillo de manejar.

Minitab tiene un sitio web (http://www.minitab.com/) en la cual podemos acceder a un demo gratuito del programa por tiempo limitado.

Para comenzar a utilizar Minitab, se abre una sesión (la cual es definida con nombre y fecha), y se abre una matriz u hoja de trabajo (*worksheet*) (en la parte superior de la pantalla aparece la sesión y en la parte inferior se presenta la matriz). Se definen las variables (*C* —columnas—): nombre, formato (numérico, texto, fecha/tiempo), ancho (en dígitos), su descripción y orden de los valores. Los renglones o filas son casos. Los análisis realizados aparecen en la sesión (parte o pantalla superior) y las gráficas se reproducen en recuadros.

Sus comandos incluyen:

File (archivo): para construir un nuevo archivo, localizar uno ya construido, guardar o abrir archivos, abrir una gráfica de Minitab, especificar impresora, imprimir, cerrar, entre otras funciones.

Edit (edición): útil para modificar archivos, buscar datos, copiar, cortar y eliminar celdas, conectar Minitab con otras aplicaciones, etcétera.

Data (datos): funciones para asignar códigos a columnas, dividir la matriz, copiar columnas, eliminar columnas y renglones o filas, establecer rangos, recodificar, cambiar el tipo de datos, desplegar datos, mostrar los datos de la hoja de trabajo en la ventana de sesión, entre otros.

Calc (calcular): calcula las estadísticas de columnas y filas, distribuciones de probabilidad, matrices, estandarizaciones, operaciones aritméticas.

Stat (estadísticas): de manera fundamental, ejecuta los siguientes tipos de estadísticas:

1. Básicas: descriptivas, correlación, covarianza, *chi*-cuadrada, prueba *t*, prueba de hipótesis acerca de la media poblacional…
2. Regresión lineal y múltiple.
3. Análisis de varianza (ANOVA) unidireccional y factorial.
4. DOE (análisis para diseños experimentales, análisis de respuestas).
5. Diagramas (control charts) (de atributos, multivariados, de tiempo) individuales y grupales.
6. Diagramas de dispersión, Pareto, causa-efecto…
7. Confiabilidad.
8. Análisis multivariado: análisis de factores (validación), análisis discriminante, análisis de conglomerados, de correspondencia simple o múltiple.
9. Series de tiempos: autocorrelación, correlación parcial, correlación cruzada, entre otras.
10. Tablas: tabulación cruzada, *chi*-cuadrada.
11. Estadística no paramétrica.
12. EDA (análisis exploratorio de datos, diagramas de caja, fotograma, etcétera).
13. Poder y tamaño de muestra (1-muestra *z*, 1-muestra-*t*, 2-muestra-*t*, ANOVA y otras. Sirve para determinar si el tamaño de muestra es apropiado para varias pruebas estadísticas).

Graph (gráfica): solicitar gráficos (histogramas, barras de pastel, diagramas de dispersión, Pareto, series de tiempos, etcétera).

Editor (editor): mover columnas, redefinir columnas, insertar columnas, buscar, ir a un caso, entre otras acciones.

Tools (herramientas): definir ambientes, conjuntos, información sobre variables, conexión a internet, consultas, etcétera.

Window (ventana): sirve para moverse a través de archivos y hacia otros programas, minimizar ventanas y demás funciones similares en otros programas.

Help (ayuda): cuenta con contenidos de ayuda, cómo utilizar Minitab, comandos, guías y demás elementos de Windows aplicados al paquete. En la figura 10.2 se muestra una vista de la pantalla de Minitab.

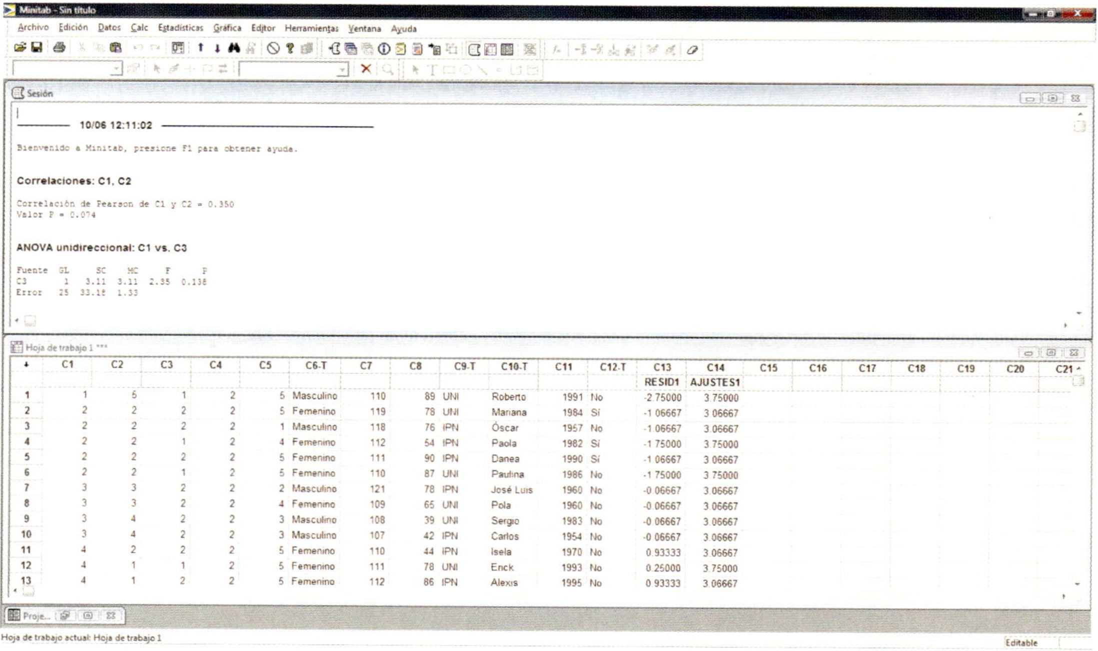

Figura 10.2   Pantalla de Minitab.

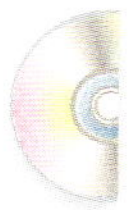

Otro programa de análisis sumamente difundido es el SAS (Sistema de Análisis Estadístico), que fue diseñado en la Universidad de Carolina del Norte. Es muy poderoso y su utilización se ha incrementado notablemente. Es un paquete muy completo para computadoras personales que contiene una variedad considerable de pruebas estadísticas.

En el CD se incluye un programa (software) sencillo que hemos titulado STATS, con los análisis bivariados más elementales para comenzar a practicar y comprender las pruebas básicas. Asimismo, en internet existen diversos programas gratuitos de análisis estadístico para cualquier ciencia o disciplina.

Por lo general se elige el programa de análisis que está disponible en nuestra institución educativa, centro de investigación u organización de trabajo, o el que podamos comprar u obtener en internet. Todos los programas mencionados son excelentes opciones. Cualquiera nos sirve, solamente que debemos seleccionar uno. Recomendamos que en el centro de cómputo de su institución soliciten información respecto de los programas disponibles.

Paso 2: ejecutar el programa

En el caso de SPSS y Minitab, ambos paquetes son fáciles de usar, pues lo único que hay que hacer es solicitar los análisis requeridos seleccionando las opciones apropiadas. Obviamente antes de tales análisis, se debe verificar que el programa "corra" o funcione en nuestra computadora. Comprobado esto, comienza la ejecución del programa y la tarea analítica.

Paso 3: explorar los datos

En esta etapa, inmediata a la ejecución del programa, se inicia el análisis. Cabe señalar que si hemos llevado a cabo la investigación reflexionando paso a paso, esta etapa es relativamente sencilla, porque: 1) formulamos la pregunta de investigación que pretendemos contestar, 2) visualizamos un alcance (exploratorio, descriptivo, correlacional y/o explicativo), 3) establecimos nuestras hipótesis (o estamos conscientes de que no las tenemos), 4) definimos las variables, 5) elaboramos un instrumento (conocemos qué ítems miden qué variables y qué nivel de medición tiene cada variable: nominal, ordinal, de intervalos o razón) y 6) recolectamos los datos. Sabemos qué deseamos hacer, es decir, tenemos claridad.

La exploración típica se muestra en la figura 10.3 (que se ilustra utilizando el programa SPSS, ya que, insistimos, ésta puede variar de programa en programa en cuanto a comandos o instrucciones, pero no en lo referente a las funciones implementadas). Algunos conceptos pueden, por ahora, no significar algo para el lector que se inicia en los menesteres de la investigación, pero éstos se irán explicando a lo largo del capítulo.

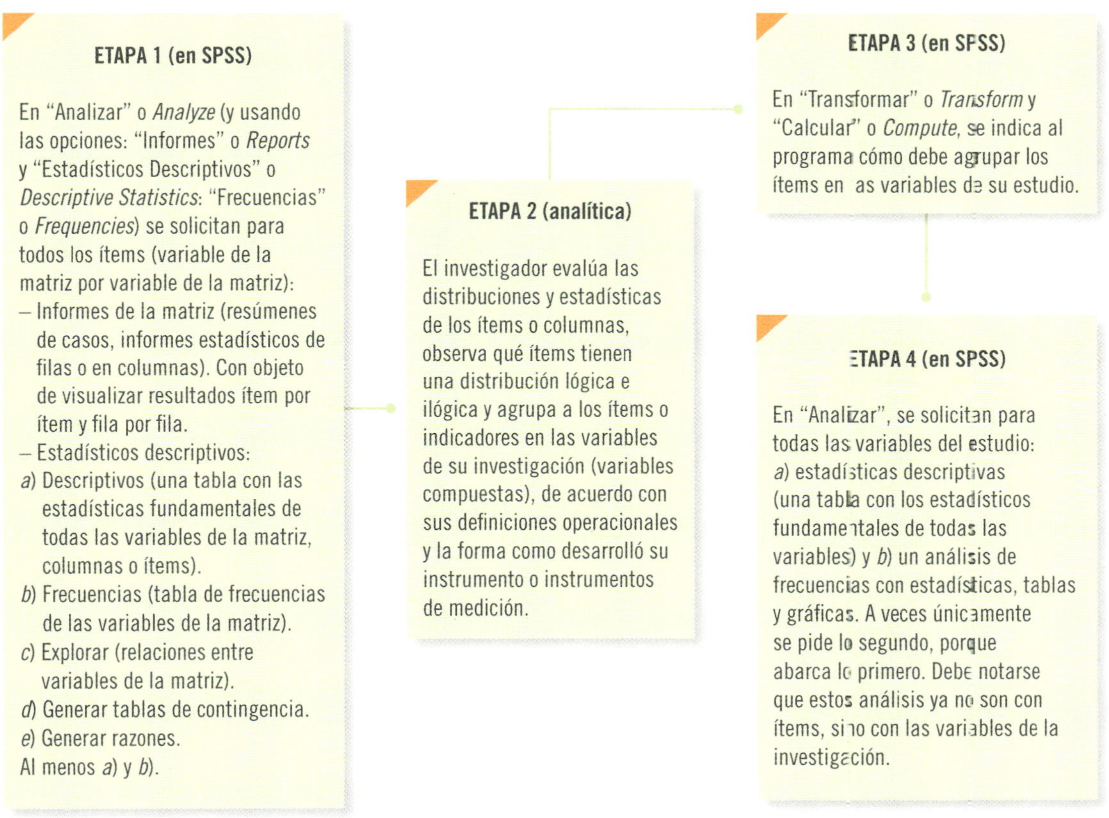

Figura 10.3   Secuencia más común para explorar datos en SPSS.

Veamos ahora los conceptos estadísticos que se aplican a la exploración de datos, pero antes de proseguir es necesario realizar un par de apuntes, uno sobre las *variables del estudio* y las *variables de la matriz de datos*, y el otro sobre los factores de los que depende el análisis.

Apunte 1

Desde el final del capítulo anterior, se introdujo el concepto de *variable de la matriz de datos*, que es distinto del concepto *variable de la investigación*. Las **variables de la matriz de datos** son columnas o ítems. Las **variables de la investigación** son las propiedades medidas y que forman parte de las hipótesis o que se pretenden describir (género, edad, actitud hacia el presidente municipal, inteligencia, duración de un material, etc.). En ocasiones, las variables de la investigación requieren un único ítem o indicador para ser medidas (como en la tabla 10.2 con la variable "tipo de escuela a la que asiste"), pero en otras se necesitan varios ítems para tal finalidad. Cuando sólo se precisa de un ítem o

Variables de la matriz de datos Son columnas o ítems.

Variables de la investigación Son las propiedades medidas y que forman parte de las hipótesis o que se pretenden describir.

indicador, las variables de la investigación ocupan una columna de la matriz (una variable de la matriz). Pero si están compuestas de varios ítems, ocuparán tantas columnas como ítems (o variables en la matriz) las conformen. Esto se ejemplifica en la tabla 10.2 con los casos de la variable "satisfacción respecto al superior" y "moral de los empleados".

▲   **Tabla 10.2**   Ejemplos de variables de investigación y formulación de ítems

Variable: tipo de escuela a la que asiste (con un ítem)	Variable: satisfacción respecto al superior (con tres ítems)	Variable: moral de los empleados (con cinco ítems)
¿Asiste a una escuela pública o privada? [1] Escuela pública [2] Escuela privada	1. ¿En qué medida está usted satisfecho con su superior inmediato? [1] Sumamente insatisfecho [2] Más bien insatisfecho [3] Ni insatisfecho ni satisfecho [4] Más bien satisfecho [5] Sumamente satisfecho 2. ¿Qué tan satisfecho está usted con el trato que recibe de parte de su superior inmediato? [1] Sumamente insatisfecho [2] Más bien insatisfecho [3] Ni insatisfecho ni satisfecho [4] Más bien satisfecho [5] Sumamente satisfecho 3. ¿Qué tan satisfecho está con la orientación que le proporciona su superior inmediato para que usted realice su trabajo? [1] Sumamente insatisfecho [2] Más bien insatisfecho [3] Ni insatisfecho ni satisfecho [4] Más bien satisfecho [5] Sumamente satisfecho	1. "En el departamento donde trabajo nos mantenemos unidos" [5] Totalmente de acuerdo [4] De acuerdo [3] Ni de acuerdo ni en desacuerdo [2] En desacuerdo [1] Totalmente en desacuerdo 2. "La mayoría de las veces en mi departamento compartimos la información más que guardarla para nosotros". [5] Totalmente de acuerdo [4] De acuerdo [3] Ni de acuerdo ni en desacuerdo [2] En desacuerdo [1] Totalmente en desacuerdo 3. "En mi departamento nos mantenemos en contacto permanentemente". [5] Totalmente de acuerdo [4] De acuerdo [3] Ni de acuerdo ni en desacuerdo [2] En desacuerdo [1] Totalmente en desacuerdo 4. "En mi departamento nos reunimos con frecuencia para hablar tanto de asuntos de trabajo como de cuestiones personales". [5] Totalmente de acuerdo [4] De acuerdo [3] Ni de acuerdo ni en desacuerdo [2] En desacuerdo [1] Totalmente en desacuerdo 5. "En mi trabajo todos nos llevamos bien". [5] Totalmente de acuerdo [4] De acuerdo [3] Ni de acuerdo ni en desacuerdo [2] En desacuerdo [1] Totalmente en desacuerdo
Esta variable es medida por una sola pregunta y ocupa una columna o variable de la matriz.	Esta variable es medida por tres preguntas y ocupa tres columnas o variables de la matriz.	Esta variable es medida por cinco preguntas y ocupa cinco columnas o variables de la matriz.

Y cuando las variables de la investigación se integran de varios ítems o variables en la matriz, las columnas pueden ser continuas o no (estar ubicadas de manera seguida o en distintas partes de la matriz). En el tercer ejemplo (variable "moral de los empleados"), las preguntas podrían ser las números: 1, 2, 3, 4 y 5 del cuestionario, entonces las primeras cinco columnas de la matriz representarán a estos ítems. Pero pueden ubicarse en distintos segmentos del cuestionario (por ejemplo, ser las preguntas 1, 5, 17, 22 y 38), entonces las columnas que las representen se ubicarán de forma discontinua (serán las columnas o variables de la matriz 1, 5, 17, 22 y 38), porque regularmente la secuencia de las columnas corresponde a la secuencia de los ítems en el instrumento de medición.

Esta explicación la hacemos porque hemos visto que varios estudiantes confunden las variables de la matriz de datos con las variables del estudio. Son cuestiones vinculadas pero distintas.

Cuando una variable de la investigación está integrada por diversas variables de la matriz o ítems suele denominársele *variable compuesta* y su puntuación total es el resultado de adicionar los valores de los reactivos que la conforman. Tal vez el caso más claro lo es la escala Likert, donde se suman las puntuaciones de cada ítem y se logra la calificación final. A veces la adición es una sumatoria, otras ocasiones es multiplicativa o de otras formas, según se haya desarrollado el instrumento. Al ejecutar el programa y durante la fase exploratoria, se toma en cuenta a *todas las variables de la investigación* e ítems y se considera a las *variables compuestas*, entonces se indica en el programa cómo están constituidas, mediante algunas instrucciones (en cada programa son distintas en cuanto al nombre, pero su función es similar). Por ejemplo, en SPSS se crean nuevas variables compuestas en la matriz de datos con el comando "Transformar" y luego con el comando "Calcular" o "Computar", de este modo, se construye la variable compuesta mediante una expresión numérica. Revisemos un ejemplo.

En el caso de la variable "moral en el departamento de trabajo", podríamos asignar las siguientes columnas (en el supuesto de que fueran continuas) a los cinco ítems, tal como se muestra en la tabla 10.3.

Y tener la siguiente matriz:

EJEMPLO

	fr1	fr2	fr3	fr4	fr5
1	1	2	2	4	3
2	2	2	2	2	2
K	2	3	2	2	3

▲ **Tabla 10.3** Ejemplo con la variable moral

Variable de la investigación: moral	Variable de la matriz que corresponde a la variable de la investigación	Ubicación en la matriz
1. "En el departamento donde trabajo nos mantenemos unidos".	Frase 1 (fr1)	Columna 1
[5] Totalmente de acuerdo [4] De acuerdo [3] Ni de acuerdo ni en desacuerdo [2] En desacuerdo [1] Totalmente en desacuerdo		
2. "La mayoría de las veces en mi departamento compartimos la información más que guardarla para nosotros".	Frase 2 (fr2)	Columna 2
[5] Totalmente de acuerdo [4] De acuerdo [3] Ni de acuerdo ni en desacuerdo [2] En desacuerdo [1] Totalmente en desacuerdo		

(continúa)

▲ **Tabla 10.3** Ejemplo con la variable moral (*continuación*)

Variable de la investigación: moral	Variable de la matriz que corresponde a la variable de la investigación	Ubicación en la matriz
3. "En mi departamento nos mantenemos en contacto permanentemente". ⑤ Totalmente de acuerdo ④ De acuerdo ③ Ni de acuerdo ni en desacuerdo ② En desacuerdo ① Totalmente en desacuerdo	Frase 3 (fr3)	Columna 3
4. "En mi departamento nos reunimos con frecuencia para hablar tanto de asuntos de trabajo como de cuestiones personales". ⑤ Totalmente de acuerdo ④ De acuerdo ③ Ni de acuerdo ni en desacuerdo ② En desacuerdo ① Totalmente en desacuerdo	Frase 4 (fr4)	Columna 4
5. "En mi trabajo todos nos llevamos muy bien". ⑤ Totalmente de acuerdo ④ De acuerdo ③ Ni de acuerdo ni en desacuerdo ② En desacuerdo ① Totalmente en desacuerdo	Frase 5 (fr5)	Columna 5

En las opciones "Transformar" y "Calcular" o "Computar" el programa nos pide que indiquemos el nombre de la nueva variable (en este caso la compuesta por cinco frases): *moral*. Y nos solicita que desarrollemos la expresión numérica que corresponda a esta variable compuesta: $fr1+fr2+fr3+fr4+fr5$ (automáticamente el programa realiza la operación y agrega la nueva variable compuesta "moral" a la matriz de datos y realiza los cálculos, y ahora sí, la *variable del estudio* es una variable más de la matriz de datos). La matriz se modificaría de la siguiente manera:

EJEMPLO

	fr1	fr2	fr3	fr4	fr5	Moral
1	1	2	2	4	3	12
2	2	2	2	2	2	10
K	2	3	2	2	3	12

Desde luego, para mantener esta variable debemos demostrar que fue medida de forma confiable y válida, así como evaluar si todos los ítems aportan favorablemente a ambos elementos o algunos no. Y en lugar de una suma, la variable *moral* podría ser un promedio de las cinco frases o variables de la matriz (como ya se mencionó en el tema de la escala Likert). Entonces, la expresión en "Calcular" hubiera sido: $(fr1+fr2+fr3+fr4+fr5)/5$, y los valores en "moral" serían:

EJEMPLO

	fr1	fr2	fr3	fr4	fr5	Moral
1	1	2	2	4	3	2.4
2	2	2	2	2	2	2.0
K	2	3	2	2	3	2.4

Por último, las variables de la investigación son las que nos interesan, ya sea que estén compuestas por uno, dos, diez, 50 o más ítems. El primer análisis es sobre los ítems, únicamente para explorar; el análisis descriptivo final es sobre las *variables del estudio*.

Apunte 2

Los análisis de los datos dependen de tres factores:

a) El *nivel de medición* de las variables.
b) La manera como se hayan formulado las *hipótesis*.
c) El *interés del investigador*.

Por ejemplo, los análisis que se aplican a una variable nominal son distintos a los de una variable por intervalos. Se sugiere recordar los niveles de medición vistos en el capítulo anterior.

El investigador busca, en primer término, describir sus datos y posteriormente efectuar análisis estadísticos para relacionar sus variables. Es decir, realiza análisis de estadística descriptiva para cada una de las variables de la matriz (ítems) y luego para cada una de las variables del estudio, finalmente aplica cálculos estadísticos para probar sus hipótesis. Los tipos o métodos de análisis cuantitativo o estadístico son variados y se comentarán a continuación; pero cabe señalar que el análisis no es indiscriminado, cada método tiene su razón de ser y un propósito específico; por ello, no deben hacerse más análisis de los necesarios. La estadística no es un fin en sí misma, sino una herramienta para evaluar los datos.

Estadística descriptiva para cada variable

La primera tarea es describir los datos, los valores o las puntuaciones obtenidas para cada variable. Por ejemplo, si aplicamos a 2 112 niños el cuestionario sobre los usos y las gratificaciones que la televisión tiene para ellos, ¿cómo pueden describirse estos datos? Esto se logra al describir la distribución de las puntuaciones o frecuencias de cada variable.

¿Qué es una distribución de frecuencias?

Una **distribución de frecuencias** es un conjunto de puntuaciones ordenadas en sus respectivas categorías y generalmente se presenta como una tabla.

La tabla 10.4 muestra un ejemplo de una distribución de frecuencias.

Distribución de frecuencias Conjunto de puntuaciones ordenadas en sus respectivas categorías.

EJEMPLO

En un estudio entre 200 personas latinas que viven en el estado de California, Estados Unidos,[2] se les preguntó: ¿cómo prefiere que se refieran a usted en cuanto a su origen étnico? Las respuestas fueron:

▲ **Tabla 10.4**   Ejemplo de una distribución de frecuencias

Variable: preferencias al referir el origen étnico (nombrada en SPSS: prefoe)		
Categorías	**Códigos (valores)**	**Fecuencias**
Hispano	1	52
Latino	2	88
Latinoamericano	3	6
Americano	4	22
Otros	5	20
No respondieron	6	12
Total		**200**

[2] Encuesta con 7% de margen de error (University of Southern California y Bendixen & Associates, 2002).

A veces, las *categorías* de las distribuciones de frecuencias son tantas que es necesario resumirlas. Por ejemplo, examinaremos detenidamente la distribución de la tabla 10.5. Esta distribución podría compendiarse como en la tabla 10.6.

▲ **Tabla 10.5**   Ejemplo de una distribución que necesita resumirse

Variable: calificación en la prueba de motivación	
Categorías	Frecuencias
48	1
55	2
56	3
57	5
58	7
60	1
61	1
62	2
63	3
64	2
65	1
66	1
68	1
69	1
73	2
74	1
75	4
76	3
78	2
80	4
82	2
83	1
84	1
86	5
87	2
89	1
90	3
92	1
TOTAL	**63**

▲ **Tabla 10.6**   Ejemplo de una distribución resumida

Variable: calificación en la prueba de motivación	
Categorías	Frecuencias
55 o menos	3
56-60	16
61-65	9
66-70	3
71-75	7
76-80	9
81-85	4
86-90	11
91-96	1
TOTAL	**63**

¿Qué otros elementos contiene una distribución de frecuencias?

Las distribuciones de frecuencias pueden completarse agregando los porcentajes de casos en cada categoría, los porcentajes válidos (excluyendo los valores perdidos) y los porcentajes acumulados (porcentaje de lo que se va acumulando en cada categoría, desde la más baja hasta la más alta).

La tabla 10.7 muestra un ejemplo con las frecuencias y porcentajes en sí, los porcentajes válidos y los acumulados. El *porcentaje acumulado* constituye lo que aumenta en cada categoría de manera porcentual y progresiva (en orden descendente de aparición de las categorías), tomando en cuenta los *porcentajes válidos*. En la categoría "sí se ha obtenido la cooperación", se ha acumulado 74.6%. En la categoría "no se ha obtenido la cooperación", se acumula 78.7% (74.6% de la categoría anterior y 4.1% de la categoría en cuestión). En la última categoría siempre se acumula el total (100%).

▲ **Tabla 10.7** Ejemplo de una distribución de frecuencias con todos sus elementos

Variable: cooperación del personal con el proyecto de calidad de la empresa				
Categorías	Códigos	Frecuencias	Porcentaje válido	Porcentaje acumulado
− Sí se ha obtenido la cooperación	1	91	74.6	74.6
− No se ha obtenido la cooperación	2	5	4.1	78.7
− No respondieron	3	26	21.3	100.0
Total		**122**	**100.0**	

Las columnas *porcentaje* y *porcentaje válido* son iguales (mismas cifras o valores) cuando *no* hay valores perdidos; pero si tenemos valores perdidos, la columna *porcentaje válido* presenta los cálculos sobre el total menos tales valores. En la tabla 10.8 se muestra un ejemplo con valores perdidos en el caso de un estudio exploratorio sobre los motivos de los niños celayenses para elegir su personaje televisivo favorito (García y Hernández Sampieri, 2005).

Al elaborar el reporte de resultados, una distribución se presenta con los elementos más informativos para el lector y la descripción de los resultados o un comentario, tal como se muestra en la tabla 10.9.

▲ **Tabla 10.8** Ejemplo de tabla con valores perdidos (en SPSS)

Motivos de la preferencia de su personaje favorito					
		Frecuencia	Porcentaje	Porcentaje válido	Porcentaje acumulado
Válidos	Divertidos	142	72.1	73.2	73.2
	Buenos	10	5.1	5.2	78.4
	Tienen poderes	23	11.7	11.9	90.2
	Son fuertes	19	9.6	9.8	100.0
	Total	194	98.5	100.0	
Perdidos	No contestaron	3	1.5		
TOTAL		**197**	**100.0**		

▲ **Tabla 10.9** Ejemplo de una distribución de frecuencias para presentar a un usuario

¿Se ha obtenido la cooperación del personal para el proyecto de calidad?		
Obtención	Núm. de organizaciones	Porcentajes
Sí	91	74.6
No	5	4.1
No respondieron	26	21.3
Total	**122**	**100.0**

COMENTARIO. Prácticamente tres cuartas partes de las organizaciones sí han obtenido la cooperación del personal. Llama la atención que poco más de una quinta parte no quiso comprometerse con su respuesta. Las organizaciones que no han logrado la cooperación del personal mencionaron como factores ausentismo, rechazo al cambio y conformismo.

En SPSS se solicitan las tablas con distribuciones de frecuencias en: Analizar → Estadísticos descriptivos → Frecuencias.[3]

¿De qué otra manera pueden presentarse las distribuciones de frecuencias?

Las distribuciones de frecuencias, especialmente cuando utilizamos los porcentajes, pueden presentarse en forma de histogramas o gráficas de otro tipo (por ejemplo: de pastel). Algunos ejemplos se muestran en la figura 10.4.

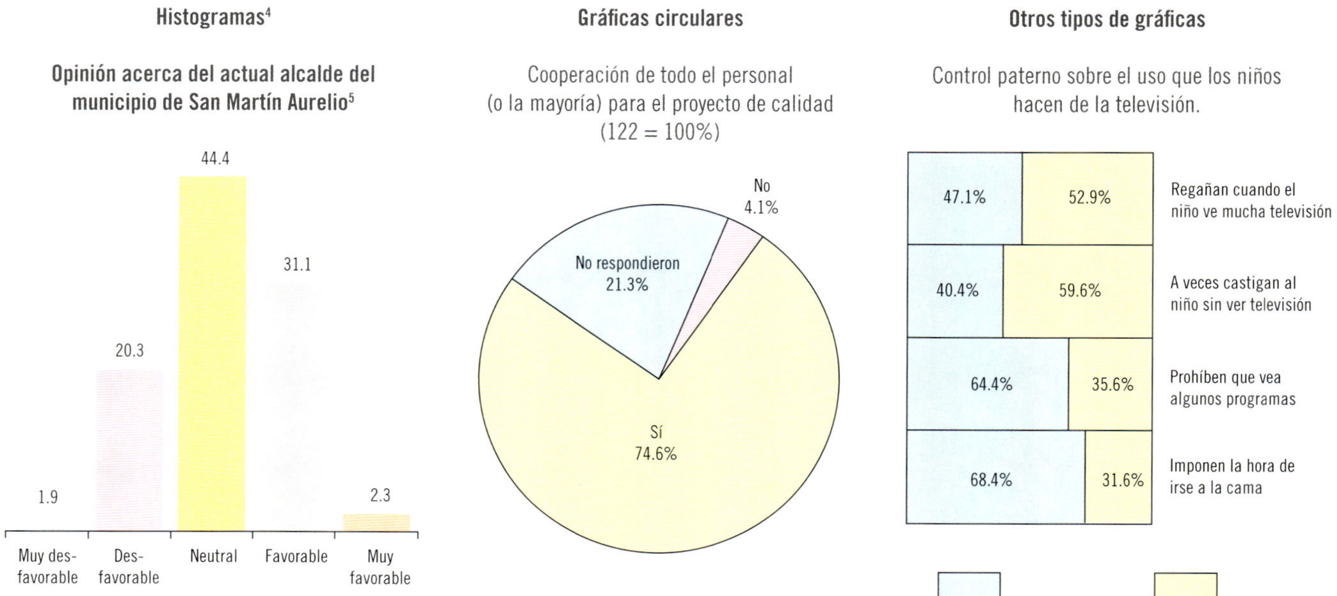

Histogramas[4]

Opinión acerca del actual alcalde del municipio de San Martín Aurelio[5]

Solamente la tercera parte de los ciudadanos expresa una opinión positiva respecto al alcalde (favorable o muy favorable).

Gráficas circulares

Cooperación de todo el personal (o la mayoría) para el proyecto de calidad (122 = 100%)

Prácticamente tres cuartas partes han obtenido la cooperación de todo el personal (o la mayoría) para el proyecto de la empresa. Pero llama la atención que poco más de una quinta parte no quiso comprometerse con su respuesta. Los cinco motivos de no cooperación con dicho proyecto fueron: ausentismo, falta de interés, rechazo al cambio, falta de concientización y conformismo.

Otros tipos de gráficas

Control paterno sobre el uso que los niños hacen de la televisión.

Figura 10.4   Ejemplos de gráficas para presentar distribuciones.

SPSS y Minitab producen tales gráficas, o bien, los datos pueden exportarse a otros programas y/o paquetes que las generan (de cualquier tipo, a colores, utilizando efectos de movimiento y en tercera dimensión, como por ejemplo: Power Point).

Para obtener las gráficas en SPSS no olvide consultar en el CD anexo el manual de SPSS/SPAW.

---

[3] Esta secuencia en SPSS para obtener los análisis de frecuencias requeridos, al igual que el resto de análisis (valores, tablas y gráficas), se incluyen en el CD anexo → Manual de SPSS/SPAW.

[4] Este histograma fue hecho en Power Point, a partir de SPSS.

[5] El nombre real del municipio se ha sustituido por este ficticio.

Las distribuciones de frecuencias también se pueden graficar como polígonos de frecuencias

Los **polígonos de frecuencias** relacionan las puntuaciones con sus respectivas frecuencias. Es más bien propio de un nivel de medición por intervalos o razón. Los polígonos se construyen sobre los puntos medios de los intervalos. Por ejemplo, si los intervalos fueran 20-24, 25-29, 30-34, 35-39, y siguientes; los puntos medios serían 22, 27, 32, 37, etc. SPSS o Minitab realizan esta labor en forma automática. Un ejemplo de un polígono de frecuencias se muestra en la figura 10.5.

Polígonos de frecuencias   Relacionan las puntuaciones con sus respectivas frecuencias, por medio de gráficas útiles para describir los datos.

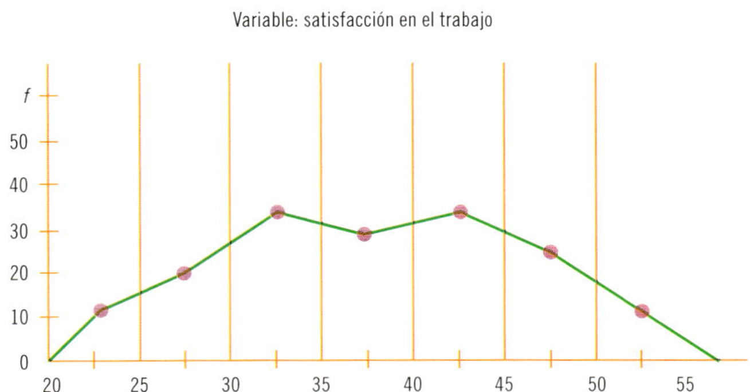

Figura 10.5   Ejemplo de un polígono de frecuencias.

El polígono de frecuencias obedece a la siguiente distribución:

Categorías/intervalos	Frecuencias absolutas
20-24.9	10
25-29.9	20
30-34.9	35
35-39.9	33
40-44.9	36
45-49.9	27
50-54.9	8
TOTAL	**169**

Los polígonos de frecuencias representan curvas útiles para describir los datos. Nos indican hacia dónde se concentran los casos (personas, organizaciones, segmentos de contenido, mediciones de polución, etc.) en la escala de la variable; más adelante se hablará de ello.

En resumen, para cada una de las variables de la investigación se obtiene su distribución de frecuencias y, de ser posible, se grafica y obtiene su polígono de frecuencias correspondiente (para producir los polígonos en SPSS no olvide consultar en el CD anexo el manual respectivo).

En la figura 10.6 se muestra un ejemplo más.

El polígono puede presentarse con frecuencias como en la figura 10.5 o con porcentajes como con este último ejemplo. Pero además del polígono de frecuencias, deben calcularse las *medidas de tendencia central* y de *variabilidad o dispersión*.

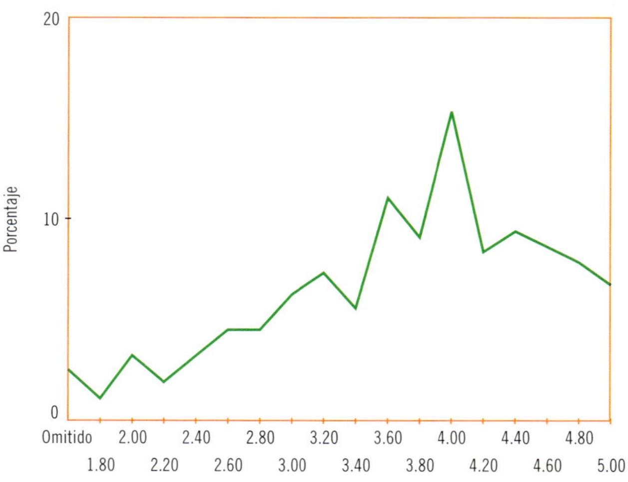

Figura 10.6   Ejemplo de un polígono de frecuencias con la variable innovación.

¿Cuáles son las medidas de tendencia central?

Medidas de tendencia central Valores medios o centrales de una distribución que sirven para ubicarla dentro de la escala de medición.

Las **medidas de tendencia central** son puntos en una distribución obtenida, los valores medios o centrales de ésta, y nos ayudan a ubicarla dentro de la escala de medición. Las principales medidas de tendencia central son tres: *moda, mediana* y *media*. El nivel de medición de la variable determina cuál es la medida de tendencia central apropiada para interpretar.

Moda   Categoría o puntuación que se presenta con mayor frecuencia.

La **moda** es la categoría o puntuación que ocurre con mayor frecuencia. En la tabla 10.7, la moda es "1" (sí se ha obtenido la cooperación). Se utiliza con cualquier nivel de medición.

Mediana   Valor que divide la distribución por la mitad.

La **mediana** es el valor que divide la distribución por la mitad. Esto es, la mitad de los casos caen por debajo de la mediana y la otra mitad se ubica por encima de ésta. La mediana refleja la posición intermedia de la distribución. Por ejemplo, si los datos obtenidos fueran:

24   31   35   35   38   43   45   50   57

La mediana es 38, porque deja cuatro casos por encima (43, 45, 50 y 57) y cuatro casos por debajo (35, 35, 31 y 24). Parte a la distribución en dos mitades. En general, para descubrir el caso o la puntuación que constituye la mediana de una distribución, simplemente se aplica la fórmula:

$$\frac{N+1}{2}$$

Si tenemos nueve casos, $\frac{9+1}{2}$ entonces buscamos el quinto valor y éste es la mediana. Note que la mediana es el valor observado que se localiza a la mitad de la distribución, no el valor de cinco. La fórmula no nos proporciona directamente el valor de la mediana, sino el número de caso en donde está la mediana.

La mediana es una medida de tendencia central propia de los niveles de medición ordinal, por intervalos y de razón. No tiene sentido con variables nominales, porque en este nivel no hay jerarquías ni noción de encima o debajo. Asimismo, la mediana es particularmente útil cuando hay valores extremos en la distribución. No es sensible a éstos. Si tuviéramos los siguientes datos:

24   31   35   35   38   43   45   50   <u>248</u>

la mediana seguiría siendo 38.

Para la interpretación de la media y la mediana, se incluye un comentario al respecto en el siguiente ejemplo.[6]

EJEMPLO

¿Qué edad tiene? Si teme contestar no se preocupe, los perfiles de edad difieren de un país a otro.

Con base en proyecciones sobre la población en 2009, la población mundial para finales de 2010 será de aproximadamente 6 867 millones de habitantes (Knol, 2009).[7]

La mediana de edad a nivel mundial es en 2009 de 28.1 años, lo que significa que la mitad de los habitantes del globo terrestre sobrepasa esta edad y el otro medio es más joven. Cabe señalar que la mediana varía de un lugar a otro, ya que en los países más desarrollados la edad mediana de la población —esto es, la edad que divide a la población en dos partes iguales— ha ido en ascenso constante desde 1950 hasta llegar, en el 2009, a 38.8 años. En los países más pobres del orbe es de 19.3. Por continente tenemos las siguientes medianas: África = 19.2 años (no ha variado desde 1950) Asia = 27.7, Europa = 39.2 (creciendo 10 años, desde 1950), Latinoamérica y el Caribe = 26.4 (avanzamos 6.4 años en casi 60 años), Canadá y Estados Unidos de América = 36.4, y Oceanía = 32.3.[8] Se estima que para la mitad de este siglo la edad mediana mundial habrá aumentado a aproximadamente 36 años. Actualmente, el país con la población más joven es Yemen, con una edad mediana de 15 años, y el más viejo es Japón, con una edad mediana de 41 años (Di Santo, 2009).

Buena noticia para el actual ciudadano global medio, porque parece ser que se encuentra en la situación de envejecer más lentamente.

La **media** es la medida de tendencia central más utilizada y puede definirse como el promedio aritmético de una distribución. Se simboliza como $\overline{X}$, y es la suma de todos los valores dividida entre el número de casos. Es una medida solamente aplicable a mediciones por intervalos o de razón. Carece de sentido para variables medidas en un nivel nominal u ordinal. Es una medida sensible a valores extremos. Si tuviéramos las siguientes puntuaciones:

> **Media** Es el promedio aritmético de una distribución y es la medida de tendencia central más utilizada.

8   7   6   4   3   2   6   9   8

El promedio sería igual a 5.88. Pero bastaría una puntuación extrema para alterarla de manera notoria:

8   7   6   4   3   2   6   9   **20**   (promedio igual a 7.22).

El cálculo de la media, así como el resto de fórmulas de diversos estadísticos los podrá encontrar el lector en el CD anexo: Material complementario → Capítulos → Capítulo 8 "Análisis estadístico: segunda parte" (al final).

¿Cuáles son las medidas de la variabilidad?

Las **medidas de la variabilidad** indican la dispersión de los datos en la escala de medición y responden a la pregunta: ¿dónde están diseminadas las puntuaciones o los valores obtenidos? Las medidas de tendencia central son valores en una distribución y las medidas de la variabilidad son intervalos que designan distancias o un número de unidades en la escala de medición. Las medidas de la variabilidad más utilizadas son *rango*, *desviación estándar* y *varianza*.

> **Medidas de la variabilidad** Son intervalos que indican la dispersión de los datos en la escala de medición.

---

[6] Basado en una idea de Leguizamo (1987).

[7] De acuerdo con la Organización de las Naciones Unidas (2009), al iniciar 2009 la población mundial era de aproximadamente 6 829 millones de individuos.

[8] Todos los datos fueron obtenidos de la Organización de las Naciones Unidas (2009).

Rango   Indica la extensión total de los datos en la escala.

El **rango**, también llamado *recorrido*, es la diferencia entre la puntuación mayor y la puntuación menor, e indica el número de unidades en la escala de medición que se necesitan para incluir los valores máximo y mínimo. Se calcula así: $X_M - X_m$ (puntuación mayor, menos puntuación menor). Si tenemos los siguientes valores:

17   18   20   20   24   28   28   30   33

el rango será: $33 - 17 = 16$.

Cuanto *más grande* sea el *rango*, *mayor* será la *dispersión de los datos* de una distribución.

Desviación estándar   Promedio de desviación de las puntuaciones con respecto a la media que se expresa en las unidades originales de medición de la distribución.

La **desviación estándar** o **típica** es el promedio de desviación de las puntuaciones con respecto a la media. Esta medida se expresa en las unidades originales de medición de la distribución. Se interpreta en relación con la media. Cuanto mayor sea la dispersión de los datos alrededor de la media, mayor será la desviación estándar. Se simboliza con: s o la sigma minúscula σ, o bien mediante la abreviatura DE. Su cálculo lo podrá encontrar el lector en el CD anexo: Material complementario → Capítulos → Capítulo 8 "Análisis estadístico: segunda parte" (al final).

La desviación estándar se interpreta como *cuánto se desvía, en promedio, de la media un conjunto de puntuaciones.*

Supongamos que un investigador obtuvo para su muestra una media (promedio) de ingreso familiar anual de $6 000 y una desviación estándar de $1 000. La interpretación es que los ingresos familiares de la muestra se desvían, en promedio, mil unidades monetarias respecto a la media.

La desviación estándar sólo se utiliza en variables medidas por intervalos o de razón.

OQ2   La varianza

Varianza   Se utiliza en análisis inferenciales.

La **varianza** es la desviación estándar elevada al cuadrado y se simboliza s^2. Es un concepto estadístico muy importante, ya que muchas de las pruebas cuantitativas se fundamentan en él. Diversos métodos estadísticos parten de la descomposición de la varianza (Jackson, 2008; Beins y McCarthy, 2009). Sin embargo, con fines descriptivos se utiliza preferentemente la desviación estándar.

¿Cómo se interpretan las medidas de tendencia central y de la variabilidad?

Cabe destacar que al describir nuestros datos, respecto a cada *variable del estudio,* interpretamos las medidas de tendencia central y de la variabilidad en conjunto, no aisladamente. Consideramos todos los valores. Para interpretarlos, lo primero que hacemos es tomar en cuenta el rango potencial de la escala. Supongamos que aplicamos una escala de actitudes del tipo Likert para medir la "actitud hacia el presidente" de una nación (digamos que la escala tuviera 18 ítems y se promediaran sus valores). El rango potencial es de uno a cinco (vea la figura 10.7).

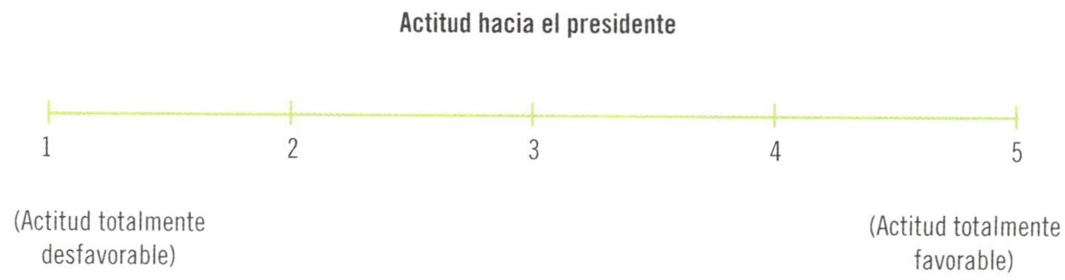

Figura 10.7   Ejemplo de escala con rango potencial.

Si obtuviéramos los siguientes resultados:

Variable: actitud hacia el presidente
Moda: 4.0
Mediana: 3.9
Media ($\bar{X}$): 4.2
Desviación estándar: 0.7
Puntuación más alta observada (máximo): 5.0
Puntuación más baja observada (mínimo): 2.0
Rango: 3

podríamos hacer la siguiente interpretación descriptiva: la actitud hacia el presidente es favorable. La categoría que más se repitió fue 4 (favorable). Cincuenta por ciento de los individuos está por encima del valor 3.9 y el restante 50% se sitúa por debajo de este valor (mediana). En promedio, los participantes se ubican en 4.2 (favorable). Asimismo, se desvían de 4.2, en promedio, 0.7 unidades de la escala. Ninguna persona calificó al presidente de manera muy desfavorable (no hay "1"). Las puntuaciones tienden a ubicarse en valores medios o elevados.

En cambio, si los resultados fueran:

Variable: actitud hacia el presidente
Moda: 1
Mediana: 1.5
Media ($\bar{X}$): 1.3
Desviación estándar: 0.4
Varianza: 0.16
Máximo: 3.0
Mínimo: 1.0
Rango: 2.0

la interpretación es que la actitud hacia el presidente es muy desfavorable. En la figura 10.8 vemos gráficamente la comparación de resultados. La variabilidad también es menor en el caso de la actitud muy desfavorable (los datos se encuentran menos dispersos).

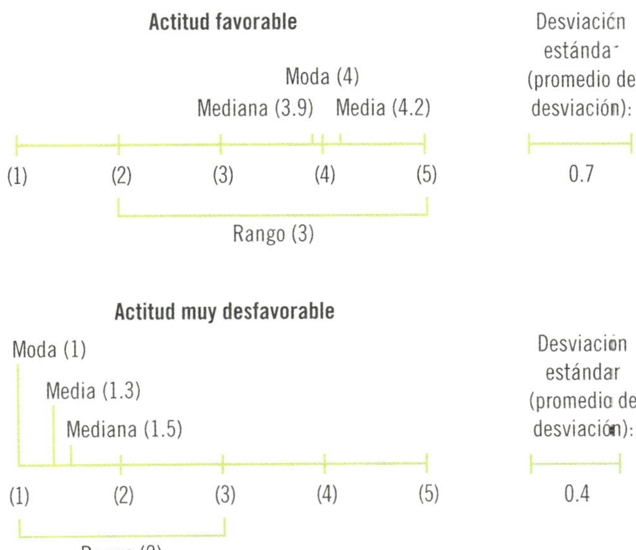

Figura 10.8   Ejemplo de interpretación gráfica de las estadísticas descriptivas.

Otro ejemplo de interpretación de los resultados de una medición respecto a una variable sería el que ahora se presenta.

EJEMPLO

Hernández Sampieri y Cortés (1982) aplicaron una prueba de motivación intrínseca sobre la ejecución de una tarea a 60 participantes de un experimento. La escala contenía 17 ítems (con cinco opciones cada uno, uno a cinco) y los resultados fueron los siguientes:[9]

N: 60	Rango: 41	Mínimo: 40	Máximo: 81
Media: 66.883	Mediana: 67.833	Moda: 61	DE: 9.11
Varianza: 83.02	Curtosis: 0.587	Asimetría: −0.775	EE: 1.176
Sumatoria: 4 013			

¿Qué podríamos decir sobre la motivación intrínseca de los participantes?

El nivel de motivación intrínseca exhibido por los participantes tiende a ser elevado, como lo indican los resultados. El rango real de la escala iba de 17 a 85. El rango resultante para esta investigación varió de 40 a 81. Por tanto, es evidente que los individuos se inclinaron hacia valores elevados en la medida de motivación intrínseca. Además, la media de los participantes es de 66.9 y la mediana de 67.8, lo cual confirma la tendencia de la muestra hacia valores altos de la escala. A pesar de que la dispersión de las puntuaciones de los sujetos es considerable (la desviación estándar es igual a 9.1 y el rango es de 41), esta dispersión se manifiesta en el área más elevada de la escala. Veámoslo gráficamente.

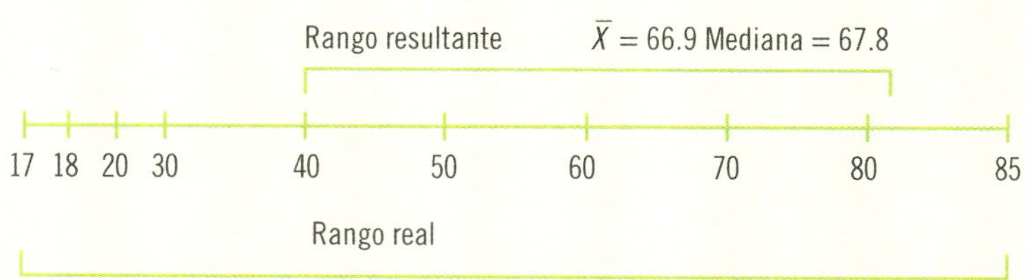

Escala de motivación intrínseca (datos ordinales, supuestos como
datos en nivel de intervalo).

En resumen, la tarea resultó intrínsecamente motivante para la mayoría de los participantes; sólo que para algunos resultó muy motivante; para otros, relativamente motivante, y para los demás, medianamente motivante. Esto es, que la tendencia general es hacia valores superiores.

Ahora bien, ¿qué significa un alto nivel de motivación intrínseca exhibido con respecto a una tarea? Implica que la tarea fue percibida como atractiva, interesante, divertida y categorizada como una experiencia agradable. Asimismo, involucra que los individuos, al ejecutarla, derivaron de ella sentimientos de satisfacción, goce y realización personal. Por lo general, quien se encuentra intrínsecamente motivado hacia una labor, disfrutará la ejecución de ésta, ya que obtendrá de la labor *per se* recompensas internas, como sentimientos de logro y autorrealización. Además de ser absorbido por el desarrollo de la tarea y, al tener un buen desempeño, la opinión de sí mismo mejorará o se verá reforzada.

¿Hay alguna otra estadística descriptiva?

Sí, *la asimetría y la curtosis.* Los *polígonos de frecuencia* suelen representarse como *curvas* (figura 10.9) para que puedan analizarse en términos de probabilidad y visualizar su grado de dispersión. De hecho,

---

[9] EE significa "error estándar".

en realidad son curvas. Los dos elementos mencionados son esenciales para estas curvas o polígonos de frecuencias.

La **asimetría** es una estadística necesaria para conocer cuánto se parece nuestra distribución a una distribución teórica llamada *curva normal* (la cual se representa también en la figura 10.9) y constituye un indicador del lado de la curva donde se agrupan las frecuencias. Si es cero (asimetría = 0), la curva o distribución es simétrica. Cuando es positiva, quiere decir que hay más valores agrupados hacia la izquierda de la curva (por debajo de la media). Cuando es negativa, significa que los valores tienden a agruparse hacia la derecha de la curva (por encima de la media).

Asimetría y curtosis Estadísticas que se usan para conocer cuánto se parece una distribución a la distribución teórica llamada *curva normal* o campana de Gauss.

La **curtosis** es un indicador de lo plana o "picuda" que es una curva. Cuando es cero (curtosis = 0), significa que puede tratarse de una *curva normal*. Si es positiva, quiere decir que la curva, la distribución o el polígono es más "picuda(o)" o elevada(o). Si la curtosis es negativa, indica que es más plana la curva.

La asimetría y la curtosis requieren mínimo de un nivel de medición por intervalos. En la figura 10.9 se muestran ejemplos de curvas con su interpretación.

Figura 10.9 Ejemplos de curvas o distribuciones y su interpretación.

¿Cómo se traducen las estadísticas descriptivas al inglés?

Algunos programas y paquetes estadísticos computacionales pueden realizar el cálculo de las estadísticas descriptivas, cuyos resultados aparecen junto al nombre respectivo de éstas, muchas veces en inglés.

A continuación se indican las diferentes estadísticas y su equivalente en inglés.

Estadística	Equivalente en inglés
• Moda	• *Mode*
• Mediana	• *Median*
• Media	• *Mean*
• Desviación estándar	• *Standard deviation*
• Varianza	• *Variance*
• Máximo	• *Maximum*
• Mínimo	• *Minimum*
• Rango	• *Range*
• Asimetría	• *Skewness*
• Curtosis	• *Kurtosis*

Nota final

Debe recordarse que en una investigación se obtiene una distribución de frecuencias y se calculan las estadísticas descriptivas para cada *variable*, las que se necesiten de acuerdo con los propósitos de la investigación y los niveles de medición.

EJEMPLO

Hernández Sampieri (2005), en su investigación sobre el clima organizacional, obtuvo las siguientes estadísticas fundamentales de sus variables en una de las muestras:

	N	Mínimo	Máximo	Media	Desviación estándar
Moral	390	1.00	5.00	3.3818	0.91905
Dirección	393	1.00	5.00	2.7904	1.08775
Innovación	396	1.00	5.00	3.4621	0.91185
Identificación	383	1.00	5.00	3.6584	0.91283
Comunicación	397	1.00	5.00	3.2519	0.87446
Desempeño	403	1.00	5.00	3.6402	0.86793
Motivación intrínseca	401	2.00	5.00	3.9111	0.73900
Autonomía	395	1.00	5.00	3.2025	0.85466
Satisfacción	399	1.00	5.00	3.7249	0.90591
Liderazgo	392	1.00	5.00	3.4532	1.10019
Visión	391	1.00	5.00	3.7341	0.89206
Recompensas	381	1.00	5.00	2.4528	1.14364

Notas: Todas las variables son compuestas (integradas de varios ítems). La columna "N" representa el número de casos válidos para cada variable. El N total de la muestra es de 420, pero como podemos ver en la tabla, el número de casos es distinto en las diferentes variables, porque SPSS elimina de toda la variable a los casos que no hayan respondido a un ítem o más reactivos. La variable con mayor promedio es la *motivación intrínseca* y la más baja es *recompensas*.

Posteriormente, obtuvo las tablas y distribuciones de frecuencias de todas sus 12 variables. De las cuales solamente incluimos la variable "desempeño" por cuestiones de espacio.

Desempeño			
Valores	Frecuencia	Porcentaje válido	Porcentaje acumulado
1	2	0.5	0.5
2	35	8.7	9.2
3	133	33.0	42.2
4	169	41.9	84.1
5	64	15.9	100.0
Total	403	100.0	

N = 420

Perdidos = 17

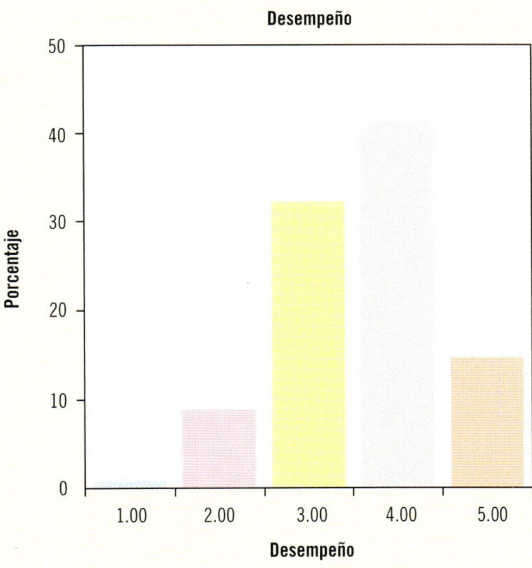

Para el cálculo de estadísticas descriptivas (tendencia central y dispersión) en SPSS, se sugiere consultar en el CD anexo el manual respectivo.

Puntuaciones *z*

Las puntuaciones *z* son transformaciones que se pueden hacer a los valores o las puntuaciones obtenidas, con el propósito de analizar su distancia respecto a la medida, en unidades de desviación estándar. Una puntuación *z* nos indica la dirección y el grado en que un valor individual obtenido se aleja de la media, en una escala de unidades de desviación estándar. El lector puede conocer más sobre las puntuaciones *z* en el CD anexo: Material complementario → Capítulos → Capítulo 8 "Análisis estadístico: segunda parte".

Razones y tasas

Una **razón** es la relación entre dos categorías. Por ejemplo:

Categorías	*Frecuencia*
Masculino	60
Femenino	30

La razón de hombres a mujeres es de $\dfrac{60}{30} = 2$. Es decir, por cada dos hombres hay una mujer.

Una **tasa** es la relación entre el número de casos, frecuencias o eventos de una categoría y el número total de observaciones, multiplicada por un múltiplo de 10, generalmente 100 o 1 000. La fórmula es:

> **Tasa** Es la relación entre el número de casos de una categoría y el número total de observaciones.

$$\text{Tasa} = \frac{\text{Número de eventos}}{\text{Número total de eventos posibles}} \times 100 \text{ o } 1\,000$$

$$\text{Ejemplo} = \frac{\text{Número de nacidos vivos en la ciudad}}{\text{Número de habitantes en la ciudad}} \times 1\,000$$

$$\text{Tasa de nacidos vivos en Santa Lucía: } \frac{10\,000}{300\,000} \times 1\,000 = 33.33$$

Es decir, hay 33.33 nacidos vivos por cada 1 000 habitantes en Santa Lucía.

Corolario

Ahora bien, hemos analizado descriptivamente los datos por *variable del estudio* y los visualizamos gráficamente. En caso de que alguna distribución resulte ilógica, debemos cuestionarnos si la variable debe ser excluida, sea por errores del instrumento de medición o en la recolección de los datos, ya que la codificación puede ser verificada. Por ejemplo, supongamos que nos encontramos un porcentaje alto de valores perdidos (de 20%),[10] debemos preguntarnos: ¿por qué tantos participantes no respondieron o contestaron erróneamente? O, al medir la satisfacción laboral, resulta que 90% se encuentra "sumamente satisfecho" (¿es lógico?); u otro caso sería que, en ingresos anuales el promedio fuera de 15 000 dólares por familia (¿resulta creíble en tal municipio?). La tarea es revisar la información descriptiva de todas las variables.

Ahora, debemos demostrar la confiabilidad y validez de nuestro instrumento, sobre la base de los datos recolectados.

Paso 4: evaluar la confiabilidad o fiabilidad y validez lograda por el instrumento de medición

La confiabilidad se calcula y evalúa para todo el instrumento de medición utilizado, o bien, si se administraron varios instrumentos, se determina para cada uno de ellos. Asimismo, es común que el instrumento contenga varias escalas para diferentes variables, entonces la fiabilidad se establece para cada escala y para el total de escalas (si se pueden sumar, si son aditivas).

Tal y como se mencionó en el capítulo 9, existen diversos procedimientos para calcular la confiabilidad de un instrumento de medición. Todos utilizan fórmulas que producen coeficientes de fiabili-

---

[10] Un porcentaje de valores perdidos (*missing data*) no debe ser mayor de 15%, no es razonable (Creswell, 2005). Cuando tenemos valores perdidos, podemos ignorarlos o sustituirlos por el valor promedio obtenido del total de puntuaciones válidas, esto lo hacen muchos programas de análisis si así lo deseamos y puede ser una solución (McKnight *et al.*, 2007).

dad que pueden oscilar entre cero y uno, donde recordemos que un coeficiente de cero significa nula confiabilidad y uno representa un máximo de confiabilidad. Cuanto más se acerque el coeficiente a cero (0), mayor error habrá en la medición.

Los procedimientos más utilizados para determinar la confiabilidad mediante un coeficiente son:

1. *Medida de estabilidad* (confiabilidad por *test-retest*). En este procedimiento un mismo instrumento de medición se aplica dos o más veces a un mismo grupo de personas, después de cierto periodo. Si la correlación entre los resultados de las diferentes aplicaciones es altamente positiva, el instrumento se considera confiable. Se trata de una especie de diseño panel. Desde luego, el periodo entre las mediciones es un factor a considerar. Si el periodo es largo y la variable susceptible de cambios, ello suele confundir la interpretación del coeficiente de fiabilidad obtenido por este procedimiento. Y si el periodo es corto las personas pueden recordar cómo respondieron en la primera aplicación del instrumento, para aparecer como más consistentes de lo que en realidad son (Bohrnstedt, 1976). El proceso de cálculo con dos aplicaciones se representa en la figura 10.10.

Figura 10.10   Medida de estabilidad.

2. *Método de formas alternativas o paralelas.* En este esquema no se administra el mismo instrumento de medición, sino dos o más versiones equivalentes de éste. Las versiones (casi siempre dos) son similares en contenido, instrucciones, duración y otras características, y se administran a un mismo grupo de personas simultáneamente o dentro de un periodo relativamente corto. El instrumento es confiable si la correlación entre los resultados de ambas administraciones es positiva de manera significativa. Los patrones de respuesta deben variar poco entre las aplicaciones. Una variación de este método es el de las formas alternas prueba-posprueba (Creswell, 2005), cuya diferencia reside en que el tiempo que transcurre entre la administración de las versiones es mucho más largo, que es el caso de algunos experimentos. El método se representa en la figura 10.11.

Figura 10.11   Método de formas alternativas o paralelas.

3. *Método de mitades partidas (split-halves).* Los procedimientos anteriores (medida de estabilidad y método de formas alternas) requieren cuando menos dos administraciones de la medición en el mismo grupo de individuos. En cambio, el método de mitades partidas necesita sólo una aplicación de la medición. Específicamente el conjunto total de ítems o reactivos se divide en dos mitades equivalentes y se comparan las puntuaciones o los resultados de ambas. Si el instrumento es confiable, las puntuaciones de las dos mitades deben estar muy correlacionadas. Un individuo con baja puntuación en una mitad tenderá a mostrar también una baja puntuación en la otra mitad. El procedimiento se diagrama en la figura 10.12.

Figura 10.12   Método de mitades partidas.

4. *Medidas de coherencia o consistencia interna.* Éstos son coeficientes que estiman la confiabilidad: *a) el alfa de Cronbach* (desarrollado por J. L. Cronbach) y *b) los coeficientes KR-20 y KR-21* de Kuder y Richardson (1937). El método de cálculo en ambos casos requiere una sola administración del instrumento de medición. Su ventaja reside en que no es necesario dividir en dos mitades a los ítems del instrumento, simplemente se aplica la medición y se calcula el coeficiente. La mayoría de los programas estadísticos como SPSS y Minitab los determinan y solamente deben interpretarse.

Respecto a la interpretación de los distintos coeficientes mencionados cabe señalar que no hay una regla que indique: a partir de este valor no hay fiabilidad del instrumento. Más bien, el investigador calcula su valor, lo reporta y lo somete a escrutinio de los usuarios del estudio u otros investigadores. Pero podemos decir —de manera más o menos general— que si obtengo 0.25 en la correlación o coeficiente, esto indica baja confiabilidad; si el resultado es 0.50, la fiabilidad es media o regular. En cambio, si supera el 0.75 es aceptable, y si es mayor a 0.90 es elevada, para tomar muy en cuenta.

Con respecto a los métodos basados en coeficientes de correlación, rogamos al lector se forme una idea más clara después de revisar el apartado de correlación que se presenta más adelante en este capítulo. Pero sí hay una consideración importante que hacer ahora. El coeficiente que elijamos para determinar la confiabilidad debe ser apropiado al nivel de medición de la escala de nuestra variable (por ejemplo, si la escala de mi variable es por intervalos, puedo utilizar el coeficiente de correlación de Pearson; pero si es ordinal podré utilizar el coeficiente de Spearman o de Kendall; y si es nominal, otros coeficientes). *Alfa* trabaja con variables de intervalos o de razón y KR-20 y KR-21 con ítems dicotómicos. El cálculo del coeficiente *alfa* se incluye en el CD anexo: Material complementario →  Capítulos → Capítulo 8 "Análisis estadístico: segunda parte".

Con la finalidad de comprender mejor los métodos para determinar la confiabilidad vea la tabla 10.10.

▲ **Tabla 10.10** Aspectos básicos de los métodos para determinar la confiabilidad

Método	Número de veces que el instrumento es administrado	Número de versiones diferentes del instrumento	Número de participantes que proveen los datos	Inquietud o pregunta que contesta
Estabilidad (*test-retest*)	Dos veces en tiempos distintos.	Una versión.	Cada participante responde al instrumento dos veces.	¿Responden los individuos de una manera similar a un instrumento si se les administra dos veces?
Formas alternas	Dos veces al mismo tiempo o con una diferencia de tiempo muy corta.	Dos versiones diferentes, pero equivalentes.	Cada participante responde a cada versión del instrumento.	Cuando dos versiones de un instrumento son similares, ¿hay convergencia o divergencia en las respuestas a ambas versiones?
Formas alternas y prueba-posprueba	Dos veces en tiempos distintos.	Dos versiones diferentes, pero equivalentes.	Cada participante responde a cada versión del instrumento.	Cuando dos versiones de un instrumento son similares, ¿hay convergencia o divergencia en las respuestas a ambas versiones?
Mitades partidas	Una vez	Una fragmentada en dos partes equivalentes.	Cada participante responde a la única versión.	¿Son las puntuaciones de una mitad del instrumento similares a las obtenidas en la otra mitad?
Medidas de consistencia interna (alfa y KR-20 y 21)	Una vez	Una versión	Cada participante responde a la única versión.	¿Las respuestas a los ítems del instrumento son coherentes?

Asimismo, en la tabla 10.11 se presentan ejemplos de estudios con su respectiva confiabilidad.

▲ **Tabla 10.11** Ejemplos de confiabilidad

Investigación	Instrumento	Métodos de cálculo y resultados	Comentario
Evaluación de los conocimientos, opiniones, experiencias y acciones en torno al abuso sexual infantil (Kolko *et al.*, 1987).	Escala cognitiva de nueve ítems para infantes en edades preescolares y primeros grados básicos.	Coherencia interna alfa = 0.34.	Confiabilidad baja que demuestra incongruencia, atribuida por los autores a lo corto de la escala (pocos ítems).
Estudio sobre la repercusión que tiene la ansiedad generada por las actividades académicas en el desempeño escolar (Suárez Gallardo, 2004).	Dos escalas de 25 ítems tipo Likert, una para medir la ansiedad sobre actividades académicas y la otra para el desempeño escolar.	El valor de la confiabilidad para la escala de ansiedad, al aplicar una prueba alfa de Cronbach, fue de 0.916; en tanto que para la escala de desempeño escolar resultó de 0.93.	Las dos mediciones (de la ansiedad generada por las actividades académicas y la del desempeño escolar) indican una estabilidad muy alta.
Desarrollo y validación de una escala autoaplicable para medir la satisfacción sexual en varones y mujeres de México (Álvarez Gayou, Honold y Millán, 2005).	Un inventario para medir la satisfacción sexual que está integrado por 29 reactivos y fue administrado a una muestra de 760 personas, de ambos géneros, cuyas edades fluctuaron entre los 16 y 65 años.	La confiabilidad del inventario establecida por medio de una prueba alfa Cronbach fue de 0.92.	El valor α indica una fiabilidad sumamente elevada.
Validación de un instrumento para medir la cultura empresarial en función del clima organizacional y vincular empíricamente ambos constructos (Hernández Sampieri, 2009).	Cuestionario estandarizado que mide el clima organizacional en función del Modelo de los Valores en Competencia de Quinn y Rohrbaugh, a través de escalas tipo Likert con cuatro opciones de respuesta: dos positivas y dos negativas.	El coeficiente alfa-Cronbach obtenido resultó igual a 0.95 (con 95 ítems). La muestra estuvo conformada por 1 424 empleados de 12 empresas (972 casos válidos completos).	Confiabilidad muy elevada.
Actitudes hacia el matrimonio: integración y sus resultados en las relaciones personales (Riggio y Weiser, 2008).	Escalas del Modelo de Inversión (IMS), las cuales a partir de 37 reactivos (cada uno con 9 categorías) miden la entrega, la inversión psicológica y la satisfacción con respecto a una relación romántica actual.	Los coeficientes alfa resultantes de aplicar las escalas a 400 universitarios fueron: 0.94 para entrega y satisfacción, y 0.88 para inversión psicológica.	Coeficientes muy considerables para entrega y satisfacción, y aceptable para inversión.

Otro caso es el ya comentado de Núñez (2001) y su instrumento para medir el sentido de vida, cuya fiabilidad fue de 0.96 en su tercera versión con 99 ítems (vea en el CD anexo → Material complementario → Investigación cuantitativa → Ejemplo 5).

Como podemos observar en la tabla 10.11, entre más información se proporcione sobre la confiabilidad, el lector se forma una idea más clara sobre su cálculo y las condiciones en que se demostró. Es indispensable incluir las dimensiones de la variable medida, el tamaño de muestra y el método utilizado. Una cuestión importante es que los coeficientes son sensibles al número de ítems o reactivos, entre más agreguemos, el valor del coeficiente tenderá a ser más elevado.

Insistimos en que el coeficiente *alfa* es para intervalos y los coeficientes Kuder Richarson para ítems dicotómicos (por ejemplo: sí-no). Estos últimos se usan en el método de "mitades partidas", aunque —como señalan Creswell (2005) y Babbie (2009)— se confía en la mitad de la información del instrumento, por lo que conviene agregar el cálculo de "profecía" Spearman-Brown.

Además de estimar un coeficiente de correlación y/o un coeficiente de coherencia entre los ítems del instrumento, es conveniente calcular la correlación ítem-escala completa. Ésta representa la vinculación de cada reactivo con toda la escala. Habrá tantas correlaciones como ítems contenga el instrumento. Corbetta (2003, p. 237) lo ejemplifica adecuadamente de la siguiente manera: si estamos midiendo el autoritarismo, es lógico pensar que quien alcanza altas puntuaciones en esta variable en toda la escala (es muy autoritaria), habrá de tener puntuaciones elevadas en todos los ítems que la conforman. Pero si uno de los reactivos sistemáticamente (en un número considerable de individuos) presenta valores contradictorios con respecto a la escala total, podemos concluir que ese ítem no funciona adecuadamente (contradice a los demás reactivos). Los ítems que alcancen coeficientes de correlación bajos con la escala, tal vez deban analizarse y, eventualmente, eliminarse.

Asimismo, cada uno de los reactivos puede ser evaluado en su capacidad de discriminación mediante la prueba t de Student (paramétrica). Se consideran dos grupos, el primero integrado por 25% de los casos con los puntajes más altos obtenidos en el ítem y el otro grupo compuesto por 25% de los casos con los puntajes más bajos. Los ítems cuya prueba no resulte significativa serán reconsiderados.

Los conceptos estadísticos aquí vertidos (por ejemplo, correlación) tendrán mayor sentido, una vez que se revisen más ampliamente, lo cual se hará más adelante en este capítulo.

La validez

Ya se comentó en el capítulo anterior que la evidencia sobre la validez del contenido se obtiene mediante las opiniones de expertos y al asegurarse que las dimensiones medidas por el instrumento sean representativas del universo o dominio de dimensiones de la(s) variable(s) de interés (a veces mediante un muestreo aleatorio simple). La evidencia de la validez de criterio se produce al correlacionar las puntuaciones de los participantes, obtenidas por medio del instrumento, con sus valores logrados en el criterio. Recordemos que una correlación implica asociar puntuaciones obtenidas por la muestra en dos o más variables.

Por ejemplo, Núñez (2001), además de aplicar su instrumento sobre el sentido de vida, administró otras dos pruebas que supuestamente miden variables similares: el PIL (propósito de vida) y el Logo-test de Elizabeth Lukas. El coeficiente de correlación de Pearson entre el instrumento diseñado y el PIL fue de 0.541, valor que se considera moderado. El coeficiente de correlación de Spearman's *rho* fue igual a 0.42 entre el Logo Test y su instrumento, lo cual indica dos cuestiones: los tres instrumentos no miden la misma variable, pero sí conceptos relacionados.

La evidencia de la validez de constructo se obtiene mediante el análisis de factores. Tal método nos indica cuántas dimensiones integran a una variable y qué ítems conforman cada dimensión. Los reactivos que no pertenezcan a una dimensión, quiere decir que están "aislados" y no miden lo mismo que los demás ítems; por tanto, deben eliminarse. Es un método que tradicionalmente se ha considerado complejo, por los cálculos estadísticos implicados, pero que es relativamente sencillo de interpretar y como los cálculos hoy en día los realiza la computadora, está al alcance de cualquier persona que se inicie dentro de la investigación. Este método se revisa —con ejemplos reales— en el CD anexo → Material Complementario → Capítulos → Capítulo 8 "Análisis estadístico: segunda parte".

La confiabilidad se obtiene en Minitab siguiendo los comandos: Estadísticas (*Statistics*) → Confiabilidad/supervivencia (*Reliability/Survival*), y en SPSS no olvide consultar en el CD anexo el manual respectivo. En las futuras versiones de estos programas, las opciones podrían cambiar, pero es cuestión de localizar en dónde se solicita el análisis de interés.

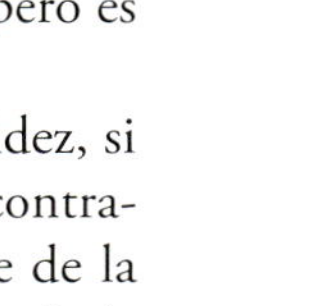

Una vez que se determina la confiabilidad (de 0 a 1) y se muestra la evidencia sobre la validez, si algunos ítems son problemáticos (no discriminan, no se vinculan a otros ítems, van en sentido contrario a toda la escala, no miden lo mismo, etc.), se eliminan de los cálculos (pero en el reporte de la investigación, se indica cuáles fueron eliminados, las razones de ello y cómo alteran los resultados); posteriormente se vuelve a realizar el análisis descriptivo (distribución de frecuencias, medidas de tendencia central y de variabilidad, etcétera).

En el CD anexo → Material complementario → Investigación cuantitativa → Ejemplo 4 "Diseño de una escala autoaplicable para la evaluación de la satisfacción sexual en hombres y mujeres mexicanos" (Álvarez Gayou, Honold y Millán, 2005), se presenta la validación de un instrumento que muestra todos los elementos para ello, paso por paso. Incluye la generación de redes semánticas. Su abordaje es desde el punto de vista de la salud y con propiedad científica.

¿Hasta aquí llegamos?

Cuando el estudio tiene una finalidad puramente exploratoria o descriptiva, debemos interrogarnos: ¿podemos establecer relaciones entre variables? En caso de una respuesta positiva, es factible seguir; pero si dudamos o el alcance se limitó a explorar y describir, el trabajo de análisis concluye y debemos comenzar a preparar el reporte de la investigación. De lo contrario es necesario continuar con la estadística inferencial.

Paso 5: analizar mediante pruebas estadísticas las hipótesis planteadas (análisis estadístico inferencial)

En este paso se analizan las hipótesis a la luz de pruebas estadísticas, que a continuación detallamos.

Estadística inferencial: de la muestra a la población

¿Para qué es útil la estadística inferencial?

Con frecuencia, el propósito de la investigación va más allá de describir las distribuciones de las variables: se pretende probar hipótesis y generalizar los resultados obtenidos en la muestra a la población o universo. Los datos casi siempre se recolectan de una muestra y sus resultados estadísticos se denominan *estadígrafos*; la media o la desviación estándar de la distribución de una muestra son estadígrafos. A las estadísticas de la población se les conoce como *parámetros*. Éstos no son calculados, porque no se recolectan datos de toda la población, pero pueden ser inferidos de los estadígrafos, de ahí el nombre de **estadística inferencial**. El procedimiento de esta naturaleza de la estadística se esquematiza en la figura 10.13.

Estadística inferencial Se utiliza para probar hipótesis y estimar parámetros.

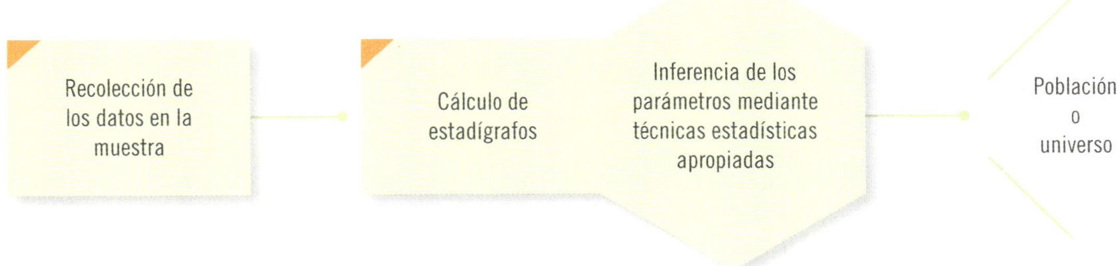

Figura 10.13   Procedimiento de la estadística inferencial.

Entonces, la estadística inferencial se utiliza fundamentalmente para dos procedimientos vinculados (Wiersma y Jurs, 2008; Asadoorian, 2008):

a) *Probar hipótesis poblacionales*
b) *Estimar parámetros*

La prueba de hipótesis la comentaremos en este capítulo y se efectúa dependiendo del tipo de hipótesis de que se trate. Existen pruebas estadísticas para diferentes clases de hipótesis como iremos viendo.

La inferencia de los parámetros depende de que hayamos elegido una muestra probabilística con un tamaño que asegure un nivel de significancia adecuado. En el CD anexo → Material Complementario → Capítulos → Capítulo 8 "Análisis estadístico: segunda parte", se presenta un ejemplo de inferencia sobre la hipótesis de la media poblacional.

¿En qué consiste la prueba de hipótesis?

Prueba de hipótesis Determina si la hipótesis es congruente con los datos de la muestra.

Una hipótesis en el contexto de la estadística inferencial es una proposición respecto a uno o varios parámetros, y lo que el investigador hace por medio de la **prueba de hipótesis** es determinar si la hipótesis poblacional es congruente con los datos obtenidos en la muestra (Wiersma y Jurs, 2008; Gordon, 2010).

Una hipótesis se retiene como un valor aceptable del parámetro, si es consistente con los datos. Si no lo es, se rechaza (pero los datos no se descartan). Para comprender lo que es la prueba de hipótesis en la estadística inferencial es necesario revisar los conceptos de distribución muestral[11] y nivel de significancia.

¿Qué es una distribución muestral?

Distribución muestral Conjunto de valores sobre una estadística calculada de todas las muestras posibles de una población.

Una **distribución muestral** es un conjunto de valores sobre una estadística calculada de todas las muestras posibles de determinado tamaño de una población. Las distribuciones muestrales de medias son probablemente las más conocidas. Expliquemos este concepto con un ejemplo. Supongamos que nuestro universo son los automovilistas de una ciudad y deseamos averiguar cuánto tiempo pasan diariamente manejando ("al volante"). De este universo podría extraerse una muestra representativa. Vamos a suponer que el tamaño adecuado de muestra es de 512 automovilistas ($n = 512$). Del mismo universo se podrían extraer diferentes muestras, cada una con 512 personas.

Teóricamente, incluso podría elegirse al azar una, dos, tres, cuatro muestras, y las veces que fuera necesario hacerlo, hasta agotar todas las muestras posibles de 512 automovilistas de esa ciudad (todos los individuos serían seleccionados en varias muestras). En cada muestra se obtendría una media del tiempo que pasan los automovilistas manejando. Tendríamos pues, una gran cantidad de medias, tantas como las muestras extraídas ($\bar{X}_1, \bar{X}_2, \bar{X}_3, \bar{X}_4, \bar{X}_5, \ldots \bar{X}_k$). Y con éstas elaboraríamos una distribución de medias. Habría muestras que, en promedio, pasaran más tiempo "al volante" que otras. Este concepto se representa en la figura 10.14.

Si calculáramos la media de todas las medias de las muestras, prácticamente obtendríamos el valor de la media poblacional.

De hecho, casi nunca se obtiene la distribución muestral (la distribución de las medias de todas las muestras posibles). Es más bien un concepto teórico definido por la estadística para los investigadores. Lo que comúnmente hacemos es extraer una sola muestra.

En el ejemplo de los automovilistas, sólo una de las líneas verticales de la distribución muestral presentada en la figura 10.14 es la media obtenida para nuestra única muestra seleccionada de 512 personas. Y la pregunta es: ¿nuestra media calculada se encuentra cerca de la media de la distribución

---

[11] Distribución muestral y distribución de una muestra son conceptos diferentes, esta última es resultado de los datos de nuestra investigación y es por variable.

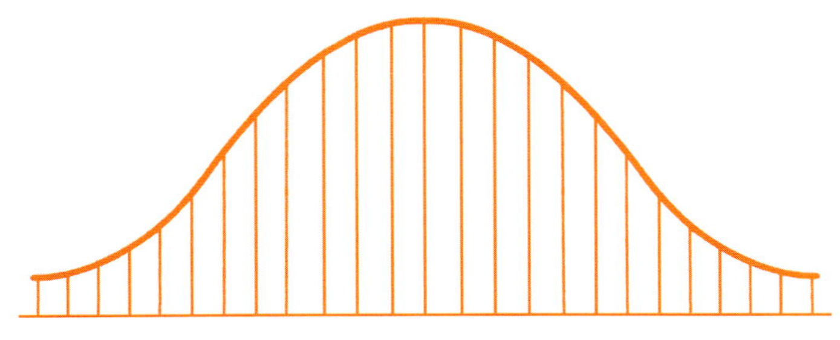

Figura 10.14   Distribución muestral de medias.

muestral?, debido a que si está cerca podremos tener una estimación precisa de la media poblacional (el parámetro poblacional es prácticamente el mismo que el de la distribución muestral). Esto se expresa en el *teorema central del límite*:

> Si una población (no necesariamente normal) tiene de media m y de desviación estándar s, la distribución de las medias en el muestreo aleatorio realizado en esta población tiende, al aumentar n, a una distribución normal de media m y desviación estándar $\frac{s}{\sqrt{n}}$, donde n es el tamaño de muestra.

El teorema especifica que la distribución muestral tiene una media igual a la de la población, una varianza igual a la varianza de la población dividida entre el tamaño de muestra (su desviación estándar es $\frac{\sigma}{\sqrt{n}}$ y se distribuye normalmente). La desviación estándar (s) es un parámetro normalmente desconocido, aunque es posible estimarlo por la desviación estándar de la muestra. El concepto de *distribución normal* es importante otra vez y se ofrece una breve explicación en la figura 10.15.

¿Qué es el nivel de significancia?

Wiersma y Jurs (2008) ofrecen una explicación sencilla del concepto, en la cual nos basaremos para analizar su significado. La probabilidad de que un evento ocurra oscila entre cero (0) y uno (1), donde cero implica la imposibilidad de ocurrencia y uno la certeza de que el fenómeno ocurra. Al lanzar al aire una moneda no cargada, la probabilidad de que salga "cruz" es de 0.50 y la probabilidad de que la moneda caiga en "cara" también es de 0.50. Con un dado, la probabilidad de obtener cualquiera de sus caras al lanzarlo es de 1/6 = 0.1667. La suma de posibilidades siempre es de uno.

Aplicando el concepto de probabilidad a la distribución muestral, tomaremos el área de ésta como 1.00; en consecuencia, cualquier área comprendida entre dos puntos de la distribución corresponderá a la probabilidad de la distribución. Para probar hipótesis inferenciales respecto a la media, el investigador debe evaluar si es alta o baja la probabilidad de que la media de la muestra esté cerca de la media de la distribución muestral. Si es baja, el investigador dudará de generalizar a la población. Si es alta, el investigador podrá hacer generalizaciones. Es aquí donde entra el **nivel de significancia** o **nivel *alfa*** (α)[12], el cual es un nivel de la probabilidad de equivocarse y se fija antes de probar hipótesis inferenciales.

> **Nivel de significancia** Es un nivel de la probabilidad de equivocarse y que fija de manera *a priori* el investigador.

Este concepto fue esbozado en el capítulo 8 con un ejemplo coloquial, pero lo volvemos a recordar: si fuera a apostar en las carreras de caballos y tuviera 95% de probabilidades de atinarle al ganador, contra sólo 5% de perder, ¿apostaría? Obviamente sí, siempre y cuando le aseguraran ese 95% en favor.

---

[12] No confundir con el coeficiente Alfa-Cronbach, éste es para determinar la confiabilidad.

Una gran cantidad de los fenómenos del comportamiento humano se manifiestan de la siguiente forma: la mayoría de las puntuaciones se concentran en el centro de la distribución, en tanto que en los extremos encontramos sólo algunas puntuaciones. Por ejemplo, la inteligencia: hay pocas personas muy inteligentes (genios), pero también hay pocas personas con muy baja inteligencia (por ejemplo: personas con capacidades mentales diferentes). La mayoría de los seres humanos somos medianamente inteligentes. Esto podría representarse así:

Debido a ello, se creó un modelo de probabilidad llamado curva normal o distribución normal. Como todo modelo es una distribución teórica que difícilmente se presenta en la realidad tal cual, pero sí se presentan aproximaciones a éste. La curva normal tiene la siguiente configuración:

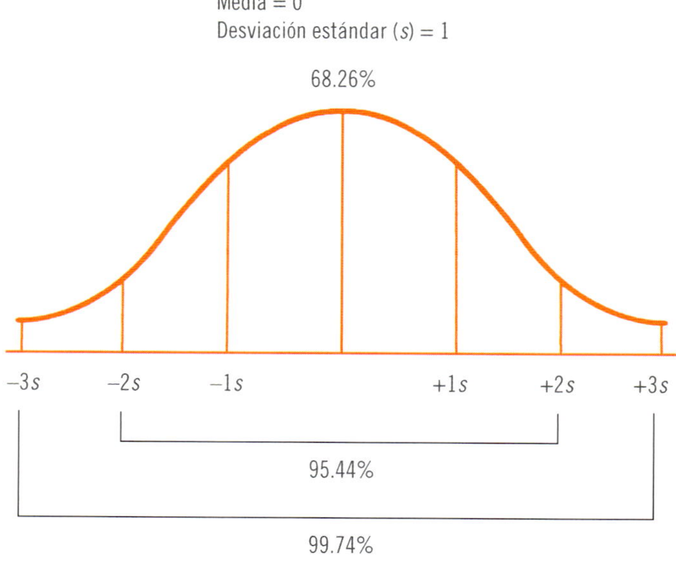

68.26% del área de la curva normal es cubierta entre $-1s$ y $+1s$, 95.44% del área de esta curva es cubierta entre $-2s$ y $+2s$ y 99.74% se cubre con $-3s$ y $+3s$.

Las principales características de la distribución normal son:

1. Es *unimodal*, una sola moda.
2. La *asimetría es cero*. La mitad de la curva es exactamente igual a la otra mitad.
    La distancia entre la media y $+3s$ es la misma que la distancia entre la media y $-3s$.
3. *Es una función* particular entre desviaciones con respecto a la media de una distribución y la probabilidad de que éstas ocurran.
4. La base está dada en *unidades de desviación estándar* (puntuaciones z), destacando las puntuaciones $-1s$, $-2s$, $-3s$, $+1s$, $+2s$ y $+3s$ (que equivalen respectivamente a $-1.00z$, $-2.00z$, $-3.00z$, $+1.00z$, $+2.00z$, $+3.00z$). Las distancias entre puntuaciones z representan áreas bajo la curva. De hecho, la distribución de puntuaciones z es la curva normal.
5. Es *mesocúrtica* (curtosis de cero).
6. La *media*, la *mediana* y la *moda* coinciden en el mismo punto.

Figura 10.15   Concepto de curva o distribución normal.

Pues bien, algo parecido hace el investigador. Obtiene una estadística en una muestra (por ejemplo, la media) y analiza qué porcentaje tiene de confianza en que dicha estadística se acerque al valor de la distribución muestral (que es el valor de la población o el parámetro). Busca un alto porcentaje de certeza, una probabilidad elevada para estar tranquilo, porque sabe que tal vez haya error de muestreo y, aunque la evidencia parece mostrar una aparente "cercanía" entre el valor calculado en la muestra y el parámetro, tal "cercanía" puede no ser real o deberse a errores en la selección de la muestra.

¿Con qué porcentaje de confianza el investigador generaliza, para suponer que tal cercanía es real y no por un error de muestreo? *Existen dos niveles convenidos en ciencias sociales*:

a) *El nivel de significancia de 0.05*, el cual implica que el investigador tiene 95% de seguridad para generalizar sin equivocarse y sólo 5% en contra. En términos de probabilidad, 0.95 y 0.05, respectivamente; ambos suman la unidad.

b) *El nivel de significancia de 0.01*, el cual implica que el investigador tiene 99% en su favor y 1% en contra (0.99 y 0.01 = 1.00) para generalizar sin temor.

A veces el nivel de significancia puede ser todavía más riguroso, como al generalizar resultados de medicamentos o vacunas; o la resistencia de los materiales de un edificio (por ejemplo, 0.001, 0.00001, 0.00000001), pero al menos debe ser de 0.05. No se acepta un nivel de 0.06 (94% a favor de la generalización confiable),[13] porque se busca hacer ciencia lo más exacta posible.

El *nivel de significancia* es un valor de certeza que el investigador fija *a priori*, respecto a no equivocarse. Cuando uno lee en un reporte de investigación que los resultados fueron significativos al nivel del 0.05 ($p < 0.05$), indica lo que se comentó: que existe 5% de posibilidad de error al aceptar la hipótesis, correlación o valor obtenido al aplicar una prueba estadística; o 5% de riesgo de que se rechace una hipótesis nula cuando era verdadera (Mertens, 2005; Babbie, 2009).

Volveremos más adelante sobre este punto.

¿Cómo se relacionan la distribución muestral y el nivel de significancia?

El *nivel de significancia* se expresa en términos de probabilidad (0.05 y 0.01) y la *distribución muestral* también como probabilidad (el área total de ésta como 1.00). Pues bien, para ver si existe o no confianza al generalizar acudimos a la distribución muestral, con una probabilidad adecuada para la investigación. El nivel de significancia lo tomamos como un área bajo la distribución muestral, como se observa en la figura 10.16, y depende de si elegimos un nivel de 0.05 o de 0.01. Es decir, que nuestro valor estimado en la muestra no se encuentre en el área de riesgo y estemos lejos del valor de la distribución muestral, que insistimos es muy cercano al de la población.

Así, el nivel de significancia representa áreas de riesgo o confianza en la distribución muestral.

¿Se pueden cometer errores al probar hipótesis y realizar estadística inferencial?

Nunca estaremos completamente seguros de nuestra estimación. Trabajamos con altos niveles de confianza o seguridad, pero, aunque el riesgo es mínimo, podría cometerse un error. *Los resultados posibles al probar hipótesis serían*:

1. Aceptar una hipótesis verdadera (decisión *correcta*).
2. Rechazar una hipótesis falsa (decisión *correcta*).
3. Aceptar una hipótesis falsa (conocido como *error* del *Tipo II* o *error beta*).
4. Rechazar una hipótesis verdadera (conocido como *error* del *Tipo I* o *error alfa*).

---

[13] El nivel de significancia mínimo es de 0.05 en ciencias sociales, esto por convención de múltiples asociaciones científicas, estudios de probabilidad, comités editoriales de revistas académicas y autores.

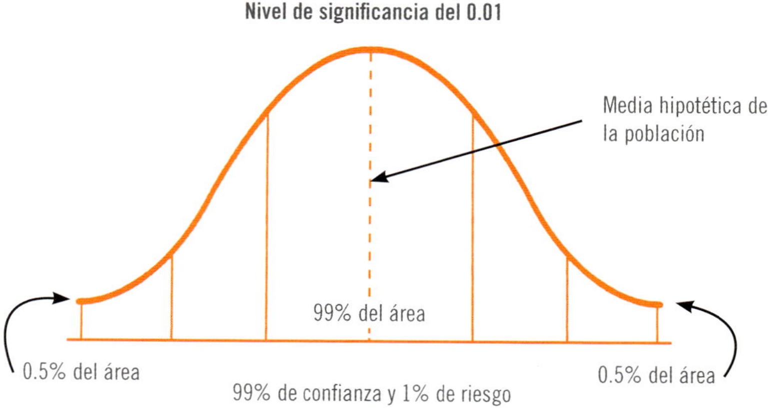

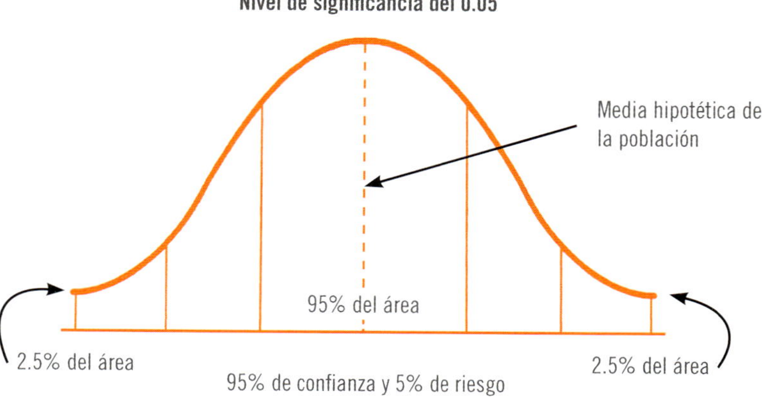

Nota:

1. Podemos expresarlo en proporciones (0.025, 0.95 y 0.025, respectivamente) o porcentajes como está en la gráfica.
2. 95% representa el área de confianza y 2.5%, el área de riesgo (2.5% + 2.5% = 5%) en cada extremo, porque en nuestra estimación de la media poblacional pasaríamos hacia valores más altos o bajos.

Figura 10.16 Niveles de significancia en la distribución muestral.

Ambos tipos de error son indeseables; sin embargo, puede *reducirse mucho la posibilidad* de que se presenten mediante:

a) *Muestras representativas probabilísticas.*
b) *Inspección cuidadosa de los datos.*
c) *Selección de las pruebas estadísticas apropiadas.*
d) *Mayor conocimiento de la población.*

Prueba de hipótesis

OA5 Hay dos tipos de análisis estadísticos que pueden realizarse para probar hipótesis: los *análisis paramétricos* y los *no paramétricos*. Cada tipo posee sus características y presuposiciones que lo sustentan; la elección de qué clase de análisis efectuar depende de estas presuposiciones. De igual forma, cabe destacar que en una misma investigación es posible llevar a cabo análisis paramétricos para algunas hipótesis y variables, y análisis no paramétricos para otras. Asimismo, los análisis a realizar dependen de las hipótesis que hayamos formulado y el nivel de medición de las variables que las conforman.

Análisis paramétricos

¿Cuáles son los supuestos o las presuposiciones de la estadística paramétrica?

Para realizar análisis paramétricos debe partirse de los siguientes supuestos:

1. La *distribución poblacional de la variable dependiente es normal*: el universo tiene una distribución normal.
2. El *nivel de medición* de las variables es *por intervalos o razón*.
3. Cuando *dos o más poblaciones son estudiadas, tienen una varianza homogénea*: las poblaciones en cuestión poseen una dispersión similar en sus distribuciones (Wiersma y Jurs, 2008).

Ciertamente estos criterios son tal vez demasiado rigurosos y algunos investigadores sólo basan sus análisis en el tipo de hipótesis y los niveles de medición de las variables. Esto queda a juicio del lector. En la investigación académica y cuando quien la realiza es una persona experimentada, sí debe solicitársele tal rigor.

¿Cuáles son los métodos o las pruebas estadísticas paramétricas más utilizadas?

Existen diversas pruebas paramétricas, pero las más utilizadas son:

- Coeficiente de correlación de Pearson y regresión lineal.
- Prueba *t*.
- Prueba de contraste de la diferencia de proporciones.
- Análisis de varianza unidireccional (ANOVA en un sentido o *oneway*).
- Análisis de varianza factorial (ANOVA).
- Análisis de covarianza (ANCOVA).

Algunos de estos métodos se tratan aquí en este capítulo y otros se explican en el CD anexo → Material Complementario → Capítulos → Capítulo 8 "Análisis estadístico: segunda parte".

Cada prueba obedece a un tipo de hipótesis de investigación e hipótesis estadística distinta. Las hipótesis estadísticas se comentan en el mencionado capítulo 8 del CD anexo.

¿Qué es el coeficiente de correlación de Pearson?

Definición: es una prueba estadística para analizar la relación entre dos variables medidas en un nivel por intervalos o de razón.

Se simboliza: r.

Hipótesis a probar: correlacional, del tipo de "a mayor X, mayor Y", "a mayor X, menor Y", "altos valores en X están asociados con altos valores en Y", "altos valores en X se asocian con bajos valores de Y". La hipótesis de investigación señala que la correlación es significativa.

Variables: dos. La prueba en sí no considera a una como independiente y a otra como dependiente, ya que no evalúa la causalidad. La noción de causa-efecto (independiente-dependiente) es posible establecerla teóricamente, pero la prueba no asume dicha causalidad.

El coeficiente de correlación de Pearson se calcula a partir de las puntuaciones obtenidas en una muestra en dos variables. Se relacionan las puntuaciones recolectadas de una variable con las puntuaciones obtenidas de la otra, con los mismos participantes o casos.

Nivel de medición de las variables: intervalos o razón.

Interpretación: el coeficiente r de Pearson *puede variar de -1.00 a $+1.00$,* donde:

-1.00 = *correlación negativa perfecta.* ("A mayor X, menor Y", de manera proporcional. Es decir, cada vez que X aumenta una unidad, Y disminuye siempre una cantidad constante.) Esto también se aplica "a menor X, mayor Y".

-0.90 = Correlación negativa muy fuerte.

-0.75 = Correlación negativa considerable.

-0.50 = Correlación negativa media.

-0.25 = Correlación negativa débil.

-0.10 = Correlación negativa muy débil.

0.00 = No existe correlación alguna entre las variables.

$+0.10$ = Correlación positiva muy débil.

$+0.25$ = Correlación positiva débil.

$+0.50$ = Correlación positiva media.

$+0.75$ = Correlación positiva considerable.

$+0.90$ = Correlación positiva muy fuerte.

$+1.00$ = *Correlación positiva perfecta.* ("A mayor X, mayor Y" o "a menor X, menor Y", de manera proporcional. Cada vez que X aumenta, Y aumenta siempre una cantidad constante.)

El *signo indica la dirección de la correlación* (positiva o negativa); y *el valor numérico, la magnitud de la correlación.* Los principales programas computacionales de análisis estadístico reportan si el coeficiente es o no significativo de la siguiente manera:

$$r = \quad 0.7831 \qquad \text{(valor del coeficiente)}$$
$$s \text{ o } P = \quad 0.001 \qquad \text{(significancia)}$$
$$N = \quad 625 \qquad \text{(número de casos correlacionados)}$$

Si s o P es menor del valor 0.05, se dice que el coeficiente es *significativo* en el nivel de 0.05 (95% de confianza en que la correlación sea verdadera y 5% de probabilidad de error). Si es menor a 0.01, el coeficiente es *significativo* al nivel de 0.01 (99% de confianza de que la correlación sea verdadera y 1% de probabilidad de error).

O bien, otros programas como SPSS/PASW los presentan en una tabla, se señala con asterisco(s) el nivel de significancia: donde un asterisco (*) implica una significancia menor a 0.05 (quiere decir que el coeficiente es significativo en el nivel de 0.05, la probabilidad de error es menor de 5%) y dos asteriscos (**) una significancia menor a 0.01 (la probabilidad de error es menor de 1%). Esto podemos verlo en el ejemplo de la tabla 10.12:

▲ **Tabla 10.12** Correlaciones entre moral y dirección

Correlaciones			
		Moral	**Dirección**
Moral	Correlación de Pearson	1	0.557**
	Sig. (bilateral)		0.000
	N	362	335
Dirección	Correlación de Pearson	0.557**	1
	Sig. (bilateral)	0.000	
	N	335	373

** La correlación es significativa al nivel 0.01 (bilateral, en ambos sentidos entre las variables).

Observe que se correlacionan dos variables: "moral" y "dirección", aunque la correlación aparece dos veces, porque es una tabla que hace todas las comparaciones posibles entre las variables y al hacerlo, genera un eje diagonal (representado por las correlaciones de las variables contra ellas mismas —"moral" con "moral" y "dirección" con "dirección", que carece de sentido porque son las mismas puntuaciones, por eso es perfecta—), y por encima de ese eje aparecen todos los coeficientes, y se repiten por debajo del eje. La correlación es de 0.557 y es significativa en el nivel del 0.000 (menor del 0.01). N representa el número de casos correlacionados.

Una correlación de Pearson puede ser significativa, pero si es menor a 0.30 resulta débil, aunque de cualquier manera ayuda a explicar el vínculo entre las variables.

Consideraciones: cuando el coeficiente r de Pearson se eleva al cuadrado (r^2), se obtiene el coeficiente de determinación y el resultado indica la *varianza de factores comunes*. Esto es, el porcentaje de la variación de una variable debido a la variación de la otra variable y viceversa (o cuánto explica o determina una variable la variación de la otra). Veámoslo gráficamente en la figura 10.17.

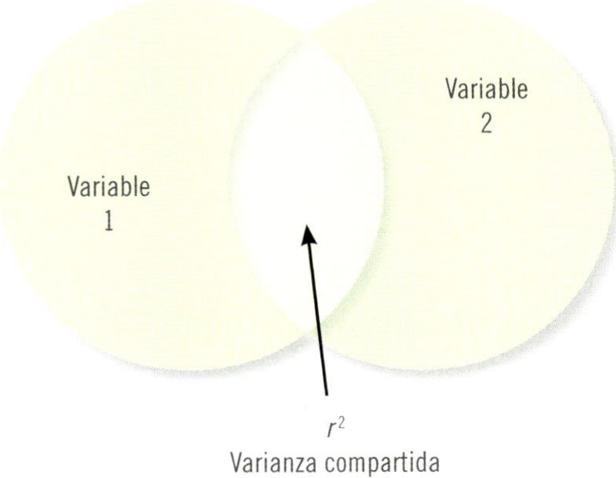

Figura 10.17   Varianza de factores comunes.

Por ejemplo: Si la correlación entre "productividad" y "asistencia al trabajo" es de 0.80.

$$r = 0.80$$
$$r^2 = 0.64$$

"La productividad" constituye a, o explica, 64% de la variación de "la asistencia al trabajo".

"La asistencia al trabajo" explica 64% de "la productividad". Si r es 0.72 y consecuentemente r^2 = 0.52, quiere decir que poco más de la mitad de la variabilidad de un constructo o variable está explicada por la otra.

EJEMPLO

Hi:	"a mayor motivación intrínseca, mayor productividad".
Resultado:	$r = 0.721$
	s o $P = 0.0001$
Interpretación:	se acepta la hipótesis de investigación en el nivel de 0.01. La correlación entre la motivación intrínseca y la productividad es considerable y positiva.
Hi:	"a mayor ingreso, mayor motivación intrínseca".

Resultado: $r = 0.214$
                    s o $P = 0.081$
Interpretación: se acepta la hipótesis nula. El coeficiente no es significativo: 0.081 es mayor que 0.05; recordemos que 0.05 es el nivel mínimo para aceptar la hipótesis.

Nota precautoria: Recuerde lo referente a correlaciones espurias que se comentaron en el capítulo 5 "Definición del alcance de la investigación a realizar".

Creswell (2005) señala que un coeficiente de determinación (r^2) entre 0.66 y 0.85 ofrece una buena predicción de una variable respecto de la otra variable; y por encima de 0.85 implica que ambas variables miden casi el mismo concepto subyacente, son "cercanamente" un constructo semejante.

El coeficiente de correlación de Pearson es útil para relaciones lineales, como lo veremos en la regresión lineal, pero no para relaciones curvilineales, en este caso, se suele usar Spearman *rho* (r_s).

Cuando queremos correlacionar simultáneamente más de dos variables (ejemplo: motivación, satisfacción en el trabajo, moral y autonomía), se utiliza el coeficiente de correlación múltiple o *R*, el cual se revisa en el CD anexo → Material Complementario → Capítulos → Capítulo 8 "Análisis estadístico: segunda parte".

Para el cálculo del coeficiente de correlación de Pearson mediante SPSS/PASW, no olvide consultar en el CD anexo el manual respectivo. En Minitab es en Estadísticas → Estadísticas básicas.

¿Qué es la regresión lineal?

Definición: es un modelo estadístico para estimar el efecto de una variable sobre otra. Está asociado con el coeficiente *r* de Pearson. Brinda la oportunidad de predecir las puntuaciones de una variable tomando las puntuaciones de la otra variable. Entre mayor sea la correlación entre las variables (covariación), mayor capacidad de predicción.

Hipótesis: correlacionales y causales.

Variables: dos. Una se considera como independiente y otra como dependiente. Pero, para poder hacerlo, debe tenerse un sólido sustento teórico.

Nivel de medición de las variables: intervalos o razón.

Procedimiento e interpretación: la regresión lineal se determina con base en el diagrama de dispersión. Éste consiste en una gráfica donde se relacionan las puntuaciones de una muestra en dos variables. Veámoslo con un ejemplo sencillo de ocho casos. Una variable es la calificación en Filosofía y la otra variable es la calificación en Estadística; ambas medidas, hipotéticamente, de 0 a 10.

	Puntuaciones	
Sujetos	*Filosofía (X)*	*Estadística (Y)*
1	3	4
2	8	8
3	9	8
4	6	5
5	10	10
6	7	8
7	6	7
8	5	5

El *diagrama de dispersión* se construye graficando cada par de puntuaciones en un espacio o plano bidimensional. Sujeto "1" tuvo 3 en X (filosofía) y 4 en Y (estadística):

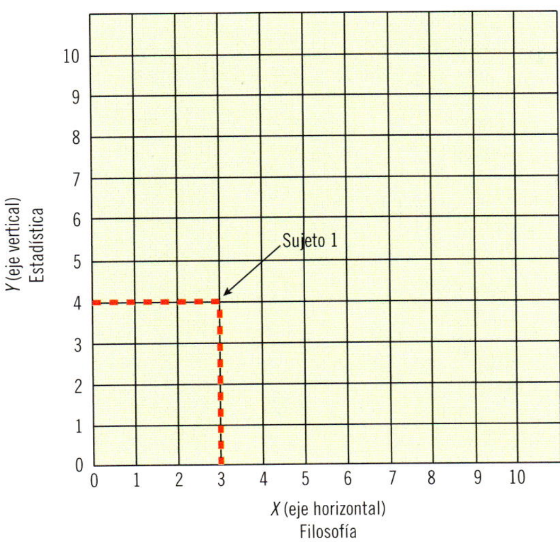

Así se grafican todos los pares:

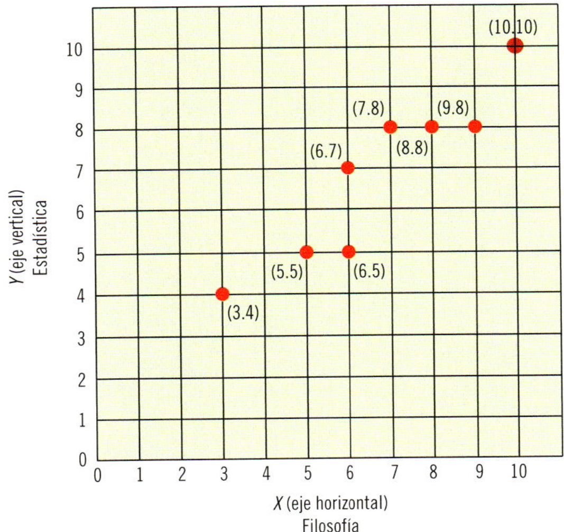

Los *diagramas de dispersión* son una manera de visualizar gráficamente una correlación. Por ejemplo:

Si aplicáramos los exámenes de filosofía y estadística (escala de 0 a 10 en ambas mediciones) a 775 alumnos y obtuviéramos el siguiente resultado: $r = 0.814$** (significativa al nivel del .01). La correlación es considerablemente positiva y el diagrama de dispersión sería el siguiente:[14]

Figura 10.18   Ejemplos de gráficas de dispersión.

---

[14] Estos diagramas fueron visualizados a través de SPSS, versión 15.

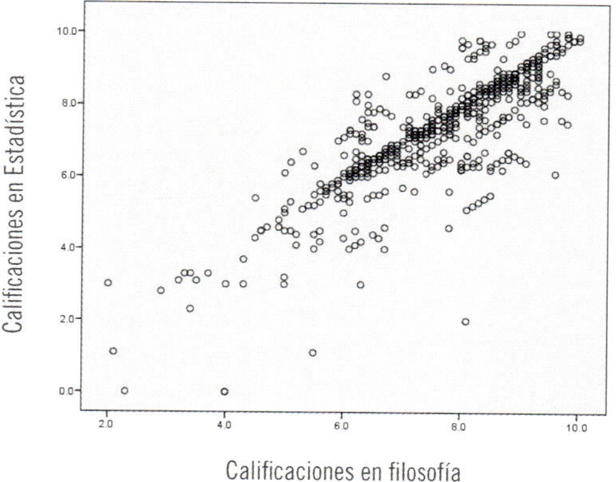

La tendencia es ascendente, altas puntuaciones en Y, altas puntuaciones en X (mejores calificaciones en Estadística están asociadas con mejores calificaciones en Filosofía).

En cambio, si administráramos una prueba sobre la "depresión" (escala de 0 a 50) y una que mida el "sentido de vida" (0 a 100) y el resultado fuera: $-0.926**$ (significativa al nivel del .01). La correlación es sumamente negativa y el diagrama de dispersión sería el siguiente:

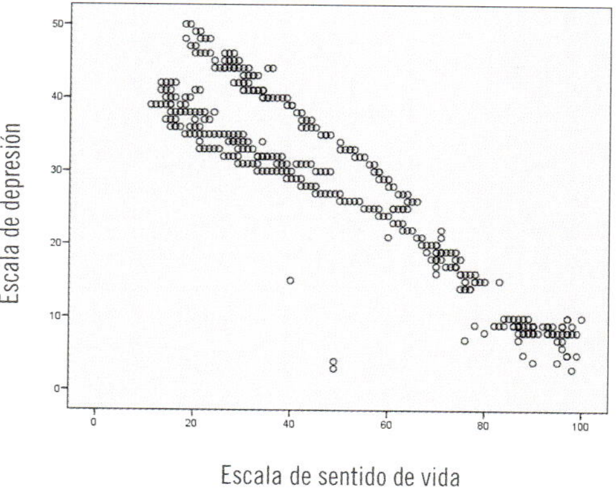

La tendencia es descendente, altas puntuaciones en *depresión* se encuentran vinculadas con bajas en *sentido de vida*, y viceversa.

En el caso de que dos variables no estén correlacionadas, por ejemplo: $r = .006$ (no significativa) (digamos entre "inteligencia" –90 a 140– y "motivación al trabajo" –0 a 50–). El diagrama de dispersión no tiene ninguna tendencia:

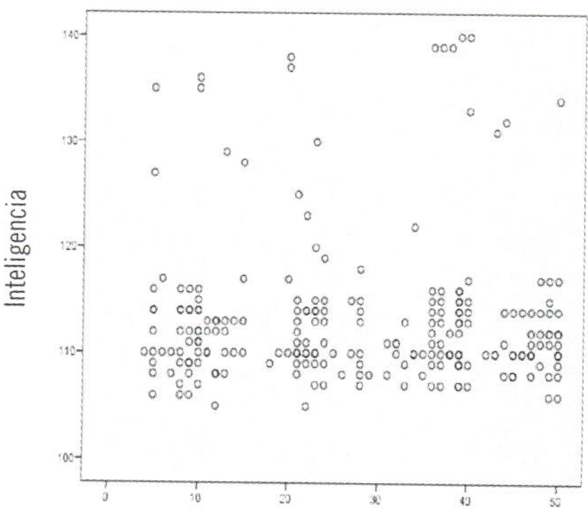

Figura 10.18   Ejemplos de gráficas de dispersión (*continuación*).

Así, cada punto representa un caso y un resultado de la intersección de las puntuaciones en ambas variables. El diagrama de dispersión puede ser resumido a una línea, si hay tendencia.

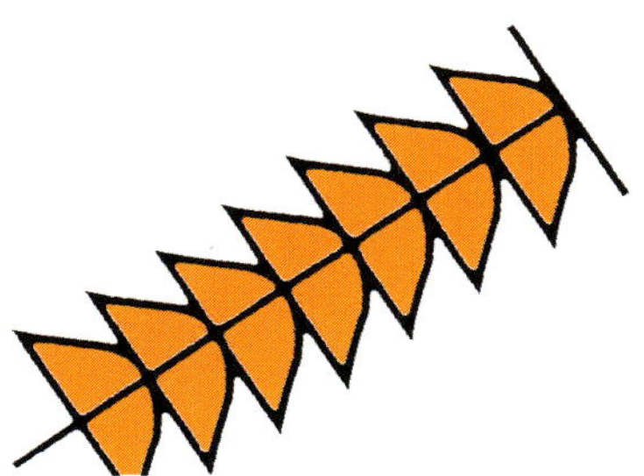

Conociendo la línea y la tendencia, podemos predecir los valores de una variable conociendo los de la otra variable.

Figura 10.18   Ejemplos de gráficas de dispersión (*continuación*).

Esta línea es la recta de regresión y se expresa mediante la *ecuación de regresión lineal*:

$$Y = a + bX$$

en donde Y es un *valor de la variable dependiente* que se desea predecir, a es la *ordenada* en el origen y b la *pendiente* o inclinación, X es el valor que fijamos en la variable independiente.

Los programas y paquetes computacionales de análisis estadístico que incluyen la *regresión lineal*, proporcionan los datos de a y b.

$$a \text{ o } intercept \text{ y } b \text{ o } slope$$

Para predecir un valor de Y, se sustituyen los valores correspondientes en la ecuación.

EJEMPLO

$$a \, (intercept) = 1.2$$
$$b \, (slope) = 0.8$$

Entonces podemos hacer la predicción: ¿a un valor de 7 en Filosofía qué valor le corresponce en Estadística?

$$Y = \underbrace{\frac{1.2}{}}_{a} + \underbrace{(0.8)}_{b} \, \underbrace{(7)}_{X}$$

$$Y = 6.8$$

Predecimos que a un valor de 7 en X le corresponderá un valor de 6.8 en Y.

EJEMPLO

Regresión lineal

Hi: "La autonomía laboral es una variable que predice la motivación intrínseca en el trabajo. Ambas variables están relacionadas".
Las dos variables fueron medidas en una escala por intervalos de 1 a 5.

Resultado:	a (*intercept*) = 0.42
	b (*slope*) = 0.65
Interpretación:	Cuando X (autonomía) es 1, la predicción estimada de Y es 1.07; cuando X es 2, la predicción estimada de Y es 1.72; cuando X es 3, Y será 2.37; cuando X es 4, Y será 3.02, y cuando X es 5, Y será 3.67.

$$Y = a + bX$$
$$1.07 = 0.42 + 0.65\,(1)$$
$$1.72 = 0.42 + 0.65\,(2)$$
$$2.37 = 0.42 + 0.65\,(3)$$
$$3.02 = 0.42 + 0.65\,(4)$$
$$3.67 = 0.42 + 0.65\,(5)$$

Consideraciones: la *regresión lineal* es útil con relaciones lineales, no con *relaciones curvilineales*. Porque como señalan León y Montero (2003, p. 191) es un error atribuir a la relación causal una covariación exclusivamente lineal: a mayores valores en la variable independiente, mayores valores en la dependiente. Existen muchas relaciones de causa-efecto que no son lineales, como por ejemplo: la vinculación entre ansiedad y rendimiento. Cierto grado de ansiedad ayuda a conseguir mejores resultados en un examen o la práctica de un deporte; pero, por encima de cierto nivel (nerviosismo extremo), la ejecución empeora. En la figura 10.19 se muestran ejemplos de estas relaciones.

Las *relaciones curvilineales* son aquellas en las cuales la tendencia varía: primero es ascendente y luego descendente, o viceversa.

Se ha demostrado que una estrategia persuasiva con niveles altos de apelación al temor, por ejemplo, un comercial televisivo muy dramático, provoca una baja persuasibilidad, lo mismo que una estrategia persuasiva con niveles muy bajos de apelación al temor.

La estrategia persuasiva más adecuada es la que utiliza niveles medios de apelación al temor. Esta relación es curvilineal; se representaría así:

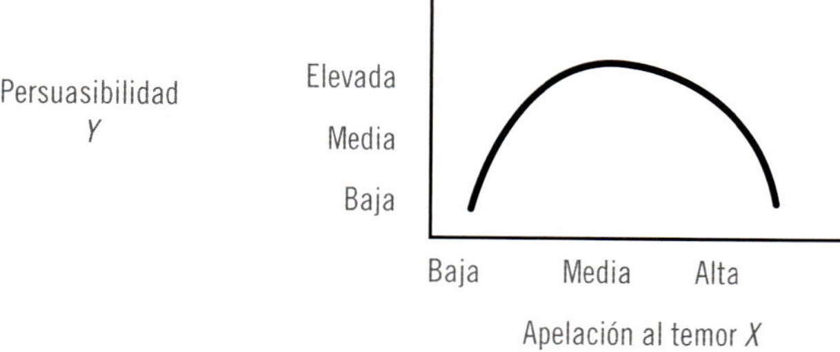

Otras gráficas de relaciones curvilineales serían:

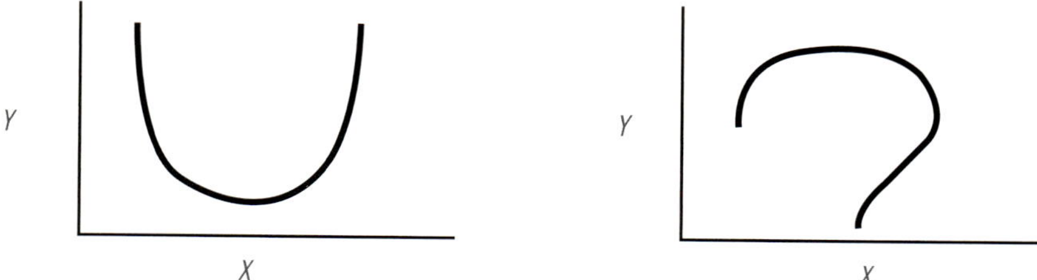

Figura 10.19 Ejemplos de relaciones curvilineales.

En la práctica, los estudiantes no deben preocuparse por graficar los diagramas de dispersión. Esto lo hace el programa respectivo (SPSS, Minitab u otro). En SPSS no olvide acudir al manual en el CD anexo.

¿Qué es la prueba *t*?

Definición: es una prueba estadística para evaluar si dos grupos difieren entre sí de manera significativa respecto a sus medias en una variable.

Se simboliza: *t*.

Hipótesis: de diferencia entre dos grupos. La hipótesis de investigación propone que los grupos difieren de manera significativa entre sí y la hipótesis nula plantea que los grupos no difieren significativamente. Los grupos pueden ser dos plantas comparadas en su productividad, dos escuelas contrastadas en los resultados a un examen, dos clases de materiales de construcción cotejados en su rendimiento, etcétera.

Variables: la comparación se realiza sobre una variable (regularmente y de manera teórica: dependiente). Si hay diferentes variables, se efectuarán varias pruebas *t* (una por cada par de variables), y la razón que motiva la creación de los grupos puede ser una variable independiente. Por ejemplo, un experimento con dos grupos, donde a uno se le aplica el estímulo experimental y al otro no, es de control.

Nivel de medición de la variable de comparación: intervalos o razón.

Cálculo e interpretación: el valor *t* es calculado por el programa estadístico, ya prácticamente no se determina manualmente.[15] Los programas, por ejemplo, SPSS/PASW, arrojan una tabla con varios resultados, de los cuales los más necesarios para interpretar son el valor *t* y su significancia. Veamos primero un ejemplo y luego una interpretación de un resultado de un análisis mediante SPSS.

EJEMPLO

Hi: "los varones le atribuyen mayor importancia al atractivo físico en sus relaciones heterosexuales que las mujeres".

Ho: "los varones no le atribuyen mayor importancia al atractivo físico en sus relaciones heterosexuales que las mujeres".

La variable *atractivo físico* fue medida a través de una escala de intervalos, la cual varía de 0 a 18. El grupo de mujeres estuvo constituido por 119 personas y el de hombres por 128 (variable que origina el contraste: *género*). Los resultados fueron:

$$\overline{X}_1 \text{ (mujeres)} = 12$$
$$\overline{X}_2 \text{ (hombres)} = 15$$
$$\text{Valor } t = 6.698$$

Significancia menor de 0.01

$$n_1 = 119 \text{ mujeres}$$
$$n_2 = 128 \text{ hombres}$$
$$\text{Grados de libertad} = 245$$

Conclusión: se acepta la hipótesis de investigación y se rechaza la hipótesis nula.

Si el valor *t* hubiera sido de 1.05 y no significativo, se aceptaría la hipótesis nula.

---

[15] Para quienes se interesen en las fórmulas para calcular manualmente el valor de la prueba *t*, éstas se encuentran en el CD anexo: Material Complementario → Capítulos → Capítulo 8 "Análisis estadístico: segunda parte", al final.

La prueba t se basa en una distribución muestral o poblacional de diferencia de medias conocida como la distribución t de Student que se identifica por los grados de libertad, los cuales constituyen el número de maneras en que los datos pueden variar libremente. Son determinantes, ya que nos indican qué valor debemos esperar de t, dependiendo del tamaño de los grupos que se comparan. *Cuanto mayor número de grados de libertad se tengan, la distribución t de Student se acercará más a ser una distribución normal* y usualmente, si los grados de libertad exceden los 120, la distribución normal se utiliza como una aproximación adecuada de la distribución t de Student (Wiersma y Jurs, 2008, Babbie, 2009).

Los grados de libertad se calculan con la fórmula siguiente, en la que n_1 y n_2 son el tamaño de los grupos que se comparan:

$$gl = (n_1 + n_2) - 2$$

Vogt (1999) señala que los grados de libertad indican cuántos casos fueron usados para calcular un valor estadístico en particular.

Los autores realizamos un análisis por prueba t con poco menos de medio millón de alumnos de una institución pública, con la finalidad de comparar el desempeño entre mujeres y hombres respecto al promedio general de la carrera, el valor obtenido fue de 22.802, significancia = 0.000 (menor al 0.01). El promedio de los estudiantes fue de 6.58 ($n = 302\ 272$) y el de las estudiantes de 7.11 ($n = 193\ 436$). Ante la interrogante: ¿se observaron diferencias en el desempeño académico por género? Se puede decir que las mujeres obtienen mayor promedio que los hombres en una diferencia de 0.53 puntos, la cual es significativa al nivel del 0.01.

Consideraciones: La prueba t se utiliza para comparar los resultados de una preprueba con los resultados de una posprueba en un contexto experimental. Se comparan las medias y las varianzas del grupo en dos momentos diferentes: $\left(\overline{X}_1\right) \times \left(\overline{X}_2\right)$. O bien, para comparar las prepruebas o pospruebas de dos grupos que participan en un experimento:

$$G_1 \qquad \left(\overline{X}_1\right)$$
$$t$$
$$G_2 \qquad \left(\overline{X}_1\right) \qquad \text{O son las pospruebas}$$

Cuando el valor t se calcula mediante un paquete estadístico computacional, la significancia se proporciona como parte de los resultados y ésta debe ser menor a 0.05 o 0.01, lo cual depende del nivel de confianza seleccionado (en SPSS y Minitab se ofrece el resultado en dos versiones, según sea el caso, si se asumen o no varianzas iguales).[16] Lo más importante es visualizar el valor t y su significancia. Vea la tabla 10.13.

Para solicitar en SPSS/PASW la prueba t, no olvide consultar el manual contenido en el CD anexo. En Minitab este método se encuentra en: Estadísticas → Estadísticas básicas. En STATS se denomina: **diferencia de dos medias independientes** y simplemente se colocan número de casos o respuestas en cada grupo, medias y desviaciones estándar de los grupos, y automáticamente se calcula el valor t y el nivel de significancia expresado en porcentaje.

¿Qué es el tamaño del efecto?

OA 2   Al comparar grupos, en este caso con la prueba t es importante determinar el tamaño del efecto, que es una medida de la "fuerza" de la diferencia de las medias u otros valores considerados (Creswell, 2005; Alhija y Levy, 2009). Resulta ser una medida en unidades de desviación estándar.

---

[16] Cuando se incluyen participantes diferentes en los grupos del experimento, el diseño se considera de "grupos independientes" (León y Montero, 2003) y no se asumen varianzas iguales.

▲ **Tabla 10.13** Elementos fundamentales para interpretar los resultados de una prueba *t*

Estadísticos de grupo					
F3	Género	N	Media	Desviación tip.	Error tip. de a media
	Masculino	86	3.69	1.043	0.113
	Femenino	88	3.84	1.071	0.114

Prueba de muestras independientes

Prueba de Levene para la igualdad de varianzas   Prueba *t* para la igualdad de medias

		F	Sig.	*t*	gl	Sig. (bilateral)	Diferencia de medias	Error tip. de la diferencia	95% intervalo de confianza para la diferencia inferior	superior
F3	Se han asumido varianzas iguales	0.001	0.970	−0.966	172	0.335	−0.15	0.160	−0.471	0.162
	No se han asumido varianzas iguales			−0.966	171.98	0.335	−0.15	0.160	−0.471	0.162

Valor "F" diferencia entre las varianzas de los grupos (dispersión de los datos)

Valor "t"

Significancia: no es menor al 0.05, mucho menos al 0.01: No hay diferencias entre los grupos en la variable de contraste

¿Cómo se calcula? El tamaño del efecto es justo la diferencia estandarizada entre las medias de los dos grupos. En otras palabras:

$$\text{Tamaño total del efecto} = \frac{\text{Media del grupo 1} - \text{Media del grupo 2}}{\text{Desviación estándar sopesada}}$$

La desviación estándar sopesada es la estimación reunida de la desviación estándar de ambos grupos, basada en la premisa que cualquier diferencia entre sus desviaciones es solamente debida a la variación del muestreo (Creswell, 2005).

La desviación estándar sopesada (denominador en la fórmula) se calcula así:

$$\sqrt{\frac{(N_E - 1)SD_E^2 + (N_C - 1)SD_C^2}{N_E + N_C - 2}}$$

Donde N_E y N_C son el tamaño de los grupos (grados de libertad), respectivamente; en tanto que, SD_E y SD_C son sus desviaciones estándares.

EJEMPLO

17.9 − 15.2/3.3 = 0.82 (interpretación: las medias varían menos de una desviación estándar, una respecto de la otra).

> **EJEMPLO**
>
> 28.5 − 37.5/4.1 = −2.19 (los promedios varían más de dos desviaciones estándar uno sobre otro).

¿Qué es la prueba de diferencia de proporciones?

Definición: es una prueba estadística para analizar si dos proporciones o porcentajes difieren significativamente entre sí.

Hipótesis: de diferencia de proporciones en dos grupos.

Variable: la comparación se realiza sobre una variable. Si hay varias, se efectuará una prueba de diferencia de proporciones por variable.

Nivel de medición de la variable de comparación: cualquier nivel, incluso por intervalos o razón, pero siempre expresados en proporciones o porcentajes.

Procedimiento e interpretación: este análisis puede realizarse muy fácilmente en el programa STATS, subprograma: Diferencia de dos proporciones independientes. Se colocan el número de casos y el porcentaje obtenido para cada grupo y se calcula. Eso es todo. No se necesita de fórmulas y tablas como se hacía anteriormente.

> **EJEMPLO**
>
> 
>
> Hi: "el porcentaje de liberales en la ciudad de Arualm es mayor que en Linderbuck".
> En STATS colocamos los datos que se nos requiere:
>
> | **Grupo uno** | **Grupo dos** |
> |---|---|
> | ¿Número de respuestas? | ¿Número de respuestas? |
> | 410 | 301 |
> | ¿Porcentaje estimado? | ¿Porcentaje estimado? |
> | 55% | 48% |
>
> | | |
> |---|---|
> | Probabilidad de diferencia significativa | 93.56% |
> | Valor z | 1.8942301 |
>
> Como no se alcanza una significancia de 95% (porque STATS®, lo da al contrario de SPSS o Minitab, proporciona el porcentaje de ésta a favor), aceptamos la hipótesis nula y rechazamos la de investigación.

¿Qué es el análisis de varianza unidireccional o de un factor? (ANOVA *one-way*)

Definición: es una prueba estadística para analizar si más de dos grupos difieren significativamente entre sí en cuanto a sus medias y varianzas. La *prueba t* se usa para *dos grupos* y el *análisis de varianza unidireccional* se usa para *tres, cuatro o más grupos*. Aunque con dos grupos se puede utilizar también.

Hipótesis: de diferencia entre más de dos grupos. La hipótesis de investigación propone que los grupos difieren significativamente entre sí y la hipótesis nula propone que los grupos no difieren significativamente.

Variables: una variable independiente y una variable dependiente.

Nivel de medición de las variables: la variable independiente es categórica y la dependiente es por intervalos o razón.

El hecho de que la variable independiente sea categórica significa que es posible formar grupos diferentes. Puede ser una variable nominal, ordinal, por intervalos o de razón (pero en estos últimos dos casos la variable debe reducirse a categorías).

Por ejemplo:

- Religión.
- Nivel socioeconómico (muy alto, alto, medio, bajo y muy bajo).
- Antigüedad en la empresa (de cero a un año, más de un año a cinco años, más de cinco años a 10, más de 10 años a 20 y más de 20 años).

Interpretación: el *análisis de varianza unidireccional* produce un valor conocido como *F* o *razón F*, que se basa en una distribución muestral, conocida como *distribución F*, el cual es otro miembro de la familia de distribuciones muestrales. La *razón F* compara las variaciones en las puntuaciones debidas a dos diferentes fuentes: variaciones entre los grupos que se comparan y variaciones dentro de los grupos. Si el valor *F* es significativo implica que los grupos difieren entre sí en sus promedios. Entonces se acepta la hipótesis de investigación y se rechaza la nula.[17] A continuación se presenta un ejemplo de un estudio donde el análisis apropiado es el de varianza.

> **Análisis de varianza** Prueba estadística para analizar si más de dos grupos difieren entre sí de manera significativa en sus medias y varianzas.

EJEMPLO

Hi: "Los niños que se expongan a contenidos de elevada violencia televisiva exhibirán una conducta más agresiva en sus juegos, respecto de los niños que se expongan a contenidos de mediana o baja violencia televisada".

Ho: "Los niños que se expongan a contenidos de elevada violencia televisiva *no* exhibirán una conducta más agresiva en sus juegos, respecto de los niños que se expongan a contenidos de mediana o baja violencia televisada".

La variable independiente es el grado de exposición a la violencia televisada y la variable dependiente es la agresividad exhibida en los juegos, medida por el número de conductas agresivas observadas (nivel de medición por intervalos).

Para probar la hipótesis se diseña un experimento con cuatro grupos:

$G_1 X_1$ (elevada violencia)   O

$G_2 X_2$ (mediana violencia)   O

$G_3 X_3$ (baja violencia)   O   Número de actos agresivos

G_4 — (conducta prosocial)   O

En cada grupo hay 25 niños.

La razón *F* fue de 9.89 y resultó significativa en el nivel de 0.05: se acepta la hipótesis de investigación. La diferencia entre las medias de los grupos es admitida, el contenido altamente violento tiene un efecto sobre la conducta agresiva de los niños en sus juegos. El estímulo experimental tuvo un efecto.

---

[17] El sustento y explicación del análisis de varianza unidireccional que antes se incluía en esta parte, ahora la puede encontrar el lector en el CD anexo: Material Complementario → Capítulos → Capítulo 8 "Análisis estadístico: segunda parte".

Esto se corrobora comparando las medias de las pospruebas de los cuatro grupos, porque el análisis de varianza unidireccional sólo nos señala si la diferencia entre las medias y las distribuciones de los grupos es o no significativa; pero no nos indica en favor de qué grupos lo es. Es posible hacer esto último al visualizar los promedios y compararlos con las distribuciones de sus grupos. Y si adicionalmente queremos cotejar cada par de medias ($\bar{X}_1$ con $\bar{X}_2$, $\bar{X}_1$ con $\bar{X}_3$, $\bar{X}_2$ con $\bar{X}_3$, etc.) y determinar con exactitud dónde están las diferencias significativas, podemos aplicar un contraste posterior, con el cálculo de una prueba *t* para cada par de medias; o bien, por medio de algunas estadísticas que suelen ser parte de los análisis efectuados en los paquetes estadísticos computacionales.

Tales estadísticas se incluyen en la tabla 10.14.

▲ **Tabla 10.14** Principales estadísticas para comparaciones posteriores (*post hoc*) en el ANOVA unidireccional o de un factor[18]

Nombre	Siglas
• Diferencia menos significativa	DMS
• Prueba *F* de Ryan-Einot-Gabriel-Welsch	R-E-G-W F
• Prueba de rango de Ryan-Einot-Gabriel-Welsch	R-E-G-W Q
• Prueba de Tukey	
• Otras: Waller-Duncan, T2 de Tamhane, T3 de Dunnett, Games-Howell, *C* de Dunett, Bonferroni, Sidak, Gabriel, Hochberg, Scheffé…	

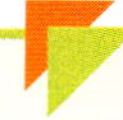

EJEMPLO

Supongamos que por medio de una escala Likert (1-5) medimos la actitud que tienen hacia el entrenador del equipo de fútbol de una ciudad, las tres porras o grupos de aficionados permanentes: la Ultra, la Central y la de Veteranos. Y queremos analizar si difieren significativamente entre sí. Realizamos el análisis de varianza y los resultados son los que se muestran en la tabla 10.15 con los elementos que suelen incluir los programas de análisis estadístico como SPSS, nada más que éstos abrevian términos.

▲ **Tabla 10.15** Ejemplo de análisis de varianza

ANOVA					
Actitud hacia el entrenador del equipo de fútbol					
Fuente de variación	Suma de cuadrados	Grados de libertad	Medias cuadráticas	Valor *F*	Significancia
Intergrupos	46 768	2	23 384	17.394	0.000
Intragrupos	793 175	590	1 344		
Total	839 943	592			

Descriptivos								
Actitud hacia el entrenador del equipo de fútbol								
					Intervalo de confianza para la media al 95%			
	N	Media	Desviación típica	Error típico	Límite inferior	Límite superior	Mínimo	Máximo
Porra Ultra	195	3.61	1.046	0.075	3.46	3.76	1	5
Porra Central	208	3.72	1.090	0.076	3.57	3.87	1	5
Porra Veteranos	190	3.07	1.331	0.097	3.88	3.26	1	5
Total	593	3.48	1.191	0.049	3.38	3.57	1	5

[18] Algunas pruebas son para cuando se asumen varianzas iguales y otras no, el programa indica cuáles se utilizan en cada caso.

Comentario: la actitud de las diferentes porras hacia el entrenador es significativamente distinta, la más desfavorable es la de los veteranos (su media es de 3.07, cerrando o redondeando a décimas: 3.1).

Estadística multivariada

Hasta aquí hemos visto pruebas paramétricas con una sola variable independiente y una dependiente. ¿Pero qué ocurre cuando tenemos diversas variables independientes y una dependiente, varias independientes y dependientes? Esquemas del tipo, como se muestra en la figura 10.20.

Objetivo: Analizar el efecto que sobre el *sentido de vida* tienen la *autoestima*, la *edad*, el *género* y la *religión*.

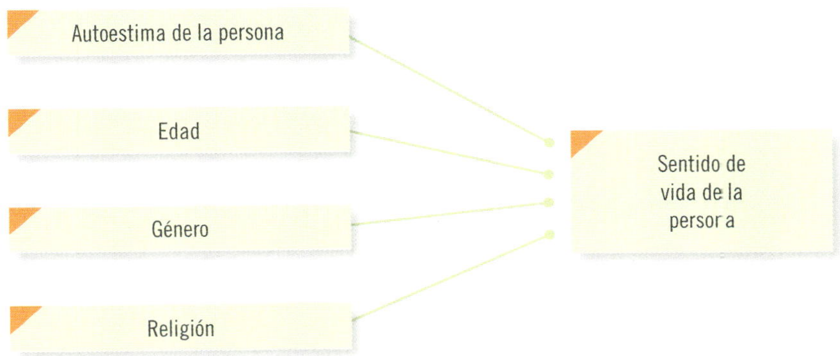

O si queremos probar la hipótesis: "la *similitud en valores*, la *atracción física* y el *grado de realimentación positiva* son factores que inciden en la *satisfacción sobre la relación* en parejas de novios cuyas edades oscilan entre los 24 y los 32 años".

Asimismo, si pretendemos evaluar si un *método educativo* incrementa la *conciencia* y *valores ecológicos* de los estudiantes de bachillerato, controlando y analizando la influencia de la variable *nivel educativo de los padres*.

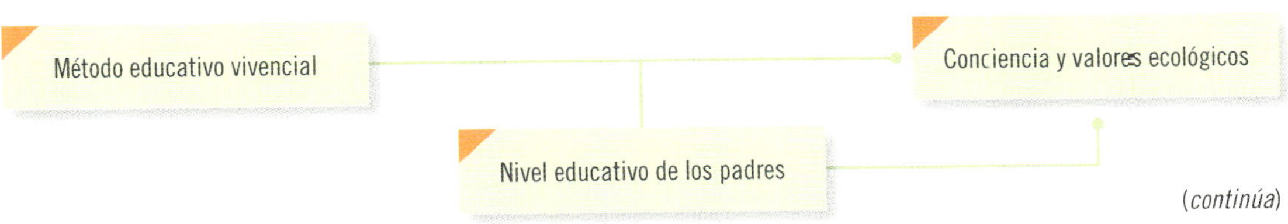

(continúa)

Figura 10.20   Ejemplos de esquemas con diversas variables tanto dependientes como independientes.

Si buscamos conocer la influencia de cuatro variables de los médicos sobre el apego al tratamiento y la satisfacción en torno a la atención por parte de sus pacientes.

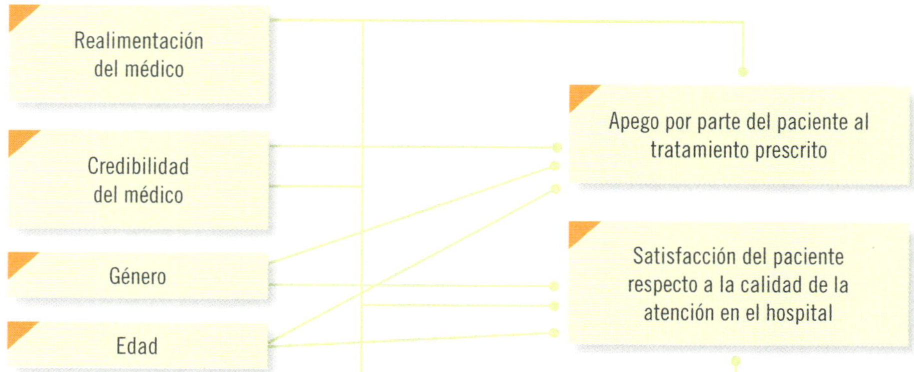

Figura 10.20   Ejemplos de esquemas con diversas variables tanto dependientes como independientes (*continuación*).

Entonces, requerimos de otros métodos estadísticos como los que se muestran en la tabla 10.16. Estos métodos son comentados en el CD adjunto: Material Complementario → Capítulos → Capítulo 8 "Análisis estadístico: segunda parte", en análisis multivariado.

▲ **Tabla 10.16**   Métodos estadísticos multivariados (ampliar en CD anexo)

Método	Propósitos fundamentales
Análisis de varianza factorial (ANOVA de varios factores)	Evaluar el efecto de dos o más variables independientes sobre una variable dependiente.
Análisis de covarianza (ANCOVA)	Analizar la relación entre una variable dependiente y dos o más independientes, al eliminar y controlar el efecto de al menos una de estas variables independientes.
Regresión múltiple	Evaluar el efecto de dos o más variables independientes sobre una variable dependiente, así como predecir el valor de la variable dependiente con una o más variables independientes, y estimar cuál es la independiente que mejor predice las puntuaciones de la variable dependiente. Se trata de una extensión de la regresión lineal.
Análisis multivariado de varianza (MANOVA)	Analizar la relación entre dos o más variables independientes y dos o más variables dependientes.
Análisis lineal de patrones (PATH)	Determinar y representar interrelaciones entre variables a partir de regresiones, así como analizar la magnitud de la influencia de algunas variables sobre otras, influencia directa e indirecta. Es un modelo causal.
Análisis discriminante	Construir un modelo predictivo para pronosticar el grupo de pertenencia de un caso a partir de las características observadas de cada caso (predecir la pertenencia de un caso a una de las categorías de la variable dependiente, sobre la base de dos o más independientes).
Distancias euclidianas	Evaluar la similitud entre variables (en unidades de correlación).

Análisis no paramétricos

¿Cuáles son las presuposiciones de la estadística no paramétrica?

Para realizar los análisis no paramétricos debe partirse de las siguientes consideraciones:

1. La mayoría de estos análisis no requieren de presupuestos acerca de la forma de la distribución poblacional. Aceptan distribuciones no normales.
2. Las variables no necesariamente tienen que estar medidas en un nivel por intervalos o de razón; pueden analizar datos nominales u ordinales. De hecho, si se quieren aplicar análisis no paramétricos a datos por intervalos o razón, éstos necesitan resumirse a categorías discretas (a unas cuantas). Las variables deben ser categóricas.

¿Cuáles son los métodos o las pruebas estadísticas no paramétricas más utilizados?

Las *pruebas no paramétricas más utilizadas* son:

1. La *chi* cuadrada o χ^2.
2. Los coeficientes de correlación e independencia para tabulaciones cruzadas.
3. Los coeficientes de correlación por rangos ordenados de Spearman y Kendall.

¿Qué es la *chi* cuadrada o χ^2?

Definición: es una prueba estadística para evaluar hipótesis acerca de la relación entre dos variables categóricas.

> **Chi cuadrada**   Prueba estadística para evaluar hipótesis acerca de la relación entre dos variables categóricas.

Se simboliza: χ^2.
Hipótesis a probar: correlacionales.
Variables involucradas: dos. La prueba *chi* cuadrada no considera relaciones causales.
Nivel de medición de las variables: nominal u ordinal (o intervalos o razón reducidos a ordinales).

Procedimiento: se calcula por medio de una *tabla de contingencia o tabulación cruzada*, que es un cuadro de dos dimensiones, y cada dimensión contiene una variable. A su vez, cada variable se subdivide en dos o más categorías.

Un ejemplo de una tabla de contingencia se presenta en la tabla 10.17.

▲ **Tabla 10.17**   Ejemplo de una tabla de contingencia

		Género		Total
		Masculino	Femenino	
Intención del voto	Candidata A Guadalupe Torres	40	58	98
	Candidata B Liz Almanza	32	130	162
Total		72	188	260

Esta tabla demuestra el concepto de *tabla de contingencia* o tabulación cruzada. Las variables aparecen señaladas a los lados del cuadro (*intención del voto* y *género*), cada una con sus dos categorías. Se dice que se trata de una tabla 2×2, donde cada dígito significa una variable y el valor de éste indica el número de categorías de la variable:

$$2 \qquad \times \qquad 2$$

Una variable con dos categorías   Otra variable con dos categorías

Un ejemplo de una tabla de contingencia 2×3 se muestra en la tabla 10.18. Las dos variables son: *identificación política* (tres categorías) y *zona del distrito electoral* (dos categorías). Los números que aparecen en las celdas son frecuencias. Por ejemplo: 180 personas de la zona norte del distrito se identifican con el partido derechista. Es necesario hacer notar que no importa cuál variable esté en la parte superior o a la izquierda, porque al final lo fundamental es que todas las categorías de una variable se crucen con todas las categorías de la otra.

En esencia, la *chi* cuadrada es una *comparación* entre la *tabla de frecuencias observadas* y la denominada *tabla de frecuencias esperadas*, la cual constituye la tabla que esperaríamos encontrar si las variables fueran estadísticamente independientes o no estuvieran relacionadas (Wright, 1979). Es una prueba que parte del supuesto de "no relación entre variables" y el investigador evalúa si en su caso esto es cierto o no, analiza si las frecuencias observadas son diferentes de lo que pudiera esperarse en caso de ausencia de correlación. La lógica es así: "si no hay relación entre las variables, debe tenerse una tabla así (la de las frecuencias esperadas). Si hay relación, la tabla que obtengamos como resultado en nues-

▲ **Tabla 10.18** Ejemplo de una tabla de contingencia 3 × 2

		Zona del distrito electoral		Total
		Norte	Sur	
Identificación política	Partido Derechista	180	100	280
	Partido del Centro	190	280	470
	Partido Izquierdista	170	120	290
	Total	540	500	1 040

tra investigación tiene que ser muy diferente respecto de la tabla de frecuencias esperadas". Es decir, lo que se contó *versus* lo que se esperaría del azar.

La *chi* cuadrada se puede obtener a través de los programas estadísticos o mediante STATS. En los programas se solicita el análisis: *Estadísticas* (y usando las opciones "básicas" y "tablas") en Minitab y en SPSS/SPAW: *Analize* (analizar) → *Descriptive Statistics* (Estadísticas descriptivas) → *Crosstabs* (tabulaciones cruzadas).

En SPSS el programa produce un resumen de los casos válidos y perdidos para cada variable y una tabla de contingencia sencilla, como la 10.17, o bien una tabla más compleja con diversos resultados por celda (frecuencias contadas u observadas, frecuencias esperadas, porcentajes respecto a marginales y totales, etc.). Este segundo caso se muestra en el CD adjunto: Material Complementario → Capítulos → Capítulo 8 "Análisis estadístico: segunda parte", al final, en la parte sobre *chi* cuadrada.

El programa también proporciona el valor de *chi* cuadrada junto con otras pruebas (pero recomendamos centrarse en el resultado de ésta), como se muestra a continuación en el siguiente ejemplo que corresponde a la tabla 10.17:

	Valor	Grados de libertad (gl)	Significancia
Chi cuadrada de Pearson	13.529	1	0.000

En este caso, el valor de *chi* cuadrada es significativo al nivel de 0.01, es decir, se acepta la hipótesis de investigación de que existe relación entre las variables *intención del voto* y *género* (Liz Almanza gana, pero sobre todo por el voto femenino).

Algunas veces, solamente se utiliza el valor de *chi* cuadrada simplemente para ver si hay o no relación entre las variables.

EJEMPLO

Hi: "Los tres canales de televisión a nivel nacional difieren en la cantidad de programas prosociales, neutrales y antisociales que difunden. Hay relación entre la variable *canal de televisión nacional* y la variable *emisión de programas prosociales, neutrales y antisociales*".

Resultados:

$$\chi^2 = 7.95$$

$$gl = 4$$

Significancia mayor de 0.05.

Conclusión: se rechaza la hipótesis de investigación y se acepta la nula. No hay relación entre las variables.

El cálculo de la *chi* cuadrada en STATS la podrá encontrar el lector en el CD adjunto: Material Complementario → Capítulos → Capítulo 8 "Análisis estadístico: segunda parte", hasta el final.

¿Qué son los coeficientes de correlación e independencia para tabulaciones cruzadas?

Adicionales a la *chi* cuadrada, existen *otros coeficientes* para evaluar si las variables incluidas en la tabla de contingencia o tabulación cruzada están correlacionadas. En la tabla 10.19 se describen los coeficientes más importantes para tal finalidad.[18]

▲ **Tabla 10.19**　Principales coeficientes para tablas de contingencia

Coeficiente	Para cuadros de contingencia…	Nivel de medición de ambas variables	Interpretación
Phi (φ)	2×2	Nominal. Puede utilizarse con variables ordinales reducidas a dos categorías. SPSS lo muestra en cálculos para datos nominales.	En tablas 2×2 varía de 0 a 1, donde cero implica ausencia de correlación entre las variables; y uno, que hay correlación perfecta entre las variables. En tablas más grandes, *phi* puede ser mayor de 1.0, pero la interpretación es compleja. Por ello, se recomienda limitar su uso a las tablas 2×2.
Coeficiente de contingencia C de Pearson	Cualquier tamaño. De hecho es un ajuste de *phi* para tablas con más de dos categorías en las variables. Incluso funciona mejor con tablas de 5×5.	Nominal. Puede utilizarse con variables ordinales reducidas a dos categorías.	0 a 1, pero en tablas menores a 5×5, se acerca pero nunca alcanza el uno.
V de Cramer (C)	Cualquier tamaño	Cualquier nivel de variables, pero siempre reducidas a categorías. SPSS lo muestra en cálculos para datos nominales.	0 a 1, pero el uno solamente se alcanza si ambas variables tienen el mismo número de categorías (o marginales).
Goodman-Kruskal *Lambda* o sólo *Lambda* (λ)	Cualquier tamaño	Cualquier nivel de variables, pero siempre reducidas a categorías. SPSS lo muestra en cálculos para datos nominales.	Fluctúa entre 0 y 1, asume causalidad, lo que significa que puede predecirse a la variable dependiente definida en la tabla, sobre la base de la independiente. La versión usual de *Lambda* es asimétrica. Sin embargo, SPSS y otros programas presentan tres versiones: una simétrica y dos asimétricas (estas últimas representan a cada una de las variables considerada como dependiente). La versión simétrica es simplemente el promedio de las dos *Lambdas* asimétricas. Una prueba asimétrica presupone que el investigador puede designar cuál es la variable independiente y cuál la dependiente. En una simétrica no se asume tal causalidad.

(continúa)

---

[18] En SPSS/SPAW el lector encontrará otros que se incluyen por nivel de medición: Kappa, McNemar, Cochran, etcétera.

▲ **Tabla 10.19**   Principales coeficientes para tablas de contingencia (*continuación*)

Coeficiente	Para cuadros de contingencia…	Nivel de medición de ambas variables	Interpretación
Coeficiente de incertidumbre o entropía o U de Theil	Cualquier tamaño	Cualquier nivel de variables, pero siempre reducidas a categorías. SPSS lo muestra en cálculos para datos nominales.	Fluctúa entre 0 y 1, asume causalidad, lo que significa que puede predecirse a la variable dependiente definida en la tabla, sobre la base de la independiente. Por razones históricas (de costumbre), el coeficiente se ha computado frecuentemente en términos de predecir la variable de las columnas, sobre la base de la variable de las filas.
Gamma de Goodman y Kruskal	Cualquier tamaño	Ordinal	Varía de −1 a +1 (−1 es una relación negativa perfecta, y +1 una relación positiva perfecta).
Tau-a, *Tau-b* y *Tau-c* (τa, τb, τc)	Cualquier tamaño	Ordinal	Varían de −1 a +1. *Tau-a* y *Tau-b* son asimétricas y *Tau-c* es simétrica.
D de Somers	Cualquier tamaño	Ordinal	Varía de −1 a +1.
Kappa	Cualquier tamaño	Datos categorizados por intervalo.	Regularmente de 0 a 1.

¿Qué otra aplicación tienen las tablas de contingencia?

Las tablas de contingencia, además de servir para el cálculo de *chi cuadrada* y otros coeficientes, son útiles para describir conjuntamente dos o más variables. Esto se efectúa al convertir las frecuencias observadas en frecuencias relativas o porcentajes. En una tabulación cruzada puede haber tres tipos de porcentajes respecto de cada celda.

- *Porcentaje en relación con el total de frecuencias observadas* ("N" o "n" *de muestra*).
- *Porcentaje en relación con el total marginal de la columna.*
- *Porcentaje en relación con el total marginal del renglón.*

Veamos con un ejemplo hipotético de una tabla 2 × 2 con las variables género y preferencia por un conductor televisivo. Las frecuencias observadas serían:

EJEMPLO

		Género		
		Masculino	**Femenino**	
Preferencia por el conductor	A	25	25	50
	B	40	10	50
		65	35	100

Las celdas podrían representarse así:

a	c
b	d

Tomemos el caso de *a* (celda superior izquierda). La celda *a* (25 frecuencias observadas) con respecto al total ($N = 100$) representa 25%. En relación con el total marginal de columna (cuyo total es 65) representa 38.46% y respecto del total marginal de renglón (cuyo total es 50) significa 50%. Esto puede expresarse así:

EJEMPLO

	Frecuencias observadas		
	25		
En relación con *N*	25.00%		
En relación con "*a + b*"	38.46%	*c*	*a + c* = 50
En relación con "*a + c*"	50.00%		
	b	*d*	*b + d*
	a + b = 65	*c + d*	100 = *N*

Así procedemos con cada categoría, como ocurre en la tabla 10.20.

▲ **Tabla 10.20** Ejemplo de una tabla de contingencia para describir conjuntamente dos variables

		Género		
		Masculino	Femenino	
Preferencia por el conductor	A	25 25.0% 38.5% 50.0%	25 25.0% 71.4% 50.0%	50
	B	40 40.0% 61.5% 80.0%	10 10.0% 28.6% 20.0%	50
		65	35	100

Algunos programas ubican los porcentajes incluidos en las celdas en otro orden. Por ejemplo, el porcentaje respecto al total lo colocan al final, pero las interpretaciones son similares.

Otros coeficientes de correlación

El coeficiente de correlación de Pearson es una estadística apropiada para variables medidas por intervalos o razón y para relaciones lineales. La *chi* cuadrada y demás coeficientes son estadísticas adecuadas para tablas de contingencia con variables nominales, ordinales y de intervalos, pero reducidas a categorías; ahora, ¿qué ocurre si las variables de nuestro estudio son ordinales, por intervalos y de razón?, o bien, una mezcla de niveles de medición, o los datos no necesariamente los disponemos en una tabla de contingencia. Existen otros coeficientes que comentaremos brevemente.

¿Qué son los coeficientes y la correlación por rangos ordenados de Spearman y Kendall?

OA 3

Coeficientes *rho* de Spearman y *tau* de Kendall Son medidas de correlación para variables en un nivel de medición ordinal; los individuos u objetos de la muestra pueden ordenarse por rangos.

Los **coeficientes *rho* de Spearman**, simbolizado como *rs*, y ***tau* de Kendall**, simbolizado como *t*, son medidas de correlación para variables en un nivel de medición ordinal (ambas), de tal modo que los individuos u objetos de la muestra pueden ordenarse por rangos (jerarquías). Por ejemplo, supongamos que tenemos las variables "preferencia en el sabor" y "atractivo del envase", y pedimos a un grupo de personas representativas del mercado que evalúen conjuntamente 10 marcas de refrescos embotellados específicos y las ordenen del 1 al 10; en tanto que, "1" es la categoría o el rango máximo en ambas variables. Finalmente se obtienen los siguientes resultados del grupo:

Marca[19]	Variable 1 Preferencia en el sabor	Variable 2 Atractivo del envase
Loy	1	2
Wiz Cola	2	5
Fan	3	1
Energizador	4	3
Maron	5	4
Manzanol	6	6
Cold	7	8
Zoda II	8	7
Frutol	9	10
Roanapause	10	9

Para analizar tales resultados, utilizaríamos los coeficientes *rs* y *t*. Ahora bien, debe observarse que todos los refrescos o sodas tienen que jerarquizarse por rangos que contienen las propiedades de una escala ordinal (se ordena de mayor a menor). Ambos coeficientes varían de −1.0 (correlación negativa perfecta) a +1.0 (correlación positiva perfecta), considerando el 0 como ausencia de correlación entre las variables jerarquizadas. Se trata de estadísticas sumamente eficientes para datos ordinales. La diferencia entre ellos es explicada por Nie *et al.* (1975, p. 289) de la manera siguiente: el coeficiente de Kendall (*t*) resulta un poco más significativo cuando los datos contienen un número considerable de rangos empatados. El coeficiente de Spearman *rho* parece ser una aproximación cercana al coeficiente *r* de Pearson, cuando los datos son continuos (por ejemplo, no caracterizados por un número considerable de empates en cada rango). De acuerdo con Creswell (2005) sirve también para analizar relaciones curvilineales.

También se interpreta su significancia igual que Pearson y otros valores estadísticos.

Otro ejemplo sería relacionar la opinión de dos médicos y la jerarquización de los mismos pacientes en cuanto al avance de una enfermedad terminal en éstos.

¿Qué otros coeficientes existen?

Un coeficiente muy importante es el *eta*, que es similar al coeficiente *r de Pearson*, pero con relaciones no lineales, las cuales se comentaron anteriormente. Es decir, *eta* define la "correlación perfecta" (1.00) como curvilineal y a la "relación nula" (0.0) como la independencia estadística de las variables. Este coeficiente es asimétrico (concepto explicado en la tabla 10.19), y a diferencia de Pearson, se puede obtener un valor diferente para el coeficiente al determinar cuál variable se considera independiente y

---

[19] Nombres ficticios.

cuál dependiente. *Eta²* es interpretada como el porcentaje de la varianza en la variable dependiente explicado por la independiente. El investigador puede calcular *eta* de las dos maneras: al cambiar la definición de la independiente y dependiente, luego promediar los dos coeficientes y obtener uno simétrico. *Eta* puede trabajarse en tablas de contingencia. Otros coeficientes se describen en la tabla 10.21.

▲ **Tabla 10.21** Otros coeficientes de correlación

Coeficiente	Nivel de medición de las variables	Ejemplo	Interpretación
Biserial (r_b)	Una ordinal y la otra por intervalos o razón.	Jerarquía en la organización y motivación.	−1.00 (correlación negativa perfecta). 0.0 (ausencia de relación). +1.00 (correlación positiva perfecta).
Biserial por rangos (r_{rb})	Una variable nominal y la otra ordinal.	Escuela de procedencia (pública-privada) y rango en una prueba de un idioma extranjero (alto, medio, bajo).	−1.00 (correlación negativa perfecta). 0.0 (ausencia de relación). +1.00 (correlación positiva perfecta).
Biserial puntual (r_{pb})	Una variable por intervalos o razón y la otra nominal.	Motivación al estudio y licenciatura (Economía, Derecho, Administración, etcétera).	−1.00 (correlación negativa perfecta). 0.0 (ausencia de relación). +1.00 (correlación positiva perfecta).
Tetrachoric	Las dos dicotómicas, no necesariamente expresadas en tablas.	Género y afiliación/no afiliación a un partido político.	−1.00 (correlación negativa perfecta). 0.0 (ausencia de relación). +1.00 (correlación positiva perfecta).

Existen muchos más coeficientes, pero los más importantes son los señalados. Lo mejor de todo es que los programas computacionales de análisis estadístico los calculan, lo único que tenemos que hacer es interpretarlos y verbalizar sus resultados con comentarios.

Una vista general a los procedimientos o pruebas estadísticas

Ahora, presentamos una tabla final (10.22) sobre los principales métodos estadísticos, considerando:  *a) el tipo de pregunta de investigación* (descriptiva, de diferencia de grupos, correlacional o causal), *b) el número de variables involucradas, c) nivel de medición de las variables o tipo de datos y d)* en comparación de grupos, si son *muestras independientes* o *correlacionadas*. En este último punto, las muestras independientes se seleccionan de manera que no exista ninguna relación entre los miembros de las muestras; por ejemplo, un grupo experimental y uno de control en un experimento. No hay ningún emparejamiento de las observaciones entre las muestras. Mientras que en las correlacionadas, sí existe una relación entre los miembros de las muestras; por ejemplo, el mismo grupo antes y después de un tratamiento experimental, preprueba y posprueba. Algunas de las pruebas o métodos estadísticos no fueron desarrollados en el capítulo y varios se encuentran en el CD adjunto: Material complementario → Capítulos → Capítulo 8 "Análisis estadístico: segunda parte". 

▲ **Tabla 10.22**[20] Elección de los procedimientos estadísticos o pruebas

1) Pregunta de investigación: Descriptiva	Procedimiento o prueba
• Datos nominales	Moda
• Datos ordinales	Mediana, moda
• Datos por intervalos o razón	Media, mediana, moda, desviación estándar, varianza y rango

(continúa)

---

[20] Adaptado de Mertens (2005, p. 409).

▲ **Tabla 10.22**   Elección de los procedimientos estadísticos o pruebas (*continuación*)

**2) Pregunta de investigación:
diferencias de grupos**

   a) Dos variables o grupos

      a.1. Muestras correlacionadas

        • Datos nominales   Prueba de McNemar

        • Datos ordinales   Prueba de Wilcoxon para pares de rangos

        • Datos por intervalos o razón   Prueba *t* para muestras correlacionadas

      a.2. Muestras independientes

        • Datos nominales   *Chi* cuadrada

        • Datos ordinales   Prueba Mann-Whitney U o prueba Kolmogorov-Smirnov para dos
                                            muestras

        • Datos por intervalos o razón   Prueba *t* para muestras no correlacionadas o independientes

   b) Más de dos variables o grupos

      b.1. Muestras correlacionadas

        • Datos nominales   Prueba Q de Cochran

        • Datos ordinales   Análisis de varianza de Friedman en dos vías

        • Datos por intervalos o razón   Análisis de varianza (ANOVA)

        • Datos por intervalos o razón, control de   Análisis de covarianza (ANCOVA)
          efectos de otra variable independiente

      b.2. Muestras independientes

        • Datos nominales   *Chi* cuadrada para *k* muestras independientes

        • Datos nominales u ordinales (categóri-   *Chi* cuadrada de Friedman
          cos) y de intervalos-razón

        • Datos ordinales   Análisis de varianza en una vía de Kruskal-Wallis (ANOVA)

        • Datos por intervalos o razón   Análisis de varianza (ANOVA)

3) Pregunta de investigación: correlacional

   a) Dos variables

      • Datos nominales   Coeficiente de contingencia o *Phi*

      • Datos ordinales   Coeficiente de rangos ordenados de Spearman o coeficiente de
                                          rangos ordenados de Kendall

      • Datos por intervalos o razón   Coeficiente de correlación de Pearson (producto-momento)

      • Una variable independiente y una depen-   Regresión lineal
        diente (ambas de intervalos o razón)

      • Datos por intervalos y nominales u ordinales   Coeficiente biserial puntual

      • Datos por intervalos y una dicotomía artifi-   Coeficiente biserial
        cial en una escala ordinal (la dicotomía es
        artificial porque subyace una distribución
        continua)

   b) Más de dos variables

      • Datos nominales   Análisis discriminante

      • Datos ordinales   Análisis de correlación parcial por rangos de Kendall

      • Datos por intervalos o razón   Coeficiente de correlación parcial o múltiple, R^2

4) Pregunta de investigación: causal o predictiva

      • Diversas independientes y una dependiente (las   Regresión múltiple
        independientes en cualquier nivel de medición,
        la dependiente en nivel por intervalos o razón).
        Cuando las independientes son nominales u
        ordinales se convierten en variables "dummy"

      • Diversas independientes y dependientes   Análisis multivariado de varianza (MANOVA)

      • Agrupamiento (membresía de todos los datos)   Análisis discriminante (en una vía, jerárquico o factorial, de acuerdo
                                           con el número de variables involucradas)

      • Estructuras y redes causales   Análisis de patrones o vías (*path analysis*)

5) Pregunta de investigación: estructura de   Análisis de factores
variables o validación de constructo
Las variables deben estar por intervalos o razón

Paso 6: realizar análisis adicionales

Este paso implica —simplemente— que una vez realizados nuestros análisis, es posible que decidamos efectuar otros análisis o pruebas extra para confirmar tendencias y evaluar los datos desde diferentes ángulos. Por ejemplo, podemos en una tabla de contingencia calcular primero *chi* cuadrada y luego *phi*, *lambda*, *T* de Cramer (*C*) y el coeficiente de contingencia. O después de un ANOVA, efectuar los contrastes posteriores que consideremos apropiados. Resulta este paso un momento clave para verificar que no se nos haya olvidado un análisis pertinente. En esta etapa regularmente se eligen los análisis multivariados.

Paso 7: preparar los resultados para presentarlos

Se recomienda, una vez que se obtengan los resultados de los análisis estadísticos (tablas, gráficas, cuadros, etc.), las siguientes actividades; sobre todo para quienes se inician en la investigación:

1. Revisar cada resultado [análisis general → análisis específico → valores resultantes (incluida la significancia) → tablas, diagramas, cuadros y gráficas].
2. Organizar los resultados (primero los descriptivos, por variable del estudio; luego los resultados relativos a la confiabilidad y la validez; posteriormente los inferenciales, que se pueden ordenar por hipótesis o de acuerdo con su desarrollo).
3. Cotejar diferentes resultados: su congruencia y en caso de inconsistencia lógica volverlos a revisar. Asimismo, se debe evitar la combinación de tablas, diagramas o gráficas que repitan datos. Por lo común, columnas o filas idénticas de datos no deben aparecer en dos o más tablas. Cuando éste es el caso, debemos elegir la tabla o elemento que ilustre o refleje mejor los resultados y sea la opción que presente mayor claridad. Una buena pregunta en este momento del proceso es: ¿qué valores, tablas, diagramas, cuadros o gráficas son necesarias?, ¿cuáles explican mejor los resultados?
4. Priorizar la información más valiosa (que es en gran parte resultado de la actividad anterior), sobre todo si se van a producir reportes ejecutivos y otros más extensos.
5. Copiar y/o "formatear" las tablas en el programa con el cual se elaborará el reporte de la investigación (procesador de textos o uno para presentaciones, como Word o Power Point). Algunos programas como SPSS y Minitab permiten que se transfieran los resultados (tablas, por ejemplo) directamente a otro programa (copiar y pegar). Por ello, resulta conveniente usar una versión del programa de análisis que esté en el mismo idioma que se empleará para escribir el reporte o elaborar la presentación. Aunque, de no ser así, el texto de las tablas y gráficas puede modificarse, únicamente es más tardado.
6. Comentar o describir brevemente la esencia de los análisis, valores, tablas, diagramas, gráficas.
7. Volver a revisar los resultados.
8. Y, finalmente, elaborar el reporte de investigación.

En el CD anexo, el lector encontrará más ejemplos de estudios con diferentes análisis tratados en este capítulo y el capítulo 8 del CD "Análisis estadístico: segunda parte". Se incluye al final del presente capítulo una secuencia de análisis en Minitab con la investigación de la televisión y el niño, y en el capítulo 8 del CD una secuencia de análisis en SPSS con un estudio del clima organizacional.

Resumen

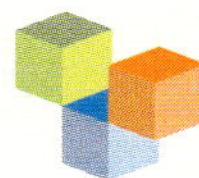

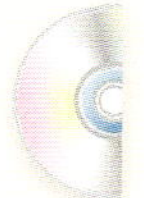

- El análisis cuantitativo de los datos se efectúa mediante la matriz de datos, la cual está guardada como archivo.
- Los pasos más importantes en el análisis de los datos son:

  - Decidir el programa de análisis de los datos a utilizar.
  - Explorar los datos obtenidos en la recolección:
    a) Analizar descriptivamente los datos por variable del estudio.
    b) Visualizar los datos por variable.
  - Evaluar la confiabilidad y validez del instrumento o instrumentos de medición utilizados.
  - Analizar e interpretar mediante pruebas estadísticas las hipótesis planteadas (análisis estadístico inferencial).
  - Realizar análisis adicionales.
  - Preparar los resultados para presentarlos.

- Los análisis estadísticos se llevan a cabo mediante programas computacionales, con la ayuda de paquetes estadísticos, los más conocidos son: SPSS, Minitab y SAS.
- El tipo de análisis o pruebas estadísticas depende del nivel de medición de las variables, las hipótesis y el interés del investigador.
- Los principales análisis estadísticos que pueden hacerse son: estadística descriptiva para cada variable (distribución de frecuencias, medidas de tendencia central y medidas de la variabilidad), la transformación a puntuaciones z, razones y tasas, cálculos de estadística inferencial, pruebas paramétricas, pruebas no paramétricas y análisis multivariados. Algunos fueron tratados en este capítulo y otros se comentan en el capítulo 8 del CD anexo.
- Las distribuciones de frecuencias contienen las categorías, los códigos, las frecuencias absolutas (número de casos), los porcentajes, los porcentajes válidos y los porcentajes acumulados.
- Las distribuciones de frecuencias (particularmente de los porcentajes) pueden presentarse en forma gráfica.
- Una distribución de frecuencias puede representarse por medio del polígono de frecuencias o de la curva de frecuencias.
- Las medidas de tendencia central son la moda, la mediana y la media.
- Las medidas de la variabilidad son el rango (diferencia entre el máximo y el mínimo), la desviación estándar y la varianza.

- Otras estadísticas descriptivas de utilidad son la asimetría y la curtosis.
- Las puntuaciones z son transformaciones de los valores obtenidos a unidades de desviación estándar (su explicación se incluye en el capítulo 8 del CD adjunto).
- Una razón es la relación entre dos categorías; una tasa es la relación entre el número de casos de una categoría y el número total de casos, multiplicada por un múltiplo de diez.
- La confiabilidad se calcula mediante coeficientes: de correlación, *alfa* y KR-20 y 21.
- La validez de criterio se obtiene mediante coeficientes de correlación y la de constructo por medio del análisis de factores.
- La estadística inferencial sirve para efectuar generalizaciones de la muestra a la población. Se utiliza para probar hipótesis y estimar parámetros. Se basa en el concepto de distribución muestral.
- La curva o distribución normal es un modelo teórico sumamente útil; su media es 0 (cero) y su desviación estándar es uno (1).
- El nivel de significancia y el intervalo de confianza son niveles de probabilidad de cometer un error, o de equivocarse en la prueba de hipótesis o la estimación de parámetros. Los niveles más comunes son 0.05 y 0.01.
- Los análisis o las pruebas estadísticas paramétricas más utilizados son:

Prueba	Tipo de hipótesis
Coeficiente de correlación de Pearson	Correlacional
Regresión lineal	Correlacional/causal
Prueba t	Diferencia de grupos
Contraste de la diferencia de proporciones	Diferencia de grupos
Análisis de varianza (ANOVA): unidireccional con una variable independiente y factorial con dos o más variables independientes	Diferencia de grupos/causal
Análisis de covarianza (ANCOVA). Véalo en el CD	Correlacional/causal

- En todas las pruebas estadísticas paramétricas las variables están medidas en un nivel por intervalos o razón.

- Los análisis o las pruebas estadísticas no paramétricas más utilizadas son:

Prueba	Tipos de hipótesis
Chi cuadrada	Diferencias de grupos para establecer correlación
Coeficiente de correlación e independencia para tabulaciones cruzadas: *phi*, *C* de Pearson, *V* de Cramer, *lambda*, *gamma*, *tau* (varios), Somers, etcétera	Correlacional
Coeficientes de correlación de Spearman y Kendall	Correlacional
Coeficiente *eta* para relaciones no lineales (ejemplos: curvilineales)	Correlacional

- Las pruebas no paramétricas se utilizan con variables nominales u ordinales o relaciones no lineales.
- Los análisis multivariados trabajan con más de un par de variables de manera simultánea y se presentan en el capítulo 8 del CD anexo.
- Una vez analizados los datos, los resultados se preparan para incluirse en el reporte de la investigación.

Conceptos básicos

Análisis de datos
Análisis de factores
Análisis de varianza
Análisis multivariados
Asimetría
Categoría
Chi cuadrada
Codificación
Coeficiente de correlación de Pearson
Coeficiente de Kendall
Coeficiente de Spearman
Coeficientes de correlación e independencia para tabulaciones cruzadas
Contraste de diferencia de proporciones
Curtosis
Curva de frecuencias
Curva o distribución normal
Desviación estándar
Distribución de frecuencias
Estadística
Estadística descriptiva
Estadística inferencial
Estadística no paramétrica
Estadística paramétrica
Eta
Gráficas
Intervalo de confianza

Matriz de datos
Media
Mediana
Medida de tendencia central
Medidas de variabilidad
Métodos cuantitativos
Minitab
Moda
Nivel de significancia
Paquetes estadísticos
Polígono de frecuencias
Prueba *t*
Pruebas estadísticas
Puntuación *z*
Rango
Razón
Regresión lineal
SPSS/SPAW
STATS®
Tabulación cruzada
Tasa
Variable de la matriz de datos
Variable del estudio
Varianza
Vista de las variables
Vista de los datos

Ejercicios

1. Construya una distribución de frecuencias hipotéticas, con todos sus elementos, e interprétela verbalmente.

2. Localice una investigación científica donde se reporte la estadística descriptiva de las variables y analice las propiedades de cada estadígrafo o información estadística proporcionada (distribución de frecuencias, medidas de tendencia central y medidas de la variabilidad).

3. Un investigador obtuvo, en una muestra, las siguientes frecuencias absolutas para la variable "actitud hacia el director de la escuela":

Categoría	Frecuencias absolutas
Totalmente desfavorable	69
Desfavorable	28
Ni favorable ni desfavorable	20
Favorable	13
Totalmente favorable	6

a) Calcule las frecuencias relativas o porcentajes.
b) Grafique los porcentajes mediante un histograma (barras).
c) Explique los resultados para responder a la pregunta: ¿la actitud hacia el director de la escuela tiende a ser favorable o desfavorable?

4. Un investigador obtuvo, en una muestra de trabajadores, los siguientes resultados al medir el "orgullo por el trabajo realizado". La escala oscilaba entre 0 (nada de orgullo por el trabajo realizado) a 8 (orgullo total).

Máximo = 5
Mínimo = 0
Media = 3.6
Moda = 3.0
Mediana = 3.2
Desviación estándar = 0.6
¿Qué puede decirse en esta muestra acerca del orgullo por el trabajo realizado?

5. ¿Qué es la curva normal? ¿Qué son el nivel de significancia y el intervalo de confianza? Responda a estas preguntas en equipo con sus compañeros.

6. Relacione las columnas A y B. En la columna A se presentan hipótesis; y en la columna B, pruebas estadísticas apropiadas para las hipótesis. Se trata de encontrar la prueba que corresponde a cada hipótesis (las respuestas se localizan en el CD anexo → Material complementario → Apéndices → Apéndice 3: "Respuestas a los ejercicios").

Columna A	Columna B
Hi: "A mayor inteligencia, mayor capacidad de resolver problemas matemáticos" (medidas las variables por intervalos).	Diferencias de proporciones
Hi: "Los hijos de padres alcohólicos muestran una menor autoestima con respecto a los hijos de padres no alcohólicos" (autoestima medida por intervalos).	*Chi* cuadrada
Hi: "El porcentaje de delitos por asalto a mano armada, en relación con el total de crímenes cometidos, es mayor en la ciudad de México que en Caracas".	Spearman
Hi: "El género está relacionado con la preferencia por telenovelas o espectáculos deportivos.	Coeficiente de correlación de Pearson
Hi: La intensidad del sabor de productos empacados de pescado está relacionada con la preferencia por la marca (sabor intenso, sabor medianamente intenso, sabor poco intenso, sabor muy poco intenso) (preferencia = rangos a 12 marcas).	ANOVA unidireccional
Hi: "Se presentarán diferencias en cuanto al aprovechamiento entre un grupo expuesto a un método de enseñanza novedoso, un grupo que recibe instrucción mediante un método tradicional y un grupo de control que no se expone a ningún método".	Prueba *t*

7. Desarrolle una hipótesis que requiera analizarse con la prueba *t*, una hipótesis que requiera analizarse con *chi* cuadrada y otra con el coeficiente de Spearman o Kendall.

8. Suponga un estudio cuya variable independiente es: años de experiencia del docente, y la dependiente: satisfacción del grupo (ambas medidas por intervalos), ¿qué pruebas y modelo estadístico le servirían para analizar los datos y cómo podrá efectuarse el análisis?

9. Genere un ejemplo hipotético de una razón "*F*" significativa e interprétela.

10. Construya un ejemplo hipotético de una tabulación cruzada y utilícela para fines descriptivos.

11. Busque un artículo de investigación social en revistas científicas que contengan resultados de pruebas *t*, ANOVA y χ^2 aplicadas; evalúe la interpretación de los autores.

12. Para interpretar una prueba se requiere evaluar el resultado (valor) y... (complete la frase).

13. Respecto al estudio que ha ido desarrollando a lo largo del proceso cuantitativo, ¿qué pruebas estadísticas le serán útiles para analizar los datos? y ¿qué secuencia de análisis habrá de seguir? (Discútalo con su profesor y sus compañeros.)

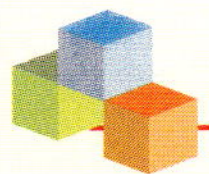

Ejemplos desarrollados

Comentario: por cuestiones de espacio se incluyen unos cuantos resultados de cada ejemplo solamente para ilustrar este capítulo.

La televisión y el niño

El análisis se realizó utilizando Minitab. Los datos son diversos para incluirlos en este espacio, inclui- mos únicamente la secuencia de análisis (vea la figura 10.21) y cabe señalar que el promedio de horas que dedican diariamente a ver televisión es de 3.1. La prueba *t* no reveló diferencias por género en este sentido.

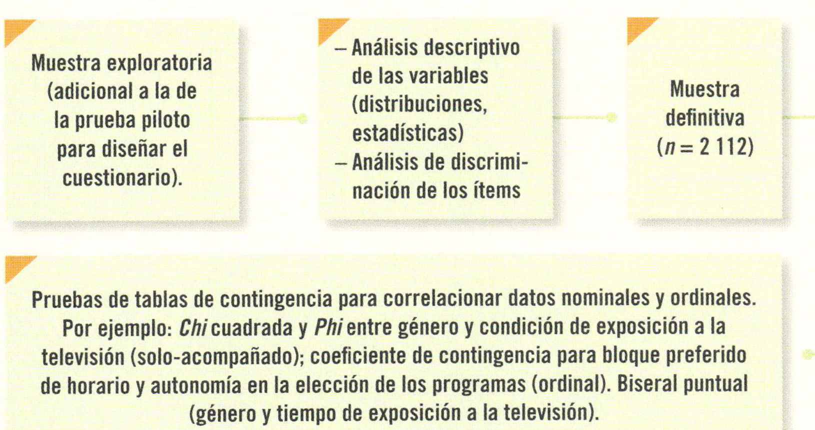

Figura 10.21   La secuencia de análisis con Minitab.

Los programas favoritos de los niños en 2005 fueron: Bob Esponja, las telenovelas infantiles y Los Simpson (vea figura 10. 22).

La pareja y relación ideales

Los análisis fueron realizados en el programa SPSS y las gráficas en Power Point. La *n* = 725 estudiantes. Se presentan únicamente las tablas y gráficas descriptivas de ciertas variables y/o preguntas en términos de porcentajes, con anotaciones muy breves, para que el lector, a manera de ejercicio —preferentemente grupal— amplíe los comentarios y desarrolle implicaciones de los resultados.

El promedio de edad de la muestra fue de 21 años y la mediana de 20. En cuanto al género: 46% mujeres y 54% hombres de una gran variedad de licenciaturas.

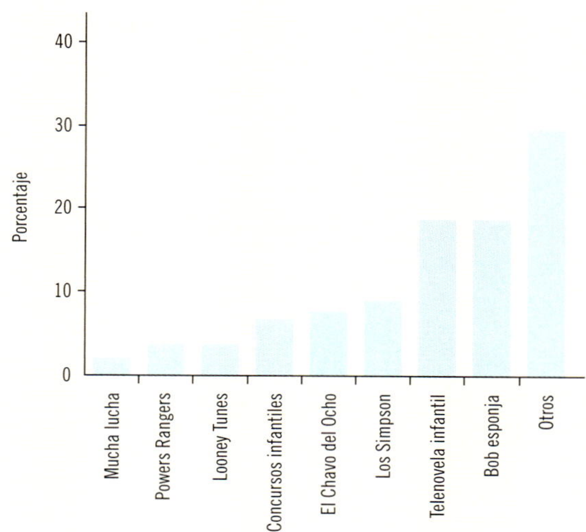

Figura 10.22 Programas preferidos (agrupados aquellos con menos de 4%).

De la muestra, más de la mitad no tiene novio o novia.

Solamente uno de cada 10 estudiantes definió explícitamente al noviazgo por la dimensión prematrimonial ("la relación en la que conoces a la persona con quien te vas a casar"). 15.25% señaló que el noviazgo es una "etapa de la vida". ¿Qué más podríamos comentar de esta gráfica?

No hubo quien lo considerara que "no tiene importancia".

La media fue de 4.13 y la mediana igual a 4.0 (mínimo 2 y máximo 5, desviación estándar = 0.813). ¿Qué puede decirse de esta tabla de acuerdo con lo expuesto en los apartados de estadística descriptiva de este capítulo?

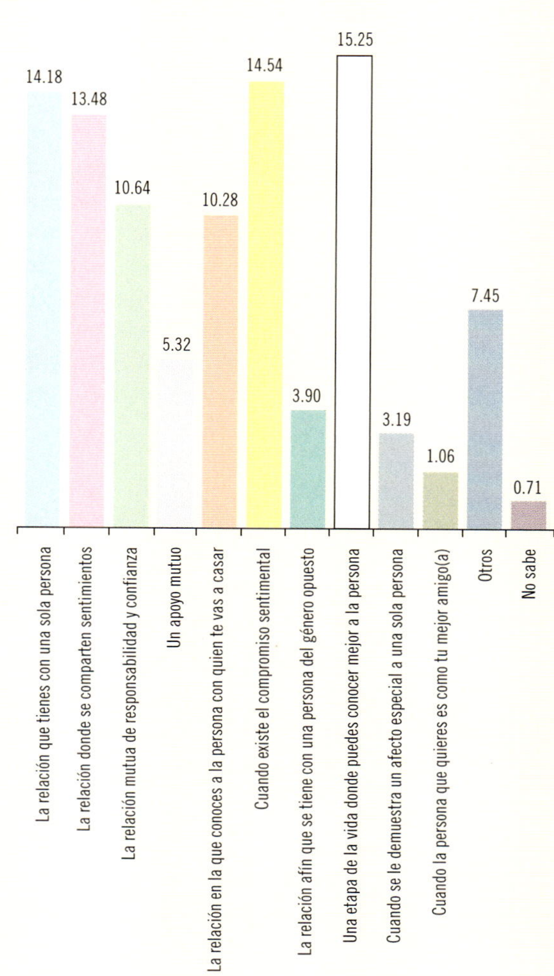

Figura 10.24 Definición del noviazgo.

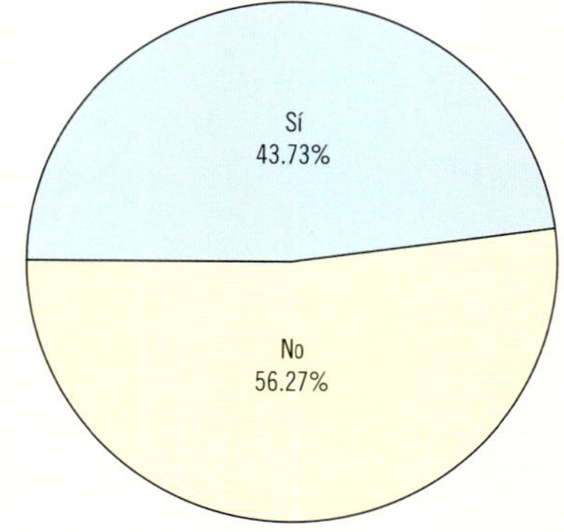

Figura 10.23 ¿Tienes novio/novia?

▲ **Tabla 10.23** ¿Qué tan importante es en tu vida tu pareja actual?

Válidos	Categorías	Porcentaje válido	Porcentaje acumulativo
5	Sumamente importante	38.4	38.4
4	Importante	37.6	76.0
3	Medianamente importante	22.4	98.4
2	Poco importante	1.6	100.0
	Total	100.0	

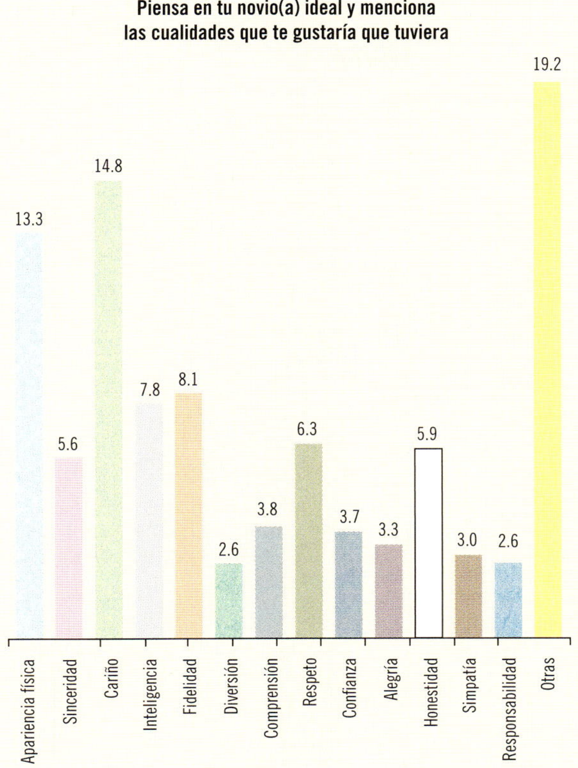

Figura 10.25   Cualidades novio ideal.

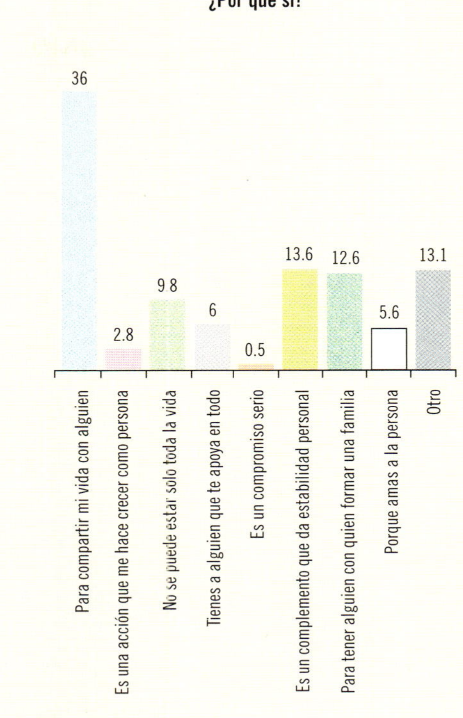

Figura 10.27   Razones del "sí".

Para la gráfica anterior, se tomaron las cinco cualidades mencionadas por todos los estudiantes que integraron la muestra. Estimado lector, ¿qué nos dice la gráfica? Por favor, compárela con las cualidades que a usted le gustarían en su novio o novia ideal y discútalas con sus mejores amigos/amigas.

Si la pregunta se hubiera redactado: En tu futuro, ¿te gustaría o no tener una sola o única relación de pareja para toda la vida? (agregando "sola o única"). ¿Cree usted amigo(a) lector(a) que las respuestas hubieran cambiado en algo?

La razón principal de quienes respondieron afirmativamente que les gustaría tener una relación de pareja de por vida es el hecho de "compartir una vida" (poco más de una tercera parte).

A 22.2% de los respondientes les gustaría en su futuro tener una relación de pareja duradera a largo plazo al margen de los "cánones establecidos" (*unión libre* y *relación sin vivir juntos*). Y 62.5% quisieran un matrimonio tradicional (figura 10.28)

Un último comentario es que al realizar una prueba de diferencia de proporciones entre hombres y mujeres respecto a la apariencia física, no cabe duda que los estudiantes celayenses le dan mayor importancia a ésta que sus compañeras (significancia menor del 0.05).

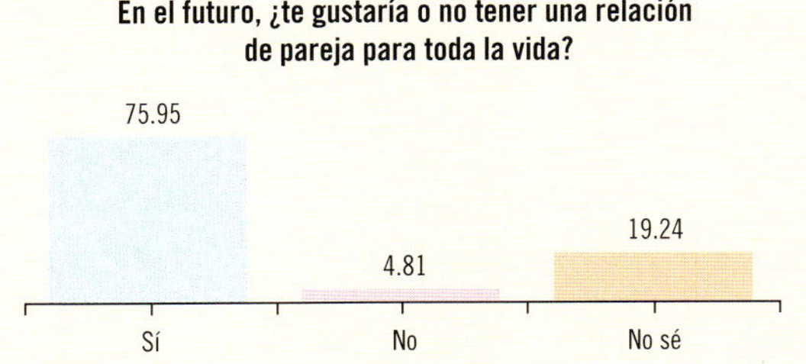

Figura 10.26   Relación de pareja para toda la vida.

Prácticamente una quinta parte de la muestra no sabe si le gustaría o no tener una relación de pareja de por vida. Pero a la enorme mayoría (casi en proporción cuatro a uno) sí le agradaría.

El abuso sexual infantil

La confiabilidad de los instrumentos se resume en la tabla 10.24 (Confiabilidad de instrumentos), para CKAQ-Español ($n = 150$, $\bar{X} = 5.08$, $DS = 3.43$ y rango de 8 a 22 puntos) y RP-México ($n = 150$, $\bar{X} = 11.53$, $DS = 7.97$ y un rango de 0 a 38 puntos).

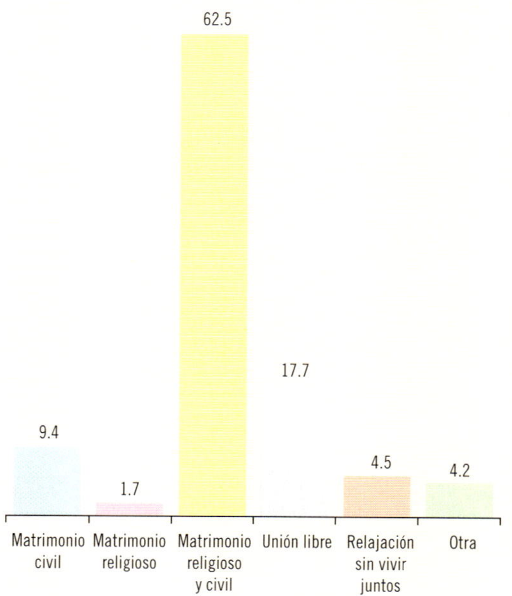

Figura 10.28 Tipo de relación duradera.

▲ **Tabla 10.24** Confiabilidad de instrumentos

Instrumento	Confiabilidad interna ($p < 0.01$)	Confiabilidad de estabilidad temporal "test-retest" ($p < 0.01$)	Tipo de instrumento
CKAQ-Español	0.69	0.50	Cognitivo
RP-México	0.75	0.75	Conductual
EPA	0.78	0.75	Conductual

Los tres grupos experimentales mostraron que existe un tipo de sensibilidad al instrumento en el CKAK-Español (Kruskal-Wallis $\chi^2 = 78.4$, gl = 2, $p < 0.001$) y RP-México (Kruskal-Wallis $\chi^2 = 83.06$, gl = 2, $p < 0.001$), lo cual indica que los grupos difieren en localización o forma, y reafirma la sensibilidad de las escalas al mostrar un comportamiento diferente entre los grupos, donde quienes más recientemente terminan el Programa de Prevención del Abuso Sexual Infantil (PPASI) mejores puntajes obtienen.

Con el objetivo de indagar el comportamiento de los grupos de seguimiento y control con respecto al grupo que termina un PPASI, se calcularon los porcentajes relativos en las subescalas de hacer, decir, denunciar y el reconocimiento de los contactos posi-

tivos y negativos. Los resultados se exhiben en la tabla 10.25, que presenta los porcentajes de aciertos en relación con el grupo que acaba de concluir un PPASI en el RP-México. Se deduce que para las subescalas de reconocimiento de contactos negativos, DECIR y DENUNCIAR, se conserva el cambio esperado, quienes más recientemente hayan participado en un PPASI obtienen un mejor puntaje. En la habilidad de HACER, se observa que el grupo de seguimiento tiene un mejor desempeño en promedio. Esto se puede explicar debido al incremento en la madurez de las niñas y niños, lograda a lo largo de un año aproximadamente; de 5.58 años en el primer grupo y de 6.47 años promedio en el grupo de seguimiento.

En la subescala de contactos positivos se advierte que al terminar el PPASI "Porque me quiero me cuido", tiene un puntaje promedio ligeramente menor que el grupo de control (11.45%), y mucho mejor en el grupo de seguimiento (53.71%), lo que avala que la escala es sensible a medir dicha habilidad y su posible efecto nocivo ante un PPASI. Este resultado si bien acredita parcialmente los resultados de Underwager y Wakefield (1993), que sostiene que al atender a los PPASI, los niños y niñas se muestran desconfiados(as) ante las aproximaciones cotidianas normales. También se constata que al cabo de un año de concluido el programa, los infantes son capaces de superarlo y se muestran mucho más asertivos. Entre los grupos al terminar PPASI y de control se evidenció que solamente la habilidad de reconocer contactos positivos (Mann-Whitney $z = -1.48$, $n = 124$, $p = 0.14$) es la única habilidad que tiene la misma localización, esta evidencia contradice la teoría de Underwager y Wakefield (1993). Se puede concluir en este estudio que, si bien es cierto que al terminar el PPASI las niñas y niños aumentaban ligeramente el recelo ante los contactos positivos, esto no es significativo y con el tiempo, al incremento de la madurez, el fenómeno se supera.

En el caso de los grupos al terminar un PPASI y de seguimiento, se encontró que hay un mismo comportamiento en las subescalas de DECIR (Mann-Whitney $z = -1.20$, $n = 72$, $p = 0.23$) y HACER (Mann-Whitney $z = -1.26$, $n = 72$, $p = 0.21$) por lo que hay permanencia en el tiempo de estas dos habilidades.

La correlación entre las diferentes escalas verifica que hay una vinculación moderada entre las escalas CKAQ-Español y RP-México (Spearman $r = 0.68$, $n = 150$, $p < 0.01$), para el total de casos experimentales. En el caso de los grupos de control (Spearman $r = 0.23$, $n = 79$, $p < 0.05$) y al terminar el PPASI (Spearman $r = 0.35$, $p < 0.05$) las escalas tienen un nivel de correlación aún menor.

▲ **Tabla 10.25**   Porcentaje de rangos relativos con respecto al grupo que termina un PPASI

Grupo	Contactos negativos (%)	Contactos positivos (%)	Decir	Hacer	Denunciar
Al terminar PPASI	100.00	100.00	100.00	100.00	100.00
Seguimiento	77.82	53.71	90.86	105.71	74.28
Control	37.39	115.45	44.14	49.14	41.52

El resumen de puntajes por escala y grupo experimental se presenta en la tabla 10.26, donde la columna CKAQ-Español (Transformado) presenta la conversión de una escala con un puntaje de 0 a 22 a una de 0 a 40, para tener un comparativo equivalente entre las escalas cognitiva y conductual. Se observa que la escala cognitiva se encuentra por encima de la conductual en todos los grupos. Sin embargo, el grupo de control observa una mayor diferencia entre las escalas conductuales y cognitivas. El porcentaje relativo, con respecto al puntaje promedio del grupo al terminar PPASI, proporcionalmente el grupo de seguimiento obtiene 87.07% de aciertos y el grupo de control 69.88%, para la escala CKAQ-Español. En el caso del instrumento conductual RP-México, el porcentaje relativo es de 70.85% de aciertos en el grupo de seguimiento y 31.19% en el grupo de control. Lo que evidencia que la sensibilidad al cambio en esta escala conductual es mayor.

Se observa también que la distribución de la escala cognitiva CKAQ-Español, en general, se encuentra por encima de las escalas conductuales, lo que permite deducir que los menores pueden tener cierto grado de conocimiento que no se traduce en habilidades autoprotectoras.

▲ **Tabla 10.26**   Resumen descriptivo de puntajes por escala y grupo experimental

Grupo experimental	CKAQ-Español	CKAQ-Español (Transformado)	RP-México
Al terminar PPASI			
Media	18.33	33.32	19.11
Desviación estándar	2.66	4.83	6.48
Seguimiento			
Media	15.96	29.01	13.54
Desviación estándar	2.34	4.26	5.23
Control			
Media	12.81	23.29	5.96
Desviación estándar	2.17	3.94	4.37
Total			
Media	15.08	27.42	11.53
Desviación estándar	3.43	2.24	7.97

Los investigadores opinan

Desde 1990 han disminuido las tensiones entre lo cualitativo *versus* lo cuantitativo, por lo que se buscó establecer una sinergia, así como ser más flexibles y eclécticos, dicho en el buen sentido, en los procedimientos.

La investigación cuantitativa ganó cuando particularizó los instrumentos y tomó en cuenta las características de los grupos a los cuales se dirige el estudio. Lo anterior propició un importante avance en la explicación de los procesos psicológicos, en especial los cognoscitivos; y en los descubrimientos neuropsicológicos, así como en el uso de software para e montaje de experimentos, demostraciones y simulaciones.

En este tipo de investigaciones, destacan las pruebas estadísticas por su utilidad en el análisis de datos categóricos de correspondencia, la ordenación de datos para conocer preferencias, el análisis factorial confirmativo, las correctas estimaciones de conjuntos de datos complejos, el manejo de resultados estadísticos de los experimentos, la validación de datos, la determinación del tamaño de la muestra y el análisis de regresión, entre otros aspectos a considerar.

A pesar de tan importantes avances en la investigación, aún hace falta financiamiento para una promoción significativa y que, además, fomente la especialización de los investigadores, lo cual les permitiría competir de manera efectiva.

CIRO HERNANDO LEÓN PARDO
Coordinador del Área de Investigación
FACULTAD DE PSICOLOGÍA
Universidad Javeriana
Bogotá, Colombia

Para efectuar una buena investigación se requiere plantear de forma correcta el problema, con lo cual tenemos 50 por ciento de la solución, y también con un rigor metodológico, es decir, incluir todos los pasos del proceso.

Tal apego a la metodología implica el empleo de los recursos pertinentes; por ejemplo, en las investigaciones sociales las pruebas estadísticas proporcionan una visión más precisa del objeto de estudio, ya que apoyan o no las hipótesis para su validación o rechazo.

Los estudiantes pueden concebir una idea de investigación a partir de sus intereses personales, aunque se recomienda que elijan temas íntimamente relacionados con su carrera, y que procuren que sean de actualidad y de interés común.

Para ello, los profesores deben infundir en los alumnos la importancia de la investigación en el terreno académico y en el profesional, destacando su relevancia tanto en la generación de conocimiento como en la búsqueda de soluciones a problemas.

ROBERTO DE JESÚS CRUZ CASTILLO
Profesor de tiempo completo
FACULTAD DE CIENCIAS DE LA ADMINISTRACIÓN
Universidad Autónoma de Chiapas
Chiapas, México

11 El reporte de resultados del proceso cuantitativo

Proceso de investigación cuantitativa

Paso 10 Elaborar el reporte de resultados

- Definición del usuario.
- Selección del tipo de reporte a presentar: formato y contexto académico o no académico, dependiendo del usuario.
- Elaboración del reporte y del material adicional correspondiente.
- Presentación del reporte.

Objetivos del aprendizaje

Al terminar este capítulo, el alumno será capaz de:

1 Entender el papel tan importante que juega el usuario de la investigación en la elaboración del reporte de resultados.
2 Reconocer los tipos de reportes de resultados en la investigación cuantitativa.
3 Comprender los elementos que integran un reporte de investigación cuantitativa.

Síntesis

En el capítulo se comenta la importancia que tienen los usuarios en la presentación de resultados. Éstos son quienes toman decisiones con base en los resultados de la investigación; por ello, la presentación debe adaptarse a sus características y necesidades.

Se mencionan dos tipos de reportes: académicos y no académicos, así como los elementos o secciones más comunes que integran un reporte producto de la investigación cuantitativa.

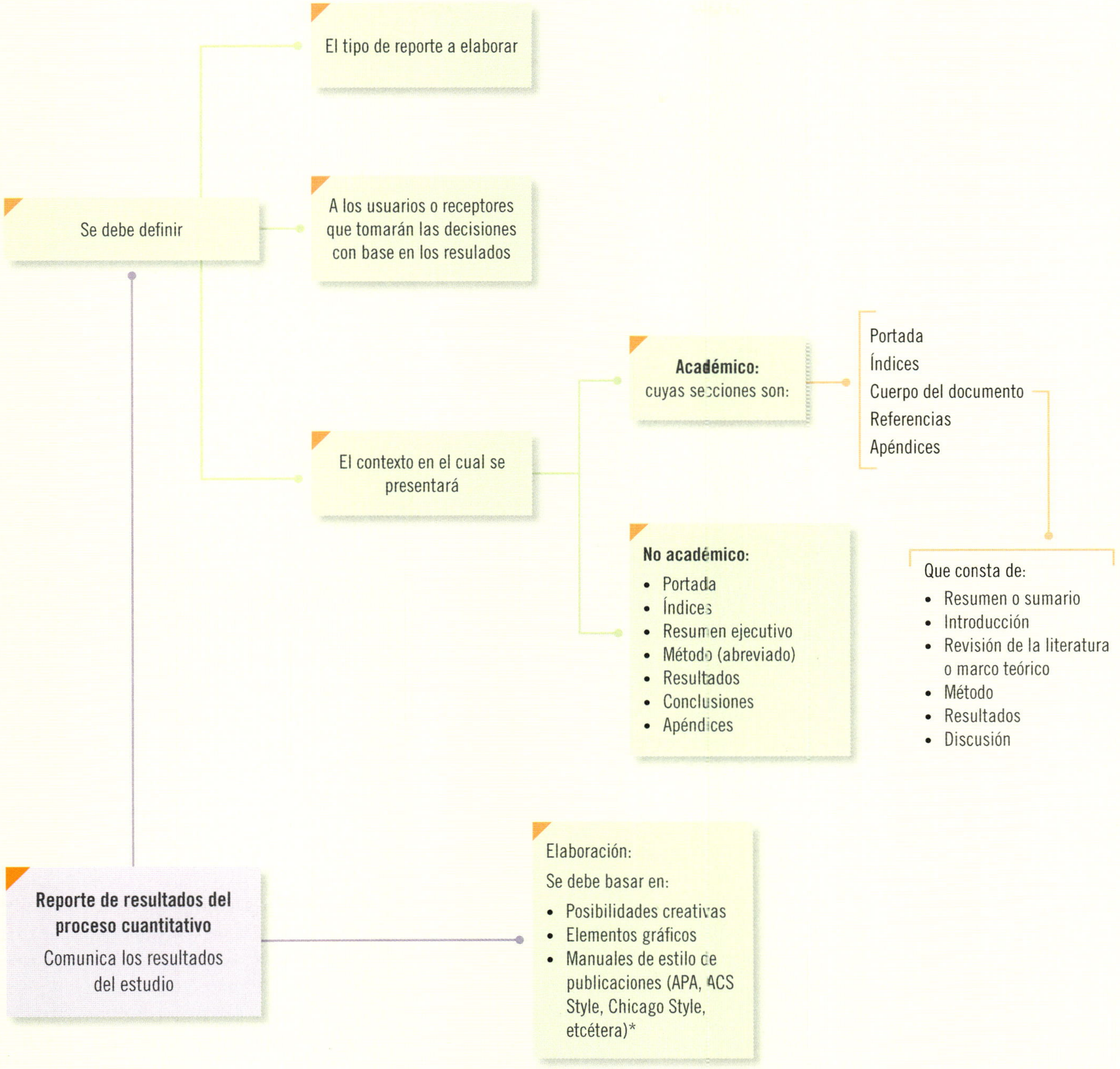

El tipo de reporte a elaborar

Se debe definir

A los usuarios o receptores que tomarán las decisiones con base en los resulados

El contexto en el cual se presentará

Académico:
cuyas secciones son:

Portada
Índices
Cuerpo del documento
Referencias
Apéndices

Que consta de:

- Resumen o sumario
- Introducción
- Revisión de la literatura o marco teórico
- Método
- Resultados
- Discusión

No académico:

- Portada
- Índices
- Resumen ejecutivo
- Método (abreviado)
- Resultados
- Conclusiones
- Apéndices

Reporte de resultados del proceso cuantitativo

Comunica los resultados del estudio

Elaboración:

Se debe basar en:

- Posibilidades creativas
- Elementos gráficos
- Manuales de estilo de publicaciones (APA, ACS Style, Chicago Style, etcétera)*

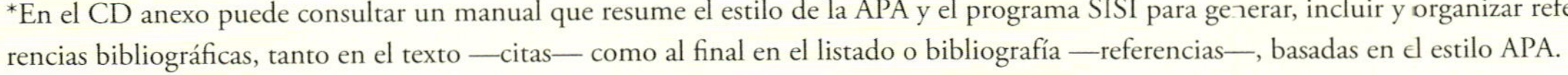

*En el CD anexo puede consultar un manual que resume el estilo de la APA y el programa SISI para generar, incluir y organizar referencias bibliográficas, tanto en el texto —citas— como al final en el listado o bibliografía —referencias—, basadas en el estilo APA.

Antes de elaborar el reporte de investigación, se define a los receptores o usuarios y el contexto

Usuarios   Personas que toman decisiones con base en los resultados de la investigación; por ello, la presentación debe adaptarse a sus necesidades.

Se ha llevado a cabo una investigación y se generaron los resultados del estudio (los datos se encuentran en tablas, gráficas, cuadros, diagramas, etc.); pero el proceso aún no termina. Es necesario comunicar los resultados mediante un reporte, el cual puede adquirir diferentes formatos: un libro, un artículo para una revista académica, un diario de divulgación general, una presentación en computadora, un documento técnico, una tesis o disertación, un DVD, etc. En cualquier caso, debemos describir la investigación realizada y los descubrimientos producidos.

Lo primero entonces es definir el tipo de reporte que es necesario elaborar, esto depende de varias precisiones:

1. las razones por las cuales surgió la investigación
2. los usuarios del estudio
3. el contexto en el cual se habrá de presentar.

Por tanto, es necesario que antes de comenzar a desarrollar el reporte, el investigador reflexione respecto de las siguientes preguntas: ¿cuál fue el motivo o los motivos que originaron el estudio? (que nadie conoce mejor que el investigador o investigadora), ¿cuál es el contexto en que habrán de presentarse los resultados?, ¿quiénes son los usuarios de los resultados? y ¿cuáles son las características de tales usuarios? La manera en que se presenten los resultados dependerá de las respuestas a dichas preguntas.

Si el motivo fue elaborar una tesis para obtener un grado académico, el panorama es claro: el formato del reporte debe ser, justamente, una tesis de acuerdo con el grado que se cursó (licenciatura, maestría o doctorado) y los lineamientos a seguir son los establecidos por la institución educativa donde se habrá de presentar, el contexto será académico y los usuarios serán en primera instancia, los sinodales o miembros de un jurado y, posteriormente, otros alumnos y profesores de la propia universidad y otras organizaciones educativas. Si se trata de un trabajo solicitado por un profesor para una materia o curso, el formato es un reporte académico cuyo usuario principal es el maestro que encargó el trabajo y los usuarios inmediatos son los compañeros que cursan la misma asignatura, para que después se agreguen como usuarios otros estudiantes de la escuela o facultad de nuestra institución y de otras universidades. En caso de que la razón que originó el estudio fue la solicitud de una empresa para que se analizara determinado aspecto que interesa a sus directivos. El reporte será en un contexto no académico y los usuarios básicamente son un grupo de ejecutivos de la organización en cuestión que utilizará los datos para tomar ciertas decisiones.

O en ocasiones, la investigación tiene varios motivos por los que se efectuó y diferentes usuarios (imaginemos que realizamos un estudio pensando en diversos productos y usuarios: un artículo que se someterá a consideración para ser publicado en una revista científica, una ponencia para ser presentada en un congreso, un libro, etc.). En este caso, suele primero elaborarse un documento central para después, desprender de éste distintos subproductos.

Vamos primero a considerar a los usuarios de la investigación, los contextos en que puede presentarse, los estándares que regularmente se contemplan al elaborar un reporte y que debemos tomar en cuenta, así como el tipo de reporte que comúnmente se utiliza en cada caso; los cuales se resumen en la tabla 11.1.

Los estándares son las bases para elaborar el reporte. La regulación en el campo académico casi siempre es mayor que en contextos no académicos, en los cuales no hay tantas reglas generales.

Los reportes varían en extensión, pues éstos dependen del estudio en sí y las normas institucionales. Aunque la tendencia actual es incluir sólo los elementos y contenidos realmente necesarios.

Algunos autores, como Creswell (2005), sugieren que en tesis de licenciatura y maestría un rango común es de 50 a 125 páginas de contenido esencial (sin contar apéndices). Las disertaciones doctorales, entre 100 a 300 páginas, y los informes ejecutivos de 3 a 10 páginas.

▲ **Tabla 11.1**   Usuarios, contextos y estándares de la investigación*   OA 2

Usuarios	Contextos comunes posibles	Estándares que normalmente aplican para elaborar el reporte	Tipo de reporte
Académicos de la propia institución educativa: profesores, asesores, miembros de comités y jurados, alumnos (tesis y disertaciones, estudios institucionales para sus propias publicaciones o de interés para la comunidad universitaria).	Académico	• Lineamientos utilizados en el pasado para regular las investigaciones en la escuela o facultad (o a nivel institucional). Es común que haya un manual institucional. • Lineamientos individuales de los decanos y profesores-investigadores de la escuela, facultad o departamento.	• Tesis y disertaciones • Informes de investigación • Presentaciones audiovisuales (Power Point, Flash, Dreamweaver, Slim Show, etcétera) • Libro
Editores y revisores de revistas científicas (*journals*).	Académico	• Lineamientos publicados por el editor y/o comité editorial de la revista (en ocasiones se diferencian por su tipo: si son investigaciones cuantitativas, cualitativas o mixtas). Es común que se denominen "normas o instrucciones para los autores". El tema de nuestro estudio debe encuadrar dentro del tema de la revista y a veces en el volumen en cuestión (que puede ser anual o bianual).	Artículos
Revisores de ponencias para congresos y académicos externos (ponencias, presentaciones en congresos, foros en internet, páginas web, premios a la investigación, etcétera).	Académico	• Lineamientos o estándares definidos en la convocatoria del congreso, foro o certamen. Estos estándares son para el escrito que se presenta y/o publica, así como para los materiales adicionales requeridos (por ejemplo, presentación visual, video, resumen gráfico para cartel). El tema de nuestro estudio debe encuadrar dentro del tema de la conferencia y tenemos que ajustarnos a la normatividad definida para las ponencias.	• Ponencias • Póster o cartel
Elaboradores de políticas, ejecutivos o funcionarios que toman decisiones (empresas, organizaciones gubernamentales y organizaciones no gubernamentales).	Académico No académico (regularmente el caso de las empresas)	• Lineamientos lógicos o estándares utilitarios: ■ Informe breve, cuyos resultados sean fáciles de entender. ■ Orientación más bien visual del contenido (gráficas, cuadros, etc.; solamente los elementos más importantes). ■ Posibilidad de aplicar los resultados de manera inmediata. ■ Claridad de ideas.	• Resumen ejecutivo • Informe técnico • Presentaciones audiovisuales
Profesionales y practicantes dentro del campo donde se inserta el estudio.	Académico No académico (regularmente el caso de las empresas)	• Lineamientos lógicos o estándares pragmáticos: ■ Relevancia del problema estudiado. ■ Orientación más bien visual del contenido (gráficas, cuadros, etc.; sólo los elementos más importantes). ■ Resultados fácilmente identificables y aplicables ■ Sugerencias prácticas y concretas para implementar.	• Resumen ejecutivo • Informe técnico • Presentaciones audiovisuales
Opinión pública no especializada (estudiantes de primeros ciclos, padres de familia, grupos de la sociedad en general).	No académico	• Estándares centrados en la sencillez de los resultados, su importancia para un grupo de la sociedad o ésta en su conjunto: ■ Brevedad. ■ Claridad. ■ Aplicabilidad a situaciones cotidianas. ■ Orientación más bien visual del contenido (gráficas, cuadros, etc.; pocos elementos, dos o tres muy sencillos).	• Artículo periodístico • Libro

* Adaptado de Creswell (2005, p. 258).

Los artículos para revistas científicas rara vez son mayores de 30 páginas.[1] Los pósters o carteles normalmente son de una o dos páginas de acuerdo con el tamaño que sea requerido por los organizadores del congreso. Los escritos para presentarse como ponencias suelen no exceder de 30 minutos (será necesario calcular el equivalente en páginas de acuerdo con el ritmo del orador), pero también depende del comité que organiza cada acto académico. Los artículos periodísticos regularmente no ocupan más de una página del diario, en el caso más extenso.

¿Qué apartados o secciones contiene un reporte de investigación o un reporte de resultados en un contexto académico?

OA3   Las secciones más comunes de los reportes de investigación, en la mayoría de los casos, son los que a continuación se comentan:

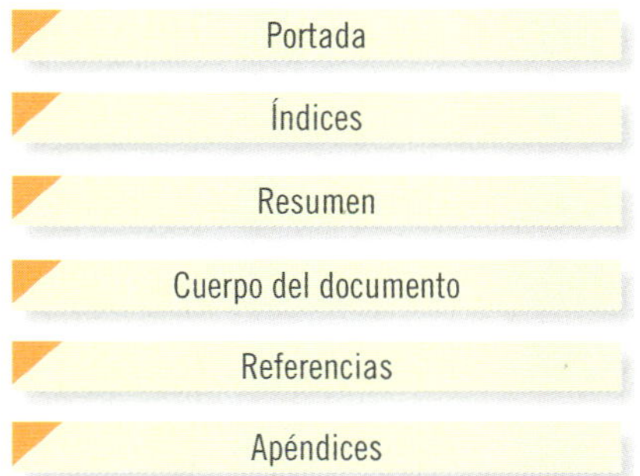

1. Portada

Incluye el título de la investigación; el nombre del autor o los autores y su afiliación institucional, o el nombre de la organización que patrocina el estudio, así como la fecha y el lugar en que se presenta el reporte. En el caso de tesis y disertaciones, las portadas varían de acuerdo con los lineamientos establecidos por la autoridad pública o la institución de educación superior correspondiente.

2. Índices

Regularmente son varios, primero el de la tabla de contenidos, que incluye capítulos, apartados y subapartados (diferenciados por numeración progresiva o tamaño y características de la tipografía). Posteriormente el índice de tablas y el índice de figuras.[2]

3. Resumen

Constituye el contenido esencial del reporte de investigación, y usualmente incluye el planteamiento del problema e hipótesis, el método (mención de diseño, instrumento y muestra), los resultados más importantes y las principales conclusiones y descubrimientos. Debe ser comprensible, sencillo, informativo, preciso, completo, conciso y específico. En el caso de artículos para revistas científicas, no se recomienda exceder las 120 palabras (American Psychological Association, 2002). En tesis y disertaciones, se sugiere que no exceda las 320 palabras (el estándar es de 300). Para reportes técnicos se sugiere un mínimo de 200 palabras y un máximo de 350.[3] Casi en todas las revistas académicas y tesis se exige que el resumen esté en el idioma original en que se produjo el estudio (en nuestro caso en español) y en inglés. A continuación se presenta un ejemplo.

---

[1] Williams, Tutty y Grinnell (2005). Asimismo, las normas editoriales y/o para autores de la mayoría de las revistas académicas y/o científicas, así lo estipulan.

[2] Las figuras incluyen a diagramas, fotografías, dibujos, esquemas y gráficas de resultados, como histogramas y diagramas de dispersión.

[3] Williams, Unrau y Grinnell (2005).

EJEMPLO

A cross-cultural examination of interpersonal communication motives in México and the United States[4]

Rebecca B. Rubin
Kent State University
Carlos Fernández Collado
Universidad Anáhuac
Roberto Hernández Sampieri
Universidad Anáhuac

Resumen

Este estudio examina las diferencias culturales en los motivos para comunicarse de manera interpersonal, comparando una muestra de estudiantes universitarios estadounidenses con otra de alumnos mexicanos. La investigación previa indica que hay seis motivos principales para iniciar conversaciones con los demás: *placer*, *escape*, *relajación*, *inclusión*, *afecto interpersonal* y *control*. Las cuatro dimensiones de la cultura nacional reportadas por Hofstede (1980): distancia al poder, evitación de la incertidumbre, individualismo y masculinidad fueron utilizadas para predecir diferencias interculturales en tales motivos interpersonales.

Se sometieron a prueba ocho hipótesis. Los resultados indican que las puntuaciones de los universitarios mexicanos no fueron significativamente mayores que las puntuaciones de los alumnos estadounidenses en los motivos de *control interpersonal*, *relajación* y *escape* (tal como se había predicho); pero sí fueron significativamente menores en cuanto a los motivos de *afecto interpersonal*, *placer* e *inclusión*. Asimismo, se presentaron correlaciones negativas significativas entre los motivos interpersonales y la edad en los datos de Estados Unidos, pero no en los datos de México. También se descubrieron correlaciones positivas significativas entre el género y los motivos de *afecto* e *inclusión*, y correlaciones negativas entre el género y el motivo de *control*, pero solamente en los universitarios estadounidenses.

La muestra de mexicanos incluyó a 225 individuos y la de estadounidenses a 504.

4. Cuerpo del documento

- *Introducción*: incluye los antecedentes (brevemente tratados de manera concreta y específica), el planteamiento del problema (objetivos y preguntas de investigación, así como la justificación del estudio), el contexto de la investigación (cómo, cuándo y dónde se realizó), las variables y los términos de la investigación, lo mismo que las limitaciones de ésta. Es importante que se comente la utilidad del estudio para el campo profesional. Creswell (2005) le denomina el planteamiento del problema y agrega las hipótesis. Laflen (2001) recomienda una serie de preguntas para elaborar la introducción: ¿qué descubrió o probó la investigación?, ¿en qué clase de problema se trabajó, cómo se trabajó y por qué se trabajó de cierta manera?, ¿qué motivó el estudio?, ¿por qué se escribe el reporte? y ¿qué debe saber o entender el lector al terminar de leer el reporte?
- *Revisión de la literatura* (*marco teórico*): en ésta se incluyen y comentan las teorías que se manejaron y los estudios previos que fueron relacionados con el planteamiento, se hace un sumario de los temas y hallazgos más importantes en el pasado y se señala cómo nuestra investigación amplía la literatura actual. Finalmente, tal revisión nos debe responder la pregunta: ¿dónde estamos ubicados actualmente en cuanto al conocimiento referente a nuestras preguntas y objetivos?
- *Método*: esta parte del reporte describe cómo fue llevada a cabo la investigación, e incluye:

  - Enfoque (cuantitativo, cualitativo o mixto).
  - Contexto de la investigación (lugar o sitio y tiempo, así como accesos y permisos).

---

[4] Adaptado de Rubin, Fernández y Hernández Sampieri (1992).

- Casos, universo y muestra (tipo, procedencia, edades, género o aquellas características que sean relevantes de los casos; descripción del universo y la muestra, y procedimiento de selección de la muestra).
- Diseño utilizado (experimental o no experimental —diseño específico—, así como intervenciones, si es que se utilizaron).
- Procedimiento (un resumen de cada paso en el desarrollo de la investigación). Por ejemplo, en un experimento se describe la manera de asignar los participantes a los grupos, las instrucciones, los materiales, las manipulaciones experimentales y cómo transcurrió el experimento. En una encuesta se refiere cómo se contactó a los participantes y se realizaron las entrevistas. En este rubro se incluyen los problemas enfrentados y la forma en que se resolvieron.
- Descripción detallada de los procesos de recolección de los datos y qué se hizo con los datos una vez obtenidos.
- En cuanto a la recolección, es necesario describir qué datos fueron recabados, cuándo fueron recogidos y cómo: forma de recolección y/o instrumentos de medición utilizados, con reporte de la confiabilidad, validez y objetividad, así como las variables o conceptos, eventos, situaciones y categorías.

- *Resultados*: éstos son producto del análisis de los datos. Compendian el tratamiento estadístico que se dio a los datos. Regularmente el orden es: *a*) análisis descriptivos de los datos, *b*) análisis inferenciales para responder a las preguntas y/o probar hipótesis (en el mismo orden en que fueron formuladas las hipótesis o las variables). La American Psychological Association (2002) recomienda que primero se describa de manera breve la idea principal que resume los resultados o descubrimientos, y posteriormente se reporten con detalle los resultados. Es importante destacar que en este apartado no se incluyen conclusiones ni sugerencias, así como tampoco se explican las implicaciones de la investigación. Esto se hace en el siguiente apartado.

  En el apartado de resultados, el investigador se limita a describir sus hallazgos. Una manera útil de hacerlo es mediante tablas, cuadros, gráficas, dibujos, diagramas, mapas y figuras generados por el análisis. Son elementos que sirven para organizar los datos, de tal manera que el usuario o lector los pueda leer y decir: "me queda claro que esto se vincula con aquello, con esta variable ocurre tal cuestión…" Cada uno de dichos elementos debe ir numerado (en arábigo o romano) (por ejemplo: cuadro 1, cuadro 2… cuadro *k*; gráfica o diagrama 1, gráfica o diagrama 2… gráfica o diagrama *k*, etc.) y con el título que lo identifica. Wiersma y Jurs (2008) recomiendan los siguientes puntos para elaborar tablas estadísticas:

a) El *título* debe especificar el contenido de la tabla, así como tener un *encabezado* y los *subencabezados* necesarios (por ejemplo, columnas y renglones, diagonales, etcétera).

b) No debe mezclarse una cantidad inmanejable de estadísticas (por ejemplo, incluir medias, desviaciones estándar, correlaciones, razón *F*, etc., en una misma tabla).

c) En cada tabla se deben *espaciar los números y las estadísticas incluidas* (tienen que ser legibles).

d) De ser posible, habrá que *limitar cada tabla a una sola página.*

e) Los formatos de las tablas tienen que ser coherentes y homogéneos dentro del reporte (por ejemplo, no incluir en una tabla cruzada las categorías de la variable dependiente en columnas y en otra tabla colocar las categorías de la variable dependiente en renglones).

f) Las *categorías de las variables deben distinguirse* claramente entre sí.

La mejor regla para elaborar una tabla es organizarla lógicamente y eliminar la información que pueda confundir al lector. Al incluir pruebas de significancia: *F*, *chi* cuadrada, *r*, etc., debe incorporarse información respecto de la magnitud o el valor obtenido de la prueba, los grados de libertad, el nivel de confianza (*alfa* = α) y la dirección del efecto (American Psychological Association, 2002). Asimismo, tendrá que especificarse si se acepta o se rechaza la hipótesis de investigación o la nula en cada caso.

Recomendamos a los lectores consultar los ejemplos de investigación cuantitativa y mixta incluidos en el CD y revisar la forma como se presentan las tablas.

Cuando los *usuarios*, receptores o lectores son personas con conocimientos sobre estadística no es necesario explicar en qué consiste cada prueba, sólo habrá que mencionarla y comentar sus resultados (que es lo normal en ambientes académicos). Si el usuario carece de tales conocimientos, no tiene caso incluir las pruebas estadísticas, a menos que se expliquen con suma sencillez y se presenten los resultados más comprensibles. En este caso, las tablas se describen.

En el caso de diagramas, figuras, mapas cognoscitivos, esquemas, matrices y otros elementos gráficos, también debe seguirse una secuencia de numeración y observar el principio básico: *una buena figura es sencilla, clara y no estorba la continuidad de la lectura*. Las tablas, los cuadros, las figuras y los gráficos tendrán que enriquecer el texto; en lugar de duplicarlo, comunican los hechos esenciales, son fáciles de leer y comprender, a la vez que son coherentes.

- *Discusión* (conclusiones, recomendaciones e implicaciones): en esta parte se: *a*) derivan conclusiones, *b*) explicitan recomendaciones para otros estudios (por ejemplo, sugerir nuevas preguntas, muestras, instrumentos, líneas de investigación, etc.) y se indica lo que sigue y lo que debe hacerse, *c*) generalizan los resultados a la población, *d*) evalúan las implicaciones del estudio, *e*) establece la manera como se respondieron las preguntas de investigación, así como si se cumplieron o no los objetivos, *f*) relacionan los resultados con los estudios existentes (vincular con el marco teórico y señalar si nuestros resultados coinciden o no con la literatura previa, en qué sí y en qué no), *g*) reconocen las limitaciones de la investigación, *h*) destaca la importancia y significado de todo el estudio y la forma como encaja en el conocimiento disponible, *i*) explican los resultados inesperados y *j*) cuando no se probaron las hipótesis es necesario señalar o al menos especular sobre las razones. Al elaborar las conclusiones es aconsejable verificar que estén los puntos necesarios aquí vertidos. Y recordar que **no** se trata de repetir los resultados, sino de resumir los más importantes. Desde luego, las conclusiones deben ser congruentes con los datos. La adecuación de éstas respecto de la generalización de los resultados deberá evaluarse en términos de aplicabilidad a diferentes muestras y poblaciones. Si el planteamiento cambió, es necesario explicar por qué y cómo se modificó. Esta parte debe redactarse de tal manera que se facilite la toma de decisiones respecto de una teoría, un curso de acción o una problemática. El reporte de un experimento tiene que explicar con claridad las influencias de los tratamientos.

5. Referencias, bibliografía

Son las fuentes primarias utilizadas por el investigador para elaborar el marco teórico u otros propósitos; se incluyen al final del reporte, ordenadas alfabéticamente. Cuando un mismo autor aparezca dos veces, debemos organizar las referencias que lo contienen de la más antigua a la más reciente.

6. Apéndices

Resultan útiles para describir con mayor profundidad ciertos materiales, sin distraer la lectura del texto principal del reporte o evitar que rompan con el formato de éste. Algunos ejemplos de apéndices serían el cuestionario utilizado, un nuevo programa computacional, análisis estadísticos adicionales, el desarrollo de una fórmula complicada, fotografías, etcétera.

Cabe destacar que en reportes para publicarse, como los artículos de una revista científica, se desarrollan todos los elementos de manera muy concisa o resumida. En todo momento debe buscarse claridad, precisión y explicaciones directas, así como eliminar repeticiones, argumentos innecesarios y redundancia no justificada. En el lenguaje debemos ser muy cuidadosos y sensibles, no debemos utilizar términos despectivos refiriéndonos a personas con capacidades distintas, grupos étnicos diferentes al nuestro, etc.; para ello, es necesario consultar algún manual de los que se recomiendan más adelante.

¿Qué elementos contiene un reporte de investigación o reporte de resultados en un contexto no académico?

Un reporte no académico contiene la mayoría de los elementos de un reporte académico:

1. Portada.
2. Índice.
3. Resumen ejecutivo (resultados más relevantes y casi todos presentados de manera gráfica).
4. Método.
5. Resultados.
6. Conclusiones.[5]
7. Apéndices.

Pero cada elemento se trata con mayor brevedad y se eliminan las explicaciones técnicas que no puedan ser comprendidas por los usuarios. El marco teórico y la bibliografía suelen omitirse del reporte o se agregan como apéndices o antecedentes. Desde luego, lo anterior de ninguna manera implica que no se haya desarrollado un marco teórico, sino que algunos usuarios prefieren no confrontarse con éste en el reporte de investigación. Hay usuarios no académicos que sí se interesan por el marco teórico y las citas bibliográficas o referencias. Para ilustrar la diferencia entre redactar un reporte académico y uno no académico, se presenta un ejemplo de introducción de un reporte no académico que, como se ve en el siguiente recuadro de ejemplo, es bastante sencillo, breve y no utiliza términos complejos.

EJEMPLO

Muestra de introducción de un reporte no académico
Calidad total

La Fundación Mexicana para la Calidad Total, A.C. (Fundameca), realizó una investigación por encuestas para conocer las prácticas, técnicas, estructuras, procesos y temáticas existentes en calidad total en nuestro país. La investigación, de carácter exploratorio, constituye el primer esfuerzo para obtener una radiografía del estado de los procesos de calidad en México. No es un estudio exhaustivo, sólo implica un primer acercamiento, que en los años venideros irá extendiendo y profundizando la Fundación.

El reporte de investigación que a continuación se presenta tiene como uno de sus objetivos esenciales propiciar el análisis, la discusión y la reflexión profunda respecto de los proyectos para incrementar la calidad de los productos o servicios que ofrece México a los mercados nacional e internacional. Como nación, sector y empresa: ¿vamos por el camino correcto hacia el logro de la calidad total? ¿Qué estamos haciendo adecuadamente? ¿Qué nos falta? ¿Cuáles son los obstáculos a los que nos estamos enfrentando? ¿Cuáles son los retos que habremos de rebasar en la primera década del siglo? Éstas son algunas de las preguntas que estamos valorando y necesitamos responder. La investigación pretende aportar algunas pautas para que comencemos a contestar en forma satisfactoria dichos cuestionamientos.

La muestra de la investigación fue seleccionada al azar sobre la base de tres listados: listado *Expansión 500*, listado de la gaceta *Cambio Organizacional* y listado de las reuniones para constituir Fundameca. Se acudió a 184 empresas, de las cuales 60 no proporcionaron información. Dos encuestas fueron eliminadas por detectarse inconsistencias lógicas. En total se incluyeron 122 casos válidos.

Esperamos que sus comentarios y sugerencias amplíen y enriquezcan este proceso investigativo.

Fundameca
Dirección de Investigación

¿Dónde podemos consultar los detalles relativos a un reporte de investigación? (guías)

En la actualidad hay varios manuales que pueden ser útiles para elaborar los reportes:

---

[5] En los ambientes no académicos se usa el término "conclusiones" en lugar de discusión.

1. *Manual de estilo de publicaciones* de la American Psychological Association (APA). Cubre todo lo relativo a cómo presentar un reporte de investigación. Se publica en inglés y en español. Vale la pena adquirirlo en la librería de su preferencia, es sumamente completo (abarca desde cómo citar hasta detalles de tablas y referencias). Además del manual hay un programa: APAStyle Helper.

   Para mantenerse actualizado en nuevas ediciones del manual en inglés, la American Psychological Association tiene un sitio en internet: http://www.apastyle.org. Una página de ayuda sobre el estilo APA es: http://www.psywww.com/resource/apacrib.htm.

2. *The ACS style guide: A manual for authors and editors.* Actualmente en su tercera edición de 2006. Las autoras son Anne M. Coghill y Lorrin R. Garson, y lo publica The American Chemical Society y Oxford University Press. Dirigido más bien a reportes de investigadores en ciencias químicas. Hay una dirección de internet donde pueden obtenerse algunas recomendaciones del manual: http://www.oup.com/us/samplechapters/0841234620/?view=usa

3. *Requisitos uniformes para la entrega de los manuscritos a las revistas biomédicas: la escritura y la edición para la publicación biomédica,* que están basados en el documento oficial: *Uniform requirements for manuscripts submitted to biomedical journals: Writing and editing for biomedical publication.* Publicado por el Comité Internacional de Directores de Revistas Médicas (CIDRM). Disponible en español sin costo en: http://bvs.sld.cu/revistas/aci/vol12_3_04/aci12304.htm

   El sitio del documento original en inglés es: http://www.icmje.org/.

   De los manuales, siempre es necesario buscar la edición más actualizada

4. Las páginas web de las revistas académicas (*journals*) en la sección: instrucciones para autores, también son muy útiles en lo referente a artículos.

5. En la base de datos EBSCOhost Research Databases pueden localizarse varios manuales sobre la elaboración de reportes.

6. AMA manual of style. A guide for authors and editors. Para publicaciones en las áreas de ciencias de la salud. Editado por la American Medical Association y Oxford University Press (en 2007 publicaron la décima edición).

Nota importante

En el CD anexo: Manuales → "Manual APA", el lector encontrará un documento que resume el estilo de la American Psychological Association para citar apropiadamente las fuentes en el texto del reporte de resultados de la investigación y al final en la sección de referencias o bibliografía. Asimismo, se incluye un programa SISI para capturar documentos y generar, incluir y organizar referencias bibliográficas, tanto en el texto —citas— como al final en el listado o bibliografía —referencias—, basadas en el estilo APA que coloca de manera automática y correcta tales fuentes en dicho texto y sección.

¿Qué recursos están disponibles para presentar el reporte de investigación?

Son hoy tantos los programas de dibujo, de gráficas, presentaciones y elaboración de documentos, que es imposible en este espacio comentarlos o siquiera nombrarlos. Use todos los que conozca y tenga acceso a ellos, recuerde que una presentación debe tener riqueza visual. En los documentos hay ciertas reglas que no podemos hacer a un lado, pero en la presentación el límite es nuestra propia imaginación.

¿Qué criterios o parámetros podemos definir para evaluar una investigación o un reporte?

Una propuesta de parámetros o criterios para evaluar la calidad de un estudio cuantitativo y, consecuentemente, su reporte, se presenta en CD anexo: Material complementario→ Capítulos → Capítulo 10 "Parámetros, criterios, indicadores y/o cuestionamientos para evaluar la calidad de una investigación".

¿Con qué se compara el reporte de la investigación?, ¿y la propuesta o protocolo de investigación?

El reporte se contrasta con la propuesta o protocolo de la investigación, la que hicimos al inicio del proceso, que no se ha comentado en el libro, porque primero resultaba necesario conocer el proceso de investigación cuantitativa.

El protocolo se revisará en el CD anexo: Material complementario → Capítulos → Capítulo 9 → "Elaboración de propuestas cuantitativas, cualitativas y mixtas".

Resumen

- Antes de elaborar el reporte de investigación debe definirse a los usuarios, ya que el reporte habrá de adaptarse a ellos.
- Los reportes de investigación pueden presentarse en un contexto académico o en un contexto no académico.
- Los usuarios y el contexto determinan el formato, la naturaleza y la extensión del reporte de investigación.
- Las secciones más comunes de un reporte de investigación presentado en un contexto académico son: portada, índice, resumen, cuerpo del documento (introducción, marco teórico, método, resultados), discusión, referencias o bibliografía y apéndices.
- Los elementos más comunes en un contexto no académico son: portada, índice, resumen ejecutivo, método, resultados, conclusiones y apéndices.
- Para presentar el reporte de investigación se pueden utilizar diversos apoyos o recursos.

Conceptos básicos

Contexto académico
Contexto no académico
Cuerpo del documento

Reporte de investigación
Usuarios/receptores

Ejercicios

1. Elabore el índice de una tesis.
2. Localice un artículo de una revista científica mencionada en el apéndice 1 del CD anexo y analice las secciones del artículo.
3. Desarrolle el índice del reporte de la investigación que ha concebido a lo largo de los ejercicios del libro.
4. Elabore una presentación de su tesis o de cualquier investigación realizada por usted u otra persona en un programa para tal efecto disponible en su institución (por ejemplo: Power Point o Flash).

Ejemplos desarrollados

La televisión y el niño

Índice del reporte de investigación

RESUMEN

ÍNDICE DE CONTENIDOS

ÍNDICE DE TABLAS

ÍNDICE DE FIGURAS

La pareja y relación ideales

Índice del reporte de estudio

El abuso sexual infantil

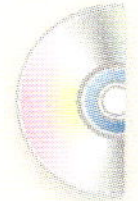

Se incluye en el CD anexo: Material complementario → Capítulos → Capítulo 9 "Elaboración de propuestas cuantitativas, cualitativas y mixtas".

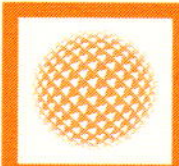

Los investigadores opinan

A investigar se aprende investigando; por lo tanto, es necesario desmitificar la complejidad de la tarea y sentir pasión por ella. En este sentido, la experiencia en la investigación enriquece ampliamente la labor del docente.

Una investigación será mucho más factible, si el planteamiento del problema se realiza de manera adecuada; también es importante que el tema sea de actualidad y pertinente, y que esté enfocado a la solución de problemas concretos.

La realidad es cuantitativa-cualitativa; por ello, es necesario combinar ambos enfoques, siempre y cuando no sean incompatibles con el método empleado.

Respecto de la investigación que se realiza en Colombia, de acuerdo con Colciencias, organismo estatal para las ciencias y la tecnología, la Universidad de Antioquía ocupa un lugar muy preponderante en todo el país.

DUVÁN SALAVARRIETA T.
Profesor-investigador
FACULTAD DE ADMINISTRACIÓN
Universidad de Antioquía
Medellín, Colombia

Una investigación exitosa, es decir, que contribuya de manera trascendente a la generación de conocimiento, depende en gran medida de que el planteamiento del problema se realice adecuadamente.

Otro aspecto de consideración es que la investigación puede abarcar tanto el enfoque cualitativo como el cuantitativo, y llegar a complementarse, además de que es posible mezclarlos cuando se utilizan diversos tipos de instrumentos de medición, como registros observacionales, cuestionarios, *tests*, estudios de caso, etc. En cuanto a paquetes de análisis, en investigación cualitativa actualmente utilizo el SPSS.

Para los estudiantes, la importancia de la investigación radica en que es un medio que brinda la oportunidad de resolver problemas reales, como los que encontrarán en su vida profesional; por ello, la importancia de que elijan un tema de su interés, que además sea original, viable, preciso y de extensión acotada.

Asimismo, deben tomar en cuenta los parámetros que caracterizan a una buena investigación, y también plantear de forma adecuada el problema. Es necesario definir objetivos precisos; efectuar una intensa revisión bibliográfica; seleccionar el diseño de investigación adecuado; realizar un buen análisis estadístico, el cual representa una herramienta que permite hacer inferencias significativas respecto de los resultados obtenidos; y, por último, llegar a conclusiones objetivas.

ESTEBAN JAIME CAMACHO RUIZ
Catedrático
DEPARTAMENTOS DE PSICOLOGÍA Y PEDAGOGÍA
Universidad Hispanoamericana
Estado de México, México

¿Por qué es importante que los niños y jóvenes aprendan a investigar?

Dice Mario Molina Montes, mexicano reconocido con un premio Nobel en temas científicos, que cuando niño, tenía una enorme curiosidad como los demás niños. La diferencia es que él logró que no se la quitaran.

También decía George Bernard Shaw, el gran humanista británico, que él había tenido que interrumpir su educación a los seis años, para "empezar a ir a la escuela".

La reflexión que planteo con estos dos ejemplos, especialmente válida para el mundo y tiempo que nos ha tocado vivir, es acerca de cómo debemos tener cuidado para no atrofiar la creatividad de niños y jóvenes, incorporándolos a una vida llena de paradigmas, valores establecidos y necesidades resueltas.

¿Cómo lograr que los jóvenes recuperen la capacidad de asombro? ¿Cómo equilibrar esa curiosidad innata con la enorme oferta de soluciones inmediatas que reciben por todas partes?

Hay que reconocer que nuestras instituciones y procedimientos educativos no han funcionado a la altura de las circunstancias actuales. Del proceso de enseñanza-aprendizaje, se tendrá que partir y lo más pronto posible, para despertar a este nuevo joven-investigador.

Es evidente que no podemos seguir haciendo las cosas de la misma forma. Muchos jóvenes repiten paradigmas probados creyendo que son la mejor solución, no se molestan en buscar propuestas de investigadores er donde se presentan soluciones alternas evitando así problemas de sustentabilidad, por ejemplo, o bien, no le otorgan credibilidad al trabajo de los investigadores, ya que los jóvenes creen que las cosas están resueltas.

Lo que es innegable, es que en la creatividad del ser humano ha habido y seguirán habiendo respuestas para muchas interrogantes y problemas. Los grandes problemas del mundo no se van a resolver solos; los tendrá que resolver el hombre, y podrá hacerlo en la medida en que sepa observar, analizar e interpretar las variables de su entorno. Y no solo eso, una vez logrado lo anterior, asimismo tendrá que saber tomar las decisiones. Lo cual también es una habilidad fundamental que tiene que adquirir.

Por lo anterior, podría concluirse esta idea planteando que no solamente es importante que los jóvenes aprendan a desarrollar sus habilidades creativas y de investigación....... Es simplemente, una necesidad de supervivencia.

Este libro de Hernández Sampieri es una gran oportunidad que debemos aprovechar, aprender y difundir con el mismo contagio que el autor lo hace día con día. Los invito a reflexionar y sobre todo a construir un mundo mejor.

ING. Y MAE PAULINA DE LA MORA CAMPOS
Coordinación de Admisión y Enlace Estudiantil
DEPARTAMENTO DE CIENCIAS DE LA SALUD
Universidad del Valle de México, Campus Querétaro.

El proceso de la investigación cualitativa

El inicio del proceso cualitativo: planteamiento del problema, revisión de la literatura, surgimiento de las hipótesis e inmersión en el campo

Proceso de investigación cualitativa

Paso 2 Planteamiento del problema

- Establecer objetivos y preguntas de investigación iniciales, justificación y viabilidad.
- Definir tentativamente el papel que desempeñará la literatura.
- Elegir el ambiente o contexto donde se comenzará a estudiar el problema de investigación.
- Entrar en el ambiente o contexto.

Objetivos del aprendizaje

Al terminar este capítulo, el alumno será capaz de:

1 Formular planteamientos para investigar de manera inductiva.
2 Visualizar los aspectos que debe tomar en cuenta para iniciar un estudio cualitativo.
3 Comprender cómo se inicia una investigación cualitativa.
4 Conocer el papel que juegan la revisión de la literatura y las hipótesis en el proceso de investigación cualitativa.

Síntesis

En el presente capítulo se comentará la manera en que la idea se desarrolla y se transforma en el planteamiento del problema de investigación (cualitativo). Es decir, el capítulo trata sobre cómo plantear un problema de investigación, pero ahora desde la óptica cualitativa. Seis elementos resultan fundamentales para plantear un problema cualitativo: objetivos de investigación, preguntas de investigación, justificación de la investigación, viabilidad de ésta, evaluación de las deficiencias en el conocimiento del problema y definición inicial del ambiente o contexto. Sin embargo, los objetivos y las preguntas son más generales y su delimitación es menos precisa. En el capítulo se analizan estos elementos bajo el enfoque cualitativo. Asimismo, se explica el papel que juegan la literatura y las hipótesis en el proceso inductivo; del mismo modo, cómo se inicia, en la práctica, un estudio cualitativo, mediante el ingreso al contexto, ambiente o campo.

Por otro lado, se insiste en que el proceso cualitativo no es lineal, sino iterativo o recurrente, las supuestas etapas en realidad son acciones para adentrarnos más en el problema de investigación y la tarea de recolectar y analizar datos es permanente.

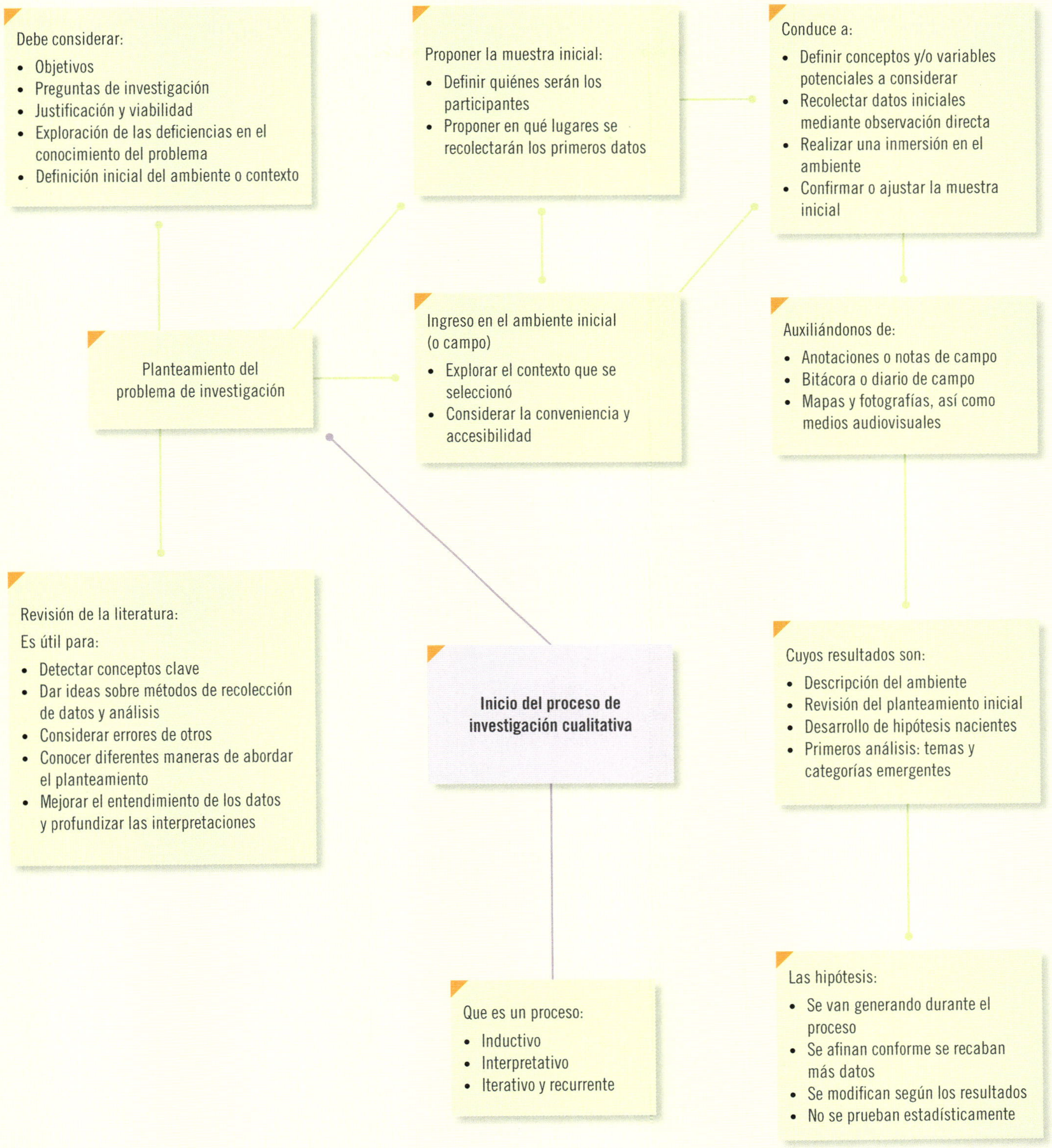

Debe considerar:

- Objetivos
- Preguntas de investigación
- Justificación y viabilidad
- Exploración de las deficiencias en el conocimiento del problema
- Definición inicial del ambiente o contexto

Proponer la muestra inicial:

- Definir quiénes serán los participantes
- Proponer en qué lugares se recolectarán los primeros datos

Conduce a:

- Definir conceptos y/o variables potenciales a considerar
- Recolectar datos iniciales mediante observación directa
- Realizar una inmersión en el ambiente
- Confirmar o ajustar la muestra inicial

Planteamiento del problema de investigación

Ingreso en el ambiente inicial (o campo)

- Explorar el contexto que se seleccionó
- Considerar la conveniencia y accesibilidad

Auxiliándonos de:

- Anotaciones o notas de campo
- Bitácora o diario de campo
- Mapas y fotografías, así como medios audiovisuales

Revisión de la literatura:

Es útil para:

- Detectar conceptos clave
- Dar ideas sobre métodos de recolección de datos y análisis
- Considerar errores de otros
- Conocer diferentes maneras de abordar el planteamiento
- Mejorar el entendimiento de los datos y profundizar las interpretaciones

Inicio del proceso de investigación cualitativa

Cuyos resultados son:

- Descripción del ambiente
- Revisión del planteamiento inicial
- Desarrollo de hipótesis nacientes
- Primeros análisis: temas y categorías emergentes

Que es un proceso:

- Inductivo
- Interpretativo
- Iterativo y recurrente

Las hipótesis:

- Se van generando durante el proceso
- Se afinan conforme se recaban más datos
- Se modifican según los resultados
- No se prueban estadísticamente

Esencia de la investigación cualitativa

OA 2 Como se explica en el capítulo 1, la investigación cualitativa se enfoca a comprender y profundizar los fenómenos, explorándolos desde la perspectiva de los participantes en un ambiente natural y en relación con el contexto.

El enfoque cualitativo se selecciona cuando se busca comprender la perspectiva de los participantes (individuos o grupos pequeños de personas a los que se investigará) acerca de los fenómenos que los rodean, profundizar en sus experiencias, perspectivas, opiniones y significados, es decir, la forma en que los participantes perciben subjetivamente su realidad. También es recomendable seleccionar el enfoque cualitativo cuando el tema del estudio ha sido poco explorado, o no se ha hecho investigación al respecto en algún grupo social específico. El proceso cualitativo inicia con la idea de investigación.

¿Qué significa plantear el problema de investigación cualitativa?

Una vez concebida la idea del estudio, el investigador debe familiarizarse con el tema en cuestión. Aunque el enfoque cualitativo es inductivo, necesitamos conocer con mayor profundidad el "terreno que estamos pisando". Imaginemos que estamos interesados en realizar una investigación sobre una cultura indígena, sus valores, ritos y costumbres. En este caso debemos saber al menos dónde radica tal cultura, su antigüedad, sus características esenciales (actividades económicas, religión, nivel tecnológico, total aproximado de su población, etc.) y qué tan hostil es con los extraños. De igual forma, si vamos a estudiar la depresión posparto en ciertas mujeres, es necesario que tengamos conocimiento de qué la distingue de otros tipos de depresión y cómo se manifiesta.

OA 1 Ya que nos hemos adentrado en el tema, podemos plantear nuestro *problema de estudio*. El planteamiento cualitativo suele incluir:

- los objetivos
- las preguntas de investigación
- la justificación y la viabilidad
- una exploración de las deficiencias en el conocimiento del problema
- la definición inicial del ambiente o contexto.

Los *objetivos* de investigación expresan la intención principal del estudio en una o varias oraciones. Se plasma lo que se pretende conocer con el estudio.

Algunas sugerencias de Creswell (2009) para plantear el propósito de una investigación cualitativa son:

1. Plantear cada objetivo en una oración o párrafo por separado.
2. Enfocarse en explorar y comprender un solo fenómeno, concepto o idea. Tomar en cuenta que conforme se desarrolle el estudio es probable que se identifiquen y analicen relaciones entre varios conceptos, pero por la naturaleza inductiva de la investigación cualitativa no es posible anticipar dichas vinculaciones al inicio del proyecto.
3. Usar palabras que sugieran un trabajo exploratorio ("razones", "motivaciones", "búsqueda", "indagación", "consecuencias", "identificación", etcétera).
4. Usar verbos que comuniquen las acciones que se llevarán a cabo para comprender el fenómeno. Por ejemplo, los verbos "describir", "entender", "desarrollar", "analizar el significado de", "descubrir", "explorar", etcétera, permiten la apertura y flexibilidad que necesita una investigación cualitativa.
5. Usar lenguaje neutral, no direccionado. Evitar palabras (principalmente adjetivos calificativos) que puedan limitar el estudio o implicar un resultado específico.
6. Si el fenómeno o concepto no es muy conocido, proveer una descripción general de éste con la que se estará trabajando.

7. Mencionar a los participantes del estudio (ya sea uno o varios individuos, grupos de personas u organizaciones). En ocasiones pueden ser animales o colectividades de éstos, así como manifestaciones humanas (textos, edificaciones, artefactos, etcétera).
8. Identificar el lugar o ambiente inicial del estudio.

Como complemento a los objetivos de investigación, se plantean las *preguntas de investigación*, que son aquellas que se pretende responder al finalizar el estudio para lograr los objetivos. Las preguntas de investigación deberán ser congruentes con los objetivos.

La *justificación* es importante particularmente cuando el estudio necesita de la aprobación de otras personas; y una vez más aparecen los criterios ya comentados en el capítulo 3 del libro: conveniencia, relevancia social, implicaciones prácticas, valor teórico y utilidad metodológica. Asimismo, en la justificación se pueden incluir datos cuantitativos para dimensionar el problema de estudio, aunque nuestro abordaje sea cualitativo. Si la investigación es sobre las consecuencias del abuso sexual infantil, el planteamiento puede enriquecerse con datos y testimonios (por ejemplo, estadísticas sobre el número de abusos reportados, sus consecuencias y daños).

La *viabilidad* es un elemento que también se valora y se ubica en cuanto a tiempo, recursos y habilidades. Es necesario que nos cuestionemos: ¿es posible llevar a cabo el estudio?, ¿poseemos los recursos para hacerlo?

En relación con las *deficiencias en el conocimiento del problema*, resulta necesario indicar qué contribuciones hará la investigación al conocimiento actual.

Grinnell, Williams y Unrau (2009) establecen una excelente metáfora de lo que representa un planteamiento cualitativo: es como entrar a un laberinto, sabemos dónde comenzamos, pero no dónde habremos de terminar. Entramos con convicción, pero sin un "mapa" preciso. Una comparación entre planteamientos cuantitativos y cualitativos puede ayudar a reforzar los puntos anteriores (vea la tabla 12.1).

▲ **Tabla 12.1** Comparación entre planteamientos cuantitativos y cualitativos

Planteamientos cuantitativos	Planteamientos cualitativos
• Precisos y acotados o delimitados • Enfocados en variables lo más exactas y concretas que sea posible • Direccionados • Fundamentados en la revisión de la literatura • Se aplican a un gran número de casos • El entendimiento del fenómeno se guía a través de ciertas dimensiones consideradas como significativas por estudios previos • Se orientan a probar teorías, hipótesis y/o explicaciones, así como a evaluar efectos de unas variables sobre otras (los correlacionales y explicativos)	• Abiertos • Expansivos, que paulatinamente se van enfocando en conceptos relevantes de acuerdo con la evolución del estudio • No direccionados en su inicio • Fundamentados en la experiencia e intuición • Se aplican a un menor número de casos • El entendimiento del fenómeno es en todas sus dimensiones, internas y externas, pasadas y presentes • Se orientan a aprender de experiencias y puntos de vista de los individuos, valorar procesos y generar teorías fundamentadas en las perspectivas de los participantes

Un ejemplo de un planteamiento cualitativo podría ser el que se comenta a continuación.

Supongamos que nos interesa efectuar una investigación sobre las emociones que pueden experimentar los pacientes jóvenes que serán intervenidos en una operación de tumor cerebral. El planteamiento podría ser:

Objetivos:

1. Conocer las emociones que experimentan pacientes jóvenes que serán intervenidos en una operación de tumor cerebral.
2. Profundizar en las vivencias de tales pacientes y su significado.
3. Comprender los mecanismos que el paciente utiliza para confrontar las emociones negativas profundas que surgen en la etapa preoperatoria.

Preguntas de investigación:

1. ¿Qué emociones experimentan los pacientes jóvenes que serán intervenidos en una operación de tumor cerebral?
2. ¿Cuáles son sus vivencias antes de ser intervenidos quirúrgicamente?
3. ¿Qué mecanismos utilizan para confrontar las emociones negativas que surgen en la etapa previa a la operación?

OA 3 Ahora bien, para responder a las preguntas es necesario elegir un *contexto* o *ambiente* donde se lleve a cabo el estudio, pues aunque los planteamientos cualitativos son más generales, deben situarnos en tiempo y lugar (Creswell, 2009). En el planteamiento mencionado: ¿qué sitio es el adecuado? La lógica nos indica que uno o varios hospitales son el contexto apropiado para nuestra investigación. Por otro lado, nos interesa analizar a jóvenes; pero, ¿cuáles jóvenes? (italianos, españoles, mexicanos, romanos, vascos). Es claro que entonces debemos definir el intervalo que para nosotros abarca el concepto de jóvenes (supongamos que el intervalo incluye a personas de 13 a 17 años) y la provincia o ciudad (por ejemplo: Salta, en Argentina). Además, nos interesan las experiencias de jóvenes que serán intervenidos en una operación de tumor cerebral (hemos desechado a quienes se someten a intervenciones quirúrgicas menores u otro tipo de operación).

Lo primero es obtener información sobre cuáles hospitales de la ciudad realizan operaciones de esta naturaleza con regularidad. Pudiera ocurrir que al acceder a los registros, éstos nos indicarán que en todos los hospitales de la ciudad efectúan esta operación, pero sólo una vez a la semana. Esto implicaría que realizar el estudio puede llevar una considerable cantidad de tiempo. Podemos decidir que **OA 1** esto no es relevante en nuestro caso y proseguir. O bien, que debemos ampliar nuestro rango de edades o de tipo de operaciones. Otro panorama sería que, desafortunadamente para los jóvenes, esta operación ocurre con mayor frecuencia.

Al plantear el problema, es importante tener en mente que la investigación cualitativa:

a) Es conducida primordialmente en los ambientes naturales de los participantes (en este caso, hospitales, desde el cuarto del paciente y la zona preoperatoria hasta el restaurante del hospital y los corredores o pasillos).
b) Las variables no son controladas ni manipuladas (incluso no definimos variables, sino conceptos generales como "emociones", "vivencias" y "mecanismos de confrontación").
c) Los significados serán extraídos de los participantes.
d) Los datos no se reducirán a valores numéricos (Rothery, Tutty y Grinnell, 1996).

Una vez hecho el planteamiento inicial empezaríamos a contactar a los participantes potenciales y a recolectar datos, probablemente el método que utilicemos para esta labor sea la entrevista. Efectuada la primera entrevista podríamos comenzar a generar datos y tal vez nos percatemos de que los jóvenes antes de ingresar al quirófano experimentan un elevado estrés. En otras entrevistas podríamos seguir detectando ese estrés y enfocarnos en él. Los datos nos movilizan en diferentes direcciones y es cuando vamos respondiendo al problema original y modificándolo.

Una manera que sugerimos para comenzar a plantear el *problema de investigación*, es a través de un procedimiento muy sencillo: primero, definimos el concepto central de nuestro estudio y los conceptos que consideramos se vinculan con él, de acuerdo con nuestra experiencia y la revisión de la literatura. Posteriormente, volvemos a revisar el esquema a lo largo de la indagación y lo vamos consolidando, precisando o modificando conforme recogemos y evaluamos los datos. Veamos un caso ilustrativo de ello.

El interés del estudio podría ser general, por ejemplo, entender profundamente la experiencia humana que significa perder a un familiar a consecuencia de un desastre natural (un terremoto, *tsunami*, etc.). Éste es el concepto central. Entonces el planteamiento inicial sería tan genérico como se plantea a continuación.

EJEMPLO

Objetivo: entender el significado de la experiencia humana resultante de la pérdida de un familiar a consecuencia de un desastre natural.

Pregunta de investigación: ¿cuál es el significado que tiene para un ser humano la pérdida de un familiar a consecuencia de un desastre natural?

El porqué estamos interesados en una investigación así, complementaría el planteamiento junto con la viabilidad del estudio.

Justificación: (en términos resumidos): al entender el significado de tales experiencias y la realidad personal de los individuos que las viven, podemos obtener un conocimiento más profundo de la naturaleza humana en casos de desastre y planear mejores esquemas de apoyo psicológico para sus víctimas. Tal conocimiento nos permite, al menos, una mayor empatía con los seres humanos que sufren la pérdida de un familiar a consecuencia de un fenómeno natural.

Viabilidad: hace dos días ocurrió un terremoto con consecuencias fatales y puede efectuarse la investigación. Se cuenta con los recursos y conocimientos para ello.

O bien, el planteamiento podría enfocarse en el concepto central y otros conceptos relacionados, extraídos de nuestras reflexiones, experiencias y la revisión de la literatura, y visualizarse gráficamente como se muestra en la figura 12.1: depresión, disminución en el sentido de vida, cambios en la jerarquía de valores (reposicionamiento de valores humanos colectivos, como la solidaridad, la convivencia, etc.), revaloración del concepto "familia" e incremento o decremento en la religiosidad (mayor apego a las creencias religiosas o al contrario, su pérdida). Así, el planteamiento podría quedar como se muestra en seguida.

EJEMPLO

Objetivo: entender el significado de la experiencia humana resultante de la pérdida de un familiar a consecuencia de un desastre natural y su relación con la depresión, la disminución en el sentido de vida, los cambios en la jerarquía de valores, la revaloración del concepto "familia" y el incremento o decremento en la religiosidad.

Pregunta de investigación: ¿cuál es el significado que tiene para un ser humano la pérdida de un familiar como resultado de un desastre natural y cómo se vincula con la depresión, la disminución en el sentido de vida, los cambios en la jerarquía de valores, la revaloración del concepto "familia" y el incremento o decremento en la religiosidad?

Incluso podría enfocarse únicamente en la depresión que origina tal categoría de tragedias. Es decir, el planteamiento puede ser más o menos general, y debe ubicarse en un contexto, en este caso un desastre natural concreto (como por ejemplo, el huracán Katrina que destruyó ciudades y poblados en el sureste de Estados Unidos en agosto de 2005). Un ejemplo de una investigación cualitativa pos-

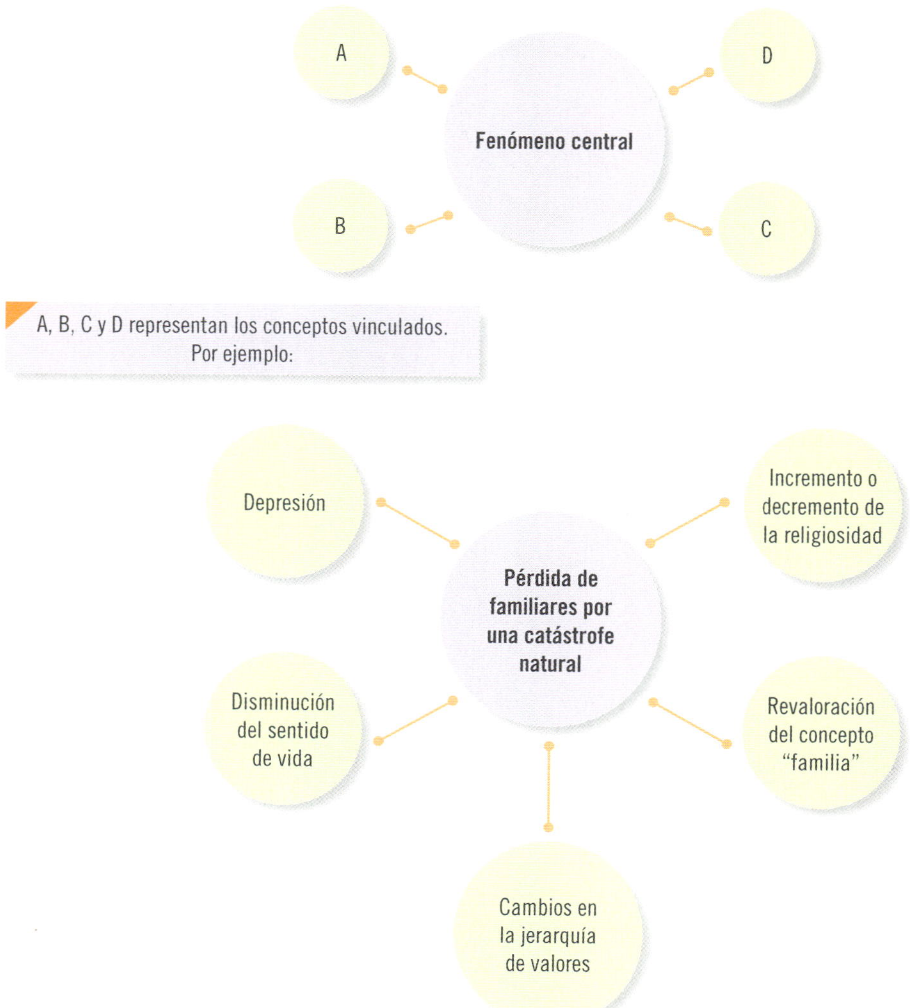

Figura 12.1   Sugerencia para la visualización gráfica de un planteamiento cualitativo.

terior a un desastre natural (con niños, aunque no necesariamente habían perdido a un familiar) se realizó en la Escuela de Psicología de la Universidad de Colima en 2003 (Montes, Otero, Castillo y Álvarez, 2003), después de un severo terremoto de 7.8 grados en la escala de Richter que sacudió la zona donde se ubica dicha institución. Primero, se documentaron experiencias emocionales de niños ante el temblor y se les proporcionó intervención psicológica; después se elaboró un programa para difundir una cultura de prevención de desastres, dirigido a los infantes de escuelas primarias de la ciudad de Colima, México.

Los resultados de este tipo de estudios no intentan generalizarse a poblaciones más amplias, sino que se dirigen a la comprensión de vivencias en un entorno específico, cuyos datos emergentes aportan al entendimiento del fenómeno.

Creswell (2005) nos recomienda otra forma gráfica para plantear problemas cualitativos (vea la figura 12.2).

Los planteamientos cualitativos son una especie de plan de exploración (entendimiento emergente) y resultan apropiados cuando el investigador se interesa por el significado de las experiencias y los valores humanos, el punto de vista interno e individual de las personas y el ambiente natural en que ocurre el fenómeno estudiado, así como cuando buscamos una perspectiva cercana de los participan-

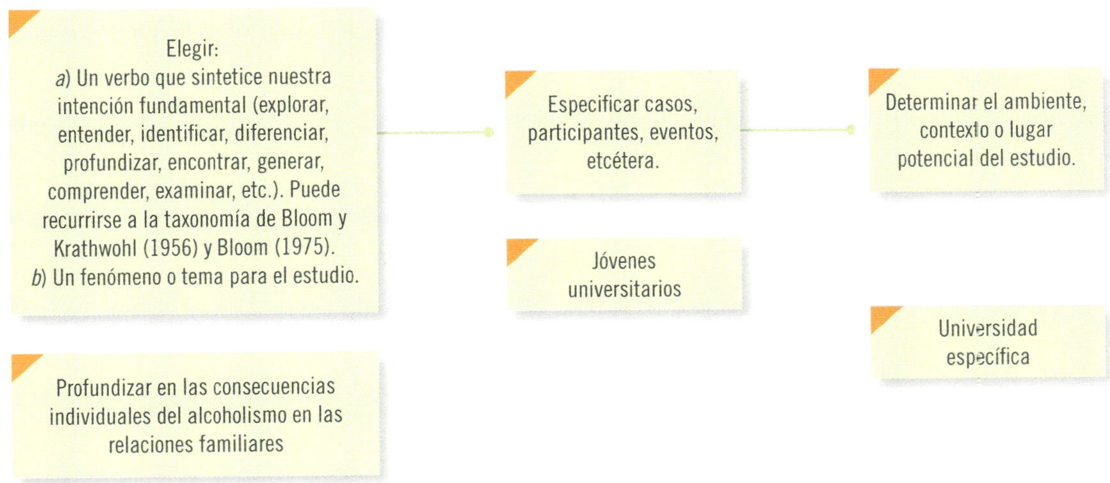

Figura 12.2   Otro modelo para el planteamiento de problemas cualitativos.

tes. Patton (2002) identifica las siguientes áreas y necesidades como adecuadas para planteamientos cualitativos referentes a procesos (por ejemplo, en torno a un programa educativo o uno de cambio organizacional):

1. El centro de la investigación está conformado por las experiencias de los participantes en torno al proceso, particularmente si subraya resultados individualizados.
2. Es necesaria información detallada y profunda acerca del proceso.
3. Se busca conocer la diversidad de idiosincrasias y cualidades únicas de los participantes inmersos en el proceso.

Mertens (2005), además de Coleman y Unrau (2005) consideran que la investigación cualitativa es particularmente útil cuando el fenómeno de interés es muy difícil de medir o no se ha medido anteriormente (deficiencias en el conocimiento del problema). Tal fue el caso de un estudio, donde Donna Mertens y otros colaboradores pretendieron evaluar el impacto de la sensibilización —vía entrenamiento— sobre las actitudes de maestros y administradores egipcios hacia personas con capacidades distintas. Al no encontrar instrumentos estandarizados en la cultura egipcia, prefirieron recolectar datos mediante técnicas cualitativas (observaciones y entrevistas, que además documentaron el lenguaje empleado para describir a dichas personas). Otro caso lo sería un estudio para profundizar en el miedo que experimentan ciertas mujeres al ser agredidas físicamente por sus esposos. En situaciones como éstas, la cuantificación incluso podría resultar trivial. Sería más adecuado adentrarse en el significado profundo de la experiencia de las mujeres.

En resumen, el punto de partida de una indagación cualitativa es la presencia del investigador en el contexto, donde comienza su inducción.

¿Qué papel desempeñan la revisión de la literatura y la teoría en la investigación cualitativa?

En los estudios cualitativos sí se revisa la literatura, aunque al inicio menos intensivamente que en la investigación cuantitativa. La literatura es útil para:

1. Detectar conceptos claves que no habíamos pensado.
2. Nutrirnos de ideas en cuanto a métodos de recolección de datos y análisis, respecto de cómo les han servido a otros.

3. Tener en mente los errores que otros han cometido anteriormente.
4. Conocer diferentes maneras de pensar y abordar el planteamiento.
5. Mejorar el entendimiento de los datos y profundizar las interpretaciones.

Dejar a un lado "el pasado" es algo ingenuo e irreal, pues como mencionan Williams, Unrau y Grinnell (2005), siempre comenzamos una investigación con ciertas experiencias, ideas y opiniones sobre el problema a estudiar, lo cual es resultado de nuestra propia historia de vida.

Desde luego, tratamos de hacer a un lado —en la medida de lo posible— nuestras opiniones sobre cómo se relacionan los conceptos, de igual forma nos mantenemos abiertos a nuevos conceptos y a las relaciones que emerjan entre éstos.

La diferencia en la utilización de la literatura entre la investigación cuantitativa y cualitativa, se presenta en la tabla 12.2

▲ **Tabla 12.2** Diferencias en la extensión y uso de la literatura en la investigación cuantitativa y cualitativa

Diferencia	Investigación cuantitativa	Investigación cualitativa
Cantidad de literatura citada al comienzo del estudio.	Sustancial.	Media, sin que la revisión de la literatura obstaculice que los datos o la información emerjan de los participantes y sin limitarnos a la visión de otros estudios.
Utilización o funciones de la literatura al inicio del estudio.	Proveer una dirección racional al estudio (por ejemplo, afinar el planteamiento e hipótesis).	Auxiliar en definiciones, así como justificar y documentar la necesidad de realizar el estudio.
Utilización de la literatura al final del estudio.	Confirmar o no las predicciones previas emanadas de la literatura.	Tener referencias con las cuales contrastar los resultados.

Incluso, como se comentó previamente, los datos estadísticos nos auxilian en dimensionar el problema de estudio. Imaginemos que estamos, mediante una investigación, tratando de responder a la siguiente pregunta de investigación: ¿cómo pueden describirse las experiencias de ciertas mujeres de Valledupar, Colombia, que son agredidas físicamente por sus esposos? ¿Qué provoca estas agresiones? ¿Por qué dichas mujeres mantienen la relación marital? Nos serían útiles datos sobre denuncias ante autoridades y todas las estadísticas e información disponible, sin romper con nuestro esquema inductivo.

En resumen, la *revisión de la literatura* puede servirnos en el planteamiento del problema cualitativo inicial; pero nuestro fundamento no se circunscribe o limita a dicha revisión, su papel es más bien de apoyo y consulta. La *investigación cualitativa* se basa, ante todo, en el proceso mismo de recolección y análisis. Recordemos que es interpretativa, ya que el investigador hace su propia descripción y valoración de los datos.

¿Qué papel desempeñan las hipótesis en el proceso de investigación cualitativa?

En los estudios cualitativos, las hipótesis adquieren un papel distinto al que tienen en la investigación cuantitativa. En primer término, en raras ocasiones se establecen antes de ingresar en el ambiente o contexto y comenzar la recolección de los datos (Williams, Unrau y Grinnell, 2005). Más bien, durante el proceso, el investigador va generando hipótesis de trabajo que se afinan paulatinamente conforme se recaban más datos, o las hipótesis son uno de los resultados del estudio (Henderson, 2009). Las hipótesis se modifican sobre la base de los razonamientos del investigador y, desde luego, no se prueban estadísticamente.

Hipótesis de trabajo cualitativo
Son generales, emergentes, flexibles y contextuales, y se afinan conforme avanza la investigación.

Las **hipótesis de trabajo** cualitativas son pues, generales o amplias, emergentes, flexibles y contextuales, se adaptan a los datos y avatares del curso de la investigación.

Por ejemplo, en un estudio sobre las oportunidades de empleo para las personas con capacidades diferentes en un municipio de medio millón de habitantes (Amate y Morales, 2005), se comenzó con la idea de que tales oportunidades eran desfavorables para dichas personas. Sin embargo, al comenzar a observar lo que sucedía en algunas empresas y entrevistar a directores de las áreas de recursos humanos o administración de recursos humanos, así como a obreros, se pudo determinar que la idea inicial era incorrecta: que las oportunidades eran iguales para individuos con capacidades regulares que para aquellos con capacidades distintas. Esta hipótesis de trabajo fue variando conforme se recogieron más datos, hasta que se concluyó que: "Las empresas transnacionales o con presencia en todo el país son organizaciones que ofrecen oportunidades similares tanto a las personas con capacidades regulares, como a los individuos con capacidades diferentes; porque poseen recursos para ofrecerles a estas últimas entrenamiento en cualquier actividad laboral. Pero las empresas locales carecen de tales recursos y no ofrecen oportunidades iguales, la cuestión no tenía que ver con prejuicio o discriminación, sino con posibilidades económicas (querían, pero no podían)".

Una vez hecho el planteamiento inicial y definido el papel de la literatura, ¿qué sigue?

El ingreso en el ambiente (campo)

Una vez que hemos elegido un ambiente, contexto o lugar apropiado, comenzamos la tarea de responder a las preguntas de investigación. El ambiente puede ser tan variado como el planteamiento del problema (un hospital, una o varias empresas, una zona selvática —si estudiamos el comportamiento de una especie animal—, una comunidad indígena, una universidad, una plaza pública, un consultorio, una casa donde sesiona un grupo, etc.). Y el contexto implica una definición geográfica, pero es inicial, puesto que puede variar, ampliarse o reducirse. Imaginemos que queremos estudiar los valores de ciertos estudiantes universitarios mediante la observación de conductas que los reflejen o representen. El sitio inicial podría ser el campus de una institución, pero después tendríamos que cambiar los lugares de observación (antros, bares y restaurantes a donde acuden, salas cinematográficas, centros deportivos y de entretenimiento, entre otros). Si la investigación es sobre pandillas, tendremos que acudir a los puntos donde se reúnen y los sitios donde actúan. En el caso del estudio de Montes *et al.* (2003), el contexto fue el de las escuelas primarias.

Un tipo de estudios muy socorrido es el denominado "clientes misteriosos" (*mystery shoppers*), donde personas que son supuestos clientes (pero que en realidad son evaluadores calificados) valoran niveles de servicio en la atención (se construyen casos o situaciones específicas para analizar cuestiones como tiempos de espera en el servicio, amabilidad del personal que trata con el cliente, resolución de problemas, manejo de clientes difíciles). En tales investigaciones el ambiente puede constituirse por todos los lugares donde se tiene contacto con el cliente; por ejemplo, en un hotel se abarcaría desde el estacionamiento, el vestíbulo y la recepción, hasta el restaurante y demás espacios, como las habitaciones o cuartos, los elevadores, pasillos, etcétera.

La primera tarea es *explorar el contexto* que se seleccionó inicialmente. Lo que significa visitarlo y evaluarlo para cerciorarnos que es el adecuado. Incluso, para considerar nuestra relación con el ambiente por medio de una serie de reflexiones y resolver cualquier situación que pueda entorpecer el estudio (Esterberg, 2002):

1. ¿Me conocen en dicho ambiente?, en caso de que me conozcan los participantes: ¿cómo puedo manejarlo sin afectar a la investigación?
2. Soy muy distinto a los participantes del estudio y mi cotidianidad no tiene que ver con la del ambiente (por ejemplo: pertenecen a un grupo étnico o una clase social muy diferente a la mía), ¿cómo puedo manejarlo? Imaginemos que la investigación es sobre los ritos que un grupo indígena posee para enterrar a sus muertos (para comenzar hablan una lengua distinta a la mía, su cultura es

otra y hasta mi físico no es igual). O bien, un estudio sobre los integrantes de una pandilla como los "maras salvatruchas",[1] con los cuales podemos tener poco o nada en común.

3. ¿Qué significados tiene para mí el contexto?, ¿puedo manejarlos? Por ejemplo, si he tenido experiencias difíciles con los pandilleros (me han asaltado varias veces) y los voy a estudiar o si el ambiente es un hospital donde murió un amigo muy querido.

Asimismo, para estimar tentativamente el tiempo aproximado que nos llevará el estudio y revalorar su viabilidad, porque como menciona Mertens (2005), dos dimensiones resultan esenciales con respecto al ambiente: *conveniencia y accesibilidad*. La primera responde a las siguientes interrogantes: ¿el ambiente definido contiene los casos, personas, eventos, situaciones, historias y/o vivencias que necesitamos para responder a la(s) pregunta(s) de investigación? La segunda tiene que ver con el cuestionamiento: ¿es factible realizar la recolección de los datos? o ¿podemos acceder a los datos que necesitamos? Lograr el acceso al ambiente es una condición para seguir con la investigación e implica obtener permiso de parte de quienes controlan el ingreso (denominados ***gatekeepers***).

Gatekeepers **o controladores de ingreso a un lugar** Individuos que a veces tienen un papel oficial en el contexto y otras veces no, pero de cualquier manera pueden autorizar la entrada al ambiente o al menos facilitarla. También ayudan al investigador a localizar participantes y lo asisten en la identificación de lugares.

Lo anterior significa, sin lugar a dudas, negociar con estas personas (en una empresa pueden ser el director y su gerente de recursos humanos u otros gerentes, en un hospital el director y la junta médica, en una pandilla el líder y su grupo cúpula, en un barrio un presidente de una asociación vecinal o de colonos). Es imprescindible exponerles el estudio, normalmente por medio de una presentación visual y la entrega del proyecto o protocolo (que incluye el planteamiento, por qué fue elegido el ambiente, quiénes serán los participantes, cuánto tiempo aproximadamente pensamos estar en el ambiente o campo, qué se va a hacer con los resultados, dónde se pretende publicarlos, etc.). Asimismo, podemos ofrecerles alguno de los productos o resultados, tales como: un diagnóstico vinculado al planteamiento (de la cultura organizacional, la problemática de las pandillas locales, de una enfermedad), contribuir a la solución de un problema (alcoholismo de jóvenes, capacitación de obreros…), elaborar un plan o manuales (para atender psicológicamente a víctimas de un desastre, mejorar el trato a los pacientes que van a ser intervenidos quirúrgicamente…), etc. A veces la negociación es directa con los participantes (por ejemplo, mujeres agredidas por sus esposos) o una mezcla de éstos y los *gatekeepers*. Es normal que diversas organizaciones, comunidades y personas sean reacias a que otros individuos las observen, ya que el temor a la evaluación es natural.

Asimismo, debemos seleccionar ambientes o lugares alternos, en caso de que el acceso al contexto original nos sea negado o restringido más allá de lo razonable. Desde luego, también debemos visitarlos. Algunas de las recomendaciones para tener un mayor y mejor acceso al ambiente, así como ser aceptados, son las que a continuación se enumeran.

1. *Desarrollar relaciones*
- Ganarnos la confianza de los *gatekeepers* y de los participantes, al ser amables, honestos, sensibles, cooperativos y sinceros (entre más confianza y empatía es mejor).
- Apoyarlos en alguna necesidad (gestionar asesoría médica o psicológica, en lo educativo; resolver problemas: hay quien ha arreglado desde un cortocircuito hasta una tubería; dar obsequios, transportar personas: "dar aventón" o "convertirnos en taxi").
- Detectar y cultivar informantes clave (Willig, 2008): varios para contar con mayor información y diferentes perspectivas (en un hospital, enfermeras, personal de aseo, médicos; en una empresa, trabajadores con bastante antigüedad, la secretaria de tal persona, etcétera).

---

[1] Grupos de pandillas que se originaron a mediados de la década de 1970 en El Salvador y que se han extendido por Centroamérica y Norteamérica. Al inicio se trataba de refugiados que buscaban externar su rebeldía, pero con el tiempo, algunas de las pandillas han evolucionado hasta convertirse en criminales. El nombre de Mara Salvatrucha proviene de: "mara", que en El Salvador denota a la gente alborotada; "salva", de salvadoreño, y "trucha", significa listo o espabilado (Bobango, 1981).

- Aprovechar nuestras redes personales (por ejemplo, en estudios con religiosas, un pariente sacerdote o una monja conocida nos pueden ayudar significativamente; lo mismo con cuerpos policiacos y en hospitales).

2. *Elaborar una historia sobre la investigación*
- Tener preparado un pequeño guión sobre el estudio (propósito central, tiempo aproximado de estancia en el ambiente, uso de los resultados). Es importante hablar de la investigación, salvo que afecte los resultados, en cuyo caso se recomienda elaborar una versión que sea lo más cercana a la verdad, pero no obstrusiva. Por ejemplo, si el estudio es sobre la equidad de género que poseen los profesores en sus relaciones con los alumnos, y les explicamos a todos de qué se trata la indagación, tal vez su comportamiento deje de ser natural; entonces les podemos comentar que el estudio es sobre actitudes de maestros y alumnos en el aula, y al concluir el análisis habrá que explicarles la investigación verdadera y sus resultados.

  Al final, nunca debemos mentir ni engañar, después de todo: ¿cómo esperar que sean honestos si nosotros no lo somos? Es necesario preparar algunas respuestas para las preguntas que muchas veces suelen inquirirnos los participantes. Por ejemplo: ¿por qué debo cooperar con el estudio?, ¿qué gano yo o los míos con la investigación?, ¿por qué fui elegido para participar en el estudio?, ¿quiénes se benefician con los resultados?

3. *No intentar imitar a los participantes, supuestamente para ganar empatía*
- "No hay algo peor que una persona citadina queriendo actuar como vaquero, ranchero, agricultor o campesino." Es absurdo y grotesco. Si somos distintos, debemos asumir las diferencias y actuar nuestro papel como investigadores adaptándonos al ambiente en forma natural, no artificial (Neuman, 2009). En todo caso, es preferible agregar al equipo del estudio, a una persona con las mismas características de los participantes y que posea los conocimientos necesarios o prepararlo; o ayudarnos de alguien interno. Esto es bastante común en estudios de etnias. También, puede tenerse un diseño de investigación participativa, en el cual las mismas personas del contexto colaboran en diferentes partes del estudio.

4. *Planear el ingreso al ambiente o contexto (campo)*
- Por lo regular, es mejor entrar de la manera menos disruptiva posible. El ingreso debe resultar natural. Si mantenemos buenas relaciones desde el principio, nos acomodamos a las rutinas de los participantes, establecemos lo que tenemos en común con ellos, demostramos un genuino interés por la comunidad y ayudamos a la gente, el acceso será "menos ruidoso" y más efectivo. La planeación no es exacta y debemos estar preparados ante cualquier contingencia que suele ocurrir en los estudios cualitativos. A veces el plan de entrada es paulatino (un ingreso por etapas). Por ejemplo, si el estudio es sobre violencia intrafamiliar (padres de familia que agreden a su cónyuge y a sus hijos e hijas), primero debemos plantear una investigación sobre la familia en general (nuestra recolección inicial se orientaría a cuestiones sobre cómo son las familias, cuántos integrantes las componen, qué costumbres tienen, etc.); en una segunda instancia, la indagación se aboca a los problemas familiares. Finalmente, el estudio se centra en la problemática de interés, ya que hayamos ganado la confianza de varios participantes.

Es muy difícil ser "invisibles" en el contexto al momento de ingresar al campo, es ingenuo pensarlo. Pero conforme transcurre el tiempo, los participantes se van acostumbrando a la presencia del investigador y éste va "haciéndose menos visible" (Esterberg, 2002). Por ello, en algunos casos la estancia en el ambiente es larga. Además, quienes no actúan de modo natural, poco a poco van relajándose y su comportamiento resulta cada vez más cotidiano.

Otro aspecto importante es que el investigador nunca debe elevar las expectativas de los participantes más allá de lo posible. A veces las personas piensan que la realización de un estudio implica mejorías en sus condiciones de vida, lo cual no necesariamente es cierto. Entonces tenemos que clarificar que se trata de una investigación cuyos resultados pueden diagnosticar ciertas problemáticas, pero únicamente se limita a esto. Lo más que podemos decir es en dónde y a quién se presentará el reporte de resultados. Recordemos: no engañar bajo ninguna circunstancia. Además, el investigador debe estar abierto a todo tipo de opiniones y escuchar las voces de los diferentes participantes.

Ingresamos al ambiente o campo, ¿y…?

El investigador debe hacer una inmersión total en el ambiente. Lo primero es decidir en qué lugares específicos se recolectarán los datos y quiénes serán los participantes (la muestra). Pero esta labor, a diferencia del proceso cuantitativo, no es secuencial, va ocurriendo y de hecho, la recolección de datos y el análisis ya se iniciaron.

La *inmersión total en el ambiente* implica:

- Observar los eventos que ocurren en el ambiente (desde los más ordinarios hasta cualquier suceso inusual o importante). Aspectos explícitos e implícitos, sin imponer puntos de vista y tratando, en la medida de lo posible, de evitar el desconcierto o interrupción de actividades de las personas en el contexto. Tal observación es holística (como un "todo" unitario y no en piezas fragmentadas), pero también toma en cuenta la participación de los individuos en su contexto social. El investigador entiende a los participantes, no únicamente registra "hechos" (Williams, Unrau y Grinnell, 2005).
- Establecer vínculos con los participantes, utilizando todas las técnicas de acercamiento (programación neurolingüística, *rapport* y demás que sean útiles), así como las habilidades sociales.
- Comenzar a adquirir el punto de vista "interno" de los participantes respecto de cuestiones que se vinculan con el planteamiento del problema. Después podrá tener una perspectiva más analítica o de un observador externo (Williams, Unrau y Grinnell, 2005).
- Recabar datos sobre los conceptos, lenguaje y maneras de expresión, historias y relaciones de los participantes.
- Detectar procesos sociales fundamentales en el ambiente y determinar cómo operan.
- Tomar notas y empezar a generar datos en forma de apuntes, mapas, esquemas, cuadros, diagramas y fotografías, así como recabar objetos y artefactos.
- Elaborar las descripciones del ambiente (poco más adelante se retomará este punto).
- Estar consciente del propio rol y de las alteraciones que se provocan.
- Reflexionar acerca de las vivencias, que también son una fuente de datos.

Las observaciones durante la inmersión inicial en el campo son múltiples, generales y con poco "enfoque" o dispersas (para entender mejor al sitio y a los participantes o casos). Al principio, el investigador debe observar lo más que pueda. Pero conforme transcurre la investigación, va centrándose en ciertos aspectos de interés (Anastas, 2005), cada vez más vinculados con el planteamiento del problema, que al ser altamente flexible se puede ir modificando.

La labor del investigador es como la del detective que arriba a la escena del crimen: primero se observa el lugar de forma holística; por ejemplo, si se trata de un asesinato en una casa, se observa toda la habitación donde se encuentra el cadáver (desde las paredes, puertas y ventanas hasta el piso), así como los objetos que hay en el cuarto y el mobiliario. Cada pieza es vista en relación con todo el contexto. Se analiza la posición del cuerpo humano, los gestos de la persona fallecida, los rastros de sangre, etc. Asimismo, se toman muestras de cualquier artefacto o material, desde una posible arma hasta cabellos y fibras de la ropa y del piso, así como rastros de pisadas y huellas. Todo es considerado, y no sólo aquello de la habitación donde se localiza el individuo supuestamente asesinado, sino de cada cuarto y rincón de la casa: jardín, cochera, sótano… Los datos recolectados se envían a un laboratorio para que se les practiquen los análisis apropiados (por ejemplo, tipo de sangre, DNA y composición química). Y conforme la evidencia se va interpretando, el detective enfoca sus observaciones en los elementos vinculados con su problema de investigación: el crimen cometido.

Además, los policías que revisan y evalúan la escena del crimen realizan anotaciones de lo que observan, aun de cuestiones que parecen ser triviales. Si hay datos que no son considerados, se puede perder información valiosa que más adelante podría ser muy útil para responder a las preguntas de investigación: ¿fue realmente un asesinato?, ¿cuándo y cómo ocurrió?, ¿quién pudo ser el asesino?

La mente del investigador al ingresar al campo tiene que ser inquisitiva. De cada observación debe cuestionarse: ¿qué significa esto que observé?, ¿qué me dice en el marco del estudio?, ¿cómo se relaciona con el planteamiento?, ¿qué ocurre o sucedió?, ¿por qué? También es necesario evaluar las observaciones desde diversos ángulos y las perspectivas de distintos participantes (así como el detective visualiza el crimen desde la óptica de la víctima y el asesino, en un estudio sobre la violencia dentro de la familia, la visión de cada miembro es importante).

La descripción del ambiente es una interpretación detallada de casos, seres vivos, personas, objetos, lugares específicos y eventos del contexto, y debe transportar al lector al sitio de la investigación (Creswell, 2009). A continuación mostramos un ejemplo de la descripción de un contexto.

EJEMPLO

La iglesia o parroquia de San Juan Chamula, Chiapas, México

A poco más de 10 kilómetros de San Cristóbal de las Casas, en la zona denominada los Altos de Chiapas, en México, se encuentra la comunidad de San Juan Chamula. De manera superficial, parece cualquier pueblo de montaña, pero su organización social y cultura son tan distintas a lo que conocemos que resulta indispensable mantener la mente abierta para descubrirlo. En la plaza central se erige la iglesia de San Juan Chamula (en honor a San Juan Bautista), un hermoso templo edificado en el siglo XVIII. Dicha plaza es una explanada donde se localizan una veintena de puestos en los cuales se venden artesanías (collares, aretes, pulseras, anillos...) así como atuendos para vestir que son confeccionados en tejidos mu ticolores. En el centro de la plaza está un pequeño quiosco con techo de teja rojiza y columnas verde claro.

La iglesia (también con un techo de teja) se levanta al terminar la plaza, la fachada tiene poco más de 15 metros de altura sobre el piso y hasta el final de su campanario, que incluye tres campanas medianas (no más de un metro de altura) y una cruz en el punto más alto. En general, la edificación es blanca y plana por los costados (salvo un relieve lateral que es un anexo a la parroquia), su portón es de madera y éste, a su vez, tiene en el extremo derecho una puerta más pequeña para ingresar al templo: Alrededor del portón hay un arco pintado en verde claro azulado, que ocupa aproximadamente la tercera parte de todo el edificio y que tiene una ornamentación de cuadrados y rectángulos de no más de 50 centímetros por cada lado con dibujos en relieve de flores, círculos y figuras parecidas a las "X" o taches (verdes, azules, blancos y amarillos). Encima del portal hay otro arco que tiene un balcón, este último arco más pequeño (al igual que el mayor que rodea al portón) tiene los cuadrados multicolores. Además, en los costados de los arcos hay cuatro nichos en colores azul y verde claros.

Por dentro, la iglesia es impresionante: no hay bancos ni bancas ni púlpito, y uno puede observar en el centro del altar a San Juan Bautista (Dios Sol), no a Jesucristo. El piso es de baldosa y el suelo está alfombrado por agujas de pino (éstas forman un pasto seco para "espantar a los malos espíritus"). En las paredes hay algunos troncos de pino recargados. Alrededor del interior de la iglesia se presentan varias figuras de santos, entre ellos: San Agustín, San Pedro y San José. Como los chamulas (indígenas tzotziles que habitan la comunidad) se encomiendan a ellos, los santos "no alcanzan para toda la población". Por eso cada uno fue desdoblado en mayor y menor. Así tenemos entonces un San José Mayor y un San José Menor. Las figuras de los santos llevan colgadas del cuello un espejo y en ocasiones dan la impresión de ser obesos por los muchos vestidos que les van poniendo los fieles que les piden favores. Enfrente (y a veces a un costado) de cada santo hay decenas de velas encendidas colocadas en el piso, lo que hace que en el interior del templo se cuenten por cientos (que cumplen también la función de solicitar favores a los santos, principalmente en cuestiones de salud y bienestar) y que junto con el incienso provocan que el aire esté impregnado de humo y olor. La impresión es mágica y mística. "Al santo que no cumple los rezos le quitan las velas y las colocan a quienes sí cumplen, para que los incumplidos miren cómo se incrementan las velas de sus colegas".

La Virgen María es la Diosa Luna. Está ataviada con prendas multicolores y es una figura hermosa y cautivadora. Por debajo del techo de la iglesia se aprecian unas cuantas mantas de colores más sobrios (de ancho no mayor a un metro) que cuelgan y cruzan de pared a pared (a los costados del templo), parecen bajar del techo de cada lado hasta la mitad de la pared. Como si la iglesia fuera una gran tienda de un sultán en el desierto. En una ocasión se observaron tres mantas y en otra cinco.

En todo el interior del templo se puede escuchar el murmullo por el continuo rezar de los indígenas, donde unos empiezan antes que los otros terminen; de manera tal, que esa especie de "¡ommm, ummm!", se oye como un sonido grave y profundo permanente, sin interrupciones. Asimismo, en el piso, junto a los santos, se entregan las ofrendas: huevos frescos, gallinas (que son sacrificadas vivas allí mismo), aguardiente y refrescos, en especial los de cola, que sirven para eructar y expulsar a los "malos espíritus".

Los tzotziles (muchos de ellos vestidos en blanco y negro) beben aguardiente en botellas de cristal, sentados en el piso del templo. Algunos rezan solos, otros en grupos pequeños, en ocasiones acompañan sus oraciones con música de guitarra y cantos. Hay quienes, por el exceso de alcohol, están acostados en el piso y completamente embriagados. Los chamulas participan en rituales sincréticos con una devoción y solemnidad única, dialogan con los santos, los increpan, les agradecen, les recriminan, todo de viva voz y en su antigua lengua: el tzotzil. Los chamanes (brujos) rezan y alejan a los malos espíritus, mezclando ritos católicos y paganos.

En el interior, está prohibido tomar fotografías, ya que se corre el peligro de ser agredido y enviado a la cárcel por este hecho, pues los chamulas creen que de esta manera les están robando algo de su alma. Algunos turistas ignorantes de esta advertencia lo han intentado y cuentan que les destrozaron la cámara, los apalearon y enviaron a la cárcel. Fuera de la iglesia, una cruz maya señala los puntos cardinales. Es el árbol de la vida. Al salir, decenas de niños se acercan para vender mercancía, son pobres y comienzan a beber aguardiente prácticamente en los primeros años de su vida.

Los chamulas desterraron de sus templos a los sacerdotes católicos y los convirtieron en recintos con su propia cosmogonía. Las escasas misas se celebran en tzotzil. Tres pinos juntos forman una tríada sagrada que les permite, según su religión, entrar en el más allá. Este interesante concepto tiene gran similitud con el de algunos aborígenes australianos que utilizan los árboles para comunicarse, según ellos, "los de acá" con "los del más allá". Por esta razón los pinos son parte importante del interior de la iglesia de San Juan Chamula.

En el contexto anterior, podría investigarse la religiosidad de los chamulas o sus percepciones sobre el mundo.

También, en la inmersión inicial se pueden utilizar diversas herramientas para recabar datos sobre el contexto y completar las descripciones como entrevistas y revisión de documentos. Toda observación se enmarca.

Es importante ampliar las descripciones con mapas y fotografías. En el caso de San Juan Chamula esto no es permitido. Algunos lo han hecho, violando el código tzotzil, lo que a nuestro juicio es engañar y un asunto poco ético. El investigador cualitativo en sus observaciones tiene que ser respetuoso.

No hay un modelo de descripción, cada quien capturará los elementos que le llaman más la atención y esto constituye un dato (como toda la intervención del investigador).

Por otra parte, el investigador escribe lo que observa, escucha y percibe a través de sus sentidos, mediante dos herramientas: anotaciones y bitácora o diario de campo. Usualmente en esta última se registran las primeras.

Las anotaciones o notas de campo

Es muy necesario llevar registros y elaborar anotaciones durante los eventos o sucesos vinculados con el planteamiento. De no poder hacerlo, la segunda alternativa es efectuarlo lo más pronto posible después de los hechos. Y como última opción las anotaciones se producen al terminar cada periodo en el campo (al momento de un receso, una mañana o un día, como máximo).

Resulta conveniente que tales registros y notas se guarden o archiven de manera separada por evento, tema o periodo. Así, los registros y notas del evento o periodo 1 se archivarán de manera independiente de los registros y notas del evento o periodo 2, y así sucesivamente. Son como páginas separadas que se refieren a los diferentes sucesos (por ejemplo, por día: lunes, martes, miércoles, jueves, viernes, sábado y domingo). De cada hecho o periodo se anotan la fecha y hora correspondientes. Esto se hace sin importar el medio de registro (computadora de bolsillo, grabadora de voz o video, papel y lápiz, entre otros).

Los materiales de audio y video deben guardarse. También es conveniente tomar fotografías, elaborar mapas y diagramas sobre el contexto o ambiente (y en ocasiones sus "movimientos" y los de los participantes observados).

En las anotaciones es importante incluir nuestras propias palabras, sentimientos y conductas. Asimismo, cada vez que sea posible es necesario volver a leer las notas y los registros y, desde luego, anotar nuevas ideas, comentarios u observaciones.

Otras recomendaciones sobre las notas son:

- Al escribir las notas se recomienda utilizar oraciones completas para evitar confusiones posteriores. Si son abreviadas (con palabras iniciales, incompletas o mnemotécnicas) se deben elaborar más ampliamente a la brevedad posible.
- No olvidar que debemos registrar tiempos (fechas y horas) y lugares a los que se hace referencia, o anotar la fuente bibliográfica.
- Si se refieren a un evento, anotar la duración de éste.
- Transcriba las notas (o la bitácora de campo) en computadora, a la brevedad posible y vaya respaldando las transcripciones en otro medio (CD, dispositivo de almacenamiento como la memoria USB, etcétera).

Las anotaciones pueden ser de diferentes clases:

1. **Anotaciones de la observación directa.** Descripciones de lo que estamos viendo, escuchando, olfateando y palpando del contexto y de los casos o participantes observados. Regularmente van ordenadas de manera cronológica. Nos permitirán contar con una narración de los hechos ocurridos (qué, quién, cómo, cuándo y dónde).

EJEMPLOS

El despertar

Era 10 de noviembre de 2009, 9:30 a.m., Andrés entró a la habitación donde estaban reunidos Ricardo y Sergio. Llevaba un conjunto deportivo (*pants*) de color azul marino, su pelo estaba desaliñado, no se había bañado, su mirada reflejaba tristeza y se mostraba cansado. Se sentó en el suelo (en silencio). Ricardo y Sergio lo observaron y lo saludaron con una leve sonrisa; Andrés no respondió. Durante cerca de cinco minutos nadie habló ni miró a los demás. De pronto, Andrés dijo: "Me siento fatal, anoche no debí haber..." Interrumpió su comentario y guardó silencio. Estaba pálido con sus ojos vidriosos y rojos, la boca seca. Se levantó y salió de la habitación, regresó y se limitó a decir: "Voy a la farmacia", volvió a salir[...]
   Guanajuato, 25 de noviembre de 2009

Testimonio de la guerra cristera en México (1926-1929)

Dos jóvenes, R. Melgarejo y Joaquín Silva Córdoba, fueron asesinados en Zamora Michoacán el 17 de octubre de 1927. Melgarejo fue obligado a gritar:"¡Viva Calles!" En lugar de eso gritó: "¡Viva Cristo Rey!" Entonces, los soldados comenzaron a cortarle las orejas y, al no obtener mejores resultados, le cortaron la lengua. El joven Silva lo abrazó y los soldados les dispararon a ambos, asesinando a los dos jóvenes.
   Parsons (2005, capítulo VIII).

2. **Anotaciones interpretativas.** Comentarios sobre los hechos, es decir, nuestras interpretaciones de lo que estamos percibiendo (sobre significados, emociones, reacciones, interacciones de los participantes).

El despertar

Andrés había consumido droga la noche anterior y sufría del efecto posterior a tal hecho; probablemente cocaína, que es la sustancia que se acostumbra consumir en este grupo, de acuerdo con observaciones previas. Su salud está muy deteriorada. Incluso, uno de estos días puede morir de una dosis excesiva.
   Guanajuato, 25 de noviembre de 2009

Diario del Che Guevara (7 de octubre de 1967)[2]

Se cumplieron los 11 meses de nuestra inauguración guerrillera sin complicaciones, bucólicamente; hasta las 12.30 horas en que una vieja, pastoreando sus chivas, entró en el cañón en que habíamos acampado y hubo que apresarla. La mujer no ha dado ninguna noticia fidedigna sobre los soldados, contestando a todo que no sabe, que hace tiempo que no va por allí. Sólo dio información sobre los caminos; de resultados del informe de la vieja se desprende que estamos aproximadamente a una legua de Higueras, y a otra de Jagüey y a unas dos de Pucará. A las 17.30, Inti, Aniceto y Pablito fueron a casa de la vieja que tiene una hija postrada y una medio enana; se le dieron 50 pesos con el encargo de que no fuera a decir ni una palabra, pero con pocas esperanzas de que cumpla a pesar de sus promesas.
   Salimos los 17 con una luna muy pequeña. La marcha fue muy fatigosa y dejando mucho rastro por el cañón donde estábamos, que no tiene casas cerca, pero sí sembradíos de papa regados por acequias del mismo arroyo. A las dos paramos a descansar, pues ya era inútil seguir avanzando. El Chino se convierte en una verdadera carga cuando hay que caminar de noche. El Ejército dio una rara información sobre la presencia de 250 hombres en Serrano para impedir el paso de los cercados en número de 37, dando la zona de nuestro refugio entre el río Acero y el Oro.
   La noticia parece diversionista.
   Ernesto Che Guevara (1967, octubre). *Diario de Bolivia*

3. **Anotaciones temáticas.** Ideas, hipótesis, preguntas de investigación, especulaciones vinculadas con la teoría, conclusiones preliminares y descubrimientos que, a nuestro juicio, vayan arrojando las observaciones.

El despertar

"Después de un severo consumo de drogas, al día siguiente los jóvenes de este barrio evitan la comunicación con sus amigos. Las drogas pueden provocar aislamiento".
   Guanajuato, 25 de noviembre de 2009

La guerra cristera en México (1926-1929)

Después de revisar algunos testimonios, puede considerarse que en la guerra cristera muchos bandoleros, haciéndose pasar por cristeros, cometieron actos deplorables, como saqueos, robos, asesinatos y violaciones a las mujeres. Las guerras civiles son aprovechadas por individuos que en realidad no luchan por un ideal, sino que se aprovechan del caos y la entropía generada.
   Celaya, 1 de agosto de 2005

---

[2] Ernesto Che Guevara (1967). Referencia de 2005. Aunque no es una anotación de una investigación, sí refleja la interpretación de hechos. Esta anotación es lo último que escribió este gran personaje histórico en su diario personal.

Experiencias de abuso sexual infantil

Dos tipos de condiciones causales parecen emerger de los datos, las cuales nos conducen a ciertas experiencias fenomenológicas vinculadas al abuso sexual infantil. Estas condiciones pueden ser: *a*) las normas culturales y *b*) las formas del abuso sexual. Las normas culturales de dominación y sumisión, la violencia, el maltrato a la mujer, la negación del abuso y la falta de poder de la niña, forman la piedra angular en la cual se perpetra el abuso sexual.

Morrow y Smith (1995, p. 6)

4. **Anotaciones personales** (del aprendizaje, los sentimientos, las sensaciones del propio observador o investigador).

EJEMPLOS

El despertar

"Me siento triste por Andrés. Me duele verlo así. Está lloviendo y quisiera salirme de la habitación e ir a descansar. Ver tantos problemas me abruma".

Guanajuato, 25 de noviembre de 2009

La guerra cristera en México (1926-1929)

Cada vez que alguien es perseguido por sus creencias, me parece una injusticia.

Celaya, 1 de agosto de 2005

5. **Anotaciones de la reactividad de los participantes** (cambios inducidos por el investigador), problemas en el campo y situaciones inesperadas.

EJEMPLO

La violencia intrafamiliar

Al comenzar a entrevistar a las mujeres que parecen ser agredidas por sus esposos, éstos formaron un grupo que fue a hablar con funcionarios de la alcaldía para protestar por el estudio y presionar nuestra salida.

Valledupar, 5 de febrero de 2002

Estas anotaciones pueden llevarse en una misma hoja en columnas diferentes o vaciarse en páginas distintas; lo importante es que, si se refieren al mismo episodio, estén juntas y se acompañen de las ayudas visuales (mapas, fotografías, videos y otros materiales) e indicaciones pertinentes.

Después, podemos clasificar el material por fecha, temas (por ejemplo, expresiones depresivas, de aliento, de agotamiento), individuos (Andrés, Sergio, Ricardo), unidades de análisis o cualquier criterio que consideremos conveniente, de acuerdo con el planteamiento del problema.

Luego, se resumen las anotaciones, teniendo cuidado de no perder información valiosa. Por ejemplo, de las notas producto de la observación directa de un episodio entre un médico y un paciente, resumiríamos como se muestra en la tabla 12.3.[3]

▲ **Tabla 12.3** Un ejemplo de anotaciones resumidas

Resumen	Anotación de la observación directa
El paciente fue sumamente hostil con el médico, tanto verbal como no verbalmente.	Eran las 14:30 horas, cuando en la recepción del hospital, el médico que estaba uniformado con bata blanca, le pidió al paciente que por favor pasara a la sala de espera, con el fin de que se alistara para el chequeo de rutina (su tono fue amable y su comunicación no verbal, afable; miró al paciente directamente a los ojos). El paciente le gritó al médico, con firmeza: "No voy a pasar, váyase a la mierda", y golpeó la pared. No hizo contacto visual con el médico.
El médico respondió con la misma hostilidad, verbal y no verbal.	El médico le respondió al paciente (que por cierto vestía informal): "El que se va a la mierda es usted, púdrase en el infierno" y lanzó el expediente al suelo.
Se inició una escalada de violencia verbal.	El paciente contestó: "Mire, matasanos de cuarta categoría, últimamente no me ha dado nada, ni ayudado en nada. Se olvida de los pacientes. No dudo que también lo haga con sus amigos. Ojalá se muera…"
El paciente evadió la interacción.	El paciente visiblemente molesto salió de la recepción del hospital hacia la calle.

En síntesis, las anotaciones: nos ayudan contra la "mala memoria", señalan lo importante, contienen las impresiones iniciales y las que tenemos durante la estancia en el campo, documentan la descripción del ambiente, las interacciones y experiencias.

Pero el tomar notas no debe interrumpir el flujo de las acciones. Asimismo, en cuanto a las primeras debemos evitar generalizaciones *a priori* y juicios de valor imprecisos que a veces son racistas o desprecian a los participantes. Ejemplos de anotaciones erróneas serían: "el sujeto compró muchísimo" (¿qué significa "muchísimo"?), "el cliente come como un cerdo" (¿qué queremos decir?), además es una expresión ofensiva para quien nos ayuda a evaluar un servicio), "el tipo es un patán", "ella es una golfa? (¿lo cual significa…?).

La bitácora o diario de campo

Asimismo, es común que las anotaciones se registren en lo que se denomina *diario de campo* o *bitácora*, que es una especie de diario personal, donde además se incluyen:

1. **Las descripciones del ambiente o contexto** (iniciales y posteriores). Recordemos que se describen lugares y participantes, relaciones y eventos, todo lo que juzguemos relevante para el planteamiento.
2. **Mapas** (del contexto en general y de lugares específicos).
3. **Diagramas, cuadros y esquemas** (secuencias de hechos o cronología de sucesos, vinculaciones entre conceptos del planteamiento, redes de personas, organigramas, etc.). Tomemos como ejemplo las explosiones de Celaya en septiembre de 1999. Los elementos gráficos se muestran en la figura 12.3.
4. **Listados de objetos o artefactos** recogidos en el contexto, así como fotografías y videos que fueron tomados (indicando fecha y hora, y por qué se recolectaron o grabaron y, desde luego, su significado y contribución al planteamiento).

[3] Aquí en el libro se juntó la letra por cuestiones de espacio, pero es conveniente que las transcripciones tengan un interlineado doble y con márgenes amplios, para comentarios y reflexiones del investigador (Cuevas, 2009).

A las 10:45 horas ocurrió una explosión en una bodega en la que se elaboran y expenden juegos pirotécnicos, la cual sorprendió a comensales de los restaurantes aledaños, transeúntes y comerciantes que se encontraban en la zona de la Central de Abastos, frente a la Central Camionera de Celaya.

Minutos después llegaron bomberos y elementos de la Cruz Roja para tratar de sofocar el incendio y auxiliar a los lesionados. Los cuerpos sin vida empezaban a ser retirados por los paramédicos, mientras los socorristas removían los escombros en busca de otras víctimas, al tiempo que se agrupaban los primeros curiosos, los cuales también fueron sorprendidos poco después.

A las 11:00 horas, las llamas aún fuera de control alcanzaron a tanques de gas estacionario, provocando dos explosiones más que atraparon a socorristas y bomberos que cumplían con sus labores de rescate, causando dos bajas entre el grupo de "apagafuegos" y tres en el de paramédicos. Además, cobraron nuevas víctimas entre los lesionados que no pudieron ser evacuados a tiempo. También los primeros informadores en llegar al lugar de los hechos sufrieron bajas. Un fotógrafo de *El Sol del Bajío* perdió la vida. Las cifras preliminares contaban ya 52 cadáveres: 32 varones adultos, 10 mujeres y 10 menores.

A las 14:00 horas, más de tres horas después de la primera detonación, el gobernador del estado de Guanajuato dio a conocer que la situación estaba "bajo control", y mediante un comunicado de prensa proporcionó el primer reporte oficial, el cual corroboraba las cifras proporcionadas por los rescatistas: 50 muertos y 76 heridos, pero no explicó la existencia de un depósito ilegal de pólvora y materiales inflamables tan grande en pleno centro de la ciudad.

A las 11:40, elementos de la XVI Zona Militar acordonaron una zona que comprende unas 15 calles a partir de la Central de Abastos, incluyendo una terminal de autobuses foráneos, un tianguis, restaurantes y varias tiendas de autoservicio que fueron arrasadas hasta sus cimientos. Se informó que en la zona habitacional más cercana (a 700 metros del siniestro), sólo se registraron algunos vidrios rotos, pero nada de gravedad.

Causa de las explosiones

Corrupción de funcionarios locales y de nivel nacional que permitieron el almacenamiento ilegal de pólvora y otros explosivos.

Almacenamiento ilegal de pólvora y otros explosivos.

Origen de la explosión (desconocido). No se sabe si fue una chispa, un incendio provocado u otro factor.

Figura 12.3 Explosiones en Celaya (26 de septiembre de 1999): cronología de las explosiones.[4]

---

[4] Por cuestiones de espacio se resumen los eventos. Basado en relatos de supervivientes y del diario *La Jornada*, 27 de septiembre de 1999, primera plana, columnas 1-3.

Guerra cristera en México (1926-1929)

Fotografía del Claustro de San Francisco en Acámbaro, Michoacán. Se puede observar en los pilares las perforaciones que utilizaban para armar el corral de los caballos del Ejército del Gobierno Mexicano, esto muestra que las iglesias fueron ocupadas y convertidas en cuarteles.

5. **Aspectos del desarrollo del estudio** (cómo vamos hasta ahora, qué nos falta, qué debemos hacer).

El descubrimiento de la tumba de Tutankhamon (1922)

"Hasta este punto nuestro avance era satisfactorio. Sin embargo, pronto nos dimos cuenta de un hecho más bien preocupante. El segundo féretro que, por lo que se veía a través de la gasa parecía ser una obra de artesanía, presentaba síntomas evidentes del efecto de algún tipo de humedad y en algunos puntos, una tendencia de las incrustaciones a caer. Debo admitir que fue algo desconcertante ya que sugería que había existido algún tipo de humedad antiguamente en el interior de los féretros. De ser así, el estado de conservación de la momia del rey sería menos satisfactorio de lo que habíamos esperado" (Carter, 1989, p. 173).

Como resultado de la inmersión, el investigador debe:

Inmersión en el contexto, ambiente o campo Implica, a veces, vivir en éste o ser parte de él (trabajar en la empresa, habitar en la comunidad, etcétera).

a) identificar qué tipos de datos deben recolectarse

b) en quién o quiénes (muestra)

c) cuándo (una aproximación) y dónde (lugares específicos, por ejemplo, en una empresa detectar los sitios donde los empleados se reúnen para comentar sus problemas)

d) por cuánto tiempo (tentativamente) (Creswell, 2009; Daymon, 2010).

e) Así como definir su papel.

Algunas de las actividades que puede realizar un investigador durante la inmersión inicial y el comienzo de la recolección de los datos, son las que se incluyen en la tabla 12.4, algunas de las cuales ya se comentaron y otras se revisarán en los siguientes capítulos.

▲ **Tabla 12.4** Cuestiones importantes en el trabajo de campo de una investigación cualitativa

Acceso al contexto, ambiente o sitio

- Elegir el contexto, ambiente o sitio.
- Evaluar nuestros vínculos con el contexto.
- Lograr el acceso al contexto o sitio, y a los participantes.
- Contactar a las personas que controlan la entrada al ambiente o sitio y tienen acceso a los lugares y personas que lo conforman (*gatekeepers*), así como obtener su buena voluntad y participación.
- Realizar una inmersión completa en el contexto y evaluar si es el adecuado de acuerdo con nuestro planteamiento.
- Lograr que los participantes respondan a las solicitudes de información y aporten datos.
- Decidir en qué lugares del contexto se recolectan los datos.
- Planear qué tipos de datos se habrán de recolectar.
- Desarrollar los instrumentos para recolectar los datos (guías de entrevista, guías de observación, etcétera).

Observaciones

- Registrar notas de campo creíbles, desde el ingreso al ambiente (impresiones iniciales) hasta la salida; escritas o grabadas en algún medio electrónico.
- Registrar citas textuales de los participantes.
- Definir y asumir el papel de observador.
- Transitar en la observación: enfocar paulatinamente de lo general a lo particular.
- Validar si los medios planeados para recolectar los datos son las mejores opciones para obtener información.

Entrevistas iniciales

- Planearlas cuidadosamente.
- Concertar citas.
- Preparar el equipo para grabar las entrevistas.
- Acudir a las citas puntualmente.
- Realizar las entrevistas.
- Registrar anotaciones y hechos relevantes de las entrevistas.

Documentos

- Elaborar listas de lugares donde se pueden localizar y obtener documentos.
- Tramitar los permisos para obtenerlos o reproducirlos.
- Preparar el equipo para escanear, videograbar o fotografiar los documentos.
- Cuestionar el valor de los documentos.
- Certificar la autenticidad de los documentos.

Bitácora y diarios

- Solicitar a los participantes que escriban diarios y bitácoras.
- Revisar periódicamente esos diarios y bitácoras.

Materiales y objetos

- Recolectar, grabar o tomar videos, fotografías, audiocintas y todo tipo de objetos o artefactos que puedan ser útiles.

Como podemos ver, las fases del proceso investigativo se traslapan y no son secuenciales, uno puede regresar a una etapa inicial y retomar otra dirección. El planteamiento puede variar y llevarnos por rumbos que ni siquiera habíamos previsto. Por ejemplo, en la investigación sobre las emociones que pueden experimentar los pacientes jóvenes que tendrán una intervención quirúrgica por un tumor, podemos concentrarnos en el estrés o en temores específicos; o bien, enfocarnos en el trato que reciben por parte de médicos, enfermeras y personal auxiliar que los atiende antes de la operación. Podemos también estudiar sus emociones antes y después de la operación, incluir o no a sus familiares; en fin, el laberinto puede transportarnos a varias partes.

La inmersión inicial nos conduce a seleccionar un diseño y una muestra que, como veremos, implica continuar adentrándonos en el ambiente y tomar decisiones.

Resumen

- Los planteamientos cualitativos están enfocados en profundizar en los fenómenos, explorándolos desde la perspectiva de los participantes.
- Los objetivos y las preguntas son más generales y enunciativos en los estudios cualitativos.
- Los elementos de justificación en los planteamientos cualitativos son los mismos que en los cuantitativos: conveniencia, relevancia social, implicaciones prácticas, valor teórico y utilidad metodológica.
- La flexibilidad de los planteamientos cualitativos es mayor que la de los cuantitativos.
- Los planteamientos cualitativos son: abiertos, expansivos, no direccionados en su inicio, fundamentados en la experiencia e intuición, se aplican a un número pequeño de casos, el entendimiento del fenómeno es en todas sus dimensiones, se orientan a aprender de experiencias y puntos de vista de los individuos, valorar procesos y generar teoría fundamentada en las perspectivas de los participantes.
- Para responder a las preguntas de investigación es necesario elegir un contexto o ambiente donde se lleve a cabo el estudio; asimismo, es preciso ubicar el planteamiento en espacio y tiempo.
- Para quienes se inician en la investigación cualitativa, se sugiere visualizar gráficamente el problema de estudio.
- Los planteamientos cualitativos son una especie de plan de exploración y resultan apropiados cuando el investigador se interesa por el significado de las experiencias y los valores humanos, el punto de vista interno e individual de las personas y el ambiente natural en que ocurre el fenómeno estudiado; así como cuando buscamos una perspectiva cercana de los participantes.
- En los estudios cualitativos, las hipótesis adquieren un papel distinto al que tienen en la investigación cuantitativa. Normalmente no se establecen antes de ingresar en el ambiente y comenzar la recolección de los datos. Más bien, durante el proceso, el investigador va generando hipótesis de trabajo que se afinan paulatinamente conforme se recaban más datos o las hipótesis son uno de los resultados del estudio.
- Ya que se ha elegido un ambiente o lugar apropiado, comienza la tarea de responder a las preguntas de investigación. El ambiente puede ser tan variado como el planteamiento del problema.
- Tal ambiente puede variar, ampliarse o reducirse y es explorado para ver si es el apropiado.
- Dos dimensiones resultan esenciales con respecto a la selección del ambiente: conveniencia y accesibilidad.
- Para lograr el acceso al ambiente debemos negociar con los *gatekeepers*.
- Con el fin de tener un mayor y mejor acceso al ambiente, así como ser aceptados, se recomienda: desarrollar relaciones, elaborar una historia sobre la investigación, no intentar imitar a los participantes, planear el ingreso y no elevar las expectativas más allá de lo necesario.
- La inmersión total implica observar eventos, establecer vínculos con los participantes, comenzar a adquirir su punto de vista; recabar datos sobre sus conceptos, lenguaje y maneras de expresión, historias y relaciones; detectar procesos sociales fundamentales. Tomar notas y empezar a generar datos en forma de apuntes, mapas, esquemas, cuadros, diagramas y fotografías, así como recabar objetos y artefactos; elaborar descripciones del ambiente. Estar consciente del propio papel como investigador y de las alteraciones que se provocan; así como reflexionar acerca de las vivencias.
- Las observaciones al principio son generales pero van enfocándose en el planteamiento.
- La descripción del ambiente es una interpretación detallada de casos, seres vivos, personas, objetos, lugares específicos y eventos del contexto, y debe transportar al lector al sitio de la investigación.
- Se deben tomar distintos tipos de anotaciones: de la observación directa, interpretativas, temáticas, personales y de reactividad de los participantes.
- Las anotaciones se registran en el diario o bitácora de campo, que además contiene: descripciones, mapas, diagramas, esquemas, listados y aspectos del curso del estudio.
- Para complementar las observaciones podemos realizar entrevistas, recolectar documentos, etcétera.

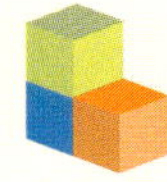

Conceptos básicos

Acceso al contexto o ambiente
Ambiente (contexto)
Anotaciones de campo
Bitácora de campo (diario de campo)
Descripciones del ambiente
Gatekeepers
Hipótesis de trabajo
Inmersión inicial en el campo
Inmersión total en el campo

Justificación del estudio
Literatura
Objetivos de investigación
Observación
Participantes
Planteamiento del problema
Preguntas de investigación
Proceso cualitativo
Viabilidad del estudio

Ejercicios

1. Vea la película de moda y plantee un problema de investigación cualitativa (como mínimo objetivos, preguntas y justificación de la investigación). ¿Cuál es el contexto o ambiente inicial de dicho estudio?

2. Seleccione un artículo de una revista científica que contenga los resultados de una investigación cualitativa y responda las siguientes preguntas: ¿cuáles son los objetivos de esa investigación?, ¿cuáles son las preguntas?, ¿cuál es su justificación?, ¿cuál su contexto o ambiente?, ¿cómo el (los) investigador(es) ingresó(aron) al campo?

3. Visite una comunidad rural y observe qué sucede en tal comunidad, platique con sus habitantes y recolecte información sobre un asunto que le interese. Tome notas y analícelas. De esta experiencia, plantee un problema de investigación cualitativo.

4. Respecto de la idea que eligió en el capítulo 2 y que fue desarrollando bajo el enfoque cuantitativo a lo largo del libro, ahora transfórmela en un planteamiento de investigación cualitativo. ¿Cuál sería el contexto o ambiente inicial de este planteamiento?

5. Describa un cuadro (pintura) de un artista renacentista, uno de un impresionista, otro de un cubista, uno más de un surrealista y finalmente de un pintor del siglo XXI. Analice y compare sus descripciones.

6. Realice una inmersión inicial en el campo de una fábrica, una escuela, un hospital, un barrio, una fiesta o una comunidad, teniendo en mente un planteamiento. ¿Quiénes son los *gatekeepers*?, ¿quiénes son los participantes?, ¿qué acontecimientos le llamaron la atención?, ¿qué datos pueden recolectarse y ser útiles para el estudio planteado? Describa un lugar específico del ambiente o contexto.

Ejemplos desarrollados

La guerra cristera en Guanajuato

Una breve explicación

La "Cristiada" se le denominó a la guerra que, entre 1926 y 1929, enfrentó al Gobierno con la Iglesia católica en México. Las relaciones entre ambos poderes eran conflictivas de años atrás y se politizaron con la división de liberales y conservadores durante el conflicto armado, que fue en realidad una guerra civil. Mientras la Iglesia apoyó a los conservadores y propuso la cristiandad como solución, los liberales abogaban por la secularización de los bienes del clero y la abolición de las órdenes religiosas (Scavino, 2005).

Los antecedentes son diversos y comienzan desde principios del siglo XIX. Pero desembocaron en varios acontecimientos que es necesario destacar:

- En 1924, el general Plutarco Elías Calles asume la Presidencia de México.

- El 21 de febrero de 1925, los caudillos de la Confederación Regional Obrera Mexicana (CROM), auspiciados por Calles, proclaman el surgimiento de la "Iglesia católica apostólica mexicana" (Carrère, 2005). Esto implicaba una especie de ruptura con la autoridad del Vaticano.
- El proyecto de tal institución fracasó rotundamente. El Papa Pío XI en la encíclica *Quas Primas*, del 11 de diciembre de 1925, declara de manera universal la festividad de Cristo Rey (Carrère, 2005).
- En el centro de México, Cristo Rey era un símbolo fundamental del catolicismo; incluso, años atrás habían erigido un monumento en el estado de Guanajuato a tal figura.
- El 2 de febrero de 1926, Pío XI dirige al Episcopado mexicano una carta en la cual insta a los católicos a emprender la acción cívica contra algunas medidas persecutorias que comenzaban a materializarse, pero que se abstuvieran de formar un partido político, para así evitar acusaciones por parte del gobierno de Calles de intervenir en asuntos políticos (Carrère, 2005).
- En marzo, se crea la Liga Nacional de la Defensa de la Libertad Religiosa, la cual lucharía por los derechos de profesar, confesar y promover la "Fe católica" (Carrère, 2005).

> Plutarco Elías Calles, el presidente mexicano más radical en materia religiosa, obtuvo del Congreso, en enero de 1926, la aprobación de la Ley Reglamentaria del artículo 130, la cual facultaba al Poder Federal la regulación de la "disciplina" de la Iglesia y confirmaba el desconocimiento de la personalidad jurídica de la Iglesia, de tal suerte que los sacerdotes serían considerados como simples profesionistas y las legislaturas estatales tendrían facultad para determinar el número máximo de sacerdotes dentro de su jurisdicción. Se requería, además, un permiso del Ministerio del Interior (actualmente Secretaría de Gobernación) para la apertura de nuevos lugares de culto (Dirección General del Archivo Histórico del Senado, 2003). Los sacerdotes debían registrarse ante el Ministerio del Interior.

- El 31 de julio de 1926 entra en vigor la "Ley Calles". En tanto, el Episcopado mexicano consulta con el Vaticano en Roma para suspender los cultos en las iglesias el mismo 31 de julio. El Papa aprueba las medidas propuestas por la Iglesia mexicana. El general Calles, al conocer las intenciones de los católicos, ordena que las iglesias sean cerradas e inventariadas (Dirección General del Archivo Histórico del Senado, 2003).
- El cierre de templos origina una gran cantidad de protestas oficiales de la Iglesia mexicana, y la Ley Calles, en la práctica, se convierte en acciones tales como la prohibición del culto religioso, del suministro de sacramentos, de la catequesis; la supresión de monasterios y conventos, la libertad de prensa religiosa y la expropiación de algunos templos. Incluso las sanciones fueron desde una multa hasta el encarcelamiento por tiempo indefinido y, en algunos casos, la muerte por fusilamiento.
- La Liga Nacional de la Defensa de la Libertad Religiosa se organiza política y militarmente, y decide comandar una lucha armada; establece centros locales y regionales en todo México, promete a los combatientes armas y dinero para apoyar la insurrección y derrocar al gobierno de Calles. Finalmente, en los primeros días de enero de 1927, después de brotes espontáneos de rebelión, varios ejércitos (porque no era uno solo, sino diferentes grupos armados en distintas provincias de México) se sublevan al grito de: "¡Viva Cristo Rey!"
- El levantamiento se ubicó principalmente en los estados de Jalisco, Zacatecas, Guanajuato, Michoacán, Querétaro, Colima y Nayarit. Después se agregaron otros estados: Puebla, Estado de México, Oaxaca, Veracruz, Durango y Guerrero, y hasta en estados del norte, como Sinaloa, hubo brotes.
- En realidad nadie salió victorioso de esta guerra civil, ni militar ni moralmente. Al arribar a la Presidencia de México Emilio Portes Gil, quien sustituyó al candidato oficial asesinado en 1928 por un joven católico (el general Álvaro Obregón, quien ya había sido presidente antes de Calles), se estableció la tregua y el final oficial de la guerra cristera. El embajador estadounidense Dwight W. Morrow sirvió como intercesor entre el Gobierno mexicano y la Iglesia para terminar el conflicto. Se calcula que murieron cerca de cien mil personas.
- La persecución de católicos siguió y años después, en 1934, hubo un nuevo levantamiento, que se extendió hasta 1941, cuando se rinde el último jefe cristero, Federico Vázquez, en Durango (Carrère, 2005).[5]

Planteamiento del problema

Durante muchos años, hubo una conspiración de silencio para no tocar el tema de la Cristiada. A 71 años de distancia, cuando el conflicto entre la Iglesia católica y el Estado ha desaparecido hasta de los textos constitucionales, la historia se puede contar tranquilamente (Jean Meyer).

---

[5] Para una mayor comprensión de esta guerra civil se recomienda la obra de Meyer (1994) y la de Carrère (2005).

I. Objetivos

- Comprender el significado que tuvo la guerra cristera para la población del estado de Guanajuato de la época (1926-1929).
- Entender las experiencias y vivencias de cristeros guanajuatenses durante dicha guerra.
- Documentar los sucesos de la guerra cristera en Guanajuato, particularmente aquellos no registrados en la literatura disponible.
- Conocer las repercusiones que tuvo dicha guerra en Guanajuato de "viva voz" de sus actores.

II. Preguntas de investigación

- ¿Qué significados tuvo la guerra cristera para la población de Guanajuato durante esta época?
- ¿Qué vivencias profundas experimentaron los cristeros guanajuatenses durante dicha guerra?
- ¿Qué sucesos fueron relevantes en la guerra cristera en Guanajuato?
- ¿Cuáles fueron las repercusiones que tuvo dicha guerra en Guanajuato?

III. Justificación (resumida)

Muy pocos estudios se han realizado en el estado de Guanajuato para documentar los sucesos de la guerra cristera de 1926-1929, de manera especial en los municipios con menor población. La literatura disponible se concentra en el conflicto a nivel nacional o estatal, las referencias son comúnmente a líderes militares o figuras del movimiento cristero. Por ello, es importante efectuar una investigación en todos los municipios del estado (46 en total), a nivel local, desde la perspectiva de los sobrevivientes que experimentaron "en carne y hueso" (directamente) el conflicto o lo escucharon de sus padres (fuentes indirectas). Además, se revisarían físicamente los lugares donde ocurrieron los hechos, así como los archivos disponibles, ambos se irán registrando. Cabe resaltar que en la actualidad el número de sobrevivientes es escaso, porque el conflicto se inició hace más de 80 años. Es una última oportunidad para recolectar sus testimonios directos.

IV. Viabilidad

Al inicio de la investigación se carecía de apoyo por parte de alguna institución, los recursos provendrían de los investigadores, por lo cual solamente se incluirían en una primera etapa los siguientes municipios: Apaseo El Alto, Apaseo El Grande, Celaya, Irapuato, Juventino Rosas, Salamanca, Villagrán, Tarimoro, Salvatierra, Acámbaro y San Miguel de Allende.

V. Contexto o ambiente inicial

Cada cabecera municipal sería un contexto o ambiente.

El proceso de inmersión en el campo se resume así por la investigadora:

Al llegar a cada municipio, lo primero que hacía era dirigirme a la Presidencia Municipal (alcaldía) y preguntar sobre la ubicación del archivo histórico de la ciudad o población. La mayoría de los archivos se encuentran en la misma alcaldía.

Después de consultar el archivo, preguntaba al encargado del mismo (*gatekeeper*) quién era el cronista de la ciudad y dónde vivía. Además, le cuestionaba qué personas ancianas conocía en la ciudad que me pudieran dar testimonios sobre la guerra cristera. En varios archivos tienen como encargado responsable al cronista de la localidad.

La entrevista con los cronistas fue una parte clave en la investigación, ya que además de la información proporcionada, ellos me indicaron qué personas habían vivido la guerra cristera. Algunos me proporcionaron fotos de la época.

Una vez que se obtuvieron los nombres y las direcciones de los testigos del movimiento, la tarea consistía en ir a buscarlos a sus casas, haciéndoles saber que iba de parte del cronista de la ciudad, ya que como es lógico imaginarse, no es fácil que dejen entrar a un extraño a sus hogares.

Considero que la parte más enriquecedora de la investigación fue el haber entrevistado a los testigos directos del conflicto cristero; el haber visto cómo por medio de sus manos, gestos y miradas relataban los acontecimientos, cómo sus lágrimas caían cuando recordaban las muertes de sus paisanos, y el escuchar sus risas, las cuales resonaban al hablar sarcásticamente sobre el gobierno de la época. Los mismos entrevistados me recomendaron con conocidos suyos, con la finalidad de entrevistarlos también.

Para mí, el haber hecho estas entrevistas fue rescatar un poquito de la historia popular de la región. Con el tiempo esos ancianos se irán y con ellos, sus relatos y recuerdos, quedando perdidos para siempre.

Por último, consultaba las bibliotecas públicas, que albergan libros sobre la historia de cada municipio, así como los museos locales para buscar más datos y fotografías.

Sin embargo, me gustaría mencionar como ejemplo el municipio de Celaya, ya que en esta ciudad como en muchas otras, no se tiene documentación de 1926 a 1929. Es más, pareciera ser que en ninguna parte encontraría información sobre esta localidad. ¿Qué hacer en un caso como éste?

Había consultado el archivo y las bibliotecas públicas de Celaya, pero no había encontrado ningún dato sobre el conflicto cristero en la ciudad. Entrevisté a la cronista, quien me proporcionó datos representativos, pero que se enfocaban más a describir la vida en esa época; sin embargo, no eran datos históricos con fechas o lugares precisos. Una bibliotecaria me comentó sobre la existencia de un archivo histórico en el templo de San Francisco. Todavía me sorprendo de la riqueza histórica que custodian los franciscanos en ese archivo, fue una de las principales fuentes de investigación para el caso de Celaya. El sacerdote encargado y una historiadora me orientaron sobre el manejo de los documentos.

Se podría decir que ya contaba con bastante información, pero de alguna manera, esa información relataba el punto de vista de la Iglesia. No conforme con ello, y consultando al asesor, yo quería que mi investigación presentara distintas "voces históricas"; por tanto, se necesitaba del punto de vista oficial, del gobierno. Sin proponérmelo, al visitar archivos históricos de localidades vecinas, encontré información sobre la ciudad de Celaya, descubrí, además, que esta ciudad jugó un papel fundamental en la región durante la Cristiada. También me sorprendí cuando los testigos y cronistas de otras poblaciones hacían referencia a Celaya.

Fue de este modo, con información de varios municipios, que se armó el desarrollo histórico del conflicto en tal ciudad. También se dio el caso, como en Salamanca, que no había información ni en archivos ni en bibliotecas. En esos casos, no hay más que echar mano de la historia oral.

Consecuencias del abuso sexual infantil[6]

I. Objetivos

- Entender las experiencias vividas por mujeres que fueron abusadas sexualmente durante su infancia.
- Generar un modelo teórico que pueda contextualizar la manera como las mujeres sobrevivieron al abuso y lo afrontaron.

II. Preguntas de investigación[7]

- ¿Qué significados tiene para un grupo de mujeres el conjunto de experiencias de abuso sexual que vivieron en su infancia?
- ¿Cuáles fueron las condiciones en las que sucedió el abuso sexual?
- ¿Qué estrategias de supervivencia y afrontamiento desarrollaron las mujeres ante el abuso sexual?
- ¿Qué condiciones intervienen en tales estrategias?
- ¿Cuáles fueron las consecuencias de las estrategias seguidas para sobrevivir y afrontar el abuso?

III. Entrada al campo o contexto

Las participantes fueron reclutadas de un área metropolitana de Estados Unidos, por medio de terapeutas conocidos por su experiencia en el trabajo con sobrevivientes del abuso sexual. Se envió una carta a cada terapeuta (*gatekeepers*) en la cual se describía el estudio con todo detalle. Asimismo, se mandó una carta semejante a las pacientes que podrían beneficiarse del estudio o que estuvieran interesadas en participar. Las pacientes contactaron a Susan L. Morrow. De las 12 que originalmente se interesaron, 11 llegaron a ser participantes de la investigación. Una rechazó colaborar por razones personales.

Cuando las participantes potenciales contactaron a Morrow, se revisó una vez más el propósito y alcance del estudio, y se concertó una cita para una entrevista inicial. El consentimiento o autorización para participar se discutió con todo detalle al inicio de las entrevistas, resaltando la confidencialidad y las posibles consecuencias emocionales de la participación. Después de que cada mujer firmó el formato o formulario de consentimiento, la grabación de audio o video comenzó. Todas las participantes escogieron un seudónimo para ser nombradas en la investigación y se les prometió que tendrían la oportunidad de revisar sus comentarios (citas) y cualquier otra información que se escribiera acerca de ellas, antes de la publicación del estudio.

Centros comerciales[8]

I. Objetivos

- Evaluar la experiencia de compra de los clientes en centros comerciales (*malls*) de una importante cadena latinoamericana.
- Conocer las preferencias de los clientes por ciertos centros comerciales de su ciudad y sus razones.
- Obtener de los clientes una evaluación comparativa de diferentes centros comerciales de la localidad.
- Comprender los atributos que le asignan los clientes a cada centro comercial de la localidad.
- Obtener definiciones del centro comercial ideal.

II. Preguntas de investigación

- ¿Cómo es la experiencia de compra de los clientes en los diferentes centros comerciales de una importante cadena latinoamericana? ¿Cómo puede caracterizarse?
- ¿Cuáles son los centros comerciales preferidos por los clientes en cada ciudad y por qué?
- ¿Cómo evalúan los clientes a los diferentes centros comerciales de la localidad?
- ¿Qué atributos les asignan los clientes a cada centro comercial de la localidad?
- ¿Cómo puede definirse el centro comercial ideal desde la óptica de los clientes?

---

[6] (Morrow y Smith, 1995). Se resume por cuestiones de espacio.

[7] Deducidas de la lectura del artículo.

[8] Se presenta un planteamiento resumido del estudio original.

III. Entrada al campo o contexto

Cada ciudad (fueron 12 en total) fue estudiada de manera independiente y al final se obtuvieron resultados comunes cuya naturaleza no fue local.

No se requirió obtener ningún consentimiento, ya que la propia empresa propietaria de los centros comerciales fue la que encargó el estudio.

El contexto inicial fue el centro comercial, de donde se reclutaron personas de ambos géneros (cuyas edades fluctuaron entre los 18 y 75 años) para participar en sesiones grupales de enfoque (*focus groups*), en las cuales se recolectaron opiniones sobre conceptos relacionados con el planteamiento del problema.

Otro ejemplo

En el CD anexo, en: Material complementario → Ejemplo → Ejemplo 3, el lector podrá encontrar un reporte en PDF, versiones Word y Power Point de una investigación cualitativa, que muestra el uso de Atlas.ti y la teoría fundamentada, titulado: "Entre 'no sabía qué estudiar' y 'ésa fue siempre mi opción': selección de institución de educación superior por parte de estudiantes en una ciudad del centro de México". Hernández Sampieri y Méndez, 2009).

Este estudio cualitativo se realizó para profundizar en las razones por las cuales los jóvenes en edad de efectuar sus estudios universitarios eligieron o descartaron a la Universidad Latinoamericana del Conocimiento[3] como opción educativa, y para comprender el papel que desempeñan los padres de familia y demás actores relevantes (maestros, amigos y otros parientes) en la selección de la institución educativa de nivel superior en la que los jóvenes continuarán sus estudios. Se llevaron a cabo grupos focales, en un total de 17 sesiones que se complementaron con tres entrevistas. La muestra fue 118 participantes (estudiantes de bachillerato, universitarios, egresados de universidad y padres de familia). Los principales resultados revelan que hay varios factores involucrados en la decisión de los estudiantes: influencia de otras personas, razones personales, características de la universidad y el contacto con ésta. Además se identificaron seis tendencias en el proceso de decisión. Los participantes también compartieron cuáles creen que son las mejores universidades en el país, principalmente en la región central de México; y las razones por las que las consideran. Finalmente, se encontró que dicha Universidad tiene características únicas que debe potenciar y áreas de oportunidad para cambiar y mejorar.

Recomendamos que el lector revise el ejemplo (que está en dos documentos: informe y presentación abreviada) para comprender todo el proceso de la investigación cualitativa.

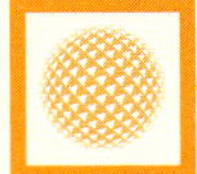

Los investigadores opinan

Cuando se tienen tantos lustros de experiencia en la investigación y en su enseñanza, cuando se ha sido testigo y partícipe en la incorporación de la metodología de la investigación en los currículos de los diversos niveles escolares, uno puede percibir las tendencias y avatares que se han suscitado en esta materia, a través de los diversos momentos históricos que nos ha tocado vivir.

Cuando en la década de los setenta comenzaron a aparecer formalmente los cursos de investigación en las universidades de Iberoamérica, fue notorio el predominio del paradigma cuantitativo. Había que apegarse al positivismo, con todos sus variados enfoques (del *survey* a los diseños experimentales). Ése era el dogma indiscutible.

No fue sino hasta finales del siglo xx que el paradigma cualitativo empezó a tener auge, el cual continúa hoy en día. Así, ahora tenemos otras opciones por considerar para hacer investigación (del interaccionismo simbólico a la hermenéutica). Éste es, para muchos, el nuevo dogma, incuestionable también.

Sin embargo, el libro que tienes —estimado lector— ante tus ojos, nos presenta el paradigma cualitativo, no como un dogma que reemplaza a otro; no como una simple sustitución mecánica de una receta por otra. Por el contrario, Hernández Sampieri *et al.* nos lo propone en su justa dimensión, como una herramienta más del quehacer de la investigación científica.

---

[9] Por cuestiones de confidencialidad el nombre verdadero de la institución no se menciona, ha sido sustituido por éste. Hasta donde sabemos no hay una organización educativa con este nombre, pero si así fuera, el estudio no se refiere a ella, y los autores nos disculpamos de antemano por cualquier confusión que pudiera surgir de este hecho. La investigación es real, pero el nombre de la universidad es muy distinto, solamente nos limitaremos a decir que se ubica en la región central de México y que cuenta con aproximadamente 1 500 alumnos y es privada.

Muchas promociones de alumnos míos han tenido que contestar (y, sobre todo, responderse a sí mismos) la pregunta ¿qué es mejor: un serrucho, un desarmador o un martillo? Irremediablemente todos han llegado a la conclusión de que todo depende para qué se va a emplear.

Todos conocemos a personas que, por inexperiencia o ineptitud, insisten en usar un serrucho para clavar un clavo o un desarmador para cortar una madera. De manera análoga, todos hemos conocido a investigadores que insisten en utilizar únicamente cierta técnica, porque les parece que es lo que está de moda o porque es la de sus preferencias, independientemente del problema u objetivos de investigación que tiene entre sus manos.

Les invito a reflexionar acerca de los razonamientos que subyacen a la toma de decisiones en cuanto a la metodología de la investigación, para lo cual —estoy seguro— ustedes encontrarán las bases conceptuales en esta quinta edición, en la que se añade un nuevo énfasis en los métodos cualitativos.

Carlos G. Alonzo Blanqueto
Decano de la docencia y la investigación,
Facultad de Educación de la Universidad
Autónoma de Yucatán
Miembro del Comité Consultivo del Consejo Mexicano
de Investigación Educativa (COMIE)

La metodología cualitativa permite entender cómo los participantes de una investigación perciben los acontecimientos. La variedad de sus métodos, como son: la fenomenología, el interaccionismo simbólico, la teoría fundamentada, el estudio de caso, la hermenéutica, la etnografía, la historia de vida, la biografía y la historia temática, reflejan la perspectiva de aquel que vive el fenómeno, es decir, del participante que experimenta el fenómeno. El uso de esta aproximación es de carácter inductivo y sugiere que a partir de un fenómeno dado, se pueden encontrar similitudes en otro, permitiendo entender procesos, cambios y experiencias.

La obra *Metodología de la investigación* de Hernández Sampieri y colaboradores aborda la visión cualitativa de manera fascinante, a través de ejemplos que facilitan la asimilación de las etapas esenciales de la investigación.

Mtro. Ricardo Ortiz Ayala
Instituto Tecnológico de Querétaro
y Universidad Autónoma de Querétaro

13 Muestreo en la investigación cualitativa

Proceso de investigación cualitativa → **Paso 3 Elección de las unidades de análisis o casos iniciales y la muestra de origen**

- Definir las unidades de análisis y casos iniciales.
- Elegir la muestra inicial.
- Revisar permanentemente las unidades de análisis y muestra iniciales y, en su caso, su redefinición.

Objetivos del aprendizaje

Al terminar este capítulo, el alumno será capaz de:

1 Conocer el proceso de selección de la muestra en la investigación cualitativa.
2 Comprender los conceptos esenciales vinculados con la unidad de análisis y la muestra en estudios cualitativos.
3 Entender los diferentes tipos de muestras no probabilísticas o dirigidas y tener elementos para decidir en cada investigación, cuál es el tipo apropiado de muestra de acuerdo con las condiciones que se presenten durante su desarrollo.

Síntesis

En el capítulo se comentará el proceso para definir las unidades de análisis y la muestra iniciales. En los estudios cualitativos el tamaño de muestra no es importante desde una perspectiva probabilística, pues el interés del investigador no es generalizar los resultados de su estudio a una población más amplia. Asimismo, se considerarán los factores que intervienen para "determinar" o sugerir el número de casos que compondrán la muestra. También se insistirá en que conforme avanza el estudio se pueden agregar otros tipos de unidades o reemplazar las unidades iniciales, puesto que el proceso cualitativo es más abierto y está sujeto al desarrollo del estudio.

Por último, se revisarán los principales tipos de muestras dirigidas o no probabilísticas, que son las que se utilizan comúnmente en investigaciones cualitativas.

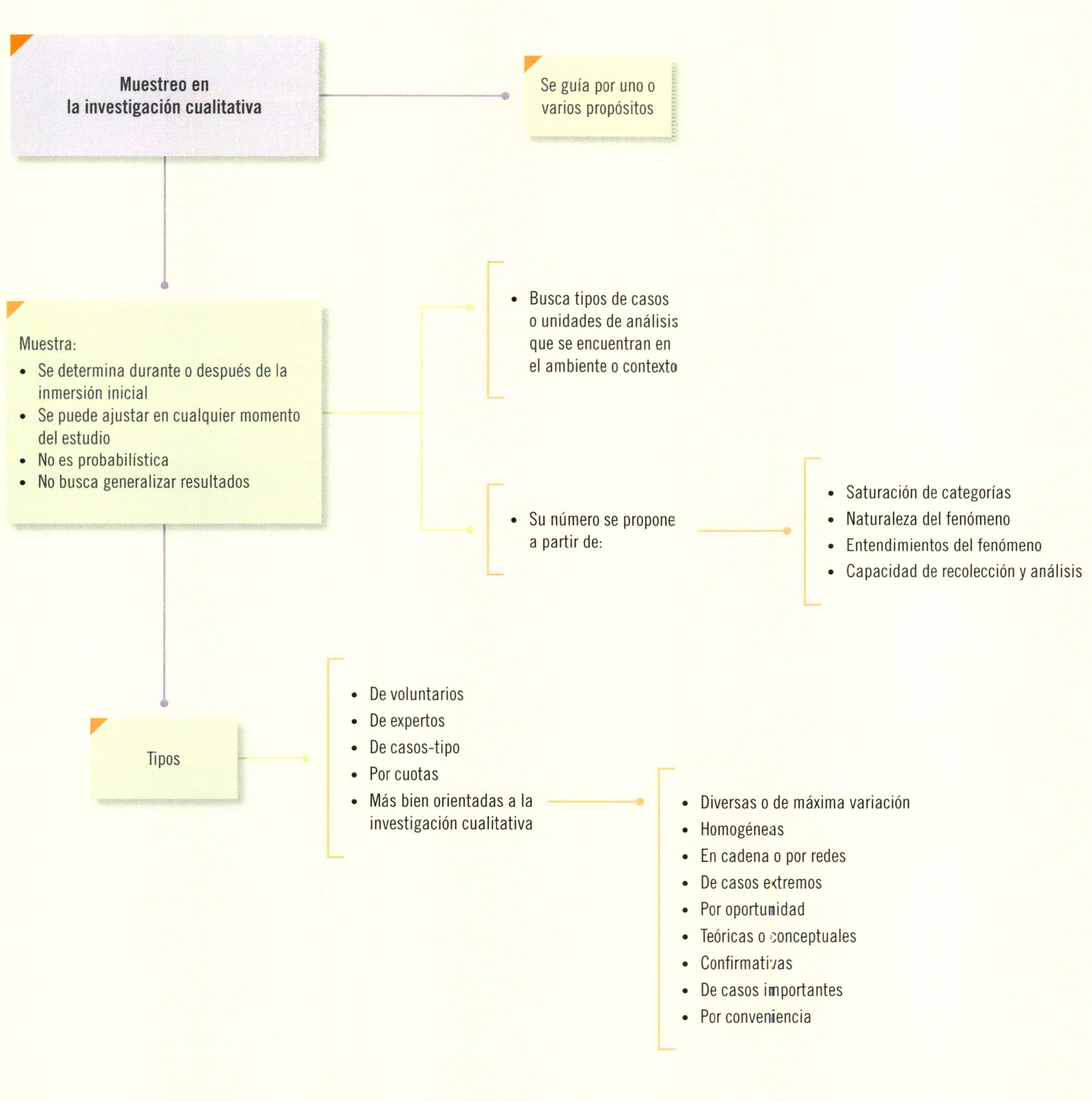

Muestreo en la investigación cualitativa

Se guía por uno o varios propósitos

Muestra:
• Se determina durante o después de la inmersión inicial
• Se puede ajustar en cualquier momento del estudio
• No es probabilística
• No busca generalizar resultados

• Busca tipos de casos o unidades de análisis que se encuentran en el ambiente o contexto

• Su número se propone a partir de:

• Saturación de categorías
• Naturaleza del fenómeno
• Entendimientos del fenómeno
• Capacidad de recolección y análisis

Tipos

• De voluntarios
• De expertos
• De casos-tipo
• Por cuotas
• Más bien orientadas a la investigación cualitativa

• Diversas o de máxima variación
• Homogéneas
• En cadena o por redes
• De casos extremos
• Por oportunidad
• Teóricas o conceptuales
• Confirmativas
• De casos importantes
• Por conveniencia

Después de la inmersión inicial: la muestra inicial

OA 1

Hemos hecho la inmersión inicial, la cual nos sumerge en el contexto, a la par recolectamos y analizamos datos (seguramente ya observamos diferentes sucesos, nos compenetramos con la cotidianidad del ambiente, platicamos o entrevistamos a varias personas, tomamos notas, tenemos impresiones, etcétera).

En algún momento de la inmersión inicial o después de ésta, se define la muestra "tentativa", sujeta a la evolución del proceso inductivo. Como menciona Creswell (2009) el muestreo cualitativo es propositivo. Las primeras acciones para elegir la **muestra** ocurren desde el planteamiento mismo y cuando seleccionamos el contexto, en el cual esperamos encontrar los casos que nos interesan. En las investigaciones cualitativas nos preguntamos: ¿qué casos nos interesan inicialmente y dónde podemos encontrarlos?

Muestra En el proceso cualitativo, es un grupo de personas, eventos, sucesos, comunidades, etc., sobre el cual se habrán de recolectar los datos, sin que necesariamente sea representativo del universo o población que se estudia.

En el ejemplo del estudio sobre las emociones que pueden experimentar los pacientes jóvenes que serán operados, al ver los objetivos ya sabemos que los casos van a ser personas de 13 a 17 años de la ciudad de Salta, en Argentina, y que cubren la condición de ser intervenidos quirúrgicamente de un tumor cerebral. Asimismo, ubicamos hospitales donde se realizan esta clase de operaciones. Ahora, debemos elegir los casos (por ejemplo, de un listado que nos señale la programación de las intervenciones quirúrgicas del tipo buscado en los próximos meses) y contactarlos para lograr su consentimiento (con el antecedente de que los hospitales han autorizado la investigación). Pero, ¿cuántos casos?, ¿cuántos jóvenes que se someterán a cirugía debemos incluir: 10, 15, 50, 100?, ¿qué tamaño de muestra es el adecuado? Como ya se ha comentado, en los estudios cualitativos el tamaño de muestra *no* es importante desde una perspectiva probabilística, pues el interés del investigador *no* es generalizar los resultados de su estudio a una población más amplia. Lo que se busca en la indagación cualitativa es profundidad. Nos conciernen casos (participantes, personas, organizaciones, eventos, animales, hechos, etc.) que nos ayuden a entender el fenómeno de estudio y a responder a las preguntas de investigación. El muestreo adecuado tiene una importancia crucial en la investigación, y la investigación cualitativa no es una excepción (Barbour, 2007). Por esta razón es necesario reflexionar detenidamente sobre cuál es la estrategia de muestreo más pertinente para lograr los objetivos de investigación, tomando en cuenta criterios de rigor, estratégicos, éticos y pragmáticos como se explicará a continuación.

Por lo general son tres los factores que intervienen para "determinar" (sugerir) el número de casos:

1. Capacidad operativa de recolección y análisis (el número de casos que podemos manejar de manera realista y de acuerdo con los recursos que dispongamos).
2. El entendimiento del fenómeno (el número de casos que nos permitan responder a las preguntas de investigación, que más adelante se denominará "saturación de categorías").
3. La naturaleza del fenómeno bajo análisis (si los casos son frecuentes y accesibles o no, si el recolectar información sobre éstos lleva relativamente poco o mucho tiempo).

Por ejemplo, en el estudio sobre las emociones que los pacientes jóvenes pueden experimentar antes de ser operados, el investigador o investigadora procurará analizar el mayor número de casos posible (que depende, en primera instancia, de cuántas cirugías para extirpar tumores cerebrales se realizan en Salta —mensual o anualmente— a jóvenes de 13 a 17 años).

Asimismo, en la investigación de Morrow y Smith (1995) se reclutó abiertamente a las participantes (cuantas más, mejor, pero que pudieran tratarse). La muestra final fue de 11 mujeres (el requisito era que hubiesen vivido abuso sexual prolongado durante su infancia).

En ocasiones podrían —idealmente— obtenerse muestras grandes, que nos permitirían un sentido de entendimiento completo del problema de estudio, pero en la práctica son inmanejables (por ejemplo, cómo podríamos estudiar en profundidad 200 o 300 casos de experiencias previas al quirófano o documentar en forma exhaustiva —mediante entrevistas y sesiones en grupo— más de 100 casos de abuso sexual prolongado durante la infancia, ello requeriría varios años o un vasto equipo de investigadores altamente preparados y con criterios similares para investigar). Finalmente, como comenta Neuman (2009), en la indagación cualitativa *el tamaño de muestra no se fija a priori* (previamente a la recolección de los datos), sino que se establece un tipo de unidad de análisis y a veces se perfila un número relativamente aproximado de casos, pero la muestra final se conoce cuando las unidades que van adicionándose no aportan información o datos novedosos ("saturación de categorías"), aun cuando agreguemos casos extremos. Aunque Mertens (2005) hace una observación sobre el número de unidades que suelen utilizarse en diversos estudios cualitativos, la cual se incluye en la tabla 13.1. Pero aclaramos, no hay parámetros definidos para el tamaño de la muestra (hacerlo va ciertamente contra la propia naturaleza de la indagación cualitativa). La tabla es únicamente un marco de referencia, pero la decisión del número de casos que conformen la muestra es del investigador, así como resultado de los tres factores intervinientes que se mencionaron (porque como dice el doctor Roberto Hernández Galicia: los estudios cualitativos son artesanales, "trajes hechos a la medida de las circunstancias"). Y el principal factor es que los casos nos proporcionen un sentido de comprensión profunda del ambiente y el problema de investigación. Las muestras cualitativas no deben ser utilizadas para representar a una población (Daymon, 2010).

Oa2

Reformulación de la muestra   En los estudios cualitativos la muestra planteada inicialmente puede ser distinta a la muestra final. Podemos agregar casos que no habíamos contemplado o excluir otros que sí teníamos en mente.

▲ **Tabla 13.1**   Tamaños de muestra comunes en estudios cualitativos

Tipo de estudio	Tamaño mínimo de muestra sugerido
Etnográfico, teoría fundamentada, entrevistas, observaciones	30 a 50 casos
Historia de vida familiar	Toda la familia, cada miembro es un caso
Biografía	El sujeto de estudio (si vive) y el mayor número de personas vinculadas a él, incluyendo críticos
Estudio de casos en profundidad	6 a 10 casos
Estudio de caso	Uno a varios casos
Grupos de enfoque	Siete a 10 casos por grupo, cuatro grupos por cierto tipo de población

Cabe destacar, que los tipos de estudio o diseños cualitativos aún no se comentan, por lo que el cuadro adquirirá un mayor sentido al revisar los capítulos 14, "Recolección y análisis de los datos cualitativos", y 15, "Diseños del proceso de investigación cualitativa". Por su parte, Creswell (2009) señala que en las investigaciones cualitativas los intervalos de las muestras varían de uno a 50 casos.

Otra cuestión importante es la siguiente: en una investigación cualitativa la muestra puede contener cierto tipo definido de unidades iniciales, pero conforme avanza el estudio se pueden agregar otros tipos de unidades y aun desechar las primeras unidades. Por ejemplo, si decido analizar la comunicación médico-paciente (en el caso de enfermos terminales de SIDA), después de una inmersión inicial (que implicaría observar actos de comunicación entre médicos y pacientes terminales, mantener charlas informales con unos y otros, etc.), quizá me doy cuenta de que dicha relación está mediatizada por el personal no médico (enfermeras, auxiliares, personal de limpieza) y entonces decidir agregarlo a la muestra. Así, analizaría tanto a los protagonistas de las interacciones como a éstas y sus procesos.

También, se pueden tener unidades cuya naturaleza es diferente. Por ejemplo, en el estudio sobre la guerra cristera en Guanajuato desde el punto de vista de sus actores, la muestra inicial comprendió dos clases de unidades:

a) Documentos generados en la época y disponibles en archivos públicos y privados (notas periodísticas, correspondencia oficial, reportes y, en general, publicaciones del gobierno municipal o estatal; diarios personales, etcétera).

b) Participantes (testigos directos, personas que vivieron en la época de la guerra cristera y descendientes de éstos).

Posteriormente, se sumaron como unidades "artefactos u objetos" y "sitios específicos" (armas usadas en la conflagración, casas donde se celebraban en secreto las misas católicas, iglesias y lugares donde fueron ejecutados cristeros u ocurrieron batallas o escaramuzas).

Mertens (2005) señala que en el muestreo cualitativo es usual comenzar con la identificación de ambientes propicios, luego de grupos y, finalmente, de individuos. Incluso, la muestra puede ser una sola unidad de análisis (estudio de caso).[1] La investigación cualitativa, por sus características, requiere de muestras más flexibles. La muestra se va evaluando y redefiniendo permanentemente. La esencia del muestreo cualitativo se define en la figura 13.1

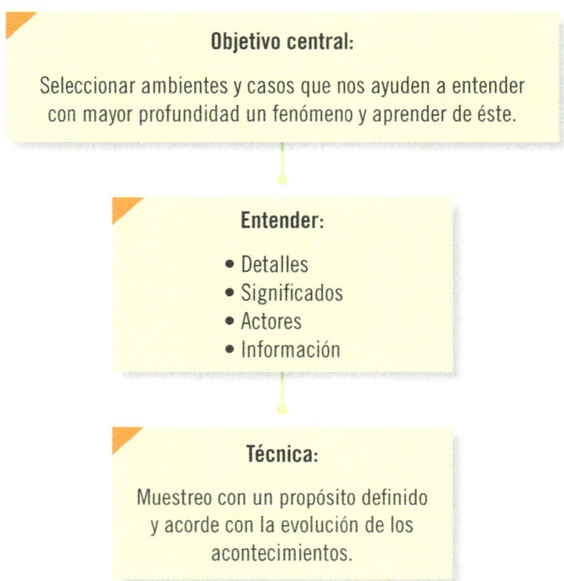

Figura 13.1   Esencia del muestreo cualitativo.[2]

Los tipos de muestras que suelen utilizarse en las investigaciones son las *no probabilísticas* o *dirigidas*, cuya finalidad no es la generalización en términos de probabilidad. También se les conoce como "guiadas por uno o varios propósitos", pues la elección de los elementos depende de razones relacionadas con las características de la investigación. Veamos estas clases de muestras, pero cabe destacar que *no son privativas de los estudios cualitativos*, también llegan a utilizarse en investigaciones cuantitativas, pero se asocian más con los primeros.

La muestra de participantes voluntarios

Las muestras de voluntarios son frecuentes en ciencias sociales y médicas. Pensemos, por ejemplo, en los individuos que voluntariamente acceden a participar en un estudio que profundiza en las experiencias de cierta terapia, otro caso sería el del investigador que desarrolla un trabajo sobre las motivaciones de los pandilleros de un barrio de Madrid e invita a aquellos que acepten acudir a una entrevista abierta. En estos casos, la elección de los participantes depende de circunstancias muy variadas. A esta clase de muestra también se le puede llamar *autoseleccionada*, ya que las personas se proponen como participantes en el estudio o responden activamente a una invitación.

---

[1] Los estudios de caso cualitativos no se revisarán en este espacio, sino en el capítulo 4 del CD anexo, "Estudios de caso".
[2] Adaptado de Mertens (2005).

Este tipo de muestras se usa en estudios experimentales de laboratorio, pero también en investigaciones cualitativas, el ejemplo de Morrow y Smith (1995) es un caso de este tipo.

La muestra de expertos

En ciertos estudios es necesaria la opinión de individuos expertos en un tema. Estas muestras son frecuentes en estudios cualitativos y exploratorios para generar hipótesis más precisas o la materia prima del diseño de cuestionarios. Por ejemplo, en un estudio sobre el perfil de la mujer periodista en México (Barrera *et al.*, 1989) se recurrió a una muestra de 227 mujeres periodistas, pues se consideró que eran los participantes idóneos para hablar de contratación, sueldos y desempeño de tal ocupación. Tales muestras son válidas y útiles cuando los objetivos del estudio así lo requieren.

La muestra de casos-tipo

También esta muestra se utiliza en estudios cuantitativos exploratorios y en investigaciones de tipo cualitativo, donde el objetivo es la riqueza, profundidad y calidad de la información, no la cantidad ni la estandarización. En estudios con perspectiva fenomenológica, donde el objetivo es analizar los valores, ritos y significados de un determinado grupo social, el uso de muestras tanto de expertos como de casos-tipo es frecuente. Por ejemplo, pensemos en los trabajos de Howard Becker (*El músico de jazz,* 1951; *Los muchachos de blanco*, 1961) que se basan en grupos de típicos músicos de jazz y característicos estudiantes de medicina, para adentrarse en el análisis de los patrones de identificación y socialización de estas dos profesiones: la de músico y la de médico.

Los estudios motivacionales, los cuales se hacen para el análisis de las actitudes y conductas del consumidor, también utilizan muestras de casos-tipo. Aquí se definen los segmentos a los que va dirigido un determinado producto (por ejemplo, jóvenes clase socioeconómica *A,* alta, y *B*, media, amas de casa clase *B*, ejecutivos clase *A-B*) y se construyen grupos, cuyos integrantes tengan las características sociales y demográficas de dicho segmento.

La muestra por cuotas

Este tipo de muestra se utiliza mucho en estudios de opinión y de marketing. Por ejemplo, los encuestadores reciben instrucciones de administrar cuestionarios a individuos en un lugar público (un centro comercial, una plaza o una colonia), al hacerlo van conformando o llenando cuotas de acuerdo con la proporción de ciertas variables demográficas en la población. Así, en un estudio sobre la actitud de la ciudadanía hacia un candidato político, se dice a los encuestadores "que vayan a determinada colonia y entrevisten a 150 personas adultas, en edad de votar. Que 25% sean hombres mayores de 30 años, 25% mujeres mayores de 30 años, 25% hombres menores de 25 años y 25% mujeres menores de 25 años". Estas muestras suelen ser comunes en encuestas (*surveys*) e indagaciones cualitativas.

Muestras más bien orientadas hacia la investigación cualitativa

Miles y Huberman (1994), además de Creswell (2009) y Henderson (2009), nos dan pie a otras muestras no probabilísticas que, además de las ya señaladas, suelen utilizarse en estudios cualitativos. Éstas se comentan brevemente a continuación:

1. *Muestras diversas o de máxima variación*: son utilizadas cuando se busca mostrar distintas perspectivas y representar la complejidad del fenómeno estudiado, o bien, documentar diversidad para localizar diferencias y coincidencias, patrones y particularidades. Imaginemos a un médico que evalúa a enfermos con distintos tipos de lupus; a un psiquiatra que considera desde pacientes con elevados niveles de depresión hasta individuos con depresión leve.

EJEMPLO

Studs (1997) realizó un estudio del significado del trabajo en la vida del individuo, mediante entrevistas profundas con personas que contaban con una gran variedad de trabajos y ocupaciones.

2. *Muestras homogéneas*: al contrario de las muestras diversas, en éstas las unidades a seleccionar poseen un mismo perfil o características, o bien, comparten rasgos similares. Su propósito es centrarse en el tema a investigar o resaltar situaciones, procesos o episodios en un grupo social.

EJEMPLO

Hernández Sampieri y Mendoza (2010) iniciaron una investigación para analizar el contexto que rodea a las mujeres profesionalmente exitosas (obstáculos que tuvieron en su carrera, las relaciones con su familia y subordinados, manejo de la maternidad, etc.). La primera etapa de su estudio es con un grupo de 50 mujeres que ocupan cargos destacados (empresarias, directoras generales o presidentas de organizaciones privadas y públicas, rectoras de universidades, diputadas federales, senadoras o equivalentes); y las seleccionadas debieron cubrir un perfil: casadas y que sean madres, que se ubiquen al frente de su organización o tengan capacidad de decisión al máximo nivel, cuyo grado de estudios mínimos es de licenciatura y mayores de 40 años. Es decir, se busca un grupo homogéneo.

Una forma de muestra homogénea, combinada con la muestra de casos-tipo, pero que algunos autores destacan en sí como una clase de muestra cualitativa (por ejemplo, Mertens, 2005), son las llamadas "muestras típicas o intensivas", que eligen casos de un perfil similar, pero que se consideran representativos de un segmento de la población, una comunidad o una cultura (no en un sentido estadístico, sino de prototipo). Por ejemplo, ejecutivos con un salario promedio y características nada fuera de lo común para su tipo (la expresión "hombre medio" se utiliza para identificarlos) o soldados que se enrolaron en una guerra y no fueron gravemente heridos ni recibieron medallas, que estuvieron en servicio el tiempo regular, etcétera.

3. *Muestras en cadena o por redes* ("bola de nieve"): se identifican participantes clave y se agregan a la muestra, se les pregunta si conocen a otras personas que puedan proporcionar datos más amplios, y una vez contactados, los incluimos también. La investigación sobre la guerra cristera operó en parte con una muestra en cadena (los sobrevivientes recomendaban a otros individuos de la misma comunidad).

EJEMPLO

González y González (1995), en su estudio sobre una población, utilizaron una muestra en cadena, contactaron primero a unos participantes, quienes acercaron a sus conocidos y ellos a su vez, con otras personas; a fin de generar riqueza de información sobre una cultura, a través de individuos claves que relataron la historia de ésta.

4. *Muestras de casos extremos*: útiles cuando nos interesa evaluar características, situaciones o fenómenos especiales, alejados de la "normalidad" (Creswell, 2005). Imaginemos que queremos estudiar a personas sumamente violentas, podríamos seleccionar una muestra de pandilleros; de igual forma, si tratamos de evaluar métodos de enseñanza para estudiantes muy problemáticos, elegimos a aquellos que han sido expulsados varias veces. Deliberadamente escogemos a participantes que se alejan del prototipo de normalidad. Mertens (2005) señala que el análisis de casos extremos nos ayuda, de manera paradójica, a entender lo ordinario.

Este tipo de muestras se utilizan para estudiar etnias muy distintas al común de la población de un país, también para profundizar el análisis de comportamientos terroristas y suicidas. En la historia podríamos hacerlo con faraones excepcionales o por el contrario con faraones que no fueron tan relevantes. A veces se seleccionan en la muestra casos extremos opuestos, con fines comparativos (por ejemplo, escuelas donde la violencia estudiantil es elevada y escuelas sumamente tranquilas; edificios sólidos que han resistido temblores u otros fenómenos naturales y estructuras que se han colapsado).

EJEMPLO

Hernández Sampieri y Martínez (2003) efectuaron una serie de sesiones grupales para definir qué criterios podían considerarse, en cuanto a sexo, violencia, consumo de drogas, horror y lenguaje insultante, para clasificar películas cinematográficas como aptas para niños, adolescentes y adultos. Algunos de los grupos estaban constituidos por personas calificadas como muy liberales (entre ellos algunos escritores, críticos de cine y cineastas) y otros, por individuos situados como conservadores (miembros de ligas de defensa de la familia y la moral, sacerdotes, etcétera).[3]

5. *Muestras por oportunidad*: casos que de manera fortuita se presentan ante el investigador, justo cuando éste los necesita. O bien, individuos que requerimos y que se reúnen por algún motivo ajeno a la investigación, lo que nos proporciona una oportunidad extraordinaria para reclutarlos. Por ejemplo, una convención nacional de alcohólicos anónimos, justo cuando conducimos un estudio sobre las consecuencias del alcoholismo en la familia.

EJEMPLO

Herrera (2004) realizó un estudio de caso de sí misma, sobre el lupus eritematoso sistémico (ella lo padecía, con 31 años de evolución), al presentar los resultados de su investigación acudieron médicos que conocían enfermos con el mismo padecimiento, quienes recomendaron a sus pacientes para que ampliara su indagación.

6. *Muestras teóricas o conceptuales*: cuando el investigador necesita entender un concepto o teoría, puede muestrear casos que le ayuden a tal comprensión. Es decir, se eligen las unidades porque poseen uno o varios atributos que contribuyen a desarrollar la teoría. Supongamos que quiero probar una teoría microeconómica sobre la quiebra de ciertas aerolíneas, obviamente selecciono a empresas de esta clase que han experimentado el proceso de quiebra. Si busco evaluar los factores que provocan que

---

[3] Desde luego, se incluyeron grupos de orientación "intermedia" o central en el continuo "liberalismo-conservadurismo".

un hombre sea capaz de violar sexualmente a una mujer, puedo obtener la muestra en cárceles donde se encuentran recluidos criminales violadores. Otro ejemplo característico serían los detectives, cuando seleccionan a sospechosos que encajan en sus "teorías" sobre el asesino.

EJEMPLO

Lockwood (1996) llevó a cabo un estudio para encontrar en comunidades específicas submuestras de individuos con distintos trabajos, a fin de analizar si algunas situaciones laborales conducen a ciertas percepciones sobre las clases sociales.

7. *Muestras confirmativas*: la finalidad es adicionar nuevos casos cuando en los ya analizados se suscita alguna controversia o surge información que apunta en diferentes direcciones. Puede suceder que en algunos de los primeros casos surjan hipótesis de trabajo y casos posteriores las contradigan o "no se encuentren tendencias claras". Entonces, seleccionamos casos similares donde emergieron las hipótesis, pero también casos similares en donde las hipótesis no aplican. Esto se podría representar tal como se muestra en la figura 13.2

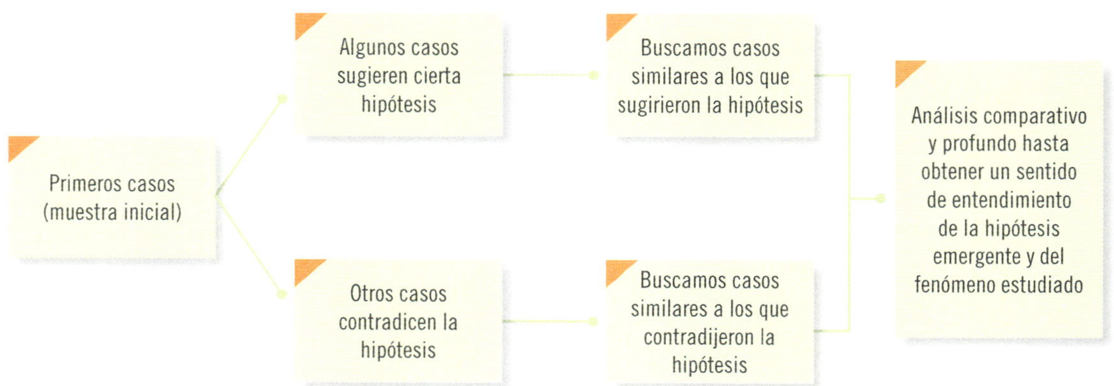

Figura 13.2 Muestras confirmativas. Casos contradictorios en la muestra inicial, proceso para su entendimiento.

Por ejemplo, la investigación de Amate y Morales (2005) sobre las oportunidades de empleo para las personas con capacidades diferentes. Los primeros casos (que eran empresas grandes, transnacionales y nacionales) sugerían que las oportunidades eran similares para individuos con capacidades regulares que para seres humanos con capacidades distintas. Posteriormente, otros casos (empresas locales de menor tamaño) contradijeron la hipótesis de trabajo y entonces se agregaron más casos, tanto de organizaciones locales como de nacionales con presencia en todo el país y también de transnacionales. Esto con el fin de lograr el sentido de comprensión de la hipótesis emergente y una explicación de las causas del fenómeno (que finalmente fueron la capacidad de recursos para entrenamiento y las políticas corporativas, así como la presencia de un programa de imagen externa).

Composición y tamaño de la muestra cualitativa Depende del desarrollo del proceso inductivo de investigación.

8. *Muestras de casos sumamente importantes para el problema analizado*: casos del ambiente que no podemos dejar fuera, por ejemplo, en el estudio sobre la guerra cristera, los cronistas de las ciudades en cuestión no podían ser excluidos. En una investigación cualitativa en una empresa, no es conveniente prescindir del presidente(a) o director(a) general. Incluso hay muestras que únicamente

consideran casos importantes. Por ejemplo, un estudio de pandillas donde solamente se entrevista a los líderes.

9. *Muestras por conveniencia*: simplemente casos disponibles a los cuales tenemos acceso. Tal fue la situación de Rizzo (2004), quien no pudo ingresar a varias empresas para efectuar entrevistas con profundidad en niveles gerenciales, respecto a los factores que conforman el clima organizacional y, entonces, decidió entrevistar a compañeros que junto con ella cursaban un posgrado en Desarrollo humano y eran directivos de diferentes organizaciones.

En ocasiones una misma investigación requiere una estrategia de muestreo mixta que mezcle varios tipos de muestra, por ejemplo: de cuotas y en cadena.

Las **muestras dirigidas** son válidas en cuanto a que un determinado diseño de investigación así las requiere; sin embargo, los resultados se aplican nada más a la muestra en sí o a muestras similares en tiempo y lugar (transferencia de resultados), pero esto último con suma precaución. No son generalizables a una población ni interesa esta extrapolación.

Finalmente, para reforzar los conceptos vertidos, se incluye un diagrama de toma de decisiones respecto de la muestra inicial (vea la figura 13.3), adaptada de

> **Muestras dirigidas**   Son válidas en cuanto a que un determinado diseño de investigación así las requiere; sin embargo, los resultados se aplican nada más a la muestra en sí o a muestras similares en tiempo y lugar (transferencia de resultados), pero esto último con suma precaución. No son generalizables a una población, ni interesa tal extrapolación.

Figura 13.3   Esencia de la toma de decisiones para la muestra inicial en estudios cualitativos.

Creswell (2005, p. 205). Aunque este autor divide las decisiones en antes y después de la recolección de los datos, y desde nuestro punto de vista esto es relativo, porque, como se ha insistido, el proceso cualitativo es iterativo y emergente.

Un último comentario: en todo el proceso de inmersión inicial en el campo, inmersión total, elección de las unidades o casos y de la muestra; debemos tomar en cuenta al planteamiento del problema, el cual constituye el elemento central que guía todo el proceso, pero tales acciones pueden hacer que dicho planteamiento se modifique de acuerdo con la "realidad del estudio" (construida por el investigador, la situación, los participantes y las interacciones entre el primero y estos últimos). El planteamiento siempre estará sujeto a revisión y cambios.

Resumen

- Durante la inmersión inicial o después de ésta, se define la muestra.
- En los estudios cualitativos el tamaño de muestra *no* es importante desde una perspectiva probabilística, pues el interés del investigador *no* es generalizar los resultados de su estudio a una población más amplia.
- Tres son los factores que intervienen para "determinar" o sugerir el número de casos que compondrán la muestra: 1) capacidad operativa de recolección y análisis, 2) el entendimiento del fenómeno o saturación de categorías y 3) la naturaleza del fenómeno bajo análisis.
- En una investigación cualitativa la muestra puede contener cierto tipo definido de unidades iniciales, pero conforme avanza el estudio se pueden ir agregando otros tipos de unidades.

- En un estudio cualitativo se pueden tener unidades cuya naturaleza es diferente.
- En el muestreo cualitativo es usual comenzar con la identificación de ambientes propicios, luego de grupos y, finalmente, de individuos.
- La investigación cualitativa, por sus características, requiere de muestras más flexibles.
- Las muestras dirigidas son de varias clases: 1) muestra de sujetos voluntarios, 2) muestra de expertos, 3) muestra de casos-tipo, 4) muestreo por cuotas y 5) muestras de orientación hacia la investigación cualitativa (muestra variada, variada homogénea, muestra por cadena, muestra de casos extremos, muestras por oportunidad, muestra teórica, muestra confirmativa, muestra de casos importantes y muestra por conveniencia).

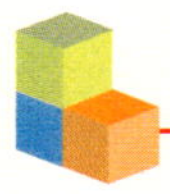

Conceptos básicos

Muestra
Muestra de casos tipos
Muestra de expertos

Muestra dirigida (no probabilística)
Muestra por cuotas
Muestras orientadas a la investigación cualitativa

Ejercicios

1. Respecto al artículo de una revista científica que contiene los resultados de una investigación cualitativa (que seleccionó como parte de los ejercicios del capítulo anterior), responda: ¿cuál es la unidad de análisis?, ¿qué tipo de muestra final eligieron los investigadores?

2. Si visitó una comunidad rural y observó qué sucedía en ella, platicó con sus habitantes, recolectó información sobre un asunto que le interesó, tomó notas y las analizó; finalmente, de esa experiencia planteó un problema de investigación cualitativa. ¿Cuál es o son las unidades de análisis apropiadas para desarrollar su estudio? y ¿cuál sería el tipo adecuado de muestreo? Recuerde que pueden mezclarse muestras de varias clases.

3. Una institución quiere lanzar por televisión mensajes de prevención del uso de sustancias dañinas (estupefacientes) dirigidas a estudiantes universitarios. Los productores no conocen el grado de realismo que deban contener estos mensajes ni su tono; es decir, si deben apelar al miedo, a la salud o a los problemas morales que se desencadenan en las familias. Se sabe con certeza que es necesario realizar esta campaña, pero no se tiene idea clara de la forma de estructurar los mensajes para que sean más efectivos. En resumen, para conceptualizar y poner en imágenes dichos mensajes, se requiere información previa sobre la relación participante-sustancia. ¿Qué se aconsejaría aquí? ¿Qué tipo de muestra se necesitaría para recabar dicha información?

4. Mediante el enfoque cualitativo un investigador desea analizar los motivos que orillaron a un grupo de jóvenes (hombres y mujeres) a integrarse a una pandilla que roba automóviles como medio de supervivencia. ¿Cómo plantearía su estudio? ¿Qué unidades de análisis iniciales compondrían su muestra? ¿Qué tipo de muestra cualitativa no probabilística sería adecuada para su investigación?

5. Respecto de la idea que eligió en el capítulo 2 y que la transformó en un planteamiento del problema de investigación cualitativa, ¿cuál sería la unidad de análisis inicial y el tipo de muestra dirigida que considera más apropiadas para su estudio?

Vea las respuestas al ejercicio 3 en el CD anexo: Material complementario → Apéndices → Apéndice 3 → Respuestas a los ejercicios que las requieren

Ejemplos desarrollados

La guerra cristera en Guanajuato

Unidades iniciales de la muestra:

a) Documentos generados en la época y disponibles en los archivos históricos del Ayuntamiento, el museo local y las iglesias (notas periodísticas, correspondencia oficial, reportes y, en general, publicaciones del gobierno municipal o estatal; diarios personales, bandos municipales y avisos a la población).

b) Testimonios de:
- Participantes en la guerra (testigos directos), ya sea como combatientes cristeros, soldados del Ejército Mexicano, sacerdotes, y personas observadoras que vivieron en la época de la guerra cristera (1926-1929), sin importar la edad que tenían en ese tiempo.
- Descendientes de participantes en la guerra cristera (hijos o nietos de los testigos directos y que les hubieran contado historias sobre los sucesos).

Unidades posteriores que se integraron a la muestra:

a) "Artefactos u objetos" (armas usadas en la conflagración, símbolos religiosos —escapularios, imágenes, crucifijos, entre otros—, fotografías, artículos personales, como el peine del abuelo, las botas del padre, etcétera).

b) Documentos personales que pertenecieron a los testigos (cartas y diarios).

c) "Sitios específicos":
- Casas u otros lugares (como plazas, mercados y bodegas) donde se celebraban en secreto las misas católicas.
- Iglesias.
- Cuarteles del Ejército (ambos bandos utilizaron frecuentemente a las iglesias como cuarteles).
- Lugares donde fueron ejecutados cristeros u ocurrieron batallas o escaramuzas.

Tipo de muestra dirigida: Por cadena o "bola de nieve" (en todos los casos). Los participantes, conforme se incorporaron a la muestra, recomendaron a otros informantes. Quien detonó la red en la mayoría de las poblaciones fue el cronista de la ciudad. Asimismo, muchas veces un documento condujo a otros. Los lugares estaban referidos en los documentos escritos y/o señalamiento de los testigos o sus descendientes. Los sitios fueron inspeccionados visualmente en búsqueda de evidencia física confirmatoria.

Consecuencias del abuso sexual infantil

Unidades iniciales y finales de la muestra:

Once mujeres entre los 25 y 72 años de edad, que habían sido abusadas sexualmente en su infancia. Una mujer era afroestadounidense, una india occidental y el resto caucásicas. Tres eran lesbianas, una bisexual y siete heterosexuales. Tres participantes fueron incapacitadas físicamente. Sus niveles educativos variaron desde la terminación del grado (equivalente a "graduado" o pasantía) hasta el nivel de maestría. Las experiencias de abuso fueron: de un solo incidente que implicó la molestia por parte de un amigo de la familia, a un caso de 18 años de abuso progresivo sádico efectuado por diversos perpetradores. La edad del abuso inicial fluctuó entre la primera infancia y los 12 años de edad; y el abuso continuó, en la situación más extrema, hasta los 19. Todas las participantes habían estado en procesos de asesoría o recuperación (desde una reunión con el sistema de 12 pasos hasta años de psicoterapia).

Tipo de muestra: participantes voluntarias.

Centros comerciales

Unidades iniciales y finales de la muestra:

Hombres y mujeres clientes de los centros comerciales, de 18 hasta 89 años. En total 80 participantes por centro comercial. Los clientes asistieron a una sesión de discusión o enfoque (10 individuos por sesión) y fueron agrupados por indicaciones de la empresa que solicitó el estudio (la cual se fundamentó en la información disponible en su base de datos sobre la conducta de compra de cada segmento de clientes), de la siguiente forma:

- Mujeres menores de 40 años.
- Hombres mayores de 30 años
- Grupo mixto (hombres y mujeres) de adultos jóvenes (18 a 27 años).
- Mujeres mayores de 40 años.

Es decir, de cada segmento se tuvieron dos grupos.

Tipo de muestra: una mezcla de muestreo por cuotas y participantes voluntarios.

Los investigadores opinan

En el debate intelectual sobre las diversas posturas a las que se puede allegar la metodología de la investigación, surge actualmente un fuerte ímpetu por respaldar y dar validez a aquellas orientadas hacia los aspectos cualitativos.

Motivados por la complejidad de los problemas, la necesidad de estudiar los fenómenos de forma holística e incluso de instrumentar herramientas heurísticas que interpreten debidamente determinados objetos de estudio, los investigadores precisan y profundizan cada día más en estas herramientas, sobre todo en la justificación y sustento de la investigación cualitativa; motivo por el cual el discurso administrativo actual comienza a reconocerla y a tener un mayor interés por el debido empleo de las propuestas que se están generando en esta área.

Cierto es que, si bien es indispensable sustentar de manera fehaciente cualquier estudio cualitativo, también es verdad que hoy en día están surgiendo grandes áreas de oportunidad, incluso para la definición de lo que debe ser el rigor metodológico de este tipo de investigación.

Todos los esfuerzos que se realicen para soportar correctamente los estudios en torno a la aplicación de la metodología de la investigación cualitativa, son de incalculable valor, ya que además de dar la oportunidad de abrir nuevos horizontes para la correcta utilización de los métodos modernos, se abre un nuevo abanico de posibilidades para discurrir sobre diversos temas.

Los esfuerzos presentados en este libro permiten el reconocimiento de la existencia de la metodología de la investigación cualitativa, motivan su aplicación para todos aquellos casos en los que sea adecuado, sin descartar incluso, en ningún momento, la conveniencia de vincularla con elementos cuantitativos cuando así lo permita el caso.

Dr. Carlos Miguel Barber Kuri

Vicerrector académico

Universidad Anáhuac Sur, México.

14 Recolección y análisis de los datos cualitativos

Proceso de investigación cualitativa →

Paso 4A Recolección y análisis de los datos cualitativos

- Confirmar la muestra o modificarla.
- Recolectar los datos cualitativos pertinentes.
- Analizar los datos cualitativos.
- Generar conceptos, categorías, temas, hipótesis y/o teoría fundamentada en los datos.

Oa Objetivos del aprendizaje

Al terminar este capítulo, el alumno será capaz de:

1 Entender la estrecha relación que existe entre la selección de la muestra, la recolección y el análisis de los datos en el proceso cualitativo.
2 Comprender quién recolecta los datos en la investigación cualitativa.
3 Conocer los principales métodos para recolectar datos cualitativos.
4 Efectuar análisis de datos cualitativos.

Síntesis

En el capítulo se considera la estrecha vinculación que existe entre la conformación de la muestra, la recolección de los datos y su análisis. Asimismo, se revisa el papel del investigador en dichas tareas.

Los principales métodos para recabar datos cualitativos son la observación, la entrevista, los grupos de enfoque, la recolección de documentos y materiales, y las historias de vida.

El análisis cualitativo implica organizar los datos recogidos, transcribirlos a texto cuando resulta necesario y codificarlos. La codificación tiene dos planos o niveles. Del primero, se generan unidades de significado y categorías. Del segundo, emergen temas y relaciones entre conceptos. Al final se produce teoría enraizada en los datos.

El análisis cualitativo es iterativo y recurrente, y puede efectuarse con la ayuda de programas computacionales como Atlas.ti® y Decision Explorer®, cuyas demostraciones ("demos") se podrán encontrar en el CD anexo. De igual forma, en este medio, hemos puesto a disposición del lector un sencillo manual para Atlas.ti® en PDF.

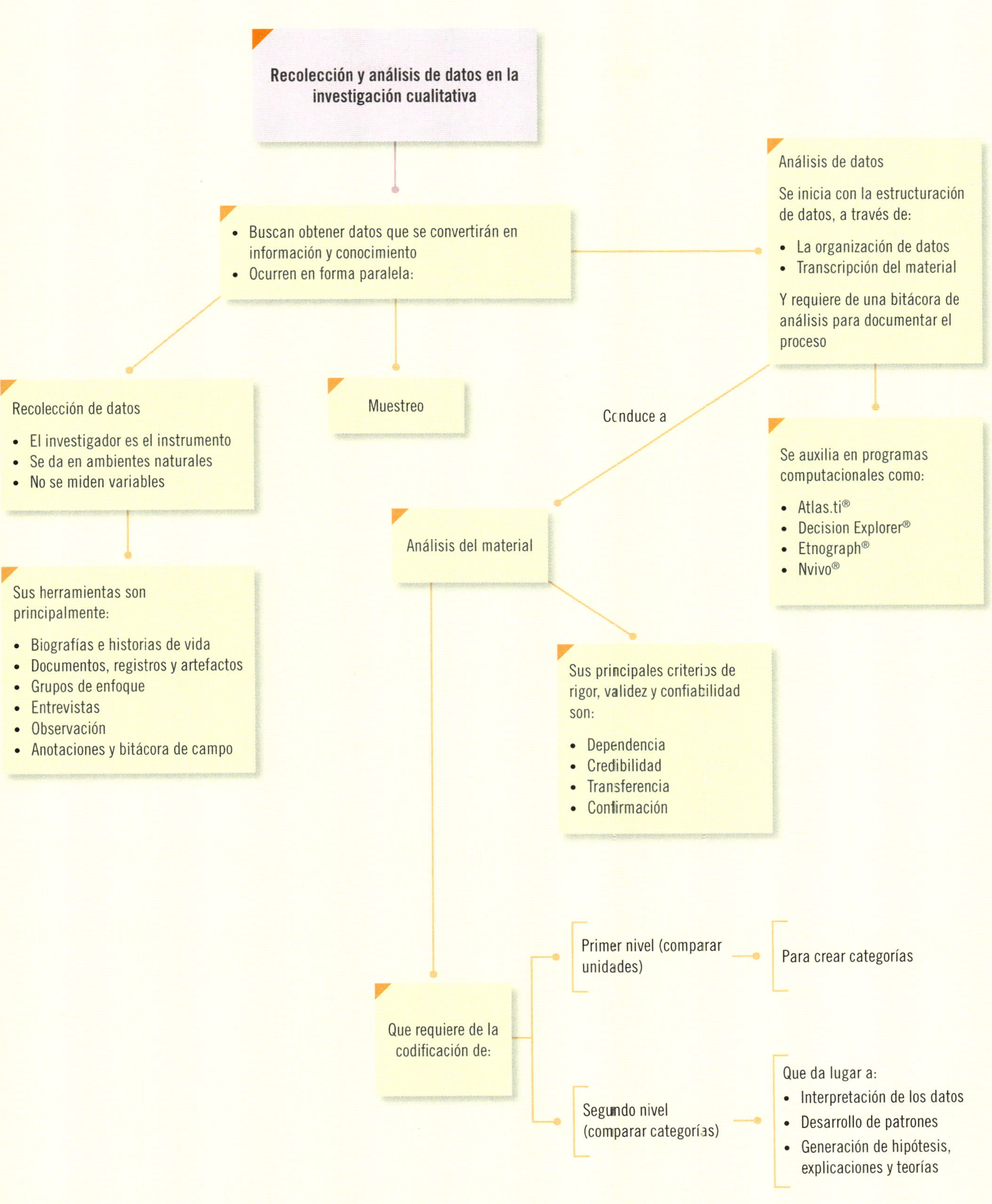

Recolección y análisis de datos en la investigación cualitativa

Buscan obtener datos que se convertirán en información y conocimiento
Ocurren en forma paralela:

Análisis de datos
Se inicia con la estructuración de datos, a través de:
La organización de datos
Transcripción del material
Y requiere de una bitácora de análisis para documentar el proceso

Recolección de datos
El investigador es el instrumento
Se da en ambientes naturales
No se miden variables

Muestreo

Conduce a

Se auxilia en programas computacionales como:
Atlas.ti®
Decision Explorer®
Etnograph®
Nvivo®

Sus herramientas son principalmente:
Biografías e historias de vida
Documentos, registros y artefactos
Grupos de enfoque
Entrevistas
Observación
Anotaciones y bitácora de campo

Análisis del material

Sus principales criterios de rigor, validez y confiabilidad son:
Dependencia
Credibilidad
Transferencia
Confirmación

Que requiere de la codificación de:

Primer nivel (comparar unidades)

Para crear categorías

Segundo nivel (comparar categorías)

Que da lugar a:
Interpretación de los datos
Desarrollo de patrones
Generación de hipótesis, explicaciones y teorías

Hemos ingresado al campo y elegimos una muestra inicial, ¿qué sigue?

OA 1 Como ya se ha mencionado en varias ocasiones, el proceso cualitativo no es lineal ni lleva una secuencia como el proceso cuantitativo. Las etapas constituyen más bien acciones que efectuamos para cumplir con los objetivos de la investigación y responder a las preguntas del estudio y se yuxtaponen, además son iterativas o recurrentes. No hay momentos en el proceso donde podamos decir: aquí terminó esta etapa y ahora sigue tal etapa. Al ingresar al campo o ambiente, por el simple hecho de observar lo que ocurre en él, estamos recolectando y analizando datos, y durante esta labor, la muestra puede ir ajustándose. Muestreo, recolección y análisis resultan actividades casi paralelas. Desde luego, no siempre la muestra inicial cambia. Así que, aunque veremos los temas pertinentes a la recolección y análisis, uno por uno, no debemos olvidar la naturaleza del proceso cualitativo, la cual se representa en la figura 14.1.

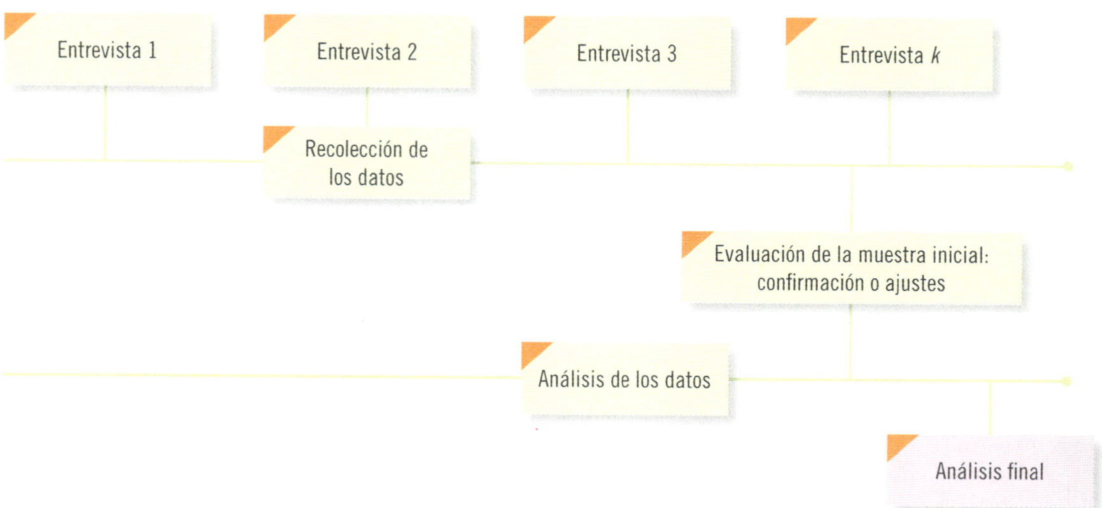

Figura 14.1 Naturaleza del proceso cualitativo ejemplificada con un tipo de recolección de datos: la entrevista.

En la figura se pretende mostrar el procedimiento usual de recolección y análisis de los datos, con el método de las entrevistas, pero pudieran ser sesiones en grupo, revisión de documentos o de artefactos, observaciones u otro método para recabar información.

Se recogen datos –en la muestra inicial– de una unidad de análisis o caso y se analizan, simultáneamente se evalúa si la unidad es apropiada de acuerdo con el planteamiento del problema y la definición de la muestra inicial. Se recolectan datos de una segunda unidad y se analizan, se vuelve a considerar si esta unidad es adecuada; del mismo modo, se obtienen datos de una tercera unidad y se analizan; y así sucesivamente. En tales actividades la muestra inicial puede o no modificarse (mantenerse las unidades, cambiar por otras, agregar nuevos tipos, etc.), incluso, el planteamiento está sujeto a cambios.

Comentada la esencia del proceso de recolección y análisis, hagamos algunas consideraciones fundamentales.

La recolección de los datos desde el enfoque cualitativo

OA 2 Para el enfoque cualitativo, al igual que para el cuantitativo, la recolección de datos resulta fundamental, solamente que su propósito no es medir variables para llevar a cabo inferencias y análisis estadístico. Lo que se busca en un estudio cualitativo es obtener datos (que se convertirán en información) de personas, seres vivos, comunidades, contextos o situaciones en profundidad; en las propias "formas de expresión" de cada uno de ellos. Al tratarse de seres humanos los datos que interesan son conceptos, percepciones, imágenes mentales, creencias, emociones, interacciones, pensamientos, experiencias, procesos y vivencias manifestadas en el lenguaje de los participantes, ya sea de manera individual, grupal o colectiva. Se recolectan con la finalidad de analizarlos y comprenderlos, y así responder a las preguntas de investigación y generar conocimiento.

Esta clase de datos es muy útil para capturar de manera completa (lo más que sea posible) y sobre todo, entender los motivos subyacentes, los significados y las razones internas del comportamiento humano. Asimismo, no se reducen a números para ser analizados estadísticamente (aunque en algunos casos sí se pueden efectuar ciertos análisis cuantitativos, pero no es el fin de los estudios cualitativos).

La **recolección de datos** ocurre en los ambientes naturales y cotidianos de los participantes o unidades de análisis. En el caso de seres humanos, en su vida diaria: cómo hablan, en qué creen, qué sienten, cómo piensan, cómo interactúan, etcétera.

> **Recolección de datos** Ocurre en los ambientes naturales y cotidianos de los participantes o unidades de análisis.

Ahora bien, ¿cuál es el instrumento de recolección de los datos en el proceso cualitativo? Cuando en un curso se hace esta pregunta, la mayoría de los alumnos responden: son varios los instrumentos, como las entrevistas o los grupos de enfoque; lo cual es parcialmente cierto. Pero, la verdadera respuesta y que constituye una de las características fundamentales del proceso cualitativo es: el propio investigador o los propios investigadores. Sí, el **investigador** es quien —mediante diversos métodos o técnicas— recoge los datos (él es quien observa, entrevista, revisa documentos, conduce sesiones, etc.). No sólo analiza, sino que es el medio de obtención de la información. Por otro lado, en la indagación cualitativa, los instrumentos no son estandarizados, en ella se trabaja con múltiples fuentes de datos, que pueden ser entrevistas, observaciones directas, documentos, material audiovisual, etc. Estas técnicas se revisarán más adelante en el capítulo. Además recolecta datos de diferentes tipos: lenguaje escrito, verbal y no verbal, conductas observables e imágenes. Su reto mayor consiste en introducirse al ambiente y mimetizarse con éste, pero también en lograr capturar lo que las unidades o casos expresan y adquirir un profundo sentido de entendimiento del fenómeno estudiado.

¿Qué tipos de unidades de análisis pueden incluirse en el proceso cualitativo, además de las personas o casos? Lofland *et al.* (2005) sugieren varias unidades de análisis, las cuales comentaremos brevemente. Hay que añadir que éstas van de lo micro a lo macroscópico, es decir, del nivel individual al social.

- *Significados*. Son los referentes lingüísticos que utilizan los actores humanos para aludir a la vida social como definiciones, ideologías o estereotipos. Los significados van más allá de la conducta y se describen, interpretan y justifican. Los significados compartidos por un grupo son reglas y normas. Sin embargo, otros significados pueden ser confusos o poco articulados para serlo; pero ello, en sí mismo, es información relevante para el analista cualitativo.
- *Prácticas*. Es una unidad de análisis conductual muy utilizada y se refiere a una actividad continua, definida por los miembros de un sistema social como rutinaria. Por ejemplo, los rituales (como los pasos a seguir para obtener una licencia de conducir o las prácticas de un profesor en el salón de clases).
- *Episodios*. Son sucesos dramáticos y sobresalientes, pues no se trata de conductas rutinarias. Los divorcios, los accidentes y otros eventos traumáticos se consideran episodios y sus efectos en las personas se analizan en diversos estudios cualitativos. Los episodios llegan a involucrar a una pareja, una familia o a millones de personas, como sucedió el 11 de septiembre de 2001 con los ataques terroristas en Nueva York y Washington, o el terremoto ocurrido en Sichuan, China, en 2008.
- *Encuentros*. Es una unidad dinámica y pequeña que se da entre dos o más personas de manera presencial. Generalmente sirve para completar una tarea o intercambiar información, y que termina cuando las personas se separan. Por ejemplo, una reunión entre un inspector municipal de sanidad o salubridad y el director de recursos humanos de una empresa, una revisión médica con un paciente.
- *Papeles* o *roles*. Son unidades conscientemente articuladas que definen en lo social a las personas. El papel sirve para que la gente organice y proporcione sentido o significado a sus prácticas. El

estudio cualitativo de papeles es muy útil para desarrollar tipologías —que en cierto modo también es una actividad investigativa reduccionista—; sin embargo, la vida social es tan rica y compleja que se necesita de algún método para "codificar" o tipificar a los individuos, como en los estudios de tipos de liderazgo o clases de familias.

- *Relaciones.* Constituyen díadas que interactúan por un periodo prolongado o que se consideran conectadas por algún motivo y forman una vinculación social. Las relaciones adquieren muchas "tonalidades": íntimas, maritales, paternales, amigables, impersonales, tiranas o burocráticas. Su origen, intensidad y procesos se estudian también de manera cualitativa.
- *Grupos.* Representan conjuntos de personas que interactúan por un periodo extendido, que están ligados entre sí por una meta y que se consideran a sí mismos como una entidad. Las familias, las redes y los equipos de trabajo son ejemplos de esta unidad de análisis.
- *Organizaciones.* Son unidades formadas con fines colectivos. Su análisis casi siempre se centra en el origen, el control, las jerarquías y la cultura (valores, ritos y mitos).
- *Comunidades.* Se trata de asentamientos humanos en un territorio definido socialmente donde surgen organizaciones, grupos, relaciones, papeles, encuentros, episodios y actividades. Es el caso de un pequeño pueblo o una gran ciudad.
- *Subculturas.* Los medios de comunicación y las nuevas tecnologías favorecen la aparición de una nebulosa unidad social; por ejemplo, la "cibercultura" de internet o las subculturas alrededor de los grupos de rock. Las características de las subculturas son que contienen a una población grande y prácticamente "ilimitada", por lo que sus fronteras no siempre quedan definidas. Los verdaderos seguidores o "hinchas" de Boca, River, el Real Madrid, el Barça, el América (en Colombia y México), el Guadalajara (Chivas), el Colo-Colo, la Católica, el Atlético Nacional, la Liga de Quito, Alianza, Sporting, Comunicaciones, Saprisa, Blooming, The Strongest, Atlético Nacional, Independiente, Deportivo Táchira, Caracas FC, Pumas, Cruz Azul, Monterrey, Cerro Porteño, Olimpia, Defensor Sporting, Peñarol, Nacional, etc., son subculturas muy importantes.[1]
- *Estilos de vida.* Son ajustes o conductas adaptativas que realiza un gran número de personas en una situación similar. Por ejemplo, estilos de vida adoptados por la clase social, por la ocupación de un sujeto o inclusive por sus adicciones.

Las anteriores son unidades de análisis, acerca de las cuales el investigador se hace preguntas como: ¿de qué tipo se trata (de qué clase de organizaciones, papeles, prácticas, estilos de vida y demás unidades)?, ¿cuál es la estructura de esta unidad?, ¿cómo se presentan los episodios, los eventos, las interacciones, etc.?, ¿cuáles son las coyunturas y consecuencias de que ocurran? El investigador analiza las unidades y los vínculos con otro tipo de unidades. Por ejemplo, las consecuencias de un papel en los episodios, los significados o las relaciones, entre otras.

El papel del investigador en la recolección de los datos cualitativos

En la indagación cualitativa, los investigadores deben construir formas inclusivas para descubrir las visiones múltiples de los participantes y adoptar papeles más personales e interactivos con ellos. El *investigador* debe ante todo respetar a los participantes; quien viole esta regla no tiene razón de estar en el campo. Debe ser una persona sensible y abierta.

El investigador nunca debe olvidar quién es y por qué está en el contexto. Lo más difícil es crear lazos de amistad con los participantes y mantener al mismo tiempo una perspectiva interna y otra externa. En cada estudio debe considerar qué papel adopta, en qué condiciones lo hace e ir acoplándose a las circunstancias. Desde luego, utiliza una postura reflexiva y procura, lo mejor posible, minimizar la influencia que sobre los participantes y el ambiente pudieran ejercer sus creencias,

---

[1] Nos disculpamos porque faltan muchos equipos que generan verdaderas subculturas, pero son cientos de ellos en Iberoamérica.

fundamentos o experiencias de vida asociadas con el problema de estudio (Grinnell y Unrau, 2007). Se trata de que éstas no interfieran en la recolección de los datos y, de este modo, obtener de los individuos información, tal como ellos la revelan.

Algunas de las recomendaciones que pueden hacerse a quien realice una investigación cualitativa son las siguientes:

1. Evitar inducir respuestas y comportamientos de los participantes.
2. Lograr que los participantes narren sus experiencias y puntos de vista, sin enjuiciarlos o criticarlos.
3. Tener fuentes múltiples de datos, personas distintas mediante métodos diferentes.
4. Recordar que cada cultura, grupo e individuo representa una realidad única. Por ejemplo, los hombres y las mujeres experimentan "el mundo" de manera distinta, los jóvenes urbanos y los campesinos construyen realidades diferentes, etc. Cada quien percibe el entorno social desde la perspectiva generada por sus creencias y tradiciones. Por ello, para los estudios cualitativos, los testimonios de todos los individuos son importantes y el trato siempre es el mismo, respetuoso, sincero y genuino.
5. No hablar de miedos o angustias ni preocupar a los participantes, tampoco intentar proporcionarles terapia, no es el papel del investigador, lo que sí puede hacer es solicitar la ayuda de profesionales y recomendar a los participantes que los contacten.
6. No ofender a ninguna persona ni ser sexistas o racistas, va en contra de la ética en la investigación.
7. Rechazar de manera prudente a quienes tengan comportamientos "machistas" o "impropios" para con el investigador o investigadora. No ceder a ninguna clase de chantaje.
8. Nunca poner en riesgo la propia seguridad personal ni la de los participantes.
9. Cuando son varios los investigadores que se introducen en el campo, conviene efectuar reuniones para evaluar los avances y analizar si el ambiente, lugar o contexto es el adecuado, al igual que las unidades y la muestra.
10. Leer y obtener la mayor información posible del ambiente, lugar o contexto, antes de adentrarnos en él.
11. Platicar frecuentemente con algunos miembros o integrantes del contexto o ambiente, para conocer más a fondo dónde estamos ubicados y comprender su cotidianidad. así como lograr su consentimiento hacia nuestra participación. Por ejemplo, en una comunidad, conversaríamos con algunos vecinos, sacerdotes, médicos, profesores o autoridades; en una fábrica, con obreros, supervisores, personas que atienden el comedor, etcétera.
12. Participar en alguna actividad para acercarnos a las personas y lograr empatía (en una población, por ejemplo, ayudar a un club deportivo o asistir voluntariamente en la Cruz Roja o participar en ritos sociales).
13. El investigador debe lidiar con sus emociones: no negarlas, pues son fuentes de datos, pero debe evitar que influyan en los resultados, por esta razón es conveniente tomar notas personales

Los datos se recolectan por medio de métodos que también pueden cambiar con el transcurso del estudio. Veamos las principales herramientas de las que puede disponer el investigador cualitativo.

Observación

En la investigación cualitativa necesitamos estar entrenados para observar y es diferente de simplemente ver (lo cual hacemos cotidianamente). Es una cuestión de grado. Y la "observación investigativa" no se limita al sentido de la vista, implica todos los sentidos. Por ejemplo, si estamos en una iglesia (como la de San Juan Chamula descrita en el capítulo 12), el "olor a pino, incienso y humo" qué nos dice, lo mismo cuando "suena la campana" o se escuchan las plegarias.

Observación cualitativa No es mera contemplación ("sentarse a ver el mundo y tomar notas"); implica adentrarnos en profundidad a situaciones sociales y mantener un papel activo, así como una reflexión permanente. Estar atento a los detalles, sucesos, eventos e interacciones.

Los propósitos esenciales de la observación en la inducción cualitativa son:

a) Explorar ambientes, contextos, subculturas y la mayoría de los aspectos de la vida social (Grinnell, 1997).

b) Describir comunidades, contextos o ambientes; asimismo, las actividades que se desarrollan en éstos, las personas que participan en tales actividades y los significados de las mismas (Patton, 2002).

c) Comprender procesos, vinculaciones entre personas y sus situaciones o circunstancias, los eventos que suceden a través del tiempo, los patrones que se desarrollan, así como los contextos sociales y culturales en los cuales ocurren las experiencias humanas (Jorgensen, 1989).

d) Identificar problemas (Daymon, 2010).

e) Generar hipótesis para futuros estudios.

Con respecto a estos propósitos, ¿qué cuestiones son importantes para la observación? Aunque cada investigación es distinta, Willig (2008), Anastas (2005), Rogers y Bouey (2005), y Esterberg (2002) nos proporcionan una idea de algunos de los elementos más específicos que podemos observar, además de las unidades que Lofland *et al.* (2005) nos sugieren.[2]

- *Ambiente físico* (entorno): tamaño, arreglo espacial o distribución, señales, accesos, sitios con funciones centrales (iglesias, centros del poder político y económico, hospitales, mercados y otros), además, un elemento muy importante son nuestras impresiones iniciales. Es recomendable no interpretar el contexto o escenario con adjetivos generales, salvo que representen comentarios de los participantes (tales como: confortable, lúgubre, hermoso o grandioso). Los adjetivos utilizados en la descripción de San Juan Chamula provinieron de lugareños. Recordemos que el ambiente puede ser muy grande o muy pequeño, desde un quirófano, un arrecife de coral, una habitación; hasta un hospital, una fábrica, un barrio, una población o una megaciudad. Un mapa del ambiente ayuda a que los usuarios se ubiquen en éste.
- *Ambiente social y humano* (generado en el ambiente físico): formas de organización en grupos y subgrupos, patrones de interacción o vinculación (propósitos, redes, dirección de la comunicación, elementos verbales y no verbales, jerarquías y procesos de liderazgo, frecuencia de las interacciones). Características de los grupos, subgrupos y participantes (edades, orígenes étnicos, niveles socioeconómicos, ocupaciones, género, estados maritales, vestimenta, atuendos, etc.); actores clave; líderes y quienes toman decisiones; costumbres. Además de nuestras impresiones iniciales al respecto. Por tanto, un mapa de relaciones o redes es conveniente.
- *Actividades* (acciones) *individuales y colectivas:* ¿qué hacen los participantes?, ¿a qué se dedican?, ¿cuándo y cómo lo hacen? (desde el trabajo hasta el esparcimiento, el consumo, el uso de medios de comunicación, el castigo social, la religión, la inmigración y la emigración, los mitos y rituales, etc.), propósitos y funciones de cada una.
- *Artefactos que utilizan* los participantes y funciones que cubren.
- *Hechos relevantes*, eventos e historias (ceremonias religiosas o paganas, desastres, guerras) ocurridas en el ambiente y a los individuos (pérdida de un ser querido, matrimonios, infidelidades y traiciones, etc.). Se pueden presentar en una cronología de sucesos o, en otro caso, ordenados por su importancia.
- *Retratos humanos* de los participantes.

Y ésta es una lista parcial. Desde luego, no todos los elementos aplican a todos los estudios cualitativos. Estos elementos se van convirtiendo en unidades de análisis; además, no se predeterminan, ya que surgen de la misma inmersión y observación.

---

[2] Ciertas unidades de Lofland *et al.* (2005) pueden ser repetitivas con los elementos aquí presentados, pero preferimos la redundancia al reduccionismo.

Así, seleccionamos las unidades de análisis (una o más, de acuerdo con los objetivos y preguntas de la investigación). A esto nos referimos con el hecho de que la observación va enfocándose.

Supongamos que estamos interesados en analizar la relación entre pacientes con cáncer terminal y sus médicos para entender los lazos que se generan conforme se desarrolla la enfermedad, así como el significado que tiene la muerte para cada grupo.

Elegimos un ambiente: un hospital de oncología en Valencia. En la inmersión inicial observaríamos el hospital y su organización social (su ambiente físico: qué tan grande es, cómo es su distribución, cómo son los pabellones, las salas de hospitalización, las estancias, la cafetería o restaurante y demás espacios; su estructura organizacional: jerarquías, niveles de puestos; su ambiente social: grupos y subgrupos, patrones de relación, autonomía de los médicos, quiénes son los líderes, costumbres, hospitalidad, servicio al paciente, etc.). Es necesario entender todo lo que rodea a la relación que nos interesa.

Posteriormente, la observación se centraría en la interacción médico-paciente. Como resultado de las observaciones en la inmersión inicial y total, elegiríamos ciertos médicos y a sus pacientes. Para finalizar con este punto, podríamos elegir episodios de interacción y observarlos, de ser posible también filmarlos. La observación va enfocándose hasta llegar a las unidades vinculadas con el planteamiento inicial.

Un ejemplo de unidades de observación (después de que se fue enfocando el proceso), nos lo proporciona Morse (1999), por medio de un estudio con pacientes que llegaban a la sala de emergencias traumatizados y con evidentes muestras de dolor. La investigación pretendió explorar el significado de "confortar" por parte del personal de enfermería. Se consideró el contexto en el que se reanimaba al paciente y se analizó el proceso para brindar confortación; observó —entre otras dimensiones— las estrategias que utilizaban las enfermeras (verbales y no verbales), el tono y volumen de las conversaciones, así como las funciones que cubría el proceso. A continuación reproducimos un diálogo entre paciente y enfermera de dicha investigación.

Paciente: Aaaagh, aaagh (llorando).

Enfermera: Me voy a quedar junto a ti. ¿Está bien? (7:36). Me voy a quedar junto a ti hasta… ¿Está bien?

Paciente: Ugh, ugh, ugh, ugh, ugh, ugh, ugh (llorando).

Enfermera: Ha sido mucho tiempo, querida. Yo lo sé, sé que duele.

Paciente: Ugh, ugh, ugh, ugh, ooooh (llorando).

Enfermera: No llores, querida; yo sé, querida, yo sé… Está bien.

Paciente: Agh, agh, agh, aaaagh (llorando).

Enfermera: Está bien, querida. No llores (7:38).

Paciente: Aaah, aaah (llorando).

Enfermera: Oh, está bien; sé que duele, querida. Está bien, está bien.

Paciente: Agafooo (llorando).

Enfermera: Lo sé.

Paciente: Diles que ya paren (llorando y gritando).

Enfermera: Necesitan detenerte las piernas hasta ahorita, querida. ¿Está bien? En un rato las van a dejar, ¿está bien? (7:40)… Necesitan tenerte las piernas derechas. Eres una niña grande… Es… es… es importante, ¿está bien? Voy a estar aquí contigo; voy a tomarte la mano. ¿Está bien? Tú me vas a tomar de la mano, ¡eh!

El anterior diálogo podría ser una unidad para analizar. Y mediante varias unidades recolectadas, se analizan los datos que éstas generan.

En el ejemplo el ambiente natural y cotidiano es la sala de emergencias. También se ha reiterado que parte de la observación consiste en tomar notas para ir conociendo el contexto, sus unidades (participantes, cuando son personas) y las relaciones y eventos que ocurren. Las anotaciones y la bitácora de campo evitan que se nos olviden aspectos que observamos, especialmente si el estudio es largo. No escribirlas es como no observar. Emerson, Fretz y Shaw (1995) señalan que no es cuestión de "copiar" pasivamente lo que ocurrió o está sucediendo, sino de interpretar su significado (por ello hay distintos tipos de notas que se explicaron en el capítulo 12). Ahora bien, ¿cuándo escribirlas?

Si el elaborar anotaciones interrumpe el flujo de las acciones o atenta contra la naturalidad de la situación, es mejor no escribirlas delante de los participantes (sobre todo en eventos cargados de emociones, como el reencuentro de una pareja o el fallecimiento de un amigo). Aunque, como también se dijo, resulta indispensable redactarlas lo antes posible. Si no afectan, lo óptimo es hacerlas en plena acción, en el momento mismo que observamos (hay lugares que se prestan para ello, por ejemplo, centros comerciales o aulas).

Los formatos de observación

A diferencia de la observación cuantitativa (donde usamos formatos o formularios de observación estandarizados), en la *inmersión inicial* regularmente no utilizamos registros estándar. Lo que sabemos es que debemos observar y anotar todo lo que consideremos pertinente y el formato puede ser tan simple como una hoja dividida en dos, un lado donde se registran las anotaciones descriptivas de la observación y otra las interpretativas (Cuevas, 2009). Lo anterior es una de las razones por las cuales la observación no se delega; por tal motivo, el investigador cualitativo debe entrenarse en áreas psicológicas, antropológicas, sociológicas, comunicacionales, educativas y otras similares. Tal vez lo único que puede incluirse como "estándar" en la observación durante la inmersión en el contexto son los tipos de anotaciones, de ahí su importancia.

Conforme *avanza la inducción,* podemos ir generando listados de elementos que no podemos dejar fuera y unidades que deben analizarse.

Por ejemplo, al inicio de la investigación sobre la guerra cristera, los templos eran unidades de análisis que fueron observadas en su totalidad; cada área del recinto era visualizada con sumo cuidado, porque además no hay dos templos iguales (todos tiene sus peculiaridades, significados e historia). Después de observar algunas iglesias, se comenzó a buscar marcas o rastros de las acciones armadas[3] (orificios de bala en el exterior de las edificaciones y en el interior, daños provocados por proyectiles de cañones), así como evidencias de que fueron usadas como cuarteles (en algunos templos se encontraron marcas que indicaban que se habían utilizado como tales: huecos para sostener los maderos donde se ataban a los caballos, perímetros con vestigios de viejas caballerizas o bodegas para almacenar víveres).[4] Desde luego, las conjeturas sobre lo observado eran confirmadas por las entrevistas con los sobrevivientes. También se observaba si había imágenes religiosas de la época y a quiénes representaban.

Otro caso sería el de evaluar cómo se atiende a los clientes, después de observar con profundidad el ambiente y varios casos; de este modo, podemos determinar cuestiones en las cuales nos tenemos que enfocar: condición en que llega el cliente (malhumorado, contento, muy enojado, tranquilo, etc.), quién(es) lo recibe(n), quién o quiénes lo atienden, cómo lo tratan (con cortesía, de forma grosera, con indiferencia), qué estrategias utilizan para proporcionarle servicio, etc. El planteamiento del problema (y su evolución) ciertamente nos ayuda a particularizar las observaciones. Día con día, el investigador decide qué es conveniente observar o qué otras formas de recolección de los datos es necesario aplicar para obtener más datos, pero siempre con la mente abierta a nuevas unidades y temáticas; es por ello que la investigación cualitativa es inductiva.

---

[3] Desde la guerra cristera de 1926 a 1929 y la segunda Cristiada, no ha habido ningún conflicto armado que involucre a la población, por lo que se asumió que las marcas eran de dichas guerras. Un análisis que relaciona el tipo de rastro con el arma puede ayudar, pero cabe señalar que el armamento cristero lo siguen utilizando algunos campesinos.

[4] En el capítulo 12 se mostró una fotografía de ejemplo de tales marcas.

Después de la inmersión inicial y de que sabemos en qué elementos enfocarnos, se pueden diseñar ciertos formatos de observación. A continuación veremos dos ejemplos de éstos. Cabe señalar que se presentan con comentarios y datos.

EJEMPLO 1

Estudio sobre los obstáculos para la puesta en marcha de la tecnología en el ámbito escolar

Se trata de una investigación para analizar los obstáculos en la implementación de la tecnología en el ámbito escolar. En la cual se observaron varios episodios para entender las resistencias. El formato fue el siguiente:

Episodio o situación: Reunión comunidad educativa
Fecha: 25 de abril de 2005
Hora: 14 p.m.
Participantes: Docentes y directivos
Lugar: Primaria Pública General Simón Bolívar

1. **Temas principales. Impresiones (del investigador). Resumen de lo que sucede en el evento, episodio, etcétera.**

   El director no apoya las mociones del Ministerio de Educación para integrar la tecnología al ámbito escolar mediante el impulso a centros tecnológicos en las instalaciones de la escuela.

   Piensa que el cambio obstaculizará la labor del docente, en vez de apoyarla. Desconfía de pasadas intervenciones del ministerio, donde prometen muchas innovaciones y recursos, y después "no sucede nada".

   Profesores jóvenes están entusiasmados con la idea de centros tecnológicos. Piensan que sí ayudarán a la calidad educativa y a la mejor preparación de los jóvenes.

   Tema recurrente: se mejorarán oportunidades futuras para el estudiante. Se integrarán a un mundo más global. Director: piensa en otros gastos.

2. **Explicaciones o especulaciones, hipótesis de lo que sucede en el lugar.**

   El director está en una etapa de retiro, no en una etapa de búsqueda. Quiere terminar su periodo tranquilamente; literalmente dijo "sin hacer olas". Piensa que el proyecto del ministerio puede ser algo potencialmente peligroso y no deseable. Una situación que no se reflejará en su desempeño, sino que le creará más problemas.

   Proposición o hipótesis: la edad del director y su antigüedad en el puesto tendrán un impacto negativo en su grado de innovación o actitud hacia programas tecnológicos.

3. **Explicaciones alternativas. Reportes de otros que viven la situación.**

   Algunos docentes informan que el director tuvo una experiencia negativa con innovaciones tecnológicas en otra institución, donde fue saboteado por los docentes.

   Su aparente "experiencia" está bloqueando la incorporación de la escuela a un mundo global.

   Segmentos de jóvenes de la docencia muestran insatisfacción. Los jóvenes están temerosos de que su institución se vea rezagada.

4. **Siguientes pasos en la recolección de datos. Considerando lo anterior, qué otras preguntas o indagaciones hay que hacer.**

   Entrevista con el director para confirmar percepciones. Indagar con colegas si la proposición es válida. Entrevista profunda con directivos. Grupo de enfoque de docentes.

   Tema: discutir bondades y amenazas de la tecnología. Propiciar tormenta (lluvia) de ideas sobre percepción de otras necesidades de la institución. Analizar situaciones similares en la literatura sobre tecnologías emergentes.

5. **Revisión, actualización. Implicaciones de las conclusiones.**

   Considerar si fuerzas jóvenes de las instituciones pueden contrarrestar efectos estabilizadores de directivos.

   Considerar enlaces en las fases de implementación-análisis de las nuevas tecnologías en el ámbito escolar. Implicar dinámicas de grupo para cambio de actitudes.

EJEMPLO 2

Guía de observación para el inicio del estudio sobre la moda y las mujeres mexicanas

Un estudio (que será presentado como ejemplo de investigación mixta) sobre la moda y la mujer mexicana (Costa, Hernández Sampieri y Fernández Collado, 2002) cuya indagación pretendía —entre otras cuestiones— conocer el concepto de la moda para la mujer mexicana y cómo lo vinculaban a una gran cadena de tiendas departamentales. Se inició inductivamente. Primero se realizó una inmersión en el ambiente (en este caso, los departamentos, áreas o secciones de ropa para damas adultas y jóvenes adolescentes de la cadena en cuestión). Después se observó, de manera abierta durante una semana, la conducta de compra de distintas mujeres en tales secciones; de esta observación (que evidentemente no se guiaba por un formulario o formato) se precisaron algunos elementos que deberían considerarse y se elaboró una guía de observación, para continuar con más observaciones enfocadas.

Fecha: 6/VIII/02
Lugar: tienda de Cuernavaca
Observador: RGA **Hora de inicio:** 11:20 **Hora de terminación:** 13:30
Episodio: desde que la cliente ingresa al área de ropa y accesorios para mujeres y hasta que sale de ella.
Sección a la que se dirige primero: ropa casual (cómoda).
Prendas y marcas de ropa que elige ver: vestidos (Marcia, Rocío, Valente), blusas (Rocío, Clareborma). Colores de los vestidos: blanco, azul marino, negro. Colores de las blusas: blanco, azul marino con puntos blancos y rojos.
Prendas y marcas de ropa que decide probarse: vestido (Rocío) y blusas (Clareborma). Colores de los vestidos: blanco y azul marino. Colores de las blusas: blanco y azul marino con puntos blancos.
Prendas y marcas de ropa que decide comprar: vestido (Rocío) color blanco.
Tiempo de estancia en la sección: 60 minutos.

Sección a la que se dirige después (2o. lugar): vestidos de noche (para fiesta).
Prendas y marcas de ropa que decide ver: vestidos de seda negra (Rocío).
Prendas y marcas de ropa que decide probarse: ninguna.
Prendas y marcas de ropa que decide comprar: ninguna.
Tiempo de estancia en la sección: 30 minutos.

Sección a la que se dirige en 3er. lugar: accesorios para dama.
Prendas y marcas de ropa que decide ver: brazaletes de fantasía dorados (Riggi), relojes negros (Moss) y bufandas negras, cuadros verdes y azules (La Escocesa y Abril).
Prendas y marcas de ropa que decide probarse: bufanda negra (Abril).
Prendas y marcas de ropa que decide comprar: bufanda de cuadros verdes y azules (La Escocesa).
Tiempo de estancia en la sección: 40 minutos.

Sección a la que se dirige en 4o. lugar:
Prenda y marcas de ropa que decide ver:
Prendas y marcas de ropa que decide probarse:
Prendas y marcas de ropa que decide comprar:
Etcétera...

Descripción de la experiencia de compra: La mujer entró al área seria, con expresión adusta, sin dirigir su atención a alguna persona y sin mirar algún objeto en especial. Iba vestida con ropa casual-informal, con la falda hasta el tobillo. Su ropa en tonos cafés, al igual que su bolso. Al ver un maniquí con la nueva colección de trajes de baño (verde fosforescente) se detuvo a mirarlo (le llamó la atención) y sonrió, dejando atrás su actitud seria; cambió su humor, se relajó y al estar en la sección de ropa casual se mostró alegre y entretenida. Así se mantuvo durante toda su estancia en el área de ropa y accesorios para mujeres.

Experiencia de compra: Satisfactoria, pues no mostró ninguna molestia y sonrió durante toda su estancia; estuvo alegre y contenta, y fue amable con el personal que la atendió. Sus ojos se "abrían" cuando una prenda o un artículo le agradó.

Quejas: Ninguna.

Felicitaciones al personal o comentarios positivos: Le comentó a una dependienta: "Hoy aquí me cambiaron el día."

Acudió: ☑ Sola ☐ Acompañada de:

Observaciones: Le llamaron la atención los maniquíes con trajes de baño y los aparadores (vitrinas) con los relojes. Pagó con tarjeta de crédito y salió contenta con sus compras; incluso se despidió del guardia de la puerta de salida.

Nivel socioeconómico aparente de la clienta: A/B (media alta).
Edad aproximada: 48 años.

Nota: Las marcas son nombres ficticios, las verdaderas han sido modificadas por razones de evitar la posible inconformidad de algún fabricante. Cualquier similitud con una marca real es mera coincidencia.

Por supuesto, un formato así se logra después de efectuar varias observaciones abiertas.

Papel del observador cualitativo

Ya se mencionó que el observador tiene un papel muy activo en la indagación cualitativa Asimismo, su rol puede adquirir diferentes niveles de participación (regularmente más de uno), los cuales se muestran en la tabla 14. 1.

▲ **Tabla 14.1**   Papeles del observador

No participación	Participación pasiva	Participación moderada	Participación activa	Participación completa
Por ejemplo: cuando se observan videos.	Está presente el observador, pero no interactúa.	Participa en algunas actividades, pero no en todas.	Participa en la mayoría de las actividades; sin embargo, no se mezcla completamente con los participantes, sigue siendo ante todo un observador.	Se mezcla totalmente, el observador es un participante más.

Papeles más deseables en la observación cualitativa

Los papeles que permiten mayor entendimiento del punto de vista interno son la participación activa y la completa, pero también pueden generar que se pierda el enfoque como observador. Es un balance muy difícil de lograr y las circunstancias nos indicarán cuál es el papel más apropiado en cada estudio.

Mertens (2005) recomienda contar con varios observadores para evitar sesgos personales y tener distintas perspectivas, lo cual implica un equipo de investigadores, "palpar en carne propia" el ambiente y las situaciones. Recordemos que la observación cualitativa no es un asunto de unidades y categorías predeterminadas (donde al establecerlas, como en la observación cuantitativa, se definían y todos los observadores-codificadores entendían de un modo estándar la manera de asignar unidades a categorías), sino de ir creando el propio esquema de observación para cada problema de estudio y ambiente (las unidades y categorías irán emergiendo de las observaciones). Las historias, hábitos, deseos, vivencias, idiosincrasias, relaciones, etc., son únicas en cada ambiente (en tiempo y lugar). Asimismo, en la observación cuantitativa se pretende evitar toda reactividad (efectos de la presencia y conductas del observador), pero en la cualitativa no es así (el efecto reactivo se analiza, los cambios que provoca el observador constituyen datos también).

El observador cualitativo a veces, incluso, vive o juega un papel en el ambiente (profesor, trabajador social, médico, voluntario, etc.). El rol del investigador debe ser el apropiado para situaciones humanas que no pueden ser "capturadas" a distancia.

Jorgensen (1989) recomienda usar un papel más participante cuando:

a) Se sabe poco de la situación o contexto (por ejemplo, etnias desconocidas, pandillas, etcétera).

b) Existen diferencias importantes entre las percepciones de distintos grupos (inmigrantes de diversas culturas).

c) Estamos ante la presencia de fenómenos complejos (adicciones en altos estratos económicos, la prostitución de jóvenes, las consecuencias de un desastre natural).

Un buen observador cualitativo
Necesita saber escuchar y utilizar todos los sentidos, poner atención a los detalles, poseer habilidades para descifrar y comprender conductas no verbales, ser reflexivo y disciplinado para escribir anotaciones, así como flexible para cambiar el centro de atención, si es necesario.

Los periodos de la observación cualitativa son abiertos (Anastas, 2005). La observación es formativa y constituye el único medio que se utiliza siempre en todo estudio cualitativo. Podemos decidir hacer entrevistas o sesiones de enfoque, pero no podemos prescindir de la observación. Podría ser el caso de que nuestra herramienta central de recolección de los datos cualitativos sea, por ejemplo, la biografía; pero también observamos.

La observación es muy útil: para recolectar datos acerca de fenómenos, temas o situaciones delicadas o que son difíciles de discutir o describir; también cuando los participantes no son muy elocuentes, articulados o descriptivos; cuando se trabaja con un fenómeno o en un grupo con el que el investigador no está muy familiarizado; y cuando se necesita confirmar con datos de primer orden lo recolectado en las entrevistas (Cuevas, 2009).

Entrevistas

Al hablar sobre los contextos en los cuales se aplica un cuestionario (instrumentos cuantitativos) se comentaron algunos aspectos de las entrevistas. No obstante, la *entrevista cualitativa* es más íntima, flexible y abierta (King y Horrocks, 2009). Ésta se define como una reunión para conversar e intercambiar información entre una persona (el entrevistador) y otra (el entrevistado) u otras (entrevistados). En el último caso podría ser tal vez una pareja o un grupo pequeño como una familia (claro está, que se puede entrevistar a cada miembro del grupo individualmente o en conjunto; esto sin intentar llevar a cabo una dinámica grupal, lo que sería un grupo de enfoque).

En la entrevista, a través de las preguntas y respuestas, se logra una comunicación y la construcción conjunta de significados respecto a una tema (Janesick, 1998).

Las entrevistas se dividen en estructuradas, semiestructuradas o no estructuradas, o abiertas (Grinnell y Unrau, 2007). En las primeras o entrevistas estructuradas, el entrevistador realiza su labor con base en una guía de preguntas específicas y se sujeta exclusivamente a ésta (el instrumento prescribe qué cuestiones se preguntarán y en qué orden). Las entrevistas semiestructuradas, por su parte, se basan en una guía de asuntos o preguntas y el entrevistador tiene la libertad de introducir preguntas adicionales para precisar conceptos u obtener mayor información sobre los temas deseados (es decir, no todas las preguntas están predeterminadas). Las entrevistas abiertas se fundamentan en una guía general de contenido y el entrevistador posee toda la flexibilidad para manejarla (él o ella es quien maneja el ritmo, la estructura y el contenido).

Regularmente en la investigación cualitativa, las primeras entrevistas son abiertas y de tipo "piloto", y van estructurándose conforme avanza el trabajo de campo, pero no es lo usual que sean estructuradas. Debido a ello, el entrevistador o la entrevistadora debe ser altamente calificado(a) en el arte de entrevistar (una vez más, la recomendación es que sea el propio investigador quien las realice). Creswell (2009) coincide en que las entrevistas cualitativas deben ser abiertas, sin categorías preestablecidas, de tal forma que los participantes expresen de la mejor manera sus experiencias y sin ser influidos por la perspectiva del investigador o por los resultados de otros estudios; asimismo, señala que las categorías de respuesta las generan los mismos entrevistados. Al final cada quien, de acuerdo con las necesidades que plantee el estudio, tomará sus decisiones.

El entrenamiento que se sugiere como indispensable para quien efectúe entrevistas cualitativas consiste en: técnicas de entrevista, manejo de emociones, comunicación verbal y no verbal, así como programación neurolingüística.

Las entrevistas, como herramientas para recolectar datos cualitativos, se emplean cuando el problema de estudio no se puede observar o es muy difícil hacerlo por ética o complejidad (por ejemplo, la investigación de formas de depresión o la violencia en el hogar) y permiten obtener información personal detallada. Una desventaja es que proporcionan información "permeada" por los puntos de vista del participante (Creswell, 2009).

En el capítulo 9, se comentaron las características de las entrevistas cuantitativas (estructuradas y estandarizadas). Ahora, con los mismos elementos comentaremos las características esenciales de las entrevistas cualitativas, de acuerdo con Rogers y Bouey (2005) y Willig (2008):

1. El principio y el final de la entrevista no se predeterminan ni se definen con claridad, incluso las entrevistas pueden efectuarse en varias etapas. Es flexible.
2. Las preguntas y el orden en que se hacen se adecuan a los participantes.
3. La entrevista cualitativa es en buena medida anecdótica.
4. El entrevistador comparte con el entrevistado el ritmo y la dirección de la entrevista.
5. El contexto social es considerado y resulta fundamental para la interpretación de significados.
6. El entrevistador ajusta su comunicación a las normas y lenguaje del entrevistado.
7. La entrevista cualitativa tiene un carácter más amistoso.
8. Las preguntas son abiertas y neutrales, ya que pretenden obtener perspectivas, experiencias y opiniones detalladas de los participantes en su propio lenguaje (Cuevas, 2009).

La entrevista cualitativa tiene un carácter más amistoso y sus preguntas son abiertas y neutrales.

Tipos de preguntas en las entrevistas

Hablaremos de dos tipologías sobre las preguntas: la primera que aplica a entrevistas en general (cuantitativas y cualitativas) y la segunda más propia de entrevistas cualitativas. Pero ambas aportan clases de preguntas que pudieran utilizarse en diferentes casos.

Grinnell, Williams y Unrau (2009) consideran cuatro clases de preguntas:

1. *Preguntas generales* (*gran tour*). Parten de planteamientos globales (disparadores) para dirigirse al tema que interesa al entrevistador. Son propias de las entrevistas abiertas; por ejemplo, ¿qué opina de la violencia entre parejas de matrimonios?, ¿cuáles son sus metas en la vida?, ¿cómo ve usted la economía del país?, ¿qué le provoca temor?, ¿cómo es la vida aquí en Barranquilla?, ¿cuál es la experiencia al confortar a pacientes con dolor extremo?
2. *Preguntas para ejemplificar*. Sirven como disparadores para exploraciones más profundas, en las cuales se le solicita al entrevistado que proporcione un ejemplo de un evento, un suceso o una cate-

goría. Los siguientes serían casos de este tipo de preguntas: usted ha comentado que la atención médica es pésima en este hospital, ¿podría proporcionarme un ejemplo?, ¿qué personajes históricos han tenido metas claras en su vida?, ¿qué situaciones le generaban ansiedad en la guerra cristera, podría ejemplificar de manera más concreta?

3. *Preguntas de estructura o estructurales.* El entrevistador solicita al entrevistado una lista de conceptos a manera de conjunto o categorías. Por ejemplo, ¿qué tipos de drogas se venden más en el barrio de Tepito (México)?, ¿qué clase de problemas tuvo al construir este puente?, ¿qué elementos toma en cuenta para decir que la ropa de una tienda departamental tiene buena calidad?

4. *Preguntas de contraste.* Al entrevistado se le cuestiona sobre similitudes y diferencias respecto a símbolos o tópicos, y se le pide que clasifique símbolos en categorías. Por ejemplo, hay personas a las que les agrada que los dependientes de la tienda se mantengan cerca del cliente y al tanto de sus necesidades, mientras que otras prefieren que acudan solamente si se les requiere, ¿usted qué opina en cada caso? ¿El terrorismo que ejerce el Grupo Escorpión es de distracción, intimidatorio, indiscriminado o total?; ¿cómo es el trato que recibe de las enfermeras del turno matutino, en comparación con el trato de las enfermeras del turno vespertino o nocturno? ¿qué semejanzas y diferencias encuentra?

Mertens (2005) clasifica las preguntas en seis tipos, los cuales se ejemplifican a continuación:

1. *De opinión*: ¿cree usted que haya corrupción en el actual gobierno de…?, desde su punto de vista, ¿cuál cree usted que es el problema en este caso…?, ¿qué piensa de esto…?

2. *De expresión de sentimientos*: ¿cómo se siente con respecto al alcoholismo de su esposo?, ¿cómo describiría lo que siente sobre…?

3. *De conocimientos*: ¿cuáles son los candidatos a ocupar la alcaldía de…?, ¿qué sabe usted de las causas que provocaron el alcoholismo de su esposo?

4. *Sensitivas* (relativas a los sentidos): ¿qué género de música le gusta escuchar más cuando se encuentra estresado?, ¿qué vio en la escena del crimen?

5. *De antecedentes*: ¿cuánto tiempo participó en la guerra cristera?, ¿después de su primer alumbramiento sufrió depresión posparto?

6. *De simulación*: suponga que usted es el alcalde de…., ¿cuál sería el principal problema que intentaría resolver?

Recomendaciones para realizar entrevistas

- El propósito de las entrevistas es obtener respuestas sobre el tema, problema o tópico de interés en los términos, el lenguaje y la perspectiva del entrevistado ("en sus propias palabras"). El "experto" es el mismo entrevistado, por lo que el entrevistador debe escucharlo con atención y cuidado. Nos interesan el contenido y la narrativa de cada respuesta.

- Lograr naturalidad, espontaneidad y amplitud de respuestas resulta esencial.

- Es muy importante que el entrevistador genere un clima de confianza en el entrevistado (*rapport*) y desarrolle empatía con él. Cada situación es diferente y el entrevistador debe adaptarse. Esterberg (2002) recomienda que el entrevistador hable algo de sí mismo para lograr confianza. Hay temas en donde un perfil es mejor que otro. Por ejemplo, si la entrevista es sobre la depresión posparto, la maternidad o la viudez femenina, resulta muy obvio que una mujer es más adecuada para llevar a cabo la entrevista. En cambio, si la entrevista es sobre la pérdida del empleo, cuando se trata de labores típicamente de varones, un adulto joven resulta más apropiado. Gochros (2005) señala que no debe haber una gran diferencia de edad entre entrevistador y entrevistado ni de origen étnico, nivel socioeconómico o religión; pero a veces es muy difícil que el investigador sea similar en estos aspectos a los entrevistados o las entrevistadas.

- Es indispensable no preguntar de manera tendenciosa o induciendo la respuesta. Un error consiste en hacer preguntas que inducen respuestas en preguntas posteriores (Gochros, 2005). Por ejemplo: ¿considera que la mayoría de los matrimonios son felices?, ¿es usted feliz en su matrimonio?, ¿considera que su matrimonio es como el de la mayoría? La secuencia induce respuestas y genera confusión. Es mejor preguntar: ¿cómo se siente en su matrimonio?, ¿qué lo hace feliz de su matrimonio?, y dejar que la persona explaye sus sentimientos y emociones.

- No se deben utilizar calificativos. Por ejemplo: ¿la huelga de los trabajadores está saliéndose de control?, es una pregunta prejuiciosa que no debe hacerse. En todo caso es mejor: ¿cuál es el estado actual en que se encuentra la huelga? Otro ejemplo negativo y equivocado de pregunta sería: ¿piensa usted que el proceso de su divorcio produce efectos negativos en sus hijos? Mejor inquirir: ¿cómo cree que su divorcio va a afectar a sus hijos?
- Escuchar activamente, pedir ejemplos y hacer una sola pregunta a la vez.
- Respecto a si el entrevistador debe o no hacerse amigo del entrevistado, existen diversas posiciones. La amistad ayuda a la empatía, pero algunas personas prefieren externar ciertas cuestiones con entrevistadores(as) amigables, pero que sean personas no cercanas que probablemente nunca vuelvan a ver. Babbie (2009) y Fowler (2002) consideran que el papel debe ser neutral, el de un profesional de la entrevista. Los autores de este libro consideramos que debe buscarse identificación con el entrevistado, compartir conocimientos y experiencias y responder dudas, pero manteniendo su papel como investigador. Recordando no intentar convertirnos en psicólogos o asesores personales.
- Debemos evitar elementos que obstruyan la conversación —como el timbre de algún teléfono, el ruido de la calle, el humo de un cigarro, las interrupciones de terceros, el sonido de un aparato— o cualquier otra distracción. También es importante que el entrevistado se relaje y mantenga un comportamiento natural. Nunca hay que interrumpirlo, sino guiarlo con discreción.
- Es recomendable no brincar "abruptamente" de un tema a otro, aun en las entrevistas no estructuradas, ya que si el entrevistado se enfocó en un tema, no hay que perderlo, sino profundizar en el asunto.
- Siempre resulta conveniente informar al entrevistado sobre el propósito de la entrevista y el uso que se le dará a ésta; algunas veces ello ocurre antes de la misma, y otras, después. Si tal notificación no afecta la entrevista, es mejor que se haga al inicio. Incluso a veces resulta conveniente leer primero todas las preguntas.
- La entrevista debe ser un diálogo y resulta importante dejar que fluya el punto de vista único y profundo del entrevistado. El tono tiene que ser espontáneo, tentativo, cuidadoso y con cierto aire de "curiosidad" por parte del entrevistador. Nunca incomodar al entrevistado o invadir su privacidad es una regla. Evite sarcasmos; y si se equivoca, admítalo.
- Normalmente se efectúan primero las preguntas generales y luego las específicas. Un orden que podemos sugerir particularmente para quien se inicia en las entrevistas cualitativas es el que se muestra en la figura 14.2:

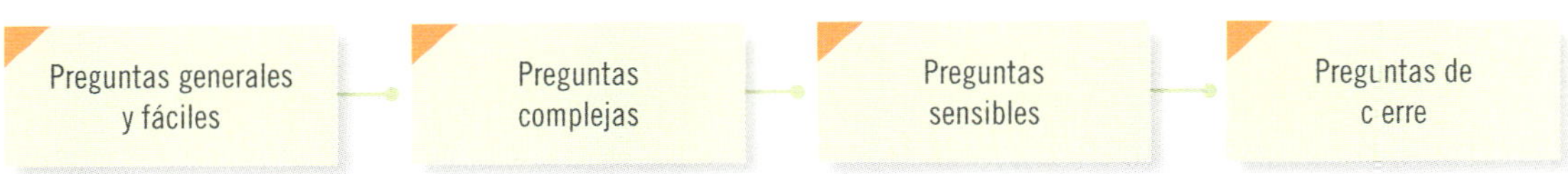

Figura 14.2 Orden de formulación de las preguntas en una entrevista cualitativa.

- El entrevistador tiene que demostrar interés en las reacciones del entrevistado al proceso y a las preguntas, igualmente debe solicitar al entrevistado que señale ambigüedades, confusiones y opiniones no incluidas.
- Cuando al entrevistado no le quede clara una pregunta, es recomendable repetirla; del mismo modo, en caso de que una respuesta no le resulte entendible o diáfana al entrevistador, es conveniente solicitar que se le repita la respuesta para verificar errores de comprensión. Cuando las respuestas están incompletas pueden hacerse pausas para sugerir que falta profundidad o hacer

preguntas y comentarios de ampliación (por ejemplo: dígame más, ¿qué quiere decir?, ¿lo cual significa que…?)

- El entrevistador debe estar preparado para lidiar con emociones y exabruptos. Si expresamos comentarios solidarios, debemos hacerlo de manera auténtica, ya que la hipocresía o la manipulación de sentimientos no tienen cabida en la investigación.
- Cada entrevista es única y crucial, y su duración debe mantener un equilibrio entre obtener la información de interés y no cansar al entrevistado.
- Siempre es necesario demostrarle al entrevistado la legitimidad, seriedad e importancia del estudio y la entrevista.
- El entrevistado debe tener siempre la posibilidad de hacer preguntas y disipar sus dudas. Es importante hacérselo saber.

Partes en la entrevista cualitativa (y más recomendaciones)

Ahora, en la figura 14.3 vamos a hablar de recomendaciones de acuerdo con la secuencia más común de una entrevista, especialmente para quien la realiza por primera vez, aunque recordemos que cada una es una experiencia de diálogo única y no hay estandarización.

A continuación mostramos un ejemplo de una guía o protocolo de entrevista semiestructurada que se empleó en varios países latinoamericanos con ejecutivos medios (supervisores, coordinadores, jefes de área y gerentes) en los estudios sobre el clima laboral en empresas medianas:

EJEMPLO

Guía de entrevista sobre el clima laboral

Fecha:___________ **Hora:** ____________
Lugar (ciudad y sitio específico):______________
Entrevistador(a):
Entrevistado(a) (nombre, edad, género, puesto, dirección, gerencia o departamento):

Introducción
Descripción general del proyecto (propósito, participantes elegidos, motivo por el cual fueron seleccionados, utilización de los datos).

Características de la entrevista
Confidencialidad, duración aproximada (este punto no siempre es conveniente, solamente que el entrevistado pregunte por el tiempo, se puede decir algo como: no durará más de…)

Preguntas
1. ¿Qué opina de esta empresa?
2. ¿Cómo se siente trabajando en esta empresa?
3. ¿Cómo se siente en cuanto a su motivación en el trabajo?
4. ¿Cómo es la relación que tiene con su superior inmediato, su jefe (buena, mala, regular)?
5. ¿Qué tan orgulloso se siente de trabajar aquí en esta empresa?
6. ¿Qué tan satisfecho está en esta empresa?, ¿por qué?
7. Si compara el trabajo que realiza en esta empresa con trabajos anteriores, ¿en cuál se sintió mejor?, ¿por qué?
8. Si le ofrecieran empleo en otra empresa, pagándole lo mismo, ¿cambiaría de trabajo?
9. ¿Cómo es la relación que tiene con sus compañeros de trabajo?, ¿podría describirla?
10. ¿Qué le gusta y qué no le gusta de su trabajo en esta empresa?
11. ¿Cómo ve su futuro en esta empresa?
12. Si estuviera frente a los dueños de esta empresa: ¿qué les diría?, ¿qué no funciona bien?, ¿qué se puede mejorar?

13. ¿Sus compañeros de trabajo, qué opinan de la empresa?
14. ¿Qué tan motivados están ellos con su trabajo?
15. ¿Qué les gustaría cambiar a ellos?

Observaciones:
Agradecimiento e insistir en la confidencialidad y la posibilidad de participaciones futuras.

Planeación:
Una vez identificado el o la participante (persona a la cual se entrevistará):
- Contactarlo (presentarse usted e indicarle el propósito de la entrevista, asegurarle confidencialidad y lograr su participación, hacer una cita en un lugar adecuado, generalmente debe ser privado y confortable). Tal labor puede hacerse vía telefónica y/o por carta o e-mail.
- Prepare una entrevista (guía) más bien abierta o poco estructurada (en diversas investigaciones se generan preguntas mediante una "tormenta de ideas"). Las preguntas deben ser comprensibles y estar vinculadas con el planteamiento (el cual ya ha sido revisado varias veces) y también con la inmersión en el campo, aunque en algunos estudios, la primera entrevista puede constituir la propia inmersión).
- Ensaye la guía de entrevista con algún amigo o amiga (o pariente) del mismo tipo que el futuro participante.
- Confirme la cita un día antes.
- Acuda puntualmente a la entrevista.
- En las entrevistas se utilizan diferentes herramientas para obtener y registrar la información; entre éstas tenemos: *a)* grabación de audio o video; *b)* notas en libretas y computadoras personales o de bolsillo (*pocket* o *palm*); *c)* dictado digital (que transfiere las entrevistas a un procesador de textos y programas de análisis); *d)* fotografías, y *e)* simulaciones o programas computacionales para interactuar con el entrevistado, en situaciones que así lo requieran y donde resulte factible y conveniente. Por lo menos, tome notas y grabe la entrevista (y lleve suficiente energía para que se interrumpa lo menos posible la grabación).
- Vístase apropiadamente (de acuerdo con el perfil del participante). Por ejemplo, con ejecutivos en sus oficinas, su atuendo será formal o de trabajo. En otras ocasiones, *sport*.
- Además de la guía, lleve un formato de consentimiento para la entrevista (datos del entrevistado, frase que otorga su permiso, fecha), el cual será firmado por el o la participante.

Al inicio:
Apague su teléfono celular o móvil.
- Platique sobre un tema de interés y repita el propósito de la entrevista, la confidencialidad, etcétera.
- Entregue la forma de consentimiento, pida permiso para grabar y tomar notas.
- Comience.

Durante la entrevista:
- Escuche activamente, mantenga la conversación y no transmita tensión.
- Sea paciente, respete silencios, tenga un interés genuino.
- Asegúrese de que la entrevistada o entrevistado terminó de contestar una pregunta, antes de pasar a la siguiente.
- Deje que fluya la conversación.
- Capte aspectos verbales y no verbales.
- Tome notas y grabe (las grabaciones deben ser lo menos obstrusivas o lo más discretas posible).
- Demuestre aprecio por cada respuesta.

Al final:
- Preguntar al entrevistado o entrevistada si tiene algo que agregar o alguna duda.
- Agradezca y de nuevo explique lo que se va a hacer con los datos recolectados.

Después de la entrevista:
- Haga un resumen.
- Coloque a quien entrevistó en su contexto (¿qué me dijo?, ¿por qué me lo dijo?, ¿quién era el entrevistado realmente?, ¿cómo transcurrió la entrevista?)
- Revise sus anotaciones de campo.
- Transcriba la entrevista lo más rápido posible (si usó dictado digital esto es más fácil).
- Envíe una carta de agradecimiento o e-mail.
- Analice la entrevista (de esto se hablará más adelante en el capítulo, en la parte de análisis cualitativo).
- Revise la guía y la entrevista (ver una sugerencia de evaluación en la tabla 14.3).
- Mejore la guía.
- Repita el proceso hasta que tenga una guía adecuada y suficientes casos (lograr la saturación, de la cual ya se mencionó que lo comentaremos en la parte de análisis).

Figura 14.3   Esquema sugerido de entrevista cualitativa (con recomendaciones).

Entrevista cualitativa Pueden hacerse preguntas sobre experiencias, opiniones, valores y creencias, emociones, sentimientos, hechos, historias de vida, percepciones, atribuciones, etcétera.

En el ejemplo de la entrevista sobre el clima laboral, el entrevistador, según el curso que siga la interacción, tiene libertad para ahondar en las respuestas (agregando los "por qué" y otras preguntas que complementen la información).

Para diseñar la guía de tópicos de una entrevista cualitativa semiestructurada es necesario tomar en cuenta aspectos prácticos, éticos y teóricos. Prácticos respecto a que debe buscarse que la entrevista capte y mantenga la atención y motivación del participante y que lo haga sentirse cómodo al conversar sobre la temática. Éticos respecto a que el investigador debe reflexionar las posibles consecuencias que tendría que el participante hable sobre ciertos aspectos del tema. Y teóricos en cuanto a que la guía de entrevista tiene la finalidad de obtener la información necesaria para comprender de manera completa y profunda el fenómeno del estudio. No existe una única forma de diseñar la guía, siempre y cuando se tengan en mente dichos aspectos. A continuación se mencionan algunas de las características más comunes de una guía de tópicos para entrevistas cualitativas (Cuevas, 2009):

- La cantidad de preguntas está relacionada con la extensión que se busca en las respuestas. Por lo general se incluyen pocas preguntas o frases detonantes. Sin embargo, esto no significa necesariamente que la entrevista será corta o está incompleta, ya que las preguntas deben ser meticulosamente seleccionadas y planteadas para que motiven al entrevistado o entrevistada a expresarse de manera extensa y detallada.
  - Como ya se ha mencionado, las preguntas son totalmente abiertas y neutrales.
  - Se comienza por las más generales de responder, para avanzar hacia las más delicadas. Aunque el orden es flexible y está supeditado a los temas que emerjan y a cómo estos pueden construir una mejor comprensión del fenómeno.
  - Las preguntas y la forma de plantearlas tienen la intención de que el participante comparta su perspectiva y su experiencia respecto al fenómeno, ya que él o ella es el experto, el "protagonista".
  - Es recomendable, sobre todo para quien es entrevistador principiante, redactar varias formas de plantear la misma pregunta, para tenerlas como alternativa en caso de que la pregunta no se entienda.

En grabaciones de entrevistas Es importante evitar sonidos que distorsionen los diálogos. Los videos y fotografías deben estar enfocados.

Como en cualquier actividad de recolección de datos cualitativos, al final de cada jornada de trabajo es necesario ir llenando la bitácora o diario de campo, en el cual el investigador vacía sus anotaciones, reflexiones, puntos de vista, conclusiones preliminares, hipótesis iniciales, dudas e inquietudes.

Al terminar las entrevistas tendremos un valioso material que es necesario preparar para el análisis cualitativo.

Paradójicamente, en ocasiones nos puede interesar una cierta unidad de análisis, pero las entrevistas no las hacemos con el ser humano que la representa, sino con personas de su entorno. El siguiente caso es un ejemplo de ello y consideramos que habla por sí mismo.

EJEMPLO[5]

Por cada 100 mil nacidos vivos en Indonesia, se calcula que mueren hasta 400 mujeres. Se cree que en algunas regiones del país —incluida la provincia de Java Occidental— las tasas de mortalidad materna son incluso más elevadas.

---

[5] Ejemplo extraído textualmente de "Elementos clave para reducir la mortalidad materna: se investigan las circunstancias de las defunciones maternas en Indonesia", *FHI: Boletín Trimestral de Salud: Network en Español*: 2002, vol. 22, núm. 2, p. 1. La referencia original es: Iskandar *et al.* (1996).

¿Se puede reducir allí la mortalidad materna mediante el cambio de comportamiento individual? Si es posible, ¿cómo se puede hacer? ¿Pueden los organismos públicos locales y los servicios de salud poner en práctica alguna política, capacitación o presupuestación, o cambiar los procedimientos para prevenir las defunciones maternas?

Para responder a esas preguntas, los investigadores del Centro de Investigaciones de Salud de la Universidad de Indonesia emplearon métodos de investigación cualitativa para entender mejor las experiencias de 63 mujeres procedentes de regiones geográficamente diversas de Java Occidental, que habían experimentado emergencias obstétricas —53 de ellas mortales— en 1994 y 1995 Mediante una técnica innovadora de recopilación de datos cualitativos llamada «Rashomon», los investigadores realizaron entrevistas a fondo con un promedio de seis testigos de las emergencias, entre ellos familiares, vecinos, funcionarios municipales, asistentes tradicionales de partos y personal de atención de salud. Los testigos compartieron sus observaciones e interpretaciones de las causas del resultado obstétrico. Luego, se compararon sus relatos detallados para hacer un resumen de las circunstancias en torno al acontecimiento. Por último, esos relatos se unieron a las pruebas; a saber, historiales clínicos, informes policiales, certificados de defunción y otros documentos. Con base en toda esa información, los médicos e investigadores evaluaron el motivo de la muerte y cómo se podía evitar en el futuro una muerte de ese tipo.

Finalmente, incluimos un formato para evaluar las entrevistas cualitativas realizadas (tabla 14.2), basado en Creswell (2005).

▲ **Tabla 14.2** Sugerencia de formato para evaluar la entrevista

1. ¿El ambiente físico de la entrevista fue el adecuado? (quieto, confortable, sin molestias).
2. ¿La entrevista fue interrumpida?, ¿con qué frecuencia?, ¿afectaron las interrupciones el curso de la entrevista, la profundidad y la cobertura de las preguntas?
3. ¿El ritmo de la entrevista fue adecuado al entrevistado o la entrevistada?
4. ¿Funcionó la guía de entrevista?, ¿se hicieron todas las preguntas?, ¿se obtuvieron los datos necesarios?, ¿qué puede mejorarse de la guía?
5. ¿Qué datos no contemplados originalmente emanaron de la entrevista?
6. ¿El entrevistado se mostró honesto y abierto en sus respuestas?
7. ¿El equipo de grabación funcionó adecuadamente?, ¿se grabó toda la entrevista?
8. ¿Evitó influir en las respuestas del entrevistado?, ¿lo logró?, ¿se introdujeron sesgos?
9. ¿Las últimas preguntas fueron contestadas con la misma profundidad de las primeras?
10. ¿Su comportamiento con el entrevistado o la entrevistada fue cortés y amable?
11. ¿El entrevistado se molestó, se enojó o tuvo alguna otra reacción emocional significativa?, ¿cuál?, ¿afectó esto la entrevista?, ¿cómo?
12. ¿Fue un entrevistador activo?
13. ¿Estuvo presente alguien más aparte de usted y el entrevistado?, ¿esto afectó?, ¿de qué manera?

Sesiones en profundidad o grupos de enfoque

Un método de recolección de datos cuya popularidad ha crecido son los **grupos de enfoque** (*focus groups*). Algunos autores los consideran como una especie de entrevistas grupales, las cuales consisten en reuniones de grupos pequeños o medianos (tres a 10 personas), en las cuales los participantes conversan en torno a uno o varios temas en un ambiente relajado e informal, bajo la conducción de un especialista en dinámicas grupales. Más allá de hacer la misma pregunta a varios participantes, su objetivo es generar y analizar la interacción ente ellos (Barbour, 2007). Los grupos de enfoque se utilizan en la investigación cualitativa en todos los campos del conocimiento, y varían en algunos detalles según el área. A continuación se desarrollará un enfoque general para cualquier disciplina.

En los grupos de enfoque Existe un interés por parte del investigador por cómo los individuos forman un esquema o perspectiva de un problema, a través de la interacción.

Creswell (2005) sugiere que el tamaño de los grupos varía dependiendo del tema: tres a cinco personas cuando se expresan emociones profundas o temas complejos y de seis a 10 participantes si las cuestiones a tratar versan sobre asuntos más cotidianos, aunque en las sesiones no debe excederse de un número manejable de individuos. El formato y naturaleza de la sesión o sesiones depende del objetivo y las características de los participantes y del planteamiento del problema (Krueger y Casey, 2008).

En un estudio de esta naturaleza es posible tener un grupo con una sesión única; varios grupos que participen en una sesión cada uno; un grupo que participe en dos, tres o más sesiones; o varios grupos que participen en múltiples sesiones. En general, el número de grupos y sesiones es difícil de predeterminar, normalmente se piensa en una aproximación, pero la evolución del trabajo con el grupo o los grupos es lo que nos va indicando cuándo "es suficiente" (una vez más, la "saturación" de información, que implica que tenemos los datos que requerimos, desempeña un papel crucial; además de los recursos que dispongamos).

Algo muy importante es que en esta técnica de recolección de datos, la unidad de análisis es el grupo (lo que expresa y construye) y tiene su origen en las dinámicas grupales, muy socorridas en la psicología, y el formato de las sesiones es parecido al de una reunión de alcohólicos anónimos o a grupos de crecimiento en el desarrollo humano.

Se reúne a un grupo de personas y se trabaja con éste en relación con los conceptos, las experiencias, emociones, creencias, categorías, sucesos o los temas que interesan en el planteamiento de la investigación. Lo que se busca es analizar la interacción entre los participantes y cómo se construyen significados grupalmente, a diferencia de las entrevistas cualitativas, donde se busca explorar a detalle las narrativas individuales. Los grupos de enfoque no sólo tienen potencial descriptivo, sino sobre todo tienen un gran potencial comparativo que es necesario aprovechar (Barbour, 2007).

Los grupos de enfoque son positivos cuando todos los miembros intervienen y se evita que uno de los participantes guíe la discusión. Algunos ejemplos de los usos que puede tener la técnica se muestran en la tabla 14.3.

▲ **Tabla 14.3**   Ejemplos de estudios con grupos de enfoque

Naturaleza general del estudio	Grupos que podrían integrar el estudio
• Comprender las razones por las cuales mujeres que de manera constante son agredidas físicamente por sus esposos, mantienen la relación marital a pesar del abuso.	Tres o cuatro grupos pequeños (cinco participantes por grupo). Los grupos podrían integrarse por el grado de agresión física o el tiempo de abuso, o bien, tomando en cuenta ambos elementos. Cuatro a cinco sesiones por grupo, en principio
• Analizar los problemas en la atención a pacientes de un hospital.	Un grupo formado de médicos, otro de enfermeras, uno de residentes, uno de personal auxiliar, dos grupos mixtos (médicos, enfermeras, residentes, auxiliares) y dos de pacientes; además de dos de familiares de los pacientes. Seis o siete participantes por grupo. De éstos, a su vez, una sesión por cada uno, pero si es necesario, puede trabajarse más de una.
• Entender la depresión posparto de un grupo de mujeres dedicadas completamente a su hogar, en comparación con un grupo de mujeres que trabajan.	Dos grupos (uno con amas de casa y otro con mujeres que tienen empleo formal), varias sesiones con cada grupo hasta comprender el fenómeno de interés. Y a diferencia de un estudio cuantitativo, la comparación no es estadística, sino que cada grupo es enmarcado en su propio contexto. Los grupos podrían conformarse por seis o siete mujeres con síntomas de ese tipo de depresión.
• Conocer cómo aplican el modelo constructivista de enseñanza los profesores de una escuela preparatoria.	Dos o tres grupos , una sesión por grupo o más si se requiere. Ocho a nueve maestros por grupo. Docentes que enseñen distintas asignaturas de todos los niveles escolares.

(continúa)

▲ **Tabla 14.3**   Ejemplos de estudios con grupos de enfoque (*continuación*)

Naturaleza general del estudio	Grupos que podrían integrar el estudio
• Examinar en profundidad el fenómeno de la adopción: ■ Explorar el significado de la paternidad y maternidad en parejas que no pudieron tener hijos biológicos y decidieron adoptar. ■ Indagar sobre sus razones profundas para tomar la decisión de adoptar. ■ Conocer los sentimientos y las emociones que experimentaron antes de la adopción, durante el proceso y después de que concluyó éste. ■ Apreciar su estado de ánimo actual, su sentido de vida, la percepción de sí mismos y su relación de pareja. ■ Analizar la interacción con el o los hijos e hijas adoptadas.	Dos grupos, cada uno integrado por cuatro o cinco parejas que hayan adoptado al menos a un hijo o una hija. Múltiples sesiones.

Es importante que el conductor o moderador de las sesiones esté habilitado para organizar de manera eficiente estos grupos y lograr los resultados esperados; de ese modo, manejar las emociones cuando éstas surjan y obtener significados de los participantes en su propio lenguaje, además de ser capaz de alcanzar un alto nivel de profundización. El guía debe provocar la participación de cada persona, evitar agresiones y lograr que todos tomen su turno para expresarse.

Con respecto a la conformación de los grupos, si deben ser homogéneos o heterogéneos, el planteamiento del problema y el trabajo de campo nos indicarán cuál composición es la más adecuada.

En ocasiones los grupos de enfoque son útiles cuando el tiempo apremia y se requiere información rápida sobre un tema puntual (por ejemplo: opinión sobre un comercial televisivo), pero ciertamente pierde la esencia inductiva del proceso cualitativo.

Así como se insta a no utilizar los grupos de enfoque cuando se buscan narrativas individuales y, por tanto, sería más adecuada la entrevista cualitativa, también se recomienda no utilizar en exceso los grupos de enfoque y evitar altas expectativas respecto a la transferencia de los resultados (Barbour, 2007).

Pasos para realizar las sesiones de grupo

1. Se determina un número provisional de grupos y sesiones que habrán de realizarse (y como se mencionó, con frecuencia tal número se puede acortar o alargar de acuerdo con el desarrollo del estudio).
2. Se define el tipo tentativo de personas (perfiles) que habrán de participar en la(s) sesión(es). Regularmente durante la inmersión en el campo el investigador se va percatando del tipo de personas adecuadas para los grupos; pero el perfil también puede modificarse si la investigación así lo requiere.

Algunos ejemplos de perfiles son:

- Jóvenes drogadictos entre los 16 y 19 años de un barrio determinado en una ciudad.
- Mujeres limeñas de 45 a 60 años divorciadas recientemente —hace un año o menos— de nivel económico alto (A).
- Pacientes terminales de cáncer que no tengan familia, que sean mayores de 70 años y estén en hospitales públicos (gubernamentales) de una ciudad, etcétera.

3. Se detectan personas del tipo elegido.

4. Se invita a estas personas a la sesión o las sesiones.

5. Se organiza la sesión o las sesiones. Cada una debe efectuarse en un lugar confortable, silencioso y aislado. Los participantes deben sentirse "a gusto", tranquilos, despreocupados y relajados. Asimismo, es indispensable planear cuidadosamente lo que se va a tratar en la sesión o las sesiones (desarrollar una agenda) y asegurar los detalles (aun las cuestiones más sencillas, como servir café y refrescos; no hay que olvidar colocar identificadores con el nombre de cada participante o etiquetas pegadas a la ropa).

6. Se lleva a cabo cada sesión. El moderador debe ser una persona entrenada en el manejo o la conducción de grupos, y tiene que crear un clima de confianza *(rapport)* entre los participantes. También, debe ser un individuo que no sea percibido como "distante" por los participantes de la sesión y que propicie la intervención ordenada y la interacción entre todos. La paciencia es una característica que también requiere. Durante la sesión se pueden solicitar opiniones, hacer preguntas, administrar cuestionarios, discutir casos, intercambiar puntos de vista y valorar diversos aspectos. Es muy importante que cada sesión se grabe en audio o video (es mucho más recomendable esta segunda opción, porque así se dispone de mayor evidencia no verbal en las interacciones, como gestos, posturas corporales o expresiones por medio de las manos) y después realizar análisis de contenido y observación. El conductor debe tener muy en claro la información o los datos que habrán de recolectarse, así como evitar desviaciones del objetivo planteado, aunque tendrá que ser flexible (por ejemplo, si el grupo desvía la conversación hacia un tema que no es de interés para el estudio, deja que fluya la comunicación, aunque sutilmente retoma los temas importantes para la investigación).

Grabar cada sesión Es fundamental; por ello, es recomendable usar equipos de última generación.

7. Se elabora el reporte de sesión, el cual incluye principalmente:

- Datos sobre los participantes (edad, género, nivel educativo y todo aquello que sea relevante para el estudio).
- Fecha y duración de la sesión (hora de inicio y terminación).
- Información completa del desarrollo de la sesión, actitud y comportamiento de los participantes hacia el moderador y la sesión en sí, resultados de la sesión.
- Observaciones del conductor, así como una bitácora de la sesión. Es prácticamente imposible que el guía tome notas durante la sesión, por lo que éstas pueden ser elaboradas por otro investigador.

En el estudio sobre matrimonios adoptantes, si se quisieran abarcar diversos grupos y así obtener un mayor espectro de opiniones, se podrían organizar varios grupos:

- Matrimonios sin hijos anteriores que adoptan un(a) niño(a).
- Matrimonios sin hijos anteriores que adoptan dos o tres niños.
- Matrimonios con al menos un(a) hijo(a) que adoptan un(a) niño(a).
- Matrimonios con al menos un(a) hijo(a) que adoptan dos o tres niños(as).

Desde luego, conforme aumentan los grupos la situación de la investigación va complicándose y la logística es más difícil de manejar.

La agenda de cada sesión tiene que estructurarse con cuidado y en ella se deben señalar las actividades principales, aunque es también una herramienta flexible. La tabla 14.4 es un ejemplo de agenda.

Se acostumbra que a los participantes se les pague o se les entregue un obsequio (vales de despensa, perfume, entradas para el cine, vale para una cena en un restaurante elegante, etc., según sea el caso).

La guía de tópicos o temáticas —al igual que en el caso de las entrevistas— puede ser: estructurada, semiestructurada o abierta. En la estructurada los tópicos son específicos y el margen para salirse de éstos es mínimo; en la semiestructurada se presentan tópicos que deben tratarse, aunque el moderador tiene libertad para incorporar nuevos que surjan durante la sesión, e incluso alterar parte del orden en que se tratan los tópicos; finalmente, en la abierta se plantean temáticas generales para cubrirse con libertad durante la sesión.

▲ **Tabla 14.4**   Agenda de una sesión en profundidad o de enfoque

Fecha: Horario: Hora	Número de sesión: Facilitador (conductor): Actividad
9:00	Revisar el salón (Francis Barrios)
9:10	Instalar el equipo de video (filmación) (Guadalupe Riojas)
9:30	Probar equipos (incluyendo micrófonos) (Guadalupe Riojas)
9:45	Verificar servicio de café (Francis Barrios)
10:00	Verificar disponibilidad de estacionamiento para participantes (Francis Barrios)
10:15	Recibir a participantes
10:30	Iniciar la sesión: René Fujiyama. Observadora: Talía Ramírez
12:00	Concluir la sesión: René Fujiyama
12:15	Entregar obsequios a los participantes (Francis Barrios)
12:30	Revisión de notas, grabación en audio y video (René Fujiyama y Talía Ramírez)
13:30	Llevar el equipo (Guadalupe Riojas)

De acuerdo con Barbour (2007), las guías de tópicos por lo general son breves, con pocas preguntas o frases detonantes. La aparente brevedad de la guía de tópicos trae detrás un trabajo minucioso de selección y formulación de las preguntas que fomenten más la interacción y profundización en las respuestas. Al diseñar la guía de tópicos, el investigador debe anticiparse a las posibles respuestas y reacciones de los participantes para optimizar la sesión.

Mostramos dos ejemplos de guías de tópicos. El primero (que se muestra en el siguiente recuadro) es sobre una primera sesión para jóvenes con problemas de adicción a estupefacientes (ocho jóvenes: cuatro mujeres y cuatro hombres de 18 a 21 años). La guía de tópicos es abierta.

EJEMPLO

Una guía de tópicos abierta sobre adicciones

1. ¿Qué tipo de drogas (estupefacienes, sustancias) consumen los jóvenes de este barrio?
2. ¿Se consumen más bien en soledad o en grupo?
3. ¿Quién(es) las proporcionan?, ¿se venden?
4. ¿Cuánta cantidad consume un(a) joven cada vez que lo hace?
5. ¿Por qué las consumen? (razones, motivos).
6. ¿Qué tipo de sensaciones y experiencias tienen cuando se drogan?
7. ¿Cómo se sienten al día siguiente de que consumen la droga?
8. ¿Cómo definen la drogadicción?
9. ¿Qué cosas buenas y malas obtienen del consumo?
10. ¿Cómo es su vida actualmente?
11. ¿Qué esperan del futuro?
12. ¿Cómo se ven dentro de cinco años? Y ¿dentro de diez?

El segundo ejemplo de guía es parte del estudio sobre la moda y la mujer mexicana (Costa, Hernández Sampieri y Fernández Collado, 2002). Como se ha comentado, la investigación implicó: inmersión inicial en el campo, observación abierta y observación particularizada. Posteriormente, se recolectaron datos cuantitativos y cualitativos (esto último se detallará un poco más en el proceso mixto). En la parte cualitativa se realizaron cinco sesiones en cada una de las ocho ciudades donde se llevó a cabo el estudio (40 en total). Para cada ciudad, los grupos se integraron de la siguiente manera:

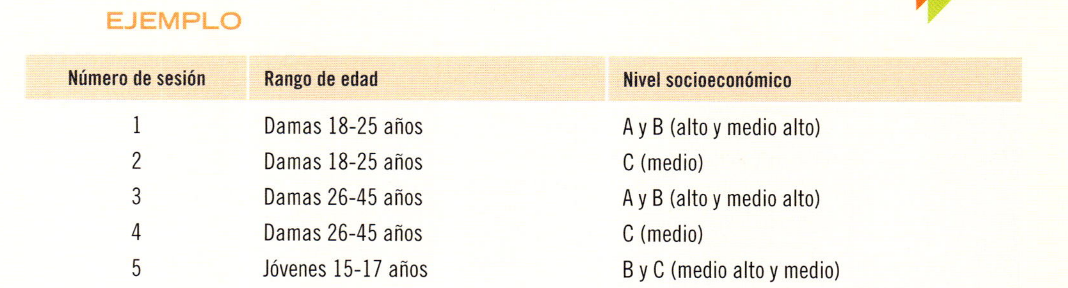

EJEMPLO

Número de sesión	Rango de edad	Nivel socioeconómico
1	Damas 18-25 años	A y B (alto y medio alto)
2	Damas 18-25 años	C (medio)
3	Damas 26-45 años	A y B (alto y medio alto)
4	Damas 26-45 años	C (medio)
5	Jóvenes 15-17 años	B y C (medio alto y medio)

La guía de tópicos se muestra a continuación y se despliega en las páginas siguientes y es producto de la inmersión y la observación previas:

EJEMPLO

Guía de tópicos para la "moda y la mujer mexicana"[6]

Departamento de ropa y accesorios para mujeres

A. Preferencia de tiendas
1. ¿Qué tiendas departamentales o boutiques han visitado últimamente?
2. ¿Por qué razón han visitado esas tiendas?
3. ¿Cuál es la tienda que prefieren visitar?, ¿por qué?
4. ¿Qué tan seguido visitan su tienda favorita?

B. Percepción del departamento de ropa y accesorios para mujeres de LLL
1. ¿Qué secciones del departamento de ropa y accesorios para mujeres conocen?
2. ¿Qué secciones considerarían las mejores del departamento de ropa y accesorios para mujeres?
3. ¿Cuáles serían las secciones del departamento de ropa y accesorios para mujeres que necesitan mejorar?
4. Dentro de todo el departamento de ropa y accesorios para mujeres, ¿qué servicios de LLL consideran son mejores que los de otras tiendas?
5. ¿Cómo calificarían al personal en el departamento de ropa y accesorios para mujeres?
6. En cuanto a las tallas, ¿siempre…
    a) encuentran de todo?
    b) hay secciones para tallas extragrandes o pequeñas?
    c) está bien surtido?
    d) los precios son accesibles?
7a. ¿Cómo evaluarían a la ropa que vende el departamento de ropa y accesorios para mujeres en cuanto a…
    a) calidad?
    b) surtido?
    c) moda?
7b. ¿Cómo evaluarían a las ofertas especiales en la ropa que vende el departamento de ropa y accesorios para mujeres en cuanto a…
    a) calidad?
    b) surtido?
    c) moda?

C. Percepción de la moda
1. ¿Qué es estar a la moda?
2. ¿Qué marcas consideran que están a la moda?

---

[6] El nombre de la empresa se mantiene anónimo por acuerdo con ésta, en su lugar se menciona como LLL.

3. ¿Qué tienda departamental consideran que está más a la moda?
4. ¿Qué entienden por...
   a) calidad?
   b) surtido?
   c) moda?

D. Evaluación de las secciones de LLL
1. A continuación voy a preguntar por cada una de las secciones que tiene el cepartamento de ropa y accesorios para mujeres, y me gustaría saber qué opinan sobre cada una de ellas con respecto a: *surtido, calidad, precio y moda.*
   a) Ropa casual.
   b) Conjuntos de vestidos, trajes sastre, pantalones o faldas de vestir (ropa formal).
   c) Vestidos para fiesta/noche.
   d) Zapatos elegantes/exclusivos.
   e) Zapatos del diario/sport.
   f) Ropa interior (lencería, corsetería).
   g) Tallas pequeñas (*petite*) (explicar previamente el término).
   h) Tallas grandes.
   i) Pijamas.
   - ¿Qué prenda utilizan para dormir?
   - ¿Qué factores son importantes para ustedes al elegir una prenda de dormir?
   j) Joyería de fantasía.
   k) Trajes de baño.
   l) Bolsas, accesorios, lentes, sombreros, mascadas, etcétera.
   m) Joyería fina.
   En caso que lo amerite:
   n) Maternidad.
   o) Uniformes.

E. Percepción de LLLL *vs.* competencia
1. Comparando a LLL con la competencia, evalúen las ventajas y desventajas que tiene el departamento de ropa y accesorios para mujeres en ambas tiendas, en cuanto a...
   a) Productos.
   b) Precio.
   c) Calidad.
   d) Variedad.
   e) Personal (atención, servicio, conocimiento de los productos que venden, etcétera).
   f) Moda.
   g) Surtido.
   h) Probadores.
   i) Publicidad.

F. Sugerencias
1. Para finalizar, ¿qué sugerencias le haría al departamento de ropa y accesorios para mujeres de esta tienda?
2. Comentarios generales.

Fecha: **Hora:**   **Moderador:**

Para elaborar y optimizar la guía se recomienda:

a) Tomar en cuenta las observaciones de la inmersión en el ambiente.
b) Realizar una "tormenta de ideas" con expertos en el planteamiento del problema para obtener preguntas o tópicos.
c) Efectuar la primera sesión como prueba piloto para mejorar la guía.
d) A veces es conveniente usar la secuencia que se propone en la figura 14.4 para generar preguntas.

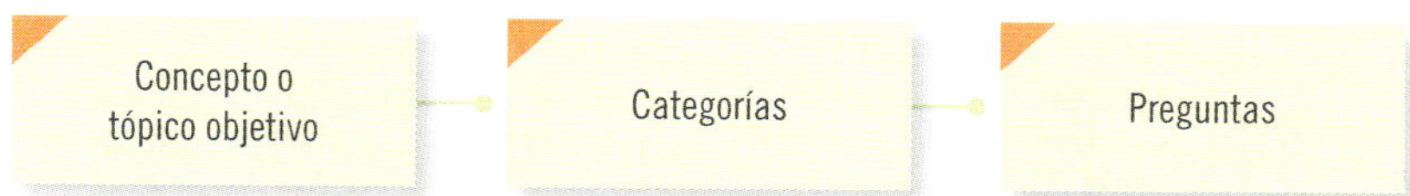

Figura 14.4   Secuencia para la formulación de preguntas.

Por ejemplo, supongamos que realiza un estudio para conocer los perfiles de consumidores de una tienda que vende ropa. El proceso para obtener preguntas podría ser el de la tabla 14.5.

▲   **Tabla 14.5**   Proceso para obtener preguntas

Concepto	Categorías	Preguntas
Establecer los perfiles y caracterizaciones de los consumidores de…	• Frecuencia de compra • Marcas de compra • Marcas ideales • Prendas que compran • Prendas ideales o aspiracionales • Prendas que disfrutan comprar • Motivos de compra • Precios • Precio máximo • Lugar de compra	1. ¿Cada cuándo compran ropa? 2. ¿Cuáles son las tres marcas de ropa que acostumbran comprar? 3. ¿Por qué? 4. ¿Cuál es la marca de ropa que les gustaría comprar (su ideal)? 5. ¿Por qué?, ¿qué tiene esa marca que les llama la atención? 6. ¿Cuál es el tipo de prendas que adquieren con mayor frecuencia (pantalones, playeras, blusas, etcétera)? 7. ¿Por qué? 8. ¿Cuáles son las prendas que les gustaría comprar más si tuvieran todo el dinero o la plata para hacerlo sin límites? 9. ¿Por qué? 10. ¿Cuáles son las prendas que más disfrutan comprar? 11. ¿En qué se fijan al escoger la prenda y marca que compran? 12. ¿Cuánto acostumbran pagar por blusa o camisa, pantalón o falda, chamarra o suéter y ropa interior? 13. ¿Cuánto estarían dispuestos a pagar por blusa o camisa, pantalón o falda, chamarra o suéter y ropa interior? (lo máximo, suponiendo que les gustan mucho las prendas). 14. ¿Dónde compran su ropa? 15. ¿Por qué ahí?

En algunos grupos de enfoque se puede utilizar material estimulador (*stimulus material*), como dibujos, fotografías, recortes de periódico, entre otros; para romper "el hielo", introducir un tema, incentivar una discusión o proveer puntos de comparación y que los participantes expongan su perspectiva y experiencias de forma detallada acerca de un tema, fenómeno o situación específica.

EJEMPLO

En unas sesiones grupales llevadas a cabo para conocer el punto de vista de los pacientes respecto a la atención médica básica que recibían en una clínica de una localidad pequeña, se usó como material estimulador una imagen de una conocida telenovela cuyos personajes principales y cuya historia se desarrollaba en una clínica de atención médica básica. Todos los participantes habían visto dicha telenovela por lo que podían utilizarla como referencia para comparar a los personajes con sus médicos personales. En la sesión el moderador mostraba la fotografía de los médicos de la telenovela y les decía: "éste es un médico con el que probablemente todos están familiarizados, ¿cómo se compara su propio médico general de la clínica a éste de la novela?" (Barbour, 2007).

Otra alternativa para complementar la discusión en los grupos de enfoque, son los ejercicios escritos adicionales. Por ejemplo, se puede diseñar una serie de preguntas que los participantes respondan por escrito de manera individual antes de discutir el tema de forma grupal, lo que ayuda al investigador a conocer la respuesta personal y a que los participantes reflexionen más detenidamente su respuesta (si esto fuera lo que se busca).

Tanto en el caso de los materiales de estímulo como en los ejercicios escritos, es indispensable diseñarlos en función del objetivo de investigación y hacer una prueba piloto para asegurar su pertinencia (Cuevas, 2009).

Asimismo, recordemos que al final de cada jornada de trabajo es necesario ir llenando la bitácora o diario, donde vaciemos las anotaciones de cada sesión, reflexiones, puntos de vista, conclusiones preliminares, hipótesis iniciales, dudas e inquietudes. Una vez efectuadas las sesiones de grupo, se preparan los materiales para su análisis.

Documentos, registros, materiales y artefactos

Una fuente muy valiosa de datos cualitativos son los documentos, materiales y artefactos diversos. Nos pueden ayudar a entender el fenómeno central de estudio. Prácticamente la mayoría de las personas, grupos, organizaciones, comunidades y sociedades los producen y narran, o delinean sus historias y estatus actuales. Le sirven al investigador para conocer los antecedentes de un ambiente, las experiencias, vivencias o situaciones y su funcionamiento cotidiano. Veamos el uso de los principales documentos, registros, materiales y artefactos como datos cualitativos .

Individuales

1. *Documentos escritos personales.* Los documentos personales son fundamentalmente de tres tipos: 1) documentos o registros preparados por razones oficiales, como certificados de nacimiento o de matrimonio, licencias de manejo, cédulas profesionales, escrituras de propiedades, estados de cuenta bancarios, etc. (varios de éstos son del dominio público); 2) documentos preparados por razones personales, a veces íntimas, por ejemplo: cartas, diarios, manuscritos y notas; y 3) documentos preparados por razones profesionales (reportes, libros, artículos periodísticos, correos electrónicos, etc.), cuya difusión es generalmente pública.
2. *Materiales audiovisuales.* Consisten en imágenes (fotografías, dibujos, tatuajes, pinturas y otros), así como cintas de audio o video generadas por un individuo con un propósito definido. Su difusión puede ser desde personal hasta masiva.
3. *Artefactos individuales.* Artículos creados o utilizados con ciertos fines por una persona: vasijas, ropa, herramientas, mobiliario, juguetes, armas, computadoras, etc. Algunos autores como Esterberg (2002) colocan en esta categoría a las pinturas.
4. *Archivos personales.* Colecciones o registros privados de un individuo.

Grupales

1. *Documentos grupales.* Documentos generados con cierta finalidad oficial por un grupo de personas (como el acta constitutiva de una empresa para cubrir un requisito gubernamental), profesional (una ponencia para un congreso), ideológica (una declaración de independencia) u otros motivos (una amenaza de un grupo terrorista o una protesta de un grupo pacifista contra un acto terrorista).
2. *Materiales audiovisuales grupales.* Imágenes, *graffiti,* cintas de audio o video, páginas web, etc., producidas por un grupo con objetivos oficiales, profesionales u otras razones.
3. *Artefactos y construcciones grupales o comunitarias.* Creados por un grupo para determinados propósitos (desde una tumba egipcia, hasta una pirámide, un castillo, una escultura colectiva, unas oficinas coporativas).

4. *Documentos y materiales organizacionales.* Memorandos, reportes, planes, evaluaciones, cartas, mensajes en los medios de comunicación colectiva (comunicados de prensa, anuncios, y otros), fotografías, publicaciones internas (boletines, revistas, etc.), avisos y otros. Aunque algunos son producidos por una persona, incumben o afectan a toda la institución. En una escuela tenemos como ejemplos: registros de asistencia y reportes de disciplina, archivos de los estudiantes, actas de calificaciones, actas académicas, minutas de reuniones, currícula, planes educativos, entre otros documentos.

5. *Registros en archivos públicos.* En éstos podemos encontrar muchos de los documentos, materiales y artefactos mencionados en las otras categorías y otros generados para fines públicos (catastros, registros de la propiedad intelectual…). Los archivos pueden ser gubernamentales (nacionales o locales) o privados (por ejemplo, de fundaciones).

6. *Huellas, rastros, vestigios, medidas de erosión o desgaste y de acumulación.* Huellas digitales o de cualquier otro tipo, rastros o vestigios (de la presencia de un ser vivo, civilización, etc.), medidas de desgaste (de un subsuelo, de los colmillos de un animal, de objetos como automóviles, etc.), medidas de acumulación o crecimiento (por ejemplo, de la basura).

Obtención de los datos provenientes de documentos, registros, materiales, artefactos

Los diferentes tipos de materiales, documentos, registros y objetos pueden ser obtenidos como fuentes de datos bajo tres circunstancias que comentaremos a continuación.

Solicitar a los participantes de un estudio que proporcionen muestras de tales elementos

Por ejemplo, en un estudio sobre la violencia intrafamiliar (esposos que agreden físicamente a su familia), pedirles fotografías de las heridas o hematomas provocados por las agresiones. O bien, en una investigación sobre la cultura organizacional de una empresa, solicitar videos de reuniones de trabajo. En una indagación sobre la depresión posparto, requerir a las participantes una prenda de vestir que evoque sus mejores recuerdos durante el embarazo y otra que traiga remembranzas negativas. Desde luego, los participantes deben explicar los motivos por los cuales seleccionaron esas muestras.

Solicitar a los participantes que los elaboren a propósito del estudio

En ocasiones se puede pedir a los participantes que elaboren escritos (una autodescripción, cómo se ven dentro de determinado número de años, un recuerdo muy agradable, las 10 cuestiones que más les molestan en momentos depresivos, etc.); que tomen fotografías (de los familiares que les ayudan más en su depresión, del compañero o compañera de trabajo con quien mejor colaboran, de un sitio que les agrada y los relaja) o que desarrollen videos, dibujen una imagen que represente cierta etapa de su vida, etc. Asimismo, deben explicar por qué elaboraron ese material en particular y sus significados.

Obtener los elementos sin solicitarlos directamente a los participantes (datos no obstrusivos)

Este caso resulta frecuente en la investigación histórica, pero también en otros campos. Algunos ejemplos son:

1. Los encendedores marca Zippo que fueron proporcionados a algunos soldados estadounidenses en la guerra de Vietnam, quienes grabaron en los costados de tales artefactos diversas leyendas (Esterberg, 2002): sus nombres, fecha de partida y/o lugar de servicio, también mensajes breves, aduciendo desde patriotismo y orgullo por su país hasta un odio hacia la guerra y su gobierno.

   Muestras de estos mensajes son: "somos los indispuestos dirigidos por los incompetentes haciendo lo innecesario para los desagradecidos"; "para aquellos que luchan por ello, la libertad tiene un sabor que los protegidos nunca conocerán"; "algo y todo"; "estando en el infierno", "¡concedo!, yo seré el primero de todos en pelear, soy el soldado yendo al trasero". Hubo quien dibujó personajes como el perro Snoopy o escribió poemas completos.

Los mensajes pueden ser analizados para conocer sentimientos, experiencias, deseos, vínculos y otros aspectos de los combatientes.

2. Rathje (1992 y 1993) analizó la basura de los hogares de Tucson, Arizona, Estados Unidos; ello con la finalidad de aprender hábitos y conductas de las personas, particularmente en aspectos complejos de evaluar como el consumo de alcohol o compra de comida procesada. Asimismo, diversos investigadores de crímenes han hecho análisis de la basura para encontrar armas involucradas en delitos u obtener el ADN de sospechosos.

3. En un cementerio, es posible investigar los apellidos inscritos en las tumbas para analizar el fenómeno de la migración.

EJEMPLO

En el ejemplo de la guerra cristera que se está utilizando en este texto, se recolectaron y analizaron, entre otros:

- Símbolos religiosos de la época, desde imágenes y figuras en las casas de los sobrevivientes hasta objetos más pequeños (escapularios y medallas, por ejemplo) y monumentos como el de Cristo Rey (que consiste en una escultura que mide 20 metros de altura y pesa 80 toneladas) situado en un cerro denominado El Cubilete, lugar que fue el centro cristero más importante en Guanajuato.

- Fotografías de la época.

- Fotografías actuales de diversos ambientes donde ocurrió este conflicto armado.

- Distintos documentos (cartas, bandos municipales, partes de guerra, artículos periodísticos, etc.) que se encontraban en archivos municipales, de iglesias, de grupos religiosos y de archivos personales. Tales elementos sirvieron como fuentes complementarias a las entrevistas y observaciones.

Si estamos realizando una investigación sobre la violencia en las escuelas, los videos del sistema de seguridad pueden ser un elemento fundamental, además de observaciones y entrevistas.

La criminología, por ejemplo, se basa mucho en el análisis de huellas, rastros, artefactos y objetos encontrados en la escena del crimen o vinculados con ésta (incluso se fotografía a los sospechosos para evaluar actitudes y comportamientos), así como en archivos criminales.

Independientemente de cuál sea la forma de obtención, tales elementos tienen la ventaja de que fueron producidos por los participantes del estudio, se encuentran en su "lenguaje" y usualmente son importantes para ellos. La desventaja es que a veces resulta complejo obtenerlos. Pero son fuentes ricas en datos.

En la recolección de materiales históricos   Un asunto muy importante es que el investigador debe verificar la autenticidad del material y que éste se encuentre en buen estado.

Para conseguir algunos de los materiales, es común que el investigador solicite autorización formal y tenga que atenerse a la legislación —de uso, de acceso a la información y privacidad— de su región o país. Y como es lógico, muchas veces no se tiene la posibilidad de interactuar con los individuos que los produjeron (porque fallecieron, son personajes indispuestos, se encuentran en un sitio distante, etcétera).

La selección de tales elementos debe ser cuidadosa, es decir, solamente elegir aquellos que sean reveladores y proporcionen información útil para el planteamiento del problema. En ocasiones son la fuente principal de los datos del estudio y en otras, material complementario.

¿Qué hacer con los documentos, registros, materiales y artefactos?

La respuesta es que esto depende en gran medida de cada estudio en particular. Pero hay cuestiones ineludibles. Lo primero por realizar es registrar la información de cada documento, artefacto, registro, material u objeto (fecha y lugar de obtención, tipo de elemento, uso aparente que le dará en el estudio, quién o quiénes lo produjeron, si hay forma de saberlo). También integrarlo al material que se analizará —si es esto posible— o bien, fotografiarlo o escanearlo, además de tomar notas sobre éste. Por otro lado es necesario cuestionar: ¿cómo se vincula el material o elemento con el planteamiento del problema?, Asimismo, en el caso de documentos, preguntar:

- ¿Quién fue el autor?
- ¿Qué intereses y tendencias posee?, ¿es equilibrada su historia?
- ¿Qué tan directa es su vinculación con los hechos? (actor clave, actor secundario, testigo, hijo de un superviviente o el papel que haya tenido).
- ¿Sus fuentes son confiables?

En materiales u objetos:

- ¿Quién o quiénes los elaboraron?
- ¿Cómo, cuándo y dónde fueron producidos?
- ¿Por qué razones los produjeron? o ¿con qué finalidad?
- ¿Qué características, tendencias y/o ideología poseían o poseen los autores de los materiales?
- ¿Qué usos tuvieron, tienen y/o tendrán?
- ¿Cuál es su significado en sí y para los productores?
- ¿Cómo era el contexto social, cultural, organizacional, familiar y/o interpersonal en el que fueron realizados?
- ¿Quién o quiénes los guardaron?, ¿por qué los preservaron?, ¿cómo fueron clasificados?

Adicionalmente, es fundamental examinar cómo el registro, documento o material "encaja" en el esquema de recolección de los datos. Cuando los participantes proporcionan o elaboran directamente los elementos es necesario efectuarles entrevistas profundas sobre éstos para entender la relación y experiencias del individuo con cada objeto o material).

Recolección de artefactos Incluye entender el contexto social e histórico en que se fabricaron, usaron, desecharon y reutilizaron.

Cuando hablamos de artefactos o fósiles con valor histórico o paleontológico, también es conveniente considerar: ¿qué otros elementos similares se han descubierto?, y en el caso de artefactos: ¿qué otros objetos se usaban para los mismos fines?, ¿cómo ha evolucionado el uso de los elementos? En estos casos el investigador hace una inmersión en la cultura, sociedad o periodo correspondiente. Esterberg (2002) sugiere incluso, evaluar qué teorías y estudios previos son útiles para entender el contexto. Por otra parte, vale la pena preguntar a expertos que conozcan los artefactos sobre éstos.

Biografías e historias de vida

La **biografía** o **historia de vida** es una forma de recolectar datos que es muy utilizada en la investigación cualitativa. Puede ser individual (un participante o un personaje histórico) o colectiva (una familia, un grupo de personas que vivieron durante un periodo y que compartieron rasgos y experiencias). Veamos algunos ejemplos en la tabla 14.6 en los que este método sería útil.

Algunas cuestiones que son importantes sobre esta forma de recolección de datos son las siguientes:

- Las historias o biografías se construyen por lo regular mediante:
  a) La obtención de documentos, registros, materiales y artefactos comentados anteriormente (en cualquiera de sus modalidades: solicitud de muestras, petición de su elaboración u obtención por cuenta del investigador).
  b) Por medio de entrevistas en las cuales se pide a uno o varios participantes que narren sus experiencias de manera cronológica, en términos generales o sobre uno o más aspectos específicos (laboral, educativo, sexual, de relación marital, etc.). Obviamente este segundo caso sólo aplica cuando vive el o la protagonista de la biografía o historia y las personas que estuvieron a su alrededor o que lo o la conocieron en los aspectos de interés para el estudio (Cuevas, 2009).

▲ **Tabla 14.6**   Muestras de biografías e historias de vida

Individuales	Colectivas
Una investigación para determinar los factores que llevaron al poder a un líder como Alejandro Magno.	Un estudio de cómo el cártel dedicado a la comercialización de droga de Cali de los hermanos Rodríguez Orihuela fue desmantelado por el general Rosso José Serrano en Colombia (en la década de 1990).
Un estudio para documentar las experiencias vividas por varias personas a raíz de la pérdida de un hijo o hija en un terremoto (una historia de vida después del suceso por cada participante).	Una investigación sobre las experiencias de los cristeros combatientes de la población de Apaseo el Alto, Guanajuato.
Una indagación sobre el papel que desempeñó algún sacerdote en la guerra cristera.	Un estudio sobre cómo una familia enfrentó la violencia provocada por el padre.
Un análisis de las razones por las cuales un joven ganó una medalla de oro en un determinado deporte.	Un análisis de las razones por las cuales un equipo ganó un campeonato mundial de fútbol.

- En las biografías y las historias de vida, el investigador debe obtener datos completos y profundos sobre cómo ven los individuos los acontecimientos de sus vidas y a sí mismos. En las historias de vida y biografías es esencial tener fuentes múltiples de datos (si son más, mucho mejor). Por ejemplo, si se trata de recolectar datos sobre la experiencia de mujeres con depresión posparto, desde luego que entrevistar a las participantes constituye el "corazón" del estudio, pero obtener el punto de vista de su pareja, sus hijos y amigas, enriquece enormemente la investigación. En el caso de Iskandar *et al.* (1996), la técnica que ellos denominan Rashomon es simple y llanamente incluir varias fuentes de datos (en promedio seis testigos de las emergencias: familiares, vecinos, funcionarios municipales, asistentes tradicionales de partos y personal de atención de salud).
- El entrevistador solicita al participante una reflexión retrospectiva sobre sus experiencias en torno a un tema o aspecto (o de varios). Durante la narración del individuo se le solicita que se explaye sobre los significados, las vivencias, los sentimientos y las emociones que percibió y vivió en cada experiencia; asimismo, se le pide que realice un análisis personal de las consecuencias, las secuelas, los efectos o las situaciones que siguieron a dichas experiencias.
- El entrevistador —de acuerdo con su criterio— solicita detalles y circunstancias de las experiencias, para vincularlas con la vida del sujeto. Las influencias, interrelaciones con otras personas y el contexto de cada experiencia, ofrecen una gran riqueza de información.
- Este método requiere que el entrevistador sea un hábil conversador y que sepa llegar a los aspectos más profundos de las personas. Los conceptos vertidos sobre la entrevista se aplican a este método.
- El investigador pone atención al lenguaje y estructura de cada historia y la analiza tanto de manera holística (como un "todo") como por sus partes constitutivas.
- Asimismo, se considera lo que permanece del pasado (secuelas y alcance actual de la historia).
- Es importante describir los hechos que ocurrieron y entender a las personas que los vivieron, así como los contextos en que estuvieron inmersos.
- Si la historia está vinculada con un hecho específico (una guerra, una catástrofe, un triunfo), y entre más cerca haya estado el participante de los eventos, entonces más información aportará sobre éstos.
- Debemos tratar de establecer (en relación con el punto anterior) cuánto tiempo pasó entre el evento o suceso descrito y el momento de rememoración o recreación, o bien, cuándo lo escribió.
- El investigador debe tener cuidado con algo que suele suceder en las historias: los participantes tienden a magnificar sus papeles en ciertos sucesos, así como a tratar de distinguir lo que es ficción de lo que fue real (Stuart, 2005).

- El significado de cada vivencia o experiencia resulta central.
- Recordar que la historia puede ser de vida (todas las experiencias de una persona a lo largo de su existencia, por ejemplo: la vida completa de un sacerdote cristero hasta su fusilamiento o de una mujer exitosa en un campo profesional) o de experiencia (uno o varios episodios, por ejemplo: la experiencia vivida por una o varias víctimas de secuestro o la de una profesora que ha trabajado con diferentes sistemas educativos).
- Obtener la cronología de sucesos es importante.
- Las historias son los datos y se les denomina "textos de campo" (Creswell, 2005).
- Las historias son contadas por el participante, pero la estructuración y narración final corresponden al investigador.
- Algunas preguntas que suelen hacerse en las entrevistas de historias de vida se muestran en la tabla 14.7.

▲ **Tabla 14.7**   Preguntas comunes que suelen hacerse en entrevistas de historias de vida

Tipo de pregunta	Ejemplos
De acontecimientos	¿Qué eventos o acontecimientos fueron los más importantes en su vida?, ¿cuáles lo fueron en determinada etapa o periodo?, ¿qué eventos fueron los más importantes en relación con cierto hecho?
De lazos	¿Qué personas fueron las más importantes en su vida? O bien, ¿respecto de una etapa o suceso? ¿Quiénes estuvieron ligados con…? ¿Quiénes conocieron tales hechos?
De orientación sobre acontecimientos	¿Qué ocurrió?, ¿dónde?, ¿cuándo?, ¿cómo?, ¿en qué contexto?
De razones	¿Por qué ocurrió tal hecho?, ¿por qué se involucró en…?, ¿qué lo motivó a…?
De evaluación	¿Por qué fue (es) importante?, ¿cuál es su opinión del hecho?, ¿cómo calificaría al suceso?
Del papel realizado	¿Qué papel desempeñó usted en el hecho?
De resultados	¿Qué sucedió al final?, ¿cuáles fueron las consecuencias…?, ¿cómo terminó?
De omisiones	¿Qué detalles ha omitido?, ¿agregaría algo más?

Mertens (2005) sugiere una técnica de entrevista histórica para obtener respuestas del participante en cierto modo proyectivas. Un tipo de formulación como: si usted escribiera sobre… (mencionar el hecho investigado), ¿qué incluiría?, ¿qué consideraría importante?, ¿a quién entrevistaría? (proyección de actores destacados).

- Es muy necesario que el investigador vaya más allá de lo anecdótico.
- Cuando se revisan documentos traducidos o transcritos resulta fundamental evaluar quién realizó tal labor.
- Cualquier tipo de comunicación es material útil para el análisis cualitativo. El material de hemerotecas y archivos en muchos casos resulta invaluable.
- La tarea final en la recolección de datos por medio de las historias y biografías es "ensamblar" los datos provenientes de diferentes fuentes. Para construir tal ensamblaje un esquema puede ser el que se muestra en la figura 14.5.

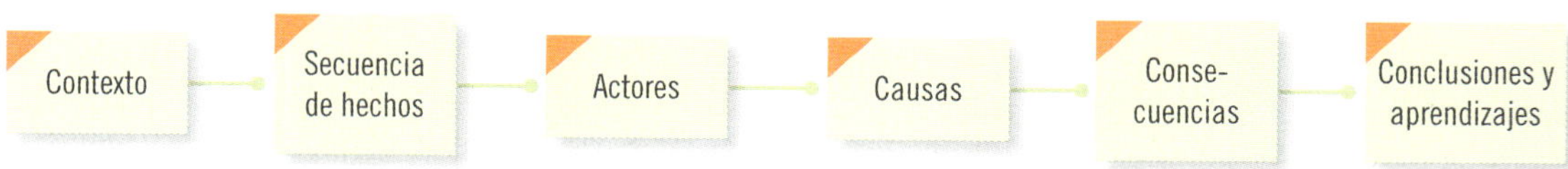

Figura 14.5   Ensamble de los datos provenientes de diferentes fuentes.

Las biografías e historias de vida han probado ser un excelente método para comprender —por ejemplo— a los asesinos en serie y su terrible proceder, las razones del éxito de líderes y el comportamiento actual de una persona. También se han utilizado para analizar las experiencias de mujeres violadas, hombres y mujeres secuestrados, e incluso para conocer la visión de estudiantes del Magisterio de Educación Física. Una limitante es que a veces la muestra se centra en sobrevivientes (Cerezo, 2001), y como dice Mertens (2005), se excluye a los más vulnerables (por ejemplo, que perecieron en una guerra o catástrofe).

Al momento de elegir y diseñar el o los instrumentos de recolección de los datos más adecuados para lograr el objetivo del estudio, es necesario hacer una reflexión acerca de las ventajas y desventajas de cada uno; en otras palabras, la selección del estilo de investigación para un proyecto en particular depende del planteamiento del estudio, los objetivos específicos de análisis, el nivel de intervención del investigador, los recursos disponibles y el tiempo (Cuevas, 2009).

Triangulación de métodos de recolección de los datos

Siempre y cuando el tiempo y los recursos lo permitan, es conveniente tener varias fuentes de información y métodos para recolectar los datos. En la indagación cualitativa poseemos una mayor riqueza, amplitud y profundidad en los datos, si éstos provienen de diferentes actores del proceso, de distintas fuentes y al utilizar una mayor variedad de formas de recolección de los datos. Imaginemos que queremos entender el fenómeno de la depresión posparto en mujeres de una comunidad indígena y nuestro esquema de estudio incluye:

- Observación durante la inmersión en la comunidad (contexto).
- Entrevistas con mujeres que la experimentan.
- Entrevistas con sus familiares.
- Observación inmediatamente posterior al parto (durante la convalecencia) en hospitales rurales, en sus hogares (en varias comunidades indígenas los partos se llevan a cabo en la propia "casa-habitación" de la madre).
- Algún grupo de enfoque con mujeres que la han experimentado.

De esta manera, el sentido de entendimiento de la depresión posparto en tal comunidad será mayor que si únicamente llevamos a cabo entrevistas.

Al hecho de utilizar diferentes fuentes y métodos de recolección, se le denomina **triangulación de datos**. Sobre este tema regresaremos de manera recurrente.

Triángulación de datos Utilización de diferentes fuentes y métodos de recolección.

El análisis de los datos cualitativos

En el proceso cuantitativo primero se recolectan todos los datos y posteriormente se analizan, mientras que en la investigación cualitativa no es así, tal como se ha reiterado, la recolección y el análisis ocurren prácticamente en paralelo; además, el análisis no es estándar, ya que cada estudio requiere de un esquema o "coreografía" propia de análisis.

En este apartado sugeriremos un proceso de análisis que incorpora las concepciones de diversos teóricos de la metodología en el campo cualitativo, además de las nuestras. La propuesta no aplica en su totalidad a cualquier estudio cualitativo que se realice (lo cual sería intentar estandarizar el esquema e iría en contra de la lógica inductiva), más bien son directrices y recomendaciones generales que cada estudiante, tutor de investigación o investigador podrá adoptar o no de acuerdo con las circunstancias y naturaleza de su investigación en particular.

En la recolección de datos, la acción esencial consiste en que recibimos datos no estructurados, a los cuales nosotros les damos estructura. Los datos son muy variados, pero en esencia consisten en narraciones de los participantes: *a*) visuales (fotografías, videos, pinturas, entre otros), *b*) auditivas (grabaciones), *c*) textos escritos (documentos, cartas, etc.) y *d*) expresiones verbales y no verbales (como respuestas orales y gestos en una entrevista o grupo de enfoque), además de las narraciones del investigador (anotaciones o grabaciones en la bitácora de campo, ya sea una libreta o un dispositivo electrónico).

Algunas de las características que definen la naturaleza del análisis cualitativo son las siguientes:

1. El proceso esencial del análisis consiste en que recibimos datos no estructurados y los estructuramos.
2. Los propósitos centrales del análisis cualitativo son:
    - Darle estructura a los datos (Patton, 2002), lo cual implica organizar las unidades, las categorías, los temas y los patrones (Willig, 2008).
    - Describir las experiencias de las personas estudiadas bajo su óptica, en su lenguaje y con sus expresiones (Creswell, 2009).
    - Comprender en profundidad el contexto que rodea los datos (Daymon, 2010).
    - Interpretar y evaluar unidades, categorías, temas y patrones (Henderson, 2009).
    - Explicar ambientes, situaciones, hechos, fenómenos.
    - Reconstruir historias (Baptiste, 2001).
    - Encontrar sentido a los datos en el marco del planteamiento del problema.
    - Relacionar los resultados del análisis con la teoría fundamentada o construir teorías (Charmaz, 2000).
3. El logro de tales propósitos es una labor paulatina. Para cumplirlos debemos organizar y evaluar grandes volúmenes de datos recolectados (generados), de tal manera que las interpretaciones surgidas en el proceso se dirijan al planteamiento del problema.
4. Una fuente de datos importantísima que se agrega al análisis la constituyen las impresiones, percepciones, sentimientos y experiencias del investigador o investigadores (en forma de anotaciones o registradas por un medio electrónico).
5. La interpretación que se haga de los datos diferirá de la que podrían realizar otros investigadores; lo cual no significa que una interpretación sea mejor que otra, sino que cada quien posee su propia perspectiva. Esto aunque recientemente se han establecido ciertos acuerdos para sistematizar en mayor medida el análisis cualitativo .
6. El análisis es un proceso ecléctico (que concilia diversas perspectivas) y sistemático, mas no rígido ni mecánico.
7. Como cualquier tipo de análisis, el cualitativo es contextual.
8. No es un análisis "paso a paso", sino que involucra estudiar cada "pieza" de los datos en sí misma y en relación con las demás ("como armar un rompecabezas").
9. Es un camino con rumbo, pero no en "línea recta", continuamente nos movemos de "aquí para allá"; vamos y regresamos entre los primeros datos recolectados y los últimos, los interpretamos y les encontramos significado, lo cual permite ampliar la base de datos conforme es necesario, hasta que construimos un significado para el conjunto de los datos.
10. Más que seguir una serie de reglas y procedimientos concretos sobre cómo analizar los datos, el investigador construye su propio análisis. La interacción entre la recolección y el análisis nos permite mayor flexibilidad en la interpretación de los datos y adaptabilidad cuando elaboramos las conclusiones (Coleman y Unrau, 2005). Debe insistirse: el análisis de los datos no es predeterminado, sino que es "prefigurado, coreografiado o esbozado". Es decir, se comienza a efectuar bajo un plan general, pero su desarrollo va sufriendo modificaciones de acuerdo con los resultados (Dey, 1993). Dicho de otra forma, el análisis es moldeado por los datos (lo que los participantes o casos van revelando y lo que el investigador va descubriendo).
11. El investigador analiza cada dato (que por sí mismo tiene un valor), deduce similitudes y diferencias con otros datos.
12. Los segmentos de datos son organizados en un sistema de categorías.
13. Los resultados del análisis son síntesis de "alto orden" que emergen en la forma de descripciones, expresiones, temas, patrones, hipótesis y teoría (Boeije, 2009).

14. Diversos acercamientos al análisis cualitativo existen, de acuerdo con el diseño o el marco referencial seleccionado. Entre estos acercamientos se encuentran varios, como etnografía, teoría fundamentada, fenomenología, feminismo, análisis del discurso, análisis conversacional, análisis semióticos y posestructurales (Álvarez-Gayou, 2003; Grbich, 2007).

Cuando después de analizar múltiples casos ya no encontramos información novedosa ("saturación"), el análisis concluye. En cambio, si se encuentran inconsistencias o falta claridad en el entendimiento del problema planteado, se regresa al campo o contexto para recolectar más datos.

Creswell (1998) simboliza el desarrollo del análisis cualitativo como una espiral, en la cual se cubren varias facetas o diversos ángulos del mismo fenómeno de estudio. Esto se muestra en la figura 14.6.

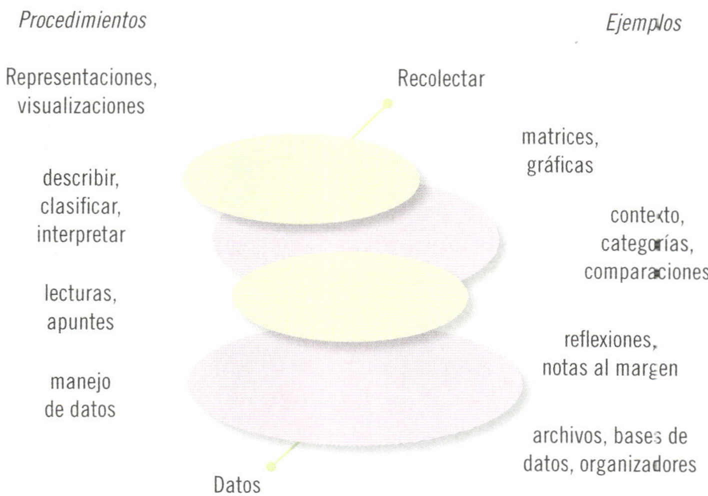

Figura 14.6 Espiral de análisis de los datos cualitativos.

Algunos de los procedimientos de análisis serán detallados más adelante (por ejemplo, matrices).

Una propuesta de directriz general para la "coreografía" del análisis de los datos se presenta en la figura 14.7. Las flechas en dos sentidos implican que podemos regresar a etapas previas y no una linealidad.

Ya hemos comentado sobre la recolección de los datos, veamos ahora, avanzando un poco en su profundización, las tareas analíticas y los resultados.

Reflexiones e impresiones durante la inmersión inicial

Durante la inmersión el investigador realiza diversas observaciones del ambiente, las cuales junto con sus impresiones, las anota en la bitácora de campo (notas de diversos tipos como ya se ilustraron en el capítulo 12). Asimismo, el investigador platica con integrantes del ambiente (algunos de ellos los potenciales participantes), recaba documentos y otros materiales y —en fin— realiza diversas actividades para comenzar a responder al planteamiento de su problema de investigación. Con base en estos primeros datos, el investigador —diariamente— reflexiona y evalúa su planteamiento (se hace preguntas, como: ¿es lo que tengo en mente?, ¿el planteamiento refleja el fenómeno que quiero estudiar?, ¿el planteamiento es adecuado?, ¿debo mantenerlo o modificarlo?) y lo ajusta de acuerdo con sus propias consideraciones. También, analiza si el ambiente y la muestra son pertinentes en relación con su planteamiento y hace los cambios que crea necesarios. Como producto de las reflexiones empieza a esbozar

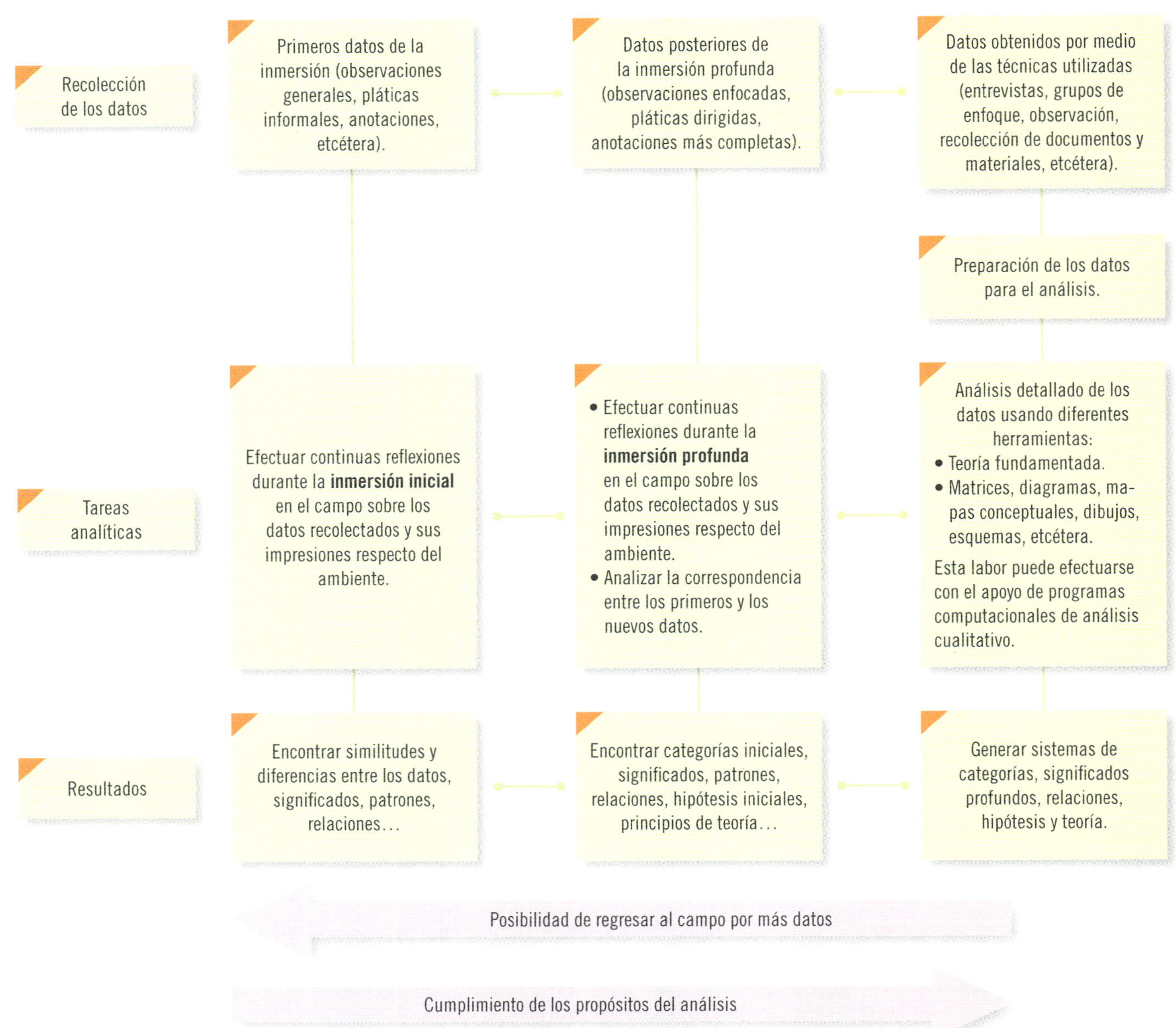

Figura 14.7　Propuesta de "coreografía" del análisis cualitativo (directrices de las tareas potenciales para el investigador).

conceptos claves que ayuden a responder al planteamiento y entender los datos (qué temas surgen, qué se relaciona con qué, qué es importante, qué se parece a qué, etcétera).

Tal fue el caso del estudio de la guerra cristera, con las primeras visitas a los contextos, los investigadores comenzaron a tener una idea de cómo fue el conflicto en cada población. Así, empezaron a entender la arraigada religiosidad de las personas de esa región en aquellos tiempos (1926-1929) y cómo perdura hasta nuestros días.

Simplemente, recordemos el ejemplo mencionado en el capítulo anterior sobre los templos: en una visita a una iglesia, se encuentran agujeros en las paredes (aparentemente algo trivial), pero al visitar otro templo, el hecho se repite; se indaga, surgen ideas (¿a qué altura están las marcas?, atraviesan de una columna a otra en los patios de los templos, ¿esto qué implica?): "aquí ataban a sus caballos, esta iglesia fue un cuartel". Se encuentra algo en común entre dos, tres o más iglesias (unidades de análisis) y al recurrir a otras fuentes, se llega a la conclusión de que los templos fueron cuarteles, en algunos casos de cristeros, pero en otros, de tropas del Gobierno federal que los habían clausurado y tomado.

Reflexiones e impresiones durante la inmersión profunda

Este proceso reflexivo se mantiene conforme se recolectan más datos (¿qué me dice esto?, ¿qué significa esto otro?, ¿por qué ocurre aquello?). Las observaciones se van enfocando para responder al planteamiento, las pláticas son cada vez más dirigidas y las anotaciones más completas. En ocasiones, esto depende de la investigación en particular, se hacen las primeras entrevistas, observaciones con una guía, sesiones de grupos y recolección de materiales y objetos. Se reevalúa el planteamiento del problema, ambiente y muestra (unidades o casos). Se comparan nuevos datos con los primeros (¿en qué son similares, en qué son diferentes?, ¿cómo se vinculan?, ¿qué conceptos clave se consolidan?, ¿qué otros nuevos conceptos aparecen? De manera inductiva y paulatina, emergen categorías iniciales, significados, patrones, relaciones, hipótesis primarias y principios de teoría.

Para comprender cómo el análisis cualitativo va efectuándose (y que es casi paralelo a la recolección de los datos), tomaremos un ejemplo coloquial.

EJEMPLO

Cuando vamos a conocer a una persona del género opuesto (fenómeno de estudio) mediante una cita en un lugar que es desconocido para nosotros, pero que fue escogido por ella (ambiente, contexto o escenario); ¿qué es lo primero que hacemos?, probablemente averiguar algo de esa persona (tal vez platicamos con algunas amigas o amigos que la conocen, lo que equivaldría a una revisión de la literatura). Además, quizá vayamos al lugar (ambiente) para conocerlo o busquemos información sobre éste (inmersión inicial). O bien, nos aventuramos y nos presentamos en el sitio. Al llegar, miraremos cómo es tal lugar (si es grande o pequeño, si posee capacidad para estacionarnos, la decoración, si se trata de un restaurante o un bar —u otro tipo— el ambiente social, etc.) y nos cuestionaremos por qué la persona lo eligió (inmersión inicial).

Al momento de estar frente a la otra persona, la observaremos en su totalidad (desde el pelo hasta los zapatos) (observación general). Comenzaremos a hacerle preguntas generales (nombre, ocupación, lugar de residencia, gustos y aficiones). Mientras la observamos y conversamos (recolección de los primeros datos), nos cuestionamos al interior (¿cómo es?, ¿qué impresión me genera?, ¿por qué me dice esto y aquello? [reflexiones iniciales]). Conforme transcurre la cita, iremos centrando nuestra atención en su ropa, los accesorios que trae puestos, el color de sus ojos, sus gestos (cómo sonríe, por ejemplo [observación enfocada]); y cada vez nuestras preguntas serán más dirigidas (seguimos recolectando datos visuales y verbales, simultáneamente analizamos cada dato de manera individual y en conjunto). Al observar los movimientos de sus manos (dato), analizamos si se encuentra nerviosa o relajada (categoría) y si se trata o no de una persona expresiva (categoría). Por otro lado, establecemos relaciones entre conceptos (por ejemplo, cómo se vincula su forma de vestir con las ideas que transmite o la manera como se asocian la comunicación verbal y no verbal). Y empezamos a generar hipótesis (que emergen de los datos y la interacción misma): "es una persona calmada", "creo que podríamos ser muy buenos amigos". Y algo muy importante: no fundamentamos el proceso en lo que sus amigos o amigas nos dijeron de tal persona, sino en lo que vemos y escuchamos. Finalmente, hacemos preguntas más concretas y sacamos nuestras propias conclusiones. Siempre que obtenemos un dato, éste se analiza en función de todo el encuentro.

Imaginemos que las personas de la cita se llaman Marcela y Roberto. Al concluir la cita, cada quien se lleva una impresión de la otra persona, tienen una interpretación que es única (si la cita en lugar de ser con Roberto hubiera sido con Pedro —otro individuo—, la situación para Marcela hubiera resultado distinta). Si el encuentro fue en un restaurante, y en lugar de haber sido así, hubiera ocurrido en un bar (otro contexto), a lo mejor la situación también resultaría diferente. Así es la recolección y análisis cualitativos.

Análisis detallado de los datos

Obtuvimos los datos mediante al menos tres fuentes: observaciones del ambiente, bitácora (anotaciones de distintas clases) y recolección enfocada (entrevistas, documentos, observación más específica, sesiones, historias de vida, materiales diversos). Hemos realizado reflexiones y analizado datos, tenemos un primer sentido de entendimiento, y seguimos generando más datos (cuya recolección, como se ha mencionado, es flexible, pero regularmente enfocada). La mayoría de las veces contamos con grandes volúmenes de datos (páginas de anotaciones u otros documentos, horas de grabación o filmación de entrevistas, sesiones grupales u observación, imágenes y distintos artefactos). ¿Qué hacer con estos datos? Como ya se había comentado, la forma específica de analizarlos puede variar según el diseño del proceso de investigación seleccionado: teoría fundamentada, estudio de caso, etnografía, fenomenología, narrativa, etc. Cada uno sugiere lineamientos para el proceso de análisis, ya que los resultados que se buscan son distintos (Grbich, 2007).

Teoría fundamentada Teoría o hallazgos que emergen basados en los datos.

El procedimiento más común de análisis específico es el que a continuación se menciona y parte de la denominada **teoría fundamentada** (*grounded theory*),[7] lo cual significa que la teoría (hallazgos) va emergiendo fundamentada en los datos. El proceso se incluye en la figura 14.8 y no es lineal (había que representarlo de alguna manera para su comprensión). Una vez más, sabemos dónde comenzamos (las primeras tareas), pero no dónde habremos de terminar. Es sumamente iterativo (vamos y regresamos) y en ocasiones es necesario regresar al campo por más datos enfocados (más entrevistas, documentos, sesiones y otros tipos de datos).

Organización de los datos y la información, así como revisión del material y preparación de los datos para el análisis detallado

Dado el amplio volumen de datos, éstos deben encontrarse muy bien organizados. Asimismo, debemos planear qué herramientas vamos a utilizar (hoy en día la gran mayoría de los análisis se efectúa mediante la computadora, al menos un procesador de textos). Ambos aspectos dependen del tipo de datos que hayamos generado. Pudiera ser que solamente tuviéramos datos escritos, por ejemplo, anotaciones escritas a mano y documentos, en este caso podemos copiar las anotaciones en un procesador de textos, escanear los documentos y archivarlos en el mismo procesador (o escanear anotaciones y documentos). Si tenemos únicamente imágenes y anotaciones escritas, las primeras se escanean o transmiten a la computadora y las segundas se copian o escanean.

Cuando tenemos grabaciones de audio y video producto de entrevistas y sesiones, debemos transcribirlas para hacer un análisis exhaustivo del lenguaje (aunque algunos pueden decidir analizar directamente los materiales). La mayoría de los autores (incluidos nosotros) sugerimos transcribir y analizar las transcripciones, además de analizar directamente los materiales visuales y auditivos (con la ayuda de las transcripciones). Todo depende de los recursos de que dispongamos y del equipo de investigadores con el que contemos.

La primera actividad es volver a revisar todo el material (explorar el sentido general de los datos) en su forma original (notas escritas, grabaciones en audio, fotografías, documentos, etc.). En esta revisión comenzamos a escribir una segunda bitácora (distinta a la de campo), la cual suele denominársele *bitácora de análisis* y cuya función es documentar paso a paso el proceso analítico (más adelante veremos que resulta una herramienta fundamental). Durante tal revisión debemos asegurar que el material esté completo y posea la calidad necesaria para ser analizado; en caso de que no sea así (grabaciones que no se entienden, documentos que no pueden leerse), es preciso realizar las mejoras técnicas posibles ("limpiar" grabaciones, optimizar imágenes, etcétera).

---

[7] Sería muy complejo mencionar las decenas de autores que han trabajado este esquema de análisis cualitativo, pero mencionaremos algunas fuentes respecto a su uso extensivo. Los autores que conceptualizaron la teoría fundamentada fueron Glaser y Strauss (1967). A partir de ahí fue evolucionando (Charmaz, 1990 y 2000; Strauss y Corbin, 1990 y 1998; Glaser, 1992; Grinnell, 1997; Berg, 1998; Denzin y Lincoln, 2000; Esterberg, 2002; Mertens, 2005; Wiersma y Jurs, 2008; Artinian, *et al.*, 2009; y Bernard y Ryan, 2009).

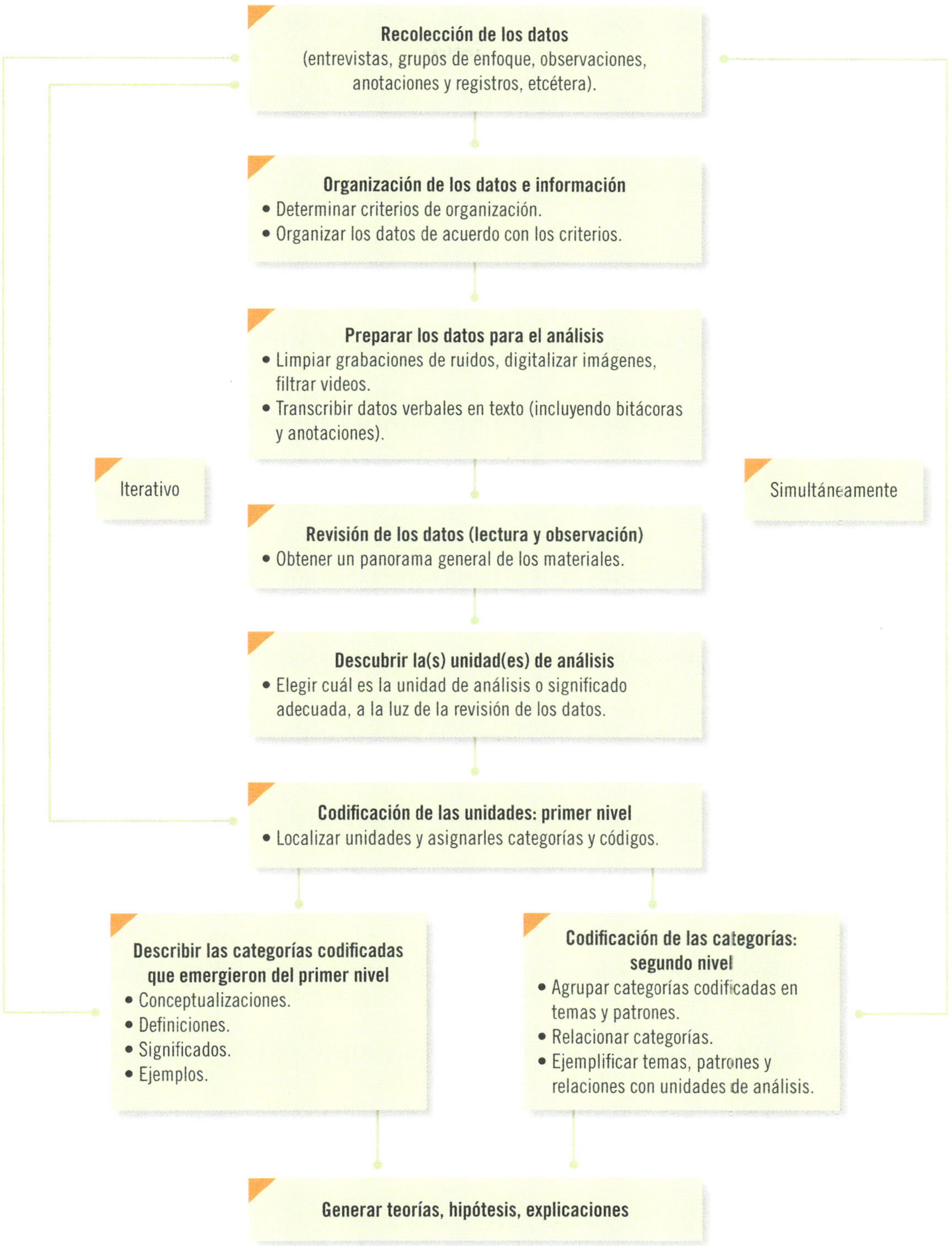

Recolección de los datos
(entrevistas, grupos de enfoque, observaciones,
anotaciones y registros, etcétera).

Organización de los datos e información
• Determinar criterios de organización.
• Organizar los datos de acuerdo con los criterios.

Preparar los datos para el análisis
• Limpiar grabaciones de ruidos, digitalizar imágenes,
filtrar videos.
• Transcribir datos verbales en texto (incluyendo bitácoras
y anotaciones).

Iterativo

Simultáneamente

Revisión de los datos (lectura y observación)
• Obtener un panorama general de los materiales.

Descubrir la(s) unidad(es) de análisis
• Elegir cuál es la unidad de análisis o significado
adecuada, a la luz de la revisión de los datos.

Codificación de las unidades: primer nivel
• Localizar unidades y asignarles categorías y códigos.

Describir las categorías codificadas
que emergieron del primer nivel
• Conceptualizaciones.
• Definiciones.
• Significados.
• Ejemplos.

Codificación de las categorías:
segundo nivel
• Agrupar categorías codificadas en
temas y patrones.
• Relacionar categorías.
• Ejemplificar temas, patrones y
relaciones con unidades de análisis.

Generar teorías, hipótesis, explicaciones

Figura 14.8 Proceso de análisis fundamentado en los datos cualitativos.

En el CD anexo, en: Material complementario → Investigación cualitativa → Ejemplo 3: "Entre 'no sabía qué estudiar' y 'esa fue siempre mi opción': selección de institución de educación superior por parte de estudiantes en una ciudad del centro de México". (Hernández Sampieri y Méndez, 2009), el lector encontrará un ejemplo completo de un "clásico" análisis cualitativo.

La segunda es transcribir los materiales de entrevistas y sesiones (anotaciones y lo que haga falta). Ciertamente ésta es una tarea compleja que requiere de paciencia. Por ejemplo, una hora de entrevista —aproximadamente— resulta de 30 a 50 páginas en el procesador de textos (esto depende del programa, márgenes e interlineado). Y lleva más o menos de tres a cuatro horas transcribir una hora de audio o video. Si se dispone de varias personas para esta labor, el investigador puede realizar dos o tres transcripciones para mostrar reglas y procedimientos (Coleman y Unrau, 2005). Quienes transcriban deberán capacitarse (el número de personas depende del volumen de datos, los recursos disponibles y el tiempo que tengamos para completar las transcripciones).

A continuación se hace una serie de recomendaciones sobre las transcripciones.

- Se sugiere —por ética— observar el principio de confidencialidad. Esto puede hacerse al sustituir el nombre verdadero de los participantes por códigos, números, iniciales, apodos u otros nombres. Tal como hicieron Morrow y Smith (1995). Lo mismo ocurre para el reporte de resultados.
- Utilizar un formato con márgenes amplios (por si queremos hacer anotaciones o comentarios).
- Separar las intervenciones (cuando menos con doble espacio). Por ejemplo en entrevistas, las intervenciones del entrevistador y del entrevistado; en sesiones, la intervención del conductor y de cada participante (cada vez que alguien interviene), además señalar quién realiza la participación:

  Entrevistador: ¿Me podrías aclarar el punto?

  Entrevistado: Desde luego que sí, Ana Paola siempre me ha parecido atractiva; si no le he propuesto ir más allá es porque…

  Entrevistador: Pero, entonces, ¿cómo podrías definir tu relación con ella?

  Entrevistado: es algo diferente, extraña, dadas las circunstancias…

  Es decir, indicar cuándo comienza y termina cada pregunta y respuesta.

- Transcribir todas las palabras, sonidos y elementos paralingüísticos: muecas, interjecciones (tales como ¡oh!, ¡mmm!, ¡eh! y demás).[8]
- Indicar pausas (pausa) o silencios (silencio); expresiones significativas (llanto), (risas), (golpe en la mesa); sonidos ambientales (timbró el teléfono móvil); (se azotó la puerta); hechos que se deduzcan (entró alguien); cuando no se escucha (inaudible), etc. Se trata de incluir el máximo de información posible.
- Si vamos a analizar línea por línea (cuando ésta va a ser la unidad de análisis), numerar todos los renglones (cuestión que pueden hacer automáticamente los procesadores de texto y los programas de análisis cualitativo).

Una vez transcritos los materiales (mediante el debido equipo), lo ideal es volver a explorar el sentido general de los datos, revisar todos, ahora reprocesados (incluso anotaciones), en particular si varios investigadores los recolectaron. De cualquier manera ayuda a recordar casos y vivencias en el campo (Coleman y Unrau, 2005). En este momento, leemos y releemos varias veces todas las transcripciones para familiarizarnos con ellas y comprender el sentido general de los datos, al mismo tiempo que comenzar a cuestionarnos: ¿qué ideas generales mencionan los participantes?, ¿qué tono tienen dichas ideas?, ¿qué me dicen los datos? (Creswell, 2009).

La tercera actividad (o cuarta, según se vea) es organizar los datos, mediante algún criterio o varios criterios que creamos más convenientes (cuestión que es relativamente fácil si se recolectaron los datos, se reflexionó sobre ellos y se han revisado en diversas ocasiones). Algunos de estos criterios son:

1. Cronológico (por ejemplo, orden en que fueron recolectados: por día y bloque —día, mañana y tarde—).

---

2. Por sucesión de eventos (por ejemplo, en el caso de una catástrofe, como una inundación o terremoto: antes de la calamidad, durante la misma, inmediatamente después de la catástrofe —digamos hasta que cesaron los efectos físicos— y etapa posterior (secuela).

3. Por tipo de datos: entrevistas, observaciones, documentos, fotografías, artefactos.

4. Por grupo o participante (por ejemplo: Marcela, Lucy, Ana Paola, Roberto, Sergio, Lupita, Paulina, Luis Fernando...; mujeres y hombres; médicos, enfermeras, paramédicos, pacientes, familiares...).

5. Por ubicación del ambiente (centro de la catástrofe, cercanía, periferia, lejanía).

6. Por tema (por ejemplo, en un estudio sobre las relaciones en un hospital, si hubo sesiones donde la discusión se centró en el tema de la seguridad en el recinto, mientras que en otras lo fue la calidad en la atención, en algunas más la problemática emocional de los pacientes).

7. Importancia del participante (testimonios de actores clave, testimonios de actores secundarios).

8. O bien otro criterio.

A veces los datos también se organizan mediante varios criterios progresivos; por ejemplo, primero por tipo —transcripciones de entrevistas y anotaciones—, y luego estas últimas por la clase de notas (de la observación, interpretativas, temáticas, personales y de reactividad); o criterios cruzados (combinaciones). Un ejemplo lo sería la matriz que se presenta en la tabla 14.8.

Transcripción   Es el registro escrito de una entrevista, sesión grupal, narración, anotación y otros elementos similares. Es central para el análisis cualitativo y refleja el lenguaje verbal, no verbal y contextual de los datos.

▲   **Tabla 14.8**   Guerra cristera

	Municipio	**Irapuato**	**Cortazar**	**Villagrán**	**Salamanca**	**Apaseo**
Materiales	Notas					
	Observaciones					
	Documentos					
	Entrevistas					
	Fotografías					

En el caso de documentos, materiales, artefactos, grabaciones, etc., es conveniente elaborar un listado o relación que los contenga a todos (con número, fecha de realización, fecha de transcripción y aquellos otros datos apropiados). Además no debemos olvidar respaldar todo documento en al menos dos fuentes (de las fotografías y grabaciones tener una copia adicional).

La bitácora de análisis

Esta bitácora tiene la función de documentar el procedimiento de análisis y las propias reacciones del investigador al proceso y contiene fundamentalmente:

Bitácora   Para el investigador cualitativo la reflexión es indispensable, por esto es tan importante esta herramienta

- Anotaciones sobre el método utilizado (se describe el proceso y cada actividad realizada, por ejemplo: ajustes a la codificación, problemas y la forma como se resolvieron).
- Anotaciones respecto a ideas, conceptos, significados, categorías e hipótesis que van surgiendo del análisis.
- Anotaciones en relación con la credibilidad y verificación del estudio, para que cualquier otro investigador pueda evaluar su trabajo (información contradictoria, razones por las cuales se procede de una u otra forma).

Resulta ser un instrumento invaluable para la validez y confiabilidad del análisis (punto que abordaremos al final del capítulo).

Cuando realizamos la codificación o categorización de los datos, pueden surgir interrogantes, ideas, hipótesis y conceptos que nos comiencen a ilustrar en torno al planteamiento del problema, por lo que resulta indispensable escribirlos para que no olvidemos cuestiones importantes. Las notas nos ayudan a identificar unidades y categorías de significado. Es una estrategia útil para organizar los procedimientos analíticos. Para las anotaciones, que suelen también llamarse "memos analíticos", Strauss y Corbin (1998) sugieren:

- Registrar la fecha de la anotación o "memo" (memorándum).
- Incluir cualquier referencia o fuente importante (por ejemplo, si consultamos con un colega, quién es él, su afiliación institucional y su comentario).
- Marcar los memos con encabezados que sinteticen la idea, categoría o concepto señalado.
- No restringir el contenido de los memos o anotaciones, permitirnos el libre flujo de ideas.
- Identificar el código en particular al cual pertenece el memo.
- Usar diagramas, esquemas y matrices (u otra clase de síntesis analítica) en los memos para explicar ideas, hipótesis y conceptos.
- Cuando uno piense que una categoría o un concepto haya sido lo suficientemente definido, crear un memo (adicionalmente, distinguirlo y etiquetarlo con la palabra "saturación").
- Registrar las reflexiones en memos que ayuden a pasar de un nivel descriptivo a otro interpretativo.
- Guardar una copia de todos los memos.

Memo analítico Documenta decisiones o definiciones hechas al momento de analizar los datos. Desde cómo surge una categoría hasta el código que se le asigna o el establecimiento de una regla de codificación.

Los memos analíticos se elaboran con fines de triangulación o auditoría entre investigadores, para que otras personas puedan ver lo que hicimos y cómo lo hicimos (Coleman y Unrau, 2005).

La *bitácora* se escribe diariamente (anotando la fecha) y cada investigador sigue su propio sistema para llenarla. Grinnell y Unrau (2007) sugieren el siguiente esquema: 1) memos, anotaciones o comentarios acerca del método de análisis, 2) memos sobre los problemas durante el proceso, 3) memos en relación con la codificación, 4) memos respecto a ideas y comentarios de los investigadores (incluyendo diagramas, mapas conceptuales, dibujos, esquemas, matrices), 5) memos sobre el material de apoyo localizado (fotografías, videos, etcétera) y 6) memos relacionados con significados, descripciones y conclusiones preliminares.

Así como la bitácora de campo refleja lo que "transpiramos" durante la recolección de los datos y nos ayuda a establecer la credibilidad de los participantes, la bitácora analítica refleja lo que "transpiramos" al analizar los datos y nos apoya al establecer la credibilidad del método de análisis.

Surgimiento de unidades de análisis y codificación en primer nivel o plano inicial

En la mayoría de los estudios cualitativos se codifican los datos para tener una descripción más completa de éstos, se resumen, se elimina la información irrelevante, también se realizan análisis cuantitativos elementales; finalmente, se trata de generar un mayor entendimiento del material analizado.

La codificación tiene dos planos o niveles: en el primero, se codifican las unidades en categorías; en el segundo, se comparan las categorías entre sí para agruparlas en temas y buscar posibles vinculaciones.

Codificación cualitativa El investigador considera dos segmentos de contenido, los analiza y compara. Si son distintos en términos de significado y concepto, de cada uno induce una categoría, si son similares, induce una categoría común

Códigos Identifican a las categorías que emergen de la comparación constante de segmentos o unidades de análisis.

El primer nivel es una combinación de varias acciones: identificar unidades de significado, categorizarlas y asignarles **códigos** a las categorías. A diferencia de la *codificación cuantitativa*, donde una unidad constante es ubicada en un sistema de categorías, en la **codificación cualitativa** el investigador considera un segmento de contenido (no siempre estándar), lo analiza (se cuestiona: ¿qué significa este segmento?, ¿a qué se refiere?, ¿qué me dice?); toma otro segmento, también lo analiza, compara ambos segmentos y los analiza en términos de similitudes y diferencias (¿qué significado tiene cada uno?, ¿qué tienen en común?, ¿en qué difieren?, ¿me dicen lo mismo o no?). Si los segmentos son distintos en términos de significado y concepto, de cada uno induce una categoría (o bien, considera que no posee un significado para el planteamiento), si son similares, induce una categoría común. Considera un tercer segmento, el investigador lo analiza conceptualmente y en términos de significado; del mismo modo, lo contrasta con los dos anteriores, evalúa similitudes y diferencias, induce una nueva categoría o lo agrupa con los otros. Considera un cuarto segmento, repite el proceso, y así sucesivamente (a este procedimiento se le denomina "comparación constante"). El investigador va otorgando significados a los segmentos y descubriendo categorías. A cada una de éstas les asigna un código.

En la codificación cualitativa los códigos surgen de los datos (más precisamente, de los segmentos de datos): los datos van mostrándose y los "capturamos" en categorías. Usamos la codificación para comenzar a revelar significados potenciales y desarrollar ideas, conceptos e hipótesis; vamos comprendiendo lo que sucede con los datos (empezamos a generar un sentido de entendimiento respecto al planteamiento del problema). Los códigos son etiquetas para identificar categorías, es decir, describen un segmento de texto, imagen, artefacto u otro material.

Cuando consideramos que un segmento es relevante (en términos del planteamiento, de representatividad de lo que expresaron los participantes, de importancia a juicio del investigador) podemos extraerlo como un potencial ejemplo de la categoría o de los datos.

Conforme el investigador revisa nuevos segmentos de datos y vuelve a revisar los anteriores segmentos (comparación constante), continúa "conectando conceptualmente" unidades y genera más categorías o consolida las anteriores.

Cabe señalar que la identificación de unidades o segmentos es tentativa en su comienzo y se encuentra sujeta a cambios. En la literatura sobre investigación cualitativa podemos identificar dos maneras para definir las unidades de análisis que serán codificadas: la primera, que podemos denominar como la elección de una "unidad constante", implica el proceso que se muestra en la figura 14.9.

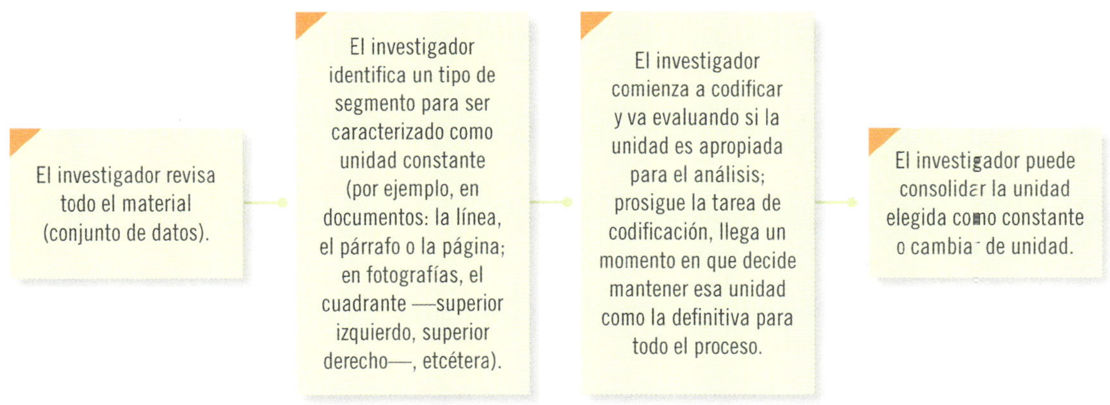

Figura 14.9 Proceso de elección de una unidad constante.

La segunda, que podemos denominar como la de "libre flujo" implica que las unidades no poseen un tamaño equivalente. Se selecciona el inicio del segmento y hasta que se encuentra un significado, se determina el final del segmento. Por ejemplo, algunos segmentos podrían tener cinco líneas, otros 10, otros 50 (desde luego, en el caso del párrafo o una intervención de un participante en una sesión de grupo, como unidad constante, puede poseer diferentes extensiones también).

En ambas formas, para decidir cuál es la unidad de análisis, es posible cambiar de unidad en cualquier momento. Incluso, quizá decidamos utilizar en un mismo estudio las dos posibilidades para diferentes clases de datos (entrevistas y fotografías, por ejemplo).

En este primer nivel de análisis, las categorías (y códigos) identificadas deben relacionarse lógicamente con los datos que representan (que quede clara la vinculación). Las categorías pueden emerger

Codificación Implica, además de identificar experiencias o conceptos en segmentos de los datos (unidades), tomar decisiones acerca de qué piezas "embonan" entre sí para ser categorizadas, codificadas, clasificadas y agrupadas para conformar los patrones que serán empleados con el fin de interpretar los datos.

de preguntas y reflexiones del investigador o reflejar los eventos críticos de las narraciones de los participantes. En la bitácora de análisis es necesario explicar con claridad las razones por las que se genera una categoría.

La esencia del proceso reside en que a segmentos que comparten naturaleza, significado y características, se les asigna la misma categoría y código, los que son distintos se ubican en diferentes categorías y se les proporcionan otros códigos. La tarea es identificar y etiquetar categorías relevantes de los datos.

Los segmentos se convierten en unidades cuando poseen un significado (de acuerdo con el planteamiento del problema) y en categorías del esquema final de codificación en el primer nivel, si su esencia se repite más adelante en los datos (por ejemplo, en la entrevista o en otras entrevistas). Las unidades son segmentos de los datos que constituyen los "tabiques" para construir el esquema de clasificación y el investigador considera que tienen un significado por sí mismas.

Coffey y Atkinson (1996) señalan que son tres las actividades de la codificación en primer plano:

1. Advertir cuestiones relevantes en los datos.
2. Analizar esas cuestiones para descubrir similitudes y diferencias, así como estructuras.
3. Recuperar ejemplos de tales cuestiones.

Tal como resumen Coleman y Unrau (2005), la codificación en el primer nivel es predominantemente concreta e involucra identificar propiedades de los datos, las categorías se construyen comparando datos, pero en este nivel no combinamos o relacionamos datos. Todavía no interpretamos el significado subyacente en los datos.

En teoría fundamentada, a este primer nivel de codificación se le denomina "codificación abierta". En ésta se trata intensivamente, unidad por unidad, con la identificación de categorías que pudieran ser interesantes, sin limitarnos; así como con la inclusión de cuestiones que aparentemente no son relevantes para el planteamiento del problema. Es importante asegurarnos de entender las categorías que van mostrándose en los datos.

En el caso de que el investigador decida la elección de una "unidad constante", algunos ejemplos serían los que a continuación se mencionan.

En textos:

1. Palabras: "alcoholismo", "Ricardo", "divorcio".
2. Líneas: "Mi esposo me abandonó después de que me embaracé por tercera vez".
3. Párrafos.

   No puedo dejar de pensar (¡mmm!) en que mis hijas vean a su padre completamente ebrio. Es algo en lo que pienso todas las noches antes de acostarme. Ojalá y dejara la bebida (¡uhh!), pero lo veo como algo imposible. No ha podido dejar de hacerlo desde que lo conozco… (¡mmm!) pero antes bebía mucho menos (…)

4. Intervenciones de participantes (desde que comienza hasta que concluye su intervención cada uno).

   Jesús: No puedo dejar de beber, no puedo (¡ugg!)
   Alejandra: Ni lo quieres intentar. Piensa en lo mal que te sientes; en tus hijas, ¿qué va a pasar cuando sean grandes?

   En este último caso tenemos dos unidades de análisis (intervenciones)

5. Páginas.
6. Cambios de tema (cada vez que aparece un nuevo tema).
7. Todo el texto.

En grabaciones de audio o video (hayan o no sido transcritas a texto):

1. Palabras o expresiones.
2. Intervenciones de participantes.
3. Cambios de tema.
4. Periodos (segundo, minuto, cada k minutos, hora).
5. Sesión completa (entrevista, grupo de enfoque, otro).

Biografías:

1. Día, mes, año, periodo, pasaje de vida.
2. Cambios de tema.
3. Actos conocidos.

Música:

1. Línea de canción.
2. Estrofa.
3. Canción completa.
4. Obra.

Construcciones, materiales o artefactos:

1. Pieza completa.
2. Partes específicas o sitios dependiendo del material, artefacto o construcción (en iglesias: atrio, altar, confesionario, etcétera).

A continuación presentamos muestras de unidades de análisis de los ejemplos que se han ido desarrollando en esta tercera parte del libro (tabla 14.9).

▲ **Tabla 14.9** Muestras de unidades de significado en los ejemplos desarrollados

Estudio	Participantes	Método de recolección de los datos	Ejemplos de unidades
Estudio sobre las experiencias de abuso sexual infantil de Morrow y Smith (1995)	Mujeres adultas que habían experimentado abuso sexual durante su infancia.	Entrevista inicial y sesiones de enfoque.	• "Solía jugar con muñecas de papel. Ellas eran mis amigas. Ellas nunca me podrían lastimar". • "Yo me refugié en la abuela, ella era una mujer muy espiritual… Ella acostumbraba mecernos y cantarnos". • "Me aislé para siempre". • "Debo ser invisible siendo buena niña, muy buena niña".
La guerra cristera en Guanajuato (1926-1929).	Sobrevivientes de la época.	Entrevista.	• El padre poco a poco platicaba: "no estamos bien aquí, niño, de ninguna manera… Mira, aquí me agarran con los cabecillas… Pedro no tiene ni para cuándo irse… no saben que aquí está el cabecilla, porque si no…" • "Estaba duro, si llegaba a los ranchos el Gobierno, se tragaba lo que había ahí y la gente se quedaba con hambre, si llegaban los cristeros, igual, no, se armó un desmadre". • "Todo valía madres, el que les caía mal, lo mataban. Había quienes eran cristeros y no ponían ni una pata en la cárcel".

(continúa)

▲ **Tabla 14.9**   Muestras de unidades de significado en los ejemplos desarrollados (*continuación*)

Estudio	Participantes	Método de recolección de los datos	Ejemplos de unidades
Evaluación de la experiencia de compra de los clientes en centros comerciales de una importante cadena latinoamericana	Clientes de diferentes edades	Grupos de enfoque.	• "Yo vengo a comprar, cuando tenemos tiempo nos venimos a tomar un café, pero deberían de abrir más temprano, mis hijos que son adolescentes vienen por cercanía y visitan mucho la parte del *fast-food*, en la tarde hay mucho joven". • "El ambiente me da paz, huele rico, el sonido me gusta, es agradable el aire acondicionado y todo está muy ordenado". • "La plaza no es para comprar, es más bien para dar la vuelta".

Cabe señalar que las unidades o segmentos de significado se analizan tal como se recolectan en el campo (en el lenguaje de los participantes, aunque las expresiones sean gramaticalmente incorrectas, la estructura sea incoherente, haya faltas de ortografía e incluso groserías o términos vulgares).

En nuestra bitácora de análisis, por ejemplo, anotaríamos que las unidades de análisis elegidas fueron las líneas.

Categorías Deben guardar una relación estrecha con los datos.

En la codificación cualitativa, las **categorías** son conceptos, experiencias, ideas, hechos relevantes y con significado.

Resumiendo hasta ahora, desde el comienzo —a través de la comparación constante— cada segmento o unidad es clasificada como similar o diferente de otras. Si las primeras dos unidades poseen cualidades similares, generan —tentativamente— una categoría, y a ambas se les asigna un mismo código. En el momento de asignar los códigos, elaboramos una nota sobre las características de las unidades por las que se consideran similares (un memo analítico sobre la regla), la cual se incluye en la bitácora de análisis. Si las dos unidades no son similares, la segunda produce una nueva categoría y se le asigna otro código. Y de nuevo, la información que defina a esta segunda categoría, se registra en la bitácora (regla en el memo analítico). Durante el proceso se va especificando la(s) regla(s) que señala(n) cuándo y por qué se incluye una unidad en esa categoría. Tomamos una tercera, cuarta, quinta, "*k*" unidad o segmento y repetimos el proceso. La actividad se esquematiza en la figura 14.10.

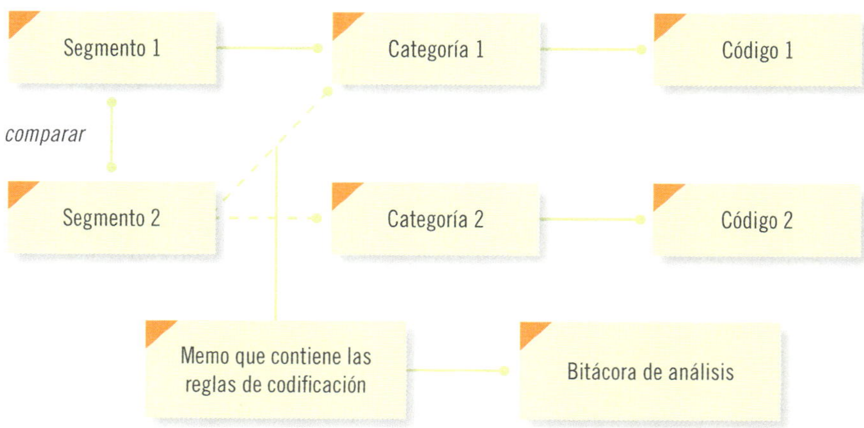

Figura 14.10   Proceso de codificación cualitativa.

El número de categorías se expande cada vez que el investigador identifica unidades diferentes (en cuanto a significado) del resto de los datos (unidades previas categorizadas).

Veámoslo con un ejemplo sencillo (análisis de los tipos de violencia entre parejas), en que se muestra un escrito con nueve unidades de análisis (constantes), definiendo a la unidad como línea:

EJEMPLO

De unidades de análisis (constantes)
Investigación sobre la experiencia negativa de una mujer golpeada por su esposo y los tipos de violencia que ejercen los maridos que abusan de sus parejas.

Recolección de los datos: Entrevistas en profundidad.
Unidad de análisis: Línea.
Contexto: Entrevista con una joven esposa de 20 años, dos años de casada, de origen humilde, que vive en los suburbios de Valledupar, Colombia.

1. Carolina: Mi esposo me ha golpeado varias veces (¡ehh!). (pausa)

2. No sé cómo decirlo. Me pega con la mano abierta y con el puño.

3. La última vez me dijo: "Eres una ramera". También me ha

4. dicho que soy malnacida, perra. Siempre me insulta. Y la

5. verdad es que nunca he dado motivo. Nunca (pausa). Me dice que

6. los hombres se meten en mí como culebras. Que me gusta hacerlo

7. quedar mal. Me mira con odio del malo. Me amenaza con los ojos.

8. Y a veces le contesto y le pego también. El otro día le rompí

9. una lámpara en la cabeza...

Analizamos la primera línea (unidad de análisis):

1. Carolina: "Mi esposo me ha golpeado varias veces (¡ehh!) (pausa)".

Consideramos su significado: ¿a qué se refiere?, decidimos generar la categoría "violencia física" (memo: la "violencia física" implica que una persona arremete contra la otra utilizando una parte de su cuerpo). Si más adelante encontramos que en la violencia física se utilizan objetos (además de partes del cuerpo), la regla podría modificarse (ampliándola): la "violencia física" implica que una persona arremete contra la otra utilizando una parte de su cuerpo o un objeto. Y si se encuentra generación de hematomas o heridas, esto podría agregarse a la regla, lo mismo que "uso de armas de fuego". Cada elemento nuevo se adiciona a la regla o definición.

La segunda unidad o segmento:

2. "No sé cómo decirlo. Me pega con la mano abierta y con el puño".
La comparamos con la primera (¿significan ambas lo mismo?, ¿qué clase de violencia reflejan?)
La conclusión es que se refiere a lo mismo, sería parte también de "violencia física".

La tercera:

3. "La última vez me dijo: 'Eres una ramera'. También me ha…"

¿Qué significa?, ¿comparada con las otras dos significa lo mismo? La respuesta es que resulta ser algo diferente, no se trata de violencia física, no aplica la regla establecida. Esta tercera unidad posee un significado distinto, creamos la categoría "violencia verbal" (memo: "la violencia verbal" se refiere a que una persona insulta a la otra).

El cuarto segmento o unidad:

4. "…dicho que soy malnacida, perra. Siempre me insulta. Y la…"

¿Qué significa? (comparada esta unidad con las demás, ¿es similar o diferente?) La respuesta es que es diferente de las primeras dos y similar a la tercera, por lo que se asigna a la categoría "violencia verbal".

La quinta:

5. "…verdad es que nunca he dado motivo. Nunca (pausa). Me dice que…"

No es similar a ninguna unidad; debe crearse otra categoría, pero si el análisis está dirigido a describir los tipos de violencia utilizados por el marido, tal unidad no es pertinente para generar categorías. Sin embargo, si el análisis pretende evaluar, además de los tipos de violencia presentes en las interacciones, el contexto en que se dan y la atribución de la esposa respecto de las razones por las cuales los maridos abusan de ellas, habría que crear una categoría y su regla (por ejemplo: "desconocimiento de la razón o motivo", cuando la mujer no expresa una razón o manifiesta no conocerla). Y así seguiríamos con cada unidad de análisis, comparándola con las demás.

En la codificación cualitativa, las unidades van produciendo categorías nuevas o van "encasillándose" en las que surgieron previamente. En el ejemplo, la séptima línea haría "brotar" la categoría "violencia psicológica".

En la transcripción del ejemplo analizado observamos tres tipos de violencia. Asimismo, notamos que el proceso de generar categorías se realiza sobre la base de la comparación constante entre unidades de análisis. Las categorías surgirán más rápidamente si primero leemos todo el material (unidades) y nos familiarizamos con éste.

El número de categorías crece conforme revisamos más unidades de análisis. Desde luego, al principio de la comparación entre unidades se crean varias categorías; pero conforme avanzamos hacia el final, el ritmo de generación de nuevas categorías desciende.

En algunas ocasiones, las unidades de análisis o significado no generan con claridad categorías. Entonces se acostumbra crear la categoría "otras" ("varios", "miscelánea"…). Estas unidades son colocadas en dicha categoría, junto con otras difíciles de clasificar. Tal como señalan Grinnell, Williams y Unrau (2009), debemos tomar nota de la razón por la cual no producen una categoría o no pueden ser ubicadas en ninguna categoría emergida. Es posible que más adelante, al revisar otras unidades de análisis, generemos una nueva categoría en la que tengan cabida dos o más unidades que fueron asignadas a la categoría "otras". Al terminar de considerar todas las unidades, resulta conveniente revisar dicha categoría miscelánea y evaluar qué unidades habrán de juntarse en nuevas categorías. Cabe señalar que si una unidad de análisis no puede clasificarse en el sistema de categorías, no debe desecharse, sino agregarse a la categoría miscelánea.

La categoría miscelánea cumple la función preventiva de desechar lo que "aparentemente" son unidades irrelevantes, pero que más adelante pueden mostrarnos su significado.

Cuando nos encontramos que la categoría "otras" incluye demasiadas unidades de significado, resulta recomendable volver a revisar el proceso, y asegurarnos de que nuestro esquema de categorías y las reglas establecidas para clasificar sean claras y nos permitan discernir entre categorías. Coleman y Unrau (2005) sugieren que la categoría "otras" no debe ser mayor de 10% respecto al conjunto total del material analizado. Cuando supera —aproximadamente— este porcentaje o nos damos cuenta que tal categoría absorbe muchas unidades, puede deberse a cansancio, "ceguera", "falta de concentración" o lo que es más delicado, que tenemos problemas con el esquema de categorización (codificación y las reglas).

Ocasionalmente, podemos detenernos y reafirmar las reglas emergentes o modificarlas (ampliarlas o transformarlas por completo). Por su parte, las categorías también pueden cambiar su estatus (llegar a ser irrelevantes de acuerdo con el planteamiento o eliminarse, por ejemplo, por ser redundantes).

El número de categorías que encontremos o generemos depende del volumen de datos, el planteamiento del problema, el tipo de material revisado y la amplitud y profundidad del análisis. Por ejemplo, no es lo mismo analizar percepciones de un grupo de niños sobre sus madres; que las percepciones de los infantes sobre sus madres, padres, hermanos y hermanas.

La complejidad de la categorización también debe considerarse, una unidad puede generar más de una categoría o colocarse en dos, tres o más categorías. Por ende, la unidad:

25. Carolina: "Me dijo que era una estúpida y que él manda y sólo él habla en esta casa".

Puede emerger como la categoría "violencia verbal" (categoría de la dimensión tipo de violencia) y como la categoría "autocrático o impositivo" (al ubicar el papel del esposo en la relación).

También es posible codificar unidades (que hagan surgir categorías) que se superpongan o traslapen entre sí.

En otros casos, "pequeñas" categorías pueden "encajar" dentro de categorías más amplias e inclusivas, que suelen denominarse "códigos anidados" (Coleman y Unrau, 2005).

Algunas categorías pueden ser tan complejas que es necesario fragmentarlas en varias, pero si esto resulta muy difícil, es mejor dejarlas como "un todo" y continuar la codificación y al refinar el análisis, la fragmentación puede ser más sencilla. En la figura 14.11 se muestra un ejemplo de fragmentación de categorías.

Bitácora de análisis o analítica Sirve para asegurar la aplicación coherente de las reglas emergentes que guían la generación de categorías y sus definiciones, así como la asignación de unidades posteriores a las categorías que ya surgieron.

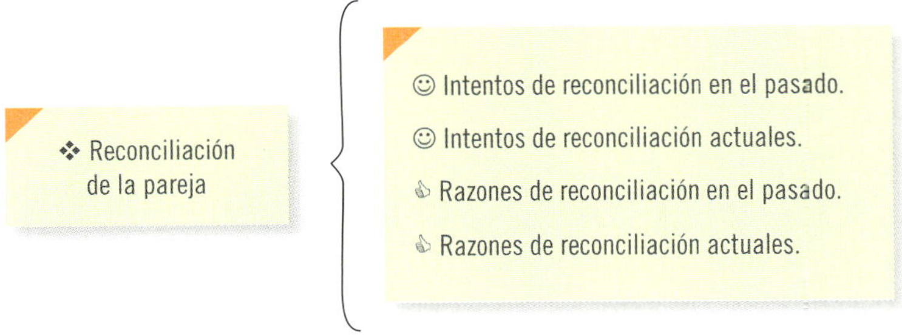

Figura 14.11 Muestra de la fragmentación de una categoría.

La categoría fragmentada puede constituir más adelante un tema.

Un ejemplo de categorías referidas a los "estados conductuales de los pacientes", lo ofrece Morse (1999), las cuales emergieron al observar el proceso de confortación que ofrecían enfermeras a pacientes traumatizados (en estado de gravedad), en la sala de emergencia de hospitales en Estados Unidos y Canadá (que fue esbozado en el capítulo anterior).

- Inconsciente.
- Tranquilo y relajado.
- Asustado.
- Aterrorizado.
- Fuera de control.

Estas categorías emergentes reflejan el estado del paciente durante la urgencia.

Otras categorías que surgieron fueron las estrategias usadas por las enfermeras para confortar a los pacientes:

1. Hablar a los pacientes en situaciones dolorosas.

2. Permitirles soportar la agonía, empleando un estilo particular de conversación y posturas que denominamos registro de conversación para confortar.

3. Normalizar la situación al prevenir los gritos, la excitación y el pánico, lo mismo que controlar la propia expresión mientras se atendían las lesiones.

4. Bromear con los pacientes en condiciones serias, de tal forma que la situación no parezca grave.

5. Apoyar a los médicos en sus tareas y recordarles cuánto tiempo había pasado desde que comenzaron los esfuerzos de resucitación, cuándo era tiempo de mover a los pacientes, si era necesario darles más analgésicos u otra observación.

6. Llevar a los familiares de los pacientes, lo cual implicaba ocultar cualquier signo de severidad del padecimiento (limpiar la sangre), describir a la gente lo que debe hacer al entrar a la sala de traumatología.

7. Apoyar a los parientes y explicarles cómo hablar a sus seres queridos.

La creación de categorías, a partir del análisis de unidades de contenido, es una muestra clara de por qué el enfoque cualitativo es esencialmente inductivo. Los nombres de las categorías y las reglas de clasificación deben ser lo suficientemente claras para evitar reprocesos excesivos en la codificación. Debemos recordar que en el análisis cualitativo hay que reflejar lo que nos dicen las personas estudiadas en sus "propias palabras".

Veamos algunos ejemplos de las categorías generadas en el estudio sobre las experiencias de abuso sexual infantil de Morrow y Smith (1995).

- Los abusos variaron desde insinuaciones y violaciones a la intimidad, hasta violaciones completas con la presencia de armas de fuego cargadas. Estas formas del abuso fueron clasificadas por el análisis de datos en cinco categorías: *a*) abusos sexuales no físicos, *b*) molestias físicas (actos físicos para molestar), *c*) forzar a realizar actos sexuales, *d*) penetración y *e*) tortura sexual.
- Las dos categorías centrales que emergieron de las experiencias del abuso sexual infantil fueron:

  a) Agobio abrumante por los sentimientos de miedo y sensación de peligro.
  b) Experimentar impotencia, falta de apoyo y control.

- De estos sentimientos profundos descritos por las víctimas, surgieron también dos estrategias fundamentales paralelas (categorías) para sobrevivir y afrontar la terrible experiencia:

  a) Evitar ser consumida por el agobio provocado por los sentimientos peligrosos o amenazantes.
  b) Manejar la sensación de carencia de ayuda, impotencia y falta de control. Porque la niña disponía de pocos recursos de ayuda, la mayor parte de las estrategias descritas por las participantes se orientaron internamente y se enfocaron en las emociones.

Una cuestión adicional es que emergen diversas clases de categorías: 1) esperadas (que anticipábamos encontrar; por ejemplo, en el caso de la guerra cristera, crímenes contra sacerdotes), 2) inesperadas (uso de las iglesias como cuarteles por ambos bandos), 3) centrales para el planteamiento del problema (prohibición oficial a la población de toda muestra de culto religioso), 4) secundarias para el planteamiento (lugares específicos donde asesinaban a los cristeros) y 5) las misceláneas. A esta clasificación se pueden agregar otras dos sugeridas por Creswell (2009): categorías inusuales (situaciones poco comunes pero de interés conceptual para la comprensión del fenómeno) y categorías teóricas (obtenidas desde una perspectiva teórica).

Si regresamos a los códigos, debemos recordar que éstos se asignan a las categorías (se etiquetan), con la finalidad de que el análisis sea más manejable y sencillo de realizar, además son una forma de distinguir a una categoría de otras. Pueden ser números, letras, símbolos, palabras, abreviaturas, imágenes o cualquier tipo de identificador. Como se muestra en el siguiente recuadro de ejemplo:

EJEMPLO

Tipo de violencia

1: Violencia física   VF: Violencia física
2: Violencia verbal   VV: Violencia verbal
3: Violencia psicológica   VP: Violencia psicológica

 : Violencia física

 : Violencia verbal

 : Violencia psicológica

Los códigos identifican a las categorías, también se puede asignar un código que indique dimensión y categoría. Por ejemplo:

TVF: Violencia física
TVV: Violencia verbal
TVP: Violencia psicológica

Donde T nos señala que es la dimensión "Tipo de violencia" y VF, VV y VP las diferentes categorías.

A veces tenemos codificaciones más complejas:

PASJE: Pariente que abusó sexualmente de la joven y que estaba bajo el influjo de un estupefaciente.
PASJA: Pariente que abusó sexualmente de la joven y que estaba bajo el influjo del alcohol.
PASJNS: Pariente que abusó sexualmente de la joven y que no estaba bajo el influjo de ninguna sustancia.
PASP: Profesor autocrático que sanciona a los alumnos con permanencia después de que terminaron las clases.
PASR: Profesor autocrático que sanciona a los alumnos ridiculizándolos en público.
PDNS: Profesor democrático que no ejerce sanción.

Hay quienes separan la secuencia; por ejemplo, P-A-S-J-E, etcétera.

Cuando las categorías son personas (por ejemplo, al analizar relaciones entre miembros de una familia o un grupo de pandilleros), suelen asignarse como códigos las siglas de cada quien (GRR-Guadalupe Riojas Rodríguez). También suelen identificarse secuencias de acción a través de códigos (E- VF- ES- A: El Esposo abusó, mediante Violencia Física, de la Esposa bajo el influjo del Alcohol). Los códigos son como "apodos" o "sobrenombres" de las categorías. Permiten que sean identificadas más rápidamente. Ésta es una manera relativamente simple de códigos, muy útil cuando se hacen los primeros trabajos de codificación cualitativa. Lo ideal es que los códigos reflejen en mayor grado la sustancia de las unidades.

Por ejemplo:
"Después de que me dejó mi marido, no me siento segura, estoy gorda (silencio), me veo a mí misma y digo 'no valgo nada'".
Código: Autoestima (refleja algo de la unidad, pero no toda la riqueza).
Sería más apropiado: Baja autoestima.

Una forma de asignar códigos a unidades es lo que se denomina "códigos en vivo", en donde el código es un segmento del texto. Por ejemplo:

Unidad (guerra cristera).

"(...) obviamente, estas personas no llegaban preguntando por la llave o preguntando quién les abriera, sino que ellos, en un auténtico asalto, entraban por la fuerza".

Código en vivo:

"…obviamente, estas personas no llegaban preguntando por la llave".

Es decir, es un fragmento de la propia unidad (o podría ser toda la unidad). Resulta obvio que la codificación "en vivo" no es conveniente para unidades grandes.

Cuando trabajamos la codificación mediante un procesador de textos, dejamos un espacio en el margen derecho para anotar los códigos. Por ejemplo:

> Empezaron a... hacer una matazón horrible esa vez... yo fui acabando de pasar eso, fui a ver y había un reguero de gente, heridos y muertos en toda la cuadra entre Corregidora e Hidalgo, en esa cuadra, ahí una barbaridad, muchos estaban ahí. Y cuando llegó ese ejército a poner paz, no recogieron más que 22 cadáveres, los demás los había recogido la gente ya, era 1940.

> El conflicto se prolongó más allá de 1929.

Los programas de análisis cualitativo (como Atlas.ti© y Etnograph®), automáticamente dejan un margen derecho para los códigos y los anotan. Para ver un ejemplo de categorización producto de Atlas.ti©, recomendamos al lector consultar el ejemplo 3 del CD: "Entre 'no sabía qué estudiar' y 'esa fue siempre mi opción': selección de institución de eduacación superior por parte de estudiantes en una ciudad del centro de México" (Hernández Sampieri y Méndez, 2009).

Una vez categorizadas todas las unidades, se hace "un barrido" o revisión de los datos para:

1. Darnos cuenta de si captamos o no el significado que buscan transmitir los participantes o el que pretendemos encontrar en los documentos o materiales.
2. Reflexionar si incluimos todas las categorías posibles relevantes.
3. Revisar las reglas para establecer las categorías emergentes.
4. Evaluar el trabajo realizado.

En este punto puede suceder que validemos el proceso, o bien, que estemos confundidos acerca de las razones por las cuales generamos ciertas categorías o poseamos inseguridad respecto a las reglas. También que consideremos que algunas categorías son demasiado complejas y generales y debamos fragmentarlas en nuevas categorías. Es el momento de evaluar a cada unidad para que sea incluida en una determinada categoría. El propósito es eliminar vaguedad e incertidumbre en la generación de categorías.

Asimismo, podemos descubrir que algunas categorías no se han desarrollado por completo o se definieron parcialmente. Además, detectar que no emergieron las categorías esperadas. Ante problemas e inconsistencias, habrá que revisar dónde fallamos: si en la definición de las unidades de análisis, en las reglas de categorización, en la detección de categorías que emergieron por comparación de unidades, etcétera. Entonces, resulta conveniente anotar en la bitácora todos estos sucesos y no angustiarnos.

Algunas decisiones que podemos tomar ante esta clase de contingencias negativas son: *a*) regresar al campo en búsqueda de datos adicionales (más entrevistas, observaciones, sesiones, artefactos u otros datos), *b*) solicitar a otro investigador que "pruebe" nuestro sistema de categorías y reglas, mediante su propio análisis con al menos algunos casos (por ejemplo, entrevistas). Como ya se dijo, siempre hay una diferencia entre los resultados que podrían obtener dos personas que analizan un mismo material, pero si ésta va más allá de lo razonable, Coleman y Unrau (2005) recomiendan acudir a un tercero para que vuelva a codificar y dilucidemos lo que está ocurriendo, para efectuar las modificaciones pertinentes.

Por otro lado, cuando estamos analizando datos y "todo va bien", a veces nos cuestionamos: ¿cuándo terminar o parar?, ¿tenemos suficientes entrevistas, sesiones, artefactos? (por ejemplo, hicimos 15 entrevistas, ¿requerimos más?). Regularmente nos "detenemos" en lo referente a recolectar datos o agregar casos, cuando al revisar nuevos datos (entrevistas, sesiones, documentos, etc.) ya no encontramos categorías nuevas (significados diferentes); o bien, tales datos "encajan" fácilmente dentro de nuestro esquema de categorías (Neuman, 2009). A este hecho se le denomina **saturación de categorías**, que significa que los datos se convierten en algo "repetitivo" o redundante y los nuevos análisis confirman lo que hemos fundamentado. Este concepto se representa en la figura 14.12.

> **Saturación de categorías** Cuando los datos se vuelven repetitivos o redundantes y los nuevos análisis confirman lo que se ha fundamentado.

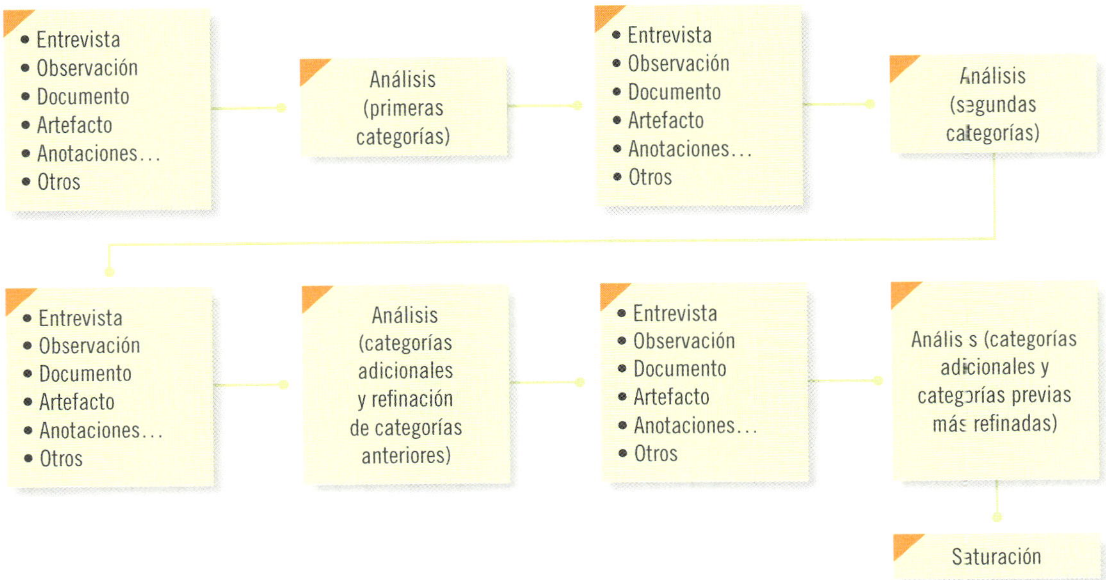

Figura 14.12 Saturación de categorías.

Un par de cuestiones que, aunque ya se mencionaron, debemos recalcar: durante el proceso de codificación inicial es aconsejable ir eligiendo segmentos altamente representativos de las categorías (ejemplos, citas textuales), que las caractericen o que posean un significado muy vinculado con el planteamiento, porque más adelante habremos de necesitarlos en lo que suele conocerse como recuperación de unidades. Asimismo, recordemos que las anotaciones del investigador (contenidas en la bitácora de recolección de los datos u otro medio), también se codifican (a veces aparte y en otras ocasiones junto con las entrevistas, sesiones, etc.; en esta segunda opción deben vincularse con los datos).

Si el proceso se completó, los voluminosos datos se reducirán a categorías y se transformarán, sin perder su significado (lo cual es imprescindible en la investigación cualitativa), además de encontrarse ahora codificados. A veces tenemos como resultado unas cuantas categorías, y en otras diversidad de categorías.

Describir las categorías codificadas que emergieron y codificar los datos en un segundo nivel o central

El segundo plano es más abstracto y conceptual que el primero e involucra describir e interpretar el significado de las categorías (en el primer plano interpretamos el significado de las unidades). Para tal propósito, Berg (2004) recomienda recuperar al menos tres ejemplos de unidades para soportar cada categoría. En un procesador de textos se recuperan los segmentos con las funciones de "cortar" y "pegar" (los programas computacionales de análisis cualitativo tienen una forma específica para hacerlo). Esta actividad nos conduce a examinar las unidades dentro de las categorías, las cuales se disocian de los participantes que las expresaron o de los materiales de donde surgieron. Cada categoría es descrita en términos de su significado (¿a qué se refiere la categoría?, ¿cuál es su naturaleza y esencia?, ¿qué nos "dice" la categoría?, ¿cuál es su significado?) y ejemplificada o caracterizada con segmentos. A continuación se muestra un ejemplo sencillo de tal recuperación con el caso que se ha tratado de los centros comerciales.

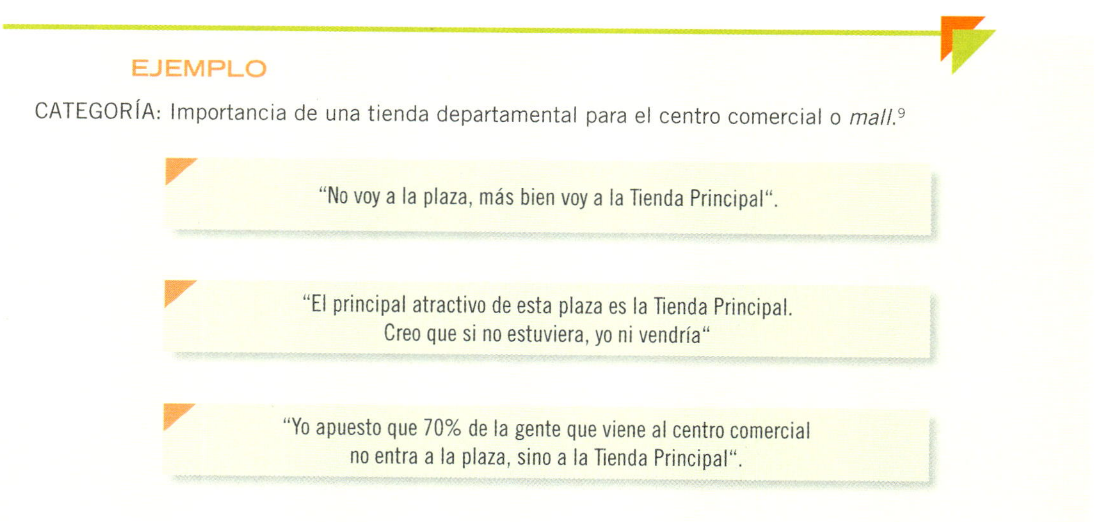

EJEMPLO

CATEGORÍA: Importancia de una tienda departamental para el centro comercial o *mall*.[9]

Asimismo, comenzamos a comparar categorías (tal como lo hicimos con las unidades), identificamos similitudes y diferencias entre ellas y consideramos vínculos posibles entre categorías. La recuperación de unidades, además de ayudar en la comprensión del significado de la categoría, nos sirve para los contrastes entre categorías. El centro del análisis se mueve del contexto del dato al contexto de la categoría. Antes de profundizar en la comparación de categorías, dejemos en claro el asunto de recuperación de unidades o segmentos del material analizado.

Recuperar las unidades quiere decir que recobramos el texto o imagen original (en el primer caso, la transcripción del segmento). Las unidades recuperadas se colocan de nuevo en la categoría que les corresponde (por tal motivo, insistimos en ir seleccionando ejemplos representativos o significativos de cada categoría). Recordemos que todos los segmentos provienen de entrevistas, sesiones grupales u otros medios; por lo que al recuperarlos los colocamos fuera del contexto de la expresión de cada participante. Esto representa el riesgo de malinterpretar la unidad una vez que es separada de su contexto original (como lo es la experiencia de cada participante). La ventaja es que se puede considerar la información en cada categoría en un nivel entre casos (por ejemplo, se consideran las experiencias de varios individuos o de un participante en distintos momentos). Es con esto que el investigador se percata de lo importante que resulta la claridad de las reglas en la codificación inicial.

La comparación entre categorías en cuanto a similitudes y diferencias ocurre entre significados y segmentos, esto puede representarse como se muestra en la figura 14.13.

---

[9] Éste fue el caso de un solo centro comercial con más de 100 tiendas, el nombre verdadero de la tienda a la que se hace referencia se sustituyó por el de Tienda Principal. En varias partes de México y Centroamérica, plaza es sinónimo de centro comercial o shopping mall.

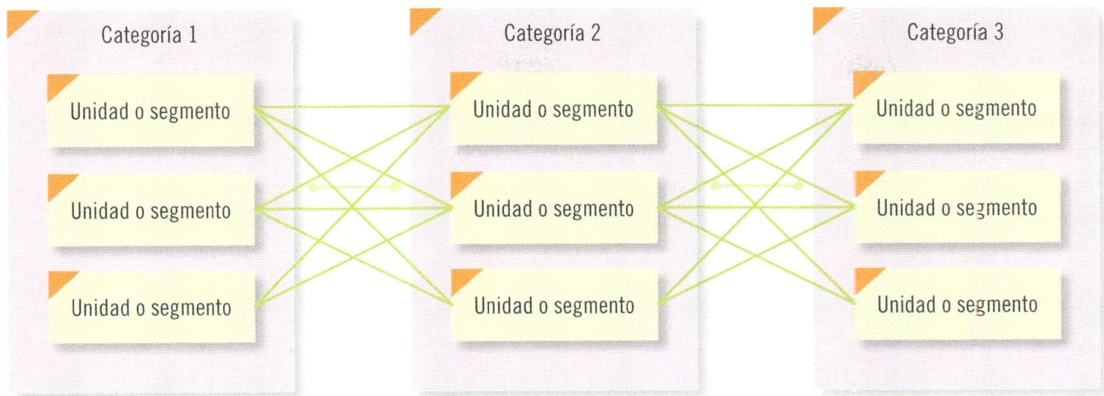

Figura 14.13   Comparación entre categorías en cuanto a similitudes y diferencias.

En el ejemplo, para cada categoría se recuperaron tres segmentos, pero a veces son menos y en otras más. Adicionalmente, no siempre el número de unidades es igual para todas las categorías. Con el fin de que resulte menos compleja la comparación múltiple, conviene iniciar contrastando categorías por pares, pero con el método de comparación constante (ver figura 14.14).

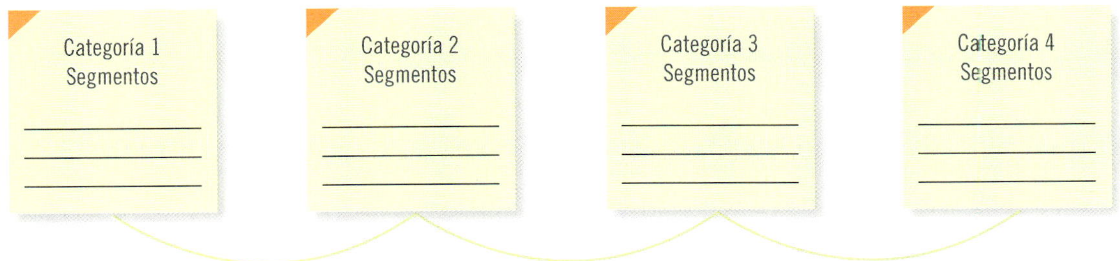

Figura 14.14   Contraste de categorías por pares y comparación constante.

En este punto del análisis, la meta es integrar las categorías en temas y subtemas más generales (categorías con mayor "amplitud conceptual" que agrupen a las categorías emergidas en el primer plano de codificación), con base en sus propiedades. Descubrir temas implica localizar los patrones que aparecen de manera repetida entre las categorías. Cada tema que se identifica recibe un código (como lo hacíamos con las categorías). Los temas son la base de las conclusiones que emergerán del análisis.

Grinnell (1997, p. 519) ejemplifica la construcción de temas con las siguientes categorías: "asuntos relacionados con la custodia de los hijos", "procedimientos legales de separación o divorcio" y "obtención de órdenes restrictivas", las cuales pueden constituir un tema (categoría más general): "asuntos relacionados con el sistema legal".

En el estudio sobre la moda y la mujer mexicana, se les preguntó a las participantes de los grupos de enfoque sobre los factores que intervenían para elegir su tienda favorita de ropa. Surgieron, entre otras, las categorías "variedad de modelos", "surtido de prendas", "diversidad de ropa". Tales categorías se agruparon en el tema "diversidad". "Precio", "promociones" y "ofertas" fueron categorías que se integraron en el tema "economía". "Calidad", "buenos artículos o ropa", "prendas sin defectos" y "productos bien hechos" se incluyeron en el tema "calidad de producto", lo mismo ocurrió con otras categorías.

Tutty (1993), en otro caso, encontró dos categorías: "los hombres solicitan el regreso de la mujer e incluso pretenden sobornar a la mujer para la reunificación", "amenazar a la mujer con no proporcionarle recursos si no regresa" y las trató como categorías distintas, pero al analizar las supuestas "súplicas" de los maridos, éstas estaban vinculadas con las amenazas. Entonces surgió un nuevo tema (producto de la unión de las dos categorías): "estrategias del esposo para presionar el regreso".

Desde luego, algunas categorías pueden contener suficiente información para ser consideradas temas por sí mismas, como ocurrió en el estudio de la guerra cristera con la categoría "utilizar a las iglesias como cuarteles".

Los códigos de los temas pueden ser números, siglas, iconos y en general palabras o frases cortas. Por ejemplo: "autoestima alta", "abundancia", "violencia", "experimentar impotencia, falta de apoyo y control".

Por medio de la codificación en un primer y segundo planos (inicial y central), los datos continúan reduciéndose hasta llegar a los elementos centrales del análisis. En cada paso el número de códigos va siendo menor. Tal como se comentó previamente, cada estudio es distinto y nunca sabemos cuántos "temas" habrán de surgir al final del proceso. Creswell (2005, p. 238) presenta una visualización de cómo ocurre el proceso en diversos estudios, obviamente los números son relativos (vea la figura 14.15). En esta visualización queda claro que el análisis cualitativo no implica resumir, sino involucra avanzar paulatinamente hacia la interpretación a niveles más abstractos, Creswell (2009) lo compara con "ir pelando las diferentes capas de una cebolla".

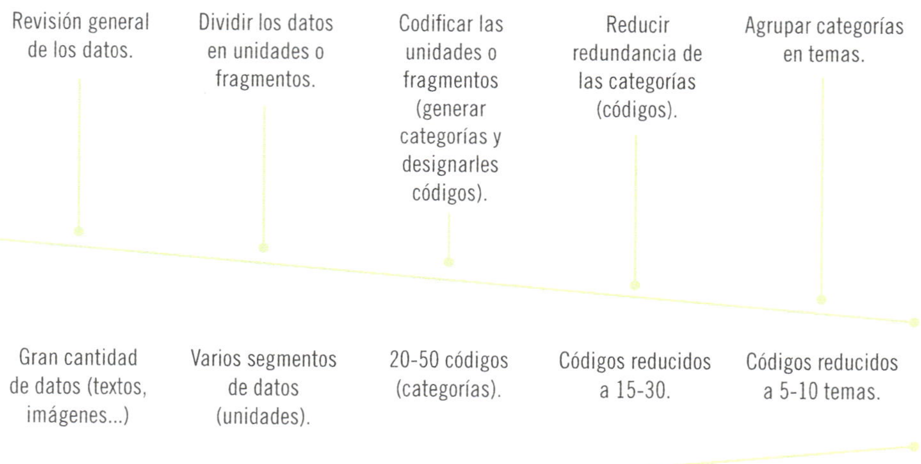

Figura 14.15 Reducción de códigos a través del proceso de codificación completo.

Hemos codificado el material en un primer plano (al encontrar categorías, evaluar las unidades de análisis mediante reglas, además de asignarle un código a cada categoría) y en un segundo plano (al encontrar temas o categorías más generales). Estamos listos para la interpretación.

En el análisis cualitativo resulta fundamental darle sentido a:

1. *Las descripciones de cada categoría*. Esto implica ofrecer una descripción completa de cada categoría y ubicarla en el fenómeno que estudiamos. Por ejemplo, la categoría "violencia física" por parte del esposo, se puede describir con las preguntas: ¿cómo es?, ¿cuánto dura?, ¿en qué circunstancias se manifiesta?, ¿cómo se ejemplifica? (recordemos que para esta finalidad nos apoyamos en los ejemplos recuperados de unidades).

2. *Los significados de cada categoría.* Ello quiere decir analizar el significado de la categoría para los participantes. ¿Qué significado tiene la "violencia física" para cada esposa que la padece? (y que nos la narra en una entrevista o una sesión de grupo, en sus propias palabras y de acuerdo con el contexto). ¿Qué significado tiene para tales mujeres ver al marido en estado de ebriedad?, ¿qué significado tiene cada palabra soez que escuchan de los labios de su cónyuge? (una vez más usamos los ejemplos).

3. *La presencia de cada categoría.* La frecuencia con la cual aparece en los materiales analizados (cierto sentido cuantitativo). ¿Qué tanto emergió cada categoría? La mayoría de los programas de análisis cualitativo efectúa un conteo de categorías, frases y palabras, además de expresarlo en porcentajes. Por ejemplo, es interesante conocer cuál es la palabra con la que nombran al esposo más frecuentemente o se refieren a él y ¿qué significado tienen las designaciones más comunes? O bien, ¿cuál es el tipo de violencia más habitual?, ¿cuántas de las participantes experimentan ciertos problemas después de la separación? El conteo ayuda a identificar experiencias poco comunes (ejemplo: separación de una pareja después de la muerte de un hijo).

4. *Las relaciones entre categorías.* Encontrar vinculaciones, nexos y asociaciones entre categorías. Algunas relaciones comunes entre categorías son:

- Temporales: cuando una categoría siempre o casi siempre precede a otra, aunque no necesariamente la primera es causa de la segunda. Por ejemplo, VF — E/A (cuando hay "Violencia Física" del esposo hacia su pareja existe generalmente consumo excesivo y previo de "Estupefacientes" o "Alcohol"). La relación se ilustra con varios ejemplos de unidades de análisis interpretadas, se trata de una vinculación profunda de las categorías. Otro caso sería:

> Ante la separación de una pareja por causa de la conducta violenta del marido, los hijos inicialmente reaccionan de manera favorable a vivir lejos del padre abusivo, pero después tienden a presionar la reconciliación (Tutty, 1993).

De nuevo, las unidades recuperadas nos sirven para ilustrar la vinculación.

- Causales: Cuando una categoría es la causa de otra. Por ejemplo, MNCE / AM (las "Mujeres que No Contactan a sus Esposos" después de que se han separado como consecuencia de la violencia física generalmente se "Autoevalúan Mejor"). Pero debe tenerse precaución con la atribución de causalidad, ya que no disponemos de pruebas estadísticas que la apoyen, tenemos que documentarla con diversos ejemplos. Por ejemplo: "las mujeres que no contactan a sus esposos después de que se han separado, tienen un mayor sentido de vida y están más animadas", aparentemente:

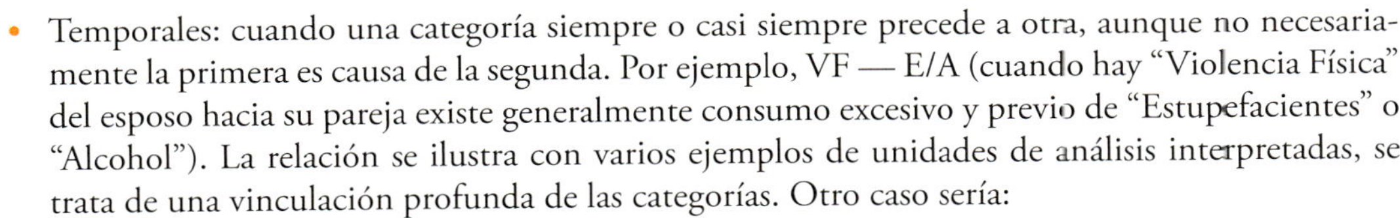

Pero también podría ser lo opuesto, porque tienen mayor sentido de vida y ánimo, ya no contactan a sus esposos. Desde luego, en un estudio cualitativo es más importante el hecho en sí que demostrar la causalidad.

- De conjunto-subconjunto: cuando una categoría está contenida dentro de otra. Por ejemplo,

CHE: "Chantaje del Esposo" a la mujer para que regrese a vivir con él.
NAE: "Negativa de Apoyo Económico" del esposo para que la mujer regrese a vivir con él.

En caso de identificar vinculación entre categorías, es indispensable recordar que en el análisis hemos incluido unos cuantos casos (los de la muestra del estudio) por lo que no es posible generalizar los resultados, sino comprender en profundidad la perspectiva de los participantes específicos de la indagación.

Generar hipótesis, explicaciones y teorías

Con base en la selección de temas y el establecimiento de relaciones entre categorías comenzamos a interpretar los resultados y entender el fenómeno de estudio, así como generar teoría.

Para completar idealmente el ciclo del análisis cualitativo debemos:

a) Producir un sistema de clasificación (tipologías).
b) Presentar temas y teoría.

Con la finalidad de identificar relaciones entre temas, debemos desarrollar interpretaciones de los mismos, los cuales emergen de manera consistente con respecto a los esquemas iniciales de categorización y las unidades. Es una labor de encontrar sentido y significado a las relaciones entre temas y podemos apoyarnos en diversas herramientas para visualizar tales relaciones.

1. *Diagramas de conjuntos o mapas conceptuales.* Hay diferentes clases de mapas o diagramas, entre los que podemos destacar:

a) Históricos (por ejemplo, que narran secuencias de hechos, cambios ocurridos en una comunidad u organización). Un caso sería un mapa sobre los diferentes modelos educativos implementados en una universidad durante los últimos 20 años, como parte de un estudio sobre la evolución de dicha institución.

b) Sociales (que precisan los grupos que integran un ambiente, una organización, una comunidad). Por ejemplo, un mapa de los grupos que confluyen en una organización (estructura informal).

c) Relacionales (que expresan y explican cómo se vinculan conceptos, individuos, grupos y organizaciones). Por ejemplo, un mapa sobre los conflictos entre individuos y grupos que luchan por el poder en un partido político.

Cada elemento del mapa o diagrama (con el nombre del tema o categoría) se coloca en relación con los demás temas. Debemos expresar cómo son los vínculos entre temas, algunos se traslaparán, otros estarán aislados y algunos más serán asociados. Es común que los temas más importantes para el planteamiento o que explican más el fenómeno considerado aparezcan como más grandes (vea la figura 14.16).

Figura 14.16   Ejemplo de diagrama o mapa conceptual.

La simbología (——•) indica relación causal (ya sea en un sentido o en dos sentidos) y las líneas únicamente asociación (——), la ausencia obviamente representa que el tema se encuentra aislado de los demás temas. El programa denominado Decision Explorer, cuya muestra ("demo") se podrá encontrar en el CD anexo, es sumamente útil para este tipo de diagramas. También otros programas de análisis cualitativo poseen herramientas para diseñar este tipo de mapas, como Atlas.ti (de nuevo, vea el CD).

ATLAS **TI**

La reflexión respecto a la importancia de cada tema, su significado y cómo interactúa con los demás, arroja "luz" sobre el entendimiento del problema estudiado. Otro ejemplo sería el de la figura 14.17.

Diagrama o mapa conceptual

Factores relacionados con el arraigo personal a una comunidad.

Figura 14.17   Muestra del establecimiento de relaciones entre categorías de manera gráfica.

Los mapas pueden ser elaborados por el investigador o los participantes (por ejemplo, en una sesión de enfoque).

2. *Matrices.* Las matrices son útiles para establecer vinculaciones entre categorías o temas (o ambos). Las categorías y/o temas se colocan como columnas (verticales) o como renglones o filas (horizontales). En cada celda el investigador documenta si las categorías o temas se vinculan o no; y puede hacer una versión donde explique cómo y por qué se vinculan, o al contrario, por qué no se asocian, y otra más donde se resuma el panorama: con la colocación de un signo "más" (+) si hay relación y un signo de "menos" cuando no existe relación. Un ejemplo de matriz sería el de la tabla 14.10.

▲ **Tabla 14.10**   Muestra de matriz para establecer vinculación entre categorías

Categorías de los padres/ Categorías de los hijos	Padres adictos al consumo de drogas	Padres adictos al consumo de alcohol	Padres divorciados	Ausencia del padre	Ausencia de la madre
Tendencia a ejercer la prostitución					
Consumo de drogas					
Consumo de alcohol					
Vagancia, pertenencia a pandillas juveniles					
Abandono de la educación formal					

Otro ejemplo de matriz en que se indique la relación entre categorías de temas sería la tabla 14.11.[10]

▲ **Tabla 14.11**   Ejemplo de matriz con especificaciones de la relación

			Estrategias de reunión con la mujer por parte del esposo abusivo		
		Soborno	Promesa de no beber	Promesa de no abuso	Los hijos
Creencias de la mujer para dejar al marido abusivo	Quiero trabajar	+	−	Información insuficiente para determinar la relación.	+
	Quiero recuperar mi autoestima	+	+	+	+
	Quiero estar tranquila	−	+	+	+

La matriz nos indica ciertas relaciones (y muy importante: si usted piensa: "esa relación a mí no me parece lógica", usted actúa sobre la base de sus experiencias y creencias, pero recordemos que en la investigación cualitativa lo único que vale es lo que los participantes nos señalan. No se trata de que ellos validen nuestras opiniones, sino que narren sus propias vivencias. Es necesario que aprendamos a desprendernos de nuestras "tendencias" para efectuar estudios cualitativos).

3. *Metáforas.* Utilizar metáforas ha sido una herramienta muy valiosa para extraer significados o captar la esencia de relaciones entre categorías. Muchas veces estas metáforas surgen de los mismos sujetos estudiados o del investigador. Son los casos de: "quieres un paracaídas cuando la tormenta arrecia" (en una relación romántica nos sirve para establecer el tipo de vínculo entre la pareja), "con ése no juego ni a las canicas" (desconfianza), "eres el típico jefe que manda bajo la técnica del limón exprimido" (una manera de decir: cuando obtienes todo lo que quieres de un subordinado, cuando ya lo exprimiste y se le acabó el jugo, lo desechas, ya no te es útil). "Todos los caminos llevan a Roma" (diversas alternativas conducen a lo mismo), "cuanto más negra es la noche implica que pronto va a amanecer", "escalada de violencia", "todos los hombres son iguales", etcétera.

Un ejemplo sería:

> Las participantes expresaron que cada vez que hay violencia cuando el marido llega ebrio a casa (al hogar), al día siguiente viene la calma y el marido maneja un lenguaje de "arrepentimiento", pide perdón y promete que no volverá a suceder (categoría).

Una de las participantes usó una metáfora para esta categoría: "no hay crudo que no sea humilde" ("crudo"[11] significa que tiene resaca, "guayabo", "ratón" y otras expresiones similares que se utilizan en América Latina).

4. *Establecimiento de jerarquías* (de problemas, causas, efectos, conceptos).
5. *Calendarios* (fechas clave, días críticos, etcétera).
6. Otros *elementos de apoyo* (fotografías, videos, etc.). Es posible agregar a nuestro análisis el material adicional que recolectamos en el campo, como fotografías, dibujos, artefactos (si estudiamos a un grupo de pandillas, podemos incluir piezas de su vestuario, armas, accesorios, etc.; es muy común

---

[10] El problema de investigación es más complejo, pero por cuestiones de espacio, se resume.
[11] El término "crudo" es mexicano (Diccionario de la Lengua Española, Real Academia Española, XXII ed., p. 689).

en la investigación policiaca cuando se analiza la escena del crimen), escritos (no las transcripciones, sino anotaciones de los sujetos: en servilletas, notas suicidas, diarios personales, etc.) y otros materiales. Como ya se comentó, en ocasiones estas piezas son el objeto de análisis en sí, pero otras veces son elementos adicionales complementarios para la labor de análisis.

Cuando dos categorías o temas parecen estar relacionados, pero no directamente, es posible que haya otra categoría o tema que los vincule, debemos reflexionar sobre cuál puede ser y tratar de encontrarla. Coleman y Unrau (2005) denominan a esta actividad: "buscar lazos perdidos"; incluso, a veces se necesita regresar a los segmentos. Un caso de "vínculos perdidos" es que la relación a veces se presenta y en otras ocasiones no, entonces tenemos que dilucidar el porqué.

Por ejemplo, en la guerra cristera la aparente relación era:

Sin embargo, en diversos casos no ocurrió así (¿las excepciones fueron asunto de corrupción?, ¿o quizá algunos militares eran muy católicos?). Al tomar en cuenta la evidencia contradictoria (que es importante analizar) y al ampliar el número de entrevistas, se encontró que efectivamente, algunos miembros del Ejército de la República eran muy católicos y permitieron la celebración de misas en los hogares (incluso hubo quien realmente no clausuró el templo local), pero además resultó (como en la población de Salvatierra) que algunos oficiales habían estudiado en seminarios y colegios católicos (las opciones educativas en la época no eran muy variadas) y conocían a los sacerdotes (hubo varios casos de lazos amistosos). Cuando falta claridad, con frecuencia regresamos al campo por más datos hasta esclarecer los vínculos entre categorías.

Cerramos el ciclo del análisis cualitativo por medio de la generación de interpretaciones, hipótesis y teoría, desarrollando así un sentido de entendimiento del problema estudiado. Veamos algunos ejemplos breves, por cuestiones de espacio.

En el estudio de Tutty (1993) un tema esencial fue que las visitas a los hijos por el padre, generan riesgos para la mujer respecto a nuevos abusos por parte del marido. Esto de hecho representa una hipótesis que podría formularse como:

Después de la separación, las mujeres que se reúnen con sus esposos abusivos durante la visita a los hijos, son más propensas a experimentar nuevos abusos en relación con las mujeres que no tienen contacto con sus maridos durante las visitas.

En cierta investigación en la que se documentaron las experiencias de 63 mujeres procedentes de diversas regiones geográficas de Java Occidental, que habían experimentado emergencias obstétricas —53 de ellas mortales—; Iskandar *et al.* (1996) llegaron a ciertas conclusiones sobre las causas principales de tales defunciones. Tres temas emergieron: hemorragia, infección y eclampsia. Veamos lo que arrojó el segundo tema:

Infección. Las condiciones poco higiénicas en el momento del parto contribuyeron a la infección en el posparto. Además, la cultura javanesa promueve varias prácticas de posparto que supuestamente benefician a la madre, pero que son muy peligrosas. Entre ellas, introducir hierbas en la vagina antes o después del parto; permitir que la curandera tradicional meta la mano en la vagina durante el nacimiento y en el útero después del parto para extraer la placenta; hacer que la madre permanezca sentada durante horas después del nacimiento con la espalda contra un poste con las piernas estiradas al frente, con pesas a cada lado de los pies para que no se mueva. La infección también se relacionaba comúnmente con el aborto, lo que dio lugar a cinco muertes durante el estudio. Los métodos de aborto, en general realizados por curanderas tradicionales, consistían usualmente en varias infusiones de hierbas para inducir las contracciones, en un fuerte masaje del útero, o la inserción de objetos en la vagina para perforar la placenta.[12]

En el caso de la guerra cristera en Guanajuato, se obtuvo el modelo que se muestra en la figura 14.18.[13]

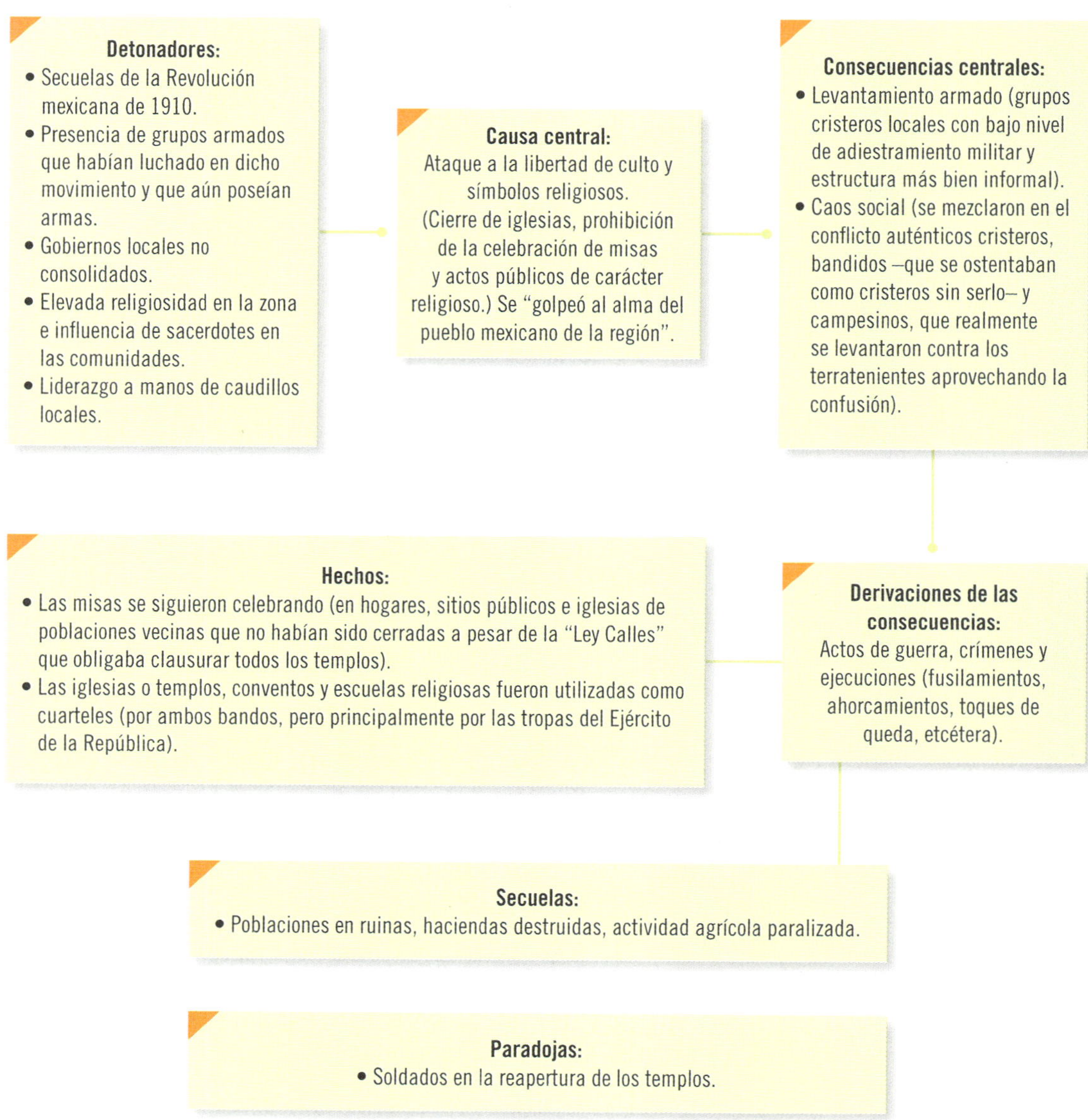

Figura 14.18   Modelo de relación de categorías en el ejemplo de la guerra cristera.

---

[12] *Network en español*, 2002, vol. 22, núm. 2, p. 2.

[13] Presentado de manera parcial por razones de espacio. El contexto nacional se ha simplificado enormemente para que los estudiantes lo vean en términos sencillos.

En el ejemplo de Morrow y Smith (1995) se obtuvo un sentido de entendimiento de las experiencias (profundas y muy dolorosas) de abuso sexual durante la infancia, provenientes de mujeres adultas, reproducimos algunos fragmentos del reporte que son indicativos de ello:[14]

Ser abusada sexualmente produce confusión y emociones intensas en las víctimas infantiles. Carentes de las habilidades cognoscitivas para procesar los sentimientos agobiantes de pena, dolor y rabia, las niñas desarrollan estrategias para mantenerse alejadas del agobio. En este caso, tales estrategias fueron: *a*) reducir la intensidad de los sentimientos problemáticos, *b*) evitar tales sentimientos o escapar de ellos, *c*) intercambiar los sentimientos agobiantes por otros menos amenazantes, *d*) descargar o liberar sentimientos, *e*) no recordar experiencias que engendraron sentimientos amenazantes y *f*) dividir los sentimientos agobiantes en partes "manejables".

Para prevenir el abuso sexual o físico, las participantes procuraron distraer a sus perpetradores, amenazándolos con la sentencia respecto a que alguien iba a abusar de ellos o pidiéndoles que detuvieran el abuso. Velvia recuerda: "Me mantuve pensando que pasara lo que pasara, yo le seguiría solicitando: solamente leamos…" Ellas informaron también haber desarrollado una elevada intuición para el peligro y que mintieron a otras personas acerca de su abuso para evitar ser castigadas o prevenir futuros abusos. Las participantes procuraron escapar al abuso escondiéndose, literalmente y figuradamente. Amanda encontró refugio en una cañada, mientras Meghan se esforzó por lograr ser "invisible".

Lauren y Kitty escondieron sus cuerpos con ropa demasiado grande. Para ignorar la realidad o escapar de ésta, las participantes desearon, fantasearon, negaron, evitaron y minimizaron: "Evito las cosas…" El otro lado de la negación: "yo no lo miraré". Lauren "dejó la historia atrás", y gradualmente, el abuso era cada vez menos real en su mente, hasta que fue olvidado. Algunas veces las víctimas simplemente se alejaron de forma mental o emocional. Kitty dijo: "Mente, llévame fuera de aquí" y lo hizo. Experimentó una visión de túnel, flotante, "hacia el espacio afuera", o una sensación de separarse de su cuerpo o ser otras personas. Amanda describió: "Una clase de partida espiritual de este planeta".

Otra manera en que las participantes evitaron ser avasalladas por el agobio, fue cambiar los sentimientos amenazantes o peligrosos por otros, menos estresantes, haciendo caso omiso de sus intensos sentimientos; remplazarlos con sentimientos suplentes o distraerlos con actividades que produjeran sentimientos inocuos. Las víctimas hacían a un lado (rodeaban, le daban la vuelta) los sentimientos sucios, depurándolos. Algunas se infligieron o indujeron dolor físico a sí mismas, tal como la propia mutilación, una manera para reducir el dolor emocional. Kitty comentó: "El dolor físico me mantiene lejos de sentir mis emociones. De allí provino mi anorexia… El dolor físico de no comer. Ya no puedo sentir las cosas (sucesos) cuando estoy con dolor".

Además de las estrategias desarrolladas para mantenerse lejos de emociones agobiantes, las participantes habían desplegado estrategias para manejar la impotencia en el momento del abuso. Seis categorías de estrategias para la supervivencia y el afrontamiento se usaron para contener la carencia de ayuda, impotencia y falta de control: *a*) generar estrategias de resistencia, *b*) volver a reconstruir (reestructurar) el abuso para crear la ilusión de control o poder, *c*) procurar dominar el trauma, *d*) tratar de controlar otras áreas de la vida además del abuso, *e*) buscar confirmación o evidencia de otras personas respecto al abuso, y *f*) rechazar el poder. Una manera por medio de la cual las participantes manejaron su falta o ausencia de poder fue resistir o rebelarse. Meghan se rehusó a comer. Kitty habló de su resistencia: "Esos malditos no me tendrán. Voy a matarme…" Una de ellas reconstruyó el abuso para crear una ilusión respecto al control o poder. Meghan creyó poder controlar el abuso: "Si de algún modo puedo ser lo suficientemente buena y hacer las cosas lo suficientemente bien, ella (la perpetradora) ya no querrá eso nunca más".

Los conceptos, hipótesis y teorías en los estudios cualitativos son explicaciones de lo que hemos vivido, observado, analizado y evaluado en profundidad. La teoría emana de las experiencias de los participantes y se fundamenta en los datos.

---

[14] S. L. Morrow y Smith, M. L. (1995), "Constructions of survival and coping by women who have survived childhood sexual abuse", *Journal of Counseling Psychology*, 42, 1. No se citan páginas específicas, pues al traducir, el estudio no coincide plenamente con el paginado de las versiones en español e inglés. Hemos tratado de apegarnos lo más posible al texto original. Asimismo, no se pretende abusar de las citas literales por respeto a las autoras. Se recomienda leer la fuente original.

Baptiste (2001) expresa que los estudios cualitativos deben ir más allá de simples glosarios de categorías o temas y descripciones (lo cual es útil, pero insuficiente); tienen que proporcionar un sentido de entendimiento profundo del fenómeno estudiado.

¿Cuándo debemos dejar de recolectar y analizar datos?, ¿en qué momento concluir el estudio?

Son dos los indicadores fundamentales:

1. Cuando se han "saturado" las categorías y no encontramos información novedosa.
2. En el momento en que hayamos respondido al planteamiento del problema (que fue evolucionando) y generado un entendimiento sobre el fenómeno investigado.

Además de que estemos "satisfechos" con las explicaciones desarrolladas (ese sentimiento intangible que en nuestro interior nos dice: "sí, ya comprendí de qué se trata esto").

En ocasiones, podemos darnos cuenta de que no hemos logrado ni la saturación ni la comprensión de dicho fenómeno, y tal vez necesitemos de recolectar más datos e información, volver a codificar, agregar nuevos esquemas o elaborar otros análisis. Lo anterior no debe preocuparnos, siempre y cuando hayamos sido cuidadosos en la recolección y el análisis de los datos. Tal vez el fenómeno sea tan complejo que requiere de nuestro regreso al campo por lo menos una vez. De hecho, la obtención de retroalimentación y reflexión tiene que hacerse durante todo el análisis. Ello depende del planteamiento y tipo de indagación que estamos realizando, incluso de los recursos que tengamos a nuestra disposición.

Hay estudios que duran un mes y otros, lustros, como el caso de Martín Sánchez Jankowski (1991), quien durante 10 años investigó a pandillas en Estados Unidos.

Análisis de los datos cualitativos asistido por computadora

En la actualidad se han desarrollado diferentes programas —además de los procesadores de textos— que sirven de auxiliares en el análisis cualitativo. De ninguna manera sustituyen el análisis creativo y profundo del investigador. Simplemente facilitan su tarea.

Algunos de los nombres de programas que más se utilizan en el análisis cualitativo son:

1. Atlas.ti®

Es un excelente programa desarrollado en la Universidad Técnica de Berlín por Thomas Muhr, para segmentar datos en unidades de significado; codificar datos (en ambos planos) y construir teoría (relacionar conceptos y categorías y temas). El investigador agrega los datos o documentos primarios (que pueden ser textos, fotografías, segmentos de audio o video, diagramas, mapas y matrices) y con el apoyo del programa los codifica de acuerdo con el esquema que se haya diseñado. Las reglas de codificación las establece el investigador. En la pantalla se puede ver un conjunto de datos o un documento (por ejemplo, una transcripción de entrevista o las entrevistas completas si se integraron en un solo documento) y la codificación que va emergiendo en el análisis. Realiza conteos y visualiza la relación que el investigador establezca entre las unidades, categorías, temas, memos y documentos primarios. Asimismo, el investigador puede introducir memos y agregarlos al análisis. Ofrece diversas perspectivas o vistas de los análisis (diagramas, datos por separado, etcétera).

En el CD anexo, el lector encontrará un demo del programa y un manual (en: "Material complementario" que sugerimos explorar y revisar, y si se desea adquirir recomendamos contactar a McGraw-Hill).

2. Ethnograph®

Es un programa muy popular para identificar y recuperar textos de documentos. La unidad básica es el segmento. Asimismo, codifica las unidades partiendo del esquema de categorización que haya establecido el investigador. Los segmentos pueden ser "anidados", entrelazados y yuxtapuestos en varios niveles de profundidad. Las búsquedas llegan a efectuarse sobre la base de códigos expresados en un carácter, una palabra o en palabras múltiples. Los esquemas de codificación suelen modificarse. Guarda memos, notas y comentarios. También los incorpora al análisis.

3. Nvivo®

Un excelente programa de análisis útil para construir grandes bases de datos estructuradas jerárquicamente, que puede agregar documentos para ser analizados. También, al igual que los dos anteriores, codifica unidades de contenido (texto y otros materiales), con base en el esquema diseñado por el investigador. Localiza los textos por carácter, palabra, frase, tema o patrón de palabras; incluso, por hojas de cálculo de variables. Una de sus fortalezas es crear matrices.

4. Decision Explorer®

Este programa inglés resulta una excelente herramienta de mapeo de categorías. El investigador puede visualizar relaciones entre conceptos o categorías en diagramas. Como en todo programa, es el investigador quien introduce las categorías y define sus vinculaciones, Decision Explorer las muestra gráficamente. Asimismo, realiza un conteo de la categoría con mayor número de relaciones con otras categorías. Cualquier idea la convertimos en concepto y la analizamos. Muy útil para visualizar hipótesis y la asociación entre los componentes más importantes de una teoría. Recomendable para análisis cualitativo de relaciones entre categorías (causal, temporal u otro).

En el CD anexo, el lector encontrará una demostración del programa que sugerimos explorar y si se desea adquirir recomendamos contactar a McGraw-Hill.

5. Otros

Existen otros programas, tales como HyperQual®, HyperRESEARCH®, QUALPRO®, QUALOG® y WinMAX® para fines similares. Al igual que en el caso de los programas de análisis cuantitativo, el software cualitativo evoluciona con vertiginosidad (surgen nuevos programas y los actuales expanden sus posibilidades). Prácticamente todos sirven para las etapas del análisis: codificación en un primer plano y en un segundo plano, interpretación de datos, descubrimiento de patrones y generación de teoría fundamentada; además de que nos ayudan a establecer hipótesis. Asimismo, todos recuperan y editan texto, lo mismo que numeran líneas o unidades de contenido. La tendencia es que logren incorporar todo tipo de material al análisis (texto, video, audio, esquemas, diagramas, mapas, fotografías, gráficas —cuantitativas y cualitativas—, etcétera).

Para decidir cuál utilizar en un estudio específico recomendamos al lector revisar la tabla 14.12, y antes de utilizarlos, recomendamos que el estudiante realice una codificación simple en procesador de textos.

Rigor en la investigación cualitativa

Durante todo el proceso de la indagación cualitativa pretendemos realizar un trabajo de calidad que cumpla con el rigor de la metodología de la investigación. Los principales autores en la materia han formulado una serie de criterios para intentar establecer un paralelo con la confiabilidad, validez y objetividad cuantitativa, los cuales han sido aceptados por algunos investigadores, pero rechazados por otros. Los censores de estos criterios argumentan que simplemente se han trasladado las preocupaciones positivistas al ámbito de la investigación cualitativa (Sandín, 2003). Tal vez en parte su postulación

▲ **Tabla 14.12**   Elementos para decidir el programa de análisis cualitativo a utilizar[15]

Facilidad de utilización

• Compatibilidad con los ambientes Windows y Macintosh u otros.

• Sencillez al comenzar a utilizarlo.

• Ingreso fácil al programa.

Tipos de datos que acepta

• Texto.

• Imágenes.

• Multimedia.

Revisión de textos

• Posibilidad de marcar pasajes sobresalientes y conectar citas.

• Posibilidad de buscar pasajes específicos de textos.

Memos

• Capacidad para que agreguemos notas y memos sobre el análisis y reflexiones.

• Facilidad de acceso a notas y memos que el investigador escribe.

Codificación

• Posibilidad de generar o desarrollar códigos.

• Facilidad con la cual los códigos se aplican a texto, imágenes y multimedia.

• Facilidad para desplegar y visualizar los códigos.

• Facilidad para revisar y modificar los códigos.

Capacidad de análisis y valoración

• Posibilidad de ordenar los datos de acuerdo con códigos específicos.

• Posibilidad de combinar códigos en una búsqueda.

• Posibilidad de generar mapas, diagramas y relaciones.

• Posibilidad de generar hipótesis y teorías.

• Posibilidad de comparar datos por características de participantes (género, edad, nivel socioeconómico, grupo de enfoque específico, etcétera).

Vinculación con otros programas
Cualitativos

• Posibilidad de importar y exportar datos, textos, materiales, archivos y sistemas de códigos con otros programas.
Cuantitativos

• Posibilidad de importar bases de datos cuantitativos (por ejemplo, matriz de SPPS o Minitab).

• Posibilidad de exportar texto, imagen, archivos y bases de datos cualitativos a programas de análisis cuantitativo.

Interfases con otros proyectos

• Posibilidad de que más de un investigador analice los datos y el programa pueda unir estos diferentes análisis.

obedeció al rechazo de una gran cantidad de trabajos cualitativos en revistas y foros académicos, durante las últimas dos décadas del siglo pasado. Sin embargo, los metodólogos que se han acercado al enfoque mixto de la investigación, parecen ser más tolerantes a tales criterios y a adoptarlos. Ciertos colegas opinan que deben aceptarse en tanto no se desarrollen otros. En esta obra los presentamos a consideración del lector, quien en última instancia tiene la decisión final. Asimismo, siguiendo a Hernández Sampieri y Mendoza (2008) y a Cuevas (2009), preferimos utilizar el término "rigor", en lugar de validez o confiabilidad, aunque haremos referencia a estos términos.

---

[15] Adaptado de Creswell (2005, p. 236).

Dependencia

La *dependencia* es una especie de "confiabilidad cualitativa". Guba y Lincoln (1989) la denominaron *consistencia lógica* , aunque Mertens (2005) considera que equivale más bien al concepto de estabilidad. Franklin y Ballau (2005) la definen como el grado en que diferentes investigadores que recolecten datos similares en el campo y efectúen los mismos análisis, generen resultados equivalentes. Creswell (2009) la concibe como "la consistencia de los resultados". Para Hernández Sampieri y Mendoza (2008), implica que los datos deben ser revisados por distintos investigadores y éstos deben arribar a interpretaciones coherentes. De ahí la necesidad de grabar los datos (entrevistas, sesiones, observaciones, etc.). La "dependencia" involucra los intentos de los investigadores por capturar las condiciones cambiantes de sus observaciones y del diseño de investigación. Franklin y Ballau (2005) consideran dos clases de dependencia: *a*) interna (grado en el cual diversos investigadores, al menos dos, generan temas similares con los mismos datos) y *b*) externa (grado en que diversos investigadores generan temas similares en el mismo ambiente y periodo, pero cada quien recaba sus propios datos). En ambos casos ese grado no se expresa por medio de un coeficiente, simplemente se trata de verificar la sistematización en la recolección y el análisis cualitativo.

Las amenazas a la "dependencia" pueden ser, básicamente: los sesgos que pueda introducir el investigador en la sistematización durante la tarea en el campo y el análisis, el que se disponga de una sola fuente de datos y la inexperiencia del investigador para codificar. Coleman y Unrau (2005) señalan las siguientes recomendaciones para alcanzar la "dependencia":

- Evitar que nuestras creencias y opiniones afecten la coherencia y sistematización de las interpretaciones de los datos.
- No establecer conclusiones antes de que los datos sean analizados.
- Considerar todos los datos.

La dependencia se demuestra (o al menos se aporta evidencia en su favor) cuando el investigador:

a) Proporciona detalles específicos sobre la perspectiva teórica del investigador y el diseño utilizado.
b) Explica con claridad los criterios de selección de los participantes y las herramientas para recolectar datos.
c) Ofrece descripciones de los papeles que desempeñaron los investigadores en el campo y los métodos de análisis empleados (procedimientos de codificación, desarrollo de categorías e hipótesis).
d) Especifica el contexto de la recolección y cómo se incorporó en el análisis (por ejemplo, en entrevistas, cuándo, dónde y cómo se efectuaron).
e) Documenta lo que hizo para minimizar la influencia de sus concepciones y sesgos.
f) Prueba que la recolección fue llevada a cabo con cuidado y coherencia (por ejemplo, en entrevistas, a todos los participantes se les preguntó lo que era necesario, lo mínimo indispensable vinculado al planteamiento).

El siguiente sería un ejemplo de *inconsistencia lógica* (baja dependencia) en la recolección de los datos.

EJEMPLO

Entrevistas

- A ciertos participantes les hice una sola pregunta vinculada con el planteamiento.
- A otros les hice dos preguntas.
- A algunos tres preguntas.
- A algunos más, todas las preguntas.

- En unos profundicé y en otros no.
- En ciertos casos fui intrusivo, en otros no.

Grupos de enfoque

- En ciertas sesiones se utilizó una guía semiestructurada y en otras una abierta.
- En algunas sesiones no se cubrió la mitad de los tópicos.
- En otras sesiones se contó sólo con algunos de los participantes.

Ciertamente, aunque la investigación cualitativa es flexible y está influida por eventos únicos, nuestro proceder debe cubrir un mínimo de estándares, es decir, mantenerse el rigor investigativo. Algunas medidas que el investigador puede adoptar para incrementar la "dependencia" son:

1. Examinar las respuestas de los participantes a través de preguntas "paralelas" o similares (preguntar lo mismo de dos formas distintas). Esta medida únicamente sería válida para entrevistas o sesiones de enfoque. El riesgo es que los participantes perciban que los consideramos poco inteligentes, por lo que debe evaluarse con sumo cuidado cómo obtener redundancia.

2. Establecer procedimientos para registrar sistemáticamente las notas de campo y mantener separadas las distintas clases de notas, además de que las anotaciones de la observación directa deben elaborarse en dos formatos: condensadas (registros inmediatos de los sucesos) y ampliadas (con detalles de los hechos, en cuanto sea posible redactarlas). Asimismo, en la bitácora de campo es preciso plasmar los procedimientos seguidos en el ambiente con pormenores meticulosos y descripciones detalladas, de tal manera que el trabajo realizado resulte "transparente y claro" para quien examine los resultados. Cada decisión en el campo y su justificación deben quedar registradas en la bitácora. También se agrega "dependencia" si los datos están bien organizados en un formato que pueda ser recuperado por otros investigadores para que éstos realicen sus propios análisis. De manera adicional, resulta recomendable registrar en la bitácora la percepción que tiene el investigador sobre la honestidad y sinceridad de los participantes. De cada conjunto de datos (entrevista u observación) es indispensable indicar la fecha y hora de recolección, ya que a veces los primeros datos tienen menor calidad que los últimos (lo que resulta normal cuando se van enfocando las observaciones o se mejoran las entrevistas o sesiones, incluso la recolección de artefactos y materiales o la captura de imágenes).

3. Incluir *chequeos cruzados* (codificaciones del mismo material por dos investigadores) para comparar las unidades, categorías y temas producidos por ambos de manera independiente. Miles y Huberman (1994) sugieren un mínimo de 70% de acuerdo (lo que es algo paradójico, si tomamos en cuenta que estamos en un proceso interpretativo y naturalista).

4. Demostrar coincidencia de los datos entre distintas fuentes (por ejemplo, si se mencionó que determinada persona fue un líder cristero en una comunidad, demostrarlo por medio de diferentes fuentes: entrevistas a varias personas, artículos de prensa publicados en la época y revisión de archivos públicos y privados).

5. Establecer cadenas de evidencia (conectar los sucesos mediante diferentes fuentes de datos). Por ejemplo, en criminología se cuestiona: tal testigo dijo que vio a esta persona en determinado lugar a cierta hora, otro testigo mencionó que presenció que dicha persona cometió un crimen (en un lugar distinto a la misma hora). Un individuo no puede estar en dos lugares a la vez en un mismo momento. ¿Quién tiene la razón de los dos testigos? Es necesario establecer una cadena de evidencia (buscar otros posibles testigos que hayan visto al individuo a esa hora o en un momento cercano al crimen y otros indicadores).

6. Duplicar muestras, es decir, realizar el mismo estudio en dos o más ambientes o muestras homogéneos(as) y comparar resultados de la codificación y el estudio (Hill, Thompson y Williams,

1997). Un cierto sentido de "duplicación" del estudio que resulta complejo y ciertamente posee rasgos positivistas.

7. Aplicar coherentemente un método (por ejemplo, teoría fundamentada).
8. Utilizar un programa computacional de análisis que:

- Permita construir una base de datos que pueda ser analizada por otros investigadores.
- Nos auxilie al codificar y establecer reglas.
- Proporcione conteo de códigos.
- Nos ayude en la generación de hipótesis, mediante distintos sistemas lógicos.
- Provea de representaciones gráficas que nos permitan entender relaciones entre conceptos, categorías y temas, así como a generar teoría (como Decision Explorer® y Atlas.ti®).

9. Revisar las transcripciones para que estén libres de errores u omisiones (Cuevas, 2009).
10. Asegurarse de que no hay una desviación entre la definición de los códigos y su asignación a segmentos específicos, a través de la escritura continua de notas en la bitácora ("memos").
11. Cuando el análisis lo está llevando a cabo un equipo de investigadores, reunirse periódicamente para coordinar y homologar el análisis. Llevar un registro escrito de dichas reuniones y los acuerdos logrados en ellas (Creswell, 2009).

Credibilidad

Se refiere a si el investigador ha captado el significado completo y profundo de las experiencias de los participantes, particularmente de aquellas vinculadas con el planteamiento del problema. La pregunta a responder es: ¿Hemos recogido, comprendido y transmitido en profundidad y con amplitud los significados, vivencias y conceptos de los participantes? La credibilidad tiene que ver también con nuestra capacidad para comunicar el lenguaje, pensamientos, emociones y puntos de vista de los participantes. Mertens (2005) la define como la correspondencia entre la forma en que el participante percibe los conceptos vinculados con el planteamiento y la manera como el investigador retrata los puntos de vista del participante.

Las amenazas a esta validez son la reactividad (distorsiones que pueda ocasionar la presencia de los investigadores en el campo o ambiente), tendencias y sesgos de los investigadores (que los investigadores ignoren o minimicen datos que no apoyen sus creencias y conclusiones), y tendencias y sesgos de los participantes. Esta última se refiere a que los mismos sujetos distorsionen eventos del ambiente o del pasado. Por ejemplo, que reporten sucesos que no ocurrieron, que olviden los detalles, que magnifiquen su participación en un hecho, que sus descripciones no revelen lo que realmente experimentaron y sintieron en el momento de los sucesos, sino más bien lo que piensan y sienten ahora, en el presente. Coleman y Unrau (2005) efectúan las siguientes recomendaciones para incrementar la "credibilidad":

- Evitar que nuestras creencias y opiniones afecten la claridad de las interpretaciones de los datos, cuando deben enriquecerlas.
- Considerar importantes todos los datos, particularmente los que contradicen nuestras creencias.
- Privilegiar a todos los participantes por igual.
- Estar conscientes de cómo influimos a los participantes y cómo ellos nos afectan.
- Buscar evidencia positiva y negativa por igual (a favor y en contra de un postulado emergente).

Franklin y Ballau (2005) consideran que la credibilidad se logra mediante:

a) Corroboración estructural: proceso mediante el cual varias partes de los datos (categorías, por ejemplo), se "soportan conceptualmente" entre sí (mutuamente). Implica reunir los datos e información emergentes para establecer conexiones o vínculos que eventualmente crean un "todo" cuyo soporte son las propias piezas de evidencia que lo conforman.

b) Adecuación referencial: un estudio la posee cuando nos proporciona cierta habilidad para visualizar características que se refieren a los datos y que no hemos notado por nosotros mismos.

Para consolidar la credibilidad desde el trabajo en el campo, ambiente o escenario, es conveniente escuchar todas las "voces" en la comunidad, organización o grupo bajo estudio, acudir a varias fuentes de datos y registrar todas las dimensiones de los eventos y experiencias (por ejemplo, en entrevistas estar pendientes de la comunicación verbal, pero también de la no verbal).

Algunas medidas que el investigador puede adoptar para incrementar la "credibilidad" , de acuerdo con Franklin y Ballau (2005), Neuman (2009) y Creswell (2009), son:

1. Establecer estancias prolongadas en el campo. Permanecer por periodos largos en el ambiente ayuda a disminuir distorsiones o efectos provocados por la presencia del investigador, ya que las personas se habitúan a él y, a su vez, el investigador se acostumbra y adapta al ambiente (esto es similar a cuando uno viaja a otro lugar, nuestras primeras impresiones son distintas a las que tenemos cuando hemos permanecido en el sitio por varios días). Además, de este modo el investigador dispone de más tiempo para analizar sus notas y bitácora, profundizar en sus reflexiones, así como evaluar los cambios en sus percepciones durante su permanencia. Por otro lado, el espectro de observación resulta más amplio.

2. Llevar a cabo muestreo dirigido o intencional. El investigador puede elegir ciertos casos, analizarlos y más adelante seleccionar casos adicionales para confirmar o no los primeros resultados. Posteriormente puede elegir casos homogéneos y luego heterogéneos para probar los límites y alcances de sus resultados. Más adelante, muestras en cadena, luego casos extremos. Finalmente, analizar casos negativos (intencionalmente buscar casos contradictorios, excepciones, que le permitan otros puntos de vista y comparaciones). La riqueza de datos es mayor porque se expresan múltiples "voces".

3. Realizar triangulación. Ésta puede ser utilizada para confirmar la corroboración estructural y la adecuación referencial. Primero, triangulación de teorías o disciplinas, el uso de múltiples teorías o perspectivas para analizar el conjunto de los datos (la meta no es corroborar los resultados contra estudios previos, sino analizar los mismos datos bajo diferentes visiones teóricas o campos de estudio). Segundo, triangulación de métodos (complementar con un estudio cuantitativo, que nos conduciría de un plano cualitativo a uno mixto). Tercero, triangulación de investigadores (varios observadores y entrevistadores que recolecten el mismo conjunto de datos), con el fin de obtener mayor riqueza interpretativa y analítica. Cuarto, triangulación de datos (diferentes fuentes e instrumentos de recolección de los datos, así como distintos tipos de datos, por ejemplo, entrevista a participantes y pedirles tanto un ensayo escrito como fotografías relacionadas con el planteamiento del estudio). Las "inconsistencias" deben analizarse para considerar si realmente lo son o representan expresiones diversas.

Un ejemplo de triangulación de fuentes en un estudio para entender el aprendizaje de conceptos matemáticos complejos por parte de niños con ciertas capacidades distintas, sería el de la figura 14.19.

Figura 14.19   Triangulación de fuentes de datos en un estudio (ejemplos).

4. Introducir auditoría externa. Revisión del proceso completo, a cargo de un colega calificado, o varios, para evaluar: bitácora y notas de campo, datos recolectados (métodos y calidad de la información), bitácora de análisis (para evaluar el procedimiento de codificación: unidades, reglas producidas, categorías, temas, códigos y descripciones), así como procedimientos para generar teoría. La auditoría puede implantarse desde que inicia el trabajo de campo o en algún otro momento, además de al final del proceso. El ideal de la auditoría se representa en el flujo de la figura 14.20.

Auditoría Es una forma de triangulación entre investigadores y sistemas de análisis.

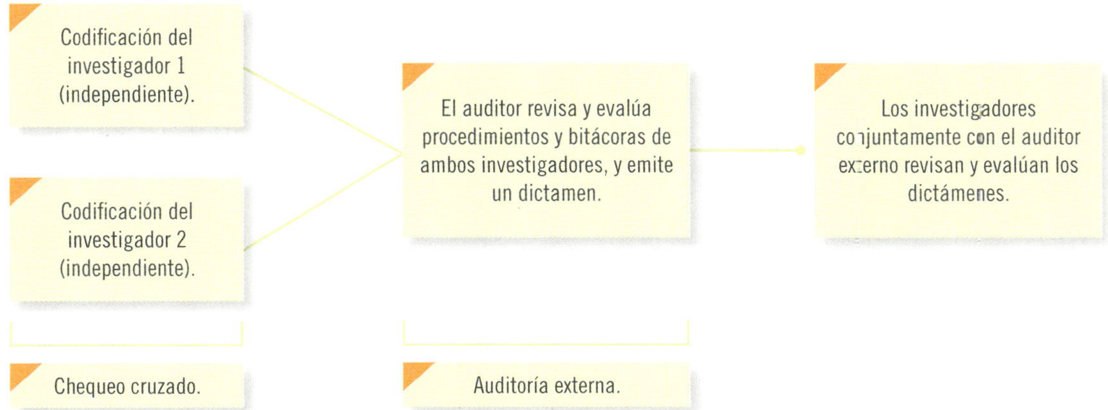

Figura 14.20 Muestra de un ideal de auditoría.

5. Comparar contra la teoría (aunque sea producto de estudios cuantitativos), simplemente para reflexionar más sobre el significado de los datos.
6. Efectuar chequeo con participantes: verificar con los participantes la riqueza de los datos y las interpretaciones, evaluar si éstos comunican lo que ellos querían expresar; también verificar que no hayamos olvidado a nadie ("voces perdidas o ignoradas"). Incluso, en ocasiones se revisa con ellos el proceso de recolección de los datos y la codificación. Este procedimiento de verificación debe realizarse tomando en cuenta el nivel educativo de los participantes y puede desarrollarse después de la codificación de ciertos casos y durante el trabajo de campo, además de hacerlo al final del proceso analítico.
7. Utilizar la lógica para probar nuestras nociones mediante expresiones del tipo "Si…, luego…". Esto ayuda a recordarnos lo que merece atención y formular proposiciones causales (Miles y Huberman, 1994). La mayoría de los programas de análisis cualitativo proveen esta función.
8. Usar descripciones detalladas, profundas y completas; pero nítidas y sencillas (Henwood, 2005; Daymon, 2010), las cuales ayudarán a que el lector comprenda de una manera más completa el contexto y los detalles del fenómeno, dándole una perspectiva más realista (Cuevas, 2009).
9. Demostrar que cada caso fue reconstruido para su análisis (se tomaron notas de campo en cada uno).
10. Reflexionar sobre los prejuicios, creencias y concepciones del investigador respecto al problema de estudio con la finalidad de estar conscientes de que podrían sesgar nuestra postura y de esta manera esforzarnos por evitar en la medida de lo posible este sesgo. Además se deben comunicar en el reporte del estudio de manera abierta y honesta para que el lector conozca la perspectiva del investigador (Creswell, 2009).
11. Presentar los datos o información discrepante o contradictoria de las conclusiones generales, en caso de que se presenten. En la vida real es común encontrar casos que no se ajustan a la generalidad y si en el estudio encontramos alguno de éstos, es importante discutirlo como parte de los resultados, siendo así una descripción más completa y más realista (Cuevas, 2009).

Credibilidad del estudio Mejora con la revisión y discusión de los resultados con pares o colegas ("ojos frescos").

Transferencia (aplicabilidad de resultados)

Este criterio **no** se refiere a generalizar los resultados a una población más amplia, ya que ésta no es una finalidad de un estudio cualitativo, sino que parte de éstos o su esencia puedan aplicarse en otros contextos (Williams, Unrau y Grinnell, 2005). Mertens (2005) también la denomina "traslado". Sabemos que es muy difícil que los resultados de un estudio cualitativo en particular puedan transferirse a otro contexto, pero en ciertos casos, nos pueden dar pautas para tener una idea en general del problema estudiado y la posibilidad de aplicar ciertas soluciones en otro ambiente. Por ejemplo, los resultados de un estudio cualitativo sobre la depresión posparto realizado con 10 mujeres de Buenos Aires, no pueden generalizarse a otras mujeres de esta ciudad que experimenten tal depresión, mucho menos a las mujeres argentinas o latinoamericanas. Pero sí pueden contribuir a un mayor conocimiento del fenómeno y a establecer algunas pautas para futuros estudios sobre la depresión posparto, aunque se efectúen en Montevideo, Sevilla o Monterrey. La **transferencia** no la hace el investigador, sino el usuario o lector del estudio. Es quien se cuestiona: ¿esto puede aplicarse a mi contexto? El investigador lo único que puede hacer es intentar mostrar su perspectiva sobre dónde y cómo "encajan o embonan" sus resultados en el campo de conocimiento de un problema estudiado.

> **Transferencia** Se refiere a que el usuario de la investigación determine el grado de similitud entre el contexto del estudio y otros contextos.

Con la finalidad de que el lector o usuario pueda contar con más elementos para evaluar la posibilidad de transferencia, el investigador debe describir con toda amplitud y precisión el ambiente, los participantes, materiales, momento del estudio, etc. La transferencia nunca será total, pues no hay dos contextos iguales, en todo caso será parcial.

Para ayudar a que la posibilidad de transferencia sea mayor es necesario que la muestra sea diversa, los resultados (temas, descripciones, hipótesis y teoría) van "ganando terreno" si emergen en muchos más casos.

Confirmación o confirmabilidad

Este criterio está vinculado a la credibilidad y se refiere a demostrar que hemos minimizado los sesgos y tendencias del investigador (Guba y Lincoln, 1989; Mertens, 2005). Implica rastrear los datos en su fuente y la explicitación de la lógica utilizada para interpretarlos.

Las estancias prolongadas en el campo, la triangulación, la auditoría, el chequeo con participantes y la reflexión sobre los prejuicios, creencias y concepciones del investigador, nos ayudan a proveer información sobre la confirmación.

Otros criterios

Además de los criterios anteriores más recientemente han sido propuestos otros por Tashakkori y Teddlie (2008) y Teddlie y Tashakkori (2009), entre los que podemos mencionar a:

- **Fundamentación:** la amplitud con que la investigación posee bases teóricas y filosóficas sólidas y provee de un marco referencial que informa al estudio. Tiene que ver con una revisión de la literatura extensiva y pertinente (enfocada en estudios similares). Además de incluir un razonamiento contundente de la(s) razón(es) por las que se recurrió a un enfoque cualitativo.
- **Aproximación:** desde un punto de vista metodológico, la contundencia con que se explicitaron los juicios y lógica del estudio. El investigador debe señalar de manera específica la secuencia que se siguió en la investigación y los razonamientos que la condujeron.
- **Representatividad de voces:** el haber incluido a todos los grupos de interés o al menos a la mayoría (por ejemplo, si estudiamos los valores de los jóvenes universitarios, debemos escuchar a estudiantes de todos los estratos económicos, hombres y mujeres, de escuelas públicas y privadas, de diferentes edades y tratando de abarcar el máximo de licenciaturas o carreras).
- **Capacidad de otorgar significado:** la profundidad con que se presentan nuevos descubrimientos y entendimientos del problema de investigación a través de los datos y el método utilizado.

En el CD anexo: Material complementario → Capítulos → Capítulo 10: "Parámetros, criterios, indicadores y/o cuestionamientos para evaluar la calidad de una investigación", el lector encontrará una propuesta de preguntas de autoevaluación en investigaciones cualitativas.

El planteamiento del problema, siempre presente

En todo el proceso de análisis debemos tener en mente el planteamiento original del problema de investigación, no para "poner una camisa de fuerza" a nuestro análisis, sino con la finalidad de que no se nos olvide encontrar las respuestas que buscamos. Asimismo, recordemos que dicho planteamiento puede sufrir cambios o ajustes conforme avanza la investigación. Las modificaciones que se realicen en el planteamiento, habrán de justificarse.

Resumen

- Muestreo, recolección y análisis resultan actividades casi paralelas.
- La recolección de datos ocurre en los ambientes naturales y cotidianos de los participantes o unidades de análisis.
- El instrumento de recolección de los datos en el proceso cualitativo es el investigador.
- Las unidades de análisis pueden ser personas, casos, significados, prácticas, episodios, encuentros, papeles desempeñados, relaciones, grupos, organizaciones, comunidades, subculturas, estilos de vida, etcétera.
- El mejor papel que puede asumir el investigador en el campo es el de empático y debe minimizar el impacto que sobre los participantes y el ambiente pudieran ejercer sus creencias, fundamentos o experiencias de vida asociadas con el problema de estudio.
- Los datos se recolectan por medio de diversas técnicas o métodos y que también pueden cambiar en el transcurso del estudio: observaciones, entrevistas, análisis de documentos y registros, etcétera.
- En la observación cualitativa se requiere utilizar todos los sentidos.
- Los propósitos esenciales de la observación son: a) explorar ambientes, contextos, subculturas y la mayoría de los aspectos de la vida social; b) describir comunidades, contextos o ambientes, las actividades que se desarrollan en éstos, las personas que participan en tales actividades y sus significados; c) comprender procesos, vinculaciones entre personas y sus situaciones o circunstancias, eventos que suceden a través del tiempo, así como los patrones que se desarrollan y los contextos sociales y culturales en los cuales ocurren las experiencias humanas; d) identificar problemas; y e) generar hipótesis para futuros estudios.
- Elementos potenciales a observar son: el ambiente físico, ambiente social, actividades (acciones) individuales y colectivas, artefactos que usan los participantes y funciones que cubren, hechos relevantes, eventos e historias, y retratos humanos.
- La observación va enfocándose hasta llegar a las unidades vinculadas con el planteamiento inicial del problema.
- Al observar debemos tomar notas.
- A diferencia de la observación cuantitativa, en la inmersión inicial cualitativa regularmente no utilizamos registros estándar. Posteriormente, conforme se enfoca la observación, podemos ir creando guías más concretas.
- Los papeles más apropiados para el investigador en la observación cualitativa son: participación activa y participación completa.
- Para ser un buen observador cualitativo se necesita: saber escuchar y utilizar todos los sentidos, poner atención a los detalles, poseer habilidades para descifrar y comprender conductas no verbales, ser reflexivo y disciplinado para escribir anotaciones, así como flexible para cambiar el centro de atención, si esto es necesario.
- Los periodos de la observación cualitativa son abiertos.
- La entrevista cualitativa es íntima, flexible y abierta. Se define como una reunión para intercambiar información entre una persona (el entrevistador) y otra (el entrevistado) u otras (entrevistados).

- Las entrevistas se dividen en estructuradas, semiestructuradas o no estructuradas o abiertas.
- En las estructuradas, el entrevistador(a) realiza su labor basándose en una guía de preguntas específicas y se sujeta exclusivamente a ésta (el instrumento prescribe qué ítems se preguntarán y en qué orden). Las entrevistas semiestructuradas, por su parte, se basan en una guía de asuntos o preguntas y el entrevistador tiene la libertad de introducir preguntas adicionales para precisar conceptos u obtener mayor información sobre los temas deseados (es decir, no todas las preguntas están predeterminadas). Las entrevistas abiertas se fundamentan en una guía general de contenido y el entrevistador posee toda la flexibilidad para manejarla.
- Regularmente en la investigación cualitativa, las primeras entrevistas son abiertas y de tipo piloto, las cuales van estructurándose conforme avanza el trabajo de campo.
- Las entrevistas cualitativas se caracterizan por: 1) el principio y el final de la entrevista no se predeterminan ni se definen con claridad, incluso pueden efectuarse en varias etapas, 2) las preguntas y el orden en que se hacen se adecuan a los participantes, 3) ser anecdóticas, 4) el entrevistador comparte con el entrevistado el ritmo y dirección de la entrevista, 5) el contexto social es considerado y resulta fundamental para la interpretación de significados, 6) el entrevistador ajusta su comunicación a las normas y lenguaje del entrevistado, y 7) tienen un carácter más amistoso.
- Una primera clasificación del tipo de preguntas en una entrevista es: preguntas generales, preguntas para ejemplificar, preguntas estructurales y preguntas de contraste.
- Otra clasificación consiste en: de opinión, de expresión de sentimientos, de conocimientos, sensitivas, de antecedentes y de simulación.
- Cada entrevista es una experiencia de diálogo única y no hay estandarización.
- En una entrevista cualitativa pueden hacerse preguntas sobre experiencias, opiniones, valores y creencias, emociones, sentimientos, hechos, historias de vida, percepciones, atribuciones, etcétera.
- Los grupos de enfoque consisten en reuniones de grupos pequeños o medianos (tres a 10 personas), en las cuales los participantes conversan en torno a uno o varios temas en un ambiente relajado e informal, bajo la conducción de un especialista en dinámicas grupales que fomenta la interacción en la sesión.
- Los grupos de enfoque son positivos cuando todos los miembros intervienen y se evita que uno de los participantes guíe la discusión.
- Para organizar de manera eficiente los grupos de enfoque y lograr los resultados esperados es importante que el conductor de las sesiones esté habilitado para manejar las emociones cuando éstas surjan y para obtener significados de los participantes en su propio lenguaje, además de ser capaz de alcanzar un alto nivel de profundización. El guía debe fomentar la participación de cada persona, evitar agresiones y lograr que todos tomen su turno para expresarse.
- La guía de tópicos de los grupos de enfoque puede ser: estructurada, semiestructurada o abierta.
- Una fuente muy valiosa de datos cualitativos son los documentos, materiales y artefactos diversos.
- Los diferentes tipos de materiales, documentos, registros y objetos pueden ser obtenidos como fuentes de datos cualitativos bajo tres circunstancias:
  a) Solicitarles a los participantes de un estudio que proporcionen muestras de tales elementos.
  b) Solicitarles a los participantes que los elaboren a propósito del estudio.
  c) Obtener los elementos para análisis, sin solicitarlos directamente a los participantes (como datos no obstrusivos).
- Independientemente de cuál sea la forma de obtención, tales elementos tienen la ventaja de que fueron producidos por los participantes del estudio o los sujetos de estudio, se encuentran en el "lenguaje" de ellos y por lo común son importantes. La desventaja es que a veces resulta complejo obtenerlos. Pero son fuentes ricas en datos.
- Las biografías o historias de vida son narraciones de los participantes sobre hechos del pasado y sus experiencias.
- En la recolección de datos cualitativos es conveniente tener varias fuentes de información y usar varios métodos.
- En el análisis de datos cualitativos el proceso esencial consiste en que recibimos datos no estructurados y los estructuramos e interpretamos.
- Los datos cualitativos son muy variados, pero en esencia son narraciones de los participantes: *a)* visuales (fotografías, videos, pinturas, etc.), *b)* auditivas (grabaciones), *c)* textos escritos (documentos, cartas, etc.) y *d)* expresiones verbales y no verbales (respuestas orales y gestos en una entrevista o grupo de enfoque). Además de las narraciones del investigador (notas en la bitácora de campo).

- Durante el análisis elaboramos una bitácora, con memos que documentan el proceso.
- El análisis cualitativo implica reflexionar constantemente sobre los datos recabados.
- Para efectuar un análisis cualitativo los datos se organizan y las narraciones orales se transcriben.
- Al revisar el material, las unidades de análisis emergen de los datos.
- El investigador analiza cada unidad y extrae su significado. De las unidades surgen las categorías, por el método de comparación constante (similitudes y diferencias entre las unidades de significado). Así se efectúa la codificación en un primer plano.
- La codificación en un segundo plano, implica comparar categorías y agruparlas en temas (también mediante la comparación constante).

- Las categorías y temas son relacionados para obtener clasificaciones, hipótesis y teoría.
- En la investigación cualitativa han surgido criterios para intentar establecer un paralelo con la confiabilidad, validez y objetividad cuantitativa: dependencia, credibilidad, transferencia y confirmación; así como fundamentación, aproximación, representatividad de voces y capacidad de otorgar significado.
- Para realizar el análisis de los datos cualitativos, el investigador puede auxiliarse de programas de cómputo, principalmente: Atlas.ti® y Decision Explorer®.

Conceptos básicos

Ambiente
Análisis de los datos cualitativos
Anotaciones
Archivo
Artefactos
Atlas.ti®
Biografía
Bitácora de análisis
Campo
Categoría
Código
Codificación
Comparación constante
Confirmabilidad
Credibilidad
Dato(s)
Decision Explorer®
Dependencia
Diagrama
Documento
Entrevista
Entrevistado
Entrevistador
Grabación
Grupo de enfoque
Guía de entrevista
Guía de observación

Guía de tópicos
Historia de vida
Inmersión inicial
Investigador cualitativo
Mapa
Material audiovisual
Matriz
Memo
Metáfora
Observación
Observación enfocada
Participante(s)
Pregunta
Programa de análisis
Reflexión
Registro
Relaciones
Rol del investigador
Saturación de categorías
Segmento
Sesión en profundidad
Significados
Tema
Transcripción
Transferencia
Unidad de análisis

Ejercicios

1. Observe en la cafetería de su universidad lo que ocurre durante 15 minutos (en un horario donde haya un gran número de estudiantes). Anote lo que ocurre (a detalle). Posteriormente reflexione sobre lo que observó, describa: ¿qué ocurrió?, ¿qué tipos de relaciones entre los estudiantes se manifiestan en la cafetería?

2. Busque un estudio cualitativo que haya utilizado la entrevista como medio de recolección de los datos: ¿en qué contexto se realizó(aron) la(s) entrevista(s)?, ¿qué preguntas se formularon?, ¿a qué conclusiones se llegaron?, ¿qué otras preguntas hubiera planteado?

3. Plantee y realice una entrevista abierta y una semiestructurada.

4. Vuelva a ir a la cafetería de su institución y observe cómo conversan compañeros que conozca. Después de 10 minutos, encuentre un concepto para observar más a detalle (prendas utilizadas, cómo se miran a los ojos, qué productos consumen al platicar, cómo sonríen, cómo son sus ademanes, etcétera). Registre sus observaciones y notas en un cuaderno y discútalas en clase. Si varios compañeros de asignatura acuden a la misma hora a observar, comparen las notas entre sí.

5. Plantee una sesión en profundidad (indique objetivos, procedimientos, participantes, agenda, guía de tópicos, etc.) y organícela con amigos suyos. Grábela en audio y video, transcriba la sesión y analice las transcripciones (realice todo el proceso analítico expuesto). Al final, autoevalúe su experiencia.

6. Codifique en primer plano los siguientes segmentos de casos:
   Caso 1:
   - Yo quiero mucho a mi mamá.
   - Ella es bonita y buena.
   - Siempre me hace caso y no me regaña.
   - Es cariñosa, maravillosa.
   - Me cuida, me protege, se preocupa por mí.
   - Me aconseja.
   - Yo también la quiero.
   - Siempre lo haré.
   - Ojalá viva muchos años.
   - Se llama Pola.

   Caso 2:
   - Mi mamá es egoísta, a veces mala.
   - No me escucha.
   - No me deja ver los programas de televisión que me gustan.
   - Me obliga a tomar clases de todo.
   - Me siento sola, realmente no tengo una madre que esté conmigo.
   - Y en todo caso prefiero que no esté en casa.
   - Prefiere a mis hermanos.
   - Se llama Alessa.

   Compare categorías de ambos casos, ¿a qué conclusiones llega?

7. Codifique en primero y segundo planos las entrevistas que realizó (abierta y semiestructurada).

8. En la figura 14.21, mostramos el diagrama para efectuar análisis cualitativo en un procesador de texto.

   Con base en el diagrama:

   a) Analice un ensayo hecho por algún compañero (mínimo cinco cuartillas) ya sea el trabajo de cualquier asignatura o con fines personales.

   b) Analice un documento histórico que pueda escanear.

   c) Analice un artículo que baje de internet a su computadora u ordenador.

9. Busque en una revista científica una investigación cualitativa y analícela, ¿podría usted realizar un estudio similar en la población donde vive?, ¿qué ajustes tendría que hacer?

10. Respecto a su planteamiento del problema de investigación cualitativo: ¿qué instrumentos utilizaría para recolectar los datos? Defina y recolecte datos de cinco casos (participantes, materiales, etc.). Realice todo el proceso de análisis cualitativo.

También se cuentan los milagros atribuidos a San Jesús Méndez. Aquí menciono un ejemplo de tantos testimonios que ha escuchado Pila de los devotos de su tío:

Un muchacho que se fue para Estados Unidos. Pero en el camino tuvo muchos contratiempos, ni siquiera alcanzó a llegar a la frontera porque se le acabó el dinero. Un señor le salió en el camino y le prestó el dinero para regresarse, le dijo que luego que pudiera fuera a Valtierrilla a pagárselo, que se llamaba Jesús Méndez. Tiempo después el hombre fue a Valtierrilla a cumplir su promesa, y se encontró con la sorpresa que el dichoso Jesús Méndez hacía mucho que había muerto, y que era sacerdote. Al ver la foto del padre lo reconoció en seguida, esa era la persona que le prestó el dinero, así que aquello fue considerado como un milagro.

La fiesta del padre se celebra cada 5 de febrero, aniversario de su fusilamiento.

El siguiente es un ejemplo de la categoría: "Misas fuera de las iglesias" (San Miguel de Allende):

La misa a través de las bardas

En la casa de don Blas, localizada cuadra abajo del templo de Capuchinas, se albergó el padre Marciano Medina, guardián del templo de San Francisco. Con el relato de don Blas, nos damos cuenta de cómo era una misa en una casa:

...Entraba toda la gente como a una iglesia, la puerta del zaguán estaba abierta y de la calle entraban todas las hermanas terceras y los terceros, con sus chales, sus rosarios en la mano, los libros de devoción, bueno entonces, el templo de San Francisco se cambió aquí (risas).

En la biblioteca de la casa, el padre Medina llevaba a cabo las celebraciones religiosas, que eran presididas por una imagen de la Purísima Concepción. Pero cada vez los asistentes eran más indiscretos con las misas, pues se veía entrar por la puerta principal a muchas personas.

Y luego, para acabarla de amolar, vino el hermano organista (risas) se llamaba Macedonio Hernández. Entonces, trajeron un organito y había cantos, entonces vino el presidente municipal: "oigan, no la amuelen, porque tanto los van a amolar a ustedes, como me van amolar a mí por no denunciarlos. Así que háganme favor, a ver cómo le hacen, pero suspendan eso".

El presidente municipal les llamó la atención porque al alcalde que no daba aviso dónde estaba un sacerdote escondido o dónde se celebraba una misa u otros actos religiosos, "estaba sancionado por la ley". Detuvieron el acto, pero ahí no paró la cosa. Desde ese día ya no entraron por la puerta principal de la casa, ahora lo hacían por las bardas de las casas vecinas:

Allá al fondo de la casa hay una barda, y al otro lado había una escalerita, y por ahí se subían. Si había peligro o algo, porque luego andaban cateando las casas, buscando dónde había culto, entonces por ahí entraba la gente, cantidad de gente subía por las escaleritas. Y las señoras, en una casa de por allá, que habían amontonado losa al lado del muro, por ahí bajaban las mujeres, porque por acá por las escaleras no podían, nada más los muchachos.

Sin embargo, la familia ya estaba en la mira del gobierno y decidieron irse para la Ciudad de México en 1927 y así evitar problemas. Se desconoce hacia dónde se tuvo que ir el padre Marciano Medina.

Así como esta casa, existieron varias en la ciudad que albergaron sacerdotes. El gobierno cateaba las casas en busca de ellos, pero los vecinos tenían una especie de "espionaje y aviso", y entre ellos se corrían la voz si veían soldados federales cerca.

Consecuencias del abuso sexual infantil

Como en el caso anterior, a lo largo del capítulo se ha presentado una parte de los resultados (mínima, por cuestiones de espacio), por lo que ahora solamente incluiremos los modelos teóricos resultantes en las figuras 14.23 y 14.24 (Morrow y Smith, 1995, p.35).[18]

Centros comerciales

La guía semiestructurada que es utilizada para las sesiones de cada centro comercial es la siguiente:

Área 1: Satisfacción con la experiencia de compra en centros comerciales. Evaluación del usuario sobre su experiencia de compra en el centro comercial (en específico).

- Satisfacciones derivadas de esa experiencia.
- Necesidades para realizar la función de compra en el centro comercial con un máximo de satisfacción.
- Necesidades de entretenimiento y medios para satisfacerlas.

Área 2: Atributos del centro comercial.

- Definición del centro comercial ideal.
- Identificación y definición de los atributos, oportunidades y factores críticos de éxito del centro comercial ideal.
- Evaluación de los atributos y factores críticos de éxito del centro comercial.

---

[18] En texto transferido a Word.

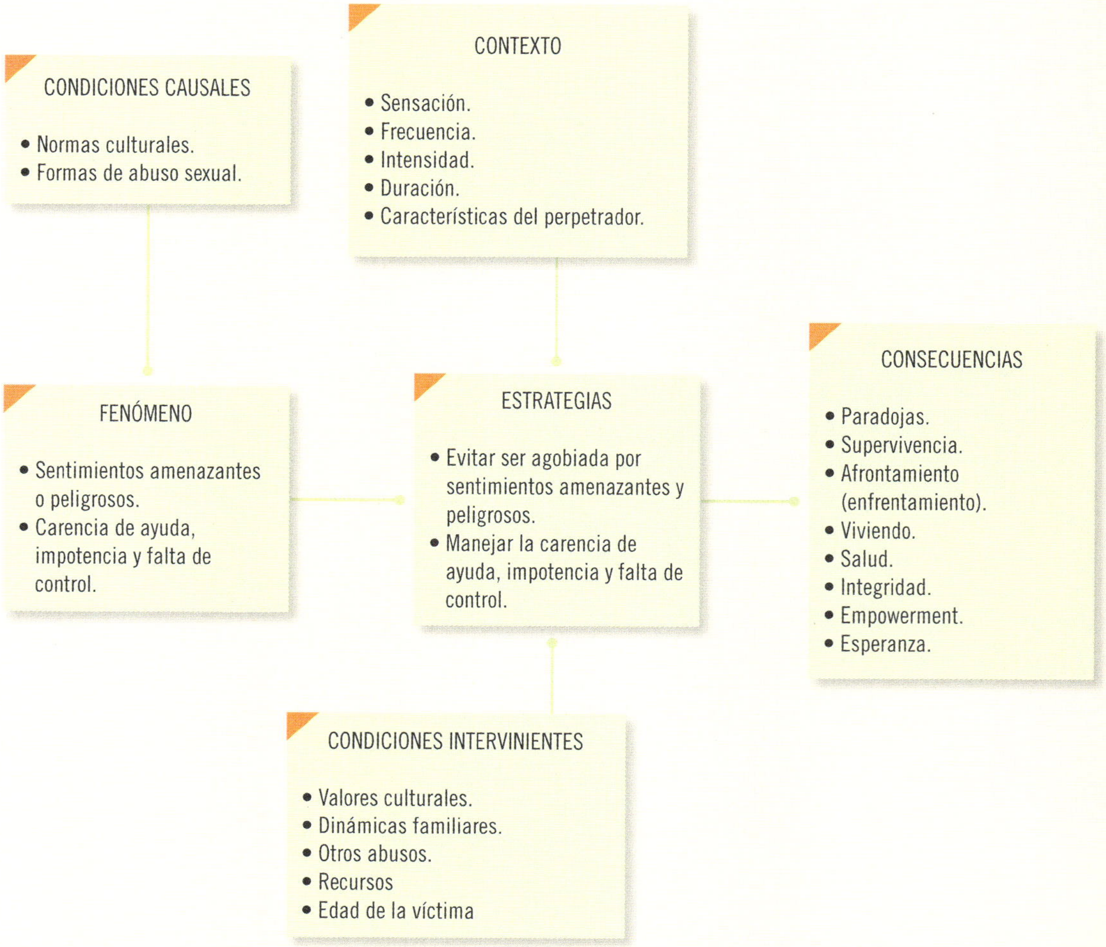

CONDICIONES CAUSALES
• Normas culturales.
• Formas de abuso sexual.
CONTEXTO
• Sensación.
• Frecuencia.
• Intensidad.
• Duración.
• Características del perpetrador.
FENÓMENO
• Sentimientos amenazantes o peligrosos.
• Carencia de ayuda, impotencia y falta de control.
ESTRATEGIAS
• Evitar ser agobiada por sentimientos amenazantes y peligrosos.
• Manejar la carencia de ayuda, impotencia y falta de control.
CONSECUENCIAS
• Paradojas.
• Supervivencia.
• Afrontamiento (enfrentamiento).
• Viviendo.
• Salud.
• Integridad.
• Empowerment.
• Esperanza.
CONDICIONES INTERVINIENTES
• Valores culturales.
• Dinámicas familiares.
• Otros abusos.
• Recursos
• Edad de la víctima

Figura 14.23 Modelo teórico para la supervivencia y afrontamiento del abuso sexual infantil.

ESTRATEGIAS DE SUPERVIVENCIA Y AFRONTAMIENTO
EVITAR SER AGOBIADA POR SENTIMIENTOS AMENAZANTES Y PELIGROSOS
• Reducir intensidad de los sentimientos.
• Evitar/escapar de los sentimientos.
• Intercambiar sentimientos peligrosos por otros menos amenazantes.
• Liberar sentimientos.
• Ignorar/no recordar experiencias asociadas con tales sentimientos.
• Dividir los sentimientos en partes manejables.
MANEJAR LA CARENCIA DE AYUDA, IMPOTENCIA Y FALTA DE CONTROL
• Estrategias de resistencia.
• Reestructurar (redefinir) el abuso para generar la ilusión de control.
• Intentar dominar el trauma.
• Controlar otras áreas de la vida.
• Buscar confirmación o evidencia del abuso.
• Rechazar el poder.

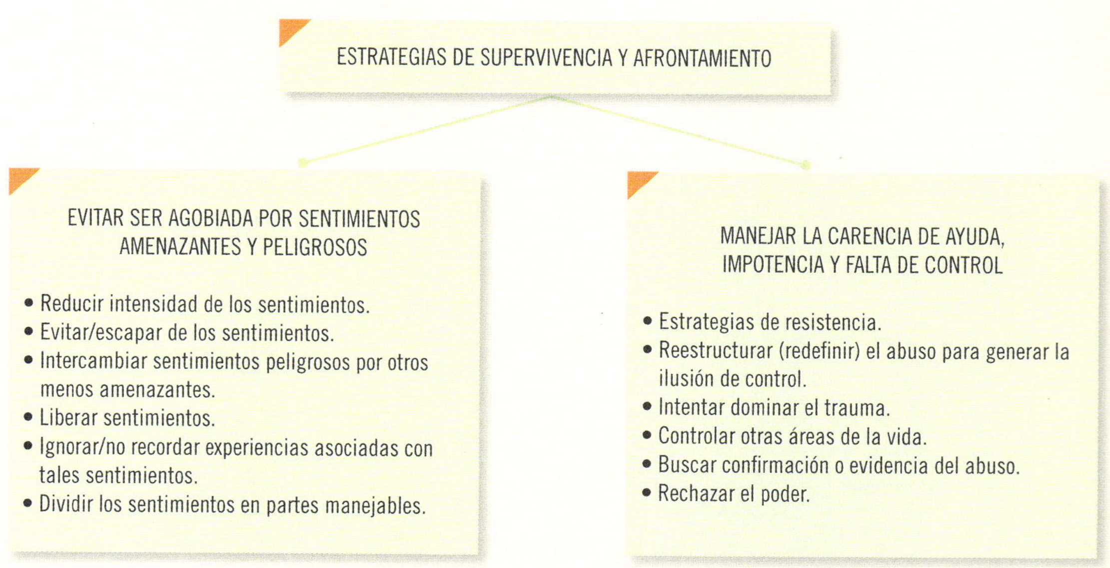

Figura 14.24 Estrategias de supervivencia y afrontamiento de mujeres que han sobrevivido al abuso sexual infantil.

- Identificación de factores negativos y amenazas del centro comercial.

Área 3: Percepción de los clientes respecto a las remodelaciones.

- Evaluación de áreas específicas de las instalaciones del centro comercial como: baños, teléfonos, señalización, estacionamiento, cajeros automáticos, áreas de entretenimiento, pasillos, accesos peatonales, limpieza, clima interior, música ambiental, decoración, áreas verdes, islas, bancas y lugares para sentarse.
- Sugerencias para futuras remodelaciones en dichas áreas.

Para cada centro comercial (16 en total) se efectuaron siete sesiones (ocho personas por grupo):

1. Sesión con mujeres mayores de 40 años.
2. Sesión con mujeres menores de 40 años.
3. Sesión con hombres de 31 a 40 años.
4. Sesión con hombres mayores de 40 años.

5 y 6. Dos sesiones mixtas con hombres y mujeres entre los 21 y 30 años.

7. Una sesión mixta con jóvenes de ambos géneros entre los 16 y 19 años.

Por cuestiones de espacio, solamente se muestran algunos de los resultados.

El análisis involucró dos etapas:

1. Análisis por centro comercial.
2. Análisis de temas emergentes comunes a todos los centros comerciales.

Temas emergentes regulares en varias plazas o centros comerciales:

Razones más importantes para elegir un centro comercial como el preferido:

- Variedad de tiendas o comercios.
- Cercanía (al hogar).
- Ambiente social (personas del mismo estatus y convivencia).
- Seguridad.

Otras razones:

- Accesos fáciles.
- Bares y cafés.
- Cines.
- Eventos (conciertos de música, teatro, espectáculos, etcétera).
- Actividades para personas de todas de las edades (niños, adolescentes, adultos e individuos mayores de 60 años).
- "Tienda ancla" (un almacén grande parte de una cadena de tiendas departamentales).

Ejemplo
PATRÓN
El centro comercial cumple ahora la función que antes tenían las plazas y parques públicos y los zócalos, son un espacio de socialización y convivencia familiar. Las personas quieren que sean centros de compra, pero más que nada, "centros de diversión".

Los investigadores opinan

Una de las críticas positivistas del método cualitativo ha sido la flexibilidad en el proceso metodológico; sin embargo, es necesario entender que cuando se realiza este tipo de investigación, si bien no existe un esquema predeterminado de acción, también es cierto que se debe contar con una planeación que permita llevar a cabo la investigación con una cierta organización que ayude a cumplir los objetivos.

El punto de partida de la investigación cualitativa es el propio investigador; su preparación y experiencia. A partir de estos dos elementos, el investigador elige un determinado tema y define las razones de su interés en tal o cual temática. El tópico a investigar no tiene por qué ser, en un primer momento, algo totalmente definido, puede ser un tema aún muy general.

Una vez identificado el tópico, el investigador suele buscar toda la información posible sobre éste; en definitiva, trata de establecer el "estado del arte" o "el estado de la cuestión", es decir conocer la situación actual de la problemática, lo que se conoce y lo que no, lo escrito y lo no escrito, lo evidente y lo tácito.

La investigación cualitativa no se origina en el planteamiento de un problema específico, sino a partir de una problemática más amplia en la que existen muchos elementos entrelazados que se contemplan conforme avanza, es decir, requiere de cierto tiempo para la acumulación de la información que brinde nuevos enfoques, los cuales en algún momento pueden llegar a cambiar la perspectiva inicial de la investigación.

En el proceso de acceso al campo se recomienda realizar un acercamiento inicial, con el fin de conocer la problemática y facilitar el uso de las estrategias utilizadas. Esto permitirá al investigador clarificar áreas de contenido no delimitadas del todo en las primeras etapas, comprobar la adecuación de las cuestiones de investigación, descubrir nuevos aspectos que no se habían contemplado inicialmente o empezar una buena relación con los participantes y establecer con ellos marcos adecuados de comunicación.

Entre las principales técnicas e instrumentos de recolección de datos se encuentran los diversos tipos de observación, diferentes clases de entrevista, estudio de casos, historias de vida, historia oral, entre otros. Asimismo, es importante considerar el uso de materiales que faciliten la recolección de información como cintas y grabaciones, videos, fotografías y técnicas de mapeo necesarias para la reconstrucción de la realidad social.

Recientemente, se han creado elementos tecnológicos que facilitan el análisis y manejo de la multiplicidad de datos obtenidos como serían el paquete *The Etnograph, QSR, NUD.IST, Atlas.ti, In Vivo*, entre otros.

El investigador cualitativo requiere contar con una gran capacidad para interpretar toda la información recopilada en el campo de investigación, esto más que una técnica es un arte, que no consiste sólo en el análisis frío de los datos obtenidos, sino en una descripción sensible y detallada de éstos.

Por otro lado, no es posible pensar en abandonar el campo sin tener un bagaje enorme de datos analizables, y es a partir de la transcripción y comprensión de éstos que se da inicio al proceso de interpretación, es decir a partir de los datos fieles y de las notas de campo que posteriormente serán analizadas. Este texto se reconstruye como un trabajo de interpretación, que contiene los hallazgos iniciales así como aquellos aspectos que el investigador aprendió en el campo.

Así, los resultados de la investigación cualitativa son expuestos en el "informe final", en el cual se señala el proceso por el cual se construyeron y analizaron los datos del tema estudiado, la estructura general, las interpretaciones y experiencias adquiridas en el campo de estudio. En resumen, los argumentos expuestos dejan claro que la investigación cualitativa no se refiere a un tipo de dato ni a un tipo de método en particular, sino a un proyecto diferente de producción del conocimiento que tiende a una noción de realidad constituida, privilegiando a entes activos e interactuantes.

Dr. Antonio Tena Suck
Coordinador del Posgrado
Departamento de Psicología
Universidad Iberoamericana, Ciudad de México.

Capítulo 15

Diseños del proceso de investigación cualitativa

Proceso de investigación cualitativa

Paso 4B Concepcion del diseño o abordaje de la investigación

- Decidir el "abordaje" del estudio durante el trabajo de campo, esto es, al tiempo que se recolectan y analizan los datos.
- Adaptar el diseño a las circunstancias de la investigación (el ambiente, los participantes y el trabajo de campo).

Objetivos del aprendizaje

Al terminar este capítulo, el alumno será capaz de:

1 Comprender la relación tan cercana que existe entre la selección de la muestra, la recolección y el análisis de los datos, y la concepción del diseño o "abordaje" de la investigación, en el proceso cualitativo.
2 Conocer los principales diseños o "abordajes" generales en la investigación cualitativa.
3 Entender la diferencia entre los diseños cualitativos y los diseños cuantitativos.

Síntesis

En el capítulo se define el concepto de diseño en la investigación cualitativa. Asimismo, se consideran los diseños más comunes en el proceso inductivo: *a*) diseños de la teoría fundamentada, *b*) diseños etnográficos, *c*) diseños narrativos y *d*) diseños de investigación-acción, además de los diseños fenomenológicos.

En cada clase de diseño se consideran las actividades más importantes que se realizan en el ambiente y el proceso inductivo. En el capítulo se resalta que los diseños cualitativos son flexibles y abiertos, y su desarrollo debe adaptarse a las circunstancias del estudio. Por otra parte, se señala la naturaleza iterativa de los diseños cualitativos y el hecho de que las fronteras entre éstos realmente no existen. Además, un estudio inductivo normalmente incluye elementos de más de un tipo de diseño cualitativo.

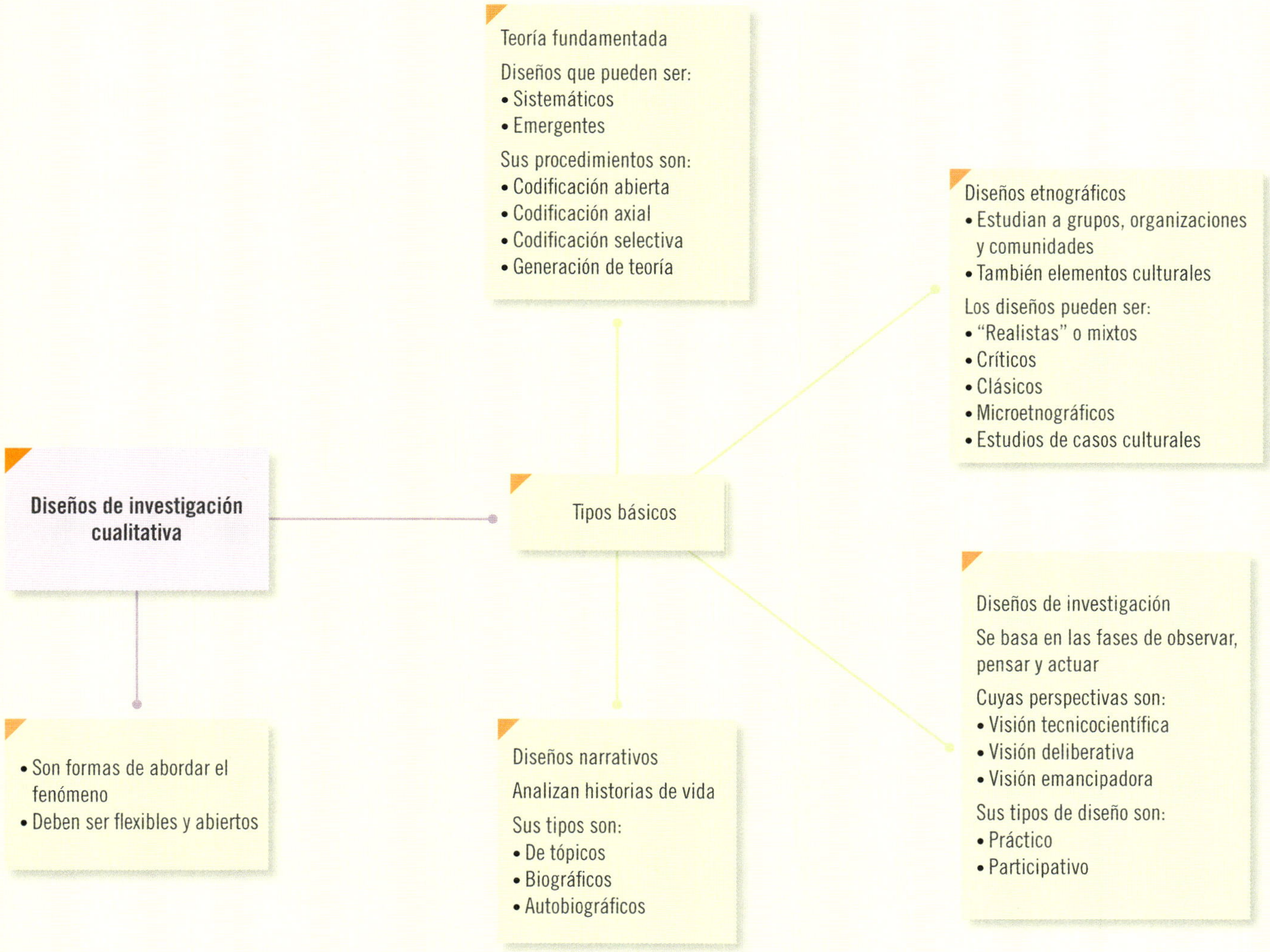

Diseños de investigación cualitativa

• Son formas de abordar el fenómeno
• Deben ser flexibles y abiertos

Tipos básicos

Teoría fundamentada

Diseños que pueden ser:
• Sistemáticos
• Emergentes

Sus procedimientos son:
• Codificación abierta
• Codificación axial
• Codificación selectiva
• Generación de teoría

Diseños etnográficos
• Estudian a grupos, organizaciones y comunidades
• También elementos culturales

Los diseños pueden ser:
• "Realistas" o mixtos
• Críticos
• Clásicos
• Microetnográficos
• Estudios de casos culturales

Diseños de investigación

Se basa en las fases de observar, pensar y actuar

Cuyas perspectivas son:
• Visión tecnicocientífica
• Visión deliberativa
• Visión emancipadora

Sus tipos de diseño son:
• Práctico
• Participativo

Diseños narrativos

Analizan historias de vida

Sus tipos son:
• De tópicos
• Biográficos
• Autobiográficos

Los diseños de investigación cualitativa: un apunte previo

Algunos lectores podrían preguntar: ¿por qué este capítulo no se incluye antes de la recolección y el análisis de los datos? Particularmente, cuando en el primer capítulo del libro (al diagramar el proceso de investigación cualitativa) se presentó como una fase previa a estas dos actividades. La respuesta es: para poder comentar algunas de las temáticas de este capítulo, como el diseño de teoría fundamentada y las categorías culturales, era necesario definir ciertos conceptos, entre éstos la codificación en varios planos o niveles (la transición: unidades de significado → categorías → temas → patrones e hipótesis) y los tipos de datos que pueden recolectarse.

Adicionalmente, cabe señalar que cada estudio cualitativo es por sí mismo un diseño de investigación. Es decir, no hay dos investigaciones cualitativas iguales o equivalentes (son como hemos dicho "piezas artesanales del conocimiento, "hechas a mano", a la medida de las circunstancias). Puede haber estudios que compartan diversas similitudes, pero no réplicas, como en la investigación cuantitativa. Recordemos que sus procedimientos *no* son estandarizados. Simplemente, el hecho de que el investigador sea el instrumento de recolección de los datos y que el contexto o ambiente evolucione con el transcurrir del tiempo, hacen a cada estudio único.

Por lo anterior, el término *diseño* adquiere otro significado distinto al que posee dentro del enfoque cuantitativo, particularmente porque las investigaciones cualitativas no se planean con detalle y están sujetas a las circunstancias de cada ambiente o escenario en particular. En el enfoque cualitativo, el **diseño** se refiere al "abordaje" general que habremos de utilizar en el proceso de investigación. Álvarez-Gayou (2003) lo denomina *marco interpretativo*.

El diseño, al igual que la muestra, la recolección de los datos y el análisis, va surgiendo desde el planteamiento del problema hasta la inmersión inicial y el trabajo de campo y, desde luego, va sufriendo modificaciones, aun cuando es más bien una forma de enfocar el fenómeno de interés. Dentro del marco del diseño se realizan las actividades mencionadas hasta ahora: inmersión inicial y profunda en el ambiente, estancia en el campo, recolección de los datos, análisis de los datos y generación de teoría.

Diseño En el enfoque cualitativo es el "abordaje" general que se utilizará en el proceso de investigación.

¿Cuáles son los diseños básicos de la investigación cualitativa?

Varios autores definen diversas tipologías de los diseños cualitativos, que es difícil resumir en estas líneas, por lo que habremos de adoptar la más común y reciente[1] y que no abarca todos los marcos interpretativos, pero sí los principales. Tal clasificación considera los siguientes diseños genéricos: *a*) teoría fundamentada, *b*) diseños etnográficos, *c*) diseños narrativos y *d*) diseños de investigación-acción. Asimismo, cabe señalar que las "fronteras" entre tales diseños son sumamente relativas, realmente no existen, y la mayoría de los estudios toma elementos de más de uno de éstos. Es decir, los diseños se yuxtaponen.

Diseños de teoría fundamentada

Teoría fundamentada Su propósito es desarrollar teoría basada en datos empíricos y se aplica a áreas específicas.

La **teoría fundamentada** (*Grounded Theory*) surge en 1967, fue propuesta por Barney Glaser y Anselm Strauss en su libro *The discovery of Grounded Theory*, la cual se asienta básicamente en el interaccionismo simbólico (Sandín, 2003). Con el tiempo otros autores la han desarrollado en diversas direcciones.

El diseño de teoría fundamentada utiliza un procedimiento sistemático cualitativo para generar una teoría que explique en un nivel conceptual una acción, una interacción o un área específica. Esta teoría es denominada sustantiva o de rango medio y se aplica a un contexto más concreto. Glaser y Strauss (1967) la distinguen de la "teoría formal", cuya perspectiva es mayor. En la tabla 15.1 se muestran ejemplos de teorías sustantivas en comparación con teorías formales.

---

[1] Mertens (2005), Wiersma y Jurs (2008), Creswell (2009) y Babbie (2009).

▲ **Tabla 15.1**   Ejemplos de teorías sustantivas y teorías formales

Teorías sustantivas (intermedias)	Teorías formales
Teoría del cuidado de enfermos (Morse, 1999). Ejemplo tratado en capítulos previos.	Teoría de la atribución social (en Psicología).
Teoría sobre la experiencia del abuso sexual infantil en mujeres adultas (Morrow y Smith, 1995). Ejemplo de este libro.	Teoría de la movilidad social (en Sociología).
Teoría de la Psicología educativa y la conducta problemática del alumno (Miller, 2004). Ejemplo que se tratará en este capítulo.	Teoría de usos y gratificaciones de los medios de comunicación colectiva (en Comunicación).
Teoría del significado de la relación matrimonial entre parejas con diferencias de edad más allá de los 20 años (Hernández Sampieri y Mejía, 2009).	Teoría general de la evolución de Darwin y Wallace (en Ciencias Biológicas).
Teoría de los elementos para preferir un centro comercial (Hernández Sampieri, Fernández Collado y Costa, 2005). Ejemplo de este libro.	Teoría de la regulación (en Economía).

Como puede observarse, las teorías sustantivas son de naturaleza "local" (se relacionan con una situación y un contexto particular). Sus explicaciones se circunscriben a un ámbito determinado, pero poseen riqueza interpretativa y aportan nuevas visiones de un fenómeno.

Tal como señalan Glaser y Strauss, si se sigue el procedimiento adecuado, cualquier individuo puede elaborar una teoría sustantiva mediante el procedimiento de teoría fundamentada, que por lógica deberá ser comprobada y validada (Sandín, 2003).

El planteamiento básico del diseño de la teoría fundamentada es que las proposiciones teóricas surgen de los datos obtenidos en la investigación, más que de los estudios previos. Es el procedimiento el que genera el entendimiento de un fenómeno.

Creswell (2009) menciona que la teoría fundamentada es especialmente útil cuando las teorías disponibles no explican el fenómeno o planteamiento del problema, o bien, cuando no cubren a los participantes o muestra de interés.

La teoría fundamentada provee de un sentido de comprensión sólido porque "embona" en la situación en estudio, se trabaja de manera práctica y concreta, es sensible a las expresiones de los individuos del contexto considerado, además puede representar toda la complejidad descubierta en el proceso (Glaser y Strauss, 1967; Creswell, 2009). Asimismo, la teoría fundamentada va más allá de los estudios previos y los marcos conceptuales preconcebidos, en búsqueda de nuevas formas de entender los procesos sociales que tienen lugar en ambientes naturales (Draucker *et al.*, 2007). Al utilizarse con grupos y comunidades especiales ha sido sumamente fructífera (niños con problemas de atención, individuos con capacidades diferentes, personas analfabetas, etc.). Es un diseño cualitativo que muestra rigor y dirección para los conjuntos de datos que evalúa.

Cuando B. Glaser y A. Strauss proponen la teoría fundamentada, ésta representaba un único diseño; sin embargo, los dos autores tuvieron diferencias conceptuales, lo que originó dos diseños de la teoría fundamentada: sistemático y emergente, los cuales se presentan a continuación.

El diseño sistemático

Este diseño resalta el empleo de ciertos pasos en el análisis de los datos[2] y está basado en el procedimiento de Corbin y Strauss (2007) como se puede ver en la figura 15.1.

Veamos cada uno de los elementos básicos a partir de la codificación abierta (aunque en el capítulo anterior se comentó de manera extensa).

---

[2] Una vez más, el proceso no es lineal, por ello las flechas se muestran en dos sentidos.

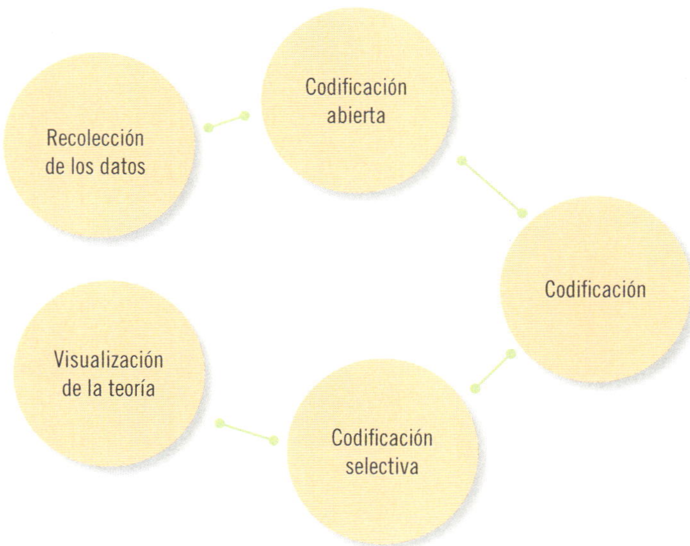

Figura 15.1   Proceso de un diseño sistemático.

Codificación abierta

Recordemos que en esta codificación el investigador revisa todos los segmentos del material para analizar y genera —por comparación constante— categorías iniciales de significado. Elimina así la redundancia y desarrolla evidencia para las categorías (sube de nivel de abstracción). Las categorías se basan en los datos recolectados (entrevistas, observaciones, anotaciones y demás datos). Las categorías tienen propiedades representadas por subcategorías, las cuales son codificadas (las subcategorías proveen detalles de cada categoría).

Codificación axial

Codificación axial   Parte del análisis donde el investigador agrupa "las piezas" de los datos identificados y separados por el investigador en la codificación abierta, para crear conexiones entre categorías y temas. Durante esta tarea, se construye un modelo del fenómeno estudiado, que incluye: las condiciones en que ocurre o no ocurre, el contexto en que sucede, las acciones que lo describen y sus consecuencias.

De todas las categorías codificadas de manera abierta, el investigador selecciona la que considera más importante y la posiciona en el centro del proceso que se encuentra en exploración (se le denomina *categoría central* o *fenómeno clave*). Posteriormente, relaciona a la categoría central con otras categorías. Éstas pueden tener distintas funciones en el proceso:

- Condiciones causales (categorías que influyen y afectan a la categoría central).
- Acciones e interacciones (categorías que resultan de la categoría central y las condiciones contextuales e intervinientes, así como de las estrategias).
- Consecuencias (categorías resultantes de las acciones e interacciones y del empleo de las estrategias).
- Estrategias (categorías de implementación de acciones que influyen en la categoría central y las acciones, interacciones y consecuencias).
- Condiciones contextuales (categorías que forman parte del ambiente o situación y que enmarcan a la categoría central, que pueden influir en cualquier categoría incluyendo a la principal).
- Condiciones intervinientes (categorías que también influyen a otras y que mediatizan la relación entre las condiciones causales, las estrategias, la categoría central, las acciones e interacciones y las consecuencias).

Desde luego, no en todas las investigaciones basadas en la teoría fundamentada se derivan todos los roles de las categorías. La codificación axial concluye con el esbozo de un diagrama o modelo llamado "paradigma codificado" que muestra las relaciones entre todos los elementos (condiciones causales, categoría clave, condiciones intervinientes, etcétera).

El proceso y resultado se representaría como en la figura 15.2.

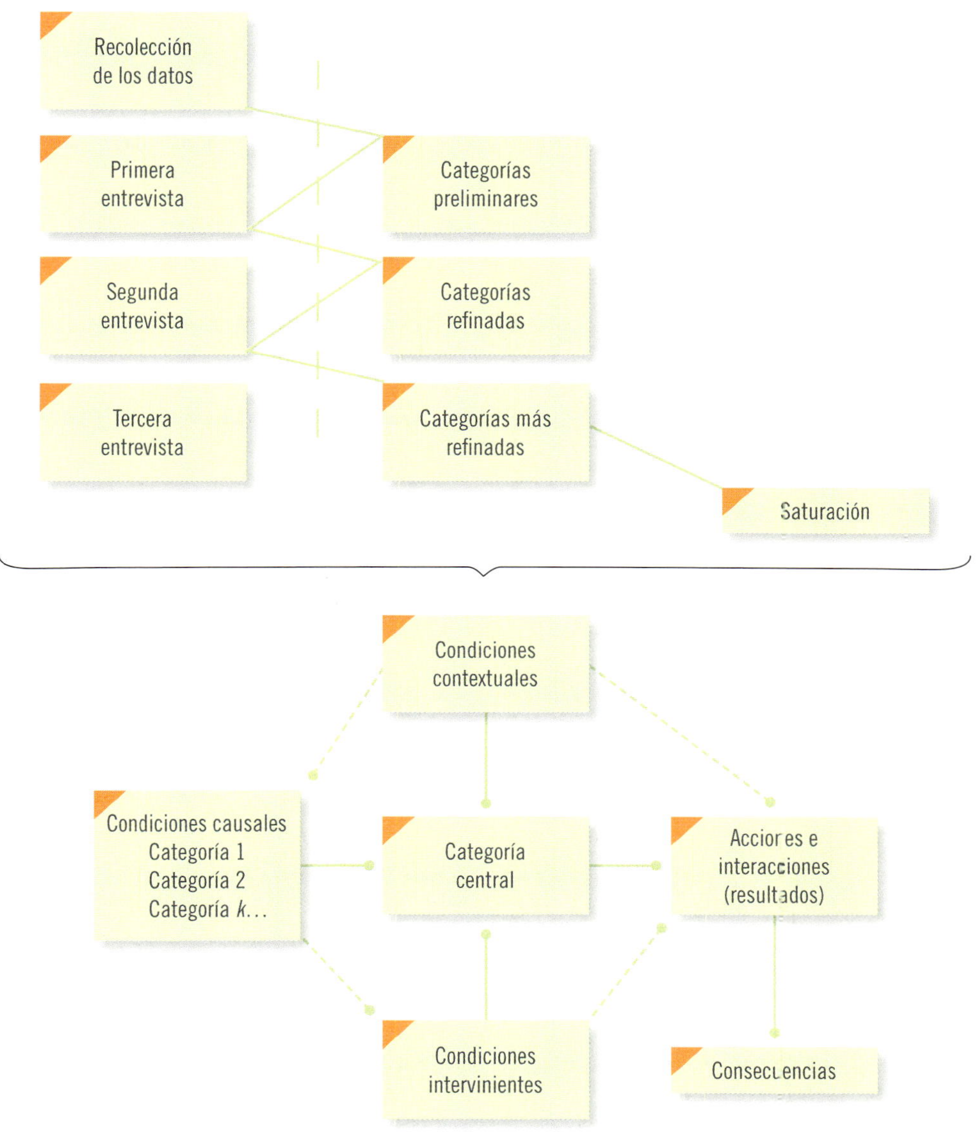

Figura 15.2 Secuencia y producto de la teoría fundamentada (ejemplificada con entrevistas).[3]

Las categorías son "temas" de información básica identificados en los datos para entender el proceso o fenómeno al que hacen referencia. Como podemos apreciar, la teoría fundamentada es muy útil para comprender procesos educativos, psicológicos, sociales y otros similares, ya que identifica a los conceptos

---

[3] Adaptado parcialmente de Creswell (2005, p. 406).

implicados y la secuencia de acciones e interacciones de los participantes involucrados. El producto (diagrama o modelo) emergente es una propuesta teórica que explica tal proceso o fenómeno.

Strauss y Corbin (1998) coinciden con Creswell (2005) al considerar que la categoría central o clave:

1. Debe ser el centro del proceso o fenómeno. El tema más importante que impulsa al proceso o explica al fenómeno y el que tiene mayores implicaciones para la generación de teoría.
2. Todas o la mayoría de las demás categorías deben vincularse con ella. De hecho, regularmente es la categoría con mayor número de enlaces con otras categorías.
3. Debe aparecer frecuentemente en los datos (en la mayoría de los casos).
4. Su saturación es regularmente más rápida.
5. Su relación con el resto de categorías debe ser lógica y consistente, los datos no deben forzarse.
6. El nombre o frase que identifique a la categoría debe ser lo suficientemente abstracto.
7. Conforme se refina la categoría o concepto central, la teoría robustece su poder explicativo y profundidad.
8. Cuando las condiciones varían, la explicación se mantiene; desde luego, la forma en la cual se expresa el fenómeno o proceso puede visualizarse un poco diferente.

Creswell (2005), en un intento por ejemplificar los tipos de categorías que pueden encontrarse por medio de la teoría fundamentada, señala los siguientes:

- Categorías del ambiente (ejemplos: poder de los participantes en el sistema —educativo, político, social u otro—, área funcional a la que pertenece el trabajador, salón de clases).
- Perspectivas sostenidas por los participantes (por ejemplo, rechazo al aborto, afiliación política, entre otras).
- Desempeño de los participantes (aprendizaje pobre, motivación para el trabajo arraigada, etcétera).
- Procesos (aceptación de la muerte de un familiar, unión de un grupo para realizar una tarea: sobrevivir en un desastre, implantar un modelo educativo, resolver un conflicto laboral, otros).
- Percepciones de personas (niño problemático, joven rebelde, asesino, etcétera).
- Percepciones de otros seres vivos y objetos (animal agresivo, cuadro pictórico relajante y otros ejemplos similares).
- Actividades (atender a las explicaciones del profesor, confortar al paciente, participar en los eventos de la congregación religiosa, etcétera).
- Estrategias (regresar al hogar para reunificar a la familia, recompensar el buen desempeño del trabajador).
- Relaciones (de pareja, estudiantes socializando en el recreo o momentos de ocio, entre otras).

Codificación selectiva

Una vez generado el esquema, el investigador regresa a las unidades o segmentos y los compara con su esquema emergente para fundamentarlo. De esta comparación también surgen hipótesis (propuestas teóricas) que establecen las relaciones entre categorías o temas. Así, se obtiene el sentido de entendimiento.

Al final, se escribe una historia o narración que vincule las categorías y describa el proceso o fenómeno. Se pueden utilizar las típicas herramientas de análisis cualitativo (mapas, matrices, etcétera).

Como ya se dijo, la teoría resultante es de alcance medio (regularmente su aplicación no es amplia), pero posee una elevada capacidad de explicación para el conjunto de los datos recolectados.

En la teoría fundamentada es común usar "códigos en vivo" (que recordemos son etiquetas para las categorías constituidas por pasajes, frases o palabras exactas de los participantes o notas de observación, más que el lenguaje preconcebido del investigador). Ejemplos de códigos en vivo serían los que se muestran en la tabla 15.2.

Teoría fundamentada Tiene como rasgo principal que los datos se categorizan con codificación abierta, luego el investigador organiza las categorías resultantes en un modelo de interrelaciones (codificación axial), que representa a la teoría emergente y explica el proceso o fenómeno de estudio.

▲ **Tabla 15.2**   Ejemplos de "códigos en vivo"

Código predeterminado	Códigos en vivo
Movilidad ascendente en la jerarquía organizacional.	"Subir de puesto" (expresado así por los participantes).
Tener empleo.	"Tengo empleo", "tengo chamba", "tengo trabajo" (expresiones de los participantes).

Los memos analíticos juegan un papel importante en el desarrollo de la teoría. Éstos se generan para documentar las principales decisiones y avances (categorización, elección de la categoría central, las condiciones causales, intervinientes, etc.; secuencias, vinculaciones, pensamientos, búsqueda de nuevas fuentes de datos, ideas, etc.). Pueden ser largos o cortos, más generales o específicos, pero siempre en torno a la evolución de la teoría y su fundamentación.

Durante la generación de teoría, resulta recomendable que el investigador se cuestione:

- ¿Qué clase de datos estamos encontrando?
- ¿Qué nos indican los datos y elementos emergentes? (categorías).
- ¿Qué proceso o fenómeno está ocurriendo?
- ¿Qué teoría e hipótesis están resultando?
- ¿Por qué emergen estas categorías, vinculaciones y esquemas?

El reporte de un estudio basado en la teoría fundamentada normalmente incluye: *a*) diagrama o esquema emergente, *b*) conjunto de proposiciones (hipótesis) y *c*) historia narrativa (Creswell, 2005).

El diseño emergente

Este diseño o concepción surgió como una reconsideración de Glaser (1992) a Strauss y Corbin (1990). El primer autor criticó a los segundos de resaltar en exceso las reglas y los procedimientos para la generación de categorías y señaló que el "armazón" que su procedimiento establece desarrollar (diagrama o esquema fundamentado en una categoría central) es una forma de preconcebir categorías, cuya finalidad es verificar teoría más que generar teoría. Glaser (2007) remarca la importancia de que la teoría surja de los datos más que de un sistema de categoría prefijadas como ocurre con la codificación axial.

En el diseño emergente se efectúa la codificación abierta y de ésta emergen las categorías (también por comparación constante), que son conectadas entre sí para construir teoría. Al final, el investigador explica esta teoría y las relaciones entre categorías. La teoría proviene de los datos en sí, no es forzada en categorías (central, causales, intervinientes, contextuales, etcétera).

En ambos diseños, el tipo de muestreo preferido es el teórico, esto es, la recolección de los datos y la teoría que está "brotando" van indicando la composición de la muestra. Como señala Mertens (2005), el investigador debe ser muy sensitivo a la teoría emergente. Asimismo, el investigador debe proveer suficientes detalles de tal forma que quien revise el estudio pueda ver en el reporte de resultados, la manera como evolucionó el desarrollo conceptual y la inducción de relaciones entre categorías o temas.

Un tercer diseño, más reciente (Henderson, 2009), es el denominado constructivista. Este diseño busca ante todo enfocarse en los significados proveídos por los participantes del estudio. La autora se interesa más por considerar las visiones, creencias, valores, sentimientos e ideologías de las personas. Y en cierto modo critica el uso de ciertas herramientas, como diagramas, mapas y términos complejos que "oscurecen o empañan" las expresiones de los participantes y la teoría fundamentada. Para Charmaz (2000), el investigador debe permanecer muy cerca de las expresiones "vivas" de los individuos y los resultados deben presentarse por medio de narraciones (es decir, apoya la codificación en primer plano, abierta, y la posterior agrupación y vinculación de categorías pero no en esquemas).

Una muestra de los esquemas que produce la teoría fundamentada pudo verse al final del capítulo anterior, en el ejemplo del abuso sexual infantil (modelo teórico para la supervivencia y afrontamiento del abuso sexual infantil).

EJEMPLO

Un ejemplo adicional de teoría fundamentada

Del ámbito de la Psicología educativa presentamos este ejemplo, y a quienes no se encuentren familiarizados con los términos de este campo les pedimos que se despreocupen, lo importante es: *a)* visualizar cómo las categorías iniciales se convierten en temas, *b)* cómo se establece causalidad (que en la investigación cualitativa es conceptual, *no* basada en análisis estadísticos como ocurre en los estudios cuantitativos), *c)* cómo se posiciona en el esquema una categoría central (que en este caso está al final del esquema resultante). La categoría central a veces se ubica al inicio del diagrama, otras ocasiones en medio y en ciertos casos al final. Su posición la determina el investigador sobre la base de los datos emergentes y sus reflexiones.

Miller (2004) realizó, como parte de un amplio proyecto de investigación, un estudio cualitativo en Inglaterra cuya pregunta general de investigación fue al inicio: ¿cómo las intervenciones (derivadas de la Psicología) en la conducta problemática de infantes que asisten a la escuela pueden conseguir los efectos buscados?

Para ello analizó 24 intervenciones psicológicas de conducta problemática en estudiantes e involucró a maestros, los propios alumnos "problemáticos" y asesores o interventores de los procesos educativos (que eran en su mayoría psicólogos). Lo primero fue entrevistar a los profesores. Las entrevistas giraron en torno a dos tópicos esenciales: 1) percepciones acerca de qué tan severo era el problema de conducta y 2) percepciones sobre qué tan exitosa consideraban la intervención conjunta con el psicólogo asesor para resolver el problema. Así, 10 profesores manifestaron que la conducta problemática de cierto alumno era la mayor dificultad que habían enfrentado en su vida, ocho consideraron que estaba entre los problemas más difíciles que habían afrontado y seis concibieron a la conducta problemática como promedio. En relación con la segunda cuestión, seis la definieron como una intervención exitosa, pero con reservas y dudas sobre un futuro deterioro de la conducta, 11 señalaron que la intervención había generado una mejora, sin calificarla y siete comentaron que la intervención había sido tan exitosa que les provocó un fuerte impacto emocional. Las entrevistas también incluyeron una discusión sobre teorías, modelos y conceptos educativos; las cuales fueron transcritas. La codificación abierta generó 80 códigos (categorías), varios de ellos recurrentes. Una de tales categorías, que no estaba contemplada, fue "otros miembros del *staff*" (colegas y el resto del personal que labora en la institución educativa), la cual se convirtió en "tema" (estuvo compuesta de 24 códigos que emergieron aproximadamente en los dos primeros tercios del material, porque posteriormente ya no aparecieron nuevos códigos, se saturó el tema). Los resultados de la codificación al tema "otros miembros del *staff*" se presenta en la figura 15.3 (Miller, 2004, p. 200).

La categoría central es el "mantenimiento divisorio" (proceso sociopsicológico mediante el cual se afirman o mantienen los límites entre la estrategia del maestro y las estrategias de otros miembros del *staff*). Las amenazas al proceso de intervención psicológica para enfrentar problemas de conducta en los alumnos son:

a) otorgar demasiada importancia a las demás estrategias que el maestro trazó (además de la intervención) para lidiar con el alumno (lo anterior provoca confusión en este último).

b) demasiado conocimiento e injerencia de las estrategias del resto del personal (que conducen a tensión entre los individuos que tratan el problema).

En este caso, el modelo de teoría fundamentada parte de las causas primarias (códigos o categorías primarias obtenidas en la codificación abierta) hasta la categoría central y nos muestra la complejidad que puede captar este diseño de investigación cualitativa.

Como resultado del análisis, Miller (2004) encontró varios patrones resultantes:

1. El niño problemático posee una identidad intrincada, difícil de manejar por parte de los maestros, asesores y personal no docente (como el que atiende el comedor o los supervisores de recreo).
2. Una vez que se implementa la intervención psicológica, los demás profesores y miembros del *staff* percibieron cambios positivos en el niño. A pesar de ello, no preguntaron a los asesores (maestro

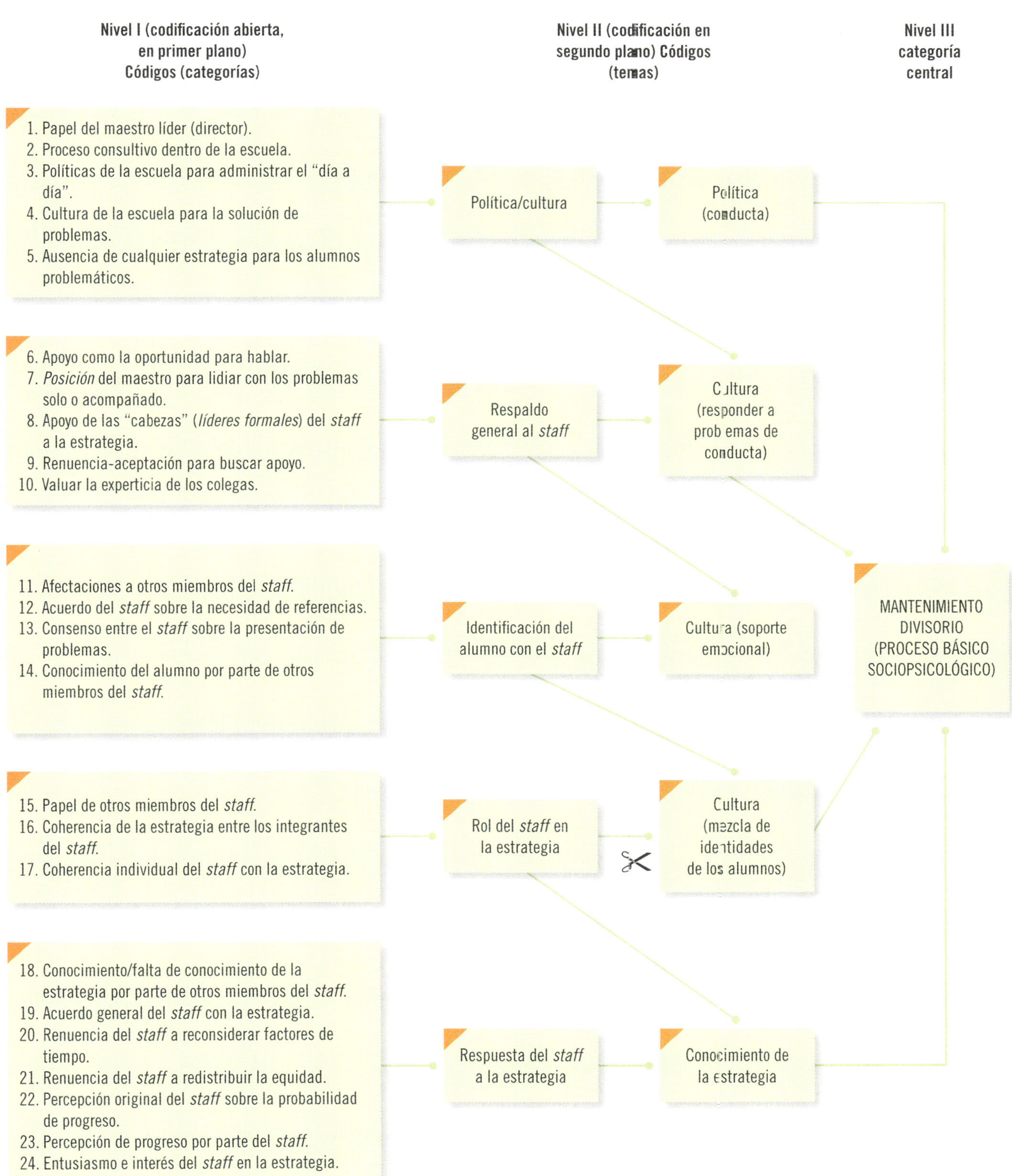

Figura 15.3   Ejemplo de un esquema de teoría fundamentada (codificación axial establecida después de la codificación abierta y selectiva).

e interventor) sobre las posibles razones de la mejoría ni respecto a las recomendaciones del psicólogo educativo.

3. Hay una resistencia cultural para adoptar prácticas potencialmente exitosas, en términos de los límites del sistema psicosocial de las escuelas y los límites casa-escuela. Por ejemplo, los maestros muestran una tendencia a atribuir la conducta problemática a los padres, pero al mismo tiempo sienten la responsabilidad de encontrar una solución.

4. Las amenazas e incertidumbres se resuelven temporalmente mediante el involucramiento del psicólogo educativo (asesor o interventor); se crea un sistema temporal entre éste, el maestro, los padres y el alumno con nuevas normas y reglas con funciones terapéuticas, que logran una actuación constructiva de todos los involucrados en la conducta problemática del alumno, quien asume una "nueva identidad". Un requisito contextual (interviniente) es que se presente estabilidad interna entre los maestros.

En resumen, la intervención funciona.

Miller (2004), además del modelo presentado en la figura 15.3 (que se refiere únicamente al tema "otros miembros del *staff* "), generó otro más amplio, que muestra los subsistemas que integran al contexto psicosocial de la escuela (sistema). Éste se muestra en la figura 15.4.

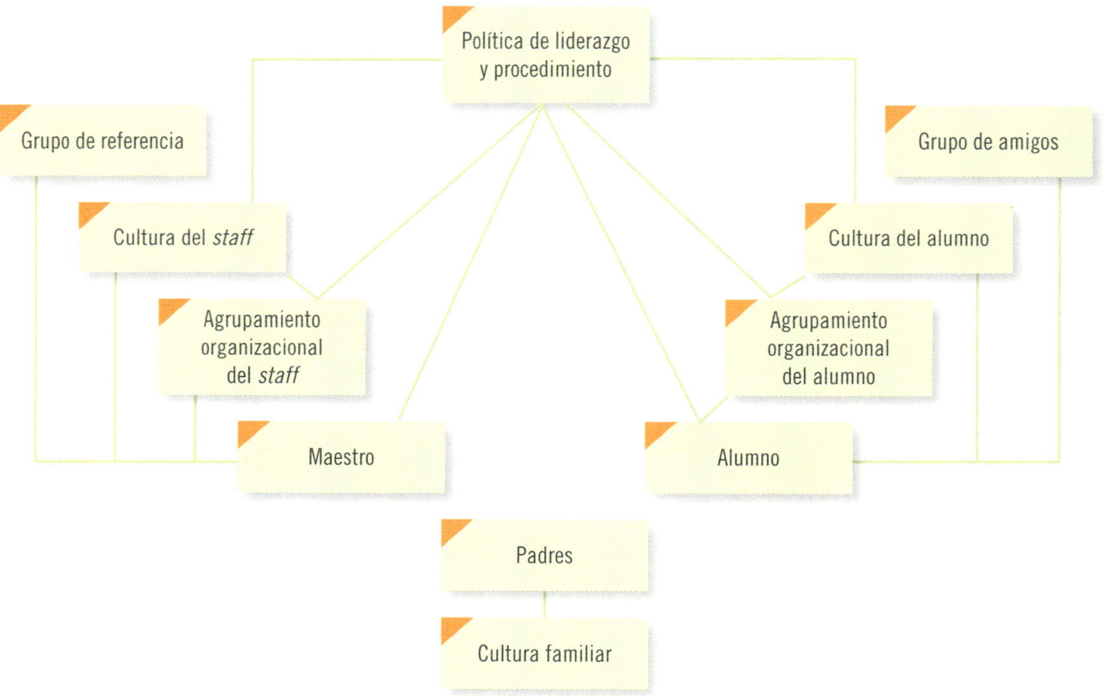

Figura 15.4   Modelo conceptual del contexto psicosocial de la conducta problemática del alumno.[4]

La conducta del alumno debe ser considerada en relación con todos estos subsistemas. Este segundo esquema *no* presenta una relación causal entre temas, sino un diagrama de vinculación entre temas que deben dimensionarse al investigar el comportamiento del niño en el contexto escolar, particularmente el comportamiento problemático (mala conducta).

El modelo fue desarrollado en Inglaterra, ¿puede transferirse a otros contextos? Esta respuesta no está en el investigador Andy Miller, cada lector del estudio (directivo, maestro, psicólogo educativo) decidirá su aplicación a otras escuelas o sistemas educativos.

---

[4] Miller (2004, p. 203).

La teoría fundamentada, como podemos ver, es similar al sistema de codificación revisado en el capítulo previo, porque de hecho, tal sistema es una aportación de este diseño.

Otro ejemplo de un estudio basado en la teoría fundamentada es el de Werber y Harrell (2008), quienes analizaron cómo les afecta en su empleo la forma de vida militar a mil esposas de miembros del Ejército estadounidense, así como sus experiencias y percepciones.

Diseños etnográficos

Los diseños etnográficos pretenden describir y analizar ideas, creencias, significados, conocimientos y prácticas de grupos, culturas y comunidades (Patton, 2002; McLeod y Thomson, 2009). Incluso pueden ser muy amplios y abarcar la historia, geografía y los subsistemas socioeconómico, educativo, político y cultural de un sistema social (rituales, símbolos, funciones sociales, parentesco, migraciones, redes y un sinfín de elementos). La etnografía implica la descripción e interpretación profundas de un grupo, sistema social o cultural (Creswell, 2009).

Álvarez-Gayou (2003) considera que el propósito de la investigación etnográfica es describir y analizar lo que las personas de un sitio, estrato o contexto determinado hacen usualmente; así como los significados que le dan a ese comportamiento realizado bajo circunstancias comunes o especiales, y finalmente, presenta los resultados de manera que se resalten las regularidades que implica un proceso cultural. Los diseños etnográficos estudian categorías, temas y patrones referidos a las culturas. Desde civilizaciones antiguas, como el Gran Imperio Romano de los primeros siglos de nuestra era o antes, la civilización maya y el antiguo Egipto; hasta organizaciones actuales, como las grandes transnacionales del mundo, las etnias indígenas actuales o los hinchas de un equipo de fútbol.

La investigación etnográfica analiza el comportamiento de un grupo, sistema social o cultural, como por ejemplo los hinchas de un equipo de fútbol.

Algunos de los elementos culturales que pueden considerarse en una investigación etnográfica son los que se muestran en la lista de la tabla 15.3.

Y ésta es una lista incompleta, que solamente muestra algunos objetos de estudio etnográfico. Ejemplos de ideas para investigar desde una óptica del diseño etnográfico serían:

- La cultura de la violencia reflejada en escuelas secundarias —educación media básica— o bachillerato —educación media superior— (cómo surgió en Estados Unidos en los últimos años).
- Los ritos y las costumbres de los pandilleros de la Mara Salvatrucha.
- La cultura de una orden religiosa de monjas.

▲ **Tabla 15.3** Elementos culturales de estudio en una investigación etnográfica

Lenguaje	Ritos y mitos
Estructuras sociales	Reglas y normas sociales
Estructuras políticas	Símbolos
Estructuras económicas	Vida cotidiana
Estructuras educativas	Procesos productivos
Estructuras religiosas	Subsistema de salud
Valores y creencias	Centros de poder y distribución del poder
Definiciones culturales: matrimonio, familia, castigo, recompensa, remuneración, trabajo, ocio, diversión y entretenimiento, etcétera	Sitios donde se congregan los miembros de la comunidad o cultura
Movilidad social	Marginación
Interacciones sociales	Guerras y conflictos
Patrones y estilos de comunicación	Injusticias

- La estructura social del grupo cristero que combatió en Moroleón, Guanajuato, México (1926-1929).
- La corrupción de un buró de investigación de delitos vinculados con el narcotráfico.
- La cultura del grupo terrorista Al-Qaeda.
- La subcultura de los hinchas del equipo Boca Juniors de Argentina en fines de semana cuando juega el equipo.
- La cultura organizacional de una determinada empresa.
- Los modos de vida de los chamulas en Chiapas.
- Las rutinas y la vida cotidiana de un grupo de señoras que pertenecen a un club deportivo y han conformado una fraternidad.
- Una red o comunidad de jóvenes en internet (en Facebook o Hi5, por ejemplo).

Existen diversas clasificaciones de los diseños etnográficos. Creswell (2005) los divide en:

1. *Diseños "realistas" o mixtos.* Estos diseños tienen un sentido parcialmente positivista. Se recolectan datos, tanto cuantitativos como cualitativos, de la cultura, comunidad o grupo de ciertas categorías (algunas preconcebidas antes del ingreso al campo y otras no, estas últimas emergerán del trabajo en el campo). Al final, se describen las categorías y la cultura en términos estadísticos y narrativos. Por ejemplo, si una de las categorías de interés en el estudio fue la emigración, se proporcionan: *a*) cifras de emigración (número de emigrantes y sus edades, género, nivel socioeconómico y otros datos demográficos; promedios de actos de emigración mensual, semestral y anual; razones de la emigración, etc.) y *b*) conceptos cualitativos (significado de emigrar, experiencias de emigración, sentimientos que se desarrollan en el migrante, etc.). El investigador debe evitar introducir sus sesgos. Los datos cualitativos se recogen con instrumentos semiestructurados y estructurados.

2. *Diseños críticos.* El investigador está interesado en estudiar grupos marginados de la sociedad o de una cultura (por ejemplo, una investigación en ciertas escuelas que discriminan a estudiantes por su origen étnico y esto provoca situaciones inequitativas). Analizan categorías o conceptos vinculados con cuestiones sociales, como el poder, la injusticia, la hegemonía, la represión y las víctimas de la sociedad. Pretenden esclarecer la situación de los participantes relegados con fines de denuncia. El etnógrafo debe estar consciente de su propia posición ideológica y mantenerse reflexivo para incluir todas las "voces y expresiones" de la cultura (Creswell, 2005). En el reporte se diferencia con claridad lo que manifiestan los participantes y lo que interpreta el investigador. Algunos estudios denominados "feministas" podrían enmarcarse en esta clase de diseños etnográficos (por ejemplo, investigaciones sobre la opresión a la mujer en un entorno laboral). En los diseños críticos no se predeterminan categorías, pero sí temas de inequidad, injusticia y emancipación.

3. *Diseños "clásicos".* Se trata de una modalidad típicamente cualitativa en la cual se analizan temas culturales y las categorías son inducidas durante el trabajo de campo. El ámbito de investigación puede ser un grupo, una colectividad, una comunidad en la que sus miembros compartan una cultura determinada (forma de vida, creencias comunes, posiciones ideológicas, ritos, valores, símbolos, prácticas e ideas; tanto implícitas o subyacentes como explícitas o manifiestas). Asimismo, en este diseño se consideran casos típicos de la cultura y excepciones, contradicciones y sinergias. Los resultados se conectan con las estructuras sociales.

4. *Diseños microetnográficos* (Creswell, 2005). Se centran en un aspecto de la cultura (por ejemplo, un estudio sobre los ritos que se manifiestan en una organización para elegir nuevos socios en una firma de asesoría legal).

5. *Estudios de casos culturales.* Consideran a una cultura de manera holística (completa).

6. *Metaetnografía.* Revisión de varios estudios etnográficos para encontrar patrones (Hernández Sampieri y Mendoza, 2008).

Otra clasificación de los diseños etnográficos la proporciona Joyceen Boyle (en Álvarez-Gayou, 2003), la cual está basada en el tipo de unidad social estudiada:

- *Las etnografías procesales:* describen ciertos elementos de los procesos sociales, los cuales pueden ser analizados funcionalmente, si se explica cómo ciertas partes de la cultura o de los sistemas sociales se interrelacionan dentro de determinado tiempo, y se ignoran los antecedentes históricos. Asimismo, se analizan diacrónicamente cuando se pretende explicar la ocurrencia de sucesos o procesos actuales como resultado de sucesos históricos.

- *Etnografía holística o clásica:* abarca grupos amplios. Toda la cultura del grupo es considerada y generalmente se obtienen grandes volúmenes de datos, por lo que se presentan en libros. Tal es el caso de Foster (1987), que estudió una comunidad del centro de México: Tzintzuntzan, Michoacán, y que se considera un ejemplo ideal de indagación etnográfica. George M. Foster incluye desde un mapa del lugar hasta descripciones de sus pobladores, ritos, mitos, creencias y costumbres. Otro ejemplo son las investigaciones de Bronislaw Malinowski sobre los habitantes de las Islas Trobriand (Álvarez-Gayou, 2003).

- *Etnografía particularista:* es la aplicación de la metodología holística a grupos particulares o a una unidad social. Ejemplo de esta clase de estudios son Erving Goffman (1961), quien realizó trabajo de campo con pacientes de hospitales psiquiátricos; y Janice Morse (1999), quien analizó las estrategias de confortación por parte de enfermeras al tratar con pacientes que arriban a la sala de urgencias en estado crítico (tratado en este libro).

- *Etnografía de "corte transversal":* se realizan estudios en un momento determinado de los grupos que se investigan y no procesos interaccionales o procesos a través del tiempo.

- *Etnografía etnohistórica:* implica el recuento de la realidad cultural actual como producto de sucesos históricos del pasado. Un ejemplo de este tipo de estudio es el de Villarruel y Ortiz de Montellano (1992), en el que se exploran las creencias relacionadas con la experiencia del dolor en la antigua Mesoamérica (Álvarez-Gayou, 2003, p. 78).

Los grupos o comunidades estudiados en diseños etnográficos poseen algunas de las siguientes características:

- Implican más de una persona, pueden ser grupos pequeños (una familia) o grupos grandes.
- Los individuos que los conforman mantienen interacciones sobre una base regular y lo han hecho durante cierto tiempo atrás.
- Representan una manera o estilo de vida.
- Comparten creencias, comportamientos y otros patrones.
- Poseen una finalidad común.

En los diseños etnográficos, el investigador reflexiona sobre puntos como los siguientes: ¿qué cualidades posee el grupo o comunidad que lo(a) distinguen de otros(as)?, ¿cómo es su estructura?,

¿qué reglas regulan su operación?, ¿qué creencias comparten?, ¿qué patrones de conducta muestran?, ¿cómo ocurren las interacciones?, ¿cuáles son sus condiciones de vida, costumbres, mitos y ritos?, ¿qué procesos son centrales para el grupo o comunidad?, ¿cuáles sus productos culturales?, etcétera.

Ambiente En un diseño etnográfico es el lugar o situación y tiempo que rodean al grupo o comunidad estudiada.

El investigador normalmente es un observador completamente participante (convive con el grupo o vive en la comunidad) y pasa largos periodos inmerso en el **ambiente** o campo. Debe irse convirtiendo gradualmente en un miembro más de éste (comer lo mismo que todos, vivir en una típica casa de la comunidad, comprar donde lo hace la mayoría, etc.). Asimismo, utiliza diversas herramientas para recolectar sus datos culturales: observación, entrevistas, grupos de enfoque, historias de vida, obtención de documentos, materiales y artefactos; redes semánticas, técnicas proyectivas y autorreflexión. Va interpretando lo que percibe, siente y vive. Su observación inicial es general y luego comienza a enfocarse en ciertos aspectos culturales. Ofrece descripciones detalladas del sitio, los miembros del grupo o comunidad, sus estructuras y procesos, y las categorías y temas culturales. En realidad no existe un proceso para implementar una investigación etnográfica, pero algunas de las acciones que sin lugar a dudas se realizan son las que se presentan en la figura 15.5 de la página siguiente.

Estudios etnográficos Investigan grupos o comunidades que comparten una cultura: el investigador selecciona el lugar, detecta a los participantes, de ese modo recolecta y analiza los datos. Asimismo, proveen de un "retrato" de los eventos cotidianos.

Otros ejemplos de **estudios etnográficos**, además de los mencionados, son los que se enlistan en la tabla 15.4.

▲ **Tabla 15.4**   Ejemplos de estudios etnográficos

Referencia	Esencia de la investigación
Viladrich (2005)	En esta investigación se estudia la subcultura representada por los bailarines argentinos de tango que arribaron a Nueva York en los últimos años, como consecuencia de un auge reciente de tal género de baile en Manhattan. Asimismo, se examina la importancia del mundo del tango en dicha ciudad.
Rhoads (1995)	El autor analizó durante dos años la cultura de una fraternidad de estudiantes homosexuales y bisexuales en torno a cuatro temas emergentes: 1) el ingreso en la fraternidad como proceso continuo, 2) los cambios personales relacionados con el ingreso, 3) las experiencias negativas en el proceso y 4) hostigamiento y discriminación.
Martín Sánchez Jankowski (1991)	Este estudio, ya mencionado, evaluó las culturas de 37 pandillas en Estados Unidos durante 10 años.
Pruitt-Mentle (2005)	La investigación consideró el significado que la tecnología educativa tiene en la vida de jóvenes inmigrantes que viven en Estados Unidos y provienen de Centroamérica.
Couser (2005)	Un estudio de la vida cotidiana de una mujer que habita en Pennsylvania, Estados Unidos, con su hermana, la cual posee una capacidad mental distinta. La investigación narra las vivencias que experimentan ambas al tomar diariamente el autobús.
Bousetta (2008)	Una investigación con nuevos migrantes marroquíes que buscan mejores oportunidades en Bélgica; para entender mejor sus expectativas, anticipaciones y reacciones estratégicas. Entre otras cuestiones los compara con aquellos que se asentaron en el pasado.

Diseños narrativos

En los diseños narrativos el investigador recolecta datos sobre las historias de vida y experiencias de ciertas personas para describirlas y analizarlas. Resultan de interés los individuos en sí mismos y su entorno, incluyendo, desde luego, a otras personas.

Creswell (2005) señala que el diseño narrativo en diversas ocasiones es un esquema de investigación, pero también una forma de intervención, ya que el contar una historia ayuda a procesar cuestiones que no estaban claras o conscientes. Se usa frecuentemente cuando el objetivo es evaluar una sucesión de acontecimientos. Asimismo, provee de un cuadro microanalítico.

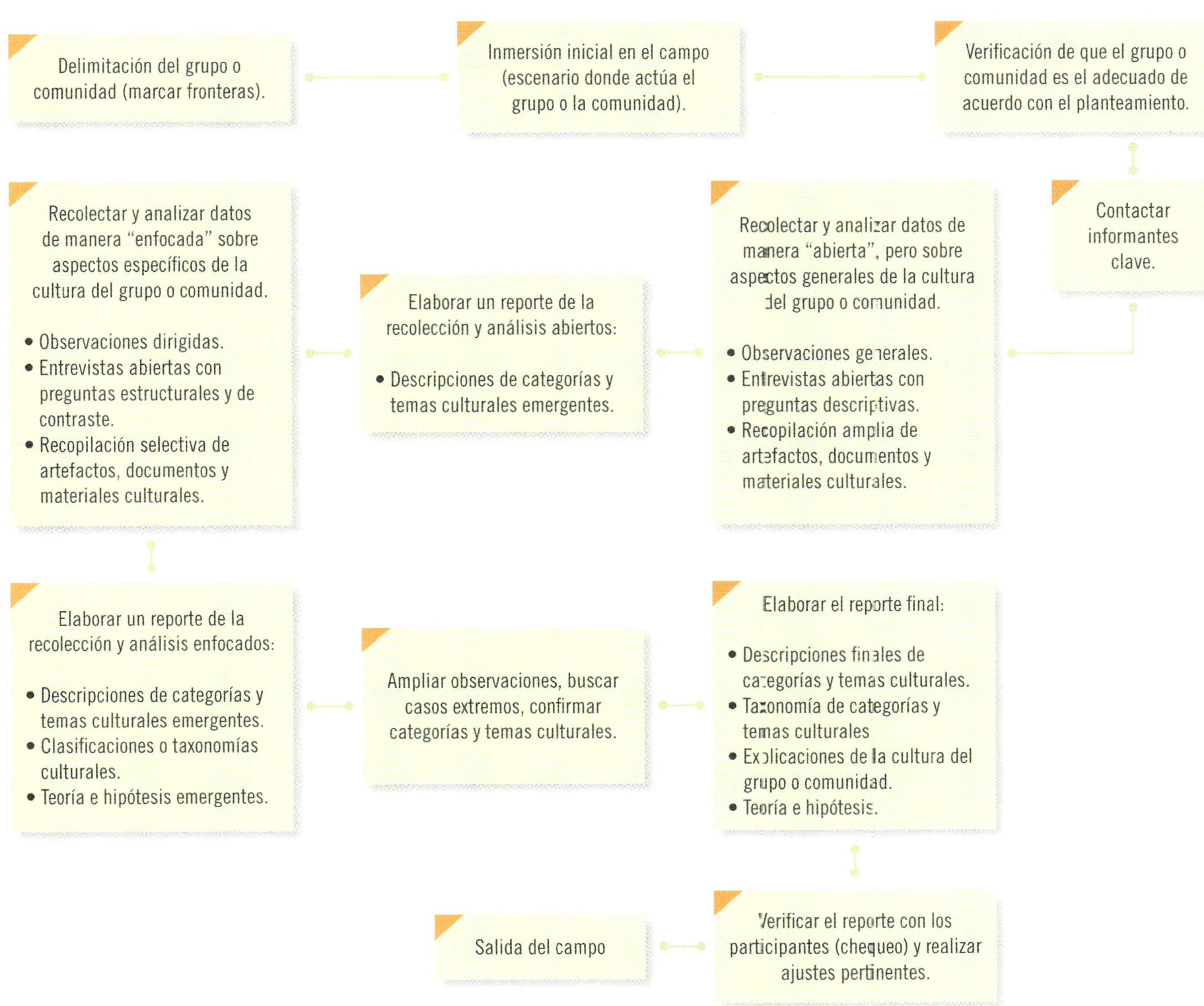

Figura 15.5   Principales acciones para llevar a cabo un estudio etnográfico.

Los datos se obtienen de autobiografías, biografías, entrevistas, documentos, artefactos y materiales personales y testimonios (que en ocasiones se encuentran en cartas, diarios, artículos en la prensa, grabaciones radiofónicas y televisivas, etcétera).

Los diseños narrativos pueden referirse: *a*) toda la historia de vida de un individuo o grupo, *b*) un pasaje o época de dicha historia de vida o *c*) uno o varios episodios. Un ejemplo de cómo puede resultar un estudio narrativo[5] (sin contener la sistematización de un verdadero diseño de este tipo), lo sería la serie *Band of Brothers* (*Banda* o *camarilla de hermanos*) de 2001, dirigida por David Frankel y Tom Hanks, basada en el libro de Stephen E. Ambrose; que narra las experiencias de un grupo de soldados estadounidenses de la compañía "Easy" (Regimiento de Infantería de Paracaidistas No. 506), durante la Segunda Guerra Mundial.

---

[5] Aunque algunos investigadores no estarán de acuerdo, porque se trata de un ejemplo de una serie televisada con ciertos elementos de actuación y dramatización al estilo "Hollywood". Sin embargo, lo incluimos debido a que muchos jóvenes han visto la serie y su trasfondo es ciertamente narrativo (incluso, realizaron entrevistas con los protagonistas reales, aunque están editadas y no fueron analizadas).

En estos diseños, más que un marco teórico, se utiliza una perspectiva que provee de estructura para entender al individuo o grupo y escribir la narrativa (se contextualiza la época y el lugar donde vivieron la persona o grupo, o bien, donde ocurrieron los eventos o experiencias). Asimismo, los textos y narraciones orales proveen datos "en bruto" para ser analizados por el investigador y vueltos a narrar en el reporte de la investigación.

El investigador analiza diversas cuestiones: la historia de vida, pasaje o acontecimiento(s) en sí; el ambiente (tiempo y lugar) en el cual vivió la persona o grupo, o sucedieron los hechos; las interacciones, la secuencia de eventos y los resultados. En este proceso, el investigador reconstruye la historia del individuo o la cadena de sucesos (casi siempre de manera cronológica: de los primeros hechos a los últimos), posteriormente la narra bajo su óptica y describe (sobre la base de la evidencia disponible) e identifica categorías y temas emergentes en los datos narrativos (que provienen de las historias contadas por los participantes, los documentos, materiales y la propia narración del investigador).

Mertens (2005) divide a los estudios narrativos en: *a*) de tópicos (enfocados en una temática, suceso o fenómeno), *b*) biográficos (de una persona, grupo o comunidad; sin incluir la narración de los participantes "en vivo", ya sea porque fallecieron o no recuerdan a causa de su edad avanzada o enfermedad, o son inaccesibles), y *c*) autobiográficos (de una persona, grupo o comunidad incluyendo testimonios orales "en vivo" de los actores participantes).

Al igual que en los diseños etnográficos, no existe un proceso predeterminado para implementar un estudio narrativo, pero algunas de las actividades que sin lugar a dudas se efectúan son las que se muestran en la figura 15.6.

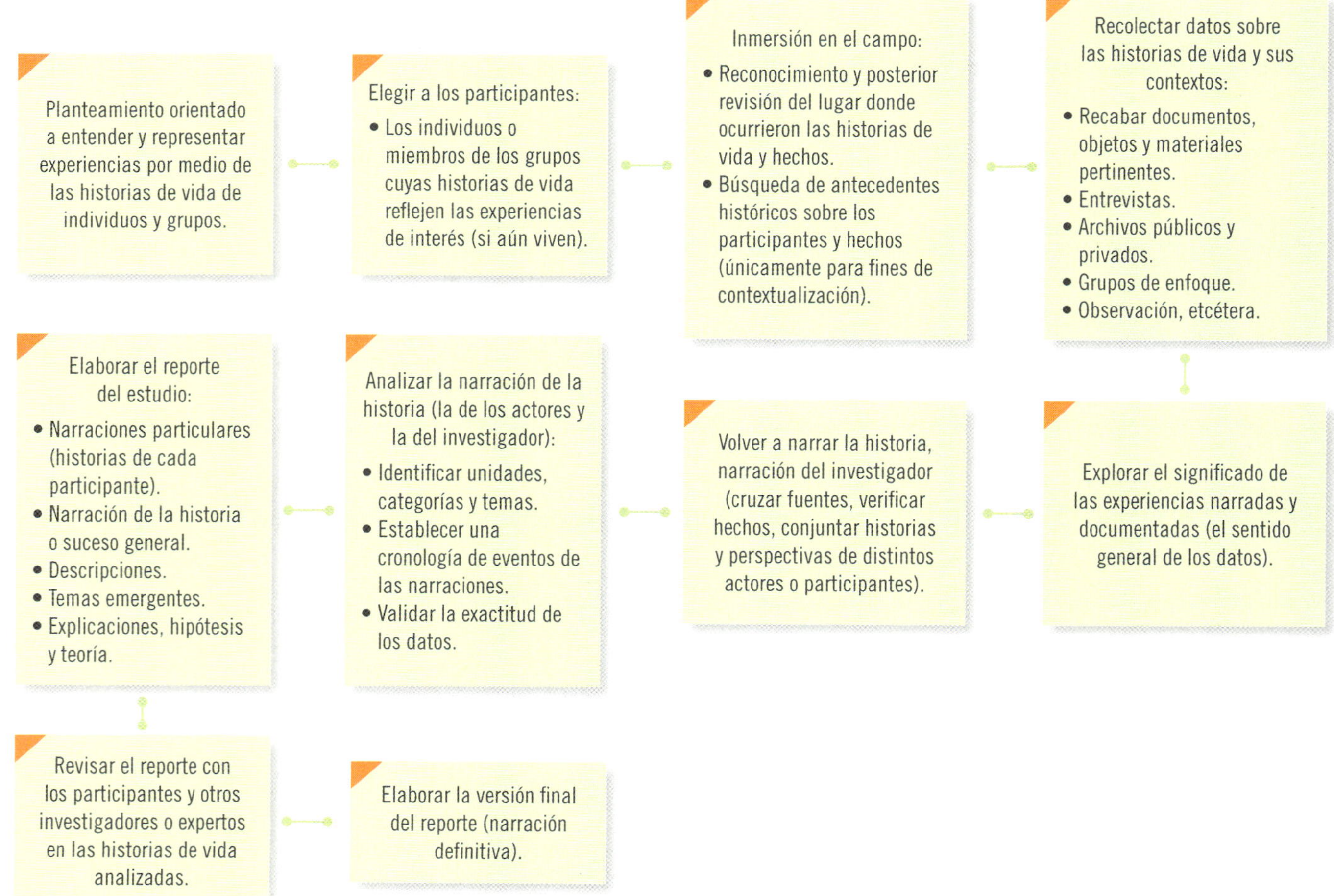

Figura 15.6   Principales acciones para llevar a cabo un estudio narrativo.

Asimismo, algunas consideraciones para este proceso son las siguientes:

- El elemento clave de los datos narrativos lo constituyen las experiencias personales, grupales y sociales de los actores o participantes (cada participante debe contar su historia).
- La narración debe incluir una cronología de experiencias y hechos (pasados, presentes y perspectivas a futuro; aunque a veces solamente se abarcan sucesos pasados y sus secuelas). Para Mertens (2005) es muy importante la evolución de acontecimientos hasta el presente.
- El contexto se ubica de acuerdo con el planteamiento del problema (puede abarcar varias facetas de los participantes como su vida familiar, laboral, aficiones, sus distintos escenarios).
- Las historias de vida cuando se obtienen por entrevista, son narradas en primera persona.
- El investigador revisa memorias registradas en documentos (libros, cartas, registros de archivo, artículos publicados en la prensa, etc.) y grabaciones; además, entrevista a los actores (recoge datos en el propio lenguaje de los participantes sobre las experiencias significativas relacionadas con un suceso o su vida).
- Para revisar los sucesos es importante contar con varias fuentes de datos. Veamos un ejemplo: si hacemos una investigación para documentar un hecho, digamos un caso de violencia extrema en una institución educativa como lo fue la matanza de siete personas acontecida en marzo de 2005, en una escuela de Red Lake, Minnesota (Estados Unidos), a cargo de un adolescente de 16 años, Jeff Weise; debemos contemplar el suceso y las fuentes de datos.

EJEMPLO

El hecho: Jeff Weise mató a su abuelo y a una mujer que vivía con este último en la reserva india de Red Lake, también a un policía veterano local. Con las armas y el coche que le robó al policía, se encaminó a su escuela donde abrió fuego sobre sus compañeros, asesinó a una profesora, a un vigilante y a cinco estudiantes, hirió gravemente a otros 13 compañeros y finalmente se suicidó.[6] Su padre se había suicidado cuatro años antes.

La investigación debería incluir los elementos que se muestran en la figura 15.7.[7]

Entre las películas favoritas del joven estaban: *Dawn of the Dead* (*El amanecer de los muertos*, versión 2004, Zack Zinder, director), la cual es una conocida película de terror de "muertos vivientes"; *Thunderheart* (1992, dirigida por Michael Apted) y *Elefante* (2003, dirigida por Gus Van Sant, que narra un incidente violento en una escuela de Portland, en Oregon). Weise se llamaba a sí mismo "ángel de la muerte" y se definía como "nazi-indígena" en los foros de internet.

- Cuando se vuelve a narrar la historia por parte del investigador, éste debe eliminar lo trivial (no los detalles, que pueden ser importantes).
- Creswell (2005) sugiere dos esquemas para volver a contar la historia: El primer esquema es la estructura problema-solución.

---

[6] Las referencias son varias, entre las cuales se enumeran las siguientes:
- Joshua Freed (corresponsal), sección "El Mundo", primera página, *La Prensa*, Managua, Nicaragua, miércoles 23 de marzo de 2005, edición núm. 23760.
- "El adolescente que ha matado a nueve personas en un instituto de Estados Unidos se definía como 'nazi-indígena'", El Mundo.es, página consultada en: http://elmundo.es/elmungo/2005/03/22/sociedad/1111452646.html, el 23 de marzo de 2005.
- Jaime Nubiola, "¿La civilización del amor?" *Noticias*, Órgano de Comunicación Institucional de la Universidad de Navarra, 23 de abril de 2005, portada (originalmente publicado en *La Gaceta de los Negocios*, Madrid).
- Sección "El Mundo", *El Universal on-line*, consultado en internet: http://www2.eluniversal.com.mx/pls/impreso/busqueda_avanzada.analiza, el miércoles 23 de marzo de 2005.

[7] El video Práctica al blanco puede verse en internet (al menos hasta finales de 2005) en: http://www.thesmokinggun.com/archive/0323051weise1.html

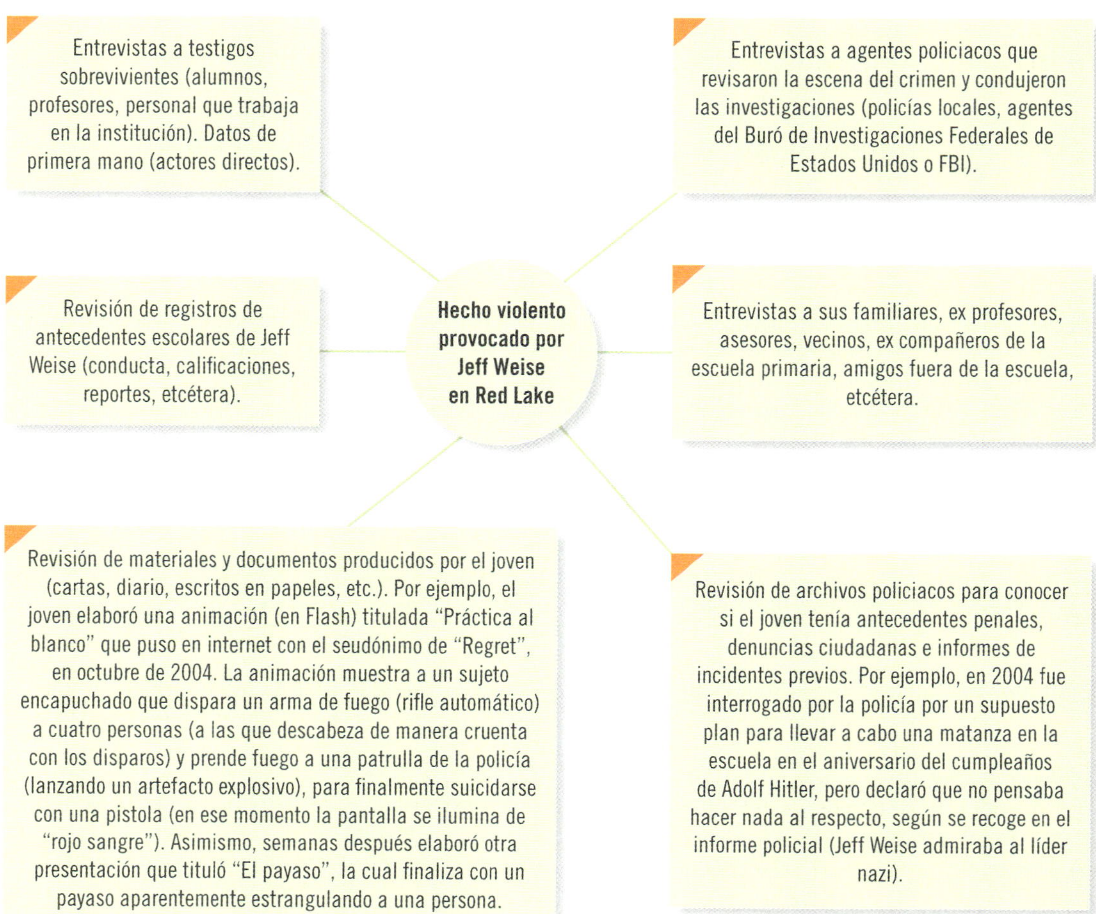

Figura 15.7   Ejemplo de diagrama en un estudio de violencia (caso de una escuela de Red Lake, Minnesota).

La secuencia narrativa sería la que se muestra en la figura 15.8.

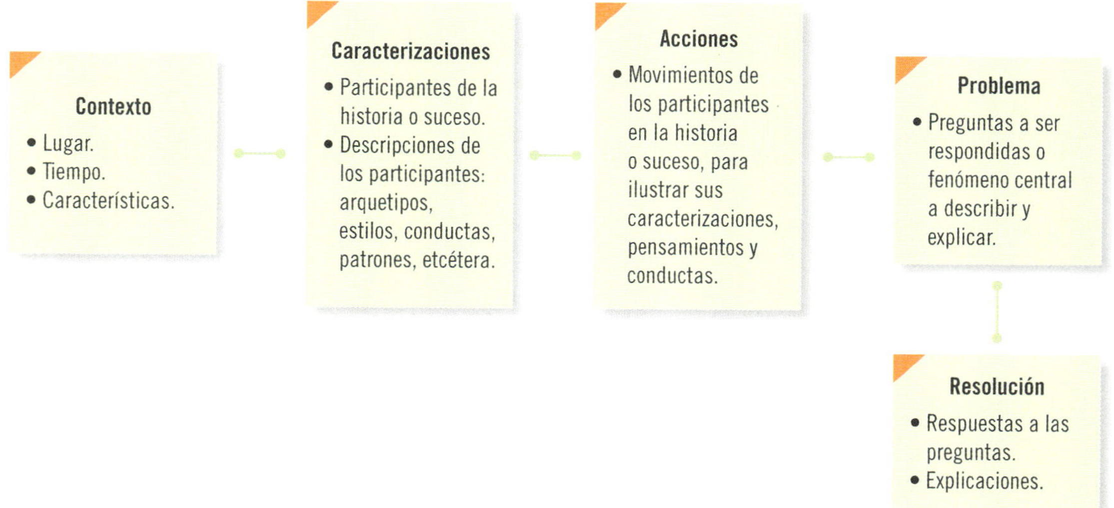

Figura 15.8   Secuencia narrativa problema-solución.

El segundo esquema es la estructura tridimensional. No es una secuencia, sino que se relacionan tres dimensiones narrativas (vea la figura 15.9).

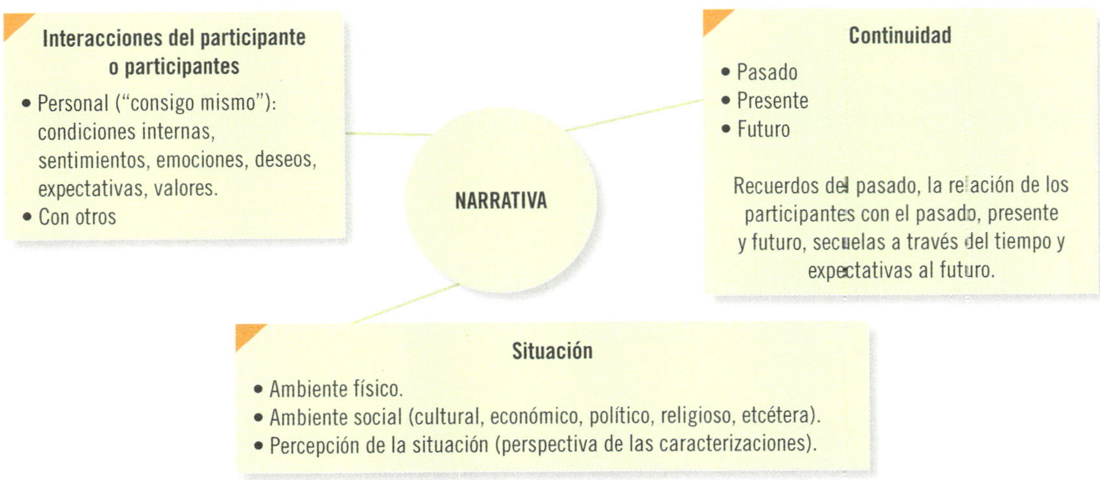

Figura 15.9   Esquema narrativo de estructura tridimensional.

- Las fuentes de invalidación más importantes de historias son: datos falsos, sucesos deformados, exageraciones y olvidos provocados por traumas o la edad. De nuevo, la solución reside en la triangulación de fuentes de los datos.

Un ejemplo clásico de un estudio narrativo es Lewis (1961), quien exploró la cultura de la pobreza en cinco familias de la Ciudad de México y la provincia mexicana. Otro caso es la indagación de Davis (2006), quien investigó la vida e historia de una familia con niños cuyas capacidades eran diferentes (inhabilidades) y a las personas que les estaban ayudando (analizó los significados de "creer en los demás" y las empatías en un contexto de marginación). Asimismo, el ejemplo de la guerra cristera que se ha desarrollado en el presente libro representa una investigación narrativa.

Los diseños narrativos pueden ser útiles para estudiar la cultura de una empresa, documentar la aplicación de un modelo educativo o evaluar la evolución de un giro o ramo de servicios en una ciudad intermedia (por ejemplo, un estudio para conocer cómo se han desarrollado los "lounges" con ambientación "chill out" en una ciudad intermedia: ¿cuántos han abierto?, ¿han tenido éxito o no?, ¿qué experiencia de diversión generan?, etcétera).

Diseños de investigación-acción

La finalidad de la investigación-acción es resolver problemas cotidianos e inmediatos (Álvarez-Gayou, 2003; Merriam, 2009) y mejorar prácticas concretas. Su propósito fundamental se centra en aportar información que guíe la toma de decisiones para programas, procesos y reformas estructurales. Sandín (2003, p. 161) señala que la investigación-acción pretende, esencialmente, "propiciar el cambio social, transformar la realidad y que las personas tomen conciencia de su papel en ese proceso de transformación". Por su parte, Elliot (1991) conceptúa a la investigación-acción como el estudio de una situación social con miras a mejorar la calidad de la acción dentro de ella. Para León y Montero (2002) representa el estudio de un contexto social donde mediante un proceso de investigación con pasos "en espiral", se investiga al mismo tiempo que se interviene.

La mayoría de los autores la ubica en los marcos referenciales interpretativo y crítico (Sandín, 2003). McKernan (2001) fundamenta a los diseños de investigación-acción en tres pilares:

- Los participantes que están viviendo un problema son los que están mejor capacitados para abordarlo en un entorno naturalista.

- La conducta de estas personas está influida de manera importante por el entorno natural en que se encuentran.
- La metodología cualitativa es la mejor para el estudio de los entornos naturalistas, puesto que es uno de sus pilares epistemológicos.

La investigación-acción construye el conocimiento por medio de la práctica (Sandín, 2003). Esta misma autora, con apoyo en otros colegas, resume las características de los estudios que nos ocupan, entre las principales están:

1. La investigación-acción envuelve la transformación y mejora de una realidad (social, educativa, administrativa, etc.). De hecho, se construye desde ésta.
2. Parte de problemas prácticos y vinculados con un ambiente o entorno.
3. Implica la total colaboración de los participantes en la detección de necesidades (ellos conocen mejor que nadie la problemática a resolver, la estructura a modificar, el proceso a mejorar y las prácticas que requieren transformación) y en la implementación de los resultados del estudio.

De acuerdo con Álvarez-Gayou (2003), tres perspectivas destacan en la investigación-acción:

1. *La visión técnico-científica.* Esta perspectiva fue la primera en términos históricos, ya que parte del fundador de la investigación-acción, Kurt Lewin. Su modelo consiste en un conjunto de decisiones en espiral, las cuales se basan en ciclos repetidos de análisis para conceptualizar y redefinir el problema una y otra vez. Así, la investigación-acción se integra con fases secuenciales de acción: planificación, identificación de hechos, análisis, implementación y evaluación.
2. *La visión deliberativa.* La concepción deliberativa se enfoca principalmente en la interpretación humana, la comunicación interactiva, la deliberación, la negociación y la descripción detallada. Le incumben los resultados, pero sobre todo el proceso mismo de la investigación-acción. John Elliot propuso esta visión como una reacción a la fuerte inclinación de la investigación educativa hacia el positivismo. Álvarez-Gayou resalta que este autor es el primero que propone el concepto de triangulación en la investigación cualitativa.
3. *La visión emancipadora.* Su objetivo va más allá de resolver problemas o desarrollar mejoras a un proceso, pretende que los participantes generen un profundo cambio social por medio de la investigación. El diseño no sólo cumple funciones de diagnóstico y producción de conocimiento, sino que crea conciencia entre los individuos sobre sus circunstancias sociales y la necesidad de mejorar su calidad de vida.

En este sentido, Stringer (1999) señala que la investigación-acción es:

a) Democrática, puesto que habilita a todos los miembros de un grupo o comunidad para participar.
b) Equitativa, las contribuciones de cualquier persona son valoradas y las soluciones incluyen a todo el grupo o comunidad.
c) Es liberadora, una de sus finalidades reside en combatir la opresión e injusticia social.
d) Mejora las condiciones de vida de los participantes, al habilitar el potencial de desarrollo humano.

Creswell (2005) considera dos diseños fundamentales de la investigación-acción, los cuales se resumen en la figura 15.10.

Investigación-acción participativa o cooperativa En ésta, los miembros del grupo, organización o comunidad fungen como coinvestigadores.

Mertens (2003) señala que el diseño de **investigación-acción participativo** debe involucrar a los miembros del grupo o comunidad en todo el proceso del estudio (desde el planteamiento del problema hasta la elaboración del reporte) y la implementación de acciones, producto de la indagación. Este tipo de investigación conjunta la *expertice* del investigador o investigadora con los conocimientos prácticos, vivencias y habilidades de los participantes.

En los diseños de investigación-acción, el investigador y los participantes necesitan interactuar de manera constante con los datos.

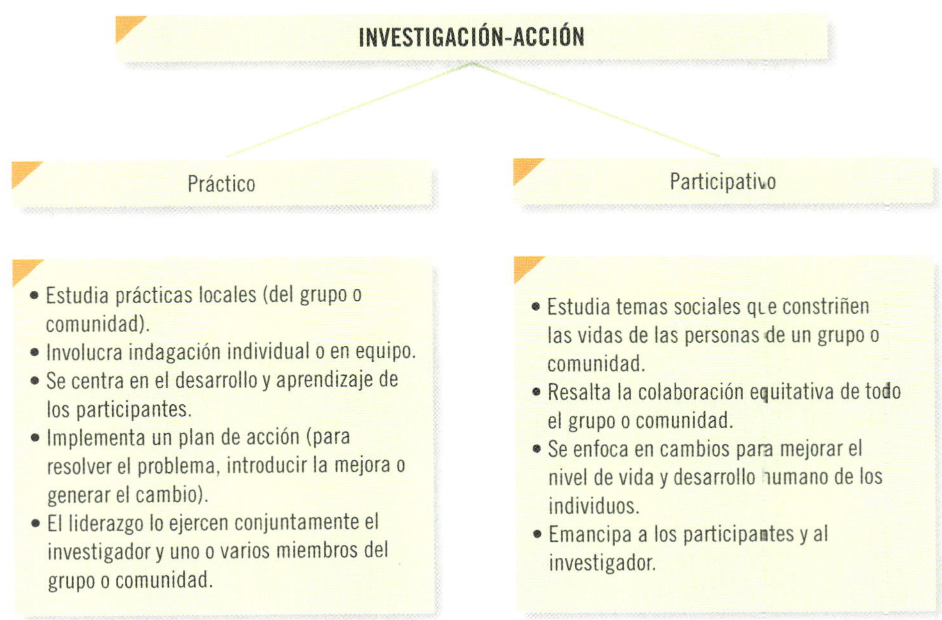

Figura 15.10   Diseños básicos de la investigación-acción.[8]

Las tres fases esenciales de los diseños de investigación-acción son: *observar* (construir un bosquejo del problema y recolectar datos), *pensar* (analizar e interpretar) y *actuar* (resolver problemas e implementar mejoras), las cuales se dan de manera cíclica, una y otra vez, hasta que el problema es resuelto, el cambio se logra o la mejora se introduce satisfactoriamente (Stringer, 1999).

El proceso detallado, que como en todo estudio cualitativo es flexible, se presenta en la figura 15.11. Cabe señalar que la mayoría de los autores lo presentan como una "espiral" sucesiva de ciclos (Sandín, 2003). Los ciclos son:

- Detectar el problema de investigación, clarificarlo y diagnosticarlo (ya sea un problema social, la necesidad de un cambio, una mejora, etcétera).
- Formulación de un plan o programa para resolver el problema o introducir el cambio.
- Implementar el plan o programa y evaluar resultados.
- Retroalimentación, la cual conduce a un nuevo diagnóstico y a una nueva espiral de reflexión y acción.

Como podemos visualizar en la figura 15.11, para plantear el problema es necesario conocer a fondo su naturaleza mediante una inmersión en el contexto o ambiente, cuyo propósito es entender qué eventos ocurren y cómo suceden, lograr claridad sobre el problema y las personas que se vinculan a éste. El problema de investigación puede ser de muy diversa índole como se muestra en la tabla 15.5 y no necesariamente significa una carencia social (el sentido del término problema es tan amplio como lo es el lenguaje de la metodología de la investigación en general).

Una vez lograda la claridad conceptual del problema mediante la inmersión, se recolectan datos sobre el problema. Stringer (1999) sugiere entrevistar a actores clave vinculados con el problema, observar sitios en el ambiente, eventos y actividades que se relacionen con el problema, además de revisar documentos, registros y materiales pertinentes. Incluso, algunos datos serán de carácter cuantitativo (estadísticas sobre el problema). Asimismo, es conveniente tomar notas respecto a la inmersión y a la

---

[8] Basado en Creswell (2005, p. 552).

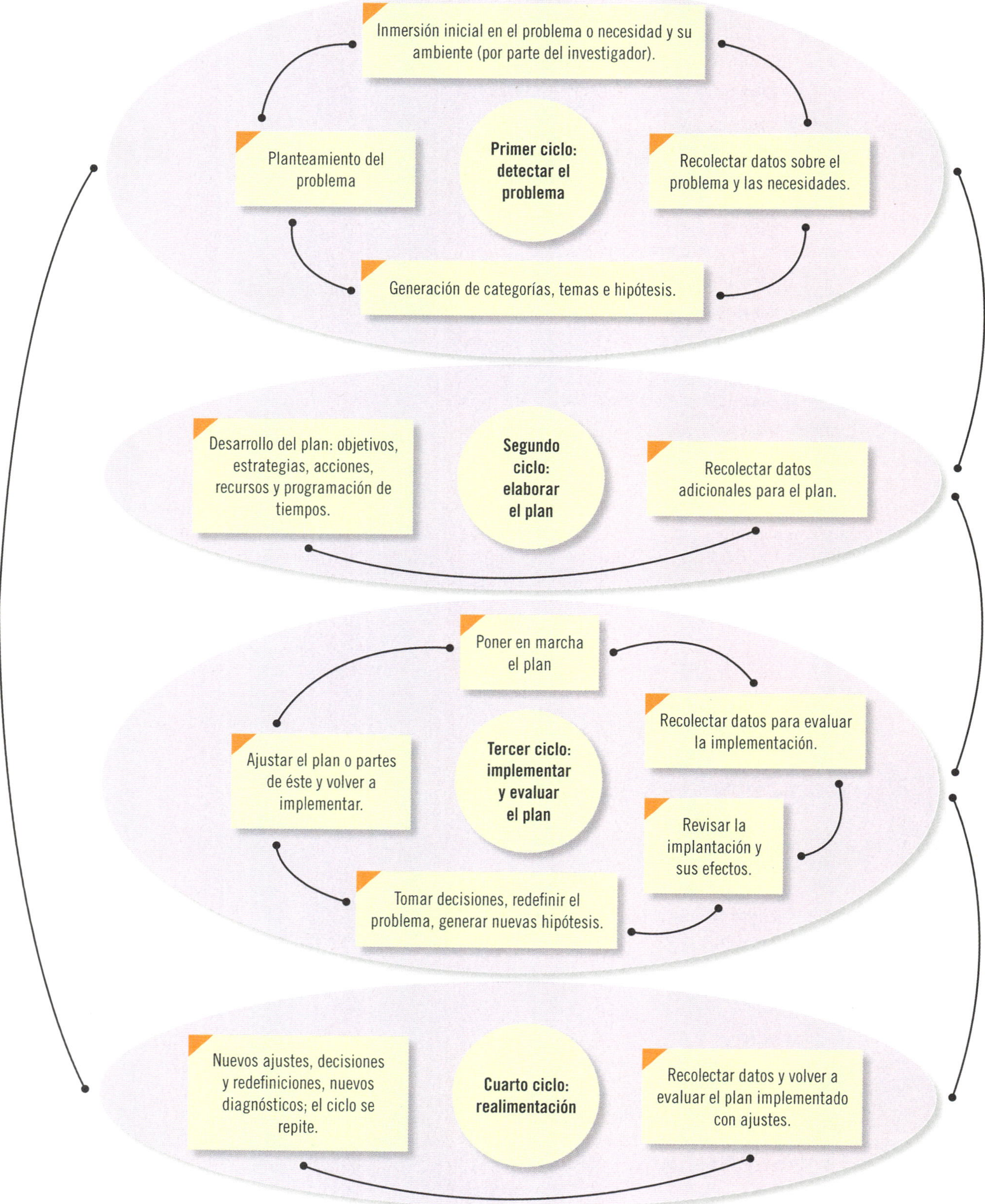

Figura 15.11   Principales acciones para llevar a cabo la investigación-acción.

▲ **Tabla 15.5**   Ejemplos de problemas para la investigación-acción

Problema genérico	Problema específico
Carencia social	Falta de servicios médicos en una comunidad.
	Altos niveles de desempleo en un municipio.
Problema social negativo	Elevada inseguridad en un barrio.
	Drogadicción y alcoholismo entre los jóvenes de una comunidad.
	Atención a una población debido a una emergencia provocada por un desastre natural (como un huracán).
	Aumento en el número de suicidios en una región.
Necesidad de cambio	Redefinición del modelo educativo de una institución de educación superior.
	Introducción de una cultura de calidad y mejora continua en una empresa dedicada a la producción de mermeladas.
	Innovar las prácticas agrícolas en una granja para incrementar la producción de brócoli.
Problemática concreta	Decremento en la matrícula de un grupo de escuelas primarias y secundarias (escuelas básicas) administradas por una congregación religiosa.
	Reducir los altos niveles de rotura de los envases de vidrio en una planta embotelladora de agua mineral con gas (gaseosas).

recolección de datos, grabar entrevistas, filmar eventos y efectuar todas las actividades propias de la investigación cualitativa. Los datos son analizados y se generan categorías y temas relativos al problema. Stringer (1999) nos recuerda la gama de técnicas que podemos usar para el análisis, entre éstas:

- Mapas conceptuales (por ejemplo, vinculación del problema con diferentes tópicos, relación de diferentes grupos o individuos con el problema, temas que integran al problema, etcétera).
- Diagramas causa-efecto.
- Análisis de problemas: problema, antecedentes, consecuencias.
- Matrices (por ejemplo, de categorías, de temas de las causas cruzados con categorías o temas de los efectos).
- Jerarquización de temas o identificación de prioridades.
- Organigramas de la estructura formal (cadena de jerarquías) y de la informal.
- Análisis de redes (entre grupos e individuos).
- Redes conceptuales.

Las entrevistas, la observación y la revisión de documentos son técnicas indispensables para localizar información valiosa, como también los grupos de enfoque. Regularmente se efectúan varias sesiones con los participantes del ambiente; y de hecho, en la modalidad de investigación-acción participativa es un requisito ineludible.

Una vez que los datos se han analizado, se elabora el reporte con el diagnóstico del problema, el cual se presenta a los participantes para agregar datos, validar información y confirmar hallazgos (categorías, temas e hipótesis). Finalmente, se plantea el problema de investigación y se transita al segundo ciclo: la elaboración del plan para implementar soluciones o introducir el cambio o la innovación.

Durante la elaboración del plan, el investigador sigue abierto a recoger más datos e información que puedan asociarse con el planteamiento del problema.

El plan debe incorporar soluciones prácticas para resolver el problema o generar el cambio. De acuerdo con Stringer (1999) y Creswell (2005), los elementos comunes de un plan son:

- Prioridades (aspectos a resolver de acuerdo con su importancia).
- Metas (objetivos generales o amplios para resolver las prioridades más relevantes).

- Objetivos específicos para cumplir con las metas.
- Tareas (acciones a ejecutar, cuya secuencia debe definirse: qué es primero, qué va después, etcétera).
- Personas (quién o quiénes serán responsables de cada tarea).
- Programación de tiempos (calendarización): determinar el tiempo que tomará realizar cada tarea o acción.
- Recursos para ejecutar el plan.

Además de definir cómo piensa evaluarse el éxito en la implementación del plan. Poner en marcha el plan es el tercer ciclo, el cual depende de las circunstancias específicas de cada estudio y problema. A lo largo de la implementación del plan, la tarea del investigador es sumamente proactiva: debe informar a los participantes sobre las actividades que realizan los demás, motivar a las personas para que el plan sea ejecutado de acuerdo con lo esperado y cada quien realice su mejor esfuerzo, asistirlas cuando tengan dificultades y conectar a los participantes en una red de apoyo mutuo (Stringer, 1999). Durante este ciclo el investigador recolecta continuamente datos para evaluar cada tarea realizada y el desarrollo de la implementación (monitorea los avances, documenta los procesos, identifica fortalezas y debilidades y retroalimenta a los participantes). Una vez más, utiliza todas las herramientas de recolección y análisis que sean posibles, y programa sesiones con grupos de participantes, cuyo propósito cumple dos funciones: evaluar los avances y recoger de "viva voz" las opiniones, experiencias y sentimientos de los participantes en esta etapa.

Con los datos que se recaban de forma permanente se elaboran —a la par con los participantes, o al menos con sus líderes o actores clave— reportes parciales para evaluar la aplicación del plan. Sobre la base de tales reportes se realizan ajustes pertinentes al plan, se redefine el problema y se generan nuevas hipótesis. Al final de la implantación, se vuelve a evaluar, lo que conduce al ciclo de "realimentación", que implica más ajustes al plan y adecuarse a las contingencias que surjan. El ciclo se repite hasta que el problema es resuelto o se logra el cambio.

En la vertiente "participativa", al menos algunos miembros del ambiente se involucran en todo el proceso de investigación, ciclo por ciclo, sus funciones son las mismas que las del investigador. Incluso, se acostumbra que sean coautores de los reportes parciales y del reporte final.

Los diseños investigación-acción también representan una forma de intervención y algunos autores los consideran diseños mixtos, pues normalmente recolectan datos cuantitativos y cualitativos, y se mueven de manera simultánea entre el esquema inductivo y el deductivo.

En España y América Latina estos diseños son muy utilizados para enfrentar retos en diversos campos del conocimiento y resolver cuestiones sociales. Un investigador muy reconocido en todo el ámbito de las ciencias sociales, Paulo Freire, realizó diversos estudios fundamentados en la investigación-acción, hasta su muerte en 1997.

Este tipo de diseño se ha aplicado a una amplia gama de ámbitos. Por ejemplo, a la educación, como lo es el caso del estudio de Gómez Nieto (1991), que se abocó a encontrar una alternativa de modelo didáctico para niños menores de seis años con necesidades educativas especiales desde el nacimiento; o el de Krogh (2001), que exploró en Canberra, Australia, la forma de utilizar a la investigación-acción como herramienta de aprendizaje para estudiantes, educadores, empresas comerciales vinculadas con instituciones educativas y proveedores de servicios. Asimismo, Méndez, Hernández Sampieri y Cuevas (2009), quienes evaluaron —entre otras cuestiones— el impacto perceptual de obras sociales y de infraestructura implementadas por el gobierno de Guanajuato con recursos propios y del Banco Mundial, involucrando a casi dos mil habitantes de comunidades del Estado.

En el caso de la administración, tenemos varios ejemplos, como el de Mertens (2001), que evaluó la reorganización progresiva del Ministerio Belga de Impuestos, acorde con las perspectivas de investigación-acción y las constructivistas. Fue un estudio donde colaboraron asesores externos y funcionarios de la institución y se documentó en varias etapas: contratación de consultores, diseño colaborativo del estudio, cambio organizacional (ajustes a la estructura y procesos de la dependencia) y entrenamiento de la burocracia para el cambio.

El diseño de investigación-acción incluso se empleó en un estudio sobre la inteligencia emocional de niños de tres a cinco años.

Incluso se ha utilizado para estudiar la inteligencia emocional de los niños pequeños (de tres a cinco años de edad) y cómo incrementarla, a la par con sus habilidades sociales (Kolb y Weede, 2001). También para estudiar la viabilidad de operación de centros médicos amenazados por: *a*) los cambios en el sistema de salud norteamericano, *b*) los costos crecientes de la práctica hospitalaria, *c*) la reducción de presupuesto para investigación y ayuda a los sectores más pobres de la sociedad (Mercer, 1995);[9] o resolver un problema como la rotura de envases de vidrio en las plantas de una empresa embotelladora, lo cual implicaban mermas para la empresa por más de tres millones de dólares anuales (Hernández Sampieri, 1990).

Otros diseños

Además de los diseños revisados en el capítulo, algunos autores visualizan otros; por ejemplo, Mertens (2005) agrega los **diseños fenomenológicos**, que se enfocan en las experiencias individuales subjetivas de los participantes. En términos de Bogden y Biklen (2003), se pretende reconocer las percepciones de las personas y el significado de un fenómeno o experiencia. La típica pregunta de investigación de un estudio fenomenológico se resume en: ¿cuál es el significado, estructura y esencia de una experiencia vivida por una persona (individual), grupo (grupal) o comunidad (colectiva) respecto de un fenómeno? (Patton, 2002). Estos diseños son similares al resto de los que conforman el núcleo de la investigación cualitativa y, tal vez, aquello que los distingue reside en que la o las experiencias del participante o participantes son el centro de la indagación.

Diseños fenomenológicos Se enfocan en las experiencias individuales subjetivas de los participantes.

De acuerdo con Creswell (1998), Álvarez-Gayou (2003) y Mertens (2005), la fenomenología se fundamenta en las siguientes premisas:

- En el estudio, se pretende describir y entender los fenómenos desde el punto de vista de cada participante y desde la perspectiva construida colectivamente.
- El diseño fenomenológico se basa en el análisis de discursos y temas específicos, así como en la búsqueda de sus posibles significados.

---

[9] Los resultados del proceso de investigación-acción, en este caso, sugirieron varias medidas para afrontar la crisis de los centros médicos considerados, entre éstas: reestructuración administrativa, paros de trabajadores, fusiones y alianzas entre hospitales, reducir la contratación de médicos y modificar los esquemas de dirección de los centros hospitalarios.

- El investigador confía en la intuición, imaginación y en las estructuras universales para lograr aprehender la experiencia de los participantes.
- El investigador contextualiza las experiencias en términos de su temporalidad (tiempo en que sucedieron), espacio (lugar en el cual ocurrieron), corporalidad (las personas físicas que la vivieron) y el contexto relacional (los lazos que se generaron durante las experiencias).
- Las entrevistas, grupos de enfoque, recolección de documentos y materiales e historias de vida se dirigen a encontrar temas sobre experiencias cotidianas y excepcionales.
- En la recolección enfocada se obtiene información de las personas que han experimentado el fenómeno que se estudia.

Un ejemplo de investigación fenomenológica sería una indagación entre personas que han sido secuestradas para entender cómo definen, describen y entienden esa terrible experiencia, en sus propios términos. Otros casos serían: 1) Willig (2007/2008), quien estudió lo que puede significar para los individuos el "engancharse" en deportes extremos, entrevistando a ocho médicos expertos en el tema; y 2) Bondas y Eriksson (2001), investigadoras que analizaron las experiencias vividas por mujeres finlandesas durante su embarazo (la clase de bebé que desean, la promoción de la salud del futuro infante, los cambios en sus cuerpos, las variaciones en humor, el esforzarse por alcanzar "comunión" con la familia, sus sueños, esperanzas y planes; así como relaciones que cambian).

Finalmente, otros autores también mencionan a la investigación histórica como una forma cualitativa de indagación, pero nosotros consideramos que es en sí un proceso de investigación, digno de un tratamiento aparte y de un libro enfocado casi exclusivamente a él, y en todo caso, sería un diseño mixto.

Un último comentario

OA 3 Las fronteras entre los diseños cualitativos realmente no existen. Por ejemplo, un estudio orientado por la teoría fundamentada abarca elementos narrativos y fenomenológicos. Una investigación-acción puede generar codificación axial (teoría fundamentada) cuando analiza entrevistas realizadas a participantes respecto a cierto problema de interés. Creemos que el estudiante no debe preocuparse tanto sobre si su estudio es narrativo o etnográfico, su atención más bien tiene que centrarse en realizar la investigación de manera sistemática y profunda, así como a responder al planteamiento del problema.

Resumen

- En el enfoque cualitativo, el diseño se refiere al "abordaje" en general que habremos de utilizar en el proceso de investigación.
- El diseño, al igual que la muestra, la recolección de los datos y el análisis, surge desde el planteamiento del problema hasta la inmersión inicial y el trabajo de campo; desde luego, va sufriendo modificaciones, aun cuando es más bien una forma de enfocar el fenómeno de interés.
- Los principales tipos de diseños cualitativos son: *a*) teoría fundamentada, *b*) diseños etnográficos, *c*) diseños narrativos y *d*) diseños de investigación-acción, además de los diseños fenomenológicos.
- El planteamiento básico del diseño de teoría fundamentada es que las proposiciones teóricas surgen de los datos obtenidos en la investigación, más que de los estudios previos.
- Se han concebido fundamentalmente dos diseños de teoría fundamentada: *a*) sistemático y *b*) emergente.
- El procedimiento regular del análisis de teoría fundamentada es: codificación abierta, codificación axial, codificación selectiva, generación de teoría.
- Los diseños etnográficos pretenden describir y analizar ideas, creencias, significados, conocimientos y prácticas de grupos, culturas y comunidades.
- Existen varias clasificaciones de los diseños etnográficos. Creswell (2005) los divide en: realistas, críticos, clásicos, microetnográficos y estudios de caso.

- En los diseños etnográficos el investigador, por lo general, es completamente un observador participante.
- Los diseños etnográficos investigan grupos o comunidades que comparten una cultura: el investigador selecciona el lugar, detecta a los participantes y, por último, recolecta y analiza los datos.
- En los diseños narrativos el investigador recolecta datos sobre las historias de vida y experiencias de ciertas personas para describirlas y analizarlas.
- Los diseños narrativos pueden referirse: *a)* toda la historia de vida de un individuo o grupo, *b)* un pasaje o época de dicha historia de vida o *c)* uno o varios episodios.
- Mertens (2005) divide a los estudios narrativos en: *a)* de tópicos (enfocados en una temática, suceso o fenómeno), *b)* biográficos (de una persona, grupo o comunidad; sin incluir la narración de los participantes "en vivo", ya sea porque fallecieron, porque no recuerdan a causa de su edad o enfermedad, o son inaccesibles, *c)* autobiográficos (de una persona, grupo o comunidad incluyendo testimonios orales "en vivo" de los actores participantes).
- Existen dos esquemas principales para que el investigador narre una historia: *a)* estructura problema-solución, y *b)* estructura tridimensional.

- La finalidad de la investigación-acción es resolver problemas cotidianos e inmediatos y mejorar prácticas concretas. Se centra en aportar información que guíe la toma de decisiones para programas, procesos y reformas estructurales.
- Tres perspectivas destacan en la investigación-acción: la visión tecnico-científica, la visión deliberativa y la visión emancipadora.
- Creswell (2005) considera dos diseños fundamentales de la investigación-acción: práctico y participativo.
- El diseño participativo implica que las personas interesadas en resolver el problema ayudan a desarrollar todo el proceso de la investigación: de la idea a la presentación de resultados.
- Las etapas o ciclos para efectuar una investigación-acción son: detectar el problema de investigación, formular un plan o programa para resolver el problema o introducir el cambio, implementar el plan y evaluar resultados, además de generar retroalimentación, la cual conduce a un nuevo diagnóstico y a una nueva espiral de reflexión y acción.

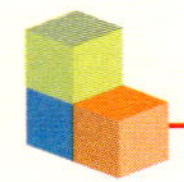

Conceptos básicos

Categoría
Categoría central
Codificación abierta
Codificación axial
Codificación selectiva
Códigos en vivo
Diseño de investigación cualitativa
Diseño emergente
Diseño participativo
Diseño práctico
Diseño sistemático

Diseños de investigación-acción
Diseños de teoría fundamentada
Diseños etnográficos
Diseños fenomenológicos
Diseños narrativos
Etnografía
Narrativa
Hipótesis
Tema
Teoría fundamentada

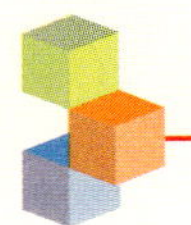

Ejercicios

1. Detecte una problemática en su barrio, colonia, municipio o comunidad (de cualquier índole). Una vez que tenga en mente el problema: *a)* Observe directamente el problema en cuestión (sea testigo directo) en el lugar donde ocurre y tome notas reflexivas sobre éste (en consonancia de la problemática, la observación le puede tomar horas o días). ¿Cómo puede describirse el problema?, ¿a quiénes afecta o incumbe?, ¿de qué magnitud es de acuerdo con su percepción?, ¿cómo se manifiesta?, ¿cuánto hace que persiste?, ¿qué intentos se han efectuado por resolverlo?

   Realice algunas entrevistas sobre el problema con vecinos y en general con habitantes del lugar donde vive (digamos cinco o seis entrevistas como mínimo). Transcriba las entrevistas y analícelas, de acuerdo con cualesquiera de los diseños de la teoría fundamentada. ¿Cuáles son las categorías y temas más importantes que emergieron del análisis?, ¿cómo se relacionan estos temas?, ¿cuál es la esencia del problema? (categoría central), ¿cuáles son las causas?, ¿cuáles sus consecuencias?, ¿cuáles las condiciones intervinientes? Recuerde evitar mezclar sus opiniones con las de los participantes, deje que ellos expresen de manera amplia sus puntos de vista (no introduzca sesgos). Posteriormente, lleve a cabo una sesión de enfoque sobre el problema (cuatro o cinco personas). Una vez más, no influya en los participantes. En la reunión también haga preguntas sobre si la cultura (creencias, costumbres, participación, etc.) del barrio o comunidad puede facilitar o no la solución del problema. Transcriba la sesión y analícela siguiendo el modelo de teoría fundamentada. Responda a las preguntas mencionadas en la entrevista. Compare los resultados de la sesión con los de las entrevistas: ¿qué coincidencias y diferencias encuentra? Elabore un reporte con los resultados de la sesión y las entrevistas. Incluya en el reporte una narración del problema mediante la estructura problema-solución. Agregue sus conclusiones.

Organice una sesión para recabar ideas sobre cómo resolver o enfrentar el problema, con otros participantes distintos a los de la sesión anterior (que seguramente, ya aportaron soluciones) y de ser posible invite a un líder de la comunidad. Elabore con ellos un plan que incorpore las ideas de todos y las suyas propias. Analice los obstáculos que tendría tal plan. Idealmente, implemente el plan y evalúe. Documente la experiencia que abarca: teoría fundamentada, análisis narrativo y fenomenológico, así como algo de etnográfico. La problemática puede ser en una empresa o sindicato.

2. Platique con uno de sus mejores amigos o amigas sobre, ¿cuál ha sido la experiencia que a él o ella le ha generado mayor satisfacción o alegría? Tome notas y de ser posible grábela en audio o video, genere temas de la experiencia y vuelva usted a narrar la historia con todos sus elementos: ¿dónde y cuándo ocurrió?, ¿cuál es su significado?, ¿qué implicaciones tiene?, ¿quiénes participaron?, etcétera.

3. Documente y analice una cultura antigua o actual (egipcia, romana, azteca, maya, los godos, la de su país; la subcultura de un grupo de música o equipo de fútbol, etc.). ¿Qué características o rasgos distintivos tenía o tiene? y ¿en qué creía o cree esa cultura? (pueden considerarse muchos aspectos, pero con estos dos nos conformaremos).

4. Respecto de su planteamiento sobre el problema de investigación cualitativo, del que ya consideró cuál sería la unidad de análisis inicial y el tipo de muestra dirigida, así como los instrumentos que utilizaría para recolectar los datos. ¿Qué diseño o diseños cualitativos serían pertinentes para el estudio?

Ejemplos desarrollados

La guerra cristera en Guanajuato

El estudio es esencialmente de carácter narrativo y fenomenológico. Para cada población, una vez realizada la inmersión en el campo, se procedió a recolectar datos por medio de: *a)* documentos, *b)* testimonios obtenidos por entrevistas, *c)* objetos y *d)* observación de sitios. Los distintos tipos de datos primero fueron analizados por separado y luego en conjunto.

Las entrevistas constituyeron el eje de los reportes, en torno a éstas se desarrolló una descripción narrativa de cada comunidad, la cual incluía las experiencias de los participantes y su significado con respecto a la guerra cristera (los objetos, documentos y observaciones complementaron las entrevistas y se agregaron a la narración). La mayoría de las narraciones se basaron en los siguientes temas, que fueron en su mayoría generados inductivamente:[10]

- Datos sobre el desarrollo de la guerra cristera en la comunidad (fechas de inicio, terminación y

---

[10] Como ocurre en la investigación cualitativa con frecuencia, durante las entrevistas iniciales de la primera comunidad analizada, se generaron ciertas categorías y temas; después, emergieron otras(os). Al considerar a la segunda población, surgieron categorías y temas adicionales; lo que requirió volver a codificar las entrevistas de la primera comunidad, y así sucesivamente. Al final, se hizo una recodificación de todas las entrevistas en todas las poblaciones y fue cuando se agregó el análisis de objetos, documentos y observaciones.

hechos relevantes, número de víctimas, templos cerrados, etcétera).

- Circunstancias de la comunidad (hoy en día todas son municipios): antecedentes específicos de cada población, situación al inicio de la conflagración, durante ésta y al terminar.
- Levantamiento en armas: a partir del 31 de julio de 1926, cómo ocurre la rebelión en cada lugar.
- Cristeros: descripción, perfiles, motivaciones, formas de organización y nombres de los líderes.
- Armamento: características de las armas y la manera en que los grupos cristeros se abastecían de armas y "parque" (municiones).
- Manutención y apoyo: qué personas, que no participaron en la lucha, apoyaron a los cristeros (contactos) y cómo proveían a éstos de comida, dinero, armas y noticias sobre las posiciones del Ejército del Gobierno Federal.
- Símbolos y lenguaje cristeros: tema con las siguientes categorías:

  a) Estandartes.
  b) Lemas.
  c) Gritos de lucha.
  d) Oraciones.
  e) Objetos religiosos.
  f) Otros.

- Tropas federales: nombres y descripción de los soldados del Ejército del Gobierno Federal.
- Lugares estratégicos de los cristeros. Tema con dos categorías:

  a) Cuarteles.
  b) Escondites.

- Cuarteles federales. Tema con tres categorías:

  a) Claustros de monjas y escuelas religiosas.
  b) Iglesias.
  c) Haciendas.

- Enfrentamientos: luchas armadas entre federales y cristeros.
- Fusilamientos, asesinatos y ejecuciones. Tema con las siguientes categorías:
  a) De cristeros.
  b) De federales.
  c) De sacerdotes.

- Injusticias. Este tema se integra por las siguientes categorías:

  a) Robos por parte de los cristeros.
  b) Robos por parte de los federales.
  c) Asesinatos de personas inocentes.

- Misas ocultas (recordemos que estaban prohibidas por la Ley Calles): descripción de cómo en casas particulares se realizaban las misas.
- Sacerdotes perseguidos, con las categorías:

  a) Modo de vida de sacerdotes que se escondían.
  b) Torturas y fusilamientos.

- El papel de la mujer en la guerra cristera: cómo las mujeres, participaron y apoyaron el conflicto.
- Tradición oral. Tema con las categorías:

  a) Leyendas.
  b) Sucesos.
  c) Oraciones.
  d) Corridos.

- Final de la guerra cristera (versión oficial): qué aconteció en cada municipio cuando las iglesias son reabiertas y los cultos son permitidos de nuevo (1929).
- Continuación real de las hostilidades (1929-1940): en la mayoría de los municipios el conflicto prosiguió. En algunos casos la persecución cristera se mantuvo, en otros, los rencores y venganzas por parte de ambos bandos perpetuó la conflagración local, y en ciertos lugares, con el pretexto del conflicto cristero, se continuó luchando, pero por otros motivos (posesión de tierras, levantamiento contra terratenientes, etcétera).
- Secuelas actuales (siglo xxi), con las siguientes categorías:

  a) Santuarios donde se venera a los mártires en nuestros días.
  b) Monumentos en memoria de los cristeros caídos.
  c) Peregrinaciones y fiestas para recordar el movimiento y a los mártires.
  d) Testimonios de milagros: exvotos y narraciones.

Al final, se presentó una narración general y un modelo de entendimiento de este conflicto armado (con base en las narraciones de las distintas poblaciones consideradas).

Consecuencias del abuso sexual infantil

Esta investigación es de naturaleza fenomenológica (se analizaron los significados de las experiencias de abuso sexual de las participantes) y su método de análisis fue el de teoría fundamentada (diseño sistemático). El modelo resultante ya se presentó en el capítulo anterior. Recordemos que las categorías centrales (fenómeno) fueron dos: *sentimientos amenazantes o peligrosos* y *carencia de ayuda, impotencia y falta de control*.

Centros comerciales

El diseño que guió el estudio fue el de teoría fundamentada en su versión "emergente" o "clásica". Simplemente se codificaron las transcripciones de las sesiones y se generaron las categorías y temas.

Se elaboró un reporte por cada centro comercial (en las urbes de más de tres millones de habitantes hay por lo menos dos centros comerciales de la cadena u organización en estudio, en ciudades intermedias con menos de tres millones de habitantes, solamente se ubica un centro comercial). Cada centro tiene entre 100 y 300 establecimientos o comercios, incluyendo de dos a cuatro tiendas departamentales grandes (20 a 40 secciones).

Mostramos las principales categorías que emergieron en los siete grupos de enfoque organizados para uno de los centros comerciales, en un tópico concreto.

Área 2: Atributos del centro comercial

Temática

- Identificación y definición de los atributos, oportunidades y factores críticos de éxito del centro comercial ideal.

Pregunta: ¿qué factores son importantes para elegir un centro comercial como el preferido?

Categorías: Las 10 primeras fueron recurrentes en todas las sesiones y se "saturaron" más rápidamente.

El ambiente
Variedad de tiendas
Tranquilidad
Limpieza
Ubicación
La gente ("parecida a mí"), mismo nivel socioeconómico

Cercanía
Seguridad
El diseño, la arquitectura
Decoración
    Buenos servicios
    La comodidad
    La comida
    Las instalaciones (escaleras eléctricas, elevadores, facilidades de acceso, amplitud de pasillos, etcétera)
    Su exclusividad
    La iluminación
    Estacionamiento (amplitud y accesibilidad)
    Los precios
    El lugar pequeño
    Las chicas, mujeres que van
    Estilo de la plaza ("personalidad moderna")
    La ropa (variedad, calidad y marcas)
    La calidad de los productos de las tiendas (en general)
    Los bancos
    Área de comida rápida
    Los "chavos", hombres jóvenes
    La diversión
    No hay mucho ruido
    El tamaño
    Los eventos (conciertos, espectáculos y otros)
    El resto de las categorías fueron mencionadas con menor frecuencia.

Los investigadores opinan

El libro ha sido muy útil en el trabajo de investigación tanto en mi propia investigación, como en la que puedo dirigir a los estudiantes de psicología.

El investigador, sea estudiante o profesional en cualquier área, debe tener claro el camino a seguir en la investigación que desarrolla. La ilustración que hace el libro con ejemplos tan específicos, permite arrojar luz en la comprensión de una aplicación concreta del desarrollo de las partes de la investigación. Esto es algo que debe tener claro el estudiante y el investigador. Otro ejemplo muy útil del libro es el esfuerzo que hace por superar la dicotomía entre método cuantitativo y cualitativo, mediante ejemplos concretos. La posibilidad de encontrar ejemplos que "ponen en diálogo" ambos métodos ha sido muy útil para integrar antes que separar y poner en conflicto. El investigador y el estudiante logran ver de manera más clara, aunque respetando los presupuestos epistemológicos de ambos métodos, que es posible trabajar con modelo mixto.

FERNANDO A. MUÑOZ M.
Director general académico
Universidad Católica de Costa Rica

16 El reporte de resultados del proceso cualitativo

Proceso de investigación cualitativa →

Paso 5 Elaborar el reporte de resultados cualitativos

- Definición del usuario.
- Selección del tipo de reporte a presentar de acuerdo con el usuario: contexto académico o no académico, formato y narrativa.
- Elaboración del reporte y del material adicional correspondiente.
- Presentación del reporte.

Oa Objetivos del aprendizaje

Al terminar este capítulo, el alumno será capaz de:

1 Reconocer los tipos de reportes de resultados en la investigación cualitativa.
2 Comprender los elementos que integran un reporte de investigación cualitativa.
3 Visualizar la manera de estructurar el reporte de un estudio cualitativo.

Síntesis

En el capítulo se comenta sobre la estructura común de un reporte cualitativo y los elementos que la integran. Por otra parte, se señala que los reportes cualitativos pueden ser, al igual que los cuantitativos, académicos y no académicos. Además, se sugieren diversas recomendaciones para su elaboración.

También, se destacan tres aspectos que son importantes en la presentación de los resultados por medio del reporte: la narrativa, el soporte de las categorías (con ejemplos) y los elementos gráficos. Asimismo, se insiste en que el reporte debe ofrecer una respuesta al planteamiento del problema y señalar las estrategias que se usaron para abordarlo, así como los datos que fueron recolectados, analizados e interpretados por el investigador.

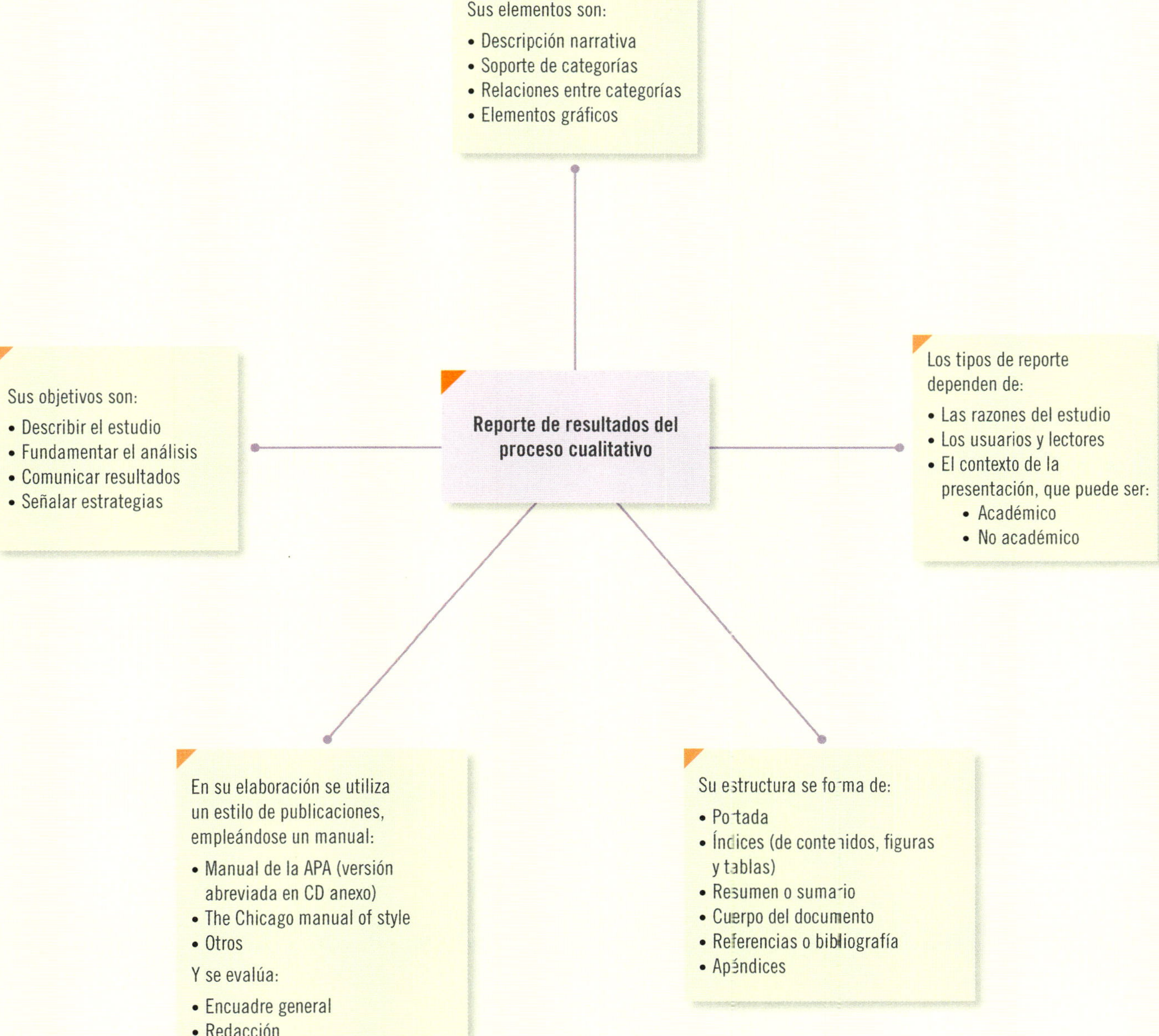

Sus elementos son:
• Descripción narrativa
• Soporte de categorías
• Relaciones entre categorías
• Elementos gráficos

Sus objetivos son:
• Describir el estudio
• Fundamentar el análisis
• Comunicar resultados
• Señalar estrategias

Reporte de resultados del proceso cualitativo

Los tipos de reporte dependen de:
• Las razones del estudio
• Los usuarios y lectores
• El contexto de la presentación, que puede ser:
  • Académico
  • No académico

En su elaboración se utiliza un estilo de publicaciones, empleándose un manual:
• Manual de la APA (versión abreviada en CD anexo)
• The Chicago manual of style
• Otros
Y se evalúa:
• Encuadre general
• Redacción
• Forma

Su estructura se forma de:
• Portada
• Índices (de contenidos, figuras y tablas)
• Resumen o sumario
• Cuerpo del documento
• Referencias o bibliografía
• Apéndices

Los reportes de resultados de la investigación cualitativa

OA 1 Los reportes de resultados del proceso cualitativo pueden adquirir los mismos tipos y contextos que los reportes cuantitativos, por esto no se repetirán (para ello recomendamos al lector revisar la tabla 11.1 del capítulo 11 de este texto y su correspondiente sección o apartado); aunque ciertamente son más flexibles y lo que los diferencia es que se desarrollan mediante una forma y esquema narrativos. Estos reportes también deben ofrecer una respuesta al planteamiento del problema y fundamentar las estrategias que se usaron para abordarlo, así como los datos que fueron recolectados, analizados e interpretados por el investigador (Munhall y Chenail, 2007; McNiff y Whitehead, 2009). Respecto a la extensión es similar a los reportes cuantitativos.

A continuación se comentan algunas características y recomendaciones sobre los reportes cualitativos; cada lector adoptará las que juzgue pertinentes y cabe destacar que algunas se traslapan:

- El reporte cualitativo es una exposición narrativa donde se presentan los resultados con todo detalle (Merriam, 2009), aunque deben obviarse los pormenores que conozcan los lectores (Williams, Unrau y Grinnell, 2005). Por ejemplo, supongamos que presentamos a la junta directiva de un hospital una investigación sobre la relación entre un grupo de médicos y sus pacientes terminales, la descripción del ambiente (el hospital) debe ser muy breve, ya que supuestamente los miembros de la junta lo conocen.
- Las descripciones y narraciones utilizan un lenguaje vívido, fresco y natural. El estilo es más personal y se puede redactar en primera persona.
- Asimismo, tal informe se redacta en tiempo pasado (pretérito). Por ejemplo: "la muestra fue…", "se entrevistaron a…", "Chris permaneció en la comunidad por tres meses hasta…", "se efectuaron seis sesiones…"
- El lenguaje no debe ser "sexista" ni discriminatorio en modo alguno.
- Conviene utilizar varios diccionarios: Diccionario de la Lengua Española (editado por la Real Academia Española), diccionarios de sinónimos y antónimos, diccionarios de términos cualitativos, etcétera.
- Las secciones del reporte deben relacionarse entre sí por un "hilo conductor" (el último párrafo de una sección con el primero de la siguiente sección).
- En los reportes deben incluirse fragmentos de contenido o testimonios (unidades de análisis) expresados por los participantes (citas textuales, en su lenguaje, aunque las palabras sean incorrectas desde el punto de vista gramatical o puedan ser consideradas "impropias" por algunas personas).
- Para enriquecer la narración se recomienda usar ejemplos, anécdotas, metáforas y analogías.
- La narración puede comenzar con una historia costumbrista, un testimonio, una reflexión, una anécdota o de manera formal. Incluso, como menciona Creswell (2009), puede no solamente iniciarse, sino estructurarse, a manera de "cuento",[1] "novela" u "obra de teatro", es decir, con estilo "narrativo" (Cuevas, 2009).
- Las contradicciones deben especificarse y aclararse.
- En la interpretación de resultados y la discusión: se revisan los resultados más importantes y se incluyen los puntos de vista y las reflexiones de los participantes y del investigador respecto al significado de los datos, los resultados y el estudio en general; además de evidenciar las limitaciones de la investigación y hacer sugerencias para futuras indagaciones.
- El investigador debe ser abierto con la audiencia del estudio respecto a su posición personal, incluyendo en el reporte una breve sección en la que explique su perspectiva respecto al fenómeno y los hechos; además de sus antecedentes, valores, creencias y experiencias que podrían influir en su visión sobre el problema analizado. También, en caso de que así sea, debe reportar si tiene

---

[1] Se aclara, a "manera de cuento", no que sea un "cuento" (con narraciones exageradas, por ejemplo). El buen reporte cualitativo es realista y demuestra que el estudio es creíble.

alguna conexión (personal, laboral, etc.) con los participantes (Cuevas, 2009). Para ello, las anotaciones, particularmente las personales, le son de gran utilidad.

- Esterberg (2002) sugiere planear cómo va a elaborarse el reporte (¿cuántas secciones debe contener?, ¿cuál debe ser su estructura?, ¿aproximadamente qué tan largo debe ser?, ¿qué es importante incluir y excluir?, ¿cuál debe ser el índice tentativo?). A nuestro juicio es conveniente realizar la planeación las primeras veces que se desarrollan reportes de estudios cualitativos.
- Debemos cuidar los detalles en el reporte, no solamente en la narración, sino en la estructura.
- El análisis, la interpretación y la discusión en el reporte deben incluir: las descripciones profundas y completas (así como su significado) del contexto, ambiente o escenario; de los participantes; los eventos y las situaciones; las categorías, los temas y patrones, y de su interrelación (hipótesis y teoría).
- Mertens (2005) sugiere que la mayoría de los reportes deben contener la historia del fenómeno o hecho revisado, la ubicación del lugar donde se llevó a cabo el estudio, el clima emocional que prevaleció durante la investigación, las estructuras organizacionales y sociales del ambiente. Así como las reglas, los grupos y todo aquello que pueda ser relevante para que el lector comprenda el contexto en términos del estudio presentado.
- Además de descripciones y significados es importante presentar varios ejemplos de cada categoría o tema que sean los más representativos (Neuman, 2009).
- En ocasiones se pueden agregar las transcripciones como anexos, para fines de auditoría o simplemente para que cualquier lector pueda profundizar en la investigación (Mertens, 2005). Incluso, un investigador podría "subirlas" a una página web donde puedan ser revisadas.
- Se deben incluir todas las "voces" o perspectivas de los participantes, al menos las más representativas (las que más se repiten, las que se refieren a las categorías más relevantes, las que expresan el sentir de la mayoría). Los marginados, los líderes, las personas comunes, hombres y mujeres, etc.; todos tienen el derecho de ser escuchados y de que hagamos "eco" de sus necesidades, sentimientos y manifestaciones. Por ejemplo, en el estudio de la guerra cristera, el tema fundamental (o uno de las más importantes) fue el ataque a la libertad de culto y símbolos religiosos (cierre de templos, prohibición de misas y de reuniones en las iglesias), entonces es necesario incluir las diferentes "voces" o tipos de personas que se expresaron sobre este tema (sacerdotes no combatientes, sacerdotes combatientes, soldados cristeros, mujeres y hombres devotos, soldados del ejército federal, población común que no se inmiscuyó directamente en las batallas o escaramuzas, etc.). Si alguna "expresión" no se escuchó (es decir, no se pronunció durante la recolección de los datos), al elaborar el reporte nos debemos cuestionar: ¿por qué? y tal vez hasta sea conveniente regresar al campo para recabar esas "voces perdidas" o, al menos, conocer los motivos de su "silencio".
- Antes de elaborar el reporte debe revisarse el sistema completo de categorías, temas y reglas de codificación.

Estructura del reporte cualitativo

Ya se resaltó que cada reporte es diferente, pero los elementos más comunes (sobre todo cuando se piensa publicarlo en una revista científica o en un documento técnico-académico), en un esquema muy general, son:[2]

1. **Portada**
2. **Índices**
3. **Resumen**
4. **Cuerpo del trabajo**
   - *Introducción*: incluye los antecedentes
   - Revisión de la literatura
   - Método
   - Análisis y resultados
   - Discusión
5. **Referencias o bibliografía**
6. **Apéndices**

---

[2] Por cuestiones de espacio no repetiremos algunos comentarios que son comunes en los reportes cuantitativos y que fueron hechos en el capítulo 11, como las portadas de las tesis y disertaciones.

1. Portada

Comprende el título de la investigación, el nombre del autor o los autores y su afiliación institucional, o el nombre de la organización que patrocina el estudio, así como la fecha y el lugar en que se presenta el reporte.

2. Índices

De contenido, tablas y figuras. Estos conceptos ya se introdujeron en el capítulo 11.

3. Resumen

Estas mismas características del reporte cuantitativo ya se explicaron en el capítulo 11. En la tabla 16.1 se presenta el resumen traducido de Morrow y Smith (1995, p. 24) como ejemplo.[3]

▲ **Tabla 16.1**   Ejemplo de un resumen de un artículo producto de investigación cualitativa

Los constructos de supervivencia y las formas de sobrellevar la situación de mujeres que sobrevivieron al abuso sexual durante su infancia

Susan L. Morrow

Department of Educational Psychology, University of Utah

Mary Lee Smith

Division of Educational Leadership and Policy Studies, Arizona State University

Resumen

Este estudio cualitativo investigó los constructos personales de supervivencia y afrontamiento de la situación crítica por parte de 11 mujeres que padecieron abuso sexual durante su niñez.

Se utilizaron como técnicas de recolección de datos: entrevistas en profundidad, un grupo de enfoque de 10 semanas de duración, evidencia documental, seguimiento mediante la verificación de resultados y conclusiones por parte de las mujeres participantes, y análisis cooperativo.

Poco más de 160 estrategias individuales fueron codificadas y analizadas, y se generó un modelo teórico que describe: *a)* las condiciones causales que subyacen al desarrollo de las estrategias de supervivencia y afrontamiento de la crisis que representa el abuso, *b)* los fenómenos que surgieron de esas condiciones causales, *c)* el contexto que influyó en el desarrollo de las estrategias, *d)* las condiciones intervinientes que afectaron el desarrollo de las estrategias, *e)* las estrategias actuales de supervivencia y afrontamiento del fenómeno y *f)* las consecuencias de tales estrategias.

Se identificaron subcategorías de cada componente del modelo teórico y son ilustradas por los datos narrativos. Asimismo, se discuten y valoran las implicaciones para la asesoría psicológica en lo referente a la investigación y práctica profesional.

4. Cuerpo del trabajo

Introducción

Incluye los antecedentes (tratados con brevedad), el planteamiento del problema (objetivos y preguntas de investigación, así como la justificación del estudio), el contexto de la investigación (cómo y dónde se realizó), las categorías, los temas y patrones emergentes más relevantes y los términos de la investigación, al igual que las limitaciones de ésta. Es importante que se comente la utilidad del estudio para el campo profesional.

---

[3] La redacción es una adaptación para su mejor comprensión en español.

Revisión de la literatura

Ya se había mencionado que en los primeros momentos de un estudio cualitativo, la revisión de la literatura no es tan intensiva como en una investigación cuantitativa. Sin embargo, al finalizar el análisis y elaborar el reporte cualitativo, el investigador debe vincular los resultados con estudios anteriores, esto es, con el conocimiento que se ha generado respecto al planteamiento del problema. Así, la revisión de la literatura se utiliza para comparar nuestros resultados con los de investigaciones previas, pero no en un sentido predictivo, como en los reportes cuantitativos, sino que se contrastan ideas, conceptos emergentes y prácticas (Creswell, 2009; Yedigis y Weinbach, 2005). Por otra parte, algunos de los descubrimientos pueden ser soportados por la literatura.

A continuación, incluimos segmentos del artículo de Morrow y Smith (1995) donde se vincula el estudio con la literatura previa, para que el lector vea un caso típico de uso de los antecedentes en un reporte cualitativo.[4]

EJEMPLO

Utilización de la literatura en un reporte cualitativo

El abuso sexual de niños y niñas parece existir a niveles de epidemia; se estima que entre 20 y 45% de las mujeres y entre 10 y 18% de los hombres en Estados Unidos y Canadá fueron abusadas o abusados sexualmente durante su infancia. Los expertos concuerdan que tales datos son subestimaciones de la realidad (Geffner, 1992; Wyatt y Newcomb, 1990). Aproximadamente una tercera parte de los estudiantes que acuden a recibir consejos en los centros de apoyo psicológico de las universidades reportan haber sido objeto de abuso sexual cuando eran niños (Stinson y Hendrick, 1992).

Dos modos primarios para comprender y responder a las consecuencias del abuso sexual infantil son los enfoques del síntoma y la construcción (Briere, 1989). Los investigadores y los practicantes han adoptado un enfoque orientado hacia el síntoma del abuso sexual. Es característico de la literatura académica y profesional representar las consecuencias del abuso sexual por medio de largas listas de síntomas (Courtois, 1988; Russell, 1986). Sin embargo, Briere (1989) alentó una perspectiva más amplia al abocarse a identificar los constructos y efectos centrales, como opuestos a los síntomas, del abuso sexual.

Mahoney (1991) explicó los procesos centrales de orden, tácitos y estructurales: de valor, realidad, identidad y poder; que subyacen en los significados personales o construcciones de la realidad. El autor acentuó la importancia de comprender las teorías implícitas del "yo" y el mundo que guían el desarrollo de patrones de afecto, pensamiento y conducta.

Varios autores (Johnson y Kenkel, 1991; Long y Jackson, 1993; Roth y Cohen, 1986) han relacionado las teorías del afrontamiento, manejo (Horowitz, 1979; Lazarus y Folkman, 1984) del trauma del abuso sexual. Desde luego, las teorías tradicionales del afrontamiento tienden a enfocarse en los estilos emocionales y de evitación del enfrentamiento, empleados comúnmente por mujeres sobrevivientes al abuso (Banyard y Graham-Bermann, 1993). Strickland (1978) enfatizó la importancia de los practicantes (psicólogos, psiquiatras y otros expertos) en asesorar con exactitud a los individuos respecto de sus situaciones de vida, determinando la eficacia de ciertas estrategias de afrontamiento.

Ahora bien, es necesario aclarar que en algunos reportes cualitativos no hay propiamente un apartado que comprenda el marco teórico, las referencias se van incluyendo, conforme se redacta el reporte.

Método

Esta parte del reporte describe cómo fue llevada a cabo la investigación e incluye:

a) Contexto, ambiente o escenario de la investigación (lugar o sitio y tiempo, así como accesos y permisos). Su descripción completa es muy importante.

---

[4] Morrow y Smith (1995, pp. 24-25). Las referencias citadas en el ejemplo no se incluyen en la bibliografía del libro, puesto que fueron consultadas por las autoras para elaborar su reporte.

b) Muestra o participantes (tipo, procedencia, edades, género o aquellas características que sean relevantes en los casos; y procedimiento de selección de la muestra).

c) Diseño o abordaje (teoría fundamentada, estudio narrativo, etcétera).

d) Procedimiento (un resumen de cada paso en el desarrollo de la investigación: inmersión inicial y total en el campo, estancia en el campo, primeros acercamientos. Descripción detallada de los procesos de recolección de los datos: qué datos fueron recabados, cuándo fueron recogidos y cómo —forma de recolección y/o técnicas utilizadas—; cómo se procedió con los datos una vez obtenidos —codificación, por ejemplo—; registros que se elaboraron como notas y bitácoras).

Esta sección es breve en artículos de revistas académicas, pero extensa en reportes de investigación. Algunas recomendaciones sobre cómo elaborar la descripción del ambiente o escenario son:

a) Primero se describe el contexto general, luego los aspectos específicos y detalles.

b) La narración debe situar al lector en el lugar físico y la "atmósfera social".

c) Los hechos y las acciones deben ser narrados(as) de tal modo que proporcionen un sentido de "estar viendo lo que ocurre".

d) Se incluyen las percepciones y los puntos de vista respecto al contexto tanto de los participantes como del investigador, pero estas últimas hay que distinguirlas de las primeras.

Ahora se ilustra el método con el ejemplo de Morrow y Smith (1995).[5]

EJEMPLO

Presentación del método

Método

Los métodos cualitativos de investigación son particularmente apropiados para conocer los significados que las personas asignan a sus experiencias (Hoshmand, 1989; Polkinghorne, 1991). Con la finalidad de clarificar y generar un sentido de entendimiento en las participantes respecto a sus propias experiencias de abuso, los métodos utilizados involucraron:

a) Desarrollar de manera inductiva códigos, categorías y temas reveladores, más que imponer clasificaciones predeterminadas a los datos (Glaser, 1978).

b) Generar hipótesis de trabajo o afirmaciones (Erickson, 1986) emanadas de los datos.

c) Analizar las narraciones de las experiencias de las participantes sobre el abuso, la supervivencia y el afrontamiento.

Participantes.
Procedimiento.
Entrada al campo.
Fuentes de datos. } Ya ejemplificados en capítulos anteriores

Cada una de las 11 supervivientes del abuso sexual participaron en una entrevista en profundidad abierta, de 60 a 90 minutos de duración, en la cual se formularon dos preguntas: "Dígame, en la medida en que se sienta tranquila al compartir su experiencia conmigo, ¿qué le aconteció cuando fue abusada sexualmente?" y "¿cuáles fueron las maneras primarias (esenciales) por medio de las cuales usted sobrevivió?" Las respuestas de Morrow incluyeron escuchar activamente, reflexión con empatía y alientos mínimos.

Después de las entrevistas iniciales, siete de las 11 participantes se integraron a un grupo de enfoque. Cuatro fueron excluidas del grupo: dos que fueron entrevistadas después de que el grupo había comenzado y dos debido a que tenían otros compromisos. El grupo proporcionó un ambiente recíproco e interactivo (Morgan, 1988) y se centró en la supervivencia y el afrontamiento.

---

[5] Morrow y Smith (1995, pp. 25-27).

Análisis y resultados

Unidades de análisis, categorías, temas y patrones: descripciones detalladas, significados para los participantes, experiencias de éstos, ejemplos relevantes de cada categoría; experiencias, significados y reflexiones esenciales del investigador, hipótesis y teoría (incluyendo el modelo o modelos emergentes). Debe aclararse cómo fue el proceso de codificación. Williams, Unrau y Grinnell (2005) sugieren el siguiente esquema de organización:

a) Unidades, categorías, temas y patrones (con sus significados), el orden puede estar de acuerdo con la forma como emergieron, por su importancia, por derivación o cualquier otro criterio lógico.

b) Descripciones, significados, anécdotas, experiencias o cualquier otro elemento similar de los participantes.

c) Anotaciones y bitácoras (de recolección y análisis).

d) Evidencia sobre el rigor: dependencia, credibilidad, transferencia y confirmación; así como fundamentación, aproximación, representatividad de voces y capacidad de otorgar significado.

Tres aspectos son importantes en la presentación de los resultados por medio del reporte: la descripción narrativa, el soporte de las categorías (con ejemplos) y los elementos gráficos. En artículos de revistas estos elementos son sumamente breves, mientras que en documentos técnicos son detallados.

Con respecto a la narración que describe los resultados, Creswell (2005, p. 250) nos proporciona diferentes formas de presentarla, las cuales se exponen a continuación. Primero, para cada forma de narración, empleamos ejemplos del estudio de la guerra cristera en Guanajuato (se muestra sólo el esquema básico en la tabla 16.2) y posteriormente otros ejemplos distintos (vea la tabla 15.3).

▲ **Tabla 16.2** Principales formas de exposición narrativa en la presentación de resultados de estudios cualitativos

Forma de exposición narrativa	Esquema
Secuencia cronológica	• Guerra cristera en Guanajuato. Presentar los resultados por etapa: antecedentes previos a la guerra, inicio, combates, terminación, secuelas. O bien, por año: 1925-1933.*
Por temas	• Guerra cristera en Guanajuato. Presentar los resultados por los temas básicos: "circunstancias de la comunidad", "levantamiento en armas", "cristeros" (descripción, perfiles, motivaciones, formas de organización y nombres de los líderes), "armamento", "manutención y apoyo", "cierre de templos", etcétera.
Por relación entre temas	• Guerra cristera en Guanajuato. Relación entre las causas y efectos (asesinato del párroco local, el cierre de templos en la zona, el saqueo de una iglesia y la organización de cristeros para levantarse en ciertos municipios). Vinculación entre temas (por ejemplo, entre "símbolos y lenguaje cristeros", "misas ocultas", "tradición oral" y otros).
Por un modelo desarrollado	• Guerra cristera en Guanajuato. Efectos de cada causa, resultados finales. Causas: conflicto masones-católicos → conflictos de poderes Estado-Iglesia → asesinato de líderes en ambos lados → cierre de templos → levantamiento armado → negociaciones.
Por contextos	• Guerra cristera en Guanajuato. Presentar los resultados por lugares, en este caso, por municipios: Celaya, Apaseo, Cortazar, etcétera.

(continúa)

* Desde el punto de vista oficial, la guerra concluyó en 1929, pero analizaríamos años posteriores (secuelas).

▲ **Tabla 16.2** Principales formas de exposición narrativa en la presentación de resultados de estudios cualitativos (*continuación*)

Forma de exposición narrativa	Esquema
Por actores	• Guerra cristera en Guanajuato. La Iglesia, el Ejército Federal, los ciudadanos testigos, los combatientes cristeros y demás actores.
En relación con la literatura (comparar con el marco teórico)	• Guerra cristera en Guanajuato. Discutir sobre la base de versiones históricas de la Iglesia, el Gobierno mexicano e historiadores. Cotejar nuestros datos con los de diversos análisis efectuados previamente.
En relación con cuestiones futuras que deben ser analizadas	• Guerra cristera en Guanajuato. Relación actual y futura entre la Iglesia católica y el Estado mexicano (cómo la guerra afectó esa relación a lo largo del resto del siglo xx, si alguna secuela se mantiene y si se espera en el futuro otro conflicto o no).
Por la visión de un actor central	• Guerra cristera en Guanajuato. A partir de la visión de un líder importante construir la exposición (con base en sus cartas, diario, entrevista, si vive, o entrevistas a sus descendientes).
A partir de un hecho relevante	• Guerra cristera en Guanajuato. A raíz del levantamiento en armas en una zona, elaborar la discusión.
Participativa (cómo se vinculó el fenómeno con los participantes)	• Guerra Cristera en Guanajuato. Sentimientos que provocó el movimiento en la población y cómo los hechos la afectaron.

▲ **Tabla 16.3** Formas de exposición narrativa en otros ejemplos

Forma de exposición narrativa	Estudio/Esquema
Secuencia cronológica	• Elecciones del 2008 en Estados Unidos, donde triunfó Barack Obama. Orden cronológico de los acontecimientos.
Por temas	• Violencia intramarital. Violencia física, violencia verbal, violencia psicológica, otros tipos de violencia.
Por relación entre temas	• Depresión posparto. Relación entre el "sentimiento de no ser autosuficiente" y el "ofrecimiento de ayuda por parte de familiares y amigos", vinculación entre causas y efectos, etcétera.
Por un modelo desarrollado	• Clima organizacional. Las percepciones del clima organizacional departamental determinan las del clima organizacional total. La formulación narrativa describiría el clima en cada departamento y luego el de toda la empresa, al mismo tiempo evalúa cómo cada clima local afecta al clima general.
Por contextos	• Depresión posparto. Manifestaciones en el hospital (inmediatas al parto), manifestaciones en el mediano plazo (ya viviendo en el hogar), manifestaciones en el largo plazo.

(*continúa*)

▲ **Tabla 16.3**   Formas de exposición narrativa en otros ejemplos (*continuación*)

Forma de exposición narrativa	Estudio/Esquema
Por actores	• Depresión posparto. Mujer que padece la depresión, esposo, hijos, otros. Una narración por cada actor y una por mujer, posteriormente una descripción narrativa general de las mujeres participantes en el estudio.
En relación con la literatura (comparar con el marco teórico)	• Atención (confortamiento) en la sala de terapia intensiva a pacientes que llegan con signos de dolor agudo (comparar con otros estudios como el de J. Morse). En la descripción se contrasta cada resultado con la literatura previa.
En relación con cuestiones futuras que deben ser analizadas	• Centros comerciales. La descripción narrativa se construye a partir de las expectativas de lo que será un centro comercial en el futuro. Se exponen los resultados relativos a lo que son éstos ahora (atributos) y se describen los resultados para cada atributo.
Por la visión de un actor central	• Cultura organizacional. Narración a partir de la visión y definición de la cultura de la empresa, por parte del presidente o director general de la compañía.
A partir de un hecho relevante	• Viudas. Como consecuencia de la pérdida de la pareja, narrar las experiencias de cada participante.
Participativa (cómo se vinculó el fenómeno con los participantes)	• Epidemia por gripe aviar o humana. Narración de las consecuencias de la gripe sobre la economía de algunas familias y su modo de vida.

Tal vez la descripción narrativa más común sea por temas; al respecto, Williams, Unrau y Grinnell (2005) sugieren un esquema que presentamos en la tabla 16.4.

▲ **Tabla 16.4**   Modelo de narración por temas

Tema 1

Unidades de significado: descripción.

Categorías: descripción y ejemplos de segmentos.

Anotaciones del investigador (bitácoras de campo y análisis) que sean pertinentes para el tema y sus categorías.

Definiciones, descripciones, comentarios y reflexiones sobre el tema.

Tema 2

Unidades de significado: descripción.

Categorías: descripción y ejemplos.

Anotaciones del investigador (bitácoras de campo y análisis) que sean pertinentes para el tema y sus categorías.

Definiciones, descripciones, comentarios y reflexiones sobre el tema.

Tema k

Unidades.

Categorías.

Anotaciones.

Definiciones, descripciones, comentarios y reflexiones sobre el tema.

• Relaciones entre categorías y temas (incluyendo modelos).

• Patrones.

• Descubrimientos más importantes.

• Evidencia sobre la confiabilidad o dependencia, credibilidad, transferencia y confirmabilidad.

OA3   Ya se comentó que el orden de presentación de los temas y categorías puede ser cronológico (conforme fueron emergiendo), por orden de importancia, por derivación (acorde a cómo se van relacionando o concatenando entre sí) o cualquier otro criterio lógico.

Otro esquema adicional es presentar los resultados por una secuencia inductiva (siguiendo el proceso de codificación que se muestra en la figura 16.1).

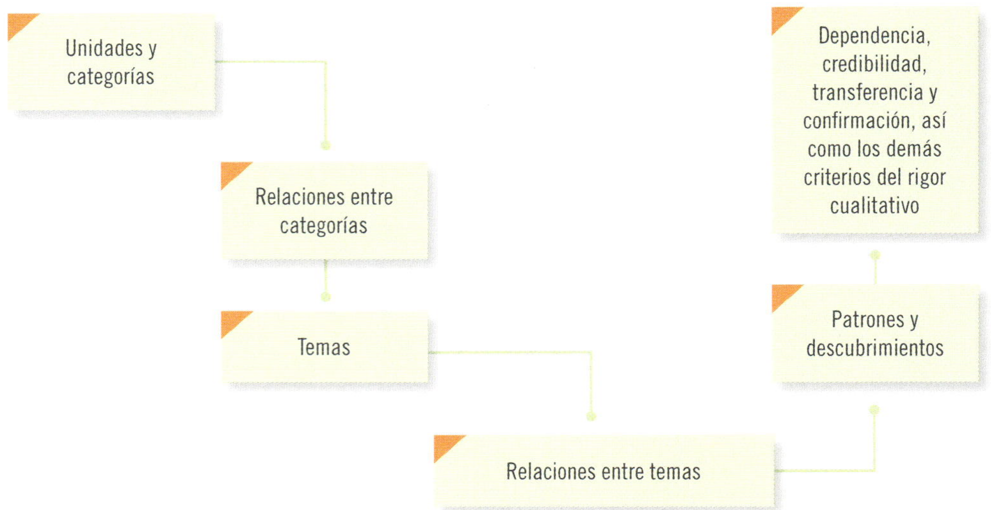

Figura 16.1   Secuencia inductiva para presentar los resultados.

Mertens (2005) también considera una narración por "focalización progresiva", primero en aspectos generales del contexto, los hechos y experiencias; posteriormente, deberá enfocarse en los detalles de sucesos específicos y cotidianos; relaciones entre actores o grupos, y de las categorías y los temas que surgieron.

Como ya se dijo, en algunos casos puede narrarse de manera histórica-novelada o teórica (primero por hipótesis emergente, luego por temas y categorías). La elección del tipo de descripción narrativa depende del investigador.

Para quienes elaboran por vez primera un reporte de resultados, sugerimos primero desarrollar un formato con los contenidos principales de categorías y temas, así como ejemplos, de modo que se facilite su inclusión. En la tabla 16.5 se muestra un modelo resumido de la investigación sobre la guerra cristera.

De ser posible, de cada categoría es conveniente incluir ejemplos de unidades, como segmentos, citas textuales tomadas de entrevistas o sesiones grupales, de todos los grupos o actores (cuando son demasiados, de los más relevantes o significativos). Tales citas se intercalan con las interpretaciones del investigador o investigadora que resultaron del análisis (Cuevas, 2009).

Asimismo, lo ideal es que las categorías deben estar soportadas por varias fuentes (por ejemplo, en el caso de la guerra cristera por testimonios, cartas, notas de prensa de la época y documentos de archivo).

A esta clase de soporte recordemos que se le denomina "triangulación de datos y fuentes" y ayuda a establecer la dependencia y la credibilidad de la investigación. Lo mismo que presentar evidencia contraria, si es que se localizó al buscarla.

En el apartado de resultados, a veces durante la descripción de éstos y en otras ocasiones al final, se muestra la evidencia sobre el rigor del estudio (dependencia, credibilidad, etc.) Entre más evidencia se presente, es más probable que el estudio sea aceptado por la comunidad científica. Finalmente, la

▲ **Tabla 16.5**   Modelo resumido con los contenidos sobre la guerra cristera

Temas	Categorías	Ejemplo de segmentos recuperados	Texto para introducir el ejemplo
Fusilamientos, asesinatos y ejecuciones	De cristeros	"Bernardino Carvajal, que a poco —eso sí, los ejidatarios, a la vuelta, es decir, al mes—, lo sacaron de su casa, porque él se regresó a su casa, y lo mataron... de lo peor; en el Cerro de las Brujas, éste que está en 'Tenango el Nuevo', el cerro grande donde sacan la tierra, ese cerro que se ve de la carretera, que le llaman el 'Cerro de las Brujas'; ahí lo asesinaron. Que se cuenta, que hicieron con él lo que quisieron (suspira con lástima) Así... le fueron cortando por partes... ay, de lo peor..." "...mi abuelo fue una de esas víctimas de los... Mi abuelo fue ahorcado precisamente porque (ehhh....) él era de los que le llevaban el alimento diario a estas personas, pero él no, como mucha gente, finalmente jamás se dio cuenta del origen de... de la guerra... Le digo de mi abuelo, porque mi madre, ella era una niña cuando aconteció todo esto. En ocasiones nos llevó a ver a donde había sido colgado el abuelo".	El cristero Bernardino Carvajal se regresó a su casa después del enfrentamiento. A finales de febrero, unos ejidatarios, en venganza, lo fueron a sacar de su casa y se lo llevaron al "Cerro de las Brujas", en Tenango el Nuevo. Después de mutilarlo le quitaron la vida. En la zona no se tiene noticia de ejecuciones sumarias, sólo de casos individuales y aislados. Entre estos casos se puede mencionar al abuelo del cronista Sáuza que fungía como contacto de los rebeldes y al ser descubierto, fue ahorcado en un mezquite.
Injusticias	Asesinato de supuestas personas inocentes	"Yo estaba aquí cuando hicieron una entrada, ahí unos como cristeros que mataron ahí a varia gente pacífica. En la noche, eran como las ocho, las ocho y media de la noche. Mataron varias personas ahí, que no debían nada, esos señores".	Don Jesús también recuerda que llegaron a entrar a la ciudad.
Continuación real de las hostilidades	1940. Municipio de Juventino Rosas	"Mire, aquí en la población no pasó nada. Pero en las rancherías sí, por ejemplo, asaltaron a ejidatarios en el rancho de La Purísima, hubo varios muertos de los del ejido, porque asaltaron de noche y mataron varios".	Los conflictos siguieron en las rancherías del municipio todavía por los años 40. El último líder cristero era conocido como "La Coneja". Continuaron los asaltos por parte de los alzados, como el acaecido a principios de la década de 1940, cuando los rebeldes entraron al rancho de "La Purísima", mataron a unos ejidatarios y robaron

investigación cualitativa depende en gran medida del juicio y disciplina del investigador o investigadora; otros académicos y profesionales se preguntarán: ¿por qué debemos creerle? Así es que nuestros procedimientos deben estar plasmados en el reporte.

Los códigos de las categorías que se presenten en el reporte se sugiere no sean demasiado largos, dos a cincos palabras (Creswell, 2005), salvo que sean "en vivo". Asimismo, recordemos que las bitácoras de recolección de datos (con los distintos tipos de anotaciones) y la analítica (con los memos sobre el proceso de codificación) son otro soporte importante para los resultados. Sobra decir que toda categoría o tema presentado debe emerger de los datos (lo que los participantes comunicaron o los documentos o material revelaron en su contenido).

Al igual que los reportes cuantitativos, los cualitativos se enriquecen con la ayuda de apoyos gráficos, los cuales se comentaron en el capítulo 14 (mapas, diagramas, matrices, jerarquías y calendarios). Por ejemplo: tablas. Supongamos que hicimos una investigación para comparar los conceptos relativos al trabajo que son importantes para diferentes grupos de una empresa. Las categorías emergentes pueden colocarse en una tabla simple.

EJEMPLO

Conceptos relevantes para el trabajo

Directores	**Gerentes**	**Empleados**
1. Honestidad.	1. Honestidad.	1. Honestidad.
2. Austeridad.	2. Austeridad.	2. Entrega en el trabajo (esfuerzo).
3. Lealtad.	3. Productividad.	3. Satisfacción.
4. Productividad.	4. Orgullo por trabajar en la empresa.	4. Motivación

Recordemos que en el CD anexo, en: Material complementario → Investigación cualitativa → Ejemplo 3, el lector podrá encontrar un reporte de una investigación cualitativa titulado: "Entre 'no sabía qué estudiar' y 'esa fue siempre mi opción': selección de institución de educación superior por parte de estudiantes en una ciudad del centro de México" (Hernández Sampieri y Méndez, 2009), que presenta diferentes elementos gráficos.

A continuación mostramos cómo Morrow y Smith (1995) reportaron los elementos de rigor y sistematización de su investigación.[6]

EJEMPLO

Sistematización de un estudio cualitativo

Un aspecto central concerniente al rigor en la investigación cualitativa es la adecuación de la evidencia. Esto es, tiempo suficiente en el campo y un extenso cuerpo de evidencia o datos (Erickson, 1986). Los datos consistieron en 220 horas de grabación en audio y video, que documentaron más de 165 horas de entrevistas, 24 horas de sesiones de grupo y 25 horas de seguimiento a interacciones con las participantes en un periodo de más de 16 meses. Todas las grabaciones de audio y una porción de las grabaciones en video fueron transcritas al pie de la letra por Morrow. Además, se produjeron poco más de 16 horas de grabación en audio de notas de campo y reflexiones. El cuerpo de los datos se compuso de más de dos mil páginas de transcripciones, anotaciones de campo y documentos compartidos por las participantes.

El proceso analítico se basó en la inmersión en los datos y búsqueda de clasificaciones (tipos) repetidas, en las codificaciones y en las comparaciones que caracterizan al enfoque de la teoría fundamentada. El análisis comenzó con la codificación abierta, que es el examen de secciones diminutas del texto compuestas de palabras individuales, frases y oraciones. Strauss y Corbin (1990) describen la codificación abierta como aquella "que fractura los datos y permite que uno identifique algunas categorías, sus propiedades y ubicaciones dimensionales" (p. 97). El lenguaje de las participantes guió el desarrollo de las etiquetas asignadas a las categorías y sus códigos, que fueron identificados con descriptores cortos o breves, conocidos como códigos en vivo para las estrategias de supervivencia y afrontamiento. Estos códigos y las categorías se compararon de manera sistemática y fueron contrastados conceptualmente, produciendo categorías cada vez más complejas e inclusivas.

Asimismo, Morrow escribió memorandos (memos) analíticos y autorreflexivos para documentar y enriquecer el proceso analítico, así como para transformar pensamientos implícitos en explícitos y para expandir el cuerpo de los datos. Los memos analíticos consistieron en preguntas, reflexiones y especulaciones acerca de los datos y la teoría emergente. Los memos autorreflexivos documentaron las reacciones personales de Morrow ante las narraciones de las participantes. Ambos tipos de memos se incluyeron en el cuerpo de los datos para ser analizados. Los memos analíticos se compilaron, en tanto que se generó un diario (bitácora) analítico para "cruzar" los códigos de referencia y las categorías emergentes. Se

---

[6] Adaptado de Morrow y Smith (1995, pp. 26-28).

emple. on afiches con etiquetas movibles para facilitar la asignación y reasignación de códigos dentro de las categorías.

La codificación abierta fue seguida por la codificación axial (...) Finalmente se realizó la codificación selectiva (...) [*este párrafo no se incluye para sintetizar el ejemplo*].

Los códigos y las categorías se clasificaron, sortearon y compararon, hasta llegar a la saturación, esto es, hasta que el análisis dejó de producir códigos y categorías nuevas, y cuando todos los datos fueron incluidos en las categorías básicas del modelo de la teoría fundamentada. Los criterios para posicionar la categoría central fueron: *a*) una categoría central en relación con otras categorías, *b*) frecuencia con que aparece la categoría en los datos, *c*) su capacidad de inclusión y la facilidad con que se vincula a otras categorías, *d*) la claridad de sus implicaciones para construir una teoría más general, *e*) su movilidad hacia una conceptuación teórica más poderosa, como por ejemplo: el grado en que os detalles de la categoría fueron trabajados (refinados), y *f*) su contribución y aplicación para obtener una variación máxima en términos de dimensiones, propiedades, condiciones, consecuencias y estrategias (Strauss, 1987).

De acuerdo con las recomendaciones de Fine (1992) respecto a que los investigadores deben ser algo más que "ventrílocuos o vehículos para expresar las voces de los participantes", procuramos comprometer a las participantes como miembros críticos del equipo de investigación. En consecuencia, después de que concluyeron las sesiones de grupo, las siete mujeres que participaron fueron invitadas como analistas de los datos generados en dichas sesiones. Cuatro eligieron este papel, dos concluyeron su participación en ese punto, y la otra participante rechazó la idea a causa de problemas físicos. Las cuatro investigadoras-participantes continuaron reuniéndose con Morrow por más de un año. Ellas actuaron como la fuente primaria de verificación (comprobación o chequeo de participantes), analizaron las grabaciones en video de las sesiones del grupo en las que habían participado, sugirieron categorías y revisaron la teoría y el modelo emergentes. Estas investigadoras-participantes utilizaron sus habilidades analíticas intuitivas, así como los principios y procedimientos de la teoría fundamentada que les habían sido enseñados por Morrow para colaborar en el análisis de datos.

Morrow se reunió semanalmente con un equipo interdisciplinario de investigadores cualitativos para evaluar los datos reunidos, el análisis y la elaboración del reporte de investigación. El equipo proporcionó examen de "pares" (colegas) respecto al análisis y redacción del reporte, como recomiendan LeCompte y Goetz (1982), con lo cual se aumenta la sensibilidad teórica del investigador. Se vence la falta de atención selectiva y se reducen los descuidos, además de incrementarse la receptividad del ambiente o contexto (Glaser, 1978; Lincoln y Guba 1985).

La validación se logró mediante consultas progresivas con las participantes y los colegas, así como al mantener una auditoría (revisión) que delineó el proceso investigativo y la evolución de códigos, categorías y teoría (Miles y Huberman, 1984). La auditoría consistió en entradas (ingresos) narrativas cronológicas de las actividades de investigación, con la inclusión de conceptuaciones previas a la entrada en el campo, durante el ingreso a éste, mientras se efectuaban las entrevistas, las actividades del grupo, las transcripciones, los esfuerzos iniciales de codificación, las actividades analíticas y la evolución del modelo teórico de la supervivencia y el afrontamiento. La auditoría incluyó también una lista completa de 166 códigos en vivo que formaron la base del análisis.

Debido a la tendencia cognoscitiva humana hacia la confirmación (Mahoney, 1991), se efectuó una búsqueda activa de evidencia contraria que es esencial para lograr el rigor (Erickson, 1986). Los datos fueron revisados ("peinados") para desaprobar o deshabilitar varias afirmaciones hechas como resultado del análisis. Se condujo el análisis de casos discrepantes, señalado también por Erickson (1986) y las participantes fueron consultadas para determinar las razones de las discrepancias.

Discusión: conclusiones, recomendaciones e implicaciones

En esta parte se: *a*) derivan conclusiones, *b*) explicitan recomendaciones para otras investigaciones (por ejemplo, sugerir nuevas preguntas, muestras, abordajes) y se indica lo que prosigue y lo que debe hacerse, *c*) evalúan las implicaciones de la investigación (teóricas y prácticas), *d*) establece cómo se respondieron las preguntas de investigación y si se cumplieron o no los objetivos, *e*) relacionan los resultados con

---

[7] Los aspectos o elementos que nos ayudan a establecer tal evidencia se presentaron en el capítulo 14.

[8] Adaptado de Morrow y Smith (1995, pp. 26-28).

los estudios previos, *f*) comentan las limitaciones de la investigación, *g*) destaca la importancia y significado de todo el estudio (Daymon, 2010), y *h*) discuten los resultados inesperados.

Al elaborar las conclusiones es aconsejable verificar que estén los puntos necesarios, aquí vertidos. Desde luego, las conclusiones deben ser congruentes con los datos. Si el planteamiento cambió, es necesario explicar por qué y cómo se modificó.

El acotamiento es en relación con el planteamiento del problema y con lo realizado, no abarca el tamaño de la muestra (éste no representa una limitación en una investigación cualitativa).[9]

Ejemplos de limitaciones serían que algunos participantes abandonaron el estudio; que no se efectuara una sesión grupal que era importante; que se requería evidencia contraria, pero el presupuesto o tiempo se agotó y ya no se pudo regresar al campo para recabar más datos. Esta parte debe redactarse de tal manera que se facilite la toma de decisiones respecto de una teoría, un curso de acción o una problemática.

Dos ejemplos de conclusiones serían las que se presentan en las páginas siguientes y que se refieren a casos tratados en los capítulos de esta parte del libro.[10]

EJEMPLO

Estrategias de confortación a pacientes traumatizados

Janice M. Morse (1999, p. 15)

Las estrategias y el estilo de atención de las enfermedades deben ser apropiados al estado de los pacientes. Por ejemplo, si se emplea una estrategia incorrecta en el caso de un paciente atemorizado más que uno aterrorizado, entonces su nivel de fortalecimiento habrá de aumentar. Si el estado del paciente se deteriora, o si no existe mejoría en diez segundos, la estrategia habrá de cambiarse de inmediato. Una vez que los pacientes hayan obtenido un nivel tolerable de confortación, entonces ellos se sentirán seguros, confiarán en el personal y aceptarán la atención. Por ejemplo, en traumatología los enfermos que están en control o han aceptado la atención responden, son cooperadores y receptivos. A pesar de su dolor, tratan de salir adelante. Un paciente que ha mejorado por completo se percata de que el cuidado es necesario y acepta cualquier medida que se requiera. El resultado es que la atención se da en forma más rápida y segura.

Investigación sobre centros comerciales

Están de acuerdo con que los centros comerciales son como los zócalos de antes en donde la gente va a ver y a ser vista; **"son los centros de reunión entre jóvenes para conocerse"; "también los adultos, al exhibirse, sentirnos un rato a gusto; a lo mejor es importante andar entre gente de muy diversa forma de ser, de vestir; inclusive, uno algunas veces copia modas"** (en ***negritas*** *comentarios textuales de participantes a un grupo de enfoque*).

5. Referencias o bibliografía

Son las fuentes primarias utilizadas por el investigador para elaborar el marco teórico u otros propósitos.

6. Apéndices

Resultan útiles para describir con mayor profundidad ciertos materiales, sin distraer la lectura del texto principal del reporte. Algunos ejemplos de apéndices para un estudio cualitativo serían la guía de

---

[9] Las muestras cualitativas están vinculadas (restringidas también) al tiempo de estancia en el campo, los recursos disponibles y el acceso a los participantes.

[10] Desde luego, las conclusiones de ambos estudios son más amplias, estos ejemplos representan solamente una parte mínima.

entrevista o de los grupos de enfoque, un nuevo programa computacional, transcripciones, fotografías, etcétera.

Revisión y evaluación del reporte

El reporte es conveniente que sea revisado por los participantes; de una u otra forma, ellos tienen que validar los resultados y las conclusiones, indicar al investigador si el documento refleja lo que quisieron comunicar y los significados de sus experiencias (Creswell, 2009; Neuman, 2009). Y aún a estas alturas es posible que nos demos cuenta de que se necesitan más datos e información y decidamos regresar al campo.

Para evaluar el reporte, Esterberg (2002) sugiere una serie de preguntas a manera de puntos de verificación (autoevaluación o exposición con el equipo de investigación):

I. Sobre el encuadre general:
   1. ¿La estructura de la narración y las argumentaciones son lógicas?
   2. ¿El documento tiene orden?
   3. ¿Se integró suficiente evidencia para soportar las categorías?
   4. ¿Las conclusiones son creíbles?
   5. ¿La lectura del documento resulta interesante?
   6. ¿Se incluyen todas las secciones necesarias?
   7. ¿Se agregaron todos los anexos pertinentes?

II. Sobre la redacción.
   1. ¿La redacción es apropiada para los lectores o usuarios del reporte?
   2. ¿Se utiliza sólo una voz?, si se usaron varias voces, ¿la narración es congruente?
   3. ¿Los párrafos incluyen un tópico o pocos tópicos? (es mejor no incluir varios tópicos en los párrafos, resulta más claro con uno o unos cuantos).
   4. ¿Se incluyen transiciones entre párrafos? (hilar párrafos, secciones, etcétera).

III. Sobre la forma.
   1. ¿Se cita adecuadamente?
   2. ¿Se revisó la ortografía, puntuación y posibles errores?

A su vez, Creswell (2009) sugiere algunas estrategias de escritura como: usar citas textuales de los participantes y variar en su extensión, usar el vocabulario de los participantes para "dar voz", usar metáforas y analogías.

El reporte del diseño de investigación-acción

En los estudios de investigación-acción regularmente se elabora más de un reporte de resultados. Como mínimo, se elabora uno, producto de la recolección de los datos sobre el problema y las necesidades (reporte de diagnóstico), y otro con los resultados de la implementación del plan o solución (reporte del cuarto ciclo).

El reporte del diagnóstico, además de los elementos que se mencionaron en este capítulo (entre ellos la descripción y situación del contexto, las categorías y temas vinculados con el problema), debe incluir un análisis de los puntos de vista de todos los grupos involucrados en el problema (por grupo y global).

El reporte de los resultados de la implementación del plan contendrá las acciones llevadas a cabo (con detalles), dónde y cuándo se realizaron tales acciones, quiénes las efectuaron, de qué forma, y con qué logros y limitantes; así como una descripción de las experiencias en torno a la implementación por parte de los actores y grupos que intervinieron o se beneficiaron del plan.

Para ampliar este tema se recomienda a McNiff y Whitehead (2009).

¿Cómo citar referencias en un reporte de investigación cualitativa?

Una vez más, se recomienda el *Manual de estilo de publicaciones* de la American Psychological Association (APA), previamente comentado en el capítulo11 y del cual el lector puede recurrir a una versión resumida en el CD anexo: Manuales → "Manual APA".

Asimismo, *The Chicago manual of style*, publicado por la Universidad de Chicago, el cual es recomendado por diversos comités editoriales de revistas académicas de corte cualitativo. Se puede consultar en línea en: http://www.chicagomanualofstyle.org/home.html (con suscripción).

Las páginas web de cada revista académica (*journals*) en la sección: instrucciones para autores, también son muy útiles, en lo referente a los artículos.

¿Qué criterios podemos definir para evaluar una investigación cualitativa?

Una propuesta de criterios para evaluar la calidad de un estudio cualitativo, se presenta en el CD anexo: Material complementario → Capítulos → Capítulo 10 "Parámetros, criterios, indicadores y/o cuestionamientos para evaluar la calidad de una investigación" (por actividad genérica del proceso de investigación cualitativa).

¿Contra qué se compara el reporte de la investigación cualitativa?

Una vez más, el reporte se contrasta con la propuesta o protocolo de la investigación, el cual se revisará en el CD anexo: Material complementario → Capítulos → Capítulo 9 → "Elaboración de propuestas cuantitativas, cualitativas y mixtas".

Resumen

- Los reportes de resultados del proceso cualitativo pueden adquirir los mismos formatos que los reportes cuantitativos.

- Lo primero que el investigador debe definir es el tipo de reporte que resulte necesario elaborar, el cual depende de las siguientes precisiones: 1) las razones por las cuales surgió la investigación, 2) los usuarios del estudio y 3) el contexto en el cual se habrá de presentar. Los reportes de investigación pueden presentarse en un contexto académico o en un contexto no académico.

- El reporte debe ofrecer una respuesta al planteamiento del problema y señalar las estrategias que se usaron para abordarlo, así como los datos que fueron recolectados, analizados e interpretados por el investigador.

- Los reportes cualitativos son más flexibles que los cuantitativos, y no existe una sola manera para presentarlos, aunque se desarrollan mediante una forma y esquema narrativos.

- Las descripciones y narraciones utilizan un lenguaje vívido, fresco y natural. El estilo es más personal.

- El lenguaje del reporte no debe ser discriminatorio en modo alguno.

- Antes de elaborar el reporte debe revisarse el sistema completo de categorías, temas y reglas de codificación.

- La estructura más común del reporte cualitativo es: portada, índice(s), resumen, cuerpo del documento (introducción, método, análisis y resultados, y discusión), referencias y apéndices.

- La descripción del ambiente debe ser completa y detallada.

- Al finalizar el análisis y elaborar el reporte cualitativo, el investigador debe vincular los resultados con los estudios anteriores.

- Tres aspectos son importantes en la presentación de los resultados por medio del reporte: la narrativa, el soporte de las categorías (con ejemplos) y los elementos gráficos.

- Existen diferentes formas o descripciones narrativas para redactar el reporte de resultados cualitativos.

- De ser posible, de cada categoría es conveniente incluir ejemplos de unidades de todos los grupos o actores y lo ideal es que las categorías deben estar soportadas por varias fuentes.

- El reporte es conveniente que sea revisado por los participantes, de una u otra forma, ellos tienen que validar los resultados y las conclusiones.

- Para elaborar el reporte cualitativo se recomiendar el Manua de estilo de publicaciones de la American Psychological Association y The Chicago manual of style, además del Manual APA resumido que se encuentra en el CD anexo.

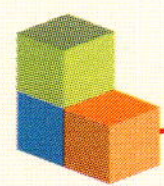

Conceptos básicos

Confirmación (confirmabilidad)
Contexto académico
Contexto no académico
Credibilidad
Cuerpo del documento o trabajo

Dependencia
Narrativa
Reporte de investigación
Transferencia
Usuarios/receptores

Ejercicios

1. Elabore el índice de una tesis de naturaleza cualitativa.
2. Localice un artículo de una revista científica de corte cualitativo de las mencionadas en el apéndice 1 del CD anexo (pero debe ser producto de un estudio cualitativo) y analice los elementos del artículo. Evalúe el reporte de acuerdo con los criterios de Esterberg (2002) presentados al final de este capítulo: sobre el encuadre general, la redacción y la forma.
3. Piense cuál sería el índice del reporte de la investigación cualitativa que ha concebido a lo largo de los ejercicios de los capítulos 12-15 del libro y desarróllelo.

Ejemplos desarrollados

La guerra cristera en Guanajuato

Debido a que el reporte es muy largo, se presentará únicamente el índice de los antecedentes y de un municipio, así como una conclusión general.

"Llegó Agustín y con simpleza dijo:
—Nomás llega el Gobierno y nos lleva como vientecito y la lumbre al pasto.
Antioco lo miró y le respondió:
—Pos ya estará de Dios... 'pa eso nos metimos..."

Índice de la guerra cristera en Guanajuato

La vida en el tiempo de los cristeros

Índice de una población
Apaseo El Alto

Consecuencias del abuso sexual infantil

Más que el índice contemplaremos algunos resultados finales y conclusiones que teóricamente consideramos relevantes del artículo de Morrow y Smith (1995).[11]

Las consecuencias de las estrategias para la supervivencia y el afrontamiento

Las participantes tuvieron temores, deseos o sueños de agonía, y todos estos sentimientos permanecen vivos en la actualidad. Aunque ellas lograron sobrevivir, no sobrevivieron intactas; como Bárbara reveló: "No estoy segura que sobreviví", y como Liz mencionó: "Parte de mí murió".

Otra paradoja surgió durante la evaluación de las consecuencias de la estrategia para manejar la impotencia, la carencia de ayuda y la falta de control. A menudo, las estrategias seguidas por las participantes para ejercitar el poder o retornarlo hacia ellas, volvieron a ser adoptadas posteriormente (*ya en su vida adulta*). Una mujer que durante su niñez se negaba a comer, fue revisada (*en esa época*) por

un médico, quien le prescribió galletas de queso y crema para el desayuno (el único alimento que ella aceptaría comer), posteriormente encontró que en la edad adulta repetidas veces buscó este mismo tipo de alimento.

En diversas ocasiones, las participantes consideraron que ellas apenas lograron sobrevivir, experimentaban dolor, agotamiento o agobio. Sin embargo, sobrevivir y afrontar la situación crítica fue lo que hicieron mejor. Liz declaró: "Mi deseo de supervivencia era y es fuerte, más fuerte de lo que yo me podía dar cuenta". En una conversación entre las investigadoras participantes, Meghan dijo enojada: "Yo no quiero estar sobreviviendo. Quiero estar viviendo. Quiero divertirme. Quiero ser feliz. Y eso no es lo que acontece ahora mismo". Liz respondió: "Primero tienes que sobrevivir. Tienes que sobrevivirlo. Y es hacia donde me dirijo, es la comprensión y realización de que estoy sobreviviendo a este asunto otra vez".

Cada una de las sobrevivientes hizo eco de los sentimientos de Meghan. Cuatro habían llegado a liberarse de las drogas y el alcohol en sus esfuerzos por ir más allá de la supervivencia, al buscar curarse, lograr su integridad y recuperar el poder. Paula reveló: "Acabo de comenzar a darme cuenta de que esto lo vale. [Mis dibujos son] más elaborados, más grandes, utilizo más medios, son más detallados". Velvia usó la palabra *empowerment* (*otorgar responsabilidad y control*) para describir un proceso que fue más allá de la supervivencia. Amaya escribió: "...Hoy me puse en contacto con la parte perdida de mi poder y mi integridad interiores".

El dolor, la pena y el terror que las sobrevivientes habían experimentado, son sentimientos que aún pesan y resultan reales, y el proceso curativo es largo y arduo. Sin embargo, por medio de la investigación, las participantes expresaron esperanza. A pesar de su terror y dolor, Kitty reflexionó: "Tengo la esperanza en mi vida(...) Hay apenas una pequeña porción de un rayo de sol entrando. Hay un pedacito de cielo allí arriba que proviene del interior de mi alma y alivia".

Discusión

Aunque la literatura sobre el tema es abundante en descripciones sobre los resultados específicos del abuso sexual infantil, este estudio se distingue por su evaluación sistemática de las estrategias de supervivencia y afrontamiento desde las perspectivas de mujeres que fueron abusadas sexualmente durante su niñez. Se construyó, mediante el análisis cualitativo de los datos, un modelo teórico sobre las estrategias de 11 participantes, el cual involucró a las participantes en el proceso analítico para asegurar que el modelo reflejara sus construcciones

---

[11] Es una adaptación del texto para su mejor comprensión en español, sin alterar la esencia del contenido del artículo original. Las letras en cursivas fueron agregadas para el ejemplo. La discusión y conclusiones son mucho más amplias que las incluidas en estas páginas. No se citan páginas debido a que el artículo original está desfasado del artículo traducido y formateado en el procesador de textos.

personales. Este modelo establece una multitud de estrategias y síntomas; y provee de un armazón conceptual coherente que se desarrolló al enfocar los temas, con la finalidad de comprender la constelación, a menudo confusa, de patrones de conducta de las sobrevivientes del abuso.

Las normas culturales preparan el camino para el abuso sexual. Como Banyard y Graham-Bermann (1993) acentúan, es importante que investigadores y profesionales examinen el medio social en el cual se experimentan ciertas situaciones altamente estresantes. En relación con el abuso sexual infantil, una evaluación de las fuerzas sociales ayuda a cambiar el enfoque sobre el afrontamiento, de un análisis puramente individual a un análisis del individuo en su contexto, con lo cual se normaliza la experiencia de la víctima y se reduce el sentimiento de culparse a sí mismo(a).

La impotencia de las niñas y jóvenes: *a)* puede ser atribuida a la posición de las mujeres en general, en relación con su tamaño físico y a la falta de recursos de intervención que pudieran ser aprovechados por las víctimas, *b)* explica el predominio de utilizar estrategias de afrontamiento centradas en las emociones sobre estrategias enfocadas al problema, por parte de las mujeres participantes en este estudio. Además, el contexto de la negación y del ocultamiento (guardar en secreto) del abuso sexual que rodea las vidas de las víctimas, puede exacerbar una preferencia enfocada en las emociones para enfrentar el problema.

El presente análisis es congruente con los hallazgos de Long y Jackson (1993), en cuanto a que las víctimas de abuso sexual intentan tener un efecto en la situación actual del abuso mediante estrategias centradas en el problema, mientras que su angustia la manejan al enfocarse en las emociones. Las dos estrategias centrales, una para evitar ser agobiadas por los sentimientos peligrosos y amenazantes, y la otra para manejar la carencia de ayuda, la impotencia y la falta de control, son paralelas a las estrategias estudiadas por Long y Jackson (1993), centradas en las emociones y en el problema. Ellos encontraron que pocas víctimas intentaron estrategias centradas en el problema, por lo que especularon que esto puede deberse a que los recursos probablemente no estaban disponibles, *de facto*, o no se contemplaron en las evaluaciones cognoscitivas de las víctimas. La investigación demostró lo primero, que no estaban disponibles. Además, las normas culturales y familiares específicas sirvieron para convencer a las niñas de lo limitado que era desarrollar soluciones centradas en el problema.

Centros comerciales

Se elaboró un reporte para cada centro comercial y uno general que incluyó las conclusiones más importantes de todos los reportes individuales. La organización del reporte de un centro se basó en las tres áreas de la guía de discusión semiestructurada para las sesiones de enfoque:

- Satisfacción con la experiencia de compra en centros comerciales.
- Atributos del centro comercial.
- Percepción de los clientes respecto de las remodelaciones.

En cada "gran tema" se incluyeron citas de segmentos para cada categoría. Por ejemplo, para un centro comercial específico:

Tema: atributos.

Categoría: evaluación de los atributos y factores críticos de éxito del centro comercial.

Citas:

"Siempre encuentro de todo: perfumes, corbatas o algún detalle".

"En la tienda principal siempre encuentro diseños de ropa y son muy interesantes, ya que siempre están a la vanguardia. Además encuentro todo, en línea del hogar, lo que necesito".

"Yo planeo con la idea de una compra y la encuentro".

Tema: atributos.

Categoría: identificación de factores negativos y amenazas del centro comercial.

Citas:

"Solamente le falta entretenimiento".

"Le hace falta una tienda de vestidos de noche".

"Me gusta la planta baja del centro comercial por la gran variedad de tiendas, el segundo piso, es el piso más triste, está dividido y 'sin chiste'".

En cada categoría se estructuró una narración, que por cuestiones de espacio no se incluye (el reporte por centro fue mayor a 100 páginas y la presentación a 40 diapositivas o láminas).

Una de las conclusiones más importantes para este centro comercial fue que se requerían muchas más facilidades para personas con capacidades diferentes.

Los investigadores opinan

El principal objetivo de la investigación científica es la obtención de información precisa y confiable. Sin embargo, la investigación puede adoptar muchas otras formas. Uno puede preguntar a los expertos, revisar libros y artículos, examinar experiencias de los colegas y propias de nuestro pasado y aún confiar en la propia intuición. Sin embargo, los expertos pueden tener apreciaciones erróneas, las fuentes documentales pueden no tener un acercamiento valioso, los colegas pueden no tener experiencia en el tema de nuestro interés y nuestras experiencias e intuición pueden ser irrelevantes o malentendidas.

Por todo lo anterior, el conocimiento obtenido a través de la investigación científica puede ser de gran valor. La investigación científica puede realizarse a través de dos acercamientos metodológicos: la metodología cualitativa y la metodología cuantitativa. Estos dos acercamientos difieren enormemente entre sí, desde el paradigma de investigación que les da origen, el rol del investigador, las preguntas que intentan responder y el grado de generalización posible.

En particular, las investigaciones cualitativas analizan la calidad o cualidad de las relaciones, actividades, situaciones o materiales de una forma holística y generalmente a través de un tratamiento no numérico de los datos. Este acercamiento exige del investigador una preparación exigente y rigurosa, además de una actitud abierta e inductiva.

De esta forma, ya sea que se adopte alguno de estos enfoques o un enfoque mixto, siempre será conveniente tener una guía básica que oriente seriamente nuestros esfuerzos de investigación. Desde el planteamiento del problema de la investigación, hasta la forma de hacer un reporte final tal guía se puede encontrar en un libro como el que ahora está en sus manos.

Igor Martín Ramos Herrera
Profesor investigador titular
Departamento de Salud Pública
Universidad de Guadalajara
Guadalajara, México

Los procesos mixtos de investigación

Capítulo 17

Los métodos mixtos

La meta de la investigación mixta no es reemplazar a la investigación cuantitativa ni a la investigación cualitativa, sino utilizar las fortalezas de ambos tipos de indagación combinándolas y tratando de minimizar sus debilidades potenciales.

ROBERTO HERNÁNDEZ SAMPIERI

Proceso de investigación mixto

Definiciones fundamentales.

- Racionalización del diseño mixto.
- Decisiones sobre: *a*) qué instrumentos emplearemos para recolectar los datos cuantitativos y cuáles para los datos cualitativos, *b*) las prioridades de los datos cuantitativos y cualitativos, *c*) secuencia en la recolección y análisis de los datos cuantitativos y cualitativos, *d*) la forma como vamos a transformar, asociar y/o combinar diferentes tipos de datos, y *e*) métodos de análisis en cada proceso y etapa.
- Decisión sobre la manera de presentar los resultados inherentes a cada enfoque.

Objetivos del aprendizaje

Al terminar este capítulo, el alumno será capaz de:

1 Entender la esencia del enfoque mixto (naturaleza, fundamentos, ventajas y retos).
2 Comprender los procesos de la investigación mixta.
3 Conocer las principales propuestas de diseños mixtos que han emergido.

Síntesis

En el capítulo se presenta el enfoque mixto de la investigación, que implica un proceso de recolección, análisis y vinculación de datos cuantitativos y cualitativos en un mismo estudio o una serie de investigaciones para responder a un planteamiento del problema. Asimismo, en el capítulo se examinan las características, posibilidades y ventajas de los métodos mixtos.

Por otra parte, se introducen los principales diseños mixtos hasta ahora desarrollados: diseños concurrentes, diseños secuenciales, diseños de conversión y diseños de integración.

Además, se comentan los métodos mixtos en función del planteamiento del problema, el muestreo, la recolección y análisis de los datos y el establecimiento de inferencias.

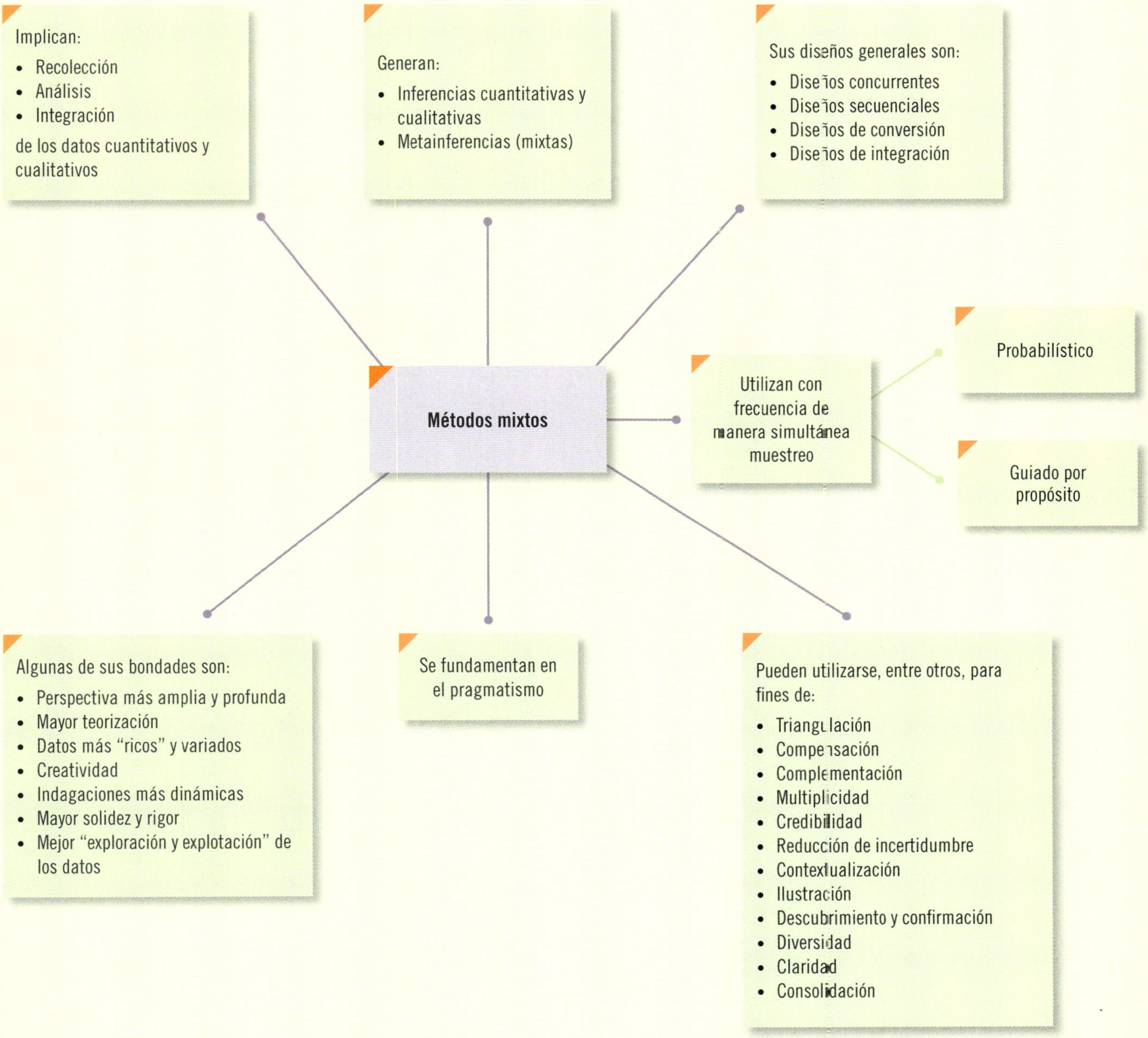

Métodos mixtos

Implican:
- Recolección
- Análisis
- Integración

de los datos cuantitativos y cualitativos

Generan:
- Inferencias cuantitativas y cualitativas
- Metainferencias (mixtas)

Sus diseños generales son:
- Diseños concurrentes
- Diseños secuenciales
- Diseños de conversión
- Diseños de integración

Utilizan con frecuencia de manera simultánea muestreo
- Probabilístico
- Guiado por propósito

Algunas de sus bondades son:
- Perspectiva más amplia y profunda
- Mayor teorización
- Datos más "ricos" y variados
- Creatividad
- Indagaciones más dinámicas
- Mayor solidez y rigor
- Mejor "exploración y explotación" de los datos

Se fundamentan en el pragmatismo

Pueden utilizarse, entre otros, para fines de:
- Triangulación
- Compensación
- Complementación
- Multiplicidad
- Credibilidad
- Reducción de incertidumbre
- Contextualización
- Ilustración
- Descubrimiento y confirmación
- Diversidad
- Claridad
- Consolidación

Nota: En el CD anexo → Material complementario → Capítulos, encontrará el capítulo 12 titulado: "Ampliación y fundamentación de los métodos mixtos", que extiende los contenidos expuestos en este capítulo 17, particularmente en lo que se refiere al pragmatismo (filosofía en la cual se basan los métodos mixtos), muestreo, recolección y análisis de los datos. Asimismo, se incluyen más ejemplos de investigaciones mixtas.

¿En qué consiste el enfoque mixto o los métodos mixtos?

Antes de definir propiamente a los métodos mixtos, hemos de comentar que éstos agregan cada año más adeptos y su desarrollo durante la primera década del siglo xxi ha sido vertiginoso. Han recibido varias denominaciones tales como *investigación integrativa* (Johnson y Onwuegbuzie, 2004), *investigación multimétodos* (Hunter y Brewer, 2003; Morse, 2003), *métodos múltiples* (M. L. Smith, 2006; citado por Johnson, Onwuegbuzie y Turner, 2006), *estudios de triangulación* (Sandelowski, 2003), e *investigación mixta* (Tashakkori y Teddlie, 2009; Plano y Creswell, 2008; Bergman, 2008; y Hernández Sampieri y Mendoza, 2008).

Algunas de las definiciones más significativas del enfoque mixto o los métodos mixtos serían las siguientes:

1. Los métodos mixtos representan un conjunto de procesos sistemáticos, empíricos y críticos de investigación e implican la recolección y el análisis de datos cuantitativos y cualitativos, así como su integración y discusión conjunta, para realizar inferencias producto de toda la información recabada (metainferencias) y lograr un mayor entendimiento del fenómeno bajo estudio (Hernández Sampieri y Mendoza, 2008).
2. Los métodos de investigación mixta son la integración sistemática de los métodos cuantitativo y cualitativo en un solo estudio con el fin de obtener una "fotografía" más completa del fenómeno. Éstos pueden ser conjuntados de tal manera que las aproximaciones cuantitativa y cualitativa conserven sus estructuras y procedimientos originales ("forma pura de los métodos mixtos"). Alternativamente, estos métodos pueden ser adaptados, alterados o sintetizados para efectuar la investigación y lidiar con los costos del estudio ("forma modificada de los métodos mixtos") (Chen, 2006; Johnson *et al.*, 2006).

En las definiciones anteriores queda claro que en los métodos mixtos se combinan al menos un componente cuantitativo y uno cualitativo en un mismo estudio o proyecto de investigación.

Johnson *et al.* (2006) en un "sentido amplio" visualizan a la investigación mixta como un continuo en donde se mezclan las enfoques cuantitativo y cualitativo, centrándose más en uno de éstos o dándoles el mismo "peso" (vea la figura 17.1), donde cabe señalar que cuando se hable del *método cuantitativo* éste se abreviará como **CUAN** y cuando se trate del *método cualitativo* como **CUAL**).

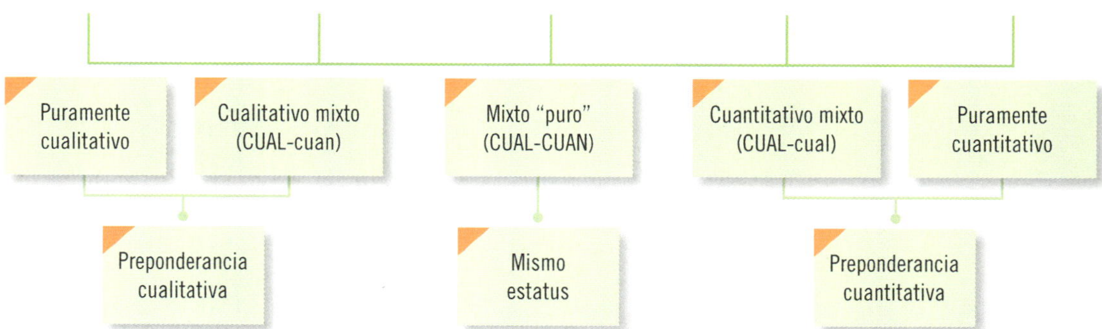

Figura 17.1 Los tres principales enfoques de la investigación hoy en día, incluyendo subtipos de estudios mixtos.

La combinación entonces, puede ser en diversos grados.

¿Dónde se ubican los métodos mixtos dentro del panorama o espectro de la investigación?

Para situar a los métodos mixtos dentro del espectro de las clases de investigación y diseños, a continuación, en la figura 17.2 haremos referencia a la tipología de diseños propuesta por Hernández

Sampieri y Mendoza (2008), quienes a su vez tomaron en cuenta la clasificación de Teddlie y Tashakkori (2006) en lo referente a la parte mixta. Los métodos cuantitativo y cualitativo han sido tratados en los capítulos previos y son *monometódicos* (implican un solo método). Los métodos mixtos, como hemos señalado, son *multimetódicos*, representan la "tercera vía" (Hernández Sampieri y Mendoza, 2008).

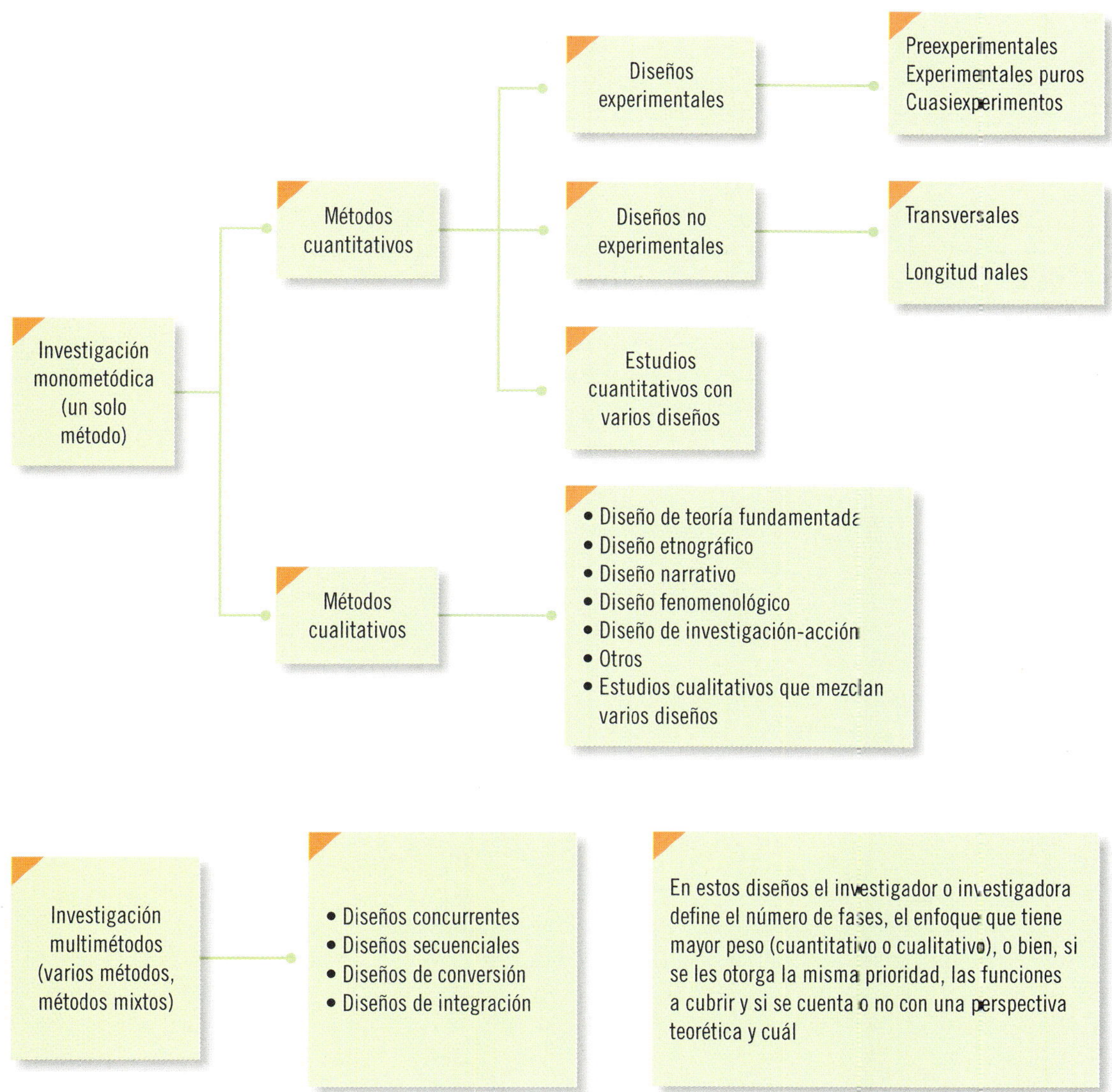

Figura 17.2   Tipología de los métodos y diseños de investigación.

Los métodos mixtos: ¿el fin de la "guerra" entre la investigación cuantitativa y la investigación cualitativa?

Desde el primer capítulo del libro hemos insistido en que tanto el proceso cuantitativo como el cualitativo son sumamente fructíferos y han realizado notables aportaciones al avance del conocimiento de todas las ciencias. Asimismo, se ha resaltado que ninguno es intrínsecamente mejor que el otro, que sólo constituyen diferentes aproximaciones al estudio de un fenómeno, y que la controversia entre las dos visiones ha sido innecesaria. Ahora bien, ¿qué podemos decir sobre la posibilidad de mezclarlos?

Durante varias décadas algunos autores insistieron que cada método o enfoque obedecía a una óptica diferente del mundo, con sus propias premisas, y por tanto ambos eran irreconciliables, opuestos y, en consecuencia, resultaba "una locura" mezclarlos. Pero en los últimos 20 años, un número creciente de metodólogos e investigadores insisten en que esta posición dicotómica (cuantitativa *versus* cualitativa) es incorrecta e inconsistente con una filosofía coherente de la ciencia,[1] y lo ilustran de la siguiente manera: una organización es *una realidad objetiva* (tiene oficinas, a veces edificios, personas que físicamente laboran en ella, capital, y otros elementos que constituyen recursos tangibles), pero también es una *realidad subjetiva*, compuesta de diversas realidades (sus miembros perciben diferente muchos aspectos de la organización, y sobre la base de múltiples interacciones se construyen significados distintos, se viven experiencias únicas, etc.). Así, ambas realidades pueden coexistir, ¿por qué no pueden hacerlo la visión objetiva (cuantitativa) y la subjetiva (cualitativa)?

Un argumento adicional para rechazar la dicotomía CUAN-CUAL es proporcionado por Ridenour y Newman (2008): así como creemos que no existe la completa o total *objetividad*, es también difícil imaginar la completa o total *subjetividad*. En la realidad y la práctica cotidiana, los investigadores se nutren de varios marcos de referencia y la intersubjetividad captura la dualidad entre la inducción y la deducción, lo cualitativo y lo cuantitativo. El ser humano procede de ambas formas, es su naturaleza, así actuamos desde que nacemos, por ello hemos de insistir en que los métodos mixtos son más consistentes con nuestra estructura mental y comportamiento habitual.

Consecuentemente, tales autores han propuesto la unión de ambos procesos en un mismo estudio. Lincoln y Gubba (2000) lo llamaron "el cruce de los enfoques".

Esta concepción parte de la base de que los procesos cuantitativo y cualitativo son únicamente "posibles elecciones u opciones" para enfrentar problemas de investigación, más que paradigmas o posiciones epistemológicas (Todd, Nerlich y McKeown, 2004). Tal como señalan Maxwell (1992) y Henwood (2004), un método o proceso no es válido o inválido por sí mismo; en ciertas ocasiones la aplicación de los métodos puede producir datos válidos y en otras inválidos. La validez *no* resulta ser una propiedad inherente de un método o proceso en particular, sino que atañe a los datos recolectados, los análisis efectuados, y las explicaciones y conclusiones alcanzadas por utilizar un método en un contexto específico y con un propósito particular. D. Brinberg y J. E. McGrath (en Henwood, 2004), lo expresan de esta manera: la validez no es un artículo que pueda "comprarse" con técnicas. Más bien, es como la "integridad, el carácter y las cualidades", se alcanza con cierto propósito y en determinadas circunstancias.

Sin embargo, hoy en día, ante la posibilidad de fusionar ambos enfoques, podemos encontrar  diversas posiciones, desde el "rechazo total" hasta su "completa aceptación e impulso". Tales posturas y los argumentos que las sustentan no se comentarán aquí por cuestiones de espacio, sino que se presentan en el CD, Material complementario → Capítulos → Capítulo 12: "Ampliación y fundamentación de los diseños mixtos". Pero debemos decir que nuestra posición es de respaldo absoluto y se sintetiza en el siguiente párrafo escrito por Roberto Hernández Sampieri y Christian Paulina Mendoza Torres:

> Las premisas de ambos paradigmas pueden ser anidadas o entrelazadas y combinadas con teorías sustantivas; por lo cual no solamente se pueden integrar los métodos cuantitativos y cualitativos, sino que es deseable hacerlo.[2]

 A esta visión se le denomina "pragmática". En este capítulo se comentará más adelante y se ampliará en el CD.

---

[1] Por ejemplo: Teddlie y Tashakkori (2009); Creswell (2009); Burke, Onwuegbuzie y Turner, 2007; Schwandt (2006); y Creswell y Plano Clark (2006).

[2] Hernández Sampieri y Mendoza (2008, p. 1).

El mismo Creswell (2009) y Teddlie y Tashakkori (2009) señalan que algunos métodos se encuentran más relacionados con una visión que con otra; sin embargo, categorizarlos como pertenecientes a una sola visión es algo "irreal".

Creswell (2005) opina que son cinco los factores más importantes que el investigador debe considerar para decidir qué enfoque o método le puede ayudar con un planteamiento del problema específico:

1. El enfoque que el investigador piense que "armoniza" o se adapta más a su planteamiento del problema. En este sentido, es importante recordar que aquellos problemas que necesitan establecer tendencias, se "acomodan" mejor a un diseño cuantitativo; y los que requieren ser explorados para obtener un entendimiento profundo, "empatan" más con un diseño cualitativo.
2. El método que el investigador perciba que se "ajusta" mejor a las expectativas de los usuarios o lectores del estudio. Si éstos son personas abiertas, cualquier enfoque puede utilizarse. Si son tradicionalistas, por ejemplo, psicólogos experimentales, la respuesta es más que obvia. Si el investigador pretende publicar los resultados en cierta revista, se analizan tendencias en la historia de la publicación y se elige el enfoque que prevalezca (Creswell, 2005).[3] Ciertamente esto refleja una postura práctica.
3. El enfoque con el cual el investigador se "sienta más cómodo" o que prefiera. Tal vez sea un criterio no muy racional, pero que también es importante.
4. La aproximación que el investigador considere racionalmente más apropiada para el planteamiento, lo cual está muy vinculado al primer factor.
5. El método en el que el investigador posea más entrenamiento. Ante la indecisión, Creswell (2005) sugiere buscar en la literatura cómo ha sido abordado el planteamiento y qué tan exitosos han resultado los estudios que utilizaron distintos enfoques.

Unrau, Grinnell y Williams (2005) señalan que la mayoría de los estudios incorpora un único enfoque debido al costo, al tiempo y los conocimientos que requiere emplear una perspectiva mixta.

En lo personal los autores de este libro consideramos que en la investigación debe privar "la libertad de método". Por ello no criticamos ninguna postura. Sin embargo, creemos que se deben resaltar más las bondades que las limitaciones de cada enfoque (cuantitativo y cualitativo); y en todo caso, una situación de investigación particular nos dirá si debemos utilizar un método u otro, o bien, ambos. Asimismo, pensamos que el enfoque mixto está terminando con la "guerra de los paradigmas", conflicto y antagonismo que, debe volver a subrayarse, es improductivo.

¿Por qué utilizar los métodos mixtos?

Las relaciones interpersonales, la depresión, las organizaciones, la religiosidad, el consumo, las enfermedades, los valores de los jóvenes, la crisis económica global, los procesos astrofísicos, el DNA, la pobreza y, en general, todos los fenómenos y problemas que enfrentan actualmente las ciencias son tan complejos y diversos que el uso de un enfoque único, tanto cuantitativo como cualitativo, es insuficiente para lidiar con esta complejidad. Por ello se requiere de los métodos mixtos (Hernández Sampieri y Mendoza, 2008; Creswell *et al.*, 2008). Además, la investigación hoy en día necesita de un trabajo multidisciplinario, lo cual contribuye a que se realice en equipos integrados por personas con intereses y aproximaciones metodológicas diversas, que refuerza la necesidad de usar diseños multimodales (Creswell, 2009).

El enfoque mixto ofrece varias bondades o perspectivas para ser utilizado:

1. Lograr una perspectiva más amplia y profunda del fenómeno. Nuestra percepción de éste resulta más integral, completa y holística (Newman *et al.*, 2002). Además, si son empleados dos métodos

---

[3] Algunos ejemplos de revistas académicas (*journals*) que publican investigaciones mixtas son: *Journal of Mixed Methods Research, Quality and Quantity, Field Methods, International Journal of Social Research Methodology, Qualitative Health Research, Annals of Family Medicine, Journal of Research in Nursing, Qualitative Research, Qualitative Inquiry* y *Action Research.*

—con fortalezas y debilidades propias— que llegan a los mismos resultados, se incrementa nuestra confianza en que éstos son una representación fiel, genuina y fidedigna de lo que ocurre con el fenómeno estudiado (Todd y Lobeck, 2004). La investigación se sustenta en las fortalezas de cada método y no en sus debilidades potenciales. Todd, Nerlich y McKeown (2004) señalan que con el enfoque mixto se exploran distintos niveles del problema de estudio. Incluso, podemos evaluar más extensamente las dificultades y problemas en nuestras indagaciones, ubicados en todo el proceso de investigación y en cada una de sus etapas. Creswell (2005) comenta que los diseños mixtos logran obtener una mayor variedad de perspectivas del problema: frecuencia, amplitud y magnitud (cuantitativa), así como profundidad y complejidad (cualitativa); generalización (cuantitativa) y comprensión (cualitativa). Hernández Sampieri y Mendoza (2008) la denominan: "riqueza interpretativa". Miles y Huberman (1994) la señalan como "mayor poder de entendimiento". Harré y Crystal (2004) lo apuntan de este modo: conjuntamos el poder de medición y nos mantenemos cerca del fenómeno. Cada método (cuantitativo y cualitativo) nos proporciona una visión o "fotografía" o "trozo" de la realidad (Lincoln y Guba, 2000).

2. Formular el planteamiento del problema con mayor claridad, así como las maneras más apropiadas para estudiar y teorizar los problemas de investigación (Brannen, 1992). Con un solo enfoque, el investigador regularmente se esfuerza menos en considerar estos aspectos con una profundidad suficiente (Todd, Nerlich y McKeown, 2004). A través de una perspectiva mixta, el investigador debe confrontar las "tensiones" entre distintas concepciones teóricas y al mismo tiempo, considerar la vinculación entre los conjuntos de datos emanados de diferentes métodos.

3. Producir datos más "ricos" y variados mediante la multiplicidad de observaciones, ya que se consideran diversas fuentes y tipos de datos, contextos o ambientes y análisis. Se rompe con la investigación "uniforme" (Todd, Nerlich y McKeown, 2004).

4. Potenciar la creatividad teórica por medio de suficientes procedimientos críticos de valoración (Clarke, 2004). Este autor señala que sin alguno de estos elementos en la investigación, un estudio puede encontrar debilidades, tal como una fábrica que necesita de diseñadores, inventores y control de calidad.

5. Efectuar indagaciones más dinámicas.

6. Apoyar con mayor solidez las inferencias científicas, que si se emplean aisladamente (Feuer, Towne y Shavelson, 2002).

7. Permitir una mejor "exploración y explotación" de los datos (Todd, Nerlich y McKeown, 2004).

8. Posibilidad de tener mayor éxito al presentar resultados a una audiencia hostil (Todd, Nerlich y McKeown, 2004). Por ejemplo, un dato estadístico puede ser más "aceptado" por investigadores cualitativos si se presenta con segmentos de entrevistas.

9. Oportunidad para desarrollar nuevas destrezas o competencias en materia de investigación, o bien, reforzarlas (Brannen, 2008).

Además de las ventajas anteriores, Collins, Onwuegbuzie y Sutton (2006) identificaron cuatro razonamientos para utilizar los métodos mixtos:

a) Enriquecimiento de la muestra (al mezclar enfoques se mejora).

b) Mayor fidelidad del instrumento (certificando que éste sea adecuado y útil, así como que se mejoren las herramientas disponibles).

c) Integridad del tratamiento o intervención (asegurando su confiabilidad).

d) Optimizar significados (facilitando mayor perspectiva de los datos, consolidando interpretaciones y la utilidad de los descubrimientos).

Asimismo, tal como puntualizan Creswell *et al.* (2008), en la perspectiva mixta se aprovechan dentro de una misma investigación datos cuantitativos y cualitativos; y debido a que todas las formas de recolección de los datos tienen sus limitaciones, el uso de un diseño mixto puede minimizar e incluso neutralizar algunas de las desventajas de ciertos métodos.

A los argumentos previos, diversos autores como Brannen (2008) y Burke, Onwuegbuzie y Turner (2007) incorporan una serie de razones prácticas para la "coexistencia" de los métodos cuantitativo y cualitativo y sus paradigmas subyacentes:

- Ambos enfoques (cuantitativo y cualitativo) y los paradigmas que los sustentan (pospositivismo y constructivismo) han sido utilizados por varias décadas y hemos aprendido de los dos.
- En la práctica diversos investigadores los han mezclado en distintos grados.
- Los organismos que patrocinan investigaciones han financiado estudios cuantitativos y cualitativos.
- Las dos clases de enfoques han influido las políticas académicas.
- En su desarrollo diversos estudios que han sido concebidos bajo una visión cuantitativa o cualitativa han tenido que recurrir al otro enfoque para explicar satisfactoriamente sus resultados o completar la indagación.
- Ambas aproximaciones han evolucionado y hoy en día asumen valores fundamentales comunes: confianza en la indagación sistemática, supuesto de que la realidad es múltiple y construida, creencia en la falibilidad del conocimiento (posibilidad de cometer errores) y la premisa de que la teoría es determinada por los hechos.
- Son más sus similitudes que sus diferencias.

Greene (2007), Tashakkori y Teddlie (2008), Hernández Sampieri y Mendoza (2008), y Bryman (2008) presentan ocho pretensiones básicas del enfoque mixto:

1. Triangulación (corroboración): lograr convergencia, confirmación y/o correspondencia o no, de métodos cuantitativos y cualitativos. El énfasis es en el contraste de ambos tipos de datos e información.
2. Complementación: mayor entendimiento, ilustración o clarificación de los resultados de un método sobre la base de los resultados del otro método.
3. Visión holística: obtener un abordaje más completo e integral del fenómeno estudiado usando información cualitativa y cuantitativa (la visión completa es más significativa que la de cada uno de sus componentes).
4. Desarrollo: usar los resultados de un método para ayudar a desplegar o informar al otro método en diversas cuestiones, como el muestreo, los procedimientos, la recolección y el análisis de los datos. Incluso, un enfoque puede proveerle al otro de hipótesis y soporte empírico.
5. Iniciación: descubrir contradicciones y paradojas, así como obtener nuevas perspectivas y marcos de referencia, y también a la posibilidad de modificar el planteamiento original y resultados de un método con interrogantes y resultados del otro método.
6. Expansión: extender la amplitud y el rango de la indagación usando diferentes métodos para distintas etapas del proceso investigativo. Un método puede expandir o ampliar el conocimiento obtenido en el otro.
7. Compensación: un método puede visualizar elementos que el otro no, las debilidades de cada uno puede ser subsanadas por su "contraparte".
8. Diversidad: obtener puntos de vista variados, incluso divergentes, del fenómeno o planteamiento bajo estudio. Distintas ópticas ("lentes") para estudiar el problema.

Bryman (2007a y 2008) sugirió 16 justificaciones que pueden reforzar, complementar o especificar las anteriores pretensiones, las cuales se incluyen en la tabla 17.1 y hemos agregado la de "claridad", basados en Hernández Sampieri y Mendoza (2008):

¿Cuál es el sustento filosófico de los métodos mixtos?

Filosófica y metodológicamente hablando, los métodos mixtos se fundamentan en el *pragmatismo*, en el cual pueden tener cabida casi todos los estudios e investigadores cuantitativos o cualitativos.

▲ **Tabla 17.1**   Justificaciones/razonamientos para el uso de los métodos mixtos[4]

Justificación	Se refiere a...
1. Triangulación o incremento de la validez	Contrastar datos CUAN y CUAL para corroborar/confirmar o no los resultados y descubrimientos en aras de una mayor validez interna y externa del estudio.
2. Compensación	Usar datos CUAN y CUAL para contrarrestar las debilidades potenciales de alguno de los dos métodos y robustecer las fortalezas de cada uno.
3. Complementación	Obtener una visión más comprensiva sobre el planteamiento si se emplean ambos métodos.
4. Amplitud (proceso más integral)	Examinar los procesos más holísticamente (conteo de su ocurrencia, descripción de su estructura y sentido de entendimiento).
5. Multiplicidad (diferentes preguntas de indagación)	Responder a diferentes preguntas de investigación (a un mayor número de ellas y más profundamente).
6. Explicación	Mayor capacidad de explicación mediante la recolección y análisis de datos CUAN y CUAL. Los resultados de un método ayudan a entender los resultados del otro.
7. Reducción de incertidumbre ante resultados inesperados	Un método (CUAN o CUAL) puede ayudar a explicar los resultados inesperados del otro método.
8. Desarrollo de instrumentos	Generar un instrumento para recolectar datos bajo un método, basado en los resultados del otro método, logrando así un instrumento más enriquecedor y comprehensivo.
9. Muestreo	Facilitar el muestreo de casos de un método, apoyándose en el otro.
10. Credibilidad	Al utilizar ambos métodos se refuerza la credibilidad general de los resultados y procedimientos.
11. Contextualización	Proveer al estudio de un contexto más completo, profundo y amplio, pero al mismo tiempo generalizable y con validez externa.
12. Ilustración	Ejemplificar de otra manera los resultados obtenidos por un método.
13. Utilidad	Mayor potencial de uso y aplicación de un estudio (puede ser útil para un mayor número de usuarios o practicantes).
14. Descubrimiento y confirmación	Usar los resultados de un método para generar hipótesis que serán sometidas a prueba a través del otro método.
15. Diversidad	Lograr una mayor variedad de perspectivas para analizar los datos obtenidos en la investigación (relacionar variables y encontrarles significado).
16. Claridad	Visualizar relaciones "encubiertas", las cuales no habían sido detectadas por el uso de un solo método.
17. Mejora	Consolidar las argumentaciones provenientes de la recolección y análisis de los datos por ambos métodos.

De acuerdo con Greene (2007), el "corazón" del pragmatismo (y por ende de la visión mixta) es convocar a varios "modelos mentales"[5] en el mismo espacio de búsqueda para fines de un diálogo respetuoso y que los enfoques se nutran entre sí, además de que colectivamente se genere un mejor sentido de comprensión del fenómeno estudiado. El pragmatismo involucra una multiplicidad de

---

[4] Los términos castellanos de las justificaciones fueron extraídos de Hernández Sampieri y Mendoza (2008).

[5] Para Greene (2007), un modelo mental es la constelación particular de premisas, compromisos teóricos, experiencias y valores mediante los cuales un investigador conduce su trabajo.

perspectivas, premisas teoréticas, tradiciones metodológicas, técnicas de recolección y análisis de datos, y entendimientos y valores que constituyen los elementos de los modelos mentales.

Por pragmatismo debemos entender la búsqueda de soluciones prácticas y trabajables para efectuar investigación, utilizando los criterios y diseños que son más apropiados para un planteamiento, situación y contexto en particular. Este pragmatismo implica una fuerte dosis de pluralismo, en donde se acepta que tanto el enfoque cuantitativo como cualitativo son muy útiles y fructíferos. En ocasiones, estas dos aproximaciones al conocimiento parecieran ser contradictorias, pero tal vez lo que veamos como contradictorio sea simplemente una cuestión de *complementación* (Hernández Sampieri y Mendoza, 2008).

Respecto al debate cuantitativo-cualitativo, la óptica pragmática señala que los temas claves son ontológicos y epistemológicos. Los investigadores cuantitativos perciben la "verdad" como algo que describe una realidad objetiva separada del observador y que espera ser descubierta. Los investigadores cualitativos están interesados en la naturaleza cambiante de la realidad, creada a través de las experiencias de las personas —una realidad envolvente en la cual el investigador y el fenómeno estudiado son inseparables e interactúan mutuamente—, y debido a que los métodos cuantitativo y cualitativo representan dos paradigmas diferentes, *no* son equiparables ni proporcionales (Sale, Lohfeld y Brazil, 2008). Ambos tipos de métodos nacieron y evolucionaron de manera muy distinta y actualmente siguen representando paradigmas diferentes, pero el hecho de que *no* sean equiparables *no* impide que múltiples métodos se puedan combinar en un solo estudio, si esto obedece a propósitos de complementación. Cada método considera diferentes perspectivas y aristas del fenómeno. Por ejemplo, en un estudio mixto sobre la influencia de la familia para ayudar a la mejoría de ciertos enfermos, digamos de artritis, el investigador cuantitativo desarrollará formas de medir tal influencia y sus efectos, mientras que el investigador cualitativo se concentrará en experiencias e interacciones vívidas del enfermo y su familia, en torno al padecimiento y sus consecuencias.

El pragmatismo no pretende estandarizar las visiones de los investigadores, asume que éstos poseen diferentes valores y creencias tanto personales como respecto a los enfoques investigativos, cuando se conjunta esta diversidad no es un problema, sino una fortaleza potencial de la investigación, particularmente cuando las respuestas no son simples ni claras. El pragmatismo es ecléctico (reúne diferentes estilos, opiniones y puntos de vista), incluye múltiples técnicas cuantitativas y cualitativas en un solo "portafolios" y luego selecciona combinaciones de asunciones, métodos y diseños que "encajan" mejor con el planteamiento del problema de interés (Onwuegbuzie y Johnson, 2008).

El **pragmatismo** tiene sus antecedentes iniciales en el pensamiento de diversos autores tales como Charles Sanders Peirce, William James y John Dewey. Adopta una posición balanceada y plural que pretende mejorar la comunicación entre investigadores de distintos paradigmas para finalmente incrementar el conocimiento (Johnson y Onwuegbuzie, 2004; Maxcy, 2003). También ayuda a iluminar sobre cómo las aproximaciones a la investigación pueden ser mezcladas de forma fructífera. El punto es que esta filosofía de investigación puede conjuntar a los enfoques cuantitativo y cualitativo de formas tales que ofrecen las mejores oportunidades para enfrentar planteamientos significativos e importantes de investigación (Johnson y Onwuegbuzie, 2004).

> **Fragmatismo:** sugiere usar el método más apropiado para un estudio específico. Es una orientación filosófica y metodológica, como el positivismo, pospositivismo o constructivismo.

La lógica del pragmatismo (y consecuentemente de los métodos mixtos) incluye el uso de la inducción (o descubrimiento de patrones), deducción (prueba de teorías e hipótesis) y de la abducción (apoyarse y confiar en el mejor conjunto de explicaciones para entender los resultados).

En el CD, capítulo 12 "Ampliación y fundamentación de los métodos mixtos", el lector podrá profundizar en el pragmatismo, si así lo desea.

El proceso mixto

Realmente no hay un proceso mixto, sino que en un estudio híbrido concurren diversos procesos (Hernández Sampieri y Mendoza, 2008). Las etapas en las que suelen integrarse los enfoques cuantitativo y cualitativo son fundamentalmente: el planteamiento del problema, el diseño de investigación,

el muestreo, la recolección de los datos, los procedimientos de análisis de los datos y/o la interpretación de los datos (resultados).[6] Sin embargo, ahora comentaremos brevemente las etapas claves para investigaciones mixtas. En el CD (capítulo 12, "Ampliación y fundamentación de los métodos mixtos") se amplían conceptos e información sobre tales fases (incluyendo más ejemplos).

Planteamiento de problemas mixtos

Un estudio mixto sólido comienza con un planteamiento del problema contundente y demanda claramente el uso e integración de los enfoques cuantitativo y cualitativo, aunque como señalan Tashakkori y Creswell (2007), no todas las preguntas de investigación y objetivos se benefician al utilizar métodos mixtos. Consecuentemente, cuando un proyecto explora preguntas de investigación mixtas con componentes o aspectos cualitativos y cuantitativos interconectados, el producto final del estudio o reporte (particularmente la discusión: conclusiones e inferencias) deberá incluir también ambas aproximaciones.

Los planteamientos mixtos apenas comienzan a ser examinados (Creswell y Plano Clark, 2007) y un asunto continúa abierto al debate: ¿cómo los investigadores e investigadoras enmarcan las preguntas de la indagación en un estudio mixto?, ¿deben formularse como preguntas cuantitativas y cualitativas separadas o como una pregunta o un conjunto de preguntas más generales que abarcan a ambas? (por ejemplo, cuestionamientos que incluyen el "qué y cómo" o el "qué y por qué").

Los autores más recientes e influyentes en este campo han "hecho un llamado" por preguntas explícitas para métodos mixtos, en adición a las interrogantes cuantitativas y cualitativas separadas. Hasta el momento, las posibilidades más claras para formular preguntas en los estudios mixtos son las siguientes:[7]

1. Escribir (formular) preguntas separadas tanto cuantitativas como cualitativas, seguidas de interrogantes explícitas para métodos mixtos (más específicamente, preguntas sobre la naturaleza de la integración). Por ejemplo, en una investigación que involucra la recolección simultánea de datos cuantitativos y cualitativos (concurrente), una pregunta podría cuestionar: ¿los resultados y descubrimientos cuantitativos y cualitativos convergen? En un estudio más secuencial (en donde primero hay una fase de recolección y análisis CUAN o CUAL y luego una segunda del otro enfoque, la pregunta podría inquirir: ¿de qué forma el seguimiento de descubrimientos cualitativos ayuda a explicar los resultados cuantitativos iniciales? o, ¿cómo los resultados cualitativos explican, expanden o clarifican las inferencias cuantitativas?

2. Redactar una pregunta mixta o integrada (o bien, un conjunto de esta clase de preguntas), y después dividirla(s) en preguntas derivadas o "subpreguntas" cuantitativa(s) y cualitativa(s) separadas para responder a cada rama o fase de la indagación. Esto es más común en las investigaciones concurrentes o en paralelo que en las secuenciales.[8] Por ejemplo, supongamos que vamos a estudiar las funciones que cubre la asistencia a discotecas (discos), bares, antros y equivalentes en los adultos jóvenes universitarios de 21 a 27 años, de alguna gran ciudad sudamericana (Buenos Aires, Santa Fe de Bogotá, Santiago de Chile, Lima, Caracas, etc.). La pregunta general podría ser: ¿qué funciones cubre en los adultos jóvenes estudiantes la asistencia a discotecas y centros nocturnos de diversión?, y las subpreguntas o cuestionamientos específicos podrían ser: ¿por qué razones asisten a esos lugares? (CUAN),

---

[6] Moran-Ellis *et al.* (2006) proponen que la integración en la investigación debe ser entendida como una relación particular práctica entre diferentes métodos, conjuntos de datos, descubrimientos analíticos o perspectivas. Estos autores señalan que en los métodos mixtos, la integración puede ocurrir en varios puntos del proceso investigativo y se reservan el término "mixtos" para estudios en los cuales la mezcla (entretejido) sucede desde la concepción misma del proyecto (planteamiento), pero también reconocen a las aproximaciones que por razones teóricas o pragmáticas, sitúan la integración de los datos, descubrimientos o perspectivas en otras partes del proceso indagatorio. Independientemente del punto en el cual ocurra, esa integración genera interconexión entre métodos y/o datos, y al mismo tiempo retiene las modalidades de los diferentes enfoques paradigmáticos.

[7] Resumidas por Tashakkori y Creswell (2007).

[8] Como se verá más adelante, un diseño concurrente implica recolección y análisis simultáneos de datos CUAN y CUAL, mientras que en un diseño secuencial, primero se da una etapa con un método y luego una etapa con el otro método.

¿qué bebidas y alimentos consumen y en qué cantidad? (CUAN), ¿qué funciones específicas manifiestan para asistir? (por ejemplo, socialización, evasión, entretenimiento, etc.) (CUAN), ¿cómo describen y caracterizan sus vivencias y experiencias en tales sitios? (CUAL), ¿qué sentimientos expresan? (CUAL), ¿qué tan agradables-desagradables son esas experiencias para ellos? (CUAN).

Para responder, podríamos al mismo tiempo realizar observación abierta (CUAL) y entrevistas mixtas semiestructuradas durante una semana en discotecas y centros nocturnos de diversión. En las entrevistas se podrían formular algunas interrogantes con categorías "cerradas". También, el estudio se enriquecería con una encuesta (*survey*) y grupos de enfoque en una universidad típica.

Durante la investigación podrían emerger nuevas preguntas a raíz de los resultados iniciales y los intereses del investigador como: ¿qué conductas manifiestan para relacionarse con otras personas de su mismo género y del género opuesto? (por ejemplo, intercambiar caricias, besarse, únicamente charlar, bailar…). Además, podríamos ahondar en casos individuales (biografías).[9]

Desde luego, es una simplificación, pero esperemos que se comprenda el sentido de las interrogantes. Otro ejemplo en un estudio concurrente o simultáneo lo proporcionan Tashakkori y Creswell (2007). La pregunta mixta podría ser: ¿cuáles son los efectos del tratamiento X en ciertas conductas y percepciones de los grupos A y B? Las preguntas derivadas de la pregunta mixta general podrían ser: ¿los grupos A y B son o no diferentes en las variables Y y Z? (CUAN) y, ¿cuáles son las percepciones y construcciones de los participantes en los grupos A y B respecto al tratamiento X? (CUAL).

3. Escribir preguntas de investigación para cada fase de la investigación según como evolucione el estudio. Si la primera etapa es cuantitativa, el cuestionamiento deberá ser enmarcado como una pregunta CUAN y su respuesta tentativa será la hipótesis. Si la segunda etapa es cualitativa, la pregunta será redactada como CUAL. Esto es más usual en los estudios secuenciales.

Las tres prácticas ofrecen diferentes perspectivas, lo que los investigadores e investigadoras deben reflexionar es si se incluyen en el planteamiento preguntas y objetivos para cada aproximación (CUAN y CUAL), o si se prefieren preguntas y objetivos que enfatizan la naturaleza mixta y la integración; o bien, planteamientos que trascienden las subpreguntas cuantitativas y cualitativas. Lo importante es que quede claro lo que pretendemos investigar y la naturaleza mixta del estudio en cuestión.

Asimismo, al ubicar a los métodos mixtos en un continuo multidimensional, más que una tercera opción agregada a la dicotomía cualitativa-cuantitativa, se crea un dilema interesante: ¿la mezcla debe o puede ocurrir desde el planteamiento, o debe limitarse a los métodos del estudio (recolección y análisis de datos e inferencias —discusión—)? Hernández Sampieri y Mendoza (2008) consideran que ya sea de manera explícita o implícita, desde el planteamiento deben combinarse las aproximaciones CUAN y CUAL, aunque como señalan, el desarrollo del estudio generalmente producirá preguntas y objetivos adicionales.

Con el fin de clarificar los planteamientos mixtos, Teddlie y Tashakkori (2009) nos ofrecen un diagrama para ilustrar su formulación, el cual se muestra en la figura 17.3. Asimismo, Hernández Sampieri y Mendoza (2008) ejemplifican el diagrama con el caso de un estudio que estos investigadores están comenzando a realizar en la provincia Estado de México, México, sobre las experiencias de egresados universitarios en el proceso de obtención de empleo y los factores que inciden en éste (ver figura 17.4).

Cabe señalar que el objetivo y la pregunta mixtos abarcan un elemento cualitativo (contextualizar) y uno cuantitativo (incidir, efectos). Asimismo, podría proponerse otro objetivo mixto y su correspondiente pregunta (con valor metodológico): desarrollar instrumentos que midan y ponderen los factores que inciden en la obtención de empleo por parte de los egresados de las universidades del Estado de México, y caractericen sus experiencias.

---

[9] Por ejemplo, encontrar el caso de una joven llamada María que siempre que no tiene novio asiste para buscar uno (no puede vivir sin novio, la función es "evitar soledad") y cuando lo tiene, acude simplemente para que la vean con él ("búsqueda de estatus"); otra joven adulta que recibiera el nombre de Viridiana, que acude simplemente a divertirse con sus amigas y desestresarse ("diversión"); Sergio, quien concurre a "conquistar mujeres", etc. Esas biografías profundizarían nuestro entendimiento del problema y lo ilustrarían con casos reveladores.

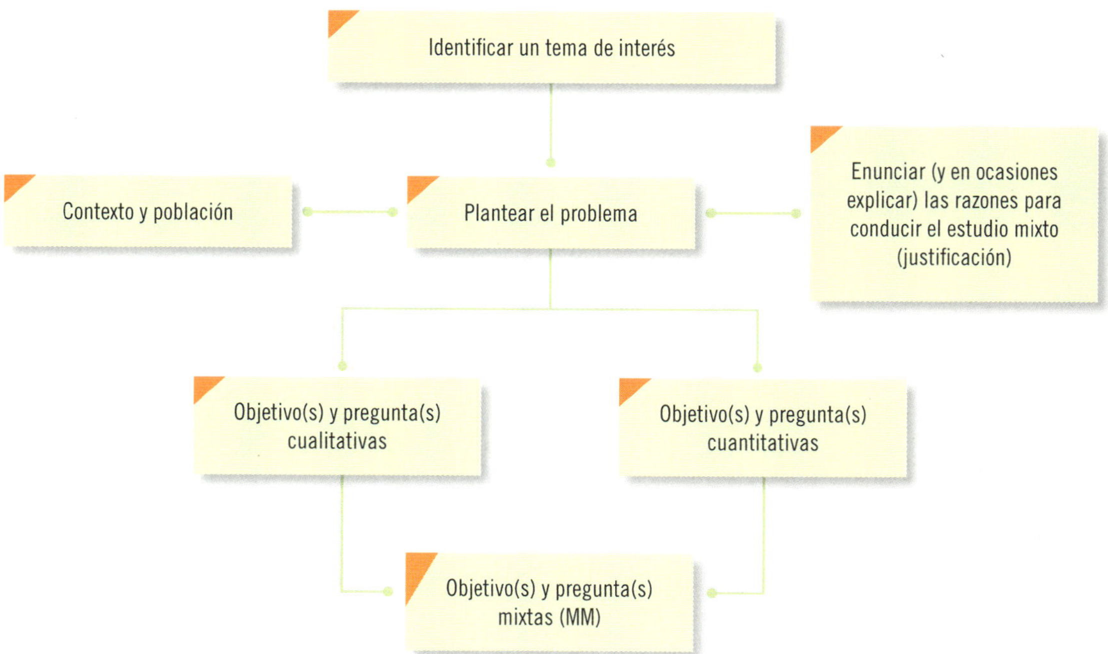

Figura 17.3 Flujo del proceso de plantear problemas de investigación mixta.

Respecto a la justificación, Creswell (2009) sugiere que el investigador esboce una muy breve historia de la evolución de los métodos mixtos e incluya una definición, debido a que éstos son relativamente nuevos en las ciencias. Hernández Sampieri y Mendoza (2008) consideran que esto solamente debe hacerse cuando el planteamiento se presenta ante una comunidad poco o no familiarizada con este tipo de indagación. En la práctica, algunos autores lo hacen al inicio de la revisión de la literatura.

La estructura sería más o menos la siguiente:

En el campo de… (DISCIPLINA DONDE SE INSERTA NUESTRO ESTUDIO, POR EJEMPLO: Psicología clínica) los estudios mixtos han ido multiplicándose aceleradamente. Como muestra tenemos a… (CITAR TRES O CUATRO EJEMPLOS DE REFERENCIAS MIXTAS DENTRO DEL CAMPO CON UNA BREVE EXPLICACIÓN, SI HAN TRATADO EL MISMO PROBLEMA QUE NOSOTROS O PARECIDO, MEJOR).

Los métodos mixtos pueden definirse… (DEFINICIÓN O DEFINICIONES, CON REFERENCIAS).

Los métodos mixtos implican… (AMPLIAR SU EXPLICACIÓN, CON REFERENCIAS). Entre sus funciones tenemos a… (ALGUNAS FUNCIONES, CON CITAS).

Dentro de… (DISCIPLINA EN LA CUAL SE INSERTA EL ESTUDIO) se ha… (COMENTAR LO QUE HAN HECHO INVESTIGACIONES PARECIDAS O SIMILARES: MÉTODO —INCLUYENDO DISEÑO—, MUESTRA, RECOLECCIÓN DE DATOS, RESULTADOS FUNDAMENTALES)…

Revisión de la literatura

En la mayoría de los estudios mixtos se realiza una revisión exhaustiva y completa de la literatura pertinente para el planteamiento del problema, de la misma forma como se hace con investigaciones

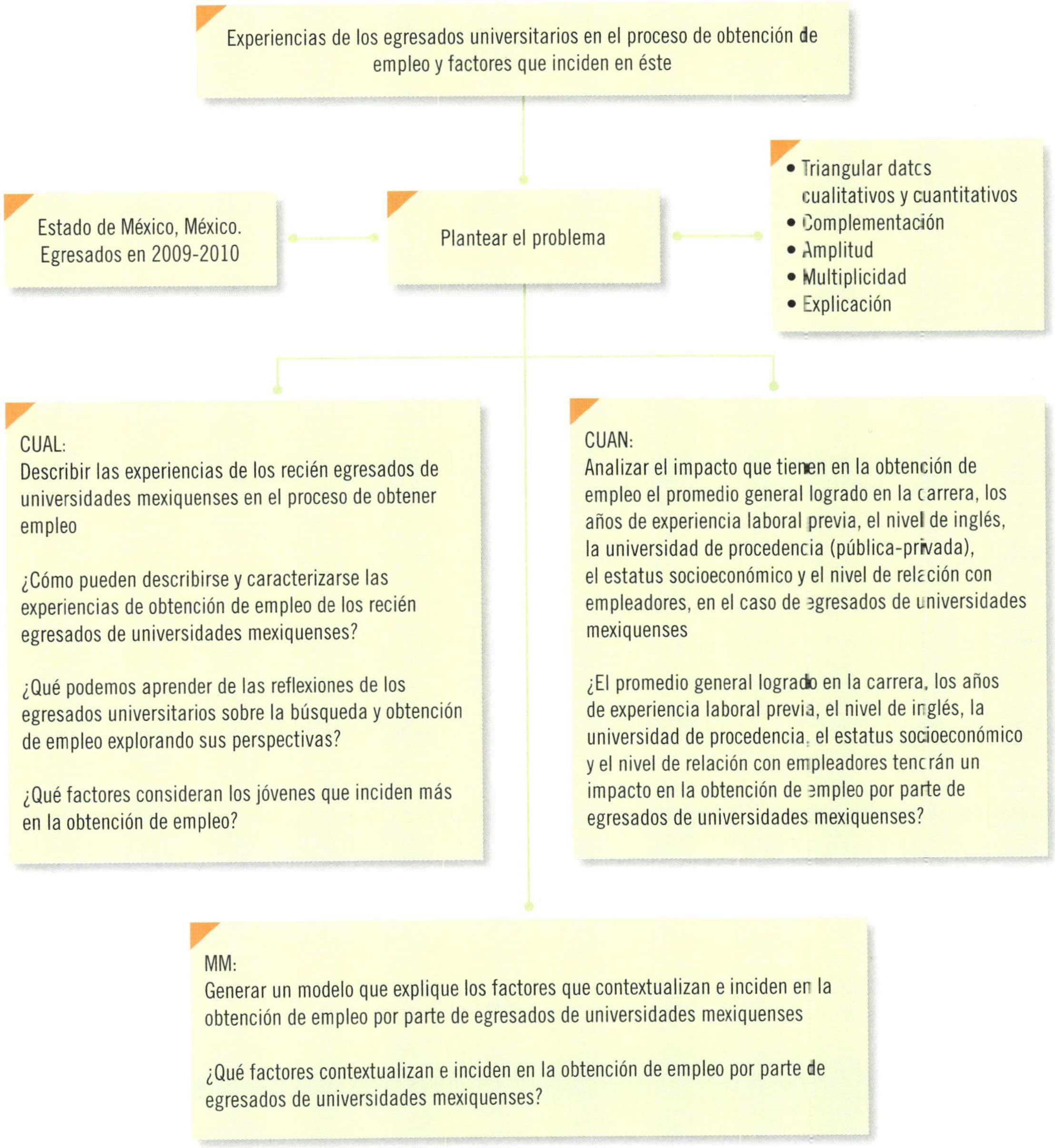

Experiencias de los egresados universitarios en el proceso de obtención de empleo y factores que inciden en éste

Estado de México, México. Egresados en 2009-2010

Plantear el problema

- Triangular datos cualitativos y cuantitativos
- Complementación
- Amplitud
- Multiplicidad
- Explicación

CUAL:
Describir las experiencias de los recién egresados de universidades mexiquenses en el proceso de obtener empleo

¿Cómo pueden describirse y caracterizarse las experiencias de obtención de empleo de los recién egresados de universidades mexiquenses?

¿Qué podemos aprender de las reflexiones de los egresados universitarios sobre la búsqueda y obtención de empleo explorando sus perspectivas?

¿Qué factores consideran los jóvenes que inciden más en la obtención de empleo?

CUAN:
Analizar el impacto que tienen en la obtención de empleo el promedio general logrado en la carrera, los años de experiencia laboral previa, el nivel de inglés, la universidad de procedencia (pública-privada), el estatus socioeconómico y el nivel de relación con empleadores, en el caso de egresados de universidades mexiquenses

¿El promedio general logrado en la carrera, los años de experiencia laboral previa, el nivel de inglés, la universidad de procedencia, el estatus socioeconómico y el nivel de relación con empleadores tendrán un impacto en la obtención de empleo por parte de egresados de universidades mexiquenses?

MM:
Generar un modelo que explique los factores que contextualizan e inciden en la obtención de empleo por parte de egresados de universidades mexiquenses

¿Qué factores contextualizan e inciden en la obtención de empleo por parte de egresados de universidades mexiquenses?

Figura 17.4 Ejemplo del proceso de plantear problemas de investigación mixta.

cuantitativas y cualitativas (vea el capítulo 4 de este libro y el capítulo 3 del CD anexo). Es necesario incluir referencias cuantitativas, cualitativas y mixtas.

Además de la revisión de la literatura y el consecuente desarrollo de un marco teórico, está el asunto de la "teorización", es decir, si el estudio se guía o no por una perspectiva teórica con mayor alcance (Creswell, 2009). Puede ser una teoría de las ciencias (por ejemplo: teoría de la atribución en Psicología, teoría de usos y gratificaciones en Comunicación, teoría del valor en Economía, teoría de la motivación intrínseca en el estudio del comportamiento humano en el trabajo, teoría de Hammer sobre el cáncer) o un enfoque teórico transformador como la "investigación-acción participativa". Como señala Creswell (2009), todos los investigadores se fundamentan en teorías, marcos de referencia y/o perspectivas para la realización de sus estudios y éstas pueden ser más o menos explícitas en las investigaciones mixtas. Hernández Sampieri y Mendoza (2008) recomiendan que sean explicitadas con claridad, dado que los métodos mixtos son relativamente nuevos en Iberoamérica. Las teorías orientan sobre los tipos de planteamientos que se generan, quiénes deben ser los participantes en el estudio, qué tipos de datos es pertinente recolectar y analizar y de qué modo, y las implicaciones hechas mediante la investigación. Los enfoques transformadores también guían todo el conjunto de procesos mixtos.

Hipótesis

En los métodos mixtos, las hipótesis se incluyen "en y para" la parte o fase cuantitativa, cuando mediante nuestra investigación pretendemos algún fin confirmatorio o probatorio; y son un producto de la fase cualitativa (que generalmente tiene un carácter exploratorio en el enfoque híbrido). Sobra decir que en la mayoría de los estudios mixtos, emergen nuevas hipótesis a lo largo de la indagación.

Diseños

Realmente cada estudio mixto implica un trabajo único y un diseño propio, ciertamente resulta una tarea "artesanal"; sin embargo, sí podemos identificar modelos generales de diseños que combinan los métodos cuantitativo y cualitativo, y que guían la construcción y el desarrollo del diseño particular (Hernández Sampieri y Mendoza, 2008). Así, el investigador elige un diseño mixto general y luego desarrolla un diseño específico para su estudio.

Para escoger el diseño mixto apropiado es necesario que el investigador responda a las siguientes preguntas y reflexione sobre las respuestas:

1. ¿Qué clase de datos tienen prioridad: los cuantitativos, los cualitativos o ambos por igual?
2. ¿Qué resulta más apropiado para el estudio en particular: recolectar los datos cuantitativos y cualitativos de manera simultánea (al mismo tiempo) o secuencial (un tipo de datos primero y luego el otro)?
3. ¿Cuál es el propósito central de la integración de los datos cuantitativos y cualitativos? Por ejemplo: triangulación, complementación, exploración o explicación.
4. ¿En qué parte del proceso, fase o nivel es más conveniente que se inicie y desarrolle la estrategia mixta? Por ejemplo: desde y/o durante el planteamiento del problema, en el diseño de investigación, recolección de los datos, análisis de los datos, interpretación de resultados o elaboración del reporte de resultados.

> Cuatro preguntas que el investigador debe hacerse al elegir o desarrollar un diseño mixto:
>
> 1. ¿Qué enfoque tendrá la prioridad? (al plantear el diseño en el método)
> 2. ¿Qué secuencia se habrá de elegir? (antes de implementarlo)
> 3. ¿Cuál es(son) el(los) propósito(s) central(es) de la integración de los datos cuantitativos y cualitativos? (al plantear el problema)
> 4. ¿En qué etapas del proceso de investigación se integrarán los enfoques (antes de implementarlo o durante la implementación)?

Analicemos las posibles respuestas y sus implicaciones para los diseños.

1. Prioridad o peso

Este elemento se refiere a establecer cuál de los dos métodos tendrá mayor peso o primacía en el estudio, o bien, si ambos poseerán la misma prioridad. Esto depende de los intereses del investigador plasmados en el planteamiento del problema. En ocasiones un método (menor peso) se usa simplemente para validar los resultados del método con mayor prioridad.

2. Secuencia o tiempos de los métodos o componentes.

Al elaborar la propuesta mixta y concebir el diseño mixto, el investigador necesita tomar en cuenta los tiempos de los métodos del estudio, particularmente en lo referente al muestreo, recolección y análisis de los datos, así como a la interpretación de resultados. En este sentido, los componentes o métodos pueden ejecutarse de manera *secuencial* o *concurrente* (simultáneamente). Esto se muestra en la figura 17.5.

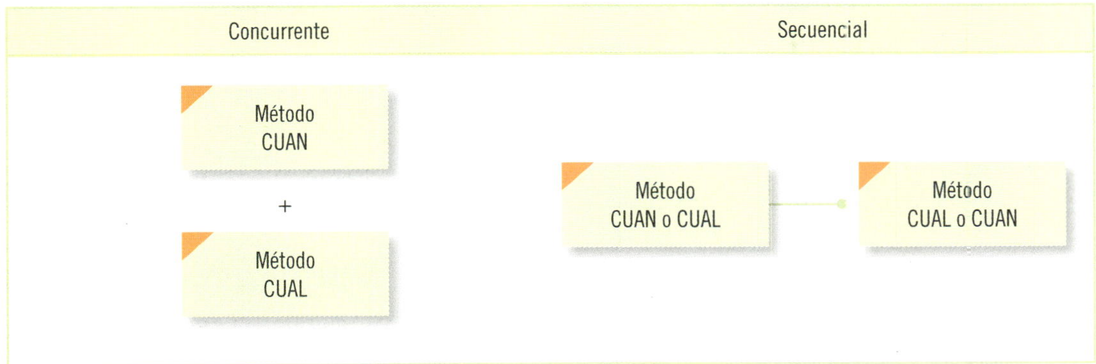

Figura 17.5 Tiempos de los métodos de un estudio mixto.

Ejecución concurrente

Se aplican ambos métodos de manera simultánea (los datos cuantitativos y cualitativos se recolectan y analizan más o menos en el mismo tiempo). Desde luego, sabemos de antemano que regularmente los datos cualitativos requieren de mayor tiempo para su obtención y análisis.

Los diseños concurrentes implican cuatro condiciones (Onwuegbuzie y Johnson, 2008):

i) Se recaban en paralelo y de forma separada datos cuantitativos y cualitativos.

ii) Ni el análisis de los datos cuantitativos ni el análisis de los datos cualitativos se construye sobre la base del otro análisis.

iii) Los resultados de ambos tipos de análisis no son consolidados en la fase de interpretación de los datos de cada método, sino hasta que ambos conjuntos de datos han sido recolectados y analizados de manera separada se lleva a cabo la consolidación.

iv) Después de la recolección e interpretación de los datos de los componentes CUAN y CUAL, se efectúa una o varias "metainferencias" que integran las inferencias y conclusiones de los datos y resultados cuantitativos y cualitativos realizadas de manera independiente.

Estos diseños concurrentes (sin secuencia, en paralelo), en términos de sus procesos, son ilustrados por Teddlie y Tashakkori (2006 y 2009), tal y como se muestra en la figura 17.6.[10]

Ejecución secuencial

En una primera etapa se recolectan y analizan datos cuantitativos o cualitativos, y en una segunda fase se recaban y analizan datos del otro método. Típicamente, cuando se recolectan primero los datos cualitativos, la intención es explorar el planteamiento con un grupo de participantes en su contexto, para posteriormente expandir el entendimiento del problema en una muestra mayor y poder efectuar generalizaciones a la población (Creswell, 2009).

En los diseños secuenciales, los datos recolectados y analizados en una fase del estudio (CUAN o CUAL) se utilizan para informar a la otra fase del estudio (CUAL o CUAN). Aquí, el análisis comienza antes de que todos los datos sean recabados (Onwuegbuzie y Johnson, 2008).

---

[10] En la segunda y tercera parte del libro ya se presentaron los procesos correspondientes a los métodos cuantitativo y cualitativo, por lo que no queremos ser repetitivos y volverlos a mostrar. Por ello, se han simplificado en las fases generales basándonos en Teddlie y Tashakkori (2006 y 2009).

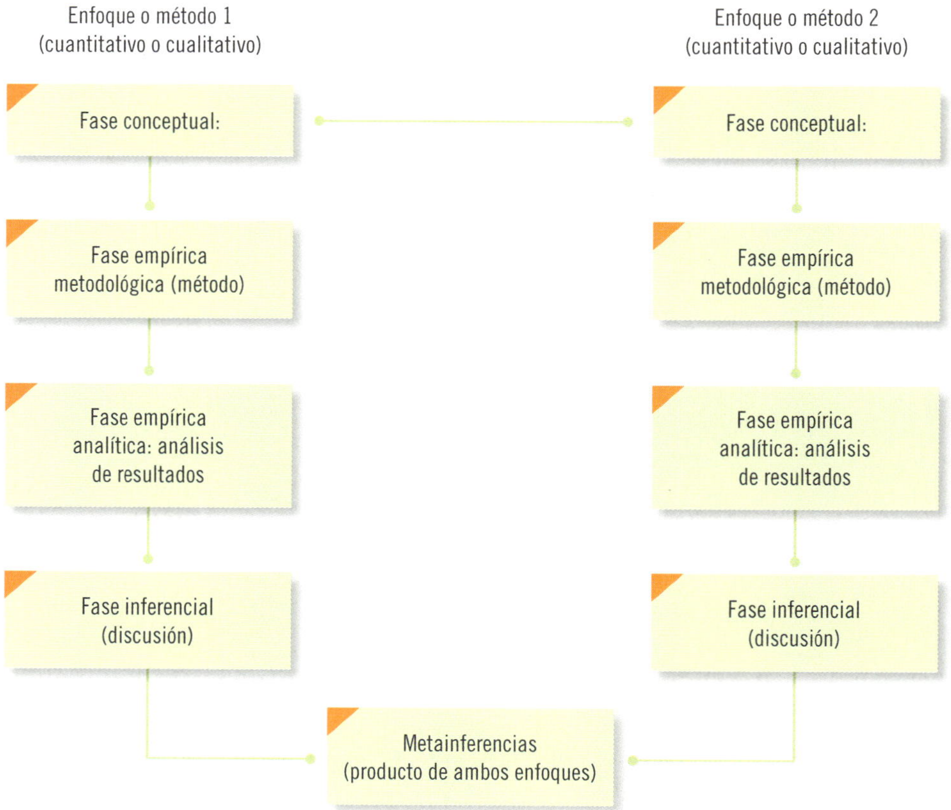

Figura 17.6 Procesos de los diseños mixtos concurrentes.

Estos diseños pueden aplicarse a lo que Chen (2006) denomina evaluaciones guiadas por teoría, a través de dos estrategias:

a) Cambio de estrategia (por ejemplo, primero aplicar métodos cualitativos para "iluminar" y producir teoría fundamentada y luego utilizar métodos cuantitativos para "aquilatarla").

b) Estrategia contextual "revestida" (por ejemplo, utilizar una aproximación cualitativa para recolectar información del contexto con el fin de facilitar la interpretación de datos cuantitativos o "reconciliar" descubrimientos).

Los diseños secuenciales son caracterizados gráficamente en cuanto a sus procesos en la figura 17.7.

3. Propósito esencial de la integración de los datos

Uno de los propósitos más importantes de diversos estudios mixtos es la transformación de datos para su análisis. En términos de Teddlie y Tashakkori (2009), esto implica que un tipo de datos es convertido en otro (cualificar datos cuantitativos o cuantificar datos cualitativos) y luego se analizan ambos conjuntos de datos bajo análisis tanto CUAN como CUAL. Esto da pie a una clase de diseños denominados "de conversión", cuyo proceso se representa en la figura 17.8.

4. Etapas del proceso investigativo en las cuales se integrarán los enfoques

¿En qué etapas se deben integrar los enfoques CUAN y CUAL en un estudio mixto? Como ya se señaló, la combinación entre los métodos cuantitativo y cualitativo se puede dar en varios niveles. En

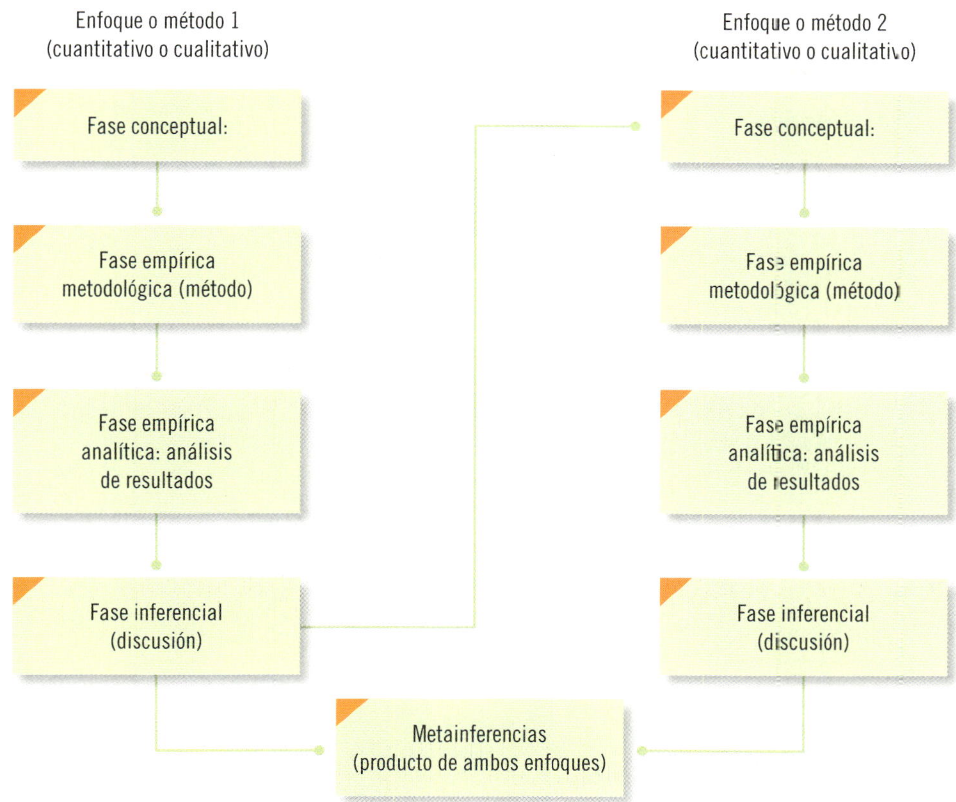

Figura 17.7   Procesos de los diseños mixtos secuenciales.

algunas situaciones la mezcla puede "ir tan lejos" como incorporar ambos enfoques en todo el proceso de indagación. En este último caso se tiene una clase de diseño que Hernández, Fernández y Baptista (2006) denominaron *diseños mixtos complejos*, y Hernández Sampieri y Mendoza (2008) volvieron a "bautizar" como *diseños mixtos de integración de procesos* y representan el más alto grado de combinación entre los enfoques *cualitativo* y *cuantitativo*. En éstos, ambas aproximaciones se entremezclan en todo el proceso de investigación, o al menos, en la mayoría de sus etapas. Requiere de un manejo completo de los dos métodos y una mentalidad abierta. Agrega complejidad al diseño de estudio, pero contempla todas las ventajas de cada uno de los enfoques. La investigación oscila entre los esquemas de pensamiento inductivo y deductivo, además de que por parte del investigador se necesita un enorme dinamismo en el proceso.

Algunas de las características de estos diseños son:

- Se recolectan datos cuantitativos y cualitativos, a varios niveles, de manera simultánea o en diferentes secuencias, a veces se combinan y transforman los dos tipos de datos para arribar a nuevas variables y temas para futuras pruebas o exploraciones (Hernández Sampieri y Mendoza, 2008).
- Se realizan análisis cuantitativos y cualitativos sobre los datos de ambos tipos durante todo el proceso. Se comparan categorías cuantitativas con temas y se establecen múltiples contrastes.
- Se pueden involucrar otros diseños específicos en el mismo estudio, por ejemplo, un experimento.
- Los resultados definitivos se reportan hasta el final, aunque pueden elaborarse reportes parciales.
- El proceso es completamente iterativo.
- Son diseños para lidiar con problemas sumamente complejos.
- Los resultados se pueden generalizar y es factible al mismo tiempo desarrollar teoría emergente y probar hipótesis, explorar, etcétera.

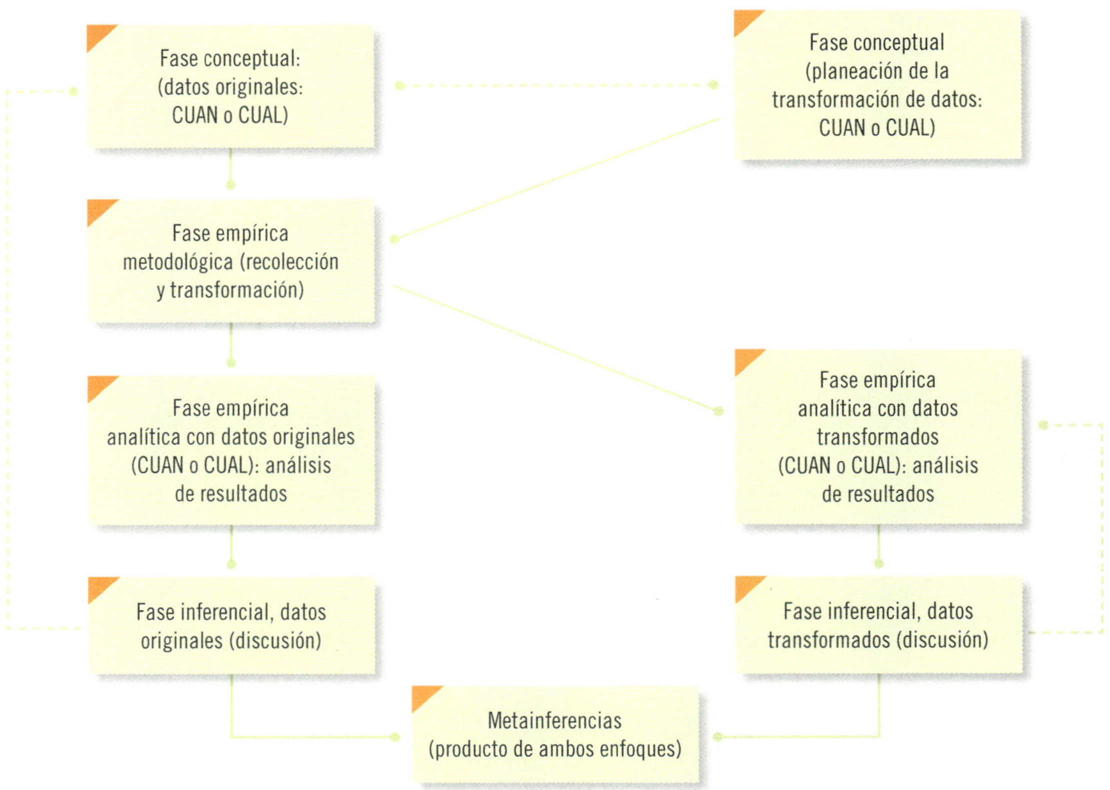

Figura 17.8   Procesos de los diseños mixtos de conversión.[11]

Teddlie y Tashakkori (2009) y Hernández Sampieri y Mendoza (2008) los ilustran como puede apreciarse en la figura 17.9.

El peso o prioridad, la secuencia, el propósito esencial de la combinación de los datos y las etapas del proceso investigativo en las cuales se integrarán los enfoques son los elementos básicos para perfilar el diseño específico de acuerdo con la mayoría de los autores. Sin embargo, Creswell (2009) agrega un quinto factor, que denomina *teorización* (no se refiere a apoyarse en un marco o perspectiva teórica, sino a guiarse por un enfoque teórico transformador, como el *feminismo* o la *concepción emancipadora*). Este metodólogo resume en una matriz la toma de decisiones para tal elección en función de cuatro de los factores, la cual se muestra en la tabla 17.2.

▲ **Tabla 17.2**   Elementos para decidir el diseño general apropiado[12]

Tiempos	Prioridad o peso	Mezcla	Teorización
Concurrente (no hay secuencia)	Igual	Integrar ambos métodos	
Secuencial: primero el método cualitativo	Cualitativo (CUAL)	Conectar un método con el otro	Explícita
Secuencial: primero el método cuantitativo	Cuantitativo (CUAN)	Anidar o incrustar un método dentro de otro	Implícita

---

[11] Extraído de Hernández Samperi y Mendoza (2008).
[12] Creswell (2009, p. 207).

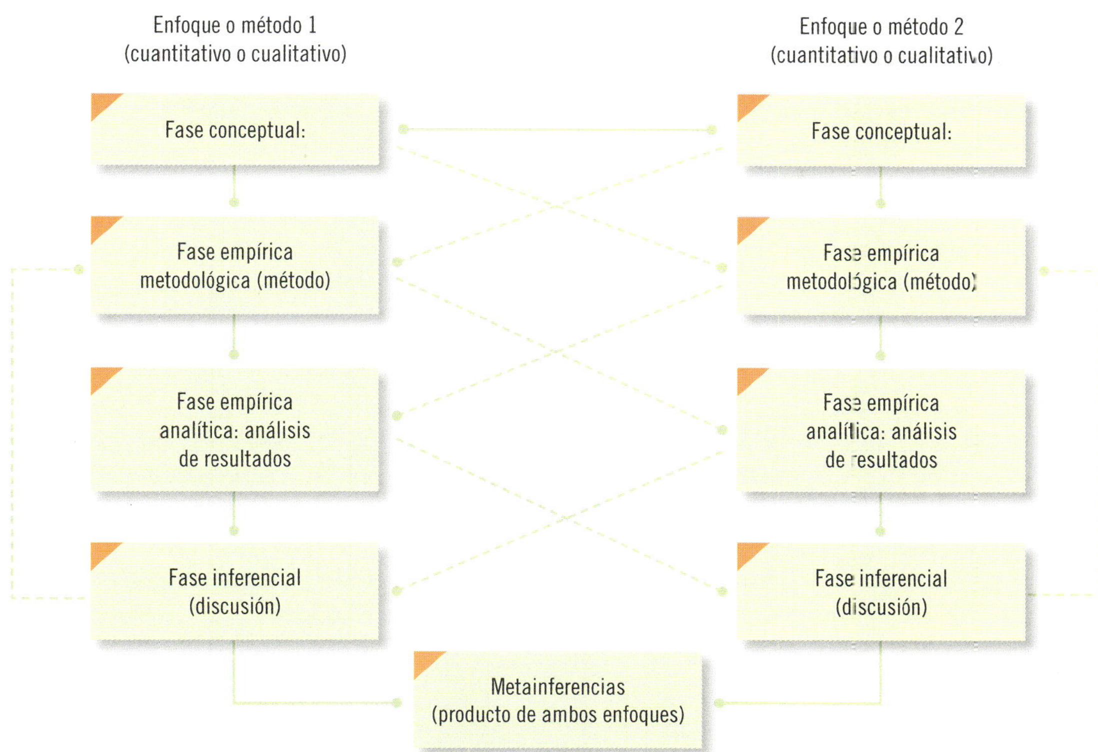

Figura 17.9 Procesos de los diseños mixtos de integración.

Diseños mixtos específicos

En el desarrollo de los métodos mixtos se han generado diversas clasificaciones de éstos; por cuestiones de espacio, incluiremos una sola tipología, la de Hernández Sampieri y Mendoza (2008), que se deriva de los esquemas anteriores (concurrentes, secuenciales, de transformación e integración).[13] Pero, antes de desplegarla es necesario revisar la simbología o notación que suele utilizarse actualmente para visualizar los diseños mixtos y que es muy útil para que los investigadores comuniquen sus procedimientos:[14]

- En primer término se abrevia el método o estrategia, en español es: Cuan (cuantitativo) / Cual (cualitativo); en inglés: Quan (*quantitative*)/ Qual (*qualitative*).
- Un "+" indica una forma de recolección y/o análisis de los datos simultánea, concurrente o en paralelo.
- Un "→" significa una forma de recolección y/o análisis de los datos secuencial.
- Una "O" implica que el diseño puede adquirir dos formatos.
- Cuando un método tiene mayor peso o prioridad en la recolección de datos, el análisis de los mismos y su interpretación, se escribe en mayúsculas (CUAN o CUAL); y cuando tiene menor peso se escribe con minúsculas (cual o cuan). Implica énfasis (Creswell, 2009).
- Una notación CUAN/cual indica que el método cualitativo está anidado o incrustado dentro del método cuantitativo.
- Los recuadros ☐ se refieren a la recolección y análisis de datos cuantitativos o cualitativos.

---

[13] En el capítulo 12 del CD "Ampliación y fundamentación de los diseños mixtos", el lector encontrará otras clasificaciones de los diseños mixtos, organizadas históricamente, desde Patton (1990) hasta Creswell *et al.* (2008).

[14] Esta simbología ha sido desarrollada principalmente por Janice Morse y John Creswell.

1. Diseño exploratorio secuencial (DEXPLOS)[15]

El diseño implica una fase inicial de recolección y análisis de datos cualitativos seguida de otra donde se recaban y analizan datos cuantitativos. Hay dos modalidades del diseño atendiendo a su finalidad (Hernández Sampieri y Mendoza, 2008; y Creswell *et al.*, 2008):

a) *Derivativa*. En esta modalidad la recolección y el análisis de los datos cuantitativos se construyen sobre la base de los resultados cualitativos. La mezcla mixta ocurre cuando se conecta el análisis cualitativo de los datos y la recolección de datos cuantitativos. La interpretación final es producto de la integración y comparación de resultados cualitativos y cuantitativos. El foco esencial del diseño es efectuar una exploración inicial del planteamiento. Creswell (2009) comenta que el DEXPLOS es apropiado cuando buscamos probar elementos de una teoría emergente producto de la fase cualitativa y pretendemos generalizarla a diferentes muestras. Morse (1991) señala otra finalidad del diseño en esta vertiente: determinar la distribución de un fenómeno dentro de una población seleccionada. Asimismo, el DEXPLOS es utilizado cuando el investigador necesita desarrollar un instrumento estandarizado porque las herramientas existentes son inadecuadas o no se puede disponer de ellas. En este caso es útil usar un diseño exploratorio secuencial de tres etapas:

1. Recabar datos cualitativos y analizarlos.
2. Utilizar los resultados para construir un instrumento cuantitativo (los temas o categorías emergentes pueden ser las variables y los segmentos de contenido que ejemplifican las categorías pueden ser los ítems, o generarse reactivos para cada categoría).
3. Administrar el instrumento a una muestra probabilística de una población para validarlo.

b) *Comparativa*. En este caso, en una primera fase se recolectan y analizan datos cualitativos para explorar un fenómeno, generándose una base de datos; posteriormente, en una segunda etapa se recolectan y analizan datos cuantitativos y se obtiene otra base de datos (esta última fase no se construye completamente sobre la plataforma de la primera, como en la modalidad derivativa, pero sí se toman en cuenta los resultados iniciales: errores en la elección de tópicos, áreas complejas de explorar, etc.). Los descubrimientos de ambas etapas se comparan e integran en la interpretación y elaboración del reporte del estudio. Se puede dar prioridad a lo cualitativo o a lo cuantitativo, o bien, otorgar el mismo peso, siendo lo más común lo primero (CUAL). En ciertos casos se le puede otorgar prioridad a lo cuantitativo, por ejemplo: cuando el investigador intenta conducir fundamentalmente un estudio CUAN pero necesita comenzar recolectando datos cualitativos para identificar o restringir la dispersión de las posibles variables y enfocarlas. Pero siempre se recolectan antes los datos cualitativos. En ambas modalidades, los datos y resultados cuantitativos asisten al investigador en la interpretación de los descubrimientos de orden cualitativo.

Es útil para quien busca explorar un fenómeno, pero que también desea expandir los resultados.

Una gran ventaja del DEXPLOS reside en que es relativamente más fácil de implementar porque las etapas son claras y diferenciadas. Asimismo, resulta más sencillo de describir y reportar (Creswell, 2009). Su desventaja es que requiere de tiempo, particularmente en la modalidad derivativa, ya que el investigador debe esperar a que los resultados de una etapa hayan sido analizados cuidadosamente para proceder a la siguiente.

Su formato general es el que se muestra en la figura 17.10.

Figura 17.10   Esquema del diseño exploratorio secuencial (DEXPLOS).

---

[15] Las abreviaturas de estos diseños son de Hernández Sampieri y Mendoza (2008).

Ejemplos de este diseño lo son las siguientes investigaciones:[16]

a) Modalidad derivativa

EJEMPLO

La integración entre empresas

Alejos (2008) efectuó un estudio DEXPLOS con la finalidad de analizar si los micro pequeños y medianos empresarios estaban dispuestos a integrarse con otros para formar alianzas, compartir recursos y esfuerzos, y resolver conjuntamente sus problemas (lo que se denomina "modelo integrador"). Su contexto fue la ciudad de Celaya, Guanajuato, México.

Su primera etapa fue cualitativa y recolectó datos de dos fuentes mediante entrevistas semiestructuradas:

- Primera fuente: entrevistó a los responsables del área de desarrollo económico y sus principales colaboradores en los tres niveles de gobierno (federal: Delegación en Guanajuato del Ministerio de Economía; estatal o provincial: Secretaría de Desarrollo Económico del Estado de Guanajuato, y municipal: Dirección de Desarrollo Económico del Ayuntamiento de Celaya), con la finalidad de conocer el tipo de apoyos gubernamentales que se brindaban a las empresas para integrarse. Los resultados le sirvieron para encontrar categorías y temas emergentes sobre el apoyo a los empresarios para unirse y obtener el punto de vista de las autoridades sobre el problema bajo estudio. Algunos temas que surgieron del análisis cualitativo fueron, por ejemplo, el de "apoyos solicitados por parte de empresarios" y el de "participación de las empresas en Celaya para formar redes empresariales".

- Segunda fuente: envió por correo electrónico un cuestionario semiestructurado con preguntas cerradas y abiertas dirigido a propietarios o directores de microempresas, y pequeñas y medianas empresas que hubieran participado en experiencias de integración con otras organizaciones (lo hizo con 34 casos en el estado de Guanajuato, incluyendo Celaya). En la mayoría de las ocasiones hubo necesidad de ampliar la información vía contacto telefónico. Así, obtuvo datos cuantitativos, como el número de empleados que laboraban en las empresas integradoras (conjunto de empresas unidas), si era o no necesario para que funcionara la integración conocer con anterioridad a los futuros socios, promedios de ventas, etc.; y datos cualitativos sobre las experiencias en la conformación de la integradora, conflictos, procesos de integración entre socios y otros aspectos.

De los resultados cualitativos y algunos cuantitativos (estadísticos), y con la ayuda de expertos en áreas económicas (incluyendo funcionarios de la Secretaría de Economía), diseñó una encuesta estandarizada —ya más enfocada— sobre diversas variables para determinar el grado de aceptación de una posible integración, la cual aplicó mediante entrevista personal a una muestra probabilística de 420 empresarios celayenses.

Al final, respondió a sus preguntas de investigación y generó un modelo para explicar el fenómeno de la integración entre medianos y pequeños empresarios.

Nota: En el CD anexo, material complementario, capítulos, capítulo 12 titulado: "Ampliación y fundamentación de los métodos mixtos", encontrará otro ejemplo de este diseño y modalidad (el de una comunidad religiosa que en la edición anterior estaba en este capítulo 17).

b) Modalidad comparativa

EJEMPLO

Anuncios políticos en campañas presidenciales

Parmelee, Perkins y Sayre (2007) examinaron cómo y por qué los anuncios políticos sobre los candidatos de las campañas presidenciales en Estados Unidos de 2004 fallaron en "hacer conexión" con los adultos

---

[16] Los ejemplos han sido simplificados por cuestiones de espacio, su objetivo es ilustrar el diseño al que hacen referencia.

jóvenes universitarios. Los(as) investigadores(as) recabaron y analizaron —mediante grupos de enfoque cualitativo— datos de 32 estudiantes de un campus y luego compararon los temas cualitativos emergentes con análisis de contenido cuantitativo de poco más de 100 anuncios de George W. Bush y John Kerry (las categorías cualitativas que surgieron sirvieron sólo en parte de fundamento para el desarrollo de las categorías base para el análisis de contenido estandarizado). La investigación usó un diseño secuencial para explicar tal falla. Entre otras cuestiones, en los grupos focales se pretendió evaluar cómo los estudiantes interpretaban el valor de la propaganda política y se encontró que éstos habían sido alienados por el esfuerzo comunicativo. Al no seleccionar temáticas y personas con las cuales pudieran relacionarse, la propaganda minimizó la importancia de los votantes jóvenes y los anuncios no fueron percibidos como relevantes para ellos. La investigación hizo sugerencias para construir mensajes más persuasivos y que conecten a los candidatos con audiencias más jóvenes. El esquema del estudio podría representarse como en la figura 17.11.

Figura 17.11   Visualización gráfica del estudio sobre anuncios políticos y su impacto en jóvenes adultos.

Creswell (2009) y Hernández Sampieri y Mendoza (2008) sugieren siempre visualizar el diseño concreto con las respectivas técnicas de recolección utilizadas.

2. Diseño explicativo secuencial (DEXPLIS)

El diseño se caracteriza por una primera etapa en la cual se recaban y analizan datos cuantitativos, seguida de otra donde se recogen y evalúan datos cualitativos. La mezcla mixta ocurre cuando los resultados cuantitativos iniciales informan a la recolección de los datos cualitativos. Cabe señalar que la segunda fase se construye sobre los resultados de la primera. Finalmente, los descubrimientos de ambas etapas se integran en la interpretación y elaboración del reporte del estudio. Se puede dar prioridad a lo cuantitativo o a lo cualitativo, o bien, otorgar el mismo peso, siendo lo más común lo primero (CUAN). Un propósito frecuente de este modelo es utilizar resultados cualitativos para auxiliar en la interpretación y explicación de los descubrimientos cuantitativos iniciales, así como profundizar en éstos. Ha sido muy valioso en situaciones donde aparecen resultados cuantitativos inesperados o confusos. Cuando se le concede prioridad a la etapa cualitativa, el estudio puede ser usado para caracterizar casos a través de ciertos rasgos o elementos de interés relacionados con el planteamiento del problema, y los resultados cuantitativos sirven para orientar en la definición de una muestra guiada por propósitos teóricos o conducida por cierto interés. Y posee las mismas ventajas y desventajas del diseño anterior.

El formato general de este diseño se representa en la figura 17.12.

Figura 17.12   Esquema del diseño explicativo secuencial (DEXPLIS).

EJEMPLO

La depresión posparto

Nicolson (2004) efectuó un estudió en Gran Bretaña sobre la depresión posparto (PND, por sus siglas en inglés). La autora resalta que cuando se presenta es temporal (se considera que ocurre durante los 12 meses posteriores al parto) y puede originarse como consecuencia de una causa física o de una respuesta al estrés. Es un tipo de depresión que únicamente puede experimentar una mujer, por lo cual es más conveniente que sea estudiada por una investigadora que haya parido (o al menos que en el equipo de investigación haya una o dos mujeres con hijos).

Durante muchos años su análisis tuvo la perspectiva del enfoque cuantitativo, pero en las últimas dos décadas también se ha abordado cualitativamente. Entre 1980 y 1990 se condujeron más de 100 estudios sobre este problema de investigación, pero no llevaron en realidad a explicar y tratar la PND. Por ello, Paula Nicolson decidió realizar un estudio mixto.

La primera etapa (cuantitativa) implicó la aplicación de un cuestionario precocificado y ampliamente validado, el cual incluía la escala de Pitt para medir la depresión atípica que sigue al "dar a luz" (Nicolson, 2004, p. 210). El instrumento estandarizado fue aplicado a 40 mujeres en un par de unidades de maternidad en dos momentos: 1) durante su estancia en el hospital (entre dos y 10 días posteriores al parto) y 2) en sus hogares, entre 10 y 12 semanas después del nacimiento del bebé. Algunas de las 23 preguntas eran las siguientes:[17]

1. ¿Duerme bien? (los ítems están compuestos de tres categorías: "sí", "no", "no sé").
2. ¿Se enoja fácilmente?
3. ¿Está preocupada por su apariencia?
4. ¿Tiene buen apetito?
5. ¿Está usted tan feliz como piensa que debería estarlo?
6. ¿Tiene el mismo interés por el sexo como siempre?
7. ¿Llora fácilmente?
8. ¿Está satisfecha con la manera en que enfrenta las situaciones?
9. ¿Tiene confianza en sí misma?
10. ¿Siente que es la misma persona de siempre?

Las mujeres respondieron al cuestionario aplicado por entrevista y se mostraron francas y abiertas; comenzaron a revelar datos que la investigadora no había preguntado o contemplado. La comunicación fluyó más allá de los ítems incluidos en el instrumento. Por supuesto, ella inició una exploración profunda con cada participante, grabó las entrevistas y comenzó a efectuar análisis cualitativo. Encontró categorías y temas. Por ejemplo, una categoría que emergió fue la del sentimiento de "aislamiento" cuando no estaban solas (una mujer comentó que se percibía como "sitiada" por los parientes que le ofrecían cuidar a sus hijos, ayudarle en las compras y labores domésticas; ella veía esto como una interferencia en su vida, desde su punto de vista, nadie "cubría sus necesidades").

Posteriormente asignó a las participantes en dos subgrupos: altos puntajes en las dos aplicaciones del cuestionario y bajos puntajes.

Las mujeres con elevados valores en la primera aplicación del cuestionario (que reflejan mayor depresión posnatal), describieron su estancia en el hospital como una experiencia negativa. Calificaron al personal del mismo como insensible y que no respondía a sus preguntas sobre su estado de salud o el del recién nacido, señalaron que la "atmósfera" era pobre, que faltaban elementos de comodidad y materiales —por ejemplo, pañales—, comunicaron una mala experiencia de parto y que habían sentido cansancio, dolor, preocupación por su bebé y padecido discriminación; además de sentirse enfermas. Quienes tuvieron bajos valores en esta misma aplicación, tendieron a manifestar satisfacción con el cuidado que recibieron y dijeron haber tenido pocos o muy pocos problemas con la alimentación, su salud o la del bebé.

Las participantes que alcanzaron altos puntajes en la segunda aplicación (entrevista semanas después), manifestaron un mayor sentido de aislamiento social y problemas de salud.

Pero al profundizar en las respuestas al instrumento durante la segunda administración, se presentaron diversos casos de incongruencias: algunas mujeres, en sus explicaciones abiertas, aparentemente contradijeron sus respuestas a la prueba (por ejemplo, una participante que había respondido con un "sí" a la pregunta: ¿se siente saludable?, en la conversación extendida manifestó dolores y molestias en ciertas partes del cuerpo). Asimismo, había también incongruencias entre las conductas no verbales y

---

[17] Nicolson (2004, p. 211). Las preguntas se adaptaron al español para su mejor comprensión.

las contestaciones al instrumento (por ejemplo, otra participante respondió en el cuestionario que estaba feliz, pero en la conversación usó frases como: "qué podía esperarse si tengo deberes hacia un hombre y una familia").

En fin, encontró varias cuestiones interesantes que le condujeron a una segunda fase del estudio: una investigación cualitativa con 24 mujeres. En este caso, decidió entrevistar a cada una cuatro veces, durante la transición de la maternidad, como se ve en la tabla 17.3.

▲ **Tabla 17.3**   Las entrevistas del ejemplo de investigación mixta (PND)

Entrevista 1	Entrevista 2	Entrevista 3	Entrevista 4
Efectuada durante el embarazo. Tópico central: • Autobiografía (incluye materiales proporcionados por ellas). • Experiencias previas de depresión.	Un mes después del parto. Tópicos centrales: Parto, nacimiento y el periodo subsecuente, centrándose en las explicaciones de las respondientes sobre su conducta, reacciones emocionales y contexto social.	Tres meses después del parto. Tópicos centrales: Similares a los de la segunda entrevista.	Seis meses después del parto. Tópicos similares a los de la segunda entrevista.

El requisito para participar es que se comprometieran a dedicar 10 horas durante el estudio y a discutir su transición a la maternidad y los cambios emocionales. Las mujeres eran de diferentes edades y niveles socioeconómicos. De las 24 participantes, 20 estuvieron en todo el proceso y cuatro solamente pudieron estar presentes en la primera entrevista (aunque respondieron por escrito en cada momento a cuestionarios abiertos mientras se efectuaban el resto de las entrevistas).

Las entrevistas fueron semiestructuradas con preguntas como: respecto al parto y el nacimiento de su hijo, ¿qué ocurrió?, ¿cómo se sintió? (segunda entrevista); ¿qué ha sucedido y cómo se ha sentido desde la última vez que nos vimos? (tercera y cuarta entrevistas).

Algunos patrones que surgieron del análisis fueron:

- Experiencias emocionales significativas con remarcada insistencia en lo negativo.
- Significado de las experiencias posparto en el contexto de su vida.
- Forma en que entendieron las experiencias y significados a través del tiempo.
- La depresión posparto no necesariamente es "patológica".

Se identificó la depresión y el significado de palabras referidas a sentimientos como: "decaída", "abajo", "contratiempo", etc. (utilizadas por las participantes), así como conductas y actitudes asociadas a emociones negativas (llorar, golpear, cansancio, estrés, preocupación, entre otras).

En cuanto a temas emergieron, por ejemplo:

- *Pérdida*, derivada de la exploración del significado de la depresión.
- *Probarse ante los demás* ("ahora no me importa lo que opinen los demás de mí").
- *Confianza* ("no cambié, sigo siendo la misma, tengo igual confianza que antes", "en teoría sigo siendo lo mismo, en la práctica perdí un poco de confianza", "siento que crecí, tengo seguridad en mí, aunque sea un poco").
- *Cambio en el estatus.*
- *Papel o rol desempeñado.*
- *Calificación de la experiencia.*

Nicolson (2004) buscó consistencia interna en los datos. Cabe señalar que la autora reconoce que este segundo estudio adquirió una considerable profundidad, que en parte se debe a la experiencia que tuvo con la fase cuantitativa. Por ello, concluye: los métodos mixtos son convenientes para decidir cuándo el resultado debe ser evaluado (inmediatamente, al mes, a los dos meses, al año, etc.), ella demostró que a los tres y seis meses el humor y la conducta son similares, pero no ocurre igual con la construcción del significado de las experiencias. Asimismo, los datos clínicos son necesarios, pero insuficientes para informar a los investigadores y practicantes sobre las complejidades de la maternidad y las relaciones familiares. La investigación cualitativa complementa a la cuantitativa, porque ésta olvida la contextualización y además es necesario explorar lo complejo de las vidas de las mujeres que han tenido un bebé (no es algo estandarizado, la vida de cada persona es distinta). Más allá de identificar la satisfacción marital y variables similares, es necesario contar con información "enriquecedora" sobre las circunstancias de la maternidad y cómo apoyarla. Resulta vital recolectar datos relativos a la experiencia en el hospital (atención, escenario, atmósfera social, etcétera).

Finalmente, Nicolson (2004) sugiere:

1. Estudios epidemiológicos-clínicos (basados en medidas fisiológicas).
2. Investigaciones actitudinales (comparando resultados por nivel social, estatus marital, profesión o actividad, y otras).
3. Observación cuantitativa y cualitativa.
4. Entrevistas cualitativas.

De esta forma, con los métodos mixtos, se avanzará con mayor profundidad en el conocimiento y entendimiento de la depresión posparto.

3. Diseño transformativo secuencial (DITRAS)*

Al igual que los diseños previos, el diseño transformativo secuencial incluye dos etapas de recolección de los datos. La prioridad y fase inicial puede ser la cuantitativa o la cualitativa, o bien, otorgarles a ambas la misma importancia y comenzar por alguna de ellas. Los resultados de las etapas cuantitativa y cualitativa son integrados durante la interpretación. Lo que los diferencia de los diseños secuenciales previos es que una perspectiva teórica amplia (*teorización*) guía el estudio (por ejemplo, feminismo, acción participativa, el enfoque de las múltiples inteligencias, la teoría de la adaptación social, el modelo de los valores en competencia, etcétera). De acuerdo con Creswell *et al.* (2008), esta teoría, marco conceptual o ideología es más importante para orientar la investigación que el propio método, debido a que determina la dirección a la cual debe enfocarse el investigador o investigadora al explorar el problema de interés, crea sensibilidad para recabar datos de grupos marginales o no representados y hace un llamado a la acción. Tal teoría o marco se introduce desde el mismo planteamiento inicial. El tipo de mezcla de métodos mixtos es de *conexión*. El DITRAS tiene como propósito central servir a la perspectiva teórica del investigador y en ambas fases éste debe tomar en cuenta las opiniones y voces de todos los participantes y a los grupos que ellos representan.

Una finalidad del diseño es emplear los métodos que pueden ser más útiles para la perspectiva teórica. En este diseño se pueden incluir diversos abordajes e involucrar con mayor profundidad a los participantes o entender el fenómeno sobre la base de uno o más marcos de referencia. Las variaciones del diseño se definen más bien por la multiplicidad de perspectivas teóricas que de métodos. Este modelo posee las mismas debilidades y fortalezas que sus predecesores, consume tiempo pero es fácil de definir, describir, interpretar y compartir resultados (Creswell, 2009). Es muy conveniente para aquellos investigadores que utilizan un marco de referencia transformativo y métodos cualitativos. Su formato se muestra en la figura 17.13. El diseño es de muy reciente concepción y pocos investigadores lo han considerado.

Figura 17.13 Esquema del diseño transformativo secuencial (DITRAS).

---

* NOTA: Un ejemplo de este diseño lo podrá encontrar el lector en el CD anexo → Material complementario → Capítulo → Capítulo 12 titulado: "Consideraciones adicionales de los métodos mixtos".

4. Diseño de triangulación concurrente (DITRIAC)

Este modelo es probablemente el más popular y se utiliza cuando el investigador pretende confirmar o corroborar resultados y efectuar validación cruzada entre datos cuantitativos y cualitativos, así como aprovechar las ventajas de cada método y minimizar sus debilidades. Puede ocurrir que no se presente la confirmación o corroboración.

De manera simultánea (concurrente) se recolectan y analizan datos cuantitativos y cualitativos sobre el problema de investigación aproximadamente en el mismo tiempo. Durante la interpretación y la discusión se terminan de explicar las dos clases de resultados, y generalmente se efectúan comparaciones de las bases de datos. Éstas se comentan de la manera como Creswell (2009) denomina "lado a lado", es decir, se incluyen los resultados estadísticos de cada variable y/o hipótesis cuantitativa, seguidos por categorías y segmentos (citas) cualitativos, así como teoría fundamentada que confirme o no los descubrimientos cuantitativos. Una ventaja es que puede otorgar validez cruzada o de criterio y pruebas a estos últimos, además de que normalmente requiere menor tiempo de implementación. Su mayor reto reside en que a veces puede ser complejo comparar resultados de dos análisis que utilizan datos cuyas formas son diferentes. Por otro lado, en casos de discrepancias entre datos CUAN y CUAL debe evaluarse cuidadosamente por qué se han dado y en ocasiones es necesario recabar datos adicionales tanto cuantitativos como cualitativos.

El diseño puede abarcar todo el proceso investigativo o solamente la parte de recolección, análisis e interpretación. En el primer caso, se tienen dos estudios que ocurren simultáneamente. En la figura 17.14 se representa el diseño de triangulación concurrente (métodos en paralelo).

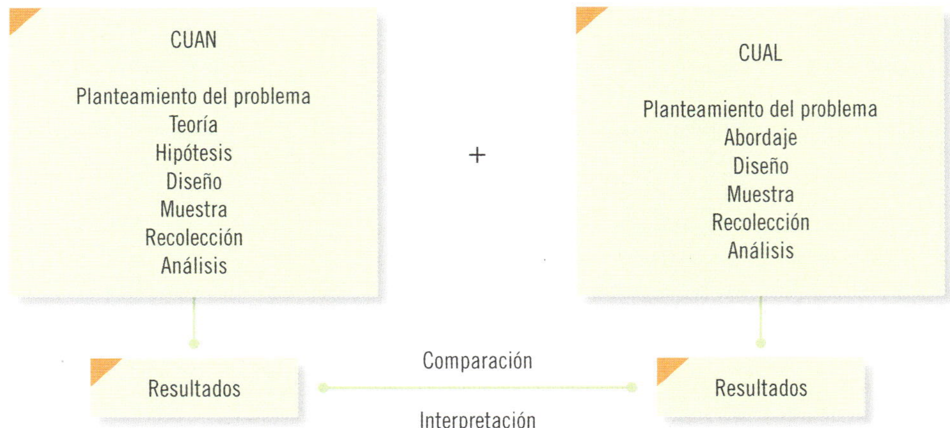

Figura 17.14   Diseño de triangulación concurrente (*DITRIAC*).

EJEMPLO

Historia integrada o integral de la enfermedad

Yount y Gittelsohn (2008) estudiaron episodios de enfermedad, específicamente de diarrea, en niños de Minya, Egipto. Sus objetivos eran: estudiar el contexto social que rodea a dichos episodios, examinar las conductas de búsqueda de atención y cuidados para los niños, y comparar dos métodos de recolección de datos (uno cuantitativo y uno mixto) sobre las percepciones de la enfermedad y la secuencia de eventos vinculados con ésta. El instrumento cuantitativo fue un cuestionario estandarizado de morbilidad infantil y se usó también una herramienta mixta para recabar datos, denominada *Historia Integrada* o *Integral de la Enfermedad* (conocida por sus siglas en inglés como "IIH"), que es una entrevista sistemática que incluye un patrón de preguntas abiertas y cerradas orientado a recordar las experiencias. Las respuestas son codificadas en una matriz de tiempos y eventos, utilizando códigos numéricos y texto. Asimismo, recaba comentarios espontáneos.

Ambos instrumentos fueron administrados cinco veces (en un periodo de 15 meses) a quienes cuidaban a los infantes, generalmente las madres. La muestra fue típicamente mixta (probabilística y guiada por propósitos). Entre algunas de las variables que se evaluaron y reportaron tenemos:

- Variables demográficas del infante (género y edad, escolaridad de la madre, etc.) (IIH *versus* la encuesta gubernamental de morbilidad infantil, EGMI).
- Duración reportada de la enfermedad en días (IIH *versus* EGMI).
- Lugares donde básicamente se atendió al niño (hospitales y clínicas gubernamentales, hospitales y clínicas privadas, farmacia, el hogar, otras) (IIH *versus* EGMI).
- Tardanza en la búsqueda de la atención (tiempo) (IIH).
- Causas percibidas de la enfermedad (IIH).
- Búsqueda de cualquier ayuda/cuidado externo y número de visitas externas (IIH *versus* EGMI).
- Proveedores y lugares seleccionados para el primer tratamiento externo (doctor, enfermera, dependiente de farmacia, sanador, vecino, madre, etcétera) (hospital o clínica privada, hospital o clínica pública, farmacia, mercado, etcétera).
- Costos del tratamiento en libras egipcias (IIH *versus* la encuesta, EGMI).

Demostraron que la herramienta mixta (IIH) recolectaba datos más completos, profundos y precisos que la encuesta gubernamental de morbilidad infantil. Asimismo, lograron entender cómo se desarrolla la atención y el cuidado de enfermedades en contextos de relativa pobreza en un país subdesarrollado. Por otro lado, validaron y mejoraron la Historia Integral de la Enfermedad para ser usada en futuras investigaciones con otras enfermedades y poblaciones.

EJEMPLO

Las preocupaciones de los jóvenes universitarios respecto al futuro

Hernández Sampieri y Mendoza (2009) han iniciado un estudio mixto que tiene por objetivo conocer cuáles son las preocupaciones de los jóvenes universitarios del área metropolitana de la Ciudad de México respecto a su futuro una vez que culminen sus estudios. La investigación comprenderá un proceso cuantitativo y uno cualitativo, simultáneos.

Para el proceso cuantitativo, se determinó una muestra polietápica (varias etapas) por conglomerados, en la cual se eligirán al azar primero las universidades (algunas entran automáticamente a formar parte de la muestra por su tamaño, como la Universidad Nacional Autónoma de México, el Instituto Politécnico Nacional, la Universidad Autónoma Metropolitana, la Universidad Pedagógica Nacional y la Universidad del Valle de México), luego se hará una selección aleatoria —también por conglomerados— de carreras, y finalmente de alumnos que cursen el último año de sus estudios, tanto hombres como mujeres.

A esta muestra se le administrará un cuestionario que mida —entre otras— las variables "sentido de vida" y "ansiedad respecto al futuro inmediato" (próximos dos años). También se les preguntará (mediante interrogantes cerradas y abiertas) sobre sus preocupaciones personales hacia el futuro (empleo, matrimonio, salud y problemáticas sociales) y sus perspectivas para los próximos cinco años.

Al mismo tiempo, en la parte cualitativa, se conducirán grupos de enfoque para que los universitarios expresen en profundidad sus inquietudes respecto al futuro y las jerarquicen, así como que manifiesten los sentimientos asociados con éstas y el significado que les otorgan. Se efectuarán 10 sesiones con siete alumnos en cada una (un grupo por institución, eligiendo las 11 con mayor matrícula y procurando contar con variedad de participantes en cuanto a licenciaturas o equivalentes).

Al final se compararán los datos obtenidos por los dos procesos. El estudio se culminará en 2011 y los investigadores buscarán que pueda replicarse en cualquier ciudad.

5. Diseño anidado o incrustado concurrente de modelo dominante (DIAC)

El diseño anidado concurrente colecta simultáneamente datos cuantitativos y cualitativos (vea la figura 17.15). Pero su diferencia con el diseño de triangulación concurrente reside en que un método predominante guía el proyecto (pudiendo ser éste cuantitativo o cualitativo). El método que posee menor prioridad es anidado o insertado dentro del que se considera central. Tal incrustación puede significar que el método secundario responda a diferentes preguntas de investigación respecto al método primario. En términos de Creswell *et al.* (2008), ambas bases de datos nos pueden proporcionar distintas visiones del problema considerado. Por ejemplo, en un experimento "mixto" los datos cuantitativos pueden dar cuenta del efecto de los tratamientos, mientras que la evidencia cualitativa puede explorar las vivencias de los participantes durante los tratamientos. Asimismo, un enfoque puede ser enmarcado dentro del otro método.

Los datos recolectados por ambos métodos son comparados y/o mezclados en la fase de análisis. Este diseño suele proporcionar una visión más amplia del fenómeno estudiado que si usáramos un solo método. Por ejemplo, un estudio básicamente cualitativo puede enriquecerse con datos cuantitativos descriptivos de la muestra (Creswell, 2009). Asimismo, ciertos datos cualitativos pueden incorporarse para describir un aspecto del fenómeno que es muy difícil de cuantificar (Creswell *et al.*, 2008).

Una enorme ventaja de este modelo es que se recolectan simultáneamente datos cuantitativos y cualitativos (en una fase) y el investigador posee una visión más completa y holística del problema de estudio, es decir, obtiene las fortalezas del análisis CUAN y CUAL. Adicionalmente, puede beneficiarse de perspectivas que provienen de diferentes tipos de datos dentro de la indagación.

El mayor reto del diseño es que los datos cuantitativos y cualitativos requieren de ser transformados de manera que puedan integrarse para su análisis conjunto. Asimismo, necesitamos un conocimiento profundo del fenómeno y una rigurosa revisión de la literatura para resolver discrepancias que pudieran presentarse entre datos. Por otro lado, como puntualiza Creswell (2009), debido a que los dos métodos no tienen la misma prioridad, la aproximación puede resultar en evidencias inequitativas cuando se interpretan los resultados finales.

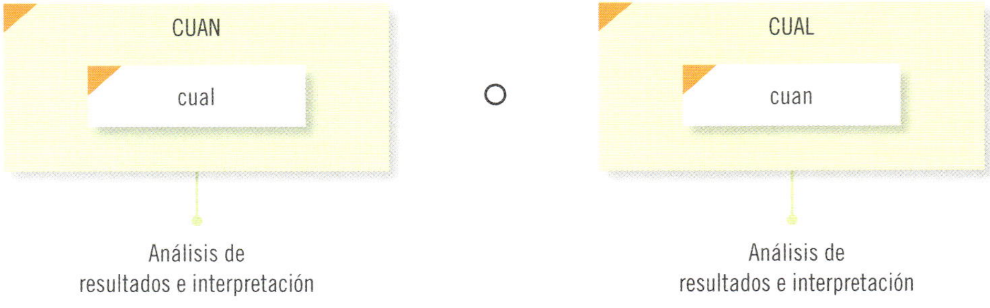

Figura 17.15   Diseños anidados concurrentes de modelo dominante.[18]

Énfasis cuantitativo
Estudio de la imagen externa de una escuela de educación intermedia (bachillerato)[19]

Una institución de educación media se propuso como objetivos de indagación:

- Analizar su posicionamiento en la ciudad donde se encuentra establecida.
- Comparar su posicionamiento con las demás instituciones educativas de la localidad.
- Evaluar su imagen institucional en la región.

---

[18] No es un diseño, sino dos, uno con énfasis CUAN y otro con énfasis CUAL.

[19] Estudio coordinado por Roberto Hernández Sampieri y Carlos Fernández Collado, donde la institución solicitó mantener su nombre en el anonimato.

Para cumplir con estos objetivos decidió realizar una investigación cuantitativa (enfoque principal) con un componente cualitativo (enfoque secundario).

La muestra estuvo compuesta por 950 padres de familia con hijos en el bachillerato o preparatoria y el instrumento de recolección de los datos consistió en un cuestionario estandarizado, que fue previamente validado mediante una prueba piloto. Los casos fueron elegidos al azar por colonia y calle. El nivel de confianza de los resultados fue superior a 95%, y el margen de error menor de 3%. Algunas de las principales variables medidas fueron:

- Posicionamiento en el mercado general y su mercado meta, éste es de nivel socioeconómico medio alto y alto (¿cuál institución les viene a la mente cuando se trata de educación intermedia?). *Top of mind*, como se maneja en mercadotecnia.

- Tres mejores instituciones: mención (sin ayuda) de las tres mejores instituciones de educación media (pregunta abierta, pero con jerarquización de las tres respuestas).

- Razones o justificación de por qué se les menciona y jerarquiza (factores críticos de éxito).

- Calificación a las 10 instituciones más importantes de la ciudad en cuanto a: profesorado (conocimientos y experiencia), nivel de inglés, instalaciones (aulas, espacios de recreación, jardines y espacios deportivos), prestigio, calidad académica (currícula, modelo de aprendizaje y niveles de enseñanza-aprendizaje), calidad en la atención y servicio al estudiante, ambiente social, disciplina, oferta educativa y aceptación de egresados en las universidades.

- Actitud respecto a la institución (y si sus hijos estaban en otra escuela, actitud hacia ésta), medidas con escalas Likert.

Al cuestionario se le agregaron componentes cualitativos: tres preguntas abiertas (lo positivo de la institución, lo negativo y sugerencias), que fueron codificadas cualitativa y cuantitativamente. Asimismo, durante la realización del estudio se condujeron tres sesiones cualitativas con padres de familia; todos los participantes, insistimos, debían tener hijos en la educación intermedia). Algunos de los resultados se resumen a continuación:

Cuantitativos

- De los padres de familia 25% mencionaron a la institución como la opción "que les venía primero a la mente". De las demás instituciones (competencia), solamente una alcanzó un *top of mind* de 24%. Otra, 19%, y el resto con porcentajes menores a 5%.

- La institución logró en las calificaciones del cero al 10 (profesorado, nivel de inglés, etc.) un promedio global de 9.1 y sólo otra institución la superó con 9.3 (los promedios más altos fueron en instalaciones, 9.6, y en atención y servicio, 9.3; únicamente tuvo un promedio bajo en "precio de las cuotas": 7.5).

Cualitativos (complemento)

Algunos de los temas que emergieron de las sesiones fueron:

- Formación de valores positivos en los estudiantes (en general).

- Excelentes instalaciones (su factor más destacado).

- Cuotas elevadas (percepción que es generalizada, aunque "objetivamente" es la que cobra las tarifas más bajas de las cuatro instituciones de educación más importantes). Pero recordemos que esa es la realidad de los participantes, su significado.

Énfasis cualitativo
La percepción de los padres respecto a la educación sexual de sus hijos

Álvarez-Gayou (2004) realizó un estudio en el cual, mediante un cuestionario con preguntas básicamente cualitativas (con un leve "toque" cuantitativo), recolectó datos de una muestra sorprendente para una investigación de su tipo: 15 mil padres de familia mexicanos.[20] La parte central del estudio fue el análisis

---

[20] A pesar del tamaño, no se trató de una muestra probabilística (aunque sí representativa), porque la mecánica de selección de los casos no fue aleatoria, sino que para incluir a los padres de familia se solicitó la colaboración a alumnas y alumnos de los posgrados del Instituto Mexicano de Sexología, A.C., ya que eran profesores o funcionarios de escuelas públicas y privadas que, en algunos casos, simplemente tenían contacto con alguna escuela. Se eligieron unidades de varias ciudades de México.

de las respuestas a preguntas abiertas (temas y categorías emergentes). Es decir, la información cuantitativa fue "anidada o incrustada" dentro de la cualitativa.

La primera pregunta del cuestionario fue la siguiente:

1. ¿A usted le gustaría que sus hijos o hijas recibieran educación sexual en la escuela?
   Si contesta SÍ o NO, por favor explique por qué.
   Tratando de desentrañar posibles opciones para aquellos padres o madres que hubieran contestado que "no", la segunda pregunta era:
2. Si hubiera profesores preparados profesionalmente para enseñar educación sexual, ¿aceptaría usted que la impartieran en la escuela? Por favor, comente libremente su respuesta.
   Considerando la posibilidad de que el obstáculo fuera el temor a que se le impusieran a sus hijos e hijas valores diferentes a los familiares, la tercera pregunta inquirió:
3. Si se garantizara el respeto a los valores que existen en su familia, ¿estaría de acuerdo en que se impartiera educación sexual en la escuela de sus hijos?

Después de estos cuestionamientos se dejaron espacios para que los padres y madres tuvieran libertad de expresarse con mayor amplitud.

También se preguntó:

- ¿Tiene usted alguna preocupación en cuanto a que se les dé a su(s) hijo(s) educación sexual en la escuela?

- ¿Existen temas que a usted no le gustaría que se abordaran con sus hijos o hijas?

Algunos de los resultados demográficos fueron los que a continuación se señalan (Álvarez-Gayou, 2004, pp. 5-8).

El género de los participantes que respondieron fue:

- Masculino: 25.4%

- Femenino: 61.8%

- No contestaron: 12.8%

  La edad promedio fue de 31 años, con una mínima de 20 años y máxima de 71 años.
  El nivel de ingreso familiar fue:[21]

- Un salario mínimo: 30.7%

- Entre dos y cinco salarios mínimos: 46.1%

- Entre cinco y 10 salarios mínimos: 13.4%

- Más de 10 salarios mínimos: 4.8%

- No contestaron: 4.9%

  La escolaridad de los padres participantes se distribuyó así:

- Preescolar: 5.8%

- Primaria: 14.9%

- Secundaria: 26.7%

- Preparatoria: 13.6%

- Carrera técnica terminada: 21.3%

- Carrera universitaria terminada: 15.7%

- No contestaron: 2%

  El género de los hijos se distribuyó en:

- Femenino 50.1%

- Masculino 48.6%

- No respondieron 1.3%

---

[21] Son datos de 2004 que deben contextualizarse, de acuerdo con el Servicio de Administración Tributaria de la Secretaría de Hacienda; el promedio nacional del valor del salario mínimo diario era de $43.69 (pesos mexicanos) (SAT, 2008).

La edad de los hijos e hijas fue en promedio de 9.7 años con una mínima de tres años.
Los niveles que estudian los hijos de estos padres resultaron de la siguiente manera:

Preescolar: 46%
Primaria: 38.9%
Secundaria: 10.8%
Preparatoria: 3%
No contestó: 1.3%

Los resultados cuantitativos (de tendencias) a las preguntas fueron básicamente los siguientes:

A la pregunta uno (aceptar la educación de la sexualidad en la escuela), 94.68% contestaron que "sí" y 5.32% que "no" (o no respondieron).

A la pregunta dos (si fueran profesionales los maestros que la impartieran), las cifras se modificaron hacia una mayor aceptación de la educación sexual y contestaron, 98.0% con un 'sí" y 2% que no (o no respondieron).

Ahora veamos los principales resultados del análisis cualitativo.

La voz de los padres y las madres que aceptan la educación de la sexualidad se refleja en los siguientes temas y categorías (se incluyen "códigos en vivo" para estas últimas):

Tema / LA EDUCACIÓN COMO PROTECCIÓN PARA SUS HIJOS(AS):

- Por el peligro de las enfermedades venéreas.
- Para un mejor progreso sexual y prevenir muchas enfermedades.
- Para que ella aprendiera sexualidad y a cuidarse mucho.
- Así aprenden a cuidarse.
- Para que les explicaran de las enfermedades venéreas y cómo prevenirlas.
- Porque los adolescentes estarían más orientados sobre estos temas y no habría tantas enfermedades de transmisión sexual.
- Sí, porque es necesario que hoy en día los jóvenes estén orientados y sepan a lo que se arriesgan, si no son precavidos en lo que a su sexualidad se refiere.
- Porque les serviría para estar preparados (en general), y en el caso de las niñas, para convertirse en toda una mujer y estar protegida contra cualquier enfermedad.
- Necesitan mayor información para evitar enfermedades e hijos no deseados.

Tema / VEN A LA EDUCACIÓN SEXUAL COMO UNA FUENTE DE BIENESTAR PARA EL FUTURO DE SUS HIJAS(OS):

- Para que estén orientados en su futura vida sexual.
- Para que vean con más naturalidad lo que es el sexo.
- Es una forma para que se preparen como personas y profesionales.
- Para que mis hijos estén más preparados sexualmente por los tiempos que estamos viviendo, sobre todo por tantas enfermedades sexuales.
- Porque estamos viviendo en un mundo en el cual no podemos cerrarle los ojos a los niños.

Tema / DE MANERA POR DEMÁS RELEVANTE LOS PADRES ACEPTAN, PORQUE RECONOCEN SU INCAPACIDAD Y LIMITACIONES EN EL CAMPO:

- Sí, me gustaría mucho, para que sepa lo que yo no le puedo explicar.
- Porque muchas de las veces no sabemos cómo abordar el tema con nuestros hijos.
- Como padres de familia no hallamos la manera de explicar a nuestros hijos lo que es la sexualidad.
- Habemos (*sic*) padres que no estamos preparados para hacerlo (porque a veces se le hace difícil a uno explicarles ciertas cosas, sobre todo porque tienen preguntas que a veces no sabemos cómo contestarles).
- Sí, porque a veces uno como padre no sabe explicarle a los hijos.
- Porque prefiero que les enseñen en la escuela y no en la calle.
- Porque nos ayudarían a los padres a entender sus inquietudes, ya que muchas veces no estamos preparados para contestarlas.
- Porque pienso que uno no está preparado para explicarles adecuadamente ese tema.

Tema / LA EDUCACIÓN SEXUAL ES CONSIDERADA COMO UNA DEFENSA CONTRA EL ABUSO SEXUAL Y LA VIOLACIÓN:

- Para cualquier abuso al que estén expuestos ellos comprenderán que deben cuidarse y saber valorarse ante esta situación, saber que nadie tiene derecho a obligarlos a nada.
- Para que el hombre respete a la mujer en cuestión de sexualidad y la mujer se dé a respetar.
- Para que se sepa defender de los mayores.
- Porque así desde pequeños se dan cuenta de que los niños y las niñas son diferentes y para que empiecen a cuidarse de que nadie los debe tocar.
- Sí, porque es una manera de prevenirlos contra el abuso sexual y puedan defenderse o retirarse del peligro.

  Otros temas emergentes fueron:
- Las mamás y los papás demandan que se hagan cargo de esta educación, profesionales preparados.
- Los padres y las madres reconocen que los niños y las niñas están preparados(as) para recibirla.
- Algunos padres y madres refieren no tener tiempo para educar a sus hijos en cuestiones de sexualidad por su trabajo.

  En general se podría resumir lo que estos padres y madres expresan con el siguiente segmento: "… porque el saber siempre será mejor que la ignorancia…".

  Los padres que manifestaron su negativa a la educación de la sexualidad en la escuela fueron cinco de cada 100 y también comentaron sus razones:

Tema / DESCONFIANZA EN DOCENTES:

- No, porque me gustaría estar segura de qué personas le impartirían a mis hijas dicha información y recibiendo un programa por escrito de dicha información.
- No han demostrado tener capacidad para hacerlo en algo tan importante y muy delicado.
- No, porque no sabemos si realmente serán profesores profesionales los que impartan la educación sexual.
- No, por la nula preparación que tienen los profesores para tratar con seriedad y de manera explícita un tema tan importante como es la sexualidad.
- No, porque considero que los maestros aún no están capacitados para abordar ampliamente el tema.
- No, porque no sabemos qué clase de profesorado imparta esos cursos sexuales.
- No, porque los maestros necesitan recibir primero esos cursos.

Tema / ES RESPONSABILIDAD ÚNICA DE LOS PADRES DE FAMILIA:

- No, a mí nada me gusta que a mis hijos les enseñen de esas cosas, no me parece bien, solamente los padres de familia.
- Los padres deberían prepararse para ser ellos los que educaran gradualmente a sus hijos en estos temas.
- No, porque sólo compete a los padres su formación y a Dios.

  Otros temas de quienes no aceptan la educación sexual son:
- Depende de los planes de estudio.
- Temor al choque de valores.
- Consideran que sus hijos son demasiado pequeños.

6. Diseño anidado concurrente de varios niveles (DIACNIV)

En esta modalidad se recolectan datos cuantitativos y cualitativos en diferentes niveles, pero los análisis pueden variar en cada uno de éstos. O bien, en un nivel se recolectan y analizan datos cuantitativos, en otro, datos cualitativos y así sucesivamente. Otro objetivo de este diseño podría ser buscar información en diferentes grupos y/o niveles de análisis. Tal sería el caso de estudiar la calidad en el soporte y servicio que se ofrece a los pacientes de un hospital, a quienes se les podría administrar un instrumento estandarizado para medir su nivel de satisfacción sobre el servicio que se les brinda y el grado en que perciben apoyo físico y emocional (CUAN); mientras que a los familiares de los pacientes se les entrevistaría en profundidad (CUAL); y todavía podríamos ampliar el número de métodos incrustados: medir en los médicos, las enfermeras y otros empleados la autopercepción de la calidad del servicio y el soporte ofrecido a los pacientes (CUAN) y entrevistar a los directivos sobre el problema de estudio en cuestión (CUAL), además de observaciones en campo más abiertas (CUAL).

Las ventajas y desventajas son las mismas que se presentaron en el diseño anterior. Su formato se muestra en la figura 17.16.

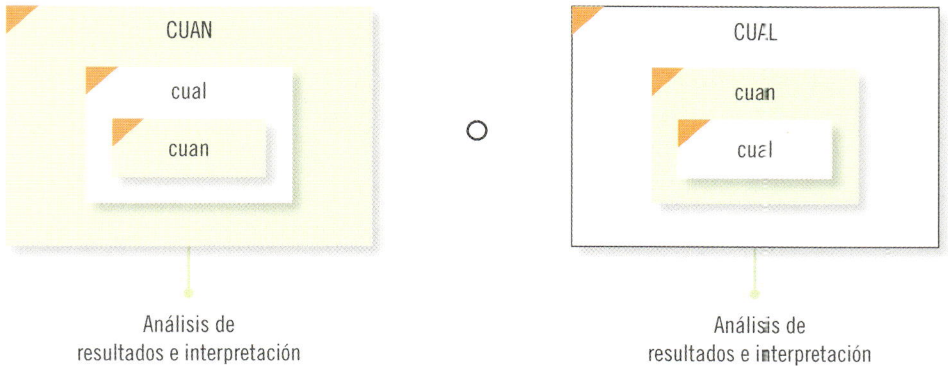

Figura 17.16   Diseño anidado concurrente de varios niveles (multiniveles).

Otro ejemplo de este diseño sería analizar las posturas del magisterio ante la posibilidad de un cambio en el currículum relativo a la educación sexual que se brinda a los estudiantes adolescentes en un distrito escolar, donde se tomaran datos cuantitativos de los profesores y alumnos (cuestionario estandarizado), datos cualitativos de las autoridades de las escuelas (entrevistas), datos cuantitativos del distrito (indicadores estadísticos sobre problemas causados por la falta de una adecuada educación sexual: embarazos no deseados, enfermedades, consumo de pornografía, etc.) y datos cualitativos de parte de las autoridades distritales. Este diseño se representaría de la siguiente manera:

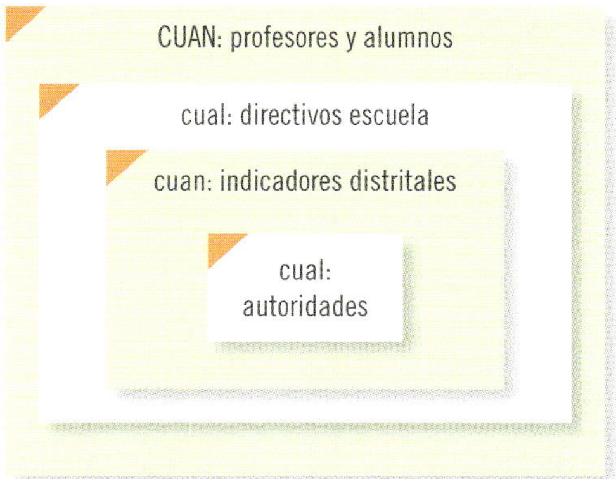

7. Diseño transformativo concurrente (DISTRAC)

Este diseño conjunta varios elementos de los modelos previos: se recolectan datos cuantitativos y cualitativos en un mismo momento (concurrente) y puede darse o no mayor peso a uno u otro método, pero al igual que el diseño transformativo secuencial, la recolección y el análisis son guiados por una teoría, visión, ideología o perspectiva, incluso un diseño cuantitativo o cualitativo (por ejemplo, un experimento o un ejercicio participativo). Una vez más, este armazón teórico o metodológico se refleja desde el planteamiento del problema y se convierte en el fundamento de las elecciones que tome el investigador respecto al diseño mixto, las fuentes de datos y el análisis, interpretación y reporte de los resultados. Puede adquirir el formato anidado o el de triangulación (Creswell, 2009). Su finalidad es hacer converger la información cuantitativa y cualitativa, ya sea "anidándola, conectándola o logrando su confluencia". Por lo tanto, sus fortalezas y debilidades son las mismas que las del diseño de triangulación o el diseño anidado. Creswell *et al.* (2008) lo esquematizan de la forma como se puede observar en la figura 17.17.

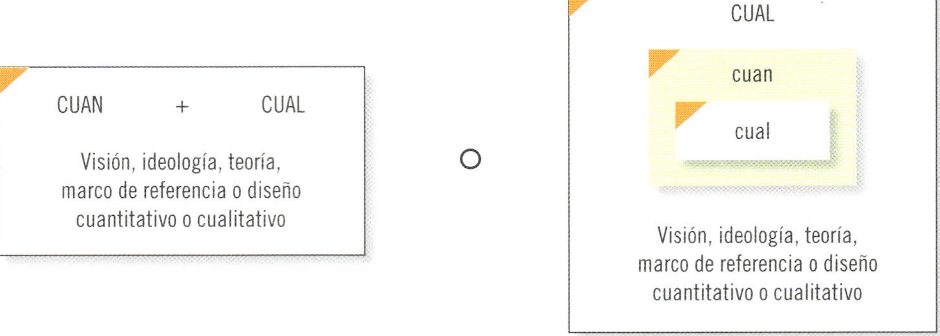

Figura 17.17   Diseño transformativo concurrente.

8. Diseño de integración múltiple (DIM)

Este diseño ya fue comentado e ilustrado previamente en este capítulo y recordemos que implica la mezcla más completa entre los métodos cuantitativo y cualitivo, es sumamente itinerante.

EJEMPLO

Un estudio pionero sobre el SIDA

Inicio: exploración
El estudio se inició de manera inductiva y exploratoria: se detectaron algunos casos positivos de virus de inmunodeficiencia humana (VIH); entonces, la pregunta fue: ¿qué sucede?, ¿cómo lo están adquiriendo? (recuerde que a principios de 1984 se sabía mucho menos de lo que hoy conocemos sobre el SIDA). Y el primer paso fue analizar caso por caso, a cada persona que presentaba VIH. La muestra era la población misma de enfermos.

En esta primera etapa se obtuvieron datos de las personas mediante: entrevistas al individuo enfermo y documentos (expediente médico: datos cualitativos y cuantitativos). Se encontró un patrón como resultado de considerar ambos tipos de información: una gran parte de los enfermos habían recibido transfusión de sangre o derivados de un laboratorio privado dedicado a ello (Transfusiones y Hematología, S.A.). Cabe resaltar que en esa época, en México, no había control ni evaluaciones de la sangre y sus derivados comercializados por empresas particulares, ni siquiera existía una legislación al respecto.

Segunda fase: se juntan ambos enfoques con un objetivo
Una vez encontrado este patrón, la investigación se trazó un objetivo:

Conocer la evolución y evaluar la situación actual de los individuos y sus contactos, que recibieron sangre o derivados adquiridos de "Transfusiones y Hematología, S.A.", con la posibilidad de estar contaminados (factor de riesgo), a fin de tomar las medidas preventivas necesarias para interrumpir la cadena de transmisión y propagación del virus de inmunodeficiencia humana (VIH), así como fundamentar el manejo administrativo y laboral en los casos de trabajadores que hubieran resultado afectados (Hernández Galicia, 1989, p. 5).[22]

El contexto, muy complejo por los nuevos retos que presentaba el VIH, descubierto recientemente, fue dar seguimiento a los individuos que se detectaron con VIH y/o aquellos que recibieron transfusiones de sangre o derivados del laboratorio en cuestión. La muestra inicial fue la siguiente:

> Un número por determinar de pacientes atendidos entre enero de 1984 y mayo de 1987, en las unidades hospitalarias de Petróleos Mexicanos, así como sus contactos directos, son portadores del virus de inmunodeficiencia humana (VIH) debido a que por requerimientos propios de su padecimiento recibieron transfusiones de sangre o sus derivados, posiblemente contaminados, provenientes del banco particular Transfusiones y Hematología, S.A.; por lo tanto, se analizarán todos los casos (Hernández Galicia, 1989, p. 4).

El resto del muestreo fue en "cadena" o "bola de nieve" (no probabilístico, dirigido por teoría).

El tiempo del estudio abarcó tres años y medio, antes de que fuera promulgada la legislación que prohibía la comercialización de la sangre y sus derivados por empresas particulares y que introducía fuertes sistemas de control a las transfusiones (en 1987). De hecho, este estudio contribuyó significativamente a impulsar tal legislación y al uso de reactivos y generación de infraestructura apropiada para ejercer un control adecuado. El esquema de recolección de datos se muestra en la figura 17.18.

Figura 17.18   Esquema de recolección de datos del estudio pionero sobre el SIDA.

Es decir, se estudiaron los casos (hubieran fallecido o no) y sus contactos: familiares directos —especialmente la esposa—, amistades, compañeros de trabajo, etc.). Se tuvieron que detectar relaciones extramaritales (amantes y personas que podían haber acudido a centros de prostitución). Todos los contactos tenían que ser ubicados y evaluados.

La recolección de los datos abarcó: 1. expedientes médicos de cada persona (infectado-infectante y contactos), 2. entrevistas con sobrevivientes (infectados-infectantes y contactos) y familiares, incluyendo hijos que hubieran nacido durante el estudio, así como contactos de quienes habían fallecido; 3. actas de defunción, 4. análisis de laboratorio y 5. reconocimientos médicos y presentación de sintomatología. Las entrevistas tenían una parte estructurada y otra abierta. Además se requirió de cierta labor detectivesca. Como puede verse, se utilizaron datos cuantitativos y cualitativos de diferente naturaleza, a veces induciendo, otras deduciendo.

---

[22] Se usó la infraestructura de los Servicios Médicos de Pemex.

En total se analizaron 2 842 pacientes que recibieron transfusiones de sangre o sus derivados de Transfusiones y Hematología, S.A., de los cuales 44 eran casos positivos; incluso, se detectaron cinco más que habían recibido transfusiones de otras instituciones (49, en total; 18 fallecidos y 31 seguían vivos; 24 mujeres y 25 hombres; la edad de los afectados oscilaba entre los dos y los 74 años —el promedio, 37 años—; 25 eran trabajadores de Petróleos Mexicanos y 24 familiares de los mismos). En grado I había 0 pacientes; en grado II, 6; en grado III, 16, y en grado IV, 9; además de los 18 fallecidos).

Otras estadísticas descriptivas de la muestra fueron las que se presentan en la tabla 17.4.

▲   **Tabla 17.4**   Relación con Petróleos Mexicanos (Pemex)

Categoría	Frecuencia
Jubilados (pensionados)	6
Trabajadores de planta	11
Trabajadores transitorios (eventuales)	8
Familiares de trabajadores de planta	16
Familiares de trabajadores transitorios	8

La labor fue titánica, algunos se negaron a participar y hubo que convencerlos con argumentos para que firmaran la hoja de consentimiento; además, varios no querían revelar información sobre sus contactos sexuales. El rango de contactos estudiados por caso varió de cinco a 32.

Una de las primeras hipótesis emergentes y que se probaron fue: "El tiempo que tardan en desarrollar el SIDA las personas contagiadas por transfusión sanguínea es menor que el tiempo de quienes adquieren el VIH por transmisión sexual".

Se mezclaron análisis cuantitativos y cualitativos y se demostró la necesidad de establecer un estricto control sobre las transfusiones de sangre y sus derivados. En el estudio, fueron realizadas varias de las actividades propias de los métodos mixtos. Por ejemplo, se convirtieron datos cualitativos en datos cuantitativos (frecuencias), se analizaron datos CUAL y CUAN para determinar el comportamiento de las personas en cuanto a sus costumbres sexuales y su historial de transfusiones, etcétera.

Muestreo

El muestreo es un tópico sumamente importante en los modelos mixtos de investigación y tradicionalmente se ha clasificado en dos tipos principales como se comentó en los capítulos 8: "Selección de la muestra" y 13: "Muestreo cualitativo":

a) *Probabilístico, CUAN* (implica seleccionar al azar casos o unidades de una población que sean estadísticamente representativos de ésta y cuya probabilidad de ser elegidos para formar parte de la muestra se pueda determinar).

b) *No probabilístico* o *propositivo, CUAL* (guiado por uno o varios fines más que por técnicas estadísticas que buscan representatividad).

Los métodos mixtos utilizan estrategias de muestreo que combinan muestras probabilísticas y muestras propositivas (CUAN y CUAL). Normalmente la muestra pretende lograr un balance entre la "saturación de categorías" y la "representatividad". La estrategia depende de varios factores, entre los que destaca el diseño específico seleccionado.

Teddlie y Yu (2008) y otros autores han identificado cuatro estrategias de muestreo mixto esenciales:

1. Muestreo básico para métodos mixtos.
2. Muestreo secuencial para métodos mixtos (diseños secuenciales).

3. Muestreo concurrente para métodos mixtos (diseños en paralelo).
4. Muestreo por multiniveles para métodos mixtos (diseños anidados).

Asimismo, otra alternativa, particularmente en los diseños de integración múltiple, es basar el muestreo en más de una de las estrategias anteriores. Una de las características de los métodos híbridos es la habilidad del investigador para combinar creativamente las distintas técnicas con el fin de resolver el planteamiento del problema.

Por cuestiones de espacio, estas estrategias de muestreo no se comentan ahora, sino que se explican con ejemplos en el capítulo 12 del CD: "Ampliación y fundamentación de los diseños mixtos", junto con otros temas sobre las muestras para estudios mixtos. Por ahora solamente se utilizará un ejemplo para ilustrar la mezcla probabilística (CUAN) / propositiva (CUAL).

Una de las estrategias de muestreo básico para métodos mixtos lo constituye la muestra estratificada guiada por propósito(s), que implica segmentar la población de interés en estratos (que constituye una acción probabilística) y luego seleccionar en cada subgrupo un número relativamente pequeño de casos para estudiarlos intensivamente (usando un muestreo guiado por un propósito). Simplificando, los estratos pueden ser, por ejemplo:

- Estudiantes con calificaciones sobresalientes (9.5 a 10), estudiantes con elevados promedios (9 a 9.4), estudiantes con un promedio aceptable (8 a 8.9), estudiantes con un promedio estándar (7 a 7.9) y estudiantes con bajos promedios (menos de 7).
- Pacientes con cáncer terminal, pacientes con cáncer en desarrollo pero en tratamiento, y pacientes cuyo diagnóstico del cáncer es reciente y éste apenas comenzó a desarrollarse.
- Jóvenes conservadoras y jóvenes liberales.

Este tipo de muestra permite a los(as) investigadores(as) descubrir y describir en detalle las características que son similares o diferentes entre los estratos o subgrupos en torno a un planteamiento.

Por ejemplo, supongamos que deseamos estudiar las percepciones que tienen las jóvenes universitarias sobre el tener o no relaciones sexuales prematrimoniales en una ciudad, digamos de la ciudad Peña de las Cuevas.[23] Delimitamos el universo a muchachas entre 18 y 24 años. Nos interesa tener diversidad ideológica, digamos que consideramos dos estratos generales: conservadoras y liberales.

Elegimos una muestra (cuyo tamaño se determine o no por fórmulas o usando el STATS). Supongamos que pretendemos que esté conformada por 300 jóvenes, 150 de cada estrato. Vamos a una universidad religiosa (Universidad Cristiana Guadalupe) a seleccionar casos y podríamos asumir que estas estudiantes son más bien conservadoras, pero como no estamos seguros de ello, entonces elegimos 100 al azar —probabilísticamente— y 50 de las cuales tengamos más evidencia que sean conservadoras —por propósito—; y también acudimos a una institución laica pública (Universidad Romo Méndez), y nuevamente seleccionamos 100 al azar —probabilísticamente— y 50 de las cuales tengamos más evidencia que sean liberales, por propósito. A las 200 elegidas al azar (100 de la universidad católica y 100 de la pública) les administramos un cuestionario con preguntas estandarizadas y abiertas para evaluar sus percepciones (CUAN-CUAL); mientras que a las 100 restantes las invitamos a grupos de enfoque para profundizar en las percepciones (CUAL). Esta estrategia permite al investigador referir a detalle las características similares y distintas a través de los estratos. Inclusive, después de haber hecho lo anterior se podría agregar una muestra pequeña orientada por un propósito para profundizar aún más en el entendimiento del fenómeno (en el ejemplo, podríamos realizar entrevistas adicionales para ampliar la comprensión de las percepciones con 10 jóvenes que se haya determinado son sumamente conservadoras, 10 medianamente conservadoras, 10 liberales y 10 muy liberales).

En resumen, en una investigación mixta, el investigador combina técnicas probabilísticas (estadísticas) y técnicas guiadas por un propósito, para ubicar y seleccionar su muestra, de acuerdo con el planteamiento de su problema.

---

[23] Por supuesto, los nombres del ejemplo son ficticios.

Recolección de los datos

El investigador debe decidir los tipos específicos de datos cuantitativos y cualitativos que habrán de ser recolectados, esto se prefigura y plasma en la propuesta, aunque sabemos que en el caso de los datos CUAL no puede precisarse de antemano cuántos casos y datos se recabarán (recordemos que la saturación de categorías y el entendimiento del problema de estudio son los elementos que nos indican si debemos concluir o no la recolección en el campo); y desde luego, en el reporte se debe especificar la clase de datos que fueron recopilados y a través de qué medios o herramientas. Creswell (2009) elaboró una tabla que puede ser útil para visualizar lo anterior, la cual se incluye en este texto como la tabla 17.5.

▲ **Tabla 17.5**   Tipos de datos en la investigación y los análisis pertinentes a realizar

Datos y análisis cuantitativos	Datos y análisis mixtos	Datos y análisis cualitativos
• Predeterminados.	• Tanto predeterminados como emergentes.	• Emergentes.
• Estandarizados.	• Tanto estandarizados como no estandarizados.	• No estandarizados.
• Medibles u observables.	• Tanto medibles u observables como inferidos y extraídos del lenguaje verbal, no verbal y escrito de participantes.	• Inferidos y extraídos del lenguaje verbal, no verbal y escrito de participantes.
• Preguntas cerradas.	• Preguntas cerradas y abiertas.	• Preguntas abiertas y cerradas.
• Relativos a actitudes y/o desempeño, observacionales.	• Formas múltiples de datos obtenidos de todas las posibilidades.	• Producto de entrevistas, observaciones, documentos y datos audiovisuales.
• Resumidos en una matriz de datos numéricos.	• Resumidos en matrices de datos numéricos y bases de datos audiovisuales y de texto.	• Resumidos en bases de datos audiovisuales y de texto.
• Análisis estadístico.	• Análisis estadístico y de textos e imagen (y combinados).	• Análisis de textos y elementos audiovisuales.
• Interpretación estadística.	• Interpretación a través de cruzar y/o mezclar las bases de datos.	• Interpretación de categorías, temas y patrones.

Gracias al desarrollo de los métodos mixtos y la ahora posibilidad de hacer compatibles los programas de análisis cuantitativo y cualitativo (por ejemplo, SPSS y Atlas.ti), muchos de los datos recolectados por los instrumentos más comunes pueden ser codificados como números y también analizados como texto (Axinn y Pearce, 2006).

Veamos algunos ejemplos en la tabla 17.6.

▲ **Tabla 17.6**   Ejemplos de datos cuyos métodos de recolección permiten que puedan ser codificados numéricamente y analizados como texto

Método de recolección de datos	Posibilidad de codificación numérica	Posibilidad de análisis como texto
Encuestas (cuestionarios con preguntas abiertas)	✓	✓
Entrevistas semiestructuradas o no estructuradas	✓	✓
Grupos de enfoque	✓	✓
Observación	✓	✓
Registros históricos y documentos	✓	✓

Por ejemplo, en una pregunta hecha a jóvenes universitarias solteras durante una entrevista o grupo de enfoque: ¿consideras(an) que el matrimonio es para "siempre"?, es decir, "hasta que la muerte los separe". Podríamos obtener las siguientes respuestas de dos participantes (Lupita y Paulina):

Lupita: "Me parece que definitivamente es para siempre, cuando yo me case será para toda la vida, una sola vez. No importa lo que pase, mantendré mi matrimonio a toda costa, así lo manda Dios y así lo creo. En los 'Devotos de María Magdalena' a donde voy por lo menos cuatro veces a la semana, lo discutimos una y otra vez, el divorcio no es aceptable, lo mismo he escuchado muchas veces en que voy a misa, a la cual asisto mínimo una vez a la semana".

Paulina: "No lo sé con certeza, creo que una se casa pensando y deseando que el matrimonio funcione y dure para siempre, y hace todo lo posible porque así sea; pero puede suceder que una se equivoque y tu pareja no sea lo que querías, incluso puede resultar que sea un monstruo celoso, que me *ponga el cuerno* una y otra vez (*infiel*), que se aleje psicológicamente de mí, y así no, no, no; en este caso me divorciaría. A veces es para siempre y a veces no, depende de las circunstancias. No creo ciegamente todo lo que la Iglesia dice, soy creyente pero no fanática".

Estas respuestas podrían codificarse como números y también de éstas pueden emerger categorías, tal y como se muestra en la tabla 17.7.

▲ **Tabla 17.7**   Ejemplos de codificaciones cuantitativas y generación de categorías, simultáneamente

Como números (CUAN)	Variable: Religiosidad de la participante	En una escala que tuviera como categorías: 3 (elevada religiosidad) 2 (mediana religiosidad) 1 (baja religiosidad) 0 (nula religiosidad) A Lupita se le podría asignar un "3" (elevada) y a Paulina un "2" (mediana)
	Variable: Actitud conservadora/liberal hacia el matrimonio	Con una escala cuyas categorías fueran: 3 (conservadora) 2 (ni conservadora ni liberal) 1 (liberal) A Lupita se le otorgaría un "3" y a Paulina un "2"
Como categorías emergentes (CUAL)	Categoría: Religiosidad	*Ejemplo de citas o segmentos:* *"En los 'Devotos de Santa María Guadalupe' a donde voy por lo menos cuatro veces a la semana, lo discutimos una y otra vez, el divorcio no es aceptable, lo mismo he escuchado muchas veces en que voy a misa, a la cual asisto mínimo una vez a la semana" (Lupita)* *"No creo ciegamente todo lo que la Iglesia dice, soy creyente pero no fanática" (Paulina)*
	Categoría: Postura respecto al matrimonio	"Me parece que definitivamente es para siempre" (Lupita) "No lo sé con certeza…, una se casa pensando y deseando que el matrimonio funcione y dure para siempre… pero puede suceder que una se equivoque y tu pareja no sea lo que querías…; en este caso me divorciaría" (Paulina)

Asimismo, podríamos administrar pruebas estandarizadas sobre el nivel de religiosidad y conservadurismo respecto al matrimonio y correlacionar ambas variables, así como vincular los resultados de estas pruebas con los obtenidos mediante entrevistas muy profundas para conocer su verdadera ideología subyacente (cualitativas).

La elección de los instrumentos y el tipo de datos a recolectar dependerá del planteamiento de la investigación y pueden usarse todas las técnicas vistas en este libro.

Y hay herramientas que recolectan simultáneamente datos CUAN y CUAL. El siguiente es un ejemplo desarrollado por Ana Cuevas Romo para este libro; póngale al restaurante, estimado lector, el nombre que desee.

Percepción del cliente en un restaurante

Una cadena de restaurantes se encontraba en un proceso de cambio y como parte de éste necesitaba hacer un diagnóstico para tomar decisiones con base en información actual y relevante, específicamente sobre las siguientes variables:

- Comportamiento del consumidor (días, horarios y ocasiones en que acude al lugar, acompañantes, etcétera).
- Trato del personal (amabilidad).
- Rapidez en el servicio.
- Opinión respecto al servicio.
- Música.

- Mobiliario.
- Alimentos y bebidas.
- Precios.
- Ambiente.
- Entretenimiento.
- Satisfacción del cliente.
- Comparación con los principales competidores.

Con la finalidad de llevar a cabo dicho diagnóstico y evaluar las variables anteriores, se desarrollaron dos instrumentos para documentar experiencias y la percepción que tienen los clientes respecto al esta-

Figura 17.19   Mantelito para evaluar la experiencia.[24]

---

[24] Las instrucciones se dieron verbalmente, es por ello que no se incluyen en ambas herramientas.

blecimiento, su personal, servicio y productos (que fueron sometidos a una prueba piloto y corregidos): el "mantelito" y la "tabla o cuadro". Para su aplicación, se le solicitó al cliente que recordara la última vez que acudió al lugar y que plasmara los detalles de esa última visita a través de dibujos y completara las frases en el "mantelito" (vea la figura 17.19). Al terminar esto, se le solicitó que llenara la "tabla" (vea la figura 17.20).

RESTAURANTE

Instrucciones: Marca con una **X** la casilla que mejor refleje tu opinión.

Mi opinión acerca del servicio en el restaurante-bar:

5   4   3   2   1

1. Servicio rápido.	Servicio lento.
2. Personal amable.	Personal descortés.
3. Personal respetuoso.	Personal irrespetuoso.
4. Servicio y atención constante.	Servicio y atención interrumpida.
5. Buena presentación (uniforme).	Mala presentación (uniforme).
6. Buena calidad de los alimentos.	Mala calidad de los alimentos.
7. Bebidas bien preparadas.	Bebidas mal preparadas.
8. El volumen de la música es cómodo.	El volumen de la música no es cómodo.
9. Me gusta el tipo de música.	No me gusta el tipo de música.
10. La música es variada.	Falta variedad en la música.
11. Los videos son congruentes con la música.	Los videos son incongruentes con la música.
12. Los videos son congruentes con el momento.	Los videos son incongruentes con el momento.
13. Show entretenido e interesante.	Show aburrido.
14. El cantante es bueno.	El cantante es malo.
15. Los bailes de los meseros me parecen bien.	Los bailes de los meseros me parecen groseros.
16. El mobiliario es adecuado.	El mobiliario es inadecuado.
17. Me gusta la decoración.	No me gusta la decoración.
18. El lugar está muy limpio.	El lugar está muy sucio.
19. Los baños están en muy buenas condiciones.	Los baños están en muy malas condiciones.
20. Los precios son accesibles.	Los precios son altos.
21. Compraría *souvenirs* del restaurante-bar.	No compraría *souvenirs* del restaurante-bar.
22. La imagen del restaurante-bar es muy buena.	La imagen del restaurante-bar es muy mala.
23. Los precios corresponden con el lugar, el servicio y los productos.	Los precios no corresponden con el lugar, el servicio y los productos.
24. Opinión general: MUY BUENA.	Opinión general: MUY MALA.

(continúa)

Figura 17.20 Tabla para evaluar la experiencia.

Comparando con otros restaurantes o bares (marca con una **X** tu respuesta):

	Restaurante-bar	Nombre del restaurante que es competencia directa	Nombre de otro restaurante que es competencia directa
25. Voy más seguido al:			
26. Me gusta más ir al:			
27. Prefiero la comida de:			
28. Prefiero las bebidas de:			
29. Prefiero el ambiente en el:			

Me gusta más ir al _________________ porque:_____________________________

Figura 17.20   Tabla para evaluar la experiencia (*continuación*).

El análisis se realizó con base en la naturaleza de los datos recolectados:

- Del "mantelito" se realizó tanto un análisis cuantitativo (conteo de categorías), como un análisis interpretativo (de lo plasmado en los dibujos).
- De la "tabla" se realizó un análisis cuantitativo para integrar y resumir las respuestas de los clientes seleccionados en la muestra.
- De las experiencias se hizo análisis CUAN y CUAL.

Los resultados reflejaron la percepción de los clientes respecto a las variables mencionadas.

Análisis de los datos

Para analizar los datos, en los métodos mixtos el investigador confía en los procedimientos estandarizados cuantitativos (estadística descriptiva e inferencial) y cualitativos (codificación y evaluación temática), además de análisis combinados. El análisis de los datos en los métodos mixtos se relaciona con el tipo de diseño y estrategia elegidos para los procedimientos; y tal como hemos comentado, el análisis puede ser sobre los datos originales ("en bruto, "crudos") y/o puede requerir de su transformación. La diversidad de posibilidades de análisis es considerable en los métodos mixtos, además de las alternativas conocidas que ofrecen la estadística y el análisis temático. Algunos ejemplos se muestran en la tabla 17.8.

▲ **Tabla 17.8**   Ejemplos de diseños mixtos y posibles procedimientos de análisis e interpretación de los datos[25]

Diseños	Ejemplos de procedimientos analíticos
Concurrentes (triangulación, anidados, transformativos)	Cuantificar datos cualitativos: se codifican datos cualitativos, se les asignan números a los códigos y se registra su incidencia (las categorías emergentes se consideran variables o categorías cuantitativas), se efectúa análisis estadístico descriptivo de frecuencias. También se pueden comparar los dos conjuntos de datos (CUAL y CUAN).
	Cualificar datos cuantitativos: los datos numéricos son examinados y se considera su significado y sentido (lo que nos "dicen"), de este significado se conciben temas que pudieran reflejar tales datos y se visualizan como categorías. Posteriormente, se incluyen para los análisis temáticos y de patrones correspondientes. Por ejemplo: llevar a cabo un análisis de factores con los datos cuantitativos (escalas). Los factores que surjan se consideran como "temas cualitativos". Se comparan estos factores con los temas que emergieron del análisis cualitativo

(continúa)

---

[25] Adaptado de Creswell *et al.* (2008, pp. 188-189).

▲ **Tabla 17.8**   Ejemplos de diseños mixtos y posibles procedimientos de análisis e interpretación de los datos
(*continuación*)

Diseños	Ejemplos de procedimientos analíticos
	Comparar directamente resultados provenientes de la recolección de datos cuantitativos con resultados de la recolección de datos cualitativos (soportar el análisis estadístico de tendencias en los temas cualitativos o viceversa). Es muy común comparar bases de datos. Por ejemplo, en un diseño concurrente, se podría efectuar una encuesta con consumidores de un producto, digamos ensaladas, para analizar "calidad percibida en el producto", "sabor", "frescura", etc.). Simultáneamente, entrevistar en profundidad a los responsables del departamento de verduras de tiendas y supermercados, con a finalidad de obtener datos cualitativos, y comparar ambas bases de datos.
	Consolidar datos: combinar datos cuantitativos y cualitativos para formar nuevas variables o conjuntos de datos (por ejemplo, comparar las variables cuantitativas originales con los temas cualitativos y así generar nuevas variables cuantitativas).
	Crear una matriz: combinar datos cuantitativos y cualitativos en una misma matriz. Los ejes horizontales pueden ser variables cuantitativas categóricas [por ejemplo, en una investigación sobre el cuidado que se brinda a los pacientes en un hospital: *proveedor del servicio* (variable): médico, enfermera, administrativo, asistente médico (categorías)]; y los ejes verticales categorías o temas emergentes sobre dicho cuidado —CUAL— (por ejemplo: *empatía, compasión, interés por el paciente, trato humanitario*, etc.). La información en las celdas puede ser tanto "pasajes o citas" como códigos de categorías (CUAL) y se puede agregar la frecuencia de incidencia de los códigos (CUAN). La matriz combina datos cualitativos y cuantitativos, y pueden usarse diferentes programas para el análisis (por ejemplo, interfases Atlas.ti y SPSS).
Secuenciales (exploratorio, explicativo, transformativos)	Explicar resultados (profundizar): llevar a cabo una encuesta (CUAN) y efectuar comparaciones entre grupos de la muestra; más adelante, conducir entrevistas para explorar las razones de las diferencias o no diferencias encontradas entre éstos.
	Desarrollo de tipologías: el análisis de un tipo de datos produce una tipología (un conjunto de categorías sustantivas), que luego es usada como marco de referencia para aplicarlo en el análisis de contraste de datos. Por ejemplo, realizar una encuesta (CUAN) y generar dimensiones mediante el análisis de factores, las cuales se utilizan como tipologías para identificar temas en datos cualitativos producto, digamos, de observaciones y entrevistas
	Localizar instrumentos de recolección de los datos: recolectar datos cualitativos e identificar temas y categorías. Posteriormente, éstas se usan como base para ubicar instrumentos estandarizados que contienen conceptos o variables paralelas a las categorías cualitativas.
	Desarrollar un instrumento: mediante análisis CUAL, obtener categorías y temas, así como segmentos específicos de contenido que los "soporten" e ilustren. Los temas y/o categorías pueden concebirse como variables y los segmentos (frases) pueden adaptarse como ítems y escalas de un cuestionario estandarizado. De forma alternativa, se pueden buscar instrumentos disponibles que puedan ser modificados para que concuerden con los temas y frases encontradas durante la etapa cualitativa exploratoria. Después de generar el instrumento, éste se prueba en una muestra representativa de una población.
	Formar datos categóricos: situar y contextualizar características obtenidas en una inducción etnográfica (por ejemplo, grupo étnico, ocupación, etc.) y éstas se convierten en variables categóricas durante una fase cuantitativa posterior.
	Examinar multiniveles secuencialmente. Por ejemplo, para analizar el involucramiento e identificación por parte de estudiantes con su universidad: efectuar una encuesta (CUAN) con ellos, reunir datos CUAL mediante grupos de enfoque al nivel de la clase, analizar indicadores CUAN al nivel de la escuela, y recolectar datos cualitativos mediante entrevistas con directivos. Los resultados obtenidos de un nivel nos ayudan a desarrollar la recolección y análisis del siguiente.

(continúa)

▲ **Tabla 17.8** Ejemplos de diseños mixtos y posibles procedimientos de análisis e interpretación de los datos (*continuación*)

Diseños	Ejemplos de procedimientos analíticos
	Analizar casos extremos: los casos de este tipo identificados a través de un tipo de análisis (CUAN o CUAL), son vueltos a analizar vía el otro método (CUAL o CUAN) con la finalidad de profundizar la explicación inicial de éstos, e incluso pueden recolectarse datos adicionales para refinar el análisis. Por ejemplo, casos que son extremos en un análisis cualitativo comparativo, son agrupados y se les efectúan mediciones para ahondar en las diferencias. Tal sería el caso de un psicólogo que detecta niños con muy alta y muy baja autoestimas y les administra pruebas estandarizadas sobre variables que considera inciden en ésta.

Otro ejemplo de análisis de casos extremos es el siguiente: a casos cuantitativos de esta naturaleza, ya sea en la distribución de una variable o en la forma de residuales con altas puntuaciones producto del análisis de regresión, se les da seguimiento vía recolección de otros datos y análisis cualitativos, lo que incrementa el sentido de entendimiento del fenómeno. Un ejemplo lo constituyó el estudio de Hernández Sampieri (2009), en el cual se midieron las percepciones del clima interno de trabajo por parte de los empleados de una empresa transportista, obteniéndose la distribución que se muestra en la figura 17.21.

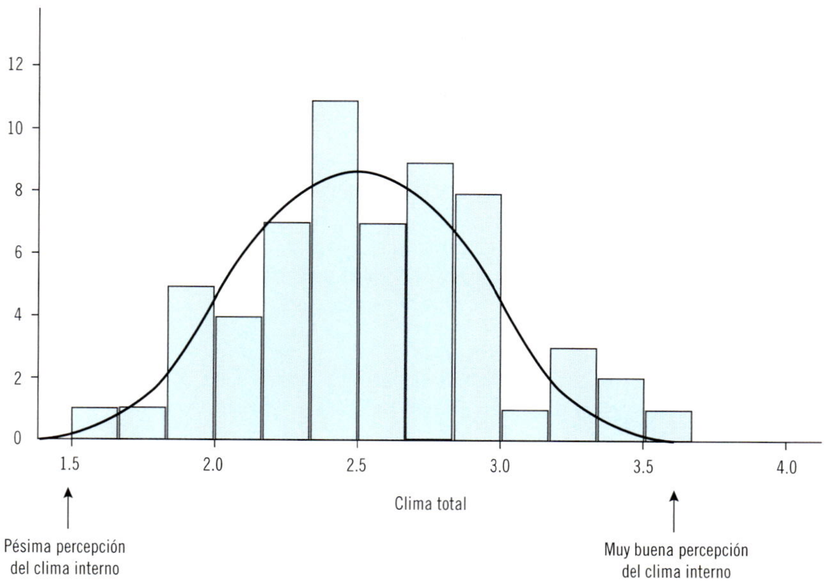

Figura 17.21 Análisis de casos extremos a partir de una distribución del clima organizacional en una empresa transportista.

Como ya se manifestó, actualmente diversos programas son compatibles para el análisis de datos tanto cuantitativos como cualitativos. Por ejemplo, diferentes clases de "software" para análisis cualitativo pueden importar y exportar datos cuantitativos (ETNOGRAPH, HyperRESEARCH, NUD.IST, NVIVO, Atlas.ti y Win MAX). Asimismo, SPSS es compatible con distintos programas cualitativos.

Cada estudio mixto, como cualquier investigación, requiere de una "coreografía" para el análisis.

En el capítulo 12 del CD: "Ampliación y fundamentación de los diseños mixtos", se comenta y ejemplifica más sobre la manera de visualizar los análisis para estudios mixtos.

Resultados e inferencias

Una vez que se obtienen los resultados de los análisis cuantitativos, cualitativos y mixtos, los investigadores y/o investigadoras proceden a efectuar las inferencias, comentarios y conclusiones en la discusión.

Normalmente se tienen tres tipos de inferencias: las propiamente cuantitativas, las cualitativas y las mixtas, a estas últimas se les denomina metainferencias. El reporte puede presentar primero las de cada método y luego las conjuntas; o bien presentar por áreas de resultados las tres clases de inferencias, estos esquemas se ilustran en la figura 17.22. En el primer caso, en los diseños concurrentes pueden mostrarse primero las cuantitativas o las cualitativas, dependiendo del propio criterio del investigador, y en los diseños secuenciales y de conversión suelen incluirse las inferencias de acuerdo con el orden seguido (por ejemplo, si la primera etapa fue cuantitativa, sus inferencias se exhiben primero). En el segundo caso (por áreas) el orden puede ser por pregunta de investigación, por importancia de los descubrimientos o cualquier otro criterio.

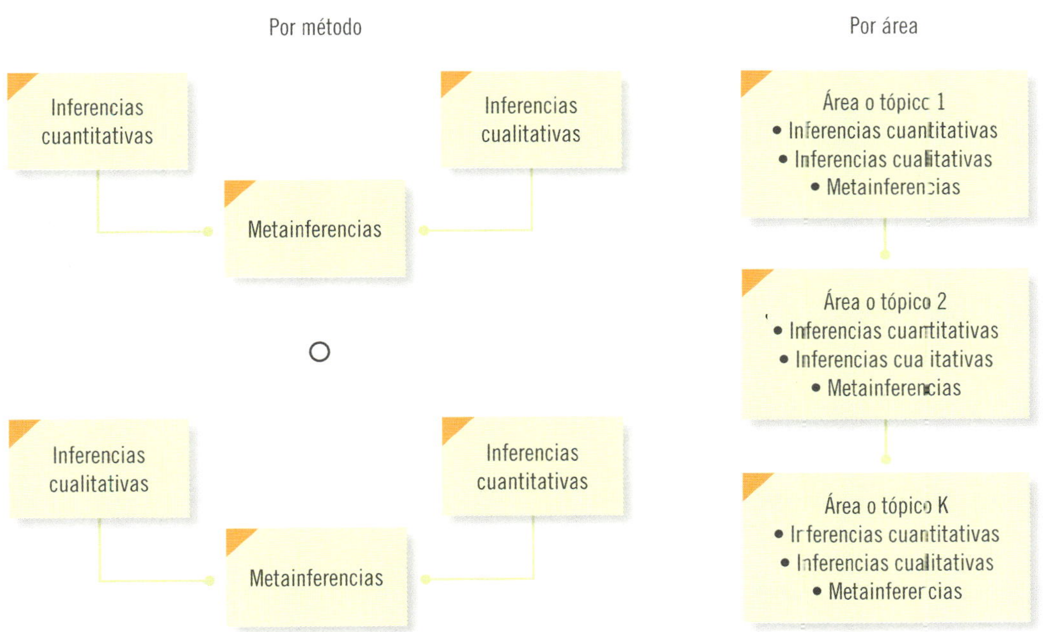

Figura 17.22 Orden de presentación de las inferencias, conclusiones y comentarios en la investigación mixta.

De acuerdo con Tashakkori y Teddlie (2008), las inferencias deben alcanzar *consistencia interpretativa*: congruencia entre sí y entre éstas y los resultados del análisis de los datos. Un ejemplo de inconsistencia en la parte cuantitativa sería inferir causalidad sobre la base de resultados únicamente correlacionales; o bien, para la vertiente cualitativa, inferir que una categoría es la central en un esquema de teoría fundamentada, cuando no resultó que era la que más se vinculaba al resto de categorías. Las inferencias tendrán que ser congruentes con el tipo de evidencia presentado, y el nivel de intensidad reportado debe corresponder con la magnitud de los eventos o los efectos descubiertos. Asimismo, las inferencias y metainferencias deben ser consistentes con las teorías prevalecientes con mayor soporte empírico o los descubrimientos de otros estudios (*no* que se obtengan los mismos resultados, sino que sean congruentes). De no ser así, resulta pertinente revisar de nuevo los resultados.

Respecto a este tema de las inferencias en los métodos mixtos, por cuestiones de espacio remitimos al lector a que profundice la información en el capítulo 12 del CD: "Ampliación y fundamentación de los diseños mixtos".

Retos de los diseños mixtos

Los diseños mixtos enfrentan diversos retos, algunos de los cuales se presentan a continuación y otros se incluyen en el capítulo 12 del CD.

Creswell, Plano Clark y Garrett (2008, pp. 70-71) resumieron tales retos que se pueden presentar durante la investigación mixta, así como los posibles razonamientos de éstos y las estrategias potenciales (soluciones) a utilizar para enfrentarlos. Éstos se muestran en las tablas 17.9 y 17.10, dependiendo de si el diseño es concurrente o secuencial.[26]

▲ **Tabla 17.9**   Retos y estrategias en los diseños concurrentes

Retos	Razonamientos	Estrategias potenciales
Resultados contradictorios entre ambos métodos (¿qué ocurre si los resultados cuantitativos y cualitativos no concuerdan o incluso son contradictorios?)	Este problema indica posibles defectos o incongruencias en el diseño y puede deberse a errores en la recolección y/o análisis de los datos, así como a una pobre aplicación de las propuestas teóricas. Ya sea que se presenten congruencias o incongruencias, los resultados deben evaluarse con sumo cuidado y discutirse ampliamente.	• Recurrir a otras teorías para ver si alguna ayuda a explicar los resultados contradictorios. • Evaluar de nuevo los datos, lo que nos puede conducir a recolectar datos adicionales (cuantitativos, cualitativos o de ambos tipos). Por ejemplo, si la muestra cualitativa fue demasiado pequeña, tal vez tenga que incluirse una muestra adicional mucho mayor. También es posible que nuestro instrumento cuantitativo haya logrado una confiabilidad baja. • Volver a analizar los datos originales (ampliando o profundizando el análisis). Por ejemplo, revisar las categorías cualitativas o efectuar análisis paramétricos en lugar de métricos. • Utilizar los resultados como una plataforma para una nueva búsqueda o un segundo estudio. • Dar prioridad a los datos que consideremos más sólidos. • Recurrir a colegas para que revisen todo el estudio.
Integración de datos (¿de qué manera pueden integrarse los datos cuantitativos y cualitativos?)	Es un reto inherente a los modelos mixtos y el investigador debe pensar sobre la mejor manera en que pueden combinarse ambas clases de datos.	• Comenzando con el planteamiento, diseñar la investigación de modo que se aborden los mismos tópicos desde ambas perspectivas. Por ejemplo, en una investigación sobre las necesidades de pacientes infectados con SIDA, incluir temas comunes para los dos enfoques: soporte de la familia —financiero y emocional—, variables psicológicas, como la autoestima, el sentido de vida, el estrés, etcétera. • Transformar un tipo de datos para que pueda ser comparado con la otra clase de evidencia empírica. • Construir una matriz en donde puedan insertarse datos cuantitativos y cualitativos.
Muestreo (¿qué problemas pueden afrontarse cuando tenemos muestras de distinta naturaleza?)	Los investigadores necesitan tomar en cuenta los efectos de tener diferentes muestras con tamaños desiguales cuando se mezclan conjuntos de datos cuantitativos y cualitativos.	• Incluir los mismos casos en ambas muestras (o al menos una parte significativa de una muestra en la otra). Es deseable que la muestra más pequeña sea considerada en su totalidad en la muestra mayor. • Utilizar muestreo probabilístico en los dos enfoques. • Usar el mismo contexto y lugar en la parte cuantitativa y la cualitativa (por ejemplo, la misma organización, comunidad, grupo, etcétera). • Utilizar participantes distintos en ambas muestras (lo cual pareciera una contradicción con estrategias comentadas en este recuadro, pero a veces podemos querer contrastar "polos opuestos con métodos disimilares"). • Agrandar el tamaño de la muestra cualitativa.

(continúa)

---

[26] Estas tablas se han complementado con algunas observaciones provenientes de Hernández Sampieri y Mendoza (2008).

▲ **Tabla 17.9**   Retos y estrategias en los diseños concurrentes (*continuación*)

Retos	Razonamientos	Estrategias potenciales
Introducción de sesgos (si los datos se recolectan de forma concurrente, ¿un tipo de datos puede introducir tendencias o sesgos en la interpretación conjunta?)	Es posible que una clase de datos introduzca sesgos, predisposiciones y/o tendencias que confundan los resultados obtenidos por el otro método si los datos son recabados de los mismos participantes, especialmente cuando se experimenta o se implantan intervenciones, procesos o pruebas.	• Recolectar datos no obstrusivos (recuérdese esta noción cuando se revisaron los métodos de recolección de los datos cuantitativos). • Lograr muestras equivalentes y del mismo tamaño en todos los grupos que se comparen en la intervención, proceso o prueba. • Alternar la recolección de datos cuantitativos y cualitativos. • Aplazar la recolección de datos cualitativos hasta después de la intervención o prueba (o cambiar a un diseño secuencial).

▲ **Tabla 17.10**   Retos y estrategias en los diseños secuenciales

Retos	Razonamientos	Estrategias potenciales
Resultados contradictorios entre ambos métodos (¿qué ocurre si los resultados cuantitativos y cualitativos no concuerdan o incluso son contradictorios o inconclusos?)	Este problema indica posibles defectos o incongruencias en el diseño y puede deberse a errores en la selección de los casos o en la recolección y/o análisis de los datos, así como a una pobre aplicación de las propuestas teóricas.	• Agregar una fase adicional. Regularmente en los exploratorios (DEXPLOS), una cualitativa, y en los explicativos (DEXPLIS), una cuantitativa. • Recolectar datos adicionales tanto cuantitativos como cualitativos.
Muestreo (¿qué problemas pueden afrontarse cuando tenemos muestras desiguales en etapas con tiempos diferentes?, ¿los participantes en las distintas fases deben ser o no los mismos?, ¿las muestras tienen o no que ser del mismo tamaño?	En los diseños secuenciales es muy difícil que las muestras de las etapas sean de igual tamaño, debido a la naturaleza propia de cada enfoque (CUAN y CUAL). Sin embargo, para responder a las interrogantes, los investigadores necesitan considerar los propósitos del diseño. Si la finalidad de la segunda fase es ayudar a explicar la primera (DEXPLIS), la estrategia de muestreo para la segunda etapa (CUAL) consistirá en seleccionar la misma muestra o un segmento importante de la fase inicial (CUAN). En el diseño exploratorio (DEXPLOS), normalmente los participantes de la primera fase no son los mismos que los participantes de la segunda, porque el propósito de ésta es generalizar los resultados a una población, pero debe tratarse que sus perfiles sean lo más parecido posible.	• Si se pretende explicar los resultados iniciales: incluir los mismos casos en ambas muestras (o al menos una parte significativa de una muestra en la otra). Es deseable que la muestra más pequeña sea considerada en su totalidad en la muestra mayor (diseño explicativo). • Si el objetivo es dar seguimiento a la muestra cualitativa y generalizar: incluir los casos de la parte cualitativa (inicial) en la etapa subsecuente (CUAN), pero agrandar la muestra para esta segunda fase (diseño exploratorio). • Cuando el fin es explorar casos y contextos (también diseño exploratorio), pueden utilizarse los mismos casos (fines de seguimiento a la exploración) o diferentes (fines de ampliación de la exploración).
Selección de participantes para la fase subsecuente (¿cómo seleccionar los participantes para la segunda etapa?)	Puede haber limitaciones, ya que por ejemplo, los participantes aceptaron responder a un cuestionario anónimo estandarizado, pero no están dispuestos a formar parte de un grupo de enfoque. En el diseño explicativo, los investigadores necesitan determinar qué resultados cuantitativos serán la base para elegir a los participantes de la segunda (CUAL). La selección puede basarse en la identificación de participantes usando los resultados cuantitativos significativos, inesperados o de casos extremos; también aquellos que contribuyeron a identificar variables predictoras y correlaciones importantes. Asimismo, en ocasiones la elección busca casos diversos (en variables demográficas o de distintos grupos de comparación).	• Usar criterios para la selección de la muestra de la segunda fase (por ejemplo, sobre la base de resultados estadísticos). A veces se utilizan varios criterios. • Elegir voluntarios.

(continúa)

▲ **Tabla 17.10**   Retos y estrategias en los diseños secuenciales (*continuación*)

Retos	Razonamientos	Estrategias potenciales
	Por otro lado, a veces se reclutan a los voluntarios para la parte CUAL. En el caso del diseño exploratorio, la selección no presenta más que los retos inherentes a cada método (CUAL → CUAN).	
Elección de los resultados de la primera etapa para utilizarlos como base de la segunda (¿qué resultados deben usarse?)	En el caso de los diseños exploratorios que pretenden desarrollar un instrumento cuantitativo, primero debe explorarse qué dimensiones son relevantes para medir los constructos de interés, posteriormente se incluyen en la herramienta y finalmente se procede a su validación en una muestra probabilística. En el caso del diseño explicativo, frecuentemente se busca profundizar en los resultados cuantitativos.	• En diseños exploratorios se puede tomar a los patrones o grandes temas como variables o constructos, a las categorías como dimensiones y a las citas clave de los participantes como ítems. Asimismo, efectuar una validación completa y rigurosa. • En diseños explicativos, hacerlo a la inversa: utilizar los resultados estadísticos significativos como fundamento para las herramientas cualitativas (por ejemplo, factores del análisis factorial como temas). • En ambos tipos de diseños, usar iguales dominios de interés para las dos fases (partir de los mismos constructos).

La estrategia dependerá de cada diseño e investigación en particular (recordemos que los estudios mixtos son regularmente hechos "a la medida", "artesanales").

Reportes mixtos

¿Cómo debe reportarse un estudio mixto de manera efectiva y que pueda ser aceptado para publicarse en una revista académica arbitrada (*journal*), como disertación doctoral o libro? Al respecto, cabe señalar que aún existen diversas dudas y definitivamente no hay reglas tan precisas como en el caso de las investigaciones cuantitativas, ni siquiera un acercamiento, como en las cualitativas. Sin embargo, gracias a la publicación de revistas como el *Journal of Mixed Methods Research* y el trabajo de diversos autores, se han generado algunas directrices. A continuación mencionamos algunas recomendaciones:

- El reporte debe abarcar tanto la investigación cuantitativa como la cualitativa, es decir, tienen que incluirse ambas aproximaciones en la recolección, análisis e integración de datos, así como las inferencias derivadas de los resultados (Creswell y Tashakkori, 2007).
- Asimismo, el manuscrito tendrá que explicitar un avance en el contenido del campo donde se inserta el estudio, lo que significa que deberá agregar a la discusión actual en la literatura un tópico o identificar alguna cuestión que haya sido "pasada por alto" (Creswell y Tashakkori, 2007).
- El reporte debe incluir los procedimientos de validación cuantitativos, cualitativos y mixtos[27] (triangulación, amenazas a la validez interna, chequeo con participantes, auditorías, etcétera).
- Los estudios mixtos son mucho más que reportar dos "ramas" de la indagación (cuantitativa y cualitativa), deben —además— vincularlas y conectarlas analíticamente (Bryman, 2007). La expectativa es que al final del manuscrito, las conclusiones obtenidas de ambos métodos sean integradas para proveer de una mayor comprensión del planteamiento bajo estudio (Creswell y Tashakkori, 2007). La integración debe presentarse en la forma de comparar, contrastar, construir sobre, o anidar cada conclusión e inferencia dentro de la otra. Aun en las investigaciones donde se generan instrumentos, en las cuales una rama cualitativa inicial provee de temas para

---

[27] Recuerde que éstos se revisarán en los capítulos 10 y 12 del CD.

desarrollar variables y baterías de ítems, el reporte tiene que presentar los descubrimientos e inferencias cualitativas, antes de mostrar los procedimientos para la segunda rama (construcción de reactivos).

- Otro atributo del manuscrito mixto es que incluya componentes de ambos métodos que cubran "huecos de conocimiento" y agreguen nuevas perspectivas a la literatura sobre la investigación mixta dentro del campo donde se está trabajando (Hernández Sampieri y Mendoza, 2008). Idealmente, el estudio debe aportar ideas sobre cómo los investigadores deben conducir estudios mixtos, replicar y refinar planteamientos y expandir el alcance y la generalización de teorías.
- Algunos autores recomiendan, como parte de la justificación para las investigaciones mixtas, que también se provea de un abordaje diferente o se facilite la práctica de ciertas políticas ("dar voz a los no representados, favorecer la justicia social, informar de acciones que transformen la sociedad"…). Lo que sí resulta necesario para reportes mixtos es que proporcionen una comprensión más creíble y detallada del significado del fenómeno (Creswell y Tashakkori, 2008), y en ocasiones esto implica una nueva visión de éste (Hernández Sampieri y Mendoza, 2008).

La validez de los estudios mixtos

La validez en los métodos mixtos ha sido abordada desde diversas perspectivas. En los primeros estudios de esta naturaleza y aún hoy en día, en varias investigaciones la validez se trabaja de manera independiente para los enfoques cuantitativo y cualitativo, buscando validez interna y externa para el primero, y la dependencia y otros criterios para el segundo. Sin embargo, recientemente ha surgido una propuesta de autores como Onwuegbuzie y Johnson (2006), Hernández Sampieri y Mendoza (2008) y Teddlie y Tashakkori (2009), que incorporan varios elementos para la validez y la calidad de los diseños mixtos, de los cuales destacan: 1) rigor interpretativo, 2) calidad en el diseño y 3) legitimidad. Éstos y otros indicadores para evaluar a una investigación mixta se incluyen en el capítulo 10 del CD: "Parámetros, criterios, indicadores y/o cuestionamientos para evaluar la calidad de una investigación"; y se comentan y profundizan con ejemplos en el capítulo 12 del mismo CD: "Ampliación y fundamentación de los diseños mixtos". 

Resumen

- Los métodos mixtos o híbridos han tenido un crecimiento vertiginoso en la última década.
- Los métodos mixtos representan un conjunto de procesos sistemáticos, empíricos y críticos de investigación e implican la recolección y análisis de datos cuantitativos y cualitativos, así como su integración y discusión conjunta, para realizar inferencias producto de toda la información recabada (metainferencias) y lograr un mayor entendimiento del fenómeno bajo estudio.
- Los métodos mixtos representan una vía adicional a los enfoques cuantitativo y cualitativo de la investigación.
- En el siglo xx se dio una controversia entre dos enfoques para la investigación: el cuantitativo y el cualitativo.
- Los defensores de cada uno argumentan que el suyo es el más apropiado y fructífero para la investigación.
- La realidad es que estos dos enfoques son formas que han demostrado ser muy útiles para el desarrollo del conocimiento científico y ninguno es intrínsecamente mejor que el otro.
- Los métodos mixtos han terminado con la "guerra de los paradigmas".
- La investigación mixta se utiliza y ha avanzado debido a que los fenómenos y problemas que enfrentan actualmente las ciencias son tan complejos y diversos que el uso de un enfoque único, tanto cuantitativo como cualitativo, es insuficiente para lidiar con esta complejidad.

- El enfoque mixto —entre otros aspectos— logra una perspectiva más amplia y profunda del fenómeno, ayuda a formular el planteamiento del problema con mayor claridad, produce datos más "ricos" y variados, potencia la creatividad teórica, apoya con mayor solidez las inferencias científicas, y permite una mejor "exploración y explotación" de los datos.
- Las pretensiones más destacadas de la investigación mixta son: triangulación, complementación, visión holística, desarrollo, iniciación, expansión, compensación y diversidad.
- El sustento filosófico de los métodos mixtos es el pragmatismo, cuya visión es convocar a varios "modelos mentales" en el mismo espacio de búsqueda para fines de un diálogo respetuoso y que los enfoques se nutran entre sí, además de que colectivamente se genere un mejor sentido de comprensión del fenómeno estudiado.
- El pragmatismo es ecléctico (reúne diferentes estilos, opiniones y puntos de vista), incluye múltiples técnicas cuantitativas y cualitativas en un solo "portafolios" y selecciona combinaciones de asunciones, métodos y diseños que "encajan" mejor con el planteamiento del problema de interés.
- Realmente no hay un proceso mixto, sino que en un estudio híbrido concurren diversos procesos.
- Un estudio mixto sólido comienza con un planteamiento del problema contundente y demanda claramente el uso e integración de los enfoques cuantitativo y cualitativo.
- En la mayoría de los estudios mixtos se realiza una revisión exhaustiva y completa de la literatura pertinente para el planteamiento del problema, de la misma forma como se hace con investigaciones cuantitativas y cualitativas.
- Cada estudio mixto implica un trabajo único y un diseño propio, sin embargo, podemos identificar modelos generales de diseños que combinan los métodos cuantitativo y cualitativo.
- Para escoger el diseño mixto apropiado, el investigador toma en cuenta: prioridad de cada tipo de datos (igual o distinta), secuencia o tiempos de los métodos (concurrente o secuencial), propósito esencial de la integración de los datos y etapas del proceso investigativo en las cuales se integrarán los enfoques.
- Los diseños mixtos específicos más comunes son: diseño exploratorio secuencial (DEXPLOS), diseño explicativo secuencial (DEXPLIS), diseño transformativo secuencial (DITRAS), diseño de triangulación concurrente (DITRIAC), diseño anidado o incrustado concurrente de modelo dominante (DIAC), diseño anidado concurrente de varios niveles (DIACNIV), diseño transformativo concurrente (DISTRAC) y diseño de integración múltiple (DIM).
- Los métodos mixtos utilizan estrategias de muestreo que combinan muestras probabilísticas y muestras propositivas (CUAN y CUAL).
- Los principales autores sobre investigación mixta han identificado cuatro estrategias de muestreo mixto esenciales: muestreo básico, muestreo secuencial, muestreo concurrente y muestreo por multiniveles.
- Gracias al desarrollo de los métodos mixtos y ahora la posibilidad de hacer compatibles los programas de análisis cuantitativo y cualitativo (por ejemplo, SPSS y Atlas.ti), muchos de los datos recolectados por los instrumentos más comunes pueden ser codificados como números y también analizados como texto.
- Para analizar los datos, en los métodos mixtos el investigador confía en los procedimientos estandarizados cuantitativos (estadística descriptiva e inferencial) y cualitativos (codificación y evaluación temática), además de análisis combinados.
- El análisis de los datos en los métodos mixtos se relaciona con el tipo de diseño y estrategia elegidos para los procedimientos.
- Una vez que se obtienen los resultados de los análisis cuantitativos, cualitativos y mixtos, los investigadores y/o investigadoras proceden a efectuar las inferencias, comentarios y conclusiones en la discusión.
- Normalmente se tienen tres tipos de inferencias en la discusión de un reporte de investigación mixta: las propiamente cuantitativas, las cualitativas y las mixtas, a estas últimas se les denomina metainferencias.

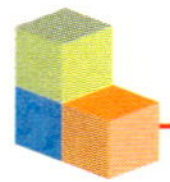

Conceptos básicos

Análisis cualitativo
Análisis cuantitativo
Datos cualitativos
Datos cuantitativos

Diseño anidado concurrente de modelo dominante (DIAC)
Diseño anidado concurrente de varios niveles (DIACNIV)

Diseño de integración múltiple (DIM)
Diseño de triangulación concurrente (DITRIAC)
Diseño explicativo secuencial (DEXPLIS)
Diseño exploratorio secuencial (DEXPLOS)
Diseño mixto
Diseño transformativo concurrente (DISTRAC)
Diseño transformativo secuencial (DITRAS)
Enfoque cualitativo
Enfoque cuantitativo

Enfoque mixto
Estrategia de muestreo mixto
Inferencia
Metainferencia
Muestra probabilística
Muestra propositiva
Pragmatismo
Secuencia
Triangulación

Ejercicios

1. Plantee un estudio mixto con un diseño secuencial en dos etapas (la primera etapa puede ser cuantitativa o cualitativa, ésa es su elección).

Planteamiento	Etapa 1	Etapa 2
Objetivo(s) y pregunta(s) cuantitativa(s):	Diseño:	Diseño:
Objetivo(s) y pregunta(s) cualitativa(s):	Muestra:	Muestra:
Objetivo(s) y pregunta(s) mixta(s) (de integración de métodos):	Herramienta para recolectar datos:	Herramienta para recolectar datos:

- ¿Qué análisis cuantitativos, cualitativos y mixtos se podrían prefigurar? Recuerde que estos últimos dependen de las pretensiones del investigador o investigadora (triangulación, complementación, corroboración, etcétera).

- ¿Podrían o no mezclarse los datos en algunos análisis? En caso afirmativo, ¿de qué manera?

- ¿Cómo reportaría los datos?, ¿conjuntamente o por separado?

2. Piense en sus cinco mejores amigos y/o amigas. ¿Quiénes son? Enlístelos, con sus nombres, iniciales, sobrenombres o números.

1. _______________________________
2. _______________________________

3. _______________________________
4. _______________________________
5. _______________________________

- Posteriormente describa a cada uno de ellos y/o ellas. La descripción es libre, incluya los aspectos de sus amigos y/o amigas que usted prefiera.

- Compare en parejas a sus amigos(as) utilizando adjetivos calificativos (1 y 2, 1 y 3, 1 y 4, 1 y 5, 2 y 3, 2 y 4, 2 y 5, 3 y 4, 3 y 5, 4 y 5). Por ejemplo: sensible, creativo(a), imaginativo(a), tímido(a), extrovertido(a), extravagante, sonriente, enojón(a), gritón(a), presumido(a), platicador(a), deportista, inteligente, travieso(a), platicador(a), leal y demás adjetivos que los definan (hay cientos de calificativos que puede emplear).

Pareja comparada	Se parecen en (adjetivos calificativos):	No se parecen en (adjetivos calificativos):
1 y 2		
1 y 3		
1 y 4		
1 y 5		
2 y 3		
Etcétera		

- Una vez comparadas todas las posibles parejas, elimine los adjetivos que se repitan, deje solamente los que no se repiten. Los adjetivos que obtuvo son como "categorías" cualitativas, no se predeterminaron, los que se presentaron son únicamente ejemplos, usted definió cuáles aplicaban a sus amigos. Los construyó induciéndolos. Sus segmentos fueron las parejas comparadas. Así es la experiencia cualitativa de análisis (simplificada, por supuesto).

- Ahora, utilice los adjetivos como ítems y califique a cada amigo y/o amiga en todos los ítems en una escala que usted defina (0 al 10, donde "cero" es que no posee ese adjetivo o calificativo y "diez" que lo posee totalmente; del 1 al 5, diferencial semántico, o cualquier otro). Por ejemplo:

Así es la experiencia cuantitativa (una vez más, simplificada). Usted generó un instrumento cuantitativo sobre bases cualitativas. Evalúe ambas experiencias.

3. De los planteamientos que a lo largo de los ejercicios del libro se fueron desarrollando (el cuantitativo y el cualitativo), piense: ¿podrían o no integrarse en un solo estudio mixto?, ¿por qué sí o por qué no?, y ¿cómo?

Amigo(a)	1	2	3	4	5
Ruidoso(a)					
Atlético(a)					
Aburrido(a)					
Etcétera					

Ejemplos desarrollados

Ejemplo de diseño de integración múltiple: la moda y la mujer mexicana

Esta investigación se comentó previamente en la tercera parte del libro y se mostró la faceta cualitativa, pero ahora profundizaremos en el estudio, que fue mixto e implicó un diseño de integración múltiple.[28]

Primera parte: inmersión en el campo, observación inicial, observación enfocada y entrevistas cualitativas

Un grupo de mercadólogos fue contratado por una empresa para realizar un estudio sobre las tendencias de la moda entre las mujeres mexicanas. Básicamente, la organización (una gran cadena de tiendas departamentales con un área dedicada a la ropa para mujeres adolescentes y adultas) deseaba conocer cómo define la moda la mujer mexicana, qué elementos implica la moda desde su perspectiva, cómo evalúan las secciones del departamento de ropa para damas y qué es importante que la tienda haga por sus clientas.

Los investigadores, con un conocimiento mínimo sobre la moda femenina, decidieron iniciar la investigación de manera inductiva y cualitativa; sin un planteamiento tan definido o estructurado, y

mucho menos con hipótesis. Lo primero fue invitar a dos investigadoras (una mujer adulta joven de 28 años, con entrenamiento básicamente cuantitativo y una mujer adulta de 40 años con experiencia en el área cualitativa).

La inmersión en el ambiente (en este caso, los departamentos, áreas o secciones de ropa para damas adultas y jóvenes adolescentes de la cadena en cuestión) implicó que las dos investigadoras y uno de los investigadores fueran a observar abiertamente tales departamentos de cinco tiendas. Se tomaron anotaciones y posteriormente decidieron enviar a un grupo de mujeres entrenadas para observar de manera no obstrusiva a las personas que llegaban al departamento de ropa para damas (las observadoras se hicieron pasar por clientas). No se estructuró una guía de observación, tan sólo se les indicó que registraran el comportamiento que percibieran de las clientas (lo que ellas vieran). Las observadoras tomaron nota de una amplia variedad de comportamientos verbales y no verbales. El registro fue desde el tiempo que permanecían en dicho departamento, hasta qué objetos, tipo de ropa, partes o secciones del área les llamaban más la atención; qué les emocionaba; los colores y modelos que se probaban y compraban; los perfiles manifiestos (aproximadamente de qué edades, tipo de vestimenta, si venían solas o acompañadas y, en este último caso, de quién). La observación se prolongó durante una semana.

---

[28] El estudio fue conducido por Alejandra Costa y los autores de este libro.

Tales registros y observaciones les sirvieron a los investigadores para comenzar a definir las áreas temáticas que podía contener el estudio y para elaborar una guía de observación, y así continuar con más observaciones (enfocadas) durante una semana adicional. Esta guía se presentó como un ejemplo en el capítulo 14, "Guía de observación para el inicio del estudio sobre la moda y las mujeres mexicanas".

Posteriormente, el grupo de observadoras capacitadas realizó entrevistas semiestructuradas a clientas (no se definió algún tipo o tamaño de muestra, ni siquiera perfiles) en el momento en que abandonaban la tienda (un día en cada una de las cinco tiendas, cinco días de entrevistas). La guía general de entrevistas incluyó preguntas tan amplias como: ¿qué es la moda?, ¿cómo se define estar a la moda?, ¿qué es lo más importante para ser una mujer que se vista a la moda?, entre otras. La entrevista duraba de 10 a 15 minutos. Un día, las observadoras se hicieron pasar por vendedoras de una de las tiendas. Finalmente se llevaron a cabo 213 entrevistas.

Después se realizaron entrevistas en profundidad con mujeres de diferentes edades (desde los 14 hasta los 65 años) en sus propios hogares, para conversar sobre moda, gustos, marcas favoritas y, de manera general, sobre cómo percibían a la tienda, entre otras cuestiones (50 entrevistas en total).

En primera instancia, todo el cúmulo de información obtenido se analizó de forma individual, por cada investigador, y después en grupo (material producto de observaciones, entrevistas y pláticas que tuvo el personal de campo). Tal análisis siguió las técnicas cualitativas. Los temas emergentes se convirtieron en tópicos para grupos de enfoque y variables para una encuesta (*survey*).

También, a raíz de dichas experiencias, se planteó un problema de investigación más delimitado, aunque todavía no completamente acotado. Los principales objetivos fueron:

1. Obtener las definiciones y percepciones de la moda para las mujeres mexicanas.
2. Determinar qué factores componen la definición de moda para las mujeres mexicanas.
3. Conocer el significado de "estar a la moda" entre las mujeres mexicanas, que a su vez implica:
   - Precisar qué características tienen las prendas y los accesorios que se consideran "a la moda" para dichas mujeres.
   - Evaluar qué comportamientos de compra manifiestan tales mujeres al adquirir ropa.
   - Obtener un perfil ideal (naturaleza, características y atributos) de un departamento o una tienda de ropa femenina.
   - Conocer qué tiendas prefieren las mujeres mexicanas para comprar ropa.

- Evaluar el departamento de damas de las tiendas de la cadena (incluyendo sus secciones).

Entre algunas de las preguntas de investigación que se establecieron estaban: ¿qué es la moda para las mujeres mexicanas?, ¿qué significa "estar a la moda" para ellas?, ¿qué dimensiones integran dicho concepto de moda?, ¿qué marcas, tipo de prendas, colores y estilos prefieren las mexicanas?, ¿qué atributos debe tener un departamento o una tienda de ropa para damas?, ¿cómo evalúan al departamento de ropa para damas?

La justificación incluyó la necesidad que tenía la cadena de tiendas departamentales de conocer mejor el pensamiento de sus clientes femeninos y así mantenerse a la vanguardia, ante la creciente competencia local e internacional en el mercado de ropa para mujer.

Así, se planteó un estudio con dos vertientes en paralelo: cuantitativa y cualitativa.

Segunda etapa: encuesta y grupos de enfoque

Encuesta

La encuesta fue realizada en seis ciudades de la República Mexicana: Ciudad de México, Guadalajara, Monterrey, Mérida, Villahermosa y Cancún. Un total de 1 400 encuestas entre mujeres mayores de 18 años (damas) y 700 jóvenes entre los 15 y los 17 años de edad (*juniors*). El número de encuestas se muestran en la tabla 17.10.

▲ **Tabla 17.10** Distribución de la muestra en las diferentes ciudades

Ciudad	Muestra de damas	Muestra de juniors
México, D.F.	300	150
Guadalajara	250	125
Monterrey	250	125
Mérida	200	100
Cancún	200	100
Villahermosa	200	100
Total	1 400	700

Las principales variables del cuestionario fueron:

- Definición de la moda.
- Asistencia a tiendas departamentales, tiendas de ropa y boutiques.
- Preferencia de tiendas departamentales, tiendas de ropa y boutiques.
- Conducta de compras en tiendas departamentales o tiendas de ropa.
- Atributos de una tienda departamental.
- Atributos de una tienda departamental ideal.

- Asociación de conceptos y apelaciones con tiendas departamentales y tiendas de ropa.
- Relación de tiendas departamentales y de ropa con moda.
- Marcas preferidas y su relación con "estar a la moda".
- Prendas y artículos adquiridos recientemente.
- Influencia de los vendedores en la decisión de compra de prendas, artículos y marcas.
- Evaluación de las tiendas departamentales.
- Percepción de distintas dimensiones relacionadas con el departamento de mujeres y jóvenes.
- Evaluación del departamento de mujeres y jóvenes.

Grupos de enfoque

Se efectuaron grupos focales en las mismas localidades que la encuesta y en dos ciudades más: Toluca y Veracruz. En cada una se condujeron cinco sesiones, que duraron entre tres y cuatro horas (el tema les apasionó a las participantes). Las *características* fundamentales de éstas se muestran en la tabla 17.11.

▲ **Tabla 17.11** Perfiles de sesiones[29]

Número de sesiones	Rango de edad	Nivel socioeconómico
1	Damas 18-25 años	A y B (alto y medio alto)
2	Damas 18-25 años	C+ (medio)
3	Damas 26-45 años	A y B (alto y medio alto)
4	Damas 26-45 años	C+ (medio)
5	Juniors 15-17 años	B y C+ (medio alto y medio)

La guía de tópicos se presentó en el capítulo 14 (Ejemplo: "Guía de tópicos para la moda y la mujer mexicana").

Resultados

Se elaboró *un reporte por ciudad* (con los resultados cuantitativos y cualitativos separados; sin embargo, se compararon ambos y en las conclusiones se obtuvieron inferencias de las dos vertientes) *y uno general* (donde se mezclaron datos estadísticos

agregados de todas las ciudades y las categorías y temas cualitativos comunes que emergieron en la mayoría de las ciudades). Como el lector podrá imaginar, se incluyeron cientos de gráficas y las transcripciones fueron muy voluminosas. No tendríamos espacio para presentar tantos resultados. A manera de muestra vemos un par de ejemplos.

La gráfica señala que las temporadas (otoño, invierno, verano y primavera) y la "comodidad" son los factores más importantes que impactan la moda.

Con respecto a las categorías cualitativas y temas, mostramos algunos resultados generales:

Algunos comentarios de mujeres mexicanas sobre la moda

Mujeres mayores de 18 años

- La mayoría de los segmentos de todas las ciudades coinciden en que hablar de moda es muy relativo, pero señalaron que para ellas significa vestirse de acuerdo con su personalidad, buscando comodidad y usando los colores de temporada.
- Lo importante es que los diseños se adecuen a ellas y que se sientan "a gusto" con la ropa.
- Demandaron que la ropa se adecue a la complexión de las mujeres mexicanas, ya que las confeccionadas para damas "más llenitas" (rollizas) opacan su belleza pues los colores son oscuros y no existen ni variedad ni buenos estilos.
- Respecto de las tallas, manifestaron no encontrar ropa acorde con su cuerpo, manifestando que en general "vienen muy estrechas" y les ocasiona problemas en la zona de las caderas y las piernas. Asimismo, opinaron que el largo del pantalón no es suficiente en ocasiones.
- La percepción en los segmentos de mujeres jóvenes es que "almacenes XXXX no cuenta con marcas de moda". Recomiendan incorporar marcas exclusivas como XXXX dirigidas al público femenino joven, preocupado por estar a la moda.
- Solicitan que ellas mismas puedan formar sus coordinados y que hubiera tallas intercambiables.
- En el interior, recomendaron que en el departamento se disponga un área para que los niños se entretengan mientras ellas se prueban modelos y compran.

Jóvenes de 15 a 17 años

- La mayoría de las jóvenes compran su ropa en tiendas juveniles (llamadas por los adultos boutiques, término que a muchas de ellas les hace gracia).
- Las tiendas preferidas son XXXX, XXXX y boutiques locales.
- En segundo término, acuden a tiendas departamentales, principalmente...

---

[29] El límite máximo de edad fue establecido por la empresa propietaria de las tiendas, que es líder absoluto en edades mayores. Las letras A, B y C+ indican niveles típicamente usados en la investigación de mercados, que lo hemos traducido simplificándolo.

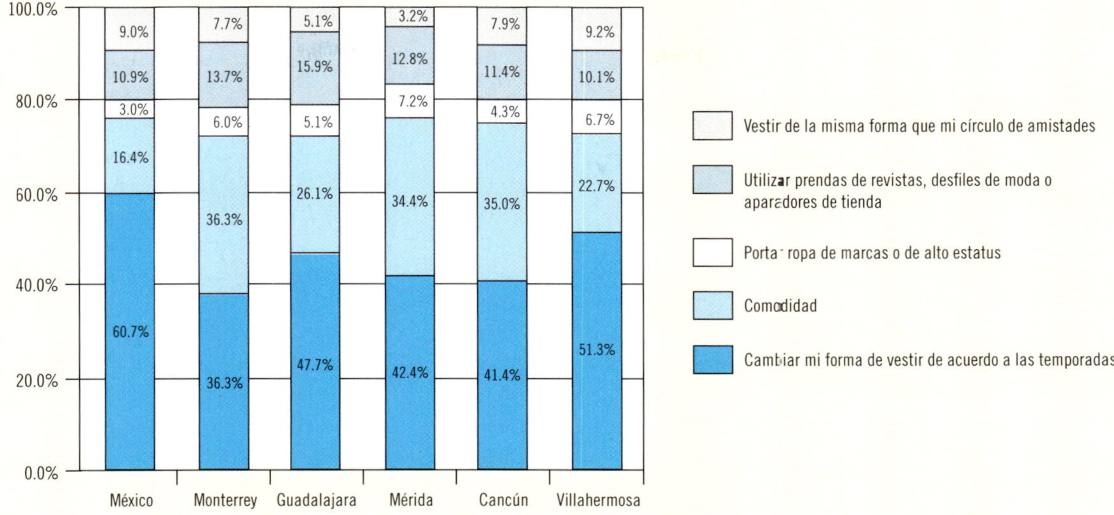

Figura 17.23   ¿Qué es la moda para la mujer mexicana?

- Fundamentalmente compran por impulso, es decir, no planean sus compras.
- Solamente planean sus compras cuando tienen un evento social.
- Se guían por sus sentidos al ver las prendas, más que por una marca.
- Acuden a las tiendas departamentales y si les gusta una prenda normalmente regresan con sus padres para adquirirla.

Tercera etapa: estudios adicionales

Después, como complemento, para clarificar algunos puntos, se realizó otra encuesta con la mitad de casos de la efectuada primero ($n = 700$ mujeres y 350 jóvenes) para comparar a la tienda con su competidora más cercana en la ciudad de México, Monterrey y Guadalajara.

Asimismo, el departamento de ropa para damas de una tienda fue remodelado y se condujo un grupo de enfoque con mujeres y otro con jóvenes, para evaluar las remodelaciones.

En el estudio se transitó por ambos caminos: el cuantitativo y el cualitativo. La experiencia fue muy enriquecedora.

Los investigadores opinan

De la concepción tradicional de investigación en psicología a la concepción actual

En las décadas de 1960 y 1970 del siglo xx, se consolidó la tradición investigativa en Psicología, caracterizada por tres grandes enfoques: Clínico, Psicométrico y Experimental. Esta concepción tradicional fundamentada en el positivismo —sobre todo en los dos últimos enfoques—, se concibe la realidad en términos independientes del pensamiento, una realidad objetiva, ordenada por leyes y mecanismos de la naturaleza que poseen regularidades que se pueden explicitar. Para estudiar esa realidad, hay una preocupación por construir instrumentos para estudiar al individuo separado de su contexto. Por tanto se le dio importancia a las medidas estandarizadas de inteligencia, de aptitudes y de conocimien-

tos, y del sujeto en el laboratorio. En una búsqueda de la objetividad como característica de las pruebas, mediante la medida y cuantificación de los datos, que implica la neutralidad del investigador, que adopta una postura distante, no interactiva, como condición de rigor, para excluir juicios valorativos, e influencias en la observación, en el experimento, en la aplicación de las pruebas y en la recolección de la información.

En la década de 1980 se presenta la llamada investigación cualitativa como un concepto alternativo a las formas de cuantificación que habían predominado sobre todo en los enfoques psicométrico y experimental. Se dan cambios en las concepciones ontológicas, de la naturaleza humana, epistemológicas y metodológicas, que tienen que ver con el análisis de las interrelaciones entre los individuos, el estudio de la subjetividad del observado y del observador, de lo particular y del sentido, la historia de las personas y la complejidad de los fenómenos. La investigación cualitativa que aparece en la década de los ochenta del siglo xx, cambia las relaciones entre los sujetos y el objeto de estudio, donde el conocimiento es una creación compartida en la interacción investigador-investigado; enfatiza en la complejidad de los procesos psicosociales, involucra a los investigadores que interactúan con otros actores sociales y posibilita la construcción de teorías fundamentadas en la dinámica cultural. Se recupera la subjetividad como espacio de construcción de la vida humana, y se reivindica la vida cotidiana como escenario de comprensión de la realidad sociocultural. La perspectiva cualitativa está interesada por el estudio de los procesos complejos subjetividad, y su significación, a diferencia de la perspectiva cuantitativa que está interesada por la descripción, el control y la predicción, es inductiva porque se interesa por el descubrimiento y el hallazgo, más que por la comprobación y la verificación; es holística porque se ve a las personas y al escenario en una perspectiva de totalidad; y es interactiva del individuo con su entorno, de visión ecológica y reflexiva de la complejidad de las relaciones humanas. Aumentan las investigaciones sobre las actitudes, los valores, las opiniones de las personas, las creencias, percepciones y preferencias de las personas, incrementándose por tanto, los análisis de contenido de los testimonios de los sujetos, lo mismo que el empleo de las técnicas históricas y etnobiográficas. Se introduce el concepto de la observación participante que implica tener en cuenta la existencia del observador, su subjetividad y reciprocidad en el acto de observar.

El énfasis en estos momentos se pone a la diferencia, sujetos de diferentes ambientes o estratos sociales son también capaces de tener sensaciones, manifestar sentimientos, formular argumentaciones lógicas y comunicarse. Hay diferencias entre los grupos, entre las culturas, diversidad de historias, y también hay un interés por la búsqueda del sentido, que se presenta en las experiencias subjetivas y afectivas de las personas. Predomina la comprensión de la complejidad de los fenómenos, en una aproximación hermenéutica y no su explicación causal. Teniendo en cuenta la diversidad de componentes de la realidad y de sus interacciones. La comprensión analiza los procesos psicosociales desde el interior.

La perspectiva actual en este siglo xxi, se caracteriza por los siguientes aspectos:

- Hay mayor tendencia a analizar las interrelaciones en función de la situación en la cual se encuentran los individuos, el tipo de interlocutor con el cual se comunica. La investigación está dependiendo de la sociedad en la cual se realiza, de la cultura y la ecología específicas; no hay forma humana definitiva, todo puede cambiar o estar sujeto a cambio.

- Se tiende a rechazar la dicotomía artificial entre sujeto y su contexto social, hay que renunciar a la creencia de la pureza de los géneros, de los conceptos, es evidente que hay cuantitativo dentro de lo cualitativo y viceversa; lo cuantitativo y lo cualitativo como calificativos de técnicas no proporcionan la unidad más relevante para dilucidar los problemas metodológicos en ciencias sociales.

- Existe la tendencia de aliar la explicación causal con la búsqueda de la comprensión, combinar la explicación causal con una aproximación más hermenéutica, más interpretativa. Se conjuga la explicación causal con la interpretación para aumentar la inteligibilidad multirreferencial, que tiene en cuenta la multiplicidad de significados e interacciones.

- Hay una ampliación en la naturaleza de los datos observados. No se ha abandonado la evaluación de tipo cuantitativo, los tests siguen siendo una técnica muy utilizada, pero los investigadores se han abierto al mundo de la subjetividad y de la afectividad de las personas, se interesan por la manera en que los sujetos describen y experimentan los acontecimientos, y las distintas formas de aprehender la realidad.

- Se articula la aproximación cualitativa a los fenómenos psicosociales con la aproximación cuantitativa. Se posibilita el uso separado o conjunto de la totalidad de métodos y técnicas disponibles en Ciencias Sociales.

- Para descubrir permanencias, identificar contradicciones, estados inestables, se utiliza más a menudo el método de la triangulación donde se obtiene información de diferentes fuentes, y se emplean diferentes teorías y técnicas para recolectar y analizar la información.

- Se han desarrollado programas informáticos orientados a la recolección y al análisis de la información que se obtienen mediante la aplicación de técnicas cuantitativas y cualitativas.

- Lo interdisciplinario es una zona de producción de conocimientos, que presupone la consolidación del lenguaje disciplinario, capaz de articularse a la interdisciplina, no sustituyéndolo sino integrándolo en otro nivel de significaciones. El trabajo interdisciplinario no supone una yuxtaposición de datos, sino un nuevo momento de construcción teórica.

Ciro Hernando León Pardo

Psicólogo

Universidad Javeriana

Los métodos mixtos y la docencia en investigación

El quehacer de la investigación, como bien dice el connotado patólogo mexicano Ruy Pérez Tamayo, es servir para algo. Con su peculiar estilo el Maestro Pérez Tamayo dice que igual que el teléfono o el servicio de limpia, su tarea es "servir para algo".

Así, si bien la investigación cuantitativa desde el paradigma positivista nos ha brindado indudables conocimientos, los investigadores e investigadoras sociales trabajando con comunidades y con personas empezaron a darse cuenta que la subjetividad, la esencia de lo humano, difícilmente se encasillaba en los números y las cifras. Nace así el paradigma cualitativo que en un principio fue visto por la "investigación oficial" como un paradigma alejado del tradicional método científico y fue en un principio rechazado con el argumento de no ser científico.

Ha pasado tiempo desde esas épocas y en la actualidad ambos paradigmas han dejado de ser vistos como antagónicos; de hecho muchos investigadores e investigadoras los ven como complementarios y es así que surgen y se desarrollan con gran fortaleza las investigaciones mixtas que se fortalecen mutuamente desde sus potencialidades y a la vez complementan mutuamente las limitaciones de cada uno.

Desde mi visión se cumple mejor la tarea de "servir para algo" cuando podemos desarrollar métodos mixtos. Claro todo dependerá siempre de cuáles son las preguntas que se haga el o la investigador(a) y cuál sea su campo concreto de la investigación.

Ciencias exactas como son la física o la química obtendrán gran riqueza a partir del paradigma cuantitativo y las ciencias del comportamiento, de lo humano ampliamente, se enriquecen enormemente bajo el paradigma cualitativo.

Sé que existen centros académicos que aún se resisten a la incorporación del paradigma cualitativo a la investigación, afortunadamente cada día son menos y veo un futuro prometedor de esta conjunción de paradigmas.

Unas líneas sobre la docencia y los docentes que desarrollan materias de investigación: a través del contacto con muchas y muchos alumnos de posgrado he recibido testimonios vívidos de cómo varios docentes de investigación se han encargado de hacer que sus alumnos(as) aborrezcan la investigación o en el menor de los casos le tengan temor. Esto es especialmente cierto cuando hablamos del paradigma cuantitativo que se sustenta de manera importante en la estadística. Pocos profesores y profesoras centran su enseñanza en el "para qué nos sirve la estadística" y se vuelcan a la demanda de que el alumnado siga y cumpla con interminables fórmulas. Yo hago el símil con los teléfonos móviles que muchas y muchos utilizamos pero son pocos aquellos que pueden reparar o desarmar un móvil y volverlo a armar. La estadística es el móvil y en nuestra experiencia ha sido muy enriquecedor al enseñar la estadística desde su utilidad y no desde las fórmulas. Esta visión ha reconciliado a muchos alumnos y alumnas con la investigación científica cuantitativa. Un fenómeno similar sucede con la enseñanza de la investigación cualitativa. Aquí los talones de Aquiles de su enseñanza los encontramos en los marcos teóricos referenciales y en el análisis de los datos. Siempre será más complicado analizar textos que analizar números y lo que se requiere es que el alumno adquiera mucha práctica en la generación de las categorías bajo las cuales se agrupan los discursos de los participantes.

En suma y sobre todo con el advenimiento de los métodos mixtos creo que es imperioso que los centros académicos se aboquen a la formación de docentes en investigación que, parafraseando de nuevo a Pérez Tamayo, "sirvan para algo". Que sean creativos para la enseñanza de las metodologías y en suma coadyuven a que sus alumnos y alumnas se enamoren de la investigación.

Juan Luis Álvarez-Gayou Jurgenson

Presidente y fundador del Instituto Mexicano de Sexología, A. C.

Autor de obras de investigación cualitativa y sexualidad.

Editor de Archivos Hispanoamericanos de Sexología

Índice onomástico